Crecimiento y Producción Forestales

Hans Pretzsch • Miren del Río • Astor Toraño-Caicoya
Gregorio Montero

Crecimiento y Producción Forestales

Fundamentos y Aplicaciones a la Gestión

Hans Pretzsch
School of Life Sciences, Chair of Forest Growth and Yield Science
Technical University of Munich (TUM)
Freising, Germany

Astor Toraño-Caicoya
School of Life Sciences, Chair of Forest Growth and Yield Science
Technical University of Munich (TUM)
Freising, Bayern, Germany

Miren del Río
ICIFOR-INIA (CSIC)
Madrid, Madrid, Spain

Gregorio Montero (retired)
ICIFOR-INIA (CSIC)
Madrid, Madrid, Spain

The Spanish translation of this book from its German original manuscript was done with the help of artificial intelligence (machine translation by the service provider DeepL.com). Extensive human revision and adaptation of the content was done by the authors to ensure proper translation of the scientific principles and to refine the work stylistically.

ISBN 978-3-662-69515-9   ISBN 978-3-662-69516-6   (eBook)
https://doi.org/10.1007/978-3-662-69516-6

Translation from the German language edition: "Grundlagen der Waldwachstumsforschung" by Hans Pretzsch et al., © Springer-Verlag GmbH Deutschland 2019. Published by Springer Berlin Heidelberg. All Rights Reserved.

© The Editor(s) (if applicable) and The Author(s), under exclusive license to Springer-Verlag GmbH, DE, part of Springer Nature 2026, corrected publication 2026

This work is subject to copyright. All rights are solely and exclusively licensed by the Publisher, whether the whole or part of the material is concerned, specifically the rights of translation, reprinting, reuse of illustrations, recitation, broadcasting, reproduction on microfilms or in any other physical way, and transmission or information storage and retrieval, electronic adaptation, computer software, or by similar or dissimilar methodology now known or hereafter developed.
The use of general descriptive names, registered names, trademarks, service marks, etc. in this publication does not imply, even in the absence of a specific statement, that such names are exempt from the relevant protective laws and regulations and therefore free for general use.
The publisher, the authors and the editors are safe to assume that the advice and information in this book are believed to be true and accurate at the date of publication. Neither the publisher nor the authors or the editors give a warranty, expressed or implied, with respect to the material contained herein or for any errors or omissions that may have been made. The publisher remains neutral with regard to jurisdictional claims in published maps and institutional affiliations.

Fotografía de portada: parcela permanente Krumbach 861 situada en una masa mixta de 134 años de abeto Douglas, haya, pícea y alerce, en las cercanías de Augsburgo en el sur de Alemania. Autor, Leonhard Steinacker.

This Springer imprint is published by the registered company Springer-Verlag GmbH, DE, part of Springer Nature.
The registered company address is: Heidelberger Platz 3, 14197 Berlin, Germany

If disposing of this product, please recycle the paper.

Prólogo

Para conocer la Naturaleza es preciso ir a ella, tocarla, pulsar sus latidos, mirarla de cerca, hacerla trabajar ante nuestra vista y entre nuestras manos que la verdad solo de este modo puede conocerse…

…y no cerrando los ojos al mundo exterior, aislando el pensamiento y agitándolo violentamente para crear teorías caprichosas que son fantasmas de la imaginación y casi nunca imágenes fieles de la Naturaleza.

El monte se deja contemplar, pero no interpretar sus hechos con ignorancia y superficialidad.

José Echegaray, 1905.
Ingeniero y Matemático español.
Premio Nobel de Literatura en 1904.

Estas palabras, llevadas a nuestros días y al ámbito de la investigación en el crecimiento y la producción forestales, resaltan la necesidad de basar el conocimiento en la observación y el registro de la dinámica forestal y de su respuesta a las intervenciones selvícolas, es decir, en datos tomados en los bosques. En este libro recogemos muchos resultados derivados de datos de parcelas experimentales permanentes, sin cuyo seguimiento a largo plazo no se habría llegado al estado de conocimiento actual.

Desde 2012, gracias a una serie de proyectos de investigación, en su mayoría financiados por la UE, existe una estrecha colaboración entre la Universidad Técnica de Múnich (TUM) y el Instituto de Ciencias Forestales (ICIFOR-INIA, CSIC) en el ámbito de la investigación sobre el crecimiento y la producción forestal. Los principales temas de cooperación fueron el análisis de la dinámica, modelización y selvicultura de masas mixtas, así como la puesta en común de datos de parcelas permanentes de ambas instituciones. A través de esta colaboración, pronto fuimos conscientes de la escasez de libros de texto en español que recogiesen los fundamentos científicos sobre el crecimiento y la producción forestal de una manera extensa y, en particular, que incluyesen también los conocimientos más recientes sobre masas mixtas. Por ello, surgió la idea de recopilar esta información en un nuevo libro de texto en español. Como punto de partida se tomó el libro de texto del primer autor sobre los fundamentos de la investigación en crecimiento forestal, Grundlagen der Waldwachstumforschung, escrito en alemán. Por lo tanto, este libro es una traducción y adaptación del original en alemán, que incluye nuevos conocimientos adquiridos desde entonces y ejemplos recopilados de investigaciones en bosques españoles. Este representa una extensión del enfoque clásico de crecimiento y producción de masas monoespecíficas, incluido el efecto de la selvicultura al nivel de árbol individual, masas mixtas y funciones y servicios del ecosistema.

Prólogo

Este libro ha sido escrito especialmente para lectores que buscan información en profundidad sobre enfoques funcionales-estructurales basados en el árbol individual para la medición, análisis y modelización de sistemas forestales complejos. Integra los fundamentos del conocimiento sobre el crecimiento y la producción de sistemas forestales, de utilidad para los investigadores dedicados a la ecología y la gestión forestales. El trabajo está orientado a estudiantes, docentes, científicos, gestores y planificadores forestales, y consultores.

El libro comienza con una introducción sobre las características de los sistemas forestales, que condicionan en gran medida la investigación sobre el crecimiento y la producción forestales. En los siguientes capítulos se aborda la estructura y el crecimiento a nivel árbol (capítulos 2 y 3) y a nivel masa (capítulos 4, 5 y 6). El libro continúa con aspectos relacionados con la gestión forestal, como la descripción cuantitativa de los tratamientos selvícolas (capítulo 7) y los métodos de estimación de la productividad forestal (capítulo 8). Posteriormente, se introducen los distintos tipos de modelos de crecimiento (capítulo 9) y su evaluación y aplicación en la gestión y planificación forestal (capítulo 10). Finalmente se recogen los principales métodos para evaluar el impacto de las perturbaciones en el crecimiento forestal (capítulo 11), para terminar con una síntesis del método científico para la generación y transferencia de conocimiento (capítulo 12).

A lo largo de este trabajo se incluyen resultados de trabajos científicos de los cuatro autores realizados a lo largo de las últimas décadas. Representa el material docente, el enfoque científico y una recopilación de los métodos actuales utilizados en las instituciones involucradas. El contenido del libro ha madurado durante un largo período de tiempo a través de la cooperación científica, la enseñanza académica y la formación. Por lo tanto, este libro está dedicado a todos los estudiantes, investigadores y colegas de nuestras instituciones en España y Alemania (ICIFOR-NIA, CSIC, Madrid, España y TUM, Múnich, Alemania, junto con el iuFOR, Uva, Palencia, España) que nos motivaron a realizar este libro. En especial, a los compañeros de nuestros respectivos grupos de investigación que han contribuido a muchos de los resultados aquí presentados.

El primer autor quisiera agradecer especialmente al Prof. Dr. Felipe Bravo-Oviedo, de la Universidad de Valladolid, España, por haberlo acogido repetidamente como profesor visitante durante el período de desarrollo de este libro. Todos los autores quieren agradecer a Monika Bradatsch por la extensa tarea de preparar las ilustraciones gráficas y a Leonhard Steinacker por el diseño de la portada; ambos afiliados a la Cátedra de Ciencia del Crecimiento y producción Forestal de la Universidad Técnica de Múnich, Alemania. Así mismo, agradecemos a Sven Mutke por su apoyo en la traducción de algunos pasajes, a Jan Mutke por su labor en la preparación de las referencias y a Javier Rodríguez por su ayuda en la revisión de las pruebas. Extendemos nuestro agradecimiento a la editora en Springer Nature Publishing, Dra. Eliana G. Acosta, por su muy constructivo apoyo a este libro, y por su siempre confiable y afable asistencia.

Freising-Weihenstephan, Abril 2024

Hans Pretzsch

Miren del Río

Astor Toraño

Gregorio Montero

The original version of the book has been revised. A correction to this book can be found at https://doi.org/10.1007/978-3-662-69516-6_13

Tabla de contenido

1. **El bosque y su crecimiento. Introducción**..........1
   - 1.1 Los componentes esenciales del sistema forestal, condiciones ambientales, procesos y estructuras..........2
     - 1.1.1 Introducción al concepto de sistema..........3
     - 1.1.2 Las masas forestales como sistemas..........4
     - 1.1.3 Condiciones ambientales, procesos y estructuras a diferentes escalas..........5
     - 1.1.4 Escalas de la investigación del crecimiento forestal..........6
   - 1.2 Características y propiedades de los sistemas forestales. Consecuencias para la ciencia y la práctica..........7
     - 1.2.1 Los árboles y las masas forestales son tanto medio de producción como producto..........8
     - 1.2.2 Longevidad y tamaño de los árboles..........11
     - 1.2.3 Las masas forestales son sistemas abiertos..........17
     - 1.2.4 Las masas forestales son sistemas determinados por la estructura..........21
     - 1.2.5 Las masas forestales son sistemas determinados por su historia..........24
     - 1.2.6 Las masas forestales son probados sistemas cibernéticos..........27
     - 1.2.7 Las masas forestales son sistemas organizados jerárquicamente..........30
     - 1.2.8 Las masas forestales son sistemas con valores de salida multicriterio..........33
     - 1.2.9 Implicaciones en el proceso productivo forestal..........35
   - Mensajes clave..........37
   - Referencias..........38

2. **El árbol**..........43
   - 2.1 El porte del árbol como resultado de factores internos y externos..........44
     - 2.1.1 Genotipo y fenotipo..........44
     - 2.1.2 Introducción a las características estructurales y funcionales..........47
     - 2.1.3 Captación de recursos, asignación al crecimiento..........49
     - 2.1.4 Principios y ejemplos del desarrollo de la forma del árbol..........50
     - 2.1.5 Escalados metabólico $\alpha_{ml,m} = \frac{3}{4}$ y escalado Geométrico $\alpha_{ml,m} = \frac{2}{3}$..........56
     - 2.1.6 Relaciones alométricas entre las dimensiones del árbol, cocientes de forma y deriva alométrica..........57
   - 2.2 La copa..........57
     - 2.2.1 Función, estructura y plasticidad..........57
     - 2.2.2 Desarrollo de la copa en masas puras..........64
     - 2.2.3 Copa y competencia en masas mixtas..........71
     - 2.2.4 Vitalidad, transparencia y desarrollo apical de la copa..........76
   - 2.3 Raíces..........80
     - 2.3.1 Tipos básicos de sistemas radicales y su modificación según las propiedades del suelo..........80
     - 2.3.2 Relación entre el crecimiento de la parte aérea y parte subterránea del árbol..........82
     - 2.3.3 Crecimiento de raíces en masas mixtas y puras..........84
   - 2.4 Desarrollo del fuste del árbol..........86
     - 2.4.1 Función y potencial informativo del fuste..........86
     - 2.4.2 Forma de fuste..........87
     - 2.4.3 Forma de fuste y calidad de la madera..........88
     - 2.4.4 Duramen y albura..........90
     - 2.4.5 Modelo de forma de fuste según Pressler (1865)..........95

2.5   Del volumen de existencias a la biomasa y sus fracciones principales 96
    2.5.1   Volumen de fuste y biomasa del árbol 96
    2.5.2   Biomasa y contenido de nutrientes 102
    2.5.3   Estimaciones aproximadas del volumen, biomasa, carbono y CO2 equivalente. 106
2.6   Importancia de la forma y la alometría para el crecimiento del árbol y la masa 108
    2.6.1   Importancia de la alometría de árbol para el desarrollo del número de árboles y el autoaclareo en masas regulares monoespecíficas 108
    2.6.2   Efectos de la plasticidad fenotípica de la alometría del árbol en la densidad y productividad de masas mixtas 109
    2.6.3   Importancia de la alometría específica de las especies para la silvicultura de masas mixtas 109
Mensajes clave 112
Referencias 113

3.   Desarrollo de la masa. Reconstrucción a partir de los parámetros medios y acumulados de la masa 125

3.1   Crecimiento del árbol 126
    3.1.1   Desarrollo del fuste 126
    3.1.2   Importancia del crecimiento del fuste desde un punto de vista ecológico, silvícola y científico 128
    3.1.3   Crecimiento corriente y crecimiento acumulado del árbol. Ejemplos y parámetros 129
    3.1.4   Patrón general del crecimiento acumulado, crecimiento corriente, crecimiento medio y crecimiento relativo. Definiciones y relaciones 134
    3.1.5   De las bases fisiológicas a la formulación matemática de las curvas de crecimiento 137
    3.1.6   Visión general de las funciones de crecimiento 139
    3.1.7   Modelo teórico y patrones observados del crecimiento con la edad 140
    3.1.8   Del crecimiento a la productividad del árbol 143
3.2   Crecimiento y condiciones ambientales 145
    3.2.1   Relación unimodal "dosis-respuesta" entre el crecimiento y la calidad de estación 145
    3.2.2   Las leyes de Liebig (1855), Liebscher (1895) y Mitscherlich (1909) 148
    3.2.3   Ejemplos de relaciones dosis-respuesta entre las condiciones ambientales y el crecimiento 151
    3.2.4   Óptimo ecológico y óptimo productivo 152
    3.2.5   Crecimiento y defensa 156
3.3   Crecimiento y competencia 157
    3.3.1   Competencia y facilitación 157
    3.3.2   Crecimiento y densidad de la masa 159
    3.3.3   Crecimiento y Mezcla de especies 167
    3.3.4   Crecimiento y fertilización 169
    3.3.5   Efecto de la densidad de la masa, la fertilización y la sequía en la forma del fuste. 171
    3.3.6   Aceleración del crecimiento por cambios ambientales 172
    3.3.7   Desacoplamiento del crecimiento y la edad 173
3.4   Relaciones de competencia en masas mixtas. Causas y procesos 176
    3.4.1   Retroalimentación entre las condiciones de crecimiento del árbol y su crecimiento 176
    3.4.2   Reducción de la competencia mediante el uso complementario del espacio y otros recursos 177
    3.4.3   Facilitación 182
3.5   Modelo teórico de la relación entre crecimiento, condiciones del sitio y competencia 183
    3.5.1   Crecimiento del árbol en función de las condiciones del sitio y de la competencia 183
    3.5.2   Curva de altura-edad en función del sitio 184
    3.5.3   Modificación del crecimiento potencial por la competencia 185
    3.5.4   Ejemplos del efecto de las condiciones de sitio y la competencia en el crecimiento 188
3.6   Condiciones ambientales, competencia y crecimiento del árbol. Relaciones y consecuencias para los tratamientos silvíco-

        las 190
        3.6.1   Relaciones entre condiciones ambientales, competencia y crecimiento 190
        3.6.2   Dependencia del sitio de las interacciones entre especies y medidas selvícolas en masas mixtas 191
        3.6.3   Nicho fundamental, real y selvicultural 191
        3.6.4   Diversificación y control de riesgos. Selección de especies arbóreas bajo cambios ambientales 193
   Mensajes clave 195
   Referencias 196

4.   Estructura de la masa. Cuantificación y análisis 207

   4.1 Estructura y procesos en masas forestales 208
   4.2 Del boceto a la medición y análisis 211
        4.2.1   Bocetos 211
        4.2.2   Mapas de distribución de árboles y mapas de copas 211
        4.2.3   Esquemas de alzado 212
        4.2.4   Visualizadores 3D 215
        4.2.5   Rasterización de la estructura de la masa 216
   4.3 Patrón de distribución horizontal 219
        4.3.1   Índices de distribución basados en métodos de distancias 221
        4.3.2   Índices de distribución basados en métodos de unidades de muestreo 225
        4.3.3   Función K 227
        4.3.4   Función L y función de correlación de pares 230
        4.3.5   Otras funciones de interés para el análisis espacial de la estructura de una masa 231
   4.4 Espesura de la masa 231
        4.4.1   Grado de densidad 231
        4.4.2   Fracción de cabida cubierta 231
        4.4.3   Área basimétrica periódica media 233
        4.4.4   Índice de densidad de la masa de Reineke (1933) 233
        4.4.5   Factor de competencia de copas 238
        4.4.6   Otros índices de espesura 238
        4.4.7   Estimación de la espesura en masas mixtas 239
   4.5 Variación y diferenciación de tamaños 240
        4.5.1   Coeficiente de variación de la distribución de tamaños 240
        4.5.2   Índice de diferenciación basado en n vecinos 240
   4.6 Diversidad de especies y estructura vertical de la masa 242
        4.6.1   Riqueza y diversidad de especies 242
        4.6.2   Índice de uniformidad E 243
        4.6.3   Índice del perfil de especies 244
        4.6.4   Índice del perfil de especies normalizado 245
        4.6.5   Consideraciones sobre la proporción de especies en masas mixtas 246
   4.7 Grado de mezcla de especies 246
        4.7.1   Índice de mezcla de Füldner (1996) 247
        4.7.2   Índice de segregación de Pielou 248
   4.8 Consecuencias de la estructura para la dinámica de árboles y masas forestales 249
        4.8.1   Estructura y productividad 249
        4.8.2   Efecto de la mezcla de especies con distintas características estructurales y funcionales sobre la estabilidad del crecimiento de la masa 253
        4.8.3   Estructura y calidad de la madera 254

  4.8.4 Estructura y hábitats 258
 Mensajes clave 260
 Referencias 262

5. **Evolución de la distribución de tamaños en las masas forestales** 269
 5.1 Importancia ecológica de la distribución de tamaños en una masa forestal 270
 5.2 Representación de la dinámica del rodal a través de la distribución de tamaños 271
 5.3 Medidas para caracterizar la distribución de tamaños de una masa 273
  5.3.1 Densidad, posición y forma de la distribución de tamaños 274
  5.3.2 Curva de Lorenz y coeficiente de Gini 276
  5.3.3 Funciones de densidad para describir la distribución de frecuencias 276
  5.3.4 Relación entre el tamaño y el crecimiento en tamaño de los árboles de una masa 277
  5.3.5 Relación crecimiento-tamaño y modo de competencia 279
  5.3.6 Dominancia en crecimiento 281
 5.4 Distribución de tamaños de la masa residual y masa extraída 282
 5.5 Efecto del autoaclareo y de los tratamientos selvícolas en la dinámica de la distribución de tamaños ... 284
  5.5.1 Efecto de la densidad en la distribución de tamaños 284
  5.5.2 El efecto de las claras en la distribución de tamaños 285
  5.5.3 Efecto del método de regeneración 292
 5.6 Efecto de la mezcla de especies en la dinámica de la distribución de tamaños 292
  5.6.1 Relación ivv y dominancia del crecimiento 292
  5.6.2 Desde la distribución del tamaño del fuste hasta la distribución del tamaño de la copa ... 296
 5.7 Influencia de la calidad de la estación en la dinámica de la distribución de tamaños en masas puras y mixtas ... 296
 5.8 Efecto de la diversidad de tamaños y composición de especies en la productividad de las masas forestales ... 298
  5.8.1 Efecto de la diversidad de tamaños en comparación con la diversidad de especies ... 298
  5.8.2 Productividad y estructura en masas mixtas 301
 Mensajes clave 302
 Referencias 304

6. **Desarrollo de la masa. Reconstrucción a partir de los parámetros medios y acumulados de la masa** 311
 6.1 Estructura de edades y composición: de masas puras regulares a masas mixtas irregulares ... 312
 6.2 Desarrollo de masas puras regulares 314
  6.2.1 Fundamentos de la acumulación del volumen en pie 314
  6.2.2 Proceso de desarrollo del árbol individual y derivación de los parámetros medios y acumulados de la masa ... 316
  6.2.3 Volumen en pie y número de pies por hectárea, y altura y diámetro medios 317
 6.3 Línea de autoaclareo 318
 6.4 Evolución del volumen en pie y volumen total 324
  6.4.1 Crecimiento acumulado, crecimiento corriente y periódico medio, crecimiento medio y crecimiento relativo ... 324
  6.4.2 Ley de Eichhorn y niveles de producción 325
  6.4.3 Relación entre la densidad de la masa (espesura) y el crecimiento 326
  6.4.4 Dependencia de las principales variables de masa de las condiciones de la estación ... 329
  6.4.5 Desarrollo de la masa en parcelas permanentes 332
 6.5 Masas mixtas regulares 347
  6.5.1 Patrones básicos de desarrollo de la masa 347
  6.5.2 Curvas de edad – altura y curvas de diámetro – edad en masas mixtas en comparación con masas

        puras 350
    6.5.3   Número de pies, área basimétrica, SDI y volumen en pie 352
    6.5.4   Crecimiento de la masa.. 352
    6.5.5   Volumen total y nivel de producción 362
    6.5.6   Variación del crecimiento con la densidad en masas mixtas 366
    6.5.7   Variación de los efectos de mezcla según las condiciones del sitio 368
    6.5.8   Variación temporal de los efectos de la mezcla según las condiciones climáticas 372
6.6 Masas de dos pisos 375
    6.6.1   Interacciones entre el piso superior e inferior como una propiedad esencial del sistema 375
    6.6.2   Masas de pino silvestre con subpiso de haya o roble americano 376
    6.6.3   Masas mixtas de pícea, abeto y haya en fase de regeneración 378
6.7 Masas irregulares 381
    6.7.1   Comparación del monte irregular con el monte regular y su contexto en el ciclo de sucesión ... 381
    6.7.2   Fundamentos teóricos 384
    6.7.3   Montes entresacados de pícea, abeto y haya en el sur de Alemania 389
    6.7.4   Desviaciones del equilibrio 393
Mensajes clave 396
Referencias 398

7. Regulación selvícola del desarrollo de la masa. Conceptos, medidas y formulación cuantitativa. 409

7.1 Regulación selvícola 410
    7.1.1   Definición y relevancia de la regulación selvícola 410
    7.1.2   Regulación selvícola y ordenación de montes 412
7.2 Conceptos y pautas para la regulación selvícola 412
    7.2.1   Orientación según la densidad máxima 413
    7.2.2   Respuesta del crecimiento a la reducción de la densidad... 414
    7.2.3   Respuesta de la regeneración a la regulación del volumen medio en la masa madura 417
    7.2.4   Regulación de las intervenciones a nivel de árbol... 418
7.3 Claras 419
    7.3.1   Criterios para la elección de la clara: tipo, peso y rotación 419
    7.3.2   Tipo de claras 420
    7.3.3   Peso de las claras 424
    7.3.4   Rotación de las claras 431
    7.3.5   Grado de la clara basado en la clase social del árbol según Kraft (1884)........................ 432
7.4 Control de la mezcla 436
    7.4.1   Control de la composición específica mediante el desfase temporal de la mezcla 436
    7.4.2   Reducción de la competencia entre especies a través de la separación espacial 439
    7.4.3   Coeficientes de equivalencia entre especies en superficie ocupada y máxima densidad 441
    7.4.4   Uso de coeficientes de equivalencia para la regulación de la densidad y la mezcla de especies 446
7.5 Regeneración 452
    7.5.1   De la descripción cualitativa a la cuantificación 452
    7.5.2   Tipo, peso y rotación de las cortas de regeneración 452
7.6 Monte entresacado y cortas por entresaca 456
    7.6.1   Gestión del monte alto regular en comparación con el monte entresacado 456
    7.6.2   Cortas de entresaca por clases diamétricas 457
7.7 Transformación de monte alto regular a monte alto irregular 461
    7.7.1   Ventajas y funciones del monte alto irregular 461

7.7.2 Regulación del volumen y distribución de clases diamétricas durante la transformación 462
7.8 Formulación cuantitativa y algoritmos de reglas selvícolas para la simulación del crecimiento forestal 463
   7.8.1 Algoritmos para simular el efecto de las intervenciones selvícolas en masas regulares 464
   7.8.2 Representación del tratamiento de masas mixtas 465
   7.8.3 Simulación de cortas por clases diamétricas en el monte entresacado 467
Mensajes clave 469
Referencias 471

8. Estimación de la productividad de las masas forestales 477
8.1 Relevancia de la productividad de las masas forestales 478
8.2 Productividad. Términos y definiciones 480
   8.2.1 Producción primaria bruta, producción primaria neta e incremento 481
   8.2.2 Masa extraída por mortalidad natural y/o realización de cortas a lo largo del turno 482
8.3 Parámetros de productividad de la masa 485
   8.3.1 Productividad en diferentes zonas climáticas 485
   8.3.2 Producción primaria e incremento neto en volumen maderable 486
   8.3.3 Valores característicos de la productividad de masas puras y mixtas en Europa Central 487
8.4 Conceptos dasométricos para la estimación de la productividad 490
   8.4.1 Calidad de estación según el volumen en pie 492
   8.4.2 Calidad de estación según la altura media o altura dominante de la masa 493
   8.4.3 Nivel de producción 496
   8.4.4 Control de las desviaciones del desarrollo de la altura dominante real 498
   8.4.5 Altura dominante y nivel de producción en masas mixtas regulares 500
   8.4.6 Otros indicadores biométricos de la productividad forestal 501
8.5 De enfoques descriptivos a enfoques basados en procesos biofísicos para la estimación de la productividad 502
   8.5.1 Índices de productividad basados en las condiciones ambientales 502
   8.5.2 Modelos de crecimiento basados en procesos biofísicos 505
Mensajes clave 508
Referencias 510

9. Modelos de crecimiento forestales 519
9.1 De tablas de experiencias a modelos y simuladores forestales 520
   9.1.1 Modelos para la investigación y la práctica. Introducción y perspectiva 520
   9.1.2 Modelos de crecimiento como cadenas de hipótesis sobre el comportamiento del sistema 521
   9.1.3 Modelos de crecimiento como apoyo a la toma de decisiones 521
   9.1.4 El objetivo del modelo determina su grado de complejidad 523
   9.1.5 Bases de datos para el desarrollo de modelos 524
9.2 Modelos de crecimiento y producción de masa 526
   9.2.1 Conceptos básicos para la construcción de tablas de producción 526
   9.2.2 De las tablas de experiencia a los simuladores forestales 528
9.3 Modelos de crecimiento forestal basados en distribuciones de frecuencias de tamaños. 538
   9.3.1 Modelos basados en la proyección de las clases diamétricas 538
   9.3.2 Modelos matriciales 539
   9.3.3 Modelos de crecimiento basados en funciones de distribución de tamaños 540
9.4 Modelos de gestión basados en al árbol individual. 542
   9.4.1 Descripción del principio operativo de los modelos de árbol individual 542

      9.4.2 Funciones de crecimiento como elemento central de los modelos de árbol individual 546
      9.4.3 Resumen de los tipos de modelos de árbol individual 547
  9.5 Modelos de bosquetes pequeños o de sucesión 549
      9.5.1 Ciclo de desarrollo de un bosquete pequeño.. 550
      9.5.2 El Modelo JABOWA de Botkin et al. (1972) como prototipo 556
  9.6 Modelos de procesos ecofisiológicos 561
      9.6.1 Aumento de la correspondencia entre el modelo y la realidad.. 561
      9.6.2 Modelización de los procesos básicos en modelos ecofisiológicos 564
  Mensajes clave 570
  Referencias 572

10. Evaluación y aplicación de modelos forestales 585
  10.1 Ejemplo del modelo SILVA 586
      10.1.1 Enfoque del modelo 586
      10.1.2 Generación de las estructuras iniciales 587
      10.1.3 Descripción general del algoritmo de pronóstico 588
  10.2 Proyecciones de desarrollo de masas puras y mixtas 589
      10.2.1 Resumen de la aplicación de modelos forestales 589
      10.2.2 Características dasométricas de árbol y variables de masa 591
      10.2.3 Otras características de la masa 592
  10.3 Validación y evaluación del modelo 595
      10.3.1 Validación mediante datos de parcelas experimentales... 595
      10.3.2 Validación basada en datos de inventario 599
      10.3.3 Comparación con reglas y leyes forestales 600
      10.3.4 Calibración de modelos: ejemplo del modelo PINEA2... 603
  10.4 Ordenación de montes y planificación forestal en el ámbito de la multifuncionalidad 606
      10.4.1 Servicios ecosistémicos y multifuncionalidad 606
      10.4.2 Evaluación multicriterio con múltiples escenarios 607
      10.4.3 Pasos para la aplicación de los modelos en la gestión forestal 610
      10.4.4 Uso de escenarios individuales para la planificación de la gestión forestal a nivel de monte 612
      10.4.5 Desarrollo de pautas de gestión: Ejemplo para bosques mixtos de montaña................ 615
  10.5 Estimación de la reacción del crecimiento al cambio climático 619
      10.5.1 Dependencia del patrón de reacción del sitio y la especie.. 620
      10.5.2 Desarrollo de medidas mitigadoras del impacto del cambio climático 620
      10.5.3 Cálculo de escenarios a nivel regional: optimización según los objetivos de las politicas del sector forestal.. 622
  Mensajes clave 624
  Referencias 626

11. Diagnóstico de las perturbaciones en el crecimiento 631
  11.1 Introducción 632
  11.2 Modelos de crecimiento como referencia 637
      11.2.1 Comparación con tablas de producción 637
      11.2.2 Modelos dinámicos de crecimiento como referencia 638
  11.3 Árboles o masas sin daños como referencia... 644
      11.3.1 Comparación por pares 644

11.3.2 Comparación con parcelas sin daños 645
11.3.3 Comparación con árboles de referencia y estandarización mediante un periodo de referencia 648
11.3.4 Análisis de las pérdidas de crecimiento mediante regresión 653
11.4 Comportamiento del crecimiento en diferentes épocas como referencia 654
    11.4.1 Crecimiento en un periodo anterior como referencia 654
    11.4.2 Crecimiento arquetípico a largo plazo como referencia o método de la edad constante 656
    11.4.3 Comparación del crecimiento entre generaciones en un sitio determinado 658
    11.4.4 Diagnóstico de los patrones de crecimiento en inventarios consecutivos 663
11.5 Análisis dendrocronológico 664
    11.5.1 Eliminación de la tendencia o estandarización 665
    11.5.2 Cálculo de índices de crecimiento 667
    11.5.3 Correlaciones crecimiento-clima y función respuesta 668
    11.5.4 Cálculo de pérdidas de crecimiento 669
11.6 Análisis de la resistencia, resiliencia y recuperación 670
    11.6.1 Parámetros de resistencia, resiliencia, recuperación y tiempo de recuperación 670
    11.6.2 Diferentes patrones de reacción entre especies en masas puras y mixtas 672
Mensajes clave 675
Referencias 677

12. Generación de conocimiento y transferencia a la Gestión Forestal 687
12.1 De la recopilación de datos al enunciado de hipótesis 688
    12.1.1 Medición y recopilación de datos 688
    12.1.2 Descripción y preguntas 690
    12.1.3 Formulación de hipótesis 690
12.2 Evaluación de hipótesis 691
    12.2.1 Métodos de evaluación de hipótesis 692
    12.2.2 Prueba de hipótesis mediante experimentos 692
    12.2.3 Evaluación de hipótesis mediante análisis de correlación 693
12.3 Integración de aspectos aislados para la definición del modelo conjunto 694
    12.3.1 Integración multi-escala de conocimientos parciales 694
    12.3.2 Modelos como cadenas de hipótesis 696
    12.3.3 Test de hipótesis mediante la simulación de modelos 697
12.4 Aplicaciones de modelos en la ciencia, educación y práctica forestal 698
    12.4.1 Modelos como herramientas de investigación 698
    12.4.2 Aplicación práctica de modelos y simuladores 699
12.5 Reglas, leyes y teorías 701
    12.5.1 Reglas y leyes 701
    12.5.2 Teorías 701
Mensajes clave 706
Referencias 708

Correction to: Evolución de la distribución de tamaños en las masas forestales C1

Índice de terminos 712

Lista de cajas

Contents

Caja 2.1 Medidas para caracterizar la estructura, forma de copa y superficie ocupada por el árbol 45

Caja 2.2 Estructura del fuste en albura y duramen 50

Caja 2.3 Superficie de proyección de la copa y superficie disponible del árbol 61

Caja 2.4 Descripción del perfil de copa 66

Caja 2.5 Reconstrucción del desarrollo de la copa 84

Caja 2.6 Análisis de la relación alométrica entre el tronco y las raíces principales 89

Caja 2.7 Cubicación del fuste 92

Caja 2.8 Coeficiente mórfico para el cálculo del volumen de fuste a partir del diámetro y la altura del árbol 94

Caja 2.9 Análisis de tronco 97

Caja 3.1 Resultados de un análisis de tronco 129

Caja 3.2 Relación aritmética entre el volumen del árbol (v), crecimiento corriente (ic) y crecimiento medio (im) 136

Caja 3.3 Nicho ecológico fundamental y real 146

Caja 3.4 Formulación matemática de la ley de efectos de Mitscherlich (1948) 149

Caja 3.5 Índices de competencia para cuantificar las condiciones de crecimiento de los árboles 162

Caja 4.1 Distribución de Poisson como referencia para el análisis estructural 220

4.4.4.1 Recta de máxima densidad de Reineke 233

Caja 4.2 Efecto de la mezcla de especies en el grado de cobertura 234

Caja 6.1 Cálculo de la productividad relativa de masas mixtas vs puras y su visualización en diagramas cruzados 355

Caja 6.2 Serie geométrica y función exponencial para describir la relación número de pies-diámetro normal en el monte irregular 385

Caja 7.1 Diagramas de manejo de la densidad de la masa 415

Caja 7.2 Definición de curvas de densidades objetivo y selección de niveles de densidad en experiencias de claras 426

Caja 7.3 Grado de la clara según las clases que combinan la calidad de fustes y posición social de los árboles de la Asociación de Institutos Alemanes de Investigación Forestal (1902) 433

Caja 7.4 Coeficientes de equivalencia entre especies 447

Bosque tropical húmedo 485

Bosque templado caducifolio 485

Bosque boreal 485

Pastos tropicales 485

Pastos templados 485

Vegetación alpina 485

Bosques mediterráneos (encinares y pinares de carrasco) 485

Matorrales y arbustedos mediterráneos (Ibéricos) 485

Caja 9.1 Integración de los efectos de la mezcla de especies en modelos de crecimiento 533

Caja 9.2 Procedimiento para cuantificar la intensidad competitiva en índices de competencia independientes de la distancia 544

Caja 9.3 Procedimiento para cuantificar la intensidad competitiva en índices de competencia dependientes de la distancia............. 551

Caja 9.4 Procedimiento para la selección de competidores en índices de competencia dependientes de la distancia 559

Caja 10.1 Validación del modelo. Sesgo, precisión y exactitud 597

Caja 10.2 Fundamentos del modelo PINEA2 605

Caja 11.1 Comparación de la respuesta al estrés y la recuperación en abetos y piceas 633

Caja 11.2 Factores de corrección para factores ambientales con el uso de tablas de producción en masas puras regulares 639

Caja 11.3 Efectos del cambio climático global y de isla de calor urbana en el crecimiento de árboles urbanos en el mundo 659

Caja 11.4 Reacciones del crecimiento de pícea y haya al estrés por ozono 674

Autores

Hans Pretzsch

El Prof. Dr. Dr. h.c. mult. Hans Pretzsch es desde 1994 profesor de Crecimiento y Producción Forestal en la Universidad Técnica de Múnich en Alemania. Su investigación se ha centrado en el análisis y la modelización de la dinámica forestal y de escenarios selvícolas, tanto en masas monoespecíficas como mixtas, abordando también los efectos de los cambios ambientales en el crecimiento forestal. Actualmente trabaja en las interacciones entre los efectos de diversos tipos de estrés, las mezclas de especies y los tratamientos selvícolas. Es un referente internacional en el ámbito de la investigación sobre dinámica y producción forestales y bosques mixtos, temáticas de varios libros que ha publicado en esta editorial. Su labor como coordinador durante décadas de la extensa red de ensayos a largo plazo en Baviera y como gestor en el bosque municipal de Traunstein, gestionado mediante los principios de gestión cercana a la naturaleza, le han permitido vincular ciencia y práctica. Esta combinación se refleja en su historial de publicaciones, tanto en revistas científicas como Nature, Science, PNAS o Global Change Biology, como en revistas sectoriales locales y regionales. Este vínculo entre ciencia, práctica y formación también se refleja en este libro.

Miren del Río

La Prof. Miren del Río Gaztelurrutia es desde 2001 investigadora del Instituto de Ciencias Forestales (ICIFOR-INIA) del CSIC (España). Tras realizar su tesis doctoral en 1998 en el INIA sobre la respuesta en crecimiento a los tratamientos de claras en pinares, fue durante cuatro años profesora de selvicultura en la Universidad de Valladolid, donde en la actualidad sigue impartiendo clases sobre crecimiento y producción en masas mixtas. Coordinó durante cuatro años el curso internacional sobre Gestión Forestal Sostenible de AECID-INIA, dirigido a académicos y profesionales de Latinoamérica. Su línea de trabajo en dinámica de masas mixtas motivó sus estancias post-doctorales en la universidad BOKU-Vienna (2008) y en la Universidad Técnica de Múnich (2012). Esta última resultó en una colaboración estable con el profesor Pretzsch, fruto de la cual es el presente libro. Su principal actividad investigadora se centra en la selvicultura como herramienta de adaptación y mitigación, destacando sus aportaciones sobre la dinámica y gestión de masas mixtas. Ha sido miembro de la Junta Directiva de la Sociedad Española de Ciencias Forestales (2012- 2022) y es co-leader del grupo RG1.09 sobre Ecología y Selvicultura de Bosques Mixtos de IUFRO.

Astor Toraño Caicoya

El Dr. Astor Toraño Caicoya es desde 2016 investigador en el Departamento de Crecimiento Producción Forestal de la Universidad Técnica de Múnich. Habiendo estudiado Ingeniería Forestal en la Universidad de Oviedo (2004) y de Montes (2007) en la Universidad Politécnica de Valencia, en 2007 se traslada a la Universidad Técnica de Múnich donde se especializa en gestión sostenible de recursos. Realiza su tesis doctoral en el Instituto de Conceptos y Técnicas de Radar del Centro Aeroespacial Alemán en el ámbito de la teledetección y dinámica forestal global. Ya como doctor regresa a la Universidad en el departamento del profesor Hans Pretzsch, donde centra su actividad en dinámica forestal y servicios ecosistémicos y su integración en el simulador de crecimiento forestal SILVA 3.0. Gracias a sucesivas estancias (2021-2023) en el Instituto de Ciencias Forestales (ICIFOR-INIA) del CSIC contribuye a la creación de este libro. En la actualidad su actividad se centra en la investigación de la diversidad genética en la resiliencia de masas forestales y en el desarrollo del software que serviría como estándar para la evaluación forestal en el Estado Federado de Baviera (Alemania).

Gregorio Montero

El Dr. Gregorio Montero González trabajó como Investigador Científico en el CIFOR-INIA (1977-2016). Su actividad investigadora se ha centrado en la Selvicultura y Gestión de Sistemas Forestales Mediterráneos, Biometría, Modelización y Economía de Producciones forestales, Fijación de CO_2 y Autoecología Forestal. Ha sido profesor de Selvicultura y Gestión forestal en las Universidades Politécnica de Madrid y de Valladolid (doctorado y máster). Durante 35 años fue el responsable de la red española de parcelas Experimentales Permanentes del CIFOR-INIA, base de algunos de sus estudios que se contemplan en este libro. Es Académico Correspondiente de L´Accademia Italiana di Science Forestali (2000). Medalla de Honor al Mérito Académico e Investigador otorgada por el Colegio Oficial de Ingenieros de Montes (2010). Ingeniero Laureado por la Real Academia de Ingeniería de España (2019). Fue coordinador del Grupo IUFRO, 1.05.14. Selvicultura de Montaña (1995-2005). Ha publicado numerosos libros, artículos científicos y de divulgación sobre selvicultura, crecimiento y producción forestales, siendo un referente en el ámbito de la Selvicultura Mediterránea.

El bosque y su crecimiento. Introducción

Capítulo 1

1.1 Los componentes esenciales del sistema forestal, condiciones ambientales, procesos y estructuras 2
1.2 Características y propiedades de los sistemas forestales. Consecuencias para la ciencia y la práctica 7
Mensajes clave 37
Referencias 38

1 El bosque y su crecimiento. Introducción

Resumen Los sistemas forestales poseen una serie de propiedades que los hacen diferentes a otros ecosistemas. Los árboles son organismos de larga vida. Pueden alcanzar edades superiores a varios centenares de años y en ocasiones turnos de cortas superiores a los 120-170 años, alturas superiores a los 45-50 metros en Europa y hasta 120-130 m en otras partes del mundo. Los bosques son, además, sistemas complejos. Se dice que el ecosistema bosque actúa como un gran organismo vivo, compuesto, a su vez, por otros numerosísimos organismos vivos que interaccionan entre sí y con el medio ambiente que los rodea, creando ecosistemas complejos y estables en el tiempo.

Los bosques son sistemas abiertos, influenciados por su entorno. Están expuestos al clima y, con frecuencia, sometidos a diferentes técnicas selvícolas y sistemas de aprovechamiento. Como antes se ha indicado, los árboles alcanzan largas edades y grandes tamaños a la vez que están anclados al suelo por potentes y profundos sistemas radicales. Esto hace que no puedan ser reemplazados fácilmente por otras variedades o especies mejor adaptadas, como podría suceder en plantaciones de turno corto o en otro tipo de sistemas, por ejemplo, en caso de un fuerte cambio climático que no permitiese su regeneración en el territorio que actualmente ocupan. Por lo cual, casi la única manera que existe para protegerlos de los efectos del cambio climático es la aplicación de métodos de selvicultura adaptativa.

La larga vida útil, la gran altura y todas las demás características del sistema mencionadas caracterizan fundamentalmente la investigación científica y la gestión práctica de los bosques. Estos determinan la ciencia forestal y la selvicultura desde la medición, pasando por la modelización, hasta la protección o la regulación selvícola. Por lo tanto, este libro comienza con una introducción más teórica sobre las propiedades básicas y bastante únicas de los sistemas forestales. Las características del sistema introducidas y sus consecuencias prácticas se trasladan a través de todos los siguientes capítulos.

El estudio de la selvicultura facilita el conocimiento forestal. Así, la atención se centra en las diversas estructuras y procesos, las características del bosque y sus funciones y servicios para los seres humanos y todos los demás seres vivos. Sin embargo, su estudio también instruye en la profesión jurídica, la gestión y la mediación de intereses en la causa del bosque. Después de la introducción sobre las propiedades del sistema y sus implicaciones en la comprensión, exploración y gestión forestal, la última sección del capítulo se refiere a la investigación a gran escala sobre la resolución de la contraposición entre reduccionismo y holismo. El avance en el conocimiento y la comprensión requieren un análisis cada vez más profundo y un enfoque reduccionista. Esto significa estudiar las estructuras y procesos y cómo se relacionan con el entorno, como el clima o la gestión, a un nivel de resolución más elevado, por ejemplo, a nivel de gen o célula. Por otro lado, la gestión forestal requiere una visión holística, es decir, la comprensión de estructuras y procesos de órdenes superiores y a mayor escala, mientras que la aplicación de los tratamientos selvícolas, muchas veces a nivel de rodal o de bosquete, requiere un conocimiento experimentado y práctico sobre las respuestas de la masa forestal a cada tratamiento, en función de las microcondiciones ambientales del área de aplicación y la intensidad del mismo.

Las investigaciones interdisciplinarias y a gran escala pueden lograr encontrar evidencias al nivel más alto de resolución sin perder de vista la relevancia del conocimiento para el bosque en general. Se explica, además, cómo la investigación, con toda la profundidad científica necesaria, puede tener en cuenta tanto la relevancia de sus resultados para el mundo y su medioambiente, como la transferencia de conocimiento.

1.1 Los componentes esenciales del sistema forestal, condiciones ambientales, procesos y estructuras

Las componentes esenciales de un ecosistema son los estructurales, constituidos por los factores abióticos, que determinan las condiciones am-

1.1 Los componentes esenciales del sistema forestal, condiciones ambientales, procesos y estructuras

bientales, y por los factores bióticos, que en unión de los anteriores determinan los principales procesos (componentes funcionales) que se dan en el ecosistema: ciclo del agua, geobioquímicos, flujo de energía, dinámica de las comunidades, etc.

1.1.1 Introducción al concepto de sistema

Un sistema se define a través de los elementos del mismo (estructuras), las relaciones entre estos elementos (procesos) y el comportamiento del sistema (leyes) que resulta de la interacción entre los distintos elementos. El comportamiento y las regularidades del sistema solo se hacen efectivos en el sistema en su conjunto, faltando aún en los elementos individuales del sistema o sus subsistemas. Que una función se reconozca en el sistema o que una función particular destaque de entre varias, depende esencialmente del observador o usuario del sistema (von Bertalanffy 1951 y 1968, Wuketits 1981). Del mismo modo, la delimitación de un sistema de su entorno depende principalmente de los objetivos de observación, los cuales en la mayoría de los casos son naturales.

En una masa forestal se pueden observar elementos del sistema como, el suelo, la vegetación del suelo y árboles con raíces, troncos, ramas, acículas y hojas. Procesos como la fotosíntesis, la respiración, la asimilación o la senescencia, que tienen lugar en y entre los elementos y estructuras del sistema, dan lugar al comportamiento característico del mismo. Los comportamientos del sistema que se pueden observar en masas forestales, como el auto-aclareo (Sección 6.2.3) o la resiliencia del crecimiento por la reducción de la densidad (Sección 6.4.3), no ocurren en los niveles subordinados del sistema (árbol, órgano o inferior), sino que surgen solo a través de la interacción entre elementos o subsistemas (propiedades emergentes). Esto es la base de las leyes a nivel de rodal, que no son visibles cuando se observan los órganos de los árboles o los árboles individuales, pero pueden influir fundamentalmente en ellos.

De acuerdo con la definición de sistema dada anteriormente, podemos observar un sistema en un reloj de arena, pero no en un castillo de arena. Tanto el reloj como el castillo de arena se basan en elementos del sistema. Los elementos del sistema, por un lado, vidrio, arena y soporte, por otros, granos de arena, están en ambos casos estrechamente relacionados entre sí. Para ambos objetos también se puede definir una función, por un lado, la medición del tiempo, por el otro el almacenamiento del material de construcción. Sin embargo, podemos reconocer una diferencia cuando se pregunta por el comportamiento y la regularidad del sistema. El reloj de arena se convierte en sistema al mostrar regularidades (por ejemplo, flujo / unidad de tiempo), de la que sus elementos carecen. En contraste, el castillo de arena es solo la suma de sus elementos. Los sistemas que funcionan sin desgaste, completamente independientes del tiempo (ejemplos: silla, piano), se denominan también sistemas estáticos. Con el estudio de árboles y bosques, este libro se centra en sistemas dinámicos. En los sistemas dinámicos (ejemplos: masa forestal, población de animales, grupo científico de trabajo), en contraste con los sistemas estáticos, existe una dependencia entre los sucesivos eventos temporales, por lo que la historia del sistema tiene una influencia decisiva en su comportamiento futuro.

No es posible tomar en consideración 'todo' en la descripción de sistemas, sino que se debe concentrar en lo esencial, pues la alta complejidad puede ocultar las funciones realmente interesantes. Cualquier intento de describir un sistema conduce a un modelo (Figura 1.1). Los modelos abstraen la realidad para analizar con mayor precisión una función o uso del sistema para los seres humanos. Por ejemplo, se puede modelizar el bosque para estudiar el rendimiento de la producción de madera para consumo humano, su capacidad recreativa o la calidad del hábitat para determinados animales. Un modelo es la representación simplificada de un sistema que facilita el acceso a la comprensión y la investigación. Los modelos son, por lo tanto, ilustraciones de la realidad, en un sentido representativo de la misma. Si un modelo representado gráficamente, como en la Figura 1.1, se transforma en un modelo matemático y luego en un programa informático, se crean un modelo biométrico y un simulador con los cuales se puede simular y analizar el comportamiento del sistema (Berg y Kuhlmann 1993, Bossel 1992).

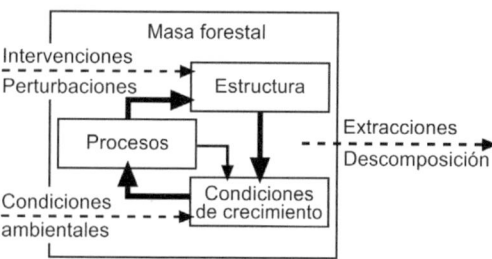

Figura 1.1 Representación esquemática de la relación entre procesos y estructura en masas forestales y su dependencia de las condiciones ambientales. Los árboles pueden cambiar lentamente sus condiciones de crecimiento mediante el crecimiento y la modificación de la estructura (ciclo de control con flechas gruesas), o cambiando sus condiciones ambientales internas rápidamente, por ejemplo, influyendo en la humedad, la concentración de CO_2 o la humedad del suelo (flechas delgadas). Los tratamientos selvícolas y las perturbaciones, así como las condiciones ambientales del entorno (flechas discontinuas) influyen en la estructura y las condiciones ambientales internas (modificado de Hari 1985).

1.1.2 Las masas forestales como sistemas

El modelo conceptual de dinámica forestal que se presenta en la Figura 1.1 muestra la relación entre los procesos y la estructura en las masas forestales y su dependencia de las condiciones de crecimiento. Este modelo es útil para la investigación científica y la regulación selvícola de las masas forestales.

En el análisis y la modelización de las masas forestales deben diferenciarse las condiciones de crecimiento, los procesos y la estructura. Las condiciones de crecimiento (suministro de luz, temperatura, suministro de agua, etc.) impulsan los procesos (absorción de agua, fotosíntesis, incremento del tamaño). Los procesos cambian la estructura (tamaño, morfología, distribución horizontal y vertical de la biomasa dentro de la masa), lo que a su vez permite modificar las condiciones de crecimiento de todos los individuos. Entre los tres componentes existe retroalimentación, la cual se muestra esquemáticamente en la Figura 1.1.

La retroalimentación tiene lugar a diferentes escalas temporales y espaciales. Por ejemplo, las condiciones internas de crecimiento determinan el crecimiento de los pies individuales. Al crecer en tamaño, los árboles pueden modificar su posición dentro de la masa, a través de un ciclo de control de acción lenta (Figura 1.1 flechas gruesas), mejorando su situación inicial y social, y por lo tanto sus condiciones de crecimiento para el año siguiente. Además de este ciclo de control de acción lenta, los procesos como la absorción de agua por las raíces o la respiración también pueden modificar las condiciones de crecimiento directamente en un ciclo de control de acción rápida (flechas delgadas en la Figura 1.1). Estas interacciones pueden tener lugar a diferentes escalas temporales.

Las condiciones ambientales externas pueden verse fuertemente influenciadas por las respectivas estructuras de la masa (posición social, mezcla, densidad), lo que resulta en condiciones de crecimiento individuales. Si un árbol goza de una posición favorable, puede crecer rápido, madurar y multiplicarse más temprano. Con una posición desfavorable, debido a un crecimiento más lento, el árbol pasa a los estratos intermedio o dominado o termina en fracaso. A pesar de un suministro favorable de agua y luz total para la masa, los pies pueden también morir debido a la falta de agua o luz.

Desde el exterior, la dinámica ambiental (factores ambientales, recursos), factores perturbadores (derribo por viento, roturas por nieve, calamidades por insectos), tratamientos selvícolas, es decir, perturbaciones antrópicas (claras, cortas de regeneración, cortas sanitarias), tienen un efecto en la dinámica de la masa. Las extracciones pueden ser pasivas (agua, nutrientes minerales) o activas (biomasa a través del aprovechamiento).

Tanto los tratamientos selvícolas como las perturbaciones modifican principalmente la estructura interna de las masas forestales y, por lo tanto, las condiciones y procesos de crecimiento dentro esta. Por ejemplo, en las claras se eliminan parte de los árboles para reducir la competencia sobre el resto de los individuos. A través

1.1 Los componentes esenciales del sistema forestal, condiciones ambientales, procesos y estructuras

Tabla 1.1 Las condiciones ambientales internas de la masa (A), los procesos (P) y las estructuras (E) se pueden medir, analizar y modelizar a diferentes escalas temporales (minutos a siglos) y espaciales (de punto a ecosistema). Para condiciones medioambientales (A), se muestran ejemplos de procesos (P) y estructuras (E).

	Escala temporal	
Escala espacial	Escala a corto plazo (Minuto, hora, día)	Escala a largo plazo (Año, década, vida)
Escala reducida (Punto, árbol, biogrupo, hueco)	A: Claros de luz, ramoneo	A: Compactación del suelo, alelopatía
	P: Apertura y cierre de estomas	P: Muerte, descomposición
	E: Formación de células y anillos	E: Alometría del tallo y la raíz
Gran escala (Masa, ecosistema)	A: Sequías, heladas	A: Cantidad de nutrientes, deposición
	P: Fotosíntesis, Respiración	P: Crecimiento de la masa, regeneración
	E: Metidas de crecimiento, floración	E: Volumen, densidad, estructura vertical

de este cambio estructural, el suministro de luz y agua para los pies restantes puede mejorar y, por lo tanto, acelerar el crecimiento.

1.1.3 Condiciones ambientales, procesos y estructuras a diferentes escalas

Las condiciones ambientales, los procesos y las estructuras de las masas forestales se pueden medir, analizar y modelizar a escalas muy diferentes, tanto temporales (de minutos a siglos), como espaciales (desde un punto hasta el rodal) (Tabla 1.1 y Figura 1.18).

Dependiendo del objetivo, las condiciones ambientales dentro de la masa pueden ser de interés con una resolución temporal y espacial alta. Por ejemplo, la ocurrencia a corto plazo y ocasional de claros en el dosel, con su influencia sobre la luz recibida en el sotobosque, o ráfagas de viento que pueden llevar a la rotura mecánica de ramas en la copa. Ejemplos de condiciones ambientales de interés para resoluciones temporales y espaciales más bajas son la dinámica de iluminación según la apertura del dosel, el estrés por sequía causado por cambios climáticos o la falta de nutrientes debido a la extracción de la biomasa. Las condiciones ambientales influyen en los procesos y dan lugar a distintos patrones y estructuras. Generalmente, en los estudios se registran las condiciones ambientales tanto externas como internas con el objetivo de describir su efecto en los procesos que están teniendo lugar y las estructuras de masa resultantes, así como identificar los patrones entre causas y efectos.

De forma similar a las condiciones ambientales, puede ser interesante conocer los procesos y estructuras con una alta resolución temporal y espacial. Por ejemplo, son de interés las tasas fotosintéticas a corto plazo o la intercepción y absorción de agua en hojas y raíces, respectivamente; así como la creación de estructuras celulares en los anillos de crecimiento o de estructuras ramificadas en las raíces durante periodos de sequía o después de una fertilización. Sin embargo, también puede ser importante conocer procesos más lentos y en superficies más grandes, como la regeneración de una masa por dispersión natural o el desarrollo de la estructura tridimensional del árbol y la masa.

No existe una única escala correcta o más importante, sino que es el interrogante el que determina la elección adecuada del nivel de visualización y estudio. Es particularmente revelador cuando los estudios se desarrollan sobre al menos dos escalas. Así el crecimiento en masas puras y mixtas se debe examinar no solo cada diez años y a nivel de rodal, sino también anualmente y a nivel de árbol individual. De este modo, por ejemplo, los resultados permiten obtener conclusiones no solo sobre las cortas convenientes en poblaciones mixtas frente a puras, sino también explicar por qué el incremento es diferente, qué especies o qué clase social causa las diferencias entre mixtas y puras, etc. Los hallazgos a un determinado nivel de visualización y estudio (por ejemplo, década y rodal) a menudo se pueden explicar causalmente a un nivel de resolución temporal y espacial más alto (por ejemplo, año, árbol), siempre que se combinen las dos escalas de estudio (Sección 1.1.4).

De los atributos del sistema contenidos en la Tabla 1.1, solo las condiciones ambientales (A) y las características estructurales (E) son fácilmente cuantificables mediante mediciones. Las condiciones de crecimiento de la masa y del árbol individual se pueden determinar midiendo parámetros físicos como temperatura, radiación y concentración de nutrientes o cuantificando determinados índices. De manera similar ocurre para las estructuras del árbol individual y de la masa: la morfología del árbol individual se puede registrar y describir, entre otros, midiendo la altura del árbol, el radio y la altura de la copa, la longitud de las ramas, el tipo de ramificación y la estructura de las acículas o del follaje (Kramer y Akça 1995, Prodan 1965). Los procesos de fotosíntesis, asimilación y respiración, así como los ciclos a corto plazo y a pequeña escala son mucho más difíciles de medir. Los procesos a largo plazo y a mayor escala se pueden aproximar mediante la repetición de mediciones de cambios estructurales en el estado del árbol o de la masa (altura, diámetro, leño temprano/leño tardío, etc.).

Al registrar las estructuras de los bosques y las dimensiones de los árboles individuales en periodos de cinco años, la investigación clásica sobre el crecimiento forestal, al mismo tiempo que registra las "fuerzas impulsoras" que son esenciales para el desarrollo de la masa y del árbol individual, recopila una base de datos adecuada que permite establecer relaciones estadísticas entre estas fuerzas impulsoras y los patrones de reacción de árbol y masa (Figura 1.1). Estas relaciones estadísticas posibilitan la construcción de modelos de crecimiento estadísticos sin la necesidad de un conocimiento en profundidad de los mecanismos subyacentes (Sección 9.3-9.5). En contraste, las investigaciones ecofisiológicas pueden revelar relaciones mecanicistas entre las condiciones ambientales, los procesos y las estructuras, llegando a crear modelos de crecimiento de base mecanicista (Sección 9.6). Muchos de los modelos y simuladores de crecimiento más comunes se basan en componentes estadísticos y mecanicistas. Por ejemplo, la fotosíntesis y la respiración ya se conocen suficientemente bien, por lo que se pueden modelizar mecanicísticamente. Por otro lado, la mortalidad de los árboles y el proceso de auto-aclareo de la masa son menos conocidos y, por lo tanto, se modelizan estadísticamente.

1.1.4 Escalas de la investigación del crecimiento forestal

Con niveles de observación temporal y espacial que van de segundos a miles de años y de moléculas a unidades de paisaje, la complejidad de los procesos y estructuras aumenta. Nuestro conocimiento va disminuyendo desde los procesos fisicoquímicos a nivel molecular y celular hasta los procesos de evolución y sucesión a nivel de ecosistema y paisaje. Los procesos y estructuras a un nivel de agregación más alto son mucho más difíciles de acceder experimentalmente (Leuschner y Scherer 1989, Müller 1992). La Figura 1.2 muestra a qué ventana de observación espacio-temporal se enfoca comúnmente la investigación del crecimiento y la producción forestal. La escala espacial varía desde los órganos de los árboles (por ejemplo, el análisis de la forma de la copa) a una escala regional (por ejemplo, previsiones de ingresos por venta de madera a gran escala), la escala temporal de días (por ejemplo, mediciones dendrocronológicas electrónicas) hasta décadas y siglos (por ejemplo, al repetir mediciones en ensayos de claras). Por lo tanto, la investigación del crecimiento forestal se centra en procesos que son bastante lentos y que se ejecutan desde una escala mediana hasta la gran escala.

Un aspecto importante a considerar es que los procesos lentos con una mayor integración, que tienen lugar a escala mediana y grande, son más que la suma de los subprocesos subordinados jerárquicamente. La retroalimen-

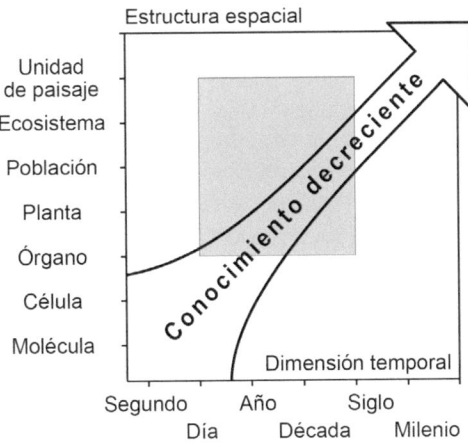

Figura 1.2 La ventana de observación espacio-temporal de estudio del crecimiento forestal (sombreada en gris) implica un alto grado de complejidad del sistema y dificulta la investigación experimental (según Leuschner y Scherer 1989).

tación entre los procesos entre las mismas o diferentes jerarquías determina el comportamiento característico de los biosistemas, que no se revela a partir de la consideración aislada de sus procesos subyacentes. Por ejemplo, enfoques de investigación y modelización reducidos a procesos del suelo o de la fisiología de las plantas que se desarrollaron en la década de 1980, en el marco de la investigación de daños forestales, llevaron a la predicción de profundas tasas de desestabilización y extinción futuras que no han tenido lugar. En la mayoría de los casos, se sobreestimaron los efectos de factores estresantes específicos en el crecimiento de la masa, y se subestimó la capacidad de amortiguación a distintas escalas de los ciclos de control y de estabilización. Por ejemplo, los escenarios predichos con algunos modelos de procesos de alta resolución apenas se han observado en áreas con estrés biótico y abiótico sostenido. Por supuesto, las medidas de control de la contaminación del aire también han contribuido a la estabilización y recuperación de las masas forestales, alejando su situación de las peores predicciones. Por lo tanto, es importante tener en cuenta que el conocimiento resultante de investigaciones sobre ecosistemas de alta resolución tempo-ral y espacial, de células, acículas o puntas de raíces, no se pueden extender por defecto al comportamiento general del sistema en su conjunto. Asimismo, poco se puede concluir acerca de cualquier posible causa de desestabilización obtenida a partir de estudios estadísticos en intervalos de 5 años a gran escala.

A pesar de la precisión experimental, los resultados sobre los subprocesos químicos, bioquímicos o fisiológicos del suelo obtenidos con alta resolución espacial y temporal no pueden reemplazar en modo alguno los estudios con mayor integración temporal y espacial, como la investigación del crecimiento forestal en parcelas experimentales a largo plazo. En particular, la información contenida en las series históricas de las parcelas experimentales es indispensable para una comprensión integral del sistema. Debido a que el comportamiento del crecimiento representa la integración y el resultado a largo plazo de los subprocesos e interacciones subyacentes, se puede entender qué procesos se detienen antes de llegar al nivel superior.

1.2 Características y propiedades de los sistemas forestales. Consecuencias para la ciencia y la práctica

La siguiente introducción a las propiedades más importantes de los sistemas y masas forestales es esencial para la comprensión, investigación, modelización y tratamiento selvícola. Entre otras cosas, las características del sistema explican por qué las ecuaciones exponenciales son tan adecuadas para la descripción del crecimiento del árbol, por qué los experimentos a largo plazo son indispensables o por qué los estudios siempre deben basarse en al menos dos escalas temporales y espaciales. Esta introducción teórica puede ser más importante que algunos conocimientos prácticos detallados en los Capítulos 2-11.

1.2.1 Los árboles y las masas forestales son tanto medio de producción como producto

La frase "la madera solo crece de la madera" expresa la unión entre medio de producción y producto característicos de los árboles y las masas forestales. El crecimiento de la madera y los productos madereros resultantes solo se pueden desarrollar si existe madera disponible como soporte del meristemo y, por lo tanto, como medio de producción. Esta característica, aparentemente evidente pero trascendental para medir, comprender y modelizar árboles y masas forestales, se refleja, por ejemplo, en los anillos de crecimiento concéntricos. Durante cada temporada de crecimiento, el cuerpo del árbol ya existente y se incrementa formando otra capa (Figura 1.3). Por supuesto, el crecimiento anual de la madera no se puede extraer sin destruir el árbol. A lo sumo, partes como el corcho o la resina se pueden quitar del árbol sin matar el árbol y, por lo tanto, manteniendo el medio de producción. Al no eliminar la madera, sino acumularla o prácticamente reinvertirla, como un tipo de interés, se crea, particularmente en la fase juvenil, un incremento exponencial del volumen. La unión y dependencia entre el medio de producción y el producto, el interés y el capital, traen consigo las siguientes peculiaridades científicas y prácticas de los árboles y, en consecuencia, también de las masas forestales.

1.2.1.1 Relación entre el volumen de madera del árbol y su crecimiento

El crecimiento está conectado físicamente al árbol dado que es el resultado de la división celular del cambium, el cual se encuentra justo debajo de la corteza y cubre toda la superficie del tallo y las ramas del árbol. Cuanto más grande es esta superficie exterior del árbol, más grande es la superficie cambial o superficie de crecimiento (Figura 1.3). Cuanto más grande es el árbol, más grande es la superficie que ocupa su sistema radical y la cantidad de terminaciones radicales absorbentes que puede usar para absorber el agua y los nutrientes del suelo y así poder crecer. Como resultado, el crecimiento del árbol aumenta a medida que aumenta su tamaño, incluso hasta edades avanzadas (Sección 3.1.7). Las caídas del crecimiento se deben principalmente a daños abióticos (por ejemplo, sequía, embolismo, o derribos por viento o nieve) o bióticos (por ejemplo, infestación por hongos o insectos, virosis etc.) (ver capítulo 10), y su consiguiente impacto, en el crecimiento. En definitiva, todo lo que deteriore o perjudique el correcto funcionamiento de la superficie meristemática.

Los árboles pequeños con superficie meristemática más pequeña crecen menos en términos absolutos, aunque no sea así en términos relativos. Por el contrario, los árboles grandes crecen más en términos absolutos y menos en términos relativos. La dependencia que el crecimiento tiene del tamaño actual del árbol explica por qué cuando se intenta identificar los factores que influyen en el crecimiento, por ejemplo desarrollando un modelo, el factor determinante más importante en el crecimiento es siempre el propio tamaño real del individuo.

El incremento de tamaño del árbol sigue un proceso similar al interés compuesto con el tamaño inicial como capital, el porcentaje de crecimiento como tasa de interés y el incremento del tamaño como ingreso por intereses o renta. Por lo tanto, el incremento del tamaño hasta el año n se puede trazar utilizando la fórmula del interés compuesto $(K_n = K_0 \times (1+p)^n)$ con las variables tamaño inicial K_0 (capital inicial), tamaño final (capital final) y porcentaje de crecimiento, p (tasa de interés). La fórmula del interés compuesto también se puede convertir en una ecuación exponencial, más comúnmente utilizada en ciencias naturales $K_n = K_0 \times e^{p \times n} \approx K_0 \times (1+p)^n$. Dependiendo de su calidad del fuste, los árboles jóvenes pueden ser mejores o peores medios de producción (Figura 1.3, a o b). Si bien la madera pura o el incremento de masa en ambos casos es muy similar, la calidad del producto final también depende en gran medida de la calidad del árbol joven. Con una buena ca-

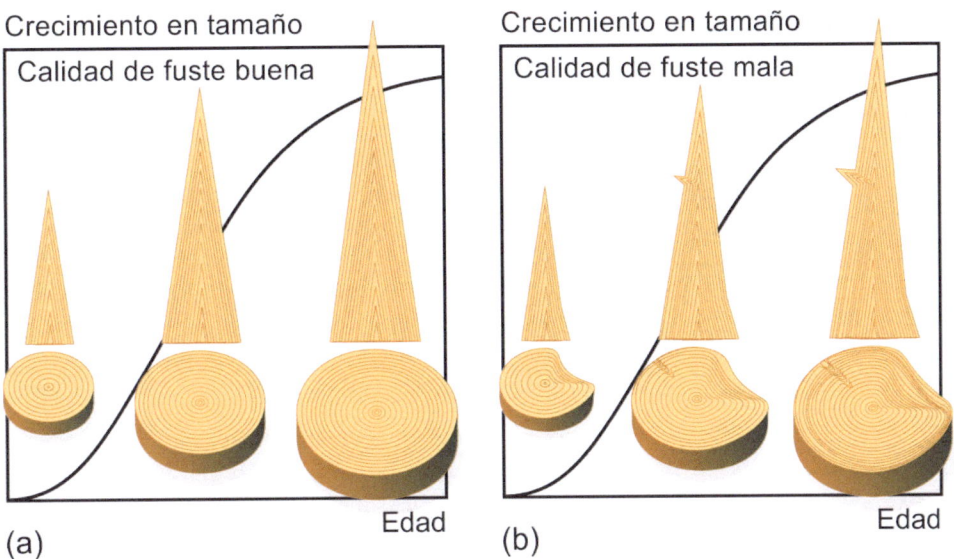

Figura 1.3 Los meristemos en la superficie del tronco y las ramas producen una capa de madera y un aumento en el tamaño del árbol y la superficie del meristemo que aumenta con la edad. (a) Estructuras de partida regulares y sin nudos dan como resultado una buena calidad del fuste. (b) Si el mismo crecimiento de la madera se deposita en estructuras de partida irregulares, con nudos y descentradas, la calidad del fuste resultante es mala.

lidad de fuste de salida, el efecto compuesto se traduce en un alto aumento del valor, con una calidad de salida desfavorable, lo correcto sería, entre otras cosas, realizar un aprovechamiento temprano (claras) para promover los árboles de mejor calidad. Al extender la fórmula básica de la estructura exponencial (anabolismo) a los términos de retroceso, decaimiento y recesión (catabolismo), surgen las ecuaciones de crecimiento y de volumen total, que se analizan con más detalle en el Capítulo 3. La unión entre el medio de producción y el producto, por lo tanto, resulta en la idoneidad de las funciones de crecimiento exponencial de volumen para la modelización y predicción del desarrollo del árbol y de la masa forestal (consultar las Secciones 3.1.5 y 3.1.6).

En otras industrias, la madurez y el valor del producto están sincronizados. El tiempo de cosecha de manzanas, lúpulo o vino se determina simplemente por el grado de madurez biológica; la producción de automóviles o libros se completa cuando se alcanza la funcionalidad completa. La unión entre el medio de producción y el producto hace que la determinación de la madurez y el valor del producto sea más complicada que en otros sectores de la economía. En qué fase de desarrollo se aprovecha un árbol, es decir, el medio de producción (estructura de sostén del crecimiento) se transforma en producto (madera en rollo, papel, leña), es una cuestión clave de la selvicultura. La determinación del periodo de aprovechamiento o turno requiere, entre otras cosas, de información sobre el valor actual y futuro, así como del riesgo asociado estimado y, en última instancia, depende de los objetivos ecológicos, económicos y sociales del propietario forestal.

1.2.1.2 Relación entre las existencias de madera y el crecimiento del rodal

También a nivel de masa existe una relación característica entre el volumen de la masa principal y su crecimiento (Figura 1.4). Por lo tanto, el determinante más importante del

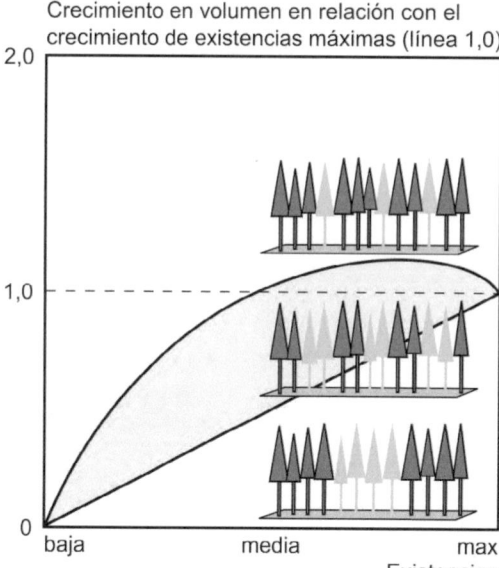

Figura 1.4 En principio, el crecimiento de la masa aumenta a medida que aumenta el volumen. Este hecho, respaldado por muchos experimentos, se expresa con el dicho forestal "la madera crece de la madera". El corredor gris muestra una representación esquemática del espectro de reacciones del crecimiento a diferentes niveles volumétricos. Cuanto más uniformemente se distribuyan los aprovechamientos en la superficie, más fácilmente se amortigua la pérdida de crecimiento por el volumen remanente (véase también la Figura 1.18).

crecimiento corriente de la masa por hectárea, para una calidad de estación determinada, es el volumen de existencias, ya que en última instancia el crecimiento anual de la madera se consigue a partir de las existencias. Suponiendo una masa a una edad determinada en un sitio determinado, el volumen varía entre diferentes parcelas. Las parcelas con un volumen bajo presentan un crecimiento bajo, y este aumenta con el incremento del volumen en pie (Figura 1.4, de izquierda a derecha). La pendiente puede ser lineal (límite inferior del corredor), seguir una curva óptima unimodal (límite superior del corredor) o intermedia (área gris).

La respuesta del crecimiento a la reducción de la densidad o existencias depende, entre otras cosas, de la naturaleza de la intervención selvícola, la estructura de la masa, la composición de especies y de las condiciones de la estación. Si se eliminan los árboles en una superficie de una masa regular pura o mixta, el crecimiento disminuye con el volumen continuadamente, puesto que no se genera crecimiento en la superficie cortada. El crecimiento por lo tanto aumenta en proporción a la superficie ocupada, o invensarmente proporcional a la superficie del hueco creado. La relación densidad-crecimiento para este ejemplo representado en el dibujo inferior de la Figura 1.4, se localiza por lo tanto en el área inferior del corredor que se muestra en gris en la Figura (relación lineal).

Si la reducción del volumen no se produce en forma de huecos sino que se distribuye por toda la superficie, como es habitual en las claras, la masa remanente puede compensar parcialmente la reducción en las existencias ya que los árboles que quedan en pie aumentan su crecimiento en diámetro debido a la mayor entrada de luz y disponibilidad de nutrientes provocadas por la clara. En este caso la relación entre crecimiento y volumen sigue una relación unimodal que, según la especie, la edad y la estructura de la masa, se encuentra en el parte inferior (menos plástica, mayor edad, o estructura regular), la parte media o la superior del corredor gris en la Figura 1.4. Esta última incluso puede aumentar la producción con respecto a la masa sin aclarar (especie más plástica, masa joven, mayor estructuración vertical). Si llega a producirse una disminución del crecimiento debido a la clara, ésta se va ralentizando según se va cerrando la superficie de copas, proceso que suele durar entre 5-6 años según la clara realizada y las características de la masa.

Particularmente resilientes a las fluctuaciones de las existencias son las masas irregulares con múltiples pisos. En estas masas las reducciones del volumen por aprovechamientos se pueden amortiguar, compensar de manera más rápida y completa, o incluso sobre-compensar por el crecimiento de la masa remanente, ya que ocupan mejor el espacio libre al pertenecer a distintos estratos (Figura 1.17). Por lo tanto, la vinculación entre medio de producción y producto también es válida a nivel de masa.

1.2 Características y propiedades de los sistemas forestales. Consecuencias para la ciencia y la práctica

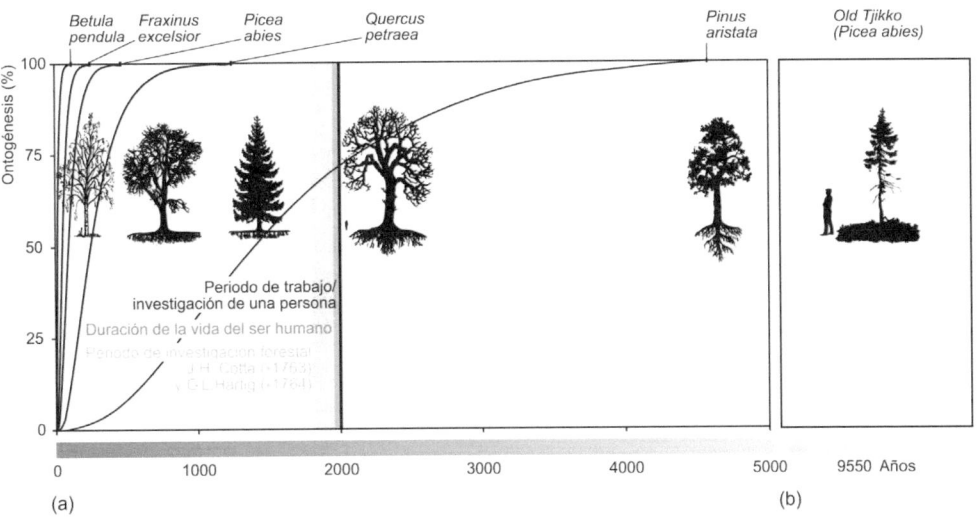

Figura 1.5 Diferencias de escala espacial y temporal entre seres humanos y árboles. (a) Comparados con la vida útil de la mayoría de las especies forestales, la vida laboral de un ser humano (franja vertical negra), su vida (gris oscuro), pero incluso el desarrollo de la ciencia forestal desde JH Cotta (* 1763, † 1844) y GL Hartig (* 1764, † 1837) (gris claro) son muy breves. Los árboles más altos (120-130 m) son casi cien veces más grandes que un ser humano (compárense los seres humanos a la izquierda del roble en el centro de la imagen). (b) La pícea (*Picea abies* L.) "El viejo Tjikko" en el centro de Suecia es el árbol más viejo conocido en el mundo con 9.550 años. Tiene solo unos pocos metros de altura (comparar con la persona bajo el árbol). Su edad, sin embargo, supera al árbol hallado en el oeste de América del Norte "Brannenkiefer" (Pinus aristata ENGELM.), considerado anteriormente como la especie arbórea más longeva.

1.2.2 Longevidad y tamaño de los árboles

1.2.2.1 Significado de la elevada longevidad

Si clasificamos al ser humano según la longevidad en una escala de potencias de diez, se hace visible una propiedad específica que es particularmente importante para el análisis, representación y modelización de árboles y masas forestales.

Árboles	10^4 años
Ser humano	10^2 años
Mamíferos grandes	10^1 años
Gramíneas, herbáceas	10^0 años
Insectos	10^{-1} años
Bacterias	10^{-2} años

Esta recopilación muestra que los árboles y las masas forestales son más longevos en comparación con la mayoría de organismos animales y vegetales, y también en comparación con la esperanza de vida de los seres humanos, por varias potencias de 10. En comparación con la vida útil de las bacterias, los árboles pueden vivir 10^6 veces más, por así decirlo, una eternidad (Figura 1.5). En comparación con los árboles más viejos del mundo (~ 10,000 años), el ser humano (~ 100 años) vive solo una centésima parte, lo que equivale a una relación de 10^{-2}.

Una pícea descubierta por L. Kullmann de la Universidad de Umeå en el centro de Dalarna, con 9.550 años de edad, es el árbol más antiguo descubierto en el mundo. Los análisis muestran que el árbol se asentó allí hace casi diez mil años, se propagó repetidamente a través de ramificaciones y desde entonces ha sobrevivido en un clon idéntico (Walentowski 2008). La pícea se compone de cuatro generaciones con material genético idéntico. El tronco que se yergue en la imagen (Figura 1.5b) representa la parte más joven, de aproximadamente 375 años de edad, los brotes a nivel del suelo representan los órganos más viejos del árbol. La edad de esta y otras píceas viejas en Suecia resultan de especial interés ya que muestran que la pícea tenía refugios glaciares en el norte de Europa y no migró hacia el sur hasta después de la Edad de Hielo.

Los experimentos sobre el crecimiento de bacterias, insectos, cereales, hierbas o mamíferos se pueden hacer en horas, días, algunos días o meses. Sin embargo, los experimentos sobre el crecimiento de los árboles requieren con frecuencia continuidad durante varias generaciones de investigadores. Por ejemplo, los experimentos de claras más antiguos en estudios experimentales a largo plazo en Baviera se remontan a los años 1870 a 1880 y se han llevado a cabo de acuerdo con un diseño claramente definido. En España las experiencias de claras son algo menos antiguas, ya que comenzaron en los años 60 del siglo pasado. En las parcelas de experimentación a largo plazo, los programas de tratamiento definidos se implementan en intervalos de aproximadamente 3 a 15 años, registrando las dimensiones más importantes de los árboles y la masa en pie y/o extraída. Las parcelas experimentales a largo plazo poseen características diferentes a las parcelas de inventarios forestales o a las crono-secuencias. En general, se caracterizan por seguir un establecimiento, mediciones y evaluaciones estandarizadas, en algunos casos mediciones espaciales explícitas de la estructura de pies y del rodal, y por un control del diseño experimental sobre una base cuantitativa (incluyendo en algunos tratamientos extremos para su estudio). Como norma general se toman como referencia parcelas no intervenidas. Además, las parcelas de experimentación a largo plazo a menudo se distinguen de otras fuentes de información al incluir condiciones de *ceteris paribus* (mediante la repetición de experimentos con diferentes condiciones de estación), mediciones de la masa anterior y posterior en la misma estación, la integración de distintos niveles de organización (desde órganos del árbol, árbol individual a rodal) y por el almacenamiento y tratamiento de datos estandarizados y formatos de intercambio para la transferencia de datos entre instituciones de investigación (ver Pretzsch et al. 2019).

Por ejemplo, en un período de observación de solo unos pocos años o décadas, podría pasar inadvertido que las diferentes especies y/o procedencias difieren solo a partir de una edad media o avanzada, que las reacciones a las claras y la fertilización pueden disminuir de nuevo después de unos pocos años, o que existe competencia en las masas mixtas durante un período de tiempo más prolongado y puede llevar a la supresión de una o más especies dominadas. La Figura 1.6 muestra la evolución a largo plazo de (a) la productividad total (b) del crecimiento corriente medio en volumen y (c) del volumen en pie para una parcela experimental de procedencias de abeto Douglas. Las mediciones a largo plazo muestran que inicialmente no hay diferencias importantes en la productividad total, pero la procedencia Darrington mostró una superioridad de aproximadamente 500 m^3 ha^{-1} hasta la edad de 60 años en comparación con la procedencia Salmon Arm. Ya que la parcela experimental también incluye subparcelas de pícea, se ve claro que la superioridad de ésta en la fase juvenil se traduce en una marcada inferioridad en edades medias y avanzadas (Figura 1.6a). Además, la observación a largo plazo muestra que la mayoría de las procedencias en fase juvenil son muy similares a la tabla de producción de Bergel (1985), etiquetada como ET I.0 en la Figura 1.6. Sin embargo, a medida que la masa se desarrolla, los valores exceden cada vez más los esperados según la tabla de producción. Por ejemplo, el crecimiento periódico medio en volumen de la procedencia Darrington y Vader a la edad de 60 años es aproximadamente un 100 % más alto que los valores esperados a partir de la tabla de producción (Figura 1.6b). Los volúmenes de todas las procedencias aumentan mucho más allá de los niveles de volumen de la tabla de producción hasta la edad de 60 años (Figura 1.6c).

Las diferencias entre las distintas procedencias en productividad, calidad y resiliencia, así como las cortas en comparación con la pícea, solo se revelan a través de los experimentos a largo plazo. La limitación de los experimentos a las fases iniciales de regenerado o repoblado habría producido un cuadro incompleto y una mala interpretación del potencial de desarrollo de las es-

1.2 Características y propiedades de los sistemas forestales. Consecuencias para la ciencia y la práctica   13

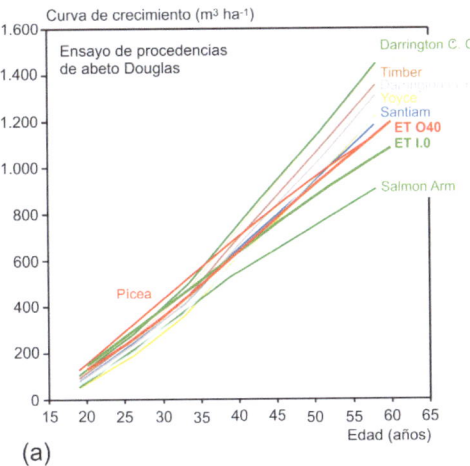

(a)

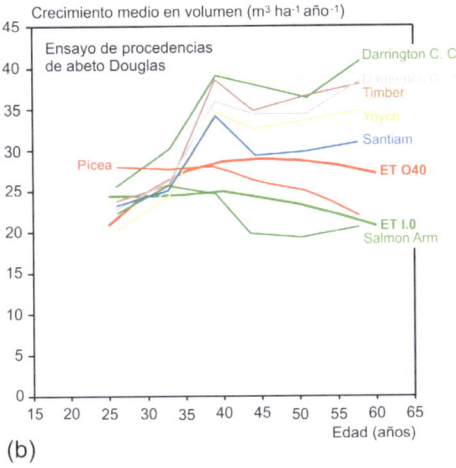

(b)

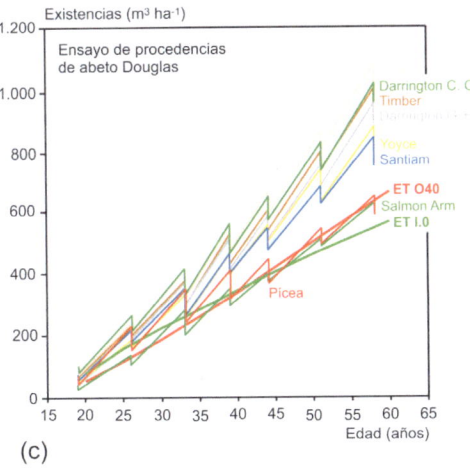

(c)

pecies y procedencias. Este ejemplo debe servir para demostrar el valor único y la información insustituible de las parcelas experimentales a largo plazo.

Desde la década de 1970, se obtiene el estado de las masas forestales cada vez en mayor medida por medio de inventarios forestales. La diferencia clave entre las dos fuentes de información se basa en que los experimentos de productividad a largo plazo revelan relaciones de causa y efecto. Los inventarios, por otro lado, ofrecen estimaciones no distorsionadas del estado a gran escala, así como del desarrollo de bosques, mediante la estimación de determinadas variables como por ejemplo la composición de especies, el volumen de la masa, superficie foliar o madera en descomposición. Los inventarios suelen representar condiciones medias, como la densidad media, proporciones de mezcla, crecimiento sin fertilización activa, pero no suelen cubrir situaciones extremas (por ejemplo, crecimiento del árbol en solitario o densidad máxima). Sin embargo, estos extremos son particularmente útiles para comprender y modelizar el crecimiento de árboles y rodales, por lo que con frecuencia se incluyen en dispositivos experimentales permanentes. Los inventarios forestales y las parcelas de experimentación a largo plazo sirven para diferentes propósitos, proporcionan información diferente y pueden complementarse, pero no reemplazarse entre sí (von Gadow 1999, Nagel et al. 2012).

En ausencia de parcelas experimentales permanentes que proporcionan observaciones a largo plazo del desarrollo del árbol o la masa con la edad (serie temporal real), se pueden desarrollar series de crecimiento (serie temporal artificial) mediante cronosecuencias, que se construyen inventariando rodales que, siendo adyacentes

Figura 1.6 Superioridad a largo plazo de los abetos Douglas para diferentes procedencias en comparación con la pícea en un ensayo procedencias (Kosching 95, Alemania). Se muestran la productividad total, incremento periódico medio en volumen y el volumen del abeto Douglas de diferentes procedencias y de la pícea en comparación con las tablas de producción para abeto Douglas de Bergel (1985) (ET I .0, verde) y para pícea de Assmann y Franz (1963) (ET O40, rojo).

Figura 1.7
Representación esquemática del concepto de serie de edad real (arriba, de izquierda a derecha) y serie de crecimiento artificial o secuencia temporal (derecha, de arriba a abajo) para el estudio del desarrollo generacional de un bosque de montaña mixto.

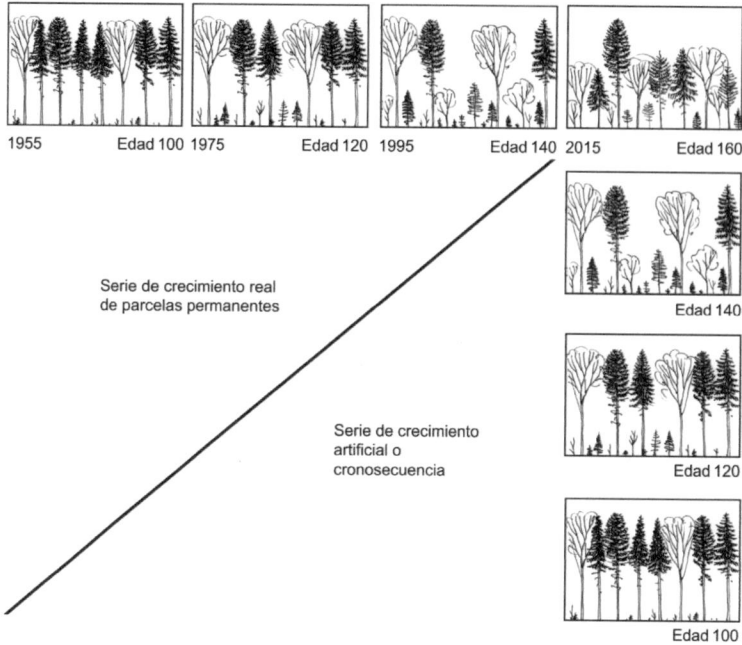

espacialmente o desarrollados en sitios con calidades de estación similares, cubren el espectro de edad deseado (Figura 1.7). De esta manera, para una estación determinada se establecen un conjunto de áreas o parcelas de observación de productividad en las que se miden todos los incrementos y, si es necesario se extraen muestras de barrenas del fuste para reconstruir el crecimiento, y que cubran todo el rango de edad a examinar (por ejemplo, edad 40-100) o las fases de desarrollo (clases naturales de edad). Así la serie de parcelas representan la sucesión temporal del desarrollo de la masa en la calidad de estación o condiciones de sitio escogidas (Figura 1.7). Al medir el desarrollo pasado de las parcelas por medio de mediciones de la metida anual (crecimiento de entrenudos) en coníferas, anillos de crecimiento en diámetro, o mediante análisis de tronco, se pueden desarrollar series de crecimiento, y es, por tanto, también posible verificar si los elementos de la serie temporal real siguen el curso de la serie temporal artificial. Especialmente valiosas son los datos de crecimiento en altura de las series de crecimiento, debido a su menor dependencia de los tratamientos selvícolas. En el pasado, el concepto de series de crecimiento o cronosecuencia se utilizaba predominantemente para registrar los valores totales y medios de masas puras y regulares, por ejemplo, para la construcción de tablas de producción (Rojo y Montero 1996). No obstante, también se pueden utilizar para el estudio de la conversión de masas puras a mixtas, así como la estructura y productividad de masas mixtas (Ruiz-Peinado et al. 2018). Esto se debe a que, hasta ahora, para muchas de las preguntas actuales no existen parcelas experimentales permanentes que ofrezcan la información cuantitativa correspondiente. El reemplazo de las series temporales reales por artificiales siempre tiene el inconveniente de que las parcelas espacialmente adyacentes, ensambladas artificialmente, a menudo no son lo suficientemente similares en su ubicación, tratamiento y composición genética para ser consideradas análogas a la sucesión temporal (Pretzsch 2009, pp. 145-148). Además, no se conoce la historia pasada de cada una de las masas, que podría haber condicionado su desarrollo.

La longevidad de los árboles y masas forestales también determina la importancia de las tablas de producción, los modelos de árbol individual y los simuladores de crecimiento forestal para la

1.2 Características y propiedades de los sistemas forestales. Consecuencias para la ciencia y la práctica

ciencia forestal y la silvicultura. Antes de llevar a cabo un cultivo a gran escala de una nueva variedad de girasol, colza o maíz, su crecimiento y gestión pueden probarse experimentalmente a corto plazo. Esto es posible cuando se experimenta con organismos cuya esperanza de vida es una o más de diez veces menor que la de un ser humano. Por el contrario, programas de gestión selvícola nuevos para masas forestales no pueden probarse experimentalmente debido a los largos períodos de tiempo en los que se extienden; después de completar tales ensayos, los modelos de conservación y tratamiento selvícolas desarrollados probablemente quedarían, de nuevo, desactualizados.

Por lo tanto, de la investigación llevada a cabo mediante experimentos de crecimiento forestal se derivan leyes que, a su vez, se combinan generalmente en modelos de crecimiento. Con estos modelos, es posible la replicación del crecimiento de la masa en distintos intervalos de tiempo. Del mismo modo, se pueden hacer simulaciones con otras condiciones de sitio o pequeñas variaciones de los tratamientos selvícolas, siempre que no se extrapole del rango de datos utilizado. Con los modelos se pueden obtener mediante simulaciones las consecuencias selvícolas, económicas y ecológicas de los programas de tratamiento o de perturbaciones. Por lo tanto, usando modelos, no es siempre necesario tener que diseñar nuevos experimentos para responder a nuevas preguntas. Al utilizar modelos de crecimiento como una herramienta de investigación, los experimentos se pueden reemplazar en cierta medida.

La Figura 1.8 muestra un ejemplo del análisis de un escenario con el simulador SILVA (Pretzsch et al. 2002). Desde una condición inicial a la edad de 30 años, se simula el desarrollo de la picea (rojo) y del haya (verde) de 30 a 100 años con diferentes tratamientos selvícolas. El desarrollo de la masa se muestra para (A) sin tratamiento silvícola, (B) para claras a favor del haya, (C) transición a masa irregular (D) para corta a hecho a la edad de 100 años. Estas simulaciones muestran las consecuencias a largo plazo de varios tratamientos selvícolas para la conservación de recursos, la salud y la vitalidad,

la productividad, la biodiversidad, la protección y los beneficios socioeconómicos. Los modelos y simuladores subyacentes se basan en mediciones de parcelas experimentales permanentes. Los pronósticos o escenarios son, por lo tanto, tan buenos como la base de datos subyacente.

1.2.2.2 El significado del tamaño

Con unos 120 m, los árboles más altos de los bosques costeros de Australia y América del Norte alcanzan una altura que es muchas veces más grande que la de los seres humanos (Koch 2004). Sin embargo, a pesar de las alturas finales relativamente más bajas de los árboles en Europa Central y en la región Mediterránea, con alturas máximas en torno a 50 y 30 m respectivamente, estas siguen siendo elevadas dificultando la medición precisa de la altura y otras variables relacionadas con la copa y, por lo tanto, su uso en la gestión práctica (inventario, gestión forestal, medición de la madera en rollo) y en la investigación (ecología forestal, ciencia del crecimiento, selvicultura). Los árboles adultos son, por tanto, 20-70 veces más altos que los humanos y, en consecuencia, menos accesibles para realizar muchas mediciones en comparación con los cultivos agrícolas.

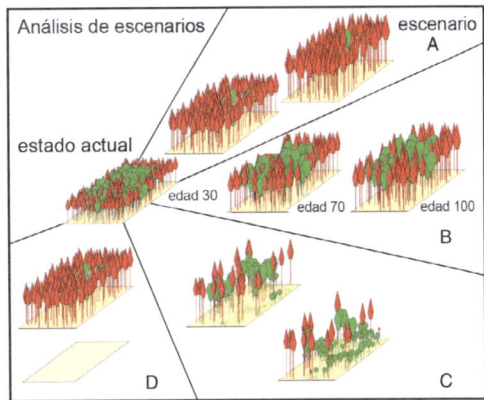

Figura 1.8 Uso de modelos de crecimiento forestal para el análisis de escenarios. A partir de un estado inicial, los modelos de simulación permiten predecir las consecuencias a largo plazo de las diferentes opciones A, B, C y D en términos de sus efectos sobre las funciones y servicios de las masas forestales. De esta manera, es posible determinar con qué funciones y servicios se llega a un estado deseado y cómo este se puede desarrollar mejor a partir de un estado inicial.

Figura 1.9 La diferencia de tamaño entre los árboles y los seres humanos hace que sea difícil de medir o experimentar con ellos. (a) Andamios para la medición de la reacción al estrés y (b) sistema de tubos para la fumigación al aire libre de las copas de los árboles con ozono. (c) Grúa para mediciones fisiológicas y dendrométricas en la copa de árboles adultos. (d) Construcción de techos debajo de las copas de los árboles para estudiar el efecto de una reducción de la precipitación y el estrés por sequía. Se muestra la infraestructura de las parcelas de experimentación de masas mixtas de picea-haya en el bosque de Kranzberg cerca de Freising / Sur de Baviera (fotos (ac) K.-H. Häberle y (d) L. Steinacker).

Esta característica intrínseca de los árboles, su gran tamaño, tiene una gran repercusión sobre la investigación forestal. Las dificultades son aún más evidentes cuando se comparan con plantas herbáceas más pequeñas. Muchas hipótesis en ecología se suelen estudiar en comunidades herbáceas, que permiten obtener resultados en ciclos cortos de tiempo sin utilizar una superficie grande. Del mismo modo, en plantas de tamaño pequeño se puede estudiar sin gran dificultad el efecto de distintos factores en cultivo en invernadero con condiciones controladas.

Por el contrario, el estudio de árboles más allá de la etapa juvenil requiere sus propios instrumentos de medición, como hipsómetros, espejos de copa o escáneres láser (Figura 1.16). Así mismo, pueden ser necesarios andamios, grúas, o técnicas de escalada para realizar mediciones fisiológicas o dendrométricas de la copa, toma de muestras, etc. (Figura 1.9). Aparte de las muestras de pies cortados, la biomasa de árboles o rodales solo puede determinarse indirectamente, es decir, midiendo el diámetro del fuste y la altura del árbol. Con estos valores básicos como variables de entrada, se determina el volumen o la biomasa de los árboles a través de tablas o funciones y se extrapola a la masa. El muestreo de la raíz es extremadamente costoso y por lo tanto muy infrecuente. Debido a estos y otros desafíos, el estudio de los árboles y las masas forestales tuvo desde el principio su propia disciplina, la cual dio lugar a la biometría forestal o dasometría y la dendrometría (Kramer y Akça 1995, Prodan 1965).

Los experimentos al aire libre con árboles requieren mucho más espacio, especialmente si van a durar décadas o toda una generación. Por ejemplo, una parcela de 400 m² (20 m × 20 m) puede parecer grande, ya que en un rodal con regeneración natural de haya puede haber alrededor de 2.500 árboles para medir a la edad de 3 años. Sin embargo, tal parcela sería demasiado pequeña para examinar el desarrollo de la masa, porque al final del turno, por ejemplo, 120 años, permanecerán tan solo 1-2 árboles en esa superficie. Por supuesto, tal tamaño de parcela sería bastante inadecuado para seguir el desarrollo de la masa hasta la senescencia. Debido a la gran longevidad y dimensiones finales, y al auto-aclareo asociado durante el desarrollo de la masa, las parcelas de experimentación deben diseñarse de manera que sean lo suficientemente grandes para que incluso después de muchos años de observación puedan proporcionar un número suficiente de árboles e información sobre la masa. Los experimentos bajo condiciones controladas en invernadero solo son posibles durante algunos años, porque las alturas de los árboles pronto superan la altura del mismo. Además, numerosos estudios han demostrado que del comportamiento de las plantas jóvenes de solo unos pocos años no se puede deducir el comportamiento durante toda la vida del árbol o el desarrollo de la masa (Figura 1.6), ya que pueden ocurrir numerosas adaptaciones morfológicas, fisiológicas y bioquímicas entre la plántula y el árbol adulto. Una alternativa a los invernaderos son los experimentos al aire libre (por ejemplo, estudiar el efecto del ozono o el CO_2) o experimentos de sequía (Figura 1.9) (Grams et al. 2021), si bien son extremadamente complejos y costosos. De forma similar a los ensayos de campo normales, tales alternativas presentan siempre la desventaja de estar influenciadas por factores externos (por ejemplo, el clima, daños bióticos, contaminación del aire, etc.), que no pueden ser controlados y eliminados. A diferencia de las plantas más pequeñas, el archivado de muestras en árboles solo es posible en hojas, acículas, discos del tronco o barrenas, lo que requiere en algunos casos tomar muestras al azar para representar el total. Por supuesto, la morfología no se puede reconstruir a partir de estas muestras.

Como se desprende de estos ejemplos, la gran longevidad y dimensión de los árboles presentan muchos y específicos desafíos de carácter metrológico, experimental y biométrico. Finalmente, decir que, por lo general y salvo excepciones, los organismos longevos solo pueden investigarse a través de la medición a largo plazo, y con una financiación continuada.

1.2.3 Las masas forestales son sistemas abiertos

Los ecosistemas forestales se consideran ecosistemas abiertos porque necesitan energía procedente del exterior para el mantenimiento de su estructura y para evitar su degradación, que podría llevarlos a la desorganización e incluso a su desaparición como tales. El intercambio con el exterior permite que el ecosistema se autorregenere y continúe evolucionando. Tan importante como el propio ecosistema son las características del medio. La interacción medio-sistema y sistema-medio no es una sencilla relación de interdependencia, sino que constituye el núcleo fundamental del ecosistema (Dimuro 2009).

Las relaciones entre los elementos de los ecosistemas forestales son más estrechas que las relaciones que se extienden más allá del sistema, por lo que no es difícil establecer una delimitación del sistema con el medio ambiente. Sin embargo, siempre hay relaciones entre el sistema y el entorno. Así, la concentración de CO_2, la radiación, la temperatura, los nutrientes, el suministro de agua y las perturbaciones, están determinadas por el medio ambiente. Los ecosistemas forestales intercambian con su entorno sustancias y energía. Las reacciones de nuestros bosques a los factores ambientales, ampliamente discutidas, varían desde efectos positivos que implican mejoras hasta pérdidas del crecimiento o intensas desestabilizaciones (Pretzsch 1999).

1.2.3.1 El carácter de sistema abierto provoca cambios en la estación y el crecimiento

Dada la propiedad de sistema abierto que caracteriza a los sistemas forestales, cambios en las condiciones ambientales pueden producir modificaciones de los patrones de crecimiento de

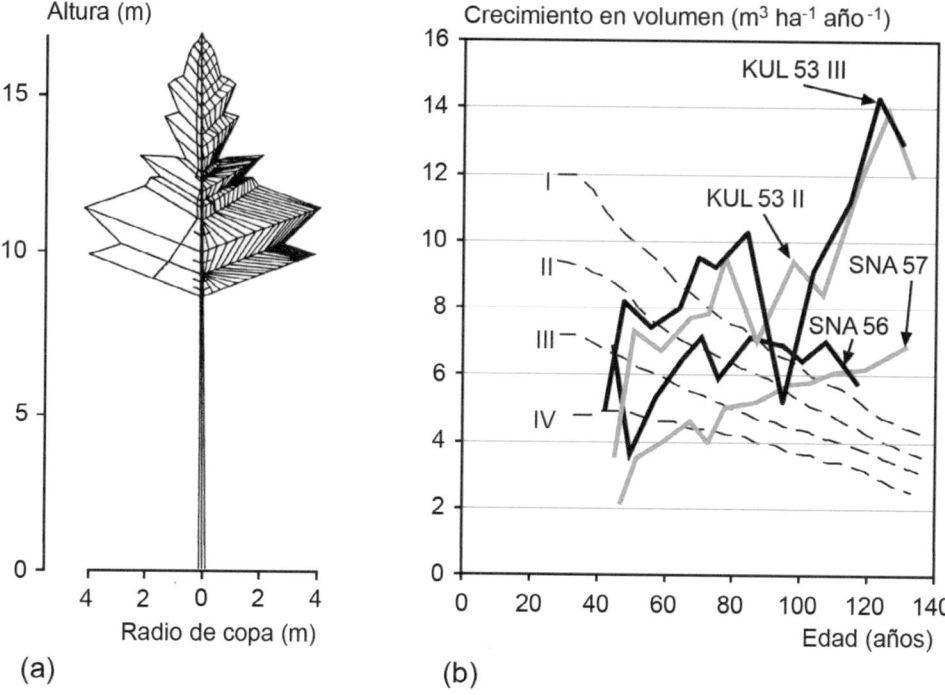

(a) (b)

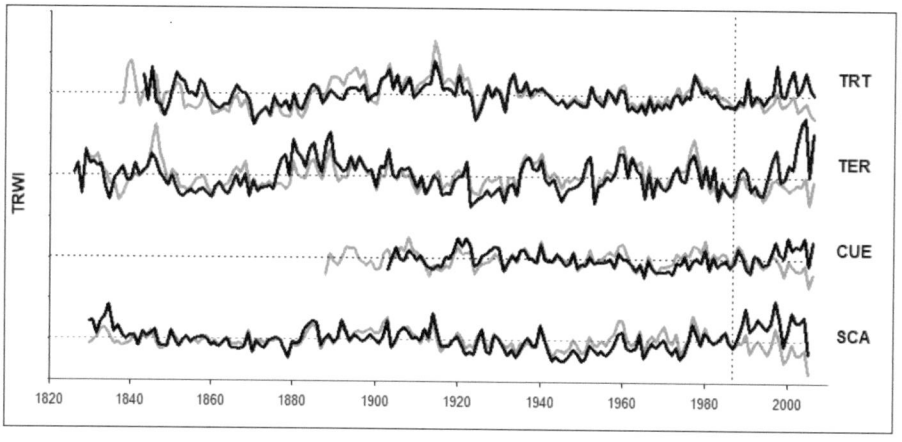

(c)

Figura 1.10 Cambios de patrón de crecimiento. (a) Desarrollo de la forma de la copa en pino silvestre en un monte del Alto Palatinado, Alemania (b) e incremento en volumen con corteza en cuatro parcelas permanentes de pino silvestre en Schnaittenbach 56 y 57 (Alto Palatinado) y Kulmbach 53 (Alta Franconia) en comparación con la tabla de producción de Wiedemann (1943) para claras moderadas (B). (c) Cronologías estandarizadas del ancho de anillos de crecimiento de árboles de *Pinus nigra* con tendencias positivas y negativas a partir de 1987 en cuatro regiones dentro de la distribución de la especie en España (TRT-Tortosa, TER-Teruel, CUE-Serranía de Cuenca, SCA-Sierra de Cazorla (adaptado de Martín-Benito et al. 2010).

1.2 Características y propiedades de los sistemas forestales. Consecuencias para la ciencia y la práctica

las masas forestales. En las extensas áreas de pino silvestre en el Alto Palatinado y Franconia (Baviera, Alemania) se han observado patrones de crecimiento en altura que, desde la década de 1960, en muchas masas forestales, han estado significativamente por encima de los valores predichos por las tablas de producción (Pretzsch 1985, Schmidt 1969). Lo mismo ocurre con el diámetro, el área basimétrica y el volumen. Sin embargo, es especialmente llamativo el aumento del crecimiento en altura, ya que, debido al resurgimiento del crecimiento en altura, se observan nuevos ápices con forma cónica sobre las copas más esféricas características de una determinada edad (Figura 1.10a). El aumento en área basimétrica y en incremento en volumen a nivel de masa es detectable en todas las edades y es más pronunciado en estaciones de baja calidad que en aquellas con calidades mayores. Al comparar los valores de crecimiento con los predichos por las tablas de producción se detectan tasas de crecimiento entre un 200 y un 250 por ciento mayores (Figura 1.10b). Los estudios de crecimiento en altura con datos procedentes de parcelas experimentales observadas a largo plazo demuestran que las tendencias de crecimiento diagnosticadas no son eventos singulares, sino un deterioro a gran escala de las condiciones de crecimiento de estas masas forestales. Sin embargo, el amplio espectro de estaciones y fuentes de perturbación en el sur de Alemania se refleja en una gama igualmente amplia de patrones en la reacción del crecimiento de las principales especies forestales (Pretzsch et al. 2023, Pretzsch et al. 2014, Spiecker et al. 1996). En el medio Mediterráneo se han observado tendencias negativas en crecimiento en diámetro durante las últimas décadas en sitios xéricos y positivas en zonas templadas (Sarris et al. 2014), incluso con divergencias en una misma masa (Figura 1.10c) (Martín-Benito et al. 2010). Estos resultados, a veces paradójicos, con efectos positivos sobre las masas forestales en algunos lugares y negativos en otros, subrayan el carácter de las masas forestales como sistemas abiertos.

La naturaleza abierta del sistema hace que sea difícil experimentar y, por lo tanto, establecer relaciones causales en el bosque, ya que la condición normalmente necesaria en experimentos de que todas las demás condiciones deben mantenerse constantes o bajo control, rara vez se puede garantizar.

A diferencia de los efímeros cultivos agrícolas, las masas forestales no se pueden observar a largo plazo en cámaras climáticas o fitotrones con condiciones ambientales controladas. Más bien, la investigación del crecimiento forestal debe convivir con las influencias ambientales que existen en las parcelas experimentales. Por lo general, si se realiza un seguimiento de las condiciones ambientales, éstas se pueden incluir en la evaluación como covariables incluidas en los análisis estadísticos. En algunos casos, y con un esfuerzo considerable, se pueden controlar los factores ambientales o medir con gran precisión. Un ejemplo son los experimentos de techado, como se ilustra en la Figura 1.9, en los cuales se regula la cantidad de precipitación, o los experimentos de fumigación en exteriores con dióxido de carbono u ozono, en los que se investiga el efecto de la alteración de la química del aire en el crecimiento de los árboles a un gran costo. No obstante, incluso en este tipo de experimentos no se controlan todos los factores. Deben medirse también otras condiciones ambientales, ya sean constantes o flujos, ya que son características de la estación. Esto hace que no se cumplan las condiciones de *ceteris paribus* deseadas para la derivación de relaciones causales inequívocas. Por lo tanto, la solución pasa por establecer relaciones de correlación entre las condiciones ambientales controladas y no controladas y las reacciones de la masa para estimar los efectos de los cambios inducidos experimentalmente.

1.2.3.2 Seguimiento de la evolución de los sistemas forestales

300 años después del trabajo de Carl von Carlowitz (1713) quien, con sus consideraciones sobre sostenibilidad inició los experimentos en las masas forestales, las parcelas experimentales a largo plazo o parcelas permanentes ofrecen una contribución indispensable a la gestión forestal sostenible. Los ensayos a largo plazo aportan una información única para el seguimiento o

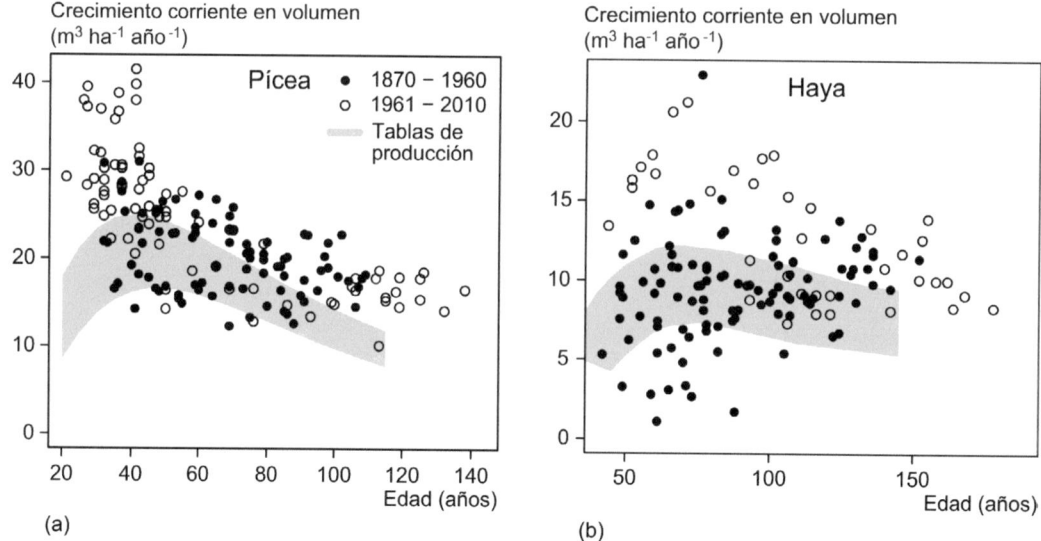

Figura 1.11 Cambio en el crecimiento corriente anual en volumen con corteza en m³ ha⁻¹ año⁻¹ en masas de (a) pícea y (b) haya desde 1870. Valores observados en parcelas experimentales antes de 1960 (símbolos llenos) y después de 1960 (símbolos huecos). Las observaciones contrastan con los valores esperados en las tablas de producción comunes de <u>Assmann y Franz (1963)</u> para pícea y de <u>Schober (1967)</u> para haya.

monitorización de las masas forestales y el efecto de las condiciones ambientales. En particular, las parcelas experimentales control o sin tratamiento reflejan el efecto de las condiciones de la estación y sus cambios en la dinámica de la masa. En comparación con parcelas temporales o la información obtenida de inventarios forestales, las parcelas permanentes con control de las intervenciones permiten diferenciar mejor los efectos climáticos a largo plazo de los efectos de los tratamientos selvícolas, por lo que tienen un gran valor. Si bien el objetivo inicial de muchas parcelas experimentales a largo plazo era revelar el efecto de los tratamientos selvícolas en el crecimiento y la productividad, hoy en día se obtiene de ellas un espectro mucho más amplio de funciones y servicios forestales (<u>Burkhart y Temesgen 2014</u>, <u>Glück 1995</u>). En particular, hoy son especialmente útiles para demostrar la huella humana que el cambio climático tiene en los ecosistemas forestales. Por ello, tanto los países con una larga historia de experimentación científica, que mantienen parcelas de observación a largo plazo, como los países con una ciencia forestal más joven, deben crear redes de parcelas experimentales a largo plazo para conseguir un seguimiento extenso de los sistemas forestales.

Estudios recientes en parcelas de experimentación a largo plazo, donde se dispone de inventarios desde 1878 hasta 2016, indican que el crecimiento de las masas forestales en Europa muestra una aceleración en los últimos inventarios. No obstante, existen divergencias en función de la especie y la región, con tendencias negativas del crecimiento para pino silvestre en la península ibérica (<u>Pretzsch et al. 2023</u>). Usando como base las parcelas permanentes de experimentación más antiguas (<u>Figura 1.11</u>), se puede demostrar que las especies más dominantes en Europa Central, la pícea y el haya, han mostrado un crecimiento individual un 32-77 % más rápido, una aceleración de un 10-30 % en el crecimiento en volumen de la masa y un aumento en las existencias del 6-7 % que el producido en masas de la misma edad anteriores a 1960 (<u>Pretzsch et al. 2014</u>). Por el contrario, la densidad de la madera disminuyó en un 8-12 % durante dicho período (<u>Pretzsch et al. 2018</u>). Los patrones de crecimiento y existencias son similares, siguiendo las mismas relaciones alométricas generales, pero se ha producido una aceleración, con una evolución más rápida a lo largo de las trayectorias habituales. Debido, por tanto, a que las masas forestales actualmente están crecien-

1.2 Características y propiedades de los sistemas forestales. Consecuencias para la ciencia y la práctica

do más rápidamente, el número de árboles es un 17-20 % más bajo que en las masas anteriores a 1960. Las líneas de auto-aclareo permanecen constantes, pero las tasas de crecimiento aumentan. Esto sugiere que la cantidad de nutrientes en los sistemas no ha aumentado, solo la tasa de crecimiento y por consiguiente los turnos. Los análisis estadísticos de la relación entre los parámetros dendrométricos y los datos climáticos, así como los análisis de escenarios con un modelo de simulación con base ecofisiológica, sugieren que son principalmente el aumento de la temperatura y el alargamiento del periodo vegetativo los que desencadenan esta aceleración del crecimiento, especialmente en las estaciones más fértiles que pueden utilizar este aumento de las temperaturas y de los períodos vegetativos más prolongados.

1.2.3.3 Modelos con consideración explícita de las condiciones ambientales.

Los cambios en las condiciones ambientales conllevan que las tablas de producción, los modelos estáticos y las normas selvícolas, los cuales asumen un carácter de sistema cerrado y condiciones ambientales constantes, se vuelvan obsoletos. Por ejemplo, las tablas de producción clásicas para masas puras, con su premisa de condiciones de crecimiento constantes, han perdido su validez en muchos aspectos (ver Figura 1.10b y Figura 1.11). Por lo tanto, solo se puede esperar una predicción realista del comportamiento de sistemas abiertos, con influencia de las condiciones ambientales variables, con aquellos modelos que tienen en cuenta el intercambio de nutrientes, energía e incluso información genética entre los ecosistemas forestales y su entorno. La historia evolutiva de las primeras tablas de producción en el siglo XVIII, las tablas de producción clásicas en los siglos XIX y XX y los modelos de procesos ecofisiológicos de elevada resolución desarrollados en las últimas décadas, reflejan el creciente reconocimiento de que los ecosistemas forestales solo pueden entenderse y predecirse teniendo en cuenta sus condiciones ambientales. Las simulaciones del desarrollo de las masas forestales bajo distintos escenarios climáticos, necesarios para estimar las consecuencias a largo plazo del cambio climático, son solo posibles a través de enfoques de sistemas abiertos y modelos sensibles al medio ambiente.

La Figura 1.12 muestra los cambios predichos en el índice de sitio, definido como la altura dominante a los 70 años, en masas regulares de *Pinus pinaster* en cuatro regiones de su distribución en la Península Ibérica, bajo el escenario de cambio climático SRES-A2 (Bravo-Oviedo et al. (2010). Los cambios se basan en un modelo de desarrollo en altura dominante dependiente de las condiciones ambientales (Bravo-Oviedo et al. 2008). Las simulaciones muestran que a finales del siglo XXI habrá una reducción del índice de sitio en muchas localidades, con un mayor efecto del cambio climático en las masas del sureste peninsular. El uso de modelos que consideran la característica de los bosques de sistemas abiertos, con inclusión de variables ambientales, facilitan por tanto la planificación y la definición de medidas selvícolas que permitan adaptar los sistemas forestales al cambio climático.

1.2.4 Las masas forestales son sistemas determinados por la estructura

Otra característica importante de los sistemas forestales es que están fuertemente determinados por la estructura de la masa. Al crecer "anclados" al suelo y expandir y acumular su estructura durante largos períodos de tiempo, los árboles pueden influir en los principales impulsores del crecimiento, como la luz, la temperatura y la precipitación, y su efecto sobre los árboles vecinos. Por lo tanto, la estructura del árbol y de la masa y su evolución son factores muy importantes que influyen en todos los procesos de la vida dentro de los ecosistemas forestales (Pukkala 1988, Pretzsch 1995, 1997).

La productividad de masas regulares puras con un solo piso de arbolado se puede registrar, modelizar y predecir de forma adecuada sobre la base de los valores medios y totales de la masa, sin conocer en detalle la distribución de tamaños

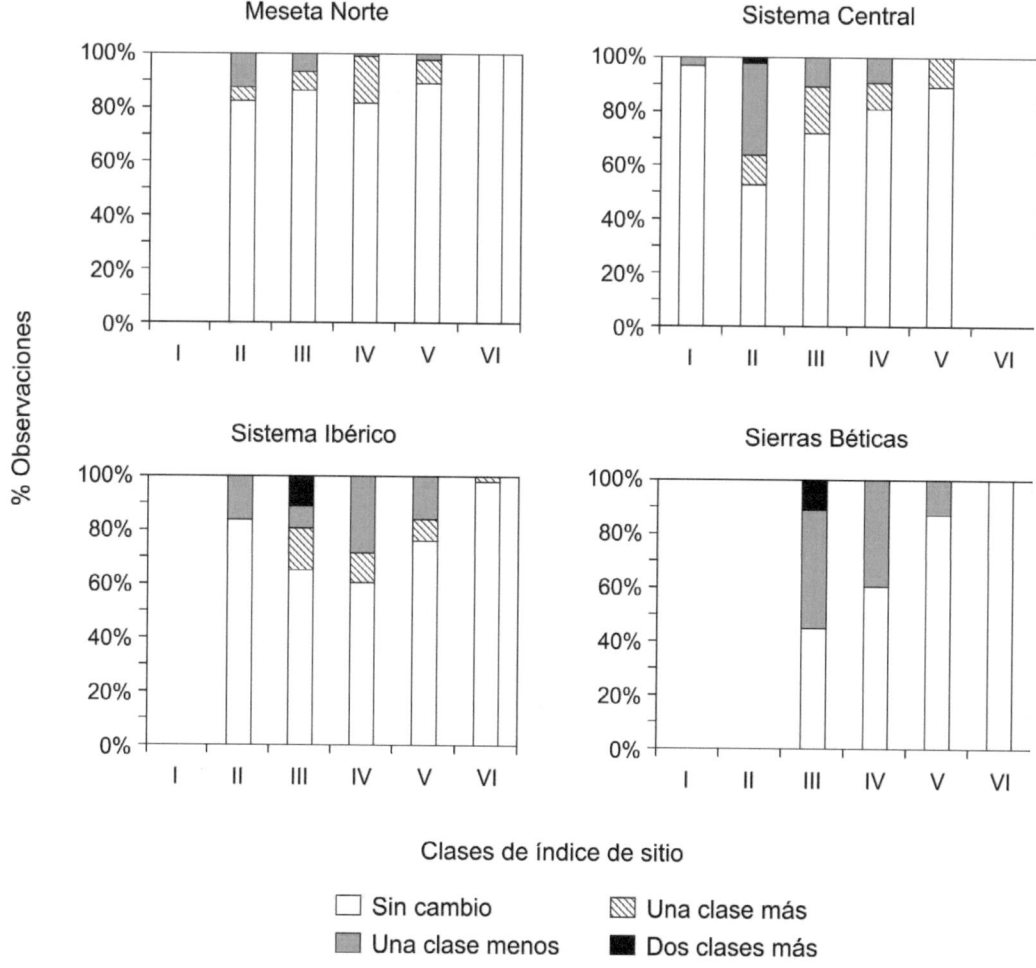

Figura 1.12 Frecuencia de cambio del índice de sitio en masas de *Pinus pinaster* a finales del siglo XXI que se mantienen o cambian de clases de calidad de estación, con respecto a la clase actual, bajo el escenario de cambio climático SRES-A2 (Bravo-Oviedo et al. 2010). Se muestran los porcentajes para distintas regiones (a) Meseta norte; (b) Sistema Central; (c) Sistema Ibérico; y (d) Sierras Béticas. Las clases de calidad corresponden a los siguientes rangos del índice de sitio: I, >24 m; II, 20-24 m; III, 16-20 m; IV, 12-16 m; V, 8-16 m; VI, ≤8 m.

y la estructura espacial de la misma. Sin embargo, si no se considera la estructura tridimensional de masas puras y mixtas irregulares con múltiples pisos, estamos ignoramos su característica dinámica más importante. Por ejemplo, en la Figura 1.13 se muestran esquemáticamente cuatro masas mixtas con los mismos valores medios y totales por hectárea, así como las mismas distribuciones de diámetro y altura, pero difieren en su configuración espacial. Sin embargo, este patrón espacial puede tener una influencia significativa en el desarrollo futuro de estas masas. Con una separación espacial por especies (a), una mezcla por bosquetes o de dos pisos (b o c) y una mezcla pie a pie (d), las dos especies competirán y se desarrollarán de manera diferente.

1.2.4.1 Efecto de la estructura de la masa sobre el crecimiento

Un ejemplo sobre la influencia de la estructura en el crecimiento de árboles y masas forestales es el desarrollo de pinos piñoneros (*Pinus pinea* L.) en masas regulares e irregulares. Dependiendo de la estructura de la masa y su consiguiente situación de competencia, el crecimiento de un pino piñonero de edad y tamaño similar puede variar mucho (Calama et al. 2008). En las dos

1.2 Características y propiedades de los sistemas forestales. Consecuencias para la ciencia y la práctica

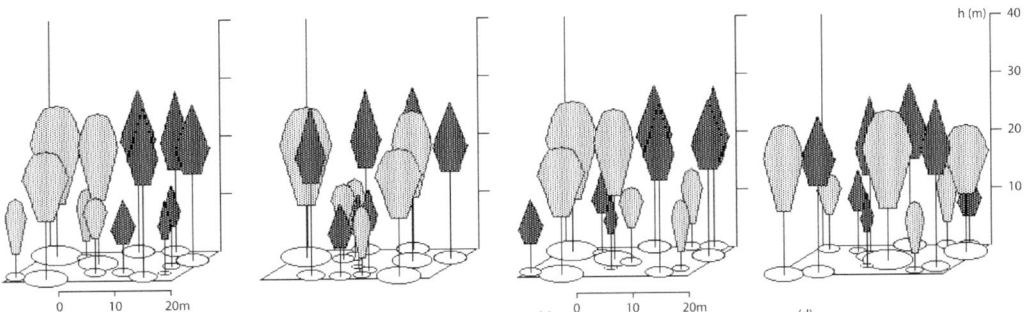

Figura 1.13 La configuración espacial de las masas mixtas y, por lo tanto, su desarrollo posterior, puede variar ampliamente incluso con los mismos valores totales y medios de la masa y las mismas distribuciones de diámetros y alturas. Mezcla espacial de dos especies (a) especies separadas; (b) pequeño bosquete de regeneración; (c) dos grupos con dominancia de una u otra especie; y (d) mezcla pie a pie.

masas representadas en la Figura 1.14, los árboles de un mismo tamaño se encuentran bajo situaciones de competencia muy diferentes. En la masa irregular el desarrollo de los árboles dependerá en gran medida de la situación local de competencia. Los árboles que se encuentran libres de competencia del arbolado de mayor tamaño crecerán más rápidamente ocupando desde el principio las clases dominantes en comparación con aquellos individuos que crecen próximos a árboles adultos de gran tamaño.

Esta dependencia del desarrollo de los árboles y masas forestales constituye un buen ejemplo del funcionamiento del diagrama "condiciones de crecimiento y dinámica de la masa → procesos / crecimiento → estructuras → condiciones de crecimiento" (Figura 1.1) introducidas en la Sección 1.1.2. Las condiciones de crecimiento individuales, inherentes a la estructura de la masa, determinan el crecimiento de los árboles. Dependiendo del crecimiento en tamaño, la posición social de los árboles dentro de la masa puede cambiar. En la Figura 1.15 se muestra cómo varía el crecimiento en diámetro de árboles de similar tamaño según crezcan en masas irregulares o en masas regulares. A igualdad de tamaño, el crecimiento es masas irregulares es mayor que en masas regulares debido a una menor competencia. En las masas irregulares parte de los competidores son árboles más jóvenes y de menor tamaño, mientras que en las masas regulares hay una mayor homogeneidad de tamaños y, por lo tanto, una competencia por los recursos similar entre árboles.

El crecimiento de los árboles depende no tanto de la edad real (edad en años), sino de su edad biológica (tamaño, etapa de desarrollo) y suministro de recursos (Pretzsch 2004). Si además de una estructura irregular existen distintas especies, el efecto de la estructura sobre el crecimiento puede ser aún mayor. Por ejemplo, en bosques mixtos irregulares solo es posible entender y predecir el desarrollo de árboles individuales teniendo en cuenta la estructura espacial de la masa (Schütz 1989).

1.2.4.2 Estudio de la estructura y su evolución en masas forestales

Dada la importancia de la estructura de la masa para su desarrollo y, por lo tanto, para la comprensión y predicción del crecimiento de los árboles, desde los comienzos de la ciencia forestal sistemática siempre se ha realizado un esfuerzo por su medición. Así se toman las coordenadas de la base del fuste (cinta métrica, teodolito), extensión de las copas (prismas), diámetros (cinta métrica, forcípula), altura y altura de la copa (hipsómetro geométrico o trigonométrico). A través de mapas de copas, levantamientos tridimensionales de la masa (Figura 1.14), se pueden calcular diferentes índices para caracterizar la estructura tridimensional de la masa en su conjunto (Toraño Caicoya, et al. 2015) y de la situación de competencia de los árboles individuales (del Río et al. 2003, 2016).

La relevancia de la estructura del árbol y la masa va mucho más allá de la productividad, el desarrollo de la masa o la producción de madera. También

Figura 1.14 Perfil vertical de una masa (a) irregular y (b) regular de pino piñonero.

determina muchos aspectos de la estabilidad, la resiliencia, la biodiversidad, la conservación de los bosques o el uso recreativo y paisajístico. (MCPFE 1993). Por lo tanto, la medición de la estructura en 3D de los bosques y la documentación del desarrollo temporal de dicha estructura (4D) se hace aún más importante.

Los métodos clásicos de medición de la estructura de la masa en campo son complejos y se asocian con grandes inexactitudes. Utilizando escáneres láser (terrestres o aéreos) se puede registrar la estructura del árbol y de la masa de manera mucho más rápida y precisa (Figura 1.16a). El escaneo da como resultado nubes de puntos 3D que reflejan la estructura de la masa, de la que, entre otros, se pueden derivar índices estructurales de la masa y propiedades morfológicas del árbol (Barbeito et al. 2017), así como índices de competencia (Olivier et al. 2016). En comparación con la medición clásica de estructuras, el escaneo con un escáner láser terrestre (TLS) es mucho más rápido y preciso. Sin embargo, el post-procesado de los datos posterior para obtener las características de los árboles y la estructura de la masa puede ser muy complejo.

Realizar mediciones repetidas con TLS desde el mismo punto puede revelar la estructura 4D, es decir, la evolución temporal de la estructura espacial. Por ejemplo, si se escanea una masa repetidamente antes y después de una clara se puede comparar no solo el efecto de la clara en el crecimiento, sino también el cierre posterior de las copas (Figura 1.16b). El desarrollo de la forma del fuste y la copa, el crecimiento conjunto del dosel o la dinámica de huecos después de una corta, son esenciales para la comprensión de la dinámica del árbol y la masa. El estudio de la estructura 4D se vuelven accesibles mediante el uso de escáneres láser terrestres (Bayer et al. 2013, Seidel et al. 2015). De esta forma, una importante tarea es el desarrollo adicional del software de análisis, que extrae las estructuras deseadas y la información biológicamente relevante de las nubes de puntos proporcionadas por el TLS.

1.2.5 Las masas forestales son sistemas determinados por su historia

Los árboles, las masas y los ecosistemas forestales están caracterizados por su propia historia. Los procesos y estructuras observados en un momento dado no solo están influenciados por los factores actuales, tales como los factores ambientales, la estructura actual o factores de estrés abióticos y bióticos, sino también por factores históricos como pueden ser los tratamientos selvícolas, los sistemas de aprovechamiento aplicados o las perturbaciones que hayan tenido lugar a lo largo de su historia.

1.2.5.1 Diferencia entre sistemas técnicos y biológicos

Un sistema técnico inanimado, como un reloj de arena, siempre produce las mismas variables de estado para un momento determinado (Figura 1.17a). Las cantidades de arena que fluyen en los tiempos t_1 o t_2 siempre son las mismas, con excepción de los signos de desgaste. No dependen del desarrollo del sistema anterior a los tiempos t_1 o t_2.

1.2 Características y propiedades de los sistemas forestales. Consecuencias para la ciencia y la práctica

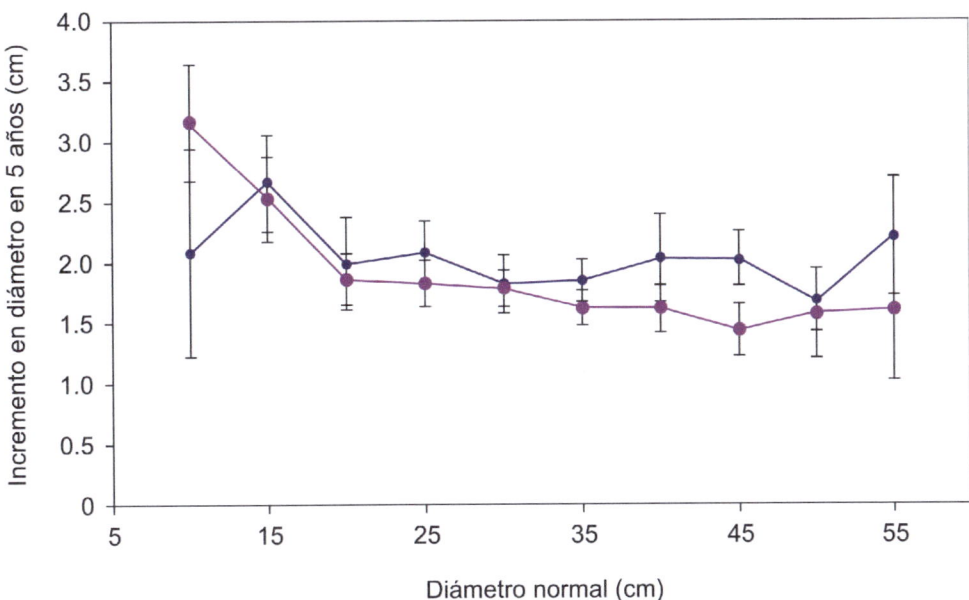

Figura 1.15 Crecimiento en diámetro en función del tamaño del árbol (diámetro) en masas irregulares (línea morada oscura) y masas regulares (línea púrpura) en pino piñonero (según Calama et al. 2008).

En contraste, en sistemas vivos, la historia individual y común determina de forma decisiva el desarrollo con la edad o desarrollo a lo largo del tiempo. Por ejemplo, los árboles viejos de edad similar 1, 2 y 3 en la Figura 1.17b en los periodos de tiempo t_1 y t_2 se encuentran en etapas de desarrollo muy diferentes. Incluso si los pies 1 y 2 tienen las mismas alturas en el momento t_1 o los pies 2 y 3 tienen la misma altura en el momento t_1, debido a su diferente historia no se puede concluir que la altura haya aumentado por igual y/o vayan a seguir el mismo desarrollo en los años siguientes. A la misma edad, según la historia del árbol, se pueden lograr alturas e incrementos en altura completamente diferentes (Figura 1.17b). Por otro lado, los pies de la misma altura y edad pueden tener diferentes gradientes de crecimiento en el futuro debido a su historia o las condiciones de crecimiento individuales.

El incremento en altura de un árbol en un monte irregular a la edad t_1 depende principalmente de las condiciones de crecimiento actuales. Sin embargo, las características adquiridas del árbol en el pasado y sus características heredadas aún tienen una influencia considerable. Los ejemplos de propiedades históricamente adquiridas que determinan el crecimiento futuro incluyen el tamaño de la copa, la posición social, el sistema radicular, la relación duramen / albura o los periodos bajo presión pasados en los estratos medio y bajo de la masa irregular. La tasa de envejecimiento heredada, la estructura de la copa, la forma del tallo y los tipos de brotación y fructificación conforman parámetros evolutivos que, con unas características de fuerza impulsora y variables de estado idénticas, controlan significativamente el crecimiento del árbol considerado. De igual manera podría hablarse de ecosistemas naturales, en el sentido de poco o casi nada intervenidos, o de ecosistemas culturales, como son los sometidos a tratamientos selvícolas y aprovechamientos que permiten el uso de los mismos, compatible con el resto de sus funciones ecológicas, funcionales, paisajísticas, medioambientales y otras, pero en los que sus respuestas son más previsibles que en los ecosistemas naturales.

1.2.5.2 Consecuencias para la medición y la modelización

La implicación de los factores ontogenéticos y filogenéticos en las relaciones de causa - efecto en el árbol, el rodal y el ecosistema, tiene consecuencias de gran alcance para el estudio de los

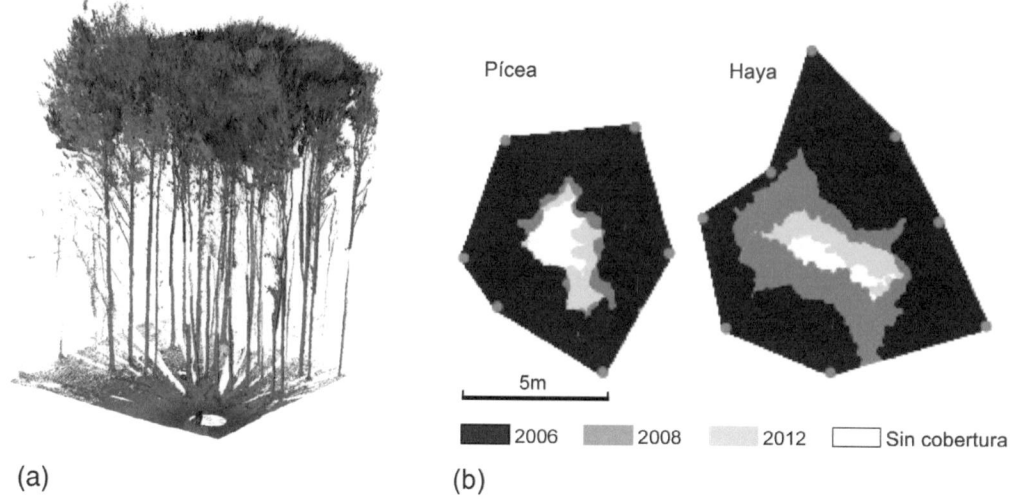

Figura 1.16 La adquisición de información para la representación de la estructura espacial del árbol y la masa mejora significativamente mediante los escáneres láser. (a) Medición de la estructura tridimensional de la masa en una parcela experimental de pícea-haya utilizando un escáner láser terrestre (TLS). (b) La evolución temporal de las imágenes TLS de la parcela experimental en el año 2006 (negro) 2008 (gris) y 2012 (blanco) muestran que el cierre del dosel después de la corta por bosquetes en 2006 es más lento en la pícea (izquierda) que en el haya (derecha).

sistemas o los componentes de estos. De esta manera, las condiciones genéticas básicas, el establecimiento de la masa o el aprovechamiento previo en parcelas experimentales en campo pueden variar considerablemente. Por lo tanto, incluso bajo unas condiciones actuales de *ceteris paribus*, los árboles en parcelas experimentales no siempre responden de la misma manera a las condiciones experimentales definidas. Así, la información sobre el pasado del árbol o el desarrollo de la masa es indispensable. Incluso para las parcelas experimentales permanentes, observadas a largo plazo, la información que se remonta al pasado es a veces deficiente. Este hecho es especialmente relevante cuando se utilizan cronosecuencias (Figura 1.7), por lo que se debe investigar la información retrospectiva disponible en registros forestales o fotografías aéreas. La historia del árbol y de la masa puede reconstruirse en la medida de lo posible a través de barrenas, análisis de tronco e inventarios, así como el análisis retrospectivo de las características morfológicas de la copa. En particular, los análisis de tronco y de la copa (Capítulo 2, Cajas 2.5 a 2.9) pueden dilucidar la historia ontogénica. La variabilidad y comparabilidad en las propiedades heredadas deberían investigarse mejor en el futuro mediante investigaciones de marcadores genéticos e isoenzimas.

En física y química, la variabilidad de los valores medidos se debe esencialmente a errores a veces inevitables en la medición y ejecución de los experimentos, pero no a la historia del objeto de estudio. La variabilidad de valores debido a la historia es mucho menor en sistemas inertes que en sistemas vivos. La consecuencia de no disponer de información sobre la historia de los sistemas vivos para el diseño experimental es que, en general, las variantes consideradas deben repetirse a una escala mayor. Las parcelas experimentales que investigan el crecimiento de la masa con varias variantes de claras, fertilizaciones o podas, por lo tanto, requieren múltiples repeticiones. Solo al promediar los resultados en varias repeticiones se compensan las diferencias entre las muestras debidas a su historia, que a veces aumentan el crecimiento y otras lo disminuyen. A través de un experimento a largo plazo en las que se conoce la historia de los árboles y la masa, Pretzsch (2021) demuestra que bajo condiciones similares de tamaño (diámetro normal y copa) y situación de competencia los árboles pueden mostrar distinto crecimiento depen-

1.2 Características y propiedades de los sistemas forestales. Consecuencias para la ciencia y la práctica

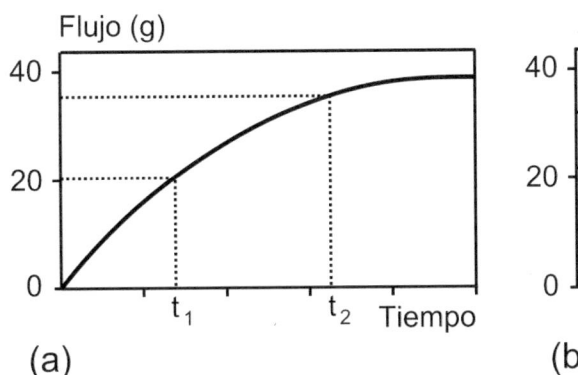
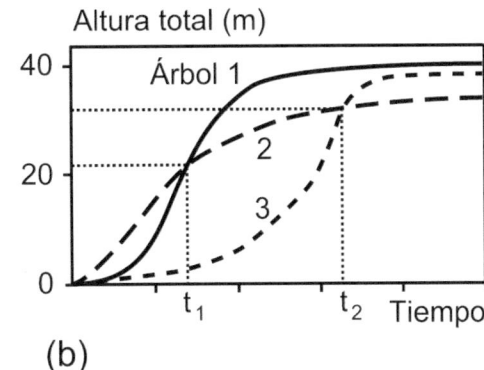

Figura 1.17 Los sistemas técnicos como el reloj de arena siempre producen las mismas variables de estado en momentos definidos (a). En los sistemas biológicos, la historia de los individuos y poblaciones puede variar el desarrollo con la edad a gran escala (b). Los árboles de la misma edad 1 y 3 alcanzan en los tiempos t1 y t2 alturas muy diferentes. Si los árboles 1 y 2 alcanzan la misma altura en el momento t1 y los árboles 2 y 3 en el momento t2, esto no significa que también vayan a crecer de manera similar en los años siguientes. Esto se debe a que el curso de su desarrollo está determinado por las condiciones de crecimiento en el presente y en el pasado.

diendo de su historia. Incluyendo información sobre el pasado del árbol, como el coeficiente de variación del crecimiento o su situación social en el pasado, se mejora significativamente la predicción del crecimiento.

Dado que el desarrollo de una masa forestal está significativamente influenciado por su historia, las predicciones también deben tener en cuenta, en la medida de lo posible, dicha historia. Los capítulos 9 y 10 presentan enfoques de modelos en los que la predicción se basa en la estructura actual de la masa. Al asumir la estructura espacial inicial como una configuración inicial para la predicción, es decir, teniendo en cuenta la distribución horizontal y vertical de los pies, el diámetro actual, la altura y las dimensiones de la copa, la historia de la masa se incluye en cierta medida en la predicción. La estructura es el resultado de la historia de la masa y, por tanto, el uso de la estructura real como estado inicial de una predicción tiene un gran peso en el resultado obtenido. Por ejemplo, en masas mixtas, pequeñas diferencias en la estructura pueden tener un gran impacto en el desarrollo de la misma (Figura 1.13).

Con respecto a los efectos filogenéticos, siempre que no se hayan identificado bien las relaciones entre patrones genéticos y el desarrollo de las dimensiones de los árboles, solo se pueden tener en cuenta en los modelos de forma estadística. Para este propósito, la dispersión residual restante en el ajuste del análisis de regresión, se agrega a las estimaciones del desarrollo del árbol individual o de la masa. Este procedimiento se justifica asumiendo que partes significativas de esta dispersión residual corresponden a la variabilidad genética.

1.2.6 Las masas forestales son probados sistemas cibernéticos

Los sistemas cibernéticos son aquellos que utilizan mecanismos para retroalimentarse, y la retroalimentación consiste en utilizar parte de las salidas del sistema para controlar las futuras entradas. En este sentido, los ecosistemas forestales se comportan muchas veces como sistemas cibernéticos clásicos, por ejemplo, como regulador de la temperatura ambiente en su interior.

1.2.6.1 Control, regulación y retroalimentación

La cibernética se remonta al término griego "kybernetes" y significa piloto. Esto mantiene, por ejemplo, un barco en un curso deseado. La cibernética es la ciencia que estudia la estructura, las relaciones y el comportamiento de los sistemas dinámicos. Estos pueden ser sistemas biológicos, técnicos, psicológicos o socioeconómicos. Las analogías entre estos sistemas son de particular interés. Partiendo de los sistemas técnicos y sociales que Watt y Ampère desarrollaron en los siglos XVII y XVIII, fue Wiener (1948) quien establece las bases de la cibernética moderna como ciencia y forma de pensar. Procedente de los campos de las matemáticas, la física y la ingeniería electrónica, el establecimiento de la cibernética de Wiener no solo creó una nueva disciplina, sino una nueva forma de pensar, que puede denominarse como "pensamiento del sistema" o "pensamiento en ciclos de control". Este "pensamiento en ciclos de control" se reduce a examinar las estructuras, las conexiones y el comportamiento de los sistemas vivos e inertes más allá de los límites de las ciencias individuales, para reconocer patrones de comportamiento análogos y simularlos en modelos. Como una analogía particularmente fructífera entre los sistemas técnicos y biológicos (Senge 1994), se han usado los ciclos de control y los procesos de retroalimentación, como el control de la temperatura ambiente o el crecimiento de masas forestales para introducir conceptos cibernéticos esenciales.

Un termostato para regular la temperatura ambiente se considera un excelente ejemplo de un sistema cibernético técnico (Göldner 1987). La tarea del termostato es igualar la temperatura t de una habitación a un valor predeterminado deseado w, si de este se sustrae el valor deseado por perturbaciones no deseadas z. En el espacio en cuestión, se introduce una cantidad determinada de energía térmica, que parece necesaria para alcanzar el punto esperado de temperatura t. La habitación se calienta y libera una cierta cantidad de energía térmica al exterior. Si la salida de energía solo dependiera de la temperatura interna de la habitación, entonces el flujo de energía podría ajustarse de modo que siempre se garantice el punto de ajuste deseado w de la temperatura t. Esto, sin embargo, ya no es posible si hay perturbaciones adicionales que afectan a la temperatura de la habitación (cambio de temperatura exterior, apertura de puertas y ventanas, respiración de los ocupantes de la habitación). Para acercarse al punto esperado a pesar de tales perturbaciones, se realiza una medición de temperatura permanente en la habitación, y la información sobre la temperatura actual se envía a un regulador. Este compara la temperatura esperada y la real y aumenta o reduce la cantidad de energía térmica suministrada, según la diferencia w – t. La retroalimentación entre la temperatura ambiente y el suministro de calor permite al sistema autorregular el flujo de entradas y salidas de energía, de modo que la temperatura ambiente puede mantenerse en un estado estable alrededor del punto de temperatura predeterminado w. El ciclo de control subyacente garantiza una temperatura ambiente estable incluso en caso de interferencias. Este tipo de retroalimentación compensatoria también se da en la regulación de la temperatura corporal, el nivel de azúcar en la sangre, la respiración y la transpiración, la relación raíz-tallo, la forma del fuste y el crecimiento de la masa, y estabiliza los organismos y las poblaciones contra las perturbaciones internas y externas.

Si existe una retroalimentación del efecto sobre las causas, entonces hablamos de regulación. Si la causa y el efecto no se influencian en una cadena cerrada, entonces se habla de control. Por ejemplo, en el caso de un semáforo que cambia la señal en un intervalo de tiempo fijo, independientemente del número de automóviles en espera se considera control. Sin embargo, si el número de automóviles en espera, que se registra a través de una cámara o un bucle de inducción, influye en el intervalo de tiempo de cambio de la señal, debemos reducir el tiempo de espera mediante una regulación.

Los sistemas cibernéticos tienden hacia un estado de equilibrio dentro de un rango definido, el rango de estabilidad. La capacidad de autoorganizarse y la estabilidad de los sistemas cibernéticos se alcanzan a través del principio de retroalimentación y la estructura del sistema del ciclo de control. Un sistema cibernético característico es, por lo tanto, aquel en el que el ajuste del estado del sistema se alcanza mediante sistemas de retroalimentación cerrados en los que los efectos también influyen en las causas. La retroalimentación es el principio funcional de los ciclos de control y es un caso especial de interacciones. En el caso de las masas forestales, los procesos de retroalimentación y las estructuras del ciclo de control subyacentes dan a las masas forestales la capacidad de autoorganizarse. Esta

1.2 Características y propiedades de los sistemas forestales. Consecuencias para la ciencia y la práctica

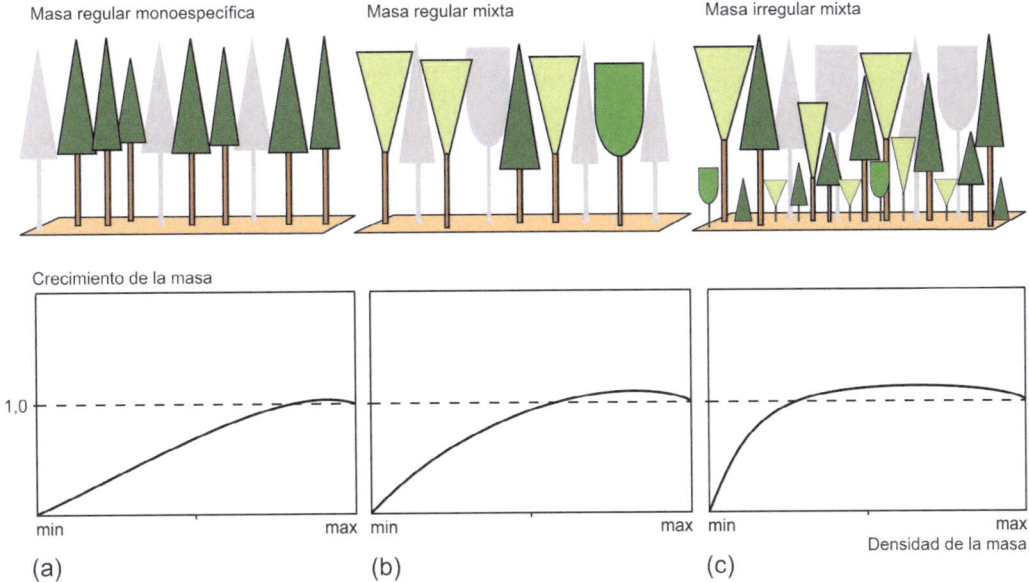

Figura 1.18 La resiliencia del crecimiento de las masas forestales a la reducción de la densidad, es decir, su capacidad para resistir las perturbaciones (por ejemplo, reducción de la densidad naturales o mediante selvicultura, representados en gris) y alcanzar el crecimiento anterior, aumenta con la estructuración vertical. Representación esquemática de la estructura de las masas forestales (arriba) y su relación densidad-crecimiento de la masa (abajo). Partiendo de masas regulares puras (a) hasta masas mixtas de un solo piso (b) y las masas mixtas de múltiples pisos (c), la resiliencia del crecimiento aumenta. La línea discontinua horizontal representa el crecimiento a la densidad máxima, la línea continua representa la reacción del crecimiento a la densidad decreciente (ver también la Figura 1.4).

capacidad es particularmente relevante en sistemas abiertos afectados por múltiples perturbaciones ya que tienen un efecto estabilizador. Por lo tanto, los procesos de retroalimentación estabilizan los árboles y los bosques en una medida sorprendente contra influencias perturbadoras como, las claras, cortas de regeneración y aprovechamientos, el descenso del agua subterránea, temporadas de calor excesivo, una deposición ácida o la aportación de nitrógeno, etc.

1.2.6.2 Resiliencia del crecimiento debido al carácter de sistema cibernético

Al igual que el sistema técnico del Termostato, el circuito de control esencial para las masas forestales permite a la estructura, el crecimiento, el estado del árbol o de la masa, etc. compensar las disminuciones en el crecimiento de la masa, o el aumento del mismo en los árboles que quedan en pie debido a la disminución de la densidad (Figura 1.1). La estructura de la masa ajusta las condiciones de crecimiento del árbol individual y de la masa; las condiciones de crecimiento/competencia que determinan los incrementos o disminución del crecimiento se manifiestan en cambios estructurales del árbol y de la masa. Después de una reducción en la densidad de la masa, los pies restantes pueden reaccionar en cierta medida al aumento del espacio y la mayor disponibilidad de recursos aumentando el crecimiento y compensando las extracciones. El cambio estructural puede desencadenar un aumento del rendimiento fotosintético, de modo que se puede amortiguar el efecto sobre el crecimiento de la perturbación. Una reducción de la densidad actúa sobre el crecimiento hasta que se alcanza nuevamente la densidad de población específica de la estación. El efecto de estabilización de este ciclo de control (estructura de la masa - incremento - estado del árbol) se ilustra en la Figura 1.18.

Partiendo de una masa pura y regular hasta una masa mixta irregular, aumenta la resiliencia del crecimiento (Figura 1.18 de (a) a (c)). Las masas con un alto grado de estructura vertical (Figura 1.18c) son más capaces de amortiguar fuertes perturbaciones de la estructura de la masa con respecto al crecimiento. Por este motivo, logran un crecimiento relativamente constante para un amplio rango de niveles de densidad (Pretzsch y Schütze 2021). Debido a la mayor ocupación del hábitat disponible con biomasa asimilada, la masa puede reaccionar más rápidamente a cambios en su estructura ocasionados por perturbaciones al activarse la fotosíntesis en otro estrato del dosel (Mitscherlich 1952). En las masas regulares con solo una clase de edad (Figura 1.18a), tal resiliencia es menor debido a una ocupación del espacio vertical más limitada. Como resultado, al aumentar las cortas o el peso de las claras el crecimiento cae significativamente más rápido y más fuertemente en masas regulares.

La aplicación de técnicas adecuadas de selvicultura permite extraer del bosque una parte más o menos importante de su crecimiento sin perturbar la dinámica natural del ecosistema. La ciencia forestal cuenta con herramientas suficientes para transformar el "equilibrio natural" del bosque por lo que se ha denominado "equilibrio cultural", creado y mantenido por la aplicación de una selvicultura adecuada a cada especie y condiciones ambientales. Existen evidencias de que el estado de equilibrio cultural es reversible, siempre y cuando cese el aprovechamiento, recuperando de nuevo el bosque el equilibrio natural sin demasiadas dificultades.

1.2.7 Las masas forestales son sistemas organizados jerárquicamente

Los ecosistemas están formados u organizados por componentes estructurales y componentes funcionales, que a su vez están relacionados entre sí. Los componentes estructurales incluyen los factores abióticos (agua, suelo, aire, luz temperatura, humedad, etc.) y los bióticos (comunidades de seres vivos o medio biológico del sistema) y los componentes funcionales son los procesos ecológicos que tienen lugar en el ecosistema (flujos de energía, ciclo de nutrientes, interacciones, etc.).

Las estructuras y los procesos de los ecosistemas forestales se pueden estudiar a diferentes escalas temporales y espaciales que van desde segundos hasta milenios y en la expansión del proceso desde las superficies celulares y minerales hasta los continentes (Ulrich 1993). Los procesos pueden activarse por condiciones ambientales como el ritmo día-noche o el ritmo anual. O pueden estar relacionados con la ontogenética y el ecosistema, como el envejecimiento o el rejuvenecimiento de los elementos del sistema.

1.2.7.1 Estructuras y procesos a diferentes escalas

La estructura de los ecosistemas o conjunto de sus componentes estructurales, limitantes o no, marca la intensidad y la eficacia de los procesos ecológicos. Los cuatro grandes componentes que subyacen en los procesos fundamentales de los ecosistemas son el ciclo del agua, los ciclos de nutrientes los flujos de energía y la dinámica de las comunidades, es decir cómo cambia la composición y estructura de un ecosistema en el tiempo o después de una perturbación (sucesión).

La Tabla 1.2 muestra diferentes tipos de procesos que se pueden distinguir en los ecosistemas forestales, según su orden de magnitud temporal y espacial. Se muestran tanto procesos a microescala, como las reacciones bioquímicas en las células y en el suelo, como los procesos que ocurren a gran escala temporal y espacial, como son la sucesión y la evolución. Estas diferentes categorías se indican con -3... +2, +3, +4, etc., donde el nivel de referencia 0 es la escala macroscópica más común en la ciencia forestal. En el proceso de crecimiento durante el transcurso del año (referencia temporal) se considera también la dependencia e interacción de árboles vecinos (referencia espacial), por la cual la unidad de referencia no sería el individuo, sino un rodal que incluya varios individuos.

Las reacciones bioquímicas dentro de la célula y las reacciones químicas que tienen lugar en el suelo en la superficie de minerales (nivel -3) se expresan en patrones bioquímicos o zonas de

1.2 Características y propiedades de los sistemas forestales. Consecuencias para la ciencia y la práctica

Tabla 1.2 Ejemplos de procesos en ecosistemas forestales, ordenados según su referencia temporal y espacial, indicando los patrones y estructuras generados por dichos procesos (según Ulrich 1993).

	Proceso	Duración	Unidad	Patrones
+4	Evolución	Milenios	Continente/bioma	Especies y genotipos
+3	Sucesión	Siglos	Paisaje	Formaciones (vegetación)
+2	Ciclos de regeneración	Siglos	Ecosistema	Estructura de regeneración
+1	Dinámica de masa	Décadas	Masa	Crecimiento a escala masa
0	Ciclos biogeoquímicos	Año	Parcela	Balance biogeoquímico
-1	Crecim./diferenciación	Meses	Árbol, flora edáfica	Fenología, ramificación
-2	Dinámicas de poblaciones	Semanas	Horizonte del suelo	Tipos de humus
-2	Asimilación y respiración	Días/semanas	Hoja y raíz	Asignación carbono/iones
-3	Mineralización	Hora	Agregado de suelo	Química de soluciones del suelo
-3	Procesos bioquímicos	Minuto	Célula	Patrones bioquímicos
-3	Procesos geoquímicos del suelo	Segundo	Superficie de minerales	Zonas tampón o buffer

amortiguamiento (buffer). La asimilación y la respiración proporcionan cantidades específicas de carbono y de energía, mientras que la mineralización cierra el ciclo de la química del suelo (nivel -2). Los descomponedores y fitófagos producen estructuras húmicas características. El proceso de asimilación de carbono y la formación de órganos da como resultado estructura ramificadas, patrones de foliación y rizosfera (nivel -1). Los niveles -3 a -1 son procesos y patrones dentro de compartimentos específicos del ecosistema.

Es en el nivel 0 donde se pone de relieve el comportamiento general del ecosistema a escala humana, mediante el ciclo anual de nutrientes y energía, y en nuestro punto de mira del crecimiento de los árboles y sus vecinos. En los ecosistemas que se encuentran en un estado estable, este crecimiento se mantiene a largo plazo, y el balance de entradas-salidas de nutrientes del ecosistema, carbono, etc. está en equilibrio también a largo plazo. El proceso de desarrollo de la masa se debe a las tendencias de crecimiento de árboles individuales y de la propia masa, expresados en el desarrollo de clases de edad y estructura. La regeneración del sistema, es decir, procesos de rejuvenecimiento, lleva en el estado de equilibrio a una restauración de la misma estructura del sistema (homeostasis). Por el contrario, la sucesión es un proceso dinámico que conduce, en determinadas comunidades forestales y procesos de evolución, a un cambio de patrón específico de especies y genotipos.

La investigación sobre el crecimiento forestal que se aborda en este libro abarca desde los niveles -2 a +2. Se concentra en los niveles 0 y 1 (Figura 1.2), pero en estrecha relación con las disciplinas que se enfocan a niveles de organización superiores o inferiores, que resultan de la retroalimentación a múltiples escalas.

1.2.7.2 Estabilidad por la retroalimentación entre escalas

Los procesos a un nivel (por ejemplo, la asimilación o la captación de recursos en el nivel -2) se expresan como propiedades emergentes en cambios específicos de patrones y estructuras en el nivel siguiente más alto -1 (Tabla 1.2). Por el contrario, las estructuras de escala superior definen las condiciones marco para los procesos en curso de los niveles subordinados. Estudiar la interacción de estructuras y procesos es importante para la investigación y el seguimiento de ecosistemas. Como todos los procesos se pueden expresar según patrones y estructuras específicos, estos últimos sirven para distintos análisis. Por ejemplo, en el contexto de la investigación de daños forestales, para el análisis y evaluación del comportamiento del sistema y el diagnóstico de posibles perturbaciones se pueden usar la evaluación de la pérdida de hojas o acículas, los patrones de reacción del crecimiento del fuste o cambios en la morfología de la copa. Estas estructuras y patrones son solo indicadores no específicos del estado de vitalidad de los árboles. Debido a que son fáciles de medir, se puede hacer un seguimiento anual como parte de los inventarios del estado de la masa y utilizar esta información en la toma de decisiones (Roloff 1989).

Los procesos en los distintos niveles entre -3 a +4 están conectados en red de una manera característica y obedecen sus propias leyes: así, se puede decir que los niveles más altos ejercen restricciones hacia abajo a través de parámetros de orden, mientras que los niveles más bajos influyen en los superiores mediante señales (Figura 1.19). Por ejemplo, la estructura de árbol y masa desarrollada de forma lenta durante décadas en el nivel +1, determina las relaciones de radiación, precipitación y deposición dentro de la masa y determina las condiciones iniciales y marco para los procesos en los niveles 0, -1, -2 y -3. Los procesos que tienen lugar en la frontera entre el árbol y su entorno o dentro de los árboles, como la transpiración, la intercepción, la asimilación y la asignación de carbohidratos, están dominados por procesos y estructuras temporal y espacialmente superiores. Debido a esta regulación de los niveles de procesos mediante parámetros y señales de orden se considera a los ecosistemas forestales como sistemas jerárquicos (Müller 1992, Ulrich 1993).

En ecosistemas estables, los procesos lentos determinan aquellos con resolución espacio-temporal media y alta. Las señales del nivel subordinado pueden ser procesadas por capas del nivel superior y, hasta cierto punto, almacenadas en zonas de amortiguamiento o buffer hacia arriba. Para dar un ejemplo de dicho amortiguamiento de las señales que actúan de niveles inferiores a superiores, nos referimos en la Figura 1.19 a los tres procesos de sucesión, regeneración del sistema y desarrollo de la masa (niveles +3, +2 y +1). La composición de especies de la masa adulta que se regenera es un parámetro de orden ya que determina la genética y el espectro de especies de la nueva masa. El proceso de envejecimiento de los árboles dominantes representa la señal que inicia la renovación del sistema. Si los árboles mueren debido a su edad, se inicia el proceso de regeneración.

Figura 1.19 El control mediante parámetros de regulación (→) y señales (⇢) afectan a los procesos en los ecosistemas forestales y los estabilizan contra las perturbaciones (Ulrich 1993).

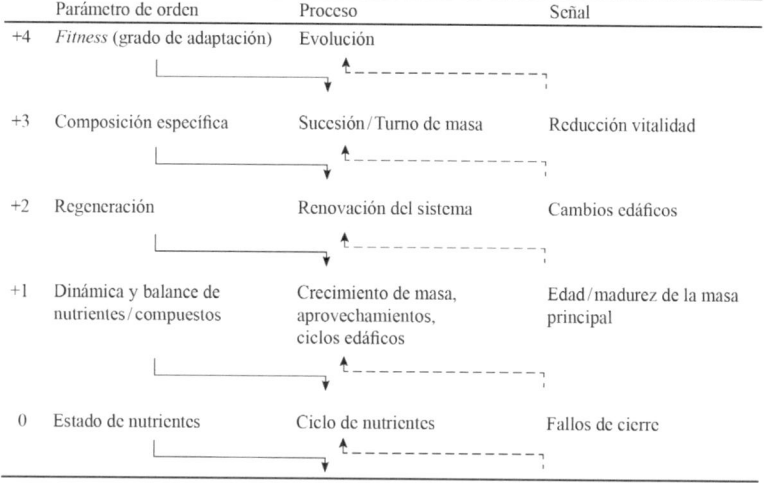

1.2.7.3 Ruptura de la jerarquía

Si en un ecosistema forestal las señales dirigidas de abajo hacia arriba no se pueden amortiguar en el nivel de proceso siguiente (más alto), entonces puede ocurrir una ruptura de la jerarquía. El sistema ya no se controla de arriba a abajo por los parámetros de orden, sino de abajo a arriba por las señales. Las razones de esta inversión son cambios del estado en un nivel tan rápidos o intensos que no pueden ser llevados al equilibrio por las condiciones marco del nivel superior. Un nuevo estado de equilibrio solo puede establecerse bajo nuevas condiciones marco. Un ejemplo son las masas forestales con una elevada aportación de nitrógeno (Hofmann et al. 1990). A una mayor entrada de nitrógeno, el sistema puede reaccionar inicialmente con una mayor absorción. Un mayor enriquecimiento conduce a una disminución en la formación de raíces finas y a un incremento en la proporción de madera de primavera, de modo que las señales desde abajo se detienen ya en el siguiente nivel superior. La entrada permanente de nitrógeno conduce a desequilibrios de nutrientes, a la reducción de humus y la muerte de las micorrizas y, por lo tanto, puede alterar el desarrollo de la masa e incluso en la fase avanzada, la renovación del sistema en cuestión debido a que la vegetación nitrófila del suelo dificulta la regeneración, como sucede en algunas masas de pino silvestre en Alemania (Hofmann et al. 1990).

Una ruptura de la jerarquía también puede ser activada por medidas de gestión, por ejemplo, cortas de entresaca, de aclareo sucesivo o cortas a hecho. En una masa natural, el volumen de biomasa se encuentra en un estado de equilibrio natural, sujeto solamente a pequeñas fluctuaciones debidas a bajas naturales aisladas, predominantemente de árboles viejos. En esta fase, el sistema se mantiene apenas por debajo del volumen máximo de biomasa. Las cortas de regeneración alteran este equilibrio natural reduciendo la biomasa del sistema, con las consiguientes implicaciones en otros niveles.

Un proceso que se encuentra bastante cercano al proceso natural es el monte tratado por cortas de policía, donde solo los pies moribundos o dañados son extraídos mediante cortas sanitarias por entresaca. Los parámetros de orden tales como la composición de especies y la diversidad genética pueden preservar la estructura del sistema. A pesar de la baja recurrente de algunos pies, las reservas en el monte permanecen estables, lo cual se puede mantener durante más o menos tiempo.

Los sistemas de cortas con mantenimiento de la cubierta, como la entresaca o aclareo sucesivo uniforme, evitan una ruptura de la jerarquía demasiado fuerte, puesto que la masa siguiente se forma a partir de la regeneración de la masa existente. Gracias a una fase de superposición entre la masa existente y la siguiente, las características genéticas, composición de especies, microclima, macroclima, condiciones del suelo, etc. no cambian tan abruptamente como en una corta a hecho.

La ruptura de jerarquía más fuerte se da en un monte de ordenación por cabida y cortas a hecho. Aquí, la masa se aprovecha antes de que se alcance la acumulación máxima de biomasa. La masa recién establecida no está controlada por los parámetros de orden de la masa anterior, por lo que no todas sus características son transferidas a la nueva masa. El resultado son curvas de desarrollo de la masa con forma de diente de sierra, con gran influencia antrópica.

1.2.8 Las masas forestales son sistemas con valores de salida multicriterio

Desde su introducción por Carlowitz (1713), el concepto de sostenibilidad se ha extendido desde la producción puramente de madera a una amplia gama de funciones y servicios de los bosques, tanto ecológicos como económicos y sociales. Además de la producción tradicional de madera, se espera que los bosques y la selvicultura protejan los recursos, aseguren la salud y vitalidad de los ecosistemas

Tabla 1.3 Criterios para la gestión sostenible de los ecosistemas forestales y ejemplos indicadores correspondientes a cada criterio (según MCPFE 1993).

Criterios de gestión forestal sostenible	Indicadores para su cuantificación y control
Recursos forestales y contribución a ciclos globales de carbono	Superficie forestal, existencias, carbono fijado, etc.
Salud y vitalidad	Defoliación, cantidad y tipo de nutrientes, daños de incendios, etc.
Productividad	Crecimiento y cortas de madera, productos de madera, productos no maderables, etc.
Biodiversidad	Diversidad de especies, regeneración, diversidad genética, etc.
Funciones de protección	Superficie de protección
Funciones y servicios socioeconómicos	Propiedad forestal, puestos de trabajo, función recreativa, etc.

forestales, así como la productividad, la biodiversidad, las funciones de protección y los beneficios socioeconómicos (Tabla 1.3).

Constanza et al. (1997) se aventuran en una evaluación monetaria del rendimiento de todos los ecosistemas principales en la Tierra, incluidos los ecosistemas forestales. El área forestal de la Tierra ocupa, 4,855 x 10^6 ha. En esta superficie se distinguen 17 categorías de rendimiento. Según este estudio, el valor promedio de una hectárea de bosque es de alrededor de $1.000 por año. Los autores basan sus resultados en una amplia revisión de literatura y en cálculos propios, y enfatizan la naturaleza provisional del estudio y las dificultades de una valoración monetaria de componentes de bienes comercializables. Por lo tanto, debemos concentrarnos menos en el valor absoluto del rendimiento, y más en sus diferentes categorías.

De acuerdo con este estudio, del 85 % del rendimiento total, un 37 % proviene del ciclo de nutrientes (entre otros, almacenamiento y provisión de nutrientes), un 15 % de la regulación del clima (entre otros, regulación de la temperatura mediante fijación de C), un 14 % de la producción de materia prima (entre otros, madera, combustible, alimento), un 10 % del control de la erosión (entre otros, la protección contra la perdida de nutrientes por el viento) y un 9 % de la descontaminación (entre otros, la degradación de contaminantes móviles, la filtración de aire y agua). La producción de materia prima se encuentra, por tanto, sólo en el tercer lugar de las categorías de rendimiento. El 15 % restante lo proporcionan las categorías de recuperación, producción de alimentos, recursos genéticos, formación de suelos y otros. Este desglose del rendimiento de bienes pone en perspectiva la importancia de la producción de productos básicos, cuya captura y pronóstico supone la primera línea de investigación de la ciencia del crecimiento y la producción clásica. Por otro lado, enfatiza la contribución del bosque al ciclo de nutrientes, la protección del clima, el control de la erosión y el recreo, cuyo valor es probable que continúe aumentando con la escasez de recursos y la desestabilización de los ciclos globales de energía y materiales (Meadows et al. 1992).

En el estudio realizado por Biber et al. (2015) se evalúan distintas funciones y servicios del bosque (recursos forestales, producción de madera, diversidad biológica, protección, y función socioeconómica) a escala paisaje en casos prácticos de 10 países europeos. El área de estudio se extiende desde Finlandia en el norte a Italia en el sur, y desde Irlanda en el oeste hasta Lituania en el este. En total, en cada uno de estos países, se seleccionaron y caracterizaron, con respecto a sus funciones forestales, 20 regiones forestales típicas con una superficie de entre 1.000 y 500.000 ha.

La Figura 1.20a muestra que el crecimiento y el almacenamiento de los recursos forestales, la producción de madera, la biodiversidad y el rendimiento socioeconómico son relevantes en 16 de las 20 áreas estudio, mientras que los productos no maderables y las funciones de protección se consideran con menos

1.2 Características y propiedades de los sistemas forestales. Consecuencias para la ciencia y la práctica

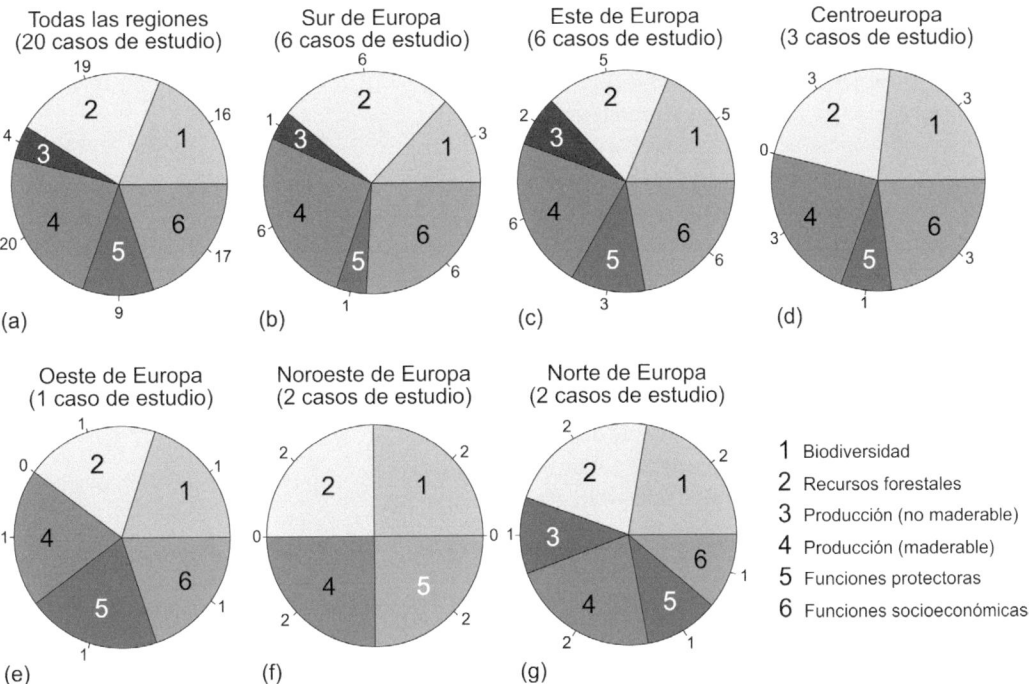

Figura 1.20 Descripción general de la relevancia de las diferentes funciones y servicios forestales (biodiversidad, recursos forestales, producción maderable, producción no maderable, funciones de protección y funciones socioeconómicas) en 20 casos de estudio en Europa según Biber et al. (2015). Se muestran las frecuencias de las funciones para el conjunto (a) y para las distintas regiones (b-g). El tamaño de las secciones circulares representa la relevancia de las seis funciones y los pequeños números en los bordes del círculo indican el número de casos de estudios en los que se han considerado las funciones.

frecuencia. La Figura 1.20, b-g muestra además que las funciones socioeconómicas son más relevantes en el sur de Europa, en especial la biodiversidad y las funciones de protección.

Esta relevancia de los bosques, que va más allá de la pura producción de madera, requiere nuevos conceptos y métodos en la ciencia y la práctica. Desde la ciencia, se requiere desde una extensión de la lista de criterios e indicadores, cómo hacer su seguimiento, hasta cómo realizar el análisis de las sinergias y compensaciones entre ellos (Schwaiger et al. 2019) o su modelización. En la práctica, se requieren conceptos para establecer, mantener y regenerar los recursos forestales que van más allá del monte normal clásico. Los siguientes capítulos muestran cómo la investigación del crecimiento forestal responde a este aumento de las necesidades de información, al expandir la lista de variables en el inventario, el mapeo y la modelización del crecimiento forestal.

1.2.9 Implicaciones en el proceso productivo forestal

El proceso productivo forestal presenta numerosas características, en parte derivadas de las distintas características de los sistemas forestales presentadas. Se trata de una producción biológica que a su vez presenta numerosas valoraciones sociales que el hombre hace del bosque. De la interacción de estos dos aspectos sociales y ambientales surgen la mayoría de las peculiaridades económicas de la producción forestal. Estas características pueden ser de índole más o menos técnico o económico tales como: 1) La inmovilidad física del bosque que hace que las producciones se presenten en un lugar determinado y no en otro. No es posible lo que podríamos llamar "deslocalización" del bosque; 2) La producción conjunta y simultánea de diversos productos y bienes en el mismo territorio lo que condiciona que el aprovechamiento de uno o varios de ellos haya de ser compatible con la conservación de otros que se dan en ese mismo espacio; 3) El carácter dual de la producción, que es a la vez medio de producción y producto. La factoría de producción de madera es el árbol y el producto es el crecimiento de madera que anualmente acumulan los árboles del bosque, de tal manera que para extraer el producto es necesario cortar el árbol que es el medio de producción. En el caso de las producciones no madereras no se da este hecho. El alcornoque (*Quercus suber L.*) es el medio de producción y el corcho es el producto, para extraer el corcho no es necesario cortar el árbol que lo produce, lo mismo sucede con la producción de frutos, como el piñón, la bellota o la castaña; 4) La longitud del turno, que rara veces es inferior a 15-20 años y en numerosas ocasiones ha de superar los 80-120 años si se quiere obtener maderas de calidad. Esto hace poco competitivas las inversiones, que siempre han de hacerse a muy largo plazo; 5) Se trata de una producción con un alto ratio entre los factores y el producto, es decir, es necesario tener mucha madera inmovilizada para poder extraer cada año una cantidad que no suele superar el 2-3 % de los stocks en las especies de turno largo; 6) La naturaleza fundamentalmente institucional de las producciones forestales en lo referente a que el bosque no es solo un factor de producción sino un bien de importancia fundamental para la organización del país y de la sociedad. Se puede afirmar que se trata de un proceso productivo que tiene que tener en cuenta al resto de las producciones conjuntas y simultáneas que se generan en el monte (uso múltiple del monte).

Como consecuencia de las características anteriores las producciones forestales presentan un elevado riesgo que puede derivarse de catástrofes ambientales, incendios, modificaciones legales respecto a las normas de aprovechamiento, etc. lo que crea incertidumbre en la dinámica de precios y demandas.

Mensajes clave

1. Las condiciones de crecimiento (factores ambientales, suministro de recursos) en las masas forestales determinan los procesos en curso (fotosíntesis, absorción de agua, crecimiento), y los procesos dan como resultado estructuras y patrones (estructura de la masa, morfología de los árboles, biodiversidad). La estructura a su vez determina las condiciones de crecimiento. Las interacciones entre las condiciones de crecimiento, los procesos y la estructura, que a su vez se ven influenciados por perturbaciones y tratamientos selvícolas, se deben entender para justificar y regular sistemas de producción forestal sostenibles, así como para un uso eficiente de los recursos.

2. Una característica especial de los árboles y las masas forestales es que son tanto productos como medios de producción, por lo que los productos no se pueden aprovechar sin modificar simultáneamente los medios de producción. Los árboles son muy longevos y alcanzan un gran tamaño en comparación con otras plantas. El desarrollo de los bosques está determinado en gran medida por la estructura espacial, cuyo efecto se acumula de forma continua a lo largo de su historia. Por lo tanto, se caracterizan por su historia, son sistemas abiertos al medio ambiente (entradas, salidas) y están estabilizados por ciclos de control retroalimentados. Los procesos y estructuras a escala temporal lenta y a gran escala espacial conforman las condiciones marco para los procesos rápidos y estructuras locales y, por lo tanto, determinan así el sistema jerárquico de los ecosistemas forestales. Finalmente, en los sistemas forestales son de interés una amplia gama de funciones y servicios del sistema (conservación de recursos, salud y vitalidad, productividad, biodiversidad, funciones de protección y servicios socioeconómicos).

3. El análisis de los sistemas forestales requiere la medición a largo plazo de las condiciones de crecimiento, procesos y estructuras, la identificación de mecanismos entre estos tres componentes y su determinación por factores externos (perturbaciones, tratamiento, exportaciones), así como la integración del conocimiento individual en modelos, para de esta forma poder comprender la dinámica de la masa.

4. Para la regulación de las masas forestales, entendida como una gestión participativa, es necesario el conocimiento del sistema y su dinámica. Entendemos como conocimiento del sistema el conocimiento de las conexiones entre las funciones y los rendimientos de una determinada masa forestal. Se requiere conocimiento de la dinámica de manera que permita transformar un estado actual en un estado deseado (reglas y técnicas selvícolas). Los modelos pueden apoyar el desarrollo de un objetivo mediante un catálogo de medidas para lograr dicho objetivo.

5. Los enfoques de investigación son en su mayoría reduccionistas y suelen estudiar los sistemas con alta resolución temporal y espacial. La gestión de las masas se basa en información agregada espacial y temporalmente (valores del árbol individual o de la masa por año y unidad de área). Los análisis científicos en detalle pueden ser útiles en la práctica, siempre que sus resultados se eleven a la escala de gestión y tengan relevancia en esta. Las reglas, leyes y los modelos de simulación de la dinámica de la masa pueden respaldar la planificación y la toma de decisiones al proporcionar conocimiento sobre las medidas necesarias para lograr los objetivos.

Referencias

Assmann E, Franz F (1963) Vorläufige Fichten-Ertragstafel für Bayern. Forstl Forschungsanst München, Inst Ertragskd, 104 p.

Barbeito I, Dassot M, Bayer D, Collet C, Drössler L, Löf M, del Río M, Ruiz-Peinado R, Forrester DI, Bravo-Oviedo A, Pretzsch H (2017) Terrestrial laser scanning reveals differences in crown structure of *Fagus sylvatica* in mixed vs. pure European forests. Forest Ecology and Management 405:381–390. https://doi.org/10.1016/j.foreco.2017.09.043

Bayer D, Seifert S, Pretzsch H (2013) Structural crown properties of Norway spruce (*Picea abies* [L.] Karst.) and European beech (*Fagus sylvatica* [L.]) in mixed versus pure stands revealed by terrestrial laser scanning. Trees 27(4):1035–1047. https://doi.org/10.1007/s00468-013-0854-4

Berg E, Kuhlmann F (1993) Systemanalyse und Simulation für Agrarwissenschaftler und Biologen. Verlag Eugen Ulmer, Stuttgart, 344 p.

Bergel D (1985) Douglasien-Ertragstafel für Nordwestdeutschland. Niedersächs Forstl Versuchsanst, Abt Waldwachstum, 72 p.

Bertalanffy von L (1951) Theoretische Biologie: II. Band, Stoffwechsel, Wachstum, 2nd edn. A Francke AG, Bern, 418 S.

Biber P, Borges JG, Moshammer R, Barreiro S, Botequim B, Brodrechtová Y, Brukas V, Chirici G, Cordero-Debets R, Corrigan E, Eriksson LO, Favero M, Galev E, Garcia-Gonzalo J, Hengeveld G, Kavaliauskas M, Marchetti M, Marques S, Mozgeris G, Navrátil R, Nieuwenhuis M, Orazio C, Paligorov I, Pettenella D, Sedmák R, Smreček R, Stanislovaitis A, Tomé M, Trubins R, Tuček J, Vizzarri M, Wallin I, Pretzsch H, Sallnäs O (2015) How Sensitive Are Ecosystem Services in European Forest Landscapes to Silvicultural Treatment? Forests 6(5):1666–1695. https://doi.org/10.3390/f6051666

Bossel H (1992) Modellbildung und Simulation: Konzepte, Verfahren und Modelle zum Verhalten dynamischer Systeme. Vieweg-Verlag, Braunschweig, Wiesbaden, 400 p

Bravo-Oviedo A, Tomé M, Bravo F, Montero G, del Río M (2008) Dominant height growth equations including site attributes in the generalized algebraic difference approach. Can J For Res 38(9):2348–2358. https://doi.org/10.1139/X08-077

Bravo-Oviedo A, Gallardo-Andrés C, del Río M, Montero G (2010) Regional changes of Pinus pinaster site index in Spain using a climate-based dominant height model. Can J For Res 40(10):2036–2048. https://doi.org/10.1139/X10-143

Burkhart H E, Temesgen H (2014) Preface. Forest Ecology and Management 316:1-2. https://doi.org/10.1016/j.foreco.2013.10.044

Calama R, Barbeito I, Pardos M, del Río M, Montero G (2008) Adapting a model for even-aged Pinus pine*a* L. stands to complex multi-aged structures. Forest Ecology and Management 256(6):1390–1399. https://doi.org/10.1016/j.foreco.2008.06.050

Carlowitz von HC (1713) Sylvicultura Oekonomica oder Haußwirthliche Nachricht und Naturmäßige Anweisung zur wilden Baum-Zucht. JF Braun, Leipzig

Costanza R, d'Arge R, de Groot R, Farber S, Grasso M, Hannon B, Limburg K, Naeem S, O'Neill RV, Paruelo J, Raskin RG, Sutton P, van den Belt M (1997) The value of the world's ecosystem services and natural capital. Nature 387(6630):253–260. https://doi.org/10.1038/387253a0

del Río M, Montes F, Cañellas I, Montero G (2003) Índices de diversidad estructural en masas forestales. Investigación Agraria: Sistemas y Recursos Forestales 12(1):159-176

del Río M, Pretzsch H, Alberdi I, Bielak K, Bravo F, Brunner A, Condés S, Ducey MJ, Fonseca T, von Lüpke N, Pach M, Peric S, Perot T, Souidi Z, Spathelf P, Sterba H, Tijardovic M, Tomé M, Vallet P, Bravo-Oviedo A (2016) Characterization of the structure, dynamics, and productivity of mixed-species stands: review and perspectives. Eur J Forest Res 135(1):23–49. https://doi.org/10.1007/s10342-015-0927-6

Dimuro G P (2009) Los ecosistemas como laboratorios. La búsqueda de modos de vivir para una operatividad de la sostenibilidad. Edición electrónica gratuita. Texto completo en www.eumed.net/libros/2009b/542/

Gadow von K (1999) Datengewinnung für Baumhöhenmodelle – permanente und temporäre Versuchsflächen, Intervallflächen. Centralblatt für das gesamte Forstwesen 116(1/2):81-90

Glück P (1995) Criteria and Indicators for Sustainable Forest Management in Europe. In Proceedings of the XX IUFRO World Congress. Working Group S6, Tampere, Finland, 6–12 August 1995, 5 p

Göldner K (1987) Mathematische Grundlagen der Systemanalyse. VEB Fachbuchverlag, Leipzig, 2. Aufl., 303 p

Grams TEE, Hesse BD, Gebhardt T, Weikl F, Rötzer T, Kovacs B, Hikino K, Hafner BD, Brunn M, Bauerle T, Häberle K-H, Pretzsch H, Pritsch K (2021) The Kroof experiment: realization and efficacy of a recurrent drought experiment plus recovery in a beech/spruce forest. Ecosphere 12(3):e03399. https://doi.org/10.1002/ecs2.3399

Hari P (1985) Theoretical aspects of eco-physiolocigal research. In: Tigerstedt PMA, Puttonen P, Koski V (eds) Crop physiology of forest trees. Helsinki Univ Press, pp 21-30 (336 p)

Hofmann G, Heinsdorf D, Krauss HH (1990) Wirkung atmogener Stoffeinträge auf Produktivität und Stabilität von Kiefern-Forstökosystemen. Beiträge für die Forstwirtschaft 24(2):59–73

Koch GW, Sillett SC, Jennings GM, Davis SD (2004) The limits to tree height. Nature 428(6985):851–854. https://doi.org/10.1038/nature02417

Kramer H, Akça A (1995) Leitfaden zur Waldmeßlehre. JD Sauerländer's Verlag, Frankfurt am Main, 266 S.

Leuschner C, Scherer B (1989) Fundamentals of an applied ecosystem research project in the Wadden Sea of Schleswig-Holstein. Helgolander Meeresunters 43(3):565–574. https://doi.org/10.1007/BF02365912

Magin R (1959) Struktur und Leistung mehrschichtiger Mischwälder in den bayerischen Alpen. Mitt Staatsforstverwaltung Bayerns 30:161 p

Martín-Benito D, del Río M, Cañellas I (2010) Black pine (Pinus nigra Arn.) growth divergence along a latitudinal gradient in Western Mediterranean mountains. Ann For Sci 67(4):401–401. https://doi.org/10.1051/forest/2009121

MCPFE (1993) Resolution H1: General guidelines for the sustainable management of forests in Europe.In Proceedings of the 2nd Ministerial Conference on the Protection of Forests in Europe, Helsinki, Finland, 16–17 June 1993; 5 p

Meadows DH, Meadow DL Randers J (1992) Die neuen Grenzen des Wachstums, die Lage der Menschheit: Bedrohung und Zukunftschancen. Deutsche Verlags-Anstalt, Stuttgart, 319 p

Mitscherlich G, (1952) Der Tannen-Fichten-(Buchen)-Plenterwald, Schriftenreihe der Badischen Forstlichen Versuchsanstalt.

Freiburg im Breisgau, H. 8, 42 p

Müller F (1992) Hierarchical approaches to ecosystem theory. Ecological Modelling 63(1):215–242. https://doi.org/10.1016/0304-3800(92)90070-U

Nagel J, Spellmann H, Pretzsch H (2012) Zum Informationspotenzial langfristiger forstlicher Versuchsflächen und periodischer Waldinventuren für die waldwachstumskundliche Forschung. Allgemeine Forst-und Jagdzeitung 183:111-116

Olivier M-D, Robert S, Fournier RA (2016) Response of sugar maple (Acer saccharum, Marsh.) tree crown structure to competition in pure versus mixed stands. Forest Ecology and Management 374:20–32. https://doi.org/10.1016/j.foreco.2016.04.047

Pretzsch H (1985) Wachstumsmerkmale süddeutscher Kiefernbestände in den letzten 25 Jahren. Forstl. Forschungsberichte München 65:183 p

Pretzsch H (1995) Zum Einfluß des Baumverteilungsmusters auf den Bestandeszuwachs. Allgemeine Forst- und Jagdzeitung 166. Jg., H. 9/10:190-201

Pretzsch H (1997) Analysis and modeling of spatial stand structures. Methodological considerations based on mixed beech-larch stands in Lower Saxony. Forest Ecology and Management 97(3):237–253. https://doi.org/10.1016/S0378-1127(97)00069-8

Pretzsch H (1999) Waldwachstum im Wandel, Konsequenzen für Forstwissenschaft und Forstwirtschaft. Forstwiss Cbl 118. Jg:228-250

Pretzsch H (2004) Der Zeitfaktor in der Waldwachstumsforschung. LWF Wissen 47:11–3

Pretzsch H (2009) Forest Dynamics, Growth and Yield. Springer Verlag, Berlin, 664 p

Pretzsch H (2021) Trees grow modulated by the ecological memory of their past growth. Consequences for monitoring, modelling, and silvicultural treatment. Forest Ecology and Management 487:118982. https://doi.org/10.1016/j.foreco.2021.118982

Pretzsch H, Schütze G (2021) Tree species mixing can increase stand productivity, density and growth efficiency and attenuate the trade-off between density and growth throughout the whole rotation. Annals of Botany 128(6):767–786. https://doi.org/10.1093/aob/mcab077

Pretzsch H, Biber P, Ďurský J (2002) The single tree-based stand simulator SILVA: construction, application and evaluation. Forest Ecology and Management 162(1):3–21. https://doi.org/10.1016/S0378-1127(02)00047-6

Pretzsch H, Biber P, Schütze G, Uhl E, Rötzer T (2014) Forest stand growth dynamics in Central Europe have accelerated since 1870. Nat Commun 5(1):4967. https://doi.org/10.1038/ncomms5967

Pretzsch H, Biber P, Schütze G, Kemmerer J, Uhl E (2018) Wood density reduced while wood volume growth accelerated in Central European forests since 1870. Forest Ecology and Management, 429: 589-616. https://doi.org/10.1016/j.foreco.2018.07.045

Pretzsch H, del Río M, Biber P, Arcangeli C, Bielak K, Brang P, Dudzinska M, Forrester DI, Klädtke J, Kohnle U, Ledermann T, Matthews R, Nagel J, Nagel R, Nilsson U, Ningre F, Nord-Larsen T, Wernsdörfer H, Sycheva E (2019) Maintenance of long-term experiments for unique insights into forest growth dynamics and trends: review and perspectives. Eur J Forest Res 138(1):165–185. https://doi.org/10.1007/s10342-018-1151-y

Pretzsch H, del Río M, Arcangeli C, Bielak K, Dudzinska M, Forrester DI, Klädtke J, Kohnle U, Ledermann T, Matthews R, Nagel J, Nagel R, Ningre F, Nord-Larsen T, Biber P (2023) Forest growth in Europe shows diverging large regional trends. Sci Rep 13(1):15373. https://doi.org/10.1038/s41598-023-41077-6

Prodan M (1965) Holzmeßlehre. JD Sauerländer's Verlag, Frankfurt am Main, 644 p

Pukkala T (1988) Effect of spatial distribution of trees on the volume increment of a young scots pine stand. Silva fennica 22 (1):1-17. https://doi.org/10.14214/sf.a15495

Rojo A, Montero G (1996) El pino silvestre en la Sierra de Guadarrama. Ministerio de Agricultura, Pesca y Alimentación, Madrid. 293 p

Roloff A (1989) Kronenentwicklung und Vitalitätsbeurteilung ausgewählter Baumarten der gemäßigten Breiten. Schr Forstl Fak Univ Göttingen u Niedersächs Forstl Versuchsanstalt 93, 258 p

Ruíz-Peinado R, Heym M, Drössler L, Corona P, Condés S, Bravo F, Pretzsch H, Bravo-Oviedo A, del Río M (2018) Data Platforms for Mixed Forest Research: Contributions from the EuMIXFOR Network. In: Bravo-Oviedo A, Pretzsch H, del Río M (eds) Dynamics, Silviculture and Management of Mixed Forests. Springer International Publishing, Cham, pp 73–101. https://doi.org/10.1007/978-3-319-91953-9_3

Toraño Caicoya A, Kugler F, Pretzsch H, Papathanassiou K (2015) Forest vertical structure characterization using ground inventory data for the estimation of forest aboveground biomass. Can J For Res :25–38. https://doi.org/10.1139/cjfr-2015-0052

Schmidt A (1969) Der Verlauf des Höhenwachstums von Kiefern auf einigen Standorten der Oberpfalz. Forstw Cbl 88(1):33–40. https://doi.org/10.1007/BF02741761

Schober R (1967) Buchen-Ertragstafel für mäßige und starke Durchforstung. In: Schober R (1972) Die Rotbuche 1971. Schr Forstl Fak Univ Göttingen u Niedersächs Forstl Versuchsanst 43/44, JD Sauerländer's Verlag, Frankfurt am Main, 333 p

Schütz JP (1989) Zum Problem der Konkurrenz in Mischbeständen. Schweiz Zeitschr Forstwesen 140(12):1069-1083

Schwaiger F, Poschenrieder W, Biber P, Pretzsch H (2019) Ecosystem service trade-offs for adaptive forest management. Ecosystem Services 39:100993. https://doi.org/10.1016/j.ecoser.2019.100993

Seidel D, Ammer C, Puettmann K (2015) Describing forest canopy gaps efficiently, accurately, and objectively: New prospects through the use of terrestrial laser scanning. Agricultural and Forest Meteorology 213:23–32. https://doi.org/10.1016/j.agrformet.2015.06.006

Senge PM (1994) The Fifth Discipline. Currency doubleday, New York, London, Toronto Sydney, Auckland, 423 p

Spiecker H, Mielikäinen K, Köhl M, Skovsgaard JP (Hrsg.) (1996) Growth trends in european forests. Springer-Verlag, 372 p

Ulrich B (1993) Prozeßhierarchie in Waldökosystemen. Biologie in unserer Zeit 23(5):322–329. https://doi.org/10.1002/biuz.19930230510

Walentowski H (2008) Weltältester Baum in Schweden entdeckt. LWF aktuell 65/2008: p. 56

Wiedemann E (1943) Kiefern-Ertragstafel für mäßige Durchforstung, starke Durchforstung und Lichtung. In: Wiedemann E (1948) Die Kiefer 1948. Verlag M & H Schaper, Hannover, 337 p

Wiener N (1948) Cybernetics or Control and Communication in the Animal and the Machine. John Wiley, Paris, New York

Wuketits FM (1981) Biologie und Kausalität, Biologische Ansätze zur Kausalität, Determination und Freiheit. Verlag Paul Parey, Hamburg, 165 p

El árbol

2

Capítulo 2

2.1	El porte del árbol como resultado de factores internos y externos	44
2.2	La copa	57
2.3	Raíces	80
2.4	Desarrollo del fuste del árbol	86
2.5	Del volumen de existencias a la biomasa y sus fracciones principales	96
2.6	Importancia de la forma y la alometría para el crecimiento del árbol y la masa	108
	Mensajes clave	112
	Referencias	113

2 El árbol

Resumen Este capítulo sobre la forma y el desarrollo de la forma del árbol está conscientemente al principio de la parte empírica de este libro. El tamaño y la forma del árbol individual son esenciales para su competitividad y vigor. El desarrollo de la masa, que se analiza en los siguientes capítulos, resulta en última instancia de la aptitud de los árboles individuales y, por lo tanto, de su competitividad individual. Los componentes importantes para la competitividad del árbol son el tamaño, la forma y la ocupación y utilización del espacio.

La apariencia real (fenotipo) de un árbol resulta del desarrollo de la estructura genéticamente predeterminada (genotipo), que está más o menos modificada por el ambiente en el que vive el árbol, es decir por las condiciones del sitio, del clima y las condiciones de competencia en el que se desarrolla. Los árboles pueden expandir sus distintos órganos (copa, raíz, tronco) de modo que el límite de crecimiento se ve determinado por la luz, el CO_2, el agua o los nutrientes. Por lo tanto, existe una estrecha conexión entre la estructura de los órganos de los árboles y sus funciones. La forma ideal-típica está modificada por esta variabilidad estructural, de modo que la alometría (proporción de forma) no sigue las leyes estrictas, sino que varía en un rango más amplio.

La forma depende de la identidad (p. ej., abeto, haya, encina) y las propiedades funcionales (especies de luz y de sombra, raíces superficiales o profundas) de la especie, las condiciones ambientales y de competencia intra- (pura) e interespecífica (mezcla). Estas dependencias se discuten en este capítulo para la copa, la raíz y el fuste de los árboles. Los 10 cuadros en este capítulo proporcionan enfoques y métricas para medir las copas, raíces y troncos de los árboles.

En una sección separada, se proporcionan parámetros, factores de expansión y ecuaciones para la estimación del volumen de madera, biomasa y su división en las diferentes fracciones del árbol. Estos factores son útiles para estimar la calidad de la madera, el contenido de carbono y energía, así como para la estimación de los contenidos de nutrientes y sus exportaciones en las cortas.

El desarrollo del tamaño y la forma de los árboles determina la superficie requerida por la especie para el crecimiento y, por lo tanto, también el desarrollo del rodal. Al final del capítulo, se muestra cómo el tamaño específico de las especies y el desarrollo de la forma de los árboles individuales condiciona la dinámica de masas puras y mixtas (autoaclareo, productividad, mezcla).

2.1 El porte del árbol como resultado de factores internos y externos

Se entiende por porte el aspecto o configuración externa de una planta que en árboles forestales define la forma de la parte aérea. Los elementos que definen el porte son la forma de la copa, la altura máxima que puede alcanzar la especie y en menor medida la forma del fuste (SECF, 2005).

2.1.1 Genotipo y fenotipo

El desarrollo del aspecto o porte de un árbol genéticamente determinado (genotipo) se puede ver modificado por los factores ambientales (Poorter 1999). El aspecto exterior del árbol, el fenotipo, es por lo tanto la expresión de la constitución genética y de los factores ambientales (Figura 2.2).

En las masas forestales, la forma de la copa, el tronco y la raíz de los árboles depende en gran medida de la competencia con los árboles vecinos por los recursos, agua, luz y nutrientes, básicamente. Las ramas crecen buscando la luz y las raíces el agua y los nutrientes. A su vez, la forma del tronco es más cilíndrica y delgada cuando el árbol compite por la luz y se aferra al dosel superior de copas. En árboles aislados o tras intervenciones de claras, el fuste se puede hacer más grueso y cónico por el efecto de la menor competencia y del viento. La Caja 2.1 presenta las medidas más importantes y los cocientes de forma o ratios para describir las estructuras de los árboles.

Además, las copas de los árboles, tanto en ambiente forestal como urbano, se pueden deformar por la acción física de árboles vecinos o de edificios, o verse dañadas por contaminantes, y con frecuencia se transforman en copas más transparentes, con menos follaje. En algunos tipos de masas y situaciones orográficas, el viento puede hacer que los árboles se balanceen, de manera que

Caja 2.1 Medidas para caracterizar la estructura, forma de copa y superficie ocupada por el árbol

La cuantificación de la forma, el desarrollo del tamaño y la superficie ocupada de los árboles se basa esencialmente en las dimensiones ilustradas en la Figura 2.1 y los cocientes de forma derivados de ellas.

$h / d_{1,3}$: La esbeltez o el valor h / d se basa en la altura, h (m), y el diámetro normal del árbol, $d_{1,3}$ (cm). El valor $h / d_{1,3}$, o coeficiente de esbeltez de un árbol, indica su estabilidad mecánica.

lc / h: La razón de copa viva es la relación entre la longitud de la copa viva, lc (m), y la altura total del árbol, h (m), y es un indicador del potencial de crecimiento del árbol.

$dc / d_{1,3}$: El coeficiente entre el diámetro de copa y el diámetro normal cuantifica la relación entre el diámetro de la copa, dc (m), en su punto más ancho, y el diámetro normal del fuste, $d_{1,3}$ (cm), y refleja la extensión de la copa y la ocupación del espacio del árbol.

dc / lc: El grado de redondez de la copa se define como: el cociente entre el diámetro de la copa, en su punto más ancho, dc (m) y la longitud de la copa viva, lc (m). El valor indica la desviación de la copa de la forma esférica ($dc / lc = 1$).

spc / sd: El grado de espaciamiento se define como el cociente entre la superficie de proyección de copa, spc (m²), y la superficie disponible para el árbol, sd (m²), y aumenta cuando lo hace la distancia entre árboles.

$dr / d_{1,3}$: Este cociente cuantifica la relación entre el diámetro de las raíces principales, dr (cm), y el diámetro normal del fuste, $d_{1,3}$ (cm). Indica la relación entre la raíz y el tallo y, por lo tanto, el grado de anclaje o la estabilidad de un árbol.

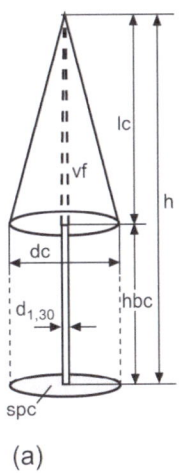
(a)

(b)

(c)

Figura 2.1 Medidas para la estructura, la forma de la copa y superficie ocupada por el árbol. (a) Altura del árbol, h ; longitud de copa, lc ; altura de la base de la copa, hbc; diámetro de copa, dc; diámetro normal del fuste , $d_{1,3}$; volumen de fuste, vf ; y superficie de proyección de copa, spc . (b) Superficie de copa h; volumen de copa, v_c; diámetro del fuste $d_{1,3}$, y diámetro de las $i = 1 ... n$ raíces más gruesas, $dr_1...dr_n$. (c) Superficie disponible del árbol, sd y superficie de proyección de copa, spc. En masas densas las superficies de proyección de copa se superponen y el área de proyección de la copa es significativamente mayor que la superficie disponible del árbol ($spc >> sd$).

Entre la mayor parte de las dimensiones de tamaño del árbol existen relaciones no proporcionales y no lineales, *i.e.* cuando un órgano o el árbol (x) aumenta en tamaño, otros órganos (y) no aumentan proporcional o linealmente ($y \neq a + a \times x$). Por el contrario, el desarrollo del árbol sigue una relación alométrica entre sus órganos ($y = a \times x^a$), con un exponente $a \neq 1$. Los cocientes de forma indicados anteriormente (*e.g.* $h/d_{1,3}$ o $dc/d_{1,3}$) cambian sistemáticamente según aumenta el tamaño del árbol. Están sujetos por lo tanto a una deriva ontogénica (ver Sección 2.1.6).

dañen las ramas de sus vecinos y queden huecos entre las copas de los árboles (fenómeno conocido como la "timidez" de las copas). Por este motivo, el crecimiento potencial de las raíces está determinado por la necesidad de extenderse para evitar derribos, además de por las limitaciones que le imponen las características de suelo (piedras, capas de arcilla compactada, etc.).

Cuando los árboles se reducen a setos, se modelan en parques con formas geométricas o se podan repetidamente bajo líneas eléctricas, el fenotipo o porte de la copa es muy diferente, desapareciendo casi completamente su aspecto natural.

Figura 2.2 La forma de los árboles (fenotipo) como resultado de las propiedades heredadas endógenas (genotipo) y la influencia ambiental (factores ambientales, situación de competencia, disponibilidad de recursos, etc.).

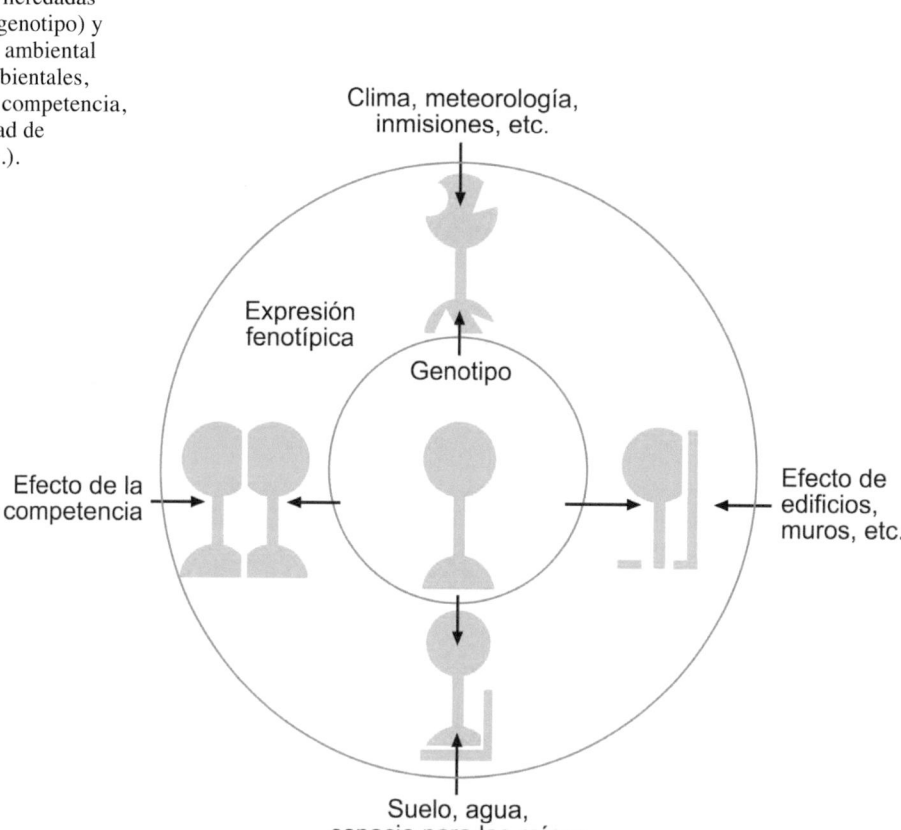

2.1.2 Introducción a las características estructurales y funcionales

Entre las especies arbóreas existe una gran variedad de formas de copa, fuste y sistemas radicales, expresión de los distintos nichos ecológicos específicos que ocupa cada especie. Los distintos aspectos o formas de los árboles se pueden clasificar según tipos de arquitectura (Hallé 1978, Kurth 1999, Oldemann 1990), características botánicas (Roloff 2001), proporciones alométricas (Niklas 2004, Pretzsch et al. 2015) o también según zonas de vegetación (Ellenberg y Leuschner 2010). Además de estas clasificaciones científicas, la Figura 2.3 representa diferentes mezclas que ilustran las características funcionales y estructurales que son particularmente importantes para el conocimiento de la dinámica y gestión de masas forestales puras y mixtas. En la selvicultura, estas características forman parte de los denominados caracteres culturales, que suponen una información básica para su aplicación. En Bravo-Oviedo y Montero (2008) se describen los caracteres culturales de las principales especies forestales de España.

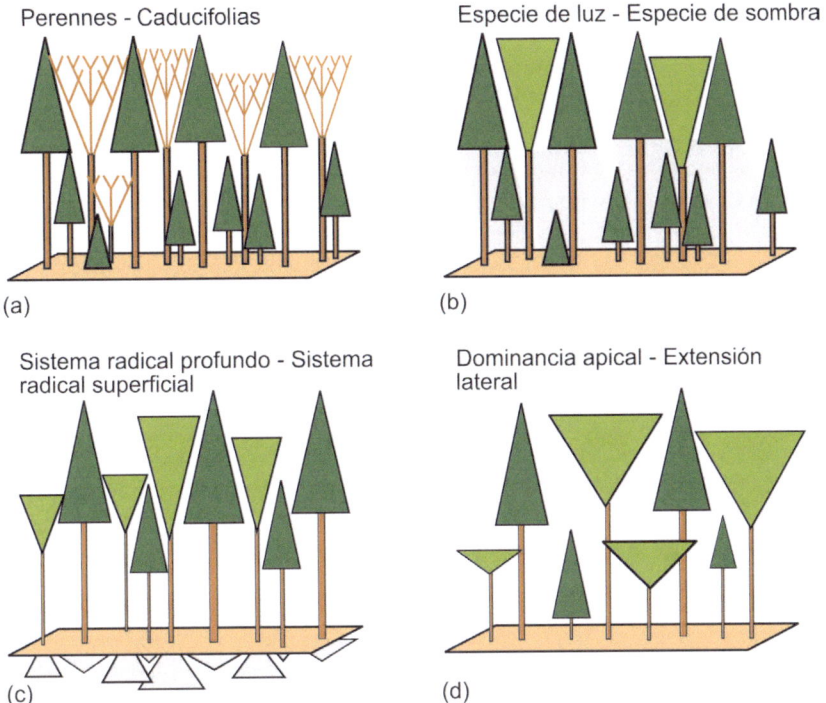

Figura 2.3 Características estructurales y funcionales de las especies arbóreas más relevantes para el conocimiento de la dinámica y gestión forestal. (a) Las especies perennes debido a su follaje continuo pueden aprovechar mejor todo el periodo vegetativo para crecer que las especies caducifolias. (b) Las especies de sombra pueden sobrevivir bajo cubierta, aunque generalmente crecen más despacio que las especies de luz. (c) Las especies con sistemas radicales superficiales suelen invertir menos recursos en las raíces, pero pueden sufrir más la sequía estival, así como daños por viento. (d) Las especies con dominancia apical (acrotonía) tienen menor capacidad para ocupar los huecos creados en el dosel arbóreo que las especies que presentan mayor extensión lateral (basitonía).

Las especies arbóreas de hoja perenne (Figura 2.3a), debido a su follaje continuo, son capaces de utilizar mejor todo el período vegetativo para crecer que los árboles de hoja caduca. Cuando están mezcladas con especies caducifolias pueden beneficiarse, al inicio y al final del periodo vegetativo, de la falta o escasez de hojas de las frondosas caducifolias. Por el contrario, pueden verse más perjudicadas por la deposición de contaminantes atmosféricos, que puede ser mayor en invierno (lluvia ácida, deposición de nitrógeno, etc.). Además, las frondosas caducifolias se despojan anualmente de la contaminación acumulada en sus hojas a través del desfronde. Aquí entendemos por deposición atmosférica el flujo de materiales de la atmósfera a la superficie de la tierra o superficie foliar.

Las especies intolerantes a la sombra, o de luz, como la mayor parte de los pinos, el abedul, o el chopo, tienen crecimiento rápido y mayor transparencia de sus copas que las especies tolerantes a la sombra, como el haya o el abeto, existiendo también especies de media luz como la mayor parte de los *Quercus* mediterráneos. Estas características hacen que las especies de sombra puedan crecer y permanecer a la espera bajo ellas (Figura 2.3). Las especies tolerantes a la sombra crecen más lentamente y la culminación del crecimiento se produce a edades más avanzadas, pudiendo sobrepasar a las especies intolerantes a medida que envejecen. Mediante la combinación en masas mixtas de especies intolerantes en el estrato superior y de especies tolerantes en el estrato inferior se puede obtener una mejor ocupación del dosel de copas y una mayor capacidad de reocupar el espacio cuando se produce una apertura del dosel debido a intervenciones selvícolas o a una perturbación (Bayer y Pretzsch 2017).

De manera análoga, las especies con sistemas radicales profundos, como los robles, tienen un mayor acceso al agua profunda del suelo y nutrientes que las especies con sistemas radicales más superficiales, como el haya (Figura 2.3c). Las especies con sistemas radicales someros asignan menos recursos al crecimiento radical, pero son más vulnerables a la sequía estival y a sufrir derribos por vientos y tormentas. En masas mixtas las especies con raíces profundas pueden tener un efecto favorable sobre las especies con raíces más someras mediante el transporte de nutrientes y de agua de las capas profundas del suelo a las superficiales (facilitación por bombeo de nutrientes y/o agua).

Las especies con alta plasticidad de copas, como el haya, el abeto o el pino negral, pueden cerrar rápidamente los huecos del dosel de copas tras intervenciones de claras o perturbaciones naturales (Figura 2.3d), produciéndose una menor erosión, pérdida de nutrientes y pérdidas de producción. Sin embargo, la extensión lateral de las copas puede reducir la calidad de la madera al aumentar la formación de madera de reacción, la nudosidad, o reducir la rectitud del fuste. En especies menos plásticas como el abedul o el enebro, las copas permanecen más rectas y estrechas, resultando por lo tanto en una mayor eficiencia del espacio ocupado. Combinando especies arbóreas con distinta plasticidad de copa, por ejemplo, especies con dominancia apical con especies de ramas plagiótropas más plásticas, es posible aumentar la densidad del dosel de copas y la productividad de la masa (Pretzsch 2014). Esto ocurre en mayor medida en sitios bien provistos de agua y nutrientes, donde la luz es el principal limitante del crecimiento.

Del mismo modo las especies responden con distintas estrategias ante la sequía. Las especies isohídricas, como los pinos, responden ante situaciones de estrés hídrico con el cierre de estomas y la consiguiente reducción de uso de agua y cese de la asimilación de CO_2, mientras que las especies anisohídricas, como los robles, son capaces de mantener tasas de transpiración relativamente altas con baja disponibilidad hídrica. En masas mixtas de especies isohídricas y anisohídricas puede haber complementariedad en el uso del agua durante los periodos de sequía (Pardos et al. 2017, 2021), aspecto de especial relevancia en el medio mediterráneo.

2.1.3 Captación de recursos, asignación al crecimiento.

El crecimiento del árbol a través de la actividad de los meristemos requiere agua, nutrientes minerales, luz y dióxido de carbono. Por lo tanto, el crecimiento depende de la fotosíntesis en las hojas y la absorción de agua y nutrientes por las raíces (Figura 2.4).

Los recursos deben estar presentes en el medio en una cierta cantidad para poder asimilarse en una cierta proporción. Por ejemplo, la luz y el CO_2 solo pueden ser plenamente utilizados para la producción de crecimiento si hay suficientes nutrientes y agua en el suelo (leyes de Liebig (1855), Liebscher (1895) y Mitscherlich (1909), Sección 3.2.2). Si la disponibilidad de todos los recursos es suficiente, el árbol crecerá con "una forma ideal" siguiendo la alometría general propia de la especie, derivada de los procesos funcionales internos. Por ejemplo, la biomasa foliar y de raíces finas están funcionalmente relacionadas porque están conectadas por los elementos conductores. La sección del tronco está relacionada con la superficie foliar ya que se requiere una cierta sección transversal conductora (albura de la sección del fuste) para suministrar agua a una determinada área foliar. La altura del árbol está hidráulica y mecánicamente relacionada con el diámetro, ya que el suministro de agua en árboles altos y su estabilidad mecánica requieren diámetros mayores para evitar la rotura.

La teoría conocida como "pipe-model" relaciona de una manera clara la estructura y el funcionamiento de los árboles (Mäkelä y Hari 1986, Shinozaki et al. 1964, Valentine 1990). Las hojas de los árboles están conectadas mediante estructuras conductoras con el ápice o cofia de las raíces finas, por las que se absorben el agua y los nutrientes (Figura 2.6). Una determinada superficie foliar requiere de una cierta sección transversal de tejidos conductores para el transporte de los recursos desde las raíces a las hojas. La teoría "pipe model" asume una relación proporcional entre la sección transversal de la albura y la superficie foliar que se encuentra por encima. Cuando la sección transversal del fuste está formada solamente por conductos activos, en árboles jóvenes, la sección del fuste y la superficie foliar por encima de ella son proporcionales (la $\propto d^2$, es decir, el área foliar es proporcional al diámetro normal al cuadrado, $\propto$ es aquí y en las siguientes secciones "proporcional a"). El factor de proporcionalidad depende entre otros factores de la conductividad específica de la especie y de las condiciones hídricas del sitio (disponibilidad de agua, humedad ambiental, transpiración potencial y real). La conexión funcional (suministro de agua) requiere por lo tanto de una conexión estructural y una cierta proporcionalidad en

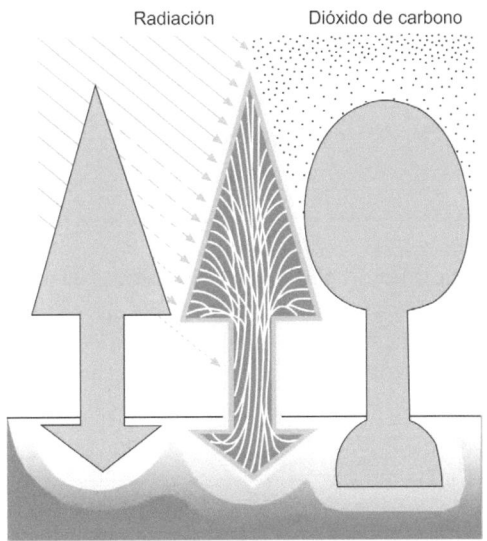

Figura 2.4 Dependencia de la distribución del crecimiento entre copa, fuste y raíces de la captación de recursos de agua, nutrientes minerales, radiación y dióxido de carbono en una representación esquemática. El crecimiento del árbol está determinado por sus meristemos cercanos a la superficie (banda externa gris en el árbol central). La asignación de nutrientes al crecimiento que se produce en las diferentes partes del árbol es mayor en aquellas partes donde hay mayor limitación de recursos, de modo que se pueda incrementar el crecimiento. La forma del árbol es el resultado del registro de este proceso de retroalimentación: captación de recursos → asignación de crecimiento → forma del árbol (por ejemplo, ratio parte aérea/parte radical) → captación de recursos.

Caja 2.2 Estructura del fuste en albura y duramen

Muchas especies arbóreas forman duramen como resultado del desarrollo ontogénico del árbol (Figura 2.5). La distinción entre la parte fisiológicamente activa, albura, y la inactiva, duramen, es de interés para el uso de la madera, investigaciones fisiológicas, así como para la comparación de las leyes de crecimiento con especies herbáceas. La albura es generalmente más clara que el duramen. La transición entre los conductos activos de la albura y el duramen es irregular y su delimitación requiere tinción o tomografía computarizada debido a la naturaleza amorfa del área de duramen (Figura 2.53).

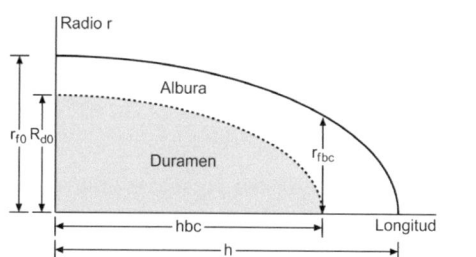

Figura 2.5 Representación esquemática de la forma del fuste externo (línea negra) y el borde entre la albura y el duramen (línea punteada) que puede aproximarse mediante un paraboloide. rf_0 – radio del fuste en la base; Rd_0 – radio del área de duramen en la base del fuste; h – longitud del árbol; hbc – altura de la base de la copa; r_{fbc} – radio de fuste a la altura de la copa, donde toda la sección transversal del tronco es albura.

la forma del árbol. En etapas avanzadas de desarrollo el árbol forma duramen (Caja 2.2 y Figura 2.53). A partir de ese momento, la proporcionalidad se produce entre la superficie de albura y la superficie foliar por encima de ese punto.

2.1.4 Principios y ejemplos del desarrollo de la forma del árbol

Los procesos de crecimiento en los seres humanos, animales y plantas se caracterizan por cambios en las proporciones entre los distintos órganos. La mayor parte de los órganos cambian de forma con la edad y lo hacen de manera no proporcional entre ellos, creciendo unos órganos a distinto ritmo que otros. De este modo, las formas que nos resultan familiares en los seres vivos son el resultado de distintas tasas de crecimiento entre las distintas partes de sus cuerpos. Como ejemplo de los cambios de forma relacionados con la edad se pueden mencionar la relación entre el tamaño de la cabeza y la altura del cuerpo en los seres humanos, entre el tamaño de las pinzas y del cuerpo en los cangrejos o la anchura de copa y la altura en los árboles.

2.1.4.1 Isometría y alometría

Las diferencias en la forma y tamaño de las distintas partes del árbol para distintos tipos de masas forestales que se desarrollan a lo largo de este apartado se basan en los fundamentos de la alometría: las relaciones entre el tamaño del árbol total y sus distintas partes, o entre estas, cambian según aumenta el tamaño, del árbol. Es decir, estas relaciones generalmente no son proporcionales para los distintos tamaños, por ejemplo, la ratio entre la biomasa foliar y la biomasa total del árbol o la relación entre la altura del árbol y el diámetro del fuste dependen del tamaño del árbol. Para poder estudiar correctamente las diferencias de tamaños entre las distintas partes del árbol en distintos tipos de masas o bajo distintas condiciones de estación, hay que separar el efecto del tamaño del árbol del efecto en la forma causado por otros factores. Para ello, se utilizan las relaciones alométricas.

2.1 El porte del árbol como resultado de factores internos y externos | 51

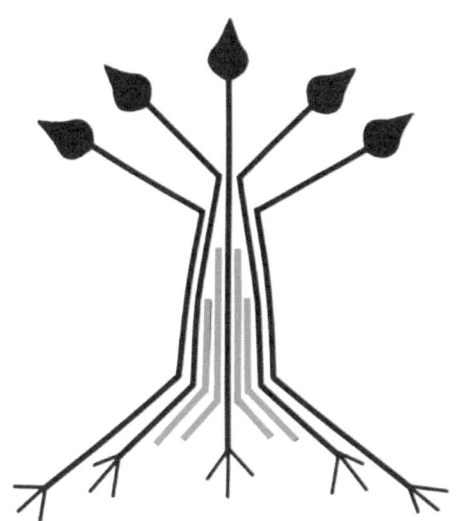

Figura 2.6 La teoría del "pipe model" describe la relación funcional y estructural entre la superficie de albura en la sección de tronco del árbol y la superficie foliar por encima de esta sección. Los canales conductores activos suministran agua absorbida por las raíces a las hojas (líneas continuas de conexión negras). Los conductos inactivos del duramen ya no están conectados con las hojas o los extremos de las raíces (las líneas grises terminan en el tallo o el área de la raíz). La teoría del "pipe model" supone un aumento proporcional de la superficie de la albura y la superficie foliar. A medida que aumenta el área foliar se requiere una sección transversal del fuste cada vez mayor para el mantenimiento de la masa foliar (Cortesía de H.T. Valentine 1990, página 34).

La Figura 2.7 ilustra la diferencia entre el cambio de forma proporcional o isométrico (a) y no proporcional o desarrollo de forma alométrico (b) a través de un ejemplo en el cambio en altura, diámetro de copa y longitud de copa del árbol. En la Figura 2.7a se muestra cómo sería este árbol a los 10, 50 y 150 años según un desarrollo proporcional de sus distintas fracciones. Los cocientes entre las dimensiones del árbol mencionadas se mantienen constantes a lo largo de la edad del árbol (*e.g.* h/d, dc/d, dc/lc). Este tipo de desarrollo isométrico es más bien la excepción en la naturaleza. La relación entre la superficie foliar y la superficie de albura en el fuste ($la \propto s$) mencionada en la sección anterior, es un ejemplo de este tipo de desarrollo proporcional al tamaño.

El desarrollo alométrico en la Figura 2.7b, más frecuente en la naturaleza, muestra una reducción del crecimiento en altura de los 10 a los 150 años en relación con el crecimiento en el diámetro de copa. Como resultado, las proporciones y las ratios de forma cambian con la edad. El coeficiente de esbeltez (ratio h/d) y la razón de copa (ratio lc/h) decrecen, mientras que el cociente de diámetro de copa y longitud de copa (ratio dc/lc) aumenta con el desarrollo del árbol. En este capítulo se estudia en qué medida el desarrollo de la forma del árbol depende, entre otros factores, de la especie, la situación de competencia del árbol y la selvicultura.

2.1.4.2 Ecuación alométrica

El desarrollo de la forma de las plantas se puede describir en muchos casos con la ley de crecimiento alométrico (Bertalanffy 1951). La ecuación alométrica $y = a \times x^\alpha$, con frecuencia presentada en forma logarítmica $lny = a + b \times lnx$, ha mostrado buenos resultados para la cuantificación y modelización de la relación de forma entre dos dimensiones x e y de un árbol (por ejemplo, el diámetro normal y la altura) (Huxley 1932, Teissier 1934). No obstante, el carácter de esta relación como expresión de la proporción de forma, asignación de recursos o descripción formal del crecimiento relativo entre las dos dimensiones x e y se expresa mejor aún en la forma diferencial de la ecuación. Es decir, la relación entre las tasas de crecimiento $x'(dx/dt)$ e $y'(dy/dt)$ es $(dy/y)/(dx/x) = \alpha$ (Bertalanffy 1951).

La relación entre las velocidades de crecimiento de y y x es por lo tanto constante y corresponde con el exponente alométrico α, en la ecuación alométrica $y = a \times x^\alpha$. El exponente alométrico se puede entender como la distribución o reparto de recursos, o crecimiento, entre los órganos del árbol y y x: si x aumenta un 1 %, y aumenta un 1 %. Por ejemplo, el exponente alométrico entre la altura y el diámetro del árbol $\alpha_{h,d} = 0{,}6$ significa que la altura del árbol aumenta un 0,6 % cuando el diámetro aumenta un 1 %. El coeficiente de escalado a indica el valor de y para $x = 1$.

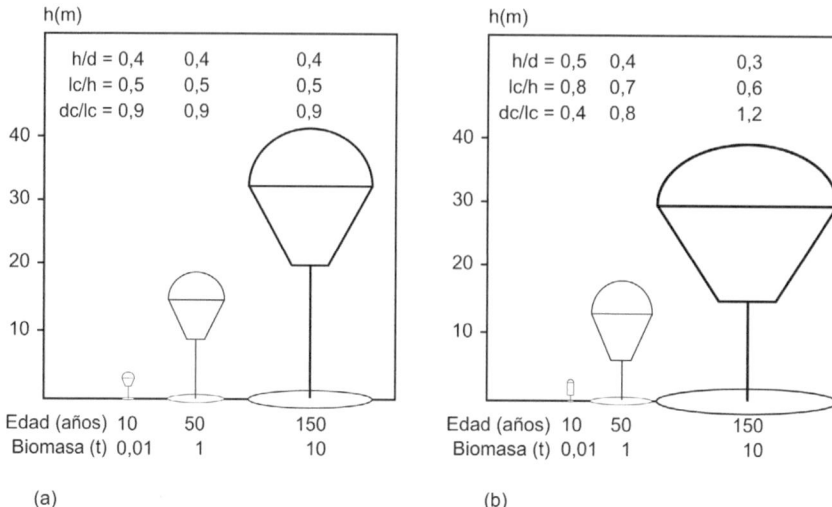

Figura 2.7 Representación esquemática del desarrollo de un árbol desde los 10 años a los 150 años con una evolución de la forma (a) isométrica y (b) alométrica. (a) El crecimiento proporcional de las distintas dimensiones del árbol, en el que los cocientes entre las distintas partes del mismo (*e.g.* h/d, lc/h) se mantienen constantes, es una excepción en la naturaleza. En este tipo de desarrollo isométrico de la forma, las relaciones entre las medidas lineales del árbol (*e.g.* altura, longitud de copa, diámetro de copa ≡ *lin*), superficiales (*e.g.* superficie de copa, superficie foliar, sección del fuste ≡ *sup*) y volumétricas (*e.g.* volumen de copa, volumen de fuste, biomasa ≡ *vol.*) son $lin \propto vol^{1/3}$, $lin \propto sup^{1/2}$, y $sup \propto vol^{2/3}$. (b) En la naturaleza, la mayor parte de los cambios de forma no son proporcionales, de modo que los cocientes de forma cambian con la edad y con desarrollo del árbol. Por ejemplo, el coeficiente de esbeltez (h/d) y la razón de copa (lc/h) decrecen continuamente, y la relación entre el diámetro de copa y la longitud de copa (dc/lc) crece. En este ejemplo el desarrollo de la copa tiene lugar siguiendo la relación $dc \propto l^{\alpha_{dc,lc}}$, $\alpha_{dc,lc} = 1,2$, de modo que el diámetro de copa aumenta desproporcionalmente con el desarrollo del árbol ($\alpha_{dc,lc} > 1,0$).

Una interpretación fisiológica de la ecuación alométrica de Bertalanffy (1951) que ofreció numerosas aplicaciones en morfología, bioquímica, farmacología, y anatomía comparativa, se expresa mediante la formulación siguiente: $dy/dt = \alpha \times y/x \times dx/dt$.

En esta expresión, la alometría se interpreta como el resultado de un proceso de distribución, por el cual las sustancias adquiridas por el organismo se distribuyen de una manera determinada en él o entre sus distintos órganos. Esta distribución o reparto determinado resulta de la proporción entre y y x así como del exponente alométrico, que efectivamente representa una distribución constante. Por lo tanto, indica en qué medida el órgano y es capaz de adquirir una proporción de los recursos para el crecimiento en relación a cómo lo hace el órgano x o todo el árbol. El exponente alométrico describe, por lo tanto, cómo un órgano se comporta, dentro de la estrategia de distribución y equilibrio internos.

El exponente de alometría α denota la pendiente de la recta alométrica cuando la ecuación es expresada en escala doble logarítmica (Figura 2.8). Si la dimensión y crece más rápido que la x, para α mayor que 1, se habla de alometría positiva. Si $\alpha = 1$ el desarrollo es isométrico, es decir, la proporción original se mantiene constante. Si el coeficiente de alometría α es menor que 1, se habla de alometría negativa, donde la dimensión y crece menos que x. Esta alometría negativa corresponde con la ya mencionada tasa de crecimiento relativo entre la altura y el diámetro del árbol cuando $\alpha_{h/d} = 0,6$.

2.1.4.3 Ejemplos de desarrollo de formas alométricas

La Figura 2.9 muestra una representación esquemática del desarrollo de la relación altura-diámetro para tres árboles que presentan distinto crecimiento como consecuencia de la situación de competencia en la que se encuentran dentro la masa (adaptado de Thomasius 1990). Debido a la elevada competencia, el crecimiento en altura del árbol 1 aumenta con relación al crecimiento del diámetro, de manera que su copa se mantiene cerca del dosel superior mejor expuesto a la luz y su coeficiente de esbeltez aumenta ($h/d = 1,2$), a pesar de una pérdida de su estabilidad (estrategia de supervivencia). Según mejora la situación de competencia, del árbol 1 a los árboles 2 y 3, el coeficiente alométrico se reduce de $\alpha = 0,975$ a $\alpha = 0,895$ y $\alpha = 0,802$, respectivamente. Es decir, la tasa de crecimiento en altura en relación al crecimiento en diámetro decrece más y más, como consecuencia de la mayor disponibilidad de espacio de los árboles 2 y 3. Según se asegura la posición de los árboles en el dosel de copas, invierten más recursos en crecimiento secundario para mejorar la estabilidad del fuste (estrategia de estabilidad). Comenzando de una relación altura-diámetro de $h/d = 1,3$ para los tres árboles en la fase juvenil, la competencia regula la forma de los árboles 1, 2 y 3 expresada en coeficientes de esbeltez de ~ 1,2, ~ 0,9 y ~ 0,6 para un tamaño de árbol de 30 cm. Por ejemplo, el árbol 1 resulta en una altura de 35,83 m a los 30 cm de diámetro ($h = 1,3 \times 30^{0,975} = 35,83 m$).

Asimismo, cambios en las condiciones ambientales pueden ocasionar cambios abruptos o saltos en el desarrollo de la forma del árbol 'normal' o 'típica', y por lo tanto en el parámetro 'a' y el exponente alométrico α de la ecuación alométrica. Por ejemplo, niveles elevados de contaminación provocaron una reducción del crecimiento en diámetro en comparación con el crecimiento en altura en masas de *Picea abies* y *Abies alba* de montaña, incluso con presencia de anillos perdidos (Elling 1993, Franz y Pretzsch 1988, Röhle 1987). Este cambio con un menor crecimiento en diámetro provoca un aumento temporal del cociente h/d, que se reequilibra posteriormente cuando se reduce el nivel de contaminación.

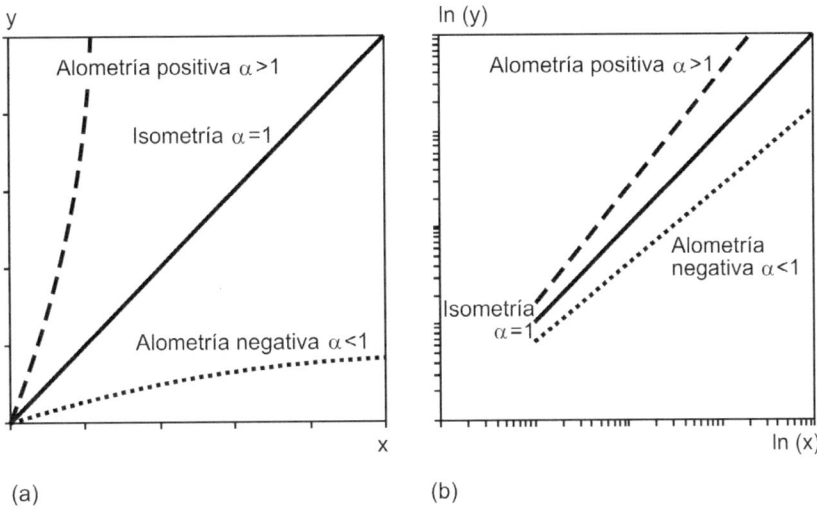

Figura 2.8 Alometría ($\alpha > 1$, positiva; $\alpha < 1$, negativa) e isometría ($\alpha = 1$) entre las dimensiones y y x; en (a) sistema de coordenadas cartesianas y en (b) sistema de coordenadas doble-logarítmico.

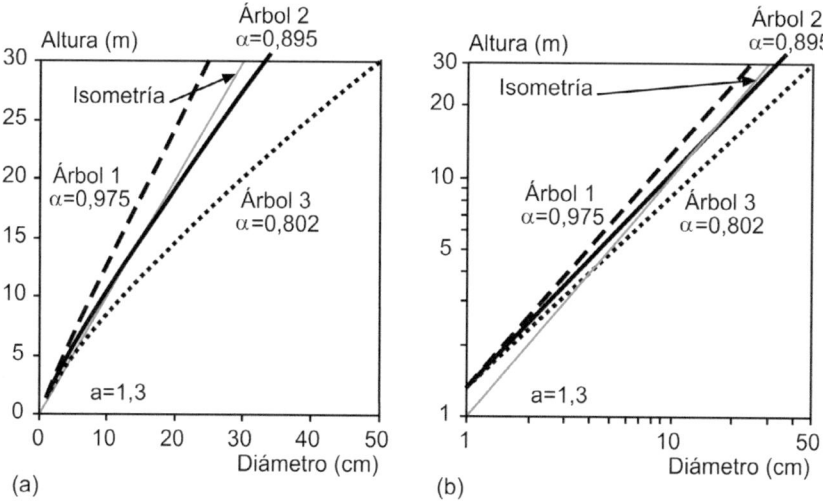

Figura 2.9 Partiendo de una relación altura-diámetro similar en la fase juvenil, la situación de competencia del árbol 1 (dominado), 2 (intermedio) y 3 (dominante) causa diferente tasa de crecimiento en altura en relación al crecimiento en diámetro (según Thomasius 1990). El comportamiento individual de asignación de recursos en los tres árboles conlleva exponentes alométricos de $\alpha = 0{,}9751$, $0{,}8954$ y $0{,}8024$ y coeficientes de esbeltez (h/d) de 1,2, 0,9 y 0,6, respectivamente, para un diámetro del árbol de 30 cm. Cuando los árboles adultos con alometría positiva (estrategia de supervivencia) se liberan de competencia, la planta redistribuye los recursos invirtiendo más en crecimiento en diámetro que en altura (estrategia de estabilidad), resultando en una reducción del coeficiente de esbeltez (h/d).

Este tipo de cambios reversibles en la forma del árbol constatan las observaciones de Bertalanffy (1951), quien constata que en situación de pocos recursos o en situación de estrés, la alometría se orienta hacia una mayor inversión en la variable que tiende a crecer menos en condiciones normales, en nuestro ejemplo, en favor de la altura. El resultado es una forma del árbol típica de estados más juveniles que puede aparentar un rejuvenecimiento. En condiciones reversibles, una vez han mejorado las condiciones ambientales, la alometría original se recupera, creciendo más en la variable que se había visto reducida por la perturbación. En nuestro ejemplo, tras el descenso de las inmisiones, se produce un crecimiento mayor en el diámetro de manera que se recupera la relación altura-diámetro original.

La alometría entre el diámetro de fuste y el diámetro de copa es importante para regular los tratamientos selvícolas en masas puras y mixtas (Figura 2.10) (véase también la Figura 7.23 y la Figura 7.25). A partir de los árboles tipo del Inventario Forestal de España, del Río et al. (2019) desarrollaron modelos de la relación entre el diámetro de copa y el diámetro normal. El diámetro de la copa aumenta con el diámetro normal en las dos especies, pero en el haya aumenta más rápidamente, con un exponente alométrico $\alpha_{kd,d} = 0{,}77$, mientras que en el pino silvestre es $\alpha_{kd,d} = 0{,}62$. Esta diferencia significa que para un mismo diámetro normal, el espacio requerido por el haya es mayor que por el pino silvestre.

Estos requerimientos de espacio específicos para cada especie están indirectamente incluidos en las tablas de producción. Por ejemplo, las tablas de producción para pino silvestre de Rojo y Montero (1996), para una calidad de estación de 26 m a los 100 años, dan ~880 pies/ha para un diámetro de ~ 30 cm. Según las tablas de producción para haya de Madrigal et al. (1992), para una calidad de estación de 27 m a los 100 años, el número de pies por hectárea para ese diámetro es de ~470 pies/ha (relación pino silvestre a haya de ~1,9:1), es decir, por

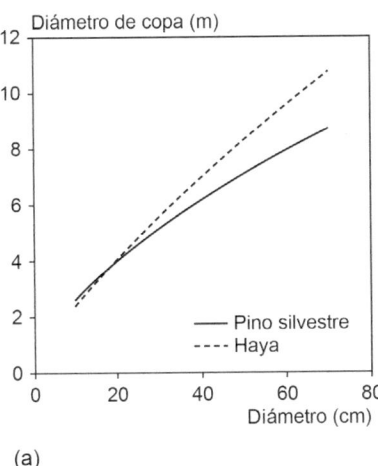 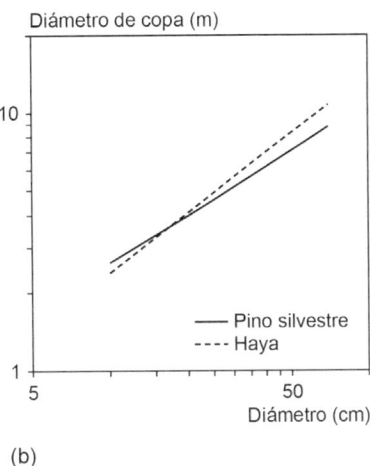

Figura 2.10 Relación alométrica entre el diámetro normal, d, y el diámetro de copa, para pino silvestre (línea continua) y haya (línea discontinua) (a) sistema de coordenadas cartesianas y (b) sistema de coordenadas en doble logaritmo. El exponente alométrico $\alpha_{kd,d}$ muestra una mayor expansión de la copa y una mayor pendiente α para el haya ($\alpha_{kd,d} = 0{,}77$) que para el pino silvestre ($\alpha_{kd,d} = 0{,}62$). Adaptado de del Río et al. (2019) para masas puras con SDI=1000, SDIL=0 y altitud=1000 m.

cada haya cabrían casi dos pinos.

El ejemplo muestra cómo las frondosas muestran en general una mayor expansión lateral de las copas en comparación con la forma más vertical y piramidal de las copas de las coníferas (Niklas 1994, p 173-174). Las diferencias específicas en el desarrollo de la forma del árbol individual se mantienen a medida que disminuye el número de individuos y aumenta la edad de la masa (ver Sección 6.3).

2.1.4.4 El corredor alométrico

El concepto del reparto alométrico del crecimiento (APT, allometric partitioning theory) asume relaciones alométricas entre las distintas dimensiones del árbol relativamente fijas y generalizadas (Tabla 2.1) (Enquist et al. 1998, Enquist y Niklas 2001, West et al. 1997). Por el contrario, el concepto de reparto óptimo (OPT, optimal partitioning theory) asume que se priorizan aquellos órganos cuyo crecimiento pueda reducir el limitante del crecimiento (McCarthy y Enquist 2007). Por ejemplo, con un mayor crecimiento radical cuando el limitante es el agua, o un mayor crecimiento de la copa cuando el limi-

tante es la luz. No obstante, estos dos conceptos no son contradictorios (Pretzsch 2010), como se ilustra en la Figura 2.11. En condiciones de crecimiento ideales o típicas, se observan las relaciones alométricas generales (línea intermedia en negrita). Sin embargo, en función del limitante del crecimiento y de la plasticidad fenotípica de la especie, el desarrollo de la forma del árbol se desvía de este patrón alométrico general, teniendo distintos desarrollos dentro de un corredor alométrico (zona gris).

La disponibilidad óptima de recursos permite un desarrollo típico-ideal de la forma alométrica, por ejemplo, entre la altura, h, y el diámetro, d, (línea intermedia en negrita, relación $h \propto d^{2/3}$, $\alpha_{h,d}=2/3$). Si el árbol se encuentra oprimido lateralmente, aumenta el crecimiento en altura en relación al del diámetro ($\alpha_{h,d}>2/3$); si hay una cobertura excesiva sobre el árbol, se ralentiza el crecimiento en altura más que el del diámetro ($\alpha_{h,d}<2/3$) porque el árbol se ajusta a la situación y queda a la espera; si la relación entre la altura y el diámetro del árbol es excesivamente alta o baja, puede causar la muerte, por ejemplo por rotura o por falta de luz. Por lo tanto, el desarrollo de la forma del árbol sigue la relación alométrica general, pero puede variar en un corredor, dependiendo de la disponibilidad de recursos. Esta plasticidad morfológica permite al árbol adaptarse a la variación espacial y temporal de las condiciones ambientales.

Esta retroalimentación entre captura de recursos → reparto del crecimiento → forma (*e.g.* relación tallo/raíz) → captura de recursos, es un ejemplo del carácter cibernético del sistema en árboles y masas forestales introducido en el capítulo 1.2.6. No obstante, aun teniendo en cuenta toda la plasticidad fenotípica, las relaciones alométricas ideales-típicas son fundamentales para comprender el desarrollo de los individuos y la dinámica de las masas forestales.

2.1.5 Escalados metabólico $\alpha_{ml,m} = \frac{3}{4}$ y escalado Geométrico $\alpha_{ml,m} = \frac{2}{3}$

Una relación fundamental en la teoría alométrica es la relación entre la biomasa de la planta y la superficie foliar, donde esta representa también la biosíntesis. De acuerdo a la teoría de escalado metabólico, la superficie foliar, *la*, y la biomasa, *m*, se relacionan según $la \propto m^{3/4}$ (Enquist y Niklas 2001, West et al., 1997, Kleiber 1947). Entre el diámetro, *d*, y la superficie foliar la relación es $la \propto d^2$; y entre la biomasa y el diámetro $m \propto d^{8/3}$, de donde se deduce la relación $la \propto m^{3/4}$. Es decir, según aumenta la biomasa del árbol, la superficie foliar, que está implicada en la actividad metabólica, aumenta de manera decreciente. Cuando la biomasa aumenta un 1 %, la superficie foliar solo aumenta en un 0,75 %. Sin embargo, aproximaciones anteriores asumían un escalado geométrico, es decir, una relación cuadrática entre el diámetro y la superficie foliar $la \propto d^2$ y cúbica entre el diámetro y el volumen del árbol $m \propto d^3$, que como resultado dan una relación de 2/3 entre la superficie foliar y la biomasa, $la \propto m^{2/3}$ (Rubner, 1931). El significado de los exponentes alométricos en la ontogénesis del árbol se trata en la Sección 3.1.5.

En la Figura 2.12 se presenta la relación entre el área foliar y el volumen del árbol para 508 árboles

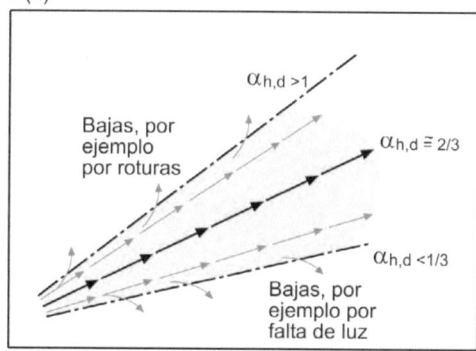

Figura 2.11 Representación esquemática del corredor del desarrollo de la forma alométrica, usando como ejemplo la relación altura-diámetro del árbol.

y muestra un exponente alométrico de $\alpha_{la,m} = 0{,}74 \pm 0{,}016$ (pícea, pino silvestre, haya y roble), valor que está muy próximo al exponente alométrico de la teoría metabólica de ¾.

Por lo tanto, en las consideraciones teóricas que se ven en capítulos posteriores, en particular el desarrollo del árbol con la edad y del paso del árbol al nivel de masa, se considera el exponente alométrico de ¾. Por ejemplo, se muestra que la alometría de los árboles siempre se sitúa cercana al ¾. En competencia, aunque la estructura de la copa se modifica, la relación entre el área foliar y la biomasa del árbol todavía sigue un escalado de ¾. La plasticidad morfológica mantiene al árbol virtualmente en la trayectoria del escalado ¾. No obstante, estudios recientes sugieren que este exponente alométrico varía con el tamaño del árbol (Poorter et al. 2015).

El crecimiento del árbol tiene lugar de tal manera que el tiempo o la edad no entran en juego. Aunque normalmente definimos el crecimiento para un periodo de tiempo determinado, consideramos la relación del crecimiento de una dimensión del árbol con el de otra dimensión en el mismo periodo de tiempo, por lo que el foco no está en el tiempo sino en las tasas de crecimiento relativo entre las diferentes dimensiones del árbol. Como el árbol es tanto el medio de producción como el producto, el tamaño actual y el exponente alométrico se convierten en la fuerza impulsora del desarrollo del árbol. Se considera cómo se desarrolla la forma, pero no la velocidad a la que lo hace. La relación del crecimiento con la edad es el objeto del Capítulo 3.

2.1.6 Relaciones alométricas entre las dimensiones del árbol, cocientes de forma y deriva alométrica

A continuación, se explican el principio de relaciones no lineares alométricas, sus efectos sobre los cocientes de forma y la eliminación del efecto del tamaño cuando se quieren comparar grupos, mediante el ejemplo de la relación entre el diámetro del fuste, $d_{1,3}$ (cm), y el diámetro de copa, dc (m), para pino piñonero (Figura 2.13). La relación linear en escala doble logarítmica tiene, debido a α_{dc}, $d < 1$, un curso decreciente en el sistema linear (Figura 2.13a ó b). La evaluación de un total de n = 225 copas de piño piñonero en masas irregulares resulta en una relación $ln(dc) = -0,976 + 0,790 \times ln(d)$, es decir, $dc = 0,377 \times d^{0,790}$ con $\alpha_{dc} = 0,790$. Esta regresión indica una desviación sobre la relación alométrica general propuesta por Enquist et al. (1998) y West et al. (2009), recogidas en la Tabla 2.1.

Los efectos del tamaño sobre los cocientes de forma se muestran usando el ejemplo de la ratio entre diámetro de copa y diámetro de fuste dc/d, que Assmann (1970, p. 112) introdujo para cuantificar el efecto de la competencia y las claras en la morfología de la copa. De la relación $dc = 0,377 \times d^{0,790}$ resulta $dc/d = 0,377 \times d^{-0,21}$, es decir, el cociente disminuye sistemáticamente según aumenta el tamaño del árbol. Debido a esta relación, no linear, dependiente del tamaño, si se comparan los ratios dc/d de árboles que se encuentran en diferentes fases de desarrollo, y que por lo tanto tienen distinto tamaño, pueden realizarse interpretaciones erróneas. Por lo tanto, en caso de comparaciones de dos grupos de árboles, por ejemplo, para analizar los efectos de las claras, la fertilización, contaminantes o de la mezcla de especies, se debe corregir primero el efecto del tamaño. Por ejemplo, si existen diferencias de tamaño entre los grupos 1 y 2 que se van a comparar, $d_1 \neq d_2$, el cociente dc/d_2 del grupo 2 se debería extrapolar primero al tamaño del grupo 1 $dc/d'^2 = dc/d'_2 \times (d_1/d_2)^{-0,21}$. dc/d'_2 representa entonces la ratio dc/d de los árboles del grupo 2 como si tuvieran el mismo tamaño que los árboles del grupo 1. Sólo tras esta corrección por el tamaño se pueden comparar correctamente los dos grupos.

2.2 La copa

2.2.1 Función, estructura y plasticidad

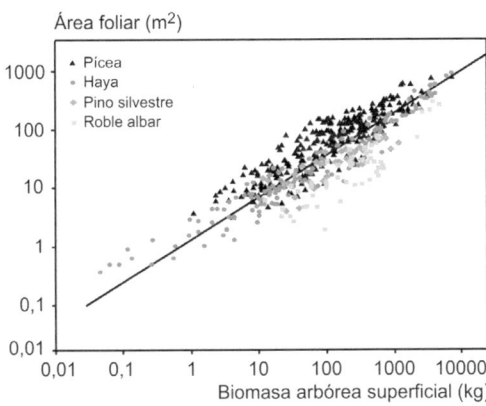

Figura 2.12 Relación entre el área foliar, la, y la biomasa del árbol total, m, la α $m^{\alpha la, mt}$ de árboles que siguen un exponente alométrico general cercano a $\alpha_{la,m} = 3/4$. La regresión se basa en datos de abeto ($n = 280$), haya ($n = 145$), pino silvestre ($n = 31$) y roble albar ($n = 52$). El análisis de regresión SMA (Standardized Major Axis) reveló una relación entre el área foliar y la biomasa arbórea superficial $ln(la) = -0,0176 + 0,7418 \times ln(m)$ o $\alpha_{la,m} = 0,74 \pm 0,016$ (según Pretzsch et al. 2012a).

La respuesta del crecimiento en altura o el desarrollo del ancho de copa a la competencia lateral en el dosel de copas reflejan la capacidad de un árbol para adaptarse a la disponibilidad de recursos, limitados por la presencia de otros árboles. En este sentido es una expresión de su competitividad y *fitness*. El tamaño y forma de la copa es el resultado del desarrollo del fuste y las ramas a largo plazo. Por ejemplo, estudios recientes han demostrado que se puede relacionar la forma de la copa (tamaño

Tabla 2.1 Ejemplos de relaciones alométricas generales de la forma del árbol. La proporcionalidad $h \; \alpha \; d^{2/3}$ entre h y $d^{2/3}$ significa por ejemplo que un aumento de diámetro de un 1 % se combina con un aumento de altura de 2/3 = 0,67 %. Un aumento en la biomasa del árbol del 1 % se asocia con un aumento en el área foliar de 3/4 = 0,75 %.

Alometría	Exponente	Variable	Variable independiente
$h \; \alpha \; d^{2/3}$	$\alpha_{h,d} = 2/3$	Altura total, h	Diámetro, d
$v \; \alpha \; d^{8/3}$	$\alpha_{v,d} = 8/3$	Volumen del árbol, v	Diámetro, d
$rc \; \alpha \; d^{2/3}$	$\alpha_{dc,d} = 2/3$	Radio de copa, rc	Diámetro, d
$spc \; \alpha \; d^{4/3}$	$\alpha_{spc,d} = 4/3$	Proyección o superficie de copa, spc	Diámetro, d
$vc \; \alpha \; v^{3/4}$	$\alpha_{vc,v} = 3/4$	Volumen de copa, vc	Volumen del árbol, v
$la \; \alpha \; d^2$	$\alpha_{la,d} = 2$	Superficie foliar, la	Diámetro, d
$la \; \alpha \; m^{3/4}$	$\alpha_{la,m} = 3/4$	Superficie foliar, la	Biomasa del árbol, m
$ma \; \alpha \; mr$	$\alpha_{ma,mr} = 1$	Biomasa aérea, ma	Biomasa radical, mr
$v_m \; \alpha \; N^{-3/4}$	$\alpha v_{m,N} = 3/4$	Volumen del árbol medio, v_m	Número de pies, N
$N \; \alpha \; d_g^{-3}$	$\alpha_{N,d_g} = -2$	Número de pies, N	Diámetro medio cuadrático, d_g

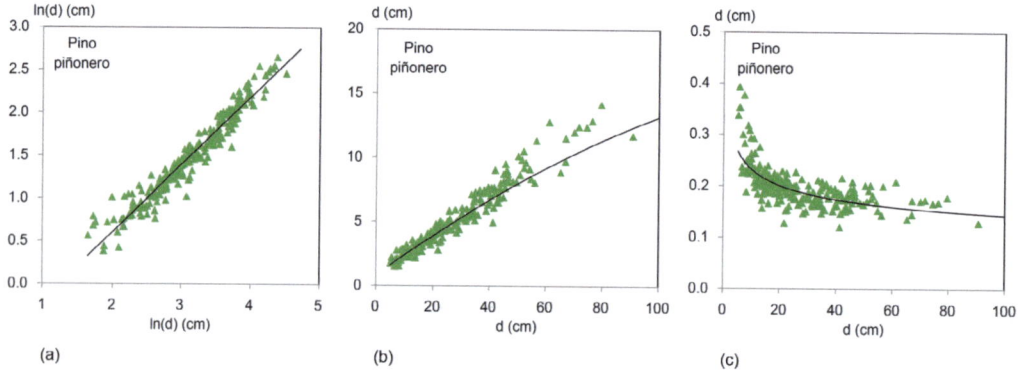

Figura 2.13 Análisis de la relación alométrica entre el diámetro de copa, dc en m, y el diámetro del fuste, d en cm, de pinos piñoneros y la deriva del cociente dc / d en función del tamaño. (a) Mediciones de n = 444 copas de pino piñonero y regresión lineal en escala doble logarítmica $\ln(dc) = -0{,}976 + 0{,}790 \times \ln(d)$ (R2 = 0.93). (b) La relación mostrada en (a) entre el diámetro de copa y diámetro de fuste sigue un aumento decreciente en escala linear $dc = 0{,}377 \times d^{0{,}790}$. Un aumento de un 1 % en el diámetro de fuste lleva asociado un aumento del 0,76 % en el diámetro de copa. (c) Deriva ontogénica del cociente dc / d. Con el aumento del tamaño del árbol este cociente de forma decrece sistemáticamente ($dc / d = 0{,}377 \times d^{-0{,}21}$).

y variabilidad en su perfil) con los patrones de crecimiento observados en los anillos de crecimiento (Ahmed y Pretzsch 2023, Pretzsch et al. 2022), o cómo se pueden detectar stress por sequía mediante el estudio de las copas (Jacobs et al. 2021).

En principio, las copas de los árboles se expanden donde se dan las condiciones de suficiente luz y no resistencia mecánica (árboles vecinos u otras barreras físicas). Es decir, aumenta su tamaño a menos que se rompan o dañen por su propio peso o por la acción de las copas de los árboles vecinos. Las especies con alta densidad y resistencia de madera pueden formar copas más extendidas que las que tienen menor resistencia (ej. roble o chopo, respectivamente) debido a la mayor resistencia de sus ramas. Por lo tanto, el ancho de copa está muy relacionado con la densidad específica de la madera. Esto es válido tanto para masas puras como mixtas, aunque en las masas mixtas las condiciones de luz y la resistencia mecánica son más variables debido a la mayor heterogeneidad de la estructura, lo que conlleva mayor variabilidad del espacio disponible para el crecimiento de las ramas, con frecuencia más extendidas e irregulares.

Las copas de la mayor parte de las especies forestales europeas son de forma cónica, esféricas o en forma de copa (Figura 2.14). La relación alométrica entre el tamaño del fuste y el de la copa (por ejemplo, diámetro de copa, proyección de copa) de los distintos tipos de forma de copa es importante para la dinámica de la población, la producción y la selvicultura. La Figura 2.14 ilustra estas medidas de copa.

Pretzsch y Dieler (2012) evaluaron 126 tablas de producción de 53 especies forestales con el fin de caracterizar la variación entre la geometría de copa y los diferentes requerimientos de superficie para las distintas especies. Las especies incluyen 30 angiospermas (frondosas) y 22 gimnospermas (coníferas) de los géneros *Abies*, *Acer*, *Alnus*, *Betula*, *Carpinus*, *Castanea*, *Cunninghamia*, *Eucalyptus*, *Fagus*, *Fraxinus*, *Juglans*, *Larix*, *Nothofagus*, *Picea*, *Pinus*, *Populus*, *Prunus*, *Pseudotsuga*, *Quercus*, *Robinia*, *Shorea*, *Thuja* y *Tilia*. Para estas especies, se obtuvo la relación entre el diámetro medio, $\bar{d}$, y la superficie media disponible por árbol, *smd*, deducida de las tablas de producción (superficie entre número de pies, *i.e.* inversa del número de pies por hectárea). La extensión específica de la copa y su desarrollo con el tamaño del árbol se puede caracterizar para cada especie mediante la relación alométrica entre el diámetro normal y la superficie media disponible $\ln(smd) = a + \alpha \times \ln(d)$, o su correspondiente expresión sin transformar $smd = e^a \times d^\alpha$. El factor a representa el efecto multiplicativo de la especie en la extensión de copa. El exponente α representa el efecto exponencial de la expansión de la copa de cada especie según se desarrolla el árbol. La base de datos representa masas no aclaradas o masas desarrolladas bajo regímenes de cla-

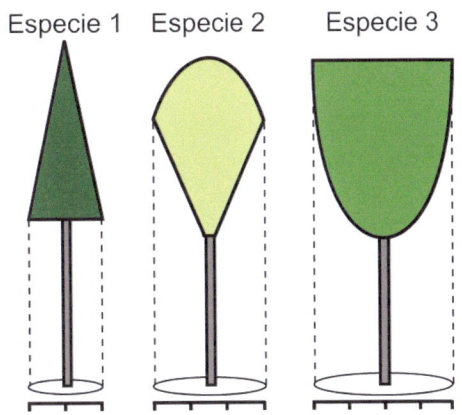

Figura 2.14 Relación entre el área foliar, la, y la biomasa del árbol total, m, la α m$^{\alpha_{la,m}}$ de árboles que siguen un exponente alométrico general cercano a $\alpha_{la,m} = 3/4$. La regresión se basa en datos de abeto ($n = 280$), haya ($n = 145$), pino silvestre ($n = 31$) y roble albar ($n = 52$). El análisis de regresión *SMA (Standarized Major Axis)* reveló una relación entre el área foliar y la biomasa arbórea superficial $\ln(la) = -0,0176 + 0,7418 \times \ln(m)$ o $\alpha_{la,m} = 0,74 \pm 0,016$ (según Pretzsch et al. 2012a).

ras débiles. Generalmente, con claras débiles y moderadas la masa presenta cobertura completa pero las copas no se superponen (Verein Deutscher Forstlicher Versuchsanstalten 1873, 1902). De este modo, se puede asumir que la superficie media disponible es igual a la superficie de la masa ($(\overline{smd}) \equiv s$), o bien son proporcionales ($(\overline{smd})\ \alpha\ s$).

La Figura 2.15a muestra una variación importante entre especies en la alometría entre d_g-*smd*. Los factores alométricos, es decir la altura de las líneas d_g-*smd*, toman unos valores (media, mínimo, máximo) de $a = -1,96, -3,57, 2,47$, y los exponentes alométricos, es decir la pendiente de las líneas d_g-*smd*, . Es evidente que en promedio las angiospermas ($\ln(smd) = -1,33 + 1,36 \times \ln(d)$) requieren significativamente más espacio que las gimnospermas ($\ln(smd) = -2,03 + 1,52 \times \ln(d)$). Las angiospermas con un diámetro normal de $d = 25$ cm ocupan en promedio $smd = 19,51$ m², mientras que para el mismo diámetro las gimnospermas necesitan en promedio menos espacio de superficie de suelo $smd = 16,09$ m².

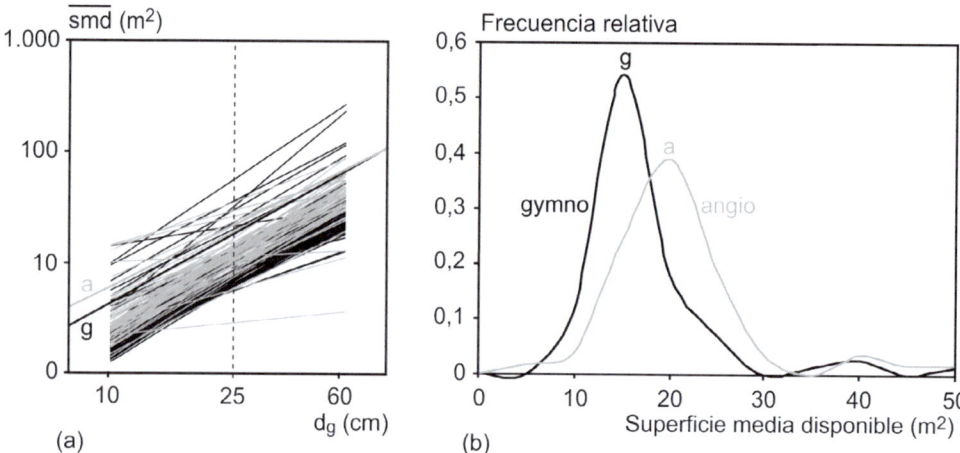

Figura 2.15 Relación entre el diámetro medio cuadrático, d_g, y la superficie media ocupada por árbol, smd, en masas regulares monoespecíficas según Pretzsch y Dieler (2012). Se muestra la relación para 52 especies, 30 angiospermas (a y líneas grises) y 22 gimnospermas (g y líneas negras), en escala doble logarítmica. (a) La relación entre el diámetro medio y la superficie ocupada por árbol es significativamente mayor en especies angiospermas que en gimnospermas. (b) Requerimiento de superficie media disponible para un árbol medio de diámetro normal de 25 cm. Las superficies específicas de cada especie se obtienen de la relación mostrada en (a).

Estos requerimientos de superficie específicos de cada especie quedan reflejados en las tablas de producción, donde el número de pies por hectárea para un mismo diámetro medio cuadrático difiere considerablemente entre especies (Assmann y Franz, 1965). Del mismo modo, varían las líneas de autoaclareo de las distintas especies (Pretzsch 2006, Pretzsch y Biber). Según los modelos de Aguirre et al. (2018) de líneas de máxima densidad dependientes de la aridez para las principales especies de pinos de la Península Ibérica, el número máximo de pies para un diámetro medio 25 cm es similar para pino silvestre y pino negral, pero decrece para pino laricio, pino piñonero y pino carrasco (Figura 2.16), es decir, estos últimos pinos requieren más espacio por individuo. Los requerimientos de superficie de cada especie son relevantes para el cálculo de la proporción de especies, densidad de la masa y regulación del espacio disponible en masas mixtas (Sterba et al. 2014; Condés et al. 2017).

Además de la relación media entre el diámetro de fuste y la superficie media disponible, interesa también conocer la relación diámetro de copa-diámetro normal específica de cada especie.

Para mostrar la variabilidad específica en esta relación se presentan los valores de superficie de copa-diámetro normal por especie cubriendo distintas condiciones de densidad, desde árboles aislados hasta masas en máxima densidad. En la Figura 2.19 se muestra la relación spc-d para una muestra de especies en base a los datos de árboles tipo del IFN de España. Cada nube de puntos se ha usado para mostrar las líneas que repre-

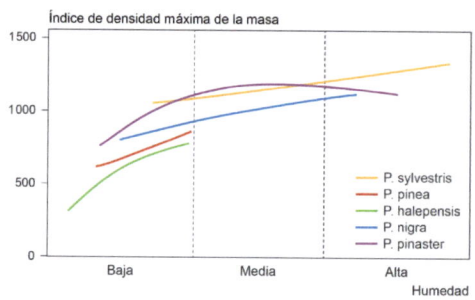

Figura 2.16 Número máximo de pies por hectárea para un diámetro medio cuadrático de 25 cm para las principales especies de pinos de la Península Ibérica (según Aguirre et al. 2018). Las líneas de máxima densidad varían con las condiciones de humedad de la estación. Un mayor número máximo de pies por hectárea significa un menor requerimiento de espacio de la especie.

Caja 2.3 Superficie de proyección de la copa y superficie disponible del árbol

La superficie de proyección de copa de un árbol es el resultado de la proyección horizontal de los cuatro u ocho radios de copa medidos.

En la Figura 2.17a, la superficie de proyección de copa se presenta como un círculo de radio la media de los distintos radios de copa medidos $\overline{rc}$, calculado mediante la media cuadrática $\overline{rc} = \sqrt{(rc_1^2 + rc_2^2 .... + rc_b^2)/8}$ de los ocho radios de copa, $r_{c1} ... r_{cn}$.

La superficie disponible para un árbol, sd, es un indicador de los recursos disponibles para ese árbol (Figura 2.17b). Esta superficie, es el resultado de dividir la superficie total de la masa entre el número árboles existentes en la misma. Puede haber superficie no ocupada por las proyecciones de las copas de los n árboles, pero la suma de las superficies disponibles para los árboles es la superficie total. La distribución de la superficie se puede realizar según distintas reglas. El método más simple consiste en dividir la superficie de la masa entre el número de árboles. El método de segmentación del círculo, Alemdag (1978), el método de cuadrículas propuesto por Faber (1981, 1983) y Nagel (1985), el método de los polígonos de Brown (1965), Jack (1968), Fraser (1977) y Pelz (1978) asignan a los árboles individuales distinta superficie en función del tamaño del árbol, bien del diámetro normal, del tamaño de la copa o de la tasa de crecimiento del árbol (ver Pretzsch 2009, pp. 311-318).

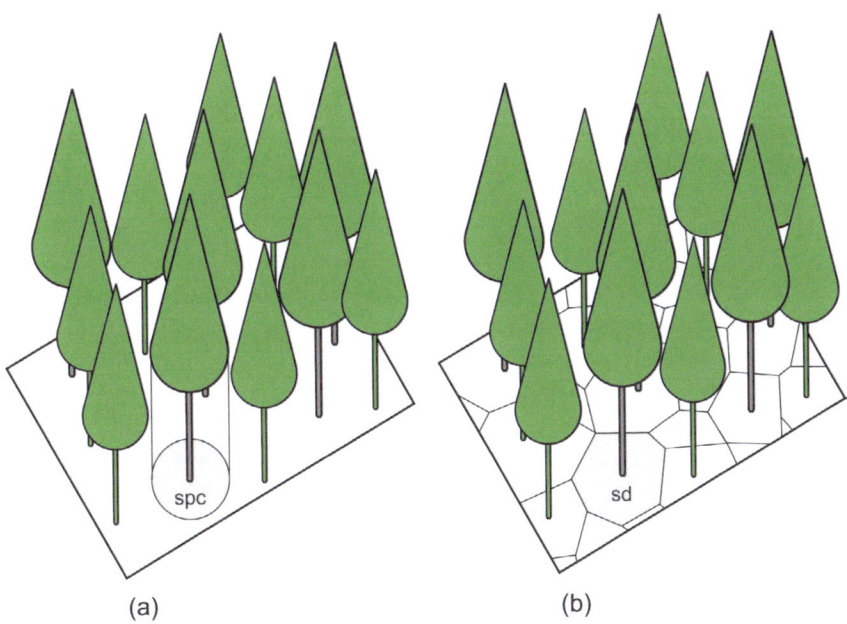

Figura 2.17 Ilustración de (a) superficie de proyección de copa, *spc*, y (b) superficie disponible, *sd*, de los árboles.

En masas mixtas el cociente entre la proyección de copa, *spc*, y la superficie disponible, *sd*, puede ser significativamente mayor que en masas puras. Debido a la complementariedad en propiedades morfológicas y fisiológicas de las especies, las copas pueden superponerse o incluso entrelazarse. Cuanto mayor sea la extensión de las copas, mayor la superficie de proyección de copas y el grado de cobertura.

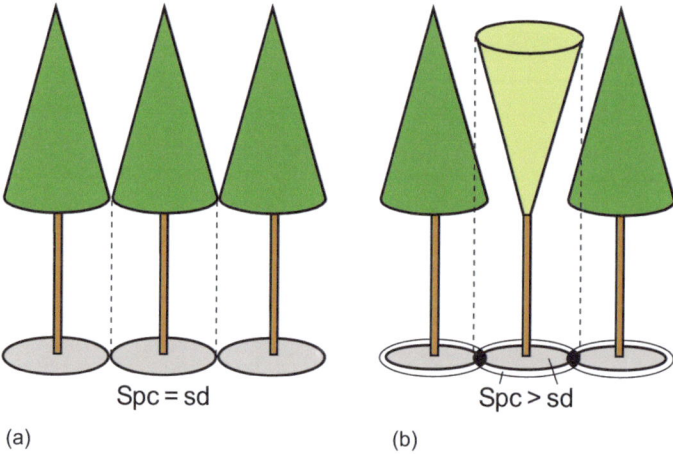

Figura 2.18 Relación entre la superficie disponible, sd, y la superficie de proyección de copa, *spc*, de los árboles. (a) En rodales puros, las áreas de proyección de copa, *spc*, suelen ser iguales o ligeramente más pequeñas que la superficie disponible del árbol, sd. (b) Debido a la complementariedad, las superficies de proyección de copa de los árboles en rodales mixtos suelen ser mayores que las superficies disponibles por árbol. Esto da como resultado superposiciones de copa y coberturas trabadas (áreas de superposición resaltadas en negro).

sentan los cuantiles 95, 50 y 5 % (mediante regresión cuantílica). Estas rectas reflejan la geometría propia de cada especie en masas abiertas (cuantil 95 %), condiciones medias (cuantil 50 %) o muy densas (cuantil 5 %), dentro de la distribución de la especie en España. Cuanto mayor es el rango entre las rectas del cuantil 95 y 5 % mayor variabilidad en la alometría tiene la especie. Esta variabilidad refleja la plasticidad de copa de la especie, es decir, cómo la alometría de copa se adapta a las condiciones de crecimiento, en este caso, distintas condiciones de estructura de masa y ambientales. De este modo, se puede calcular el índice de variabilidad de copa (*VarC*) como el cociente entre la línea superior e inferior (cuantiles 95 y 5 %) para un diámetro d = 25 cm (Pretzsch 2014). Este índice presenta los siguientes valores por especie: rebollo (6,96) ≈ haya (6,95) > encina (4,88) > pino negral (4,76) > pino silvestre (4,60) > pino carrasco (3,79). Del análisis de las principales especies forestales en España el mayor valor de este índice se da en el roble pedunculado (7,67) y el menor en el pino piñonero (3,52) (Tabla 2.2).

En la Figura 2.20a se muestra la relación media entre la superficie de proyección de copa y el diámetro de fuste para distintas especies de frondosas. Se puede ver que especies como el roble pedunculado y el haya tienen en promedio requerimientos de superficie más elevados que el rebollo, quejigo y encina. Para el cuantil 95 % el ranking de los tres *Quercus* mediterráneos cambia ligeramente con respecto al de la media (Figura 2.20b). El haya y el roble se benefician particularmente de situaciones sin competencia (árboles aislados con copas extensas) (Figura 2.20, a versus b). Para dar el rango de valores que refleje la plasticidad de las especies es, por lo tanto, necesario disponer de información de árboles que crecen aislados, y en masas densas, y dar los valores de la relación media, así como de los límites superior e inferior. En la Tabla 2.2 se

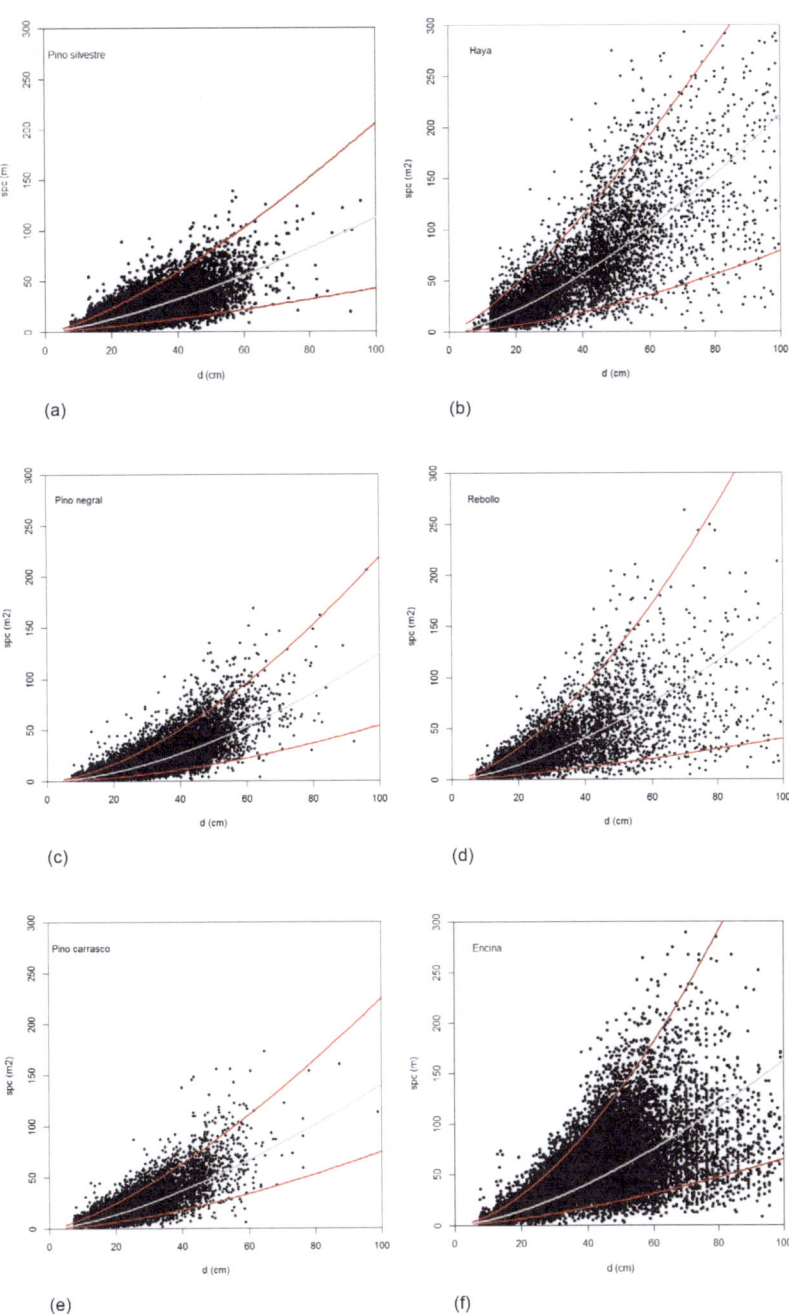

Figura 2.19 Relación alométrica entre el diámetro del fuste, d, la superficie de proyección de copa, spc, para pino silvestre (*Pinus sylvestris* L.) (n=25.669), haya (*Fagus sylvatica* L.) (n = 6.802), pino negral (P pinaster Ait.) (n=34.012), rebollo (*Quercus pyrenaica* Willd) (n=9.762), pino carrasco (*P. halepensis* Mill.) (n=27.137) y encina (*Quercus ilex* L.) (n = 28.704), obtenidas de las dimensiones observadas en los árboles tipo del 2º Inventario Forestal Nacional de España. Estos datos reflejan la variabilidad de las condiciones de crecimiento. Las líneas rojas superior e inferior representan las líneas de regresión cuantílica 95 % y 5 % respectivamente, $\ln(spc)=a +\alpha\times\ln(d)$, y la línea gris la línea de regresión cuantílica 50 %.

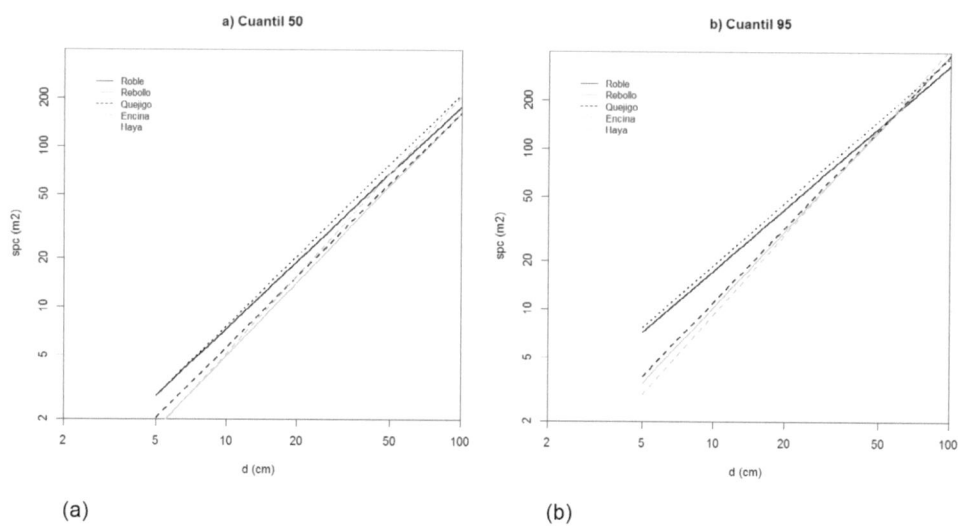

Figura 2.20 Relación alométrica entre el diámetro de fuste y la superficie de proyección de copa para distintas especies frondosas. (a) Relación media obtenida mediante regresión cuantílica para el cuantil 50 %; (b) Relación para árboles aislados obtenida mediante regresión cuantílica para el cuantil 95 %. Roble (*Quercus robur* L.), rebollo (*Quercus pyrenaica* Wild), quejigo (*Quercus faginea* Lam.), encina (*Quercus ilex* L.), haya (*Fagus sylvatica* L.)

presentan para las principales especies forestales autóctonas en España los valores de las líneas correspondientes a los percentiles 5, 50 y 95 % para un diámetro de referencia de 25 cm, así como el valor del índice de plasticidad (*VarC*). Los elevados valores de los cuartiles 5 y 50 % para *Quercus canariensis* probablemente se deba a la escasez de masas con elevada densidad de esta especie.

En esta sección se han mostrado las relaciones entre el diámetro de fuste y la superficie de proyección de la copa, $\ln(smd) = a + \alpha \times \ln(d)$, o en su versión no transformada, $smd = e^a \times d^\alpha$. Si se requiriesen las relaciones para diámetro de copa, dc, o radio de copa, rc, se usarían las expresiones correspondientes $dc = 2 \times \sqrt{spc/\pi}$ o $rc = \sqrt{spc/\pi}$.

2.2.2 Desarrollo de la copa en masas puras

2.2.2.1 Copa y competencia

A través de la expansión de la copa en altura y anchura, el árbol se asegura la adquisición de recursos, ocupa el espacio disponible, a la vez que ejerce competencia sobre otros individuos que se sitúan por debajo o junto a él. Lo mismo ocurre en los sistemas radicales, entre los que existe una correlación en el desarrollo por razones funcionales y estructurales (ver Sección 2.1.3). Entre los principales limitantes del desarrollo de la copa se encuentran en primer lugar las restricciones hidráulicas. El aumento de la longitud del tronco y de las ramas depende de la disponibilidad de agua y de su conducción (Koch et al. 2004, Ryan y Yo 1997), que es menor en sitios secos que en sitios húmedos. En segundo lugar, la disponibilidad de luz suficiente juega un papel clave. Los árboles totalmente dominados pueden detener completamente el desarrollo de sus copas, en particular el crecimiento en altura y entrar en una fase de "estar a la espera". Según aumenta la radiación que llega a las copas, aumenta el crecimiento en altura. No obstante, los árboles aislados pueden crecer menos en altura que aquellos que crecen en masa, aunque continúa la expansión de sus copas. En tercer lugar, actúan las restricciones mecánicas, en particular, la extensión lateral de la copa se puede ver limitada

Tabla 2.2 Superficie de proyección de copa para un diámetro de fuste de referencia de 25 cm según las regresiones cuantílicas 5, 50 y 95 % y valor del índice de plasticidad de copa (*VarC*) estimado para las principales especies forestales autóctonas de España a partir de los árboles tipo del IFN.

Especie	Cuartil 5 %	Cuartil 50 %	Cuartil 95 %	VarC
Abies alba	4,1	14,7	31,2	7,59
Abies pinsapo	7,9	20,7	40,9	5,16
Castanea sativa	8,3	28,5	61,6	7,45
Fagus sylvatica	8,8	28,5	61,6	6,95
Pinus canariensis	3,5	11,6	24,5	6,89
Pinus halepensis	8,8	18,7	33,1	3,79
Pinus nigra	7,3	15,8	27,4	3,72
Pinus pinaster	5,0	12,2	23,6	4,76
Pinus pinea	8,8	18,2	31,2	3,52
Pinus sylvestris	6,7	16,6	30,9	4,60
Pinus uncinata	3,5	9,3	19,3	5,53
Quercus canariensis	14,0	32,8	60,9	4,37
Quercus faginea	7,5	21,3	45,6	6,11
Quercus ilex	8,7	22,2	42,5	4,88
Quercus petraea	6,8	20,9	46,1	6,79
Quercus pyrenaica	6,2	19,9	43,4	6,96
Quercus robur	7,3	26,0	56,3	7,67
Quercus suber	5,5	14,4	33,8	6,12

por la estabilidad mecánica. Frecuentemente, el viento y la nieve pueden hacer que se desprendan ramas, limitando la expansión de la copa. En masas forestales, el área disponible para el crecimiento se ve a su vez limitada por los árboles vecinos.

Cuando los árboles crecen en masa, sus copas se adaptan a los vecinos y su forma se desvía de la forma ideal-típica propia de la especie, es decir, cuando crece sin competencia lateral (Figura 2.21). La compresión lateral puede ocasionar copas asimétricas. La deformación mecánica por el viento puede llevar a reducir el ancho de copa y a aumentar los huecos entre las copas (timidez de las copas). Una cobertura excesiva puede dar lugar a que el árbol adopte una estrategia de 'estar a la espera' y un aplanamiento de la copa. Por lo tanto, la forma de la copa es un buen indicador de la vitalidad y de la posición social del árbol en la masa. Esto es especialmente cierto para los bosques templados, subtropicales y tropicales, donde la luz es uno de los factores limitantes del crecimiento.

El grado de densidad de la masa tiene una influencia dec°isiva en la forma de la copa. A medida que aumenta la densidad de la masa las copas son más cortas, estrechas y con menor proporción expuesta a la luz, por lo que en comparación con la copa de un árbol aislado tienen menor razón de copa y menor diámetro de copa para un diámetro normal dado (Caja 2.1).

2.2.2.2 Desarrollo natural de la copa y clases sociales según Kraft (1884)

En masas regulares los árboles pueden diferir en

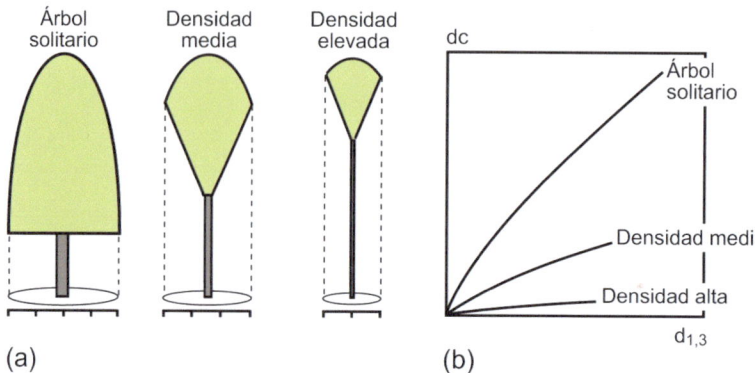

Figura 2.21 Efecto de la densidad de la masa en la extensión lateral de la copa del árbol en una representación esquemática. (a) Desarrollo de la forma y tamaño de la copa en un árbol aislado, y otros creciendo en densidades de masa media y alta. (b) Relación entre el diámetro a la altura del pecho, $d_{1,3}$, y el diámetro de copa, dc, en árboles que crecen en diferentes densidades de masa.

su genética, sus condiciones iniciales de plantación o regeneración natural, sus condiciones de micrositio o en los daños bióticos y abióticos que les afectan. Pequeñas ventajas o desventajas iniciales entre árboles pueden verse incrementadas por el ciclo retroalimentado mencionado en el primer capítulo: condiciones de crecimiento→crecimiento→estructura de la masa→condiciones de crecimiento (Figura 1.1). Finalmente, esta dinámica da lugar a una diferenciación de tamaños o clases sociales. En la Figura 2.23 se muestran las clases sociales descritas por Kraft (1884, pp. 22-23) para masas puras regulares, aunque existen otras clasificaciones (Serrada, 2007). La diferenciación social puede ser mayor en masas irregulares y en masas mixtas.

En la clasificación de los árboles según Kraft los criterios principales son la altura relativa del árbol y el ancho de copa, es decir, la expansión vertical y lateral de la copa. A continuación, se describe la caracterización de las clases sociales 1 a 5b según Kraft (1884, pp. 22-23):

1. Árboles predominantes con copas bien desarrolladas

Caja 2.4 Descripción del perfil de copa

A través del método de la ventana de la copa (Dursky 2000, Hussein et al. 2000), métodos fotogramétricos (Hendrich 1996, Reidelstürz 1997) o mediante escáner terrestre (Bayer et al. 2013, Bayer y Pretzsch 2017) se puede obtener con mayor detalle un inventario de los radios de copa a distintas alturas, la forma de la copa o la delimitación de la parte de la copa en sombra o iluminada.

En base a estas medidas, se puede reproducir la periferia de la copa de las distintas especies en base a un esquema de cálculo uniforme: el cambio del radio de copa (rc) según aumenta la distancia desde la guía de la copa (Figura 2.22). En el área de la parte iluminada de la copa (lcl), se calcula el radio de copa (rc) como una función de la distancia a la guía $rc = a \times lc^b$ con un valor específico del árbol del parámetro a y un valor específico de la especie del exponente b. El factor b controla la forma, de cono para el abeto rojo ($b = 1,0$), paraboloide cuádrico para abeto, pino silvestre y roble ($b = 0.5$) y paraboloide cúbico para el haya ($b = 0,33$). Para una copa cilíndrica sería $b = 0$. La parte de la copa en sombra se aproxima a un cono truncado, modelizándose el radio rS con la recta $rS = c + E \times d$.

Para las copas de pícea, por ejemplo, se asume en el modelo de la forma de la copa que la altura a la que se produce la anchura mayor de copa se sitúa en el 66 % de la guía ($lcl = 1 \times 0,66$). En esta altura se sitúa el borde entre la copa iluminada, que se simula en el pícea como un cono, y la parte sombreada, que se aproxima en esta especie a un tronco de cono. La base de la copa se representa como un círculo con un ancho de copa, en este caso, de la mitad del máximo ancho de copa ($\mathrm{rc}_b = r_{max} \times 0,50$). En el haya se asume que el máximo ancho de copa se produce al 40 % de la longitud de copa desde la guía ($lcl = 1 \times 0,40$), la parte iluminada se asume como un paraboloide cúbico y la sombreada como un cono truncado cuyo diámetro en la base de la copa es el 33 % del máximo ancho de copa ($\mathrm{rc}_b = r_{max} \times 0,33$). Para el abeto se asume ($lcl = 1 \times 0,50$), la copa iluminada se representa como un paraboloide cuádrico y la parte en sombra como un cono truncado. En la Tabla 2.3 se describen los parámetros que dan como resultado las distintas formas de copa específicas, que se usan en las distintas representaciones bidimensionales y la visualización del soporte tridimensional en el capítulo 4.

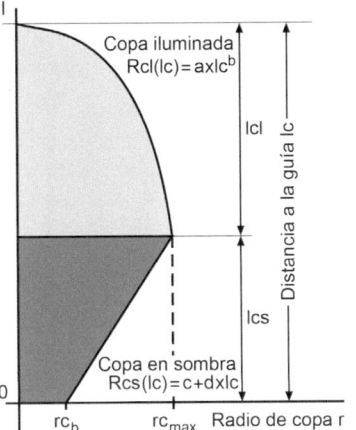

Figura 2.22 La periferia de la parte de la copa iluminada (área lcl) se describe utilizando la función $rc_L = a \times lc^b$, la de la copa en sombra (área lcs) usando la ecuación de línea recta $rc_S = c + lc \times d$, basada en parámetros específicos de árbol. Donde, rc = radio de copa, lc = longitud de copa, rc_L = radio de la copa iluminada, lcl = longitud de la copa iluminada, rc_S = radio de la copa en sombra, lcs = longitud de la copa en sombra, rc_{max} = máximo radio de copa, rc_b = radio de la copa en la base de la copa, a, b, c, d = parámetros de copa específicos de la especie.

Tabla 2.3 Modelos de copa de la parte iluminada y de la parte en sombra para las principales especies forestales en Europa Central según Pretzsch (2002, pp. 208-209). La forma de la copa iluminada se calcula con la ecuación parabólica $rc_L = a \times lc^b$ y la forma de la copa en sombra usando la ecuación de línea recta $rcs = c + lc \times d$. Se proporciona la derivación de los parámetros a, b, c y d (los nombres de las variables se muestran en la Figura 2.22).

Especie	Copa iluminada			Copa en sombra		r_b
	a	lcl	b	c	d	
Pícea	rc_{max}/lcl	$1\times 0,66$	1,00			$rc_{max}\times 0,50$
Abeto	$rc_{max}/lcl^{0,5}$	$1\times 0,50$	0,50			$rc_{max}\times 0,50$
Pino	rc_{max}/lcl	$1\times 0,68$	0,50			$rc_{max}\times 0,63$
Alerce	rc_{max}/lcl	$1\times 0,66$	0,50	para todas las especies	para todas las especies	$rc_{max}\times 0,50$
Douglas	rc_{max}/lcl	$1\times 0,66$	0,50			$rc_{max}\times 0,50$
Haya	$rc_{max}/lcl^{0,33}$	$1\times 0,40$	0,33	$c = r_{max} - d\times lcl$	$d=(rc_b - rc_{max})/(1 - lcl)$	$rc_{max}\times 0,33$
Roble	$rc_{max}/lcl^{0,33}$	$1\times 0,39$	0,33			$rc_{max}\times 0,36$
Arce	$rc_{max}/lcl^{0,33}$	$1\times 0,35$	0,52			rc_{max}
Aliso	$rc_{max}/lcl^{0,5}$	$1\times 0,56$	0,50			rc_{max}

Figura 2.23 Clases sociales de 1 a 5b (de predominantes a árboles muy dominados con copas moribundas o muertas) para masas en monte alto según Kraft (1884). La clasificación se basa en los criterios altura del árbol y tamaño de copa.

2. Árboles dominantes, pies que conforman el dosel superior con copas relativamente bien desarrolladas.

3. Árboles subdominantes. Las copas tienen todavía formas normales que se asemejan a las de la clase 2, pero más estrechas y debilitadas, a menudo con indicios de decrepitud. Los pies subdominantes constituyen el límite de la masa dominante, que en especies de sombra pueden recuperar su vigor si mediante tratamientos de claras se asegura que la luz alcance una parte suficiente de sus copas.

4. Dominados. Arboles con copas comprimidas, en todas las direcciones, sólo por dos lados (plantaciones en línea) o solo por un lado (forma de bandera).

   a. Intermedios, copas sin desarrollar en anchura, generalmente en forma de cuña.

   b. Copas parcialmente suprimidas. La parte alta de la copa esta libre, la parte baja en sombra o muerta como resultado de la cobertura.

5. Moribundos.

   a. con copas viables (solo en especies tolerantes a la sombra).

   b. con copas moribundas o muertas.

2.2.2.3 Modificación del desarrollo de la copa por tratamientos selvícolas

Las intervenciones selvícolas para promover el desarrollo de la copa, como las claras, son especialmente efectivas cuando implican un mayor aprovechamiento de la luz por parte del árbol. Esto es válido, por ejemplo, cuando en el sitio hay suficiente agua y nutrientes pero la luz es limitante. En estas situaciones una clara puede provocar una aceleración del crecimiento. En sitios más secos, la respuesta a las claras suele ser menor, ya que, más que la luz, es el agua el principal limitante. No obstante, la eliminación de competencia aumenta tanto la disponibilidad de luz para el resto de los árboles vecinos, como la disponibilidad de agua, esta última generalmente en un área de influencia mayor que la luz. Las raíces al desarrollarse en el suelo pueden alcanzar mayores distancias, mientras que las ramas se ven más afectadas por las restricciones mecánicas entre individuos.

En la Figura 2.24 se muestra, mediante un ejemplo, cómo se puede mejorar la clasificación social de los árboles a través de los tratamientos selvícolas. Se trata de un ensayo de claras en abeto Douglas de 110 años (Pretzsch y Spellmann 1994). Del grado A (clara baja muy débil) al B (clara baja moderada) y C (clara baja fuerte) se favorece más a los árboles dominantes (clases 1 y 2 de Kraft) (ver Caja 7.3). La forma de la copa para árboles de las clases 1, 2 y 3 bajo distintos grados de clara A, B y C (Figura 2.24) muestra cómo las claras afectan tanto a las dimensiones absolutas de las copas como a sus proporciones. Según aumenta la intensidad de las claras bajas, la razón de copa viva (longitud de copa/altura del árbol) aumenta de 0,27-0,28 a 0,39-0,41 para los árboles predominantes y dominantes; el grado de expansión de la copa (anchura de copa/altura del árbol) de 0,16-0,23 a 0,23-0,26. Sin embargo, la inversa de la esbeltez de la copa (anchura de copa/longitud de copa) se mantiene más o menos constante, ya que aumenta proporcionalmente la longitud y la anchura de copa. Sólo la clase social 3 de Kraft muestra un aumento de la inversa de la esbeltez de copa de 0.57 a 0.87 con la intensidad de las claras, ya que las copas responden con una extensión en anchura, pero no en longitud de copa.

Mientras que las claras A y B dan lugar a copas con características y proporciones relativamente similares, los árboles en las claras más fuertes C muestran efectos evidentes del tratamiento (Figura 2.24, comparación de paneles superiores e inferiores). La altura a la que se produce la máxima anchura de copa en los árboles de la clase 1 de Kraft en el grado C es mayor que en el A y B (46 % de la longitud de copa desde la guía apical).

Sin embargo, en las clases 2 y 3 está claramente más abajo (55-60 % de la longitud de copa medida desde la guía). Por lo tanto, el dosel de copas está formado por árboles predominantes con copas abiertas, en forma de paraguas, y árboles dominantes y codominantes que tienen sus copas grandes con la altura a la máxima anchura de copa y el centro de gravedad en una altura inferior al dosel de copas. La parte de las copas expuestas a la luz (ver Caja 2.4) de los árboles dominantes y codominantes es mayor en la clara C debido a la reducción del dosel, entrando suficiente luz a los niveles inferiores del dosel de copas y manteniendo vivas las partes inferiores de las copas.

Del mismo modo, la proyección de copa, el volumen de copa y la superficie lateral de copa aumenta del grado A al C. En el grado B, los árboles predominantes alcanzan una proyección de copa de 98,5 m², 356,4 m² de superficie de copa y 719,6 m³ de volumen de copa. Esto supone un 130, 173 y 213 % más que los respectivos valores en el grado A. La proyección de copa, superficie de copa y volumen de copa se han calculado según los modelos de forma de copa de Pretzsch (2001, pp. 204-208).

En los árboles dominantes, las claras B y C favorecen más el desarrollo de la copa que en los predominantes. Estos últimos, a priori, tienen menos competencia y se benefician menos de la reducción de la competencia. Los codominantes pueden usar eficientemente la mayor iluminación tras la clara para ensanchar su copa, pero no aumentan su longitud.

Las intervenciones selvícolas en masas de haya son especialmente efectivas en relación al desarrollo de la copa. Con el fin de ilustrar la forma y el desarrollo específico de la copa del haya, se presentan en la Figura 2.25 los datos correspondientes a mediciones de 2346 copas de árboles en masas puras con un rango de edades de 57 a 207 años. La muestra cubre desde árboles adultos aislados, árboles en masas con claras débiles, moderadas y fuertes, así como árboles en masas densas no intervenidas (Pretzsch et al. 2015). Los resultados del análisis de regresión cuantílica de la superficie de pro-

Figura 2.24 Efecto de aproximadamente 90 años de claras bajas débiles de árboles muertos o moribundos (grado A), moderadas y fuertes (grados B y C respectivamente) en la forma de copa de abeto Douglas de las clases de Kraft 1, 2 y 3 (de izquierda a derecha). La ilustración se basa en los resultados del estudio sobre la forma de copa a los 110 años en un ensayo de claras. Por razones de espacio solo se presenta la parte de los árboles superior a 25 m (según Pretzsch y Spellmann 1994).

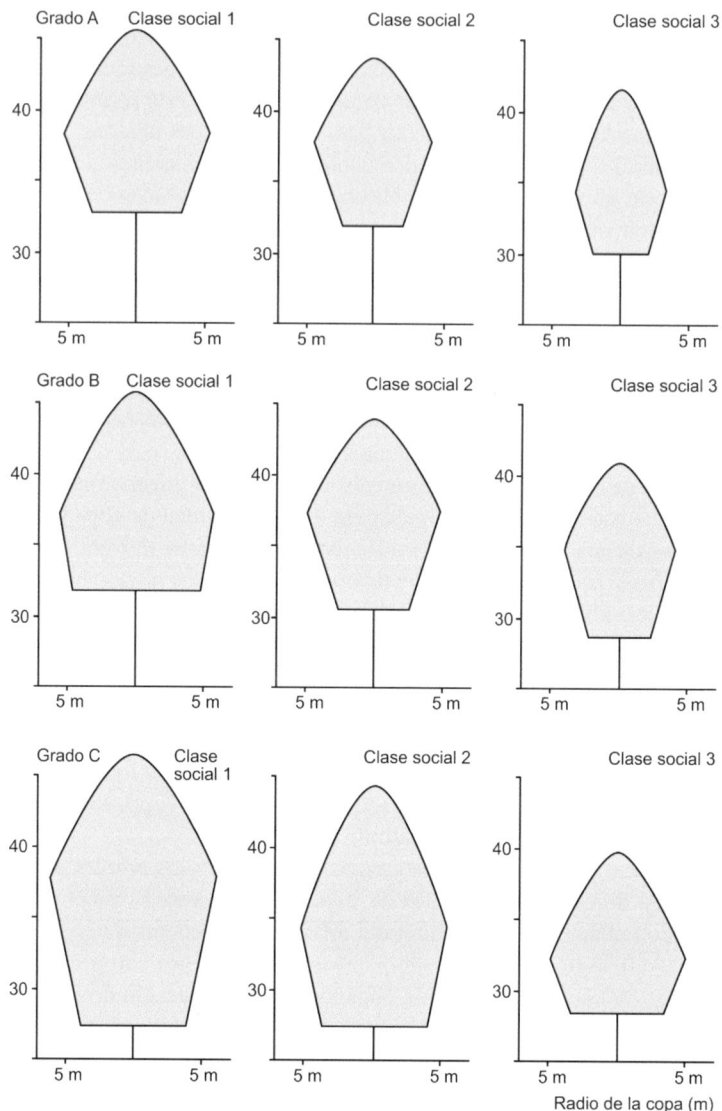

yección de copa, spc, y el diámetro normal, d, para el cuantil superior 95 % ($spc = 3,03 \times d^{0,92}$) muestran el tamaño de la copa para un árbol creciendo en solitario o con claras muy fuertes (Figura 2.20, línea discontinua). Las claras débiles o moderadas están representadas por la línea continua gris ($spc=1,05 \times d^{1,01}$), mientras que en masas no aclaradas las copas son más reducidas, línea continua negra ($spc = 0,21 \times d^{1,36}$). Según estos resultados, un árbol con un diámetro normal de 25 cm ocupa 58 m² cuando crece en solitario, 27 m² en condiciones de densidad medias o moderadas y 16 m² en masas densas cercanas a la máxima densidad biológica o línea de autoaclareo. Este ancho rango de superficies de proyección de copa refleja la plasticidad morfológica del haya. Esta plasticidad le confiere al haya una alta capacidad de ocupación de huecos y una ventaja competitiva en masas mixtas (Bayer y Pretzsch 2017).

La diferente plasticidad entre las distintas especies forestales se refleja también en los modelos de superficie de proyección de copa realizados a partir de los árboles tipo del IFN de España (del Río et al. 2019). Según este estudio la respuesta de las copas a la competencia del haya y el abeto es mucho más plástica que la del pino silvestre. Así, una reducción del índice de densidad del rodal (SDI) (ver Sección 4.4.4) de 1000 pies ha⁻¹ a 500 pies ha⁻¹ implica un aumento del diámetro de copa del 17,3 % en el haya, 8,0 % en el abeto, 6,2 % en el roble y 3,5 % en el pino silvestre. No obstante, como se ha mostrado en la Sección 2.2.1 el tamaño medio de la copa para un diámetro dado difiere también entre especies. Para estas especies y una densidad de 500 pies ha⁻¹, el diámetro de copa para un árbol con diámetro normal de 25 cm es de 5,7 m para haya, 3,9 m para abeto, 5,1 m para roble y 4,8 para pino silvestre (adaptado de los modelos de del Río et al. (2019) para árboles dominantes y una altitud de 1000 m).

2.2.3 Copa y competencia en masas mixtas

2.2.3.1 Formas complementarias de copa y densidad de dosel de copas

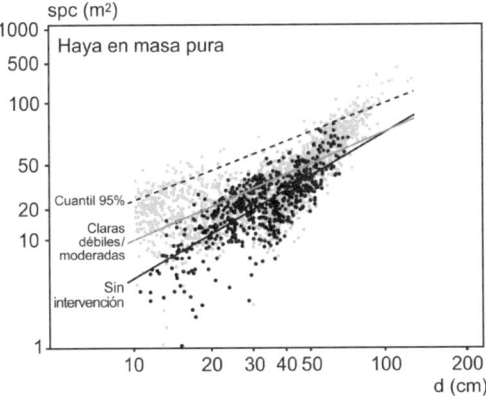

Figura 2.25 Relación alométrica entre el diámetro normal, d, y la superficie de proyección de copa, spc, para haya. Los datos proceden de ensayos permanentes en Alemania con masas densas, moderadamente aclaradas y de árboles creciendo en solitario. A partir de estos datos se obtienen las relaciones para árboles aislados o en masas fuertemente aclaradas (cuantil 95 %, $\ln(spc) = 1{,}11 + 0{,}92 \times \ln(d)$), en masas con claras débiles y moderadas ($\ln(spc) = 0{,}05 + 1{,}01 \times \ln(d)$), y masas no intervenidas con elevada competencia ($\ln(spc) = -1{,}59 + 1{,}36 \times \ln(d)$).

Además de luz, CO_2, agua y nutrientes minerales, los árboles también necesitan espacio para su crecimiento. El espacio ya ocupado por árboles vecinos solo puede ser ocupado con mucho esfuerzo (sombreado, repulsión de ramas, abrasión de la periferia de la copa). En masas puras regulares con copas de similar altura y forma, los árboles compiten por el espacio a menores densidades que en masas mixtas con formas de copa complementarias (Figura 2.26a). Si los árboles tienen distintas alturas o sus formas de copa son diferentes, puede aumentar la densidad del dosel (*canopy packing*). Por ejemplo, masas mixtas de pícea o pino silvestre y haya (Figura 2.26b) pueden dar lugar a mayores densidades del dosel que masas mixtas de haya y roble (Figura 2.26c) simplemente porque las formas de sus copas son complementarias.

La densidad del dosel puede ser incluso mayor aún, en masas irregulares de especies con copas complementarias (pícea, abeto, haya), donde además los individuos se distribuyen en diferentes pisos del dosel (inferior, medio y superior). Aunque los árboles pueden encontrarse sobre-sombreados en los pisos inferiores, disponen de espacio para extender sus copas porque el espacio no está ocupado por sus vecinos (ver Capítulo 4, Figura 4.11).

2.2.3.2 Modificación de la geometría de la copa por la mezcla de especies

Cuanto más grandes son los individuos de una especie y cuanto más extensas son sus copas a medida que aumenta la edad, mayor es su necesidad de superficie por individuo y, por lo tanto, caben menos pies en una hectárea. En la Figura 2.27a y b se muestra esquemáticamente cómo una pícea (a) necesita menos superficie que un haya (b) para un mismo diámetro de fuste y una misma altura. Este esquema sería similar para la mezcla pino silvestre-haya. Según aumenta la edad, los requerimientos de superficie del haya aumentan todavía más en comparación con la especie vecina (Figura 2.10). En el capítulo 6 se cuantifican las relaciones entre especies en superficie requerida mediante los coeficientes de equivalencia.

Las diferencias entre especies en requerimiento de superficie y en la plasticidad de las copas son importantes para la productividad, el establecimiento y la regulación de la densidad en masas mixtas. Si, por ejemplo, las especies creciendo en masas puras representadas de forma esquemática en la Figura 2.27a y b se mezclan, pueden ocupar y aprovechar mejor el espacio del dosel. La Figura 2.27c asume que las dos especies mantienen en la mezcla la forma de copa y del sistema radical propias de la especie en masas puras, es decir, el efecto de la mezcla sería puramente aditivo. Sin embargo, en muchos casos la mezcla de especies ocasiona (d) un aumento de la densidad de la masa, (e) una mayor extensión de las copas o del sistema radical, (f) o una combinación de ambas, mayor densidad y

forma ▼ con otro ▲ como se muestra en la Figura 2.28, podría dar lugar a una reducción de la competencia en la mezcla en comparación con las respectivas masas puras.

La Figura 2.28 muestra la modificación de las copas en masas mixtas mediante la relación alométrica entre diámetro de fuste y el diámetro de copa en (a) pino silvestre, (b) haya y (c) roble europeo. En masas mixtas las dos especies pueden desarrollar copas más extensas para un mismo diámetro de fuste (también pueden desarrollar copas más largas). Sin embargo, el efecto de una especie sobre la copa de la otra también puede ser negativo, como es el caso del haya sobre el pino silvestre (según del Río et al. 2019).

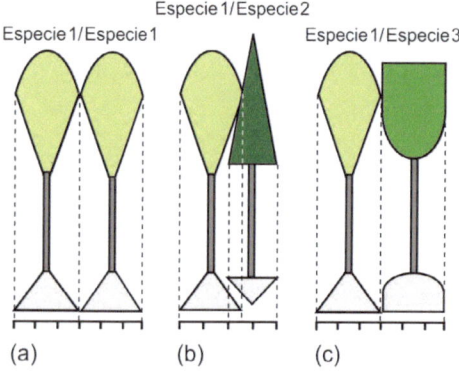

Figura 2.26 Los árboles pueden complementarse o competir entre ellos por la ocupación del espacio del dosel de copas o en el suelo en función de la forma de sus copas y sus sistemas radicales. Esquema de haya en (a) una masa pura, (b) mixta con pícea, o (c) mixta con roble. En comparación con la masa pura de haya (a), la densidad del dosel de copas aumenta mediante la combinación de especies estructuralmente complementarias como la mezcla pícea y haya (b). La combinación de haya con roble no aumenta la densidad del dosel debido a la falta de complementariedad.

mayor extensión de copas y raíces. La ocupación del espacio por las copas, la espesura, el desarrollo del número de pies y la productividad de masas mixtas puede por lo tanto diferir significativamente de la media ponderada de las respectivas masas monoespecíficas. Del mismo modo, puede haber una complementariedad en el sistema radical, por ejemplo, una combinación de un sistema radical en

Usando datos de haya en Alemania como ejemplo, se puede ver cómo la expansión de la copa en masas mixtas depende de la especie de los árboles vecinos (Figura 2.29). Mientras que el haya en masas puras forma copas más o menos estrechas, éstas son significativamente más extensas cuando se mezcla con pícea, alerce, fresno, roble o pino silvestre. Esta evaluación de las copas de haya se basa en más de 10.000 mediciones de copa en masas densas con espesura completa o débilmente aclaradas, tanto puras como mixtas. La Figura 2.29a muestra una mayor concentración de datos para diámetros en el rango de 10-50 cm, mientras que los árboles menores ($d_{1,30}$ <10 cm) y mayores ($d_{1,30}$> 50 cm) están poco representados. Las relaciones alométricas entre el diámetro de fuste y proyección de copa (análisis de regresión) muestran cómo las copas están más comprimidas en masas puras (Figura 2.29c). La mezcla con otra especie tiene un efecto similar a la liberación de competencia tras una clara, especialmente en estados de desarrollo tempranos o medios (Figura 2.25). En los estados de desarrollo correspondientes a $d_{1,30}$ = 10-50 cm, la restricción de las copas es mayor en masas puras y la reducción de la competencia por la mezcla de especies evoluciona del siguiente modo según la especie Fs, pura < Fs,(Pa) < Fs,(Ld) < Fs,(Qp) < Fs,(Fe) < Fs,(Ps). Por lo tanto, las copas de haya pueden expandirse más en masas mixtas en comparación con las masas puras, con una reducción de la capacidad de competencia de la especie asociada, ocupando más espacio y formando ramas

Figura 2.27 Diferencias entre especies en la forma y requerimiento del espacio aéreo y del suelo determinan la densidad en masas puras y mixtas. (a y b) diferencias entre especies en tamaño, requerimiento de superficie y densidad en masas puras. (c) Mezcla de dos especies (a y b) con formas complementarias de copa pero que mantienen su desarrollo en masas mixtas como en las puras. En muchos casos, sin embargo, la mezcla causa (d) un aumento de la espesura, en la mezcla (e) un mayor desarrollo de la copa y/o del sistema radical que en masas puras, o (f) una combinación de los dos.

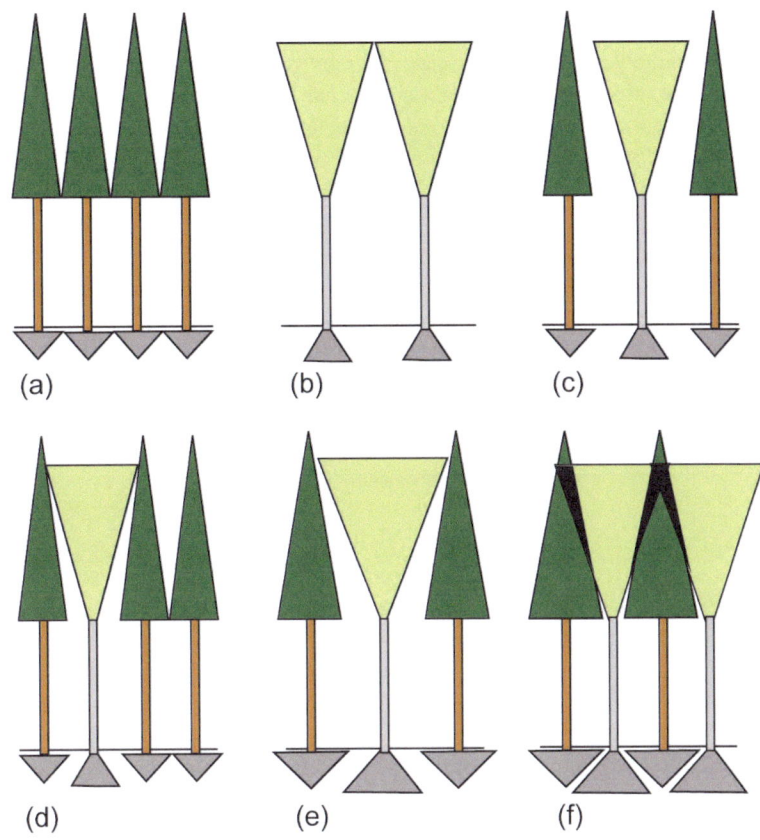

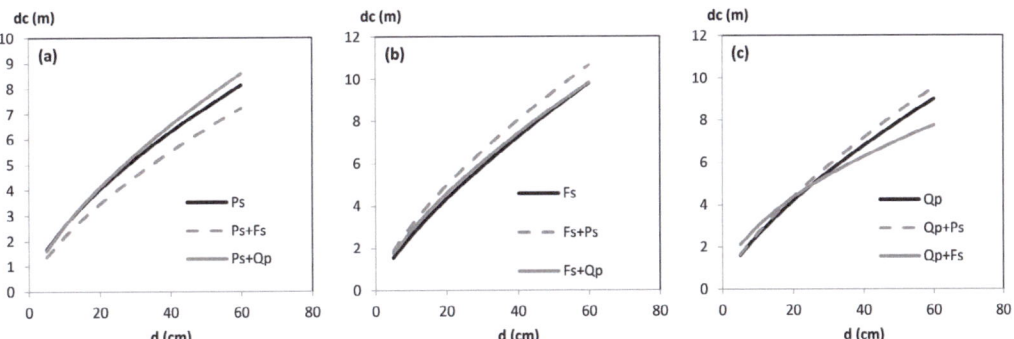

Figura 2.28 Diámetro de copa de (a) pino silvestre, Ps, (b) haya, Fs, y (c) roble europeo, Qp, en masas mixtas (gris) en comparación con masas monoespecíficas (negro). Al mezclar las distintas especies la extensión lateral de la copa, representada por la relación entre el diámetro de copa, dc, y el diámetro del árbol, d, se ven modificadas significativamente (según del Río et al. 2019).

más largas y gruesas (ver capítulo 6).

En masas mixtas no solo cambia la superficie de proyección de copa, sino también la forma de éstas. Para las mediciones y cálculo de las superficies de copa ver la Caja 2.3. La Tabla 2.4 muestra los valores medios de la expansión de las copas (spc / sd), grado de redondez ($rmin/ rmax$) y excentricidad del fuste (exc) en masas mixtas y puras de pícea y haya (arriba) y de roble y haya (abajo). El efecto de la mezcla es muy evidente en el haya, que muestra un mayor grado de expansión, es menos circular y su copa es muy excéntrica, especialmente en las masas mixtas con roble. Debido a su plasticidad morfológica, el haya se adapta mejor para aprovechar los huecos creados en la masa, la intercepción de luz y crecer bajo las copas de árboles vecinos. Así puede formar copas anchas, irregulares y excéntricas, con su centro de gravedad desplazado hacia donde la luz es más abundante (Bayer y Pretzsch 2017).

En los estudios de Arz (2013) y (Bayer et al. 2013) se encontraron diferencias entre la morfología del haya en masas mixtas *vs* puras en base a mediciones directas y por lídar terrestre de la estructura de la copa. Así, encontraron significativamente menos ramas de primer orden y más cortas para árboles de igual diámetro y altura, aproximadamente el doble del número de ramas de segundo y tercer orden, mayor longitud media de las ramas, mayores ángulos de ramificación, mayor curvatura de las ramas y mayor volumen de copa en masas mixtas que en puras. De acuerdo con esto, las copas en masas mixtas son más profundas y redondeadas, con forma de paraguas, mientras que en las masas puras tienden a tomar formas de escoba o copa (Figura 2.30). Debido a los ángulos de ramificación mayores y la forma más esférica de las copas, las hayas en masas mixtas tiene un mayor índice foliar, reciben más luz, aumenta la actividad fotosintética y como consecuencia su crecimiento es mayor.

En resumen, los estudios sobre la forma y plasticidad de la copa en los ejemplos presentados con haya muestran que en comparación con masas monoespecíficas las copas en masas mixtas tienen un contorno más irregular o lobulado, son más profundas y tienen más superficie foliar.

2.2.3.3 Superposición de copas en vecindad interespecífica versus intraespecífica

El efecto a largo plazo de la mezcla de especies en la dinámica de las copas se puede conocer mediante inventarios repetidos de copa (Pretzsch 1992, 2009). A continuación, se muestran los resultados obtenidos a partir de mediciones repetidas, desde los años cincuenta, de radios de copa en 8 direcciones cardinales (N, S, NE, …, NO, ver Caja 2.3) en árboles en masas puras y mixtas, junto a datos de la distancia a sus vecinos y la identidad de estos. Con esta información se han desarrollado funciones de crecimiento del radio de copa en función de la distancia y la identidad de los árboles vecinos (Figura 2.31)

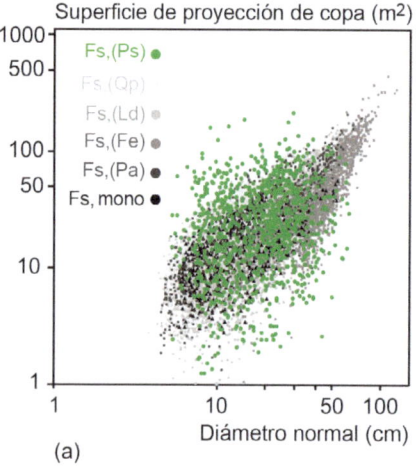
(a)

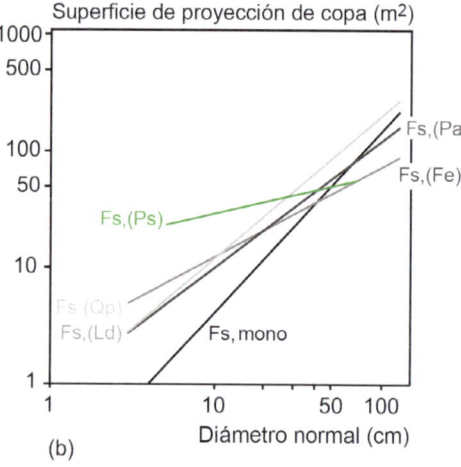
(b)

Figura 2.29 Relación alométrica entre el diámetro del árbol, d, y la superficie de proyección de la copa, spc, para el haya en masas puras regulares (Fs, monoespecífico) y cambio de la alometría si se mezcla con pícea (Fs, (Pa)), con alerce europeo (Fs, (Ld)), fresno (Fs, (Fe)), roble (Fs, (Qp)) o pino silvestre (Fs, (QpPs)). El conjunto de datos consiste en n = 10.302 mediciones de copas de árboles en masas regulares puras y mixtas. Se muestra cómo la geometría de la copa depende significativamente de las especies vecinas. La geometría de la copa depende, de la plasticidad propia de la especie y de la plasticidad de la especie vecina.

Tabla 2.4 Expansión lateral de la copa de árboles individuales en masas regulares, mixtas y puras, de pícea y haya (arriba) y roble y haya (abajo). Las observaciones provienen de inventarios de copa en parcelas permanentes situadas en masas densas. Las letras minúsculas (a y c) detrás de los errores estándar indican diferencias significativas (nivel p <0,05 y p <0,001, respectivamente) entre el comportamiento de las especies en rodales mixtos frente a rodales puros.

Especies		Pícea			Haya		
		mixta	pura	mix/pura	mixta	pura	mix/pura
n	(Árboles)	4.634	3.623		4.845	3.173	
spc/sd	(m²/m⁻²)	1,22 (±0,095)a	0,98 (±0,042)a	1,24	1,84 (±0,109)c	1,32 (±0,073)c	1,39
r_{min}/r_{max}	(m/m⁻¹)	0,51 (±0,026)c	0,43 (±0,003)c	1,19	0,36 (±0,027)c	0,38 (±0,003)c	0,95
exc	(cm/cm⁻¹)	1,80 (±0,020)c	1,90 (±0,030)c	0,95	5,70 (±0,060)c	4,40 (±0,060)c	1,30
Especies		Pícea			Haya		
		mixta	pura	mix/pura	mixta	pura	mix/pura
n	(Árboles)	2.326	3.173		1.959	2.888	
spc/sd	(m²/m⁻²)	1,48 (±0,192)	1,32 (±0,073)	1,12	1,39 (±0,207)a	0,90 (±0,074)a	1,54
r_{min}/r_{max}	(m/m⁻¹)	0,35 (±0,004)c	0,38 (±0,003)c	0,92	0,38 (±0,004)	0,38 (±0,003)	1,00
exc	(cm/cm⁻¹)	7,4 (±0,110)c	4,40 (±0,060)c	1,68	3,30 (±0,050)c	3,10 (±0,040)c	1,06

Las funciones describen cómo el radio de copa de la pícea y del haya aumentan a medida que lo hace la distancia a los vecinos más próximos. Un crecimiento relativo de 1,0 significa que la copa puede desarrollarse sin ninguna restricción lateral, por lo tanto, refleja el crecimiento potencial. Un incremento relativo de 0,0 o menor indica un estancamiento o disminución del radio de copa. Las curvas en la Figura 2.31 muestran un menor crecimiento del radio de copa por la proximidad o superposición con las copas de los árboles vecinos. Así, indican a qué distancia se produce una disminución de las copas (ircr <0,0). A partir de estas funciones se puede simular, de modo espacialmente explícito, cómo es el desarrollo de la copa a largo plazo.

En la Figura 2.32 se presenta la simulación del desarrollo de las copas de pícea y haya durante 50 años, partiendo de una edad de 60-80 años. Los resultados de la simulación demuestran cómo las copas se van expandiendo y adaptando su forma a la situación de los árboles vecinos, respondiendo a la presión competitiva de los

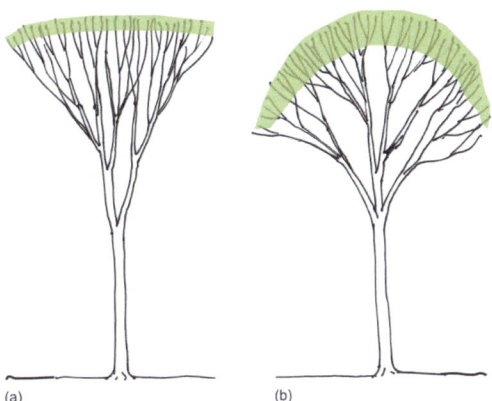

(a)   (b)

Figura 2.30 Representación esquemática de la estructura de la copa de hayas adultas (a) en forma de escoba en rodales regulares puros y (b) en forma de paraguas en rodales mixtos regulares (Arz 2013). Si los árboles de haya se asocian con pícea (b) tienen significativamente menos ramas de primer orden y más cortas, pero el número de ramas de segundo y tercer orden es, aproximadamente, dos veces mayor que en los árboles que crecen en masa pura (a). Los ángulos que forman las ramas con el fuste en la masa mixta son mayores y el volumen de la copa es también significativamente mayor que en la masa pura (Bayer et al. 2013).

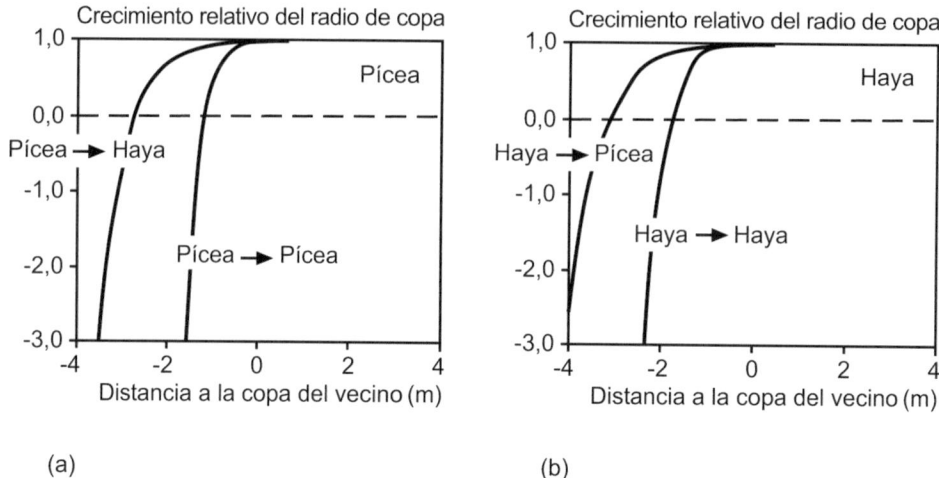

Figura 2.31 Efecto de la distancia a los vecinos más próximos y de la especie vecina en el crecimiento del radio de copa en comparación con el crecimiento sin competencia en masas puras y mixtas de haya y pícea (Pretzsch 2009). (a) Crecimiento relativo del radio de copa (ircr) en pícea con vecindad de pícea (Pa → Pa) y con vecindad de haya (Pa → Fs). Funciones: ircrPa → Pa= $1,0\text{-}e^{-3,84\times(dist+1,2)}$; ircrPa → Fs= $1,0\text{-}e^{-1,71\times(dist+2,7)}$. (b) Crecimiento relativo del radio de copa (ircr) en haya con vecindad de haya (Fs → Fs) y con vecindad de pícea (Fs → Pa). Funciones: ircrFs → Fs= $1,0\text{-}e^{-3,84\times(dist+1,2)}$; ircrFs → Pa = $1,0\text{-}e^{-1,71\times(dist+2,7)}$.

mismos, en función de la competitividad de la especie considerada y la de sus vecinos. Una vez estimados los ocho radios de cada copa su periferia se ha simulado conectando los 8 radios con funcione splines cúbicas *r* (Pretzsch 2009).

Las funciones y los resultados de la dinámica de copa (Figura 2.31 y Figura 2.32) muestran un comportamiento dependiente de la especie: cuando las píceas crecen con píceas, el crecimiento de los radios de copa disminuye linealmente cuando hay una superposición de copas mayor a 1,0 m. Cuando crecen mezclados con haya solo reducen su crecimiento cuando el solape de copas es mucho mayor. Esto conlleva un trabado de copas mucho mayor en masas mixtas que en puras (Pretzsch 2014) (una menor 'timidez' de las copas). Del mismo modo, el haya crece más si el vecino es pícea que si es haya. En competencia interespecífica las dos especies reducen su crecimiento en radio de copa solo cuando el solape de las copas es de 2,0-3,0 m. Por el contrario, la disminución del crecimiento radial de las copas en masas puras comienza a distancias mucho menores. Schütz (1989) muestra que las especies más demandantes de luz, como el alerce, pueden reac-

cionar de una manera complemente diferente, con una disminución del desarrollo lateral de las copas cuando las copas se encuentran a solo 40 cm.

2.2.4 Vitalidad, transparencia y desarrollo apical de la copa

2.2.4.1 Estimación del grado de transparencia como indicador de la vitalidad del árbol

Los principales parámetros para evaluar el estado de la copa de un árbol desde el suelo son el grado de transparencia, que mide la mayor o menor abundancia de hojas y el grado de decoloración de las mismas. Ambos son parámetros fácilmente evaluables y relacionados con el estado de vitalidad del árbol. La transparencia de la copa y la decoloración son, al igual que el crecimiento corriente, indicadores no específicos de la vitalidad del árbol, ya que a través de ellos no se puede concluir la causa del daño. Sin embargo, sus cambios a largo plazo pueden indicar una disrupción en el ecosistema. Por lo tanto, son de especial interés las series temporales de sus valores. Desde los comienzos del estable-

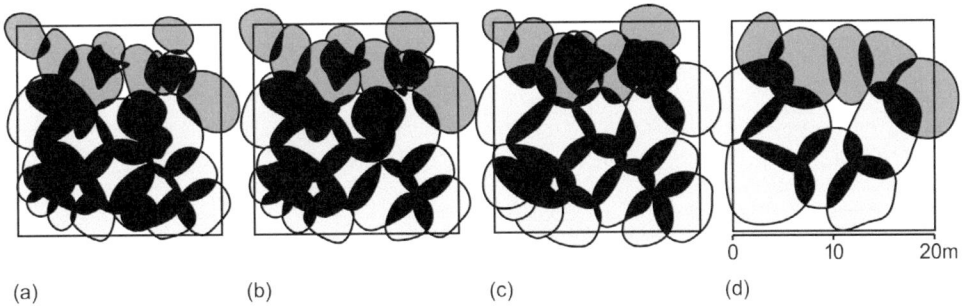

(a)   (b)   (c)   (d)

Figura 2.32 Desarrollo de las copas de pícea y haya en la parcela una parcela mixta basada en simulaciones realizadas con el simulador SILVA 2.0 (Pretzsch 2009). La simulación comienza con el estado de las copas en el año 1954 (a) y muestran los mapas de copas a los (b) t = 10 años, (c) t = 30 años y (d) t = 50 años después. Se muestra una sección de 20 m × 20 m de la parcela experimental. Las simulaciones se basan en las funciones que se muestran en la Figura 2.25.

cimiento y seguimiento de parcelas permanentes, solo ocasionalmente se han realizado estas mediciones sobre el estado de la copa. Sin embargo, no se realiza un seguimiento sistemático hasta 1970-80, cuando se establece la red de parcelas de seguimiento de daños en masas forestales (parcelas de nivel 1 y nivel 2), así como en algunos ensayos permanentes (Cadahía et al. 1991). Algunos de los estudios desarrollados con este tipo de información relacionan, por ejemplo, el estado de la copa y el estado nutricional de los árboles (Martín-García et al. 2012) o la transparencia de la copa y el crecimiento anual de los árboles (inter alia Röhle 1987, Pretzsch y Utschig 1989, Utschig 1989). Para el último tema, ver también la Figura 2.34.

Para que los resultados sean comparables entre distintos países, las aproximaciones del grado de transparencia y decoloración se deben basar en los estándares internacionales de inventario de daños (International Cooperative Program on Assessment and Monitoring of Air Pollution Effects on Forests 1997). Así, las Redes de Seguimiento de Bosques Nivel I y Nivel II hacen un seguimiento del estado de vitalidad de los bosques en el que incluyen estos parámetros (https://www.icp-forests.net/page/icp-forests-manual). Según el Manual de la red Nivel I adaptado para España (Ministerio de Agricultura, Alimentación y Medio Ambiente 2012) se evalúan los niveles de defoliación como porcentaje de un árbol tipo de referencia que no presenta ningún tipo de daño (defoliación o decoloración). La red de nivel II sigue un procedimiento similar, aunque con más parámetros a evaluar. En la Figura 2.33 se presenta como ejemplo los tipos de defoliación para encina y alcornoque, según el protocolo de nivel II. El seguimiento permite evaluar la evolución de los daños en los bosques, las especies más afectadas, etc. (Ministerio de Agricultura, Pesca y Alimentación 2018).

Para una mayor objetividad, el estado de las copas también se puede estimar a partir de fotos hemisféricas, escáner laser terrestre o mediciones aéreas de la actividad fotosintética y determinación del NDVI (Normalized Difference Vegetation Index) (Running and Nemani 1988).

2.2.4.2 Transparencia de la copa y crecimiento del árbol

La Figura 2.34 muestra la correlación entre la pérdida anual de acículas y la pérdida anual del área basimétrica de píceas y pinos en su área de distribución principal en Baviera. Las pérdidas de crecimiento se calculan usando el método de tendencia de crecimiento (ver capítulo 11). Las curvas de compensación para el rango de edades de 50 a 120 años se basan en una muestra de 240 parcelas en masas de pícea y 54 parcelas en masas de pino silvestre. En estas parcelas se tomaron datos de las pérdidas de acículas y las pérdidas de crecimiento se determinaron mediante análisis de los anillos de crecimiento (Pretzsch 1989a, Pret-

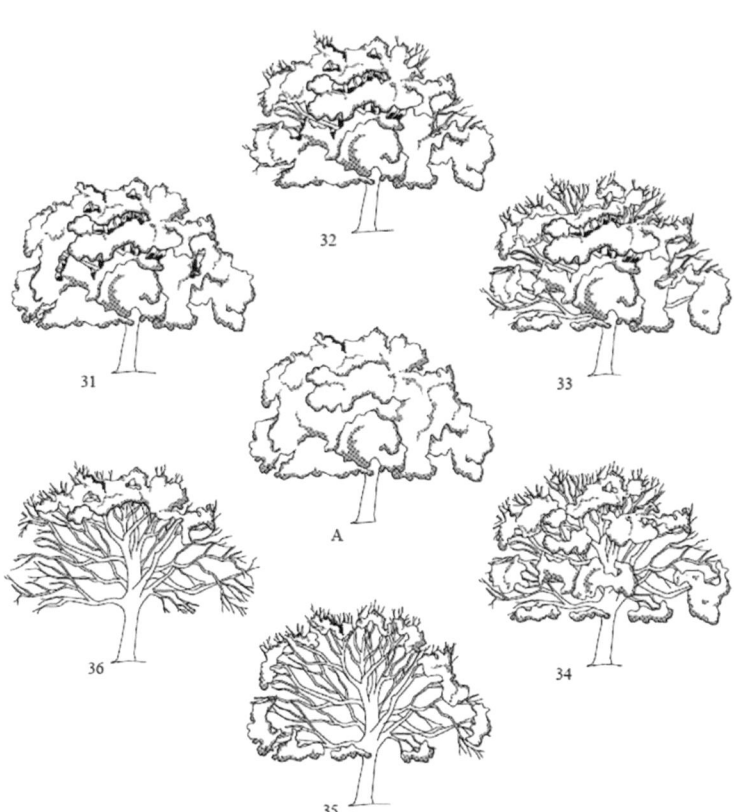

Figura 2.33 Tipos de defoliación en encina y alcornoque según el protocolo de la red nivel II (Ministerio de Agricultura, Alimentación y Medio Ambiente, 2018). A-No defoliado; 31-pequeños huecos; 32-pequeños huecos en ramas laterales; 33-grandes huecos en la parte lateral de las ramas; 34-grandes huecos en toda la copa; 35-presencia de hojas reducida a las puntas de los brotes; 36-copa defoliada completamente (según Manual de Red de Nivel II, Ministerio de Agricultura)

zsch y Utschig 1989, Utschig 1989).

Tomando como referencia el crecimiento de un árbol sin pérdida de acículas, el crecimiento en área basimétrica disminuye con la pérdida de acículas según una curva dosis-respuesta. La evolución de la curva depende de la edad del árbol, la especie y la región (norte y este de Bavaria, Alpes bávaros, y noreste de Bavaria). La curva estima que con una pérdida de acículas del 30 % solo se observa una pequeña pérdida del crecimiento (<5 %).Los árboles pueden compensar la pérdida de acículas con una mayor tasa fotosintética de las que quedan en la copa. Una retroalimentación negativa entre la pérdida de acículas y pérdida de crecimiento solo ocurre cuando se han perdido al menos un tercio de las acículas. A partir de este punto, el crecimiento disminuye casi linealmente según aumenta la pérdida de acículas.

2.2.4.3 Reconstrucción de la copa

Del mismo modo que mediante el análisis de tronco se puede reconstruir el crecimiento longitudinal del árbol (Rubio-Cuadrado et al. 2018), se puede reconstruir el crecimiento de la copa mediante mediciones retrospectivas de sus entrenudos, que corresponden con la elongación de sus brotes anuales, sobre todo en árboles con ramificación verticilada (pinos) o agrupada al final del brote (p.ej. pícea). Para ello, generalmente en árboles apeados, se miden las distancias entre estos puntos (verticilos o agrupaciones de nudos o cicatrices) en los brotes anuales en las ramas y en el eje principal tantos años como sea posible retrospectivamente (ver Caja 2.5). Otras técnicas son las mediciones en pie, manuales o mediante digitalización (por ejemplo, con Lidar terrestre (TLS), de variables que permitan la reconstrucción retrospectiva de la copa basándose en la topología de los ejes (situación relativa de las ramas y ramillos) y los ángulos entre ellos (Mutke et al. 2005; Surový et al. 2011).

De este modo se puede reconstruir el desarrollo

Figura 2.34 Correlación entre las pérdidas porcentuales de acículas y la pérdida de crecimiento en área basimétrica de (a) pícea en las regiones Norte y Este de Baviera y los Alpes bávaros y (b) pino silvestre en el noreste de Baviera.

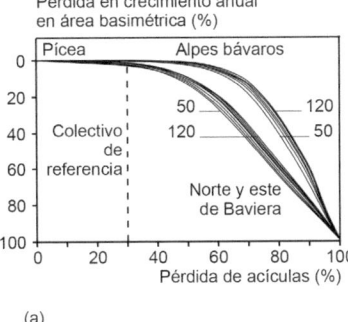
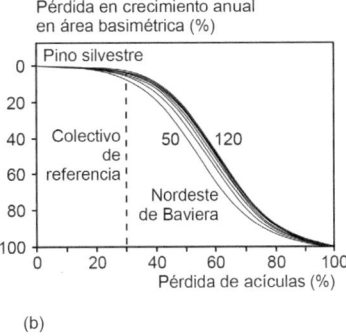

Figura 2.35 Diagnóstico de daños en la copa de pinos en el servicio forestal de Bodenwöhr (Alemania) mediante comparación por pares (según Pretzsch 1989). Se muestran la estructura de la copa de un pino no dañado (a) y la de un pino de la misma población, cuyo crecimiento en altura y ancho de copa se han estancado (b).

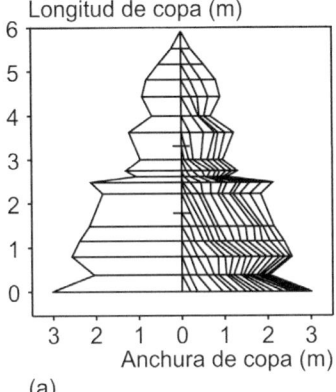
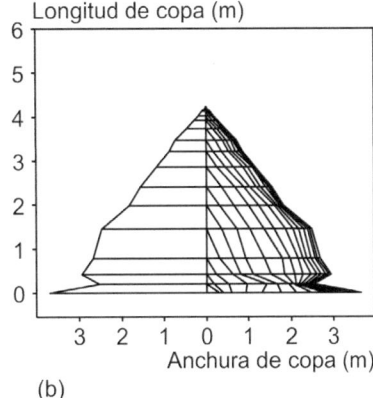

en 3D de la copa y estudiar su relación con factores externos, como la competencia con árboles vecinos (Assmann 1970, p. 88), contaminantes (Franz y Pretzsch 1988) o disminución del nivel freático (Pretzsch y Kölbel). Si se compara el desarrollo de la copa en árboles dañados con árboles de referencia se pueden diagnosticar y cuantificar los daños.

La Figura 2.35 muestra el ejemplo de una comparación por pares de pinos dañados y sanos en el distrito forestal de Bodenwöhr (Alemania). En la representación de la estructura de la copa las líneas de la mitad derecha de la copa muestran el crecimiento anual de la superficie de copa mientras que las líneas horizontales que cortan el tronco simbolizan los nudos donde hay ramas vivas o donde ya no existen ramas. En comparación con un individuo sano (a), las copas del árbol dañado con síntoma de clorosis (b) muestran en los últimos 5 a 10 años un estancamiento del crecimiento (Pretzsch 1989). En el capítulo 11, se usan análisis de tronco y de copa para reconstruir cuantitativamente el impacto de las perturbaciones.

Este tipo de análisis retrospectivo de la copa también puede ser utilizado para el estudio del reparto del incremento de biomasa entre fructificación y el crecimiento de la copa. Mutke et al. (2005) estudiaron el desarrollo de la copa de 27 pinos piñoneros estableciendo las reglas de diferenciación y crecimiento de los ápices de la especie (Figura 2.36). El desarrollo de la copa aparasolada típica de la especie se interpreta como una estrategia para maximizar el número de puntos de fructificación, ya que forma piñas solamente en los ápices dominantes más vigorosos del casquete superior (Mutke, 2005).

2.2.4.4 Poda y crecimiento

En masas cerradas, las ramas bajas y poco iluminadas de la copa presentan una relación desfavorable entre asimilación y respiración. De manera similar, los árboles dominados, invierten un gran porcentaje

Figura 2.36 Simulación del desarrollo de copa en un pino piñonero injertado (Mutke 2005).

de su asimilación bruta en respiración y por lo tanto contribuyen poco al crecimiento de la masa en condiciones normales. Por lo tanto, el crecimiento del árbol apenas se ve afectado por la poda de las ramas vivas de la parte inferior de la copa. Sin embargo, una poda más intensa puede reducir significativamente el crecimiento del árbol. La Figura 2.37 muestra cómo afecta la reducción de copa al crecimiento en diámetro en un ensayo de poda en *Pinus pinaster* Ait y *P. radiata* D. Don en plantaciones jóvenes (7-11 años) en el norte de la Península Ibérica (Hevia et al. 2016). Cuando el número de verticilos es elevado (sin poda o poda muy débil apenas se reduce el crecimiento en diámetro, pero a medida que se intensifica la poda el crecimiento disminuye significativamente, siendo mayor este efecto en *P. radiata* que en *P. pinaster*.

Las podas pueden afectar no solo al crecimiento radial del leño, sino también el crecimiento en altura o la inversión de recursos en otras partes del árbol. Sin embargo, en estudios en los que se ha analizado el efecto de la poda sobre la producción de corcho o sobre la fructificación en *Pinus pinea* no se ha constatado una reducción de estas producciones (Montero y Cañellas 2002; Montero et al. 2004). Al contrario, en esta última especie se ha observado un aumento de la producción de piña ya que la reducción de ramas induce un mayor número de estróbilos en los ápices codominantes (Mutke et al. 2017).

2.3 Raíces

2.3.1 Tipos básicos de sistemas radicales y su modificación según las propiedades del suelo

Las raíces, con sus micorrizas asociadas, sirven al árbol para la absorción del agua y de los nutrientes minerales, así como para el anclaje del árbol al suelo (Mattheck 1995). De igual modo que en las copas, existen tipos básicos de sistemas radicales, como superficiales, fasciculados y pivotantes (Figura 2.38). Estos tipos representan distintas adaptaciones funcionales en la búsqueda de recursos. Los sistemas superficiales (Figura 2.38a), como por ejemplo los *Populus*, presentan la ventaja frente a otras especies con otros tipos de sistemas radicales de un acceso rápido al agua superficial de las primeras lluvias y al comienzo temprano de la actividad fisiológica en primavera tras el calentamiento de las capas superficiales del suelo. Como desventaja, en periodos de sequía ven limitado el acceso al agua disponible en las capas profundas del suelo, así como una mayor susceptibilidad a derribos por viento.

Los sistemas radicales con raíces fasciculadas, como el pino piñonero, muestran raíces secundarias verticales y profundas y la raíz principal más débil que los sistemas radicales pivotantes (Figura 2.38b). Los sistemas pivotantes (Figura 2.38c) como el roble pedunculado, muestran una raíz principal profunda y en su caso, raíces secundarias también profundas. Este tipo de sistema radical permite el acceso al agua en capas profundas y aumenta la estabilidad del árbol, aunque implica la inversión de recursos en las raíces a expensas de la parte aérea del árbol. Las capas profundas del suelo se calientan más tarde en la primavera, por lo que el comienzo de la actividad de las raíces se retrasa en primavera.

La clasificación de las especies según sus sistemas radicales es una simplificación de la realidad, ya que existe una gran variación fenotípica entre individuos. Por ejemplo, existen clones de

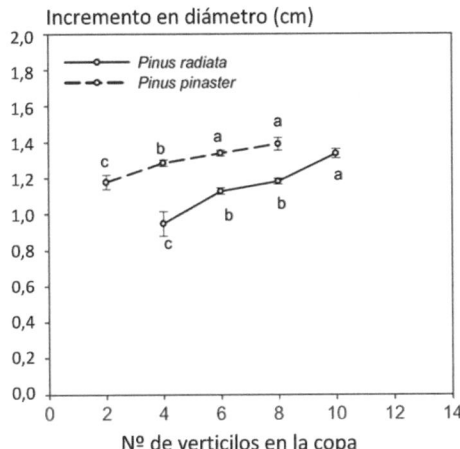

Figura 2.37 Efecto de la intensidad de la poda, medida en número de verticilos que quedan en la copa, en el crecimiento en diámetro del árbol en *Pinus pinaster* y *P. radiata* jóvenes (adaptado de Hevia et al. 2016).

Eucalyptus globulus con sistemas radicales más profundos que otros (Akilan et al. 1997, Bouillet et al. 2002). Mediante la mezcla de diferentes clones de una especie con distinta capacidad de acceso a los recursos de suelos, se puede aumentar la productividad del sistema por un mejor aprovechamiento de los recursos.

Cada tipo de sistema tiene sus ventajas y desventajas ya que ocupan distintos nichos espaciales y temporales para la absorción de recursos y el consiguiente crecimiento. Del mismo modo que para la copa, los tipos de raíces representan tipos funcionales. De especial interés es la combinación de distintos tipos en masas mixtas, de modo que se puedan absorber más recursos (Pretzsch 2014). Las especies con poca capacidad de penetración pueden usar los huecos de raíces abandonadas de otras especies con sistemas más profundos para penetrar más profundamente en el suelo. De este modo, la mezcla de especies puede aumentar permanentemente la profundidad del suelo potencialmente disponible para las raíces (Mammen et al. 2003, Rothe 1997).

Las formas típicas de los sistemas radicales se ven modificadas por las condiciones del suelo, como por ejemplo por capas compactadas de arcilla, suelos esqueléticos o presencia de rocas. De este modo, el sistema radical de una especie de tipo pivotante se puede convertir en un sistema superficial. Como sucede en otras partes del árbol tales como la copa, el fenotipo resulta de la interacción entre genotipo, condiciones ambientales y competencia entre individuos. La Figura 2.38e-f, muestra los cambios estructurales más frecuentes que se pueden presentar en el sistema radical de una especie del tipo 'fascicular' por la presencia de rocas o una capa compacta de arcilla en el suelo. Por otra parte, los sistemas radicales también cambian con la edad. Por ejemplo, el desarrollo del sistema radical de la pícea puede empezar con un sistema superficial, que va disponiendo de raíces más profundas con la edad.

La tipificación de los sistemas radicales se basa fundamentalmente en la forma de las raíces principales. Sin embargo, la absorción de agua y nutrientes tiene lugar en las raíces finas, que tienen una vida muy corta y actúan en simbiosis con micorrizas. En estas, las micorrizas pueden mejorar la captación de agua y nutrientes de los árboles, y a cambio ellas reciben azúcares del árbol que no pueden sintetizar por sí mismas (Agerer et al. 2012). Las raíces finas y muy finas se renuevan constantemente. Su tasa de reposición es muy alta y su crecimiento muy rápido (hasta varios cm por día). En este sentido, las raíces finas tienen un ciclo más corto que las hojas, aunque estas también crecen rápido y tienen una tasa de reposición alta, siendo formadas y desprendidas a lo largo del año.

El deterioro del sistema radical, por la limitación del espacio para su desarrollo, se comporta de manera similar a las limitaciones o daños en las copas, solo que son menos visibles. Los daños en los sistemas radicales son especialmente relevantes en caminos donde los suelos están con frecuencia compactados. Como las copas, las raíces de los árboles tienen una considerable habilidad para regenerarse. Mediante experimentos en los que se elimina parte del sistema radical y se hace un seguimiento de su crecimiento, se puede mostrar la elevada capacidad de regeneración de las raíces (Figura 2.39). En un ensayo de este tipo en píceas y hayas de mediana edad, se eliminó parte de las raíces y se limitó el espacio

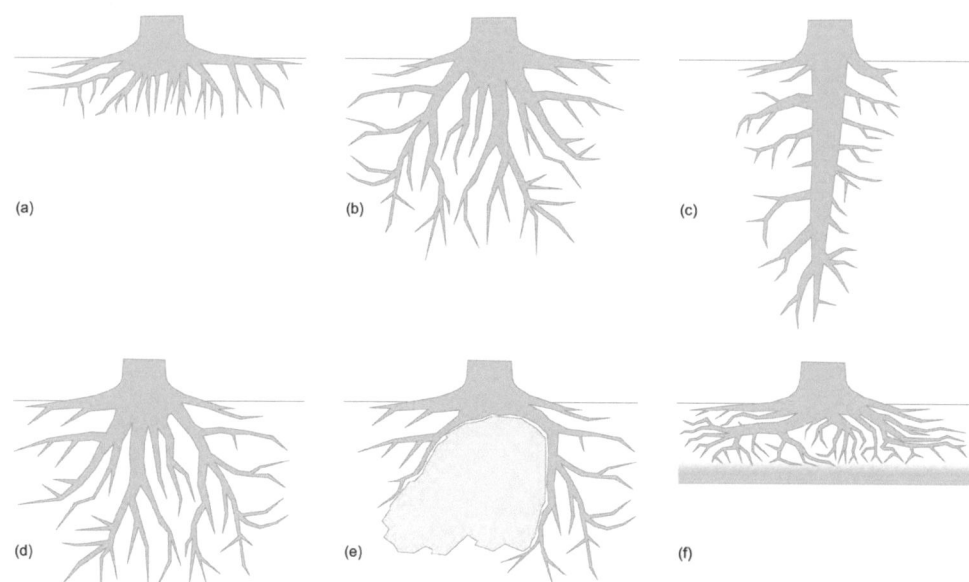

Figura 2.38 Tipos básicos de sistemas radicales que pueden formarse en suelos profundos (a-c) y modificaciones por presencia de rocas o capas de suelo compactado (d-f). (a) sistema radical superficial (por ejemplo, álamo temblón, chopo), (b) sistema radical con raíces fasciculado, raíces principales y secundarias pivotantes, (por ejemplo, abeto, pino silvestre, castaño, etc.), (c) sistema radical pivotante (por ejemplo, roble albar, roble pedunculado, olmo). Ejemplos de la modificación de los tipos básicos (d) sistema fasciculado en suelo profundo, (e) sistema fasciculado en suelo con presencia de roca, y (f) sistema fasciculado en suelo con capa compactada a poca profundidad.

disponible para su crecimiento mediante la colocación de una lámina de plástico, como se explica en la Figura 2.39. Los resultados mostraron que el crecimiento del árbol apenas disminuyó durante el año en que se produjo el daño. Igualmente, después de 2-3 años, el crecimiento de los árboles en los que se había reducido el sistema radical en más de un 33 % presentaron crecimientos similares a los árboles no dañados (Pretzsch et al. 2016). La respuesta del crecimiento a la pérdida de parte del sistema radical sigue una curva logística, similar a cómo responde el árbol a la reducción de masa foliar (Figura 2.34). Estos resultados subrayan la pronunciada capacidad de regeneración y la plasticidad morfológica de las raíces. En masas forestales, los árboles con reducido espacio para el sistema radical debido a la presencia de caminos, zanjas de drenaje o vías de saca compactadas, pueden esquivar estas limitaciones expandiendo sus raíces en otras direcciones (Greacen y Sands 1980, Schelhaas et al. 2003, Shepperd 1993), de manera que las pérdidas de crecimiento son pequeñas. Sin embargo, estas pérdidas son mayores en árboles urbanos donde las raíces se ven limitadas por muros, carreteras o parkings subterráneos (Baines 1994, Jim 2003, Martinková y Prax 2000). Por lo tanto, para un mejor desarrollo del arbolado urbano es especialmente importante tener suficiente superficie para el sistema radical.

2.3.2 Relación entre el crecimiento de la parte aérea y parte subterránea del árbol

La relación entre el crecimiento de la parte aérea y subterránea del árbol, y la consiguiente relación raíz-tallo, depende en gran medida de la disponibilidad de recursos (Kimmins 1993, McCarthy and Enquist 2007). En general un árbol reacciona a un recurso limitante con un mayor crecimiento de los órganos que contrarrestan esa limitación (Comeau y Kimmins 1989, Keyes and Grier 1981). La Figura 2.41 muestra las estructuras características de árboles que derivan de una limitación a largo plazo de agua y nutrientes minerales (eje-X) o de luz (Eje-Y). A medida que el suministro de agua y nutrientes se vuelve más escaso, el crecimiento de las raíces aumenta proporcionalmente (b versus a, d versus c), mientras que cuando es la luz la que escasea es el crecimiento de la copa el que aumenta (c versus a). La combinación de limitación de agua y luz da lugar a raíces y copas proporcionalmente mayores para un mismo tamaño de fuste que en condiciones de crecimiento favorables (b versus c). Un determinado limitante induce una asignación de recursos a las diferentes partes del árbol y, en consecuencia, a una relación raíz-tallo característica de esa situación. A la inversa, un crecimiento y relaciones de tamaños de las diferentes partes del árbol (alometría) determinados reflejan la naturaleza del recurso limitante. Sistemas radicales extensos en combinación con copas estrechas, como ocurre en la sabana, indican que el agua es el recurso limitante. Copas extensas con sistemas radicales reducidos indican falta de luz, como por ejemplo ocurre en árboles que crecen bajo la sombra de árboles maduros.

Este patrón de alometría que indica mayor inversión en el sistema radical, y por lo tanto mayor ratio entre raíz y tallo (parte aérea), ha sido contrastado a partir de una gran base de datos que incluye distintas especies (212 especies) y distintas condiciones de aridez en varias regiones bioclimáticas (Ledo et al. 2017). Los resultados corroboran la mayor inversión en las raíces en los sitios con mayor

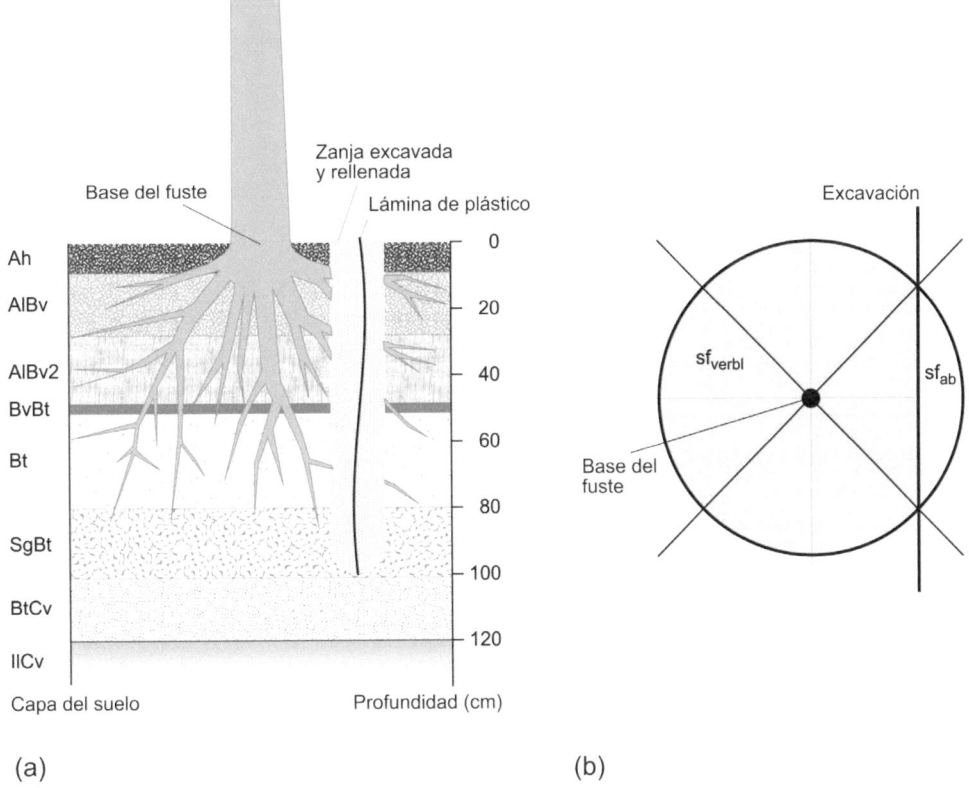

(a)   (b)

Figura 2.39 Modelo para el análisis de la respuesta del crecimiento de los árboles a la reducción de su sistema radical. (a) Perfil de suelo, sistema radical de haya y método de reducción de raíz mediante excavación e inserción de una barrera de plástico (vista lateral). (b) Reducción de la superficie radical por excavación (vista ortogonal), según Pretzsch et al. (2016).

Caja 2.5 Reconstrucción del desarrollo de la copa

Para reconstruir el desarrollo de la copa se pueden medir los crecimientos anuales de la guía terminal y de las ramas laterales de la copa (Figura 2.40). Para la mayor parte de las especies de coníferas, estas mediciones del desarrollo de la copa hacia atrás son posibles hasta la base del fuste; para las especies frondosas, las posibilidades de reconstruir los crecimientos de la copa son limitadas. Si se miden los crecimientos del fuste Fn, Fn-1, Fn-2 ...y las longitudes anuales de las ramas correspondientes R1n, R2n, R2n-1, R3n, R3n-1 ... se pueden revisar mutuamente y así detectar posibles errores debidos a un segundo crecimiento anual o a errores en la medición de los crecimientos del año. Las mediciones se comienzan en la guía hacia abajo retrospectivamente y determinan la longitud del árbol en los años n-1, n-2, etc. Para asegurar la reconstrucción se puede comparar el número de crecimientos a partir de una altura con el número de anillos de crecimiento a esa altura y con el número de crecimientos de las ramas de esa misma altura. Para ello se realizan cortes de rodajas control a distintas alturas del fuste y de las ramas, y así se puede reconstruir el desarrollo de la copa.

Si se miden los ángulos de las ramas, se puede representar el árbol en pie. Los ángulos de las ramas, al igual que los cortes, se pueden tomar en todas las ramas o en una muestra. El perfil detallado de las ramas se puede realizar midiendo cuatro distancias perpendiculares entre el eje de la rama y una línea horizontal. Con las mediciones de los crecimientos del fuste y de las ramas y los ángulos de las ramas, se puede reconstruir el desarrollo de la copa (Figura 2.35).

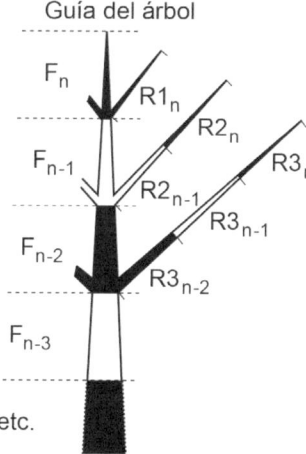

Figura 2.40 Medida de los crecimientos anuales en longitud de tronco y ramas. En árboles apeados se puede medir retrospectivamente, la longitud del fuste aumenta Fn, Fn-1, Fn-2 ... y la de las ramas aumenta R1n, R2n, R2n-1, R3n, R3n-1...

---

déficit hídrico, a una escala global.

Los tratamientos selvícolas, al alterar las condiciones de crecimiento de los árboles, pueden modificar la alometría raíz-tallo. En la Figura 2.42 se muestra el efecto de un clareo sobre esta alometría en una plantación de pino piñonero en la meseta norte de España (Ruiz-Peinado et al. 2016). En los siete años siguientes al clareo los árboles muestran un coeficiente alométrico en torno a uno, con un número elevado de árboles con valores superiores a uno, es decir, con más inversión en el crecimiento de la raíz. Sin embargo, en los árboles en parcelas sin clareo, el valor de este coeficiente es inferior a uno, indicando una mayor inversión en el tallo. Estos resultados sugieren que si no se realiza el clareo el principal recurso limitante es la luz debido a la elevada densidad, por lo que los árboles invierten más en la parte aérea. Si se reduce la densidad, la competencia por la luz disminuye y los recursos del suelo pasan a ser el principal limitante del crecimiento, como es común en medios mediterráneos, por lo que los árboles invierten más en el sistema radical.

2.3.3 Crecimiento de raíces en masas mixtas y puras

A pesar de que el efecto de la mezcla de especies ha sido relativamente bien estudiado en la copa y el tamaño del árbol, no se han realizado estudios sistemáticos sobre el efecto de la mezcla de especies en el crecimiento del sistema radical ni de la relación raíz-tallo, seguramente debido a la dificultad de su medición.

Del mismo modo que la complementariedad en la forma de las copas favorece que haya una mayor ocupación del espacio disponible o mayor densidad en el dosel de copas, la mezcla puede favorecer una mayor densidad de raíces. La Figura 2.43a muestra esquemáticamente una ocupación más densa del espacio disponible en el suelo debido a la combinación de una especie con raíces profundas y otra con raíces superficiales en un momento determinado del desarrollo de la masa. Según se va desarrollado la masa, la complementariedad va siendo más relevante ya que debido al limitado espacio en el suelo, en comparación con el espacio disponible en la parte aérea, la competencia radical aumenta. Además de complementariedad espacial, puede haber distinto uso temporal de los recursos del suelo. Por ejemplo, especies de coníferas pueden comenzar su actividad vegetativa de asimilación de recursos antes que las frondosas, ya que éstas necesitan dotarse antes de nuevas hojas para comenzar la fotosíntesis y la asimilación (Rötzer et al. 2017).

La combinación de análisis de los anillos de crecimiento a partir de cores tomados en las raíces principales y en el fuste del mismo árbol puede ofrecer información de cómo la relación raíz-tallo se ve influenciada por las condiciones del sitio (Pretzsch et al. 2012a y b), tratamientos selvícolas (Pretzsch et al. 2014a) o por la mezcla de especies. En la Caja 2.6 se expone un método dendrométrico para analizar la relación alométrica, diámetro de raíz-fuste. Por ejemplo, en la Figura 2.44 se muestra el resultado de esta combinación de análisis de anillos de crecimiento en raíces y fuste para masas mixtas de haya y abeto Douglas (Thurm et al. 2016). Se muestrearon masas entre 50-100 años en cuatro sitios con diferentes calidades de estación, de buenas a excelentes. En cada sitio se tomaron cores de raíces y de fuste de árboles en masas mixtas y sus correspondientes masas puras en zonas adyacentes a la masa mixta. De cada árbol se tomaron dos cores a la altura de 1,30 m y dos cores de tres raíces principales a la distancia de 60-80 cm del fuste. La representación de los valores medidos (series de crecimiento en líneas discontinuas) y la línea ajustada por regresión (línea continua) de la relación entre el crecimiento de las raíces y el crecimiento del fuste (Figura 2.44) muestra que las especies en las masas mixtas reducen su crecimiento radical en relación con el crecimiento en el fuste (comparación de la línea c frente a y f frente d). La relación alométrica entre el diámetro de la raíz y el diámetro de fuste fue mayor en las masas puras.

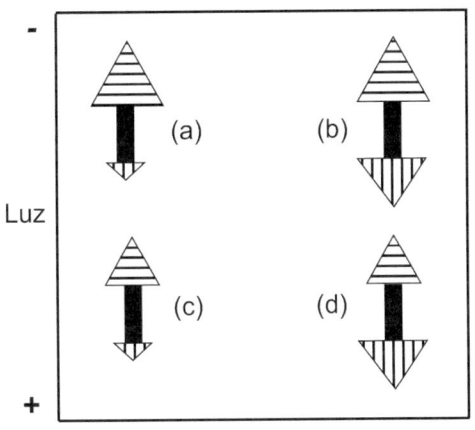

Figura 2.41 Modelo conceptual de cambios en la alometría raíz-tallo en función del suministro de agua y nutrientes minerales (eje x) o de luz (eje y) (modificado según Kimmins 1993, p.13). En ausencia de luz los árboles aumentan principalmente su copa mientras que, en ausencia de agua y nutrientes minerales, aumentan el sistema radical.

Según la Figura 2.43, las causas podrían ser que el suministro de recursos del suelo es mayor en las masas mixtas que en las puras por una mejora causada por la complementariedad entre especies (Rothe y Binkley 2001). Esta mejora puede deberse a una mejor ocupación del espacio por los sistemas radicales (Rothe 1997, Wiedemann 1942, 1951). Esto puede conllevar a una limitación de la luz disponible y así a un mayor crecimiento de

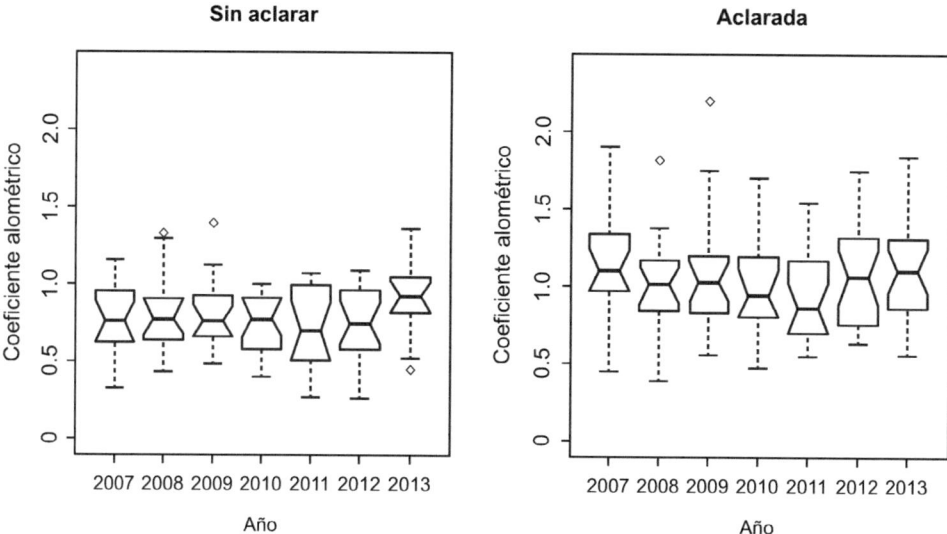

Figura 2.42 Variación del coeficiente alométrico raíz-tallo en (a) parcelas sin aclarar y (b) parcelas tras un clareo en una plantación de pino piñonero (según Ruiz-Peinado et al. 2016).

la parte aérea. Aparentemente ambas especies reducen su crecimiento en las raíces principales en favor del crecimiento del fuste. Según estos resultados, el aumento del volumen o biomasa encontrado en masas mixtas en comparación con las respectivas puras (Thurm et al. 2016), podría ser la consecuencia de un cambio en el reparto del crecimiento en favor de la parte aérea del árbol. Esto significaría que la mayor productividad encontrada en muchos estudios recientes en masas mixtas sea la consecuencia de este cambio de reparto, pero no del crecimiento total. Es decir, en cierta medida la redistribución del crecimiento a favor de la parte aérea podría estar detrás del mayor crecimiento observado en masas mixtas. Esta reducción del crecimiento en las raíces principales en favor del crecimiento del fuste podría producir una desestabilización mecánica asociada a una mayor susceptibilidad de derribos por viento.

Por supuesto, las raíces principales consideradas en este estudio citado son una parte pequeña del sistema radical y, en contraste con las raíces finas, presentan una reacción en crecimiento a los cambios de disponibilidad de recursos más lenta. Pero como el crecimiento del fuste refleja la dinámica de la copa, el crecimiento de las raíces principales también refleja la actividad de las raíces finas, ya que constituyen la estructura básica y los canales de conducción necesarios para las raíces finas. Desde esta perspectiva, la dinámica de desarrollo de las raíces gruesas principales puede representar de una manera integrativa el crecimiento del sistema radical.

2.4 Desarrollo del fuste del árbol

2.4.1 Función y potencial informativo del fuste

A través del crecimiento del fuste el árbol reduce el efecto de la sombra de otras plantas y evita los daños de herbívoros. Sin embargo, para tener esta ventaja competitiva, debe invertir gran proporción de los fotosintatos en la construcción y mantenimiento del fuste en comparación con las plantas herbáceas o arbustivas. El desarrollo del fuste está limitado por la conductividad del agua en aproximadamente 120 m de altura (Koch 2004, Ryan y Yo 1997), pudiendo ser el diámetro máximo de 10,0 m aproximadamente. El tronco sir-

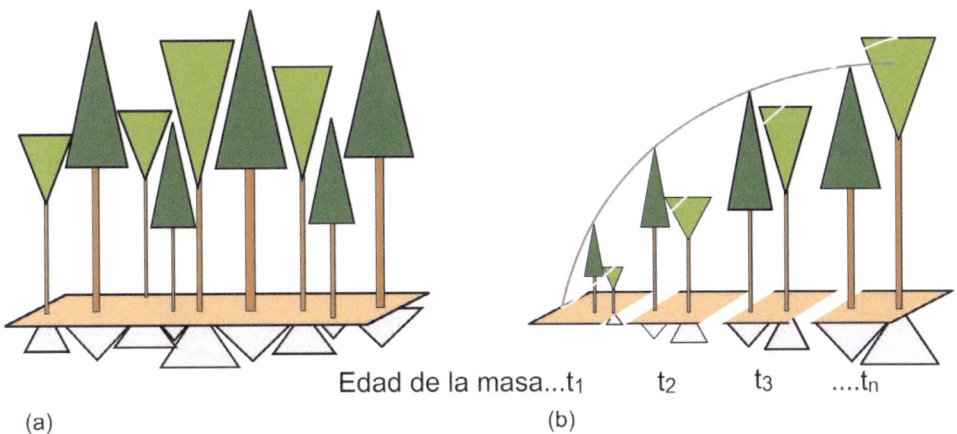

Figura 2.43 Ejemplo de una mezcla de especies arbóreas con formas complementarias de copa y raíz, que puede dar como resultado una mayor densidad o uso del espacio y una mejor utilización de los recursos, tanto aérea como subterránea. (a) Mayor ocupación del espacio en una fase de desarrollo determinada. (b) A medida que se desarrolla la masa, el espacio de la copa se expande más que el espacio ocupado por el sistema radical. Por lo tanto, el uso complementario del espacio en el suelo se hace más relevante para el suministro de los recursos edáficos.

ve al árbol, esencialmente, para incrementar su competitividad, como soporte de ramas y hojas, para la conexión entre los órganos de absorción de recursos de la atmósfera y del suelo, y para el almacenamiento de reservas. Las copas y las raíces se desarrollan con una dinámica mucho más rápida y con mayor tasa de reposición en comparación con el fuste del árbol. El tronco crece gradualmente y este crecimiento permanece preservado en el mismo por largo tiempo. En comparación, las ramas, ramillos, acículas y hojas y raíces finas crecen rápidamente pero también mueren mucho más rápidamente a lo largo del año. La razón por la que el fuste está mucho mejor estudiado es porque su tamaño, estabilidad y características de la madera hace que esta haya sido y sea un producto de gran interés y, justifica, en gran medida, la gestión forestal.

El árbol "escribe" virtualmente su autobiografía, ya que sus anillos de crecimiento en diámetro, y el crecimiento anual en altura quedan gravados en el fuste y son visibles toda la vida. El patrón de los anillos de crecimiento en el tronco puede ser usado para datar madera, diagnosticar los daños sufridos en el pasado y la cuantificación de los mismos o en la investigación del impacto del cambio climático sobre su crecimiento, entre otros usos.

2.4.2 Forma de fuste

Una medida simple de la forma del fuste es el cociente entre la altura del árbol y su diámetro, conocido como coeficiente de esbeltez (Caja 2.1). Debido a la forma no lineal en la relación entre distintos órganos del árbol y a la deriva ontogénica resultante, el valor h/d, disminuye sistemáticamente cuando aumenta el tamaño del árbol (Sección 2.1.6). En la práctica forestal, esta deriva alométrica no se considera generalmente y se simplifica para árboles de todos los tamaños, asumiendo que valores de h/d por encima de 0,80 dan lugar a árboles inestables frente al viento y nieve. En la Figura 2.46 se muestra el porcentaje de árboles dañados por la nieve en función del coeficiente de esbeltez en una masa de pino silvestre de 60 años (del Río et al. 1997). A partir de este valor crítico de 0,8 el porcentaje de pies dañados aumenta notablemente.

El valor de h/d está muy relacionado con la razón de copa (cociente entre la longitud de copa viva y la altura total). La Figura 2.47 muestra un esquema de árboles en los que aumenta la esbeltez y disminuye

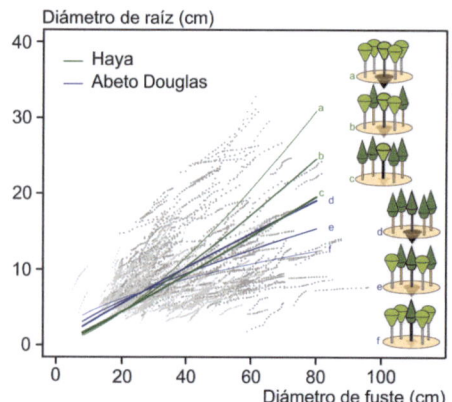

Figura 2.44 Los árboles de haya (*b* y *c*) y abeto Douglas (*e* y *f*) en masas mixtas reducen el crecimiento de las raíces gruesas en relación con el crecimiento del fuste en comparación con las masas puras (*a* y *d*). Resultados del análisis de crecimiento de raíces gruesas y fustes de hayas ($n = 85$) y abetos Douglas ($n = 90$) en rodales puros y mixtos de 50-100 años de edad. Los resultados son válidos para ubicaciones en el sur de Alemania con excelente disponibilidad de agua y nutrientes (según Thurm et al. (2016)).

la razón de copa de izquierda a derecha, es decir, de mayor a menor estabilidad. Esta relación enfatiza que la estabilidad del árbol se puede controlar a través del tamaño de la copa y, por lo tanto, a través del control de la densidad mediante la selvicultura. Mayores espaciamientos en el establecimiento de la masa y reducciones de la densidad mediante claras disminuyen la competencia individual favoreciendo el desarrollo de la copa y el crecimiento en diámetro, lo que a su vez lleva a una disminución de la relación h/d y la razón de copa, ya que el crecimiento en altura no varía significativamente con la mayor o menor densidad de la masa, y por lo tanto aumenta la estabilidad del árbol.

La Figura 2.48 muestra la relación entre el coeficiente de esbeltez y la razón de copa para varias especies. Particularmente en coníferas, los valores del cociente h/d se sitúan por encima de 0,8 cuando la razón de copa es inferior a esta cifra, aumentando mucho la inestabilidad de la masa. Muchos de los valores que se muestran en la Figura 2.48 proceden de parcelas experimentales cuya razón de copa se sitúa por encima de este valor crítico de 0,8. El motivo de la elevada dispersión de valores, por encima y por debajo de este valor crítico, es que estas parcelas cubren un amplio rango de densidades de masa, incluyendo tanto parcelas con densidades muy bajas como muy altas. Este amplio rango de densidades permite establecer de manera sistemática relaciones con rango de "certezas experimentales" biométricas, como se refleja en la Figura 2.47 y la Figura 2.48.

La línea de tendencia en la Figura 2.48 muestra que el cociente h/d generalmente decrece según aumenta la razón de copa. Esta tendencia se da en todas las especies, sin embargo, el valor de la esbeltez (h/d) para una razón de copa determinada es específico de cada especie. Las coníferas muestran en general menores valores del cociente h/d que las frondosas. Entre las coníferas, la esbeltez es en general mayor en el pino silvestre que en el abeto. Entre las frondosas presentadas, el roble presenta mayores valores que el haya. No obstante, la calidad de la madera suele más favorable en árboles esbeltos (Sección 4.8.3).

Para un análisis detallado de la forma del fuste se realiza la cubicación en árboles apeados (Caja 2.7). Este procedimiento permite una estimación precisa de la forma de fuste y de su volumen. Mediante el uso de la forcípula finlandesa o actualmente mediante Lidar terrestre (TLS) se puede determinar el diámetro a distintas alturas en árboles en pie, con lo que se puede estimar el volumen total del fuste (Caja 2.7). El cociente entre el volumen de un cilindro de referencia con el diámetro normal y la altura del árbol ($z = (d_{1.30}^2 / 4 \times \pi) \times h$) y el volumen calculado a partir de las mediciones del diámetro a distintas alturas (*v*) se denomina coeficiente mórfico (Caja 2.8).

2.4.3 Forma de fuste y calidad de la madera

Esta sección trata sólo los indicadores cuantitativos y cualitativos más relevantes para la calidad de la madera en rollo, que se pueden medir o estimar en árboles en pie o apeados. Las características clave incluyen el tamaño y la forma del fuste (presencia de bifurcaciones, curvatura del fuste), ramosidad,

Caja 2.6 Análisis de la relación alométrica entre el tronco y las raíces principales

Para analizar la relación alométrica entre el tamaño del fuste y de las raíces gruesas se pueden tomar muestras de crecimientos en el fuste a la altura del pecho y en las raíces principales cerca del eje principal del árbol (Pretzsch et al. 2014a, Nikolova et al. 2011). Frecuentemente, en el fuste se toman dos testigos con barrena Pessler (cores) en las direcciones norte y este si no hay pendiente (Figura 2.45). Se toman dos muestras con el fin de recoger la posible variabilidad en la sección del fuste, generalmente ovalada, y evitar sobre- o infraestimaciones. Igualmente, los testigos se toman con un ángulo de 90 entre sí (ver Figura 2.45). Para poder tomar las muestras adecuadamente, primero hay que dejar al aire la parte de las raíces que se van a muestrear.

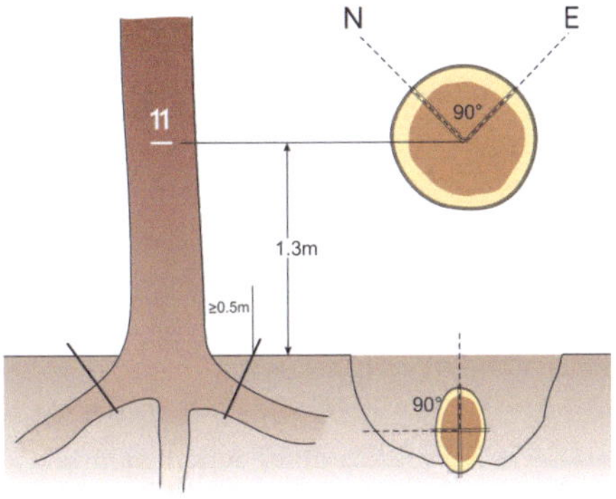

Evidentemente, las raíces principales y su crecimiento representan solamente una parte del desarrollo del sistema radical y su crecimiento es bastante lento en comparación con las raíces finas (Last et al. 1983). Sin embargo, en analogía con el crecimiento del fuste que está estructural y funcionalmente relacionado con la copa y la superficie foliar, la sección y crecimiento de las raíces principales indican la actividad del sistema radical. Las raíces principales representan la base estructural y el sistema de conducción que conectan las raíces finas con el resto del árbol, por lo que se pueden considera como un indicador del crecimiento del sistema radical.

Figura 2.45 Método de extracción de testigos de crecimiento en el tronco del árbol a la altura de 1,30 m y en las raíces principales. El análisis de los testigos permite la reconstrucción de la relación alométrica entre la evolución del tronco y las raíces principales.

Posteriormente se procede a la medición de los anillos de crecimiento de las muestras del fuste y de las raíces y se representan los valores de unos frente a otros en escala doble logarítmica (Figura 2.44). La posición y la pendiente de las líneas dan lugar al factor y exponente de la relación alométrica entre el crecimiento de fuste y de raíz. Estas relaciones pueden usarse para analizar el efecto de las claras, riego, o mezcla de especies en esta alometría.

---

características de la sección transversal del fuste y apariencia de la superficie del fuste con corteza. Para profundizar en el tema de la evaluación de calidad de la madera en rollo y aserrada se puede consultar Knigge y Schulz (1966), Pretzsch y Rais (2016), así como los estándares europeos de clasificación de madera en rollo y aserrada, y en la Sección 4.8.3. A continuación, se describe algunos de estos parámetros:

Bifurcación: Se diferencian según la altura de bifurcación en (1) baja (<33 % de la altura total del árbol), (2) media (33 - 66 % de la altura del árbol), (3) alta (> 66 % de la altura del árbol).

Curvatura y sinuosidad del fuste: para estimar la desviación del eje principal del fuste de una recta, hay que imaginarse, o marcar mediante una cuerda tensada, esta recta hipotética entre el pie y la punta del árbol. El fuste es recto si coincide el eje con la recta (Figura 2.52a). Cuando el fuste se desvía de la recta ideal solamente en una curva simple dentro de un mismo plano, se habla de curvatura (Figura 2.52b), y si hay varias curvaturas, de sinuosidad.

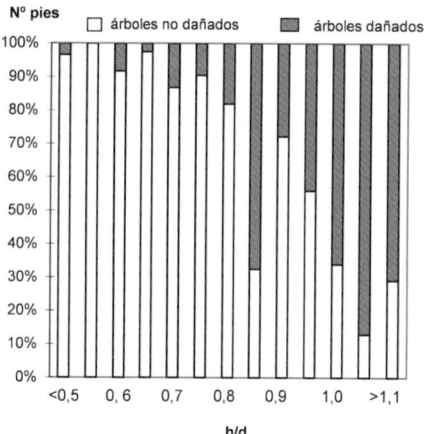

Figura 2.46 Porcentaje de pies dañados y no dañados por nieve en función del coeficiente de esbeltez del árbol (h/d). Los datos proceden de un ensayo de claras en una masa pino silvestre en el Sistema Central, España (adaptado de del Río et al. 1997). A partir del valor h/d=0,8 aumenta notablemente el porcentaje de árboles dañados por la nieve.

Esta última puede guardar un mismo plano (Figura 2.52c) u ocurrir incluso en varias direcciones (Figura 2.52d).

Ramosidad: la presencia de ramas se valora principalmente en árboles en pie, ya que es de interés un seguimiento a largo plazo, desde la fase juvenil hasta la edad de corta. Generalmente se evalúan los primeros 8 o 10 m de fuste, que son particularmente importantes para el uso tecnológico de la madera. Se indica si son ramas muertas o vivas

Altura de la copa: se identifica la primera rama viva y se mide la altura de la inserción de la rama en el fuste, con precisión de decímetro. La altura de la primera rama muerta se refiere a la altura en la que se encuentra la primera rama visible muerta, o su muñón sobresaliendo al menos 1 cm sobre la superficie de fuste.

Diámetro de ramas: se puede anotar por categorías o medir en mm, p.ej. con calibre, sobre corteza. Tanto al tomar el diámetro, como el ángulo de inserción de una rama, se anota también la orientación de dicha rama (azimut o relativa a la dirección de la fila). El diámetro se mide de forma perpendicular a su eje. Para evitar la influencia de su engrosamiento basal,

se mide normalmente a cierta distancia de su inserción, p.ej. a 5 cm. Las ramas se pueden clasificar según su tamaño, pudiendo variar la clasificación para las distintas especies.

Ángulo de inserción de ramas: dependiendo del tipo de ramificación, se anota el ángulo que forma el eje de la rama como desviación de la horizontal (por ejemplo, para pícea) por categorías o midiendo con un porta ángulo o con TLS (Figura 2.30). Si se hace por categorías, se suele diferenciar entre (1) horizontal o descendiente, (2) ángulo moderado (0-30° por encima de la horizontal), (3) muy inclinado (> 30°).

Chupones: la presencia de ramas adventicias, o chupones, en el tronco, sobre todo por debajo de la altura de la copa (ramas primarias), reducen la calidad tecnológica de la madera, pero pueden aportar un crecimiento adicional. Se diagnostica anotando la altura inferior y superior de su presencia sobre el fuste en decímetros, su número (total o por metro lineal) y su diámetro promedio.

2.4.4 Duramen y albura

Muchas especies forestales forman duramen a lo largo de su desarrollo ontogénico (Figura 2.5). La

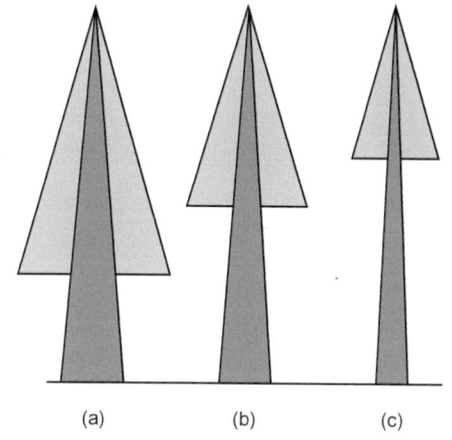

Figura 2.47 Relación entre la longitud de copa y la forma de fuste en una representación esquemática (a, b y c). El tamaño de la copa y el diámetro del árbol disminuyen de a) a c), por ejemplo, por una mayor competencia, la altura no varía y, como consecuencia, aumenta el cociente h/ d. Cuanto más alta esa la relación h/d de un árbol, menor será la estabilidad mecánica del mismo.

2.4 Desarrollo del fuste del árbol

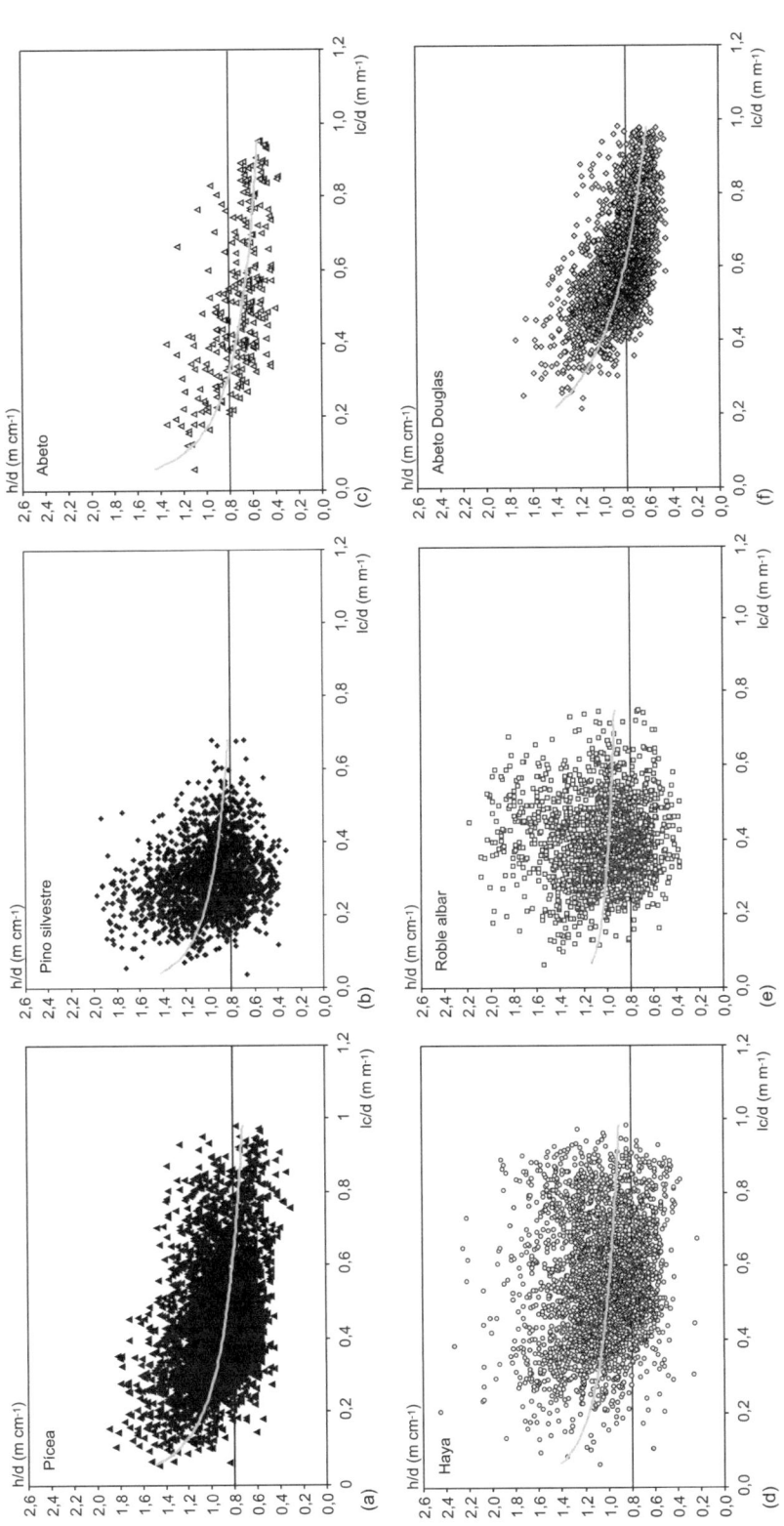

Figura 2.48 Relación entre la razón de copa y el coeficiente de esbeltez para (a) pícea, (b) pino silvestre, (c) haya, (d) abeto, (e) abeto Douglas y (f) robles, en parcelas permanentes en el sur de Alemania. La línea horizontal indica el valor de 0,80 en h/d, que se utiliza en la práctica como límite a partir del cual aumenta la inestabilidad mecánica frente a viento y nieve en coníferas.

Caja 2.7 Cubicación del fuste

La cubicación de trozas sirve para determinar la forma del fuste, volumen del fuste, factor de forma, y desarrollar funciones de forma (Kramer y Akça 1987). Para su cubicación, el fuste apeado se divide en secciones de igual longitud (por ejemplo, de 2 m o 4 m) o de igual longitud relativa a la altura total del fuste (Hohenadl 1924) (por ejemplo, la longitud de la troza= longitud total del fuste/5) (Figura 2.49). En el medio de cada una de estas trozas se mide el diámetro, que en árboles apeados se mide bien con forcípula (Figura 2.50). Para aumentar la precisión en el punto de medición (d_1, d_2 ... d_n o $d_{0,9}$, $d_{0,7}$, ... $d_{0,1}$) se toman dos diámetros con un ángulo de 90° entre sí. Además, se mide el diámetro en la base y a la altura del pecho (1,30 m). Por lo tanto, los valores de los correspondientes diámetros d_1, d_2 ... d_n o $d_{0,9}$, $d_{0,7}$, ... $d_{0,1}$ permiten obtener la forma del fuste mediante los pares altura-diámetro a lo largo del fuste. Cuando se cubica mediante trozas de igual longitud el número de puntos aumenta con la altura del árbol, lo que no ocurre con el método de longitud relativa a la longitud total del árbol.

Para determinar el volumen de cada troza (cilindro, cono, paraboloide o neiloide) se realiza según la fórmula de Huber (1828) de la sección media $v = g_m \times l$, las fórmulas de las secciones terminales de Smalian (1837) $v = (g_u + g_o) / 2 \times l$ o la fórmula que pondera la sección media y terminal de Newton $v = (g_u + 4 \times g_m + g_o) / 6 \times l$ (ver Kramer y Akça 1987, p. 54). La cubicación de la última sección se hace con la fórmula de cono $v_n = g_u \times 3$, donde l = logitud de las trozas, g_u, g_m y g_o = área basimétrica del extremo inferior, media y extremo superior y v=volumen de la troza.

El volumen del fuste completo (v) será la suma $v = v_1 + v_2 + ,..., + v_{(n-1)} + v_n$. Si todas las trozas tienen la misma longitud se puede expresar en función las secciones $v = l \times (g_1 + g_2 + ,..., + g_{(n-1)}) + v_n$ o de los diámetros de las secciones

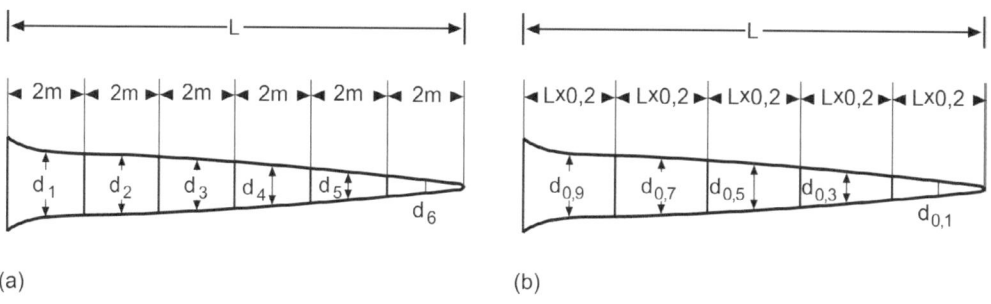

(a)   (b)

Figura 2.49 Cubicación de troncos mediante secciones de longitud absoluta y longitud relativa a la longitud total según Hohenadl (1924). (a) Procediendo desde la base hasta la guía, se divide el fuste, por ejemplo, cada 2 m y se mide el diámetro en el centro, es decir, en el metro 1, 3, etc. La cubicación se realiza, por ejemplo, de acuerdo con la fórmula de la sección media de Huber (1828) y el volumen de la última troza según el volumen de un cono.(b) Cuando se forman trozas de igual longitud relativas a la longitud total según Hohenadl, se forman por ejemplo 5 trozas de igual longitud relativa (longitud total / 5). La medición del diámetro tiene lugar en el medio de cada una de estas secciones. La cubicación se basa en la fórmula de la sección media de Huber (1828), en la parte superior según la fórmula del cono.

$$v = \pi/4 \times l \times (d_1^2 + d_2^2 +, \ldots, +d_{n-1}^2) + v_n.$$

Donde v = volumen del fuste, v_1, $v_2 = v_n$ = volumen de las secciones individuales, l = longitud de las secciones, g_1, g_2 ... $g_{(n-1)}$ = secciones transversales en el medio de las trozas 1 a n-1 y d_1, d_2, ... $d_{(n-1)}$ = diámetro en el medio de las secciones 1 a n-1.

Cuando se cubica con longitudes de trozas iguales y relativas a la longitud total, se calcula el volumen a partir de, por ejemplo, cinco diámetro o secciones y la longitud de las secciones, en el caso de cinco $0{,}2xl$, $v = 0{,}2 \times l \times (g_{0,9} + g_{0,7} + g_{0,5} + g_{0,3} + g_{0,1})$. Donde l = longitud total del fuste, $g_{0,9}$, $g_{0,7}$, $g_{0,5}$, $g_{0,3}$ y $g_{0,1}$ = secciones transversales en el medio de las cinco trozas y $d_{0,9}$, $d_{0,7}$, $d_{0,5}$, $d_{0,3}$ y $d_{0,1}$ = diámetro en el medio de las cinco trozas.

Para una mayor precisión, se recomienda las fórmulas de Smalian o Newton que consideran una reducción continua de las secciones transversales con la altura.

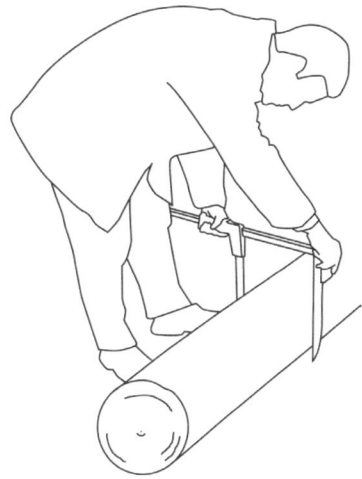

Figura 2.50 Cubicación de un tronco apeado. Comenzando en la base, se miden los diámetros en dos direcciones perpendiculares de las secciones medias de las trozas, a lo largo del fuste en distancias iguales absolutas o relativas, la última troza según el volumen de un cono. (b) Cuando se forman trozas de igual longitud relativas a la longitud total según Hohenadl, se forman por ejemplo 5 trozas de igual longitud (longitud total / 5). La medición del diámetro tiene lugar en el medio de cada una de estas secciones. La cubicación se basa en la fórmula de la sección media de Huber (1828), en la parte superior según la fórmula del cono.

distinción entre la albura, fisiológicamente activa, y el duramen, ya muerto, es de especial interés para el uso de la madera, para estudios fisiológicos y para la comparación de las leyes de crecimiento con especies herbáceas. Para la obtención de esta información se pueden usar análisis de tronco (Caja 2.9). Generalmente la albura es más ligera que el duramen. No obstante, la distinción entre albura y duramen no siempre es fácil y su borde es frecuentemente irregular.

La fracción de duramen en la madera es específica de cada especie. Trendelenburg y Mayer-Wegelin (1955, pp. 472-474) encontraron por ejemplo que el duramen ocupa el 36, 60, 53 y 74 % para haya, pícea, pino silvestre y roble, respectivamente. Knigge y Schulz (1966, p. 109) indicaron porcentajes del 50 a 75 % de duramen para pino silvestre y roble. Lohmann (1992, p. 46) encontró que para la pícea el porcentaje de duramen era del 78 %. Según estos estudios la proporción de albura es 22-40 % para la pícea, del 47-50 % para pino silvestre, del 25-26 % para roble y del 64 % para haya. El porcentaje de duramen aumenta con la edad y con el diámetro del fuste continuamente. En general la duramización comienza a partir de un determinado grosor del diámetro, que es diferente para cada especie.

Según un estudio realizado en *Quercus pyrenaica* en la Comunidad autónoma de Castilla y León (España) basado en 159 árboles en los que se realizó análisis de tronco, el proceso de duramización a la altura de 1,30 m se inicia a partir de los 6-8 cm de diámetro del fuste. En la Tabla 2.5 se describe la cantidad de duramen por clase diamétrica para esta muestra. En los árboles más pequeños no se encontró, mientras en que en la clase diamétrica 10 se encontró duramen en el 50 % de los pies (21 pies), en la de 15 en el 81 % de los pies, y en las superiores en todos los pies. El porcentaje de duramen del volumen del

Caja 2.8 Coeficiente mórfico para el cálculo del volumen de fuste a partir del diámetro y la altura del árbol

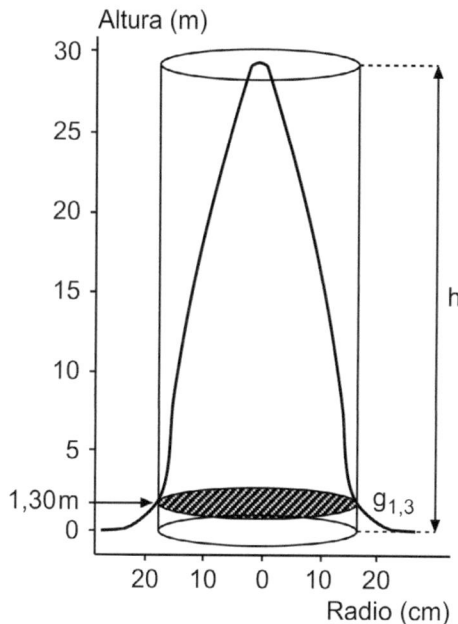

Figura 2.51 El coeficiente mórfico f1,30 puede entenderse como un factor que reduce el volumen del cilindro de referencia ($z = g_{1,30} \times h$) al volumen del árbol ($v = z \times f_{1,30}$). Un coeficiente mórfico de $f_{1,30} = 0,5$ sería equivalente a medio cilindro de referencia ocupado por el fuste del árbol ($v = g_{1,30} \times h \times 0,5$).

Si se asume el árbol como un cilindro de longitud la altura del árbol h y la sección el área basimétrica del árbol a 1,30 m ($g_{1,30}$ = $d^2/4 \times \pi$) (Figura 2.51), el coeficiente mórfico $f_{1,30}$ indica el factor de reducción que se debe aplicar sobre este cilindro para obtener el volumen del fuste. Por lo tanto, el coeficiente mórfico se puede entender como un factor de reducción del cilindro de referencia ($z = g_{1,30} \times h$) al volumen del fuste ($v = z \times f_{1,30}$). Es decir, el coeficiente mórfico expresa la proporción del fuste del árbol que rellenaría ese cilindro de referencia. El coeficiente mórfico se puede expresar en términos de volumen maderable, que expresa el volumen de madera hasta 7 cm de diámetro en punta delgada (o 10 cm) o el volumen total.

Los coeficientes mórficos se suelen presentar en tablas o funciones, las primeras generalmente obtenidas a partir de las segundas. En las tablas las variables de entrada son el diámetro a 1,30 m de altura y la altura de fuste. De igual modo las funciones de forma estiman el coeficiente mórfico a partir del estas dos variables ($f_{1,30} = f(d, h)$). Estas funciones se basan en modelos ajustados a partir de un número elevado de árboles en los que se han medido $f_{1,30}$, $d_{1,30}$ y h.

árbol aumenta con la clase diamétrica hasta alcanzar el 44,2 % en la clase diamétrica de 35 cm.

Otro método para diferenciar entre albura y duramen es la tomografía computarizada (Figura 2.53), basado en imágenes CT (SIEMENS Somatom AR.HP). La tomografía computarizada y el modelo derivado de la estructura interna del fuste (Figura 2.5) indican proporciones de duramen del volumen del fuste del 0 % en fases juveniles, cuando el $d_{1,30}$ <10 cm, por lo que el fuste entero está formado por conductos activos. Con $d_{1,30}$ = 10-15 cm, la proporción de duramen aumenta al 1-35 % y para $d_{1,30}$ = 30-50 cm al 3-56 % (Pretzsch 2005c). Los árboles analizados pertenecían a masas de pícea con una biomasa aérea de 96-342 t ha^{-1}, de pino silvestre con 45-153 t ha^{-1}, de haya con 109-433 t ha^{-1} y roble con 93-171 t ha^{-1}. Por lo tanto, la biomasa del duramen corresponde a 13 -192 t ha^{-1}, según las condiciones de la masa.

En los inventarios forestales se suele prescindir de información sobre el porcentaje de albura y duramen (Oliver y Larson 1996, p.332). En algunos casos se tiene en cuenta cuando se estima la ca-

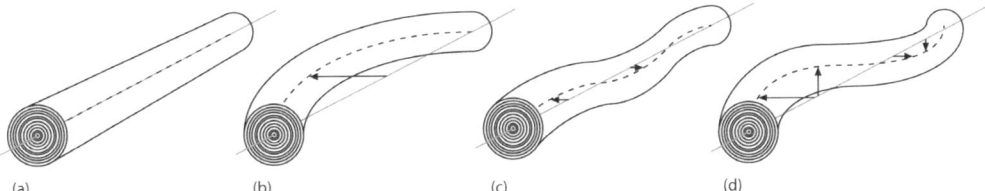

Figura 2.52 Clasificación de la curvatura y sinuosidad del fuste en función de la desviación del fuste de una recta ideal que une base y guía. (a) recto; (b) curvado (en un plano); (c) sinuoso en un plano; (d) sinuoso en varios planos.

lidad y se clasifica la madera. Sin embargo, desde un punto de vista científico, separar el volumen de albura y de duramen permite la generalización de las leyes para especies herbáceas y leñosas. La formación de duramen significa la pérdida de tejido vivo y de reposición. Si no se considera la parte del volumen muerto interno (duramen) las leyes encontradas para los árboles convergen con las encontradas para plantas herbáceas. Por ejemplo, se ha comprobado que la ley de autoaclareo para plantas herbáceas propuesta por Yoda et al. (1963) y la correspondiente para árboles propuesta por Reineke (1933) son la misma expresión si se elimina la parte interna del fuste del árbol metabólicamente inactiva en el cálculo de la línea de autoaclareo (Pretzsch 2005). Del mismo modo, para estimar la capacidad de ocupación en un sitio, sería adecuado restar el núcleo que no es metabólicamente activo, ya que solo sirve de sustento mecánico.

2.4.5 Modelo de forma de fuste según Pressler (1865)

2.4.5.1 Desarrollo de la forma del fuste

El modelo de Pressler (1865) asume que el crecimiento en sección (ig) aumenta de forma linear desde la guía del árbol a la base de la copa (hbc) y se mantiene constante en el resto del fuste sin ramas (desde la base del fuste hasta la primera rama viva de la copa) (Figura 2.55a).

Bajo estas suposiciones el crecimiento anual en volumen en el fuste (iv) es $iv = ig \times (ht + hbc) / 2$, donde ht la altura total del árbol, y puede ser ilustrado como el área gris que describe el crecimiento en sección (ig) como función de la altura

(h) (línea gris Figura 2.55b). Tras la conversión del crecimiento en área basimétrica en el crecimiento en diámetro correspondiente, y su acumulación a lo largo del fuste, resulta en las diferentes formas de fuste (cónico o paraboloide) (Figura 2.55b).

Si el incremento corriente en volumen se distribuye en el fuste de acuerdo con esta regla, si se co-

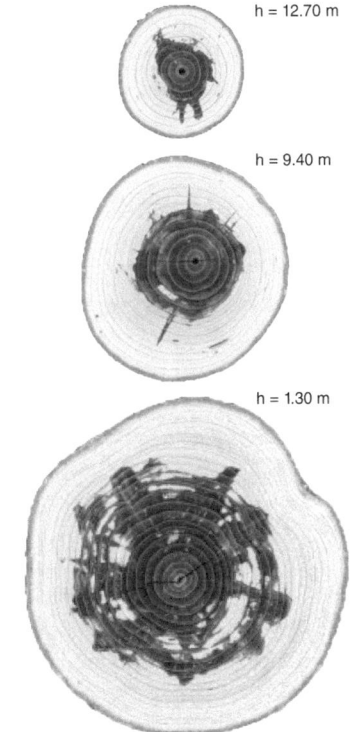

Figura 2.53 Distinción entre albura (gris claro) y duramen (gris oscuro) por tomografía computarizada. Secciones transversales del tronco de la pícea a 1,30 m, 9,40 m y 12,7 m. de altura. El área de duramen tiene contorno irregular y representa el 39, 26 y 25 % del área transversal del fuste en cada punto.

Tabla 2.5 Caracterización de los valores de duramen por clase diamétrica para una muestra de 159 árboles en los que se realizó análisis de tronco y midió el duramen en cada sección. $V_{duramen}$, volumen de duramen por pie (m³); % $v_{duramen}/v$, porcentaje medio de volumen duramen por pie; $d_{duramen1,30}$, diámetro del duramen en la sección a 1,30 m de altura de fuste; % $d_{duramen}/d$, porcentaje del diámetro de duramen con respecto al diámetro normal del árbol.

CD	N	$V_{duramen}$ (m³)	% $v_{duramen}/v$	$d_{duramen1,30}$ (cm)	% $d_{duramen}/d$
5	2	0	0		
10	42	0,00016 (0,0026)	4,06	4,40 (1,66)	43,35
15	52	0,0140 (0,0148)	15,00	7,89 (2,47)	52,04
20	29	0,0455 (0,0277)	26,91	11,98 (2,34)	60,41
25	18	0,0965 (0,0492)	37,38	16,92 (4,74)	69,26
30	15	0,1462 (0,0477)	41,52	19,85 (2,71)	69,19
35	1	0,1692	44,23	26,50	72,01

noce el crecimiento corriente en volumen del árbol (*iv*), la altura en la base de la copa (*hbc*) y la altura total del árbol (*ht*) se puede estimar el incremento en sección en la zona libre de ramas $igh = 2 \times iv/(ht + hbc)$, y el crecimiento en sección *ighc* a cualquier altura h en la copa mediante $ighc = ig \times (ht - h) / (ht - hbc)$. Por ejemplo, el modelo de Pressler fue usado por Mitchell (1975) para simular el crecimiento del árbol individual.

2.5 Del volumen de existencias a la biomasa y sus fracciones principales

2.5.1 Volumen de fuste y biomasa del árbol

2.5.1.1 Factores de expansión

Los factores de expansión o conversión se utilizan para obtener, a partir del volumen de fuste, el volumen o biomasa de otras partes del árbol, tales como las acículas u hojas, ramas o sistema radical. Los factores de expansión representan el coeficiente por el que se multiplica el volumen del fuste para obtener la biomasa total del árbol. De manera análoga, se puede expandir el volumen por hectárea de la masa a biomasa por hectárea (factores de expansión de masa). Un factor de expansión de $e_a = 1,5$ se podría aplicar para calcular el volumen leñoso aéreo del árbol (fuste y ramas) en función del volumen de fuste $v_a = v_{fuste} \times e_a$ (con $e_a = 1,5$). Los factores de expansión correspondientes a los distintos compartimentos del árbol se discuten a continuación (Tabla 2.6). En comparación con otras aproximaciones como ecuaciones de biomasa o coeficientes de forma de ramas, los factores de expansión son bastante imprecisos. No obstante, si no se dispone de información detallada del árbol y del sitio (especie, altura, densidad de la masa, edad) son, con frecuencia, el único método posible de estimación de la biomasa.

Las variables de entrada para la aplicación de factores de expansión son los volúmenes de fuste a nivel de árbol o de masa. Estos datos pueden estar disponibles, por ejemplo, en inventarios forestales, que generalmente se basan en mediciones de altura y diámetro de los árboles y en el uso de coeficientes de forma, ecuaciones altura-diámetro o de cubicación (ver Caja 2.9).

El factor de expansión e_{la} para la obtención del volumen leñoso aéreo del árbol a partir del volumen de fuste se utiliza como ejemplo para mostrar el principio para estimar mediante factores de expansión o funciones de biomasa las principales fracciones del árbol (fuste, ramas, raíces y hojas). Burschel et al. (1993) obtiene a partir de las tablas de Grundner y Schwappach (1952) dependientes de la especie y la edad, unos factores de expansión simplificados para la obtención del leño en ramas e_{la}, (*la* indica la madera en ramas). Según estos factores, para árboles de edad joven a media

Caja 2.9 Análisis de tronco

El análisis de tronco consiste en la extracción de rodajas de madera a lo largo del fuste con el fin de reconstruir retrospectivamente el crecimiento del árbol. El análisis de rama se puede realizar siguiendo el mismo proceso. El análisis de tronco permite obtener de una manera fiable una estimación del crecimiento en diámetro y altura del árbol, siendo la base de modelos de crecimiento o estudios sobre crecimiento.

Para realizar un análisis de tronco se toman rodajas de la sección del árbol de 2 a 5 cm de espesor a distintas alturas: en la base, a la altura de 1,30 m y cada cierta distancia a lo largo del fuste (Figura 2.54). Con frecuencia las distancias a las que se obtienen las rodajas dependen del uso posterior que se vaya a dar a la madera. Si no se va a usar, se divide el árbol en secciones iguales fijas o proporcionales a la altura total del árbol y se obtiene la rodaja en la mitad de la sección. Los puntos de muestreo son los mismos que cuando se cubica un árbol (ver Caja 2.7). Para una medición exacta del desarrollo de la altura del árbol se procede como lo explicado en la Caja 2.5. Mediante la combinación de las mediciones de la longitud del árbol en las secciones n, n-1, n-2 ... (Figura 2.54, líneas punteadas) y los anillos de crecimiento de cada sección obtenidos de las rodajas (Figura 2.54, líneas discontinuas) se reconstruye el desarrollo tridimensional del fuste (Figura 2.54, derecha). El perfil de fuste se puede obtener de los puntos medidos e interpolando linealmente o con funciones spline. Para cada edad del árbol n, n-1, n-2 ... se determina el diámetro, la altura, el coeficiente mórfico, etc.

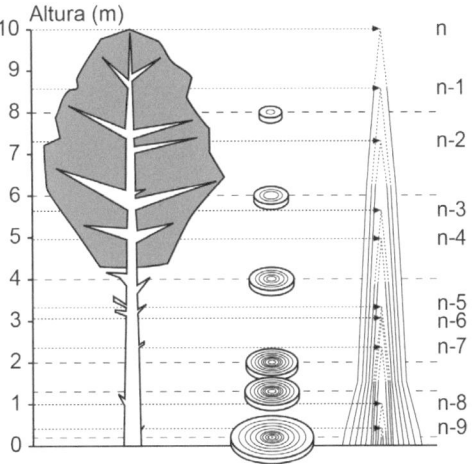

Figura 2.54 Análisis de tronco basado en las mediciones de la altura en el eje del fuste y análisis de anillos de crecimiento, en este ejemplo en seis rodajas transversales. Al interpolar entre los puntos de muestreo seleccionados, se reconstruye la estructura tridimensional del fuste. Líneas de puntos: Puntos de medición de la longitud del fuste que permiten la reconstrucción del desarrollo de la altura. Líneas discontinuas: la evaluación de anillos de crecimiento en las rodajas proporciona información para la reconstrucción de los diámetros y el desarrollo de la forma del fuste, además de servir de punto de control para el crecimiento en diámetro (edad a una determinada altura).

el porcentaje de madera en ramas es el 100 % de la madera del fuste en punta delgada (diámetro > 7 cm al final del fuste), mientras que en masas maduras solo representa el 20 %. Por lo tanto, para la estimación del volumen de leño en árboles jóvenes se tiene que multiplicar el volumen de fuste con un factor de expansión e_{la} = 2,0 y en las masas maduras e_{la} = 1,2. En masas muy jóvenes el factor para obtener el volume leñoso aéreo puede ser incluso mayor e_{la} = 3,0 (Tabla 2.6).

Jacobsen et al. (2003) llegaron a conclusiones similares. Estos autores propusieron los siguientes factores de expansión para árboles de 20, 50 y 120 años según especie: pícea e_{la} = 1,84, 1,41, 1,15; pino silvestre e_{la} = 1,71, 1,44, 1,23; haya e_{la} =

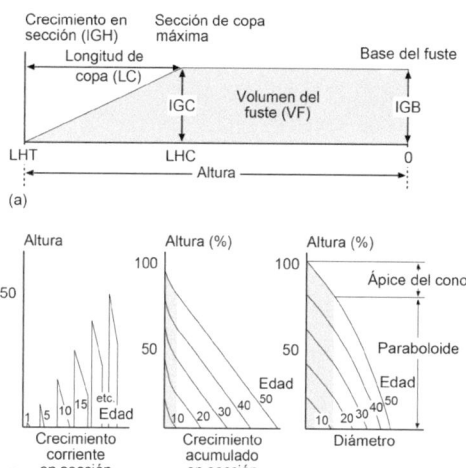

Figura 2.55 Modelo parcial para el desarrollo de la forma del fuste en una representación esquemática (según Mitchell, 1975, p.10). (a) Enfoque de modelo para la distribución del crecimiento anual en sección igh sobre la altura de fuste (h) para una longitud de copa dada (lcA). (b) Distribución del crecimiento en sección a lo largo del fuste y formas de fuste resultantes a las distintas edades (edades 1, 5, 10 ... 50 años).

1,51, 1,45, 1,28; y roble e_la= 1,45, 1,45, 1,45. Según estos valores, se puede asumir un rango de valores de e_la entre 1,20 y 3,0 para obtener el volumen leñoso aéreo a partir del volumen de fuste ($v_{la}=v_f \times e_{la}$). En edades medias se puede asumir un valor promedio de 1,5 para la estimación del volumen leñoso aéreo, i.e. e_{la}=1,5. Si asumimos que la madera de ramas y fuste tiene la misma densidad ρ (Tabla 2.6) el factor de expansión se puede usar tanto para volumen como biomasa.

En Montero et al. (2005) se incluyen los valores modulares por clase diamétrica de la biomasa de las distintas fracciones del árbol para las principales especies forestales españolas, a partir de los cuales se puede estudiar cómo varían los distintos coeficientes de expansión en función del tamaño del árbol. Por ejemplo, para pino carrasco el coeficiente de expansión e_{la} varía de 1,18, para árboles con un diámetro de 10 cm, 1,43 para un diámetro de 30 y 1,82 para un diámetro de 60 cm, mientras que para la encina los valores para los mismos diámetros son 1,67, 2,94 y 4,27, reflejando la mayor biomasa de leño en ramas de la encina. En ambas especies, propias de ambientes medi-

terráneos, se produce un aumento del porcentaje de leño en ramas con la edad, al contrario de lo observado para las especies de zonas templadas.

Factor de expansión e_t para la estimación de la biomasa total (incluyendo hojas) a partir de la biomasa leñosa: se basa en los estudios citados anteriormente (Grundner y Schwappach, 1952; Jacobsen et al. 2003) que contienen información sobre la biomasa foliar para las principales especies centroeuropeas se pueden desarrollar los factores de expansión e_a. El valor promedio es e_a=1,05 variando al igual que e_{la} con la especie y edad. Por ejemplo, para pino silvestre el porcentaje de acículas varía del 32 %, 7 % al 5 % según aumenta la edad de 20, 50 a 120 años, resultando en unos valores de e_{la} de 1,47 a 1,05. Según los valores modulares de biomasa de Montero et al. (2005) este factor de expansión para el pino carrasco varía de 1,54 para 10 cm de diámetro a 1,29 para 60 cm, y para la encina de 1,36 a 1,13 para los mismos tamaños.

Factor de expansión e_r para la inclusión de la biomasa radical: Santantonio et al. (1977) y Fogel (1983) encontraron porcentajes de raíces con respecto a la biomasa total entre el 10-45 %, variando en función de la especie y sitio. Esto resulta en un coeficiente de expansión e_r = 1,11-1,81 para extrapolar a biomasa total. Con frecuencia, en vez de este factor de expansión la literatura recoge la ratio raíz-fuste, que serían 10:90 y 45:55, respectivamente para los valores de e_r mencionados. La elevada variación en esta ratio se puede explicar según la teoría del reparto de crecimiento óptimo, según la cual el árbol invierte más crecimiento en los órganos que pueden aumentar la captación del recurso que limita más el crecimiento (Comeau y Kimmins 1989, Keyes y Grier 1981). La Figura 2.41a presenta esquemáticamente árboles con buen suministro de luz, agua y nutrientes, con una ratio raíz-fuste de 20:80 (e_r = 1,25). Bajo condiciones favorables de luz, pero limitantes de agua o nutrientes, aumenta el porcentaje de raíces y por lo tanto la ratio se eleva a 45:55 y el factor de expansión a e_r= 1,82. (Figura 2.41d). Con un suministro adecuado de agua y nutrientes, pero falta de luz el crecimiento de la parte aérea puede mejorar la captación de luz

(Figura 2.41c), y la ratio cambia a 10:90, que es equivalente a un factor de expansión $e_r = 1,11$ (Oliver y Larson 1996). Si tanto la luz como los recursos del suelo son escasos (Figura 2.41d), entonces la ratio raíz-fuste es también de 20:80 y el factor de expansión $e_r = 1,25$. Además de la variación con las condiciones del sitio, existe variación con la edad en la ratio raíz-fuste (Burschel et al. 1993), con cambios de 50:50 en árboles jóvenes a 20:80 en árboles viejos, que corresponde con una disminución del factor de expansión de $e_r = 2,0$ a $1,25$.

La variación entre especies en el factor de expansión e_r es también elevada. En la Tabla 2.7 se presentan los valores medios de este coeficiente para las principales coníferas y frondosas forestales españolas, valores adaptados de Ruiz-Peinado et al. (2011, 2012). El coeficiente e_r es en general menor en las coníferas que en las frondosas, con un valor medio de 1,27 y 1,48 respectivamente.

Como un valor general orientativo de este factor de expansión se puede dar el valor 1,25, teniendo en cuenta que subestima la biomasa radical especialmente en sitios con falta de agua y nutrientes. Para la conversión del volumen de fuste en volumen total del árbol se aplicaría los siguientes factores $e_f = e_{la} \times e_a \times e_r = 1,50 \times 1,05 \times 1,25 \cong 2,0$ (ver Tabla 2.6).

2.5.1.2 Densidad específica

El volumen de un árbol, v, se puede convertir en biomasa, b, mediante la densidad específica, ϱ. La densidad específica de la madera se suele dar en kg m^{-3}. La densidad de la madera en t m^{-3} representa el factor de conversión del volumen de madera en m^3 a biomasa en t. A continuación, se usa la densidad específica de la madera, que convierte el volumen de madera fresca con 100 % de saturación de agua en las paredes celulares en biomasa seca con 0,5-1 % de saturación de agua (Knigge y Schulz 1966, p. 132).

Para calcular la densidad específica, se mide el volumen y se seca la madera hasta peso constante. La descomposición o evaporación de los componentes orgánicos de la madera se garantiza secando la madera a una temperatura en torno a los 60°C. La densidad aparente varía entre 120,8 kg m^{-3} para la madera de *Ochroma lagopus* y 1.045,5 kg m^{-3} para *Guaiacum guatemalense*. En las especies comerciales centroeuropeas varía entre 350 - 550 kg m^{-3} (Tabla 2.4). En la Tabla 2.8 se presentan los valores de densidades específicas de la madera para las principales especies forestales españolas, valores adaptados de los originales estimados al 12 % de humedad dados por Gutiérrez y Plaza (1967). Como se puede observar, los valores de los *Quercus* mediterráneos como la encina o el alcornoque son más elevados que los observados en Centroeuropa. Chave et al. (2009) recopilaron para su trabajo las densidades específicas de un gran número de especies forestales de todo el mundo, valores que se pueden encontrar en Zanne et al. (2019).

Estas cifras son valores medios (Knigge y Schulz 1966, p. 135), pero la densidad puede variar en función de la densidad de la masa (Bues 1984), mezcla de especies (Kennel 1965a y b, Zeller et al. 2017), selvicultura (Seibt et al. 1965), edad (Knigge y Schulz, 1966), condiciones de sitio (Pretzsch et al. 2018). Para un cálculo aproximado de la biomasa en las especies europeas se puede asumir el valor medio de 500 kg m^{-3}, que corresponde con un factor de reducción de 0,5 ($\varrho = 0,5$ t m^{-3}) para pasar el volumen a biomasa. La FAO usa como factor de conversión general para coníferas 0,5 t m^{-3} y para frondosas 0,6-0,7 t m^{-3} (FAO 2001, Brown 1997).

2.5.1.3 Ecuaciones de biomasa

Con las ecuaciones de biomasa se puede estimar la biomasa de las distintas fracciones del árbol (biomasa aérea, radical, ramas, hojas, etc.) en función de la especie, edad, diámetro normal, altura, densidad de la masa o condiciones de la estación. Las tablas o funciones para estimar la biomasa del árbol tienen una larga tradición (Grundner y Schwappach 1952, Wirth et al. 2004, Zianis et al. 2005). Las ecuaciones de biomasa específicas de cada especie se pueden emplear para distintos usos, como la estimación de los distintos compartimentos del árbol y la masa, la estimación de los stocks de carbono, la cantidad potencial de

Tabla 2.6 Factores de expansión aproximados entre distintos volúmenes del árbol (distintas fracciones, con y sin corteza, volumen maderable, etc.) para una edad avanzada (mayor que la mitad del turno).

Conversión de	a	Factor	Regla de expansión	Rango
Volumen	Biomasa	ϱ (t m^{-3})	0,50	0,38-0,56
Volumen de fuste	Volumen leñoso aéreo	e_{la} (leño ramas)	1,50	1,15-4,3
Volumen leñoso aéreo	Volumen aéreo (con hojas)	e_a (Hojas)	1,05	1,03-1,15
Volumen aéreo (con hojas)	Volumen total (con raíces)	e_r (Raíces)	1,25	1,11-2,00
Volumen de fuste	Volumen total	$e_f \cong ea \times el \times er$	2,00	1,48-6,72
Volumen de fuste con corteza	Volumen maderable con corteza	f_{mad_cc}	0,90	0,90
Volumen maderable con corteza	Volumen maderable sin corteza	f_{mad_sc}	0,91	0,80-0,94
Volumen de fuste con corteza	Volumen maderable sin corteza	$f_{mad\_cc} \times f_{mad\_sc}$	0,80	0,72-0,85
Volumen total	Volumen de árbol vivo	f_{alb} (albura)	0,75	0,22-1,00

madera muerta, la provisión de bioenergía, o para cuantificar la biomasa y nutrientes retirados del bosque con los distintos métodos e intensidad de aprovechamientos (Pretzsch et al. 2014b).

Para una sólida estimación de la biomasa en otras fracciones distintas del fuste para las principales especies centroeuropeas se pueden usar todavía las tablas de Grundner y Schwappach (1952). Estas tablas se basan en mediciones de la biomasa de la madera gruesa (>7cm), madera de fuste, y biomasa total de más de 70.000 árboles. A partir de esta muestra se construyeron tablas para abedul, haya, aliso, pícea, pino silvestre, alerce, pino austriaco y abeto de donde se pueden obtener las diferentes fracciones en función de la edad, diámetro y altura del árbol. Para las principales especies forestales españolas se dispone de ecuaciones de biomasa de fuste, ramas gruesas (>7 cm), ramas finas (2-7 cm), ramillo (<2 cm u hoja) y sistema radical dependientes del diámetro del árbol (Montero et al. 2005), y otras de mayor precisión dependientes del diámetro y la altura del árbol (Ruiz-Peinado et al. 2011, 2012). Utilizando los mismos datos, pero ampliando la muestra, Menéndez-Miguélez et al. (2021) desarrollaron unas nuevas ecuaciones de biomasa aérea dependientes del diámetro y la altura del árbol que dividen el árbol en dos fracciones, copa y fuste. Para su desarrollo estudiaron inicialmente los patrones de la ratio biomasa de copa-biomasa de fuste para cada especie, incluyendo posteriormente esta ratio en el ajuste. Esta aproximación tiene la ventaja de que permite una mejor estimación de la biomasa aérea de árboles de grandes dimensiones. Si se conoce la biomasa de fuste, fácilmente estimable mediante ecuaciones de cubicación, se puede estimar la biomasa total mediante el uso de la ratio biomasa copa-biomasa fuste.

La Figura 2.56 muestra las relaciones alométricas entre (a) el diámetro del fuste y la biomasa de fuste y (b) el diámetro y biomasa foliar para 20 especies caducifolias y coníferas en Europa (Forrester et al. 2017). Para el mismo diámetro normal, por ejemplo, el carpe y el abeto Douglas tienen casi el doble de biomasa de fuste que el cerezo o el pino negral (Figura 2.56a). Esta variabilidad entre especies se relacionó con características de las especies como la den-

2.5 Del volumen de existencias a la biomasa y sus fracciones principales

Tabla 2.7 Coeficiente de expansión e_r para las principales especies de coníferas y frondosas en España (adaptados de la muestra de Ruiz-Peinado et al. (2011, 2012).

Coníferas	e_r	Frondosas	e_r
Abies alba	1,18	Castanea sativa	1,79
Juniperus thurifera	1,34	Ceratonia siliqua	1,74
Pinus canariensis	1,25	Fraxinus angustifolia	1,78
Pinus halepensis	1,23	Fagus sylvatica	1,74
Pinus nigra	1,24	Olea europaea	1,16
Pinus pinaster	1,28	Populus x euramericana	1,48
Pinus pinea	1,24	Quercus canariensis	1,30
Pinus sylvestris	1,27	Quercus faginea	1,34
Pinus uncinata	1,38	Quercus ilex	1,48
		Quercus pyrenaica	1,34
		Quercus suber	1,32

sidad específica de la madera, el área foliar específica (SLA) o la tolerancia a la sombra.

Sin embargo, las diferencias entre especies y entre coníferas y frondosas son mucho menores en la relación diámetro-biomasa de fuste que en la relación diámetro-biomasa foliar (Figura 2.56b). Por ejemplo, la pícea y el fresno tienen en torno a diez veces más biomasa foliar que el carpe para un mismo diámetro. La variación de la masa foliar (función de captación de energía) entre especies es mucho mayor que en biomasa de fuste (función de estabilidad mecánica y conducción). Esto tiene implicaciones ecológicas y dendrométricas. El hecho de que el fuste sea relativamente el mismo a pesar de las diferencias en biomasa foliar sugiere que la inversión de recursos en el fuste no solo se encarga de soportar la carga o la conducción, sino que la estructura del fuste también sirve para otras funciones (*e.g.* particularidades específicas de la competitividad de la especie, persistencia y dispersión de semillas) que van más allá de su estructura mecánica.

Aunque la variación de la biomasa foliar sea relativamente alta, esta biomasa supone una pequeña proporción de la biomasa total (1-5 %), con excepción de los primeros estados de desarrollo del árbol. La biomasa de fuste varía menos para un diámetro dado, pero representa una mayor proporción de la biomasa aérea, frecuentemente >90 %. El hecho de que la mayor parte de la biomasa se encuentre en el fuste hace que la estimación de la biomasa sea relativamente precisa incluso con funciones para grupos de especies (Figura 2.56a). No obstante, hay que tener presente que estas cifras medias no se adaptan a todas las especies. Por ejemplo, según el reparto en fracciones mostrado en Ruiz-Peinado et al. (2011, 2012) para las principales especies de coníferas y frondosas españolas, la biomasa de ramas y ramillos representa un porcentaje elevado de la biomasa aérea para muchas especies mediterráneas como el pino carrasco, la sabina, el quejigo, la encina o el alcornoque.

Dada la dependencia del reparto del crecimiento en el árbol de las condiciones del sitio y de la competencia y densidad de la masa, la precisión de las funciones de biomasa aumenta incluyendo como variables independientes no solo el diámetro o la altura, si no la edad, condiciones de sitio o densidad de la masa (Forrester et al. 2017).

La Figura 2.57 muestra un ejemplo de los resultados de un ensayo Nelder en cuatro sitios en Alemania, Italia y Hungría. Como cabe esperar, la biomasa total por hectárea decrece cuando au-

Tabla 2.8 Densidades aparentes, ϱ, de las principales especies de coníferas y frondosas en España (adaptados de Gutiérrez y Plaza 1967).

Coníferas	ϱ	Frondosas	ϱ
Abies alba	0,428	Castanea sativa	0,665
Juniperus thurifera	0,648	Ceratonia siliqua	
Pinus canariensis	0,761	Fraxinus angustifolia	0,799
Pinus halepensis	0,548	Fagus sylvatica	0,772
Pinus nigra	0,576	Olea europaea	
Pinus pinaster	0,533	Populus x euramericana	0,442
Pinus pinea	0,606	Quercus canariensis	0,952
Pinus sylvestris	0,502	Quercus faginea	
Pinus uncinata	0,502	Quercus ilex	1,000
		Quercus pyrenaica	0,972
		Quercus suber	0,933

menta el espaciamiento entre árboles, es decir, decrece la densidad de la masa (Figura 2.44a). Del mismo modo, la proporción de biomasa aérea de los árboles decrece continuamente según decrece la densidad, es decir, con espaciamientos elevados aumenta la proporción de raíces. Por el contrario, los árboles en mayor densidad aumentan su crecimiento en la parte aérea debido a la mayor competencia por la luz (según Dahlhausen et al. 2017).

Por lo tanto, en el futuro las funciones de biomasa deben incluir las condiciones de sitio, densidad o la composición específica. No obstante, las funciones generales son especialmente útiles en la práctica. Estas ecuaciones asumen una relación alométrica básica similar entre especies con una densidad de la madera parecida (Forrester et al. 2017). Así se parametrizan con diferentes especies, pero teniendo en cuenta las características principales de éstas mediante la densidad de la madera, u otras características de las especies, incluyendo estas como variable independiente en el modelo. Estas ecuaciones generales dependientes de la densidad de la madera pueden ser especialmente útiles para aplicarlas en aquellas especies para las que no existen funciones (*e.g.* especies tropicales o subtropicales) pero en las que se conoce o se puede estimar su densidad de la madera.

Conocer la biomasa en otras fracciones del árbol puede ser de interés para el uso energético de la biomasa o para estimar los nutrientes exportados en las cortas. Como las ramas, ramillos y las raíces tienen concentraciones de nutrientes y tasas de reposición diferentes, se suelen identificar estas fracciones en los estudios de biomasa: ramas (diámetro > 2,5 cm), ramillas (diámetro < 2,5 cm), raíces gruesas (diámetro > 5 mm), raíces delgadas (diámetro entre 1-5 mm), y raíces finas (diámetro < 1 mm).

Las funciones de biomasa que se han introducido en esta sección se basan en mediciones del árbol como el diámetro o la altura y otras posibles variables de la masa como la densidad, edad, etc. Por lo tanto, tienen en cuenta las características de las especies, como su morfología, las condiciones de crecimiento o densidad y en ocasiones las condiciones del sitio. Si no se dispone de estas funciones más detalladas, se pueden utilizar los factores de expansión o ecuaciones generales a partir de la densidad de la madera, como se ha explicado en las secciones 2.5.1.1 y 2.5.1.2.

2.5.2 Biomasa y contenido de

Figura 2.56 Funciones de biomasa para estimar (a) biomasa del fuste y (b) biomasa foliar de diferentes especies de árboles según Forrester et al. (2017). Las causas de las diferencias entre las especies se deben a sus diferentes densidades y formas de crecimiento.

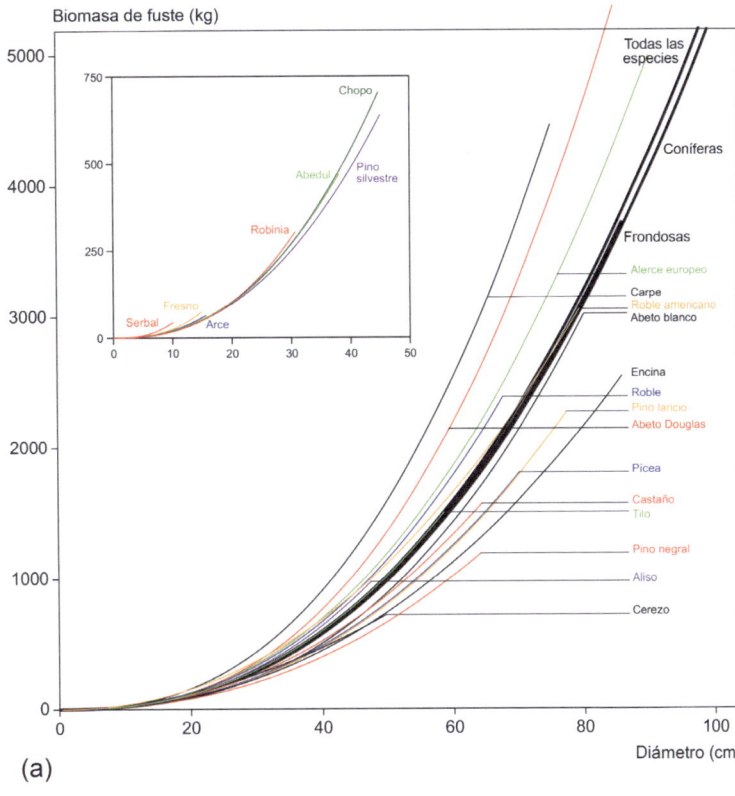

(a)

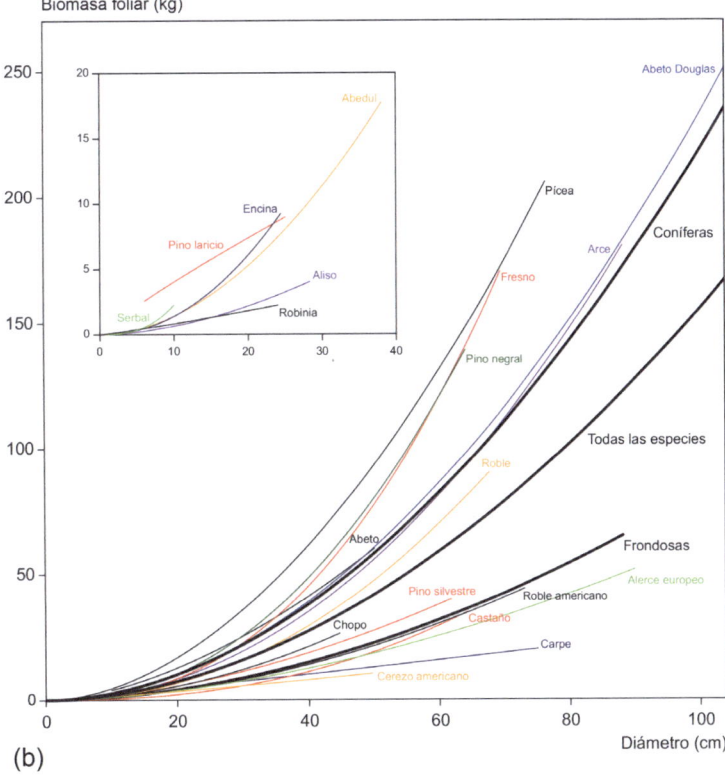

(b)

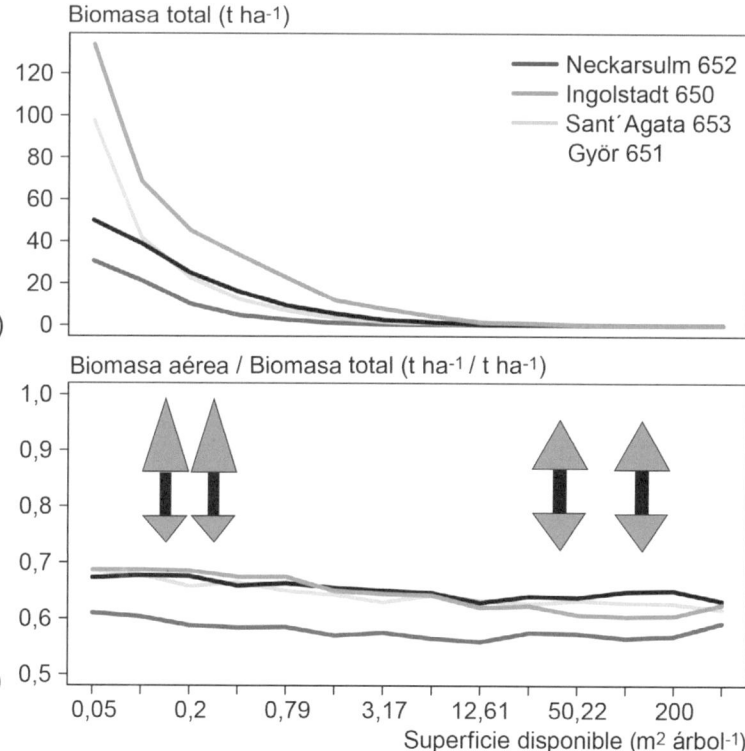

Figura 2.57 Biomasa total por hectárea (a) y cociente de biomasa aérea y radical del árbol individual (b) de robles jóvenes en función del espacio disponible para el árbol (espaciamiento). Resultados de los experimentos de Nelder en Neckarsulm (Alemania), Ingolstadt (Alemania), Sant 'Agata (Italia) y Györ (Hungría) según Dahlhausen et al. (2017).

nutrientes

La madera está compuesta principalmente por carbono, hidrógeno y oxígeno (C, H, O), pero también contiene considerables cantidades de otros nutrientes minerales como N, P, S, K, Ca, Mg, K y trazas de otros elementos. Mientras que las tasas de renovación de las herbáceas son relativamente rápidas, en las masas forestales una proporción grande de los nutrientes minerales se almacenan en el árbol durante largos periodos, retenidos fuera del suelo y de los ciclos a corto plazo del sistema. Solo mediante la descomposición los nutrientes se reincorporan otra vez en el ciclo de nutrientes del bosque. Mediante la extracción de madera en las claras o cortas finales, parte de estos nutrientes se exportan definitivamente fuera del bosque. Según las cifras dadas por Fink (1969), 90-95 % de la materia orgánica es C, H, O en las proporciones de 44-59 % C, 42-46 % O y 5-7 % H. El 5-10 % restante consiste en N, K (1-5 %), Ca, Mg, P, S, Cl (0,1-2,0 %), Fe, Mn, Zn, Cu, B (5-200 ppm) y Mo (0,2- 5 ppm).

La concentración de carbono es muy similar entre las distintas especies, variando para las principales especies españolas entre el 47,2 % y el 51,1 % (Montero et al. 2005). Del mismo modo, la concentración en las distintas partes del árbol es también muy parecida excepto en las hojas. Dado que la proporción de hojas en el árbol es pequeña, para simplificar se puede asumir que el contenido de C en la biomasa de los árboles adultos es del 50 %. Por lo tanto, el carbono acumulado en el árbol se puede asumir que es aproximadamente la mitad de su biomasa (C stock = biomasa x 0,5). Para obtener una información más detallada de los contenidos de carbono en las diferentes fracciones del árbol, entre especies, o tipos de selvicultura ver Körner (2002) y Montero et al. (2005).

La Tabla 2.9 muestra la concentración de nutrientes minerales (mg g^{-1}) en las distintas fracciones del árbol según Jacobsen et al. (2003). Por ejemplo, una concentración de N de 0,83 mg g^{-1} corresponde a un porcentaje de 0,083 % de la biomasa.

Las concentraciones de nitrógeno en las hojas se sitúan entre 13,36 mg g^{-1} en pícea y 26,15 mg g^{-1} en roble. En comparación, la concentración de nitrógeno en otros órganos es mucho menor; esta concentración decrece de hojas > raíces finas > corteza > raíces gruesas > fuste.

La concentración de fósforo en las hojas es diez veces menor que la de nitrógeno, con valores entre 1,32 mg g^{-1} en pino silvestre y 1,74 mg g^{-1} en roble. Para el fósforo el ranking entre órganos es similar al del nitrógeno.

El potasio presenta valores de concentración en hojas entre 5,03 mg g^{-1} en pino silvestre y 8,66 mg g^{-1} en haya, y el magnesio con 0,79 mg g^{-1} en pícea y 2,27 mg g^{-1} en roble muestran un patrón de distribución entre órganos similar al N y P.

Sin embargo, el calcio, con rango entre 5,03 mg g^{-1} en pino silvestre y 21,49 mg g^{-1} en roble difiere en el orden, corteza > hojas > ramas ≅ raíces finas > raíces gruesas > fuste.

En general, las especies caducifolias presentan mayores concentraciones que las coníferas en casi todos los órganos.

Por otra parte, mientras que la concentración de C es similar entre los distintos órganos del árbol, las concentraciones de N, P, K, Mg, Ca, S y de microelementos son especialmente elevados en las hojas y en la corteza. Por ejemplo, para masas de pícea y haya de 100 años con una biomasa total de 527 t ha^{-1} y 347 t ha^{-1} respectivamente, la cantidad total de N en la biomasa aérea resultante aplicando los contenidos expuestos en la tabla 2.5 es 1,2 t ha^{-1} para pícea y 0,9 t ha^{-1} para haya. De esta cantidad, un 71 % y 63 % para pícea y haya respectivamente está en las hojas, corteza y ramas, mientras que suponen un 23 % y 25 % de la biomasa aérea. El 29 % y 37 % de nitrógeno restante está en los fustes, que es lo que se suele extraer en las cortas. La distribución de biomasa entre fracciones se ha calculado con las funciones de Jacobsen et al. (2003) (Sección 2.5.1.1). Para otros macronutrientes como el P, K, Ca y Mg los porcentajes son similares. Es decir, un tercio de los macroelementos se exportan cuando se extrae el fuste. Debido a que las concentraciones en hojas, ramas y corteza son especialmente altas, la extracción de estos compartimentos puede resultar en una extracción de nutrientes crítica, por ejemplo, en cortas a hecho, pudiendo causar un agotamiento de nutrientes disponibles con la consiguiente pérdida de crecimiento en la generación siguiente, especialmente en sitios pobres (Pretzsch et al. 2014b).

El método de aprovechamiento cuando se realizan cortas selvícolas puede modificar considerablemente la cantidad de nutrientes que se extrae del sistema, siendo estas cantidades diferentes en función de las concentraciones de nutrientes y reparto de biomasa en el árbol de la especie extraída. En la Figura 2.58 se presentan los contenidos de nutrientes extraídos en dos intervenciones de claras (periodo de 12 años) en una masa de pino negral (33-35 años) cuando el método de aprovechamiento es el árbol entero o cuando se dejan las copas en monte, es decir, se extrae solo el fuste (Montero et al. 1999). Se muestran los datos para dos intensidades de claras, moderadas y fuertes, y un control donde solo se extraen los árboles muertos. Si además de dejar las copas se descortezase en monte, se dejaría un 55 % del N, 76 % del P, 41 % del K, 77 % del Ca y el 42 % del Mg de la cantidad si se extrae el fuste con corteza.

Los contenidos de nutrientes almacenados en los árboles en pie también influyen en las relaciones de competencia entre individuos. Especies como el haya almacenan grandes cantidades de Ca en su biomasa, pudiendo privar a vecinos de otras especies de este nutriente. Estos nutrientes solo son liberados cuando se muere y descompone el árbol. En

Tabla 2.9 Concentración de nutrientes minerales en los compartimentos del árbol, fuste, corteza, ramas, hojas / acículas, raíces gruesas y raíces finas. Se muestran los resultados para pícea, pino silvestre, roble y haya según Jacobsen et al. (2003).

Especie	Nutriente mineral	Madera fuste $mg\ g^{-1}$	Corteza	Ramas	Hojas/Acículas	Raíces gruesas	Raíces finas
Pícea	N	0,83	5,17	5,24	13,36	4,14	10,77
	P	0,06	0,65	0,65	1,33	0,37	0,98
	K	0,46	2,83	2,39	5,70	1,38	2,18
	Ca	0,70	8,17	3,33	6,03	1,59	2,61
	Mg	0,11	0,77	0,53	0,79	0,30	0,55
Pino silvestre	N	3,85	3,85	3,61	14,46	1,77	7,44
	P	0,05	0,46	0,34	1,32	0,21	0,62
	K	0,42	2,08	1,67	5,03	1,08	1,47
	Ca	0,62	5,03	2,07	4,08	0,97	2,83
	Mg	0,18	0,61	0,43	0,87	0,30	0,45
Roble	N	1,56	5,16	6,19	26,15	3,71	8,94
	P	0,08	0,30	0,43	1,74	0,27	0,74
	K	0,95	2,00	2,00	7,38	2,16	3,40
	Ca	0,46	21,49	4,41	11,43	4,07	6,18
	Mg	0,09	0,65	0,44	2,27	0,40	1,06
Haya	N	1,21	7,35	4,27	26,01	3,03	7,15
	P	0,10	0,50	0,48	1,46	0,35	0,60
	K	0,93	2,34	1,50	8,66	1,34	2,18
	Ca	0,95	20,52	4,02	8,88	2,69	5,29
	Mg	0,25	0,59	0,36	1,25	0,43	0,74

cambio, en abeto Douglas las concentraciones de Ca en la madera y corteza son solo la mitad de las del haya, por lo que bloquea menos calcio que el haya, siendo, en este aspecto, menos competitivo que ella (Pretzsch et al. 2014b).

2.5.3 Estimaciones aproximadas del volumen, biomasa, carbono y CO_2 equivalente.

Mediante los siguientes cálculos aproximados se puede estimar a partir del diámetro de fuste el volumen, biomasa, carbono y CO_2 equivalente a nivel de árbol y de masa. Por supuesto, las funciones previamente explicadas ofrecen estimaciones mucho más precisas, pero se presentan estas cifras para poder memorizar el orden de magnitud. De una manera simplificada se puede asumir:

1. El volumen de fuste, v, de un árbol con diámetro $d_{1,3}$ (cm) es $d_{1,3}$ / 1000 (fórmula de Denzin 1929). Según esta fórmula, un árbol de 30 cm de diámetro tiene un volumen de $v = 30^2 / 1000 \equiv 1,0\ m^3$, por lo que se suele usar como referencia de 1 m^3 para un árbol de 30 cm de diámetro. Estos valores podrían

Figura 2.58 Contenido de nutrientes extraídos en claras de distinta intensidad cuando el método de aprovechamiento es el árbol entero o cuando se extrae solo el fuste. Se presentan también los datos cuando solo se extraen los árboles muertos (sin clara). Datos de una masa de pino negral de 33-45 años (periodo de 12 años) en la que se han aplicado dos claras (según Montero et al. 1999).

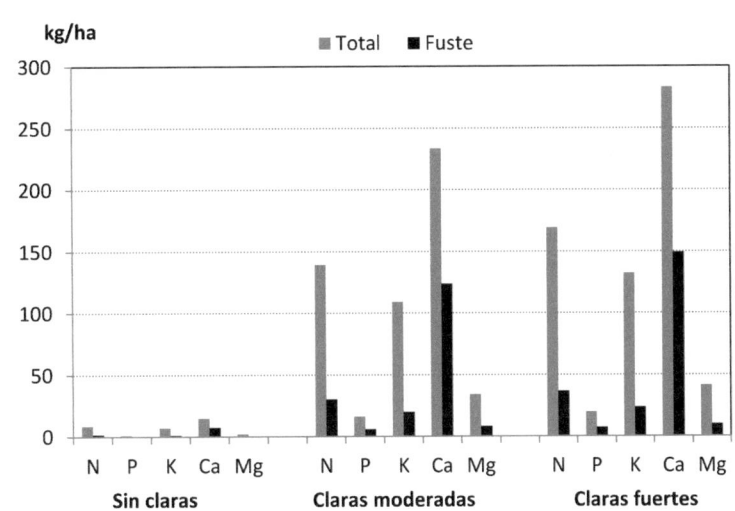

corresponder por ejemplo a un pino silvestre de 30 cm de diámetro y 30 m de altura.

2. El volumen total de leño (fuste más ramas) se puede obtener con el factor de expansión correspondiente $e_{la} = 1,5$ (Tabla 2.7). Para el cálculo de la biomasa total del árbol (aérea y subterránea) se aplican los correspondientes factores de expansión $e_f = e_{la} \times e_a \times e_r$, que resultan en $e_f = 2,0$ (Tabla 2.7)

3. Aproximadamente, la densidad de la madera es $\varrho = 0.5$ t m^{-3}, por lo que 1 m³ de madera tiene 0,5 t de biomasa.

4. El contenido de carbono en la madera es aproximadamente un 50 %. Una t de madera contiene por lo tanto 0,5 t C.

5. Teniendo en cuenta las masas del átomo de C (u = 12) y del de O (u = 16) (u = 1,66 × 10-27 kg), 1 t C corresponde a 3,67 t CO_2, redondeando unas 4 t CO_2 equivalente, es decir, cuatro veces la cantidad de C.

6. Para la extrapolación de un árbol a la hectárea, se puede usar la siguiente relación entre número de pies y distancia. A la distancia media de a metros los árboles tienen aproximadamente una superficie disponible de a² m². Con una distancia media entre árboles de una masa de 5 m, cada árbol tiene aproximadamente un espacio de 25 m².

7. El número de pies por hectárea se calcula mediante el cociente de 10.000 entre el espacio disponible para cada árbol. Por ejemplo, en una hectárea hay sobre 400 pies con un espacio medio por árbol de 25 m² (400 = 10.000 m² / 25 m²).

Siguiendo los cálculos introducidos en los puntos (1)-(7) se pueden realizar las siguientes estimaciones para una masa con un árbol medio de 30 cm y con un espaciamiento entre árboles de 5 m.

Según (1) el árbol medio del ejemplo tiene un volumen de fuste de 1,0 m³ (Figura 2.59). (2) permite el escalado al volumen total del árbol $v_{ges} = 1$ m³ × 2,0 = 2 m³. Esto corresponde a (3) 1 t de bio masa seca por árbol, ya que $\rho = 0,5$ t m^{-3}. (4) En una t de material seca supone 0,5 t de carbono, que son (5) 2 t CO_2 equivalente por árbol. (6) Con una distancia media de 5 m, y una superficie por árbol de 25 m², la relación (7) resulta en 400 pies por hectárea. Esto resulta en 800 t CO_2 equivalente por hectárea en esta masa forestal.

Esta conversión en CO_2 equivalente establece una relación simple pero importante de una variable ecológica en otra variable importante para la política ambiental. Con una emisión de CO_2 de 100 g CO_2 km^{-1} de conducción de un vehículo, un árbol de las características mencionadas tiene fijado el CO_2 de gases emitidos por 20.000 km de conducción (2 t / 100 g / km = 20.000 km). En general, el CO_2 acumulado en esta masa forestal de ejemplo supone 8 millones de km de conducción. Esto corresponde al CO_2 emitido por 40 coches durante su recorrido útil de 200.000 km. Se podrían establecer relaciones similares con el contenido energético, poder calorífico o contenido de nitrógeno acumulado en esta masa.

2.6 Importancia de la forma y la alometría para el crecimiento del árbol y la masa

2.6.1 Importancia de la alometría de árbol para el desarrollo del número de árboles y el autoaclareo en masas regulares monoespecíficas

Cuanto más grandes son los individuos de una especie, mayor es el área que ocupan y menos individuos caben por hectárea. Cuanto más se expanden las copas con la edad, más rápidamente se reduce el número de pies con la edad. Por lo tanto, los conceptos introducidos en este capítulo sobre la alometría del árbol tienen un efecto significativo sobre el desarrollo de la masa.

En una hectárea caben N= 10.000/smd árboles de una superficie media por árbol de smd. Cuanto mayores y más expansivas son las copas de una especie, menos árboles caben por hectárea. Para simplificar, se puede asumir que la superficie que ocupa un árbol es igual a la proyección de su copa, es decir, $spc \cong smd$ (ver Figura 2.18a). En el ejemplo de la Figura 2.60a la especie 2 (*e.g.* haya) presenta mucho mayor radio de copa para un diámetro dado que la especie 1 (*e.g.* pino silvestre). Por lo tanto, la superficie de copa es mucho mayor para la especie 2 que para la 1 (Figura 2.60b). Además, en la especie 2 la superficie de copa aumenta mucho más rápidamente con el tamaño del árbol que en la especie 1. Este mayor requerimiento de espacio de la especie 2 resulta, para una ocupación completa de la estación, en un menor número de pies por hectárea y menor volumen por hectárea (Figura 2.60c y d). La especie 1, debido a su menor requerimiento de espacio para un diámetro medio dado, presenta una superioridad en número de pies por hectárea y volumen.

Por lo tanto, la alometría específica de cada especie determina directamente la evolución del número de pies por hectárea con el desarrollo de la masa. La superficie de proyección de copa, spc, de una especie se desarrolla en función de su diámetro, $d_{1,3}$, según la ecuación alométrica $spc = a \times d^{\alpha_{spd,d}}$ Esta ecuación expresa la forma del árbol y $\alpha_{spc,d}$ el desarrollo de la forma (Sección 2.1.4.3). El número de pies por hectárea será N = 10.000/smd. Combinando ambas expresiones resulta en $N = 10.000 \times a^{-1} \times d^{-\alpha_{spc,d}}$, que refleja el número de pies por hectárea para un tamaño de árbol medio $d_{1,3}$. El número de pies por hectárea decrece de modo proporcional a $N \propto d^{-\alpha_{spc,d}} N \propto d^{-\alpha_{sf,d}}$. Es decir, el exponente es el recíproco del exponente alométrico de la relación entre diámetro y superficie de copa.

En la Sección 2.2 se vio que la alometría de las especies puede ser muy diferente, variando los factores y exponentes de la alometría. De esta relación estrecha entre número de pies por hectárea y alometría del árbol, se deduce que la evolución del número de pies por hectárea según aumenta el diámetro medio varía considerablemente entre especies. La Figura 2.61 muestra una representación esquemática de la máxima densidad (Figura 2.61b), o línea de autoaclareo, de tres especies con distintas alometría de copa (Figura 2.61a) en masas regulares.

Las especies forestales cuyas copas aumentan rápidamente con el diámetro del fuste (exponentes alométricos elevados), generalmente muestran un descenso más rápido del número de pies con el diámetro medio. Un ranking del exponente alométrico $\alpha_{spc,d1,3}$ entre especies (por ejemplo haya>roble>pino silvestre) resulta en un ranking similar de velocidad de disminución del número de pies (haya>roble>pino silvestre).

2.6.2 Efectos de la plasticidad fenotípica de la alometría del árbol en la densidad y productividad de masas mixtas

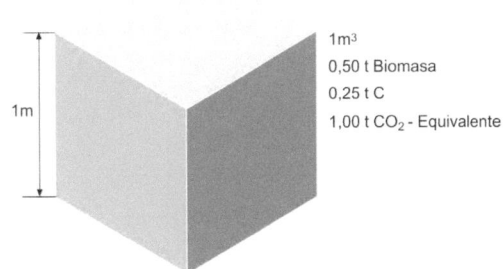

Figura 2.59 Un metro cúbico de madera corresponde aproximadamente al volumen del tronco de un árbol de 30 cm de diámetro y 30 m de altura. Un metro cúbico de madera pesa alrededor de 0,5 t, contiene 0,25 t de carbono y corresponde a 1 t de CO_2 equivalentes (0,25 × 3,67 = 0,9175t)

Debido a la complementariedad de formas de copa y sistemas radicales de las distintas especies, en masas mixtas pueden ocupar el espacio disponible de una manera más completa que cuando crecen en masas puras. La complementariedad de formas puede reducir la competencia por la luz y el espacio en el suelo, o incluso reducir los daños ocasionados en la copa por el viento. En las secciones 2.2 y 2.3 de este capítulo se ha mostrado cómo la alometría de la copa y de las raíces puede cambiar de masas monoespecíficas a masas mixtas. La mezcla de especies puede dar lugar a una reducción de la competencia en comparación con la competencia intraespecífica, y permitir una mayor ocupación de la estación o mayor densidad de la masa. Además de la extensión de la copa, también pueden cambiar las características internas de la copa (número, longitud, ángulos de inserción, y rectitud de ramas). Ejemplos en los que la mezcla de especies puede aumentar la densidad de la masa, son las mezclas de haya con pino silvestre o abeto Douglas, en las que el haya crece unos metros por debajo de las coníferas. Como resultado, la superficie de copa, superficie foliar, y también el número de pies por hectárea puede ser mayor en la mezcla que en las masas puras. Esto hace que la línea de autoaclareo presente un mayor nivel y sea más plana en masas mixtas que en puras (Sección 6.5.3).

A esta mayor ocupación del espacio debido a la alometría y a una reducción de la competencia se puede añadir una promoción mutua o facilitación.

Las especies fijadoras de nitrógeno, como el aliso o la acacia pueden mejorar el suelo a través de la fijación de nitrógeno, y por lo tanto el crecimiento de las especies que no tienen esta capacidad. Una combinación de especies complementarias o facilitadoras puede aumentar el crecimiento de las masas mixtas en comparación con la media ponderada de las respectivas masas puras, *overyielding*, pudiendo ser incluso mayor que la masa monoespecífica más productiva, *transgressive overyielding*. En el Capítulo 7, se profundiza sobre la reducción de la competencia y facilitación para el diseño de masas mixtas y sus modelos de gestión.

2.6.3 Importancia de la alometría específica de las especies para la selvicultura de masas mixtas

La información sobre los requerimientos de espacio de las especies, es decir, la superficie de crecimiento que ocupa un árbol en función de su diámetro, o volumen, es fundamental para la selvicultura. Por ejemplo, las proyecciones de copa y requerimientos de superficie de las especies ofrecen información importante para el establecimiento de masas mixtas y para la regulación de las proporciones de cada especie. También es importante para determinar el número de pies en la corta final, la regulación del espaciamiento y

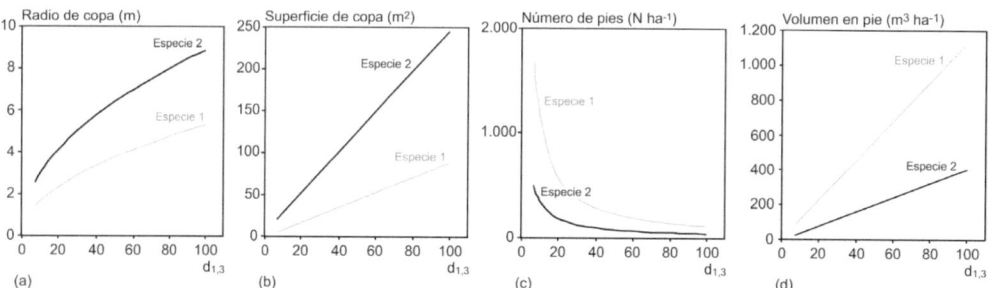

Figura 2.60 Relevancia del desarrollo del tamaño de la copa en cada especie en el número de árboles y volumen por hectárea en masas puras con ocupación completa de la estación. Con el mismo diámetro de fuste, la especie 2 (por ejemplo, el haya) puede tener un radio de copa mucho mayor (a) y una superficie de copa más grande (en comparación con la especie 1 (por ejemplo, pino silvestre). Debido al mayor requerimiento de espacio de la especie 2 en comparación con la especie 1, la especie 2 presenta un menor número de pies por hectárea (c) y (d) un volumen menor.

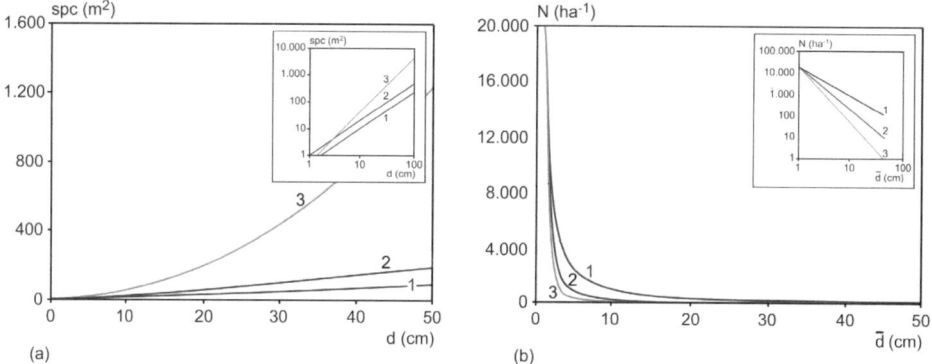

Figura 2.61 Efecto de la alometría de árbol de las especies 1, 2 y 3 en la densidad máxima del rodal, línea de autoaclareo, en masas regulares. (a) relación entre el diámetro del árbol y la superficie de proyección de la copa de las especies 1-3 y (b) disminución del número de pies al aumentar el diámetro medio. Las figuras laterales pequeñas (cada una a la derecha, arriba) muestran las mismas relaciones en una representación doble logarítmica, que son comunes para el análisis alométrico. Las relaciones entre d y spc y N se vuelven lineales en la representación doble logarítmica. spc- superficie de proyección de copa, d- diámetro del árbol a 1,30 m, N- número de árboles por hectárea, $\bar{d}$- diámetro medio.

la liberación de los árboles durante su desarrollo. Debido a que las distintas especies pueden tener unos requerimientos de espacio muy diferentes, para obtener un determinado número de pies y volumen al final de turno, suele ser necesario regular la proporción entre especies.

La Figura 2.62a muestra mediante un ejemplo que las superficies de proyección de copa para pino silvestre de 20, 50 y 70 cm de diámetro son de 12, 43 y 69 m² respectivamente, mientras que para el haya, con esos mismos diámetros, son de 21, 78 y 127 m² (valores según cuantil 50, ver Figura 2.19). Esto implica que con frecuencia hay menos hayas por hectárea que pinos silvestres. En masas mixtas de haya-pino silvestre puede suponer que un 50 % en existencias de haya necesite ocupar alrededor del 65 % de la superficie, es decir, más ocupación del espacio que existencias (Figura 2.62b). Para un árbol con un diámetro de 30 cm, por ejemplo, que para las dos especies tengan similar volumen, un haya requiere más espacio que un pino silvestre. Mediante las intervenciones selvícolas se debe proporcionar más

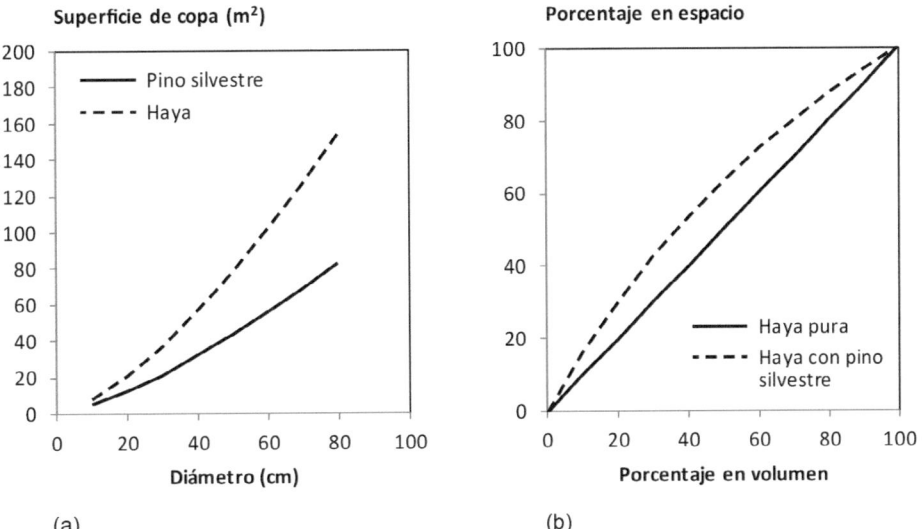

Figura 2.62 Importancia de los requerimientos de espacio de la especie, según la alometría de la copa, para la regulación del crecimiento en masas mixtas. (a) Alometría entre el diámetro de la copa y el diámetro del fuste en pino silvestre y haya. (b) Relación entre la proporción de existencias y proporción en superficie ocupada por el haya en mezcla con pino silvestre.

espacio al haya que al pino silvestre para mantener las mismas existencias. En el Capítulo 7, se presentan estas relaciones para un mayor número de especies (Pretzsch y Dieler 2012).

Una mejor compresión y conocimiento sobre la alometría y desarrollo del árbol es esencial para la selvicultura y el control del ecosistema, de manera que se obtengan los servicios ecosistémicos deseados, tales como la calidad y cantidad de madera por especie, hábitat de fauna, secuestro de carbono, protección de la erosión, etc. Igualmente es importante para el desarrollo del árbol y de la masa, ya que una mejor comprensión de la estructura y los procesos de la masa puede permitir un mejor diseño de tratamientos selvícolas y de su gestión, y como consecuencia un uso más sostenible de los bosques.

Mensajes clave

1. La estructura y función del árbol están íntimamente relacionadas. La parte aérea sirve para la captación de los recursos, y las raíces para el suministro de agua y nutrientes minerales. Para la formación de tejidos y del crecimiento anual se necesitan distintas proporciones de recursos aéreos y subterráneos. Si, por ejemplo, la disponibilidad de agua limita el crecimiento, se puede ver compensado por una mayor extensión del sistema radical.

2. El desarrollo de la forma del árbol sigue un corredor alométrico (Figura 2.11), un desarrollo ideal-típico que sigue las leyes generales alométricas. Para mejorar la captación de recursos, dependiendo de las condiciones ambientales y de competencia, las adaptaciones fenotípicas alteran la alometría general.

3. Las mediciones de copa, escaneado de la copa, mediciones de la longitud de las metidas anuales y la estimación de la transparencia de las copas, ofrecen información sobre la estructura, vitalidad y desarrollo de la copa. La cubicación del fuste, análisis de tronco, muestras de testigos de anillos de crecimiento y tomografía computacional ofrecen información sobre el desarrollo de la forma del fuste y las raíces.

4. La forma y el desarrollo de la copa depende de la identidad de la especie (por ejemplo, haya, abeto, roble) y de sus características funcionales (tolerancia a la sombra, profundidad del sistema radical, etc.). Ellas dependen de las condiciones ambientales y de la competencia intra e interespecífica (competencia, reducción de la competencia y facilitación).

5. Para la estimación del volumen de un árbol, su biomasa y su contenido de nutrientes se utilizan funciones de biomasa, factores de expansión, densidad de la madera y concentraciones de nutrientes específicos de cada especie.

6. Las características del desarrollo de la masa, tales como: estructura vertical, número de pies, densidad, autoaclareo o proporción de especies resultan de la forma del árbol, el desarrollo de la forma y plasticidad fenotípica de las especies.

7. Las funciones y relaciones alométricas entre distintos órganos del árbol, y su biomasa, permiten la estimación de características del árbol difíciles de medir, como la superficie foliar, biomasa de ramas o biomasa radical, a partir de parámetros del árbol fáciles de medir, como el diámetro normal y la altura total.

8. La forma y tamaño de las distintas especies determinan directamente cuántos árboles pueden crecer en una hectárea y cómo disminuye el número de pies cuando aumenta el tamaño de los árboles, autoaclareo.

9. Combinando especies forestales, procedencias o clones con características estructurales y funcionales complementarias en una masa se puede aumentar la ocupación del espacio, la densidad, utilización de los recursos y la productividad.

10. La forma y ocupación del espacio de las distintas especies varía considerablemente y es esencial para el diseño y regulación de masas mixtas.

Referencias

Agerer R, Hartmann A, Pritsch K, Raidl S, Schloter M, Verma R, Weigt R (2012) Plants and their ectomycorrhizosphere: cost and benefit of symbiotic soil organisms. In Growth and defence in plants (pp. 213-242). Springer Berlin Heidelberg, 470 p. https://doi.org/10.1007/978-3-642-30645-7_10

Aguirre A, del Río M, Condés S (2018) Intra- and inter-specific variation of the maximum size-density relationship along an aridity gradient in Iberian pinewoods. Forest Ecology and Management 411:90–100. https://doi.org/10.1016/j.foreco.2018.01.017

Ahmed S, Pretzsch H (2023) TLidar-based crown shape indicates tree ring pattern in Norway spruce (Picea abies (L.) H. Karst) trees across competition gradients. A modeling and methodological approach. Ecological Indicators 148:110116. https://doi.org/10.1016/j.ecolind.2023.110116

Akilan K, Farrell RCC, Bell DT, Marshall JK (1997) Responses of clonal river red gum (Eucalyptus camaldulensis) to waterlogging by fresh and salt water. Aust J Exp Agric 37(2):243–248. https://doi.org/10.1071/ea96072

Alemdag I S (1978) Evaluation of some competition indexes for the prediction of diameter increment in planted white spruce. Can For Serv, For Mngt Inst, Ottawa, Canada, Inf Rep FMR-X-108, 39 p

Arz M A O (2013) Strukturelle Kronenanalyse von Fichte (Pícea abies [L.] Karst.) und Buche (Fagus sylvativa L.) im Rein- und Mischbestand. Kombination von terrestrischen Laserscan- und Zuwachsdaten. Masterthesis, TUM No. 180, 55 p

Assmann E (1970) The principles of forest yield study. Pergamon Press, Oxford, New York, 506 p

Assmann E, Franz F (1965) Vorläufige Fichten-Ertragstafel für Bayern. Forstw Cbl 84(1):13–43. https://doi.org/10.1007/BF01872794

Baines C (1994) Trenching and street trees. Arboric J 18(3):231-236. https://doi.org/10.1080/03071375.1994.9747020

Bayer D, Pretzsch H (2017) Reactions to gap emergence: Norway spruce increases growth while European beech features horizontal space occupation – evidence by repeated 3D TLS measurements. Silva Fenn 51(5):7748. https://doi.org/10.14214/sf.7748

Bayer D, Seifert S, Pretzsch H (2013) Structural crown properties of Norway spruce (*Picea abies* [L.] Karst.) and European beech (*Fagus sylvatica* [L.]) in mixed versus pure stands revealed by terrestrial laser scanning. Trees 27(4):1035–1047. https://doi.org/10.1007/s00468-013-0854-4

Bertalanffy von L (1951) Theoretische Biologie: II. Band, Stoffwechsel, Wachstum, 2nd edn. A Francke AG, Bern, 418 p

Bouillet J-P, Laclau J-P, Arnaud M, M'Bou AT, Saint-André L, Jourdan C (2002) Changes with age in the spatial distribution of roots of Eucalyptus clone in Congo. Forest Ecology and Management 171(1):43–57. https://doi.org/10.1016/S0378-1127(02)00460-7

Bravo-Oviedo A, Montero G (2008) Descripción de los caracteres culturales de las principales especies forestales de España. En: Serrada R, Montero G, Reque JA (editores) (2008) Compendio de Selvicultura Aplicada en España. INIA y FUCOVASA, Madrid, pp. 1.039 a 1.114.

Brown G S (1965) Point density in stems per acre. New Zealand For. Res. Not. No. 38, 12 p

Brown S (1997) Estimating biomass and biomass change of tropical forests: a primer (English). FAO Forestry Paper 134, FAO Rome, Italy, 65 S.

Bues C-T (1984) Radiodensitometrische Untersuchung der Variation von Jahrringbreite und Holzdichte in südafrikanischen Pinus-radiata-Beständen unter dem Einfluß des Klimas und verschiedener Durchforstungsmaßnahmen. Forstl Forschungsber München 59, 153 p

Burschel P, Kürsten E, Larson BC (1993) Die Rolle von Wald und Forstwirtschaft im Kohlenstoffhaushalt - Eine Betrachtung für die Bundesrepublik Deutschland. Forstliche Forschungsberichte München (126):135 p

Cadahía D, Cobos JM, Soria S, Clauser F, Gellini R, Grossoni P, Ferreira MC (1991) Observaciones de daños en especies forestales mediterráneas. MAPA, Madrid.

Chave J, Coomes D, Jansen S, Lewis SL, Swenson NG, Zanne AE (2009) Towards a worldwide wood economics spectrum. Ecology Letters 12(4):351–366. https://doi.org/10.1111/j.1461-0248.2009.01285.x

Comeau PG, Kimmins JP (1989) Above- and below-ground biomass and production of lodgepole pine on sites with differing soil moisture regimes. Can J For Res 19(4):447–454. https://doi.org/10.1139/x89-070

Condés S, Vallet P, Bielak K, Bravo-Oviedo A, Coll L, Ducey MJ, Pach M, Pretzsch H, Sterba H, Vayreda J, del Río M (2017) Climate influences on the maximum size-density relationship in Scots pine (*Pinus sylvestris* L.) and European beech (*Fagus sylvatica* L.) stands. Forest Ecology and Management 385:295–307. https://doi.org/10.1016/j.foreco.2016.10.059

Dahlhausen J, Uhl E, Heym M, Biber P, Ventura M, Panzacchi P, Tonon G, Horváth T, Pretzsch H (2017) Stand density sensitive biomass functions for young oak trees at four different European sites. Trees 31(6):1811–1826. https://doi.org/10.1007/s00468-017-1586-7

del Río M, Bravo-Oviedo A, Ruiz-Peinado R, Condés S (2019) Tree allometry variation in response to intra- and inter-specific competitions. Trees 33(1):121–138. https://doi.org/10.1007/s00468-018-1763-3

del Río M, Montero G, Ortega C (1997) Respuesta de los distintos regímenes de claras a los daños causados por la nieve en masas de *Pinus sylvestris* L. en el Sistema Central. Invest Agrar: Sist Recur For, 6:103-117

Denzin A (1929) Schätzung der Masse stehender Waldbäume, Forstarchiv, 5:382-384

Dursky J (2000) Einsatz von Waldwachstumssimulatoren für Bestand, Betrieb und Großregion. Habilitationsschrift an der Forstwissenschaftlichen Fakultät der Technischen Universität München, Freising-Weihenstephan, 223 p

Ellenberg H, und Leuschner C (2010) Vegetation Mitteleuropas mit den Alpen: in ökologischer, dynamischer und historischer Sicht (Vol. 8104). Utb.

Elling W (1993) Immissionen im Ursachenkomplex von Tannenschädigung und Tannensterben. Allgemeine Forst-und Jagdzeitung, 48(2):87-95.

Enquist BJ, Niklas KJ (2001) Invariant scaling relations across tree-dominated communities. Nature 410(6829):655–660. https://doi.org/10.1038/35070500

Enquist BJ, Brown JH, West GB (1998) Allometric scaling of plant energetics and population density. Nature 395(6698):163–165. https://doi.org/10.1038/25977

Faber J (1981) Die Standflächenschätzung über den Distanzfaktor. Tagungsbericht von der Jahrestagung 1981 der Sektion Ertragskunde im Deutschen Verband Forstlicher Forschungsanstalten in Soest, pp 87-95

Faber P J (1983) Concurrentie en groei van de bomen binnen een opstand (Konkurrenz und Wachstum der Bäume in einem Waldbestand). Pijksinstituut voor onderzoek in de bos- en landschapsbouw „De Dorschkamp". Uitvoerig verslag, Wageningen,

Band 18, Nr. 1, 116 p

FAO (2001) Global Forest Resources Assessment 2000. FAO, Rome, Italy

Fink A (1969) Pflanzenernährung in Stichworten. Verlag Ferdinand Hirt, Zug, 200 S.

Fogel R (1983) Root turnover and productivity of coniferous forests. Plant Soil 71:75-85. https://doi.org/10.1007/BF02182643

Forrester DI, Tachauer IHH, Annighoefer P, Barbeito I, Pretzsch H, Ruiz-Peinado R, Stark H, Vacchiano G, Zlatanov T, Chakraborty T, Saha S, Sileshi GW (2017) Generalized biomass and leaf area allometric equations for European tree species incorporating stand structure, tree age and climate. Forest Ecology and Management 396:160–175. https://doi.org/10.1016/j.foreco.2017.04.011

Franz F, Pretzsch H (1988) Zuwachsverhalten und Gesundheitszustand der Waldbestände im Bereich des Braunkohlekraftwerkes Schwandorf. Forstl Forschungsber München 92, 169 p

Fraser AR (1977) Triangle Based Probability Polygons for Forest Sampling. Forest Science 23(1):111–121. https://doi.org/10.1093/forestscience/23.1.111

Greacen EL, Sands R (1980) Compaction of forest soils. A review. Soil Res 18(2):163–189. https://doi.org/10.1071/sr9800163

Grundner F, Schwappach A (1952) Massentafeln zur Bestimmung des Holzgehaltes stehender Waldbäume und Bestände. Verlag Paul Parey, Berlin

Gutiérrez A, Plaza F (1967) Características físico-mecánicas de las maderas españolas. Instituto Forestal de Investigaciones y Experiencias. Ministerio de Agricultura, 103 p

Hallé F (1978) Architectural variation at the specific level in tropical trees. In: P. T. Tomlinson und M. H. Zimmermann (eds.): Tropical trees as living systems. Cambridge Univ. Press, Cambridge, London, New York, Melbourne: pp 209-221

Hendrich Ch (1996) Eine photogrammetrische Methode zur Vermessung von Baumkronen, Diplomarbeit, Lehrstuhl für Waldwachstumskunde, Ludwig-Maximilians-Universität München, Freising, MWW-DA 109, 180 p

Hevia A, Álvarez-González JG, Majada J (2016) Comparison of pruning effects on tree growth, productivity and dominance of two major timber conifer species. Forest Ecology and Management 374:82–92. https://doi.org/10.1016/j.foreco.2016.05.001

Hohenadl W (1924) Der Aufbau der Baumschäfte. Forftwiffenfchaftliches Centralblatt 46(9):460-470. https://doi.org/10.1007/BF02424886

Huber F X (1828). Hilfs-Tafeln für Bedienstete des Forst-und Baufaches: zunächst zur leichten und schnellen Berechnung des Massengehaltes roher Holzstämme und der Theile derselben, und auch zu anderm Gebrauche für jedes landesübliche Maaß anwendbar. Fleischmann, München

Hussein K A, Albert M, von Gadow K (2000) The Crown Window-a simple device for measuring tree crowns. Forstwissenschaftliches Centralblatt, 119. Jg., H. 1/2, pp 43-50

Huxley JS (1932) Problems of relative growth. Lincoln Mac Veagh, Dial Press, New York

International Cooperative Programme on Assessment and Monitoring of Air Pollution Effects on Forests (1997) Forest Condition in Europe: Results of the 1996 crown condition survey: 1997 Technical Report. EC-UN/ECE, Brüssel, Genf, 111 p

Jack H (1968) Single trees sampling in evenaged plantations for survey and experimentation. XIV IUFRO-Kongress, München, pp 379-403

Jacobs M, Rais A, Pretzsch H (2021) How

drought stress becomes visible upon detecting tree shape using terrestrial laser scanning (TLS). Forest Ecology and Management 489:118975. https://doi.org/10.1016/j.foreco.2021.118975

Jacobsen C, Rademacher P, Meesenburg H, Meiwes KJ (2003) Gehalte chemischer Elemente in Baumkompartimenten. Literaturstudie und Datensammlung. Ber Forschungszentrum Waldökosysteme, Univ Göttingen, Reihe B, vol 69, 81 p

Jim CY (2003) Protection of urban trees from trenching damage in compact city environments. Cities 20(2):87–94. https://doi.org/10.1016/S0264-2751(02)00096-3

Kennel R (1965a) Untersuchungen über die Leistung von Fichte und Buche im Rein- und Mischbestand. AFJZ 136:149-161, 173-189

Kennel R (1965b) Die Herleitung verbesserter Formzahltafeln am Beispiel der Fichte. Proc Dt Verb Forstl Forschungsanst, Sek Ertragskd, in Gießen, pp 51-57

Keyes MR, Grier CC (1981) Above- and below-ground net production in 40-year-old Douglas-fir stands on low and high productivity sites. Can J For Res 11(3):599–605. https://doi.org/10.1139/x81-082

Kimmins JP (1993) Scientific foundations for the simulation of ecosystem function and management in FORCYTE-11. Forestry Canada, Northern Forestry Centre, Edmonton, Alberta, Inf Rep NOR-X-328, 88 p

Knigge W, Schulz H (1966) Grundriss der Forstbenutzung. Verlag Paul Parey, Hamburg, Berlin, 584 p

Koch GW, Sillett SC, Jennings GM, Davis SD (2004) The limits to tree height. Nature 428(6985):851–854. https://doi.org/10.1038/nature02417

Körner C (2002) Ökologie. In: Sitte P, Weiler EW, Kadereit JW, Bresinsky A, Körner C (eds) Strasburger Lehrbuch für Botanik, 35th edn. Spektrum Akademischer Verlag, Heidelberg, Berlin, pp 886-1043

Kraft G (1884) Beiträge zur Lehre von den Durchforstungen, Schlagstellungen und Lichtungshieben. Klindworth´s Verlag, Hannover, 147 p

Kramer H, Akça A (1987) Leitfaden für Dendrometrie und Bestandesinventur. JD Sauerländer's Verlag, Frankfurt am Main, 287 p

Kurth W (1999) Die Simulation der Baumarchitektur mit Wachstumsgrammatiken. Wissenschaftlicher Verlag Berlin, 327 p

Last F T, Mason P A, Wilson J, Deacon J W (1983) Fine roots and sheathing mycorrhizas: their formation, function and dynamics. Plant and Soil, 71(1):9-21. https://doi.org/10.1007/BF02182637

Ledo A, Paul KI, Burslem DFRP, Ewel JJ, Barton C, Battaglia M, Brooksbank K, Carter J, Eid TH, England JR, Fitzgerald A, Jonson J, Mencuccini M, Montagu KD, Montero G, Mugasha WA, Pinkard E, Roxburgh S, Ryan CM, Ruiz-Peinado R, Sochacki S, Specht A, Wildy D, Wirth C, Zerihun A, Chave J (2018) Tree size and climatic water deficit control root to shoot ratio in individual trees globally. The New Phytologist 217(1):8–11. https://doi.org/10.1111/nph.14863

Liebig von J (1855). Die Grundsätze der Agricultur-Chemie: mit Rücksicht auf die in England angestellten Untersuchungen. Vieweg.

Liebscher G. (1895): Untersuchungen über die Bestimmung des Düngerbedürfnisses der Ackerböden und Kulturpflanzen. In: Journal für Landwirtschaft. Bd. 43, ISSN 0368-2943, pp 49–216.

Lohmann J (1992) Die Xylemleitquerschnitte von Fichten (Pícea abies [L.] Karst.) unterschiedlicher Vitalitätsgrade und Altersklassen. Ber Forschungszentrum Waldökosysteme, Univ Göttingen, Reihe A, vol 88, 123 p

Madrigal A, Martínez Millán J, Puertas F

(1992). Tablas de pordución para *"Fagus sylvatica* L." en Navarra. Gobiertno de Navarra, Departamento de Agricultura, ganadería y Montes.

Mäkelä A, Hari P (1986) Stand growth model based on carbon uptake and allocation in individual trees. Ecological Modelling 33(2):205–229. https://doi.org/10.1016/0304-3800(86)90041-4

Mammen A. v., Bachmann M, Prietzel J, Pretzsch H, Rehfuess KE (2003) Bodenzustand, Ernährungszustand und Wachstum von Fichten (Picea abies Karst.) auf Probeflächen des Friedenfelser Verfahrens in der Oberpfalz. Forstwissenschaftliches Centralblatt 122(2):99–114. https://doi.org/10.1046/j.1439-0337.2003.00099.x

Martín-García J, Merino A, Diez JJ (2012) Relating visual crown conditions to nutritional status and site quality in monoclonal poplar plantations (*Populus* × euramericana). Eur J Forest Res 131(4):1185–1198. https://doi.org/10.1007/s10342-011-0590-5

Martinková M, Prax A (2000) Urban tree root systems and their survival near houses analyzed using ground penetrating radar and sap flow techniques. Plant Soil, 219(1-2):103-116. https://doi.org/10.1023/A:1004736310417

Mattheck C (1995) Wood—the internal optimization of trees. Arboricultural Journal, 19(2), pp 97-110.

Mayer J (1999) Beziehungen zwischen der Belaubungsdichte der Waldbäume und Standortsparametern, Dissertation, Forstwissenschaftliche Fakultät, Ludwig-Maximilinas-Universität München, Freising, 183 p

McCarthy MC, Enquist BJ (2007) Consistency between an Allometric Approach and Optimal Partitioning Theory in Global Patterns of Plant Biomass Allocation. Functional Ecology 21(4):713–720. https://doi.org/10.1111/j.1365-2435.2007.01276.x

Menéndez-Miguélez M, Ruiz-Peinado R, Del Río M, Calama R (2021) Improving tree biomass models through crown ratio patterns and incomplete data sources. Eur J Forest Res 140(3):675–689. https://doi.org/10.1007/s10342-021-01354-3

Ministerio de Agricultura, Alimentación y Medio Ambiente (2012) Red de Seguimiento a Gran Escala de Daños en los Montes (Red de Nivel I). Manual de Campo.

Ministerio de Agricultura, Pesca y Alimentación (2018) Inventario de daños forestales (IDF) en España. Red europea de Seguimiento de Daños en los Bosques (Red Nivel I). Resultados del muestreo de 2018.

Mitchell K J (1975) Dynamics and simulated yield of douglas-fir. Forest Science Monograph 17, 39 p

Mitscherlich EA (1909) Das Gesetz des Minimums und das Gesetz des abnehmenden Bodenertrages. In: Landwirtschaftliche Jahrbücher. Bd. 38, ISSN 0368-8194, S. 537–552.

Montero G, Orteca C, Bachiller A, Cañellas I (1999) Productividad aérea y dinámica de nutrientes en una repoblación de Pinus pinaster Ait. sometida a distintos regímenes de claras. Invest. Agr.: Sist. Recur. For.; Fuera de Serie nº 1

Montero G, Cañellas I (2002). Influencia de la poda en la producción de corcho en alcornocales adehesados de Extremadura. Montes, 68:12-20.

Montero G, Ruiz-Peinado R, Candela JA, Cañellas I, Gutierrez M, Pavon J, Alonso A, del Rio M, Bachiller A, Calama R (2004) Capítulo 3. Selvicultura. En: Montero G., Candela J.A., Rodriguez A. (Eds) El pino piñonero (Pinus pinea L.) en Andalucía. Ecología; distribución y selvicultura. Junta de Andalucía. Consejería de Medio Ambiente, Sevilla, pp 135-150.

Montero G, Ruiz-Peinado R, Muñoz M (2005) Producción de biomasa y fijación de CO_2

por los bosques españoles. Monografías INIA: serie forestal n° 13, 270 pp.

Mutke S, Calama R, Guadaño C, Leon D, Gordo J, Montero G (2017) Efecto de la poda sobre la producción de piña en pino piñonero injertado. SECF, 7° Congreso Forestal Español, Plasencia, 26-30 junio-2017.

Mutke S (2005) Modelización de la arquitectura de copa y de la producción de piñón en plantaciones clonales de *Pinus pinea* L.. Tesis Doctoral UPM. e-print https://doi.org/10.20868/UPM.thesis.502

Mutke S, Sievänen R, Nikinmaa E, Perttunen J, Gil L (2005) Crown architecture of grafted Stone pine (Pinus pinea L.): shoot growth and bud differentiation. Trees 19(1):15–25. https://doi.org/10.1007/s00468-004-0346-7

Nagel J (1985) Wachstumsmodell für Bergahorn in Schleswig-Holstein. Dissertation Universität Göttingen, 124 p

Niklas KJ (1994) Plant Allometry. Univ Chicago Press, Chicago, IL

Niklas KJ (2004) Plant allometry: is there a grand unifying theory? Biological Reviews 79(4):871–889. https://doi.org/10.1017/S1464793104006499

Nikolova PS, Zang C, Pretzsch H (2011) Combining tree-ring analyses on stems and coarse roots to study the growth dynamics of forest trees: a case study on Norway spruce (*Picea abies* [L.] H. Karst). Trees 25(5):859–872. https://doi.org/10.1007/s00468-011-0561-y

Oldemann, R. A. A., (1990) Forests: Elements of Silvology. Springer, Berlin, Heidelberg, New York.

Oliver CD, Larson B (1996) Forest Stand Dynamics, John Wiley & Sons Inc, New York, Chichester, Brisbane, Toronto, Singapore, 520 p

Pardos M, Madrigal G, Conde M, Gordo FJ, Calama R (2017) Adaptaciones interespecíficas en las masas mixtas de *Pinus pinea* en la Meseta Norte. Congreso Forestal Español 2017, SECF. 7CFE01-032.

Pardos M, del Río M, Pretzsch H, Jactel H, Bielak K, Bravo F, Brazaitis G, Defossez E, Engel M, Godvod K, Jacobs K, Jansone L, Jansons A, Morin X, Nothdurft A, Oreti L, Ponette Q, Pach M, Riofrío J, Ruíz-Peinado R, Tomao A, Uhl E, Calama R (2021) The greater resilience of mixed forests to drought mainly depends on their composition: Analysis along a climate gradient across Europe. Forest Ecology and Management 481:118687. https://doi.org/10.1016/j.foreco.2020.118687

Pelz D R (1978) Estimating Individual Tree Growth with Tree polygons. FWS-1-78, School of Forestry and Wildl. Res., Blacksburg, Virginia, pp 172-178.

Poorter L (1999) Growth Responses of 15 Rain-Forest Tree Species to a Light Gradient: The Relative Importance of Morphological and Physiological Traits. Functional Ecology 13(3):396–410. https://doi.org/10.1046/j.1365-2435.1999.00332.x

Poorter H, Jagodzinski AM, Ruiz-Peinado R, Kuyah S, Luo Y, Oleksyn J, Usoltsev VA, Buckley TN, Reich PB, Sack L (2015) How does biomass distribution change with size and differ among species? An analysis for 1200 plant species from five continents. New Phytologist 208(3):736–749. https://doi.org/10.1111/nph.13571

Pressler M (1865) Das Gesetz der Stammformbildung, Verlag Arnold, Leipzig, 153 p

Pretzsch H (1989) Untersuchungen an kronengeschädigten Kiefern (Pinus sylvestris L.) in Nordost-Bayern. Forstarchiv, 60. Jg., H. 2, pp 62-69

Pretzsch H (1989a) Zur Zuwachs-Reaktionkinetik der Waldbestände im Bereich des Braunkohlekraftwerkes Schwandorf in der Oberpfalz. Allg Forst Jagdztg 160(2–3):43–54

Pretzsch H (1992) Modellierung der Kronenkonkurrenz von Fichte und Buche in Rein- und Mischbeständen. AFJZ 163 (11/12):203-213

Pretzsch H (2001) Modellierung des Waldwachstums. Blackwell Wissenschafts-Verlag, Berlin, Wien, 336 p

Pretzsch H (2005) Link between the self-thinning rules for herbaceous and woody plants, Scientia Agriculturae Bohemica 36 (3):98-107

Pretzsch H (2006) Species-specific allometric scaling under self-thinning: evidence from long-term plots in forest stands. Oecologia 146(4):572–583. https://doi.org/10.1007/s00442-005-0126-0

Pretzsch H (2009) Forest dynamics, growth, and yield. In Forest Dynamics, Growth and Yield. Springer, Berlin Heidelberg, 664 p

Pretzsch H (2010) Re-Evaluation of Allometry: State-of-the-Art and Perspective Regarding Individuals and Stands of Woody Plants. In: Lüttge U, Beyschlag W, Büdel B, Francis D (eds) Progress in Botany 71. Springer, Berlin, Heidelberg, pp 339–369 https://doi.org/10.1007/978-3-642-02167-1_13

Pretzsch H (2014) Canopy space filling and tree crown morphology in mixed-species stands compared with monocultures. Forest Ecology and Management 327:251–264. https://doi.org/10.1016/j.foreco.2014.04.027

Pretzsch H, Biber P (2016) Tree species mixing can increase maximum stand density. Can J For Res 46(10):1179–1193. https://doi.org/10.1139/cjfr-2015-0413

Pretzsch H, Dieler J (2012) Evidence of variant intra- and interspecific scaling of tree crown structure and relevance for allometric theory. Oecologia 169(3):637–649. https://doi.org/10.1007/s00442-011-2240-5

Pretzsch H, Kölbel M (1988) Einfluß von Grundwasserabsenkungen auf das Wuchsverhalten der Kiefernbestände im Gebiet des Nürnberger Hafens. Ergebnisse ertragskundlicher Untersuchungen auf der Weiserflächenreihe Nürnberg 317. Forstarchiv 59 (3):89-96

Pretzsch H, Rais A (2016) Wood quality in complex forests versus even-aged monocultures: review and perspectives. Wood Sci Technol 50(4):845–880. https://doi.org/10.1007/s00226-016-0827-z

Pretzsch H, Schütze G (2009) Transgressive overyielding in mixed compared with pure stands of Norway spruce and European beech in Central Europe: evidence on stand level and explanation on individual tree level. Eur J Forest Res 128(2):183–204. https://doi.org/10.1007/s10342-008-0215-9

Pretzsch H, Spellmann H (1994) Leistung und Struktur des Douglasien-Durchforstungsversuchs Lonau 135. Forst und Holz, 49(3):64-69

Pretzsch H, Utschig H (1989) Das "Zuwachstrend-Verfahren" für die Abschätzung krankheitsbedingter Zuwachsverluste auf den Fichten- und Kiefern-Weiserflächen in den bayerischen Schadgebieten. Forstarchiv, 60. Jg., H. 5, S. 188-193

Pretzsch H, Matthew C, Dieler J (2012a) Allometry of Tree Crown Structure. Relevance for Space Occupation at the Individual Plant Level and for Self-Thinning at the Stand Level. In: Matyssek R, Schnyder H, Oßwald W, Ernst D, Munch JC, Pretzsch H (eds) Growth and Defence in Plants: Resource Allocation at Multiple Scales. Springer, Berlin, Heidelberg, pp 287–310. https://doi.org/10.1007/978-3-642-30645-7_13

Pretzsch H, Uhl E, Biber P, Schütze G, Coates KD (2012b) Change of allometry between coarse root and shoot of Lodgepole pine (Pinus contorta DOUGL. ex. LOUD) along a stress gradient in the sub-boreal forest zone of British Columbia. Scandinavian Journal of Forest Research 27(6):532–544. https://doi.org/10.1080/02827581.2012.672583

Pretzsch H, Heym M, Pinna S, Schneider R (2014a) Effect of variable retention cutting on the relationship between growth of coarse roots and stem of Picea mariana. Scandinavian Journal of Forest Research 29(3):222–233. https://doi.org/10.1080/02827581.2014.903992

Pretzsch H, Block J, Dieler J, Gauer J, Göttlein A, Moshammer R, Schuck J, Weis W, Wunn U (2014b) Nährstoffentzüge durch die Holz- und Biomassenutzung in Wäldern. Teil 1: Schätzfunktionen für Biomasse und Nährelemente und ihre Anwendung in Szenariorechnungen. Allgemeine Forst- u. Jagdzeitung 185(11/12):261-285

Pretzsch H, Biber P, Uhl E, Dahlhausen J, Rötzer T, Caldentey J, Koike T, van Con T, Chavanne A, Seifert T, Toit B du, Farnden C, Pauleit S (2015) Crown size and growing space requirement of common tree species in urban centres, parks, and forests. Urban Forestry & Urban Greening 14(3):466–479. https://doi.org/10.1016/j.ufug.2015.04.006

Pretzsch H, Bauerle T, Häberle KH, Matyssek R, Schütze G, Rötzer T (2016) Tree diameter growth after root trenching in a mature mixed stand of Norway spruce (Pic*ea abies* [L.] Karst) and European beech (*Fagus sylvatica* [L.]). Trees 30(5):1761–1773. https://doi.org/10.1007/s00468-016-1406-5

Pretzsch H, Ahmed S, Jacobs M, Schmied G, Hilmers T (2022) Linking crown structure with tree ring pattern: methodological considerations and proof of concept. Trees 36(4):1349–1367. https://doi.org/10.1007/s00468-022-02297-x

Preuhsler T, (1979) Ertragskundliche Merkmale oberbayerischer Bergmischwald-Verjüngungsbestände auf kalkalpinen Standorten im Forstamt Kreuth. Forstliche Forschungsberichte München, Nr. 45, 372 p

Reidelstürz P (1997) Forstliches Anwendungspotential der terrestrisch-analytischen Stereophotogrammetrie. Dissertation Albert-Ludwigs-Universität Freiburg, 256 p und Anhang

Reineke LH (1933) Perfecting a stand-density index for even-aged forests. J Agr Res 46:627-638

Röhle H (1986) Vergleichende Untersuchungen zur Ermittlung der Genauigkeit bei der Ablotung von Kronenradien mit dem Dachlot und durch senkrechtes Anvisieren des Kronenrandes (Hochblick-Methode). Forstarchiv, 57. Jg., H. 1, pp 67-71

Röhle H (1987) Entwicklung von Vitalität, Zuwachs und Biomassenstruktur der Fichte in verschiedenen bayerischen Untersuchungsgebieten unter dem Einfluß der neuartigen Walderkrankungen. Forstliche Forschungsberichte München, Nr. 83, 122 p

Röhle H, Huber W (1985) Untersuchungen zur Methode der Ablotung von Kronenradien und der Berechnung von Kronengrundflächen. Forstarchiv, 56. Jg., H. 6, pp 238-243

Rojo A, Montero G (1996) El pino silvestre en la Sierra de Guadarrama. Ministerio de Agricultura, Pesca y Alimentación. Madrid.

Rötzer T, Biber P, Moser A, Schäfer C, Pretzsch H (2017) Stem and root diameter growth of European beech and Norway spruce under extreme drought. Forest Ecology and Management 406:184–195. https://doi.org/10.1016/j.foreco.2017.09.070

Roloff A (2001) Baumkronen. Verständnis und praktische Bedeutung eines komplexen Naturphänomens. Ulmer, Stuttgart.

Rothe A (1997) Einfluß des Baumartenanteils auf Durchwurzelung, Wasserhaushalt, Stoffhaushalt und Zuwachsleistung eines Fichten-Buchen-Mischbestandes am Standort Höglwald. Forstl Forschungsber München 163, 174 p

Rothe A, Binkley D (2001) Nutritional interactions in mixed species forests: a synthesis. Can J For Res 31(11):1855–1870. https://doi.org/10.1139/x01-120

Rubio-Cuadrado Á, Bravo-Oviedo A, Mutke S, Del Río M (2018) Climate effects on growth differ according to height and diameter along the stem in *Pinus pinaster* Ait. iForest - Biogeosciences and Forestry 11(2):237-242. https://doi.org/10.3832/ifor2318-011

Rubner M (1931) Die Gesetze des Energieverbrauchs bei der Ernährung. Proc preuß Akad Wiss Physik-Math Kl 16/18, Berlin, Wien, 1902 p

Ruíz-Peinado R, del Río M, Montero G (2011) New models for estimating the carbon sink capacity of Spanish softwood species. Forest Systems 20(1):176–188. https://doi.org/10.5424/fs/2011201-11643

Ruíz-Peinado R, Montero G, del Río M (2012) Biomass models to estimate carbon stocks for hardwood tree species. Forest Systems 21(1):42–52. https://doi.org/10.5424/fs/2112211-02193

Ruíz-Peinado R, del Río M, Pretzsch H (2016) Effect of Pre-commercial Thinning on the Coarse Root-Shoot Allometry of Pinus pinea L. Workshop and MC Meeting of the European NWFPs network, COST Action FP1203. Antalya, February 17 – 19, 2016.

Running SW, Nemani RR (1988) Relating seasonal patterns of the AVHRR vegetation index to simulated photosynthesis and transpiration of forests in different climates. Remote Sensing of Environment 24(2):347–367. https://doi.org/10.1016/0034-4257(88)90034-X

Ryan MG, Yoder BJ (1997) Hydraulic Limits to Tree Height and Tree Growth. BioScience 47(4):235–242. https://doi.org/10.2307/1313077

Santantonio D, Hermann RK, Overton WS (1977) Root biomass studies in forest ecosystems. Pedobiologia 17:1-31

Schelhaas M-J, Nabuurs G-J, Schuck A (2003) Natural disturbances in the European forests in the 19th and 20th centuries. Global Change Biology 9(11):1620–1633. https://doi.org/10.1046/j.1365-2486.2003.00684.x

Schütz J P (1989) Zum Problem der Konkurrenz in Mischbeständen. Schweiz Zeitschr Forstwesen 140 (12):1069-1083

SECF (2005) Diccionario Forestal. Ediciones Mundiprensa, Madrid, 1314 p

Seibt G, Wittich W (1965) Ergebnisse langfristiger Düngungsversuche im Gebiet des nordwestdeutschen Diluviums und ihre Folgerungen für die Praxis. Schr Forstl Fak Univ Göttingen 27/28, JD Sauerländer's Verlag, Frankfurt am Main, 156 p

Serrada R (2007) Apuntes de Selvicultura. Escuela Universitaria de Ingeniería Forestal. Universidad Politécnica de Madrid.

Shepperd WD (1993) The Effect of Harvesting Activities on Soil Compaction, Root Damage, and Suckering in Colorado Aspen. Western Journal of Applied Forestry 8(2):62–66. https://doi.org/10.1093/wjaf/8.2.62

Shinozaki K, Yoda K, Hozumi K, Kira T (1964) A Quantitative Analysis of Plant Form-the Pipe Model Theory: I.basic Analyses. Jap J Ecol 14(3):97–105. https://doi.org/10.18960/seitai.14.3_97

Smalian H L (1837) Beitrag zur Holzmeßkunst, Stralsund, Löffler

Sterba H, del Río M, Brunner A, Condés S (2014) Effect of species proportion definition on the evaluation of growth in pure vs. mixed stands. Forest Systems 23:547-559 https://doi.org/10.5424/fs/2014233-06051

Surový P, Ribeiro N, Pereira JS (2011) Observations on 3-dimensional crown growth of Stone pine. Agroforest Syst 82(2):105–110. https://doi.org/10.1007/s10457-010-9344-5

Teissier G (1934) Dysharmonies et discontinuités dans la Croissance. Act Sci et Industr 95 (Exposés de Biometrie, 1), Hermann, Paris

Thomasius H (1990) Waldbau 1, Allgemeine Grundlagen des Waldbaus. Hochschulstudium Forstingenieurwesen, Karl-Marx-Univ Leipzig, Agrarwiss Fak (ed), Leipzig, 180 p

Thurm EA, Uhl E, Pretzsch H (2016) Mixture reduces climate sensitivity of Douglas-fir stem growth. Forest Ecology and Management 376:205–220. https://doi.org/10.1016/j.foreco.2016.06.020

Trendelenburg R, Mayer-Wegelin H (1955) Das Holz als Rohstoff. Hanser Verlag, München, 541 p

Utschig H (1989) Waldwachstumskundliche Untersuchungen im Zusammenhang mit Waldschäden. Auswertung der Zuwachstrendanalyseflächen des Lehrstuhles für Waldwachstumskunde für die Fichte (Pícea abies (L.) Karst.) in Bayern. Forstliche Forschungsberichte München, Nr. 97, 198 p

Valentine H T (1990) A carbon-balance model of tree growth with a pipe-model framework. In Dixon RK, Meldahl RS, Ruarki GA, Warren WG (eds) Process Modeling of Forest Growth Responses to Environmental Stress. Timber Press Inc, Portland, OR, pp 33 – 40

Verein Deutscher Forstlicher Versuchsanstalten (1873) Anleitung für Durchforstungsversuche. In: Ganghofer von A ed (1884) Das Forstliche Versuchswesen. Schmid'sche Buchhandlung, Augsburg, vol 2, pp 247-253

Verein Deutscher Forstlicher Versuchsanstalten (1902) Beratungen der vom Vereine Deutscher Forstlicher Versuchsanstalten eingesetzten Kommission zur Feststellung des neuen Arbeitsplanes für Durchforstungs- und Lichtungsversuche. AFJZ 78:180-184

West GB, Brown JH, Enquist BJ (1997) A General Model for the Origin of Allometric Scaling Laws in Biology. Science 276(5309):122–126. https://doi.org/10.1126/science.276.5309.122

West GB, Enquist BJ, Brown JH (2009) A general quantitative theory of forest structure and dynamics. Proceedings of the National Academy of Sciences 106(17):7040–7045. https://doi.org/10.1073/pnas.0812294106

Wiedemann E (1942) Der gleichaltrige Fichten-Buchen-Mischbestand. Mitt Forstwirtsch u Forstwiss 13:1-88

Wiedemann E (1951) Ertragskundliche und waldbauliche Grundlagen der Forstwirtschaft. JD Sauerländer's Verlag, Frankfurt am Main

Wirth C, Schumacher J, Schulze E-D (2004) Generic biomass functions for Norway spruce in Central Europe—a meta-analysis approach toward prediction and uncertainty estimation. Tree Physiology 24(2):121–139. https://doi.org/10.1093/treephys/24.2.121

Yoda K T, Kira T, Ogawa H, Hozumi K (1963) Self-thinning in overcrowded pure stands under cultivated and natural conditions. J Inst Polytech, Osaka Univ D 14:107-129

Zanne AE, Lopez-Gonzalez G, Coomes DA, Ilic J, Jansen S, Lewis SL, Miller RB, Swenson NG, Wiemann MC, Chave J (2009) Global Wood Density Database. Dryad. Identifier: http://hdl.handle.net/10255/dryad.235

Zeller L, Ammer Ch, Annighöfer P, Biber P, Marshall J, Schütze G, del Río Gazteluruutia M, Pretzsch H (2017) Tree ring wood density of Scots pine and European beech lower in mixed-species stands compared with monocultures. Forest Ecology and Management 400:363–374. https://doi.org/10.1016/j.foreco.2017.06.018

Zianis D, Muukkonen P, Mäkipää R, Mencuccini M (2005) Biomass and Stem Volume Equations for Tree Species in Europe. Silva Fennica, The Finnish Society of Forest Science, The Finnish Forest Research Institute Monographs 4, 63 p

Desarrollo de la masa. Reconstrucción a partir de los parámetros medios y acumulados de la masa

3

3.1	Crecimiento del árbol	126
3.2	Crecimiento y condiciones ambientales	145
3.3	Crecimiento y competencia	157
3.4	Relaciones de competencia en masas mixtas. Causas y procesos	176
3.5	Modelo teórico de la relación entre crecimiento, condiciones del sitio y competencia	183
3.6	Condiciones ambientales, competencia y crecimiento del árbol. Relaciones y consecuencias para los tratamientos selvícolas	190
	Mensajes clave	195
	Referencias	196

3 Crecimiento del árbol, condiciones de sitio y competencia

Resumen En este capítulo se introduce la importancia del crecimiento del árbol para la ecología forestal, el inventario y la selvicultura. El desarrollo en tamaño del fuste, en condiciones normales de crecimiento, sigue un patrón en forma de S con la edad y el crecimiento un patrón unimodal. La cuantificación del crecimiento se realiza mediante los siguientes conceptos: crecimiento corriente anual, crecimiento periódico medio, crecimiento acumulado y crecimiento relativo. El crecimiento de los árboles se cuantifica utilizando parámetros del desarrollo del tamaño del individuo, es decir, sin referencia a la superficie del rodal. La productividad del árbol, por otro lado, se relaciona con el tamaño, volumen o desarrollo de masa por superficie (por ejemplo, por área de copa o área disponible). Debido a que los árboles ocupan más espacio a medida que aumenta su tamaño, la productividad (con referencia a la superficie) disminuye mucho antes que el crecimiento por individuo (sin referencia a la superficie).

Las leyes de Liebig, Liebscher y Mitscherlich describen la dependencia de los procesos de crecimiento de las condiciones ambientales (suministro de recursos y factores ambientales). Además, la constelación de un árbol con respecto de los vecinos (incluido el espacio disponible y competencia) también modifica su patrón de crecimiento. Por tanto, se introducen las causas y consecuencias de las relaciones entre individuos en masas puras y mixtas. Los árboles vecinos pueden tener efectos positivos (facilitación) o negativos (competencia) en el desarrollo del tamaño del árbol, aunque con frecuencia se producen los dos tipos de interacciones a la vez, observando el efecto neto en el crecimiento.

El efecto de la constelación de árboles vecinos puede describirse directamente a través del suministro de recursos y factores ambientales o indirectamente a través de índices de competencia. El desarrollo del tamaño del árbol puede acelerarse significativamente dependiendo de la constelación de los árboles vecinos; por ejemplo, si incluyen otras especies que usan los recursos de manera temporal o espacialmente complementaria. Sin embargo, si los árboles vecinos cubren y oprimen las copas del árbol, el desarrollo del tamaño también puede retrasarse décadas; por ejemplo, árboles a la espera por falta de luz. Los árboles no crecen principalmente en función de su edad o tiempo, sino de las condiciones ambientales y de su tamaño actual. Por lo tanto, muchos modelos de crecimiento estiman el crecimiento del árbol en función del tamaño actual del árbol, sus condiciones de estación y las condiciones de competencia, sin necesidad de conocer su edad. Las relaciones entre el crecimiento de los árboles, las condiciones ambientales y la competencia dan como resultado algunos conceptos ecológicos que son esenciales para la selvicultura. El nicho fundamental específico de la especie resulta de la dependencia del crecimiento de las condiciones del sitio. El nicho fundamental se puede modificar en el nicho real cuando se considera la competencia con otras especies que impiden su desarrollo. Las condiciones de crecimiento bajo las cuales una especie arbórea puede desarrollarse de la mejor manera posible en condiciones naturales, con competencia interespecífica (óptimo ecológico), pueden diferir significativamente de las condiciones de crecimiento bajo las cuales muestra el mejor desarrollo posible en una masa pura (óptimo productivo). Cuanto más se aleja la selvicultura de los monocultivos de tipo agrícola, más relevante se vuelven la diferenciación entre el óptimo productivo y el óptimo ecológico y la comprensión de las interacciones interespecíficas para el establecimiento y la regulación de las masas forestales.

3.1 Crecimiento del árbol

3.1.1 Desarrollo del fuste

El tronco del árbol conforma el sistema de soporte de las hojas y el sistema hidráulico para la distribución del agua, nutrientes y fotosintatos. El crecimiento continuo en tamaño permite al árbol competir mejor por la luz y estabilidad, así como alcanzar más recursos en el suelo. En bosques con clima estacional, los árboles forman anillos de crecimiento, que reflejan su autobiografía y permiten la reconstrucción de su crecimiento (Figura 3.1). En condiciones normales, en este tipo de climas, los árboles forman cada año un nuevo anillo a lo largo de todo el fuste (Figura 3.1, arriba, izquierda). A partir de los anillos de crecimiento a distintas alturas se puede reconstruir la curva de evolución en al-

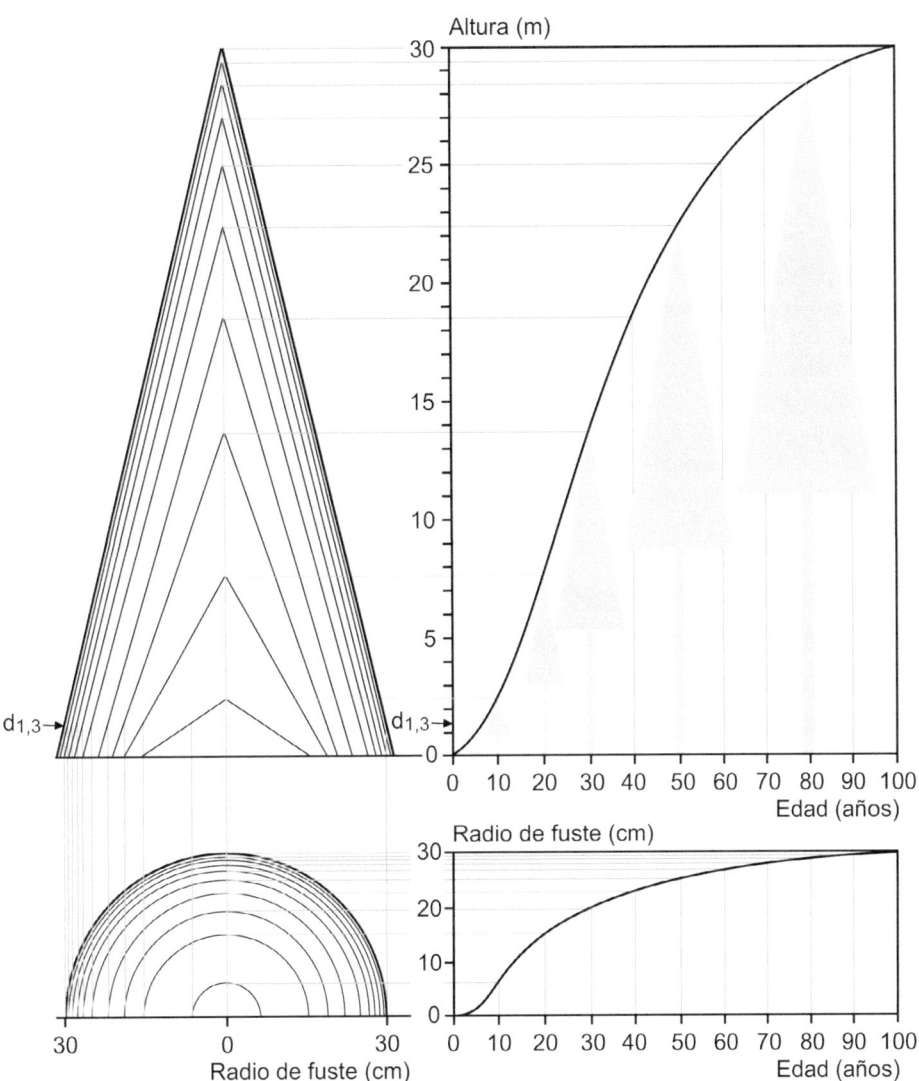

Figura 3.1 Representación esquemática del patrón de desarrollo del fuste y curva de crecimiento en forma de S de la altura (parte superior) y el radio (abajo). Por razones de claridad, solo se presentan los anillos cada diez años. El patrón de los anillos de crecimiento a lo largo del fuste del árbol permite la reconstrucción de la altura y el diámetro o radio a la altura de 1,30 m.

tura (Figura 3.1, arriba, derecha). Del patrón de anillos de crecimiento en la sección a 1,3 m de altura se puede reconstruir la curva de evolución del diámetro, d1,30 (Figura 3.1, abajo). Tanto la curva de evolución o crecimiento acumulado en altura como en diámetro o radio del árbol siguen un patrón sigmoidal o en forma de S. Sin embargo, las curvas de crecimiento en diámetro o radio aumentan más rápidamente en las fases juveniles y presentan el punto de inflexión antes que las de la altura. En años con buen suministro de recursos, el incremento en altura y en diámetro es especialmente alto y los árboles pueden acumular reservas e invertir en frutos y semillas. En años desfavorables, el árbol reduce el incremento en tamaño y puede llegar a perder el crecimiento en altura y/o en diámetro, con la consiguiente pérdida de anillos (anillos perdidos). Esta variación entre años en crecimiento corriente es mayor en climas mediterráneos, caracterizados por una gran variabilidad interanual en el régimen de precipitaciones.

El crecimiento del árbol se refiere al desarrollo en tamaño de sus distintas componentes (altura, h; diámetro, d; volumen, v) como un todo. El crecimiento se define como el aumento del tamaño en un periodo de tiempo determinado (*e.g.* incremento anual). Por lo tanto, el crecimiento es la integral del incremento o tasa de crecimiento y el incremento resulta de la derivada de la curva de crecimiento. En español se suele denominar "función de crecimiento" a la forma integral y "crecimiento corriente" a la forma derivada (Kiviste et al. 2002).

3.1.2 Importancia del crecimiento del fuste desde un punto de vista ecológico, selvícola y científico

Desde el punto de vista evolutivo el fin de un árbol como individuo es la generación de tantos descendientes como sea posible. Para ello, un prerrequisito es su competitividad dentro de la masa mediante la adaptación, supervivencia, crecimiento, floración y producción de semillas. Bajo este prisma, el desarrollo del fuste y de la copa de los árboles son caracteres adquiridos evolutivamente para reducir la competencia con especies herbáceas, arbustivas y con otras especies arbóreas. El fuste forma el sistema de soporte y conducción, por lo que su continuo crecimiento ofrece un aumento de la competitividad para acceder a la luz y a la estabilidad mecánica.

Desde el punto de vista de una gestión forestal orientada a la producción es deseable maximizar el crecimiento en madera de los árboles que conforman la masa. Sin embargo, para la competitividad del árbol y la generación de tanta progenie viable como sea posible, entran en juego otros caracteres distintos al crecimiento máximo, como la plasticidad morfológica, persistencia, adaptación y defensa del árbol, que pueden resultar en una mayor efectividad en la competencia por los recursos, supervivencia y reproducción (Matyssek et al. 2005a, 2005b, 2014). Por ejemplo, especies adaptadas al fuego como *Pinus halepensis* invierten recursos en una fructificación temprana frente una mayor inversión en crecimiento con el fin de garantizar la progenie en caso de ocurrencia de un fuego (Santos et al. 2013). No obstante, este tipo de compensaciones no se han observado en masas adultas de pino negral (*P. pinaster*) (Bravo et al. 2017).

El crecimiento del fuste en masas monoespecíficas ha sido objeto de estudio desde los comienzos de la ciencia forestal. El desarrollo en masas mixtas puede diferir notablemente del conocido para masas monoespecíficas. Este aspecto es particularmente interesante ya que muchas especies han adquirido evolutivamente su plasticidad en este tipo de masas. Por otra parte, cada vez existe un mayor interés en promover masas con mayor diversidad de especies. En masas monoespecíficas, *i.e.* entre vecinos de la misma especie, solo se revela una parte pequeña de su plasticidad, como se muestra en los capítulos 2 y 3.

En climas estacionales con verano e invierno o estación seca y húmeda y, por lo tanto, con periodos de crecimiento mayor y menor o bien de cese de crecimiento de células, los árboles forman anillos de crecimiento. Los anillos son huellas de la vida del árbol que pueden ser interpretadas mediante el estudio de los patrones de crecimiento o fases de crecimiento en la sección del árbol (ver Cajas 2.9 y 3.1).

Los anillos de crecimiento pueden no formarse debido a la sequía, especialmente en la parte baja del fuste. Del mismo modo, debido a daños de insectos o cambios en las condiciones de crecimiento en un periodo del año, pueden formar dos o más anillos en un año (falsos anillos). Además, los árboles pueden presentar anillos de diferente grosor en un mismo año en las distintas direcciones de su sección. Esto conlleva que los árboles puedan formar secciones ovaladas o extremadamente excéntricas y la formación de madera de reacción.

Si se consideran los anillos perdidos, falsos anillos y otras irregularidades adecuadamente, se puede reconstruir retrospectivamente el desarrollo del árbol. La secuencia de anillos de crecimiento de una muestra de madera se puede utilizar para la datación de edificios, reconstrucción del clima, identificación de daños causados por cambios ambientales, investigación del impacto del clima o el biomonitoreo (Capítulo 11) (Schweingruber 2012). Evidentemente, también se puede utilizar para cuantificar el efecto de tratamientos selvícolas (claras, fertilización, podas) (Capítulos 6 y 7). El análisis retrospectivo de los anillos de crecimiento en el fuste u otras partes del árbol como la copa o las raíces también pueden revelar retrospectivamente el desarrollo alométrico, y en consecuencia las posibles limitaciones al crecimiento (Sección 2.3.2).

Ya que los árboles son capaces de vivir hasta miles de años, y debido a la posible reconstrucción de los patrones de sus anillos de crecimiento, incluso si se encuentran en pantanos, depósitos glaciares o en fósiles del triásico o jurásico, los árboles ofrecen un potencial de información único. Por lo tanto, el uso de los patrones de los anillos de crecimiento va más allá de la ciencia forestal. Otras fuentes de información, en el mejor de los casos comparable a los anillos de crecimiento de los árboles, son muestras de hielo, análisis de conchas, cuernos o arrecifes de corales.

3.1.3 Crecimiento corriente y crecimiento acumulado del árbol. Ejemplos y parámetros

3.1.3.1 Ejemplos de crecimiento corriente y crecimiento acumulado

El desarrollo característico del crecimiento de un árbol se muestra mediante el ejemplo de un pino silvestre de 131 años. La Figura 3.3a-c muestra el crecimiento corriente anual en altura (m·año^{-1}), en diámetro de fuste a la altura del pecho (cm·año^{-1}) y en volumen de fuste (dm^3·año^{-1}), obtenidos mediante la realización de análisis de tronco (Caja 3.1). La curva del crecimiento corriente es fundamentalmente unimodal, aunque se ve modificada anualmente por los distintos factores que afectan al crecimiento (condiciones climáticas, claras, situación de competencia, etc.). El crecimiento anual es el incremento en tamaño durante ese año. Si el crecimiento se mide en un periodo en lugar de anualmente, obtenemos el crecimiento periódico y el correspondiente crecimiento periódico medio, que comúnmente se asume como crecimiento corriente anual. La Figura 3.3 d muestra la evolución del crecimiento corriente

Caja 3.1 Resultados de un análisis de tronco

La Figura 3.2 muestra los resultados de un análisis de tronco usando el ejemplo de una pícea de 160 años de la parcela permanente de Denklingen 05 (Alemania). Basándose en mediciones de la longitud de las metidas y de 13 rodajas, se puede reconstruir el desarrollo de (a) la altura del árbol, (b) el diámetro normal, (c) el volumen del fuste y (d) el factor de forma y la esbeltez. Los resultados del análisis de tronco también se pueden ilustrar como una sección longitudinal (Figura 2.10-1).

En la Figura 3.2a-c, se muestra la evolución del crecimiento corriente (i_c, gris oscuro), el crecimiento medio (i_m, gris claro) y el volumen (v, negro) a lo largo de la edad. En condiciones normales de crecimiento, el incremento corriente y el medio muestran un curso unimodal a lo largo de la edad y el crecimiento acumulado o volumen tiene forma sigmoidal. Las curvas de crecimiento corriente muestran fuertes oscilaciones relacionadas con el clima, que se mitiga en las curvas del crecimiento medio y del volumen debido al efecto del promediado o la suma.

El crecimiento en altura hasta la edad de 100-120 años sigue el patrón típico unimodal, pero aumenta nuevamente a partir la década de 1960 (a la edad de 125 años) de una manera atípica para dicha edad (Figura 3.2a). Este es un patrón de reacción de crecimiento que es muy común en las masas forestales del sur de Alemania. Röhle (1997) atribuye este patrón a los cambios en las condiciones del sitio en muchas regiones debido al calentamiento global y a las aportaciones eutróficas de la agricultura y de vehículos de motor. De esta manera, el análisis de tronco se puede utilizar para llevar a cabo un análisis retrospectivo de las condiciones del sitio y del comportamiento del crecimiento del árbol. Si bien los crecimientos en altura y diámetro (a) y (b) ya han disminuido debido a la edad, el crecimiento en volumen (c) aún no muestra una disminución. El factor de forma y el valor h/d disminuyen con el aumento de la edad, reflejando un aumento en la estabilidad del árbol.

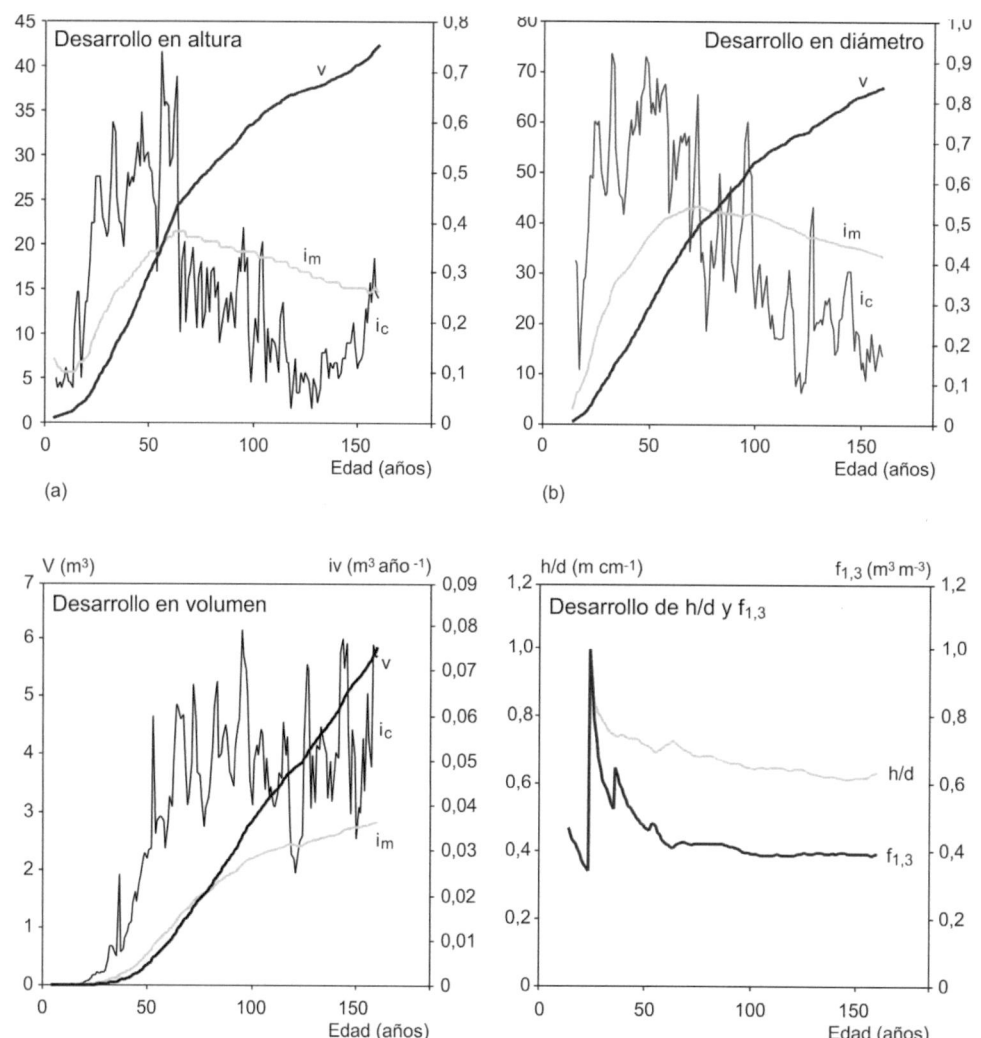

Figura 3.2 Resultados del análisis de tronco de una pícea de 160 años de la parcela permanente Denklingen 05, claras moderadas. (a) - (c) Evolución del crecimiento corriente (ic, gris oscuro), crecimiento medio (im, gris claro) y el volumen (v, negro) a lo largo de la edad. (d) Desarrollo del factor de forma, $f_{1,3}$, y la esbeltez o valor h/d.

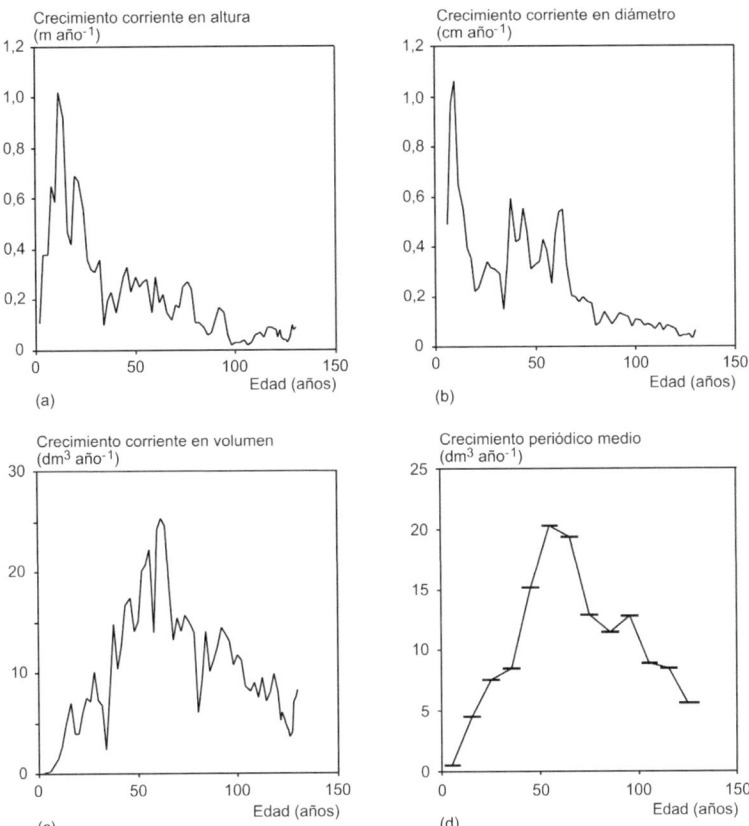

Figura 3.3 La evolución (a) del crecimiento corriente anual en altura del árbol (m año^{-1}), (b) en diámetro normal (cm año^{-1}), (c) en volumen del fuste (dm^3 año^{-1}) y (d) del crecimiento periódico medio en volumen (dm^3 año^{-1}). Reconstrucción del desarrollo del árbol mediante un análisis tronco de un pino silvestre de 131 años (ver crecimiento acumulado y crecimiento medio en la Figura 3.4).

anual derivado de crecimientos periódicos medios.

Integrando el crecimiento anual desde t_0 a t_n resulta en el crecimiento acumulado del árbol $Crecimiento\ acumulado = \int_{t_0}^{t_n} crecimiento\ corriente\ anual$. Como crecimiento acumulado se entiende el desarrollo del tamaño, es decir, el incremento acumulado de la altura, diámetro o volumen del fuste. La Figura 3.4a-c muestra las curvas de crecimiento en forma sigmoide correspondientes al desarrollo de la altura, diámetro normal y volumen del mismo árbol ejemplo de la Figura 3.3. Debido a que el tronco del árbol aumenta continuamente en tamaño, solo con pequeñas pérdidas debidas a caída de corteza, golpes, etc., la dimensión actual del fuste también representa su crecimiento total.

El crecimiento corriente anual de un árbol no ofrece demasiada información sobre las condiciones del sitio, ya que varía con la edad y las condiciones climáticas anuales. Por ello, resulta más informativo el crecimiento medio, i_m (Figura 3.4d). El crecimiento medio es el cociente del crecimiento acumulado y la edad del árbol y expresa el crecimiento promedio para un periodo de tiempo o de la vida total del árbol. El crecimiento medio es particularmente adecuado para comparar el crecimiento entre diferentes especies, sitios, etc. En la literatura, se confunden frecuentemente los términos de crecimiento anual o crecimiento corriente (Figura 3.3, a–c) y crecimiento acumulado o evolución (Figura 3.4, a–c) (*e.g.*, Bruce y Schumacher 1950, p. 376, Harper 1977, pp. 5-9).

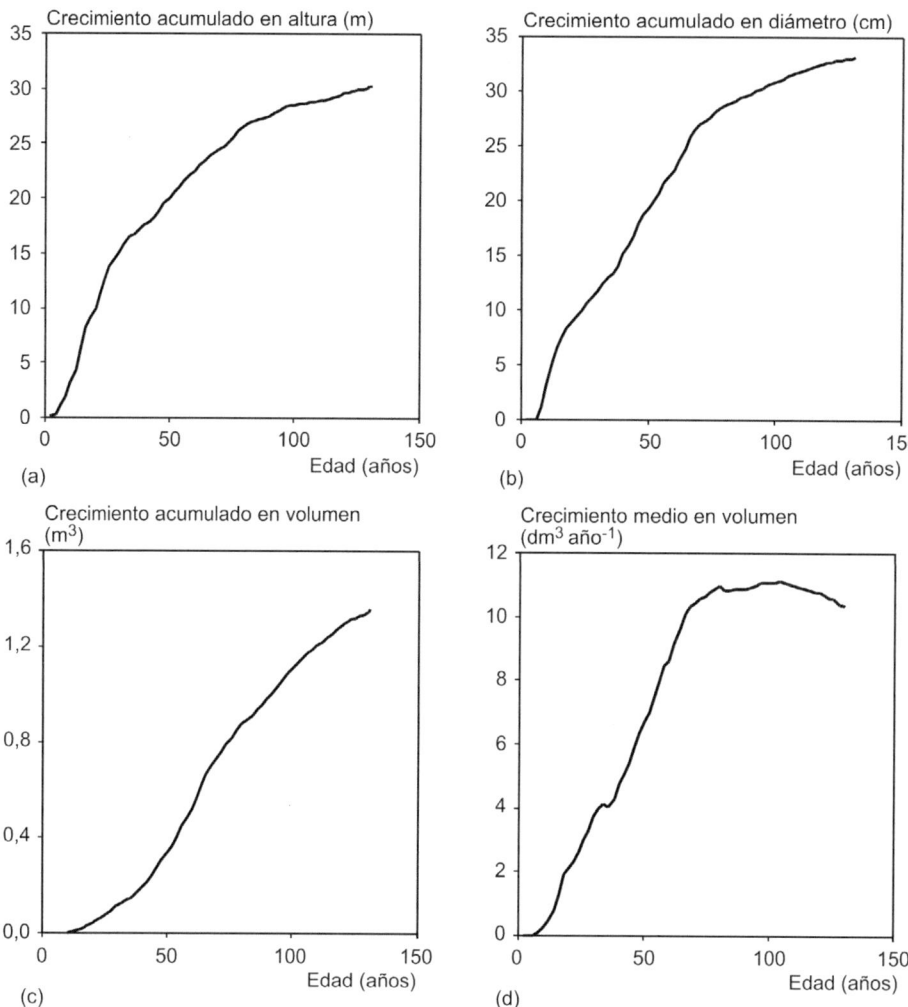

Figura 3.4 Curva de crecimiento acumulado (a) en altura (m), (b) en diámetro (cm), (c) en volumen (m^3) y (d) crecimiento medio en volumen de fuste (dm^3 año^{-1}). Reconstrucción del desarrollo del árbol mediante del análisis de tronco de un pino silvestre de 131 años (ver crecimiento corriente anual en la Figura 3.2).

3.1.3.2 Curvas de crecimiento del árbol en diámetro, altura, área basimétrica y volumen

Observando los anillos de crecimiento a lo largo del fuste, o comúnmente en un testigo tomado a 1,30 m de altura, se observa que los anillos son más anchos en el centro del árbol. Este hecho indica que en condiciones normales el crecimiento corriente anual en diámetro alcanza su máximo a edades tempranas. Sólo unos pocos años o décadas después culmina el crecimiento en altura (Figura 3.4). Una excepción a este patrón se observa en árboles creciendo en masas muy densas, donde la competencia por la luz en las primeras fases del desarrollo hace que el crecimiento en diámetro sea menor en favor de un mayor crecimiento en altura. Por ejemplo, en un ensayo donde se estudia el efecto de la densidad local en el crecimiento de robles (diseño de anillo Nelder) se observa que en espaciamientos muy reducidos (centro del anillo Nelder) los robles presentan un mayor crecimiento en altura a expensas de un menor crecimiento en diámetro (Figura 3.27, a y b).

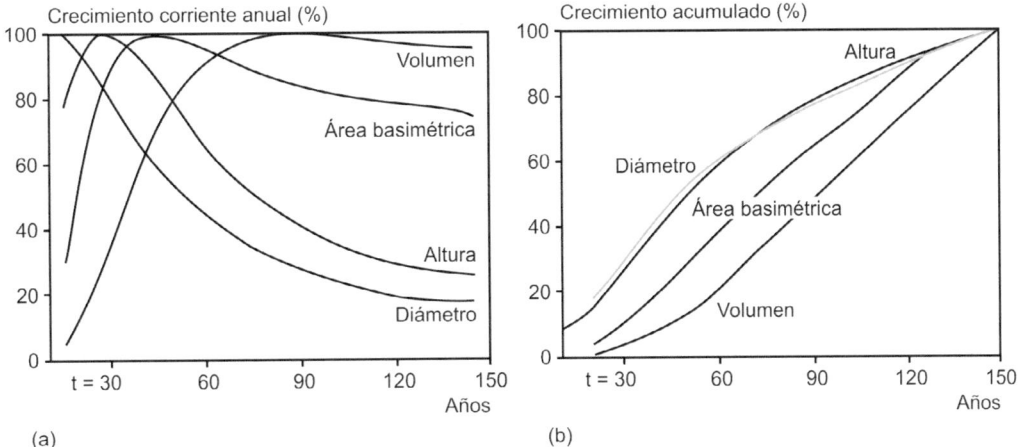

Figura 3.5 Crecimiento corriente y crecimiento acumulado en porcentaje del valor máximo alcanzado en cada caso. Los valores corresponden a la media de 37 árboles de *Picea abies* en una estación con condiciones medias de sitio en los Alpes austriacos según von Guttenberg (1915) y Mitscherlich (1970, p. 83). (a) La progresión del crecimiento corriente en las diferentes dimensiones del árbol es unimodal y culmina en el tiempo siguiendo el orden de diámetro < altura < área basimétrica < volumen. (b) En consecuencia, la curva de crecimiento acumulado en forma sigmoide del diámetro aumenta y presenta el punto de inflexión temprano. En contraste, el crecimiento del volumen es inicialmente más lento, pero luego es más sostenido en el tiempo.

En condiciones normales el crecimiento corriente anual en área basimétrica y volumen culmina mucho más tarde, cuando el crecimiento en diámetro y altura ya están disminuyendo (Figura 3.5). La razón de este patrón es que el área basimétrica es una cantidad cuadrática en la que en su cálculo intervienen tanto el crecimiento en diámetro, id, como el valor inicial del diámetro al inicio del periodo estudiado, d_1, ig $\equiv \pi/4 \times 2d_1 \times id$. El diámetro inicial, d_1, aumenta continuamente, por lo que se aplica el crecimiento a una cantidad cada vez mayor. Por analogía, el crecimiento en volumen como una dimensión cúbica implica que el crecimiento en diámetro se aplica a una cantidad cada vez más grande. Como resultado, el crecimiento corriente en área basimétrica y en volumen aumenta incluso cuando los anillos de crecimiento decrecen o se mantienen constantes. La edad de culminación del crecimiento corriente sigue la secuencia diámetro < altura < área basimétrica < volumen (ver Figura 3.1).

Dado que la curva de crecimiento acumulado es la integral del crecimiento corriente, se da el mismo patrón cronológico para el punto de inflexión de las curvas de crecimiento total (diámetro < altura < área basimétrica < volumen) (ver Figura 3.4 y Figura 3.5). Este mismo orden de culminación del crecimiento se da también en el crecimiento corriente de las correspondientes variables de masa.

Las especies de luz o intolerantes a la sombra culminan su crecimiento antes que las especies de sombra o tolerantes. Los árboles situados en condiciones ambientales favorables también presentan el máximo crecimiento corriente antes que árboles similares creciendo en condiciones desfavorables. Sin embargo, la secuencia mencionada de culminación del crecimiento y punto de inflexión (d, h, g y v) se mantiene siempre que el árbol no se vea afectado por algún tipo de perturbación. Por ejemplo, se puede dar una reducción temprana del crecimiento en diámetro por lluvia ácida (Athari 1980, Elling 1993), daños en el dosel (Franz et al. 1991), o una reducción del crecimiento en altura debido a daños de insectos (Klemmt et al. 2009) o daños de ungulados (Mutke et al. 2010, p 357). Así mismo, la fertilización (Foerster 1990), las claras (del Río et al. 2017a), o deposición de nitrógeno (Pretzsch et al. 2014a) pueden acelerar el crecimiento (Sección 3.3).

3.1.4 Patrón general del crecimiento acumulado, crecimiento corriente, crecimiento medio y crecimiento relativo. Definiciones y relaciones

En la Figura 3.6 se muestra un ejemplo de las diferentes curvas que reflejan el desarrollo del crecimiento de un árbol en volumen: la curva de crecimiento acumulado, del crecimiento corriente anual, del crecimiento medio y crecimiento relativo, y se explican las relaciones entre ellas.

La curva de crecimiento acumulado o curva de crecimiento muestra el volumen acumulado hasta una determinada edad (v). Esta curva presenta una forma en S, con un punto de inflexión a una edad temprana y una aproximación asintótica a un valor máximo a la edad final (Figura 3.6).

La curva de crecimiento corriente anual (iv) (Figura 3.6c) es la derivada de la curva de crecimiento acumulado y tiene una forma unimodal. En las primeras edades presenta un crecimiento exponencial hasta alcanzar un punto de inflexión. En la siguiente fase sigue aumentando a una menor velocidad hasta alcanzar el máximo, y después, tras alcanzar otro punto de inflexión decrece exponencialmente en edades maduras. La edad de crecimiento corriente máximo corresponde con el punto de inflexión de la curva de crecimiento acumulado (Figura 3.6a y c).

Las Figura 3.6a y d muestran el desarrollo del volumen acumulado (v) y del crecimiento medio (iv_m) respectivamente. La curva del crecimiento medio representa el cociente del crecimiento acumulado dividido por la edad. El crecimiento medio, iv_m, representa por tanto cuánto ha crecido el árbol anualmente hasta una edad dada. Gráficamente, el crecimiento medio se puede representar mediante la pendiente de las líneas secantes s_1, s_2 ... sn. El im corresponde al cociente entre el valor acumulado v y la edad t, y a la pendiente de las líneas $s_i = s_1$ ... s_n, que son las secantes de la curva acumulada, tan αi = v / t. En el punto de máxima pendiente, el crecimiento medio es máximo (Figura 3.6d). A esta edad, el crecimiento corriente (representado por la tangente a la edad t_2 de la curva v) es igual a la pendiente de la recta s_2. Por lo tanto, en el punto de máximo crecimiento medio, este y el crecimiento corriente son iguales. El crecimiento corriente máximo ocurre a edades tempranas mientras que el máximo crecimiento medio ocurre posteriormente.

El crecimiento en volumen relativo (Figura 3.6e) corresponde al cociente del crecimiento corriente y el volumen o crecimiento acumulado en ese momento. Como el incremento de tamaño con respecto al tamaño del árbol es cada vez menor, el crecimiento relativo decrece con la edad, generalmente de modo exponencial. Además de la Figura 3.6, en la Caja 3.2 se muestran las relaciones matemáticas entre el crecimiento acumulado, el crecimiento corriente y el crecimiento medio.

En general no tendría sentido cortar un árbol cuando su crecimiento corriente es máximo, sino cuando su crecimiento medio es máximo o ha comenzado a decrecer gradualmente. Por lo tanto, la culminación del crecimiento medio iv_m se usa a veces como una orientación para determinar el turno de corta, que es el conocido turno de máxima renta en especie calculado normalmente para el crecimiento a nivel de masa. En algunos casos también se usa el crecimiento en volumen relativo para indicar la edad de corta. Si este crecimiento es inferior al 1,5 o 2 % indica que es un momento adecuado para la corta. Evidentemente, a la hora de determinar el turno de una masa entran en juego otros muchos parámetros como el estado sanitario, el tamaño y valor de los árboles, etc.

Las evoluciones y relaciones entre los distintos crecimientos que se han mostrado para el volumen en la Figura 3.6 son análogas para otras dimensiones del árbol, como la altura, diámetro y área basimétrica. La edad de cul-

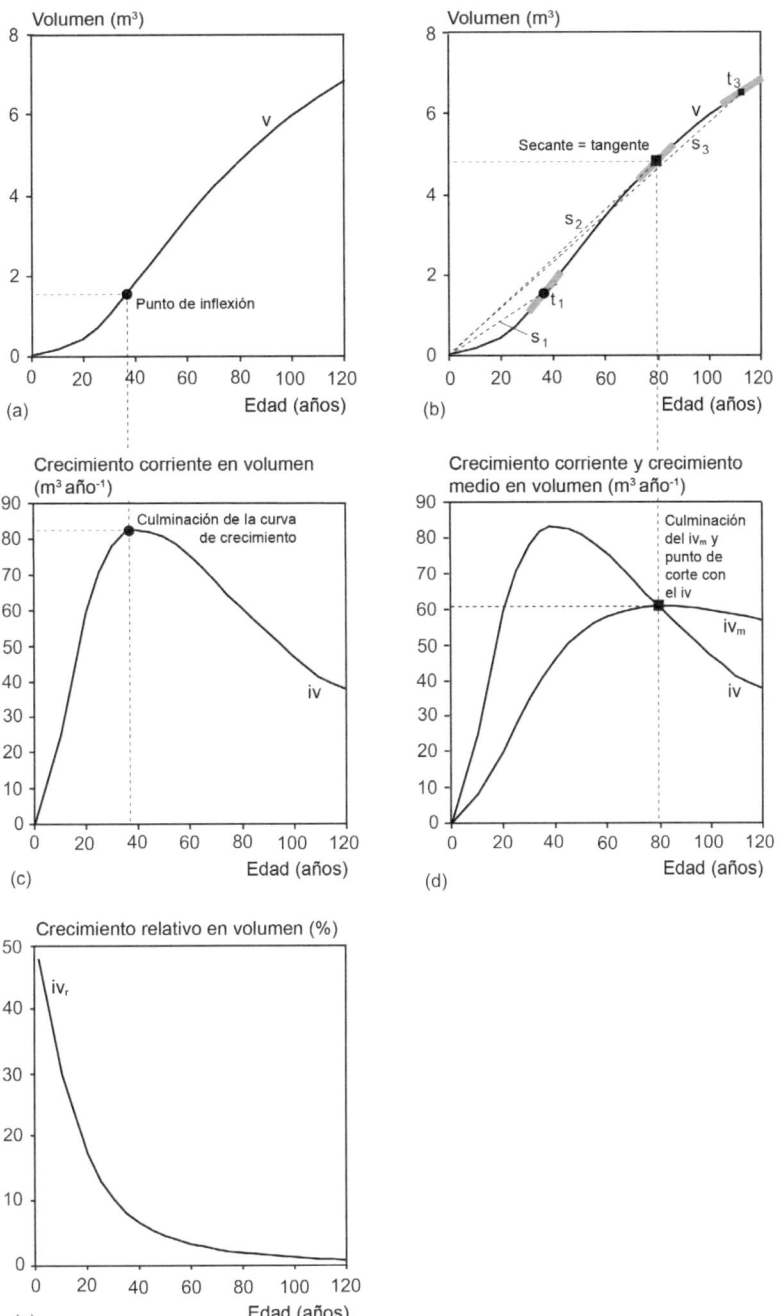

Figura 3.6 Evolución del crecimiento acumulado del árbol en volumen, v, crecimiento corriente anual, *iv*, crecimiento medio, ivm, y crecimiento relativo (iv_r) en volumen de fuste. Descripción de su desarrollo y relaciones entre ellos. (a) Crecimiento acumulado o curva de crecimiento que presenta una forma en S. (a y c) El crecimiento corriente, *iv*, es la derivada del crecimiento acumulado. El punto de inflexión del crecimiento acumulado (línea discontinua) indica el punto de culminación de la curva de crecimiento corriente. (b y d) El crecimiento medio, iv_m, se calcula dividiendo el crecimiento acumulado entre la edad (*t*). (d) A la edad de máximo crecimiento medio, este es igual al crecimiento corriente. En ese punto, la tangente de la curva es igual a la secante de la curva. (e) El crecimiento relativo en volumen es el cociente entre el crecimiento corriente en volumen y el volumen en un momento dado. El crecimiento relativo decrece continuamente.

Caja 3.2 Relación aritmética entre el volumen del árbol (v), crecimiento corriente (i_c) y crecimiento medio (i_m)

Esta relación se puede ilustrar con el ejemplo de la curva de crecimiento en altura de un pie, aunque también se puede aplicar a otras características del árbol o de la masa. Si el volumen alcanzado por el árbol se representa frente la edad E (Figura 3.6a), el resultado es la curva de crecimiento en volumen o crecimiento acumulado en volumen $v = f(E)$. Estas curvas de crecimiento siempre tienen una forma sigmodial para todos los pies y variables dendrométricas, asumiendo que no existan crecimientos anormalemnte altos o bajos. La curva del crecimiento corriente a lo largo de la edad $i_c = f(E) = f'(E) = dv/dE$ (Figura 3.6c) es la primera derivada de la curva de crecimiento acumulado. Se calcula por tanto mediante la diferencial. Por el contrario, la función de crecimiento $f(E)$ es la curva acumulada de la función de crecimiento corriente, es decir, la antiderivada o integral de la función de crecimiento corriente

$$v = f(E) = \int_0^E i_c \times dE = \int_0^E (E)\, dE.$$

Por lo tanto, la culminación de la curva de crecimiento corriente coincide con el punto de inflexión de la curva de crecimiento acumulado (ver Figura 3.6, a y c). El crecimiento medio en volumen i_m (Figura 3.6d) se obtiene dividiendo el volumen acumulado hasta cierto punto en el tiempo por la edad a dicho punto. Para el volumen v_e a la edad E, el crecimiento medio resulta en

$$i_m = \frac{dF(E)/E}{dE} = \frac{(F'(E) \times E - f(E))}{E^2} = 0.$$

El crecimiento medio en altura sería análogo al cociente del crecimiento acumulado en altura alcanzado a la edad E y la edad ($i_m = H/E$).

La curva del crecimiento medio culmina más tarde que la del crecimiento corriente. Esta alcanza su máximo en el punto de intersección con la curva del crecimiento corriente en su rama descendente (Figura 3.6d). Para determinar el punto de culminación del crecimiento medio, se iguala la primera derivada del crecimiento medio ($i_m = f(E)/E$) a cero. La derivada i_m' se vuelve cero cuando $E \times f'(E) - f(E) = 0$. Este es equivalente a $f'(E) = f(E)/E$. El crecimiento medio i_m, por tanto, culmina exactamente cuando es igual al crecimiento corriente i_c (Figura 3.6d).

---

minación y los puntos de inflexión cambian (ver Sección 3.1.3.2, Figura 3.6). Las curvas también son análogas para las variables de masa. Sin embargo, las curvas de crecimiento para el diámetro medio, altura media, etc. culminan antes que las curvas del árbol individual, ya que, al desaparecer algunos árboles por mortalidad natural, generalmente los más pequeños, se produce un aumento matemático de la media.

La evolución de la curva de crecimiento acumulado, cuantificada mediante la asíntota, la pendiente y la posición del punto de inflexión, varía entre especies y entre estaciones. Si las condiciones de sitio o el tratamiento cambian durante el desarrollo del árbol o de la masa, las curvas se desviarán más o menos de las curvas teóricas mostradas en la Figura 3.6. Por ejemplo, la competencia en masas mixtas de montaña puede producir una reducción del crecimiento en altura, resultando en una curva de crecimiento acumulado en altura con varios puntos de inflexión. La falta de agua en el suelo puede provocar una reducción temporal del crecimiento en altura; cuando termina la perturbación el crecimiento vuelve al valor típico para la edad con una aproximación asintótica al valor máximo (ver Capítulo 11).

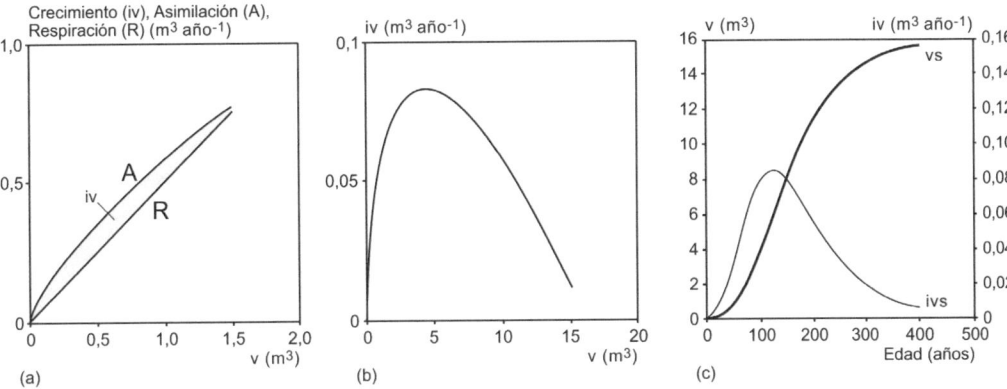

Figura 3.7 Derivación de la curva de crecimiento corriente unimodal y la curva en forma de S del crecimiento acumulado a partir de las relaciones alométricas básicas de Kleiber (1947) y Rubner (1931).(a) El incremento neto (el área gris entre la curva de asimilación, A, y respiración, R) es la diferencia entre la asimilación bruta (curva cóncava $A = a \times v^{3/4}$) y la respiración (recta $R = b \times v^1$).(b) La evolución del crecimiento neto en volumen, iv, representada sobre el volumen de la planta. El volumen de la planta puede considerarse proporcional a la masa $v \propto m$.(c) Desarrollo del crecimiento en volumen con la edad, iv, y del crecimiento acumulado en volumen, v, derivados de la relación entre iv y v de la Figura 3.6b, asumiendo un tamaño de planta inicial de 0,001 m³.

3.1.5 De las bases fisiológicas a la formulación matemática de las curvas de crecimiento

3.1.5.1 Justificación fisiológica de las curvas de crecimiento corriente y crecimiento acumulado

Las reglas alométricas la $\propto m^{\frac{3}{4}}$ de Kleiber (1947) y la $\propto m^{\frac{2}{3}}$ de Rubner (1931) introducidas en la Sección 2.1.5 contribuyen a la explicación de la ontogenia del árbol, las causas de su crecimiento corriente unimodal y la consiguiente forma en S de la curva de crecimiento. Según estas reglas, la forma unimodal del crecimiento corriente de un árbol $iv_N = a \times v^{\frac{3}{4}} - b \times v^1$ resulta de la diferencia entre el término anabólico, $A = a \times v^{\frac{3}{4}}$ y del término catabólico, $R = b \times v^1$ (Figura 3.7, a y b). El término A representa la asimilación bruta, R la respiración, y iv_N el crecimiento neto del árbol. Para el término anabólico, Kleiber (1947) asume que A se relaciona con la biomasa o volumen con un escalado de ¾, $A \propto v^{\frac{3}{4}}$, mientras que Rubner (1931) asume un escalado geométrico, $A \propto v^{\frac{2}{3}}$. Por otra parte, Rubner (1931) asume una relación linear entre la respiración y la biomasa o volumen de las plantas, $R \propto v^1$.

Estas dos relaciones alométricas se presentan en la Figura 3.7a, que muestra que el crecimiento neto (área gris entre A y R) para las plantas pequeñas es reducido, alcanza un máximo para tamaños medianos y vuelve a decrecer para tamaños de planta grande. De acuerdo con este patrón, la planta afronta dos aspectos contrarios, la superioridad frente a sus vecinos según aumenta el tamaño y los costes de mantenimiento.

La Figura 3.7 b muestra la característica forma unimodal de la curva de crecimiento corriente frente al tamaño del árbol. En base a esta tasa de crecimiento y asumiendo un valor del volumen inicial del árbol a la edad de un año (aquí v_1 = 0,001m³), se puede obtener la curva de crecimiento corriente en función de la edad, iv. Integrando esta curva se obtiene la curva sigmoidal de crecimiento acumulado en volumen, v (Figure 3.6c). Posteriormente, en este capítulo se muestra que los dos términos, el anabólico, A, y el catabólico, R, se pueden ver modificados por la competencia con los vecinos, cambiando por tanto el desarrollo de las curvas mostradas en la Figura 3.6.

Esta primera explicación mecanicista del patrón unimodal del crecimiento y de la forma en S de la curva de crecimiento acumulado ha evolucionado progresivamente. Ryan y Waring (1992) mostraron que la respiración de árboles grandes y viejos decrece significativamente. Casi la mitad de la respiración de un árbol corresponde con el crecimiento, como este desciende según avanza la edad, así lo hace la respiración. Por otra parte, la respiración de mantenimiento puede decrecer con la edad (Yoder et al. 1994). Es decir, R no crece proporcionalmente al tamaño ($\alpha_{R,v} = 1, 0, R \propto v^1$) sino que decrece gradualmente con el tamaño ($\alpha_{R,v} \ll 1, 0$). Otros estudios (p.ej. Ryan y Yoder 1997) muestran que en árboles maduros la limitación de nutrientes, cambios genéticos en los meristemos, o limitaciones hidráulicas pueden cambiar el curso de la curva. De este modo, la aproximación introducida por Bertalanffy (1951), basada en las reglas de Kleiber (1947) y Rubner (1931), ofrece una aproximación sencilla pero que no explica suficientemente bien por qué los árboles no crecen hasta alcanzar el cielo, sino presentan una forma del crecimiento en S.

3.1.5.2 Formulación biométrica de las curvas de crecimiento corriente y crecimiento acumulado

Bertalanffy (1951) derivó su función de crecimiento $m = A \times (1 - e^{-k \times t})^3$ a partir de los términos anabólico y catabólico anteriormente presentados. El crecimiento de una planta $dI/dt = a \times O - b \times I$ resulta de la diferencia del término de síntesis, $a \times O$, y el término de degradación, $b \times I$. En este ejemplo la síntesis es proporcional a la superficie, O. La degradación es proporcional al contenido, I. Según Rubner (1931) la relación entre superficie y contenido en $0 \propto I^{\frac{2}{3}}$ o $la \propto m^{\frac{2}{3}}$, es decir, se puede asumir la superficie foliar, la, como superficie de asimilación y la biomasa del árbol, m, como el contenido de la planta que respira. La fórmula $dI/dt = a \times 0 - b \times I$ resulta entonces en $dm/dt = a \times m^{\frac{2}{3}} - b \times m$. Si se resuelve esta ecuación diferencial con el valor inicial m_0 para le tiempo inicial t_0, y se establece $A = (a/b)^3$ y $k = b/3$, resulta en la ecuación de crecimiento de m con el tiempo $m = A \times (1 - e^{-k \times t})^3$.

El punto de culminación del crecimiento de esta función, $tpto.infl.$, que es el momento del punto de inflexión de la curva acumulada, se alcanza en un 29,63 por ciento de la dimensión final del individuo $m_{t_{pto.infl.}} = A \times 0,2963$. El punto de inflexión se produce por lo tanto a $t_{pto.infl.} = -\ln\left(\frac{1}{3}\right)/k$. Bertalanffy (1951) explica que esta expresión $m = A \times (1 - e^{-k \times t})^3$ es particularmente adecuada para la descripción del desarrollo en volumen o peso de animales y microorganismos.

Con el fin de hacer la función más flexible Bertalanffy (1951), y posteriormente Richards (1959), generalizaron su expresión a $dm/dt = am^\alpha - bm$, que resulta en la función de crecimiento acumulado $m = A \times (1 - e^{-b \times t})^{\frac{1}{1-\alpha}}$. Si se estima esta función mediante regresión no lineal a partir de trayectorias de crecimiento observadas, el exponente refleja la relación alométrica $la \propto m^\alpha$.

Para el escalado geométrico $\alpha = 2/3$, el exponente es $1/(1 - 2/3) = 3$ y resulta en la función de Bertalannfy (1951) ($m = A \times (1 - e^{-k \times t})^3$) como un caso particular de la función de Richards (1959) ($m = A \times (1 - e^{-b \times t})^{\frac{1}{1-\alpha}}$). Para $\alpha = 3/4$ da un exponente $1/(1 - 3/4) = 4$ y para $\alpha = 1/2$ resulta en $1/(1 - 1/2)=2$.

La Figura 3.7a muestra la relación alométrica entre la superficie foliar (superficie) y la masa (contenido) para $\alpha = 1/2, 2/3,$ y $3/4$ en un sistema de coordenadas doble logarítmico. La Figura 3.7b muestra cómo las diferentes hipótesis de escalado afectan a la forma de la curva de crecimiento acumulado, el momento del punto de inflexión $tpto.infl.$, y la masa en este momento. El término indica el valor de la masa en relación a la máxima biomasa A, que toma un 0,25, 0,296 y 0,316 con un escalado de $\alpha = 1/2$, 2/3 y 3/4, respectivamente. Dejando libre el exponente propuesto por Bertalannffy (1951) a $1/(1-\alpha)$, la función de crecimiento se hace más flexible.

Numerosas aplicaciones de la ecuación generalizada al crecimiento de árboles (*e.g.* Kahn 1994, Murray y Gadow 1993) muestran una variación del exponente $1/(1-\alpha)$ entre 1 y 4, que representan las curvas características de los individuos según su genética, condiciones de sitio y su situación de competencia. Suponiendo que las curvas de crecimiento que se muestran en la Figura 3.8 reflejan el desarrollo de árboles adyacentes significaría que el árbol con $\alpha_{la,m} = 1/2$ tiene una ventaja competitiva y que el árbol con $\alpha_{la,m} = 3/4$ muestra un desarrollo y envejecimiento retardado.

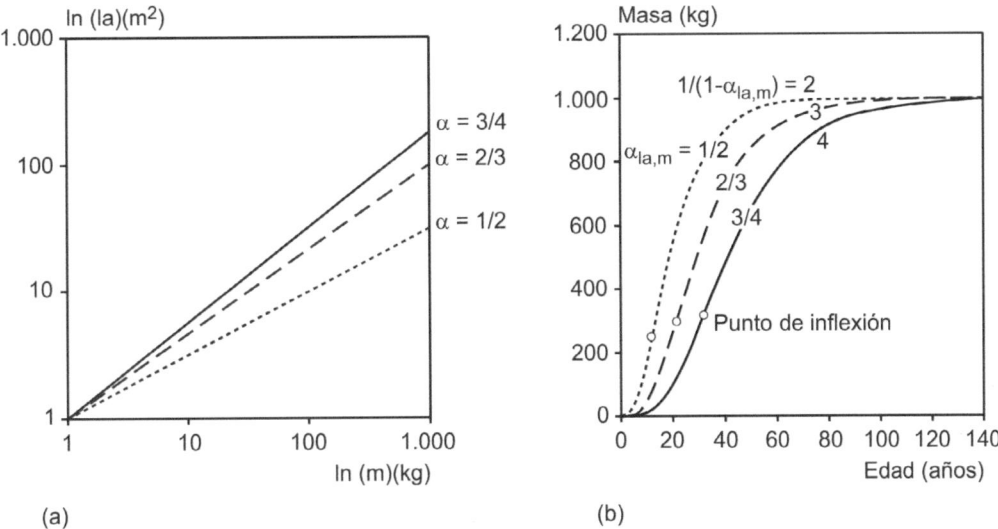

Figura 3.8 Hipótesis sobre la relación alométrica entre superficie y masa y consecuencias en la evolución de las funciones de crecimiento. (a) Relación alométrica entre la superficie foliar, la, y la masa de un árbol, m, con $\alpha_{la,m}$ = 1/2, 2/3 y 3/4 en el sistema de coordenadas doble logarítmicas ($ln(la)$ vs. $ln(m)$). (b) Funciones de crecimiento acumulado resultantes con = 2, 3 y 4, respectivamente.

3.1.6 Visión general de las funciones de crecimiento

Aunque los procesos fisiológicos de síntesis y degradación que subyacen tras el crecimiento del árbol son complejos y todavía no del todo conocidos, sorprendentemente resultan en curvas de crecimiento y crecimiento acumulado bastante estables. Estas curvas describen el crecimiento en diámetro, altura o volumen del árbol, o el cambio de dimensiones de la masa a lo largo del tiempo, y se pueden entender como la contabilidad de los procesos de síntesis y degradación. Las funciones de crecimiento que se ven a continuación intentan cuantificar las leyes de crecimiento del árbol de una manera global. Las funciones de crecimiento no buscan necesariamente la mejor descripción estadística posible o la réplica de unas trayectorias de crecimiento observadas, sino su descripción a partir de los procesos de síntesis y degradación. De este modo, las funciones de crecimiento se usan por ejemplo para la simulación del crecimiento y producción de las masas forestales (Capítulos 8 y 10) o como curvas de referencia para la cuantificación de las alteraciones del crecimiento (Capítulo 11). Lo importante es, por lo tanto, su significado biológico más que su flexibilidad. Esta se puede conseguir mediante polinomios que, con un número elevado de parámetros, son capaces de replicar los patrones de crecimiento fielmente. Sin embargo, las curvas de crecimiento expresadas mediante polinomios carecen de una interpretación biológica. Cualquier interpolación o extrapolación del rango de valores observados, como sería deseable para el uso posterior de las ecuaciones de crecimiento en simulaciones, no sería adecuada.

La Tabla 3.1 resume algunas funciones de crecimiento más frecuentemente utilizadas en una formulación general. Además, se incluyen las funciones de Korf (1939), Levakovic III (1935) y Hossfeld IV (in Peschel 1938), menos frecuentes pero indicadas como especialmente adecuadas para representar el crecimiento de los árboles en los estudios de Zeide (1993) y Kiviste (1988). La Tabla 3.1 presenta tanto la función de crecimiento como su forma diferencial. Estas curvas expresan el crecimiento corriente dy / dt sobre el tiempo como variable independiente. Además, se detalla la componente de síntesis o anabolismo y la de degradación o catabolismo. En Kiviste et al. (2002)

se puede encontrar una extensa recopilación de funciones de crecimiento, con una descripción exhaustiva de sus características principales.

Estas funciones describen de distintas maneras el desarrollo de la dimensión del árbol con el tiempo. Particularmente, es variada la forma de expresar la parte catabólica o de degradación de la función, que expresa las restricciones del crecimiento por la limitación de recursos, competencia, energía invertida en la reproducción o factores bióticos y abióticos que alteran el crecimiento.

La función de crecimiento introducida por Richards (1959)

$$y = a \times \left(1 - e^{-b \times t}\right)^c$$

se considera la función más frecuente dependiente de tres parámetros. Al reemplazar el exponente de valor fijo 3 de la función de Bertalanffy de dos parámetros por un tercer parámetro c, se consigue una mayor adaptabilidad para reflejar los patrones de crecimiento (Sección 3.1.5.2). La Figura 3.9 ejemplifica la flexibilidad de la función de Richards (1959) para modelizar el crecimiento corriente en altura y el patrón de evolución de la altura. Si se varían los valores de los parámetros a, b y c, que controlan la asíntota, la pendiente y posición del punto de inflexión de la curva, esta función puede representar un espectro muy amplio de patrones de crecimiento acumulado en altura. Esta mayor flexibilidad con respecto a la función de Bertalanffy se produce a expensas de la plausibilidad biológica y de una mayor inestabilidad en la estimación de los parámetros.

Las funciones de Korf y Levakovic III, también con tres parámetros, evitan estos inconvenientes y mejoran significativamente en términos de interpretación biológica y de menor error estándar de la estimación, según Kiviste (1988) y Zeide (1972, 1989, 1993). La función de Hossfeld IV resulta particularmente útil para reflejar el crecimiento en volumen del árbol y de la masa, pero es similar a la función de Chapman-Richard en términos de precisión para el crecimiento en altura y diámetro del árbol.

La función de Gompertz (1825), originalmente desarrollada para describir la distribución de edades de las poblaciones humanas, presenta el punto de inflexión a 0,379 x A y presenta generalmente buenos resultados en comparación con otras funciones. La ecuación introducida como una función monomolecular (Tabla 3.1) ofrece buenos resultados cuando se modelizan las reacciones del crecimiento a factores ambientales (ver Caja 3.4), pero es menos útil para representar la evolución del crecimiento en el tiempo. No presenta punto de inflexión y es por lo tanto menos plausible biológicamente. A pesar de que la función de crecimiento logística es particularmente conocida en la ecología, su comportamiento es pobre en comparación con otras funciones debido a su menor flexibilidad. Sus principales limitaciones son que presenta el punto de inflexión a 0,5 x A y a una determinación del proceso de degradación proporcional al cuadrado del tamaño actual ($(b/a) \times y^2$). En los estudios de Kiviste (1988) y Zeide (1972, 1989, 1993) que comparan distintas funciones, se remarca la flexibilidad y el sentido biológico de las funciones de Gompertz, Levakovic III, Korf y Hossfeld IV. Sin embargo, a su vez se indica que en cada aplicación se debe considerar el error estándar como elemento base para asegurar un adecuado equilibrio entre un buen comportamiento estadístico y el significado biológico de la ecuación.

3.1.7 Modelo teórico y patrones observados del crecimiento con la edad

El desarrollo del árbol con la edad se desvía con frecuencia de los modelos teóricos establecidos (Figura 3.7, Figura 3.8 y Figura 3.9). En particular, el aumento del crecimiento con la edad se mantiene más tiempo y la aproximación a la asíntota y culminación del crecimiento se retrasa.

Con el fin de analizar el comportamiento del crecimiento de los árboles a edades muy avanzadas, se ilustran los crecimientos de hayas, robles albares y alcornoques viejos obtenidos a partir de la lectura de anillos de crecimiento a 1,3 m de altura de fuste. Las muestras de

Tabla 3.1 Resumen de las funciones de crecimiento más relevantes con su nombre, forma integral, forma diferencial y composición de los componentes de síntesis y degradación. Para mayor claridad, se combinan parámetros y variables sin signos de multiplicación, *i.e.* $(b/a)y^2 = b/a \times y^2$ (según Zeide 1993). Tamaño de dimensión del árbol o de la masa (altura, diámetro, volumen), y, edad, t, parámetros de la función, a, b y c, función de logaritmo natural, ln.

Función	Función de crecimiento acumulado	Función de crecimiento	Componente de construcción	Componente de degradación
Hossfeld IV	$y = t^c / (b + t^c/a)$	$y' = bct^{c-1}/(b + t^c/a)^2$	cy/t	cy2/at
Gompertz	$y = ae^{-be^{-ct}}$	$y' = abce^{-be^{-ct}}$	$c\ln(a)y^2$	$cy\ln(y)$
Logistica	$y = a/(1 + ce^{-bt})$	$y' = abce^{-bt}/(1 + ce^{-b})^2$	by	$(b/a)y^2$
Monomolecular	$y = a(1 - ce^{-bt})$	$y' = abce^{-bt-ct}$	ab	by
von Bertalanffy	$y = a(1 - e^{-bt})^3$	$y' = abce^{-bt}/(1 + ce^{-b})^2$	$3a^{1/3}by^{2/3}$	3by
Chapman-Richards	$y = a(1 - e^{-bt})^c$	$y' = abce^{-bt}(1 - e^{-bt})^{c-1}$	$a^{1/c}bcy^{(c-1)/c}$	bcy
Levakovic III	$y = a(t^2/(b + t^2))^c$	$y' = 2bcy/t(b + t^2)$	2cy/t	$2a^{-1/c}cy^{(c+1)/c}/t$
Korf	$y = ae^{-bt^{-c}}$	$y' = abce^{-c-1}e^{-bt^{-c}}$	cln(a)y/t	cyln(y)/t

haya y roble se han extraído en el parque nacional de Picos de Europa y los de alcornoque en los parques nacionales de Monfragüe y Cabañeros (España). La Figura 3.10 muestra que incluso en los árboles mayores de 200 años las curvas de crecimiento acumulado en área basimétrica no asintotizan como indican los modelos teóricos anteriormente descritos. Incluso en algunos árboles el área basimétrica continúa creciendo exponencialmente con la edad.

Aunque el área basimétrica en estos árboles se mantiene o continúa creciendo con la edad, no significa que su productividad lo haga. En la Figura 3.11 se presenta el crecimiento de un roble viejo muestreado en el sur de Alemania (Warger, 2016) que sigue creciendo en edades avanzadas, junto con su crecimiento por superficie de copa, que decrece continuamente (ig/spc). Este decaimiento de la productividad resulta del todavía presente aumento de la superficie de proyección de copa y área disponible en edades avanzadas (ver Figuras 2.13 y 2.15, respectivamente). Es decir, de dividir el todavía ligeramente creciente crecimiento corriente anual por la significativamente creciente área disponible, sd, o superficie de proyección de copa, spc. Estos árboles con aumento del crecimiento todavía en edades avanzadas son interesantes desde un punto biológico y refutan los patrones mostrados en algunos libros de texto. No obstante, no significan que aumente la productividad y la fijación de C por unidad de superficie con la edad y el tamaño, como indican Stephenson et al. (2014).

Una de las razones posibles para explicar este retraso de la culminación del crecimiento en comparación con un modelo teórico, podría ser la historia del desarrollo de los individuos, por ejemplo, con un retraso juvenil del crecimiento por competencia que conlleva una culminación posterior (este patrón se observa en algunos árboles de la Figura 3.10). No obstante, la Figura 3.12 muestra que los patrones de crecimiento de árboles urbanos, que teóricamente muestran un crecimiento libre de competencia, se desvían también de los modelos teóricos (Pretzsch et al. 2017). Estas mediciones se realizaron en un estudio sobre árboles urbanos (Caja

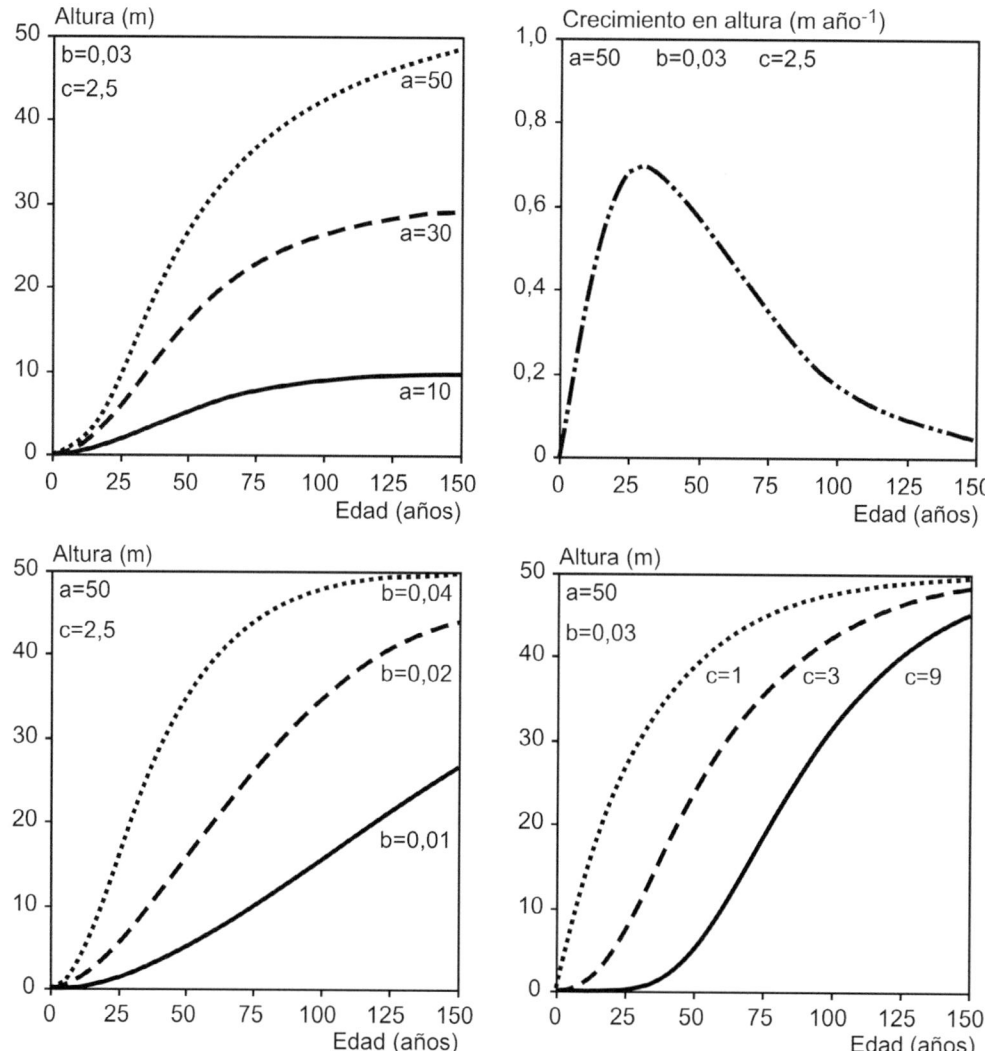

Figura 3.9 Función de Richards (1959) aplicada para modelizar el crecimiento en altura y la evolución de la altura del árbol. Al variar los parámetros a, b y c (asíntota, pendiente y posición del punto de inflexión), se puede reflejar un amplio espectro de desarrollos de altura.

11.3) realizado en clima boreal (Sapporo, Japón; Prince George, Canadá), templado (Paris, Francia; Berlín, Alemania; Múnich, Alemania), Mediterráneo (Cape Town, Sudáfrica; Santiago de Chile, Chile) y subtropical (Hanoi, Vietnam; Brisbane, Australia; Houston, EEUU). El valor absoluto del tamaño varía dependiendo de la especie y de la zona climática, pero el curso del área basimétrica con la edad muestra en la mayor parte de los casos un crecimiento exponencial con la edad, como en el ejemplo anterior de árboles en ambiente forestal. De este modo, apenas se observa una aproximación asintótica a un valor máximo.

Las muestras de *Robinia pseudoacacia* L. se tomaron en Santiago de Chile, *Picea glauca* (MOENCH) VOSS en Prince George, *Abies sachalinensis* MAST. en Sapporo, *Tilia cordata* MILL. en Berlín, *Quercus nigra* L. en Huston, *Araucaria cunninghamii* AITON ex D. DON en Brisbane, *Khaya senegalensis* (Desr.) A. Juss. en Hanoi, *Aesculus hippocastanum* L. en

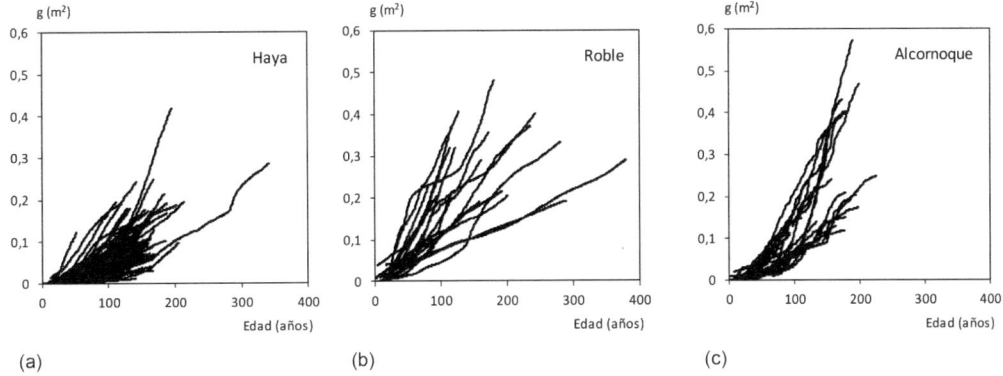

Figura 3.10 El desarrollo en área basimétrica (g) de hayas y robles en el parque nacional de Picos de Europa y de alcornoques en los parques nacionales de Monfragüe y Cabañeros (España) muestran en muchos casos una forma exponencial a edades avanzadas.

Munich, *Platanus x hispanica* MÜNCHH. en París y *Quercus robur* L. en Ciudad del Cabo (Pretzsch et al. 2017).

Las desviaciones observadas entre los patrones de crecimiento y el modelo teórico pueden deberse, entre otras cosas, a que muchos de los estudios previos sobre modelos de crecimiento, al igual que otras ideas del conocimiento forestal, se basan en especies agrícolas de crecimiento rápido. Pero también se pueden deber al hecho que, con frecuencia, se asigna al desarrollo del árbol individual representaciones del desarrollo de valores medios de masa que muestran una culminación del crecimiento anterior y un desarrollo asintótico, mientras que se ignora el aumento del crecimiento del árbol individual (Sección 3.1.8). Finalmente, hay que tener en cuenta que en muchos climas las condiciones de crecimiento han mejorado desde la época en la que se establecieron los fundamentos de la ciencia forestal debido al cambio climático e insumos de nutrientes, lo que ha podido acelerar el crecimiento de los árboles a edades avanzadas (Pretzsch 1996, Pretzsch et al. 2017, Röhle 1997).

3.1.8 Del crecimiento a la productividad del árbol

El crecimiento de un árbol y el desarrollo de su tamaño y forma son "desde el punto de vista del árbol" esenciales para su competitividad y *fitness*. Desde la perspectiva de la ecología productiva y la gestión forestal su productividad, es decir, el crecimiento del árbol por superficie ocupada también es importante. Como la superficie disponible para los árboles es limitada, es importante conocer cuánto crece el árbol por la superficie que ocupa. La diferencia entre el crecimiento del árbol y el crecimiento por superficie ocupada se ilustra en la Figura 3.13. En la Figura 3.13a se muestra la evolución característica del crecimiento corriente en volumen del fuste, iv, y la evolución del volumen de fuste con la edad o crecimiento acumulado, v, según lo discutido en las secciones anteriores de este capítulo. La Figura 3.13b muestra la relación alométrica $sd \propto v^{\frac{1}{2}}$ entre el volumen de fuste y la superficie disponible (West et al. 2009), como se explica en el capítulo 2. Dividiendo el crecimiento en volumen y el volumen, iv y v respectivamente, entre la superficie disponible para el árbol, sd, se obtiene la productividad, iv/sd, y las existencias por superficie, v/sd (Figura 3.13c). Como se puede observar al comparar las Figura 3.13 a y c, la transición al crecimiento por superficie ocupada implica un adelantamiento de la edad de culminación del crecimiento y del punto de inflexión de la curva.

Para analizar los patrones de crecimiento en relación a la superficie se debe utilizar la superficie

3 Crecimiento del árbol, condiciones de sitio y competencia

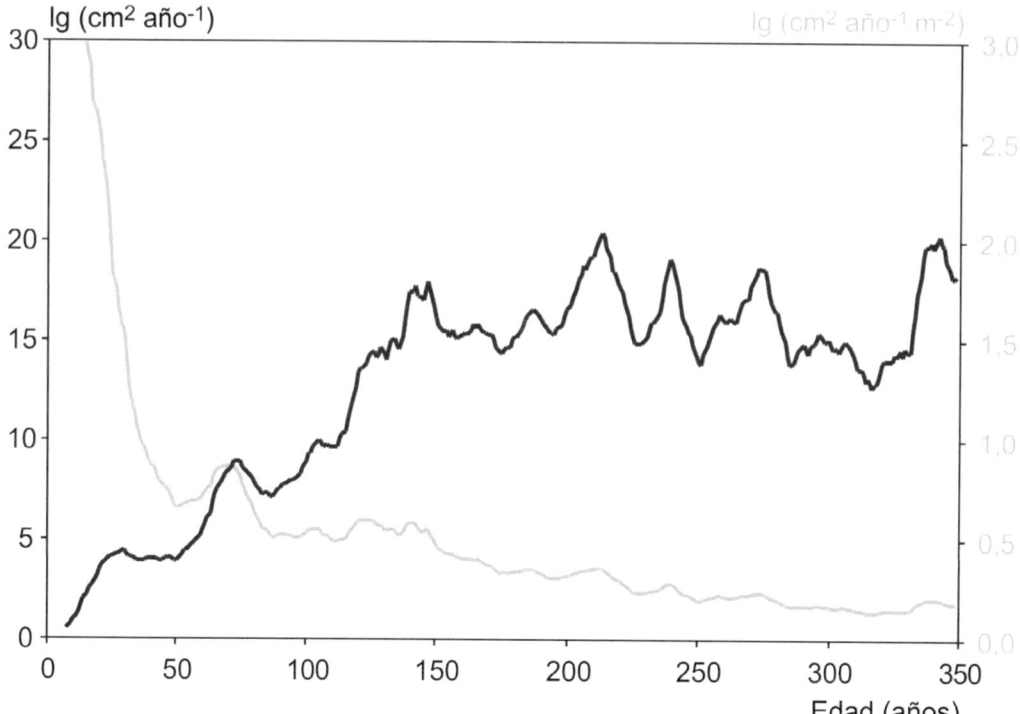

Figura 3.11 Diferencia entre crecimiento de árboles y crecimiento de árboles por superficie. Crecimiento corriente anual en área basimétrica, así como el crecimiento en área basimétrica por superficie de proyección de copa para un roble de 350 años (según Warger 2016, p. 24 y 45).

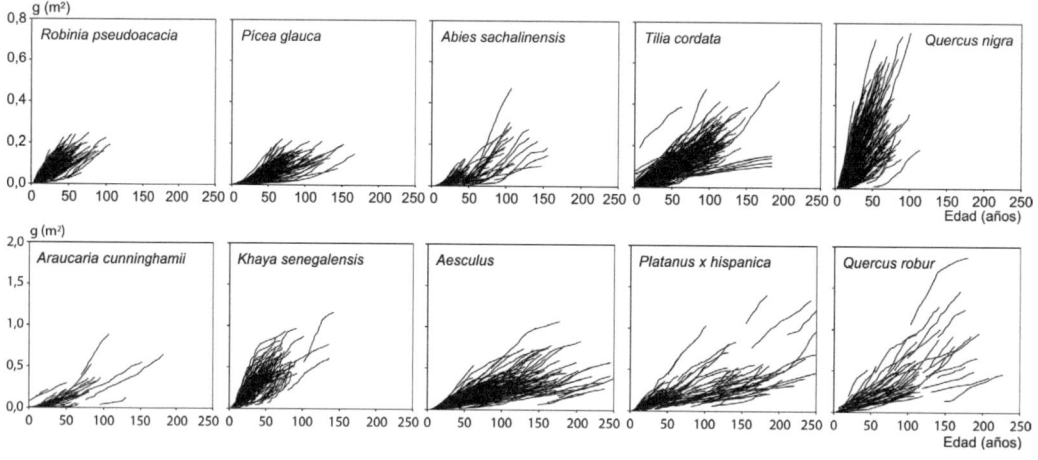

Figura 3.12 Crecimiento acumulado en área basimétrica de árboles urbanos en clima boreal (Sapporo, Japón; Prince George, Canadá), templado (Paris, Francia; Berlín, Alemania; Múnich, Alemania), Mediterráneo (Cape Town, Sudáfrica; Santiago de Chile, Chile) y subtropical (Hanoi, Vietnam; Brisbane, Australia; Huston, EE.UU.). En la mayoría de los casos, el crecimiento continúa aumentando hasta la vejez.

disponible, sd, y no la superficie de proyección de copa, spc. Excepto cuando spc = sd, el rendimiento por superficie ocupada (iv/sd) difiere del rendimiento por superficie de copa (iv/spc). La superficie de proyección de copa puede ser mayor que la superficie disponible, especialmente en masas mixtas (Figura 2.22). En este caso, iv/spc<<iv/sd, por lo que una conclusión obtenida a partir de la eficiencia del crecimiento en relación con la superficie de copa puede resultar en una infraestimación de la productividad.

3.2 Crecimiento y condiciones ambientales

3.2.1 Relación unimodal "dosis-respuesta" entre el crecimiento y la calidad de estación

Por una parte, el crecimiento de los árboles depende de las condiciones ambientales locales (clima, nutrientes, agua). Por otra, el crecimiento del árbol está influenciado por la constelación de los árboles en la masa (*inter alia* densidad de la masa, mezcla de especies, estratificación). A su vez, las condiciones ambientales locales pueden cambiar como resultado de la intervención humana (*e.g.* fertilización, cultivo de especies fijadoras de nitrógeno, cambio climático antropogénico). En esta sección se discute la relación entre las condiciones ambientales y el crecimiento del árbol.

Cuando el nivel o dosis de un factor limitante del crecimiento de un organismo aumenta, bajo condiciones de *ceteris paribus* la respuesta del crecimiento sigue un patrón unimodal de dosis-respuesta (Figura 3.15). Si la dosis o nivel del factor es mínima, no se produce crecimiento, mientras que este empieza a aumentar según el nivel del factor de crecimiento aumenta, hasta alcanzar un óptimo. Cuando se sobrepasa el óptimo, el crecimiento decrece de forma monótona hasta llegar nuevamente a un crecimiento nulo. El mínimo y máximo (s_{min},

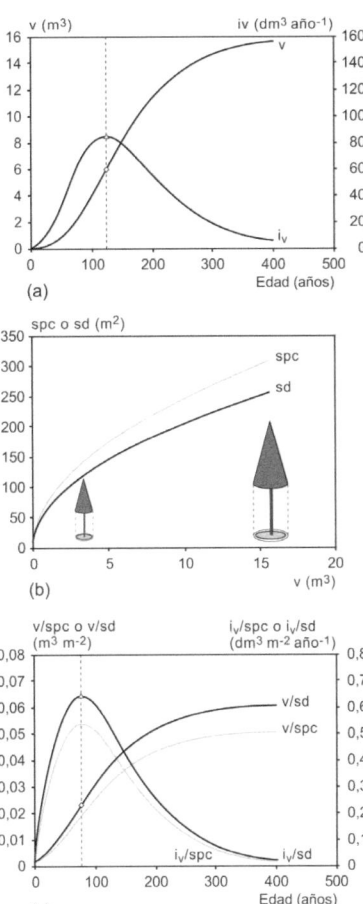

Figura 3.13 Si el desarrollo del crecimiento y volumen de un árbol (a) se relaciona con la superficie disponible o con la superficie de proyección de copa se adelanta la edad de culminación del crecimiento y del punto de inflexión de la curva de crecimiento acumulado, con respecto a las curvas sin referir a la superficie. (a) Crecimiento corriente en volumen, iv, y crecimiento acumulado o evolución del volumen con la edad del árbol, v. b) Relación alométrica entre el volumen de fuste de un árbol, v, y su superficie de proyección de copa, spc, o su superficie disponible, sd. Para esta figura esquemática se ha asumido que la superficie de proyección de copa es más grande que la superficie disponible, pero que ambas presentan el mismo exponente alométrico con el volumen de fuste ($sd \propto spc \propto v^{1/2}$). Las diferencias existen por lo tanto sólo en el factor alométrico a ($spc = a_1 \times v^{1/2}$) y $sd = a_2 \times v^{1/2}$, siendo $a_1 \neq a_2$). (c) Desarrollo del crecimiento en volumen y volumen del árbol en relación con la superficie disponible y con la superficie de proyección de copa. Los cocientes *iv/sd* y *v/sd* corresponden a la productividad y a las existencias del árbol por superficie (curvas en negrita). Los cocientes *iv/spc* y *v/spc* representan la productividad y existencias por superficie de proyección de copa (curvas en gris).

Caja 3.3 Nicho ecológico fundamental y real

El rango n-dimensional de condiciones ambientales (factores ambientales y disponibilidad de recursos) bajo el cual un individuo o masa de una especie determinada puede existir se conoce como nicho ecológico. Hay que diferenciar entre las definiciones de nicho fundamental y el nicho real. El nicho fundamental describe el rango n-dimensional de condiciones ambientales bajo las cuales una especie puede existir en ausencia de competencia interespecífica (Hutchinson 1957). Se entiende, sin embargo, por nicho real al rango n-dimensional de condiciones ambientales bajo las cuales una especie también puede ocurrir en presencia de otras especies (McGill et al. 2006). El nicho real suele ser más pequeño que el nicho fundamental. Los conceptos de nicho, superposición y proximidad de nichos son esenciales para comprender la ocurrencia, el comportamiento competitivo y la miscibilidad de las especies arbóreas.

El hecho de que las diferentes especies se adapten a distintas condiciones de sitio se expresa en los nichos fundamentales específicos de cada especie. La Figura 3.3-1a muestra una representación esquemática de cuatro especies, de las cuales las especies 1 y 2 se superponen en sus nichos fundamentales. Como regla general, la productividad es más alta en el centro del nicho, es decir, con condiciones de crecimiento óptimas, y disminuye hacia los bordes del nicho, que se representa esquemáticamente mediante rectángulos. Una mezcla solo es posible bajo las condiciones de sitio en las que los nichos fundamentales de las especies se superponen (Figura 3.3-1b, rectángulo relleno en gris). Por ejemplo, los especies 1 y 2 se pueden mezclar en el sitio s representado. Sin embargo, las condiciones de crecimiento son mejores para la especie 1 que para la 2, dado que las condiciones del sitio están en el borde del nicho ecológico de la especie 2 y más cerca del centro de la especie 1. Debido a la variación en las condiciones del sitio a lo largo del tiempo (Figura 3.3 -1c, flechas), a veces la especie 2 prospera mejor que la especie 1. En ocasiones, los cambios en las condiciones de crecimiento pueden incluso ir más allá del nicho de la especie 2, cuestionando así su existencia.

En la Figura 3.14a-c no se tiene en cuenta ninguna interacción entre las especies. Sin embargo, existen interacciones entre especias, por lo que entra en juego la transición al nicho real (Figura 3.14d y e). La competencia interespecífica puede reducir el nicho real común en comparación con el nicho fundamental común, como se observa con la especie 2 en la Figura 3.14d. Debido a la competencia con la especie 1, el nicho real de la especie 2 (Figura 3.14d, área sombreada) es más pequeño que el fundamental. Ejemplos de ello son el desplazamiento de la pícea o del roble por el haya. Por el contrario, el nicho real de la especie 2 también puede expandirse mediante la coexistencia con la especie 1 (Figura 3.14e). Por ejemplo, los alisos pueden promover la regeneración de la pícea. En este caso, el aliso estaría representado por la especie 1 y la pícea por la especie 2 en la Figura 3.14e.

Por lo tanto, la mezcla de especies arbóreas es posible, en principio, en toda el área de superposición entre sus nichos fundamentales. En condiciones naturales, es decir, donde la competencia y la facilitación actúan, su ocurrencia común se limita al nicho real común, que, debido a la competencia interespecífica, suele ser más pequeño que el nicho fundamental común. Una mezcla exitosa en sitios más allá del nicho real común requiere de una regulación selvícola de la competencia interespecífica, a través de medidas como, por ejemplo, la regeneración en bosquetes, introducción retardada de especies o la regulación de la mezcla en las claras. Cuanto más difieren las condiciones del sitio de las del nicho real común, más complejas pueden ser las medidas selvícolas para evitar la competencia y mortalidad naturales y mantener la mezcla.

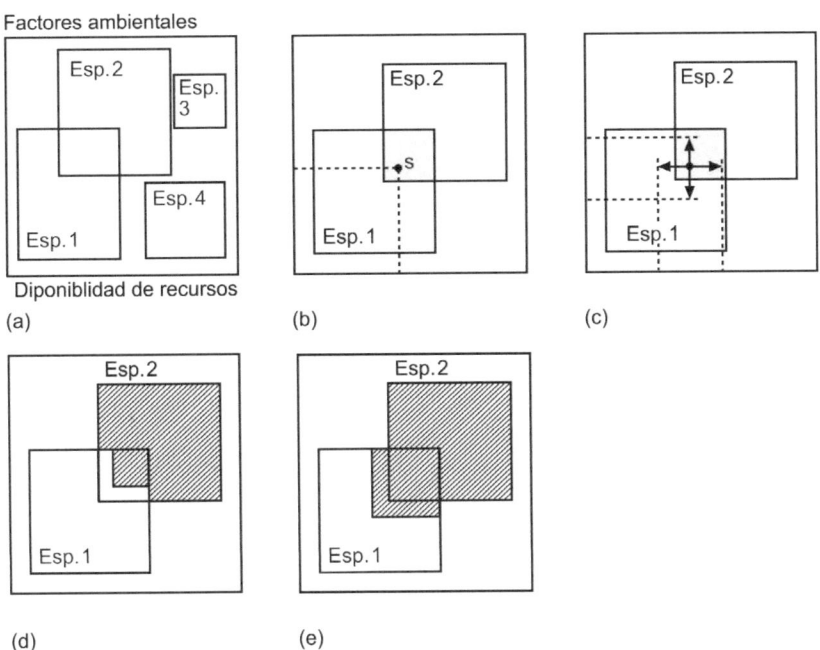

Figura 3.14 Nicho fundamental y nicho real mostrado esquemáticamente como un área bidimensional de factores ambientales y disponibilidad de recursos en el que ambas especies pueden coexistir de forma permanente. (a) Los nichos fundamentales de las especies 1 a 4 representan el área n-dimensional en la que pueden coexistir sin competencia interespecífica. (b) Las especies 1 y 2 presentan una superposición de sus nichos fundamentales (rectángulo gris), en la que en principio pueden mezclarse. Las condiciones del sitio (puntos y líneas discontinuas) están en el borde del nicho ecológico de la especie 2 y más cerca del centro de la especie 1. (c) Una variación de las condiciones del sitio s (flechas) puede modificar el equilibrio competitivo entre las especies y poner en peligro la supervivencia de la especie 2. (d) Como resultado de la competencia entre especies, el nicho real de la especie 2 (área sombreada) puede reducirse significativamente en comparación con su nicho fundamental. (e) A través de la facilitación entre especies, el nicho real también puede expandirse en comparación con el nicho fundamental para ciertas combinaciones de especies (área sombreada).

s_{max}) se toman como puntos de referencia de la función dosis-respuesta, e indican el rango de tolerancia o amplitud ecológica del organismo con respecto a ese factor. El óptimo ecológico (O) no se suele refereir al punto máximo, s_{opt}, si no al rango $s_{-0,9}$ a $s_{+0,9}$, donde la reacción del crecimiento, r, es $r \geq r_{max}$. El intervalo $s_{-0,5}$ a $s_{+0,5}$, donde r es r_{max}, indica el rango subóptimo de crecimiento (S), mientras que valores de $r < r_{max}$ reflejan los rangos mínimos (M). Un concepto análogo se utiliza en la autoecología paramétrica de las principales especies forestales españolas, que define el nicho ecológico a partir de la presencia de la especie en vez de su crecimiento (López-Senespleda 2015).

El patrón de forma unimodal de reacción o repuesta del crecimiento al aumento de un determinado factor tiene un carácter de ley en ecología. La localización y rango de la amplitud ecológica, la localización del óptimo dentro de esta amplitud y la forma de la parte ascendente y descendente de la curva puede variar dependiendo del organismo y del factor de crecimiento. La amplitud ecológica en términos de un conjunto de factores de crecimiento representa el nicho fundamental de una especie (Caja 3.3). El patrón de la curva dosis-respuesta en la parte creciente y decreciente se puede simplificar como linear (Kahn 1994), monótono creciente o decreciente sin punto de inflexión (Mitscherlich 1948, Thomasius 1990) o monótono creciente o decreciente con punto de inflexión (Müller 1991).

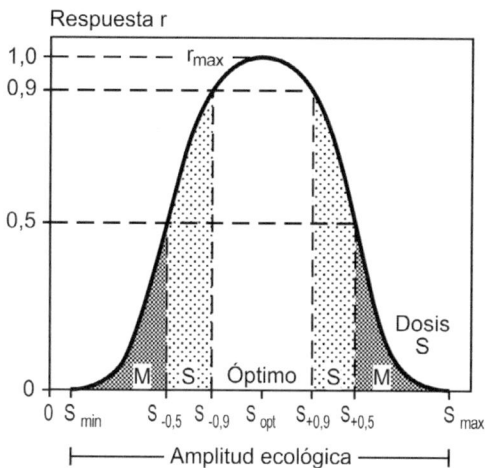

Figura 3.15 Función dosis-respuesta donde se indican la amplitud ambiental (s_{min}-s_{max}), mínimo (s_{min}), máximo (s_{max}), óptimo (s_{opt}), así como las áreas con una situación del nivel del factor mínima, subóptima y óptima (M, S y O). En la figura, los factores de crecimiento n-dimensionales se simplifican en una dimensión.

3.2.2 Las leyes de Liebig (1855), Liebscher (1895) y Mitscherlich (1909)

Liebgig (1855) estableció un primer modelo conceptual de la relación entre el crecimiento (producción) y las condiciones de sitio locales (recursos como el agua, luz, nutrientes y factores ambientales como la temperatura). Según su modelo, el crecimiento en estaciones sub-óptimas siempre está limitado por un factor específico del sitio (*e.g.* agua o nitrógeno). Como se muestra en el barril de la Figura 3.17a, la duela más baja (en este ejemplo el N) es el factor limitante ya que determina la capacidad del barril. El volumen contenido (en negro) representa el crecimiento máximo posible para estas condiciones. Como se muestra esquemáticamente en la Figura 3.17a Liebig asume que el crecimiento aumenta proporcionalmente a medida que aumenta el factor limitante hasta que se alcanza el crecimiento máximo posible con este factor limitante. Liebig también sugirió que no se puede aumentar el crecimiento, incrementando la cantidad de otro factor que no es el limitante, es decir, no se puede aumentar la capacidad del barril alargando otra duela distinta a la más corta. De este modelo surge el término "Ley del mínimo", también conocida como "Ley de Liebig".

Sin embargo, Liebscher (1895) mostró que en algunos casos se puede revertir el factor limitante si se aumenta otro factor. Por ejemplo, la limitación del crecimiento por agua se puede compensar en cierto grado mediante fertilización con nitrógeno.

Es especialmente relevante para la práctica la extensión de este modelo conceptual realizada por Mitscherlich (1909). Según esta extensión, el crecimiento no aumenta proporcionalmente con la mejora del factor limitante, si no que lo hace de manera degresiva según la ley de la utilidad marginal (Figura 3.17b). Dado un factor limitante, el efecto de mejora del crecimiento según aumenta este factor es elevado cuando se encuentra cerca del mínimo, mientras que según va aumentando la dosis o nivel del factor limitante el efecto beneficioso sobre el crecimiento disminuye. El modelo de Mitscherlich también considera una disminución del crecimiento cuando se excede el nivel óptimo (Figura 3.16c y Figura 3.17).

La Figura 3.15 muestra que la relación entre las condiciones de sitio y el crecimiento a lo largo de un gradiente ambiental sigue una curva unimodal tipo dosis-respuesta. El modelo conceptual de Mitscherlich introducido en la Figura 3.17 solo se refiere a la parte izquierda creciente de esta curva. Dado que las plantaciones forestales tienden a estancarse en sitios comparativamente desfavorables y pobres, esta rama de la curva es de máximo interés. Las ramas izquierda y derecha determinan la función unimodal, que al mismo tiempo representan el nicho fundamental y la posición del óptimo productivo de una especie (ver Caja 3.3). El modelo de Mitscherlich (1948) y su formulación matemática se explican en la Caja 3.4

Caja 3.4 Formulación matemática de la ley de efectos de Mitscherlich (1948)

La ley de Mitscherlich (1948) explica los cambios de crecimiento potencial di_p, que son provocados por un cambio en la disponibilidad de recursos i_p, en función de la diferencia entre la variable de crecimiento dada i_p y el crecimiento máximo posible i_{max} utilizando la ecuación diferencial $\frac{di_p}{ds} = c_p \times (i_{max} - i_p)$. En consecuencia, el cambio esperado en el crecimiento cuando cambia el factor de crecimiento s es proporcional a la diferencia $i_{max} - i_p$ que existe en relación con la productividad máxima que se puede alcanzar (Figura 3.16c). El factor de proporcionalidad C_p también se denomina coeficiente de respuesta.

Dado que el beneficio por un incremento adicional del factor de crecimiento s no aumenta linealmente, sino que se atenúa logarítmicamente, se habla de la ley de la utilidad marginal decreciente. Esta ley ha demostrado su eficacia en las ciencias agrícola y forestal para describir la reacción del crecimiento de las plantas con el aumento de la disponibilidad de recursos (por ejemplo, fertilización, disponibilidad de agua) y en economía para describir el beneficio en relación con el consumo (Samuelson y Nordhaus 1998).

La rama izquierda, ascendente (Figura 3.16c) de la función unimodal general de Mitscherlich descrita aquí, es particularmente relevante para la ciencia forestal, pues muchas masas forestales han sido a menudo establecidas en sitios con una disponibilidad de recursos subóptima. En el pasado reciente, la rama derecha descendente que se describe más adelante ha recibido especial relevancia, ya que aportes de nitrógeno o los incrementos de temperatura pueden ir más allá de las condiciones óptimas de crecimiento y resultar en una reducción de este.

Al integrar $\frac{di_p}{ds} = c_p \times (i_{max} - i_p)$, resulta la función conocida de Mitscherlich $i_p = i_{max} \times (1 - e^{-c_p \times s})$, que expresa la aproximación asintótica del crecimiento i_p al máximo i_{max} con un incremento en el factor de crecimiento s. Aquí, c_p representa el coeficiente de respuesta y la pendiente de la curva. En notación logarítmica $\ln(i_{max} - i_p) = -c_p \times s + \ln(i_{max})$, se expresa la relación proporcional entre el factor de crecimiento s y la diferencia logarítmica $i_{max} - i_p$, que es sinónimo del hecho de que la diferencia entre el crecimiento máximo posible y real no disminuye linealmente a medida que aumenta el factor de crecimiento s, sino exponencialmente. Si el crecimiento solo comienza cuando se excede un valor umbral s_{min} (Figura 3.16c), esto puede modelizarse truncando la función de Mitscherlich.

$$i_p = \begin{cases} i_{max} \times \left(1 - e^{-c_p \times (s - s_{min})}\right) & , \text{si } s \geq s_{min} \\ 0 & , \text{si } s < s_{min} \end{cases}$$

Mitscherlich (1948) amplió esta función, que ya había sido desarrollada en 1910, para incluir una rama descendente (Figura 3.16c), que también puede usarse para simular la caída del crecimiento en caso de sobredosis. El resultado general es entonces la función unimodal $i = i_{max} \times (1 - e^{-c_p \times s}) \times e^{-c_p \times s}$. El curso unimodal de la curva resulta de la multiplicación de la rama positiva de la función con una función exponencial que disminuye con el coeficiente de respuesta c_p. Para simular una función dosis-respuesta unimodal más suave, Thomasius (1990) sugiere que el crecimiento se formule como la diferencia $i = i_p - i_d$ entre el componente creciente $i_p = i_{max} \times \left(1 - e^{-c_p \times (s - s_{min})}\right)$ y el decreciente $i_d = i_{max} \times e^{-c_d \times (s_{max} - s)}$. El resultado es la función dosis-respuesta $i = i_{max} \times \left(1 - e^{-c_p \times (s - s_{min})} - e^{-c_d \times (s_{max} - s)}\right)$. Aquí, s denota la cantidad actual del coeficiente de respuesta, y s_{min} y s_{max} denotan los límites inferior y superior de la amplitud ecológica, respectivamente. En este caso, la componente ascendente $1 - e^{-c_p \times (s - s_{min})}$ y descendente $e^{-c_d \times s_{max}}$ se restan entre sí (Figura 3.16c).

Si se quiere simular el efecto de varios factores de crecimiento $s_1, s_2... s_n$, las variables de reacción r_1 a r_n se pueden, en el caso más simple, vincular multiplicativamente entre sí, de modo que se pueden aplicar a la rama as-

cendente $r_1 = (1 - e^{-c_{p1} \times s_1})$. Si la relación dosis-respuesta se simula en el rango creciente usando el enfoque $r_1 = (1 - e^{-c_{p1} \times s_1})$, entonces dicho procedimiento resulta en la fórmula $i_p = i_{max} \times (1 - e^{-c_{p1} \times s_1}) \times (1 - e^{-c_{p2} \times s_2})...$
$...(1 - e^{-c_{pn} \times s_n}) = i_{max} \times \prod_{i=1}^{n}(1 - e^{-c_{pi} \times s_i})$ para el efecto general de los factores $s_1, s_2 ... s_1$.

Una combinación mucho más flexible es posible con operadores de reacción que no son puramente multiplicativos. Un ejemplo fue desarrollado por Zimmermann y Zysno (1980) con el operador de agregación γ. De esta manera se combina el operador mínimo $r_{mult} = \prod_{i=1}^{n} r_i = r_1 \times r_2 \times ... \times r_n$, que es sinónimo de un "y" no compensatorio, con el operador máximo $r_{sum} = 1 - \prod_{i=1}^{n}(1 - r_i) = 1 - (1 - r_1) \times (1 - r_2) \times ...$
$... \times (1 - r_n)$. Este último es sinónimo de un "o" totalmente compensatorio. Los resultados de la combinación resultan en $r_{comb} = (\prod_{i=1}^{n} r_i)^{1-\gamma} \times (1 - (\prod_{i=1}^{n}(1 - r_i))^{\gamma})$. Las siguientes variables denotan: γ = parámetro de agregación, r_{mult} = efecto de combinación multiplicativo, r_{sum} = efecto de combinación cuando se forma la suma algebraica, r_{com} = efecto de combinación de los factores, r_1 a r_n cuando se usa el operador γ, r_n a r_n = efecto de los factores de crecimiento s_1 a s_n y s_1 a s_n = factores de crecimiento. Esto crea un enfoque de conexión extremadamente flexible que puede mapear tanto la ley del mínimo de Liebig (1855) como el efecto compensatorio de los factores de las condiciones del sitio descritos por Liebscher (1895).

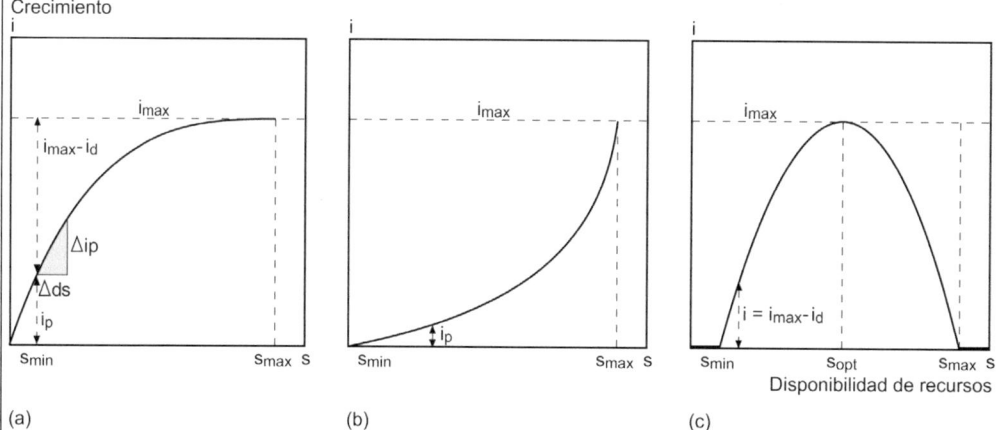

Figura 3.16 La función de Mitscherlich en representación gráfica. La diferencia mostrada en (c) con la curva unimodal conocida resulta de (a) minuendo decreciente y (b) sustraendo creciente exponencial. (a) Incremento decreciente en el crecimiento i_p con un incremento en la disponibilidad de recursos s. Crecimiento actual i_p, crecimiento máximo i_{max}, distancia de crecimiento desde el máximo $i_{max} - i_p$, incremento en la dosis Δs y el aumento resultante en el crecimiento Δi_p. (b) Incremento exponencial en el sustraendo i_d d con un incremento en la disponibilidad de recursos hasta s_{max}. (c) La diferencia $i = i_p - i_d$ produce la relación unimodal característica entre el suministro de recursos s y el crecimiento i_d. Las variables s_{min} y s_{max} denotan los valores límite inferior y superior de la amplitud ecológica y s_{opt} la disponibilidad de recursos óptima para el crecimiento.

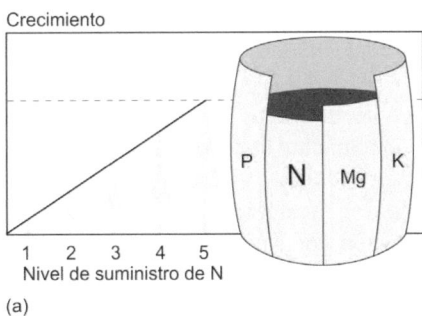
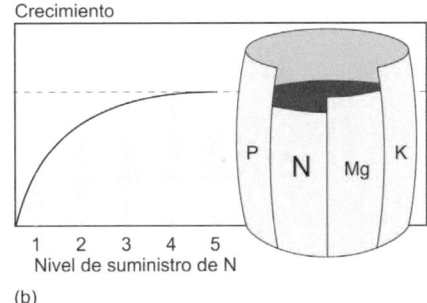

Figura 3.17 Las leyes de (a) Liebig (1855) y (b) Mitscherlich (1909) se ilustran usando el modelo del barril de Liebig, donde su capacidad está limitada por la duela más corta. En este ejemplo la limitación del crecimiento es por nitrógeno (N), ilustrada por la menor longitud de la duela para este nutriente. (a) Liebig (1855) asumió un aumento proporcional en el crecimiento según aumenta el factor limitante. (b) Mitscherlich (1909) mostró que el crecimiento sigue la ley de la utilidad marginal decreciente y no aumenta proporcionalmente, sino que aumenta de manera degresiva cuando aumenta el factor limitante. En (a) y (b) el crecimiento se muestra en niveles crecientes de suministro de N de 1-5.

3.2.3 Ejemplos de relaciones dosis-respuesta entre las condiciones ambientales y el crecimiento

La Figura 3.18 ilustra un ejemplo de la reacción del crecimiento en altura para algunas especies forestales según aumenta la precipitación durante el periodo vegetativo. Si se representan los valores observados en sitios con distintas precipitaciones se obtiene un patrón unimodal dosis-repuesta. De este modo, las distintas amplitudes ecológicas de las especies arbóreas implican que, por ejemplo, el roble albar (línea discontinua y con puntos) alcanza un crecimiento óptimo en altura con menor precipitación que el abeto (línea discontinua). El abeto necesita de 300 a 400 mm de precipitación para alcanzar el crecimiento óptimo en altura. La pícea se sitúa entre estas dos especies (línea continua).

La función de Mitscherlich permite la formulación matemática de este tipo de patrones unimodales dosis-respuesta con las respectivas ramas crecientes y decrecientes. En la Caja 3.4 se utiliza la aproximación a esta formulación según Tomasius (1990). El crecimiento i se formula como la diferencia $i = i_p - i_d$ entre una componente creciente $i = i_{max} \times (1 - e^{-c_p \times (s - s_{min})})$ y otra decreciente $i = i_{max} \times (e^{-c_d \times (s_{max} - s)})$, resultando en la función unimodal dosis-respuesta $(1 - e^{-c_p \times (s - s_{min})} - e^{-c_d \times (s_{max} - s)})$. Esta función puede expresar patrones como los ilustrados en la Figura 3.19 para el ejemplo de la respuesta en crecimiento en altura a las distintas temperaturas medias en el periodo vegetativo en pícea y haya.

Para representar el efecto combinado de varios factores de crecimiento $s_1, s_2 ... s_n$ en el crecimiento, se pueden multiplicar las cantidades de reacción del crecimiento con cada uno de ellos r_1 a r_n, $i = i_{max} \times r_1 \times r_2 ... \times r_n$ o expresando la función de cada factor $i = i_{max} \times (1 - e^{-c_{p1} \times s_1}) \times (1 - e^{-c_{p2} \times s_2}) ... (1 - e^{-c_{pn} \times s_n}) = i_{max} \times \prod_{i=1}^{n} (1 - e^{-c_{pi} \times s_i})$. Por ejemplo, la combinación de los factores anteriormente expuestos precipitación (s_2) y temperatura media durante el periodo vegetativo (s_2) resulta en la función con efecto bidimensional presentada en la Figura 3.20. Con esta aproximación multiplicativa de los efectos $r_1, r_2 ... r_n$ de los distintos factores, el menor efecto de la variable r_i siempre tiene el efecto limitante del crecimiento, y no se considera que puede haber otro tipo de relación entre los factores, como la compensación, reemplazamiento o amplificación. Para ver la formulación de otro tipo de interacciones entre factores de crecimiento ver la Caja 3.4. Este tipo de aproximación multiplicativa ha sido utilizada para modelizar el crecimiento en diámetro del árbol individual para las principales especies forestales de la Península Ibérica, donde el crecimiento potencial se ve modificado en función de la precipitación anual y la temperatura media (Gómez-Aparicio et al. 2011).

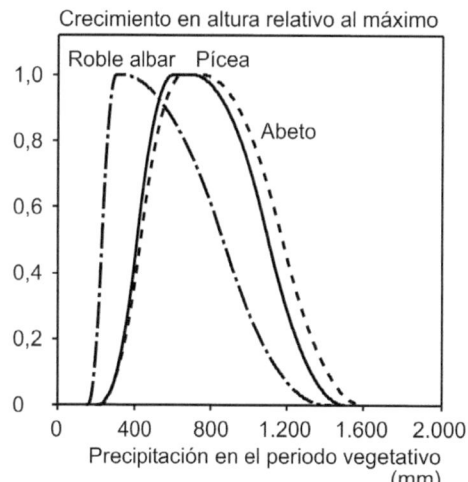

Figura 3.18 Reacción del aumento de altura relativa a diferentes precipitaciones durante el periodo vegetativo para abeto, pícea y roble albar (según Kahn 1994).

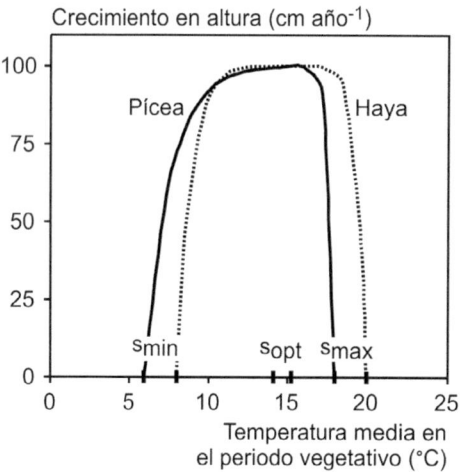

Figura 3.19 Reacción del crecimiento en altura al aumento de la temperatura en el periodo vegetativo para pícea y haya a los 20 años de edad. Las ramas progresiva y degresiva de las relaciones dosis-respuesta entre las condiciones de crecimiento y el crecimiento se modelizaron utilizando la ecuación $i_h = i_{h\max} \times \left(1 - e^{-c_p \times (s - s_{\min})} - e^{-c_d \times (s_{\max} - s)}\right)$. Para la pícea los parámetros son cp = 0,63, cd = 3,03, $s_{\min}$ = 6 °C, s_{opt} = 14,5 °C, $s_{\max}$ = 18 °C. Para el haya toman los valores cp = 1,14, cd = 1,83, $s_{\min}$ = 8 °C, s_{opt} = 15,2 °C, $s_{\max}$ = 20 °C.

El modelo PICUS (Lexer y Hönninger 2001), calibrado para *Pinus pinea* en la meseta norte de España (Pardos et al. 2015), utiliza este tipo de funciones dosis-respuesta para reducir el crecimiento potencial máximo del árbol en función de las características ambientales del sitio (temperatura, pH, etc.). Por ejemplo, la limitación por temperaturas se fija solo para las temperaturas bajas (rama izquierda de la función dosis-respuesta). En la Figura 3.21 se presentan las curvas del coeficiente de repuesta (coeficiente de 0 a 1 que reduce el crecimiento en altura máximo) a la suma de grados día del periodo vegetativo para *Pinus pinea* y *Quercus faginea* (López-Senespleda et al. 2012).

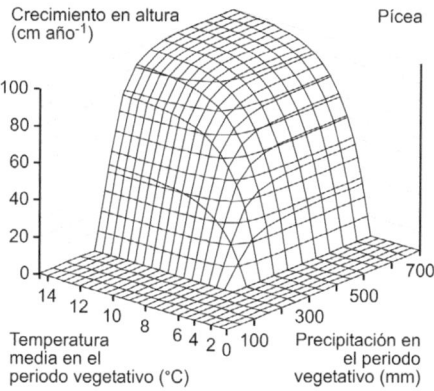

Figura 3.20 Reacción del crecimiento en altura a distintas temperaturas medias, s_1, y precipitaciones, s_2, durante el periodo vegetativo para pícea. La rama crecimiento de la función dosis-respuesta sigue la siguiente expresión $i = 100 \times \left(1 - e^{-0.63 \times (s_1 - s_{1\min})} - e^{-3.03 \times (s_{1\max} - s_1)}\right) \times \left(1 - e^{-0.00918 \times (s_2 - s_{2\min})} - e^{-0.0325 \times (s_{2\max} - s_2)}\right)$, donde $s_{1\min}$ = 6 °C, $s_{1\max}$ = 18 °C, $s_{2\min}$ = 220 mm y, $s_{2\max}$ = 1.500 mm.

3.2.4 Óptimo ecológico y óptimo productivo

3.2.4.1 Óptimo ecológico

Para la comprensión, modelización, selvicultura y regulación de masas mixtas es fundamental el concepto de óptimo ecológico de las especies. Dado que en las mezclas tienen lugar interacciones entre las especies que pueden modificar su comportamiento, el concepto de limitación de re-

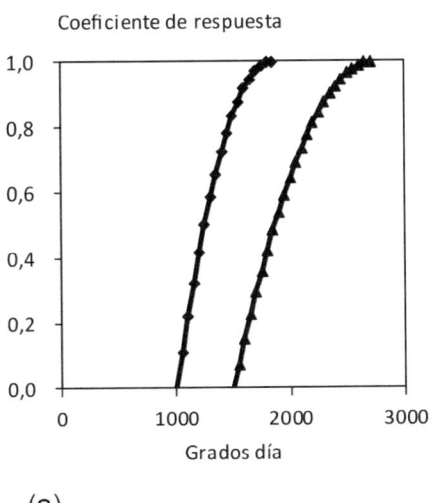 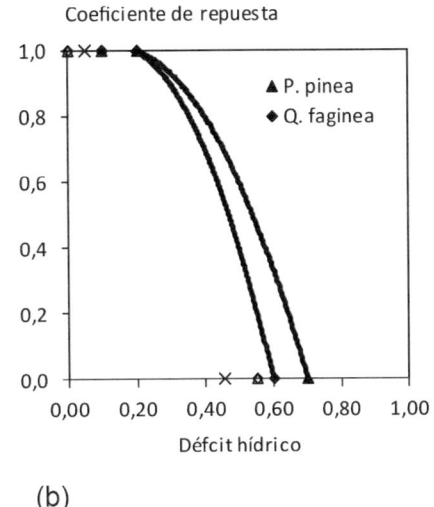

(a) (b)

Figura 3.21 Patrón del coeficiente de respuesta según valores de grados día y déficit hídrico en tanto por uno del crecimiento potencial en altura para *Pinus pinea* (*P. pinea*) y *Quercus faginea* (Q. faginea). Adaptado de López-Sepenespleda et al. (2012).

cursos y óptimo productivo desarrollado para las masas puras es limitado para las masas mixtas.

La diferencia entre óptimo productivo y óptimo ecológico se explica bien con el ejemplo de la pícea. El crecimiento de esta especie en términos de producción (*e.g.* medido en crecimiento en volumen por hectárea y año) es muy superior al de otras especies naturales en muchas plantaciones en zonas llanas, altitudes bajas o en áreas submontanas del centro de Europa. Sin embargo, en términos de persistencia estas zonas no son su óptimo, ya que tarde o temprano será remplazado por otras especies como el haya, roble y otras especies de madera noble. Por lo tanto, el crecimiento y la productividad no son suficientes para garantizar la adecuación de la especie, si no que el *fitness* de una especie requiere supervivencia, competitividad frente a otras especies, éxito reproductivo y una extensión de su distribución. Análogamente, el pino carrasco en ambientes submediterráneos puede presentar crecimientos elevados en comparación con los observados en la mayor parte de su distribución, sin embargo, compite mal con otras especies más adaptadas a estos ambientes. Su presencia en estas zonas suele estar asociada a incendios (del Río et al. 2008).

Por ejemplo, tanto el pino silvestre como la pícea en Alemania se cultivan fuera de su rango de distribución natural (Figura 3.22) donde en masas regulares puras pueden producir más que en su área de distribución o su óptimo de distribución. Esto mismo ocurre con el abeto Douglas en algunas zonas de Sudamérica, o el pino radiata en España o Nueva Zelanda. En algunos casos, estas especies pueden presentar no solo crecimientos superiores, si no también ser competitivas frente a otras especies y resistentes a daños, aunque en sus áreas de distribución naturales pueden estar en peligro de desaparecer.

Del mismo modo, muchas repoblaciones realizadas con fines protectores con especies del género pinus se realizaron en áreas por debajo del rango óptimo de la distribución natural de las especies, incluso algunas fuera del rango total (extramarginales) (Sánchez-Palomares et al. 2013). En estas estaciones fuera de rango, los crecimientos suelen ser bajos y pueden llevar a situaciones de decaimiento causadas por un incremento del estrés hídrico derivado del cambio climático (Gómez-Sanz et al. 2017).

3.2.4.2 Óptimo productivo

La Figura 3.22a muestra que la utilización del haya en plantaciones en Alemania se limita

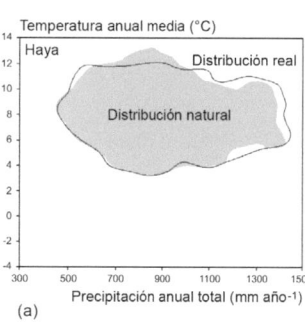 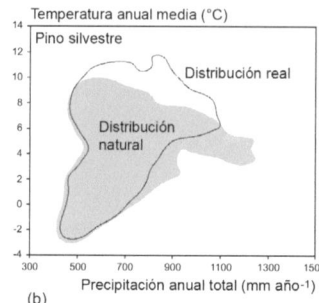 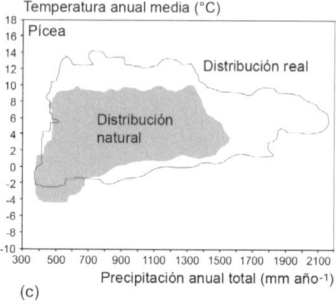

Figura 3.22 Mientras que el haya (a) tiene una distribución de producción y una distribución natural parecida, el pino silvestre (b) y la pícea (c) se cultivan ampliamente más allá del rango natural. Se muestran las envolventes climáticas para las áreas de distribución natural y real según Kölling (2007).

básicamente a su rango natural en términos de precipitación anual (500-1400 mm) y temperatura media anual (4-12 °C). En el caso del pino silvestre, las plantaciones se extienden a sitios más cálidos más allá de su rango de precipitación (450-1200 mm) y temperatura (-2-10 °C) (Figura 3.22b). Estas zonas fuera del rango de la especie son áreas históricamente sobreexplotadas y empobrecidas, e.g. oeste de Baviera, Brandemburgo o Baja Sajonia, donde desde un punto de vista comercial la única especie es el pino silvestre. La pícea se ha cultivado durante siglos para producción, debido a su elevado crecimiento más allá de su rango natural, entre 400-1500 mm de precipitación anual y -4 a 10 °C de temperatura media anual (Figura 3.22c). Como se ha comentado anteriormente, un buen comportamiento en crecimiento no significa buen *fitness*. En muchos casos el alto crecimiento está asociado a una reducción del sistema inmune (Matyssek et al. 2012a, 2012b). Esto conlleva considerables riesgos en las plantaciones de pícea en sitios fértiles fuera de su rango natural, como daños de escolítidos, derribos por viento o roturas por nieve. Estos riesgos pueden aumentar con un incremento de las temperaturas y condiciones climáticas más secas (Kölling et al. 2009, Pretzsch y Dursky 2002).

La explicación de la dependencia del crecimiento y producción de las condiciones del suelo y climáticas, y la eliminación del factor limitante para maximizar la producción, por ejemplo, mediante fertilización, son conceptos que se han desarrollado para masas puras. Sin embargo, no son aplicables directamente en masas mixtas irregulares. En masas mixtas es necesario conocer los óptimos ecológicos de las especies que la componen (Figura 3.22, óptimo productivo *vs* óptimo ecológico), ya que, al comportamiento de la especie en términos de crecimiento dependiente del sitio, se añade la interacción entre especies, por ejemplo, en competencia por la luz, facilitación por redistribución de los recursos hídricos o por fijación de nitrógeno (ver Sección 3.5). El término de óptimo productivo es especialmente limitado en sitios donde la regeneración de una especie depende fundamentalmente de la competencia con otras especies más que de los recursos disponibles.

Gómez-Aparicio et al. (2011) constataron la mayor importancia de la competencia que de las condiciones climáticas en el crecimiento de las especies forestales en la Península Ibérica, además de cambios de la competitividad de las especies con las condiciones climáticas. Muchas especies no se presentan en muchas localidades no porque no es su óptimo productivo, sino porque no se encuentran en condiciones favorables, óptimo ecológico, y son desplazadas por otras especies. En este sentido, la gestión forestal se aleja cada vez con más frecuencia del concepto de plantaciones puras monoespecíficas hacia masas naturales mixtas, donde tiene menor importancia la dependencia del crecimiento de las condiciones del sitio, y más importancia las interacciones interespecíficas y el óptimo ecológico (Figura 3.22)

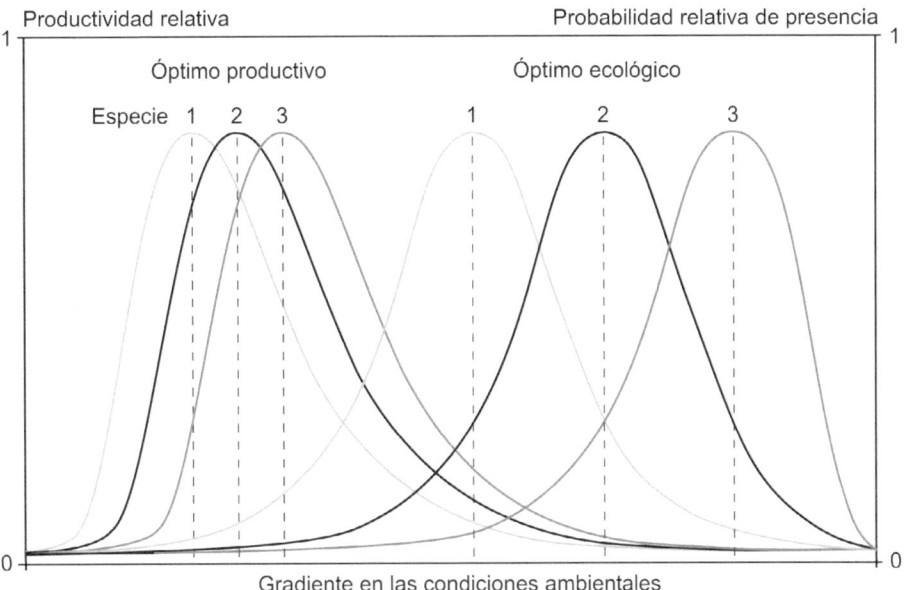

Figura 3.23 Las condiciones bajo las cuales las especies arbóreas tiene una producción máxima en masas puras (producción óptima) son generalmente muy diferentes de las condiciones en las que ocurren con mayor frecuencia en condiciones naturales (condiciones ecológicas óptimas).

No obstante, las relaciones de crecimiento-condiciones de sitio de las especies en masas puras son una referencia para entender y modelizar la dinámica de las masas mixtas. Pero es importante resaltar la importancia de las interacciones entre especies, que pueden ralentizar o aumentar el crecimiento o modificar la mortalidad de una especie, por ejemplo, debido a una mayor plasticidad lateral de las copas de otra especie (Capítulo 6). Estas interacciones entre especies también ocurren indirectamente mediante micorrizas, otros microorganismos o predadores, aunque todavía se tiene un conocimiento limitado al respecto. Sin embargo, conocer estas interacciones es esencial para conocer la dinámica forestal y diseñar masas mixtas eficientes.

Asumiendo que una especie (p. ej. el roble) está creciendo en su óptimo productivo, pero que su desarrollo se ve limitado a una edad o altura determinada por otra especie (p. ej. el haya), su crecimiento en ese momento no resulta por tanto de las condiciones de sitio, sino de la superioridad del haya. Esto hace que el roble se sitúe en estaciones más pobres, donde el poder competitivo del haya es menor y no puede desplazar al roble, pero donde no representa su óptimo productivo. Por lo tanto, el óptimo ecológico viene determinado por la interacción de especies, en contraste con el óptimo productivo. Cuanto más lejos se encuentren las especies de su óptimo ecológico, como por ejemplo el pino silvestre en las zonas bajas, más intensiva tendrá que ser la gestión para mantener la mezcla, por ejemplo, con el rebollo, ya que no se conocen bien las interacciones entre especies y es necesario intervenir para evitar la exclusión de una de ellas. Si la mezcla se localiza en una zona donde los óptimos ecológicos de las especies son parecidos, es más sencillo mantener la mezcla y hay una menor necesidad de regulación selvícola de la misma.

Las plantaciones puras coetáneas, sin competencia con otras especies, presentan con frecuencia los máximos productivos de las especies en sitios húmedos y fértiles. Por lo tanto, sus óptimos de producción están muy cerca uno del otro (Figura 3.23, óptimos de producción similares de las especies 1-3). Las condiciones de sitio de los óptimos ecológicos pueden diferir significativamente de los óptimos de producción. El óptimo ecológico resulta principalmente de la competencia con otras especies y de los posibles daños de factores bióticos y abióticos. A su vez, las especies son a menudo más diferentes en óptimos ecológicos que en sus óptimos de producción (Figura 3.23, óptimos ecológicos de las especies 1-3).

3.2.5 Crecimiento y defensa

La teoría o hipótesis del balance crecimiento-diferenciación, introducida por Loomis (1953) y Herms y Mattson (1992) y posteriormente desarrollada por Matyssek et al. (2002, 2005b), explica la compensación entre el reparto de recursos dentro de la planta en crecimiento y en defensa según la disponibilidad de recursos (Figura 3.24, y Sección 12.5.2). La diferenciación se refiere aquí a la distinta inversión de recursos en el crecimiento de la biomasa de la planta (crecimiento metabólico) y los recursos utilizados para modificar la morfología o química de la biomasa (defensa metabólica). La inversión de recursos en defensa puede aumentar la estabilidad mecánica de la planta o su resistencia bioquímica. La transición entre crecimiento y defensa es gradual y depende de la disponibilidad de recursos.

Como se muestra en la Figura 3.24, la producción primaria bruta aumenta con la disponibilidad de recursos siguiendo una curva sigmoidal con un máximo o asíntota. Con baja disponibilidad de recurso, por ejemplo, limitación de agua, nutrientes o radiación, la teoría del balance crecimiento-diferenciación establece una mayor inversión en defensa. Cuando aumentan los recursos, por ejemplo, en buenas condiciones de crecimiento, el reparto de recursos dentro del árbol se torna en favor del crecimiento.

Si el desarrollo del tamaño del árbol se ralentiza por una limitación de recursos, aumenta la inversión en defensa resultando en una mayor resistencia del árbol a daños bióticos y abióticos. Aumentando la estabilidad mecánica (*e.g.* mayor densidad de la madera), o la resistencia bioquímica (*e.g.* incorporación de metabolitos secundarios que alteran el sabor), se reduce por ejemplo la susceptibilidad a sufrir roturas por nieve o daños por ramoneo de herbívoros, y así aumenta la probabilidad de supervivencia de los árboles de menor tamaño, por ejemplo, árboles

dominados a la espera de liberación. El comportamiento de los árboles en condiciones desfavorables de crecimiento es similar al de otras plantas, como por ejemplo la patata o vid; aunque produce menos biomasa aumenta la estabilidad o la calidad. Sampedro et al. (2011) encontraron este tipo de patrones entre crecimiento y defensa en plántulas de pino negral (*P. pinaster*) en condiciones controladas, con relaciones negativas entre defensa y crecimiento sólo cuando había limitaciones en fósforo.

Las defensas inmunitarias son particularmente importantes para los árboles de crecimiento lento que, en términos de *fitness*, tienen que sobrevivir largos periodos encaminados a producir descendencia viable. Cuanto mejor sea la oferta de recursos, más rápido será el crecimiento en tamaño y más rápido comenzará la fase de reproducción. La asignación a la defensa en este caso es menos relevante para la condición física porque el daño o la pérdida de órganos pueden compensarse más fácilmente por el crecimiento. La regulación en favor de una ganancia en defensa para aumentar la supervivencia y, en última instancia, la reproducción a pesar del desarrollo retrasado parece ecológicamente plausible. De igual modo lo es la menor inversión en defensa cuando el crecimiento rápido en tamaño

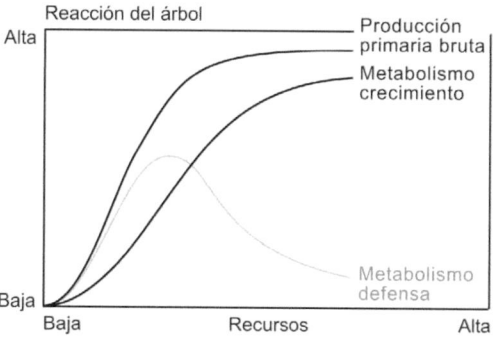

Figura 3.24 La asignación de recursos refuerza la defensa en sitios pobres y cambia a favor del crecimiento al mejorar los recursos disponibles. Con la mejora de las condiciones del sitio aumenta la producción primaria bruta siguiendo una curva sigmoidea hasta un máximo (Figura 3.16b), y el reparto defensa-crecimiento se desplaza sistemáticamente en favor del crecimiento (según Matyssek et al. 2012a, pág.6).

permite la reparación rápida del daño y la reproducción temprana.

En la ecología vegetal existen otras teorías de compensaciones relacionadas con el crecimiento además de la compensación entre crecimiento y defensa. Como ya se ha explicado en la Sección 2.3.2, la teoría del balance del crecimiento indica que el reparto de biomasa dentro del árbol se establece para compensar el recurso limitante, existiendo por lo tanto compensaciones entre el crecimiento de la parte aérea y la parte subterránea, el crecimiento en altura y en diámetro, etc. Asimismo, se plantea la presencia de compensaciones entre crecimiento y mortalidad (estrategia conservadora en el uso de recursos para favorecer la supervivencia frente a una estrategia que maximice el crecimiento), entre crecimiento y reproducción, aunque en estas compensaciones no se ha podido determinar un patrón único, con resultados controvertidos (ver Climent et al. 2024).

3.3 Crecimiento y competencia

Desde un punto de vista evolutivo, el fin de un árbol es producir tantos descendientes como sea posible. Para ello, un prerrequisito importante es que el árbol sea capaz de competir con sus vecinos en la masa a través de la adaptación, espera, supervivencia, crecimiento, floración y formación de semillas. Bajo esta perspectiva, el crecimiento del fuste y de la copa es una función evolutivamente adquirida y probada para reducir la competencia con especies herbáceas y arbustivas.

Por otra parte, desde el punto de vista de la producción forestal, puede ser deseable maximizar el crecimiento de los árboles y de la masa. Sin embargo, como ya se ha mencionado anteriormente, la competitividad de los árboles y la generación de tanta progenie como sea posible, la plasticidad morfológica, la persistencia, la adaptación y la defensa mediante la producción de metabolitos secundarios, que no dan lugar, necesariamente, a un mayor crecimiento, pueden ser características más efectivas para la competencia por los recursos y la supervivencia.

Además de las condiciones de sitio, la situación de competencia del árbol en la masa, es decir la constelación de vecinos del árbol (densidad local, mezcla de especies, estratificación), tiene una gran influencia sobre el desarrollo del árbol. En contraste con las condiciones de sitio, la constelación de crecimiento del árbol se puede regular fácilmente mediante la selvicultura, por ejemplo, mediante el espaciamiento inicial, claras o regulación de la mezcla.

3.3.1 Competencia y facilitación

Si la competencia interespecífica por los recursos limitantes en una masa mixta es menor que la competencia intraespecífica, se dice que hay reducción de la competencia o complementariedad en la mezcla (Kelty 1992, Vandermeer 1989). Otra forma de interacción entre especies es la facilitación, que favorece al menos a una de las especies y no perjudica a otras especies. La facilitación puede ser mutualismo si las dos especies se benefician de la mezcla. Si solo una de las especies se beneficia es un tipo de comensalismo.

La Figura 3.25 ilustra el efecto de la situación entre árboles vecinos en el crecimiento, resultando en competencia y en facilitación. Por ejemplo, si tres árboles de la misma especie y tamaño similar crecen en condiciones de sitio similares y, un árbol crece en solitario, el segundo en un hueco de una masa, y el tercero en máxima densidad (Figura 3.25a, árboles 1 a 3), entonces, si tomamos el crecimiento del árbol en solitario (árbol 1) como referencia, ¿cuál sería el crecimiento de los árboles 2 y 3?, ¿cómo se determina este crecimiento? Por una parte la disponibilidad de recursos (luz, agua y nutrientes) por árbol es máxima cuando crece en solitario (árbol 1) y la competencia por los recursos aumenta con la densidad (del árbol 1 al árbol 3). Por otra parte, crecer en una masa puede ofrecer ciertas ventajas en comparación con la situación de árbol solitario, por ejemplo, protegiendo frente al viento, frente radiación solar excesiva, o mejorando la formación de humus. Este tipo de beneficios bióticos y abióticos pueden ser causas de facilitación (Vandermeer 1989).

Las relaciones de competencia (incluida la reducción de competencia o complementariedad) y facilitación actúan simultáneamente. A continuación, se explican estas interacciones asumiendo que son procesos aditivos, pero pueden resultar en efectos multiplicativos. Así mismo, la reducción de competencia y facilitación pueden actuar separadamente en el espacio, por ejemplo, reducción de competencia en el dosel de copas y facilitación por fijación de nitrógeno en el suelo, o en el tiempo, por ejemplo, reducción de competencia al comienzo del periodo vegetativo para las especies perennes en mezcla con especies caducas. Desafortunadamente, estos procesos son difíciles de separar experimentalmente, ya que solo observamos el efecto neto y con frecuencia es difícil identificar estas interacciones en términos de crecimiento.

El crecimiento del árbol (marcado en la Figura 3.25 por la banda blanca alrededor de los árboles 1-3) en solitario, a densidad media y a máxima densidad, reflejan los efectos netos de competencia y facilitación. Los patrones de respuesta a la competencia entre árboles netamente de competencia o netamente de facilitación a lo largo del gradiente de densidad son la excepción. Generalmente, con una moderada densidad suele haber un efecto neto de facilitación en masas monoespecíficas, mientras que según aumenta la densidad el efecto neto tiende a ser de competencia, ya que los beneficios de crecer en comunidad no compensan la limitación de recursos por individuo (Figura 3.26a). Como normalmente los estudios de crecimiento del árbol y de la masa se realizan en situaciones de densidad media a alta, la parte derecha de la relación crecimiento-densidad ha sido bien estudiada. La parte izquierda de la relación, más asociada con la facilitación, se puede estudiar en experimentos de espaciamiento que incluyan densidades muy bajas, por ejemplo, mediante círculos Nelder (Dahlhausen et al. 2017, Pretzsch 2009). En general se puede considerar que la facilitación puede prevalecer en densidades de bajas a medias, mientras que a densidades mayores es difícil de identificar debido a la predominancia de la competencia por los recursos.

La interacción entre competencia y facilitación, que se ha introducido usando un ejemplo de árboles creciendo en masas puras, es de gran relevancia en el crecimiento de los árboles en masas mixtas (Sección 3.4). En nuestro ejemplo, si suponemos que los árboles que crecen a distintas densidades, desde crecimiento en solitario a densidades locales media y alta, no crecen con vecinos de la misma especie si no en masas mixtas, por ejemplo, con un 50 % de sus vecinos de otra especie (Figura 3.25b), es de esperar que cambien tanto la competencia como la facilitación entre los árboles. La Figura 3.26b muestra el aumento en la curva de crecimiento con la densidad de la masa en el caso de que con la mezcla de especies aumente la facilitación y se reduzca la competencia, es decir, menor competencia entre individuos de distinta especie que entre individuos de la misma especie (complementariedad de nichos). Esta situación sería muy favorable para la mezcla, sin embargo, tanto la facilitación como la competencia podrían aumentar, permanecer constantes o disminuir como resultado de la mezcla de especies.

Los patrones de reacción a la densidad que se muestran en la Figura 3.26b indican un rango más amplio de densidades en las que hay un efecto neto de facilitación (mayor que uno) en masas mixtas que en masas puras. Es decir, se reduce el rango en el que prevalece un efecto neto de competencia (Pretzsch 2022). De manera similar a las masas puras, incluso en presencia de efecto neto de competencia, como es lo normal en densidades medias y altas, no excluye que haya facilitación. La ratio del efecto neto en masas mixtas entre el efecto neto en masas puras refleja el efecto de la mezcla sobre el crecimiento del árbol. Ya que el efecto de la mezcla es especialmente importante en densidades medias a altas, esta ratio es de interés en la parte derecha de la curva crecimiento-densidad, incluso en la máxima densidad. Del mismo modo, para la gestión es de menor interés si la curva de crecimiento-densidad tiene un efecto neto de facilitación o de competencia. La pregunta de interés es si la mezcla reduce o aumenta el efecto neto de competencia y en qué medida, ya que esto puede ser sinónimo de un aumento o reducción del crecimiento debido a la mezcla.

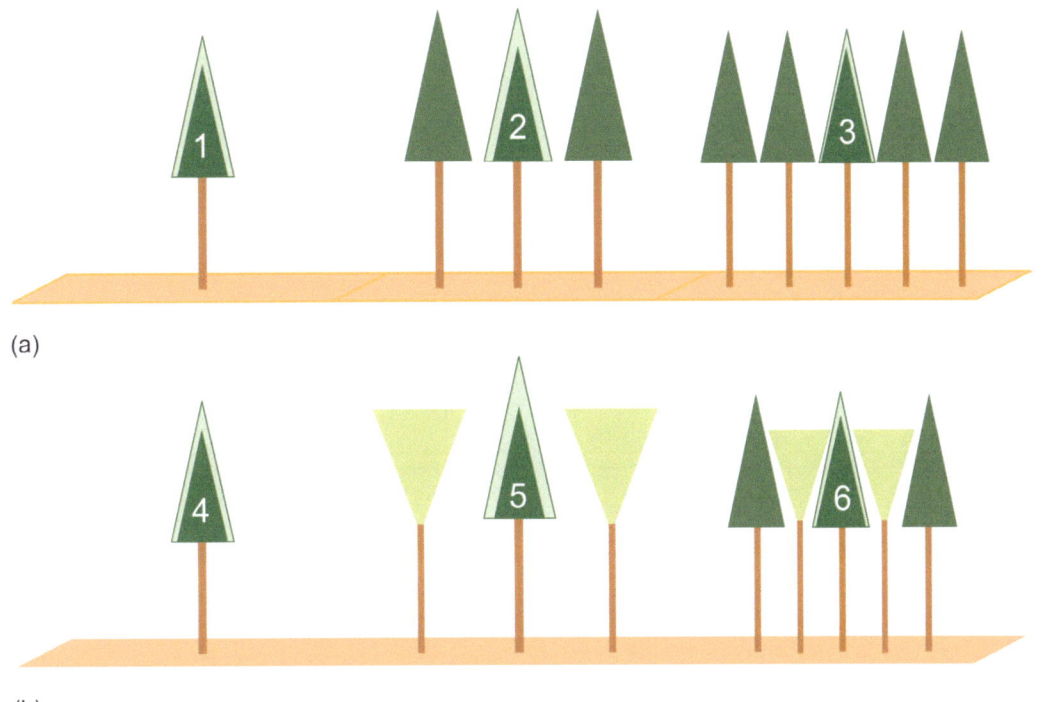

Figura 3.25 Representación esquemática del efecto neto de la competencia y la facilitación sobre el crecimiento de árboles en condiciones solitarias, densidad de masa media y alta (a) en masas puras y (b) en masas mixtas. La banda exterior de las copas (blanca) representa el crecimiento corriente de los árboles considerados (1-6). De izquierda a derecha (árboles 1-3 y 4-6) aumenta la competencia debido a una mayor densidad; por otro lado, también puede aumentar la facilitación por un apoyo recíproco. Por lo tanto, los árboles 2 y 5, aunque presentan más competencia que los árboles solitarios 1 y 4, pueden presentar tasas de crecimiento más altas.

3.3.2 Crecimiento y densidad de la masa

3.3.2.1 Espaciamiento inicial y crecimiento

Para estudiar el efecto de la densidad en el crecimiento y la morfología del árbol es particularmente adecuado el diseño de espaciamiento inicial propuesto por Nelder (1962). En este tipo de experimentos, círculos Nelder, los árboles se disponen en el terreno con espaciamiento reducido en el centro (elevada densidad) mientras que el espaciamiento va aumentando (menor densidad) a lo largo del radio del círculo. Si este es lo suficientemente grande, la corona final representa las condiciones de crecimiento en solitario (ver esquema presentado en la Figura 3.27 (a) y Pretzsch (2009, pp 141-143). Los cambios en la forma del árbol (copa, fuste, raíces, ver capítulo 2) a lo largo del gradiente de densidad refleja la variabilidad morfológica en función de la densidad de la masa.

La Figura 3.27a muestra, usando el ejemplo de robles de 6 años creciendo en un ensayo Nelder en Sant 'Agata, Italia, cómo el espaciamiento modifica la estructura del árbol. Con poca superficie disponible por árbol (alta densidad), los árboles compiten por la luz y su altura es máxima. Según aumenta el espaciamiento, el crecimiento en altura decrece en un 20-30 % porque la altura ya no supone una ventaja competitiva para el árbol. Para la superficie de copa el comportamiento es el contrario, menor cuando el espaciamiento es reducido y aumenta según la superficie disponible para el árbol es mayor. La dimensión de la copa se estabiliza entre 1-10 m² de área disponible para el árbol, ya

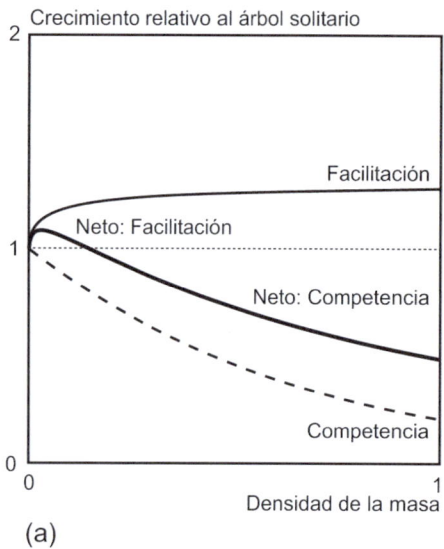 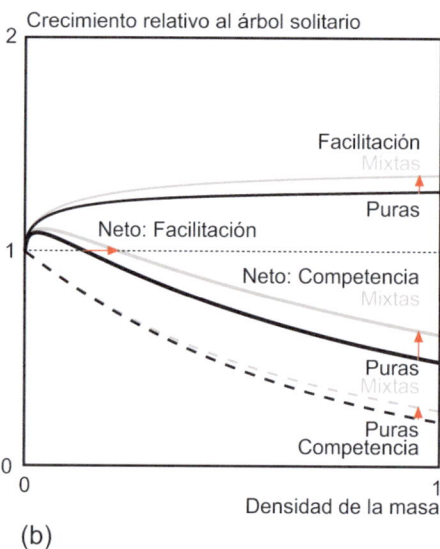

Figura 3.26 Ejemplo del efecto neto entre competencia y facilitación (a) en masas puras y (b) en masas mixtas. Se representa esquemáticamente la relación entre la densidad de la masa y el crecimiento de árboles con diversos grados de competencia y facilitación en relación al crecimiento de un árbol solitario. En el ejemplo del modelo, la facilitación neta domina en densidades bajas y la competencia neta en densidades de masa altas. La mezcla de especies provoca mayor facilitación, reducción de la competencia y un aumento en el efecto neto para una misma densidad de la masa.

que la copa está limitada por el tamaño del árbol a esta edad. Un patrón similar sigue el diámetro del árbol y el volumen de fuste (Figura 3.27b), es decir, más espacio disponible no significa mayor crecimiento en esta fase de desarrollo del árbol.

La comparación entre el patrón de la altura y el diámetro muestra que el árbol responde a densidades elevadas con un crecimiento bajo en diámetro y alto en altura, a expensas de su estabilidad (valor de esbeltez elevado, por encima de 2). Con espaciamientos intermedios los valores del coeficiente de esbeltez se reducen a 0,5-0,8. Con espaciamientos muy amplios el crecimiento en altura es menor, el crecimiento en diámetro es máximo, por lo que se reduce la ratio h/d a valores entre 0,25-0,5, que implican fustes estables y más cónicos. Si la densidad de la masa es excesivamente elevada, el crecimiento en altura del árbol también puede ser menor por un estancamiento del crecimiento, esto ocurre especialmente en sitios áridos o cuando la homogeneidad en los distintos factores (micrositio, genéticos, edad, etc.) es muy elevada.

El aumento significativo de los errores estándar y los coeficientes de variación de las variables del árbol al aumentar el espaciamiento, como se observa en la Figura 3.27, muestra que la variabilidad morfológica en la densidad máxima es muy baja, pero aumenta continuamente según aumenta el espaciamiento. Cuanto menos compite un árbol con sus vecinos, más evidentes son las influencias ambientales y genotípicas.

Este tipo de ensayos Nelder también se pueden hacer con combinaciones especies para comparar el patrón de crecimiento con distintas densidades con vecindad de la misma especie (pura) o de distinta especie (mixta). Por ejemplo, Ruano et al. (2022) estudian el efecto de la densidad en el crecimiento y mortalidad en plántulas de pino negral y pino carrasco en condiciones intra- e interespecíficas, encontrando efectos significativos de la mezcla de especies en el crecimiento.

3.3.2.2 Crecimiento y densidad local

Si en una masa forestal hay menos recursos disponibles que los que requieren los árboles que la componen para tener un crecimiento óptimo, los árboles compiten entre sí por es-

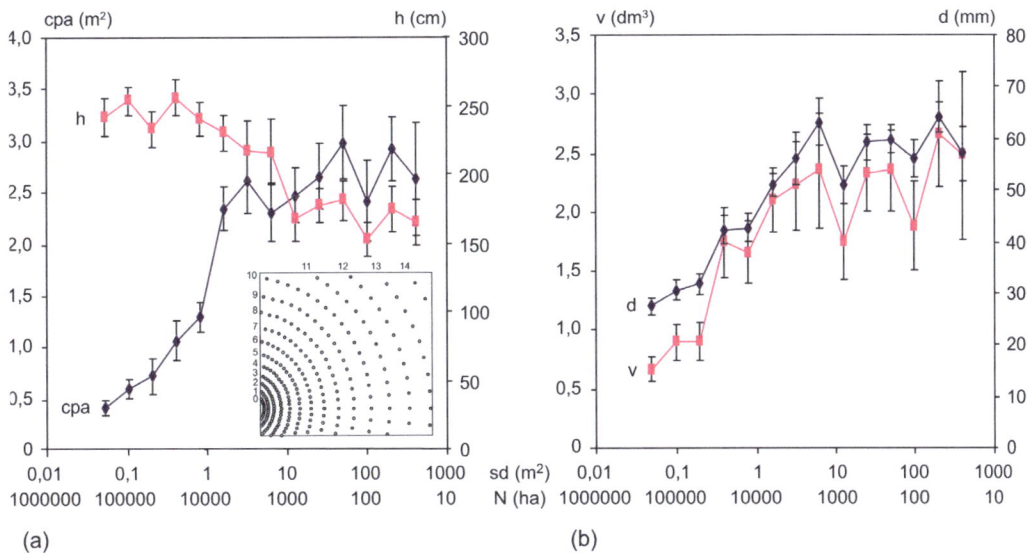

Figura 3.27 Plasticidad morfológica de robles (*Quercus robur* L.) de seis años según aumenta la superficie disponible del árbol, sd (m^2), (de izquierda a derecha disminuye la densidad, N (árboles·ha-1) en el ensayo Nelder de Sant 'Agata, Italia (medición de 2014). Valores medios (± desviación estándar simple) de (a) la altura del árbol, h (cm), y superficie de proyección de copa, cpa (m^2); y (b) diámetro en el cuello de la raíz, d (mm), y volumen de fuste, v (dm^3). El panel incluido en (a) muestra una sección de un círculo Nelder (1962) con la distribución de los árboles característica de este diseño, aumentando la superficie disponible por árbol del centro al exterior del círculo.

tos recursos. Los índices de competencia y otras medidas de densidad local que se discuten en esta sección tratan de agregar en una única medida la disponibilidad de recursos para los árboles individuales. Estos índices usan características de los árboles como la especie, diámetro normal, altura total, dimensiones de copa y distancias entre vecinos para cuantificar la situación de competencia de un árbol y el efecto negativo sobre su crecimiento.

Conocer los recursos realmente disponibles para los árboles individuales en la masa posibilitaría caracterizar mejor las condiciones de crecimiento del árbol. Sin embargo, es difícil medir estos recursos, que en el mejor de los casos se conocen en algunos sitios experimentales (Goisser et al. 2016). Por lo tanto, generalmente se utilizan índices de competencia que cuantifican la densidad local alrededor de los árboles, por ejemplo, con la distancia a sus vecinos, grado de solape de copas o compresión lateral. Valores bajos de los índices de competencia indican árboles libres de competencia, valores elevados indican una densidad de masa local alta. El espacio disponible de un árbol se usa también como *proxy* para su disponibilidad de recursos.

En la Caja 3.5 se muestra un ejemplo de un índice de competencia que permite cuantificar la situación de competencia de un árbol de manera relativamente sencilla en función de las posiciones de los árboles y las características de las copas. No obstante, su inconveniente es que el espacio disponible cuantificado con el valor de índice de competencia no refleja su situación en cuanto a disponibilidad de agua y nutrientes. Por ejemplo, si un árbol muestra un valor bajo en una masa situada en una estación pobre y seca, donde generalmente existe suficiente espacio para crecer, el valor del índice refleja su situación de competencia en esta masa. Un árbol con el mismo valor del índice de competencia en una masa situada en una estación fértil y fresca reflejaría una situación mucho más favorable para el crecimiento, ya que para el mismo espacio disponible hay muchos más recursos y cabrían más árboles. Los índices de competencia indican por lo tanto el espacio disponible para el árbol, pero no su disponibilidad de agua o nutrientes, lo que

Caja 3.5 Índices de competencia para cuantificar las condiciones de crecimiento de los árboles

Los índices de competencia caracterizan la disponibilidad de recursos individuales de un árbol dentro de un rodal. Se basan, entre otras cosas, en información sobre la especie, en la posición espacial o coordenadas del fuste, diámetros, alturas, longitudes, radios y variables de copa del pie a caracterizar y sus respectivos vecinos. Los índices de competencia se suelen calcular en dos pasos. En un primer paso, se seleccionan los pies vecinos que compiten por los recursos con el pie a evaluar. Para cada uno de los vecinos seleccionados, la fuerza competitiva sobre el pie a evaluar se cuantifica en un segundo paso. Existen numerosos métodos disponibles para la selección de los competidores, así como para la cuantificación de su fuerza competitiva (Cajas 9.2 a 9.4). En cada caso, se obtiene un índice de competencia adimensional, que caracteriza la disponibilidad de recursos y, por lo tanto, las condiciones de crecimiento de los árboles individuales que forman la masa.

Este procedimiento se ilustra utilizando el ejemplo del índice de competencia CCL (Pretzsch 1995, Pretzsch et al. 2002, Bachmann 1998). Para calcularlo, se coloca un cono de búsqueda con un ángulo de apertura de 60 ° en el árbol j a evaluar, al que llamamos árbol central, a una altura p = 60 % del árbol, medida desde abajo (Figura 3.28). Los pies cuya copa intersecta el cono se consideran competidores. Para todos los competidores, se calcula el ángulo BETA_{ij}, que se extiende entre la línea de la superficie del cono de búsqueda y la línea de conexión entre el ápice del árbol competidor i y el del cono del árbol j. Cuanto más cerca esté el competidor del árbol que se va a evaluar y cuanto más alto sea este en comparación con el árbol central, mayor será el ángulo BETA_{ij} y la influencia competitiva del vecino considerado. Al determinar estos ángulos BETA_{ij} para todos los competidores en radianes $(\text{BETA}_{ij}(\text{rad}) = \pi/180 \times \beta^*_{ij})$ y sumarlos, se llega al índice de competencia $\text{CCL}_j = \sum_{\substack{i=1 \\ i \neq j}}^{n} \text{BETA}_{ij} \times \text{CQF}_i/\text{CQF}_j$. Ésta es una medida relativa de la competencia entre el pie j y sus vecinos. Para tener en cuenta que no solo la relación de distancia y altura de los vecinos, sino también las relaciones de tamaño entre el pie central y los vecinos influyen en el efecto competitivo, los ángulos calculados se ponderan con el factor $\text{CQF}i/\text{CQF}j$ antes de sumarlos. El factor utilizado es el cociente entre el área de la sección transversal de la copa de los vecinos i al nivel del ápice del cono $\text{CQF}i$ y el área de la sección transversal de la copa del pie central al nivel del ápice del cono $\text{CQF}j$.

Dado que CCL solo se basa en las relaciones de tamaño y distancia entre el pie central y sus vecinos, las características estructurales en masas viejas y jóvenes con las mismas relaciones, pero diferentes escalas absolutas, dan como resultado los mismos índices de competencia. La consideración de la transmisión de luz de los pies vecinos, la simetría o asimetría, la situación competitiva y la composición de los pies vecinos según especies o grupos de especies de árboles refina la determinación de la competencia y permite una estimación de esta aún más realista que la que es posible con solamente el índice CCL (Pretzsch et al. 2002). Como se trata de un índice de competencia que se basa en las copas de los árboles, resulta especialmente útil para caracterizar las situaciones en las que domina la competencia por la luz.

Este principio de cuantificación de la competencia en el área de copa se puede transferir al repoblado o regenerado (Figura 3.29). Si se conocen el diámetro, la altura, las dimensiones de la copa y la posición del regenerado, se puede calcular su situación competitiva $\text{CCL}_j = \sum_{\substack{i=1 \\ i \neq j}}^{n} \text{BETA}_{ij} \times \text{CQF}_i/\text{CQF}_j$. Si las condiciones de crecimiento en el rodal deben caracterizarse sin que se disponga de la correspondiente información sobre los pies individuales, la superficie del rodal se puede cubrir

3.3 Crecimiento y competencia

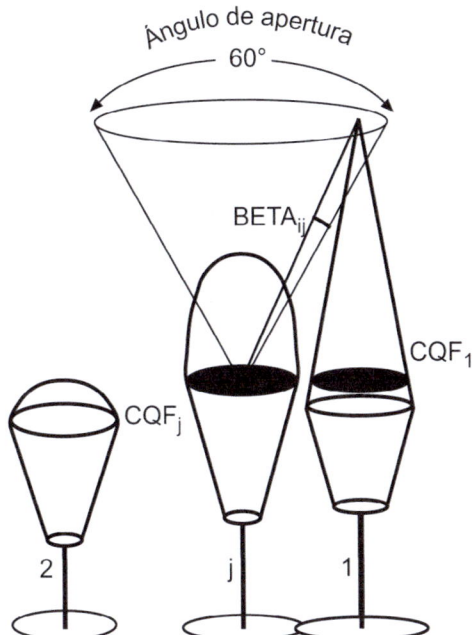

Figura 3.28 El índice de competencia de copas CCL_j se determina de acuerdo con el método del cono de luz, teniendo en cuenta las relaciones entre la altura del árbol y el tamaño de la copa del árbol central j y la de sus vecinos.

con una cuadrícula de puntos de muestra (Figura 3.29), cuyo número depende de la información requerida. En cada punto de la cuadrícula P asumimos un pie con una altura de 1,67 m y un diámetro de copa de 1,12 m, lo que corresponde a un área de la sección transversal de la copa de un metro cuadrado. Al 60 % de la altura de este árbol estándar, es decir, a una altura de 1.0 m, se construye un cono de búsqueda con un ángulo de apertura de 60 ° de manera análoga al procedimiento anterior (Figura 3.28). La situación competitiva en el punto P de la red se puede cuantificar a través de $CCL_P = \sum_{i=1}^{n} \text{BETA}_{iP} \times CQF_i$. El área de la sección transversal de la copa del árbol estándar es $CQFj = 1{,}0$ m², lo que significa que se omite el denominador en la última fórmula mencionada. El resultado es la variable adimensional CCLp para las condiciones de crecimiento en el punto P.

Si dicho análisis se lleva a cabo en todos los puntos de la cuadrícula, existen índices comple-

tos para la caracterización de las condiciones de desarrollo del regenerado. Los valores del índice son adecuados para el análisis del patrón de distribución espacial del regenerado en su fase inicial, así como para estudiar y controlar del crecimiento en altura, la densidad y mortalidad del repoblado y el regenerado. La superposición sobre la superficie del rodal de una cuadrícula con puntos de muestreo y el cálculo posterior de CCLp también son adecuados para el inventario del regenerado. Si el inventario de la regeneración se realiza utilizando conteos en cuadrículas de 2,5 m × 2,5 m o 5,0 m × 5,0 m, es aconsejable colocar los puntos de cuadrícula P en el medio de los cuadrados de muestreo. Los resultados del inventario del regenerado y el índice de competencia estandarizado estarían, por tanto, disponibles para cada cuadro de muestreo. A partir de esta información se pueden derivar funciones para controlar la distribución espacial, el crecimiento, la densidad y la mortalidad del regenerado según la estructura de la masa, lo que convierte al índice de competencia modificado CCL_P en el núcleo de las rutinas de regeneración en los simuladores de la masa forestal.

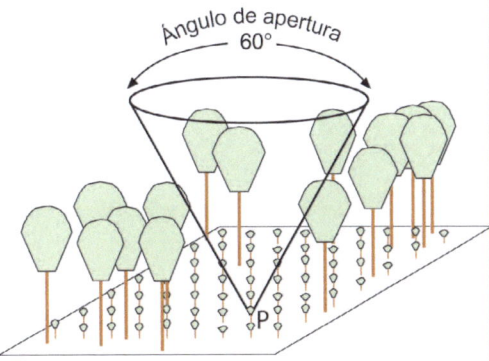

Figura 3.29 Para la cuantificación de las condiciones de crecimiento en el dosel de copas cercanas al suelo, la superficie del rodal se cubre con una cuadrícula de puntos de muestreo P = 1 … m. Con el cálculo del índice CCL_p para cada punto de muestreo p, se estiman parámetros de la cubierta que, entre otras cosas, se puede utilizar para el análisis y control del regenerado.

se debe considerar en su interpretación. Por lo tanto, son más apropiados para caracterizar la situación favorable o desfavorable del árbol en la masa, que para modelizar y explicar su comportamiento competitivo. No obstante, el espacio disponible determina la capacidad del árbol para expandir sus copas, la limitación del crecimiento de las ramas y la posible abrasión de éstas con el movimiento, por lo que es un componente importante de la capacidad competitiva del árbol.

La relación entre el crecimiento y la competencia se ilustra con un ejemplo de una masa formada por pícea, abeto y haya (Figura 3.30a) y el índice de competencia CCL (Caja 3.5). El rango de valores de CCL varía desde CCL = 0 para árboles grandes predominantes hasta CCL = 18,3 para árboles pequeños en el estrato inferior. La disminución exponencial en el crecimiento anual del área basimétrica al aumentar la competencia (Figura 3.30b) ilustra la idoneidad del índice de competencia CCL para cuantificar la disponibilidad de recursos del árbol y estimar el crecimiento de árboles en función de las relaciones de vecindad individuales en la masa.

Los índices de competencia dependientes de la distancia (Caja 3.5) no siempre son eficientes para predecir el crecimiento de los árboles. Especialmente en sitios donde los recursos del suelo son los principales limitantes del crecimiento, como el agua en el ámbito mediterráneo, estos índices que consideran la constelación local del árbol mejoran poco los resultados obtenidos con índices basados en la densidad total de la masa, como el área basimétrica, ya que el modo de competencia es principalmente simétrico (Vazquez-Piqué y Perira 2004; Bravo-Oviedo et al. 2006), es decir, los árboles compiten proporcionalmente a su tamaño (Sección 5.3.5). En la Figura 3.31 se presenta la relación entre el crecimiento en área basimétrica de pies de quejigo en un monte bajo con los valores de un índice de competencia dependiente de la distancia (basado en la relación de tamaños entre el árbol y sus competidores ponderada por la distancia) en una estación pobre, como muestra el bajo crecimiento. A pesar de que los árboles con mayor crecimiento presentan un valor del índice de competencia bajo, existe una gran variabilidad en el crecimiento para valores medios y bajos del índice de competencia (0-3). Parte de esta variabilidad puede deberse también a que se trata de una masa en monte bajo.

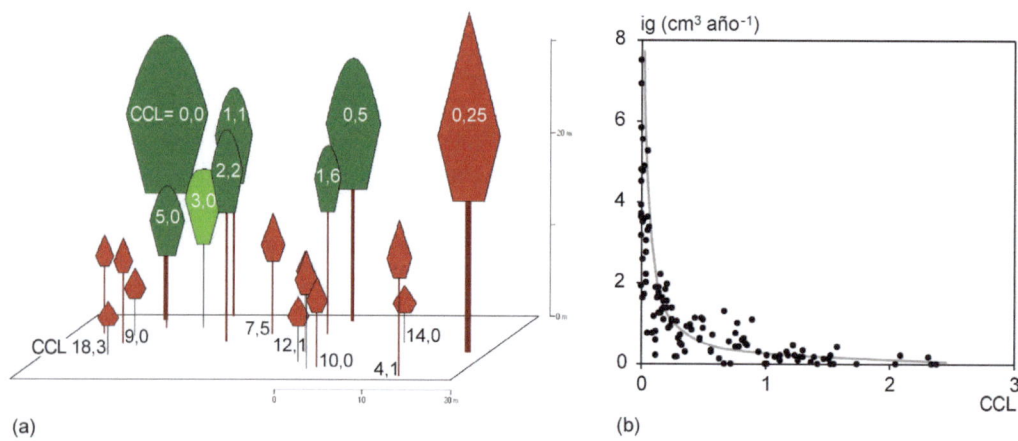

Figura 3.30 Estructura de la masa, índice de competencia CCL individual y correlación entre el crecimiento y el índice de competencia en una parcela experimental de pícea, abeto y haya en Baviera. (a) Estructura de la masa en un cuadrado de lado 10 m donde se indican los valores de los índices de competencia individuales que van desde CCL = 0 para árboles grandes predominantes hasta CCL = 18,3 para árboles pequeños. (b) Relación entre CCL y el incremento anual del área basimétrica para árboles predominantes a intermedios (CCL = 0-3).

3.3.2.3 Aceleración del crecimiento mediante claras

La competencia por los recursos puede ralentizar significativamente el crecimiento y la productividad de los árboles. Sin embargo, la selvicultura a menudo desea acelerar el crecimiento, poder aprovechar antes y obtener algún producto intermedio, de modo que se rentabiliza mejor la inversión. Un importante tratamiento selvícola para acelerar el desarrollo del tamaño del árbol son las claras o cortas intermedias. Al extraer algunos árboles reduciendo la competencia, se mejora el tamaño, vigor, estabilidad y el consiguiente valor de los árboles que quedan en pie (Figura 3.32). La aceleración del crecimiento y la promoción de un subgrupo de árboles seleccionados requieren una reducción de la densidad, que puede resultar en una reducción de la productividad de la masa o no, dependiendo de la intensidad del régimen de claras que se aplique. En el caso de una reducción de la densidad mediante claras, es importante considerar y equilibrar el efecto en el aumento del tamaño y del valor (efecto de la calidad) a nivel de árbol y el posible aumento o reducción del crecimiento (efecto de la cantidad) a nivel de la masa.

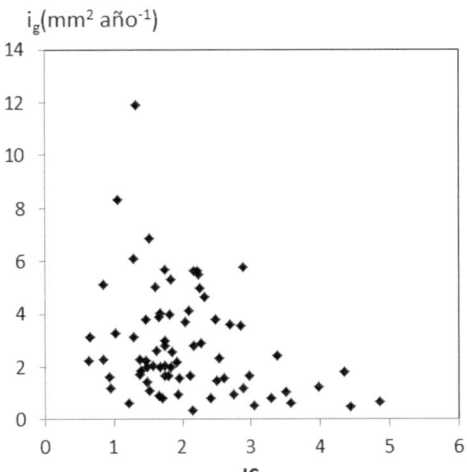

Figura 3.31 Relación entre el crecimiento en área basimétrica individual (i_g) y un índice de competencia en pies de *Quercus faginea* en una parcela experimental en un monte bajo de Guadalajara. El índice de competencia (IC) considera el cociente entre el tamaño de los árboles competidores y el árbol objetivo y la distancia entre los mismo.

La Tabla 3.2 proporciona una descripción general del estado y características de crecimiento de árboles grandes y pequeños en ensayos de claras. Bajo condiciones favorables de vecindad en la masa (dominancia, árboles liberados por la clara), los árboles grandes pueden tener un diámetro de 2 a 5 veces mayor, una altura de 1 a 2 veces mayor y un volumen de 5 a 74 veces mayor que sus vecinos más pequeños de la misma edad (ver Columna max:min). El crecimiento corriente máximo en diámetro, altura y volumen puede ser 10, 8 o 103 veces el de los árboles más dominados. Esto muestra la eficacia con la que la densidad inicial y las claras pueden acelerar el desarrollo de los árboles favorecidos. El efecto sobre el diámetro y el volumen es mayor que en altura, menos influenciada por la regulación de la densidad.

La Tabla 3.2 además da una idea del rango de crecimientos anuales máximos en diámetro (0,1-1,5 cm año^{-1}), altura (0,09-1,20 m año^{-1}) y volumen (1-124 dm^3 año^{-1}) entre árboles dominados y dominantes. Los valores de crecimiento medio en diámetro (0,1-1,3 cm año^{-1}), altura (0,17-0,73 m año^{-1}) y volumen (1-49 dm^3 año^{-1}) son en general más bajos que aquellos de crecimiento corriente.

Una reducción de la densidad puede desencadenar una aceleración del crecimiento, lo que permite que los árboles en masas aclaradas crezcan más rápidamente, pero también reducen más rápidamente su capacidad de reacción a las claras posteriores. El aumento en el crecimiento en volumen provoca un envejecimiento más rápido de los árboles, es decir, el tamaño refleja la ontogenia del árbol. Cuanto más se acelera su crecimiento a través de claras, más rápido pasa un árbol por la fase de elevado crecimiento absoluto o máximo crecimiento corriente. Así mismo, el árbol también pierde antes la capacidad de amortiguar o incluso sobre-compensar la disminución del crecimiento de la masa por la reducción de la densidad de la masa. Estos hechos solo se producen cuando el régimen de claras en tan intenso que los árboles individuales crecen sin competencia. Es decir, los árboles que cre-

Tabla 3.2 Efecto de la competencia entre vecinos sobre el tamaño (d, h, v), el crecimiento corriente máximo actual (Max id_c, Max ih_c, Max iv_c) y el periódico medio (id_m, ih_m, iv_m) de diferentes especies de árboles en parcelas de diferentes especies en el sur de Alemania con una Rango de edad de 35 a 142 años (se indica la especie, código y edad de la parcela en la fila superior). Los resultados se basan en los análisis de referencia y las mediciones de las metidas en los pies dominantes (max) y dominados (min) en parcelas permanentes y de densidad media. El cociente max:min indica el predominio de los árboles dominantes en tamaño, suministro de recursos y productividad.

Especie	d (cm)	h (m)	v (m³)	Max id_c (cm año⁻¹)	Max ih_c (m año⁻¹)	Max iv_c (l año⁻¹)	Max id_m (cm año⁻¹)	Max ih_m (m año⁻¹)	Max iv_m (l año⁻¹)
Pícea	ZUS 603/3	Edad 42							
min	13,4	17,7	139	1,0	0,84	8	0,3	0,42	3
max	28,3	25,2	733	1,3	1,20	42	0,7	0,60	18
max:min	2,1	1,4	5,3	1,3	1,40	5,3	2,1	1,40	5,3
Pino silvestre	BOD 610-3	Edad 50							
min	10,0	12,8	41,1	0,2	0,37	2	0,2	0,26	1
max	29,8	19,7	641	0,8	0,70	31	0,6	0,39	13
max:min	3,0	1,5	15,6	4,0	1,9	20,9	3,0	1,50	16,0
Abeto Douglas	HEI 608-1	Edad 35							
min	15,6	17,5	175	0,6	0,66	13	0,5	0,50	5
max	45,7	25,6	1.729	1,5	1,00	119	1,3	0,73	49
max:min	2,9	1,5	9,9	2,6	1,50	9,5	2,9	1,50	9,9
Haya	STA 91-3	Edad 78							
min	9,3	13,3	37	0,1	0,09	1	0,1	0,17	1
max	46,7	29,4	2.727	1,0	0,74	124	0,6	0,38	35
max:min	5,0	2,2	73,7	10,4	8,20	103,3	5,0	2,20	35,0
Roble	ROH 90-3	Edad 142							
min	28	25,8	826	0,2	0,11	11	0,2	0,18	6
max	66	33,4	6.098	0,7	0,20	131	0,5	0,24	43
max:min	2,4	1,3	7,4	3,7	1,80	12,0	2,3	1,30	7,4

cen libres de competencia tras las claras pueden envejecer más rápido que los árboles en masas no aclaradas.

La intensidad y duración de la reacción a la clara depende de las condiciones del sitio, densidad de la masa antes de la clara e intensidad de la misma. En la Figura 3.32 se muestra como ejemplo la reacción en crecimiento en diámetro relativo al crecimiento sin intervención en pino silvestre tras la aplicación de claras moderadas y fuertes en dos masas, una masa de repoblación con una calidad de estación elevada (a) y una masa natural en una calidad de estación media (b). En ambos casos la reacción aumenta con la intensidad de la clara, aunque la duración de la reacción es mayor en la mejor calidad de estación y con las claras más fuertes.

La Figura 3.33 muestra que la competencia o la densidad de la masa pueden afectar al crecimiento en altura y en diámetro de los árboles de manera notable. El efecto es especialmente relevante para estaciones de buena calidad, con

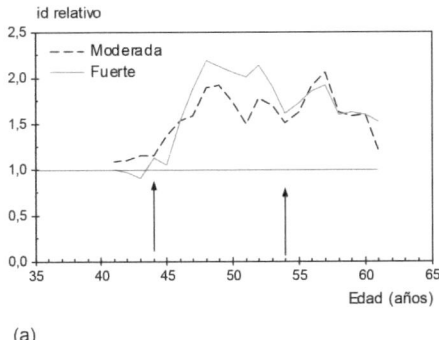 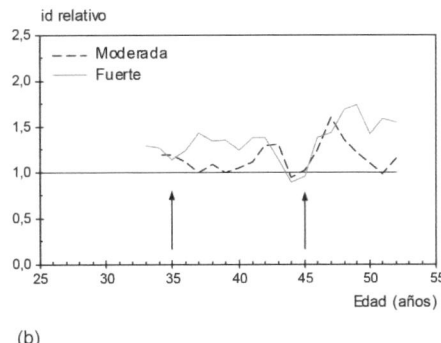

(a) (b)

Figura 3.32 Reacción a la clara en crecimiento en diámetro relativo al crecimiento en una masa sin intervenir. (a) masa artificial de pino silvestre en una calidad de estación buena (b) masa natural en una calidad de estación media. Las flechas indican el momento de realización de las claras moderadas y fuertes. Datos procedentes de ensayos de claras del ICIFOR-INIA (del Río 1999).

buenos suministros de agua y nutrientes. En estas estaciones, el crecimiento en altura (Figura 3.33a) puede reducirse ligeramente cuando el árbol crece solitario o por una apertura del dosel muy fuerte, ya que, en masas densas, debido a la competencia por la luz, el árbol aumenta la inversión en el desarrollo en altura y de la copa. En densidades muy elevadas, con una competencia excesiva, también puede haber una disminución del crecimiento en altura. Por el contrario, el aumento en diámetro en árboles sin competencia es máximo y disminuye a medida que esta aumenta (Figura 3.33b).

En sitios pobres con un menor suministro de agua y nutrientes, el crecimiento máximo en altura y diámetro es lógicamente menor. Sin embargo, la relación entre el crecimiento en altura y la competencia también puede cambiar de una manera característica (Figura 3.33). En los sitios más pobres, la luz no es el factor limitante, sino que son el agua y los nutrientes los que pueden limitar el crecimiento. Los árboles compiten principalmente por los recursos del suelo. El aumento de la densidad incrementa la competencia por el agua y los nutrientes, por lo que un aumento de la altura no ofrece una ventaja competitiva al árbol, y la altura y el diámetro aumentan a medida que disminuye la densidad.

Estos patrones de respuesta se han integrado en diversos modelos de crecimiento de árbol individual como los modelos SILVA y PROGNAUS

a partir de datos empíricos en los que se incluyen datos de masas irregulares donde hay árboles en los que su crecimiento está limitado por la luz. Este patrón general de reacción no obstante varía entre las especies, con la edad y estructura de edades y con la mezcla de especies. Por ejemplo, en masas regulares de especies intolerantes a la sombra, la variación del crecimiento en altura con la densidad es muy pequeña. Es importante remarcar que la Figura 3.33 muestra crecimientos relativos, siendo la variación en valores absolutos mucho mayor para el crecimiento en diámetro que para el crecimiento en altura.

3.3.3 Crecimiento y Mezcla de especies

3.3.3.1 Evidencia de reacciones de la mezcla a nivel de árbol

En esta sección se muestra que la mezcla de especies puede aumentar, mantener constante o disminuir el crecimiento del árbol en comparación con el de masas puras bajo condiciones de crecimiento por lo demás idénticas. Dependiendo de si la competencia interespecífica es menor, similar o mayor que la intraespecífica, el efecto de crecer en mezcla con otra especie en el crecimiento del árbol será positivo, neutro o negativo. El crecimiento del árbol puede ser mayor en condiciones de competencia interespecífica que con competencia solamente

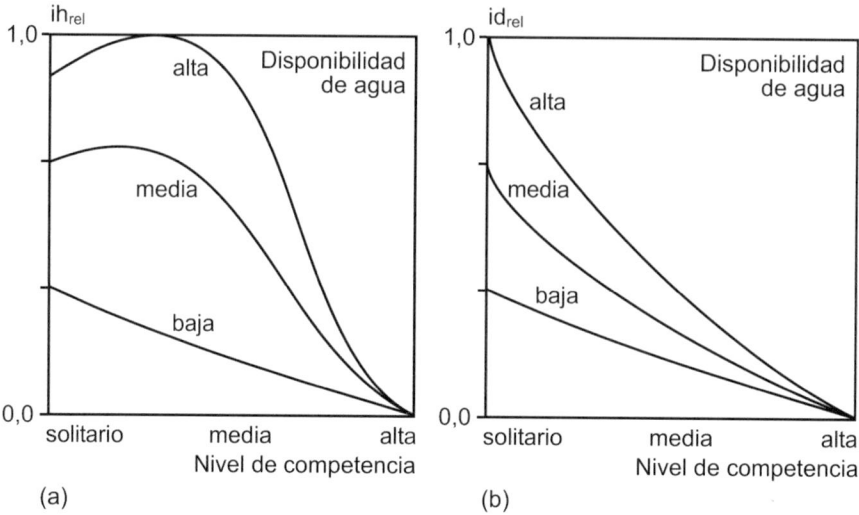

Figura 3.33 Relación teórica entre la competencia y (a) crecimiento relativo en altura del árbol y (b) crecimiento relativo del diámetro en relación al crecimiento máximo en sitios con suministros de agua alto, medio y bajo.

intraespecífica, en masa pura, incluso si todas las demás condiciones son similares.

Para ilustrar el efecto de la mezcla de especies en el crecimiento mostramos los resultados del estudio realizado para las mezclas de pino silvestre / haya, roble albar / haya y abeto / haya (del Río et al. 2014). Para analizar la reacción del crecimiento a nivel de árbol en masas mixtas en comparación con el crecimiento en masas puras, se parametrizó para cada especie un modelo que tiene en cuenta el grado de mezcla, el efecto del tamaño del árbol, la densidad de la masa y la competencia asimétrica, es decir, la competencia de los árboles mayores. A través de estos modelos se puede revelar el efecto de la vecindad inter- *versus* intraespecífica en el crecimiento del árbol bajo condiciones idénticas. El modelo fue ajustado con datos de árboles individuales procedentes del Inventario Forestal Nacional de España en masas mixtas, considerando como mixtas cualquier parcela en la que hay al menos un árbol de la especie competidora, cubriendo así condiciones de competencia prácticamente monoespecíficas e interespecíficas (pino silvestre n = 1.772; haya n=2.379; roble albar n=209; abeto n=344).

En la Figura 3.34 se muestran los resultados para la mezcla pino silvestre y haya. La densidad de la masa reduce el crecimiento de un árbol dominante en comparación con el crecimiento de un árbol de igual tamaño que crece en solitario (sin competencia). En masas puras, esta reducción del crecimiento del árbol con la densidad es particularmente pronunciada en el haya (Figura 3.34b). Este patrón de crecimiento con la densidad es similar en las mezclas, aunque el crecimiento se modifica notablemente. Las diferencias en los efectos de la mezcla se diferencian aún más según la especie considerada, siendo negativos para el pino silvestre y positivos para el haya.

Según los modelos ajustados por del Río et al. (2014), el efecto relativo de la mezcla con pino silvestre sobre el haya es mayor en árboles intermedios o dominados que en dominantes Figura 3.35). Sin embargo, para el pino silvestre la posición relativa de las especies en el dosel no influye en el crecimiento.

Cuando se mezclan el roble albar y el haya, el haya ejerce un efecto negativo sobre el crecimiento del roble, mayor cuanto más dominado es el roble (Figura 3.35). Sin embargo, el haya se beneficia de crecer en mezcla con el roble, especialmente cuando el roble se encuentra en el estrato dominante. En la mezcla abeto haya, en los modelos obtenidos la competencia interespecífica resultó similar a la intraespecífica,

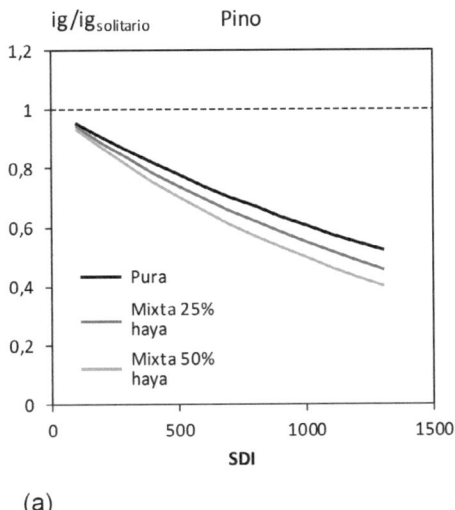
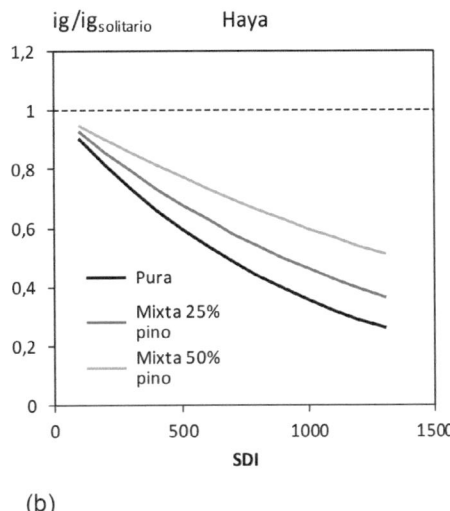

Figura 3.34 Modificación del crecimiento del árbol en relación al crecimiento de un árbol en solitario (sin crecimiento, eje y =1) con la densidad de la masa y la composición específica para pino silvestre y haya crecido en distintos grados de mezcla (adaptado de del Río et al. 2014).

es decir, no se observó efecto de la mezcla. Las reacciones de la mezcla varían según la especie, las especies con las que compite y la densidad local. De las especies consideradas, el haya responde más claramente a las variaciones en la densidad y la mezcla. En la Sección 3.4 se profundiza sobre las relaciones de competencia en masas mixtas.

3.3.4 Crecimiento y fertilización

La mejora del suelo y la fertilización pueden aumentar el crecimiento a nivel del árbol y la masa en un 10-30 % durante unos 10 años (Brüning 1959, Foerster 1990, Kramer 1988). A partir de este periodo, aunque también depende de la dosis, el aumento generalmente vuelve al nivel original, dependiente de la edad, competencia, el tamaño y las condiciones del sitio. El efecto de las enmiendas o la fertilización es especialmente grande en suelos pobres (Preuhsler y Rehfuess 1982). De acuerdo con la ley de la utilidad marginal decreciente (Mitscherlich 1948), la respuesta en crecimiento de los árboles a la fertilización disminuye al aumentar la fertilidad del suelo (Figura 3.16).

La fertilización puede aumentar el crecimiento de árboles y masas forestales en un período de 10 a 20 años y trasladar al árbol y la masa a una etapa de desarrollo más avanzada. Después de 10-20 años, la aceleración del crecimiento vuelve a disminuir, porque los árboles absorben grandes proporciones de los nutrientes almacenados en el sistema (Figura 3.36). Las masas reciben un impulso en el crecimiento por los fertilizantes, lo que puede provocar un salto a una calidad de estación superior y un nivel de densidad más elevado. A continuación, los árboles y las masas que fueron fertilizados pueden seguir la tendencia característica del nuevo nivel o bien retornar al nivel original. Al comparar el crecimiento de los árboles fertilizados y no fertilizados, se debe distinguir entre el efecto de tamaño (diferencia de crecimiento únicamente debido al tamaño y a diferentes fases de desarrollo, es decir, se produce una aceleración del crecimiento, pero la relación crecimiento-diámetro no varía) y el efecto de fertilización (inferioridad o superioridad del crecimiento más allá del efecto de tamaño de partida) (consulte la Sección 11.3.4).

La utilización de fertilizantes para mejorar el crecimiento es poco frecuente en sistemas forestales donde se realiza una selvicultura extensiva, como la mayor parte de los bosques mediterráneos. Sin embargo, es de mayor interés en plantaciones forestales con fines productivos, como plantaciones de *Populus*, *Pinus radiata* o *Eucalyptus*, donde la fertiliza-

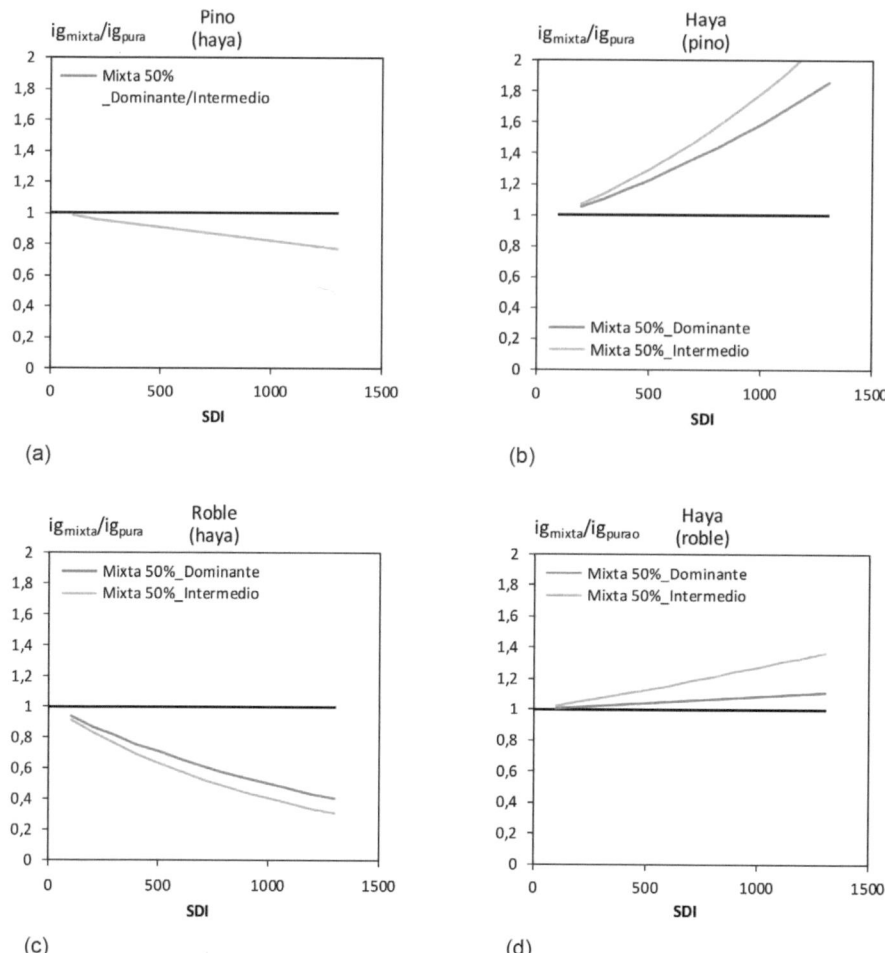

Figura 3.35 Crecimiento del árbol en mezcla (50 % de la otra especie) relativo al crecimiento en pura para un árbol de similar tamaño y posición social, dominante e intermedio (adaptado de del Río et al. 2014).

ción puede aumentar el crecimiento y mejorar los rendimientos (Sánchez y Rodríguez 2008; Sixto et al. 2008; Ruiz et al. 2008).

Los cambios meteorológicos y químicos en el aire de algunas zonas de la Tierra se pueden entender como una fertilización a través de la atmósfera (Pretzsch et al. 2014b, 2014c). El aumento de las temperaturas o del periodo vegetativo, el ligero aumento de la precipitación, el aumento de la concentración de CO_2 y la deposición de N han aumentado la productividad de muchos bosques de Europa Central en los últimos 100 años (Pretzsch 1996). En esta región la concentración de CO_2 ha aumentado en 10-20 ppm por década (IPCC 2007), la temperatura promedio anual en 0,1 °C (Deutscher Wetterdienst 2011) y la precipitación anual en 0,5-1,0 mm Año^{-1} (Deutscher Wetterdienst 2011). La duración del período vegetativo ha aumentado en 4-5 días (Chmielewski y Rötzer 2001, Menzel y Fabian 1999). La deposición húmeda de N ha aumentado en 0,5-1,0 kg ha^{-1} por década y se ha triplicado desde 1870 (IPCC 2007, Skeffington y Wilson 1988). Debido a la deposición de N a gran escala, la mejora de los suelos y la fertilización como medidas selvícolas han sido relegadas a un segundo plano (Prietzel et al. 2008). Sin embargo, el aumento de la acidificación del suelo causada por la deposición ácida así como el aumento de la extracción de nutrientes minerales a través del uso de la biomasa hacen que la fertilización pueda ser de nuevo un tema relevante (Pretzsch et al. 2014b, 2014c).

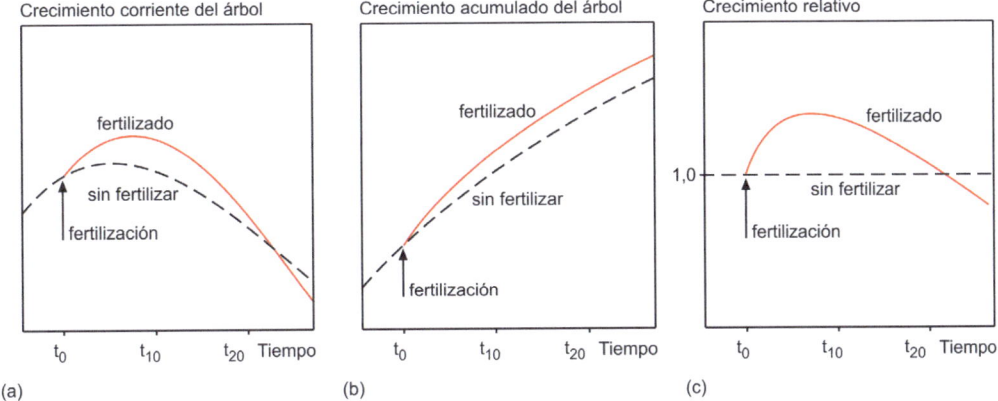

Figura 3.36 Efecto de la fertilización en el tiempo t_0 sobre el crecimiento de pino silvestre en los años siguientes hasta t_{20}, representado esquemáticamente según Forrester (1990). (a) Crecimiento continuo de árboles fertilizados (línea continua) en comparación con árboles no fertilizados (línea discontinua). (b) Curva de crecimiento en tamaño de árboles fertilizados (línea continua) en comparación con árboles no fertilizados (línea discontinua). (c) Aumento temporal del crecimiento de árboles fertilizados (línea continua) en comparación con árboles de referencia no fertilizados (línea 1,0, discontinua).

En el medio mediterráneo las predicciones del cambio climático conllevarían en general a una pérdida de la productividad (Bourlion y Ferrer 2018). Por otro lado, existen pocos estudios sobre la deposición de N y sus posibles efectos en bosques mediterráneos, aunque hay evidencias que en determinadas zonas pueden superar los niveles críticos para algunos bosques como los encinares (Aguillaume 2016).

3.3.5 Efecto de la densidad de la masa, la fertilización y la sequía en la forma del fuste.

La Figura 3.37 representa, mediante un ejemplo en pícea, la distribución del crecimiento característica del árbol a lo largo del fuste dependiendo de la disponibilidad de recursos. En las masas densas, cuando el principal limitante del crecimiento es la luz, los árboles presentan porcentajes de crecimiento relativamente altos en las áreas media y superior del fuste (Figura 3.37a, antes de estar libres de competencia). Con este patrón de asimilación, se prioriza el acceso a la luz a expensas de la estabilidad mecánica, lo que da lugar a árboles con poca extensión de copa, valores de esbeltez altos (h / d) y coeficientes mórficos elevados. Si a estos árboles se les elimina la competencia de sus vecinos responden con una asignación del crecimiento mayor a la parte inferior del fuste (Figura 3.37a, 10 años después de la eliminación de competencia). Como resultado, los coeficientes de esbeltez y de forma se reducen y aumenta la estabilidad mecánica del árbol. Si la liberación de la competencia no se repite y la densidad de la masa aumenta nuevamente, la asignación del crecimiento cambia nuevamente a favor de las áreas media y superior del fuste, es decir, vuelve a un patrón similar a la anterior situación (Figura 3.37a, 20 años después de la eliminación de competencia).

La respuesta a la fertilización muestra una tendencia similar (Figura 3.37b). La figura ilustra la asignación de crecimiento a lo largo del fuste para un árbol no fertilizado en una masa con fracción de cabida cubierta cerrada, donde se muestra de nuevo una asignación mayor a las zonas más altas del fuste (Figura 3.37b, no fertilizada). La fertilización reduce el crecimiento relativo de las áreas superior y media del fuste, favoreciendo la inferior (Figura 3.37b, fertilizado).

Tanto la mejora en la disponibilidad de luz por la eliminación de la competencia como la fertilización resultan en un incremento de la conicidad del fuste (reducción de la esbeltez y del factor de forma) y en una estabilización mecánica por el refuerzo relativo mayor del área inferior del fuste.

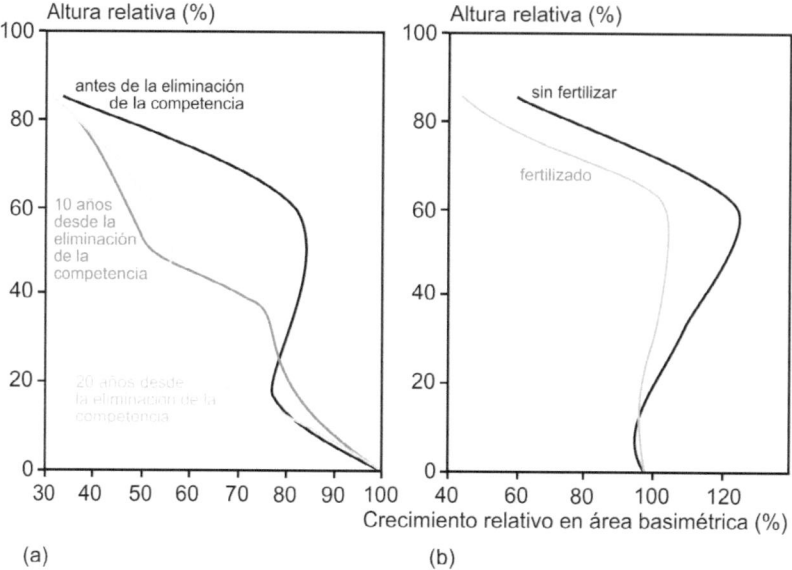

Figura 3.37 Representación esquemática del efecto de (a) la eliminación de competencia y (b) la fertilización en el crecimiento en área basimétrica del fuste a diferentes alturas, según Sterba (1981). Se muestra el crecimiento en área basimétrica a diferentes alturas del árbol en relación con el crecimiento del área basimétrica del fuste a la altura de 1,30 m. Las claras y la fertilización promueven la acumulación de crecimiento en el área inferior del fuste.

La Figura 3.38 muestra el efecto combinado de la posición social del árbol y la disponibilidad de agua (años húmedos frente años secos) sobre la asignación de crecimiento a lo largo del fuste (en términos relativos al crecimiento a 1,30 m). Con una buena disponibilidad de agua, se puede observar el efecto de la competencia mediante la comparación del patrón de árboles dominantes (menor competencia), con una mayor asignación de crecimiento en el área inferior del fuste, y árboles dominados (mayor competencia), donde la asignación a la parte superior del fuste es mayor (Figura 3.38 a-c). Con condiciones de sequía, el crecimiento de los árboles generalmente disminuye, pero lo hace de distinta manera a lo largo del fuste. La disminución del crecimiento se produce principalmente en el área inferior del fuste. En la parte superior de la copa se mantiene el crecimiento en tasas relativamente altas en comparación con el área inferior del fuste, incluso en condiciones de sequía. Rubio-Cuadrado et al. (2018) encontraron para pino negral (*Pinus pinaster*) una mayor resistencia en términos de crecimiento a sequías extremas en la parte superior del fuste que en la inferior, reflejando una variación del patrón de asignación de crecimiento con la disponibilidad de agua similar al descrito anteriormente.

3.3.6 Aceleración del crecimiento por cambios ambientales

Como se ha comentado en la Sección 3.3.4, en Europa central se ha observado una aceleración del crecimiento debido a cambios ambientales. La evolución del crecimiento en parcelas experimentales a largo plazo en Europa revela aumentos en el crecimiento debido a cambios a gran escala en las condiciones de crecimiento (deposiciones de nitrógeno, aumento del periodo vegetativo, aumento de la concentración de CO_2 en la atmósfera, aumento de la temperatura). Desde la década de 1960, ha habido una evidencia creciente de desviaciones positivas de la tasa de crecimiento normal que podrían esperarse en condiciones estacionarias (Pretzsch et al. 2014b, 2014c) (ver Caja 11.1). No obstante, utilizando datos de parcelas permanentes a lo largo de Europa, recientemente se ha comprobado que estas desviaciones varían según regiones climáticas, observado efectos positivos, neutros, e incluso negativos dependiendo de la zona. Por ejemplo, se ha constatado que el pino silvestre en el suroeste de su distribución, coincidiendo con las parcelas permanentes de España, muestra desviaciones negativas (Pretzsch et al. 2023).

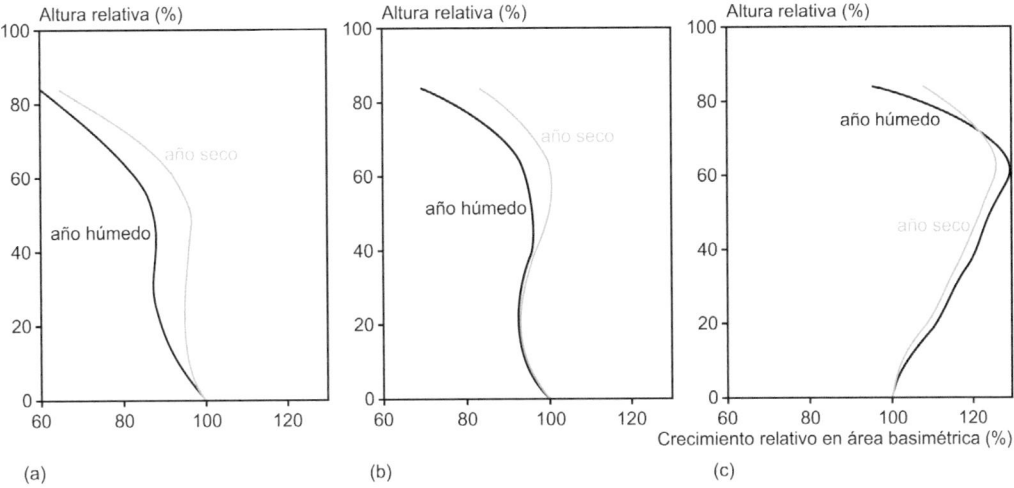

Figura 3.38 Representación esquemática del efecto de la disponibilidad de agua en el crecimiento del área basimétrica a diferentes alturas para (a) árboles predominantes (h / d <80), (b) árboles dominantes (h / d = 80-100) y (c) árboles dominados (h / d> 100). Se muestra el aumento en el área basimétrica a diferentes alturas del árbol en relación con el crecimiento del área basimétrica a la altura de 1,30 m (según Mette et al. (2015) y Sterba (1981)).

Obviamente, los cambios favorables en las condiciones ambientales provocan crecimientos en volumen más elevados y que culminan antes (Kahle 2011). Partiendo del crecimiento en volumen de un árbol dominante en una masa con espesura completa, el desarrollo del volumen se puede acelerar por un lado mediante claras, y por otro, por los efectos ambientales (Figura 3.39a). En comparación, el crecimiento de un árbol sometido a una competencia fuerte es mucho menor, que supone a un retraso en el envejecimiento. Por lo tanto, las claras y los cambios en las condiciones ambientales pueden desencadenar una aceleración del crecimiento y del envejecimiento. Esto se manifiesta de la siguiente manera en las curvas de volumen y crecimiento: se acelera el crecimiento en las fases tempranas con puntos de inflexión a edades más jóvenes, máximos también más tempranos y una anterior ralentización del crecimiento (Figura 3.39b).

Los efectos ambientales se pueden cuantificar comparando el crecimiento en volumen del árbol medio de masas de 100 años con el volumen indicado por las tablas de producción para tales masas (respectivamente con intensidades de clara de bajas a moderadas) (ver capítulo 11). Esta comparación supone que las tablas de producción reflejan condiciones de crecimiento históricas y que el crecimiento observado actualmente en masas gestionadas siguiendo dichas tablas de producción puede compararse con las mismas. Los efectos ambientales en la picea, el pino silvestre, el haya y el roble se sitúan en un aumento del 27, 33, 12 y 13 %, respectivamente.

En consecuencia, el efecto ambiental sobre el crecimiento, especialmente en pícea y pino silvestre, es mucho más pronunciado que el efecto de las claras. El efecto total se estima incrementando gradualmente los efectos ambientales y de claras al mismo tiempo (100 % = valor esperado en las tablas de producción bajo claras moderadas). Este equivale para pícea, pino silvestre, haya y roble en un 38, 60, 32 y 25 %. Para picea, pino silvestre, haya y roble, este análisis se basa en las tablas de producción de Wiedemann (1936/42), Wiedemann (1943/48), Schober (1967) y Jüttner (1955) para claras de intensidad moderada.

3.3.7 Desacoplamiento del crecimiento y la edad

Un crecimiento más rápido, ya sea a través de la ventaja por una mejor micro-estación, la realización de claras, fertilización o deposición de nutrientes que acelere el crecimiento, conduce a mayores dimensiones de los árboles a la misma edad. Sin embargo, eso implica alcanzar ta-

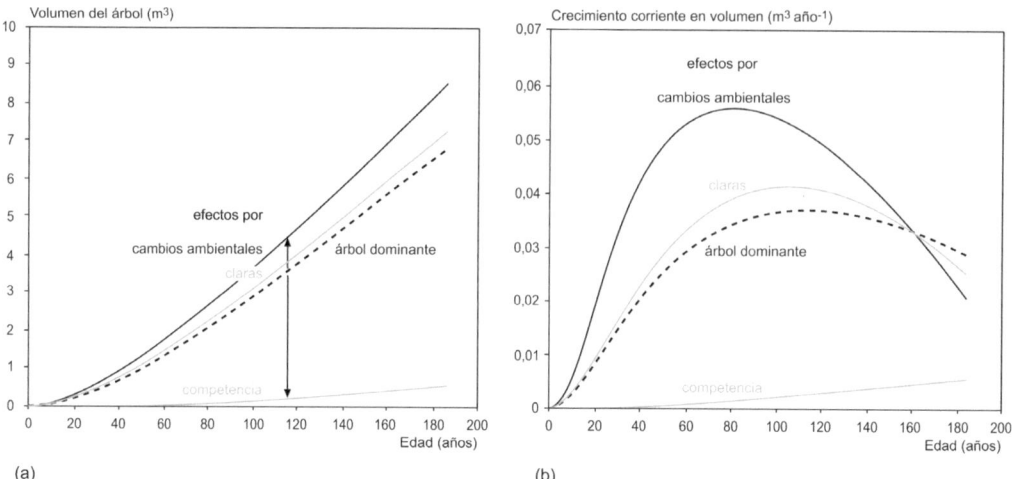

Figura 3.39 Representación esquemática de los efectos de la competencia, las claras y los cambios ambientales sobre el crecimiento (a) y la productividad (b) de árboles según Pretzsch (2004). A partir de la evolución de un árbol dominante (línea discontinua), se muestra la ralentización del desarrollo por competencia (árbol dominado, línea gris) y la aceleración mediante claras (línea gris superior) y productividad por cambios ambientales (↑) que favorecen el crecimiento.

maños de árbol que presentan la susceptibilidad típica de edades avanzadas, como pudrición o roturas de la copa, lo que da lugar a una senescencia y muerte más temprana. Por lo tanto, los árboles envejecen no tanto en función del tiempo real en años, sino según su desarrollo en tamaño que depende de la disponibilidad de recursos como la luz, agua y nutrientes (Pretzsch 2020).

Por ejemplo, si comparamos con el crecimiento de los humanos, los árboles envejecen de manera diferente ya que el crecimiento y el tiempo están menos relacionados, como se ilustra en la Figura 3.40. Se muestran tres árboles en fase juvenil que tienen la misma altura y edad en un bosque mixto de montaña. Si observamos su proceso de envejecimiento en el eje temporal, queda claro que el tiempo físico para los tres árboles es igualmente rápido: 25 años, 50 años, 100 años, 150 años, etc. (Figura 3.40, a–d). Sin embargo, la evolución del tamaño de los tres árboles tiene lugar a una velocidad completamente diferente. El árbol 1, cuyos recursos están claramente limitados (falta de luz, deficiencia de nutrientes en el suelo, etc.) crece mucho más lento que el árbol 2 (disponibilidad de luz moderada) o el árbol 3 (siempre con suficiente luz y nutrientes). Esto hace obvio que los árboles no crecen y envejecen como una función del tiempo físico, sino más bien como una función de la disponibilidad de recursos individuales. Una escasa disponibilidad es sinónimo de un crecimiento y envejecimiento más lentos; un suministro abundante de recursos causa un desarrollo más rápido y un envejecimiento más rápido (Enquist et al. 1998). La edad física y el crecimiento están, por lo tanto, en gran medida desacoplados. Para la determinación de la fase ontogenética del árbol, es decir, para la caracterización de la edad de un árbol, es más adecuado considerar su tamaño actual.

Magin (1959) distinguió entre edad física (edad en años) y edad fisiológica (etapa en tamaño). Así, un árbol dominado de 150 años de edad en un bosque mixto de montaña puede presentar un elevado número de anillos de crecimiento, es decir, años, pero puede ser pequeño y fisiológicamente joven con capacidad de reacción. Un árbol de 150 años de edad, que ya ha llegado al dosel superior, tiene la misma cantidad de anillos anuales, pero es fisiológicamente mucho más viejo que el árbol anterior. En tales árboles la edad física y el crecimiento se desacoplan en gran medida. Un mejor indicador de la fase de edad que la edad física o el número de anillos

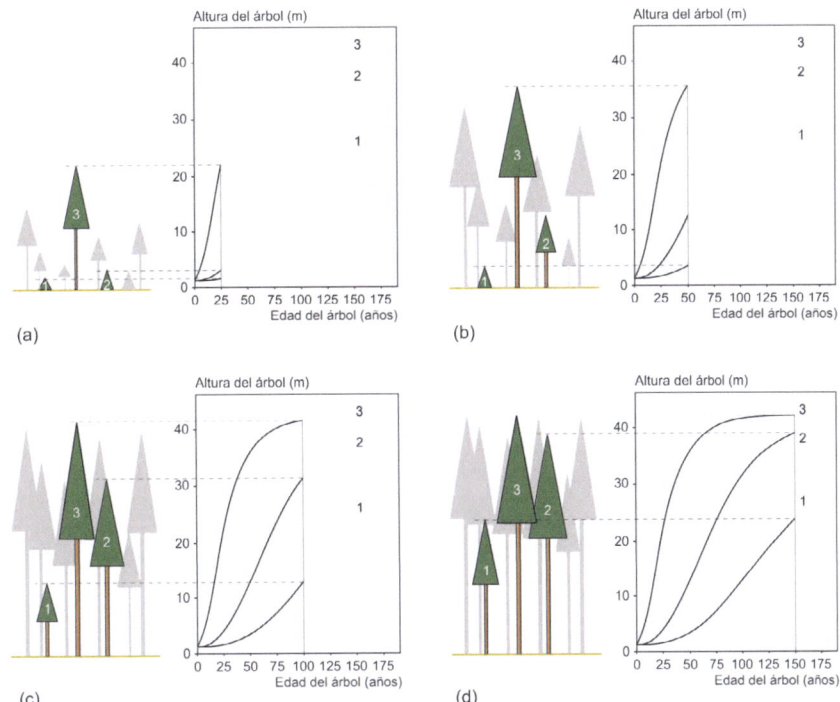

Figura 3.40 Desacoplamiento entre crecimiento y tiempo en bosques mixtos de montaña. Representación esquemática del desarrollo de tres árboles con diferente disponibilidad de recursos a lo largo del eje temporal. A la edad de (a) 25, (b) 50, (c) 100 y (d) 150 años, los tres árboles que se muestran alcanzan alturas que dependen más de la disponibilidad de recursos que de la edad física.

de árboles, es la altura, el diámetro o, mejor aún, el volumen del árbol.

Visto desde esta perspectiva, en masas irregulares de edades desiguales se observan en las tasas de crecimiento en diámetro de los árboles fases de envejecimiento más rápido (promoción por claras o mortalidad natural de los competidores) y fases de envejecimiento más lento (densidad excesiva, competencia lateral) (Figura 3.41a–c). En un monte entresacado los árboles se encuentran en fases de edad diferentes, envejecen a velocidades muy diferentes, incluso casi pueden detener su envejecimiento. La Figura 3.41a–c muestra el crecimiento radial desde 1870 de tres abetos de una parcela de experimentación en los Alpes bávaros. El abeto 442 presenta un curso de crecimiento radial unimodal con un incremento en la fase juvenil, una culminación y un declive con el avance de la edad. En contraste, en el abeto 451 se observa un mayor crecimiento a la mitad y al final del período de observación; se observa una fase inicial de aproximadamente treinta años de reducción del crecimiento, lo que indica una fuerte competencia, y una posterior liberación. El abeto 80 se encontraba en estado de espera durante más de medio siglo y aumentó su crecimiento en las últimas décadas después de su liberación de competidores.

Si en un árbol de 150 años de edad perteneciente al estrato inferior, que presenta por lo tanto un número de anillos elevado correspondiente a su edad física y un tamaño pequeño (diámetro, altura, volumen), cambia la disponibilidad de recursos (eliminación de vecinos por intervención selvícola, mortalidad natural de vecinos), este árbol puede comenzar a crecer y envejecer abruptamente (Preuhsler 1979). Este patrón se refleja en la transición de anillos de crecimiento muy estrechos en el centro del disco del árbol a anillos muy anchos de 150 a 250 años (Figura 3.41d).

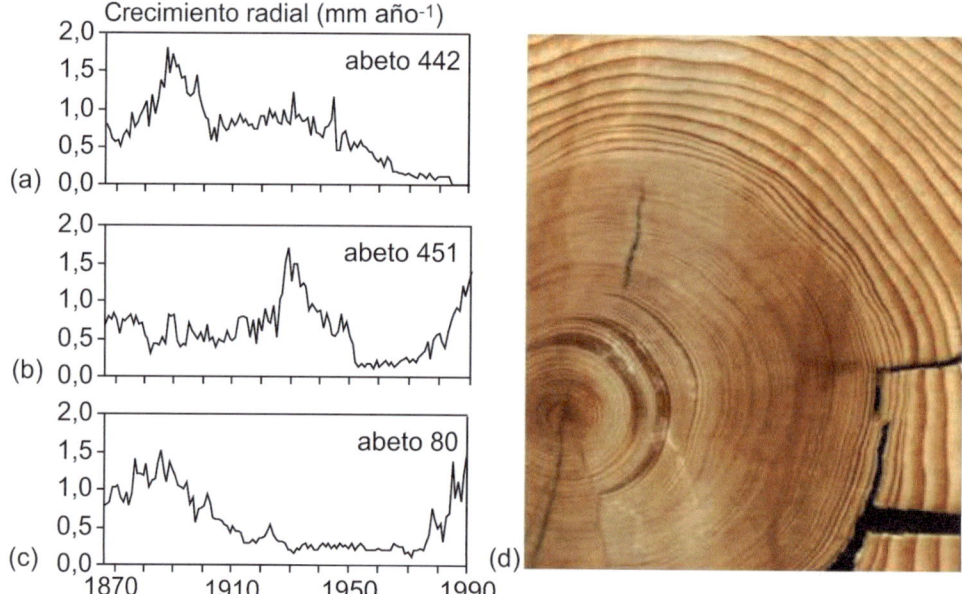

Figura 3.41 Variabilidad de los patrones de anillos de crecimiento a la altura de 1,30 m de tres abetos en un bosque mixto de montaña en los Alpes bávaros cerca de Garmisch-Partenkirchen (Pretzsch 2009). (a - c) crecimiento de tres abetos adyacentes y aproximadamente de la misma edad con notables diferencias en el desarrollo individual pasado. (d) Patrón característico de anillos de crecimiento de una pícea de los Alpes bávaros cerca de Kreuth. Después de una fase de más de 100 años con un pequeño crecimiento en el piso inferior y, en consecuencia, con patrones de anillos de crecimiento estrechos, el ancho del anillo aumenta abruptamente después de que el árbol se haya liberado de la competencia (según Preuhsler 1979).

No obstante, hay que matizar que no todas las especies presentan igual capacidad de crecer bajo el dosel de copas o en situaciones de elevada competencia. Por ejemplo, un árbol de una especie intolerante a la sombra creciendo en el estrato dominado de una masa con densidad elevada, acabará muriendo por falta de recursos a pesar de presentar un tamaño reducido y, por lo tanto, una edad fisiológica menor. Por este motivo, el modelo de masa irregular pie a pie se adapta mejor a especies tolerantes a la sombra como el abeto o el haya.

Análogamente, dos árboles pueden presentar ritmos de crecimiento diferentes debido a la distinta disponibilidad de recursos. Así, un árbol creciendo en una estación rica presentará su crecimiento máximo a una edad más temprana que un árbol en una estación pobre y, a una edad real similar, será fisiológicamente más viejo. Como consecuencia de estos patrones, los turnos son mayores en las calidades de estación bajas.

3.4 Relaciones de competencia en masas mixtas. Causas y procesos

3.4.1 Retroalimentación entre las condiciones de crecimiento del árbol y su crecimiento

Esta sección analiza la complementariedad de nichos, o reducción de la competencia, y la facilitación entre especies como causas principales de las relaciones de vecindad sinérgicas en masas mixtas. En primer lugar, hay que considerar que las causas de los efectos de la mezcla de especies se derivan de la relación básica entre las condiciones de crecimiento del árbol y su crecimiento.

Las condiciones de crecimiento (recursos, espacio, factores ambientales) determinan el crecimiento de los árboles en una masa, y el crecimiento de éstos cambia a su vez las condiciones de crecimiento (Figura 3.42a). Por ejemplo, la disponibilidad de recursos y el espacio disponible para el crecimiento determinan el crecimiento en tamaño y el desarrollo de la estructura de los árboles. La estructura de la masa por encima y por debajo del suelo, así como la biomasa acumulada en ella, se vinculan con las condiciones de crecimiento y, en su caso, con su cambio, por ejemplo, cambio del clima o de las reservas de nutrientes en el suelo. Por otra parte, los árboles pueden modificar y desarrollar las condiciones de crecimiento a través de su estructura durante décadas o siglos.

Por lo tanto, en cierta medida las condiciones de crecimiento son la causa del crecimiento de los árboles y el resultado de este. Esto se aplica en principio tanto a masas puras como a mixtas. Debido a la similitud funcional y estructural de los árboles en una masa pura, el crecimiento de todos los árboles depende de forma similar de las condiciones de crecimiento. Aparte de una cierta variación en la genética, tamaño y forma del árbol, los árboles en masas monoespecíficas necesitan recursos similares, es decir un clima similar, ocupan una superficie y un espacio subterráneo similares; compiten entre sí por un conjunto común de recursos y sus demandas son similares en el espacio y el tiempo. Por ejemplo, ocupan estratos similares en el dosel de copas, mismos horizontes en el suelo, desarrollan metidas simultáneamente o tienen un ritmo de crecimiento similar a lo largo de su vida. Debido a esta similitud estructural y funcional, su efecto retroactivo sobre las condiciones de crecimiento de la masa es homogeneizador.

En relación a las condiciones de crecimiento hay dos aspectos fundamentales de la combinación de especies: (i) la explotación de las condiciones de crecimiento para el crecimiento de los árboles, y (ii) la diversificación de las condiciones de crecimiento a través de una modificación más diversa del dosel y el espacio del suelo. En la Figura 3.42b se muestra esto para una mezcla de dos especies, pero se puede aplicar a las mezclas en general.

(i) Al igual que en las masas puras, los árboles en masas mixtas alimentan su crecimiento de recursos comunes. Sin embargo, en masas mixtas las especies utilizan estos recursos de manera diferente a través de las diversas propiedades estructurales y funcionales de las especies (complementariedad de nichos). Por ejemplo, una especie penetra más o menos profundamente en el suelo, alcanza estratos superiores o inferiores del dosel, se desarrolla más rápida o más lentamente que las otras especies durante un año específico a lo largo de su vida, etc. Dichas propiedades complementarias pueden reducir la competencia en masas mixtas (competencia interespecífica) en comparación con la competencia en masas puras (competencia intraespecífica).

(ii) La variación estructural y funcional de las especies en masas mixtas da a su vez como resultado condiciones de crecimiento más heterogéneas. El cambio en las condiciones de crecimiento generado por una especie puede tener en otra especie un efecto negativo (alelopatía, sombreado), positivo (transporte de agua o nutrientes de capas profundas del suelo a menor profundidad) o neutral (similitud estructural y funcional). La promoción recíproca a través de la redistribución del agua, el aumento de la disponibilidad de nutrientes minerales mediante el aprovechamiento de las capas más profundas del suelo, o la fijación del nitrógeno atmosférico, discutidos en esta sección, son ejemplos de cómo cambios en las condiciones de crecimiento generados por una especie que afectan el crecimiento de las otras especies, pueden tener un efecto positivo (facilitación).

3.4.2 Reducción de la competencia mediante el uso complementario del espacio y otros recursos

3.4.2.1 Complementariedad espacial

La competencia entre árboles vecinos puede reducirse combinando especies de hoja perenne con especies caducifolias, especies de sombra con especies de luz, especies de raíces poco profundas con especies de raí-

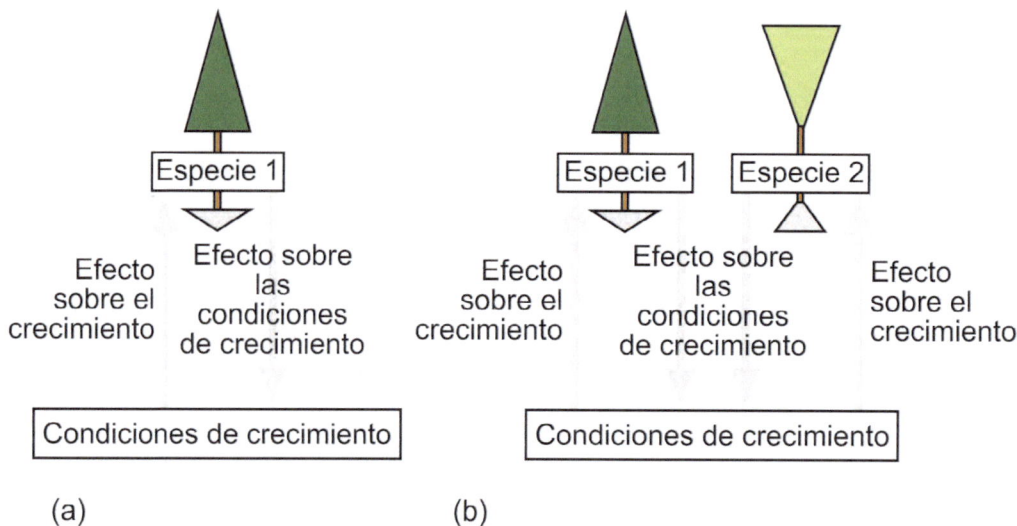

Figura 3.42 Relación entre las condiciones de crecimiento (recursos, espacio, clima) y el crecimiento de los árboles (tamaño, estructura, morfología) en (a) masas puras y (b) mixtas.

ces profundas, o especies con crecimiento predominantemente vertical (acrotonía) con especies con extensión lateral (basitonía). Al combinar árboles con características estructurales y funcionales complementarias, el dosel de copas o los sistemas radiculares pueden poblar y explotar más densamente el espacio y los recursos disponibles. La Figura 3.43a muestra cómo formas de copa complementarias, específicas de cada especie, ocupan el espacio en una masa mixta en una determinada fase de desarrollo. La separación de especies en diferentes capas del dosel puede cambiar a lo largo de la vida de la masa. Por ejemplo, la especie de crecimiento más rápido a edades más jóvenes en la Figura 3.43b tiene una ventaja de altura en la primera mitad del ciclo, mientras que en la segunda mitad es alcanzada por la especie más lenta, que finalmente alcanza alturas más altas.

En una masa pura, las copas tienen un potencial de desarrollo similar, que se modifica debido a la competencia y a la estructura de los árboles vecinos (por ejemplo, disminución de la extensión lateral al acercarse a la copa vecina, golpes mecánicos por la vibración del árbol, muerte por excesivo sombreado) y resultan en las conocidas clases sociales de Kraft (1884) (Capítulo 7). Sin embargo, en contraste con las masas puras, las masas mixtas pueden dar lugar a mayor espacio para el desarrollo del árbol debido a la estratificación o a formas de copas específicas de las distintas especies, lo que puede resultar en densidades más altas en el dosel de copas, así como mayor número de pies por hectárea, especialmente en el caso de formas de copa complementarias (Pretzsch 2014). Dichas diferencias entre especies en cuanto a la forma, el estrechamiento lateral de la copa y la densidad del dosel pueden, entre otras cosas, contribuir a la mayor productividad observada en masas mixtas en comparación con masas puras (Forrester 2014, Thurm y Pretzsch 2016, Pretzsch et al. 2015, Riofrío et al. 2017). Los cambios en el tamaño y forma de la copa (Sección 2.2.3) o densidad del dosel de masas mixtas frente a puras enfatizan que la mezcla de especies puede tener no solo efectos aditivos sino también multiplicativos.

Mediante la combinación de copas con complementariedad de forma (*e.g.* combinación de formas ▼ con copas con forma ▲) o fisiológica (*e.g.* combinación de especies de luz y de sombra) éstas pueden superponerse vertical y horizontalmente (*e.g.* estratificación y espesuras trabadas), que se reflejan en los mapas de

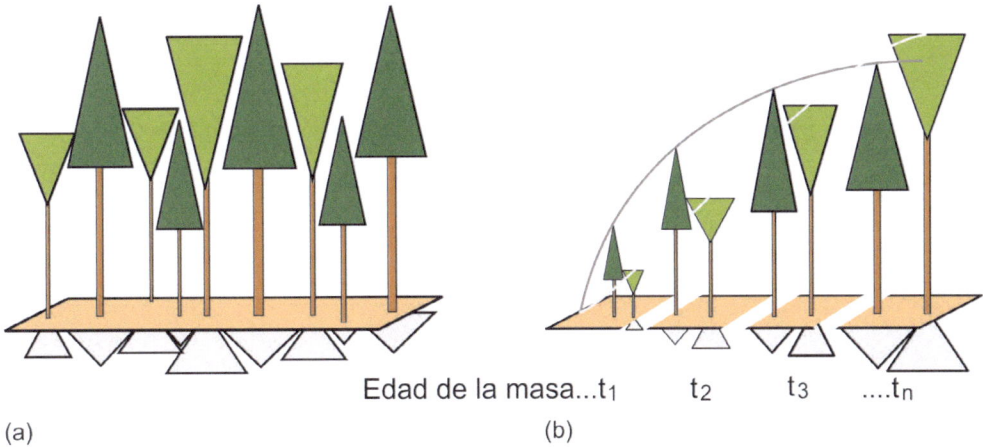

Figura 3.43 Al combinar especies con formas de copa complementarias, los tamaños de las copas, las formas o las densidades del dosel pueden cambiar de masas mixtas a puras.

copa (Figura 3.44). A menudo, los porcentajes de superposición y la superficie total del dosel en masas mixtas están claramente por encima de los valores correspondientes en masas puras. Además, la mezcla de especies también puede cambiar la estructura de interior de la copa, la forma del fuste y la calidad de la madera (Bayer et al. 2013, Pretzsch y Rais 2016).

3.4.2.2 Complementariedad temporal

Muchas especies de árboles presentan distintas trayectorias de crecimiento a lo largo de sus vidas (Assmann 1970, p. 45) o a lo largo del año (Rötzer et al. 2017, Schober 1950/51). Tales patrones de crecimiento asíncronos pueden causar una diversificación temporal en el aprovechamiento de los recursos y, por lo tanto, una reducción de la competencia y un aumento del crecimiento. Por ejemplo, la disponibilidad de luz y agua del pino silvestre pueden mejorar en mezclas con roble en comparación con masas puras, especialmente en primavera, cuando el roble todavía se encuentra sin hoja, ya que hasta que no brota no comienza a asimilar y crecer (ver esquema de complementariedad temporal en Figura 3.45). En la primavera, especialmente los pinos de las clases sociales intermedias y bajas pueden beneficiarse de las temperaturas más altas y las mejores condiciones de radiación en masas mixtas, con unas mayores tasas de fotosíntesis y consiguiente crecimiento en comparación con las masas monoespecíficas. Antes de que broten los robles en mayo, los pinos pueden beneficiarse del hecho de que el suelo está saturado con agua después del invierno y los robles todavía no compiten por el agua, como hacen posteriormente.

Una situación análoga se da entre la pícea y el haya, con un efecto positivo sobre la pícea al principio del periodo vegetativo. En el transcurso del año, cuando disminuyen las reservas de agua, un haya en una masa mixta pueden beneficiarse de crecer con píceas (Rötzer et al. 2017), ya que las hayas pueden ocupar el suelo por debajo de las píceas, que presentan raíces más superficiales. Es probable que esto contribuya a la reducción de la competencia y la mayor productividad que a menudo se observa en el haya cuando se mezcla, pie a pie o por bosquetes, con coníferas de raíces poco profundas (Goisser et al. 2016, Rötzer et al. 2017).

La Figura 3.46 muestra un cierto grado de asincronía del crecimiento intraanual en diámetro entre pino negral y rebollo en un ensayo de claras de San Pablo de los Montes (Toledo) para dos años con clima contrastado (Aldea et al. 2018, 2021). En este ejemplo se observa que el pino negral, perenne, puede comenzar a crecer en primavera más temprano y más intensamente que el rebollo. Se muestran los valores medios del crecimiento en diámetro y los errores estándar de 3 pinos y de 3 rebollos en la parcela testigo del ensayo de claras. Los crecimientos se midieron durante tres años uti-

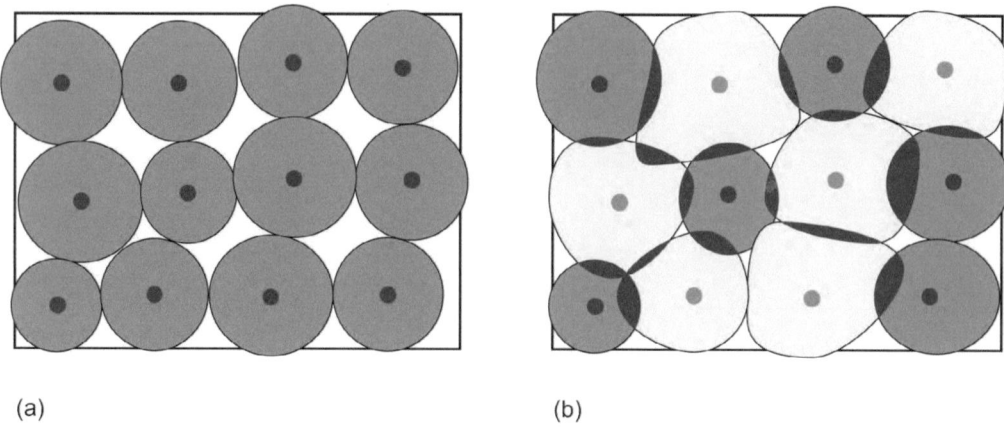

Figura 3.44 Mientras que las copas de los árboles en masas puras (a) a menudo se superponen solo ligeramente, las proyecciones de las copas en masas mixtas (b) muestran mayores superposiciones y menos superficie sin cobertura de copas. Incluso en masas puras con cabida cerrada, a menudo el 5-10 % de la superficie permanece sin cobertura, por lo que el porcentaje de cabida cubierta es del 90-95 % y la suma de las superficies de las copas permanece por debajo del 100 % del área del rodal. Debido a las formas complementarias de las copas entre especies, la estratificación y la menor repulsión mecánica de los laterales de las copas, la suma de las áreas de las proyecciones de copas en masas mixtas puede aumentar significativamente por encima del 100 % de la superficie del rodal.

lizando dendrómetros continuos electrónicos. Para mostrar las diferencias específicas entre especies, se comparan los ciclos de desarrollo intraanuales en 2012, con una primavera y verano muy secos, y 2013, correspondiente a un año promedio de la zona con una sequía estival no tan acusada. El diámetro medio de los pinos es 27 cm mientras que el de los rebollos se sitúa en torno a 10 cm, lo que concuerda con la menor tasa de crecimiento que muestra la figura.

Como promedio, el rebollo comienza el crecimiento en primavera dos semanas después que el pino negral, mientras que este alcanza una mayor asíntota y un crecimiento más sostenido que el rebollo (Figura 3.46a). El comportamiento de las dos especies también difiere durante el otoño. El patrón del pino negral con una mayor tasa de incremento y de mayor duración sugiere que se produce crecimiento, mientras que el menor incremento en el rebollo probablemente se deba solo a la rehidratación tras la sequía de verano . En el año 2012, el rebollo apenas crece en primavera, mientras que el pino parece aprovechar las precipitaciones de otoño. A pesar de que existe cierta sincronía en el crecimiento de las dos especies, ya que responden a las mismas condiciones climáticas (Aldea et al. 2018, 2021), la respuesta entre las dos especies está ligeramente desfasada. Estas diferencias en los patrones de crecimiento en diámetro intra e interanuales de las dos especies indican complementariedad temporal y, por lo tanto, sugieren un mayor crecimiento en masas mixtas que en puras.

La presencia de complementariedad temporal entre especies a escala interanual se puede estudiar mediante el análisis de la sincronía de las series de anillos de crecimiento a distintas escalas temporales. Por ejemplo, en bosques mixtos de montaña del Río et al. (2021) encontraron que la sincronía en los patrones de crecimiento dentro de cada una de las especies (pícea, abeto y haya) era significativamente mayor que la sincronía entre especies. Esta menor sincronía entre especies se presenta tanto en la variación interanual (alta frecuencia), que refleja la distinta respuesta de cada especie a las variaciones meteorológicas entre años, como en la variación a medio plazo (baja frecuencia), que refleja la distinta dinámica de cada especie en la masa (ej. respuesta a perturbaciones).

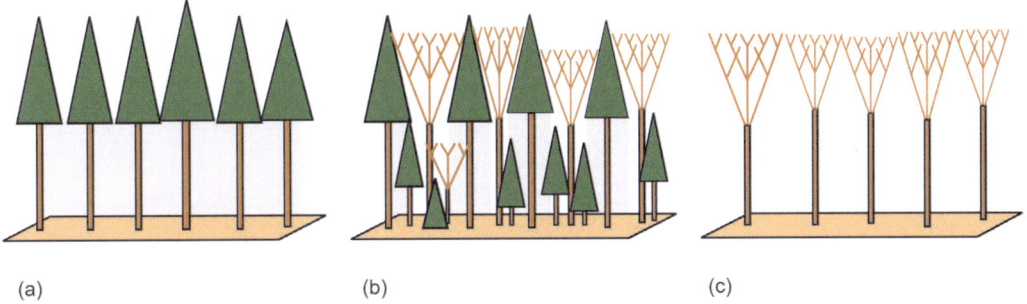

(a) (b) (c)

Figura 3.45 Complementariedad temporal de nichos ecológicos, uso de recursos y crecimiento mediante la mezcla de especies de hoja perenne (a) con árboles de hoja caduca (c). En la mezcla (b), las especies de hoja perenne comienzan a asimilar, transpirar y crecer antes del comienzo de la brotación de especies de hoja caduca. Esta asincronía favorece a los individuos de hoja perenne más pequeños en la primavera antes de la brotación y puede promover una mayor estructuración vertical y productividad en masas mixtas frente a puras (Rötzer et al. 2017, Schober 1950/51).

3.4.2.3 Complementariedad espacio-temporal

La causa más visible, pero a menudo pasada por alto, de las diferencias en el crecimiento de masas puras y mixtas son las diferencias de velocidad específicas de cada especie en la evolución del tamaño o tasas de crecimiento. Particularmente importante son las diferencias entre las especies en el desarrollo en altura, ya que pueden favorecer a una de las especies de la mezcla, en comparación con su crecimiento en masas puras, y ralentizar a otra (Figura 3.47).

Las diferencias de tamaño entre especies, como se ilustra en la Figura 3.47, pueden ser determinantes para la dinámica de una masa mixta en un sitio determinado. Solo en masas puras se puede cuantificar la productividad o la calidad de estación de una especie en función de factores externos como las condiciones climáticas o del suelo. Sin embargo, este principio ya no funciona cuando dos especies con diferentes tasas de crecimiento se mezclan, ya que la constelación de crecimiento de una especie (*e.g.* su altura relativa o estrato vertical) se vuelve más importante para su desarrollo que las condiciones del sitio. Los factores externos como el clima y suelo se convierten entonces en condiciones previas, pero no en condiciones suficientes para el crecimiento de la especie.

Incluso si una especie presenta una producción óptima en un sitio determinado, podría desaparecer permanentemente si es desplazada por otra especie que presenta un crecimiento en tamaño más rápido u otros mecanismos que le confieran un mayor éxito en la competencia por los recursos. Las condiciones de sitio que conllevan un crecimiento máximo de una especie en masas puras (óptimo de producción) por lo general difieren de aquellas que ocurren con mayor frecuencia en condiciones naturales (óptimo ecológico) (ver secciones 3.2.4.1 y 3.2.4.2). Las condiciones óptimas de crecimiento del sitio no significan que ambas especies tengan acceso a los recursos en la misma medida. Por lo tanto, un requisito para un desarrollo exitoso en mezclas es principalmente presentar un alto poder competitivo frente a los árboles vecinos, resultando en un mayor crecimiento de la copa y sistema radical.

La superioridad en el crecimiento en altura puede conllevar, además de la intercepción de la radiación, el sombreado y abrasión mecánica de los brotes de árboles más bajos. Por lo tanto, la productividad de la especie más alta puede aumentar y la de la más baja disminuir. En este sentido, la ventaja por la posición de una especie y la desventaja de las otras especies pueden divergir aún más. Es decir, una superioridad en altura inicial para una especie en mezcla puede desencadenar que en el desarrollo posterior esta superioridad aumenta, así como la inferioridad de las

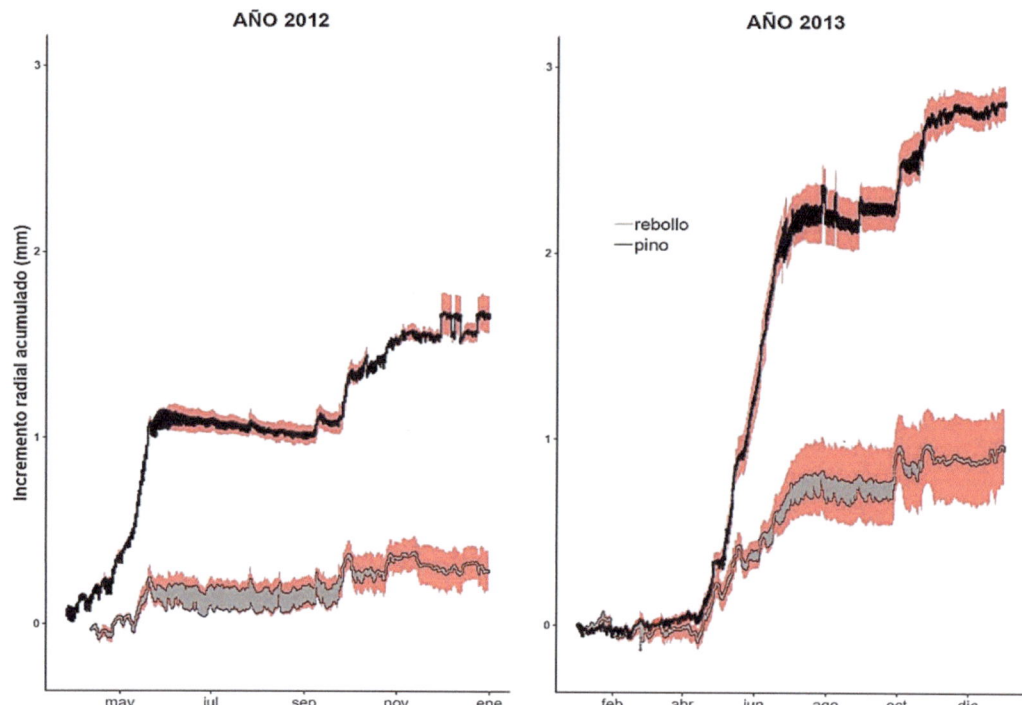

Figura 3.46 Crecimiento radial (medido a una altura de 1,30 m) intraanual de pino negral y rebollo en el sitio experimental de San Pablo de los Montes (Toledo) durante los años 2012 (año con una sequía extrema) y 2013 (año normal) (Adaptado de Aldea et al. 2018).

más pequeñas. No obstante, la superioridad del tamaño puede ser también perjudicial en condiciones determinadas, como años secos o por roturas por nieve o tormentas, ya que los árboles grandes se dañan más fácilmente que los pequeños.

3.4.3 Facilitación

3.4.3.1 Bombeo hidráulico y redistribución de agua

En años y sitios secos, el agua se convierte en el principal factor limitante y los procesos que tienen lugar en la zona ocupada por las raíces determinan el crecimiento y la supervivencia de los árboles. El estrés por sequía puede alterar la competencia normal entre especies y dar una ventaja relativa a una especie frente a otra, por ejemplo, una reducción en el estrés en el haya cuando se mezcla con el roble (Pretzsch et al. 2012). Esto puede deberse a un bombeo hidráulico por parte de las especies de raíces profundas y la liberación del agua en las capas secas del suelo cercanas a la superficie, como se describe en detalle por Caldwell et al. (1998) y Prieto et al. (2012) (Figura 3.48a).

La Figura 3.48a y b muestra cómo el agua liberada por las especies de raíces profundas pueden beneficiar a los vecinos con sistemas radicales superficiales y reducir su estrés por sequía. Si este efecto beneficioso de suministro de agua por parte de una especie sobre la otra no repercute negativamente sobre su propio crecimiento (Pretzsch et al. 2012), se produce una estabilización del crecimiento en condiciones de estrés por sequía y otros riesgos del cambio climático (Jucker et al. 2014, del Río et al. 2017b). Esta interacción entre especies, positiva sobre una especie sin perjuicio para la promotora del beneficio es lo que se conoce como facilitación.

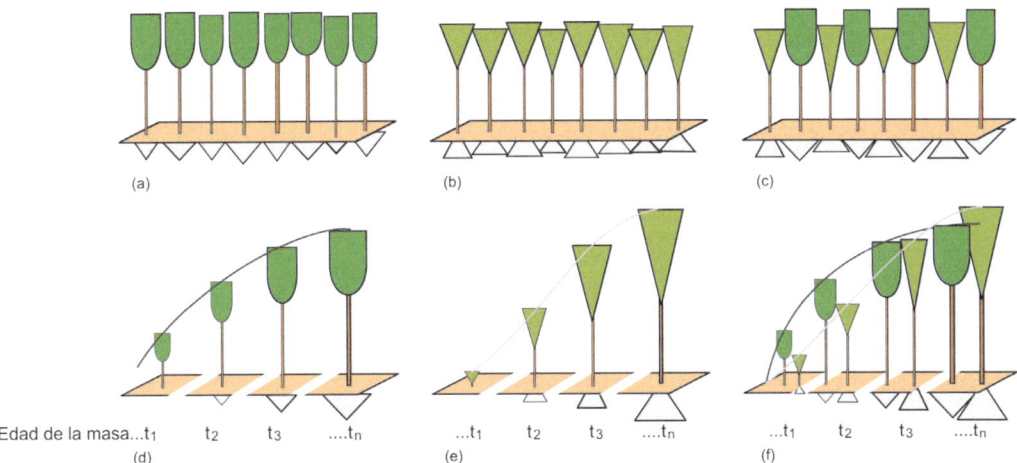

Figura 3.47 Una de las diferencias más importantes entre especies que afecta el desarrollo de las masas mixtas son los distintos patrones de crecimiento en altura de cada especie. Si dos especies, como el pino silvestre y el haya (a o b), que tienen diferentes desarrollos en altura en masas puras en una estación determinada, se mezclan entre sí, puede llevar a una estratificación en el dosel (c).Los patrones de crecimiento en altura específicos de cada especie (d y e) conocidos a partir de masas puras, pueden verse modificados en masas mixtas por superioridad o inferioridad de una especie frente a otra y, con ello, producirse una reducción o aumento de la competencia (f).

3.4.3.2 Mejora del ciclo de nutrientes

En masas mixtas, una especie puede beneficiarse de la presencia de otra gracias a la función de bombeo de nutrientes de capas del suelo más profundas y mejorando el suministro de nutrientes minerales (Figura 3.49a), igual que cuando la especie vecina es capaz de fijar nitrógeno atmosférico (Figura 3.49b). En ambos casos, una especie absorbe los nutrientes minerales en un grado mayor y transfiere parte de ellos a través de la hojarasca a las especies vecinas que no podrían acceder a tales recursos en masas monoespecíficas (Rothe 1997, Rothe y Binkley 2001, Forrester et al. 2006, 2007). La descomposición de la hojarasca y su relación con las condiciones ambientales es específica de cada especie (Bravo-Oviedo et al. 2017), modificando también el ciclo de nutrientes. Además de estas diferencias, puede haber interacciones entre especies que modifican el ciclo de nutrientes más allá del efecto aditivo (Sheffer et al. 2015). Otra ventaja para las especies de raíces superficiales puede ser el abandono de los canales creados por las raíces de los vecinos de otra especie con sistemas radicales más profundas, pudiendo penetrar a través de ellos a capas de suelo más compactas y acceder a recursos más profundos (Bauhus y Messier 1999, Gaiser 1952, Puhe 2003, Stone y Kalisz 1991).

3.5 Modelo teórico de la relación entre crecimiento, condiciones del sitio y competencia

3.5.1 Crecimiento del árbol en función de las condiciones del sitio y de la competencia

El siguiente enfoque de modelo teórico ilustra cómo el desarrollo del árbol individual resulta de los dos factores principales que influyen en el crecimiento discutidos previamente, las condiciones externas

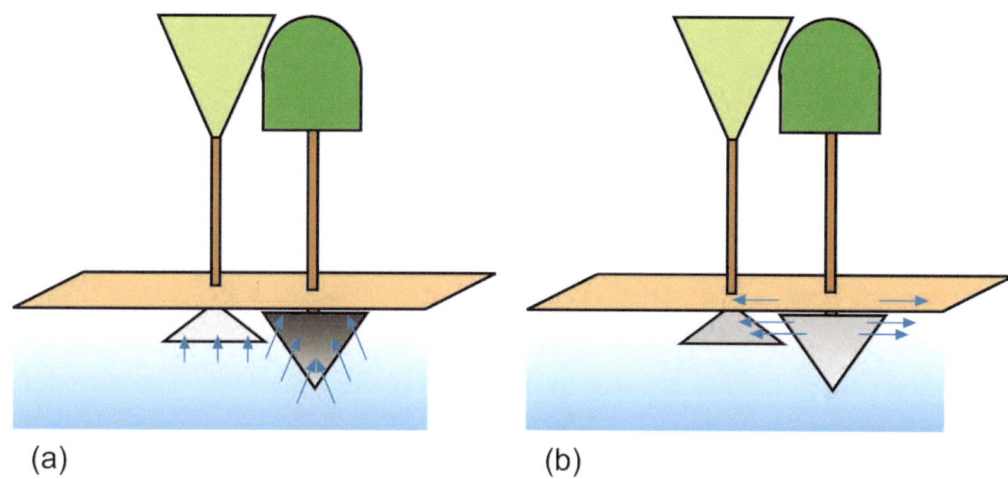

Figura 3.48 Las especies de raíces superficiales pueden beneficiarse en mezclas con especies de enraizamiento profundo debido a la redistribución hídrica (a) Durante el día, con los estomas abiertos, ambas especies absorben agua para la transpiración. (b) Las capas de suelo superiores y secas, especialmente durante la noche con un flujo de agua reducido, pueden extraer agua de las especies con raíces profundas. Para las especies de raíces superficiales, esto puede mejorar la disponibilidad de agua con el consiguiente beneficio en crecimiento (según Caldwell y Richards 1989).

del sitio y las condiciones de competencia individuales dentro de la masa. El enfoque utilizado también se conoce como "modificador del crecimiento potencial" porque, en un primer paso, se estima el potencial de crecimiento específico de una especie, determinado por las condiciones externas del sitio específicas de la masa (disponibilidad de agua, suministro de nutrientes, temperatura, etc.). El potencial de crecimiento representa el crecimiento del árbol en ese sitio cuando no tiene competencia. En un segundo paso, este potencial se modifica por un factor (modificador) que depende de la constelación de crecimiento individual del árbol dentro de la masa, de modo que resulta en el crecimiento real (Figura 3.50).

Con frecuencia, el crecimiento potencial se derivaba principalmente del crecimiento de los árboles dominantes en masas puras. Sin embargo, estudios recientes muestran como el potencial de crecimiento puede aumentar por las interacciones entre especies en masas mixtas (Sección 3.3.3). Las curvas de crecimiento potencial en masas mixtas pueden exceder las correspondientes de masas puras debido a procesos de facilitación (*e.g.* mejoras en la disponibilidad de nitrógeno o de nutrientes, bombeo de agua). Además, la modificación del creci-

miento potencial en función de la constelación de competencia del árbol en masas mixtas puede ser diferente respecto a la de masas puras. Debido a la facilitación o la reducción de la competencia, el crecimiento en las masas mixtas puede ser diferente para la misma constelación geométrica de crecimiento espacial y para los mismos valores del índice de competencia que en las masas puras. Por ejemplo, las densidades de la masa pueden ser más elevadas para condiciones interespecíficas que para intraespecíficas (Sección 6.5.3).

3.5.2 Curva de altura-edad en función del sitio

Utilizando como ejemplo un modelo de crecimiento en altura (Kahn 1994), se introduce el principio según el cual un modelo de crecimiento dependiente del sitio puede controlar el desarrollo dimensional de los árboles individuales. El crecimiento en altura esperado durante un período de cinco años dado se calcula a partir del crecimiento potencial en altura del árbol ih_{pot} y un modificador, mod, o multiplicador que expresa el efecto reductor del crecimiento por la competencia, la vitalidad y el sitio (Figura 3.50). El crecimiento potencial en altura

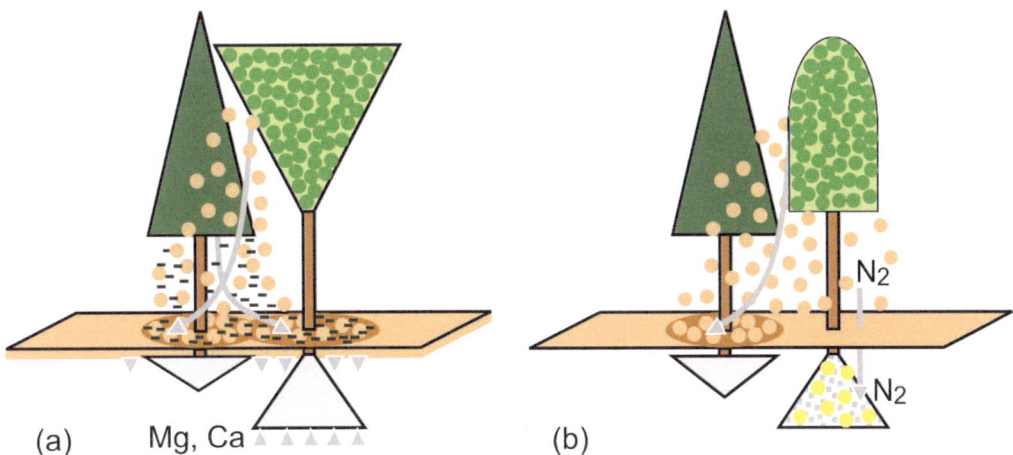

Figura 3.49 En rodales mixtos, las especies con una mayor capacidad para extraer nutrientes minerales pueden beneficiar a otras especies a través del reciclado de la hojarasca. (a) Las especies de raíces superficiales pueden beneficiarse de las especies de raíces profundas mediante el bombeo de nutrientes, que luego socializan a través de la hojarasca (Rothe 1997, Rothe y Binkley 2001). (b) Las especies con la capacidad de fijar nitrógeno atmosférico pueden proporcionar ventajas, especialmente en los sitios con limitación en N (Forrester et al. 2006, 2007).

ih_{pot} se deriva de la curva de altura-edad potencial por diferencia de valores (altura a la edad t_2 menos altura a la edad t_1). En el modelo de Kahn (1994), incorporado en el simulador SILVA 3.0, se describen las curvas de altura-edad potenciales mediante la función de crecimiento de Chapman-Richards (ver la Sección 3.1.6), donde h_{pot} es la altura potencial de la masa, a la asíntota en metros, b y c representan la pendiente, *i.e.* el parámetro de forma de la función de crecimiento y t es la edad de la masa en años. Los parámetros de la curva se calculan de acuerdo con nueve variables del sitio (s_1-s_9), suministro de nutrientes del suelo (NST), contenido de NOx del aire (NOx), contenido de CO_2 del aire (CO_2), duración del periodo vegetativo (DT_{10}), rango anual de temperaturas en el periodo vegetativo (T_{var}), temperatura media durante el periodo vegetativo (T_v), índice de aridez según de Martonne (1926) (M_v), precipitación total durante el periodo vegetativo (P_v) e índice de humedad del suelo (humedad) (Figura 3.51). Al estimar las curvas de altura-edad potenciales para un amplio rango de condiciones del sitio a partir de las variables s_1-s_9, el modelo de crecimiento SILVA 3.0 es capaz de simular el desarrollo de la masa para diferentes condiciones de sitio, estáticas y cambiantes (Pretzsch et al. 2002).

La Figura 3.52 muestra a modo de ejemplo (a) el crecimiento potencial en altura de haya y pícea de un sitio con P_v = 700 mm, humedad= 0,6 y T_v = 14,7) y (b) el cambio en favor del haya cuando disminuye la precipitación total durante el periodo vegetativo de 700 a 300 mm y el índice de humedad del suelo de 0,6 a 0,2. La Figura 3.52c muestra el crecimiento en altura esperado, si la temperatura aumenta durante el periodo vegetativo (TV) de 14,7 a 16,8 °C. Las distintas condiciones de sitio favorecerán a priori la dominancia de una especie sobre otra en masas mixtas, aunque estos patrones potenciales pueden ser modificados por la competencia.

3.5.3 Modificación del crecimiento potencial por la competencia

Si hay menos recursos disponibles dentro de un bosque de lo que se necesitaría para el crecimiento potencial de los individuos de la masa, los árboles compiten entre sí. Los índices de competencia son adecuados para reflejar la disponibilidad de recursos para los árboles dentro de una masa en uno o pocos parámetros. Los índices de competencia suelen usar la especie, el diámetro, la altura, la dimensión de la copa y la distancia a los vecinos para cuantificar la competencia de árboles individuales y la modificación de su crecimiento en comparación con el desarrollo sin competencia.

En los modelos de crecimiento, se pueden utilizar índices de competencia para reducir el crecimiento

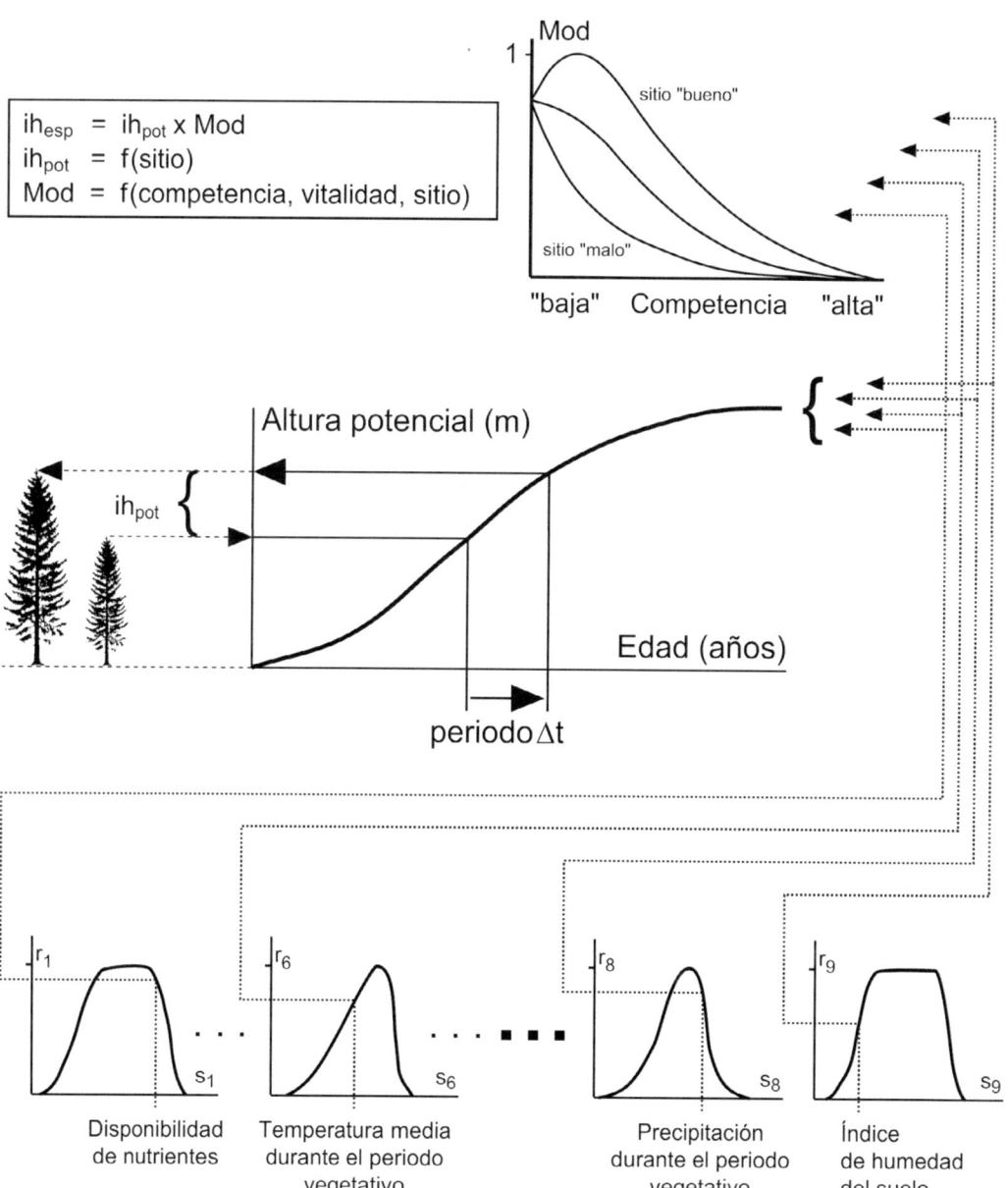

Figura 3.50 Principio de "modificador del crecimiento potencial" en función de las condiciones del sitio y de la competencia en el modelo de crecimiento SILVA 3.0 según Pretzsch (2009). (de abajo hacia el centro) Las variables locales del sitio s_1 a s_9 se utilizan para estimar la curva de crecimiento potencial en altura. (centro) A partir de la altura al inicio del período, el crecimiento potencial en altura, ih_{pot}, de un árbol en un período dado Δt, puede extraerse de la curva de crecimiento potencial en altura. (arriba) El crecimiento en altura potencial del sitio, ih_{pot}, se modifica según las condiciones de competencia individuales del árbol (Mod) resultando en el crecimiento esperado, ih_{esp}. El crecimiento esperado ih_{esp} depende, por lo tanto, de las condiciones del sitio (s_1-s_9) y de la competencia dentro de la masa (competencia, facilitación).

3.5 Modelo teórico de la relación entre crecimiento, condiciones del sitio y competencia | 187

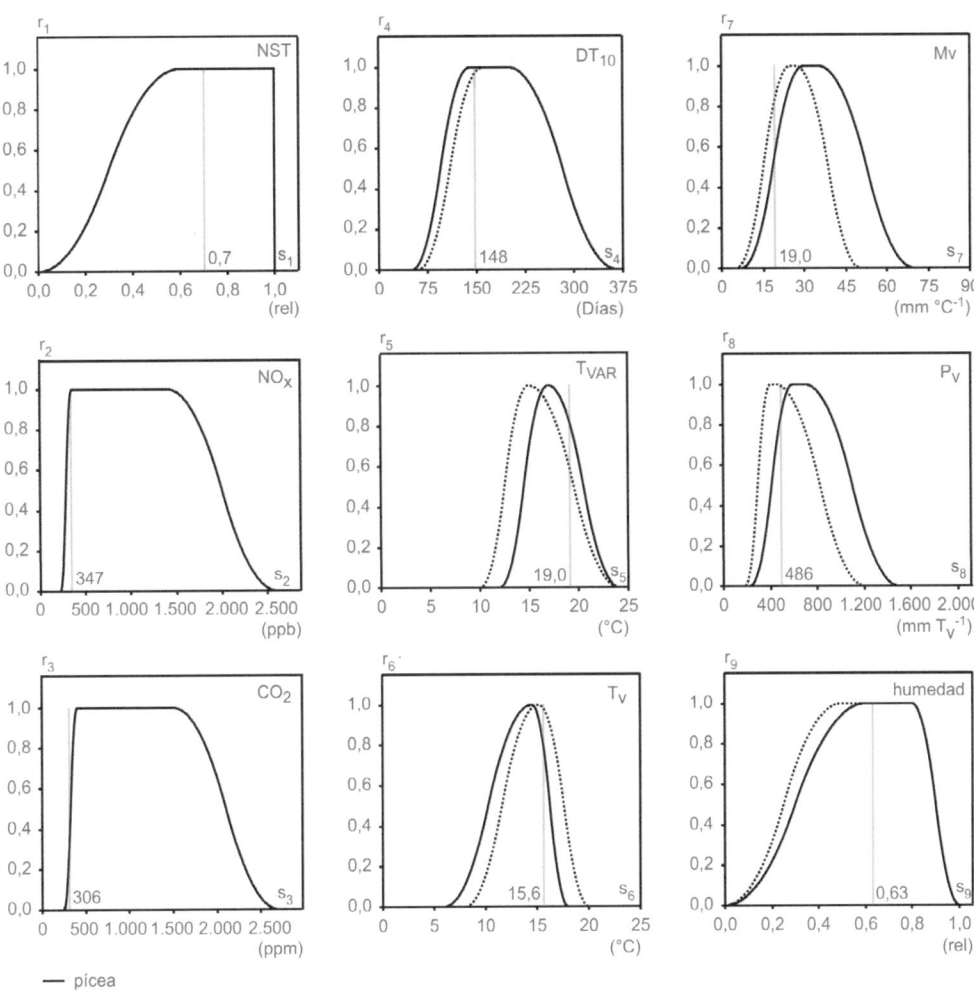

— pícea
····· haya

Figura 3.51 Características de las variables de sitio s_1 a s_9 y sus valores de efecto relativos r_1 a r_9 sobre los parámetros a, b y c. Los parámetros de la curva se calculan de acuerdo con las nueve variables del sitio (s_1-s_9), suministro de nutrientes del suelo (NST), contenido de NO_x del aire (NO_x), contenido de CO_2 del aire (CO_2), duración del periodo vegetativo (DT_{10}), rango anual de temperaturas (T_{VAR}), temperatura media durante el periodo vegetativo (T_V), índice de aridez según de Martonne (1926) (M_V), precipitación total durante el periodo vegetativo (P_V) e índice de humedad del suelo (humedad). La barra vertical y los números que se le agregan representan las características de las variables del sitio determinado con suelo arcilloso.

potencial i_{pot} al crecimiento esperado como consecuencia de la competencia. En este contexto, en el modelo SILVA 3.0 se usa un índice de competencia para modificar el ih_{pot} específico del sitio en función de las condiciones de crecimiento individuales del árbol (Figura 3.50, arriba). La principal conexión entre la competencia y el crecimiento del fuste se muestra en la Figura 3.33. El índice de competencia que se usa en SILVA 3.0 utiliza la posición de los árboles y el tamaño de las copas (Caja 3.5). En las Cajas 9.1 a 9.4 se presentan otros tipos de índices de competencia.

Los índices de competencia cuantifican la constelación de crecimiento individual sobre la base de variables del árbol y de la masa disponibles y facilitan el análisis y la modelización del crecimiento del árbol individual en masas forestales. Estos ín-

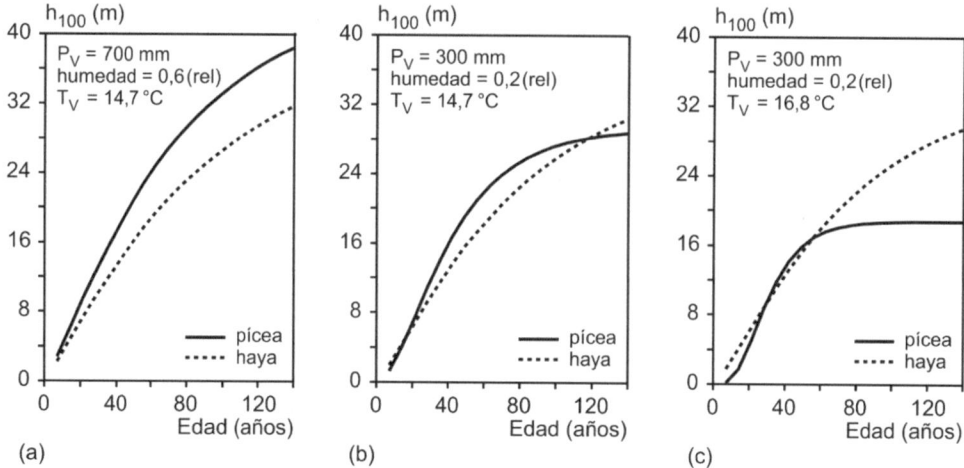

Figura 3.52 Dependiendo de las características de los factores del sitio s_1 a s_9, el modelo de crecimiento para dicho sitio genera relaciones de crecimiento entre la pícea y el haya que van desde (a) pícea superior, (b) pícea y haya similar (c) haya superior. Ver otras abreviaturas en la Figura 3.51.

dices se utilizan no solo para el análisis descriptivo de la constelación del crecimiento y la reacción de crecimiento de los árboles (Sección 3.3.2.2), sino también en la regulación selvícola de la masa sobre una base cuantitativa (Capítulo 7) y en los modelos de crecimiento para la simulación del desarrollo de la masa (Sección 9.4).

3.5.4 Ejemplos del efecto de las condiciones de sitio y la competencia en el crecimiento

La modificación del crecimiento del árbol por las condiciones locales de crecimiento y la competencia individual se puede ilustrar mediante escenarios obtenidos de modelos. La Figura 3.53 muestra en la fila superior las curvas de crecimiento de dos especies en masas puras y mixtas con diferentes condiciones de crecimiento. En la fila inferior, se presenta la relación entre las condiciones de crecimiento (temperatura) y el crecimiento en volumen de fuste iv de un árbol dominante a la edad de 100 años. Con este ejemplo se ilustra cómo bajo las mismas condiciones el crecimiento por la competencia interespecífica (masa mixta) es diferente de la competencia intraespecífica (masa pura). En las relaciones dosis-repuesta para la masa mixta (Figura 3.53c y d, abajo), se presenta, a modo de comparación, el comportamiento correspondiente a masas puras (líneas grises en el fondo).

Para la especie 1 (*e.g.* pícea) el óptimo se encuentra en la zona más fría y para la especie 2 (haya) en la zona más cálida. A su vez, el rango del nicho de ambas especies también difiere. La Figura 3.53c y d, muestra cómo las trayectorias de crecimiento en volumen (arriba) y los nichos reales se reducen en el caso de mezcla de ambas especies en comparación con los nichos de masas puras (abajo). En la mezcla, el rango de la curva dosis-respuesta de la pícea en zonas más cálidas se reduce por competencia con el haya (flecha, Figura 3.53c, parte inferior), mientras que el límite inferior del rango del haya se desplaza hacia zonas más cálidas por competencia con la pícea (flecha, Figura 3.53d, abajo).

Como se ha introducido en la Sección 3.3.1, la mezcla de especies también puede modificar el crecimiento potencial, además de la reducción del crecimiento por competencia. En la Figura 3.54 se presentan el ejemplo del efecto de la mezcla de especies en el crecimiento potencial y en el crecimiento real una vez descontada la competencia en masas mixtas de pino silvestre y roble albar. La figura se basa en los modelos desarrollados por Condés

3.5 Modelo teórico de la relación entre crecimiento, condiciones del sitio y competencia | 189

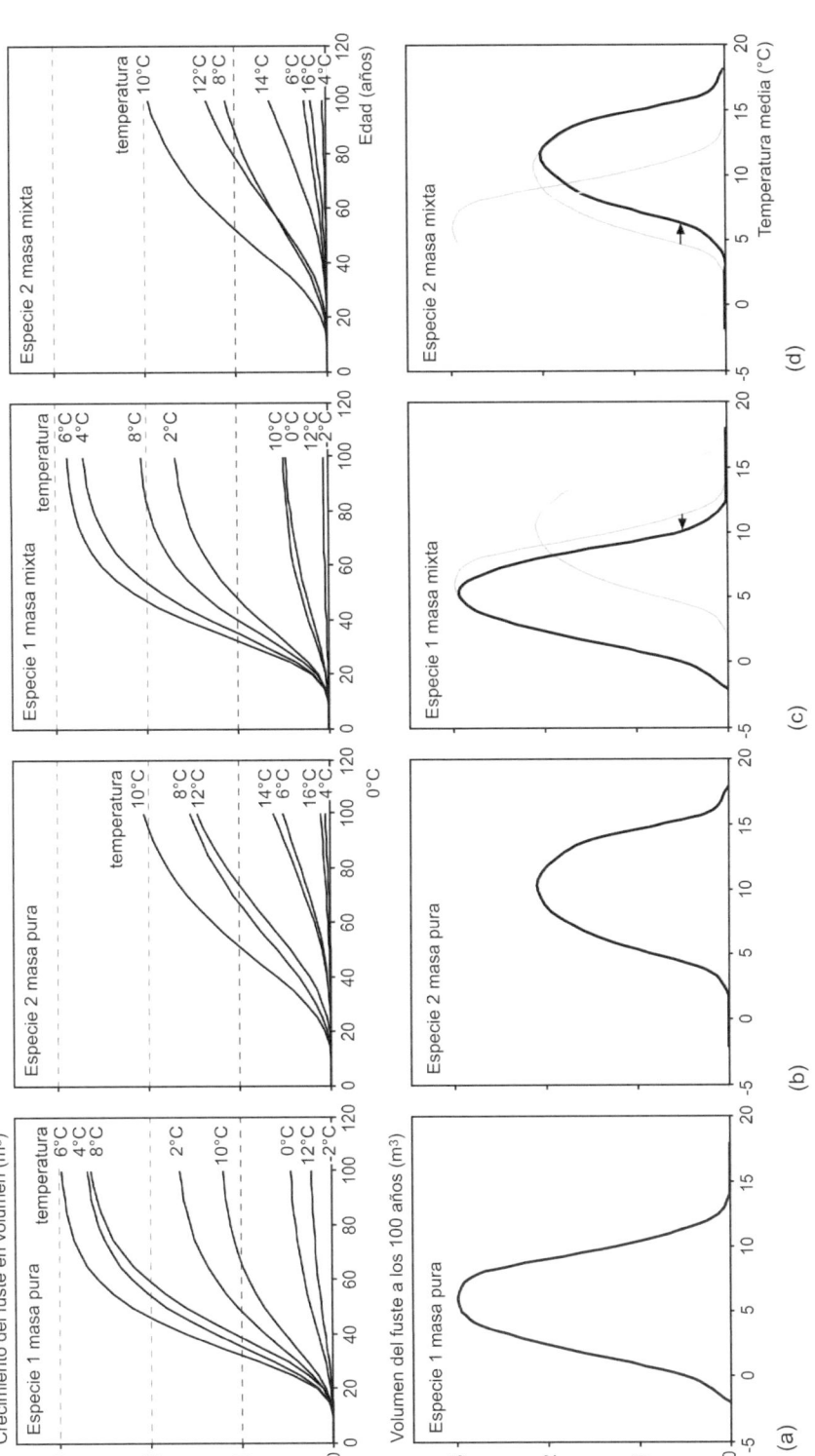

Figura 3.53 Escenarios que ilustran el efecto de las condiciones de crecimiento y la competencia en el crecimiento de árboles en masas puras y mixtas. (arriba) Patrones de crecimiento en diferentes condiciones de crecimiento a lo largo de la edad; y (debajo) relación entre las condiciones de crecimiento y el crecimiento (función dosis-respuesta). Para las masas mixtas se añade en gris el comportamiento correspondiente en masa pura para su comparación. (a y b) Trayectoria de crecimiento y relación entre las condiciones de crecimiento y el crecimiento de las especies 1 y 2 en masas puras. (c y d) Trayectoria de crecimiento y relación entre las condiciones de crecimiento y el crecimiento de las especies 1 y 2 en masas mixtas.

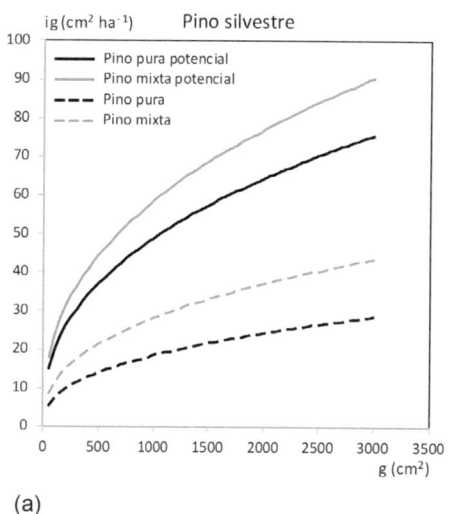
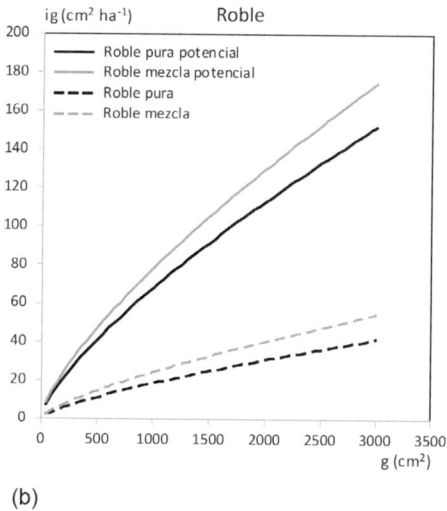

Figura 3.54 Crecimiento potencial (línea continua) y real considerando el efecto de la competencia (línea discontinua) de pino silvestre (izquierda) y roble (derecha) creciendo en masas puras (negro) y mixtas (gris). Las curvas se basan en los modelos de Condés et al. (2023) para una estación con índice de Martonne de 65, una densidad relativa de la masa del 0,8 y una competencia de árboles mayores relativa del 0,2 de la misma especie en las puras, y de la otra especie en la mezcla.

et al. (2023) en base a datos del Inventario Forestal Nacional de España. Cuando ambas especies viven mezcladas se produce un aumento del crecimiento potencial. Este crecimiento se ve notablemente reducido en masas densas, donde los árboles se ven sometidos a competencia, aunque el efecto de la mezcla también produce una reducción de la competencia, resultado en un mayor crecimiento en masas mixtas que puras.

3.6 Condiciones ambientales, competencia y crecimiento del árbol. Relaciones y consecuencias para los tratamientos selvícolas

3.6.1 Relaciones entre condiciones ambientales, competencia y crecimiento

El crecimiento de los árboles es una expresión de su competitividad y aptitud física. Sigue la progresión definida por una ley determinada y puede describirse biométricamente a través de las funciones de crecimiento. El crecimiento depende de manera característica de las condiciones del sitio. La relación entre las condiciones de crecimiento y el crecimiento sigue una curva dosis-respuesta unimodal. Las leyes de Liebig, Liebscher y Mitscherlich describen la relación específica entre las condiciones de crecimiento y el crecimiento de cada especie. Además, el crecimiento de los árboles está determinado por la competencia o la facilitación en el entorno de la constelación de crecimiento.

En qué lugares puede una especie crecer permanentemente, es decir, sin la competencia de otras especies, se describe a través de nicho fundamental o real (Caja 3.3). Si las especies se mezclan en sitios fuera del nicho real y se quieren mantener allí durante el turno de la masa, generalmente requiere de un apoyo selvícola a las especies menos competitivas. Las condiciones del sitio en las cuales dos o más especies pueden crecer permanentemente sin problemas fuertes de competencia en mezcla, se puede describir como un nicho selvícola común (Sección 3.6.3).

3.6.2 Dependencia del sitio de las interacciones entre especies y medidas selvícolas en masas mixtas

Las reacciones a la mezcla entre las especies que crecen conjuntamente y las medidas selvícolas para su cuidado y regulación de la mezcla dependen de las condiciones del sitio. Por supuesto, como ya se ha indicado, el crecimiento en masas puras también está determinado por las condiciones del sitio. En la mezcla, sin embargo, hay que considerar que las interacciones entre las especies, como la competencia o la facilitación, también varían con las condiciones del sitio. Dependiendo de las condiciones ambientales, las especies que crecen en mezcla, con o sin intervenciones selvícolas, se pueden mantener o no y pueden producir un mayor o menor crecimiento en comparación con las masas puras.

Las relaciones se pueden ilustrar por masas mixtas genéricas de dos especies que difieren significativamente en su nicho ecológico y su crecimiento (Figura 3.55). Supongamos que las especies 1 y 2 se mezclan en 3 condiciones de crecimiento diferentes (Figura 3.55, sitios de 1 a 3). Entonces, las relaciones de crecimiento entre las especies variarán considerablemente dependiendo de las condiciones del sitio. En el sitio óptimo para la especie 1, la mezcla con la especie 2, que se encuentra aquí en un sitio poco apto para su crecimiento, sería aún posible si se promueve constantemente. En este caso, esta especie no contribuiría a un aumento significativo del crecimiento de la masa. En el sitio 2, que es adecuado para ambas especies, el balance de competencia está equilibrado. En el sitio óptimo para la especie 2, la especie 1 tendría más necesidad de apoyo con la selvicultura y se reduciría el crecimiento de la masa.

Una incorporación permanente de la especie 2 en condiciones de crecimiento 1-2 requeriría su promoción selvícola. En contraste, un cultivo exitoso de la especie 1 en condiciones de crecimiento 2-3 puede tener éxito solo debido al crecimiento superior de la especie 2 si la especies 1 se favorece reduciendo la competencia de la especie 2. Ejemplos prácticos de mezcla y competencia entre especies dependiente del sitio son masas mixtas de roble y haya. En lugares secos y cálidos, el roble sería superior; condiciones más frías y húmedas favorecen al haya; en el medio, ambas especies se pueden mezclar de forma natural y sin necesidad de favorecer permanentemente a una u otra. El ejemplo simulado ilustra las relaciones de competitividad divergentes y la necesidad de intervenciones selvícolas según el sitio.

3.6.3 Nicho fundamental, real y selvicultural

Las condiciones de crecimiento bajo las cuales una especie puede mantenerse permanentemente sin competencia interespecífica se definen como nicho fundamental. Las condiciones de crecimiento en las que pueden desarrollar su rendimiento de crecimiento máximo en el nicho fundamental se definen como nicho de producción óptimo. En masas puras, se puede lograr un rendimiento de crecimiento máximo mediante la localización en ese óptimo de producción de las respectivas especies.

En una masa mixta no intervenida, es decir, bajo competencia interespecífica y con libre competencia y/o facilitación, una especie puede mantenerse permanentemente en un rango mucho más estrecho de condiciones de crecimiento. Es así, ya que, en este caso, la competencia natural reduce su presencia en el nicho real. Los datos sobre la distribución natural de las especies, por ejemplo, reflejan sus nichos reales. Indican dónde pueden combinarse permanentemente dichas especies sin intervención humana, es decir, sin medidas selvícolas.

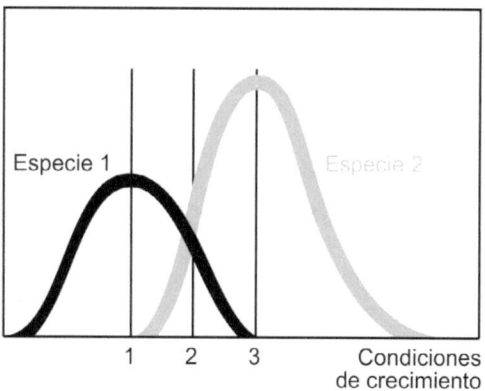

Figura 3.55 Relación entre las condiciones de sitio y el crecimiento para dos especies con nichos fundamentales y óptimos de producción claramente diferentes. El eje x representa un gradiente de sitio. Los nichos específicos de las especies, que son realmente n-dimensionales, se representan de forma simplificada como curvas en el gradiente de sitio. Los números 1-3 del eje x representan diferentes condiciones de crecimiento a las que ambas especies reaccionan de manera diferente.

Pero eso no significa que las especies fuera de este nicho real no puedan mezclarse y dar lugar a masas productivas. La presencia más allá del nicho real simplemente significa que son necesarias las medidas selvícolas para la preservación permanente de las especies, como, por ejemplo: plantación en bosquetes, pre-plantación, claras o regulación de la mezcla.

Una mezcla es posible en principio en toda el área del nicho fundamental común. Por ejemplo, una combinación con el roble también es posible en el área del óptimo ecológico del haya, si el roble se promueve permanentemente de manera rigurosa. Sin embargo, esto solo sería posible a expensas de reducciones de densidad significativas, disminuciones en el crecimiento de la masa y con gastos de mantenimiento a largo plazo. No obstante, esto no significa que la mezcla de roble y haya se deba limitar al nicho real, es decir, en aquellos lugares donde las masas mixtas de roble y haya sean naturales. Por ejemplo, esta mezcla puede mantenerse en lugares más secos y cálidos, donde, sin tratamiento, el haya prevalecería permanentemente, pero donde su superioridad sobre el roble no es tan abrumadora. Allí, el roble se puede mantener con un esfuerzo selvícola razonable en masas de haya.

En otras combinaciones de especies, la mezcla puede hacer que el nicho fundamental de una especie se extienda por un efecto positivo de la presencia de la otra especie, es decir, por un efecto facilitador de una especie sobre otra. Esta interacción positiva tiene mayor relevancia en la fase de instalación de la masa (nicho de regeneración), cuando la presencia de una especie puede ser fundamental para el desarrollo de otras (Vergarechea et al. 2019).

El área en la que se pueden obtener una mezcla de especies con un esfuerzo selvícola limitado y manteniendo una densidad mayor de 0,95 de la cabida máxima y un crecimiento mayor de 0,95 del crecimiento con cabida máxima hasta el periodo de turno constituye el nicho selvícola o nicho artificial. El concepto y la relevancia del nicho selvícola se hace evidente a través de su derivación de los nichos fundamentales y reales. En la Figura 3.56, a - c, los nichos, en realidad n-dimensionales, se simplifican como la sección del gradiente de sitio unidimensional. El nicho fundamental común de las especies 1 y 2 se extiende desde F_i-F_s (Figura 3.56a) y describe las condiciones de crecimiento bajo las cuales ambas especies pueden potencialmente crecer y, en principio, convivir en la mezcla. Este nicho sería el nicho común teniendo en cuenta los nichos de las especies obtenidos a partir de masas puras. El área del nicho real común designa las condiciones de crecimiento R_i-R_s (Figura 3.56b) bajo las cuales es posible una ocurrencia común en la mezcla en condiciones naturales. Este nicho difiere del anterior por las relaciones de competencia entre las especies. El área del nicho selvícola S_i-S_m (Figura 3.56c) suele ser más estrecho que el nicho fundamental, pero más ancho que el real. El nicho de selvicultura común describe las condiciones de crecimiento en las que se pueden mezclar con un esfuerzo selvícola razonable para el turno de una masa.

3.6 Condiciones ambientales, competencia y crecimiento del árbol. Relaciones y consecuencias para los tratamientos selvícolas

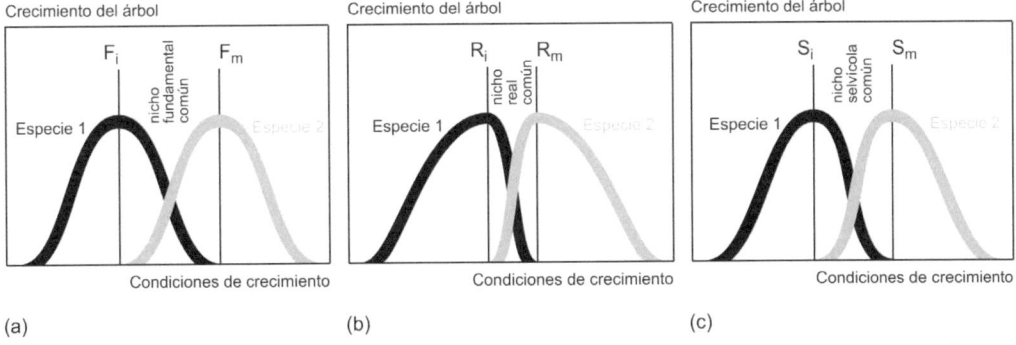

Figura 3.56 El nicho fundamental común, el real y selvícola de dos especies indican bajo qué condiciones de crecimiento las especies se pueden mezclar en principio con éxito. (a) Nichos fundamentales de dos especies y condiciones de crecimiento F_i-F_s bajo las cuales ambas especies pueden, en principio, crecer juntas. (b) Nichos reales de dos especies y condiciones de crecimiento R_i-R_s bajo las cuales ambas especies pueden prosperar juntas en condiciones naturales. (c) El nicho selvícola común de dos especies designa las condiciones de crecimiento S_i-S_m bajo las cuales se pueden mezclar con un esfuerzo selvícola razonable a lo largo del turno.

Las mezclas en sistemas pascícolas o cultivos herbáceos, que se establecen más allá del nicho de las especies participantes a menudo corren el riesgo de convertirse en monocultivos. Para las especies dominadas, que es difícil de promover en tales sistemas, tienden a fallar por efecto de la competencia interespecífica, si no se tienen en cuéntalos índices de competencia de las diferentes especies. Las mezclas en bosques se pueden mantener mediante el control de la competencia interespecífica, con el apoyo de intervenciones selvícolas, y aprovechar la mayor productividad derivada de los efectos de reducción de la competencia y facilitación. Solo a causa de la mayor escala espacial y temporal (factor de tamaño y tiempo de alrededor de 1:100) las masas forestales, a diferencia por ejemplo de los sistemas pascícolas, son una posible promoción espacialmente explícita y temporalmente duradera de diferentes especies dentro de la masa. Las medidas de mantenimiento para conservar la mezcla deberían ser tanto más necesarias cuanto más fuera de su nicho real queden una o ambas especies.

3.6.4 Diversificación y control de riesgos. Selección de especies arbóreas bajo cambios ambientales

El conocimiento de los nichos fundamentales específicos de la especie y de las condiciones de producción óptimas es particularmente relevante para la gestión selvícola bajo condiciones inciertas. Cambios en las condiciones de crecimiento (*e.g.* el cambio climático, eutrofización, perturbaciones por patógenos) pueden modificar significativamente el crecimiento y la competitividad de las especies en un sitio determinado. Sin embargo, tales riesgos se pueden mitigar, así como reducir los daños, mediante la selección anticipada de las especies en establecimiento y mantenimiento de las masas forestales.

La Figura 3.57 muestra una representación esquemática de la relación entre el crecimiento y las condiciones de crecimiento de dos especies, que difieren significativamente en su nicho fundamental y en el sitio de producción optima. Por ejemplo, si los factores ambientales y la disponibilidad de recursos cambian en detrimento de la especie 1 (Figura 3.57, flechas 1 → 3), resultaría en una reducción significativa en la producción de la masa pura de la especie 1 o incluso en una desaparición de la masa. Al agregar una segunda especie, que se adapta mejor a las futuras condiciones de crecimiento, la masa se puede estabilizar. Por lo tanto, en el rango de condiciones en el cual las dos especies pueden vivir, mantener las dos especies garantizaría la estabilidad de la masa con un cambio de condiciones, que sería cada vez más favorable para la especie 2 y menos para la especie 1. Si una de las especies de la mezcla reacciona de manera más sensible a una perturbación, las otras especies pueden be-

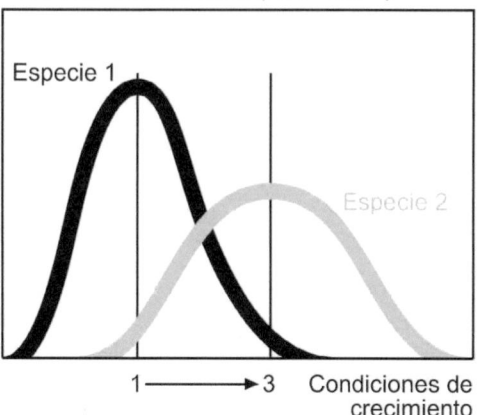

Figura 3.57 Producción de biomasa de las especies 1 y 2 (curvas de dosis-respuesta negras o grises) en función de las condiciones de crecimiento. Un cambio en las condiciones del sitio de 1 a 3 (flechas 1 → 3) significa que la especie 1 se está desplazando hacia el límite de su nicho ecológico fundamental y, por lo tanto, una reducción drástica del crecimiento. La especie 2, por otro lado, alcanza su rango óptimo. Si las especies 1 y 2 se mezclan, la especie 2 puede amortiguar una reducción en el crecimiento de la masa en su conjunto.

producir efectos multiplicativos, tanto favorables como desfavorables, como se introdujo anteriormente en la Sección 3.4.

neficiarse de este debilitamiento o fracaso de la especie dominada.

Un ejemplo de este tipo de situación son las mezclas de pino piñonero y pino negral en Valladolid, donde el pino negral está sufriendo un proceso de decaimiento en el marco del cambio climático con precipitaciones más bajas y temperaturas más altas.

Con un cambio en las condiciones ambientales los recursos se redirigen de una especie a otra. Una reversión y un amortiguamiento similares pueden ocurrir por el fallo total de una especie tras una serie de perturbaciones bióticas o por muerte por senescencia. Las especies restantes en la mezcla pueden compensar las pérdidas de crecimiento en cierta medida, mayor cuanto más regularmente estén mezcladas las especies en la superficie del rodal. La ventaja principal de la mezcla es la diversificación del riesgo a través de la diversificación selvícola. La Figura 3.57 ilustra solo el principal efecto sustitutivo de una mezcla de especies. Además, se pueden

Mensajes clave

1. El crecimiento del fuste sirve, entre otros aspectos, para una competencia exitosa del árbol por la luz. Los anillos de crecimiento representan la autobiografía del árbol y sus condiciones ambientales pasadas. Para la silvicultura, el fuste es simultáneamente un medio de producción y un producto.

2. El crecimiento acumulado en tamaño del fuste a lo largo de la edad, sin perturbaciones, sigue una curva en forma de S, el crecimiento sigue un desarrollo unimodal.

3. En árboles de bosques con crecimiento estacional, el análisis tronco (*i.e.* extracción de discos del fuste, análisis de los anillos de crecimiento, medición de la longitud de las metidas, reconstrucción del patrón del fuste en 3D), posibilita la derivación del crecimiento corriente, i, y el crecimiento periódico bruto de las variables dimensionales diámetro, altura, área basimétrica y volumen del fuste.

4. La constelación de crecimiento puede tener efectos favorables (*e.g.* promoción mediante el desarrollo de nutrientes minerales o la fijación del nitrógeno atmosférico) pero también desfavorables (*e.g.* la competencia por la luz y el agua) sobre el crecimiento del árbol. La facilitación y la competencia pueden funcionar simultáneamente y tener efectos netos positivos o negativos a lo largo de un año o de la vida del árbol.

5. Las condiciones de crecimiento se pueden cuantificar directamente a través de las condiciones ambientales (disponibilidad de recursos y factores ambientales) o indirectamente a través de la densidad, el espacio disponible o los índices de competencia.

6. Los árboles crecen principalmente dependiendo de las condiciones ambientales y de su tamaño actual, y en menor medida de su edad.

7. Las condiciones de crecimiento modificadas por la silvicultura pueden acelerar significativamente el desarrollo del tamaño (*e.g.* efectos de la aceleración del crecimiento a través de las claras). Una elevada densidad y ensombrecimiento pueden retrasar su crecimiento por décadas o siglos (*e.g.* fases de estar "a la espera" en el sotobosque).

8. Debido a que los árboles requieren una mayor porción de la superficie cuando incrementan su tamaño, el crecimiento por unidad de superficie disminuye mucho antes que el crecimiento por individuo. Esta diferencia debe tenerse en cuenta al extrapolar el crecimiento de árbol a la masa.

9. El crecimiento de la masa (productividad) resulta de las interacciones entre los árboles. Diseñando la constelación de crecimiento (*e.g.* combinación de especies, diseño de la estructura, control de densidad), se puede modificar el crecimiento de la masa de forma significativa.

10 Los nichos fundamentales, real y selvícola comunes de dos especies muestran las condiciones de crecimiento en las que dichas especies pueden en principio mezclarse, o mejor dicho, mezclarse con éxito.

Referencias

Aguillaume L (2016) La deposición de nitrógeno en encinares Mediterráneos: cargas e indicadores. Ecosistemas, 25(2):110-113. https://doi.org/10.7818/ECOS.2016.25-2.15

Aldea J, Bravo F, Vázquez-Piqué J, Rubio-Cuadrado A, del Río M (2018) Species-specific weather response in the daily stem variation cycles of Mediterranean pine-oak mixed stands. Agricultural and Forest Meteorology 256–257:220–230. https://doi.org/10.1016/j.agrformet.2018.03.013

Aldea J, Bravo F, Vázquez-Piqué J, Ruíz-Peinado R, del Río M (2021) Differences in stem radial variation between *Pinus pinaster* Ait. and *Quercus pyrenaica* Willd. may release inter-specific competition. Forest Ecology and Management 481:118779. https://doi.org/10.1016/j.foreco.2020.118779

Assmann E (1970) The principles of forest yield study. Pergamon Press, Oxford, New York, 506 S.

Athari S (1980) Untersuchungen über die Zuwachsentwicklung rauchgeschädigter Fichtenbestände, Dissertation, Univ. Göttingen.

Bachmann M (1998) Indizes zur Erfassung der Konkurrenz von Einzelbäumen. Methodische Untersuchungen in Bergmischwäldern; Forstliche Forschungsberichte München, Technische Universität München Wissenschaftszentrum Weihenstephan: München, Germany, Nr. 171, 245 p

Bauhus J, Messier C (1999) Soil exploitation strategies of fine roots in different tree species of the southern boreal forest of eastern Canada. Can J For Res 29(2):260–273. https://doi.org/10.1139/x98-206

Bayer D, Seifert S, Pretzsch H (2013) Structural crown properties of Norway spruce (*Picea abies* [L.] Karst.) and European beech (*Fagus sylvatica* [L.]) in mixed versus pure stands revealed by terrestrial laser scanning. Trees 27(4):1035–1047. https://doi.org/10.1007/s00468-013-0854-4

Bertalanffy von L (1951) Theoretische Biologie: II.Band, Stoffwechsel, Wachstum, 2nd edn. A Francke AG, Bern, 418 p

Bourlion N, Ferrer R (2018) The Mediterranean region's development and trends: gramework aspects. In: FAO and Plan Bleu, State of Mediterranean Forests 2018, FAO, Rome and Plan Bleu, Marseille.

Bravo F, Maguire DA, González-Martínez SC (2017) Factors affecting cone production in *Pinus pinaster* Ait.: lack of growth-reproduction trade-offs but significant effects of climate and tre and stand characteristics. Forest Systems 26 (2), e07. https://doi.org/10.5424/fs/2017262-11200

Bravo-Oviedo A, Sterba H, del Río M, Bravo F (2006) Competition-induced mortality for Mediterranean *Pinus pinaster* Ait. and *P. sylvestris* L. Forest Ecology and Management 222(1):88–98. https://doi.org/10.1016/j.foreco.2005.10.016

Bravo-Oviedo A, Ruiz-Peinado R, Onrubia R, del Río M (2017) Thinning alters the early-decomposition rate and nutrient immobilization-release pattern of foliar litter in Mediterranean oak-pine mixed stands. Forest Ecology and Management 391:309–320. https://doi.org/10.1016/j.foreco.2017.02.032

Bruce D, Schumacher FX (1950) Forest mensuration, 3rd edn. The American Forestry Series, McGraw-Hill Inc, New York, Toronto, London, 483 p

Brüning D (1959) Forstdüngung, Neumann Verlag, Radebeul, 210 p

Caldwell MM, Richards JH (1989) Hydraulic lift: water efflux from upper roots improves effectiveness of water uptake by deep roots. Oecologia 79(1):1–5. https://doi.org/10.1007/BF00378231

Caldwell MM, Dawson TE, Richards JH (1998) Hydraulic lift: consequences of water efflux from the roots of plants. Oecologia 113(2):151–161. https://doi.org/10.1007/s004420050363

Chmielewski F-M, Rötzer T (2001) Response of tree phenology to climate change across Europe. Agricultural and Forest Meteorology 108(2):101–112. https://doi.org/10.1016/S0168-1923(01)00233-7

Climent J, Alía R, Karkkainen K, Bastien C, Benito-Garzon M, Bouffier L, De Dato G, Delzon S, Dowkiw A, Elvira-Recuenco M, Grivet D, González-Martínez SC, Hayatgheibi H, Kujala S, Leplé J-C, Martín-Sanz RC, De Miguel M, Monteverdi MC, Mutke S, Plomion C, Ramírez-Valiente JA, Sanchez L, Solé-Medina A, Soularue J-P, Steffenrem A, Teani A, Westin J, Whittet R, Wu H, Zas R, Cavers S (2024) Trade-offs and Trait Integration in Tree Phenotypes: Consequences for the Sustainable Use of Genetic Resources. Curr For Rep. https://doi.org/10.1007/s40725-024-00217-5

Condés S, Pretzsch H, del Río M (2023) Species admixture can increase potential tree growth and reduce competition. Forest Ecology and Management 539:120997. https://doi.org/10.1016/j.foreco.2023.120997

Dahlhausen J, Uhl E, Heym M, Biber P, Ventura M, Panzacchi P, Tonon G, Horváth T, Pretzsch H (2017) Stand density sensitive biomass functions for young oak trees at four different European sites. Trees 31(6):1811–1826. https://doi.org/10.1007/s00468-017-1586-7

del Río M (1999) Régimen de claras y modelo de producción para Pinus sylvestris en los Sistemas Central e Ibérico. Tesis doctorales INIA. Serie Forestal nº2.

del Río M, Calama R, Montero G (2008) Selvicultura de Pinus halepensis Mill. En: Serrada R, Montero G, Reque JA (Eds.) Compendio de Selvicultura Aplicada en España. INIA, Madrid, 289-312.

del Río M, Condés S, Pretzsch H (2014) Analyzing size-symmetric vs. size-asymmetric and intra- vs. inter-specific competition in beech (*Fagus sylvatica* L.) mixed stands. Forest Ecology and Management 325:90–98. https://doi.org/10.1016/j.foreco.2014.03.047

del Río M, Bravo-Oviedo A, Pretzsch H, Löf M, Ruiz-Peinado R (2017a). A review of thinning effects on Scots pine stands: From growth and yield to new challenges under global change. Forest Systems 26(2):03. https://doi.org/10.5424/fs/2017262-11325

del Río M, Pretzsch H, Ruíz-Peinado R, Ampoorter E, Annighöfer P, Barbeito I, Bielak K, Brazaitis G, Coll L, Drössler L, Fabrika M, Forrester DI, Heym M, Hurt V, Kurylyak V, Löf M, Lombardi F, Madrickiene E, Matović B, Mohren F, Motta R, den Ouden J, Pach M, Ponette Q, Schütze G, Skrzyszewski J, Sramek V, Sterba H, Stojanović D, Svoboda M, Zlatanov TM, Bravo-Oviedo A (2017b) Species interactions increase the temporal stability of community productivity in *Pinus sylvestris–Fagus sylvatica* mixtures across Europe. Journal of Ecology 105(4):1032–1043. https://doi.org/10.1111/1365-2745.12727

del Río M, Vergarechea M, Hilmers T, Alday JG, Avdagić A, Binderh F, Bosela M, Dobor L, Forrester DI, Halilović V, Ibrahimspahić A, Klopcic M, Lévesque M, Nagel TA, Sitkova Z, Schütze G, Stajić B,

Stojanović D, Uhl E, Zlatanov T, Tognetti R, Pretzsch H (2021) Effects of elevation-dependent climate warming on intra- and inter-specific growth synchrony in mixed mountain forests. Forest Ecology and Management 479:118587. https://doi.org/10.1016/j.foreco.2020.118587

Deutscher Wetterdienst (2011) Klima-Pressekonferenz des DWD am 26. Juli 2011 in Berlin, http://www.dwd.de/bvbw/.../ZundF_PK_20110726.pdf.

Elling W (1993) Immissionen im Ursachenkomplex von Tannenschädigung und Tannensterben.AFJZ 48 (2):87-95

Enquist BJ, Brown JH, West GB (1998) Allometric scaling of plant energetics and population density. Nature 395(6698):163–165. https://doi.org/10.1038/25977

Foerster W (1990) Zusammenfassende ertragskundliche Auswertung der Kiefern-Düngungsversuchsflächen in Bayern. Forstl Forschungsber München 105, pp 1-328.

Forrester DI (2014) A stand-level light interception model for horizontally and vertically heterogeneous canopies. Ecological Modelling 276:14–22. https://doi.org/10.1016/j.ecolmodel.2013.12.021

Forrester DI, Bauhus J, Cowie AL, Vanclay JK (2006) Mixed-species plantations of *Eucalyptus* with nitrogen-fixing trees: A review. Forest Ecology and Management 233(2):211–230. https://doi.org/10.1016/j.foreco.2006.05.012

Forrester DI, Bauhus J, Cowie AL, Mitchell PA, Brockwell J (2007) Productivity of Three Young Mixed-Species Plantations Containing N2-Fixing Acacia and Non-N2-Fixing *Eucalyptus* and Pinus Trees in Southeastern Australia. Forest Science 53(3):426–434. https://doi.org/10.1093/forestscience/53.3.426

Franz F, Pretzsch H, Smaltschinski T (1991) Inventur der neuartigen Waldschäden und Wildschäden im Sulzschneider Forst im FoA Füssen. Forstarchiv 62(1):6-12

Gaiser RN (1952) Root Channels and Roots in Forest Soils. Soil Science Society of America Journal 16(1):62–65. https://doi.org/10.2136/sssaj1952.03615995001600010019x

Goisser M, Geppert U, Rötzer T, Paya A, Huber A, Kerner R, Bauerle T, Pretzsch H, Pritsch K, Häberle KH, Matyssek R, Grams TEE (2016) Does belowground interaction with *Fagus sylvatica* increase drought susceptibility of photosynthesis and stem growth in *Picea abies*? Forest Ecology and Management 375:268–278. https://doi.org/10.1016/j.foreco.2016.05.032

Gómez-Aparicio L, García-Valdés R, Ruíz-Benito P, Zavala MA (2011) Disentangling the relative importance of climate, size and competition on tree growth in Iberian forests: implications for forest management under global change. Global Change Biology 17(7):2400–2414. https://doi.org/10.1111/j.1365-2486.2011.02421.x

Gómez-Sanz V, García-Viñas JI, Serrada R (2017) Medio físico y decaimiento de rodales de *Pinus halepensis* Mill. en la Comunidad Valenciana. 7º Congreso Forestal Nacional. Sociedad Española de Ciencias Forestales, 7CFE01-055.

Gompertz B (1825) On the nature of the function expressive of the law of human mortality, and on a new mode of determining the value of life contingencies. Phil Transac Roy Soc London, 115:513-585

Guttenberg A von (1915) Wachstum und Ertrag der Fichte im Hochgebirge. Verlag Deuticke, Wien, Leipzig, 153 p

Harper JL (1977) Population Biology of Plants. Academic Press, London, New York

Herms DA, Mattson WJ (1992) The Dilemma of Plants: To Grow or Defend. The Quarterly Review of Biology 67(3):283–335. https://doi.org/10.1086/417659

Hutchinson GE (1957) Concluding Remarks. Cold Spring Harb Symp Quant Biol 22:415–427. https://doi.org/10.1101/SQB.1957.022.01.039

IPCC (2007) Fourth Assessment Report: Climate Change 2007. Working Group I Report. The Physical Science Basis, Geneva, Switzerland,104 p

Jucker T, Bouriaud O, Avacaritei D, Coomes DA (2014) Stabilizing effects of diversity on aboveground wood production in forest ecosystems: linking patterns and processes. Ecology Letters 17(12):1560–1569. https://doi.org/10.1111/ele.12382

Jüttner O (1955) Eichenertragstafeln. In: Schober R (ed) (1971) Ertragstafeln der wichtigsten Baumarten. JD Sauerländer's Verlag, Frankfurt am Main, pp 12-25, 134-138

Kahle HP (2011) Führt beschleunigtes Wachstum zu schnellerem Altern?Sektion Ertragskunde Jahrestagung 2011 Cottbus, 102 p

Kahn M (1994) Modellierung der Höhenentwicklung ausgewählter Baumarten in Abhängigkeit vom Standort. Forstl Forschungsber München 141, 221 p

Kelty MJ (1992) Comparative productivity of monocultures and mixed stands. In: Kelty M. J. et al. (Eds.), The ecology and silviculture of mixed-species forests. Kluwer Academic Publishers, pp 125-141

Kiviste AK (1988) Mathematical functions of forest growth. EstonianAgriculturalAcademy, Tartu, 108 p (+ supplement 171 p)

Kiviste A, Álvarez-González JG. Rojo-Alboreca A, Ruiz-González AD (2002) Funciones de crecimiento de aplicación en el ámbito forestal. Monografías INIA: forestal n°4, 190 p

Kleiber M (1947) Body size and metabolic rate. Physiological Reviews 27(4):511–541. https://doi.org/10.1152/physrev.1947.27.4.511

Klemmt H-J, Dauber E, Leibold E, Radike WD, Pretzsch H (2009) Auswirkungen des Befalls der Kleinen Fichtenblattwespe auf das Wachstum der Fichte. AFZ-Der Wald, 23:1247-1249

Kölling C (2007). Klimahüllen für 27 Waldbaumarten.AFZ-DerWald, 23:1242-124

Kölling C, Knoke T, Schall P, Ammer C (2009) Überlegungen zum Risiko des Fichtenanbaus in Deutschland vor dem Hintergrund des Klimawandels. Forstarchiv 80:42–54

Korf V (1939) Prispevek k matematicke definici vzrustoveho zakona lesnich porostu. Lesnicka prace 18:339-356

Kraft G (1884) Beiträge zur Lehre von den Durchforstungen, Schlagstellungen und Lichtungshieben. Klindworth´s Verlag, Hannover, 147 p

Kramer H (1988) Waldwachstumslehre. Paul Parey, Hamburg, Berlin, 374 p

Levakovic A (1935) Analytical form of growth laws.Glasnik za sumske pokuse, 4, 189-282

Liebig von J (1855) Die Grundsätze der Agricultur-Chemie: mit Rücksicht auf die in England angestellten Untersuchungen. Vieweg.

Liebscher G (1895) Untersuchungen über die Bestimmung des Düngerbedürfnisses der Ackerböden und Kulturpflanzen. In: Journal für Landwirtschaft. Bd. 43, ISSN 0368-2943, pp 49–216.

Loomis WE (1953) Growth and differentiation-an introduction and summary. In: Loomis WE (ed.) Growth and differentiation in plants, Iowa State College press, Ames, pp 1-7

López-Senespleda E (2015) Autoecología paramétrica de los quejigares Españoles. Tesis Doctoral. UVa. Palencia. 304 p

López-Senespleda E, Bravo-Oviedo A, Mutke S, Alonso R, Sánchez-Palomares O, Pardos M, Lexer M (2012) Parametrización autoecológica de especies forestales mediterráneas para la aplicación del modelo híbrido PICUS. Cuad. Soc. Esp. Cienc. For. 35, 37-42.

Magin R (1959) Struktur und Leistung mehrschichtiger Mischwälder in den bayerischen Alpen. Mitt Staatsforstverwaltung Bayerns 30, 161 p

Martonne de E (1926) Une novelle fonction climatologique : L'indice d'aridité. La Météorologie 21, 449-458

Matyssek R, Schnyder H, Elstner E-F, Munch J-C, Pretzsch H, Sandermann H (2002) Growth and Parasite Defence in Plants; the Balance between Resource Sequestration and Retention: In Lieu of a Guest Editorial. Plant Biol (Stuttg) 4(2):133–136. https://doi.org/10.1055/s-2002-25742

Matyssek R, Schnyder H, Munch J-C, Oßwald W, Pretzsch H, Treutter D (2005a) Resource Allocation in Plants - The Balance between Resource Sequestration and Retention. Plant Biol (Stuttg) 7(6):557–560. https://doi.org/10.1055/s-2005-873000

Matyssek R, Agerer R, Ernst D, Munch J-C, Oßwald W, Pretzsch H, Priesack E, Schnyder H, Treutter D (2005b) The Plant's Capacity in Regulating Resource Demand. Plant Biol (Stuttg) 7(6):560–580. https://doi.org/10.1055/s-2005-872981

Matyssek R, Koricheva J, Schnyder H, Ernst D, Munch J-C, Oßwald W, Pretzsch H (2012a) The balance between resource sequestration and retention: A challenge in plant science. In: R. Matyssek et al. (Eds.) Growth and Defence in Plants. Ecological Studies 220. Springer-Verlag Berlin Heidelberg, pp 3-24. https://doi.org/10.1007/978-3-642-30645-7_11

Matyssek R, Schnyder H, Oßwald W, Ernst D, Munch J-Ch, Pretzsch H. (2012b) Growth and Defence in Plants. Ecological Studies 220, Springer-Verlag Berlin Heidelberg, 470 p

McGill BJ, Enquist BJ, Weiher E, Westoby M (2006) Rebuilding community ecology from functional traits. Trends in Ecology & Evolution 21(4):178–185. https://doi.org/10.1016/j.tree.2006.02.002

Menzel A, Fabian P (1999) Growing season extended in Europe. Nature 397(6721):659–659. https://doi.org/10.1038/17709

Mette T, Falk W, Uhl E, Biber P, Pretzsch H (2015) Increment allocation along the stem axis of dominant and suppressed trees in reaction to drought – results from 123 stem analyses of Norway spruce, Scots pine and European beech. Austrian Journal of Forest Science 132(4):185-254

Mitscherlich EA (1909): Das Gesetz des Minimums und das Gesetz des abnehmenden Bodenertrages. In: Landwirtschaftliche Jahrbücher. Bd. 38, ISSN 0368-8194, pp 537–552

Mitscherlich EA (1948) Die Ertragsgesetze. Deutsche Akademie der Wissenschaften zu Berlin, Vorträge und Schriften 31, Akademie-Verlag Berlin, 42 p

Mitscherlich G (1970) Wald, Wachstum und Umwelt. 1. Band, Form und Wachstum von Baum und Bestand. JD Sauerländer's Verlag, Frankfurt am Main

Mitscherlich G (1975) Wald, Wachstum und Umwelt. 3. Band, Boden, Luft und Produktion. JD Sauerländer's Verlag, Frankfurt am Main, 352 p

Müller HJ (1991) Ökologie. Gustav Fischer

Verlag, Jena, 415 p

Murray DM, von Gadow K (1993) A Flexible Yield Model for Regional Timber Forecasting. Southern Journal of Applied Forestry 17(3):112–115. https://doi.org/10.1093/sjaf/17.3.112

Mutke S, Gordo J, Chambel MR, Prada MA, Álvarez D, Iglesias S, Gil L (2010) Phenotipic plasticity is stronger than adaptative differentiation among Mediterranean stone pine provenances. Forest Systems 19(3):354-366. https://doi.org/10.5424/fs/2010193-9097

Nelder JA (1962) New Kinds of Systematic Designs for Spacing Experiments. Biometrics 18(3):283–307. https://doi.org/10.2307/2527473

Pardos M, Calama R, Maroschek M, Rammer W, Lexer MJ (2015) A model-based analysis of climate change vulnerability of *Pinus pinea* stands under multiobjective management in the Northern Plateau of Spain. Annals of Forest Science 72(8):1009–1021. https://doi.org/10.1007/s13595-015-0520-7

Peschel W (1938) Die mathematischen Methoden zur Herleitung der Wachstumsgesetze von Baum und Bestand und die Ergebnisse ihrer Anwendung. Tharandter Forstliches Jahrbuch, 89 (3/4): 169-274.

Petri H (1966) Versuch einer standortgerechten, waldbaulichen und wirtschaftlichen Standraumregelung von Buchen-Fichten-Mischbeständen. Mitt. Landesforstverwaltung Rheinland-Pfalz 13, 145 p

Pretzsch H (1995) Zum Einfluß des Baumverteilungsmusters auf den Bestandeszuwachs. Allgemeine Forst- und Jagdzeitung 166(9/10):190-201

Pretzsch H. (1996) Growth trends of forests in Southern Germany. S. 107-131, In (Eds.) Spiecker H, Mielikäinen K, Köhl M, Skovsgaard JP (1996) Growth trends in European forests. Europ For Inst, Res Rep 5, Springer-Verlag, Heidelberg, 372 p

Pretzsch H (2004) Der Zeitfaktor in der Waldwachstumsforschung. Bayerische Landesanstalt für Wald und Forstwirtschaft (Ed.), Innovation durch Kontinuität. Bayerische Landesanstalt für Wald und Forstwirtschaft, Freising. LWF-Wissen, pp 11-30.

Pretzsch H (2009) Forest Dynamics, Growth and Yield. Springer Verlag, Berlin, 664 p

Pretzsch H (2014) Canopy space filling and tree crown morphology in mixed-species stands compared with monocultures. Forest Ecology and Management 327:251–264. https://doi.org/10.1016/j.foreco.2014.04.027

Pretzsch H (2020) The course of tree growth. Theory and reality. Forest Ecology and Management 478:118508. https://doi.org/10.1016/j.foreco.2020.118508

Pretzsch H (2022) Facilitation and competition reduction in tree species mixtures in Central Europe: Consequences for growth modeling and forest management. Ecological Modelling 464:109812. https://doi.org/10.1016/j.ecolmodel.2021.109812

Pretzsch H, Dursky J (2002) Growth reaction of Norway spruce (*Picea abies* (L.) Karst.)and European beech (Fagus silvatica L.) to possible climatic changes in Germany. A sensitivity study.Forstw. Cbl. 121(Suppl.1):145-154

Pretzsch H, Rais A (2016) Wood quality in complex forests versus even-aged monocultures: review and perspectives. Wood Sci Technol 50(4):845–880. https://doi.org/10.1007/s00226-016-0827-z

Pretzsch H, Biber P, Ďurský J (2002) The single tree-based stand simulator SILVA: construction, application and evaluation. Forest Ecology and Management 162(1):3–21. https://doi.org/10.1016/S0378-1127(02)00047-6

Pretzsch H, Schütze G, Uhl E (2013) Resistance of European tree species to drought stress in mixed versus pure forests: evidence of stress release by inter-specific facilitation. Plant Biology 15(3):483–495. https://doi.org/10.1111/j.1438-8677.2012.00670.x

Pretzsch H, Block J, Dieler J, Gauer J, Göttlein A, Moshammer R, Wunn U (2014a) Nährstoffentzüge durch die Holz-und Biomassenutzung in Wäldern. Teil 1: Schätzfunktionen für Biomasse und Nährelemente und ihre Anwendung in Szenariorechnungen. Allg Forst u J-Ztg, 185(11/12), 261-285.

Pretzsch H, Biber P, Schütze G, Bielak K (2014b) Changes of forest stand dynamics in Europe. Facts from long-term observational plots and their relevance for forest ecology and management. Forest Ecology and Management 316:65–77. https://doi.org/10.1016/j.foreco.2013.07.050

Pretzsch H, Biber P, Schütze G, Uhl E, Rötzer T (2014c) Forest stand growth dynamics in Central Europe have accelerated since 1870. Nat Commun 5(1):4967. https://doi.org/10.1038/ncomms5967

Pretzsch H, del Río M, Ammer Ch, Avdagic A, Barbeito I, Bielak K, Brazaitis G, Coll L, Dirnberger G, Drössler L, Fabrika M, Forrester DI, Godvod K, Heym M, Hurt V, Kurylyak V, Löf M, Lombardi F, Matović B, Mohren F, Motta R, den Ouden J, Pach M, Ponette Q, Schütze G, Schweig J, Skrzyszewski J, Sramek V, Sterba H, Stojanović D, Svoboda M, Vanhellemont M, Verheyen K, Wellhausen K, Zlatanov T, Bravo-Oviedo A (2015) Growth and yield of mixed versus pure stands of Scots pine (*Pinus sylvestris* L.) and European beech (*Fagus sylvatica* L.) analysed along a productivity gradient through Europe. Eur J Forest Res 134(5):927–947. https://doi.org/10.1007/s10342-015-0900-4

Pretzsch H, Schütze G, Biber P (2016) Zum Einfluss der Baumartenmischung auf die Ertragskomponenten von Waldbeständen. Allgemeine Forst- und Jagdzeitung, 187(7/8):122-135.

Pretzsch H, Biber P, Uhl E, Dahlhausen J, Schütze G, Perkins D, Rötzer T, Caldentey J, Koike T, Con T van, Chavanne A, Toit B du, Foster K, Lefer B (2017) Climate change accelerates growth of urban trees in metropolises worldwide. Sci Rep 7(1):15403. https://doi.org/10.1038/s41598-017-14831-w

Pretzsch H, del Río M, Arcangeli C, Bielak K, Dudzinska M, Forrester DI, Klädtke J, Kohnle U, Ledermann T, Matthews R, Nagel J, Nagel R, Ningre F, Nord-Larsen T, Biber P (2023) Forest growth in Europe shows diverging large regional trends. Sci Rep 13(1):15373. https://doi.org/10.1038/s41598-023-41077-6

Preuhsler T (1979) Ertragskundliche Merkmale oberbayerischer Bergmischwald-Verjüngungsbestände auf kalkalpinen Standorten im Forstamt Kreuth. Forstl Forschungsber München 45, 372 p

Preuhsler V T, Rehfuess K E (1982) Über die Melioration degradierter Kiefernstandorte (Pinus sylv. L.) in der Oberpfalz. Forstwissenschaftliches Centralblatt, 101(1):388-407.

Prieto I, Armas C, Pugnaire FI (2012) Water release through plant roots: new insights into its consequences at the plant and ecosystem level. New Phytologist 193(4):830–841. https://doi.org/10.1111/j.1469-8137.2011.04039.x

Prietzel J, Rehfuess KE, Stetter U, Pretzsch H (2008) Changes of soil chemistry, stand nutrition, and stand growth at two Scots pine (*Pinus sylvestris* L.) sites in Central Europe during 40 years after fertilization, liming, and lupine introduction. Eur J Forest Res 127(1):43–61. https://doi.org/10.1007/s10342-007-0181-7

Puhe J (2003) Growth and development of

the root system of Norway spruce (*Picea abies*) in forest stands—a review. Forest Ecology and Management 175(1):253–273. https://doi.org/10.1016/S0378-1127(02)00134-2

Richards FJ (1959) A Flexible Growth Function for Empirical Use. Journal of Experimental Botany 10(2):290–301. https://doi.org/10.1093/jxb/10.2.290

Riofrío J, del Río M, Pretzsch H, Bravo F (2017) Changes in structural heterogeneity and stand productivity by mixing Scots pine and Maritime pine. Forest Ecology and Management 405:219–228. https://doi.org/10.1016/j.foreco.2017.09.036

Röhle H (1997) Änderung von Bonität und Ertragsniveau in südbayerischen Fichtenbeständen. AFJZ 168(6/7):110-114

Rothe A (1997) Einfluß des Baumartenanteils auf Durchwurzelung, Wasserhaushalt, Stoffhaushalt und Zuwachsleistung eines Fichten-Buchen-Mischbestandes am Standort Höglwald. Forstl Forschungsber München 163, 174 p

Rothe A, Binkley D (2001) Nutritional interactions in mixed species forests: a synthesis. Can J For Res 31(11):1855–1870. https://doi.org/10.1139/x01-120

Rötzer T, Biber P, Moser A, Schäfer C, Pretzsch H (2017) Stem and root diameter growth of European beech and Norway spruce under extreme drought. Forest Ecology and Management 406:184–195. https://doi.org/10.1016/j.foreco.2017.09.070

Ruano I, Pando V, Bravo F (2022) Effect of density on Mediterranean pine seedlings using the Nelder wheel design: analysis of survival and early growth. Forestry: An International Journal of Forest Research 95(5):727–739. https://doi.org/10.1093/forestry/cpac025

Rubner M (1931) Die Gesetze des Energieverbrauchs bei der Ernährung. Proc preuß Akad Wiss Physik-Math Kl 16/18, Berlin, Wien, 1902 p

Rubio-Cuadrado Á, Bravo-Oviedo A, Mutke S, del Río M (2018) Climate effects on growth differ according to height and diameter along the stem in *Pinus pinaster* Ait. iForest - Biogeosciences and Forestry 11(2):237-242. https://doi.org/10.3832/ifor2318-011

Ruiz F, López G, Toval G, Alejano R (2008) Selvicultura de *Eucalyptus* globulus Labill. En: Serrada R, Montero G, Reque J, Compendio de Selvicultura Aplicada en España. INIA, Madrid.

Ryan MG, Waring RH (1992) Maintenance Respiration and Stand Development in a Subalpine Lodgepole Pine Forest. Ecology 73(6):2100–2108. https://doi.org/10.2307/1941458

Ryan MG, Yoder BJ (1997) Hydraulic Limits to Tree Height and Tree Growth. BioScience 47(4):235–242. https://doi.org/10.2307/1313077

Sampedro L, Moreira X, Zas R (2011) Costs of constitutive and herbivore-induced chemical defences in pine trees emerge only under low nutrient availability. Journal of Ecology 99(3):818–827. https://doi.org/10.1111/j.1365-2745.2011.01814.x

Samuelson P A, Nordhaus WD (1998) Volkswirtschaftslehre. Ueberreuter Verlag, Wien, Heidelberg, 927 p.

Sánchez F, Rodríguez RJ (2008) Selvicultura de *Pinus radiata* D. Don. En: Serrada R, Montero G, Reque J, Compendio de Selvicultura Aplicada en España. INIA, Madrid.

Sánchez-Palomares O, López-Senespleda E, Calama R, Ruíz-Peinado R, Montero G (2013) Autoecología paramétrica de *Pinus pinea* L. en la España peninsular. Monografías INIA: serie forestal nº 26, 305 p

Santos-del-Blanco L, Bonser SP, Valladares

F, Chambel MR, Climent J (2013) Plasticity in reproduction and growth among 52 range-wide populations of a Mediterranean conifer: adaptive responses to environmental stress. Journal of Evolutionary Biology 26(9):1912–1924. https://doi.org/10.1111/jeb.12187

Schober R (1950/51) Zum jahreszeitlichen Ablauf des sekundären Dickenwachstums. Allgemeine Forst- und Jagdzeitung, 122:81-96

Schober R (1967) Buchen-Ertragstafel für mäßige und starke Durchforstung. In: Schober R (1972) Die Rotbuche 1971. Schr Forstl Fak Univ Göttingen u Niedersächs Forstl Versuchsanst 43/44, JD Sauerländer's Verlag, Frankfurt am Main, 333 p

Schweingruber FH (2012) Tree rings: basics and applications of dendrochronology. Springer Science & Business Media.

Sheffer E, Canham CD, Kigel J, Perevolotsky A (2015) Countervailing effects on pine and oak leaf litter decomposition in human-altered Mediterranean ecosystems. Oecologia 177(4):1039–1051. https://doi.org/10.1007/s00442-015-3228-3

Sixto H, Grau JM, González F (2008) Selvicultura de *Populus* ssp. E híbridos. Populicultura. En: Serrada R, Montero G, Reque J, Compendio de Selvicultura Aplicada en España. INIA, Madrid.

Skeffington RA, Wilson EJ (1988) Excess nitrogen deposition: Issues for consideration. Environmental Pollution 54(3):159–184. https://doi.org/10.1016/0269-7491(88)90110-8

Stephenson NL, Das AJ, Condit R, Russo SE, Baker PJ, Beckman NG, Coomes DA, Lines ER, Morris WK, Rüger N, Álvarez E, Blundo C, Bunyavejchewin S, Chuyong G, Davies SJ, Duque Á, Ewango CN, Flores O, Franklin JF, Grau HR, Hao Z, Harmon ME, Hubbell SP, Kenfack D, Lin Y, Makana J-R, Malizia A, Malizia LR, Pabst RJ, Pongpattananurak N, Su S-H, Sun I-F, Tan S, Thomas D, van Mantgem PJ, Wang X, Wiser SK, Zavala MA (2014) Rate of tree carbon accumulation increases continuously with tree size. Nature 507(7490):90–93. https://doi.org/10.1038/nature12914

Sterba H (1981) Radial increment along the bole of trees – problems of measurementand interpretation. IUFRO Symposium, Sep 9-12, 1980; Mitteilungen d. Forstl. Bundesversuchsanstalt Wien 142(1):67-74

Stone EL, Kalisz PJ (1991) On the maximum extent of tree roots. Forest Ecology and Management 46(1):59–102. https://doi.org/10.1016/0378-1127(91)90245-Q

Thomasius H (1990) Waldbau 1, Allgemeine Grundlagen des Waldbaus. Hochschulstudium Forstingenieurwesen, Karl-Marx-Univ Leipzig, Agrarwiss Fak (ed), Leipzig, 180 p

Thurm EA, Pretzsch H (2016) Improved productivity and modified tree morphology of mixed versus pure stands of European beech (*Fagus sylvatica*) and Douglas-fir (*Pseudotsuga menziesii*) with increasing precipitation and age. Annals of Forest Science, 1-15. https://doi.org/10.1007/s13595-016-0588-8

Vandermeer JH (1989) The Ecology of Intercropping. Cambridge University Press

Vázquez-Piqué J, Pereira H (2004) Modelo de crecimiento en diámetro para alcornocales del centro y sur de Portugal. Cuadernos de la Sociedad Española de Ciencias Forestales (18):219–226

Vergarechea M, Calama R, Fortin M, del Río M (2019) Climate-mediated regeneration occurrence in Mediterranean pine forests: A modeling approach. Forest Ecology and Management 446:10–19. https://doi.org/10.1016/j.foreco.2019.05.023

Warger K (2016) Zum Wachstum alter Buchen, Eichen, Erlen, Fichten und Kiefern. MA Arbeit 213 an der Studienfakultät für Forstwissenschaft und Ressourcenmanagement der Technischen Universität München, Freising-Weihenstephan, 86 p.

West GB, Enquist BJ, Brown JH (2009) A general quantitative theory of forest structure and dynamics. Proceedings of the National Academy of Sciences 106(17):7040–7045. https://doi.org/10.1073/pnas.0812294106

Wiedemann E (1936/42) Die Fichte 1936. Verlag M & H Schaper, Hannover, 248 p

Wiedemann E (1943/48) Kiefern-Ertragstafel für mäßige Durchforstung, starke Durchforstung und Lichtung. In: Wiedemann E (1948) Die Kiefer. Verlag M & H Schaper, Hannover, 337 p

Yoder BJ, Ryan MG, Waring RH, Schoettle AW, Kaufmann MR (1994) Evidence of Reduced Photosynthetic Rates in Old Trees. Forest Science 40(3):513–527. https://doi.org/10.1093/forestscience/40.3.513

Zeide B (1972) On the mathematical description of the aging process of trees. In: Kocharov GE, DergachovVA, Bitvinskas TT (Eds.) Dendroclimatochronology and radiouglerod. Institut botaniki Academii Nauk Litovskoi SSR, Kaunas, pp 169-174

Zeide B (1989) Accuracy of equations describing diameter growth. Can J For Res 19(10):1283–1286. https://doi.org/10.1139/x89-195

Zeide B (1993) Analysis of Growth Equations. Forest Science 39(3):594–616. https://doi.org/10.1093/forestscience/39.3.594

Estructura de la masa. Cuantificación y análisis

4

4.1	Estructura y procesos en masas forestales	208
4.2	Del boceto a la medición y análisis	211
4.3	Patrón de distribución horizontal	219
4.4	Espesura de la masa	231
4.5	Variación y diferenciación de tamaños	240
4.6	Diversidad de especies y estructura vertical de la masa	242
4.7	Grado de mezcla de especies	246
4.8	Consecuencias de la estructura para la dinámica de árboles y masas forestales	249
Mensajes clave		260
Referencias		262

Resumen La estructura es la característica más obvia de las masas forestales, pero, al mismo tiempo, es particularmente difícil de detectar y cuantificar. La estructura se puede determinar midiendo la altura de los árboles, los diámetros del fuste, los radios de la copa o las coordenadas del árbol con un hipsómetro, una forcípula, un aparato de espejos o un teodolito. También se puede medir con escáneres láser terrestres o aerotransportados (TLidar o ALidar). Estos procedimientos proporcionan mediciones y métricas para describir y cuantificar la estructura de la masa, que es el tema principal en el que se centra este capítulo.

La estructura es tan relevante porque, por un lado, cada intervención selvícola modifica principalmente la estructura existente y, por otro, la estructura influye en el desarrollo posterior de la masa y en todas las funciones y servicios ecológicos, económicos y socioeconómicos del bosque.

Un primer paso importante para caracterizar la estructura de la masa es la conversión de mediciones analógicas o digitales en mapas de distribución de pies, mapas de copas, esquemas de alzados, o secciones horizontales y verticales que ilustran la estructura de la masa. Sin embargo, para examinar los cambios estructurales, analizar las relaciones entre el tratamiento selvícola y el incremento o la estructura y los servicios de los ecosistemas, es necesario cuantificar la estructura forestal mediante medidas concretas (Tabla 4.1). Con estas medidas se va más allá de la caracterización verbal clásica (*e.g.* denso vs. claro, agregado vs. regular).

El patrón de distribución horizontal (en agregados, aleatorio, uniforme o regular) se puede cuantificar mediante el método de conteo de cuadrículas, del vecino más cercano o con las funciones K y L. De esta manera, se identifican y cuantifican las estructuras de distribución horizontal a nivel de masa en su conjunto (índices de Clark y Evans (1954), Pielou (1959), Clapham (1936)) o en diferentes zonas colindantes (función K, función L).

La espesura de la masa (grado de ocupación completo, medio, con claros) se puede cuantificar según el grado de densidad proporcionado por las tablas de producción, la fracción de cabida cubierta, el estado del área basimétrica, el índice de densidad de la masa de Reineke (1933) o el factor de competencia de las copas.

Para la cuantificación de la diferenciación en tamaño (tamaños homogéneos y en un solo piso frente a heterogéneos y en múltiples pisos) son adecuados el coeficiente de variación de la distribución diamétrica de la altura y el coeficiente de diferenciación del diámetro según Füldner (1995) y Gadow (1993), o el índice de Gini.

La diversidad de especies se puede cuantificar utilizando los índices de Hattemer (1994), Shannon (1948) o la diversidad estandarizada y el índice de uniformidad. El índice del perfil de especies según Pretzsch (1995, 1997) combina la diversidad con la estratificación vertical de las especies en la masa. Para cuantificar la mezcla (mezcla pie a pie, en bosquetes), entre otros, se presentan el índice de mezcla de Füldner (1996) y el índice de segregación de Pielou (1977).

La gran relevancia de la estructura de la masa se hace evidente a través de su efecto en el desarrollo de la mezcla de especies y la productividad, la estructura de los árboles y la calidad de la madera, así como la estructura del hábitat y la biodiversidad.

4.1 Estructura y procesos en masas forestales

La estructura de la masa desempeña un papel clave en la dinámica y producción de la misma, así como en la regulación selvícola, ya que los tratamientos selvícolas se basan principalmente en la modificación de la estructura. Por ello, es fundamental disponer de métodos para una adecuada descripción, cuantificación y análisis de las principales características de la estructura. Tradicionalmente, la estructura se describe a partir de datos obtenidos de inventarios forestales, mediante los valores medios y totales de la masa como el diámetro medio, la altura dominante o el volumen por hectárea y, en mayor detalle mediante la distribución de tamaños. A pesar del interés y utilidad de estas variables, de alguna manera ignoran la complejidad de la estructura tridimensional de las masas forestales. Por ejemplo, para unos mismos valores medios de una masa, su estructura espacial, tanto horizontal como vertical, puede determinar de

Tabla 4.1 Resumen de los enfoques de descripción verbal y numérica de la estructura de la masa

Aspecto estructural	Descripción verbal	Descripción numérica
Patrón de distribución horizontal	Aleatorio, regular, agrupado	Índice de agregación por Clark y Evans (1954) Índice de distribución de Pielou (1959) Varianza relativa según Claphan (1936) Índice de dispersión de Morisita (1959) Función K de Ripley (1977) Función L de Besag (1977) Función de correlación por pares de Stoyan y Stoyan (1992)
Espesura de la masa	abierta, ahuecada, densa, cerrada, trabada	Grado de cubierta según tablas de producción Grado de cubierta natural Fracción de cabida cubierta Área basimétrica media según Assman (1961) Índice de densidad de la masa según Reineke (1933) Factor de competencia
Diferenciación	Uno, dos o múltiples pisos, estructura irregular	Coeficiente de variación de los tamaños del árbol Diferenciación en diámetro de Füldner (1966) o Gini (1909)
Diversidad	Mezcla de una, dos o más especies	Riqueza Índice de diversidad según Hattemer (1994) Índice de Shannon (1948) Diversidad estandarizada y Uniformidad Índice del perfil de especies de Pretzsch (1995) Índice del perfil de especies normalizado
Tipo de mezcla	Mezclado pie a pie, bosquetes pequeños o grandes	Índice de mezcla según Füldner (1966) Índice de segregación de Pielou (1977)

manera decisiva su propio desarrollo. Esto es válido para todo tipo de masas forestales, pero toma mayor importancia cuanto mayor es la complejidad estructural de la masa, como es el caso de masas mixtas y/o irregulares. En este tipo de masas los procesos de competencia entre individuos se ven muy influenciados por la estructura y, por lo tanto, determinarán la dinámica. Por otra parte, además de influir en el crecimiento y producción, la estructura condiciona otros aspectos relevantes de las masas forestales como la biodiversidad, las funciones de protección del hábitat, o aspectos paisajísticos y de recreo. Todo ello, justifica la importancia de incluir en este libro información sobre la toma de datos, cuantificación, modelización y predicción de la estructura.

Los árboles que conforman una masa interactúan entre sí a partir de ciclos de control con diferentes escalas temporales (Capítulo 1, Figura 1.1). En un primer ciclo de control de acción rápida (crecimiento de los árboles individuales → constelación de crecimiento → crecimiento de los árboles individuales), los árboles colindantes se influyen mutuamente a través de su actividad fisiológica. Si, por ejemplo, como resultado de la respiración y la asimilación cambia el contenido de humedad y dióxido de carbono del aire en una sección del dosel, las condiciones de crecimiento de los árboles vecinos cambian de manera sincrónica. En un segundo ciclo de control de acción lenta (crecimiento de los árboles individuales → estructura de la masa → constelación del crecimiento → crecimiento de los árboles individuales), los individuos de la masa se influyen mutuamente a través de los cambios de la estructura.

4 Estructura de la masa. Cuantificación y análisis

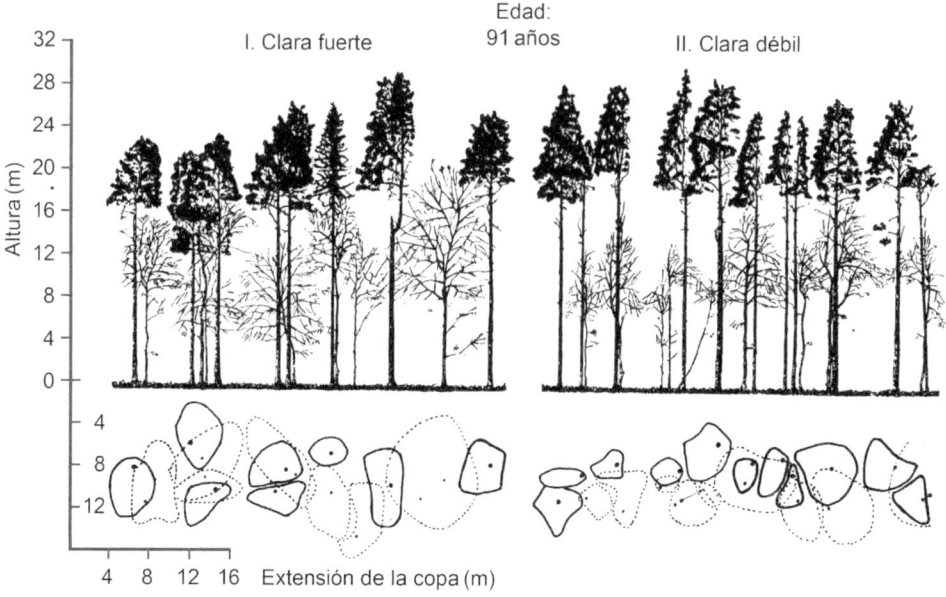

Figura 4.1 El boceto muestra el mejor desarrollo de las copas de los pinos tras una clara débil y el mejor desarrollo de las copas de haya tras una clara fuerte (según Bonnemann 1939, p. 38).

El estudio del crecimiento forestal tiene un interés particular en los procesos y estructuras que tienen lugar a nivel de órganos, de árbol, de masa y de la regeneración o renovación del sistema (Capítulo 1, Figura 1.18, niveles -1 a +2). En estos niveles de agregación existe una fuerte influencia de la estructura y la posición del árbol dentro de la misma en los procesos que tienen lugar. El tamaño de la copa, la ramificación, el follaje o el enraizamiento dependen en gran medida de procesos como la absorción de la luz, la intercepción, la evaporación, la fotosíntesis y la respiración. Estos procesos, a su vez, afectan al crecimiento de los árboles, así como a los procesos vitales de los organismos ubicados en su entorno. La estructura de la masa determina la competencia de sus individuos por los recursos, el aumento de biomasa de esta y las condiciones vitales de las plantas y animales que habitan en ella. La estructura de la masa juega así mismo un papel fundamental durante la fase de regeneración del sistema, influyendo en la polinización, la dispersión de semillas, la germinación, el establecimiento y desarrollo de la próxima generación.

Al crecer los árboles "anclados" al suelo y expandir su estructura durante largos períodos de tiempo, la estructura resultante es el principal impulsor del crecimiento y dinámica de la masa al modificar las condiciones de crecimiento y el ambiente forestal. Por lo tanto, la estructura de los árboles y de la masa son factores de enorme influencia para todos los procesos vitales que tienen lugar dentro de la masa.

La importancia de la estructura en la dinámica de los ecosistemas forestales se aprovecha en la práctica forestal para controlar el desarrollo de la masa. Al determinar la estructura de la mezcla, el espaciamiento y disposición de los árboles en las plantaciones, la extracción de árboles o realización de podas, se modifica la estructura de los ecosistemas forestales para controlar los procesos que ocurren en ellos. Los tratamientos selvícolas se basan generalmente en la estructura y se orientan indirectamente a dirigir los procesos de crecimiento. Solo medidas como la fertilización o la aplicación de fungicidas o insecticidas están directamente relacionadas con estos procesos y no a través de la estructura.

La ciencia forestal, el seguimiento a largo plazo y los inventarios forestales se apoyan en la importancia que tiene la estructura en la dinámica y los procesos, ya que se puede utilizar la estructura como indicador de los procesos que tienen lugar en la masa que, de otra manera, serían difíciles de obtener. Por lo tanto, los métodos de descripción, simulación tridimensional y visualización de la estructura de la masa, y a mayor escala del paisaje, que se presentan en este capítulo son un fundamento importante del análisis, modelización y predicción del desarrollo del bosque y de los efectos de la gestión en el mismo. A continuación, se presentan los principales índices y métodos para caracterizar cada uno de los aspectos que conforman la estructura de una masa, como la distribución horizontal, la espesura, la variación y diferenciación de tamaños, la diversidad de especies y estructura vertical, así como el grado de mezcla de especies. No obstante, existen índices y métodos para evaluar la estructura en su conjunto, como índices compuestos que incluyen los diversos aspectos (*e.g.* Lähde et al. 1999), o índices derivados directamente del análisis de las nubes de puntos obtenidas mediante el escaneo de la masa con lídar terrestre, como el índice de complejidad estructural (ISCC) de Ehbrecht et al. (2017).

4.2 Del boceto a la medición y análisis

4.2.1 Bocetos

El gran valor de síntesis de los mapas de copas y los esquemas de alzado llevó a Bonnemann (1939), Köstler (1953) y Mayer (1984) a ilustrar distintos tipos de gestión del monte, tratamientos de mejora y métodos de regeneración, mediante bocetos hechos a mano. Por ejemplo, los mapas de copas y esquemas de alzados (Figura 4.1) sirven para dar una impresión mucho más precisa de las masas mixtas de pino silvestre y haya estudiadas por Bonnemann que una descripción de estas a partir de valores medios y totales por hectárea. Sin embargo, en estos esquemas de alzado y mapas de copa los arquetipos estructurales solo se ilustran gráficamente y no se explota cuantitativamente la información contenida en ellos. En este enfoque coexisten la visualización de la estructura espacial de la masa a escala árbol

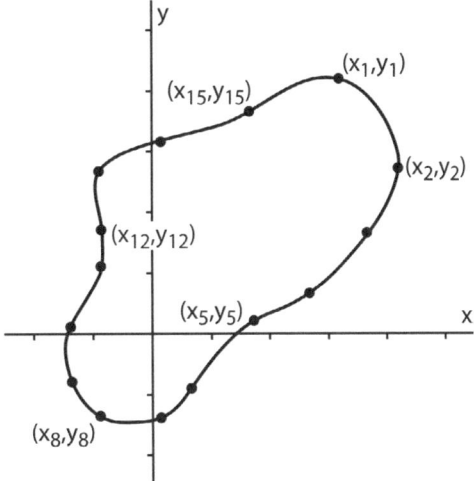

Figura 4.2 Interpolación entre k = 1 ... n puntos en el plano por una función tipo spline.

individual y la descripción cuantitativa a escala masa, en base a valores medios y totales. Los métodos que se exponen a lo largo de este capítulo, que cuantifican y visualizan espacialmente la estructura de la masa, permiten una descripción, análisis y modelización a una escala más detallada.

4.2.2 Mapas de distribución de árboles y mapas de copas

A partir de las coordenadas del árbol con respecto a un punto de referencia y las dimensiones de los radios de la copa obtenidas mediante su medición en campo, se pueden hacer mapas de copas. A la hora de realizar la proyección de la copa se pueden hacer distintas aproximaciones dependiendo del número de radios de copa medidos y del de grado de detalle deseado. La versión más simple es aproximar la proyección de las copas a círculos con el diámetro medio de copa, o en su caso a una elipse si se dispone de dos diámetros. Si se dispone de un número más elevado de radios, se pueden aproximar las copas a círculos con el radio correspondiente a la media cuadrática de los 4 o 8 medidas radiales, r_i a r_n a $(\overline{r_q} = \sqrt{(r^1 + r^2 + \ldots + r^n)/n}))$. Un método más elaborado sería enlazar los radios medidos mediante líneas resultando en polígonos, o enlazar los radios mediante polinomios cúbicos, de modo que el perímetro de la copa se modela mediante una función tipo spline suave (Figura 4.2). Dichas fun-

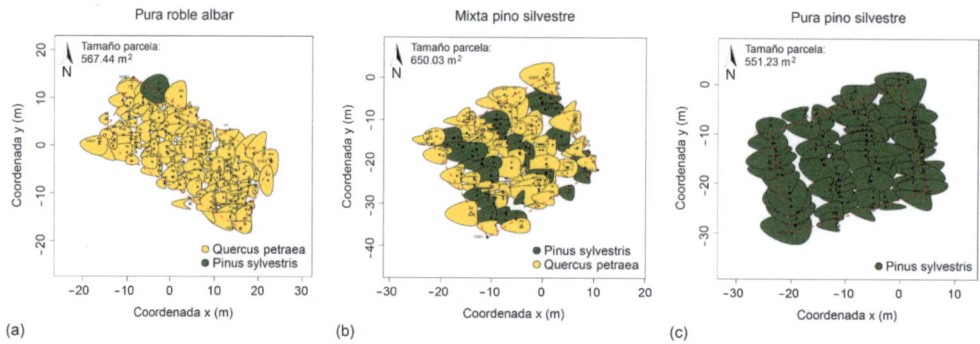

Figura 4.3 Mapas de copas en tres parcelas parcela experimentales situadas en el norte de Burgos (España): a) masa pura de roble albar; b) masa mixta de pino silvestre y roble albar; y c) masa pura de pino silvestre.

ciones tipo spline permiten una conexión suave de n puntos, que están dados por sus coordenadas Z_k e Z_k ($k = 1 \ldots n$) en un sistema de coordenadas cartesiano.

La Figura 4.3 muestra los mapas de copas de tres parcelas experimentales realizados a partir de la medición de cuatro radios copa y las coordenadas de los árboles. Los cuatro radios de la copa medidos en cada árbol están interconectados por funciones splines cúbicas. En las figuras se puede observar cómo en la masa pura de pino silvestre se reflejan su origen de repoblación (filas), y cómo en la masa mixta el roble albar ha ocupado el espacio entre las filas de pino silvestre. La parcela pura de roble presenta una mayor ocupación del espacio (fracción de cabida cubierta).

Usando como base los radios de las copas y los mapas de copas, se pueden calcular las superficies de la proyección de las copas, spc. Este cálculo se realizará de distinta manera según los métodos de proyección utilizados. En el método más sencillo de aproximación de las copas a un círculo, el cálculo del área se basa en la fórmula de la superficie del círculo. Si se utiliza el método de polígonos se calcula mediante la fórmula de superficie de Gauss.

4.2.3 Esquemas de alzado

Mediante el uso de modelos de forma de la copa específicos para cada especie (Figura 4.4 y Caja 2.5), se pueden hacer bocetos detallados para cualquier sección de una parcela experimental o área de ensayo.

Los esquemas de alzado son representaciones pseudo-tridimensionales que miran a la masa desde arriba. Mediante un dibujo de los árboles desplazado con una estructura en la imagen de atrás hacia adelante, se crea una impresión tridimensional. Aunque se genera una vista orientada de toda la masa, no es una vista con la perspectiva correcta. Los árboles de la misma dimensión se representan con el mismo tamaño independientemente de su distancia al punto de vista fijo dado. Por lo tanto, los árboles en las partes posteriores de la imagen parecen estar más cerca uno del otro. Esta forma de representación es, sin embargo, computacionalmente ligera y para una visualización orientativa su realismo es suficiente.

Los esquemas de levantamientos sirven, por un lado, para la presentación y análisis de los resultados de ensayos. Por otro lado, se pueden utilizar

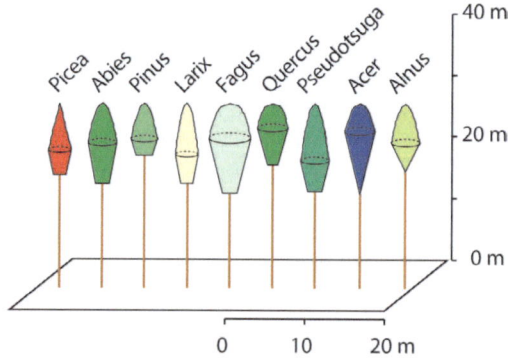

Figura 4.4 Comparación de las formas de la copa de varias especies para una altura de 24 m y un diámetro a la altura del pecho de 30 cm en condiciones idénticas de competencia (dosel no cerrado completamente).

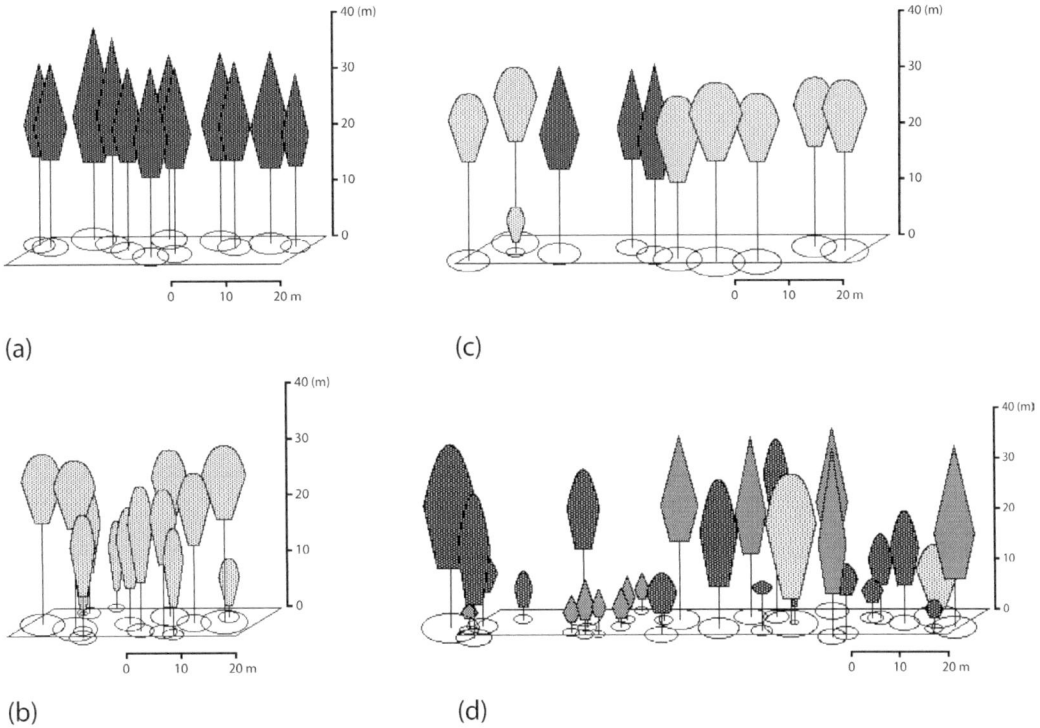

(a) (c)
(b) (d)

Figura 4.5 Esquemas de alzado para secciones de 5 m de ancho en masas puras y mixtas de pícea (gris oscuro), abeto (gris) y haya (gris claro).(a) Masa pura de pícea (Zwiesel 111/5) después de la clara, (b) masa pura de haya) antes de la clara (Zwiesel 111/4), (c) masa mixta de pícea-haya después de la clara (Zwiesel 111/3) y (d) masa mixta de pícea-abeto-haya (Freyung 129/2).

para la visualización de los resultados de las simulaciones obtenidas a través de los modelos de crecimiento (Pretzsch et al. 2002). La visualización de las simulaciones realizadas a partir de un modelo de crecimiento ayuda al usuario a tomar las decisiones de manera interactiva (capítulos 9 y 10).

Las Figura 4.5a y b muestran esquemas de alzado de secciones de 5 m de ancho de las masas puras de pícea ZWI 111/5 y de haya ZWI 111/4, cuyo dosel se aclaró y estructuró verticalmente de forma ligera. Los árboles socialmente favorecidos y con copas bien desarrolladas dominan la masa. La masa mixta de pícea y haya Zwiesel 111/3 en la Figura 4.5c consiste en una mezcla por bosquetes de pícea y haya. En el monte entresacado mixto de pícea, haya y abeto Freyung 129/2, se mezclan píceas, abetos y hayas por bosquetes con diferentes edades y dimensiones en un espacio muy limitado (Figura 4.5d). Los abetos se adaptan al sotobosque desarrollando copas relativamente anchas.

La Figura 4.6 muestra una sección de la parcela de masa mixta de pícea/ haya ZWI 111/3 en tres fases de desarrollo: en 1954 (Figura 4.6a) el dosel está bastante cerrado y la presión competitiva entre los árboles es por consiguiente alta. Las Figura 4.6b y c muestran la misma sección de la masa antes y después de la clara que tuvo lugar en el otoño de 1982. Dos o tres décadas después del primer inventario en los años cincuenta, las masas muestran una estructura relativamente homogénea. El número de pies por hectárea ha disminuido significativamente como resultado del autoaclareo, con pérdidas de pies por competencia en las clases medias y bajas, y por claras por lo alto en las clases superiores. Estas series temporales de esquemas de alzado documentan la evolución de la estructura espacial existente e ilustran los cambios en la constelación de crecimiento de los árboles individuales.

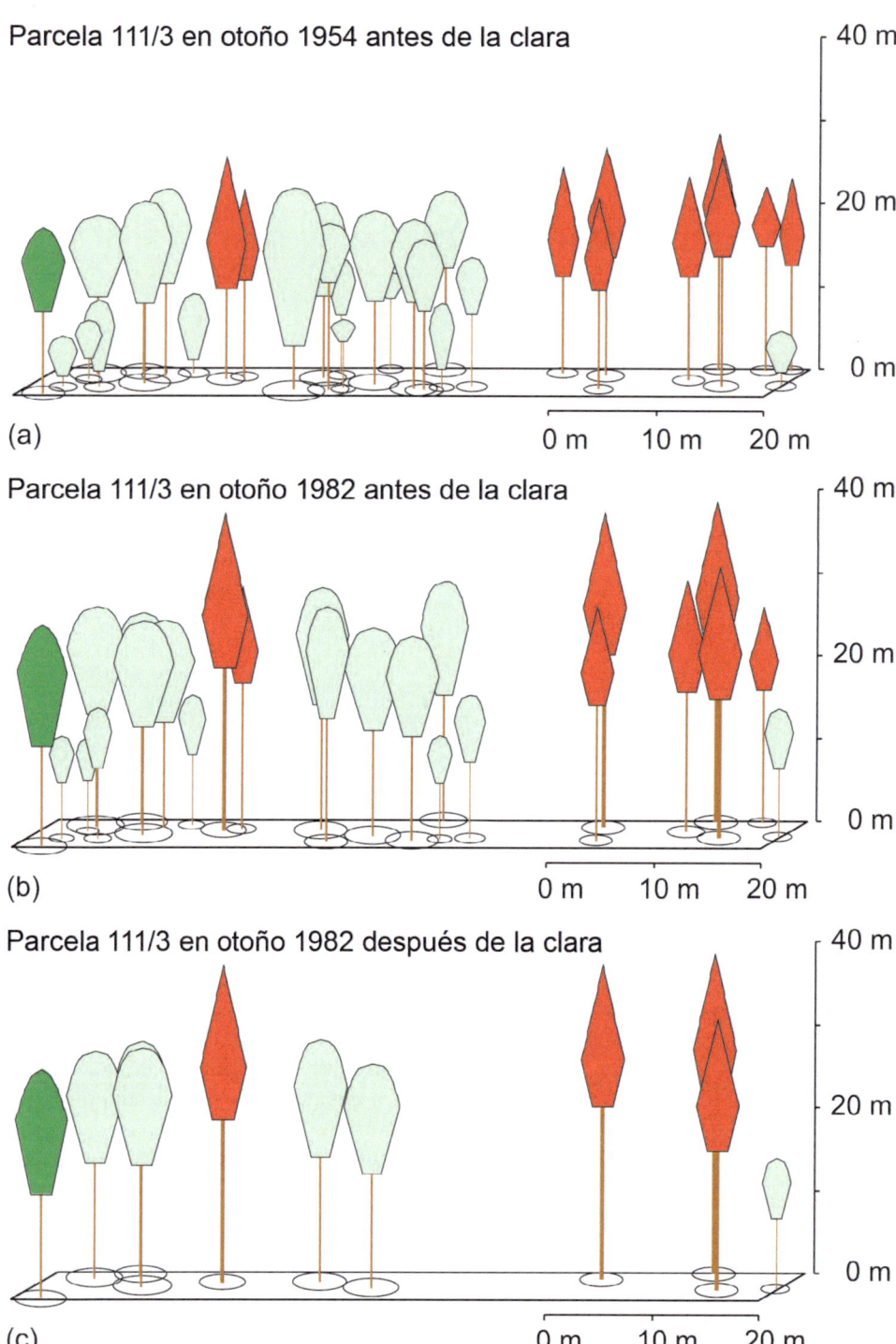

Figura 4.6 Dinámica de la masa en una sección de 5 m de ancho (zona 30 m-35 m) en la masa mixta de pícea-haya de Zwiesel 111/3 según los resultados de los inventarios de los años 1954 y 1982. Las píceas se representan en color gris oscuro y el haya en gris claro. (a) Masas mixtas de pícea / haya en otoño de 1954, (b) masas mixtas de pícea / haya en otoño de 1982 antes de la clara y (c) masas mixtas de pícea / haya en otoño de 1982 después de la clara.

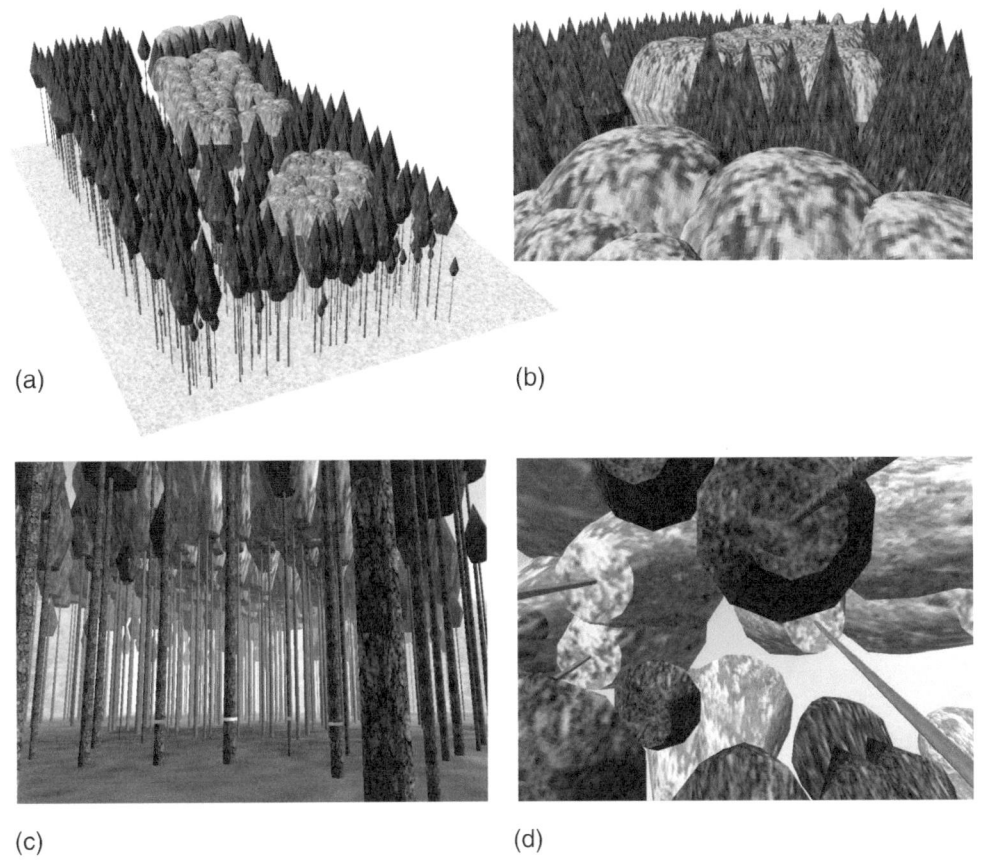

(a) (b) (c) (d)

Figura 4.7 Vista del área de la parcela experimental de pícea-haya Freising 813/1 desde diferentes perspectivas. El programa TREEVIEW permite una visualización completa, el marcado, la selección y la extracción de árboles individuales.

4.2.4 Visualizadores 3D

Si bien los métodos de visualización presentados hasta ahora solo pueden representar árboles y masas forestales desde una perspectiva previamente definida, los programas de visualización avanzados como TREEVIEW (Pretzsch y Seifert 1999, Seifert 1998) permiten visualizar la masa desde posiciones arbitrarias. La Figura 4.7a muestra los dos bosquetes de haya en la parcela experimental de masa mixta de pícea-haya de Freising 813/1. Más allá de una representación estática, el programa permite al usuario moverse a través de la masa en tiempo real. El usuario del programa puede elegir un movimiento a través de la masa al nivel del suelo y, a través de este "paseo por el bosque", obtener una visión realista de un recorrido virtual a través de la masa, que corresponde a una perspectiva terrestre (Figura 4.7c). Por otra parte, con un movimiento libre a través de la masa en todas las dimensiones, se permite "volar" en y sobre la masa (Figura 4.7b y d) y, en este caso, el usuario recopila impresiones de la estructura de la masa que no serían accesibles desde la posición en tierra.

Construir este tipo de visualizadores de las masas forestales es posible gracias a la representación de todos los árboles individuales mediante cuerpos tridimensionales. Como base de datos se pueden usar, tanto la información del árbol individual del inventario de las parcelas de experimentación, como los resultados de los modelos de árbol individual dependientes de la posición. Sobre la base de modelos de forma de copas anteriormente descritos (Pretzsch 1992) y los modelos de la forma del fuste, se reproducen la periferia de la copa y del fuste mediante una revolución de dichos modelos sobre el eje del árbol. La copa se aproxima primero con conos y conos truncados, que luego se transforman en pirámides y pirámides truncadas para la representación gráfica. La representación de la periferia de la copa se realiza en última instancia mediante una serie de triángulos, a partir de los cuales se forman las superficies de las pirámides. Para aumentar la proximidad con la realidad, se proyecta sobre las superficies de la copa y del fuste un patrón superficial característico de cada especie tomado de las fotografías correspondientes. La superficie del suelo se genera a partir de las coordenadas de la base del fuste recogidas en los datos de árbol individual. Mediante la triangulación de Delaunay entre las coordenadas de la base del fuste, que también incluyen la coordenada z, es decir, la altura a la que la base del árbol se encuentra, la superficie del suelo y el perfil de elevación del terreno se reproducen con precisión suficiente. Con los cuerpos tridimensionales de los árboles y el perfil del terreno sobre el que estos se encuentran, el sistema informático tiene todos los datos necesarios para una representación tridimensional de la masa desde cualquier punto de vista (Heller 1990, Midtbø 1993, Seifert 1998).

De la misma manera que en los esquemas de alzado, la integración del módulo de visualización 3D en modelos de árbol individual, como el simulador de crecimiento SILVA (Pretzsch et al. 2002, Pretzsch 2009), permite probar diferentes intervenciones selvícolas en una masa de manera realista y presentar de forma clara los resultados de la simulación. La combinación del simulador de crecimiento y el programa de visualización resulta especialmente útil para la docencia, por ejemplo, con el uso complementario de marteloscopios. Igualmente pueden apoyar de manera efectiva la gestión forestal participativa y la toma de decisiones. Así mismo, para bosques urbanos muy visitados, puede ser particularmente útil visualizar los efectos a largo plazo de los tratamientos selvícolas para analizar el valor paisajístico y recreativo del bosque.

4.2.5 Rasterización de la estructura de la masa

4.2.5.1 Rasterización

La medición de las posiciones de los pies y la extensión de la copa proporciona información relevante sobre la estructura espacial de la masa. Sin embargo, no ofrecen una información completa de cómo los árboles ocupan el espacio. Especialmente en masas con múltiples estratos o pisos, la implementación de los datos inventariados en mapas de copas implica una pérdida de información, ya que la estructura espacial de la masa se proyecta en un solo plano. Por ejemplo, si se utilizan mapas de copas en masas con múltiples pisos y muy estructuradas en altura, se pueden diagnosticar superposiciones de copas, es decir, competencia lateral entre vecinos, que en realidad no existen. En cambio, si se hacen secciones horizontales a diferentes rangos de altura, se crean una serie de mapas de ocupación del espacio que reflejan la presencia de las copas de los árboles en diferentes rangos de altura y que, por lo tanto, pueden revelar la estructura espacial de la masa.

Para poder caracterizar la estructura del dosel y el entorno competitivo de cada árbol, se puede construir una matriz de tres dimensiones. En esta matriz se puede registrar el contenido de la información para cada metro cúbico del espacio de la masa en una parcela experimental (Figura 4.8). Por ejemplo, para el estudio espacial de una parcela experimental con unas dimensiones 20 m × 20 m y una altura máxima de 25 m, se requeriría una matriz con dimensiones (20, 20, 25), es decir, el espacio de la masa estaría compuesto por 10.000 celdas de 1 m^3 de tamaño. Al centro de cada celda, *e.g.* en las celdas (1, 1, 1) o (2, 2, 5) serían los puntos con las coordenadas (0,5, 0,5, 0,5) o (1,5, 1,5, 4,5), se puede asignar cualquier tipo de información correspondiente a ese m^3. El tamaño de la celda, que se ha establecido arbitrariamente como ejemplo en 1 m^3 para las siguientes consideraciones, puede ser más grande o más pequeño dependiendo de la precisión deseada.

En una parcela de experimentación a estudiar se situarían todos los árboles en la matriz. Sobre la

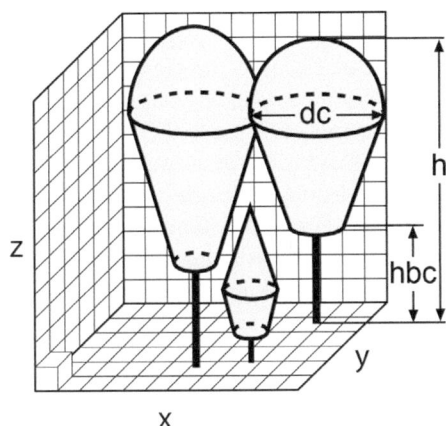

Figura 4.8 Detección de la extensión espacial de un árbol mediante la rasterización del espacio. En una matriz tridimensional, se registra en cada celda la información sobre la presencia de distintas especies y la densidad en la cuadrícula. Se registran la altura del árbol, h, la altura de la base de la copa, hbc, el diámetro máximo de la copa, dc, y las coordenadas del pie, x e y.

base de las coordenadas del pie, los radios de la copa, las dimensiones de longitud y altura de inicio de la copa, junto con los modelos de forma de la copa específicos de la especie, se traduce la extensión espacial de cada árbol en coordenadas cartesianas y se localiza en la matriz espacial. De acuerdo con el principio de intersección, se determina para los centros de todas las celdas de la matriz espacial qué árboles, qué especies y con qué frecuencia se intersecan. Los resultados del proceso de intersecciones se almacenan en la matriz espacial. De esta manera se obtiene una imagen cuadriculada de la estructura real de la masa. El relleno de las celdas de la matriz también se puede hacer mediante el escaneado con lídar terrestre (Barbeito et al. 2017, Bayer y Pretzsch 2017).

4.2.5.2 Secciones horizontales a distintas alturas

Las Figura 4.9 y Figura 4.10 muestran las secciones horizontales a distintas alturas resultado de la rasterización en un sitio experimental con parcelas puras y mixtas. A una altura de 25 m (Figura 4.9b), se puede ver un cierre del dosel relativamente denso y numerosas superposiciones de copas, mientras que las píceas en el dosel superior

(Figura 4.9d) rara vez se tocan. En la masa mixta de pícea y haya Zwiesel 111/3 (información tomada en 1982, después de una clara), las copas de pícea y haya están interconectadas en un rango de alturas bastante amplio (Figura 4.10). En contraste con lo que suele ocurrir en masas puras regulares que presentan un rango de altura de dosel de copas estrecho, se puede ver en las secciones horizontales a 20 m, 25 m y 30 m de altura de esta masa (Figura 4.10a–c) que el haya (gris claro) domina en la sección inferior (20 m); en el rango de alturas intermedia (25 m) la pícea (gris oscuro) y el haya aparecen con similar frecuencia y utilizan el espacio de crecimiento existente en mayor medida, con abundantes zonas con intersección de copas (negro); y en la sección superior (30 m) las copas apenas se entremezclan.

En la parcela experimental del monte entresacado mixto de píceas, abetos, y hayas de Freyung 129/2 (foto tomada en 1980) la pícea (gris oscuro), el abeto (gris) y el haya (gris claro) están aún más distribuidos por todas las capas (Figura 4.11) que en la anterior masa mixta de pícea-haya. Celdas ocupadas más de una vez (negro) son relativamente poco comunes. La sección horizontal a la altura de cinco metros (Figura 4.11a) muestra el regenerado de la masa entresacada con árboles que crecen predominantemente sin restricción lateral. La construcción estructural de las capas del dosel media y superior, que se puede ver en las secciones horizontales a 15 m y 25 m de altura (Figura 4.11, b y c), controla los procesos de crecimiento en el espacio del dosel subyacente. Debido a que el desarrollo posterior de los árboles de las capas baja y media depende principalmente del suministro de luz y, por lo tanto, indirectamente de la mortalidad y extracción de pies con dimensiones para entresaca (consultar el Capítulo 6, Sección 6.5).

4.2.5.3 Perfiles verticales de densidad de ocupación del dosel

Del mismo que se pueden obtener secciones horizontales, a partir de los resultados de la rasterización y el cálculo de las intersecciones, se puede calcular una estadística sobre la distribución vertical de las copas en la masa, como se muestra

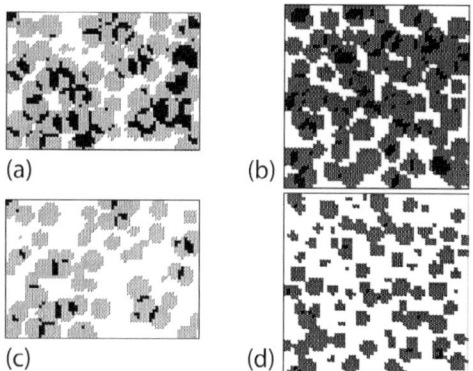

Figura 4.9 Secciones horizontales a través del dosel de la masa pura de haya Zwiesel 111, parcela 4, fotografiada en otoño de 1982, después de la clara (a y c) y de pícea Zwiesel 111, parcela 5, tomada en otoño de 1982, después de la clara (b y d). (a y b) secciones a una altura de 25 m (c y d) secciones a una altura de 30 m. La ocupación del espacio por la pícea se representa en color gris oscuro, la del haya gris claro y las ocupaciones múltiples en negro.

gráficamente para las parcelas experimentales seleccionadas en la Figura 4.12a-c (Pretzsch 1992). Estas cifras muestran qué porcentaje del espacio comparten las diferentes especies de la parcela experimental examinada. En la parte izquierda y media de las Figura 4.12a-c se da el porcentaje de espacio ocupado por las copas en capas de un metro de altura por especie y para todas las especies juntas (SUMA). Para calcular estos porcentajes, comenzando en la parte inferior de la masa y avanzando en incrementos de un metro hasta la altura máxima de copas de la parcela, se realizan secciones horizontales del dosel. En cada altura se determina la sección horizontal como se ha indicado en el apartado anterior (ver Figura 4.9) y se calcula cómo la sección de las celdas está ocupada proporcionalmente por diferentes especies. Tras realizar este cálculo a diferentes alturas (capas de un metro de altura) se obtiene el perfil vertical de densidad de ocupación del dosel. En la parte derecha de la Figura 4.12 (ACUMULADA) se representa la distribución de la frecuencia acumulada de la presencia de las copas dentro del dosel, calculada desde la altura máxima del dosel hacia el suelo. Este gradiente representa la extinción de la luz dentro del dosel.

La Figura 4.12 muestra el perfil vertical de ocupación en la masa pura de pícea Zwiesel 111/5 (1982), en el que las copas se concentran entorno a los 25 m de altura. En esta capa, como revela la curva de suma (SUMA), las copas ocupan alrededor del 75 % de las celdas y las ocupaciones múltiples (área gris en la curva SUMA) son frecuentes. En la masa mixta de pícea y haya Zwiesel 111/3, las distribuciones de frecuencia son más amplias a lo largo de la altura (Figura 4.12b) y la gráfica de frecuencias acumulada tiene forma trapezoidal. En el monte de Freyung 129/2 de pícea, abeto y haya (1980) todas las especies se distribuyen uniformemente a lo largo de la altura. La gráfica de frecuencias acumulada tiene una forma triangular e indica una mayor penetración de la luz hasta los niveles más bajos (Figura 4.12c).

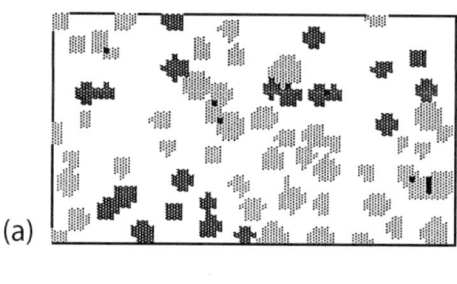

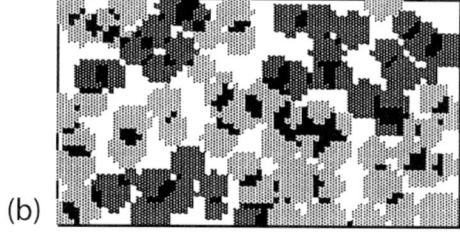

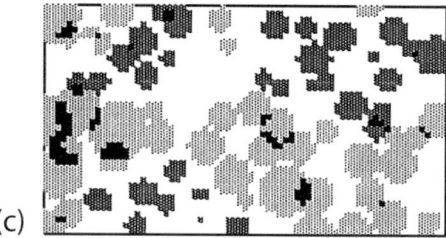

Figura 4.10 Secciones horizontales a través del dosel de una masa mixta de pícea / haya (parcela experimental Zwiesel 111, subparcela 3) de acuerdo con los resultados del inventario realizado en otoño de 1982 (después de la clara). Secciones horizontales a las alturas de 20 m (a) 25 m (b) y 30 m (c). La ocupación del espacio por la pícea se representa en color gris oscuro, la del haya gris claro y las ocupaciones múltiples en negro.

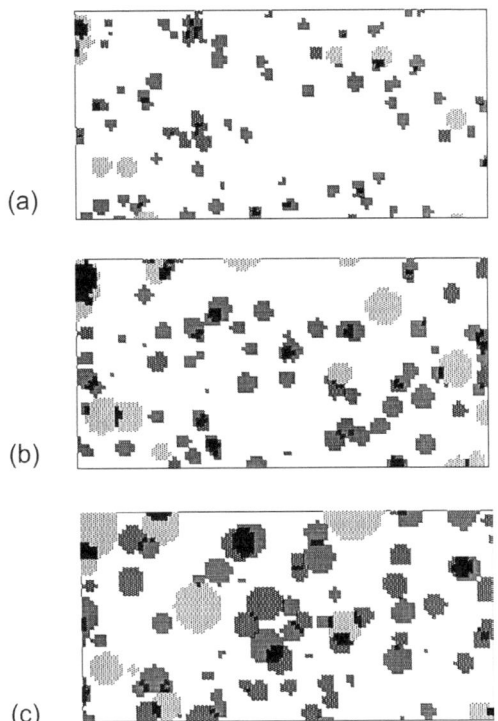

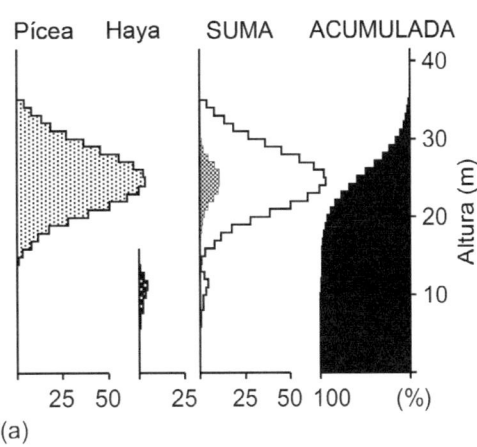

(a)

Figura 4.11 Presencia de especies de pícea, abeto y haya a diferentes alturas en una masa irregular en el monte de Freyung (parcela experimental Freyung 129/2, otoño de 1980). Secciones horizontales a las alturas de 20 m (a) 25 m (b) y 30 m (c). La ocupación del espacio por la pícea y el abeto se representa en color gris oscuro, la del haya gris claro y las ocupaciones múltiples en negro.

4.3 Patrón de distribución horizontal

Hay dos formas generales de cuantificar los patrones de distribución horizontal de los árboles de una masa: (i) Los índices que se calculan en función de las distancias entre los árboles o las frecuencias de ocupación en celdas de determinado tamaño, y que sintetizan la estructura de distribución horizontal media en un solo valor; (ii) y funciones de correlación que describen el cambio en el patrón de distribución a medida que aumenta la distancia desde posiciones predeterminadas, bien desde los árboles o desde puntos aleatorios. En comparación, las funciones de correlación por pares tienen un contenido de información mucho mayor que los índices de patrón especial. Sin embargo, son más complicados de calcular y más di-

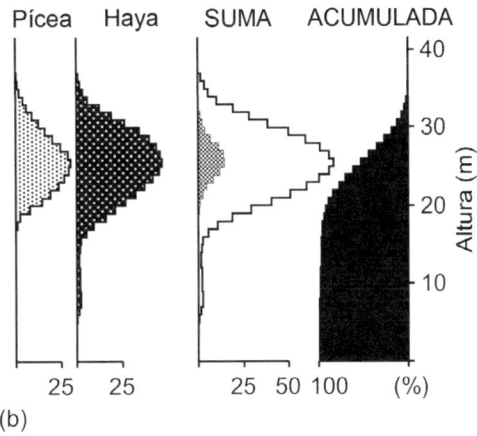

(b)

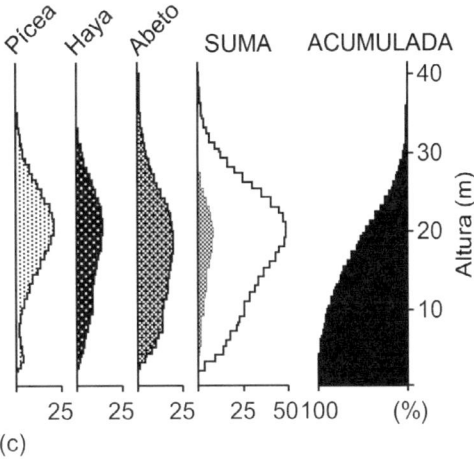

(c)

Figura 4.12 Perfiles verticales de la densidad de ocupación espacial para las parcelas experimentales que se muestran en la Figura 4.5. (a) masa pura de pícea Zwiesel 111/5, (b) masa mixta de pícea y haya Zwiesel 111/3 y (c) masa mixta entresacada de pícea, abeto y haya Freyung 129/2.

Caja 4.1 Distribución de Poisson como referencia para el análisis estructural

Una referencia para la determinación e interpretación de los índices de distribución y funciones de correlación es la distribución de Poisson. Esto debe entenderse como un patrón de distribución horizontal de los árboles que resulta en una distribución completamente aleatoria de los pies en un área determinada. Si, como se muestra en la Figura 4.13, las coordenadas x e y se distribuyen aleatoriamente en un área de 10 m × 10 m, el resultado es una distribución aleatoria, también llamada distribución de Poisson. En tal distribución aleatoria, hay grupos de mayor y menor densidad. En la Figura 4.13, las cuadrículas rara vez contienen más de 5, 6 o 7 árboles. Muchos de las cuadrículas están vacías o contienen solo unos pocos puntos. Por lo tanto, una distribución aleatoria o de Poisson tampoco produce una formación cuadrada o hexagonal regular. Un buen ejemplo de una distribución aleatoria unidimensional en el eje temporal es el número de llamadas telefónicas en una oficina de secretaría. Hay periodos más largos en los que no llega ninguna o pocas llamadas, y otras veces en las que las llamadas se acumulan. Un ejemplo ilustrativo de una distribución aleatoria bidimensional o de Poisson lo producen las primeras gotas de lluvia en la superficie de una carretera previamente seca o las posiciones de la caída de hayucos en una masa de haya.

Para registrar la distribución de las posiciones de los árboles en el área que se muestra en la Figura 4.13, se puede superponer una rejilla cuadrada sobre el gráfico y determinar las frecuencias de los árboles en cada una de las cuadrículas. Esto da como resultado muchas cuadrículas sin árboles o con números pequeños y unas pocas con una ocupación muy alta.

El número de cuadrículas con determinadas ocupaciones sigue la distribución de Poisson. Esta distribución posee solo el parámetro λ el cual describe el número medio de árboles por cuadrícula y es igual a la media μ y la varianza de la distribución $\sigma^2 \left(\lambda = \sigma^2 = \mu\right)$. La distribución de Poisson $p_n = \frac{\lambda^n}{n!} \times e^{-\lambda}$ describe la probabilidad de que 0, 1, 2 ... n árboles se encuentren en una cuadrícula de muestreo elegido al azar. La constante e denota el número de Euler ($e = 2{,}718282$).

En el ejemplo, sustituyendo $\lambda = 200\,árboles/100m^2 = 2$, al sustituir $\lambda = 2$ en la fórmula anterior, se esperan las siguientes probabilidades en la distribución de Poisson para las frecuencias $n = 0,1,2\ldots\infty$,

$p_0 = \frac{2^0}{0!} \times e^{-2} = 0.1353 \times 100 = 14$,

$p_2 = \frac{2^2}{2!} \times e^{-2} = 0.2706 \times 100 = 27$,

$p_2 = \frac{2^2}{2!} \times e^{-2} = 0{,}2706 \times 100 = 27$,

$p_3 = \frac{2^3}{3!} \times e^{-2} = 0{,}1804 \times 100 = 18$ ...

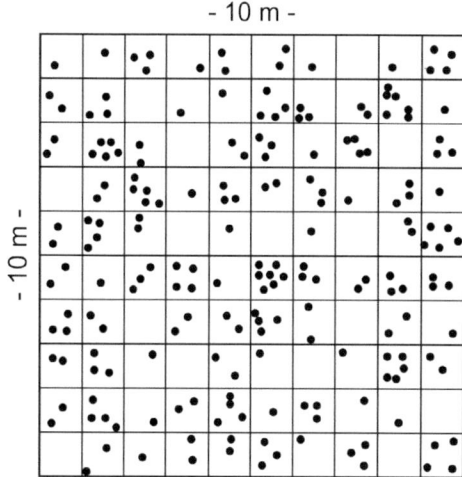

Figura 4.13 Distribución bidimensional de Poisson de árboles en una cuadrícula de 10 m × 10 m. El conteo de cuadrículas da como resultado $N = 200$ árboles en un área de $A = 100$ m² y, por lo tanto, la densidad es l = 2, de modo que resulta en una distribución de Poisson $p_n = \frac{2^n}{n!} \times e^{-2}$.

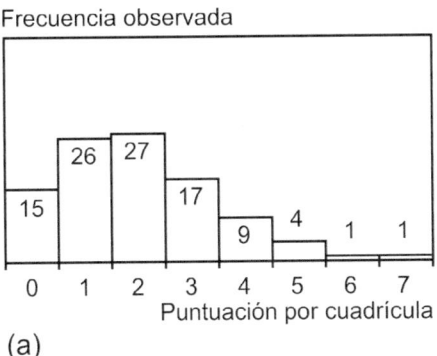
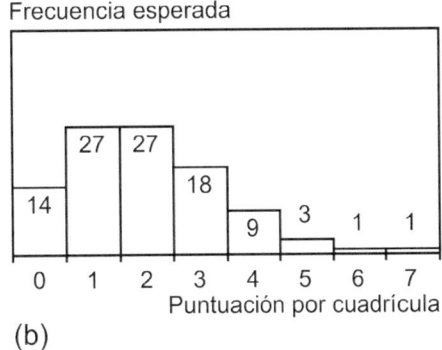

Figura 4.14 Comparación de las frecuencias de distribución de Poisson observadas y esperadas en cuadrículas que cuentan con 0, 1 ... 7 árboles. La correspondencia entre observación y expectativa indica la distribución de Poisson subyacente.

$p_n = \frac{2^n}{n!} \times e^{-2}$.

Las frecuencias calculadas se pueden comparar con las frecuencias observadas. En el ejemplo, se observa una coincidencia relativamente buena entre la frecuencia esperada y la observada (Figura 4.14).

Distribuciones de Poisson, es decir, distribución de los pies al azar, pueden observarse en bosques entresacados, bosques primarios, masas bajo aclareo sucesivo y en masas mixtas bajo selvicultura próxima a la naturaleza en la fase de regeneración.

fíciles de interpretar e integrar. Ambos enfoques utilizan la distribución bidimensional de Poisson (ver Caja 4.1) como referencia para el diagnóstico de los patrones de distribución.

4.3.1 Índices de distribución basados en métodos de distancias

Los índices de este tipo se basan en la posición de los árboles en la masa. Verifican si el patrón de distribución horizontal de los árboles dado es puramente aleatorio o tiende a seguir una distribución regular o en agregados.

Un primer conjunto de procedimientos se basa en las distancias de los árboles individuales a sus vecinos más cercanos. El índice de agregación R de Clark y Evans (1954) es el índice más utilizado, aunque existen otros índices que se basan en un concepto similar (Eberhardt 1967, Prodan 1973, Smaltschinski 1981).

Otro grupo de índices se basan en las distancias entre puntos aleatorios y la posición de los árboles. Dentro de este grupo el más común es el índice de Pielou (1959), que se presenta a continuación. Otros índices de este tipo fueron desarrollados también por Hopkins (1954) y Thompson (1956). Pielou (1975, 1977), Ripley (1977, 1981) y Upton y Fingleton (1985, 1989) ofrecen una visión general de ambos tipos de métodos.

4.3.1.1 Índice de agregación de Clark y Evans (1954)

El índice de agregación R de Clark y Evans (1954) describe la relación entre la distancia media observada al vecino más cercano $\bar{r}_{observado}$ en una superficie dada y la distancia media esperada $\bar{r}_{esperado}$ para una distribución de árboles puramente aleatoria. Teóricamente el índice $R = \frac{\bar{r}_{observado}}{\bar{r}_{esperado}}$ varía entre 0 (situación teórica de agrupación más elevada, todos los objetos están en el mismo punto) y 2,1491 (patrón hexagonal estrictamente regular) y proporciona información sobre si los elementos estudiados, árboles en nuestro caso, se distribuyen de manera regular, aleatoria o en agregados en una superficie determinada. Los valores de agregación inferiores a 1,0 indican una tendencia a la concentración, los valores en torno a 1,0 reflejan una distribución aleatoria y los valores por encima de 1,0 indican una tendencia a la distribución regular. R se obtiene con el método del vecino más próximo al medir las distancias $r_i, i \in (1\ldots N)$ al vecino más cercano respectivamente para todos los N árboles en una superficie observada de tamaño A (Figura 4.15). En base a estas distancias se calcula la distancia media al vecino próximo $\bar{r}_{observado} = \frac{\sum_{i=1}^{N} r_i}{N}$. La distancia esperada al vecino más cercano es proporcional a la distancia media para una distribución aleatoria de árboles $\bar{r}_{esperado} = \frac{1}{2 \times \sqrt{\rho}}$ Donde ρ es el número de árboles por unidad de superficie (N / A). El índice de agregación R es, por lo tanto, una medida de la desviación del patrón de distribución observado de la distribución aleatoria pura o de Poisson. Sobre la base de $\bar{r}_{observado}$, la distancia media esperada y el error estándar $\sigma_{\bar{r}_{esperado}} = \frac{0,26136}{2\sqrt{N^2/A}}$ de las distancias medias para una distribución aleatoria se puede aplicar el test estadístico para una distribución normal $T_R = \frac{\bar{r}_{observado} - \bar{r}_{esperado}}{\sigma_{\bar{r}_{esperado}}}$ con el que se pueden verificar las desviaciones de la distribución observada de la distribución de Poisson hacia una distribución homogénea o agregada. Si el valor de T_R es mayor que 1,96, 2,58 o 3,3, la distribución es significativamente diferente de una Poisson con un nivel de significación de 5,1 o 0,1 % respectivamente.

Los patrones de distribución de los árboles que se muestran en la Figura 4.16 varían desde distribuciones más regulares (Figura 4.16a y b) pasando por la distribución de Poisson (Figura 4.16c) hasta la distribución agregada (Figura 4.16d). Dependiendo de si los individuos de la masa se distribuyen de manera unifor-

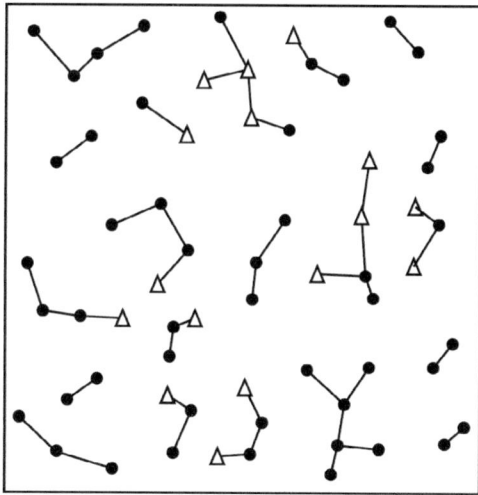

Figura 4.15 Para calcular el índice de distribución R (Clark y Evans, 1954) se registra la distancia de cada árbol a su vecino más cercano para todos los árboles de la superficie estudiada. En masas mixtas, puede ser útil registrar también la especie de cada árbol. La posición de la base de los árboles está marcada con símbolos para cada especie y las líneas indican las distancias a los vecinos más cercanos.

me, aleatoria o agregada, la masa aprovecha el espacio disponible de distinta manera, lo que condiciona su desarrollo. Cuanto mayor es la intensidad de la selvicultura, los patrones espaciales suelen tender más a la regularidad.

Los patrones de distribución de árboles que se muestran en la Figura 4.17a y b proporcionan índices de agregación de R = 1,4 ** y 1,2 *, que son típicos de distribuciones más bien regulares en montes bajo ordenación por cabida o masas tratadas con claras por lo bajo. Un valor de R = 1,0 (Figura 4.16c) indica un patrón aleatorio o distribuido de Poisson característico de masas irregulares y montes entresacados. Un índice de agregación de R = 0,9 (Figura 4.14d) indica una tendencia a la agregación, por ejemplo, en calidades de estación bajas correspondientes al límite altitudinal de una especie o en masas con regeneración por golpes. Los símbolos *, ** y *** indican desviaciones de la distribución aleatoria con 5, 1 o 0,1 % de probabilidad de error.

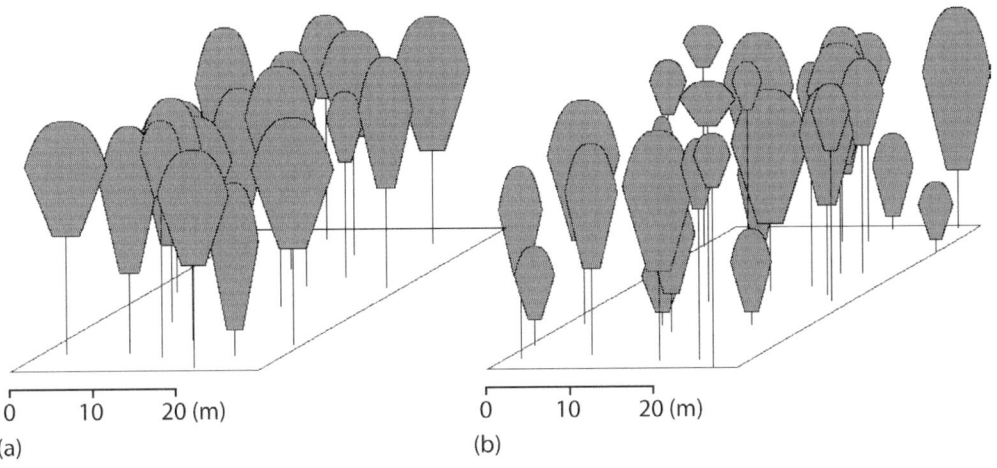
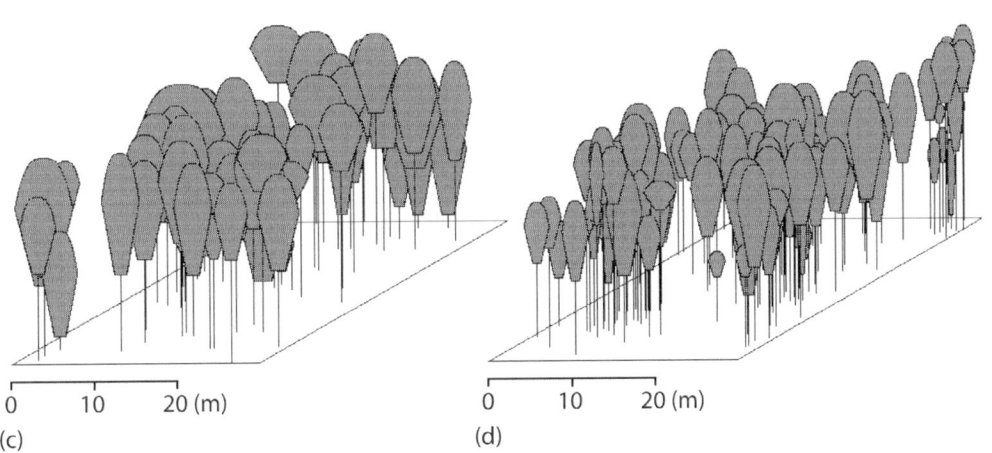

Figura 4.16 Patrón de distribución de árboles regular, aleatorio y agregado en masas de haya. (a y b) Tendencia a la distribución regular (R = 1,4 o 1,2), (c) distribución aleatoria o de Poisson (R = 1,0) y (d) tendencia a la distribución agrupada (R = 0,9).

4.3.1.2 Índice de distribución de Pielou (1959)

Como alternativa al uso de distancias de árbol a árbol, también es posible seleccionar puntos aleatorios sobre la superficie desde los cuales se determinan las distancias a los individuos más cercanos. Bajo una distribución de Poisson de los árboles, los puntos aleatorios generados se distribuyen de forma tan aleatoria como las posiciones de los árboles, de modo que la distancia media de los puntos a los árboles más cercanos produce el mismo resultado que cuando se trabaja con distancias de árbol a árbol.

El índice Iρ de Pielou (1959) $I_\rho = \pi \times \lambda \times \overline{r^2}$ se basa en las distancias de n puntos aleatorios a las posiciones de los árboles más cercanos. Si se considera un círculo alrededor de cada punto aleatorio cuyo radio viene dado por la distancia al vecino más cercano $r_i, i \in (1\ldots N)$, siendo $\overline{r^2}$ la media de las distancias al cuadrícula y $\overline{r^2} \times \pi$ el área media ocupada por un árbol, cuando hay una distribución de Poisson, el producto de la densidad de puntos y el área media ocupada por un árbol debe resultar en un valor $I_\rho = \pi \times \lambda \times \overline{r^2} = \frac{(n-1)}{n}$ (Moore 1954), donde n es el número de puntos utilizado y $l = N/A$ denota el número de plantas por unidad de área. Para el cálculo de r^2, se distribuyen

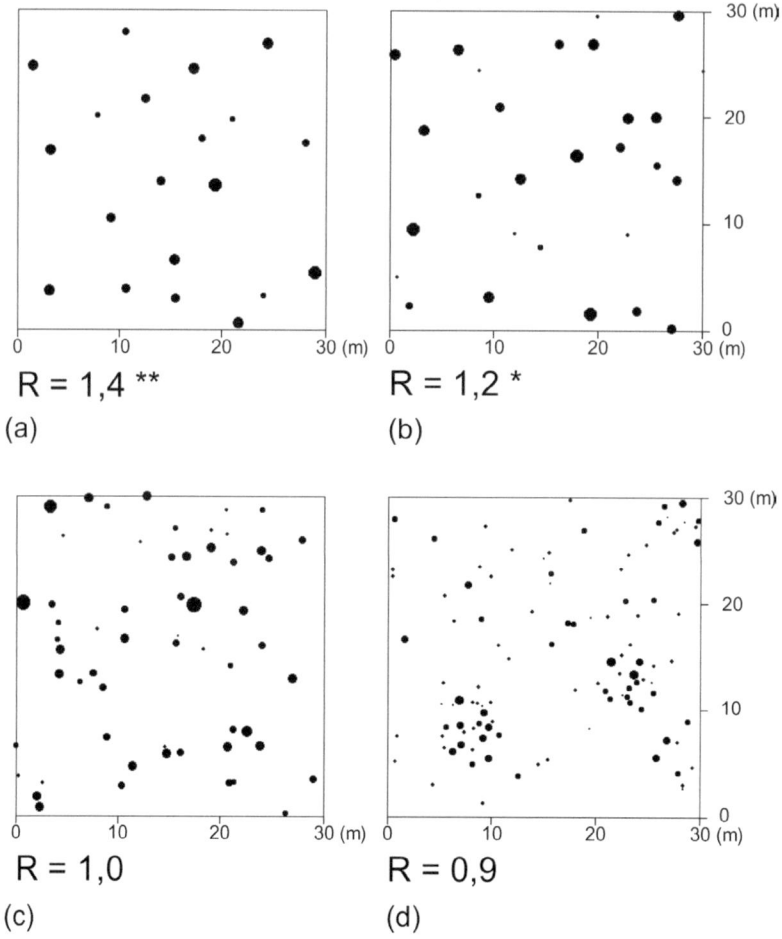

Figura 4.17 Identificación de cuatro patrones de distribución horizontal de árboles con el índice de agregación R de Clark y Evans (1954). Los tamaños de los símbolos son proporcionales al diámetro del fuste a la altura de 1,30 m. Los valores de R por encima de 1,0 indican una tendencia a la distribución regular y los valores de R por debajo de 1,0 indican una tendencia a la agregación. Las distribuciones aleatorias se indexan con valores de R≈1,0.

n puntos sobre la superficie a analizar y se determinan las correspondientes distancias r_i a los árboles más cercanos. Si el tamaño de la muestra n es grande, el cociente $IP = (n-1)/n$ en distribuciones aleatorias se aproxima al valor 1,0.

Si el índice $I_P = \pi \times \lambda \times \overline{r^2}$ no se desvía significativamente de $(n-1)/n$ el patrón de distribución puede considerarse aleatorio. Para un patrón de distribución agrupado, se esperaría una preponderancia de grandes distancias de punto-árbol (r_i) y valores r^2 altos, es decir, el índice aumenta con valores mayores a 1. A la inversa, con un patrón de distribución de los árboles regular el índice I_p será menor que el cociente $(n-1)/n$. Para poder determinar si el valor de I_p se desvía del valor esperado para una distribución de Posisson hay que considerar que bajo este tipo de distribución el producto $(2 \times n \times IP)$ sigue una distribución x^2 con $2 \times n$ grados de libertad (Pielou 1959).

El índice de Pielou se ha aplicado con frecuencia en el ámbito forestal. Por ejemplo, Payandeh (1974) obtiene valores de índice entre $I_p=0{,}593$ y 2,116 en un estudio de 13 tipos de masa en el norte de Ontario. En masas naturales de coníferas dominan los patrones de distribución agregados con valores de hasta 2,116. En masas mixtas de frondosas caducifolios se encontraron predominantemente distribuciones aleatorias, con valores de I_p en torno a 1. Por el contrario, en masas establecidas artificialmente se observaron valore inferiores a 0,6. Estas diferencias en la estructura y la diversidad de la estructura tienen consecuencias de gran alcance para el inventario y la aplicación de modelos (de Vries 1986).

Ledó et al. (2014) compararon el tipo de distribución obtenido con distintos índices aplicados en tres parcelas de bosques tropicales usando una superficie variable y encontraron que el índice de Pielou necesita un mayor número de árboles (y por lo tanto mayor superficie) que el índice R de Clark y Evans (1954) para ofrecer errores menores al 10 %.

4.3.2 Índices de distribución basados en métodos de unidades de muestreo

Otro tipo de índices para definir la distribución espacial de los árboles se basan en el conteo en unidades de muestreo. Dentro de este grupo los más frecuentes en el ámbito forestal son los índices de Clapham (1936) y Morisita (1959). Su mayor utilidad radica en que al usarse repetidamente en estudios forestales, se obtienen una serie de rangos asociados a determinadas estructuras que sirven como referencia para otros trabajos. Otros índices de este tipo se remontan a Cox (1971), David y Moore (1954), Loetsch (1973) y Douglas (1975).

4.3.2.1 Varianza relativa según Clapham (1936)

El índice de varianza relativa I_c también conocido como el índice de la media de la varianza, se basa en el número de plantas determinado mediante el recuento de cuadrículas. Si se dispone de m cuadrículas de muestreo para la evaluación, y se realiza un conteo de individuos en cada cuadrícula j, entonces el número medio de individuos por cuadrícula, se calcula como $N = \sum_{j=1}^{m}$, y el número total de plantas resulta en $N = \sum_{j=1}^{m} n_j = \bar{n} \times m$. La varianza del número de individuos por cuadrícula S_n^2 es $S_n^2 = \frac{\sum_{j=1}^{m}(n-\bar{n})^2}{m-1}$, y la varianza relativa, es decir, el índice de varianza medio se puede calcular a partir de la varianza del número de plantas por cuadrícula y el número medio de plantas por cuadrícula $I_c = \frac{S_n^2}{\bar{n}}$. La varianza calculada se establece así en relación con el número de ocupación medio, de modo que, en el caso de una distribución de Poisson, para la que siempre $S_n^2 = \bar{n} = \lambda$ es válido, se obtiene un índice de $I_c = 1,0$. Por lo tanto, se pueden distinguir los siguientes tres casos: (i) en el caso de una distribución de Poisson, la varianza en el numerador y la media en el denominador en la expresión $I_c = \frac{S_n^2}{\bar{n}}$ son aproximadamente iguales; (ii) si la varianza S_n^2 es mayor que la media $\bar{n}$, es decir, si hay muchas cuadrículas con una población muy alta o muy baja, entonces $S_n^2 > \bar{n}$, y por tanto, I_c es mayor que 1,0, lo que indica una agregación espacial; (iii) en las distribuciones regulares se obtienen valores de I_c inferiores a 1,0, donde la varianza es menor que el número medio de plantas por cuadrícula ($S_n^2 < \bar{n}$).

En el ejemplo que se muestra en la Figura 4.18, correspondiente con el patrón de distribución de árboles de la Figura 4.13, los m = 100 cuadrículas dan un número de árbol medio por cuadrícula $\bar{n} = S_n^2 = 2,18$ y, por lo tanto, un índice de varianza medio de $I_c = 1,09$ que indica una tendencia a la distribución aleatoria. El valor 99 × 1,09 = 107,91 está por debajo de los límites superiores de significación al 5, 1 y 0,1 por ciento de la distribución χ^2, que para 99 grados de libertad resulta en 123, 135 y 148, respectivamente. Por lo tanto, en este ejemplo no hay una desviación estadísticamente significativa de la distribución aleatoria.

4.3.2.2 Varianza relativa según Morisita (1959)

El índice de Morisita (1959) también se basa en conteos en cuadrículas y determina desviaciones de la distribución puramente aleatoria. Para su cálculo, se utilizan q cuadrículas de conteo donde igualmente al índice anterior se registra el número de individuaos $n_1...n_q$. El número total de objetos N se obtiene como $N = \sum_{i=1}^{q} n_i$. A partir de estos valores se obtiene el índice de dispersión de Morisita $I_\sigma = \frac{q \times \sum_{i=1}^{q} n_i \times (n_i-1)}{N \times (N-1)}$. Según Morisita (1959), se define la probabilidad de que dos árboles seleccionados al azar estén

- 10 m -

1	1	3	1	2	2	1	0	1	4
2	3	0	1	1	4	3	2	6	1
2	5	2	0	2	3	1	4	0	3
0	2	5	1	3	2	3	1	3	1
2	4	2	0	1	0	1	0	2	5
2	1	3	4	1	7	3	2	3	3
3	2	0	2	2	4	2	0	2	1
2	3	1	0	2	1	0	1	5	2
2	4	1	2	4	1	3	1	1	0
0	2	1	2	2	3	1	3	0	4

- 10 m -

Figura 4.18 Cálculo del índice de varianza media de Clapham (1936) a partir de las frecuencias de ocupación en cuadrículas de conteo. La evaluación de los m = 100 cuadrículas de conteo da un número de árbol medio por cuadrícula de n = 2,0, una varianza de esta densidad de población de S_n^2 = 2,18 y, por lo tanto, un índice medio de varianza de I_c = 1,09, que indica una distribución de Poisson.

en el mismo cuadrícula como $\sigma = \frac{\sum_{i=1}^{q} n_i \times (n_i - 1)}{N \times (N-1)}$. En el caso de una distribución completamente aleatoria o distribución de Poisson, la probabilidad de que dos árboles seleccionados al azar se encuentren en un mismo cuadrícula es el valor esperado de $E(\sigma) = \frac{1}{q}$. Por lo tanto, el índice I_σ puede interpretarse como el cociente de la probabilidad observada E para la distribución dada y el valor esperado $E(\sigma) = \frac{1}{q}$ para esta probabilidad en el caso de una distribución aleatoria $I_\sigma = \frac{\sigma}{E(\sigma)} = \frac{\sum_{i=1}^{q} n_i \times (n_i - 1)}{N \times (N-1)} / \frac{1}{q}$.

Si la probabilidad de la distribución observada y esperada es igual, entonces I_σ = 1, indicando una distribución completamente aleatoria. Si la probabilidad de que los dos árboles considerados pertenezcan a la misma cuadrícula es mayor que la esperada para la distribución de Poisson, entonces I_σ > 1, lo que indica un agrupamiento o agregación. Un valor de I_σ < 1 indica una distribución uniforme o regular. Morisita (1959) proporciona también un test estadístico para evaluar la desviación de una distribución puramente aleatoria.

4.3.2.3 Selección del tamaño de la cuadrícula de conteo

No existe una solución única para la elección del tamaño de la unidad de conteo, pero teóricamente está estrechamente relacionado con el patrón desconocido a identificar. Si toda el área de observación se dividiera en solo 2 o 3 cuadrículas, cada uno con la mitad o un tercio de los individuos, los índices descritos IC y Is ofrecerían muy poca información sobre el patrón de distribución. Entre otros autores, Upton y Fingleton (1985) propusieron tamaños de las unidades de muestreo para que de media las cuadrícula contengan de 1 a 4 objetos (árboles). En el caso de una distribución de Poisson, los valores de 1 y 4 producen una proporción de cuadrículas desocupadas del 37 % y 2 %, respectivamente. Las proporciones desocupadas más altas o más bajas respectivamente en la cuadrícula de muestro significan un aumento en el esfuerzo del inventario sin la correspondiente ganancia de información.

En la práctica, en el ámbito forestal se suele utilizar el método de muestreo por cuadrículas en la medición de plántulas, bien regenerado o repoblado, y se suele decidir el tamaño en función a aspectos experimentales (manejabilidad de los cuadrículas, esfuerzo de medición por cuadrícula, precisión deseada en la identificación del patrón espacial, etc.). Generalmente las unidades de conteo se ubican en parcelas experimentales, principalmente con tamaños entre 1 m × 1 m y 5 m × 5 m según fase de desarrollo. Los tamaños más pequeños permiten un análisis detallado de la estructura del regenerado, por ejemplo, de utilidad si se quiere analizar la dispersión de semilla de la masa madura. Se pueden considerar tamaños más grandes cuando el objetivo principal del estudio es obtener la situación de la regeneración en toda la masa.

En caso de duda, si se requiere mucha precisión es preferible optar por el posicionamiento de los individuos explícitamente y renunciar al método de unidades de conteo, ya que siempre es posible agregar los datos en cuadrículas de conteo en función de la escala deseada. Un tamaño reducido de las unidades de conteo siempre permite hacer análisis a escalas superiores agregando

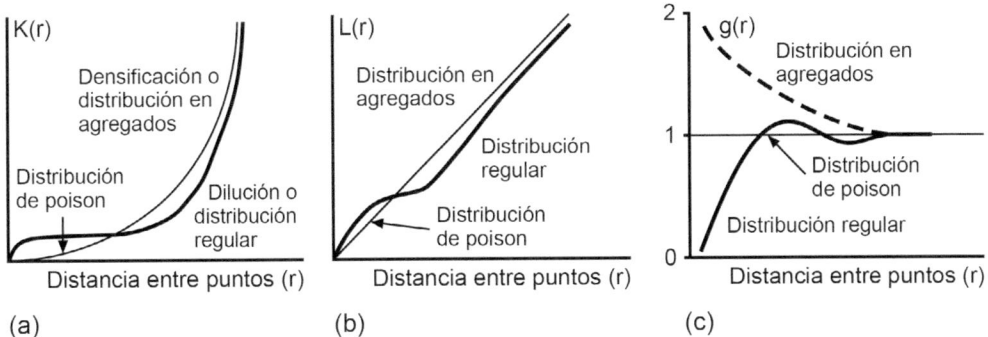

Figura 4.19 Las funciones K y L y la función de correlación de pares g diagnostican los patrones de distribución de las posiciones de los árboles como una función de la distancia r a tales posiciones. Las funciones para una distribución aleatoria se representan en las tres funciones como la parábola $K(r) = \pi \times r^2$, bisectriz $L(r) = r$ y eje x, línea paralela $g(r) = 1,0$ (a - c). La comparación con estas líneas de referencia permite identificar la tendencia a densificación (distribución en agregados) o dilución (distribución regular) de la abundancia de árboles frente a la distribución de Poisson a cada distancia r.

cuadrículas, y así, realizar un estudio de los distintos patrones a distintas escalas espaciales.

4.3.3 Función K

La función K de Ripley (1977), su transformación en la función L de Besag (1977) y la función de correlación de pares de Stoyan y Stoyan (1992) permiten una cuantificación más clara y precisa de los patrones de distribución de árboles que los índices anteriores. La principal diferencia es que las funciones de correlación K, L y de pares proporcionan información sobre los cambios en la distribución en torno al árbol individual al aumentar la distancia a este (ver Figura 4.19a-c), mientras que los índices de estructura anteriores ofrecen un valor medio para una superficie dada. Para las tres funciones, los resultados de los algoritmos de conteo subyacentes están relacionados con la frecuencia teórica de la distribución aleatoria (distribución de Poisson). Las funciones diagnostican por lo tanto hasta qué punto el patrón de distribución en torno al árbol se regulariza o tiende a una distribución en agregados a medida que aumenta la distancia r desde las posiciones de la base del fuste de los árboles en comparación con la distribución de Poisson, que se usa como referencia (Caja 4.1). La mayor información de estas funciones con respecto a la ofrecida por los índices de estructura a pesar de que implican un mayor esfuerzo computacional y una interpretación más sofisticada, las hace especialmente adecuadas para aplicaciones científicas. En contraste, los índices presentados anteriormente son más adecuados para la cuantificación de la estructura de la masa en la práctica forestal.

Al aplicar las funciones mencionadas, se asume que los patrones de distribución de los árboles considerados son homogéneos e isotrópicos. La homogeneidad se produce cuando la superficie de puntos a examinar tiene configuraciones de puntos idénticas en diferentes direcciones del plano y estas diferencias se producen solo a través de fluctuaciones aleatorias. La falta de homogeneidad se daría, por ejemplo, si una parcela se encuentra en el borde de la masa o se extiende sobre varias calidades de estación o cambios de otros factores que puedan conllevar cambios en el patrón espacial. En este caso, existe el peligro de que la densidad y los patrones de distribución cambien gradualmente debido a la existencia de diferente disponibilidad de recursos a una misma distancia de referencia. La asunción de homogeneidad generalmente se asumen en estudios científicos, por ejemplo, que se den condiciones uniformes de estación, fertilización o claras.

Si existe homogeneidad hay invariancia del patrón de distribución frente a los cambios o desplazamientos. La isotropía se refiere a la independencia de la distribución de las rotaciones

228 | 4 Estructura de la masa. Cuantificación y análisis

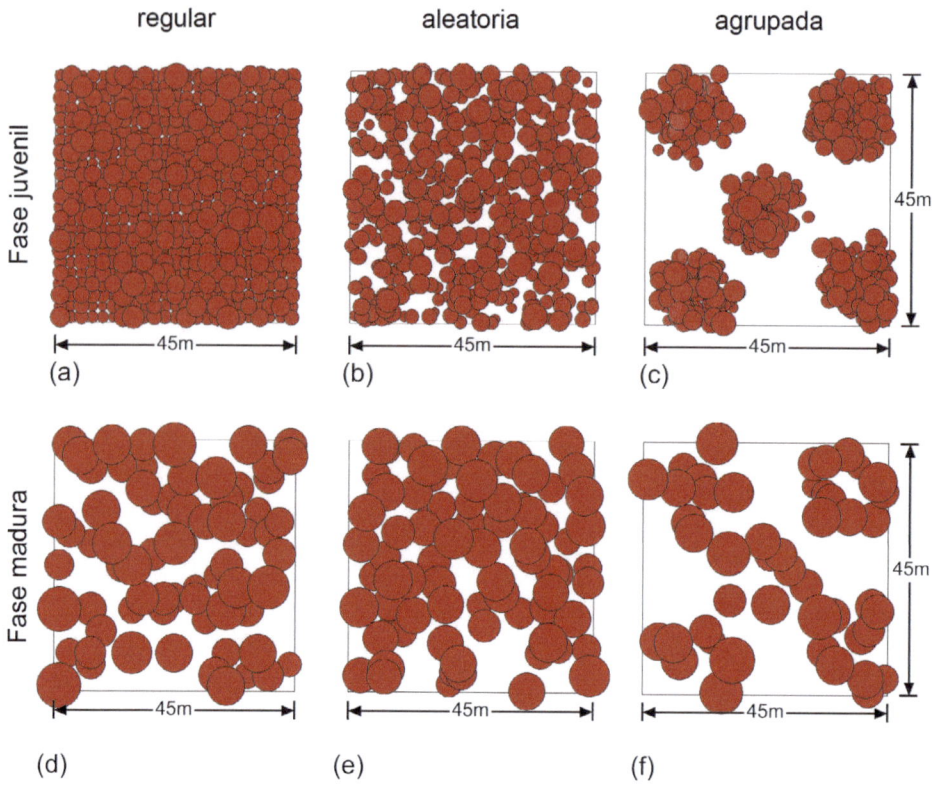

Figura 4.20 Mapas de copas en una distribución espacial de árboles regular, aleatoria y en agregados en una masa simulada en fase juvenil (a - c) y madura (d - f). Estos patrones de distribución teóricos se utilizan a continuación para la aplicación de funciones K, L y de correlación de pares en varios ejemplos.

alrededor del origen. Si un patrón de puntos es homogéneo e isotrópico, el patrón de distribución principal y su cuantificación no se modifican debido a cambios o rotaciones alrededor de puntos arbitrarios (Stoyan y Stoyan 1992).

Para ilustrar el contenido de información de K, L y la función de correlación de pares, estas se calculan para los patrones de distribución de árboles regulares (a y d), aleatorios (b y e) y agrupados (c y f) en las masas juveniles y maduras que se muestran en la Figura 4.20.

4.3.3.1 Fundamentos metodológicos de la función K

Para cuantificar la tendencia a cambios del patrón de distribución al aumentar la distancia desde el punto de la base del fuste, en el cálculo de la función K se asume un círculo de radio r alrededor de cada árbol de la superficie estudiada. Dentro del círculo con radio r, se determina la cantidad de árboles presentes sin contar el árbol central. El aumento gradual del radio y la repetición del proceso de conteo dan como resultado, tras la transformación adecuada, la función K (Figura 4.18a) que describe el número de árboles medio en función del radio r y se define como $\lambda K(r) = n_r$, para $r \geq 0$.

$\lambda K(r)$ describe la esperanza del número de árboles que se sitúan a una distancia igual o menor que r desde cualquiera de los N árboles (puntos) analizados en la superficie de estudio. Al dividir tales valores dependientes del radio por la densidad media, los resultados del conteo se normalizan y la función K se asigna como $K(r) = \dfrac{n_r}{\lambda}$, donde n_r es el número me-

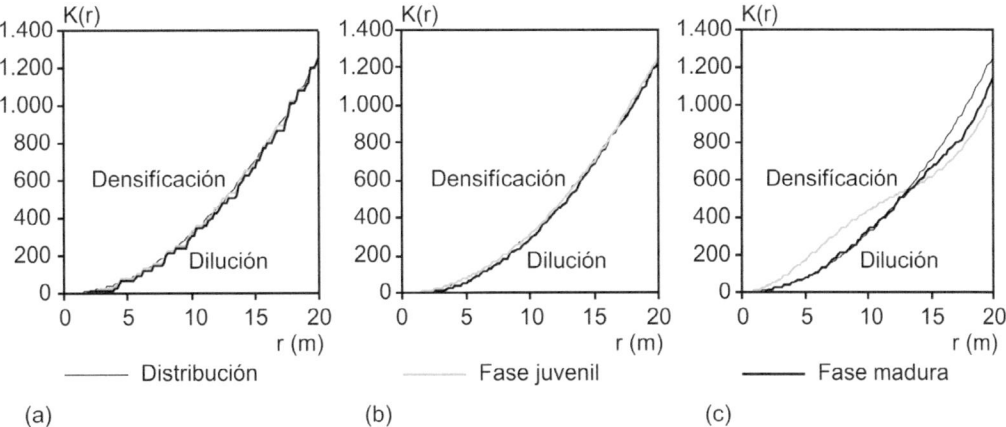

Figura 4.21 Funciones K para una masa simulada con distribución espacial regular, aleatoria y en agregados en la fase juvenil (línea gris) y tras 100 años de diferenciación social (línea negra). Como referencia, se muestra la parábola K (r) = π × r2 que resulta en una distribución de Poisson. La evaluación se basa en las masas que se muestran en la Figura 4.19.

dio de pies en círculos de radio r y λ denota la intensidad del proceso de puntos, o densidad de árboles en nuestro caso, que resulta como el número medio de puntos por unidad de superficie (λ = número total de puntos / superficie total).

En una distribución puramente aleatoria, en lo que sería un bosque de Poisson, la función K de Ripley (1977) produce la parábola $K(r) = \pi \times r^2$, para $r \geq 0$, es decir, a medida que aumenta el radio r, el número esperado de árboles dentro de los círculos concéntricos posicionados sobre los puntos aumenta de forma cuadrática. Las desviaciones positivas de la parábola, como se muestra en la Figura 4.18 a con distancias pequeñas entre los árboles, indican una densificación y agrupamiento (distribución en agregados) del patrón de distribución. Las desviaciones negativas de la parábola para distancias mayores son sinónimo de dilución o tendencia a la regularidad. Para n árboles en una parcela experimental de tamaño A, el estimador de la función K para un radio específico r según Ripley $\widehat{K}(r) = \frac{1}{\lambda} \times \sum_{i=1}^{n} \sum_{j=1}^{n} \frac{P_{ij}(r)}{n-1}$ con $P_{ij}(r) = \begin{cases} 1 \text{ si } r_{ij} \leq r \\ 0 \text{ si } r_{ij} > r \end{cases}$. Aquí r_{ij} es la distancia entre el árbol j y el árbol j y $\lambda = n/A$ es la densidad media.

4.3.3.2 Ejemplo de aplicación de la función K

¿Cuáles son las funciones K para las masas teóricas juveniles y maduras regulares, agrupadas o aleatorias de la Figura 4.20a–f? .La función de K para la masa regular (Figura 4.21a) indica un alto grado de regularidad (líneas gris clara o negra) para las fases juvenil y madura. Es visible una periodicidad de zonas, que en comparación con el bosque de Poisson (línea parabólica de trazo fino) tiene una desviación positiva o negativa (aumento o disminución de la densidad) que refleja el salto de un árbol a otro según aumenta la distancia, por ejemplo, entre líneas en una plantación en líneas.

La masa simulada al azar en la fase juvenil conserva en gran parte su estructura aleatoria en la fase madura (Figura 4.21b). Con frecuencia, si existe una tendencia a la regularidad, como se produce en masas forestales bajo gestión, es difícilmente reconocible por la función K, con excepción de una ligera tendencia a distancias más reducidas. En fases juveniles la masa simulada con estructura agregada (Figura 4.21c) muestra un aumento de la densidad a una distancia de hasta 10 m y una reducción a distancias más grandes. En la fase madura, los clústeres se han disuelto en gran medida por el proceso de diferenciación social y autoaclareo, de modo que el

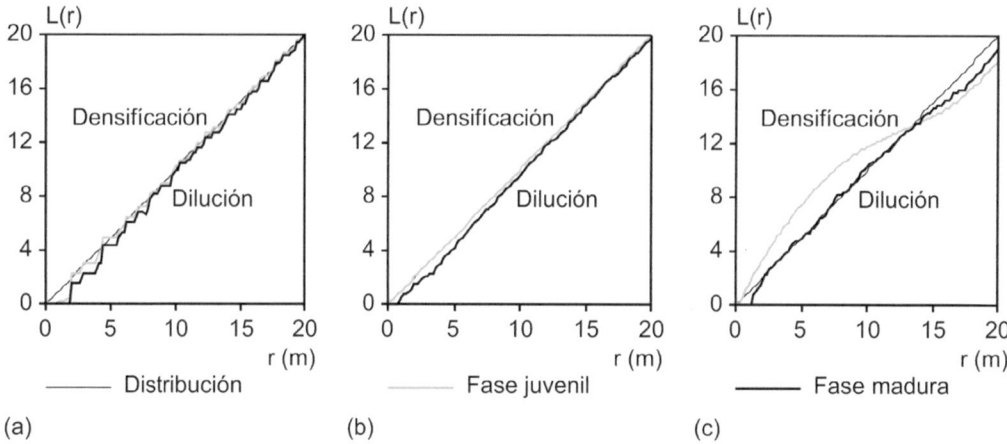

Figura 4.22 Funciones L para una masa simulada con distribución espacial regular, aleatoria y en agregados en la fase juvenil (línea gris claro) y tras 100 años de diferenciación social (línea negra). Como referencia, se representa la bisectriz L(r) = r, que proporciona una distribución de Poisson. La evaluación se basa en las masas que se muestran en la Figura 4.20.

patrón de distribución a distancias de 12 a 13 m es bastante aleatorio. La dilución inicialmente visible en las zonas entre grupos se conserva débilmente.

4.3.4 Función L y función de correlación de pares

4.3.4.1 Fundamentos metodológicos de la función L

La transformación de K(r) según Besag (1977) ha demostrado ser útil para el diagnóstico y el test estadístico de las desviaciones de la distribución aleatoria de un grupo de puntos observados. La transformación $L(r) = \sqrt{\frac{k(r)}{\pi}}$, para $r \geq 0$, lineaiza K(r) y estabiliza su varianza. Para el bosque de Poisson, esta linealización resulta L(r) = r, con $r \geq 0$, que en la representación gráfica es la bisectriz (Figura 4.22, Figura 4.2). La función L según Besag (1977) es similar a la función K pero simplifica la interpretación, ya que las desviaciones de una línea recta y las bisectrices son visualmente más fáciles de detectar que las desviaciones de una parábola. Las desviaciones positivas de esta bisectriz indican aumento de la densidad o distribución en agregados y las negativas reducen la densidad en un radio r dado, indicando regularización de la distribución espacial.

La función de correlación de pares es similar a la función L, pero en el proceso de estandarización se divide entre π · r, por lo que la distribución aleatoria de un bosque de Poisson se representa por una línea horizontal y = 1 (Figura 4.19c). Valores de la función g(r) mayores a uno indican distribución en agregados y valores menores a uno distribución regular. Con frecuencia, la función L se representa restando a la función la distancia d, por lo que la distribución de Poisson coincide con el eje de abscisas, resultando en una interpretación análoga a la función g(r), valores positivos indican distribuciones en agregados y negativos distribuciones regulares (Ledó et al. 2012).

4.3.4.2 Ejemplo de aplicación de la función L

La función L revela las desviaciones de la distribución de Poisson mejor que la función K. El patrón de distribución de la masa simulada con distribución espacial regular se caracteriza por una función L en escalera (Figura 4.22a). En este gráfico, la bisectriz representa ahora la función L de una distribución aleatoria (trazo fino). Tanto en la masa inicial en fase juvenil (línea gris) como en la final o madura (línea negra), la fuerte reducción de la densidad hasta distancias de 2 m y la reducción moderada persistente hasta 4 m muestra el efecto de la distribución regular. La función L en una masa con distribución aleatoria es similar a la curva de referencia. No obstante, en la fase madura (tras 100 años) en distancias menores a 10 m, en la cercanía de los árboles, la diferenciación social y el autoaclareo producen una reducción de la densidad o tendencia a la regularidad (Figura 4.22b). En la distribución en agregados en la fase inicial, con el paso del tiempo tiende a la aleatoriedad (línea negra en Figura 4.22c).

4.3.5 Otras funciones de interés para el análisis espacial de la estructura de una masa

Las funciones K y L descritas consideran la distribución espacial de todos los árboles, sin embargo, en determinados estudios puede ser necesario el patrón especial de árboles que pertenecen a distintos grupos o analizar la correlación espacial entre individuos que cumplen una determinada condición o 'marca'. La función $K(d)$ de Ripley presenta una extensión bivariante $K_{1,2}(d)$ (Lotwich y Silverman 1982) que analiza el patrón de un grupo de árboles respecto al otro, es decir, si hay atracción espacial o repulsión entre ellos en función de la distancia. El fundamento es similar a la función K, realizando el cómputo de los árboles del grupo 2 que se encuentran a una distancia menor o igual a d de cada uno de los árboles del grupo 1. Los cálculos, interpretación y transformación en la función L bivariante son análogos a los de la función K. Las funciones bivariantes son de gran valor para analizar la atracción o repulsión entre dos especies o entre arbolado adulto y regeneración.

La función de correlación de la marca (Stoyan 1984) permite analizar la distribución espacial en relación con una determinada característica o marca. Por ejemplo, permite estudiar si los árboles tienden a agruparse o si hay repulsión entre ellos en relación con su diámetro (marca), en función de la distancia, dando por tanto información sobre la estructura de la masa. Al igual que para la función K, se puede extender a una versión bivariante (Ledó et al. 2011) y así analizar cómo es la relación espacial entre dos especies considerando el tamaño de los árboles.

4.4 Espesura de la masa

4.4.1 Grado de densidad

4.4.1.1 Grado de densidad según las tablas de producción

El grado de densidad (GD) según las tablas de producción denota la relación entre el área basimétrica (m^2 ha^{-1}) o el volumen (m^3 ha^{-1}) de la masa observados y los valores correspondientes de la tabla de producción para la calidad de estación de la masa de estudio. En la mayoría de los casos se selecciona la tabla de producción correspondiente a la clara de intensidad media para la(s) especie(s) considerada(s). Este grado de densidad sirve, entre otras cosas, para la descripción de la densidad de la masa, la determinación del incremento en volumen en densidades no recogidas en la tabla de producción, la definición de las intensidades de los aprovechamientos, etc. El grado de densidad se puede estimar igualmente para masas mixtas con n especies como se describe a continuación. Suponiendo que el área basimétrica de la masa observada es G_{OBS} y el área basimétrica de la tabla de producción es G_{TP}, el grado de densidad para una masa con n especies se estima como $GD = \sum_{i=1}^{n} \frac{G_{\text{observada especie } i}}{G_{\text{especie } i}^{TP}}$. El grado de densidad basado en el volumen se calcularía de forma análoga.

4.4.1.2 Grado de densidad natural

Con el fin de caracterizar la densidad en parcelas experimentales y controlar la intensidad de los experimentos de claras, se pueden estimar los grados de densidad en función del grado de ocupación de masas no intervenidas. Es decir, la relación entre el área basimétrica/volumen por hectárea observados y el área basimétrica o volumen posible máximos por hectárea, que se establecería en parcelas de referencia adyacentes, idénticas en calidad de estación y en las que no se aplica ningún tratamiento.

4.4.2 Fracción de cabida cubierta

Como medidas de densidad adicionales se utiliza a menudo el grado de recubrimiento y el grado de cobertura. El grado de recubrimiento cuantifica qué porcentaje de la superficie total de la masa está cubierta por las copas. El grado de cobertura considera además los solapamientos entre las copas de los árboles, por lo que puede ser mayor a 100 o 1, según se exprese en tanto por ciento o tanto por uno. En España, se suele utilizar el término de fracción de cabida cubierta (Fcc) para el grado de cobertura, y es índice más empleado.

La fracción de cabida cubierta y el grado de densidad pueden diferir significativamente. Si, por ejemplo, en una masa de haya se realiza una clara, disminuirán ambos valores, pero la fracción de cabida cubierta aumentará de nuevo rápidamente gracias a la plasticidad de copa del haya, mientras que el grado de densidad irá aumentando gradualmente. La expansión de la copa es más rápida y extensa que el aumento en el diámetro del fuste o la superficie radical, que determinan el nivel de ocupación de la estación. El grado de densidad y la fracción de cabida cubierta indican, por lo tanto, diferentes aspectos de la densidad, el primero se refiere más bien la densidad del volumen de madera en pie y la competencia por los recursos, el último a la densidad del dosel de copas y las condiciones de luz en éste y en el suelo del bosque.

La fracción de cabida cubierta (Fcc) se puede calcular de diversas maneras, desde una estimación visual hasta por fotografía aérea. Para una estimación objetiva se utilizan los mapas de copas, analizando después la información bien manualmente o mediante un software adecuado. Una opción es superponer una cuadrícula sobre el mapa de copas y contar el número de nodos que caen sobre copa y fuera de las copas (Figura 4.23). El grado de recubrimiento será el número de nodos sobre copa dividido por el número total de nodos de la cuadrícula. El espaciado de las líneas en la cuadrícula se puede ajustar de acuerdo con el grado de detalle que se desee. Para estimar la fracción de cabida cubierta o grado de cobertura se identifica si el punto está cubierto una vez o se trata de una superposición, doble, triple o múltiple, así como de qué especies constituye la cabida cubierta. A partir de las frecuencias, se puede dar una información detallada de la fracción de cabida cubierta total y por especie.

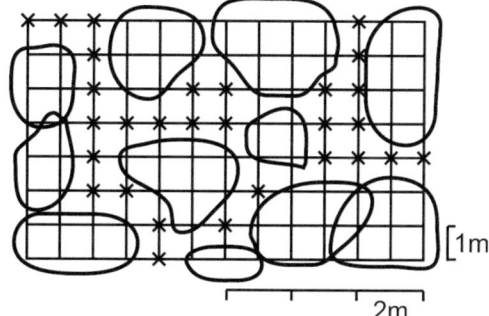

Figura 4.23 El grado de recubrimiento se determina mediante el conteo de nodos de la cuadrícula sobre copas dividido por el total de nodos. En este ejemplo, para un total de 104 puntos de la cuadrícula 75 corresponden con las proyecciones de las copas de los árboles, resultando en un grado de recubrimiento del 72 %.

La Figura 4.24 muestra como ejemplo el mapa de copas de una parcela de experimentación y la Tabla 4.2 los resultados del análisis de la fracción de cabida cubierta. Estos resultados se obtuvieron a partir de diferentes procedimientos para estimar la superficie de copa (ver Sección 4.2.2). El método 1 conecta los radios de la copa medidos de forma lineal formando un polígono; el método 2 utiliza el radio medio cuadrático y asemeja la superficie de la copa a un círculo; y en el método 3 los ocho radios de la copa medidos se conectan mediante funciones splines cúbicas. El grado de recubrimiento para los tres métodos de proyección de copas se estima a partir de la superposición o no de 60.000 puntos sobre las copas (corresponde con una cuadrícula de lado 20 cm). La Tabla 4.2 recoge también la fracción de cabida cubierta considerando una y más superposiciones.

Los valores obtenidos para la fracción de cabida cubierta son en torno a tres puntos porcentuales más altos con el método de las funciones splines que con la aproximación lineal, mientras que con el método del círculo se obtienen valores de cabida total entre dos y tres por ciento más bajos. Se debe indicar que en el caso de una aproximación no lineal (métodos de cálculo 2 y 3), debido al redondeo de la forma de la copa, el resultado de múltiples superposiciones es significativamente más elevado que con una aproximación lineal. Un análisis realizado con parcelas experimentales

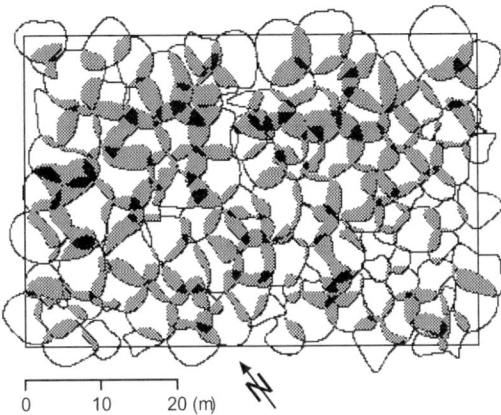

Figura 4.24 Mapas de copas de una parcela experimental usando el método de funciones tipo spline. Las cubiertas simples se representan en blanco, las dobles en gris y las áreas con cubierta múltiple de color negro.

adicionales confirmó que los valores de fracción de cabida cubierta total para el método de splines, son hasta un 10 por ciento superiores a los valores obtenidos con una aproximación lineal. Estas diferencias metodológicas y sistemáticas deben tenerse en cuenta a la hora de interpretar y evaluar los valores dados por diferentes fuentes.

4.4.3 Área basimétrica periódica media

El área basimétrica periódica media (GPM) es una medida de espesura de la masa utilizada generalmente para controlar los ensayos de claras. Si G_i es el área basimétrica al comienzo de un período de crecimiento, $G_{(i+1)}$ denota el área basimétrica al final de dicho período, y m describe el número de años que un periodo comprende, para períodos de crecimiento de 1 hasta n, el área basimétrica periódica media es:

$$GPM = \frac{\left(\frac{G_1 + G_2}{2}\right) \times m_1 + \left(\frac{G_2 + G_3}{2}\right) \times m_2 + \ldots + \left(\frac{G_n + G_{n+1}}{2}\right) \times m_n}{m_1 + m_2 + \ldots + m_n}$$

El área basimétrica periódica media es, por lo tanto, la media de las áreas basimétricas de la masa ponderada con la duración respectiva de los períodos de crecimiento. Si el área basimétrica periódica media se determina de acuerdo con este método para una masa tratada (GMO_{max}^{obs}) y se representa en relación con el área basimétrica máxima, definida de la misma manera para una masa sin tratar (GMO_{max}^{-obs}) en la misma estación, se obtiene el área basimétrica periódica media relativa $\frac{GPM_{masa\,i}^{obs}}{GPM_{max}^{obs}}$.

4.4.4 Índice de densidad de la masa de Reineke (1933)

4.4.4.1 Recta de máxima densidad de Reineke

La regla de densidad de la masa de Reineke (1933) describe la relación entre el diámetro medio cuadrático y el número de pies por hectárea en masas puras coetáneas con ocupación completa de la estación (densidad máxima), a través de la relación alométrica $N = a \times d_g^b$. Esta relación en un sistema de coordenadas doble

Tabla 4.2 Grado de recubrimiento y fracciones de cabida cubierta en la parcela experimental mostrada en la Figura 4.24. Los resultados del análisis de cabida cubierta vienen dados por tres métodos diferentes para aproximar el perímetro de la copa: (1) aproximación lineal entre los ocho radios de la copa, (2) aproximación de la sección de la copa por un círculo y (3) conexión de los radios por splines. La fracción de cabida cubierta se estima con el grado de recubrimiento más el porcentaje de solapamiento.

Método estimación de copas	Fracción de cabida sin cubrir	Grado de recubrimiento	Cabida con 1 superposición (%)	Cabida con 2 superposiciones (%)	Cabida con 3 superposiciones (%)	Cabida con 4 superposiciones (%)
Linear	10,3	89,7	61,6	26,1	2,	0,0
Círculo	12,7	87,3	48,4	33,7	5,2	0,0
Spline	7,4	92,6	54,3	33,2	4,6	0,5

Caja 4.2 Efecto de la mezcla de especies en el grado de cobertura

Pretzsch (2014) analiza el efecto de la mezcla de especies en el grado de cobertura (suma de las superficies de proyección de copas) y la fracción de cabida cubierta por hectárea. El análisis se basa en mediciones de ocho radios de copa y diámetro de fuste de árboles en masas puras (n=87), masas mixtas con dos especies (n=111) y con tres especies (n= 55) de pícea, haya, roble, pino silvestre, abeto y arce, con grupos de parcelas con similar densidad y condiciones de estación que son comparables. A partir de las mediciones de copa se obtiene la suma de las proyecciones de copa (Figura 4.25, Figura 4.25a). Considerando la posición de los árboles se estima la fracción de cabida cubierta (Figura 4.25b). Los rodales tienen una superficie media de 0,30 ha, y sus edades varían desde los 16 a los 283 años. Las mediciones se realizaron desde 1951 a 2013 por lo que la suma de las áreas de las proyecciones de las copas y la fracción de cabida cubierta varían ampliamente, incluyendo datos de masas con distintos niveles de densidad.

Las regresiones para los percentiles 95 % y 75 % en la Figura 4.25a muestran que la suma de las proyecciones de la copa en las masas puras es de 150 y 100 %, respectivamente, mientras que en masas mixtas estos valores alcanzan el 220 % (percentiles 95 % y 75 %). Esto significa que, en masas mixtas con un grado de cobertura completo, las copas se juntan hasta el punto de que la suma de las de proyecciones de la copa puede ser hasta dos veces más alta que la superficie área del rodal. La relación entre el número de especies y el grado de cobertura en la Figura 4.25b muestra que, incluso en masas mixtas con un valor elevado para la suma de las proyecciones de copa, en los que se puede considerar un grado de cobertura completo, generalmente el 5-10 % de la superficie del rodal no está cubierta por las copas. Entre otros factores, esto puede deberse a la abrasión mecánica debido a movimientos causados por el viento (Putz et al. 1984). La amplia variación de grados de recubrimiento por debajo de las líneas del 95 % o 75 % se debe a distintos niveles de claras en las 253 masas que forman el estudio. El hecho de que el grado de cobertura puede aumentar con el número de especies, incluso si el grado de recubrimiento es el mismo, queda reflejado en la Figura 4.25c. Las líneas de la regresión OLS en

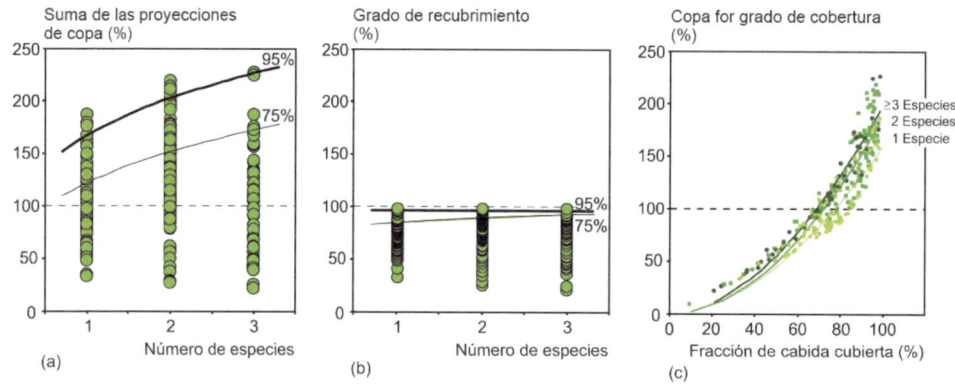

Figura 4.25 Efecto de la mezcla de especies en (a) el grado de cobertura (suma relativa de las áreas de proyección copas relativas a la superficie) y (b) el grado de recubrimiento. (c) Relación entre el grado de cobertura y el grado de recubrimiento para masas puras y mixtas (según Pretzsch 2014).

la Figura 4.25c representan la suma relativa media de las superficies de la proyección de copa en función de la fracción de cabida cubierta en rodales con ≥3, 2 y 1 especies de árboles (línea superior, media e inferior). Particularmente en masas densas con cubierta superior al 80 %, el grado de cobertura en rodales de 3 especies es un 25 % más alto que en masas. Los trabajos en masas mixtas de Kennel (1965), Pretzsch (1985, 2009, págs. 267-269) y Preuhsler (1981) respaldan el hecho de que la suma relativa de las proyecciones de copa o grado de cobertura suele ser mucho más alto que el grado de recubrimiento; el grado de cobertura es hasta 7 veces mayor especialmente en masas mixtas cuyas especies tienen una ecología de la luz complementaria. Si la densidad de las masas forestales se cuantifica en función del número de árboles no se tiene en cuenta que la ocupación del espacio del dosel de copas, que debido a múltiples superposiciones puede conducir a una espesura significativamente mayor (Assmann 1970, páginas 102-107).

Basándose en 110 rodales puros y mixtos de picea y haya (n = 110) y roble y haya (n = 74), se analiza más detalladamente el efecto del grado de recubrimiento con múltiples estratos en la Tabla 4.3. Las mediciones de las copas cubren masas con edades desde 26 a 207 años. Debido a que la capacidad específica de cada especie para ocupar el espacio varía con la espesura, este análisis incluye solo rodales con espesura completa, sin claras o solo con claras de intensidad moderada.

La Tabla 4.3 muestra que el grado de recubrimiento varía de 64 a 83 % en masas puras y de 85 a 88 % en masas mixtas. En ambos tipos de rodales, presentas áreas similares no cubiertas. Sin embargo, el grado de cobertura varía entre 81 y 123 % en masas puras y entre 138 y 156 % en mixtas. En masas puras entre un 12 y un 26 % de la superficie presenta dos niveles de copa y no más de un 7 % presenta más niveles, mientras que en mixtas estas cifras alcanzan el 30 % y entre 10- y 20 %, respectivamente. En masas de haya, con un 83 % de grado de recubrimiento hay un 123 % de grado de cobertura, lo que indica la alta tolerancia a la sombra y la plasticidad de la copa de esta especie. Pretzsch y Schütze (2021) encuentran para diferentes mezclas que el índice de área foliar (LAI) es entre un 3 y un 36 % mayor en masas mixtas que en puras. Muchos estudios muestran una estrecha relación entre la absorción de radiación fotosintéticamente activa (APAR- absorption of photosynthetically active radiation) y el tamaño de la copa, cuantificado, entre otras variables, por la superficie foliar, la superficie de la copa, el área de la proyección de

Tabla 4.3 Grado de recubrimiento (media ± error estándar) en masas puras y mixtas de picea, haya y roble, basadas en mapas de copas de masas no aclaradas o con claras de intensidad moderada. La suma de la superficie de suelo cubierta y no cubierta suma el 100 %. Las columnas 6, 7 y 8 muestran el grado de recubrimiento simple, doble y múltiple (>3), la columna 9 muestra el grado de recubrimiento (%).

Especie	Pura	Nº	Grado de recubrimiento	Grado sin recubrir	1- más superposiciones			Grado de cobertura
	Mixta		(%)	(%)	1-vez (%)	2-veces (%)	≥ 3-veces (%)	(%)
Pícea	Pura	32	77 ±2	23 ±2	64 ±1	12 ±2	1 ±1	91 ±4
Haya	pura	25	83 ±3	17 ±3	50 ±2	26 ±3	7 ±1	123 ±7
Pícea /Haya	mixta	53	88 ±1	12 ±1	48 ±2	30 ±1	10 ±1	138 ±4
Roble albar	pura	22	64 ±4	36 ±4	50 ±2	12 ±3	2 ±1	81 ±7
Haya	pura	25	83 ±3	17 ±3	50 ±2	26 ±3	7 ±1	123 ±7
Roble/ Haya	mixta	27	85 ±3	15 ±3	35 ±2	30 ±2	20 ±3	156 ±10

la copa, la longitud y el ancho de la copa (Binkley et al. 2013, Forrester et al. 2012, 2018). Estas relaciones varían según la especie y las condiciones de crecimiento, pero reflejan que el tamaño de la copa es un indicador útil de la intercepción de la luz. Por lo tanto, ya que la superficie de proyección de copa es mucho más fácil de obtener a nivel de árbol se puede utilizar como proxy para el índice de superficie foliar de la masa e intercepción de luz.

La combinación de especies con diferentes estructuras de copa y diferentes albedos pueden reducir las pérdidas debidas a la reflexión en la parte superior de la copa de un 5 a un 10 %. En particular, los doseles de copas con huecos profundos por los que la penetración de la luz tiene gran alcance y el bajo albedo de las coníferas pueden reducir la pérdida de reflexión de luz en comparación con masas de frondosas (Otto 1994, p. 213, Dirmhirn 1964, p. 132). Las mezclas de especies de luz y de sombra pueden aumentar la intercepción de la luz debido a la complementariedad de sus puntos de compensación de la luz (LCP-Light compensation point) complementarios y puntos de saturación (LSP-Light saturation point). El roble es una especie de luz con alta saturación (LSP = 680 μmol m^{-2} s-1) y elevado punto de compensación de luz (LCP = 17μmol m^{-2} s-2), capaz de utilizar la luz en la parte superior del dosel de copas particularmente bien y que apenas implica competencia en las zonas de sombra, donde el haya desarrolla su gran capacidad competitiva con bajos puntos de saturación (LSP = 460 μmol m^{-2} s-1) de compensación de la luz (LCP = 13 μmol m^{-2} s-1) (Ellenberg y Leuschner 2010, pp. 103-105). La ocupación del espacio en el dosel de copas por especies con ecología de la luz complementaria y diferentes densidades de copa, puede llevar a una intercepción de la luz más completa y una mayor eficiencia en su uso, así como una menor intensidad de luz en el suelo del bosque, en las masas mixtas en comparación con las masas puras (Mitscherlich 1971, p. 82).

logarítmico se representa como una línea recta $\ln(N) = \ln(a) + b \times \ln(d_g)$, donde $ln(a)$ indica el valor en el eje de ordenadas para el origen del eje de abscisas y b la pendiente de la recta. Reineke (1933) y, siguiendo a este autor, Bergel (1985), Pretzsch y Biber (2005) y Sterba (1981) muestran que la disminución en el número de pies al aumentar el diámetro medio cuadrático debido al autoaclareo sigue una pendiente de aproximadamente $b = -1,605$. Aunque el exponente alométrico puede desviarse más o menos del valor de $b = -1,605$ (Sección 6.3) dependiendo de la especie, a menudo se asume como válido el valor propuesto originalmente por Reineke, $b = -1,605$, para su uso como índice de densidad. El parámetro de posición ($ln(a)$) de la recta aumenta generalmente según aumenta la calidad de la estación.

4.4.4.2 Índice de densidad de la masa de Reineke

Reineke (1933) basa su índice de densidad en la relación alométrica entre el número de pies por hectárea y el diámetro medio cuadrático anteriormente descrita, usando como referencia un diámetro medio cuadrático de 25 cm. El índice de densidad de la masa de Reineke (*SDI*) es el número de pies por hectárea de ese tamaño de referencia que ocuparían el espacio que la masa de estudio. Si sustituimos el valor de 25 en la recta correspondiente a la regla de Reineke, obtenemos el *SDI*.

$$\ln(\text{SDI}) = \ln(N_{d_g=25}) = \ln(a) - 1.605 \times \ln(25)$$

Despejando el valor de *ln(a)* e introduciéndolo en la expresión general de la regla de Reineke para un valor de número de pies por hectárea se obtiene

$$\ln(N) = \ln(\text{SDI}) + 1.605 \times \ln(25) - 1.605 \times \ln(d_g)$$

De donde se obtiene:

$$\ln(\text{SDI}) = \ln(N) - 1.605 \times \ln(25) + 1.605 \times \ln(d_g)$$

Y quitando logaritmos se llega a la expresión del índice de Reineke.

$$\text{SDI} = N \times \left(\frac{25}{d_g}\right)^{-1.605}$$

Para una masa determinada el diámetro medio cuadrático observado será $d_{g_{\text{obs}}}$ y el número de pies por hectárea N_{obs}. El índice de densidad de la masa de Reineke (*SDI*), para esta masa concreta, indica el número de pies por hectárea esperado para un diámetro medio cuadrático de referencia de d_g = 25 cm que ocuparían el mismo espacio que los N_{obs} con $d_{g_{\text{obs}}}$. Se supone, por tanto, que la reducción en el número de pies por hectárea sigue una recta de pendiente -1.605 (Figura 4.26). El índice de densidad de la masa de Reineke para esta masa observada sería:

$$\text{SDI} = N_{d_{g_{\text{obs}}}} \times \left(\frac{25}{d_{g_{\text{obs}}}}\right)^{-1,605}$$

El cálculo del índice de densidad de la masa (t_1, t) se ilustra gráficamente en la Figura 4.26. Se muestra el número de pies por hectárea sobre el diámetro medio cuadrático en escala doble logarítmica para una masa forestal en los momentos $t_1, t_2, t_3 ... t_6$. Para determinar el *SDI* en los momentos t_1 o t_6, como ejemplo, se presentan las rectas que pasan por estos puntos con una pendiente b = -1,605. Para un diámetro de referencia de 25 cm (línea vertical), se obtiene de la recta con pendiente S = -1,605 el número de pies esperado con la misma densidad o *SDI*. En el ejemplo teórico los valores de *SDI* para los momentos t_1 y t_6 resultan en SDI (t_1)= 200 SDI (t_6) = 2.000. Estos valores indican qué número de pies por hectárea tendría la masa considerada si se desarrollara hasta alcanzar un diámetro medio cuadrático de D_g = 25 cm con la misma densidad.

Sterba (1991) proporciona valores de SDI máximos para las principales especies centroeuropeas con ocupación completa de la estación y asumiendo una pendiente de la recta de Reineke de -1,605, que varían según los requisitos de ocupación de cada especie y las características de la estación (Tabla 4.4). Mientras que para pícea con un grado de ocupación completo y condiciones de crecimiento óptimas se esperan *SDI* máximos de 900 a 1.100 pies por hectárea, los valores de *SDI* para el roble y el alerce se sitúan de 500 hasta 600 pies por hectárea, es decir, aproximadamente la mitad. En el caso del pino silvestre y el haya son un poco más elevados, con un rango de 600 a 750 árboles por hectárea para diámetros medios d_g = 25 cm.

Rodríguez de Prado et al. (2020) estiman la máxima densidad para las principales especies fores-

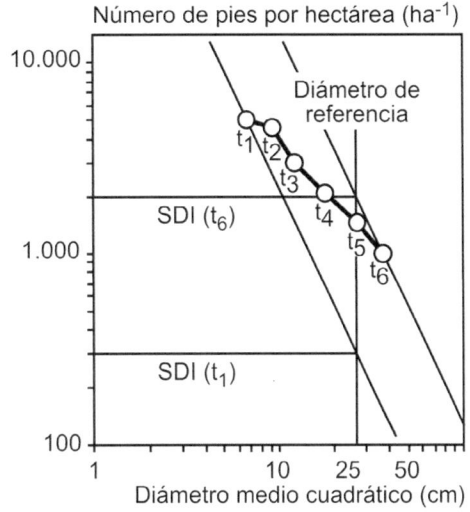

Figura 4.26 Índice de densidad de la masa (*SDI*) de Reineke (1933) para la cuantificación de la densidad en masas puras coetáneas. Para explicar el principio del *SDI*, se presenta en escala doble logarítmica el desarrollo del número de pies por hectárea frente al diámetro medio cuadrático en los momentos $t_1 \to t_2 \to ... \to t_6$. Para la cuantificación de la densidad de la masa en las etapas de desarrollo t_1 a t_6, se ajusta a dichos puntos una recta con pendiente b = -1,605. En esta figura, se muestra a modo de ejemplo para los momentos t_1 y t_6 el número de pies por hectárea que tendría la masa con un diámetro medio cuadrático d_g = 25 cm (línea vertical), es decir, el índice de densidad de la masa de *SDI* (t_1) = 200, o *SDI* (t_6) = 2.000 (líneas horizontales).

tales en España, dando valores generales, así como dependientes del clima. Los valores para las especies de pinos varían desde 526 pies por hectárea para el pino carrasco hasta 1146 pies por hectárea para el pino silvestre. En el caso de las frondosas los valores son de 995 pies por hectárea para haya, y los robles varían desde 319 para encina hasta 969 pies por hectárea para el roble albar. Estos valores son considerablemente

Tabla 4.4 Valores de *SDI* para las principales especies forestales centroeuropeas (según Sterba 1991).

Especie	Pícea	Abeto	Abeto Douglas	Alerce	Pino silvestre	Haya	Roble albar
SDI	ha⁻¹	ha⁻¹	ha⁻¹	ha⁻¹	ha⁻¹	ha⁻¹	ha⁻¹
desde	900	800	700	500	600	650	500
hasta	1.000	1.000	900	600	750	750	600

más elevados que los indicados para Centroeuropa.

El índice de densidad de la masa de Reineke también se puede utilizar en términos relativos a la máxima densidad de la especie. La densidad relativa, *RD*, se calcula mediante el cociente del SDI observado entre el *SDI* máximo. (*SDI/SDImax*). El valor máximo de *RD* es 1.

4.4.5 Factor de competencia de copas

El factor de competencia de copas indica la relación entre la suma de la superficie potencial o máxima de las copas spc_{max} de todos los árboles y la superficie A de una masa, en tanto por ciento $CCF = \frac{1}{A} \times \sum_{i=1}^{n} spc_{max\,i} \times 100$. La superficie potencial de proyección de copa representa el tamaño de la copa de un árbol de este tamaño que crece sin competencia (árbol solitario). CCF es por tanto una medida de la presión competitiva media en el dosel de copas. Cuanto mayor sea la suma de la superficie de la masa potencialmente cubierta por las copas para una superficie A dada, más fuerte será la competencia media en el dosel de copas.

Para determinar la suma de las áreas potenciales de proyección de copa es necesario disponer de funciones que indiquen para una especie y diámetro de fuste dado el valor de la superficie de proyección de copa. Para desarrollar estas funciones se pueden utilizar árboles con un desarrollo óptimo del diámetro de la copa, por ejemplo, árboles solitarios (Condés y Sterba 2005). Otra opción es utilizar una regresión cuantílica, como se muestra en la Sección 2.2.1 (Figura 2.19, Tabla 2.2), utilizando para este caso la curva que corresponde con el percentil 95 %.

La Figura 4.27, a-d ilustra el factor de competencia de copas para diferentes situaciones de la masa. Sin presión competitiva, es decir, para condiciones en solitario, el factor de competencia de copas está por debajo del 100 % (Figura 4.27a). Si la densidad de la masa aumenta tanto que los árboles ocupan el espacio, pero pueden desarrollar más o menos la superficie potencial de copa, es decir, el desarrollo de su copa solo se ve afectado levemente por la competencia vecina, el factor de competencia de copas es aproximadamente del 100 % (Figura 4.27b). Si la competencia es más elevada y los árboles no pueden desarrollar todo su potencial tamaño de copa, lo que también indica una mayor competencia en el dosel de copas y en las raíces, el valor de CCF aumenta por encima del 100 % (Figura 4.27c). La Figura 4.27d muestra la masa de la Figura 4.27c después de una clara. Los árboles en pie tras la clara proporcionan un CCF de 100, por lo que eclipsarían toda el área de la masa a medida que aumenta el tamaño potencial de sus copas. Al referirse al potencial de expansión de la copa, el factor de competencia de copas es fácilmente interpretable.

4.4.6 Otros índices de espesura

Otros índices para describir la espesura de las masas forestales se basan en la distancia media entre árboles. Una opción es la relación de espaciamiento, que es el cociente de la distancia media entre árboles y el diámetro medio cuadrático de la masa, cuanto mayor sea esta relación menor será la espesura (ver otras expresiones de la relación de espaciamiento en Serrada (2011)). En este índice el espaciamiento medio se obtiene a partir del número de pies por hectárea ($\sqrt{10000/n}$).

En el desarrollo de las tablas de producción

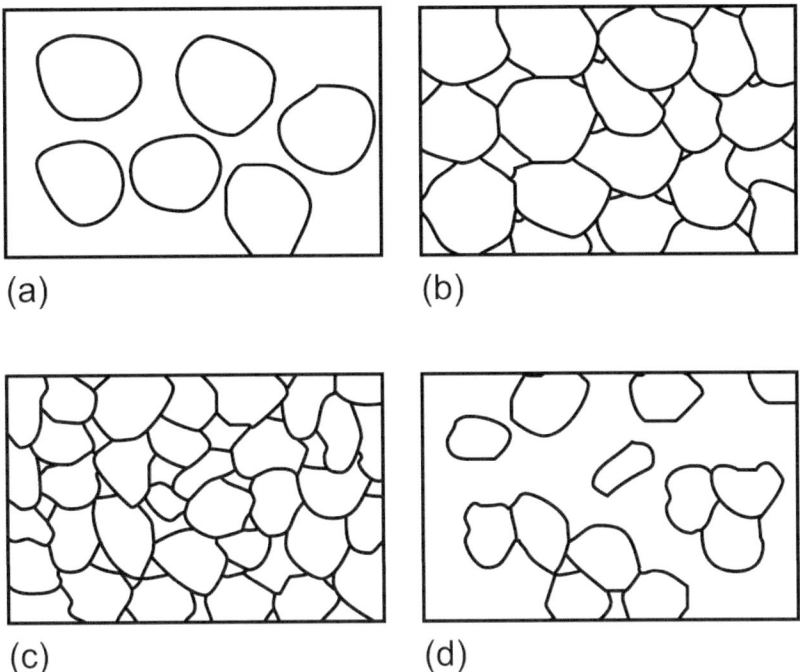

Figura 4.27 Descripción de la espesura de la masa por el factor de competencia de copas CCF (según Oliveira 1980, p. 56). (a) Fase de desarrollo antes del cierre del dosel y con CCF = 50 %. (b) Fase con CCF = 100 %, en la que la suma de las áreas potenciales de la proyección de las copas es igual a la superficie de la masa, en la que algunas zonas no están cubiertas y otras presentan una cobertura doble. (c) fase con CCF = 200 % donde la expansión de las copas está severamente limitada. (d) masa resultante de (c) después de una clara que resulta en CCF = 100 %.

españolas se ha utilizado con frecuencia el índice de Hart-Becking para la regulación de las claras. Este índice se basa en el espaciamiento medio entre árboles en relación a la altura de estos en tanto por ciento $IH\% = 10000/\left(H_o \cdot \sqrt{N}\right)$. Esta expresión se suele utilizar para marco real, para otras distribuciones de los pies (*e.g.* tresbolillo) se adapta el cálculo del espaciamiento medio entre árboles $IH\% = 10000 \ /\left(H_o \ \cdot \sqrt{9{,}933/N}\right)$ (Serrada 2011). El índice de Hart-Becking refleja que para un número de pies dado la espesura será mayor cuanto mayor sea la altura dominante de la masa, que, a su vez, refleja el desarrollo de esta.

4.4.7 Estimación de la espesura en masas mixtas

La estimación de la espesura en masas mixtas conlleva ciertas dificultades al tratar de aplicar los mismos índices que en masas puras, especialmente los índices que relacionan el número de individuos con el tamaño medio, como el índice de densidad de Reineke, ya que el tamaño medio y la densidad máxima posible de las distintas especies pueden variar significativamente. Esto mismo ocurre igualmente con el área basimétrica, ya que el área basimétrica máxima de cada especie también puede variar mucho entre especies.

En principio, para caracterizar una masa mixta se puede dar el área basimétrica o el índice de densidad de Reineke obtenidos como la suma de los valores de cada especie, ofreciendo una idea aproximada de la espesura. Sin embargo, es preferible considerar la espesura máxima de cada especie, de modo que se tiene una mejor aproximación de si la masa mixta está más o menos densa ya que se tiene una referencia de la máxima densidad para cada proporción de especies. Una manera sencilla para considerar la máxima densidad de cada especie es usar la densidad relativa de cada especie $i(RD = SDI_i/SDI_{max_i})$ y estimar la densidad de la masa mixta mediante la suma de las densidades relativas de cada especie $RDI = \sum RD_i$. Es importante indicar que, aunque teóricamente el valor máximo de RD es uno, en masas mixtas pueden resultar valores mayores a uno al obtenerse por la suma de las dos densidades relativas. Esto se pueda encontrar en mezclas con una mayor capacidad de ocupación del espacio de las respectivas masas puras. De manera análoga al RDI, se puede corregir por el área basimétrica máxima de cada especie $S = \sum \frac{Gi}{G_{max_i}}$ (del Río y Sterba 2009).

Otra alternativa es expresar los valores del índice de densidad de Reineke en términos de una de las especies, transformado los valores de las otras especies mediante los coeficientes de equivalencia de densidad entre especies. Los coeficientes de equivalencia relacionan las máximas densidades entre especies, por ejemplo, para las especies 1 y 2 $DEC_{2-1} = \frac{SDI_{max1}}{SDI_{max2}}$. De este modo, se puede calcular la densidad de una masa mixta de las especies 1 y 2 con valores del índice de densidad de Reineke observados SDI_1 y SDI_2 en términos de la densidad de la especie 1 mediante la expresión $SDI_{1,2} = SDI_1 + SDI_2 \cdot DEC_{2-1}$ (ver Sección 7.4.4). En la revisión realizada por del Río et al. (2018) se describen en detalle distintas alternativas para caracterizar la espesura en masas mixtas.

4.5 Variación y diferenciación de tamaños

4.5.1 Coeficiente de variación de la distribución de tamaños

Los coeficientes de variación de las distribuciones de diámetros y alturas de los árboles, u otra variable que refleje su tamaño (volumen, copa, etc.), se utilizan a menudo para cuantificar la heterogeneidad estructural de la masa. El coeficiente de variación se calcula con el cociente de la desviación típica y la media de la muestra, que para el diámetro tendría la expresión $\text{CVd} = \frac{\sqrt{\frac{\sum_{i=1}^{n}(d_i - \bar{d}^2)}{n-1}}}{\bar{d}} \times 100$ donde CVd corresponde al coeficiente de variación del diámetro del árbol, $\bar{d}$ el diámetro medio aritmético y $d_g = 1$ ... n el diámetro normal de los árboles que forman la masa. El coeficiente de variación de la distribución en altura se calcula de forma análoga y caracteriza la estructura vertical.

4.5.2 Índice de diferenciación basado en n vecinos

El grado de diferenciación en una masa se puede estimar a partir de la comparación de tamaños entre cada árbol y sus vecinos más próximos. El índice de diferenciación en diámetro T_i, basado en este concepto, cuantifica la heterogeneidad del diámetro en la vecindad inmediata del árbol i (Füldner 1995, 1996, por Gadow 1993). Para el árbol central i, $i = 1 ... n$ y sus vecinos más cercanos j, $j = 1 ... n$, la diferenciación en diámetro T_j se define como $T_i = \frac{1}{n} \times \sum_{j=1}^{n} r_{ij}$, con $r_{ij} = 1 - \frac{\min(d_i, d_j)}{\max(d_i, d_j)}$, donde n es el número de árboles y d_i y d_j son los diámetros del árbol central y de sus vecinos, respectivamente.

Füldner (1995) considera que un grupo estructural de cuatro individuos formado por un árbol central y sus tres vecinos más cercanos es particularmente adecuado como base para el cálculo de T. Este principio se muestra en la Figura 4.28. El grupo estructural de cuatro consiste en un árbol central i y sus n = 3 vecinos más cercanos. En este ejemplo la diferenciación en diámetro da como resultado un valor de

$$T_i = \frac{\left(1 - \frac{40}{40}\right) + \left(1 - \frac{40}{60}\right) + \left(1 - \frac{20}{40}\right)}{3} = \frac{0{,}00 + 0{,}33 + 0{,}50}{3} = 0{,}28$$

El rango de valores de T_i puede variar de 0 a 1,0. Si la diferenciación en diámetro es baja, como en plantaciones o masas muy maduras tratadas mediante claras selectivas según el concepto de árboles de futuro o porvenir (solo quedarán estos árboles en pie), los valores de

T_i se acercan a cero. La diferenciación máxima en diámetro en bosques tratados por entresaca o masas mixtas de montaña ofrece valores de T_i cercanos a 1,0.

La diferenciación en diámetro media dentro de una masa puede obtenerse promediando todos los valores de T_i mediante $\overline{T} = \frac{1}{n} \times \sum_{i=1}^{n} T_i$. Sin embargo, si se hace esta media, la información sobre la constelación de crecimiento específica de la masa y común entre el árbol central y su primer, segundo y tercer vecinos se pierde. Por lo tanto, para esta situación <u>Füldner (1995)</u> propone el cálculo de $\overline{T1} = \frac{1}{n} \times \sum_{i=1}^{n} T1_i$. Aquí, T_{1i} es la diferenciación en diámetro del árbol i y su primer vecino, calculado de acuerdo con la fórmula anterior. En consecuencia, $\overline{T}$ cuantifica la diferencia en diámetro media del árbol central y del primer vecino. Usando el mismo enfoque, es posible calcular $\overline{T}_2$ y $\overline{T}_3$, que reflejan la situación de la competencia media de todos los pies con respecto a su segundo o tercer vecino. En el ejemplo de la <u>Figura 4.28</u>, se dan valores de $T1_i = 1 - \frac{40}{40} = 0,00$, $T2_i = 1 - \frac{40}{60} = 0,33$, y $T3_i = 1 - \frac{20}{40} = 0,5$.

La <u>Figura 4.29</u> representa de forma sobredimensionada (el diámetro del fuste se representa diez veces mayor) los mapas de distribución de pies en masas puras y mixtas de pícea, abeto y haya, con valores de T medios que van desde 0,22 en masas puras de pícea a 0,46 en masas mixtas entresacadas de pícea-abeto-haya. En la masa pura de pícea, el análisis detallado de la diferenciación resulta en valores $\overline{T}_1, \overline{T}_2, \overline{T}_3$ de 0,23, 0,23 y 0,21. En la masa mixta de pícea y haya, con dos pisos de altura, se obtienen valores $\overline{T}_1, \overline{T}_2, \overline{T}_3$ de 0,32, 0,31 y 0,32, respectivamente. La masa entresacada presenta una mayor diferenciación en diámetro en el entorno inmediato, con valores de 0,48, 0,46 y 0,45, respectivamente.

Otra forma de expresar la variación en niveles de diferenciación dentro de la masa, además de ofreciendo valores de $\overline{T}_1, \overline{T}_2, \overline{T}_3$, es presentar la distribución de valores T_i en la masa. En la <u>Figura 4.30</u> se presenta la distribución de T_i para una masa irregular de pino piñonero con un valor $\overline{T}_3$ de 0,43, donde se observa una mayor abundancia en las clases 0,5 y 0,6. En la figura también se muestra los resultados de aplicar este índice a otra variable del árbol, además de al diámetro normal (d), como son la altura total del árbol (sp), la superficie de copa (spc) y la longitud de copa (lc), en todos los casos calculado con los tres vecinos más cercanos de cada árbol. Los valores medios de estos índices son 0,43, 0,40, 0,44 y 0,55 respectivamente. En este ejemplo se observa que, aunque la diferenciación media en diámetro y en superficie de copa son similares, sus distribuciones son diferentes, con más dispersión en el caso de la superficie de copa.

4.5.3 Otras características de las distribuciones de tamaños

Además del coeficiente de variación y la diferenciación, existen otros índices y características de las distribuciones de tamaños en las masas forestales que pueden ser de utilidad para describir la estructura. Entre los índices más utilizados se encuentra el coeficiente de Gini, que mide la desigualdad de la distribución de tamaños. En el <u>capítulo 5</u> se explica cómo se calcula este índice (<u>Sección 5.3</u>) y se muestran ejemplos de su uso (<u>Sección 5.6</u>). Entre las

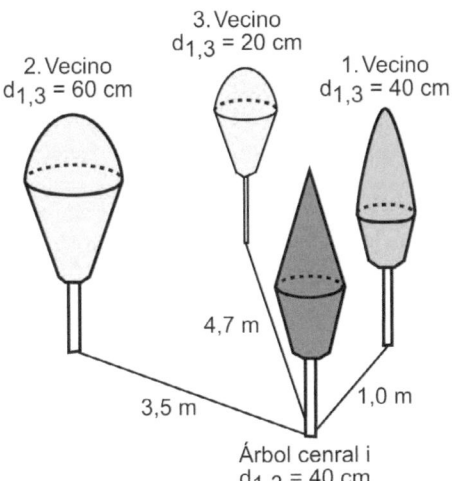

Figura 4.28 El grupo estructural de cuatro individuos consiste en un árbol central i y sus tres vecinos más cercanos j = 1 ... 3. Para este grupo ilustrado de forma esquemática, la diferenciación en diámetro resulta ser un valor de $T_i = 0,28$.

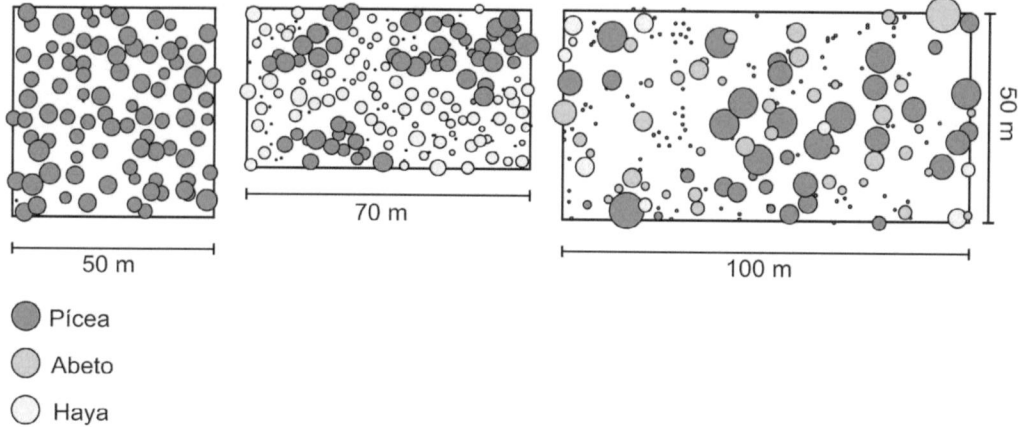

Figura 4.29 Cálculo de la diferenciación en diámetro $\overline{T}$ a partir de mapas de distribución de pies. Las diferenciaciones en diámetro resultan para (a) masa pura de pícea $\overline{T}$ = 0,22, $\overline{T1}$= 0,23, $\overline{T2}$ = 0,23 y $\overline{T3}$ = 0,21, (b) masa mixta de pícea / haya $\overline{T}$ = 0,32, $\overline{T1}$ = 0,32, $\overline{T2}$ = 0,31 y $\overline{T3}$ = 0,32 y (c) masa entresacada de pícea-abeto-haya $\overline{T}$ = 0,46, $\overline{T2}$ = 0,48, $\overline{T2}$ = 0,46 y $\overline{T3}$ = 0,45.

características de la distribución de tamaños cabe citar el rango de la distribución, los valores mínimo y máximo, y de especial interés, la asimetría y la curtosis de la distribución, que también se explican en la Sección 5.3. En masas mixtas, pueden ser de utilidad índices que reflejen la relación de tamaños relativos entre especies, la dominancia de cada especie, así como el grado de solape entre las distribuciones de las especies (del Río et al. 2018; Torresan et al. 2020). Por ejemplo, el cociente del diámetro medio cuadrático de una especie entre el diámetro medio cuadrático de la masa o el área basimétrica de los pies mayores media de la especie indican si la especie es dominante en tamaño o no dentro de la masa; el cociente de una variable de tamaño de una especie frente a otra puede reflejar si hay estratificación entre las especies; el coeficiente de variación entre especies de características de la distribución de tamaños (valor mínimo, medio, máximo, etc.) refleja el grado de solape entre las distribuciones de tamaños de las especies.

4.6 Diversidad de especies y estructura vertical de la masa

4.6.1 Riqueza y diversidad de especies

En primer lugar, hay que indicar que con frecuencia los términos de riqueza y diversidad de especies se usan de forma variable en la literatura (Hattemer 1994, Konnert 1992, pp. 26-30). En lo sucesivo, se entiende por riqueza de especies al número observado de especies, o en el caso de riqueza genética el número de genotipos, alelos, etc. La riqueza de especies es un índice fácil de interpretar, sin embargo, no ofrece información sobre la abundancia de cada una de las especies en la masa, por lo que se han desarrollado índices de diversidad de especies que tienen en cuenta estas abundancias o proporciones de especies. Un primer índice de diversidad es el índice D, usado inicialmente para cuantificar la diversidad genética, que tiene en cuanta las frecuencias o proporciones de las especies presentes en la masa, si le distribución es homogénea la diversidad es máxima mientras que si las frecuencias son desequilibradas disminuye. La expresión $D = \left[\sum_{i=1}^{n}(p_i)^2\right]^{-1}$. En esta expresión, n representa el número de especies y p_i la frecuencia de cada especie para $i, i = 1...n$.

Un índice muy común para la cuantificación de

4.6 Diversidad de especies y estructura vertical de la masa

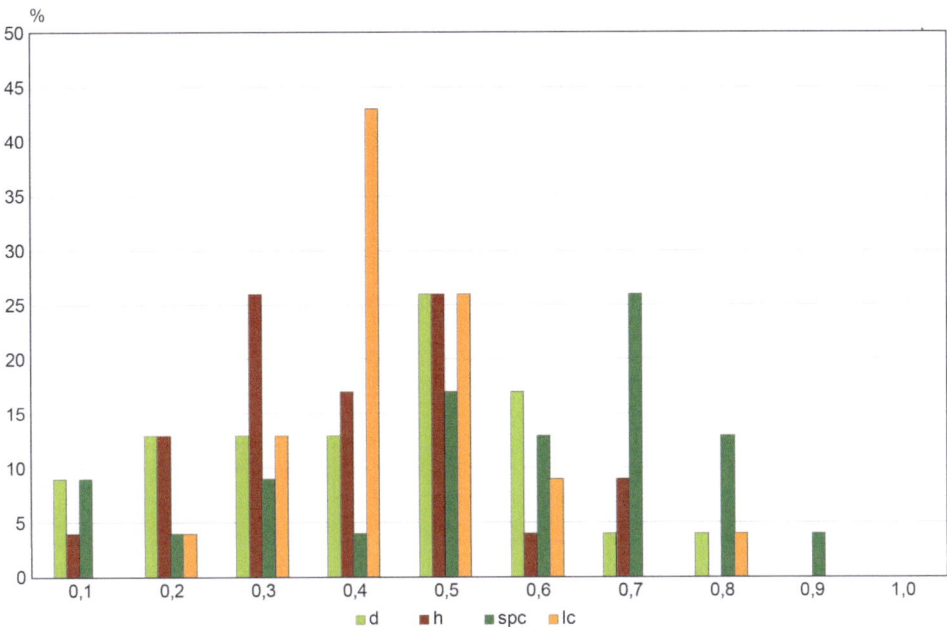

Figura 4.30 Distribución del índice de diferenciación Ti en una masa irregular de pino piñonero, calculado a partir del diámetro normal (d), altura total (h), superficie de copa (spc) y longitud de copa (lc) de cada individuo y sus tres vecinos más próximos. Los valores medios de la masa son 0,43, 0,40, 0,44 y 0,55 respectivamente.

la diversidad y que también se basa en las cantidades y frecuencias con que las especies ocurren, es el índice de Shannon $H = -\sum_{i=1}^{n} p_i \times \ln p_i$ donde H es el número de especies y p_i la proporción de cada especie en la población. Este índice fue desarrollado por Shannon y Weaver para la teoría de la información y fue traducido con éxito en la descripción de la diversidad de especies en sistemas biológicos (Shannon 1948). En su aplicación a las masas forestales, el índice H se compone del producto de la proporción p_i de cada especie y de la parte logarítmica $ln(p_i)$, donde la proporción se puede calcular en número de individuos, en área basimétrica u otra medida de ocupación. Al integrar en la expresión de forma multiplicativa las proporciones de cada especie transformadas logarítmicamente, el índice aumenta en mayor proporción por la presencia de especies raras, y en menor proporción por las especies dominantes. Esto es consistente con la idea de que la presencia de un número relativamente bajo de especies raras contribuye más a la diversidad que un número alto de especies dominantes (ver Tabla 4.5).

4.6.2 Índice de uniformidad E

Para una masa con un número dado de especies S, la diversidad máxima resulta en $N = ln(S)$, de modo que el cociente entre la diversidad observada y la diversidad máxima proporcionan una diversidad estandarizada $E = \frac{H}{H_{max}} \times 100$. El índice de uniformidad E alcanza su valor máximo con la mayor mezcla posible, es decir, para proporciones iguales de todas las especies presentes, $E = 100$. Con un orden, diversidad o entropía decrecientes, la uniformidad tiende a $E = 0$.

La Tabla 4.5 muestra el índice de diversidad de Shannon, la diversidad máxima y el índice de uniformidad como ejemplo para tres masas mixtas teóricas con cuatro especies mezcladas en distintas proporciones. En la masa A, las especies se presentan en proporciones iguales, es decir con un 25 % cada una, por lo que el índice de Shannon H es igual a la diversidad máxima H_{max} y el índice de uniformidad es E = 100 %. Cuanto más desequilibradas sean las proporciones de la mezcla de las cuatro especies en las masas B y C, menor será la diversidad H. En la

Tabla 4.5 Ejemplo teórico de cálculo del índice de Shannon H, máxima diversidad $H_{max} = \ln(S)$ e índice de uniformidad E. Cálculos para tres masas mixtas(A, B y C) con diferentes proporciones de mezcla de las especies 1, 2, 3 y 4.

Especie	Masa A			Masa B			Masa C		
	p_i	$\ln p_i$	$p_i \times \ln p_i$	p_i	$\ln p_i$	$p_i \times \ln p_i$	p_i	$\ln p_i$	$p_i \times \ln p_i$
Especie1	0,25	-1,3863	-0,3465	0,60	-0,5108	-0,3065	0,90	-1,1054	-0,0948
Especie2	0,25	-1,3863	-0,3465	0,20	-1,6094	-0,3219	0,05	-2,9957	-0,1498
Especie3	0,25	-1,3863	-0,3465	0,15	-1,8971	-0,2846	0,03	-3,5066	-0,1052
Especie4	0,25	-1,3863	-0,3465	0,05	-2,9957	-0,1498	0,02	-3,9120	-0,0782
H			1,3863			1,0628			0,4280
H_{max}			1,3863			1,3863			1,3863
E(%)			100			77			31

masa B con una distribución más desequilibrada el valor de E se reduce a 77 %, mientras que en la masa C donde la especie1 tiene una proporción del 90 % solo se alcanza un 31 % de la diversidad máxima ($E = 77$ % o $E = 31$ %). Por lo tanto, el Índice de Shannon y el de uniformidad disminuyen a medida que disminuye el equilibrio entre especies. En masas puras, $p_i = \frac{n_i}{N} = 1$ y $H = 0$ debido a que $ln(1) = 0$. Esto también resulta en $H_{max} = 0$ y $E = 0$, que es equivalente a un mínimo de diversidad.

Al establecer la diversidad observada en relación con la diversidad máxima para un número dado de especies n, la uniformidad E representa una diversidad estandarizada o relativizada. Por lo tanto, la uniformidad S también es adecuada para caracterizar masas con diferentes números de especies S en términos de su proximidad o desviación de la máxima diversidad y desorden. Dado que en el índice H solo se incluyen la presencia de especies, pero no el patrón de ocupación, las masas forestales estructuralmente muy diferentes, como se ilustra en la Figura 4.28, a y b, pueden tener el mismo índice de diversidad $H = 0.67$.

4.6.3 Índice del perfil de especies

El índice del perfil de especies (A) (Pretzsch 1996) se basa en el principio del índice de diversidad de especies H de Shannon (1948) pero también tiene en cuenta la estructura vertical de la masa, es decir, cómo se distribuyen las especies en el perfil vertical de la masa. El índice de perfil de especies se calcula como $A = -\sum_{i=1}^{S} \sum_{j=1}^{Z} p_{ij} \times \ln\left(p_{ij}\right)$ donde S es el número de especies presentes en la masa, Z el número de zonas de altura (estratos o pisos verticales considerados), p_{ij} la proporción de cada especie por zona ($p_{ij} = \frac{n_{ij}}{N}$), n_{ij} el número de individuos de la especie i en la zona o estrato del dosel y N el número total de individuos.

Para la aplicación de este índice es necesario establecer los estratos de altura. En el ejemplo de la Figura 4.28 se establen tres zonas de altura $j = 1$ a 3, que van desde 0-50 %, 50-80 % y 80-100 % de la altura máxima de la masa (Figura 4.31). En cada zona j se determina el número de individuos de la especie i y la proporción de cada especie en cada zona para calcular el índice A, que cuantifica conjuntamente la diversidad de especies y cómo ocupan verticalmente el dosel.

En el ejemplo de la Figura 4.31 y Tabla 4.6, la masa a) es una masa regular con un solo piso en el dosel de copas, por lo que la mayor parte de los individuos se concentran en la zona 1 del 100-80 % de la altura máxima de la masa. El valor resultante del índice de perfil de especies es 1,00. La masa b) tiene una estructura de tamaños irregular con individuos en distintos pisos o estratos, especialmente de la especie 2, que podría ser por ejemplo una especie toleran-

4.6 Diversidad de especies y estructura vertical de la masa

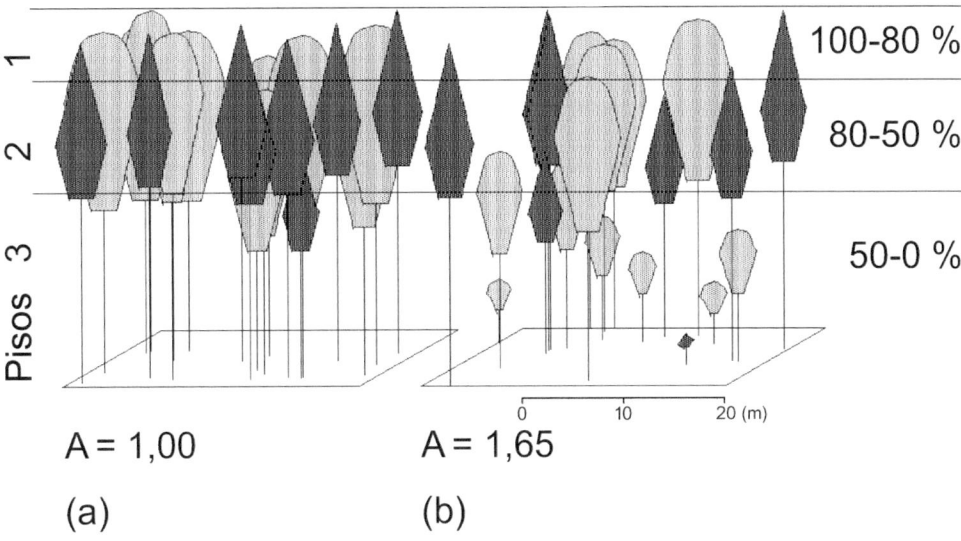

Figura 4.31 Pisos o estratos de altura para determinar el índice del perfil de especies A. La masa se divide en tres zonas de altura que van desde el 100-80 %, 80-50 % y 50-0 % de la altura máxima de la masa. Para el cálculo del índice A, se contabiliza la proporción de cada especie en cada estrato de altura.

te a la sombra como el haya. En este segundo caso el valor del índice es consecuentemente más elevado (1,665). De forma similar que, en el índice de Shannon, las especies raras y aquellos árboles, que se encuentran en zonas de altura poco densas, tienen mayor influencia en el índice A. Cualquier desviación de la masa pura de un solo piso, que tendría un valor de A= 0, se refleja en un marcado aumento en el índice del perfil de especies A.

En lugar de asignar individuos a las zonas de altura, también se podrían asignar a $j = 1 ... Z$ clases diamétricas. Sin embargo, para un diámetro dado se pueden presentar alturas muy diferentes según la especie y el tratamiento, representando peor el reparto de especies por tamaños. Por lo tanto, este índice es más útil para la estructura vertical.

4.6.4 Índice del perfil de especies normalizado

El valor máximo posible del índice de perfil de especies es, para un número dado de tipos Z y Z, $A_{max} = ln(S \times Z)$. Por lo tanto, el índice A se puede normalizar de la siguiente forma $A_{rel} = \frac{A}{\ln(S \times Z)} \times 100$. A_{rel} permite realizar comparaciones de estructuras masas que naturalmente tienen diferente abundancia de especies, como los bosques tropicales de montaña y los bosques mixtos de Europa Central. En tales casos, el índice A_{rel} indica lo cerca que está la estructura de una masa determinada de la máxima estructuración posible bajo determinadas condiciones naturales de número de especies y estratos considerados.

Para las masas que se muestran en la Figura 4.28, el índice resulta en valores de A_{rel} = 1,0 / 1,79 × 100 = 56 % A_{rel} = 1,65 / 1,79 × 100 = 92 %. Esto significa que la masa que se muestra en la Figura 4.28b se encuentra próxima a la estructura máxima posible que se diera si el número total de individuos N se distribuyera en proporciones iguales entre todas las especies y zonas de altura existentes. En la Figura 4.32 se presenta cómo varían el índice del perfil de especies A y el índice de perfil de especies normalizado A_{rel} para masas puras y mixtas con distinto grado de estratificación vertical.

La Figura 4.32a–d muestra como los índices A y A_{rel} cuantifican aproximadamente lo que se entien-

Tabla 4.6 Proporción de especies para el cálculo del índice del perfil de especies A para las masas mixtas que se muestran en la Figura 4.31. Aquí se muestran las proporciones de cada especie p_{ij} por separado según las zonas de altura y la especie correspondiente.

	Masa a)		Masa b)	
	Especie 1	Especie 2	Especie 1	Especie 2
Piso 1 (100-80 %)	0,35	0,55	0,25	0,25
Piso 2 (80-50 %)	0,05	0,05	0,10	0,10
Piso 3 (50-0 %)	0,00	0,00	0,05	0,25

de en la práctica forestal como diversidad estructural. El índice A en masas puras de un solo piso (a) es el más bajo, aumentan en masas puras de dos o más pisos (b), y en masas mixtas (c) y alcanzan los valores más elevados en masas mixtas altamente estructuradas que ocupan gran parte del dosel vertical (d). A_{rel} indica hasta qué punto las masas se acercan a la diversidad máxima posible dada para un determinado número de especies.

4.6.5 Consideraciones sobre la proporción de especies en masas mixtas

En los índices anteriores la proporción de la especie i (p_i) se define como el cociente del número de pies de la especie i entre el número total de individuos en la masa. Sin embargo, desde un punto de vista selvícola puede ser mucho más relevante indicar la proporción de la especie en área basimétrica, en volumen o en biomasa, ya que refleja mejor el grado de ocupación de cada especie. Otra alternativa de utilidad para estudios más detallados es la estimación de la proporción en índice de área foliar. Estas proporciones también se pueden utilizar para calcular, por ejemplo, el índice Shannon.

No obstante, cuando la capacidad de ocupación de la estación difiere mucho entre las especies, incluso las proporciones en área basimétrica o en volumen ofrecen poca información sobre la ocupación del espacio por parte de cada especie. Por ello, se recomienda el uso de la proporción de especies por área, que considera la capacidad máxima de ocupación de cada especie, bien mediante el concepto de densidad máxima de Reineke (SDI_{max}) o mediante el área basimétrica máxima (Sterba y Monserud 1993). El cálculo del área ocupada por cada especie en una mixta se calcula como la superficie $\sum a_i$ que ocuparía la especie i en una masa pura de densidad completa o máxima, y la proporción sería este valor entre la suma de las respectivas superficies de todas las especies $\sum a_i$. Por ejemplo, si se utiliza el concepto de densidad máxima de Reineke, en una masa mixta de dos especies 1 y 2 con densidades observadas SDI_1 y SDI_2 y densidades máximas $SDI_{1\,max}$ y $SDI_{2\,max}$, la proporción en área se puede calcular mediante el uso de los coeficientes de equivalencia (Sección 4.4.7), expresando la densidad de las dos especies en términos de la especie 1; así la proporción de la especie 1 será $p_1 = \frac{SDI_1}{SDI_1 + SDI_2 \cdot DEC_{2-1}}$. Igualmente, se pueden usar las densidades relativas (RD_i), que también consideran las distintas capacidades de carga densidades o máximas de cada especie para calcular las proporciones ($p_i = \frac{RD_i}{\sum RD}$). Se puede encontrar más información sobre las distintas definiciones de proporción de especies en la revisión sobre la caracterización de la estructura en masas mixtas de del Río et al. (2018).

4.7 Grado de mezcla de especies

Normalmente para describir una masa mixta se utiliza el número de especies y la proporción de cada una de ellas. Como se ha visto, estos valores permiten describir la diversidad de especies y la abundancia. Sin embargo, los índices descritos no ofrecen información sobre cómo es la mezcla de especies. La distribución espacial de las especies que confor-

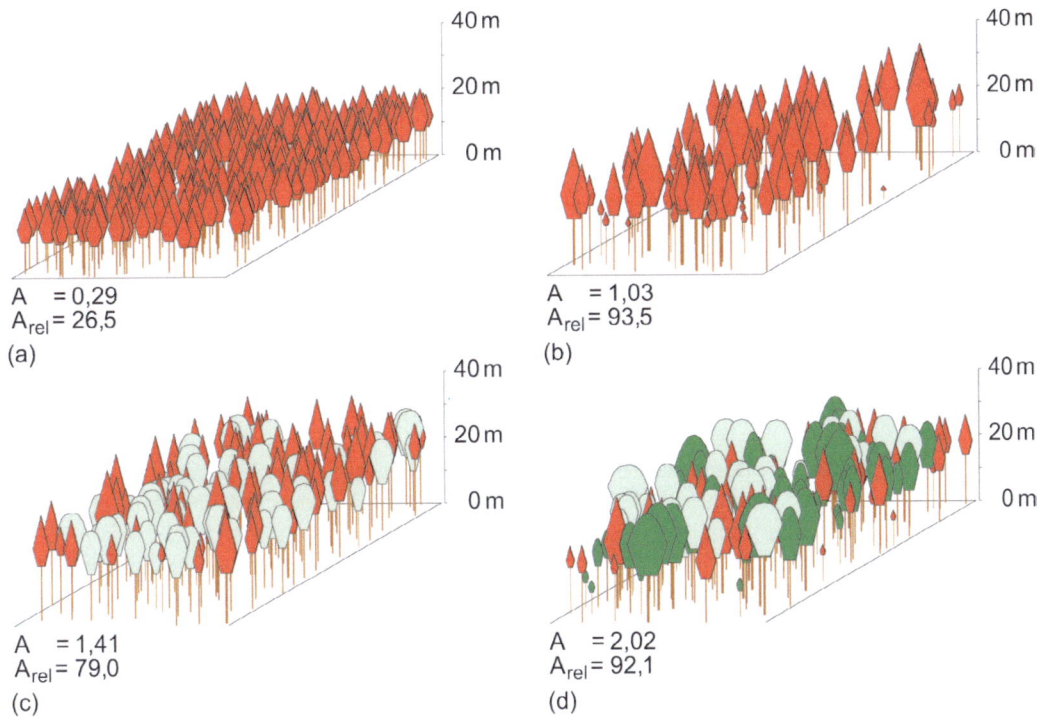

Figura 4.32 Índice de perfil de especies A e índice de perfil de especies normalizado Arel para una masa pura y mixta, de uno o múltiples pisos.(a) masa pura de un solo piso y grado de densidad completo; (b) masa con grado de densidad incompleta de múltiples pisos; (c) masa mixta de un solo piso; (d) masa irregular de tres especies.

man una mezcla puede tener mucha importancia en la dinámica de la masa. Si las especies se mezclan pie a pie, la competencia de un árbol será fundamentalmente interespecífica, mientras que, si la mezcla es por pequeños golpes o bosquetes, la competencia que domine será intraespecífica. Este hecho puede tener gran transcendencia, ya que, si la interacción entre las especies es de facilitación y/o complementariedad de nichos, el efecto positivo de esta interacción en el desarrollo del árbol será relevante si la mezcla es pie a pie, mientras que será inapreciable cuando la mezcla es por grupos o bosquetes. No obstante, el patrón espacial de la mezcla suele ser reflejo del tipo de interacción entre especies dominante. Cuando la mezcla es por golpes o bosquetes puede ser reflejo de una competencia interespecífica muy fuerte, mientras que una mezcla pie a pie puede ser el resultado de una mayor competencia intraespecífica. Asimismo, el tipo de intervención selvícola a realizar puede variar dependiendo del grado de mezcla, pie a pie, en grupos o incluso si las especies se distribuyen en filas. Por lo tanto, es importante disponer de índices que reflejen el patrón o grado de mezcla de las especies.

4.7.1 Índice de mezcla de Füldner (1996)

4.7.1.1 Bases metodológicas

El índice de mezcla M_i de Füldner (1996) describe la estructura espacial de la mezcla de especies en una masa forestal. La índice de mezcla M_i del árbol i se define como la proporción de n árboles vecinos que son de diferentes especies $M_i = \frac{1}{n} \times \sum_{j=1} v_{ij}$, donde i es el árbol central i, j son los árboles vecinos $j, j=1...n$, v el número de vecinos incluidos en la evaluación y v_{ij} es una variable dummy que toma el valor 0 si un vecino j pertenece a la misma especie que el árbol central i y 1 si el vecino j pertenece a otra especie.

En el caso del grupo estructural de cuatro árbo-

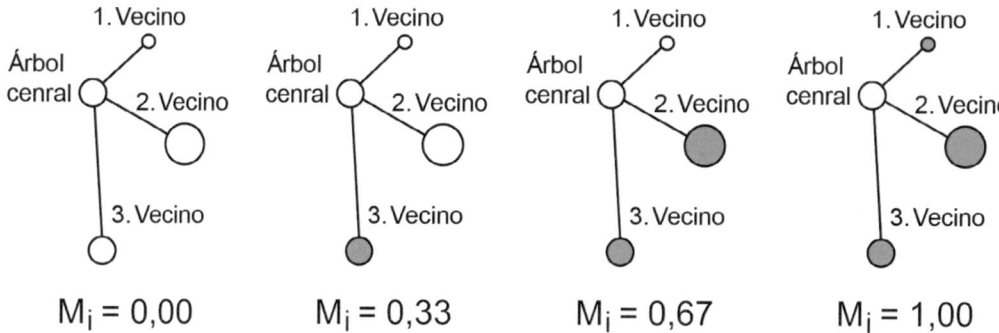

Figura 4.33 Ilustración del índice de mezcla M. Cuando se considera el grupo estructural de cuatro árboles con un número de vecinos $n = 3$, el índice de mezcla M_i puede ser 0,00, 0,33, 0,67 o 1,00.

les usado en el índice de diferenciación con el árbol central y sus tres vecinos más próximos (Sección 4.5.2), M_i puede asumir cuatro valores discretos, como se muestra en la Figura 4.33 (Füldner 1996). El índice de mezcla M se convierte en $M_i = 0{,}00$ si todos los árboles del grupo pertenecen a la misma especie, $M_i = 0{,}33$ si un vecino del árbol central pertenece a otra especie, $M_i = 0{,}67$ si dos de los tres vecinos son de una especie diferente al árbol central y $M_i = 1{,}0$ si todos los vecinos del árbol central pertenecen a una especie diferente. En este último caso, por ejemplo, M_i se calcula de la siguiente forma: $M_i = (1 + 1 + 1)/3 = 1$.

Para calcular la mezcla promedio en una masa, los valores individuales de M_i se agregan y se dividen por el número de pies N de la masa $\overline{M} = 1/N \sum_{i=1}^{N} M_i$.

Donde N es el número de árboles en la masa. M toma valores de $0 \leq M \leq 1$. El valor promedio se puede determinar tanto para toda la masa, como por separado para todas las especies de la masa. Cuanto mayor sea el valor específico de una especie $\overline{M}$, mayor es la mezcla individual de la especie seleccionada con las otras especies presentes en la masa. Los valores bajos indican un agrupamiento de esta especie en bosquetes.

4.7.1.2 Ejemplo de aplicación.

En la Figura 4.34 se muestra, con un diámetro del tronco sobredimensionado 8 veces, ejemplos de tres mezclas de dos especies con distinta distribución espacial de las especies, en filas, en pequeños bosquetes o pie a pie. Para estos tres tipos de grado de mezcla el índice M promedio de la masa toma los valores de $\overline{M} = 0{,}107, 0{,}217$ o 0,464. Cuanto más aisladas esté una especie en una masa mixta, mayor será el valor del índice de mezcla para esa especie.

4.7.2 Índice de segregación de Pielou

4.7.2.1 Bases metodológicas.

El índice de segregación S de Pielou (1977) describe de nuevo la combinación o mezcla de dos especies de acuerdo con el método del vecino más cercano (ver Sección 4.3). Para su cálculo, se determina la especie del vecino más cercano para todos los N árboles de la superficie de estudio, de modo que se estima el número de árboles presentes de las dos especies 1 y 2 (m, n), el número de árboles con vecinos de la misma especie (a, d) y con vecinos de otras especies (c, b) (Tabla 4.7). El índice de segregación S se define como: $S = 1-$ número observado de pares mixtos/número esperado de pares mixtos y varía entre -1 y +1. El término "número esperado de pares mixtos" se refiere a una distribución completamente aleatoria, es decir, independiente de la especie. El índice de segregación S se puede calcular fácilmente a partir de la Tabla 4.7 de la siguiente manera $S = 1 - (N \times (b + c))/(v \times n + w \times m)$. Si el número observado de pares mixtos es más alto de lo esperado, entonces $S < 0$ e indica una estre-

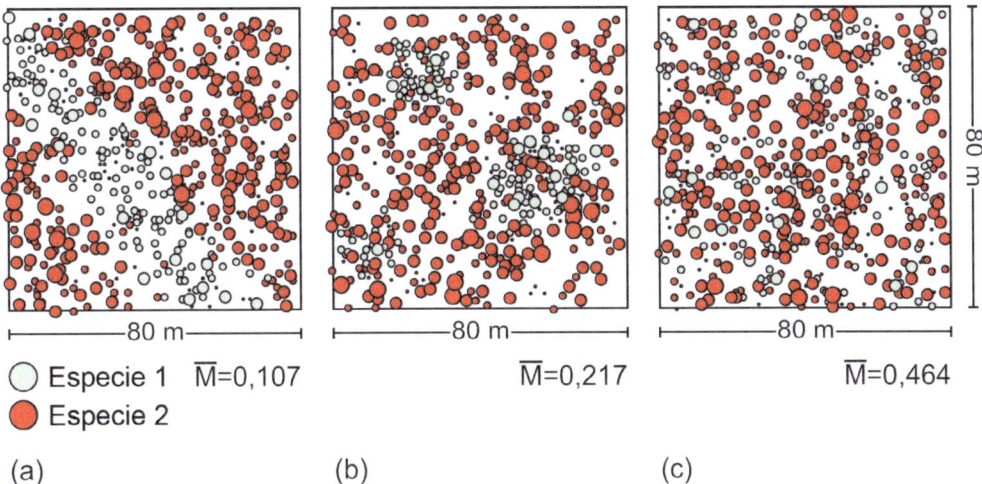

Figura 4.34 Ejemplos de mezcla por filas, grupos o bosquetes y mezcla pie a pie y cuantificación de la mezcla con el índice de grado de mezcla medio.

cha asociación entre las especies. Si el número observado de pares mixtos es más bajo de lo esperado, entonces $S > 0$ e indica una segregación, es decir, una separación espacial entre las especies. Si el número observado de pares mixtos corresponde al número esperado, entonces $S = 0$ y las especies se distribuyen independientemente unas de otras. Para eliminar el efecto de borde, solo se incluyen en el cálculo de S las plantas cuya distancia al borde de la superficie muestreada es mayor que la distancia al vecino más cercano.

4.7.2.2 Ejemplo de aplicación.

En la Figura 4.32 se presentan una amplia gama de grados de mezcla de dos especies (Pretzsch 1997). Las mezclas en golpes o bosquetes de dos tamaños diferentes (Figura 4.35, a y b) muestran valores de segregación de 0,43 y 0,11 (de mayor a menor tamaño de los bosquetes). Cuando los grupos de árboles son muy pequeños o la mezcla es pie a pie (Figura 4.35, c y d) disminuyen los valores del índice hasta -0,25. Los niveles altos de segregación reflejan una competencia intraespecífica pronunciada, mayor que la competencia interespecífica, es decir, niveles bajos de asociación entre especies y mayor frecuencia competencia interespecífica. La validación estadística de los patrones de distribución se basa en pruebas estadísticas para distribuciones X^2 según Upton y Fingleton (1985).

4.8 Consecuencias de la estructura para la dinámica de árboles y masas forestales

4.8.1 Estructura y productividad

La productividad de una masa forestal está condicionada por las características de su estructura. Además de la relación entre la espesura y la productividad, existen muchas evidencias de que otros aspectos de la estructura, como la diversidad de especies o la diversidad de tamaños, influyen en la productividad. En esta sección se presenta, además del efecto de la estructura inicial de la masa en el desarrollo de esta (Sección 4.8.1.1), el efecto de la distribución horizontal de los árboles en la productividad (Sección 4.8.1.2). En el capítulo 5 (Sección 5.8) se incluyen otros aspectos de la relación entre estructura y productividad como el efecto de la mezcla de especies y la distribución de tamaños. La productividad de la masa es mayor según aumento el número de especies, aunque a partir de cierto número esta relación tiende a asintotizar (Liang et al. 2016),

Tabla 4.7 Tabla de cuatro entradas con los conteos necesarios para el cálculo del índice de segregación S según Pielou (1977) para una mezcla de dos especies.

		Vecino más cercano		
		Especie 1	Especie 2	Total
Árbol de referencia	Especie 1	a	b	m
	Especie 2	c	d	n
	Total	v	w	N

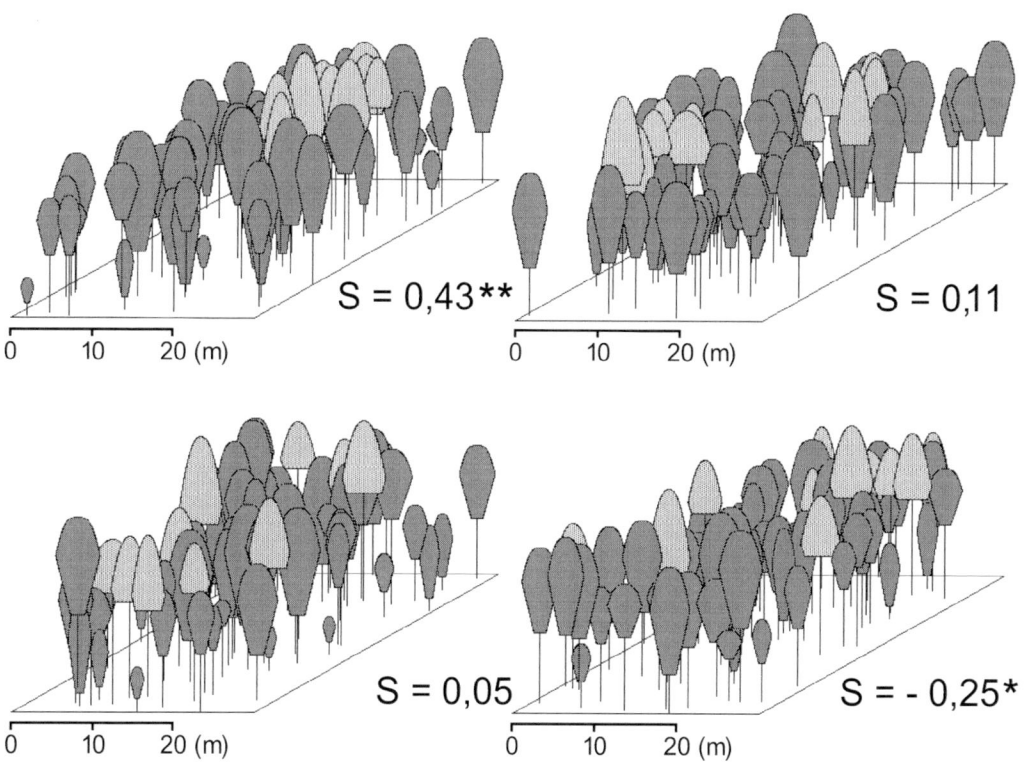

Figura 4.35 Identificación del grado de mezcla con el índice de segregación de Pielou (1977) en masas mixtas de dos especies con diferente distribución espacial de las especies. Los valores de S por encima de 0 indican una tendencia a la segregación, los valores por debajo de 0 indican una tendencia a la asociación. Una presencia independiente de la especie se indica mediante valores S = 0. Los símbolos ** y * muestran tendencias a la segregación o agregación estadísticamente significativas con niveles de significación del 1 % y 5 % respectivamente.

mientras que el efecto de la diversidad de tamaños es menos claro, variando entre masas puras y masas mixtas.

4.8.1.1 Relevancia de la estructura inicial en el desarrollo de la masa

La influencia de la estructura inicial en el desarrollo de la masa se ilustra a continuación utilizando como ejemplo dos masas mixtas con similares valores de masa, pero diferente estructura de la mezcla. Se trata de dos masas de pícea y haya con una edad de 30 años y que poseen los mismos valores poblacionales totales y medios, así como las mismas distribuciones de tamaño, pero en una de las masas las especies están asociadas, mezcla pie a pie, mientras que en la otra se agrupan en bosquetes (Figura 4.36, a y b, respectivamente). El ejemplo se basa en resultados de simulaciones con el simulador forestal SILVA 2.2 (Pretzsch et al. 2002). Al inicio de la simulación, 30 años, las alturas medias de la pícea y el haya son 14,4 y 10,3 m, respectivamente, y el área basimétrica es 22 m² ha^{-1}, repartido entre la pícea y haya según proporciones del 64 % y el 36 %, respectivamente. El desarrollo de la masa se simuló con unas condiciones de la calidad de estación en la cual se asigna un crecimiento potencial superior a la pícea que al haya. La simulación del desarrollo de la masa hasta la edad de 150 años se realiza sin intervenciones selvícolas; representando por lo tanto la dinámica resultante de la competencia natural entre las dos especies.

Bajo ceteris paribus, las diferencias en las estructuras iniciales tienen importantes consecuencias en el desarrollo de la masa hasta la edad de 150 años. La superioridad en altura de 4,1 m en la pícea al inicio se mantiene y aumenta con el paso del tiempo en la mezcla pie a pie, dando como resultado que la proporción de haya en la mezcla disminuye desde el 36 % inicial al 25 % a la edad de 150. La inferioridad del crecimiento de haya, en la mezcla pie a pie implica que la pícea puede dominar en mayor o menor medida en toda la superficie y aumentar su crecimiento a expensas del haya. En este tipo de mezcla se produce un aumento del crecimiento en volumen con respecto a la mezcla por bosquetes, de 3,0 m³ ha^{-1} año^{-1} entre los 50 y 80 años y de 0,5 a 1,0 m³ ha^{-1} año^{-1} a la edad de 150.

Por el contrario, el crecimiento más lento del haya tiene menos repercusión en la mezcla por bosquetes, ya que sufre menos la competencia de la pícea. En este caso, incluso presenta cierta ventaja a expensas de la pícea, de modo que su proporción en la mezcla aumenta hasta el 48 % a la edad de 150, y representa aproximadamente el 50 % del área basimétrica total. La evolución del crecimiento en volumen variable y de la diferencia entre el crecimiento en la mezcla pie a pie y el de la mezcla por bosquetes representadas en la Figura 4.33 muestran que la elección de la mezcla pie a pie sobre la mezcla por bosquetes conlleva un crecimiento más rápido, un nivel de proporción absoluto mayor y una contribución decreciente del haya al crecimiento. A la edad de 150, el área basimétrica aumenta de 44,4 a 48,4 m² ha^{-1}, el volumen en pie de 857 a 956 m³ ha^{-1} año^{-1} y el número de pies por hectárea de 147 a 159 pies ha^{-1}. Por lo tanto, el efecto de la estructura inicial se refleja tanto en la composición de las especies como en la velocidad y el valor del crecimiento.

4.8.1.2 Distribución horizontal y productividad

Un aspecto interesante del efecto de la estructura de la masa en su productividad es analizar si el patrón de distribución horizontal modifica la producción. Relacionando el índice de agregación R de Clark y Evans (1954) con el crecimiento de la masa se puede identificar si la productividad depende del patrón de distribución horizontal.

En la Figura 4.37 se muestra esta relación para masas mixtas de pícea-abeto-haya obtenida a partir de simulaciones. Este estudio se basa en una exploración previa de los valores del índice R en este tipo de masa (Biber 1997) y a lo largo del desarrollo de la masa (Pretzsch 1993), donde se define el rango de

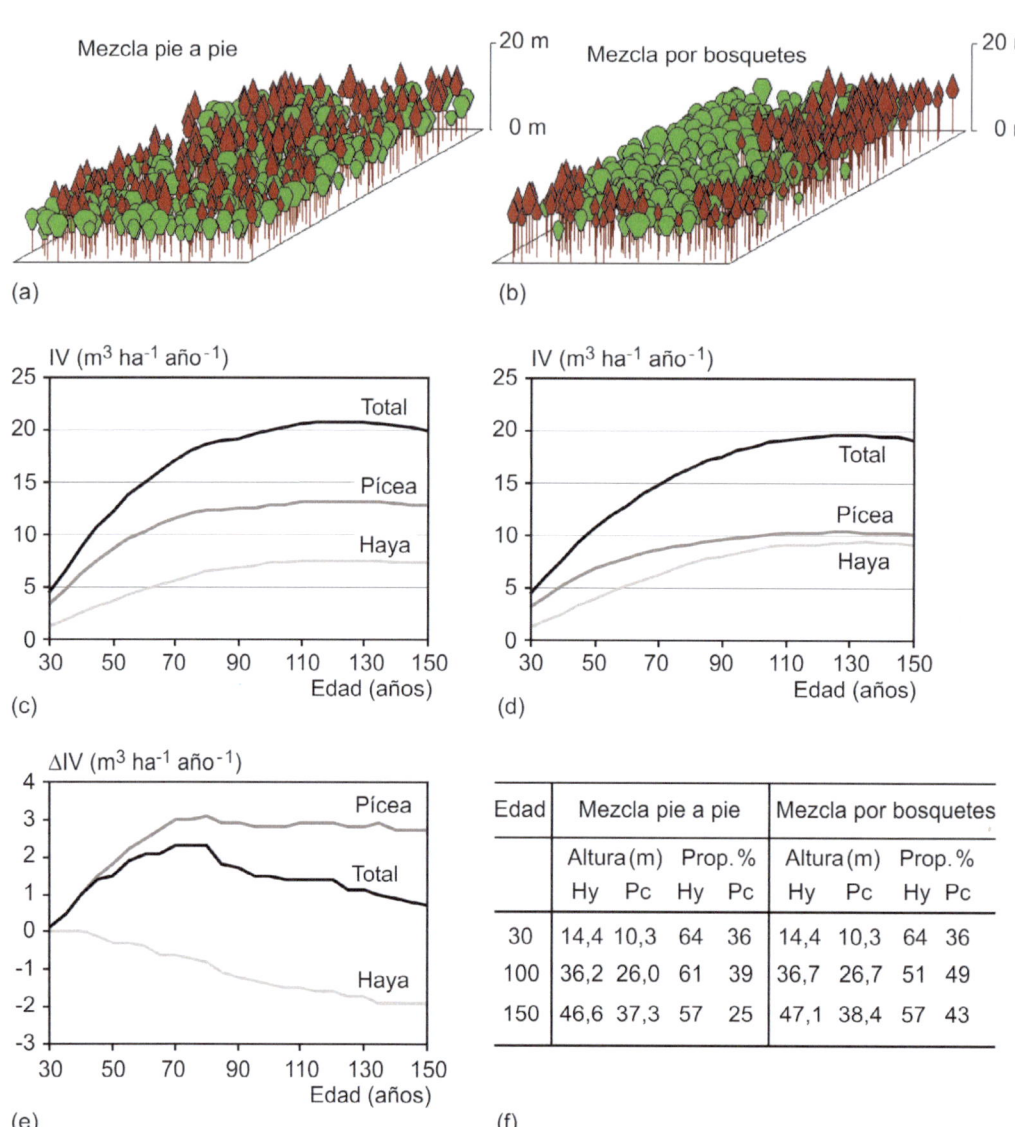

Figura 4.36 Efecto de la estructura inicial en el desarrollo de masas mixtas de pícea / haya, según los resultados de una simulación ejecutada desde la edad inicial de 30 hasta 150 años. (a y b) La simulación comienza con masas de 30 años que son idénticas en sus valores totales y medios. En una masa, la pícea y el haya se mezclan individualmente pie a pie mientras que en la otra se mezclan por bosquetes. La simulación representa el desarrollo de la masa sin intervenciones selvícolas. (c y d) Desarrollo del crecimiento en volumen IV en la mezcla pie a pie y la mezcla por bosquetes. (e) crecimiento en volumen de la mezcla pie a pie con respecto al de la mezcla por bosquetes (DIV=$IV_{pie\,a\,pie} - IV_{bosquetes}$). (f) Desarrollo de los valores medios y de las proporciones de mezcla específicas de cada especie entre las edades de 30 y 150 años.

simulación de la distribución espacial de 0,9 a 1,9 (de aleatorio a regular). Los resultados de las simulaciones (Pretzsch 1995) indican que el crecimiento en área basimétrica máximo se obtiene con una distribución espacial de los árboles regular. Con una distribución aleatoria (R = 1.0) se alcanza aproximadamente el 95 % del crecimiento máximo. A partir de índices de agregación R = 0.9, el crecimiento en área basimétrica disminuye casi de forma lineal (Figura 4.37, de izquierda a derecha).

4.8.2 Efecto de la mezcla de especies con distintas características estructurales y funcionales sobre la estabilidad del crecimiento de la masa

La estabilidad en el crecimiento de la masa y su resiliencia a perturbaciones naturales como plagas, derribos por viento o roturas por nieve, o antrópicas como las claras, dependen de la composición de especies y la estructura de la masa. La estabilidad y la resiliencia del crecimiento se refieren a la capacidad de una masa para mantener su crecimiento en mayor o menor medida durante una perturbación, o para volver al nivel anterior de crecimiento una vez cesa dicha perturbación. La Figura 4.38 muestra una representación esquemática de la estabilidad y la resiliencia del crecimiento en volumen de una masa para distintos niveles de ocupación del dosel de copas (expresado en el eje X por del volumen) con (a) la edad del árbol, (b) la plasticidad fenotípica específica de la especie, y (c) la combinación de diferentes especies y tamaños de árboles.

Debido a un tamaño de la copa más pequeño en las masas jóvenes, los claros que surgen a través de las claras u otros tratamientos selvícolas que afectan al dosel de copas, son relativamente pequeños, por lo que estabilidad y resiliencia ante cambios en el dosel de copas es mayor. Con el desarrollo del árbol, los claros creados por el árbol extraído se hacen cada vez más grandes. El incremento degresivo en la altura del árbol y del tamaño de la copa también implica que el crecimiento en altura y del ancho de las copas son mayores en la juventud y disminuyen con la edad. Debido a que los claros en la edad más avanzada suelen ser más grandes y se cierran más lentamente, la estabilidad y la resiliencia del crecimiento en las masas maduras (Figura 4.38a línea inferior) son menores que en las jóvenes (Figura 4.38a línea superior).

La Figura 4.38b muestra el efecto de la plasticidad de la copa sobre el crecimiento de la masa. En la Sección 2.2, se introdujeron las geometrías y plasticidad de las copas específicas de cada especie. Especies como el haya pueden retrasarse en el crecimiento en altura respecto a otras especies, pero tienen una capacidad superior para ocupar claros a través de la expansión lateral de la copa. Otras especies como el pino silvestre poseen una menor capacidad para la expansión lateral de la copa y la ocupación de los claros. Por lo tanto, las especies de árboles fenotípicamen-

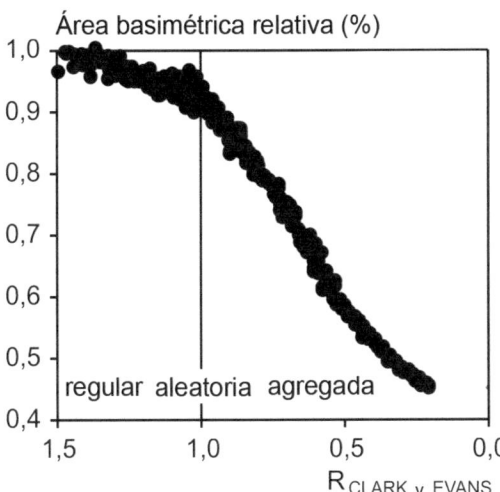

Figura 4.37 Correlación entre el índice de agregación R de Clark y Evans (1954) y el crecimiento relativo en área basimétrica en masas mixtas de pícea, abeto y haya. Los resultados obtenidos a partir de 10.000 simulaciones muestran que el crecimiento disminuye a medida que aumenta la agregación de los árboles. El patrón de esta disminución sigue una curva logística (según Pretzsch 1995).

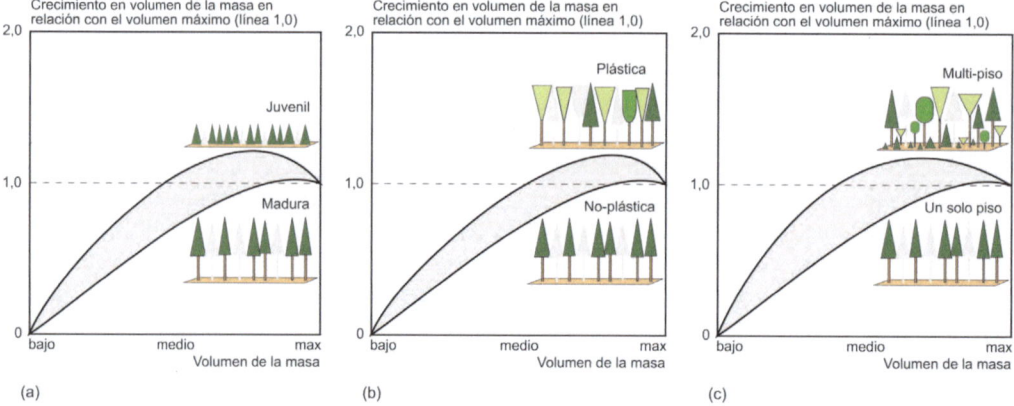

Figura 4.38 Relación entre la estructura y el crecimiento de la masa. Perturbaciones tales como claras, infestación de escolítidos, derribos por viento o nieve provocan una reducción de la densidad (expresado en volumen en el eje X). La pérdida de ocupación del espacio puede ser amortiguada por la masa en pie de mejor (líneas superiores) o peor forma (líneas inferiores) dependiendo de (a) la edad, (b) la plasticidad de la especie y (c) estructura y composición de la masa. (a) A edades jóvenes los claros por perturbaciones suelen ser más pequeños y se pueden cerrar más rápido debido al mayor crecimiento en masas jóvenes (línea superior) frente a las masas más maduras (línea inferior). (b) Las especies con mayor plasticidad de copas como el haya o el abeto (línea superior) pueden cerrar los claros más rápidamente que, por ejemplo, el pino silvestre (línea inferior). Su plasticidad provoca también una mayor resiliencia en el crecimiento de la masa tras las perturbaciones. (c) La estratificación vertical (línea superior) puede proporcionar una mayor resiliencia del crecimiento en comparación con las masas de un solo piso (línea inferior).

te plásticas como el haya, el abeto o roble albar (línea superior) pueden cerrar los claros más rápidamente que, por ejemplo, el pino silvestre, pino salgareño o pino piñonero (línea inferior) (del Río et al. 2019; Condés et al. 2020). La mayor plasticidad provoca una mayor resiliencia en el crecimiento de la masa tras las perturbaciones.

En masas de múltiples estratos o pisos en el dosel, las perturbaciones en el dosel superior de copas pueden amortiguarse gracias al crecimiento de los pisos intermedio o inferior. Si los árboles son de diferentes especies, con formas y tamaños distintos, la tasa de crecimiento tras las perturbaciones también puede aumentar. En este sentido, la estratificación vertical del dosel de copas con diferentes especies de árboles (línea superior) es particularmente eficaz, proporcionando una mayor resiliencia en el crecimiento en comparación con masas puras de un solo piso (línea inferior) (Figura 4.38c).

4.8.3 Estructura y calidad de la madera

La estructura de la masa puede tener una importante repercusión en la calidad de la madera en rollo y por lo tanto en su posterior uso. Algunas de las características físicas de la madera más relevantes que determinan la calidad de la madera son la dureza, la rigidez (módulo de elasticidad), la cantidad de nudos, la densidad y la resistencia a la torsión (curvatura), así como la heterogeneidad del patrón de anillos de crecimiento. No obstante, las características varían en importancia según el uso final de la madera.

Las investigaciones sobre el efecto de la estructura y la constelación de crecimiento alrededor del árbol en su morfología y calidad de la madera ofrecen información sobre la calidad y utilidad de la madera en masas mixtas altamente estructuradas en comparación con masas puras de las que se tiene mayor conocimiento. Por ejemplo, Torquato et al. (2014) comparan la resistencia de la madera en masas coe-

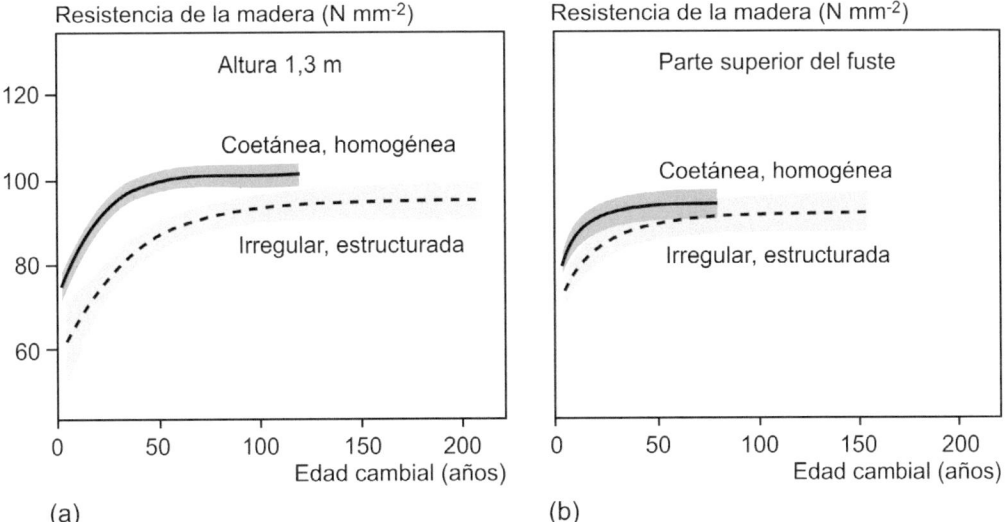

Figura 4.39 Dependencia de la resistencia de la madera en la edad cambial en masas de Pícea mariana (Mill.) Coetáneas e irregulares según Torquato et al. (2014). En el área inferior del fuste (a), así como en la superior (b), la resistencia de la madera en masas irregulares es menor que en las coetáneas.

táneas de Pícea mariana (Mill.) con masas irregulares, encontrando una mayor resistencia de la madera en masas coetáneas y monoespecíficas, especialmente en la zona inferior del fuste (Figura 4.39).

A falta de análisis directos sobre las características de la calidad de la madera mencionadas anteriormente, existen otras variables del árbol que se pueden utilizar como indicadoras de la morfología del árbol y la calidad de la madera. Un ejemplo es el coeficiente de esbeltez, h / d, que se puede determinar de manera relativamente fácil, y que, sin embargo, tiene una correlación estadística relativamente alta con el coeficiente mórfico y la resistencia de la madera (Pretzsch y Rais 2016). Utilizando el ejemplo para el abeto Douglas, la Figura 4.40 muestra la intensidad con que la estructura de la masa influye en el coeficiente de esbeltez.

En bosques estructuralmente complejos, los valores de la conicidad son más bajos y variables, lo que puede conllevar una reducción en la resistencia y homogeneidad de la madera en comparación con masas monoespecíficas y coetáneas (Figura 4.41).

Comparando árboles tipo del Inventario Forestal Nacional de España procedentes de masas mixtas y monoespecíficas, del Río et al. (2019) analizan el efecto de la competencia intra- e interespecífica en la relación altura-diámetro y la conicidad de los primeros cuatro metros del fuste para cuatro especies forestales. El coeficiente de esbeltez aumenta y la conicidad disminuye según aumenta la espesura de la masa, mientras que el efecto de la competencia interespecífica depende de las especies. Por ejemplo, para pino silvestre la esbeltez aumenta cuando se mezcla con haya, roble albar o abeto en comparación con la esbeltez en masas puras (Figura 4.42a). Sin embargo, la conicidad del fuste depende de la especie con la que se mezcla, siendo mayor cuando se mezcla con roble y menor cuando se mezcla con haya (Figura 4.42b)

Pretzsch y Rais (2016) evaluaron las características de calidad medidas directamente y las variables indicadoras de calidad de la madera a partir de unos 100 estudios sobre la morfología de los árboles y la calidad de la madera (Tabla 4.8). La evaluación mostró que en las masas mixtas heterogéneas la esbeltez y el coeficiente de forma, indicadores de la resistencia y la rigidez de la madera, así como la densidad de la madera no mostraron diferencias con las de masas regulares monoespecíficas (Tabla 4.8). Sin embargo, la

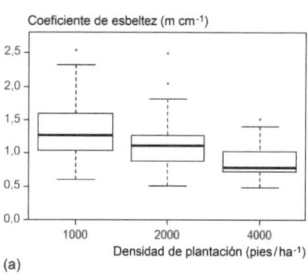
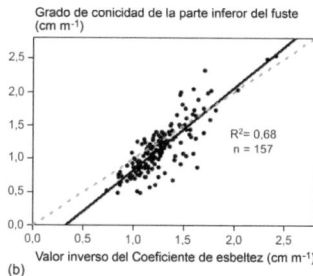
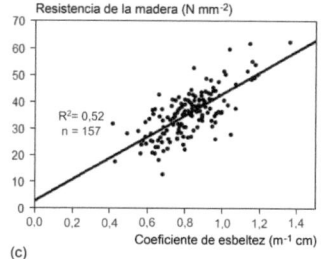

Figura 4.40 Coeficiente de esbeltez como variable indicadora de la resistencia de la madera del abeto Douglas. (a) La densidad de la masa caracteriza el coeficiente de esbeltez, h / d del fuste. (b) El coeficiente de esbeltez, mostrado aquí como la expresión inversa, d / h, se relaciona con la conicidad del fuste. (c) A medida que aumenta la esbeltez, la resistencia de la madera aumenta de forma lineal (según Pretzsch y Rais 2016).

cantidad de nudos, la torsión y la deformación, debidas a la excentricidad de la copa y la curvatura del fuste, y la variabilidad del ancho de los anillos de crecimiento generalmente aumentan con la heterogeneidad de la masa (Lenz et al. 2012, Maguire et al. 1991).

En la Figura 4.43 se presenta un esquema de cómo la plasticidad morfológica de especies (Figura 4.43) y su constelación espacial de competencia dentro de la masa pueden influir en la calidad de la madera. Teniendo en cuenta esta combinación de plasticidad y constelación de crecimiento, se pueden distinguir los siguientes patrones de reacción. Cuando los árboles crecen en masas de un solo piso con una fuerte constricción lateral por competencia por el espacio con otros individuos (Figura 4.43, tipo 1), priorizan su crecimiento en altura (estrategia de mantenimiento) que, especialmente para árboles con una baja plasticidad morfológica (1a), conduce a fustes rectos, mayores longitudes sin nudos y elevados coeficientes de esbeltez, y por lo tanto favorece la calidad de la madera. Para especies con mayor plasticidad (1b), estos efectos favorables sobre la calidad de la madera son menos pronunciados. Los árboles en masas irregulares, que crecen durante largos períodos de tiempo bajo constricción vertical y unilateral (estrategia de espera) presentan, por lo general, fustes con bajos factores de forma, copas anchas y largas y altas densidades de madera por su crecimiento lento (tipo 2) (Klang y Ekö 1999). En este tipo de situaciones la torsión y la curvatura del fuste

aumentan con la plasticidad morfológica de la especie (de tipo 2a a 2b). Si tales árboles, que inicialmente retrasan su desarrollo por competencia, consiguen crecer hacia el dosel superior (estrategia de transición), esto puede hacer aumentar la esbeltez, pero con la densidad de la madera elevada y baja proporción de nudos por su desarrollo previo (tipo 3) (Piispanen et

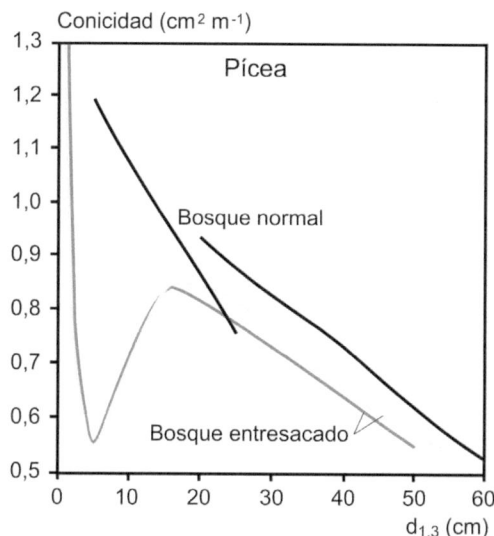

Figura 4.41 En masas monoespecíficas y coetáneas, los coeficientes de esbeltez disminuyen de forma lineal al aumentar el tamaño del árbol (líneas negras). En masas mixtas irregulares, como las masas entresacadas, los niveles del coeficiente de esbeltez son más variables (líneas grises) y particularmente bajos en los árboles del dosel inferior, que presentan un crecimiento en altura reducido (según Kern 1966).

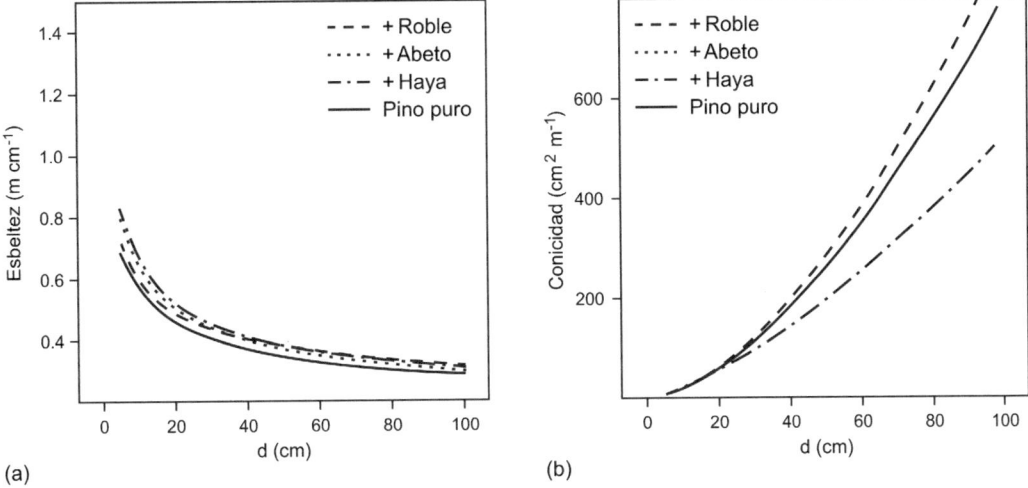

Figura 4.42 Efecto de la mezcla de especies en la forma de fuste de pino silvestre (según del Río et al. 2019). a) Variación del coeficiente de esbeltez con el diámetro del árbol para pino silvestre en masas puras y mezcladas con roble, abeto y haya; b) Variación de la conicidad de los cuatro metros inferiores del fuste con el diámetro del árbol para pino silvestre en masas puras y mezcladas con roble, abeto y haya.

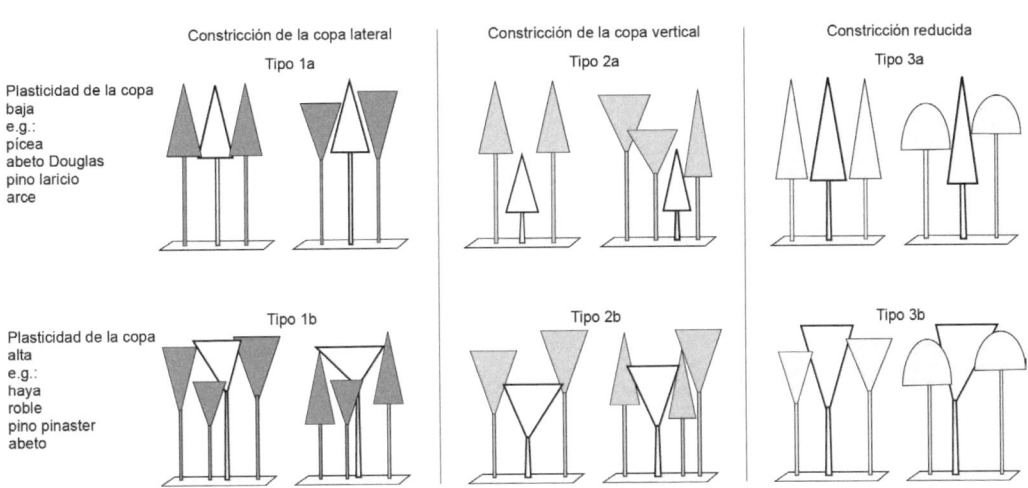

Figura 4.43 El tipo de constricción de la copa (tipo 1 = constricción lateral, tipo 2 = vertical y tipo 3 = constricción baja) y la plasticidad morfológica específica de la especie (a = baja plasticidad de la copa y b = alta plasticidad de la copa) determinan la estructura y la calidad de la madera. Las seis combinaciones de constricción (de izquierda a derecha) y de plasticidad (de arriba a abajo) de la copa posibles, dan como resultado las seis constelaciones 1a-3b, cada una con un efecto particular en la calidad de la madera. Los árboles objetivo se muestran en tonos blancos y sus competidores con un relleno gris. Los vecinos en gris claro representan árboles con copas transparentes y bajo efecto competitivo. Los árboles en gris oscuro tienen una baja transparencia y un alto efecto competitivo.

Tabla 4.8 Resumen del efecto de la heterogeneidad estructural de la masa sobre las variables indicadoras de la calidad de la madera. Sobre la base de alrededor de 100 publicaciones, se muestra la frecuencia con la que la heterogeneidad estructural reduce, no cambia y aumenta el valor de los indicadores de calidad de la madera.

Variables	Abreviaturas	Unidad	Número de estudios	Especie y frecuencia (%) de las reacciones de la calidad masas complejas frente a homogéneas		
				Reducción	Igual	Aumento
Resistencia y rigidez						
Coeficiente de esbeltez	h/d	m cm^{-1}	80	41	15	44
Factor de forma	vs/vz	m^3 m^{-3}	12	33	17	50
Cantidad de ramas						
Grado de ocupación	lc/h	m m^{-1}	44	14	16	70
Relación diámetro copa/fuste	dc/d	m cm^{-1}	31	23	3	74
Diámetro ramas	dr	cm	11	27	0	73
Longitud ramas	lr	m	7	14	15	71
Número de ramas	N	por pie	7	43	0	57
Densidad de la madera	ϱ	g cm^{-3}	7	14	72	14
Torsión						
Excentricidad de la copa	D_{ist}/d	m cm^{-1}	14	21	7	72
Esfericidad de la copa	rc_{min}/rc_{max}	m m^{-1}	9	45	22	33
Curvatura del tronco	B	-	15	27	0	73
Madera de compresión	D, Z	% %$^{-1}$	6	17	0	83
Heterogeneidad de la madera						
Variabilidad del ancho de los anillos	var_{ac}	–	10	50	0	50

al. 2014). El crecimiento con baja constricción, principalmente debido a una clara intensa, resulta, en particular en especies de árboles plásticos, en troncos con bajos factores de forma, longitudes del fuste libres de nudos más cortas, grandes diámetros de rama y, especialmente en coníferas, en una baja densidad de la madera (estrategia de estabilización) (Seeling 2001).

Por lo tanto, la calidad de la madera está determinada no solo por la especie, en particular su plasticidad morfológica, sino también por la constelación de crecimiento (Sattler et al. 2014). Por otra parte, la plasticidad de la especie depende también de la combinación de especies (Condés et al. 2020). La heterogeneidad de las constelaciones de crecimiento resulta de la composición estructural de la masa. Cuanto más heterogénea es la composición de especies y más variada la estructura de la masa, más variables son las características de calidad de la madera.

4.8.4 Estructura y hábitats

Las estructuras del paisaje, las masas forestales y los cuerpos de los árboles son los portadores sobre o a través de los cuales tienen lugar los procesos físicos, bioquímicos, ecológicos y socioeconómicos. Como se muestra de forma

4.8 Consecuencias de la estructura para la dinámica de árboles y masas forestales

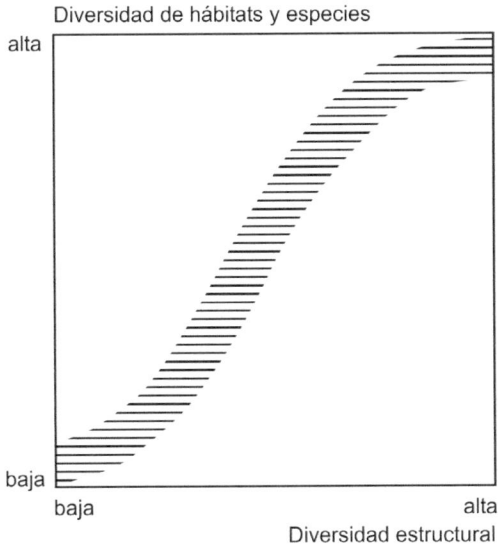

Figura 4.44 Representación esquemática de la influencia de la diversidad de la estructura espacial sobre la diversidad de especies y hábitats (Begon et al. 1998).

esquemática en la Figura 4.44, para el nivel de masa forestal la estructura espacial influye en la diversidad de hábitats y en la biodiversidad. El paisaje y la estructura de la masa, por ejemplo, determinan la presencia y la dinámica poblacional de osos pardos, búhos, urogallos y pájaros carpinteros hasta tal punto que en algunos casos es posible deducir su presencia directamente a partir de la idoneidad de las estructuras de la masa existente y del desarrollo de la población (Dieler et al. 2017, Letcher et al. 1998, Wiegand 1998). La estrecha conexión entre las estructuras de árboles y masas forestales y su colonización por aves, escarabajos, arañas y chinches se ha puesto en relevancia por, entre otros, Altenkirch (1982), Ammer et al. (1995), Ammer y Schubert (1999) y Ellenberg et al. (1985). Aunque el conocimiento sobre la relación entre la estructura de la masa, la diversidad de especies de plantas y animales y la estabilidad ecológica todavía es muy incompleto, se acepta que, con el aumento en la heterogeneidad de la estructura de la masa, generalmente, la diversidad de especies de animales y plantas presentes en ella aumenta. Por lo tanto, los parámetros estructurales son buenos indicadores de la diversidad ecológica y la estabilidad de los ecosistemas forestales y su manejo a nivel macro, meso y micro (Haber 1982).

Debido a su potencial de información sobre la diversidad y estabilidad de los ecosistemas forestales y la sostenibilidad de su gestión, los parámetros estructurales son adecuados como indicadores para la gestión sostenible de los bosques de acuerdo con los principios de los procesos de Helsinki y Montreal iniciados en 1993 (MCPFE 1993). Los parámetros estructurales ofrecen la ventaja de que, en gran medida a través de los inventarios forestales, son más fáciles de medir e inventariar que, por ejemplo, el número de especies o hábitats. Esto último puede, en el mejor de los casos, recopilarse de forma puntual y con un alto esfuerzo de muestreo, estando siempre estrechamente relacionado con las variables estructurales disponibles en todos los ámbitos. De esta manera, las estructuras ya dadas o que se pueden medir con poco esfuerzo, se pueden utilizar para extrapolar en algunos casos la presencia de especies a la superficie muestreada o en estudios de hábitats. Además de las características estructurales de masa vistas en este capítulo, también existen una serie de características del árbol que también están relacionadas con microhábitats para distintas especies de organismos, como la presencia de huecos, heridas, secreciones, etc., que se pueden usar igualmente como indicadores de diversidad (Larrieu et al. 2018).

Mensajes clave

1. La estructura de la masa determina las principales condiciones de crecimiento, así como los procesos que tienen lugar (crecimiento, mortalidad, regeneración). Los procesos modifican a su vez la estructura a través de ciclos de retroalimentación de acción lenta. Por lo tanto, el ciclo de control: crecimiento de los árboles individuales ® estructura de la masa ® condiciones de crecimiento ® crecimiento de los árboles individuales, es de central importancia para la comprensión y regulación selvícola del desarrollo de la masa. La estructura determina prácticamente todas las funciones y servicios ecológicos, económicos y socioeconómicos de los bosques.

2. Sobre la base de la medición espacial de los árboles, la estructura de la masa se puede ilustrar mediante mapas de distribución de árboles, mapas de copas, esquemas de alzado, secciones horizontales y verticales, o visualizadores 3D.

3. Para cuantificar la estructura de la masa se utilizan índices de estructura y funciones de correlación se utilizan para cuantificar la estructura de la masa. Estos hacen posible, entre otras cosas, examinar los cambios estructurales, analizar las relaciones entre el tratamiento selvícola y el crecimiento o la estructura y los servicios de los ecosistemas. Los índices estructurales y las funciones de correlación van más allá de la caracterización verbal clásica de la estructura de la masa (por ejemplo, la densidad de la masa máxima vs. baja, distribución de árboles por bosquetes vs. regular).

4. Los índices de estructura se calculan sobre la base de las distancias entre los árboles o las frecuencias de ocupación en los conteos de cuadrículas y concentran la información sobre la estructura de distribución media dentro de la masa en un solo valor. Los índices de estructura se pueden utilizar para cuantificar el patrón de distribución horizontal de los árboles, la espesura de la masa, la diversidad, la diferenciación y la mezcla. Las funciones de correlación describen cambios en el patrón de distribución al aumentar la distancia hasta posiciones de árboles predefinidas o puntos aleatorios.

5. Los índices de distribución de Clark y Evans (1954), Pielou (1959), Clapham (1936) y Morisita (1959) comparan las distancias entre árboles medidas y densidades de ocupación en conteos de cuadrículas con los valores esperados en una distribución de Poisson (distribución aleatoria), que se utiliza como referencia. La regularidad, aleatoriedad y distribución en agregados se pueden cuantificar de esta manera.

6. La función K y L y la función de correlación de pares proporcionan información sobre la tendencia de los árboles individuales a cambiar su distribución al aumentar la distancia desde un punto de referencia determinado. Las funciones diagnostican hasta qué punto un patrón de distribución de los árboles medidos se diluye o se densifica al aumentar la distancia r de los árboles en comparación con la distribución de Poisson.

7. El grado de densidad basado en tablas de producción, la fracción de cabida cubierta, el área basimétrica periódica media, el índice de densidad de la masa SDI según Reineke (1933) y el factor de competencia de copas CCF, cuantifican la densidad de la ocupación del espacio y la competencia media dentro de la masa y son adecuados para controlar la intensidad de las intervenciones selvícolas.

8. La diversidad de las especies puede cuantificarse mediante los índices según Hattemer (1994), Shannon (1948), así como utilizando la diversidad y la uniformidad estandarizadas. El índice del perfil de especies según Pretzsch (1995) combina la diversidad con la estratificación vertical de las especies en el área del dosel de copas.

9. La heterogeneidad de las alturas de los árboles, de los diámetros y las especies que componen la masa se puede describir mediante índices de diversidad. El coeficiente de variación del diámetro y la distribución de alturas, la diferenciación de diámetros (Füldner 1996), el índice de diversidad de especies (Shannon 1948) y el índice del perfil de especies (Pretzsch 1996) cuantifican la heterogeneidad de diámetros, alturas y especies totales en la masa, en el entorno de árboles individuales o en zonas de altura seleccionadas.

10. Para la medición de la mezcla (por ejemplo, la cuantificación de si la mezcla entre dos especies se produce pie a pie, o en bosquetes o grupos de diferentes tamaños), los índices de mezcla y segregación son adecuados. Füldner (1996) deriva un índice mixto de la proporción usando los árboles vecinos de especies distintas. Pielou (1977) desarrolla un índice de segregación según el método del vecino más cercano.

11. La estructura de la masa es crucial para el desarrollo de la mezcla de especies, para el crecimiento de la masa, así como para su resistencia en caso de perturbaciones. La estructura de la masa también determina la morfología de los árboles, la calidad de la madera, la estructura del hábitat y la biodiversidad de las masas forestales.

Referencias

Altenkirch W (1982) Ökologische Vielfalt – ein Mittel natürlichen Waldschutzes? Forst- u Holzwirt 37(8):211-217

Ammer U, Detsch R, Schulz U (1995) Konzepte der Landnutzung. Forstwissenschaftliches Centralblatt 114:107–125. https://doi.org/10.1007/BF02742217

Ammer U, Schubert H (1999) Arten-, Prozeß- und Ressourcenschutz vor dem Hintergrund faunistischer Untersuchungen im Kronenraum des Waldes. Forstw Cbl 118:70-87. https://doi.org/10.1007/BF02768976

Barbeito I, Dassot M, Bayer D, Collet C, Drössler L, Löf M, del Rio M, Ruiz-Peinado R, Forrester D I, Bravo-Oviedo A, Pretzsch H (2017) Terrestrial laser scanning reveals differences in crown structure of *Fagus sylvatica* in mixed vs. pure European forests. Forest Ecology and Management 405:381–390. https://doi.org/10.1016/j.foreco.2017.09.043

Bayer D, Pretzsch H (2017) Reactions to gap emergence: Norway spruce increases growth while European beech features horizontal space occupation – evidence by repeated 3D TLS measurements. Silva Fenn 51(5). https://doi.org/10.14214/sf.7748

Begon ME, Harper JL, Townsend CR (1998) Ökologie. Spektrum Akademischer Verlag, Heidelberg, 750 S

Bergel D (1985) Douglasien-Ertragstafel für Nordwestdeutschland. Niedersächs Forstl Versuchsanst, Abt Waldwachstum, 72 p

Besag JE (1977) Contribution to the discussion on Dr. Ripley's paper, In: Ripley BD (1977) Modelling spatial patterns (with discussion). J Royal Stat Soc, Series B, 39(2):172-212

Biber P (1997) Analyse verschiedener Strukturaspekte von Waldbeständen mit dem Wachstumssimulator SILVA 2. Proc Dt Verb Forstl Forschungsanst, Sek Ertragskd, in Grünberg, pp 100-120

Binkley D, Campoe OC, Gspaltl M, Forrester DI (2013) Light absorption and use efficiency in forests: Why patterns differ for trees and stands. Forest Ecology and Management 288:5-13. https://doi.org/10.1016/j.foreco.2011.11.002

Bonnemann A (1939) Der gleichaltrige Mischbestand von Kiefer und Buche. Mitt Forstwirtsch u Forstwiss 10(4):45 p

Clapham AR (1936) Over-Dispersion in Grassland Communities and the Use of Statistical Methods in Plant Ecology. Journal of Ecology 24(1):232–251. https://doi.org/10.2307/2256277

Clark PJ, Evans FC (1954) Distance to Nearest Neighbor as a Measure of Spatial Relationships in Populations. Ecology 35(4):445–453. https://doi.org/10.2307/1931034

Condés S, Sterba H (2005) Derivation of compatible crown width equations for some important tree species of Spain. Forest Ecology and Management 217:203-218 https://doi.org/10.1016/j.foreco.2005.06.002

Condés S, Aguirre A, del Río M (2020) Crown plasticity of five pine species in response to competition along an aridity gradient. Forest Ecology and Management 473:118302. https://doi.org/10.1016/j.foreco.2020.118302

Cox F (1971) Dichtebestimmung und Strukturanalyse von Pflanzenpopulationen mit Hilfe von Abstandsmessungen. Mitt Bundesforschungsanst Forst- u Holzwirtschaft 87, Reinbek (Hamburg), 184 p

David FN, Moore PG (1954) Notes on Contagious Distributions in Plant Populations. Annals of Botany 18(1):47–53. https://doi.org/10.1093/oxfordjournals.aob.a083381

del Río M, Sterba H (2009) Comparing volume growth in pure and mixed stands of Pinus *sylvestris* and *Quercus pyrenaica*. Ann For Sci 66(5):502–502. https://doi.org/10.1051/forest/2009035

del Río M, Pretzsch H, Alberdi I, Bielak K, Bravo F, Brunner A, Condés S, Ducey MJ, Fonseca T, von Lüpke N, Pach M, Peric S, Perot T, Soudi Z, Spathelf P, Sterba H, Tijardovic M, Tomé M, Vallet P, Bravo-Oviedo A, 2018. Characterization of mixed forests In: Bravo-Oviedo A, Pretzsch H, del Río M (eds.) (2018) Dynamics, Silviculture and Management of mixed ForestsSpringer International Publishing AG, 31, pp 27-71. https://doi.org/10.1007/978-3-319-91953-9_2

del Río M, Bravo-Oviedo A, Ruiz-Peinado R, Condés S (2019) Tree allometry variation in response to intra- and inter-specific competitions. Trees 33(1):121–138. https://doi.org/10.1007/s00468-018-1763-3

Dieler J, Uhl E, Biber P, Müller J, Rötzer T, Pretzsch H (2017) Effect of forest stand management on species composition, structural diversity, and productivity in the temperate zone of Europe. Eur J Forest Res 136(4): 739–766. https://doi.org/10.1007/s10342-017-1056-1

Douglas JB (1975) Clustering and Aggregation. Sankhyā: The Indian Journal of Statistics, Series B (1960-2002) 37(4):398–417

Eberhardt LL (1967) Some Developments in "Distance Sampling." Biometrics 23(2):207–216. https://doi.org/10.2307/2528156

Ehbrecht M, Schall P, Ammer C, Seidel D (2017) Quantifying stand structural complexity and its relationship with forest management, tree species diversity and microclimate. Agricultural and Forest Meteorology 242:1–9. https://doi.org/10.1016/j.agrformet.2017.04.012

Ellenberg H, Leuschner C (2010) Vegetation Mitteleuropas mit den Alpen in ökologischer, dynamischer und historischer Sicht. Eugen Ulmer, Stuttgart.

Ellenberg H, Einem von M, Hudeczek H, Lade HJ, Schumacher HU, Schweingruber M, Wittekindt H (1985) Über Vögel in Wäldern und die Vogelwelt des Sachsenwaldes. Hamb Avifaun Beitr 20, pp 1-50

Forrester DI, Collopy JJ, Beadle CL, Baker TG (2012) Interactive effects of simultaneously applied thinning, pruning and fertiliser application treatments on growth, biomass production and crown architecture in a young *Eucalyptus* nitens plantation. Forest Ecology and Management 267:104–116. https://doi.org/10.1016/j.foreco.2011.11.039

Forrester DI, Ammer C, Annighöfer PJ, Barbeito I, Bielak K, Bravo-Oviedo A, Coll L, del Río M, Drössler L, Heym M, Hurt V, Löf M, den Ouden J, Pach M, Pereira MG, Plaga BNE, Ponette Q, Skrzyszewski J, Sterba H, Svoboda M, Zlatanov TM, Pretzsch H (2018) Effects of crown architecture and stand structure on light absorption in mixed and monospecific *Fagus sylvatica* and *Pinus sylvestris* forests along a productivity and climate gradient through Europe. Journal of Ecology 106(2):746–760. https://doi.org/10.1111/1365-2745.12803

Füldner K (1995) Strukturbeschreibung von Buchen-Edellaubholz-Mischwäldern. PhD thesis Forstl Fak Göttingen, Cuvillier Verlag, Göttingen: 146 + annex

Füldner K (1996) Die „Strukturelle Vierergruppe" – ein Stichprobenverfahren zur Erfassung von Strukturparametern in Wäldern. In: Beitr zur Waldinventur. Festschrift on the 60th anniversary of Prof. Dr. Alparslan Akça. Cuvillier Verlag, Göttingen, 139 p

Gadow von K (1993) Zur Bestandesbeschreibung in der Forsteinrichtung. Forst u Holz, 48 (21):602-606

Gini C (1909) Il Diverso Accrescimento Delle Classi Sociali E La Concentrazione Della Ricchezza. Giornale degli Economisti 38 (Anno 20):27–83

Haber W (1982) Was erwarten Naturschutz und Landschaftspflege von der Waldwirtschaft? Schr Dt Rates für Landespflege 40:962-965

Hattemer HH (1994) Die genetische Variation und ihre Bedeutung für Wald und Waldbäume. J Forestier Suisse 145 (12):953-975

Heller M (1990) Triangulation algorithms for adaptive terrain modelling. Proceedings of the 4th International Symposium on Spatial Datahandling, S. 163-174

Hopkins B, Skellam JG (1954) A New Method for determining the Type of Distribution of Plant Individuals. Annals of Botany 18(2):213–227. https://doi.org/10.1093/oxfordjournals.aob.a083391

Kennel R (1965) Untersuchungen über die Leistung von Fichte und Buche im Rein- und Mischbestand. AFJZ 136: 149-161, 173-189

Kern G (1966) Wachstum und Umweltfaktoren im Schlag- und Plenterwald. Bayerischer Landwirtschaftsverlag, München Basel Wien

Klang F, Ekö P-M (1999) Tree Properties and Yield of *Picea abies* Planted in Shelterwoods. Scandinavian Journal of Forest Research 14(3):262–269. https://doi.org/10.1080/02827589950152782

Köstler JN (1953) Waldpflege. Paul Parey Verlag, Hamburg Berlin, 200 p

Konnert M (1992) Genetische Untersuchungen in geschädigten Weißtannenbeständen (*Abies alba* Mill.) Südwestdeutschlands. PhD thesis, Forstl Fak, Univ Göttingen

Larrieu L, Paillet Y, Winter S, Bütler R, Kraus D, Krumm F, Lachat T, Michel AK, Regnery B, Vandekerkhove K (2018) Tree related microhabitats in temperate and Mediterranean European forests: A hierarchical typology for inventory standardization. Ecological Indicators 84:194–207. https://doi.org/10.1016/j.ecolind.2017.08.051

Ledo A, Condés S, Montes F (2011) Intertype mark correlation function: A new tool for the analysis of species interactions. Ecological Modelling 222(3):580–587. https://doi.org/10.1016/j.ecolmodel.2010.10.029

Ledo A, Condés S, Montes F (2012) Revisión de índices de distribución espacial usados en inventarios forestales y su aplicación en bosques tropicales. Revista Peruana de Biología 19(1):113–124 https://doi.org/10.15381/rpb.v19i1.799.

Lenz P, Bernier-Cardou M, MacKay J, Beaulieu J (2012) Can wood properties be predicted from the morphological traits of a tree? A canonical correlation study of plantation-grown white spruce. Can J For Res 42(8):1518–1529. https://doi.org/10.1139/x2012-087

Letcher BH, Priddy JA, Walters JR, Crowder LB (1998) An individual-based, spatially-explicit simulation model of the population dynamics of the endangered red-cockaded woodpecker, Picoides borealis. Biological Conservation 86(1):1–14. https://doi.org/10.1016/S0006-3207(98)00019-6

Liang J, Crowther TW, Picard N, Wiser S, Zhou M, Alberti G, Schulze E-D, McGuire AD, Bozzato F, Pretzsch H, de-Miguel S, Paquette A, Hérault B, Scherer-Lorenzen M, Barrett CB, Glick HB, Hengeveld GM, Nabuurs G-J, Pfautsch S, Viana H, Vibrans AC, Ammer C, Schall P, Verbyla D, Tchebakova N, Fischer M, Watson JV, Chen HYH, Lei X, Schelhaas M-J, Lu H, Gianelle D, Parfenova EI, Salas C, Lee E, Lee B, Kim HS, Bruelheide H, Coomes DA, Piotto D, Sunderland T, Schmid B, Gourlet-Fleury S, Sonké B, Tavani R, Zhu J, Brandl S, Vayreda J, Kitahara F,

Searle EB, Neldner VJ, Ngugi MR, Baraloto C, Frizzera L, Bałazy R, Oleksyn J, Zawiła-Niedźwiecki T, Bouriaud O, Bussotti F, Finér L, Jaroszewicz B, Jucker T, Valladares F, Jagodzinski AM, Peri PL, Gonmadje C, Marthy W, O'Brien T, Martin EH, Marshall AR, Rovero F, Bitariho R, Niklaus PA, Alvarez-Loayza P, Chamuya N, Valencia R, Mortier F, Wortel V, Engone-Obiang NL, Ferreira LV, Odeke DE, Vasquez RM, Lewis SL, Reich PB (2016) Positive biodiversity-productivity relationship predominant in global forests. Science 354(6309):aaf8957. https://doi.org/10.1126/science.aaf8957

Loetsch F (1973) Prüfung der Verteilungsart und Dichte mit Hilfe des Nullflächendiagramms. Forstarchiv 44:77-83

Lotwick HW, Silverman BW (1982) Methods for Analysing Spatial Processes of Several Types of Points. Journal of the Royal Statistical Society: Series B (Methodological) 44(3):406-413. https://doi.org/10.1111/j.2517-6161.1982.tb01221.x

Maguire DA, Kershaw JA Jr, Hann DW (1991) Predicting the Effects of Silvicultural Regime on Branch Size and Crown Wood Core in Douglas-Fir. Forest Science 37(5):1409–1428. https://doi.org/10.1093/forestscience/37.5.1409

Mayer H (1984) Waldbau auf soziologisch-ökologischer Grundlage. Gustav Fischer Verlag, Stuttgart, New York, 514 p

MCPFE (1993) Resolution H1: General guidelines for the sustainable management of forests in Europe. Proc 2nd Ministerial Conference on the Protection of Forests in Europe, Helsinki, Finland, p 5

Midtbø T (1993) Spatial Modelling by Delaunay Networks of Two and Tree Dimensions. University of Trondheim. 145 S.

Mitscherlich G (1971) Wald, Wachstum und Umwelt. 2. Band, Waldklima und Wasserhaushalt. JD Sauerländer's Verlag, Frankfurt am Main.

Moore PG (1954) Spacing in Plant Populations. Ecology 35(2):222–227. https://doi.org/10.2307/1931120

Morisita M (1959) Measuring of the Dispersion of Individuals and Analysis of the Distributional Patterns. Mem Fac Sci Kyushu Univ, Series E (Biol) 2 (4):215-235

Otto H J (1994) Waldökologie. Ulmer, Stuttgart.

Pielou EC (1959) The Use of Point-to-Plant Distances in the Study of the Pattern of Plant Populations. Journal of Ecology 47(3):607–613. https://doi.org/10.2307/2257293

Pielou EC (1975) Ecological diversity. John Wiley & Sons, New York, 165 p

Pielou EC (1977) Mathematical Ecology. John Wiley & Sons, New York, 385 p

Piispanen R, Heinonen J, Valkonen S, Mäkinen H, Lundqvist S-O, Saranpää P (2014) Wood density of Norway spruce in uneven-aged stands. Can J For Res 44(2):136–144. https://doi.org/10.1139/cjfr-2013-0201

Pretzsch H (1985) Die Fichten-Tannen-Buchen-Plenterwaldversuche in den ostbayerischen Forstämtern Freyung und Bodenmais. Forstarchiv 56 (1):3-9

Pretzsch H (1992) Konzeption und Konstruktion von Wuchsmodellen für Rein- und Mischbestände. Forstl Forschungsber München 115, 358 p

Pretzsch H (1993) Analyse und Reproduktion räumlicher Bestandesstrukturen. Versuche mit dem Strukturgenerator STRUGEN. Schr Forstl Fak Univ Göttingen u Niedersächs Forstl Versuchsanst 114, JD Sauerländer's Verlag, Frankfurt am Main, 87 p

Pretzsch H (1995) Zum Einfluß des Baumverteilungsmusters auf den Bestandeszuwachs. AFJZ 166 (9/10):190-201

Pretzsch H (1996) Zum Einfluß waldbaulicher Maßnahmen auf die räumliche Bestandesstruktur. Simulationsstudie über Fichten-Buchen-Mischbestände in Bayern. In: Müller-Starck G (ed) Biodiversität und nachhaltige Forstwirtschaft. Ecomed Verlagsgesellschaft, Landsberg, pp 177-199 (360 p)

Pretzsch H (1997) Analysis and modeling of spatial stand structures. Methodological considerations based on mixed beech-larch stands in Lower Saxony. Forest Ecology and Management 97(3):237–253. https://doi.org/10.1016/S0378-1127(97)00069-8

Pretzsch H (2009) Forest Dynamics, Growth and Yield. Springer Verlag, Berlin, S. 664. https://doi.org/10.1007/978-3-540-88307-4

Pretzsch H (2014) Canopy space filling and tree crown morphology in mixed-species stands compared with monocultures. Forest Ecology and Management 327:251–264. https://doi.org/10.1016/j.foreco.2014.04.027

Pretzsch H, Biber P (2005) A Re-Evaluation of Reineke's Rule and Stand Density Index. Forest Science 51(4):304–320. https://doi.org/10.1093/forestscience/51.4.304

Pretzsch H, Rais A (2016) Wood quality in complex forests versus even-aged monocultures: review and perspectives. Wood Sci Technol 50(4):845–880. https://doi.org/10.1007/s00226-016-0827-z

Pretzsch H, Schütze G (2021) Tree species mixing can increase stand productivity, density and growth efficiency and attenuate the trade-off between density and growth throughout the whole rotation. Annals of Botany 128(6):767–786. https://doi.org/10.1093/aob/mcab077

Pretzsch H, Seifert S (1999) Wissenschaftliche Visualisierung des Waldwachstums. AFZ 54 (18): 960-962

Pretzsch H, Biber P, Ďurský J (2002) The single tree-based stand simulator SILVA: construction, application and evaluation. Forest Ecology and Management 162(1):3–21. https://doi.org/10.1016/S0378-1127(02)00047-6

Preuhsler T (1981) Ertragskundliche Merkmale oberbayerischer Bergmischwald-Verjüngungsbestände auf kalkalpinen Standorten im Forstamt KreuthYield characteristics of mature, mixed mountain forest stands growing on alpine limestone sites in the Kreuth forest district in Upper Bavaria. Forstwissenschaftliches Centralblatt, 100(1):313-345. https://doi.org/10.1007/BF02640650

Prodan M (1973) Spatiale Variation und Punktstichproben. AFJZ 144:229-236

Putz FE, Parker GG, Archibald RM (1984) Mechanical Abrasion and Intercrown Spacing. The American Midland Naturalist 112(1):24–28. https://doi.org/10.2307/2425452

Reineke LH (1933) Perfecting a stand-density index for even-aged forests. J Agr Res 46:627-638

Ripley BD (1977) Modelling spatial patterns (with discussion). J Royal Stat Soc, Series B, 39(2):172-212

Ripley BD (1981) Spatial Statistics. John Wiley & Sons, New York, 252 p

Rodríguez de Prado D, San Martín R, Bravo F, Herrero de Aza C (2020) Potential climatic influence on maximum stand carrying capacity for 15 Mediterranean coniferous and broadleaf species. Forest Ecology and Management 460:117824. https://doi.org/10.1016/j.foreco.2019.117824

Sattler DF, Comeau PG, Achim A (2014) Within-tree patterns of wood stiffness for white spruce (*Picea glauca*) and trembling aspen (*Populus* tremuloides). Can J For Res 44(2):162–171. https://doi.org/10.1139/cjfr-2013-0150

Seeling U (2001) Transformation of plantation forests — expected wood properties of Norway spruce (*Picea abies* (L.) Karst.) within the period of stand stabilisation. Forest Ecology and Management 151(1):195–210. https://doi.org/10.1016/S0378-1127(00)00708-8

Seifert S (1998) Dreidimensionale Visualisierung des Waldwachstums. Dipl thesis, Dep Informatik, FH München in cooperation with Dep Forest Yield Science, LMU München, MWW-DA 124, 133 p (+ annex)

Shannon CE (1948) The mathematical theory of communication. In: Shannon CE, Weaver W (eds) The mathematical theory of communication. Urbana, Univ of Illinois Press, pp 3-91

Smaltschinski T (1981) Bestandesdichte und Verteilungsstruktur. PhD thesis, Forstwiss Fak

Sterba H (1981) Natürlicher Bestockungsgrad und Reinekes SDI. Cbl für das ges Forstwesen 98:101-116

Sterba H (1991) Forstliche Ertragslehre 4. Lecture at the Univ Bodenkulturl, Wien, 160 p

Sterba H, Monserud RA (1993) The Maximum Density Concept Applied to Uneven-Aged Mixed-Species Stands. Forest Science 39(3):432–452. https://doi.org/10.1093/forestscience/39.3.432

Stoyan D (1984) On Correlations of Marked Point Processes. Mathematische Nachrichten 116(1):197–207. https://doi.org/10.1002/mana.19841160115

Stoyan D, Stoyan H (1992) Fraktale Formen und Punktfelder: Methoden der Geometrie-Statistik. Akademie Verlag GmbH, Berlin, 394 p

Thompson HR (1956) Distribution of Distance to Nth Neighbour in a Population of Randomly Distributed Individuals. Ecology 37(2):391–394. https://doi.org/10.2307/1933159

Torquato LP, Auty D, Hernández RE, Duchesne I, Pothier D, Achim A (2014) Black spruce trees from fire-origin stands have higher wood mechanical properties than those from older, irregular stands. Can J For Res 44(2):118–127. https://doi.org/10.1139/cjfr-2013-0164

Torresan C, del Río M, Hilmers T, Notarangelo M, Bielak K, Binder F, Boncina A, Bosela M, Forrester DI, Hobi ML, Nagel TA, Bartkowicz L, Sitkova Z, Zlatanov T, Tognetti R, Pretzsch H (2020) Importance of tree species size dominance and heterogeneity on the productivity of spruce-fir-beech mountain forest stands in Europe. Forest Ecology and Management 457:117716. https://doi.org/10.1016/j.foreco.2019.117716

Upton GJG, Fingleton B (1985) Spatial data analysis by example: Volume I: Point pattern and quantitative data. John Wiley & Sons, New York, 410 p

Upton GJG, Fingleton B (1989) Spatial data analysis by example: Volume II: Categorical and directional data. John Wiley & Sons, New York, 416 p

Vries de PG (1986) Sampling theory for forest inventory. Springer-Verlag, Berlin, Heidelberg, 399 p

Wiegand T (1998) Die zeitlich-räumliche Populationsdynamik von Braunbären. Habil, Forstwiss Fak, LMU München, 202 Condés S, Sterba H (2005) Derivation of compatible crown width equations for some important tree species of Spain. Forest Ecology and Management 217:203-218.

Evolución de la distribución de tamaños en las masas forestales

5

5.1	Importancia ecológica de la distribución de tamaños en una masa forestal	270
5.2	Representación de la dinámica del rodal a través de la distribución de tamaños	271
5.3	Medidas para caracterizar la distribución de tamaños de una masa	273
5.4	Distribución de tamaños de la masa residual y masa extraída	282
5.5	Efecto del autoaclareo y de los tratamientos selvícolas en la dinámica de la distribución de tamaños	284
5.6	Efecto de la mezcla de especies en la dinámica de la distribución de tamaños	292
5.7	Influencia de la calidad de la estación en la dinámica de la distribución de tamaños en masas puras y mixtas	296
5.8	Efecto de la diversidad de tamaños y composición de especies en la productividad de las masas forestales	298
Mensajes clave		302
Referencias		304

The original version of the chapter has been revised: A correction to this chapter can be found at https://doi.org/10.1007/978-3-662-69516-6_13

© The Author(s), under exclusive license to Springer-Verlag GmbH, DE, part of Springer Nature 2026, corrected publication 2026
H. Pretzsch et al., *Crecimiento y Producción Forestales*, https://doi.org/10.1007/978-3-662-69516-6_5

5 Evolución de la distribución de tamaños en las masas forestales

Resumen En este capítulo se describe la dinámica de una masa forestal mediante la evolución de la distribución de tamaños de los árboles a lo largo del tiempo. La distribución de tamaños se sitúa entre el nivel árbol y el nivel masa y, por lo tanto, permite la transición entre estos dos niveles de organización del sistema. El análisis clásico de una masa forestal a partir del tamaño del árbol medio y de los valores por hectárea ofrece una información básica para la toma de decisiones en la práctica forestal. Sin embargo, estos valores promedios resultan insuficientes para analizar y comprender la dinámica de las masas forestales.

Para un mismo valor de altura media y volumen de la masa, el crecimiento y el desarrollo futuro dependen en gran medida de cómo sea la distribución de tamaños de la masa. El análisis a nivel árbol individual ofrece información valiosa sobre la ontogénesis del árbol y su modificación por competencia y/o facilitación. Para un análisis correcto se necesita conocer la distribución de tamaños, el reparto del crecimiento de la masa entre árboles de distinto tamaño y la distribución de la mortalidad por tamaños.

La distribución de tamaños se puede caracterizar mediante distintos estadísticos de la distribución, como el rango, asimetría, curtosis, etc., o mediante índices que reflejan su variación, como el índice de Gini. Para caracterizar el reparto del crecimiento entre los árboles de distinto tamaño de una masa se utiliza la relación entre el crecimiento y el tamaño de los árboles o el coeficiente de dominancia en crecimiento. La dinámica natural de la masa modifica la distribución de tamaños y el reparto del crecimiento entre los árboles. Del mismo modo, los tratamientos selvícolas tienen un efecto sobre esta dinámica. Se ilustran con ejemplos los efectos de las claras y de los métodos de regeneración. La dinámica de la distribución de tamaños también difiere entre masas puras y mixtas, a la vez que se ve influencia por la calidad de estación. En las estaciones más pobres la variación de tamaños es mayor y el reparto del crecimiento entre los árboles de distintos tamaños es más homogéneo que en mejores calidades de estación.

5.1 Importancia ecológica de la distribución de tamaños en una masa forestal

La importancia de la distribución de tamaños de los árboles va más allá de un simple inventario dendrométrico de la masa. Por ejemplo, cómo es la distribución de individuos de la especie o especies que conforman la masa en las diferentes clases sociales refleja cómo se manifiesta la presión de selección causada por la competencia intra e interespecífica. Asimismo, el tamaño del árbol está estrechamente relacionado con el acceso a los recursos del medio en el que crece, por lo que la distribución de tamaños ofrece información sobre el desarrollo futuro de la masa.

La Figura 5.1, a-c, muestra tres estructuras de masa genéricas (izquierda), las distribuciones diamétricas correspondientes (centro) y cómo estas distribuciones diamétricas se pueden traducir en distribuciones de altura y perfiles verticales del dosel de copas (derecha). Las masas regulares y monoespecíficas (Figura 5.1a) presentan a menudo distribuciones de diámetros y alturas en forma de campana de Gauss, caracterizadas por concentrar las frecuencias de tamaños en una zona. En las masas mixtas regulares o con cierto grado de irregularidad (Figura 5.1b) la distribución diamétrica y el perfil vertical se amplían generalmente, ya que las distintas especies pueden ocupar diferentes nichos espaciales en el dosel de copas. En masas irregulares mixtas, las distribuciones diamétricas son aún más amplias, siguiendo una forma exponencial negativa, y conducen a perfiles verticales múltiples en los que las especies pueden encontrar su nicho espacial.

La Figura 5.1 ilustra que la posición, forma y densidad de la distribución diamétrica permite inferir la estructura vertical, la variación del dosel de copas y la distribución vertical de las superficies de copa. La biodiversidad de una masa está conformada por estos aspectos estructurales además de la composición y los procesos del ecosistema (Noss, 1990). Por ello, las distribuciones de frecuencia de tamaños son indicadores significativos del estado y desarrollo de los ecosistemas forestales (MCPFE, 1993). La determinación de parámetros estructurales tales como la distribución diamétrica, frecuentemente disponible en inventarios forestales, es más fácil que la determinación directa de la biodiversidad, la estabilidad o la sostenibilidad mediante el inventario de plantas y animales presentes en el bosque. La posición, forma y densidad de la distribución de frecuencias de tamaños cambia constantemente con el desarrollo de la masa a través del bucle 'crecimiento → estructura → condiciones ambientales → crecimiento'. Pequeños beneficios iniciales para un individuo o un estrato de árboles se pueden ampliar de forma sistemática a lo largo del tiempo; mientras que pequeñas desventajas iniciales pueden conducir a la mortalidad por competencia.

Como se ha indicado, la distribución de tamaños se representa frecuentemente por la distribución de diámetros ya que es la variable disponible en los inventarios forestales para todos los árboles, aunque otras distribuciones como la distribución de alturas, superficies de copa, esbeltez o volumen (ver Sección 5.5), pueden resultar de gran utilidad para determinar los tratamientos selvícolas más adecuados. Por ejemplo, en la Figura 5.2 se presenta la distribución de individuos según su coeficiente de esbeltez (cociente entre altura total y diámetro normal) para dos parcelas experimentales de un ensayo de claras del ICIFOR-INIA en pino silvestre (Pinar de Navafría), una parcela testigo sin aclarar y una parcela en la que se han aplicado claras bajas fuertes (líneas gris y negra respectivamente). La parcela testigo presenta una mayor densidad con un número elevado de individuos en las clases de esbeltez altas (mayor a 0,9). Sin embargo, en la parcela aclarada la densidad es menor y la mayor parte de los pies presentan coeficientes de esbeltez menores. Para cada una de las parcelas se muestra también la distribución de los árboles que fueron derribados por una fuerte nevada (superficie sombreada) (del Río et al. 1997). Como se observa, el porcentaje de árboles dañados por la nieve fue mucho mayor en la parcela sin aclarar y en las clases de esbeltez elevadas. El coeficiente de esbeltez de un árbol está muy relacionado con su estabilidad mecánica, especialmente frente a daños por nevadas, por lo que distribución de individuos según su valor de este coeficiente es un buen indicador de la estabilidad de la masa y, por lo tanto, de la necesidad de intervenciones selvícolas que re-

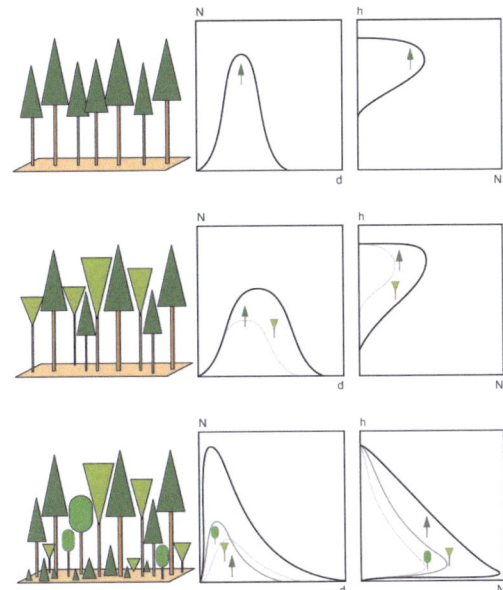

Figura 5.1 La estructura de las masas forestales (izquierda), por ejemplo, de masas puras regulares (a), masas mixtas regulares (b) o masas mixtas irregulares (c), se puede caracterizar mediante su distribución diamétrica (centro), que a su vez se pueden asociar con distribuciones de altura más o menos similares (derecha). Con el aumento de la heterogeneidad vertical (de a a c) las existencias, la superficie foliar y el volumen de copas se reparten en un mayor espectro de alturas.

duzcan esta vulnerabilidad, por ejemplo, mediante claras por lo bajo.

5.2 Representación de la dinámica del rodal a través de la distribución de tamaños

El desarrollo de la distribución del número de pies por clase de tamaño se puede caracterizar por la distribución inicial, la relación entre tamaño y crecimiento de los árboles y distribución de la mortalidad natural (Hara 1992, 1993). En una masa pura regular (rodal de un solo piso) la distribución diamétrica inicial se sitúa en valores bajos, es de rango estrecho, sesgada hacia la derecha y con elevada curtosis. Con el desarrollo de la masa la distribución diamétrica se va haciendo más amplia, simétrica (distribución

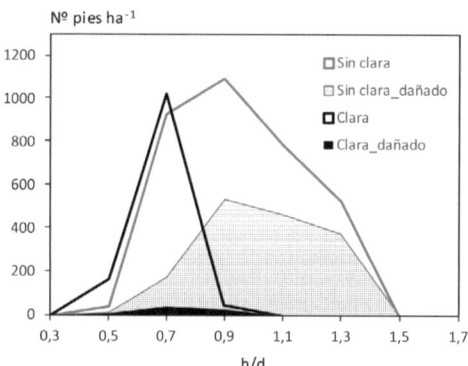

Figura 5.2 Distribución de individuos según el coeficiente de esbeltez para una parcela sin intervenir (Sin clara) y otra con claras fuertes por lo bajo (Clara). Las zonas sombreadas representan los árboles dañados por una nevada fuerte (ver del Río et al. 1997).

tamaños refleja la espesura de la masa, mientras que los valores mínimo, medio, máximo y el coeficiente de variación de la distribución diamétrica muestran la posición y la heterogeneidad, es decir, si todos los árboles presentan similar tamaño o si por el contrario varían mucho en tamaño.

La espesura y la variación de tamaños en la masa determinan el crecimiento de los árboles que la conforman. En masas puras regulares la relación crecimiento en tamaño- tamaño del árbol es generalmente linear. Sin embargo, en masas con estructuras más complejas esta relación puede ser cóncava o convexa (Figura 5.3b). La relación crecimiento en tamaño-tamaño conlleva el cambio en la distribución de tamaños de t_{20} a t_{30}, ya que indica la tasa de cambio para cada árbol en función de su tamaño inicial.

La evolución de la distribución de tamaños de t_{20} a t_{30} también está influida por la distribución de la masa extraída, bien por autoaclareo, por mortalidad debido a daños bióticos o abióticos, o por cortas selvícolas. Igualmente, la masa extraída puede ser caracterizada mediante la frecuencia de árboles extraídos por clase de tamaño (Figura 5.3c). De este modo, las pérdidas durante ese periodo se pueden caracterizar por el número de pies extraídos, el tamaño mínimo, medio, máximo, aunque frecuentemente se caracteriza por el cociente entre el diámetro medio extraído y el diámetro medio de la masa remanente. Si este cociente cumple que $d_{extraído}=d_{remanente}=1,0$ el tamaño medio de los dos colectivos es igual (por ejemplo, en claras sistemáticas). Si es menor que uno indica que la masa extraída se concentra en la rama izquierda de la distribución diamétrica (por ejemplo, una clara por lo bajo), mientras que valores altos indican pérdidas en la zona derecha de la distribución, es decir, intervenciones o perturbaciones en el dosel superior.

normal) y con menor curtosis (Prodan 1951 páginas 129-130). A su vez, los tratamientos selvícolas modifican las distribuciones diamétricas; las claras por lo bajo truncando la distribución por la izquierda, las claras por lo alto por la derecha, o simplemente reduciendo la frecuencia por clase diamétrica mediante claras sistemáticas, por ejemplo, eliminando una de cada n filas (Kramer 1988, pp 81-83 y 200-203).

Esta evolución de las distribuciones diamétricas es similar en masas mixtas regulares constituidas por especies con ecología parecida. Sin embargo, si las especies presentan alguna característica ecológica complementaria, por ejemplo, una mezcla de especies tolerantes e intolerantes a la sombra, la distribución diamétrica puede ser mucho más amplia ya que las especies de luz suelen crecer más rápido que las de sombra, mientras esta últimas son capaces de sobrevivir bajo ellas debido a su menor punto de saturación de luz (Assmann, 1970, páginas 92-98).

La distribución del número de pies por clase de tamaño de una masa forestal en un momento dado (Figura 5.3a) representa la composición y estructura de la población (el número de pies se puede representar frente al diámetro, sección normal del árbol, altura o el volumen). La altura de la distribución diamétrica para igual rango de

A través de la evolución de una parcela testigo de un ensayo de claras perteneciente a la red de parcelas permanentes del ICIFOR-INIA (Montero et al. 2004) situado en una masa de pino silvestre de calidad de estación intermedia (Ensayo de claras "Pinar de Duruelo"), inventariado desde los 41 años a los 86 años, se ilustra cómo cambia la distribución

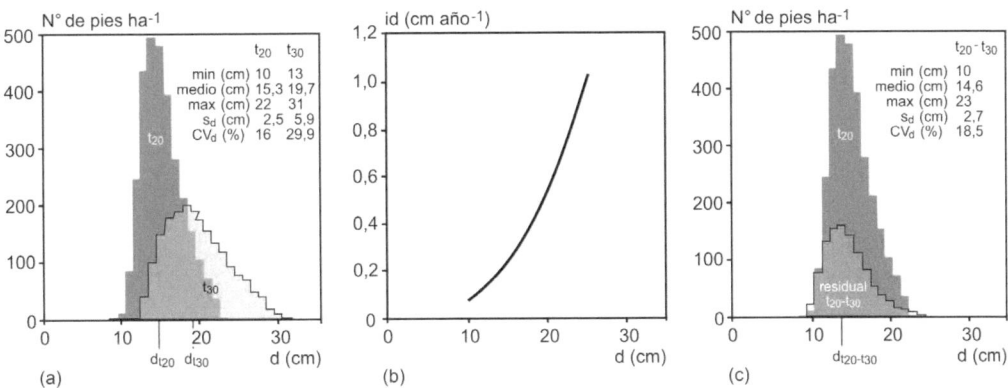

Figura 5.3 Distribución diamétrica inicial, relación crecimiento-diámetro y distribución de la masa extraída como componentes de la dinámica de la distribución de frecuencias de tamaños en masas forestales. (a) El avance de la distribución diamétrica del tiempo t_{20} a t_{30} es el resultado del crecimiento de los árboles. (b) Este avance puede describirse mediante la relación entre el crecimiento en diámetro y el tamaño del árbol. (c) Distribución de la masa extraída en el periodo t_{20} - t_{30}. El valor mínimo, medio, máximo, desviación estándar y coeficiente de variación de la distribución diamétrica cambian de 10, 15,3, 22, 2,5 y 16 % en el año t_{20}, a 13, 19,7, 31, 5,9 y 20,9 % para t_{30}, mientras que toman los valores 10, 14,6, 23, 2,7 y 18,5 % para la masa extraída en el periodo t_{20}-t_{30}. La función de transformación de t_{20} a t_{30} es id=0,0001·$d^{2,8}$ con id (cm año^{-1}) y d (cm).

diamétrica y varios estadísticos de la misma con el desarrollo de la masa (Figura 5.4a). Con la edad aumenta el tamaño medio, la distribución se hace más amplia (mayor rango $d_{max} - d_{min}$), y disminuye la asimetría y la curtosis. En la Figura 5.4b se muestra la distribución diamétrica de la masa principal a tres edades (líneas oscuras) junto con la distribución de los árboles muertos entre esas edades, donde se refleja que el autoaclareo se produce mayormente en las clases diamétricas inferiores. También se muestra el cociente entre diámetro medio de la masa extraída, en este caso mortalidad natural, y el diámetro medio de la masa antes de descontar esta mortalidad, a lo largo de los nueve inventarios realizados.

5.3 Medidas para caracterizar la distribución de tamaños de una masa

En estaciones muy pobres y secas la distribución de tamaños puede llegar a ser uniforme (Figura 5.5a). En masas puras o mixtas procedentes de una cohorte, masas regulares, la distribución de tamaños suele ser regular siguiendo una campana de Gauss (Figura 5.5b). De modo similar, cada una de las cohortes de una masa formada por dos cohortes de dos especies diferentes pueden seguir una distribución normal, aunque la distribución conjunta sea una distribución bimodal, como luego se analizará (Figura 5.5c). En masas irregulares (monte irregular pie a pie) la distribución de tamaños sigue una exponencial negativa (Figura 5.5d).

A lo largo de la vida de una masa puede cambiar el tipo de distribución de tamaños, por ejemplo, en una masa mixta de rebollo y pino silvestre la distribución inicial puede seguir una normal, mientras que con el desarrollo de la masa se puede convertir en una distribución bimodal, formando el pino silvestre el dosel superior y el rebollo el inferior. Asimismo, la distribución normal de masas puras regulares procedentes de repoblación puede pasar a una distribución bimodal como resultado de cortas de regeneración graduales, con el fin de transformarlas a largo plazo en distribuciones irregulares (Schütz 1997).

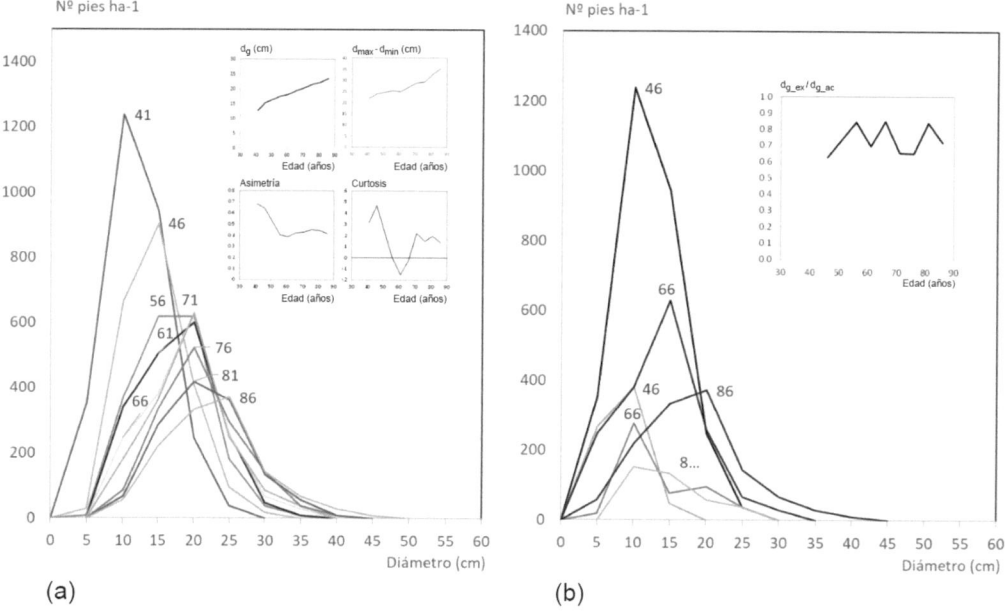

Figura 5.4 Evolución a largo plazo de la distribución diamétrica de una parcela testigo (sin claras) del ensayo de claras en pino silvestre (Pinar de Duruelo), desde la edad de 41 a 86 años. (a) Desarrollo de la distribución diamétrica de la masa en pie y en los subpaneles del diámetro medio cuadrático, rango, asimetría y curtosis de la distribución. (b) Distribución diamétrica de la masa en pie y extraída a las edades de 46, 66 y 86 años y evolución desde el establecimiento de la parcela permanente (41 años) del cociente $d_{g_{ex}}/d_{g_{ac}}$ en este caso considerando la mortalidad natural como masa extraída (del Río, 1999).

5.3.1 Densidad, posición y forma de la distribución de tamaños

Para caracterizar la distribución de tamaños de una masa son importantes los estadísticos básicos de la distribución, como la frecuencia de árboles, el tamaño medio, mínimo y máximo de la distribución, la desviación estándar o el coeficiente de variación. La forma de la distribución se puede describir mediante su asimetría. Si la distribución es simétrica su coeficiente de asimetría es cero (Figura 5.6a). Cuando la distribución tiene muchos árboles pequeños y pocos grandes, la pendiente es fuerte a la izquierda y oblicua por la derecha, resultando en una asimetría positiva. Si la distribución presenta muchos árboles grandes, pero con pocos pequeños, entonces la asimetría es negativa o a la derecha, siendo la pendiente de la curva suave a la izquierda y fuerte a la derecha. La asimetría es por lo tanto un buen indicador para reflejar el efecto de la competencia entre individuos, de las claras y de las perturbaciones naturales en la distribución de tamaños.

Otra característica importante de la distribución de tamaños es el coeficiente de apuntamiento o de curtosis, que refleja cómo de concentrados están los árboles en torno al tamaño medio, para un mismo rango de tamaños. Si la distribución sigue una distribución normal el coeficiente de curtosis es cero. Una concentración mayor en torno a la media resulta en un coeficiente positivo mientras que si los árboles están más repartidos entre los distintos tamaños la curtosis es negativa (Figura 5.6b). La Figura 5.4a muestra cómo los coeficientes de asimetría y curtosis disminuyen con el desarrollo de la masa, es decir, la distribución se convierte en más simétrica y plana.

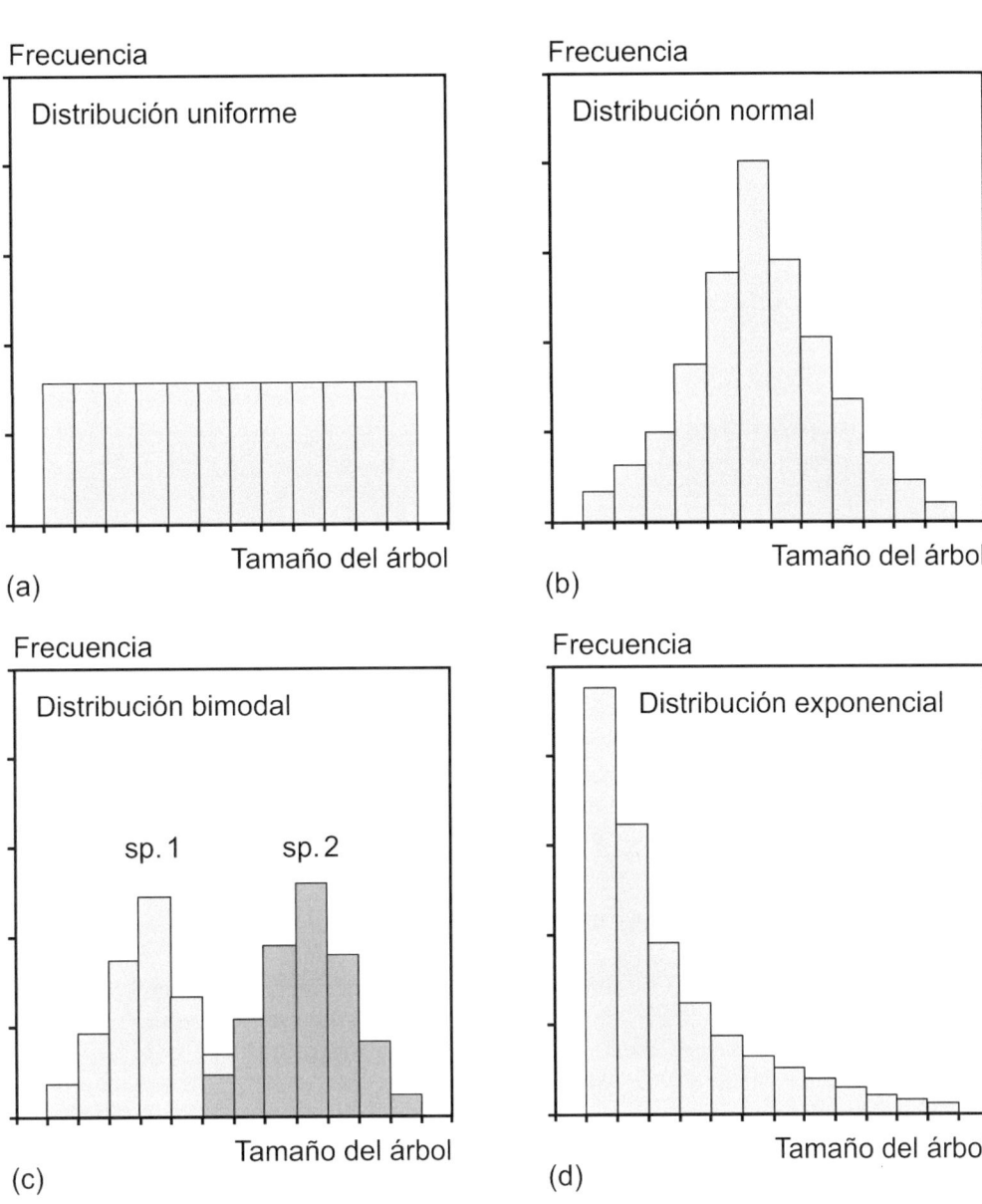

Figura 5.5 Principales tipos de distribución de frecuencias de tamaños de árbol en masas forestales. (a) Distribución uniforme, como se puede llegar a encontrar en estaciones pobres y secas. (b) Distribución normal según una campana de Gauss, frecuente en masas puras y mixtas regulares. (c) Distribución bimodal, propia de masas formadas por dos cohortes. (d) Distribución según una exponencial, típica de masas irregulares.

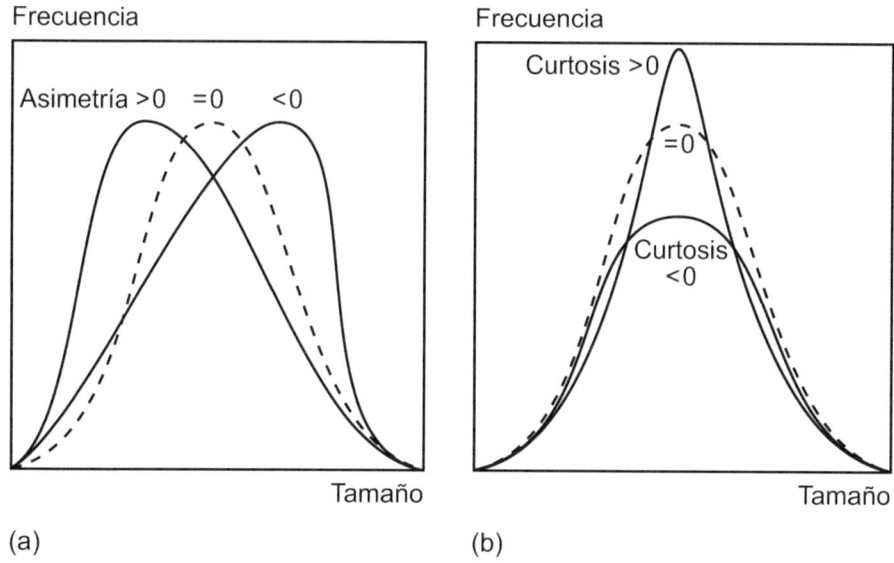

Figura 5.6 Ilustración de la asimetría (a) y la curtosis (b) como estadísticos para representar la forma de la distribución de tamaños

5.3.2 Curva de Lorenz y coeficiente de Gini

La curva de Lorenz y el coeficiente de Gini son indicadores de la distribución particularmente útiles para describir cómo el volumen o el crecimiento de la masa se distribuyen entre los árboles de distinto tamaño. Ambos indicadores se pueden utilizar también para caracterizar la jerarquía de tamaños en una masa forestal (Camino, 1976, Kramer 1988, pág. 82).

La curva de Lorenz, con frecuencia utilizada para analizar cómo se distribuyen los ingresos en los hogares de una población en estudios socioeconómicos, permite visualizar la igualdad o desigualdad de tamaños o de crecimiento de una masa forestal. La curva de Lorenz se representa con el número de pies con tamaño menor o igual al valor x_i en el eje de abscisas y el tamaño o el crecimiento acumulado en porcentaje en el eje de ordenadas. Cuanto mayor es la superficie entre la bisectriz (igualdad máxima) y la curva de Lorenz observada, mayor es la desigualdad en el reparto (Figura 5.7a). El coeficiente de Gini, CG, se ha tomado de estudios de economía y se basa en la curva de Lorenz.

$$CG = \frac{\sum_{i=1}^{n}\sum_{j=1}^{n}|x_i - x_j|}{2n(n-1)\overline{x}}$$

donde las variables x_i y x_j describen el tamaño o crecimiento (o cualquier otra característica de los árboles) para el árbol de orden i o orden j dentro del grupo de árboles de $i=1…n$. El coeficiente de Gini corresponde al área entre la bisectriz y la curva de Lorenz (área gris en la Figura 5.7a) con respecto al área entre la bisectriz y el eje x. El coeficiente de Gini toma el valor cero (curva de Lorenz igual a la bisectriz) cuando es una distribución muy homogénea y refleja la máxima igualdad en tamaño o crecimiento entre los árboles. Cuanto mayor es el valor de CG más fuerte es la desigualdad (Figura 5.7b), es decir, mayor es el área entre la bisectriz y la curva de Lorenz observada.

5.3.3 Funciones de densidad para describir la distribución de frecuencias

Las distribuciones de tamaños de las masas forestales se pueden representar a través de funciones de densidad. Entre las funciones más comúnmente utilizadas se encuentran la distribución uniforme, la distribución normal, las

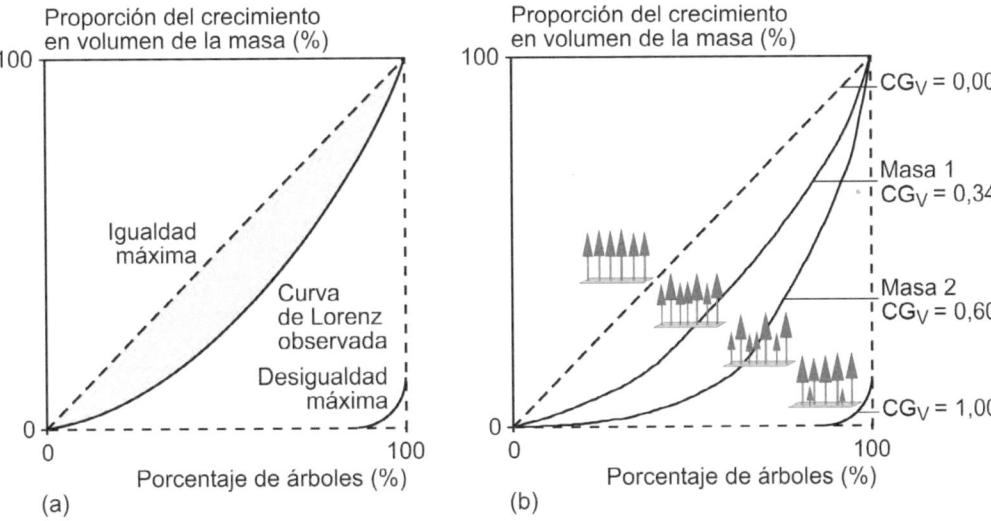

Figura 5.7 Curva de Lorenz y coeficiente de Gini utilizados para cuantificar la distribución del volumen, biomasa, recursos o crecimiento entre los árboles de una masa. (a) Aplicación de la curva de Lorenz para representar la desigualdad en el reparto del crecimiento en volumen entre los árboles de una masa. (b) Distribución equitativa del crecimiento en volumen entre los árboles de una masa ($CG_v = 0{,}00$), aumento de la desigualdad en el reparto del volumen entre los árboles (Masa 1, $CG_v = 0{,}34$; Masa 2, $CG_v = 0{,}60$) y fuerte desigualdad en el reparto (el coeficiente de Gini se acerca a 1,0).

funciones multivariantes de Weibull (1951) y Johson (1949), la distribución Beta (Zöhrer 1969) o la distribución exponencial. La función de densidad de Weibull se ha utilizado con frecuencia para la descripción y modelización de distribuciones de tamaño unimodales, típicas de masas regulares, dada su gran flexibilidad para ajustarse a distribuciones diamétricas y de alturas de distintas formas (v. Gadow 1987, Wenk et al. 1990). La expresión de la función de densidad acumulada de Weibul es:

$$F(x) = 1 - e^{-((x-a)/b)^c}$$

siendo a el parámetro de localización, b el parámetro de escala y c el de forma, y todos ellos mayor que cero. Al cambiar el valor de los parámetros a, b y c la función Weibull se puede adaptar a las distintas formas que presenta la distribución de tamaños de una masa a lo largo del tiempo. En la Figura 5.8 se muestran distribuciones diamétricas representadas por la función de densidad de Weibull con distintos valores de los parámetros de localización, escala y forma.

En el caso de distribuciones de tamaños formadas por varias cohortes o cuando la masa está compuesta por varias especies, una opción es representar la distribución de tamaños como la suma de varias funciones de densidad (Zhang et al. 2001; Liu et al. 2002). Las funciones de densidad también son útiles para el desarrollo de modelos de crecimiento (ver Sección 9.3.3). En estos modelos se modeliza la evolución de la distribución diamétrica en base a los parámetros de la función de densidad utilizada para caracterizar la distribución de tamaños.

5.3.4 Relación entre el tamaño y el crecimiento en tamaño de los árboles de una masa

La evolución de la distribución de tamaños está muy influenciada por la relación tamaño-crecimiento y la influencia de la competencia inter e intraespecífica en ella. Para estudiar esta relación, comenzamos por analizar la relación tamaño-crecimiento de un árbol que crece en solitario o con una limitación del crecimiento constante (Figura 5.9). En la fase juvenil del árbol domina el anabolismo y el crecimiento sigue un crecimiento exponencial. Al aumentar el tamaño del árbol, los

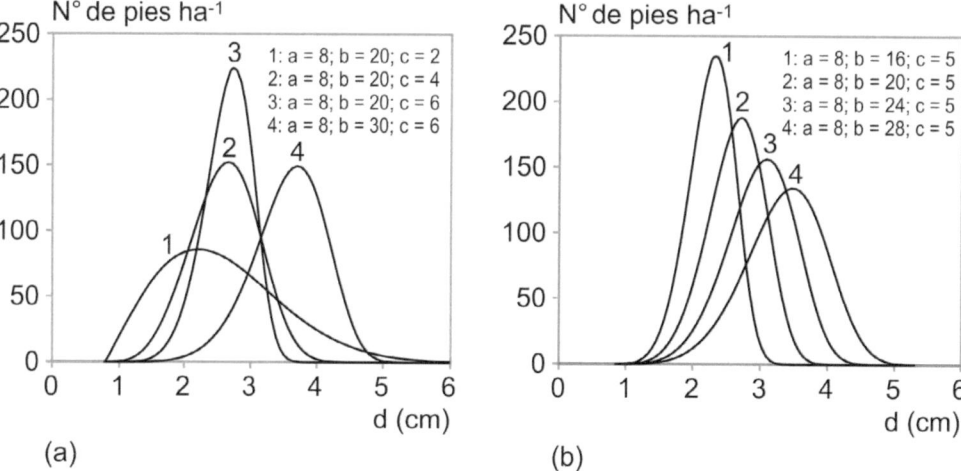

Figura 5.8 Distribuciones diamétricas que resultan de distintos valores de los parámetros de localización a, escala b y forma c de la función de distribución Weibull (según v. Gadow, 1987, p 43).

costes de mantenimiento son mayores y la tasa de crecimiento primero culmina para después disminuir (Zeide, 1993). Por lo tanto, los árboles siguen una trayectoria tamaño-crecimiento unimodal, que en la fase juvenil es cóncava (1-3), convexa a mediana edad (4-6) y otra vez cóncava en la fase madura (7 - 9) (ver Avery y Burkhart 1983, p 266; Schütz 1989, pp 4-5). Cuanto mejores son las condiciones de la estación, menor es la limitación del crecimiento y mayor el nivel de la curva de crecimiento debido a la mayor disponibilidad de recursos para los árboles de un determinado tamaño (Pretzsch y Biber 2010). La Figura 5.9a ilustra este patrón de crecimiento para estaciones con limitaciones del crecimiento bajas, medias o fuertes. Este tipo de curvas se pueden obtener mediante el seguimiento a largo plazo del crecimiento del árbol o mediante extracción de muestras de crecimiento (cores), series de tiempo real, o bien mediante cronosecuencias de árboles que crecen sin competencia.

Cuando un árbol crece en masa el crecimiento del árbol se ve reducido por efecto de la competencia y se sitúa por debajo de la trayectoria unimodal de un árbol sin competencia. En general, en una masa el tamaño del árbol es sinónimo a la accesibilidad a los recursos, especialmente a la luz. Cuanto mayor es el tamaño de un árbol, mejor es su situación para acceder a los recursos del medio, para ocupar el espacio y mayor efecto negativo sobre el desarrollo de sus vecinos (Biging y Dobbertin 1995, Pretzsch 2009). Sin embargo, el tamaño puede representar una posición ambivalente, ya que pueden sufrir mayores derribos por viento (Peltola 2006, Valinger et al. 1993), mayor efecto de la sequía (Condit et al. 1995, Skov et al. 2004) o daños de plagas (Coggins et al. 2010). En bosques templados, donde la luz es el factor limitante del crecimiento, los árboles grandes limitan el acceso a la luz de los árboles pequeños y consecuentemente su crecimiento. Por ello, en masas regulares los árboles más pequeños enseguida se quedan por detrás de los grandes, es decir, se produce una diferenciación de tamaños. En los árboles dominados la reducción sobre la curva de crecimiento potencial de un árbol aislado es a su vez mayor. La relación entre el tamaño del árbol y su crecimiento (relación id-d) es aproximadamente lineal y se utiliza con frecuencia para describir y modelizar el crecimiento en masas monoespecíficas regulares (ver por ejemplo Prodan 1965, pp 474-476). Si bien la Figura 5.9a representa la trayectoria de un árbol aislado en condiciones de estación favorables, la Figura 5.9b muestra cómo la competencia puede transformar esta curva unimodal en relaciones de tamaño-crecimiento lineales de los individuos de una masa. Para cada momento concreto del desarrollo de la masa se traza la relación entre crecimiento en tamaño-tamaño. Esta relación es más o menos lineal, em-

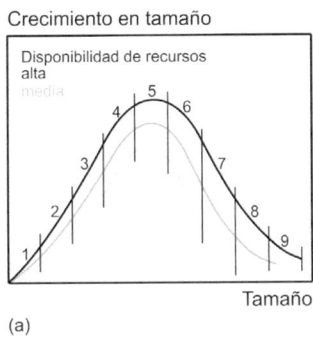 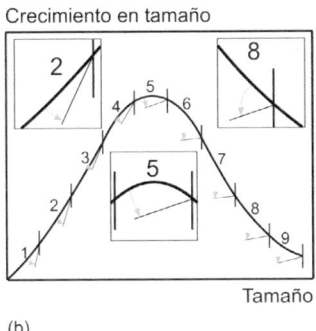 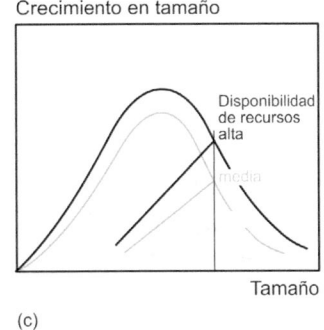

Figura 5.9 Representación esquemática de la relación crecimiento-tamaño entre los árboles de un rodal. (a) Crecimiento potencial en función del tamaño (árbol aislado) en una estación de calidad alta, media y baja. En ausencia de competencia se desarrollaría en una curva unimodal con partes cóncavas (segmentos 1-3 y 7-9) y partes convexas (segmentos 4 - 6). (b) Este crecimiento potencial (calidad alta) se transforma por competencia (flechas) en la relación lineal crecimiento-tamaño entre individuos del rodal (líneas grises). Con el desarrollo de la masa esta relación cambia de una mayor pendiente en fases juveniles (segmentos 1-4) a rectas muy tumbadas para tamaños grandes (segmentos 6 - 9). (c) En las estaciones buenas la competencia por la luz es especialmente asimétrica y la relación crecimiento-tamaño presenta una pendiente más pronunciada que en estaciones medias o pobres. La pendiente de la relación crecimiento-tamaño aumenta sistemáticamente de estaciones pobres a ricas.

pinada en la fase juvenil y se va tumbando con el desarrollo en tamaño de la masa (Figura 5.9b, segmentos 1-9).

Bajo *ceteris paribus* (en igualdad de condiciones para todo lo demás) los árboles dominantes en estaciones buenas pueden aprovechar mejor su acceso privilegiado a la luz y ejercer un efecto negativo más fuerte en sus vecinos más pequeños que en lugares desfavorables (Wichmann 2001, 2002). Esto se refleja en pendientes más pronunciadas de la relación tamaño-crecimiento interindividual en estaciones favorables que en estaciones pobres (Pretzsch y Biber 2010).

5.3.5 Relación crecimiento-tamaño y modo de competencia

La pendiente de la relación de crecimiento-tamaño (por ejemplo, $iv = a_0 + a_1 \cdot v$ o $id = b_0 + b_1 \cdot d$) integra diversos aspectos de la dinámica de la estructura de la masa. Cuanto más pronunciada es la pendiente, refleja que los árboles grandes son más eficientes (con mayor absorción de luz) y que la jerarquía de tamaños dentro de la masa es mayor, donde el crecimiento y la biomasa se concentra en los árboles grandes a expensas de sus vecinos más pequeños. Suponiendo que las mencionadas relaciones entre la pendiente de la relación crecimiento-tamaño y las condiciones de la estación son generalizables, estas pendientes se pueden utilizar para analizar patrones de asignación de recursos entre árboles de una masa y su dependencia de las condiciones ambientales.

Al calcular la tasa de crecimiento para un período definido (por ejemplo, un año, o un período de 5 años) a partir del tamaño de la planta al inicio de dicho período para los distintos árboles de una masa, se pueden dar diferentes patrones de la relación crecimiento-tamaño, denominados modos de competencia. En la Figura 5.10 se representan las principales relaciones de crecimiento-tamaño de forma esquemática por las curvas 1-4 (Schwinning y Weiner 1998, Weiner 1990). Todas las curvas representadas en la Figura son rectas, pero solo la 3 es además de lineal, proporcional. Solo si la relación crecimiento-tamaño pasa por el origen, como en el caso de la curva 3, la tasa absoluta de crecimiento aumenta proporcionalmente con el incremento del tamaño, y solo entonces la tasa relativa de crecimiento es la misma para todos los individuos. Es lo que se conoce como simetría proporcional al tamaño. Pendientes más pronunciadas indi-

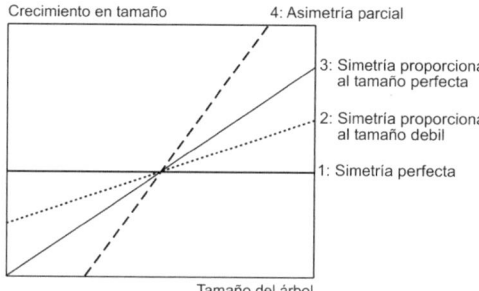

Figura 5.10 Hipótesis sobre diferentes relaciones lineales entre el tamaño y el crecimiento de las plantas en una masa o población, denominados modos de competencia. La curva 1 representa el caso más teórico de una relación de crecimiento-tamaño completamente simétrica, donde todas las plantas, independientemente de su tamaño, comparten los mismos recursos y crecimiento. La línea 2 indica una simetría parcial, donde el crecimiento aumenta linealmente con el tamaño. La línea 3 representa una simetría proporcional al tamaño perfecta. La curva 4 representa una asimetría de tamaños parcial, en la que el crecimiento aumenta desproporcionadamente con el aumento de tamaño.

can una alta concentración de recursos y un alto crecimiento en árboles grandes, modo de competencia asimétrico. El caso de una asimetría máxima, indicada por una línea paralela al eje y (pendiente = ∞, es decir, un subconjunto recibe todos los recursos y concentra todo el crecimiento en sí mismo), es prácticamente inexistente y, por tanto, no se muestra en la Figura 5.10.

La simetría completa o perfecta (curva 1) se produce cuando el consumo de recursos y el crecimiento son independientes del tamaño. Una tendencia hacia la simetría completa (curva 1) suele producirse cuando el crecimiento del árbol está limitado por los recursos del suelo (agua y nutrientes). Debido a que estos recursos son móviles, se difunden rápidamente y no pueden ser usados en su mayoría por los árboles más grandes (Kuijk et al. 2008).

Una ligera simetría proporcional al tamaño (curva 2) indica una ligera preferencia de los árboles grandes sobre los vecinos más pequeños en el suministro de recursos y el crecimiento. La simetría proporcional al tamaño perfecta se produce cuando el suministro de recursos y el tamaño aumentan en proporción al tamaño, lo que es especialmente probable cuando los árboles no están limitados por la luz y existe disponibilidad adecuada de agua y nutrientes (curva 3).

Una asimetría parcial o fuerte indica que los árboles grandes reciben una cantidad proporcionalmente superior de recursos y crecimiento. Este tipo de relaciones de crecimiento-tamaño se puede esperar cuando el crecimiento del árbol, en estaciones fértiles, está limitado principalmente por la luz (línea 4). En este caso, la luz que actúa como un recurso vectorial, es retenida por los árboles grandes, limitando su llegada a los más pequeños (Cannell y Grace 1993, Weiner y Thomas 1986). Sin embargo, los árboles grandes solo pueden explotar esta ventaja si su crecimiento no está limitado por la disponibilidad el agua o nutrientes, por lo que solo es típica de estaciones buenas.

Si los árboles dentro de una masa forestal no están limitados por los recursos del suelo, los árboles grandes pueden explotar su acceso preferente al recurso de la luz. Estos se benefician en mayor proporción de su posición social predominante y oprimen a los árboles más débiles de manera particularmente fuerte. Por lo tanto, la pendiente de la relación entre el tamaño y el crecimiento en tamaño es particularmente pronunciada. Sin embargo, a medida que aumenta la limitación de los recursos del suelo (agua y nutrientes), los árboles más grandes son cada vez menos capaces de explotar su predominancia, absorben menos luz, crecen menos y ejercen menos competencia sobre

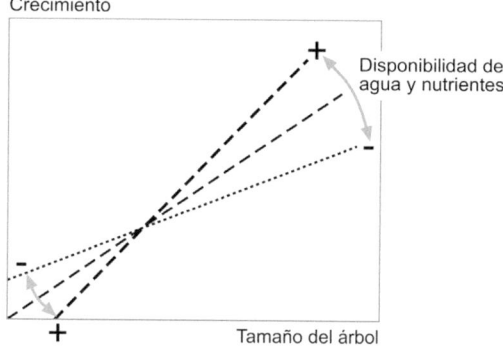

Figura 5.11 Relación entre el crecimiento y el tamaño de los árboles y su dependencia de la disponibilidad de agua y nutrientes minerales (según Pretzsch y Biber 2010).

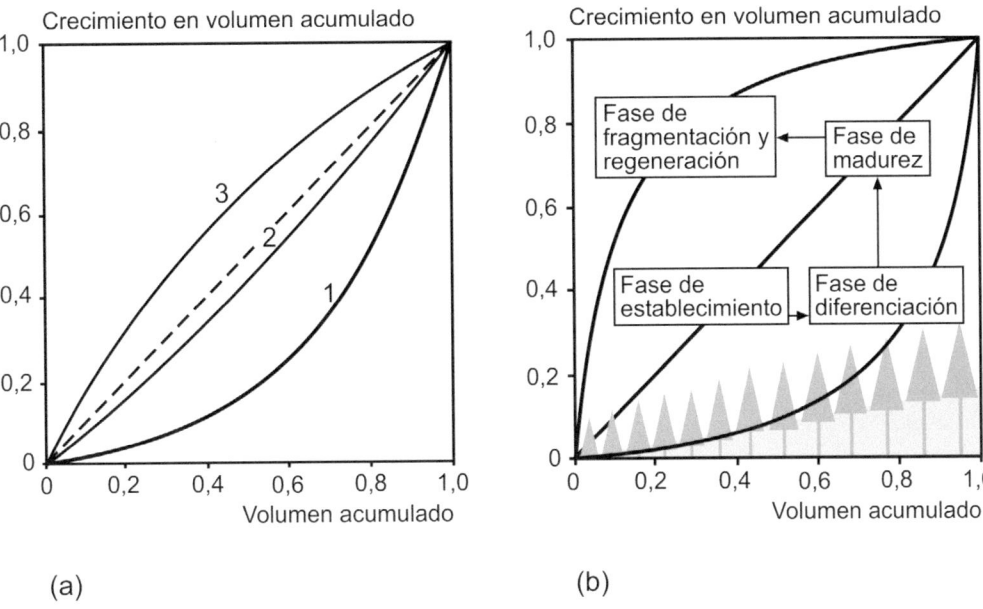

Figura 5.12 Representación esquemática de la distribución acumulada del volumen frente al crecimiento en volumen del fuste acumulado para masas en diferentes etapas de desarrollo (a) y cambio en el patrón de asimilación durante el desarrollo de la masa (b).

los árboles más pequeños, que, por tanto, se benefician de la limitación que sufren los grandes. En particular, cuando los árboles grandes están limitados por los recursos del suelo, la menor competencia que ejercen ya no juega un papel tan importante en la distribución del crecimiento de árbol a árbol, lo que hace que la pendiente de relación crecimiento-tamaño sea más plana (Figura 5.11).

5.3.6 Dominancia en crecimiento

Para comprender el desarrollo de la masa y cómo se regula es interesante conocer cuánto contribuyen los árboles de diferentes tamaños al crecimiento de la masa, que se puede estudiar mediante las curvas que reflejan la relación entre el volumen acumulado y el crecimiento en volumen acumulado (Figura 5.12). Para elaborar estas curvas se ordenan primero los árboles que componen la masa según su volumen del fuste. A continuación, se representa su volumen acumulado sobre el eje x, mientras su crecimiento acumulado se representa sobre el eje y. La curva resultante ilustra cómo se relacionan la proporción del crecimiento en volumen y el volumen de la masa (Figura 5.12a). Si la contribución al crecimiento de todos los árboles fuera proporcional a su contribución en el volumen de la masa, resultaría en una línea de 1:1, como se muestra la bisectriz de la Figura 5.12a (línea discontinua). Si la contribución al crecimiento es menor que la contribución al volumen, el resultado es la curva 1, y si la contribución al crecimiento excede a la del volumen, resulta en la curva 3. Figura 5.12.

La curva 1 muestra que el 20 % de los árboles más grandes proporcionan el 40 % del crecimiento en volumen. La curva 2 muestra una relación proporcional entre la contribución al volumen de la masa y el crecimiento en volumen. La curva 3 representa una masa en la que los árboles pequeños son particularmente vigorosos donde el 20 % de los árboles más pequeños representa aproximadamente el 40 % del crecimiento de la masa, mientras que el 20 % de los árboles más grandes contribuye solo al 10 % del crecimiento en volumen.

Además de la representación gráfica (Figura 5.12a), esta relación se puede caracterizar mediante el coeficiente de dominancia en crecimiento (Binkley et al. 2006). Este coeficiente resulta de la diferencia entre el coeficiente de Gini para el crecimiento en volumen menos el coeficiente de Gini para el volumen de la masa. Si la curva sigue la línea 1: 1, entonces el coeficiente de dominancia en crecimiento es cero (CDC = 0) (Figura 5.12a). Si la curva está por encima de la línea 1: 1 es menor a cero (CDC <0) y si está por debajo de la bisectriz es mayor a cero (CDC > 0). El CDC se puede calcular fácilmente con el siguiente estadístico:

$$\text{CDC} = 1 - \sum_{k=1}^{n} (v_k - v_{k-1}) \cdot (iv_k + iv_{k-1})$$

Donde n es el número de árboles en la masa, k representa la posición relativa del árbol en orden ascendente en tamaño, v_k es el volumen acumulado hasta el árbol k y iv_k es el crecimiento en volumen acumulado hasta el árbol k. Las curvas 1, 2 y 3 representan masas forestales con una contribución baja, media y grande de los árboles pequeños al crecimiento de la masa. O al revés, las poblaciones en las que los árboles grandes contribuyen proporcionalmente mucho, moderada o solo ligeramente al crecimiento de la masa. Para las curvas 1, 2 y 3, los valores del coeficiente de dominancia en crecimiento son CDC = 0,17, 0,0 y – 0,12.

Binkley et al. (2006) proponen un modelo conceptual para el cambio de la relación entre el volumen acumulado y el crecimiento en volumen acumulado en el curso del desarrollo de la masa, como se muestra en la Figura 5.12b. En la etapa juvenil, antes del cierre del dosel de copas, la competencia puede ser baja y, por lo tanto, el crecimiento del árbol es proporcional al tamaño (línea 1:1). Con el inicio del cierre del dosel de copas comienza la fase de diferenciación en la que los árboles grandes contribuyen en mayor proporción al incremento en volumen de la masa, y los más pequeños en menor proporción. En la etapa avanzada de maduración, el crecimiento en volumen puede volverse proporcional al volumen si los árboles más grandes ralentizan su crecimiento y los árboles pequeños crecen más rápido en relación a su tamaño. En la etapa de fragmentación y regeneración de la masa, los árboles pequeños pueden contribuir en una mayor proporción al crecimiento, mientras que la contribución de los árboles grandes al crecimiento se va desvaneciendo, dando como resultado una función cóncava entre el aumento del volumen del fuste acumulado y el volumen de la masa (según Binkley et al. 2006, p. 195, figura 2).

5.4 Distribución de tamaños de la masa residual y masa extraída

La distribución de la masa en pie o residual y masa extraída, bien por corta o mortalidad natural, puede cuantificarse a través de la relación $d_{rel} = d_{extraído} / d_{residual}$ (Figura 5.13). En las claras, con frecuencia, también se cuantifica mediante el cociente del diámetro medio extraído entre el diámetro medio antes de la clara (ver Sección 7.3.2).

En los bosques templados, donde el agua y los nutrientes son abundantes, los árboles pequeños sufren especialmente por la falta de luz (Figura 5.14a). Por lo tanto, son principalmente los árboles más pequeños, en el área izquierda de la distribución de tamaños, los que van muriendo de forma progresiva durante el desarrollo de la masa. Solo a edades avanzadas debido a la mortalidad natural por senectud, que depende esencialmente del tamaño alcanzado, se invierten las circunstancias en contra de los grandes y a favor de los pequeños. La concentración de mortalidad de pies debido a la competencia en el extremo izquierdo de la distribución de tamaños se puede ver modificada por daños bióticos (infestación por hongos, ataques de insectos) y abióticos (derribos por tormenta, roturas por nieve) que puede concentrarse por toda la distribución de tamaños, y también en el extremo derecho, por ejemplo, por pudriciones.

Mediante la intervención de claras el autoaclareo o mortalidad natural se reduce o suprime según el tipo y la intensidad de las claras. Según el tamaño relativo de los árboles que se extraen en la clara se pueden distinguir tres tipos de intervención: claras por lo bajo en las que se eliminan árboles fundamentalmente del área izquierda de la distribución de frecuencias, en la zona derecha solo se eliminan algunos árboles de mala calidad (Figura 5.14b); claras por lo alto, donde los aprovechamientos se concentran en el área derecha de la distribución diamétrica, y la mayor parte de los árboles más pequeños en el área izquierda se mantienen deliberadamente

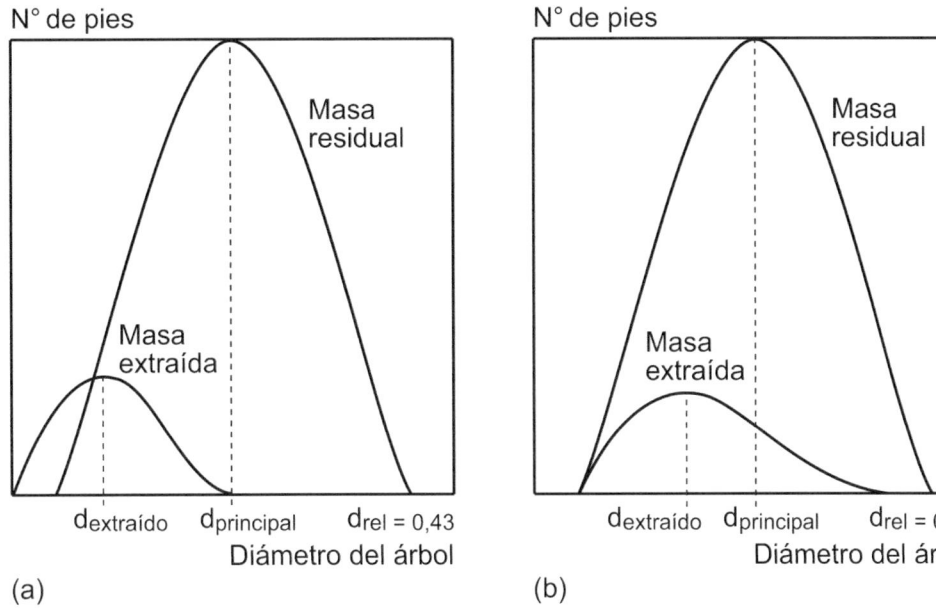

Figura 5.13 Distribución de la masa residual y extraída y cociente resultante $d_{rel} = d_{extraído}/d_{residual}$ (a) Concentración de la masa extraída (incluyendo mortalidad) en el área izquierda de la distribución de tamaños, indicada por valores de $d_{rel} = 0{,}43$. (b) Extensión de la masa extraída en el rango de diámetros medio y superior, indicado por $d_{rel} = 0{,}75$ (según Pretzsch y Schütze 2014).

(Figura 5.14c); claras sistemáticas (Figura 5.14d), en las que se elimina sistemáticamente, por ejemplo una de cada tres plantas en calles alternas, donde la densidad se reduce uniformemente a lo largo de la distribución de tamaños. Las diferentes intensidades de los distintos tipos de claras se reflejan en el hecho de que en la clara por lo bajo la distribución de tamaños de la masa extraída avanza más de izquierda a derecha, en la clara por lo alto de derecha a izquierda y en la sistemática se reduce la densidad de la distribución según aumenta la intensidad.

En masas mixtas, el autoaclareo, las claras por lo bajo, por lo alto y sistemática tienen efectos ligeramente diferentes. La Figura 5.14e–h, muestra el siguiente principio para una masa mixta de 2 especies; las masas mixtas de n-especies se comportan de manera similar. Mientras que el autoaclareo en masas puras y coetáneas fundamentalmente afecta a la rama izquierda de la distribución de tamaños, la mortalidad debida a la diferenciación social en las masas mixtas se extiende más hacia árboles de mayor tamaño ya que, además de la diferenciación intraespecífica, entra en juego la competencia interespecífica. Las especies del estrato dominante diezman a las más desfavorecidas a lo largo de toda la distribución de tamaños, mientras que las especies dominadas pueden reducir de forma significativa la rama izquierda de las especies dominantes. La especie cuyo tamaño se ve favorecido en la mezcla ejerce un efecto similar a una clara por lo alto sobre las otras especies; mientras que éstas tienen un efecto de clara por lo bajo sobre las especies del estrato dominante.

Estas condiciones se pueden ver favorecidas con claras por lo bajo. Sin embargo, al reducir la presión competitiva entre las especies mediante claras por lo alto, la competencia de la especie del estrato dominante sobre la dominada se reduce, evitando la muerte de árboles codominantes de las especies del estrato interior. Si se realizan claras sobre ambas especies, la distribución de la masa residual se desplaza hacia la derecha, es decir, hacia mayores dimensiones. Al mismo tiempo, el crecimiento de los árboles más pequeños es promovido por una apertura mayor del dosel de copas, de forma que estos pueden mantenerse en la masa. Las cortas están claramente concentradas en la rama derecha de ambas distribuciones de tamaños. Las claras sistemáticas,

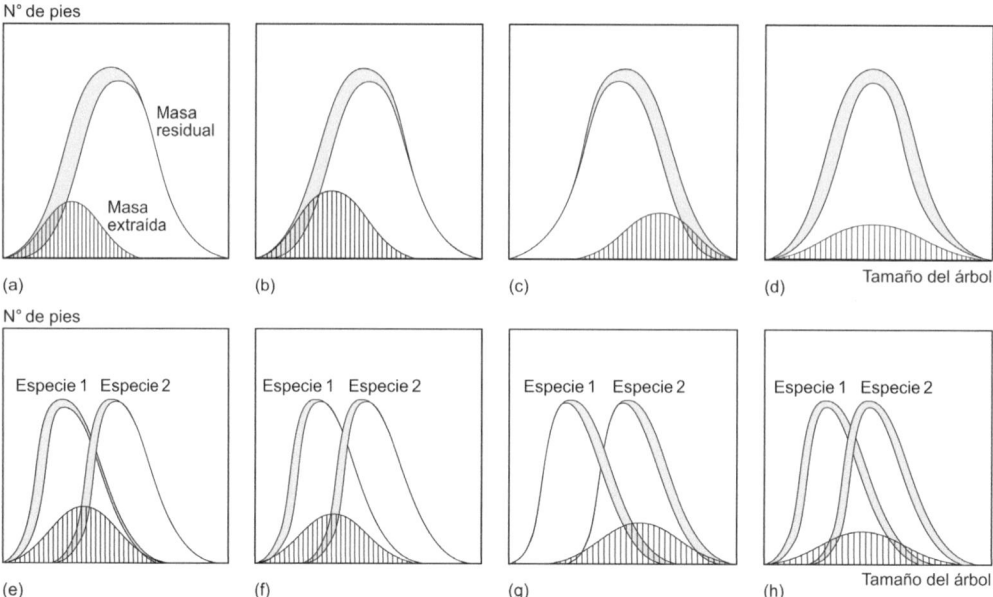

Figura 5.14 Efecto del (a) autoaclareo, (b) clara por lo bajo, (c) clara por lo alto y (d) clara sistemática sobre la distribución de tamaños de masas forestales. Modificación de la distribución de tamaños de una masa mixta de 2 especies debido al (e) autoaclareo, (f) clara por lo bajo, (g) clara por lo alto y (h) clara sistemática, por ejemplo, al eliminar pies cada n calles. La curva de distribución unimodal superior caracteriza la masa inicial y la zona gris los árboles extraídos. La curva unimodal sombreada inferior muestra la distribución de la masa extraída.

como ocurre, por ejemplo, en las claras por calles, eliminan árboles grandes y pequeños de ambas especies en proporciones iguales, y con una fuerte reducción de densidad, evitando la mortalidad natural.

5.5 Efecto del autoaclareo y de los tratamientos selvícolas en la dinámica de la distribución de tamaños

5.5.1 Efecto de la densidad en la distribución de tamaños

Como ya se ha expuesto, en función de cuál sea el principal recurso limitante la competencia es simétrica o asimétrica en relación al tamaño. La competencia por el agua y los nutrientes entre los árboles de una masa forestal puede considerarse proporcional a su tamaño. Debido a los sistemas radicales extensos y las interconexiones con las micorrizas, el efecto de esta competencia puede ser a su vez muy extenso. En contraste, la competencia por la luz es más asimétrica y de menor alcance, especialmente cuando la luz es el factor limitante. Los árboles grandes pueden bloquear la luz que llega a los vecinos más pequeños y también reducir su consumo de agua y nutrientes, lo que a su vez beneficia desproporcionalmente a los más grandes. La ventaja por el tamaño disminuye cuando la luz deja de ser factor limitante, pasando este a ser el agua o los nutrientes. Esta idea conceptual ayuda a comprender mejor la respuesta del crecimiento individual de los árboles de masa a las claras, la mezcla de especies o la regeneración.

De acuerdo con este modelo, el efecto de reducir la densidad de una masa varía considerablemente dependiendo de la estación y del tipo de clara: si se extraen los pies dominantes o codominan-

5.5 Efecto del autoaclareo y de los tratamientos selvícolas en la dinámica de la distribución de tamaños

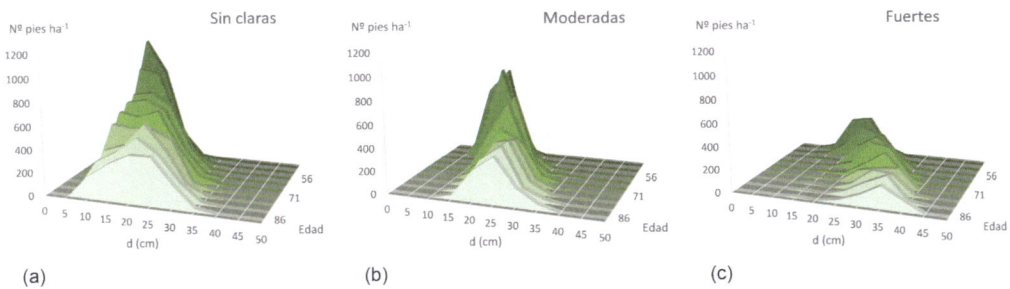

Figura 5.15 Distribución diamétrica para los niveles de claras (sin aclarar, moderada y fuerte) del ensayo de claras en pino silvestre (Pinar de Duruelo) desde el inventario inicial en 1968 (41 años) hasta el inventario de 2013 (86 años). Las distribuciones diamétricas se muestra en clases de 5 cm.

tes en estaciones con buena disponibilidad de agua donde domina la competencia asimétrica al tamaño (claras por lo alto, claras selectivas con árboles de porvenir), los vecinos inmediatos al pie extraído se benefician en mayor proporción a expensas de los vecinos más pequeños. Esto da como resultado un fuerte incremento del crecimiento en diámetro de árboles dominantes. Por el contrario, la extracción de árboles pequeños da como resultado solo un ligero incremento en la pendiente o un cambio paralelo en las curvas de crecimiento-diámetro, ya que muchos de los vecinos en un entorno más amplio se benefician proporcionalmente a su tamaño del consiguiente incremento en la disponibilidad de agua y nutrientes, pero solo marginalmente.

Con una disponibilidad de agua limitada, donde la competencia es más simétrica, el efecto positivo de la extracción de los árboles grandes, aunque incrementa la disponibilidad de luz, solo puede ser implementado por el resto de los árboles con más retraso, ya que primero tiene que crecer el sistema radical, para así poder compensar la correspondiente limitación en la disponibilidad de agua. Esto conduce a un cierre de la masa más retrasado tras las claras o incluso que nunca llegue a producirse. Por lo tanto, los árboles más grandes no pueden incrementar su posición de dominancia, y las tasas de crecimiento en diámetro incrementan solo ligeramente y proporcional al tamaño del árbol. Con la extracción de árboles pequeños en sitios de baja calidad se beneficia un gran colectivo de árboles no dominantes, por lo que la reacción del crecimiento es débil y se distribuye entre muchos individuos.

5.5.2 El efecto de las claras en la distribución de tamaños

Las distribuciones diamétricas muestran cómo el espacio de la masa se divide entre los individuos; es decir si está ocupado por unos pocos árboles grandes o muchos pequeños. Independientemente de las condiciones del sitio, las especies, la composición de especies de la masa y su volumen, las distribuciones diamétricas de las masas forestales siguen las leyes alométricas generales (Enquist y Niklas 2001, Niklas y Enquist 2001). La selvicultura utiliza las distribuciones diamétricas, para obtener, entre otros, información sobre la diferenciación social, distribución de especies, la estabilidad y la diversidad estructural de las masas, sobre las cuales se apoya la planificación de los tratamientos selvícolas.

La Figura 5.15 muestra la evolución de las distribuciones diamétricas de tres parcelas de un ensayo de claras del ICIFOR-INIA en *Pinus sylvestris* (Pinar de Duruelo) a lo lago de 45 años, desde los 41 años a los 86 años de la masa (1968-2013) (parcela testigo sin aclarar, clara moderada por lo bajo y clara fuerte por lo bajo). El número de pies por hectárea por clases diamétricas de 5 cm muestra una reducción fuerte de las densidades y un aumento de las clases de tamaño mayores con el tiempo. Las distribuciones diamétricas van migrando a lo largo del eje de clases diamétricas desde el comienzo del ensayo hasta el presente y cambian su forma. El aumento en el diámetro del fuste se acompaña de un aumento en la demanda de espacio, por lo que cada vez es menor el número de árboles.

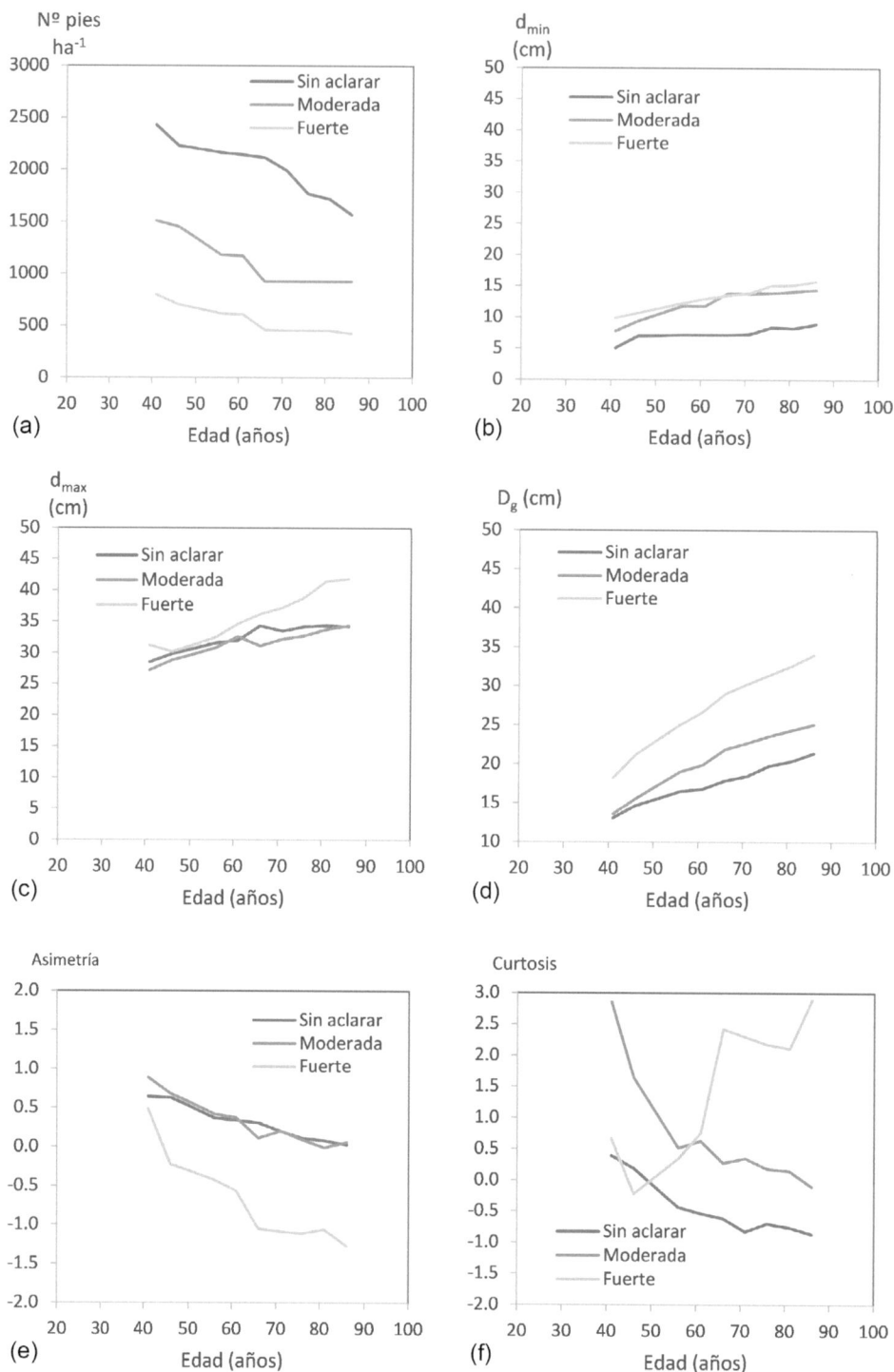

Figura 5.16 Características de las distribuciones de tamaños en el ensayo de claras en pino silvestre "Pinar de Duruelo" bajo tratamientos de claras bajas moderadas y fuertes, junto con una parcela testigo sin aclarar, inventarios desde 1968 a 2013. Se representan las tendencias del (a) número de pies, (b) diámetro mínimo, (c) máximo, (d) diametro medio, (e) asimetría y (f) curtosis de la distribución diamétrica.

5.5 Efecto del autoaclareo y de los tratamientos selvícolas en la dinámica de la distribución de tamaños

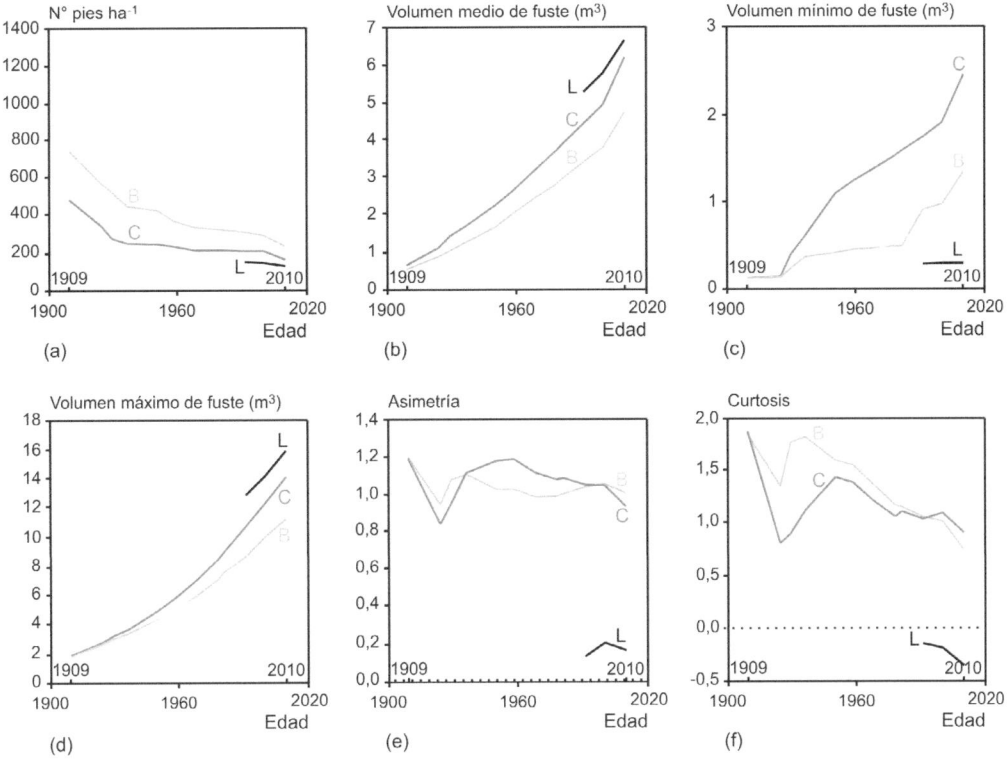

Figura 5.17 Características de las distribuciones de tamaños (volumen del árbol) en el sitio experimental de haya bajo tratamientos de claras Schleichach 15 desde 1909 a 2010. Se representan las tendencias del (a) número de pies, (b) volumen medio, (c) mínimo y (d) máximo del fuste, (e) la asimetría y (f) la curtosis de la distribución volumétrica. A, B y C indican claras por lo bajo débiles, moderadas y fuertes y L claras por lo alto

La distribución diamétrica para la parcela con claras de débiles a moderadas muestra una evolución algo más desplazada hacia diámetros mayores que la parcela sin aclarar y, sobre todo, una reducción importante del número de pies por clase diamétrica, con ausencia de las clases menores. En el último inventario la parcela sin aclarar mostraba un rango de diámetros mucho mayor que la parcela con claras moderadas. Sin embargo, las claras fuertes por lo bajo producen un aumento significativo de las clases diamétricas mayores, con presencia de pies en el último inventario en las clases de 40 y 45 cm, siendo la reducción del número de pies muy importante, con curvas muy aplanadas.

Por lo tanto, las claras por lo bajo producen un desplazamiento más rápido hacia la derecha y un aplanamiento de las distribuciones diamétricas. Sin embargo, el rango de los diámetros se ve reducido por la extracción de los árboles menores.

El número de pies en la dinámica natural de las masas regulares disminuye exponencialmente; en las parcelas con claras moderadas y fuertes son significativamente más bajos (Figura 5.16a). Debido a la extracción de la zona izquierda de la distribución de tamaños (extracción de pies dominados), los diámetros mínimo y máximo de los árboles son significativamente mayores para las claras moderada y fuerte que para la parcela sin aclarar (Figura 5.16b–c). Debido a la extracción de los árboles más pequeños (desplazamiento estadístico o efecto técnico de la clara) y el efecto de la clara en el crecimiento (aceleración del crecimiento del tamaño), el diámetro medio cuadrático aumenta significativamente en parcelas con claras moderadas y fuertes, es decir, alcanza valores finales cercanos a 35 cm en la clara fuerte en comparación con 21 cm en la parcela sin aclarar ([Figura 5.16d](#)).

A lo largo del desarrollo de la masa, la asimetría de la distribución de tamaños disminuye en todas las parcelas; al principio, la distribución presenta una fuerte pendiente hacia la izquierda y está sesgada hacia la derecha (asimetría positiva); a medida que el desarrollo de la masa avanza, la distribución del número de pies cambia hacia la distribución normal (distribución simétrica) y la parcela con claras más fuertes pasa a tener una asimetría negativa ([Figura 5.16e](#)). La curtosis ([Figura 5.16f](#)) muestra un mayor apuntamiento de la distribución al comienzo, pero al avanzar el desarrollo de la masa. en la parcela testigo y la parcela con claras moderas se aproxima progresivamente cada vez más a la curvatura de una distribución normal de Gauss, para terminar con una curtosis negativa, es decir, una distribución más aplastada. Sin embargo, la curtosis aumenta en la parcela con claras fuertes. Al extraer la mayor parte de los árboles dominados e intermedios, el rango de la distribución disminuye conllevando una mayor curtosis.

En la [Figura 5.17](#) se muestran resultados similares, pero en distribución de volúmenes, para un sitio experimental de claras en haya situado en Baviera, que es el dispositivo bajo observación más antiguo del mundo, habiendo sido inventariado periódicamente desde 1872 hasta el presente ([Pretzsch 2009](#)). La irregularidad en los periodos de inventario se debe fundamentalmente a los años de guerra, reflejando la dificultad de mantenimiento de parcelas permanentes. Desde la década de 1980, junto con las parcelas de claras por lo bajo se dispone de una parcela con clara selectiva por lo alto. Este tipo de clara se practica ya desde la década de 1920, pero solo se registra a partir de 1980 (secciones de la curva en la parte derecha de la [Figura 5.17](#)).

El número de pies se encuentra en un nivel similar en la clara por lo alto y la clara por lo bajo fuerte (C) ([Figura 5.17a](#)). Debido a la promoción individual de los árboles dominantes en las claras por lo alto, el volumen del fuste medio excede al de la clara fuerte por lo bajo en aproximadamente 1 metro cúbico ([Figura 5.17b](#)). El carácter de las claras por lo alto es particularmente evidente en el volumen mínimo. Debido a que con una clara por lo alto tanto las cohortes inferior y media permanecen en la masa, los valores mínimos siguen siendo significativamente más bajos que los de la clara por lo bajo débil y los volúmenes máximos siguen siendo significativamente más altos que los de la clara por lo bajo fuerte. Esto significa que las claras por lo alto promueven los árboles dominantes eliminando los competidores más dominantes y, por lo tanto, permiten la supervivencia de los pies dominados o suprimidos ([Figura 5.17c](#)). La eliminación sistemática de árboles dominantes y codominantes hace que tanto la asimetría como la curtosis sean más cercanas a la distribución normal que en las claras por la bajo ([Figura 5.17e y f](#)).

Los coeficientes de Gini CG_v y CG_{iv}, en la fase inicial del experimento en 1909, aumentan sistemáticamente desde el nivel C al A ([Figura 5.18a y b](#)). Por lo tanto, con la clara por lo bajo débil (nivel A), se obtiene la mayor desigualdad en el tamaño del árbol y la asimilación del crecimiento, es decir, se produce el mayor gradiente social. A medida que los árboles pequeños y los grandes malformados se extraen en el curso de las claras moderadas y fuertes, se reduce la desigualdad, teniendo estas un efecto homogeneizador en el tamaño y la distribución del crecimiento en la población.

Si bien en las claras débiles el 50 % de los árboles más pequeños contienen aproximadamente solo el 25 % del volumen, en las moderadas y fuertes estos contienen el 30-35 % ([Figura 5.18a](#)). Esta gradación se vuelve aún más clara en la distribución del crecimiento acumulado frente el número de pies acumulado en la [Figura 5.18b](#). Mientras que el 50 % de los árboles más pequeños contienen aproximadamente solo el 10 % del crecimiento en volumen de la masa en la clara A, el 50 % de los árboles más pequeños en una clara moderada o fuerte contribuyen con un 20 a 30 % al crecimiento en volumen de la masa.

5.5 Efecto del autoaclareo y de los tratamientos selvícolas en la dinámica de la distribución de tamaños

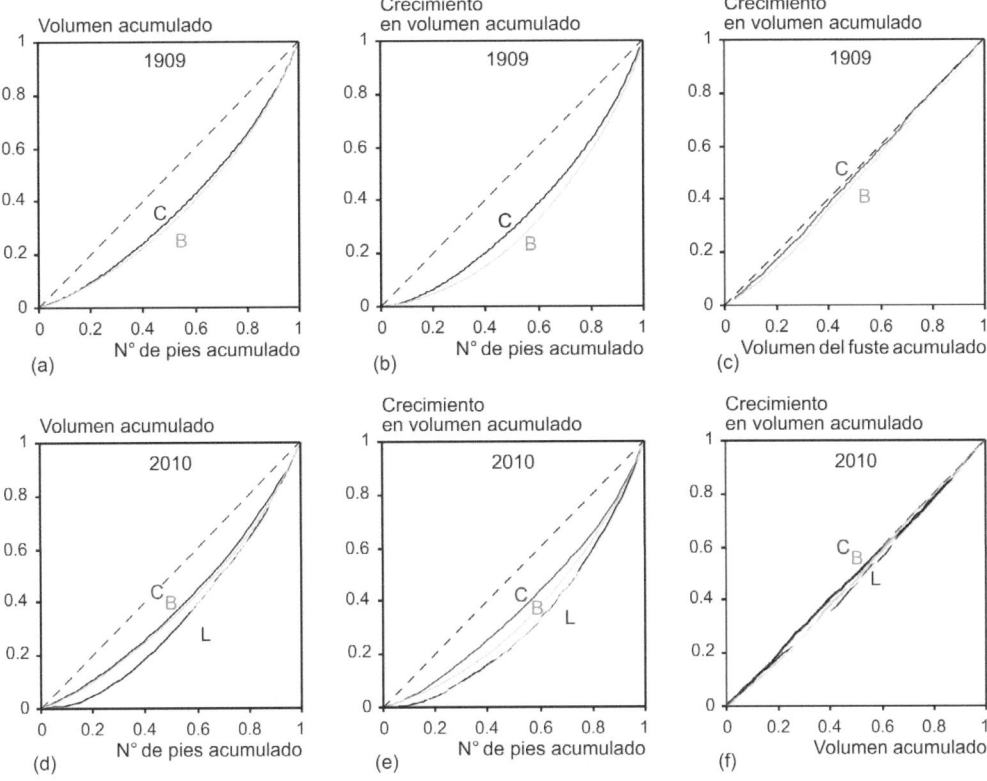

Figura 5.18 Representación gráfica de los coeficientes de Gini, CG_v y CG_{iv}, y coeficiente de dominancia del crecimiento, CDC, en el sitio experimental de haya, Fabrikschleichach 15, para claras por lo bajo débiles, moderadas y fuertes (niveles de claras A, B y C) y claras selectivas por lo alto (L). Se muestra la evolución del coeficiente de Gini en volumen, CG_v, coeficientes de Gini en crecimiento en volumen, CG_{iv}, y el coeficiente de dominancia del crecimiento (CDC), en la fase inicial del ensayo en 1909 (a-c) y en el presente en 2010 (d-f). Los valores del coeficiente de Gini en volumen (GC_v) para los niveles de clara A, B y C pasan de 0,35, 0,27 y 0,25 respectivamente en el año 1909 a 0,29, 0,24 y 0,22, respectivamente en 2010. En la clara selectiva toma el valor 0,33 en 2010. Los correspondientes valores para el CGIV son 0,52, 0,38 y 0,31 en 1909 y 0,39, 0,31 y 0,25 en 2010, con 0,38 para la clara selectiva en 2010. Finalmente, en el caso de CDC los valores son 0,10, 0,06 y 0,02 en 1909, y 0,06, 0,03 y 0,01 en 2010, mientras que para la clara selectiva en el año 2010 es 0,05.

Una clasificación similar se observa para el Coeficiente de Dominancia del Crecimiento (CDC) (Figura 5.18c). Los valores de CDC aumentan desde el nivel de clara C al A. Con claras fuertes, todos los árboles contribuyen al crecimiento de la masa proporcionalmente a su correspondiente proporción del volumen total. Por otro lado, con un clara moderada o débil, los árboles pequeños contribuyen al crecimiento en una proporción menor a la de su contribución al volumen total. Cuanto más débil es la clara, más rigurosa es la diferenciación social y menor es la contribución de los árboles pequeños y mayor la de los árboles grandes al volumen de la masa. La causa principal es que los árboles de las clases sociales inferiores o intermedias presentan una baja asimilación y altas pérdidas respiratorias (Assmann 1970, pp 34-36).

En la actualidad, después de más de 100 años de claras de nivel A, B, o C, las masas se han vuelto más homogéneas (Figura 5.18d–f), pero la gradación entre los niveles de clara no ha cambiado. En la parcela A, todavía se mantiene la mayor desigualdad en el tamaño de los árboles y en el crecimiento del tamaño en el

5 Evolución de la distribución de tamaños en las masas forestales

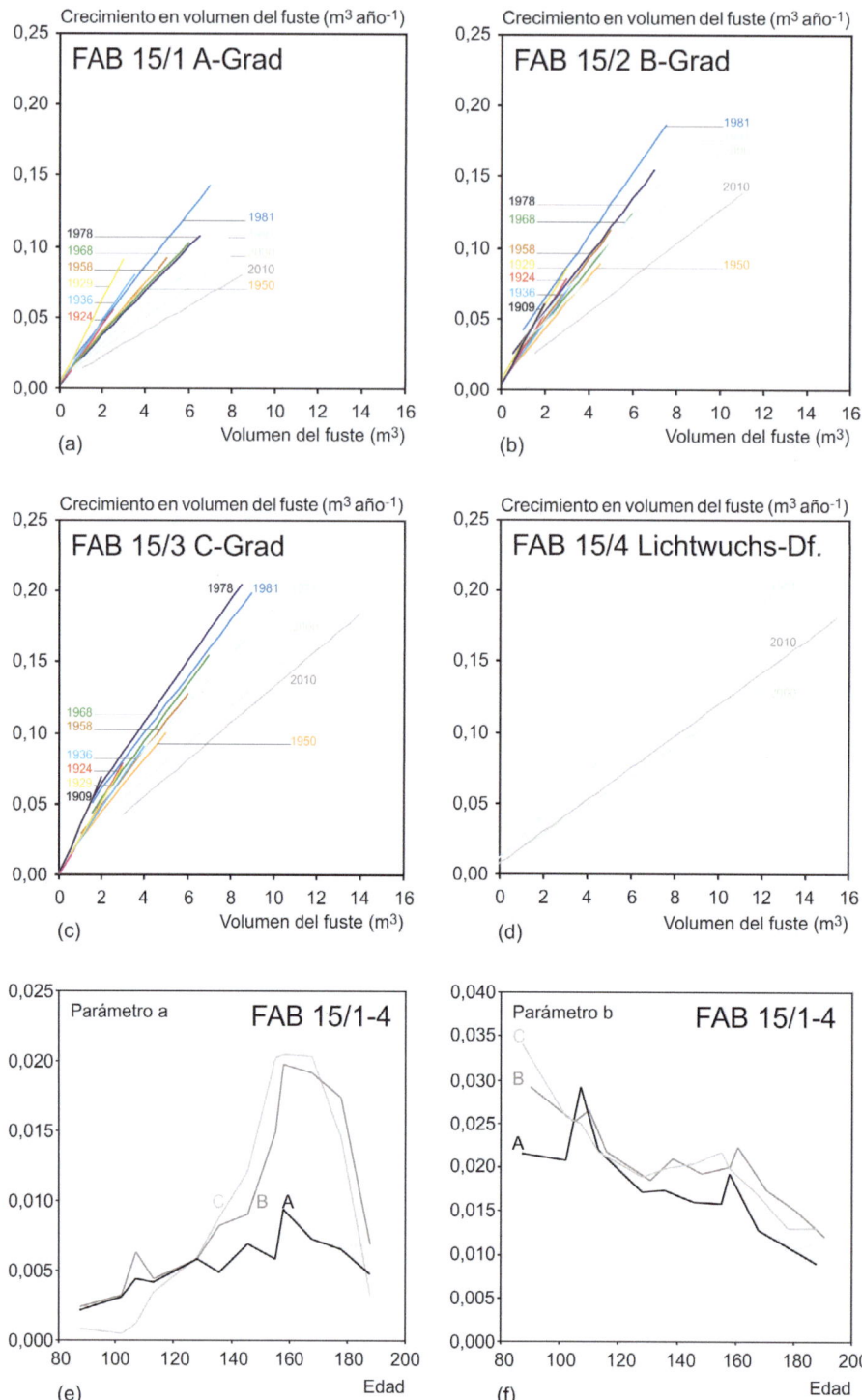

Figura 5.19 Desarrollo de las relaciones iv–v en el sitio experimental de haya Farbikschleichach 15 con claras por lo bajo débil (A), moderada (B) y fuerte (C) de 1909 a 2010 y claras por lo alto fuertes (L) de 1980 a 2010. Además, se muestran los desarrollos del parámetro de posición a (e) y el parámetro de pendiente b (f) de la relación iv–v. ($iv = a_0 + a_1 \cdot v$)

5.5 Efecto del autoaclareo y de los tratamientos selvícolas en la dinámica de la distribución de tamaños

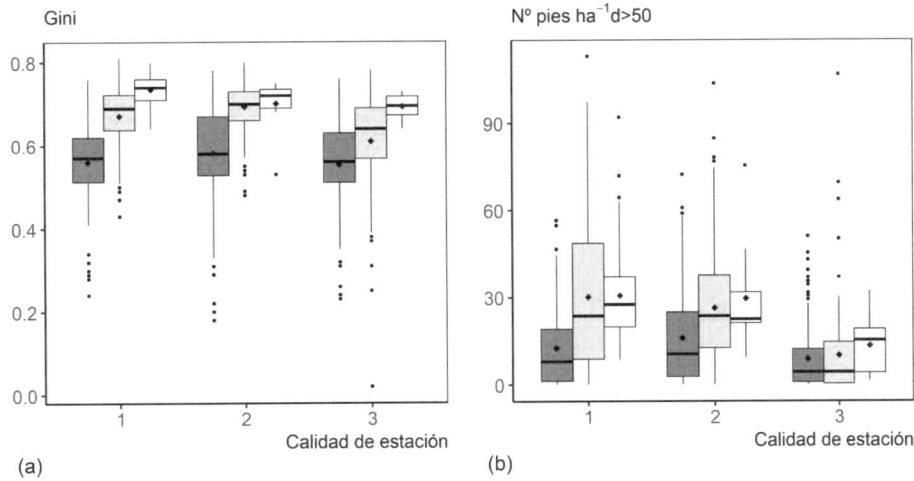

Figura 5.20 Efecto de la calidad de estación (1, 2, 3) y tratamiento general (gris oscuro: aclareo sucesivo uniforme; gris claro: aclareo sucesivo por bosquetes, blanco: aclareo sucesivo irregular con tres clases de edad) en: a) el índice de Gini en diámetro; y b) el número de pies mayores a 50 cm de diámetro en masas puras de pino silvestre en el Sistema Central (España) (adaptado de Alonso et al. 2017).

año 2010, con una contribución al crecimiento de menor proporción de los árboles pequeños en relación con su volumen. En contraste, la clara fuerte hace que la contribución al crecimiento de todos los árboles sea proporcional a su contribución al volumen de la masa, y la relación entre el crecimiento y el volumen acumulados sigue la línea 1: 1. De todas formas se debe considerar que con las claras fuertes el rango de tamaños es menor (Figura 5.17). Las claras por lo alto reorganizan los árboles dominantes eliminando a los vecinos dominantes y codominantes. Un efecto secundario añadido de estas claras es la preservación y promoción de árboles más dominados. De este modo, se refuerza la desigualdad del crecimiento en volumen de los árboles y la dominancia del crecimiento (Figura 5.18, a–c).

La Figura 5.19 muestra el cambio característico de la relación iv_v a medida que la masa se desarrolla (consultar la Figura 5.9a-c). En la etapa inicial, el nivel de la relación iv_v es bajo y su pendiente (parámetro b) alta, es decir, más desproporcionalidad en el crecimiento entre tamaños. Con el paso del tiempo el crecimiento o nivel aumenta y la pendiente se suaviza ligeramente. En la fase de madurez, el nivel y la pendiente de la relación iv_v disminuyen (Figura 5.19e y f).

Las diferencias de densidades entre los niveles de clara A y C modifican el crecimiento o nivel de la relación iv_v (Figura 5.9c), pero no tanto su pendiente. Aunque la densidad de la masa en la clara selectiva en 2010, expresada en términos del área basimétrica total, fue menor (43,4 m² ha⁻¹) que, para los niveles de clara A, B o C, (60,2, 52,4 y 46,6 m² ha⁻¹, respectivamente), no se aprecian diferencias importantes en la relación iv_v (Figura 5.9f). Cuanto más intensa es la clara, mayor el nivel de las rectas iv_v (Figura 5.9a–c). A medida que aumenta la intensidad de las claras por lo bajo, aumenta el nivel de crecimiento medio de los árboles (parámetro a) porque hay más recursos disponibles para el crecimiento de cada individuo.

La relación iv_v indica el crecimiento medio de los árboles de distintas dimensiones, lo que refleja la dependencia del tamaño de la distribución de recursos entre los individuos de una masa. Como resultado de la clara, el suministro medio de recursos y el rendimiento del crecimiento de los individuos mejora. Sin embargo, la simetría de la distribución del crecimiento también aumenta (ver Figura 5.10), es decir, los árboles pequeños pueden beneficiarse de una reducción en la densidad (competencia simétrica). Los coeficientes CG_v y CG_{iv} y CDC

5 Evolución de la distribución de tamaños en las masas forestales

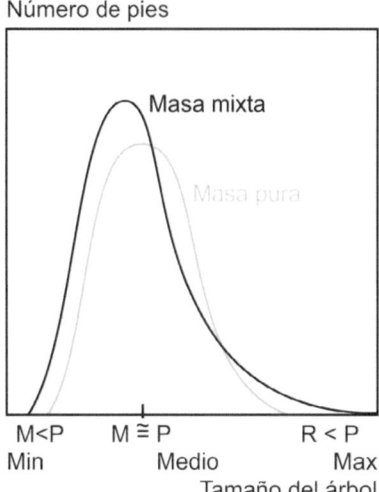

Figura 5.21 Distribución frecuencias de tamaños en masas mixtas (M) en comparación con masas puras (P). En masas mixtas, los tamaños mínimos a menudo son más bajos y los tamaños máximos más altos que en masas puras, sin que el tamaño medio varíe significativamente. Además, en masas mixtas, el número de pies por hectárea es con frecuencia más alto, la distribución de tamaño más sesgada hacia la izquierda (asimetría >> 0) y más agudas (curtosis >> 0), mientras que las distribuciones de tamaños en masas puras son más simétricas y planas, próximas a la normal.

incluyen no solo el tamaño y el crecimiento, sino también las frecuencias de árboles de diferentes dimensiones; por lo tanto, también reflejan el efecto en el reparto del crecimiento entre distintos tamaños.

5.5.3 Efecto del método de regeneración

Generalmente, las características particulares de una distribución diamétrica se mantienen durante muchas décadas, por ejemplo, una infra o sobrerrepresentación de una determinada clase de tamaño. En consecuencia, la distribución de tamaños de una masa está muy condicionada por la distribución de tamaños en las primeras edades, que a su vez viene determinada en gran medida por el método de regeneración. El ejemplo más evidente es la distribución de tamaños típica de un monte con entresaca pie a pie, que sigue una distribución exponencial negativa. En el extremo opuesto de regularidad estaría una repoblación a espaciamiento regular con material genéticamente homogéneo, por ejemplo, una plantación de chopo para madera de calidad, que muestra una distribución de tamaños muy homogénea.

En la Figura 5.20 se muestran parte de los resultados de un estudio sobre el efecto de la selvicultura, con distintos tratamientos generales, en la diversidad estructural en montes de *Pinus sylvestris* de distinta calidad de estación en el Sistema Central (Alonso et al. 2017). A partir de 193 tramos de ocho montes se observó la influencia del método de regeneración en la distribución de tamaños y la presencia de árboles de gran tamaño a lo largo del último siglo. En la Figura 5.20a se puede observar cómo el coeficiente de Gini en diámetro aumenta (mayor diferenciación de diámetros) según se flexibiliza la regeneración desde un aclareo sucesivo uniforme al irregular. Del mismo modo, el número de pies mayores de 50 cm es menor en el aclareo sucesivo uniforme que con cortas que resultan en estructuras más irregulares (Figura 5.20b). Cabe resaltar que estas diferencias fueron mayores en las mejores calidades de estación. En el estudio también se incluyó información de tramos en los que solo se realizaron cortas sanitarias. Estos datos reflejan cómo los daños bióticos y abióticos pueden regularizar la distribución de tamaños y reducir el número de pies en las clases de tamaño mayores.

5.6 Efecto de la mezcla de especies en la dinámica de la distribución de tamaños

5.6.1 Relación iv_v y dominancia del crecimiento

En masas monoespecíficas y coetáneas, todos los individuos compiten de manera más o menos similar por el espacio de crecimiento y los recursos. Esto es especialmente cierto para masas

5.6 Efecto de la mezcla de especies en la dinámica de la distribución de tamaños

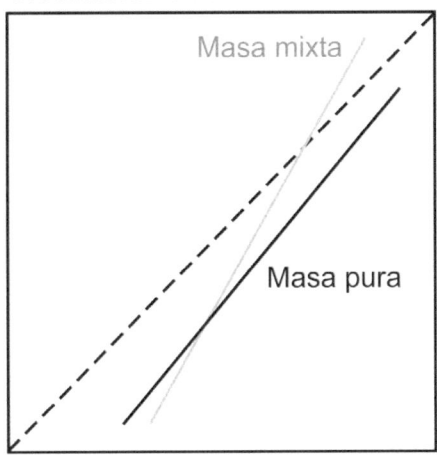

Figura 5.22 Debido a la combinación de especies de luz y de sombra en las cohortes superior e inferior, la penetración de la luz a través del dosel de copas es más profunda, y por tanto la capacidad de supervivencia en la sombra es mayor, resultando en relaciones iv_v con pendiente más pronunciadas en masas mixtas que en masas puras. Esto refleja una competencia según tamaño asimétrica y señala a la luz como el factor limitante del crecimiento del árbol.

puras y homogéneas, en las que los árboles son genéticamente similares, por ejemplo, en plantaciones con espaciamiento regular y material genético homogéneo. Debido a que las características fisiológicas y ecológicas, la demanda de recursos, la variabilidad estructural y morfológica de los árboles son similares a las de sus competidores, la estructura del dosel de copas generalmente presenta una sola cohorte, la profundidad de las copas es baja y la distribución de tamaños es estrecha y sigue una distribución normal. Sin embargo, en masas mixtas, la distribución de tamaños suele ser más amplia y la estructura vertical mayor. Esto ocurre especialmente si las especies que conforman la mezcla se complementan entre sí por sus propiedades fisiológicas y ecológicas, si la forma de su copa y su morfología permiten una ocupación del espacio más denso y un dosel de copas más profundo. Además de la complementariedad estructural, la complementariedad temporal entre las especies (*e.g.* especies perennes, caducifolias, o de brotación tardía) también puede contribuir a esta mayor diversidad de tamaños.

Para mostrar las características de la distribución de tamaños en masas mixtas en comparación con masas puras, utilizamos 42 tripletes con un total de 126 parcelas, con mezclas de picea / haya, pino silvestre/ haya, haya / abeto Douglas y picea / pino silvestre. Cada triplete consta de tres parcelas, de las cuales dos están en masas puras y una en una masa mixta de las correspondientes especies, las tres parcelas situadas en condiciones de sitio similares (más información en Pretzsch y Schütze 2016). Desde su establecimiento, hace de cinco a ocho décadas, estas masas de mediana edad han tenido tiempo suficiente para adaptarse a las condiciones de competencia intra o interespecífica. La Figura 5.21 resume gráficamente la distribución de tamaños entre masas mixtas y puras: en general las masas mixtas contienen un 25 % más de pies, los árboles más pequeños presentan menores dimensiones y los árboles más grandes mayores dimensiones que en las masas puras, es decir, el ancho de la distribución diamétrica es mayor en las masas mixtas. Sin embargo, las dimensiones medias no difieren significativamente. La distribución de tamaños en masas mixtas presenta una pendiente significativamente más pronunciada en la parte izquierda (asimetría positiva) y también significativamente más aguda (mayor curtosis) que en masas adyacentes puras. El hecho de que la densidad y la forma de la distribución difieran significativamente sin diferencias importantes en el tamaño medio (la misma posición de la distribución) demuestra que los valores medios caracterizan de manera insuficiente las distribuciones de tamaños, en particular la de las masas mixtas que se aleja más de la normal.

La relación iv_v es un 14 % más pronunciada en masas mixtas que en puras, es decir, hay una mayor asimetría de tamaños que conlleva un mayor crecimiento de los árboles más grandes (Pretzsch y Schütze 2016). Debido a la complementariedad entre especies, por ejemplo, distinta tolerancia a la sombra, en masas mixtas los árboles grandes pueden utilizar recursos como la luz en mayor proporción que en masas puras, y por tanto incrementar el crecimiento. Sin embargo, la complementariedad del nicho ecológico también hace que incluso los árboles medianos y pequeños pueden sobrevivir con tasas de cre-

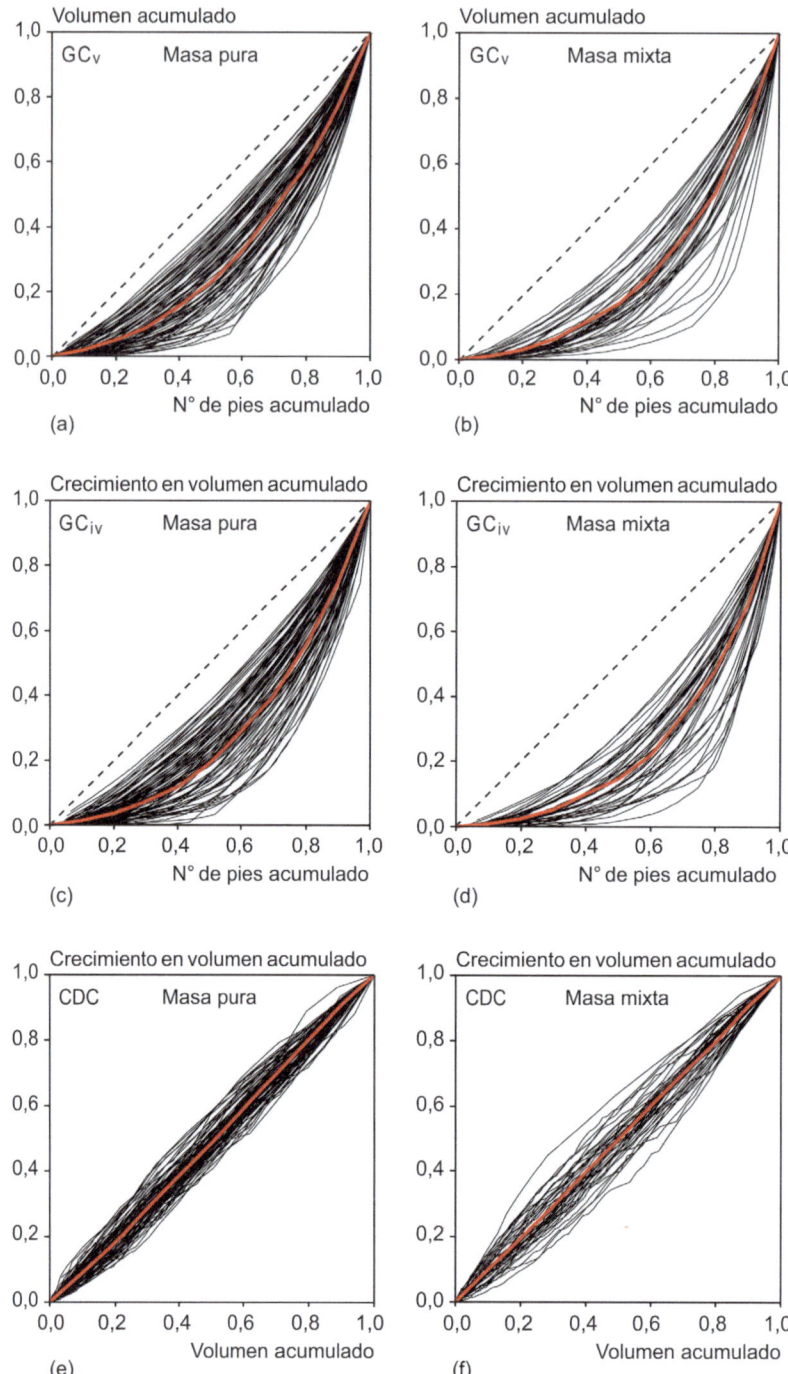

Figura 5.23 Distribución acumulada del volumen, crecimiento en volumen y dominancia del crecimiento (de arriba a abajo) en 84 rodales puros (izquierda) versus rodales mixtos adyacentes (derecha) (adaptado de Pretzsch y Schütze 2016). (a y b) Distribución del volumen acumulado en función del número de pies acumulado (en tanto por uno, pies ordenados jerárquicamente por tamaño); (c y d) Distribución del crecimiento en volumen acumulado en función del número de pies acumulado; (e y f) Distribución del crecimiento en volumen acumulado en función del volumen acumulado.

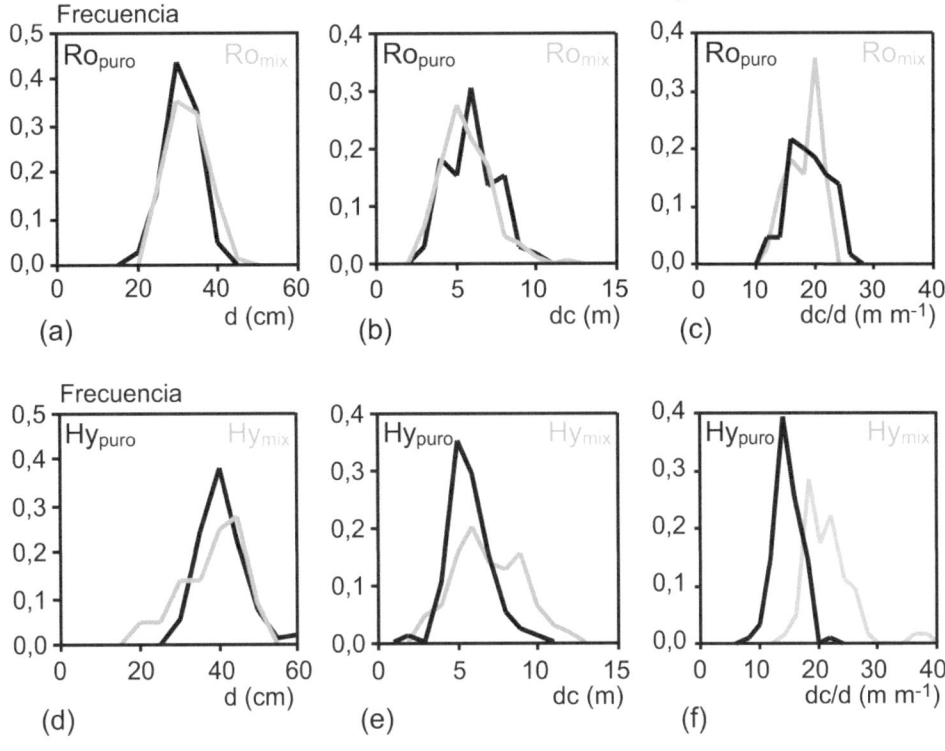

Figura 5.24 Distribución de diámetros de fuste, diámetros de copa y de la proporción entre el diámetro de copa (dc) y de fuste para robles y hayas en masas puras (líneas negras) y mixtas (líneas azules) en una masa de 90 años. Debido a la alta plasticidad de las copas de haya, especialmente en masa mixtas, la distribución de frecuencias del diámetro de copa es mucho más amplia que en la distribución del diámetro del fuste.

cimiento bajas, lo que da como resultado una relación iv_v con una pendiente elevada. La Figura 5.22 muestra un esquema de este cambio en la relación iv_v entre masas puras y mixtas.

La Figura 5.23 muestra la distribución del volumen acumulado según el tamaño de los árboles en orden ascendente frente al número de pies acumulado, que refleja el reparto del volumen según el tamaño de los árboles (Figura 5.23a y b); el crecimiento acumulado en volumen frente al número de pies acumulado, que refleja el reparto del crecimiento en volumen según el tamaño de los árboles (Figura 5.23c y d); y el crecimiento en volumen acumulado frente al volumen acumulado, que indica la dominancia del crecimiento (Figura 5.23e y f), para el total de los 42 tripletes (126 parcelas) utilizados en el estudio de Pretzsch y Schütze (2016). Las líneas centrales del volumen acumulado en función del número de pies acumulado indican que el 50 % de los árboles más pequeños en la masa pura representan el 25 % del volumen de la masa, mientras que solo el 15 % en el caso de la masa mixta. Esto también se refleja en los coeficientes de Gini CG_v con un valor de 0,46 en masas mixtas frente a un 0,36 en masas puras. Las comparaciones por pares (pura-mixta, por sitios) mostraron una desigualdad del tamaño de los árboles un 47 % mayor en masas mixtas en comparación con las masas puras. Una desigualdad similar se observa también en el reparto del crecimiento en volumen acumulado CG_{iv} con un valor de 0,5 en la masa mixta frente a 0,40 en la masa pura. La comparación por pares produce una desigualdad un 39 % mayor en las masas mixtas. Esto indica una distribución mucho más desigual en volumen y crecimiento en volumen en la masa mixta y una yuxtaposición de muchos árboles pequeños de crecimiento débil, junto a árboles grandes con un crecimiento rápido y fuerte. En contraste, no hay diferencias significativas entre masas puras y mixtas en el crecimiento en volumen acumulado como una función del volumen acumulado, y por consiguiente del correspondiente coeficiente de dominancia del crecimiento (CDC). Este hecho se debe a que CDC = CG_{iv} – CG_v; el reparto del volumen y del crecimiento en volumen entre árboles es similar, por lo que la relación entre el crecimiento en volumen acumulado y el volumen acumulado sigue una relación proporcional que es muy similar en masas puras y mixtas. Esto significa que las masas mixtas presentan una gran elasticidad en el crecimiento, es decir, con una densidad significativamente mayor, una mayor ocupación del dosel de copas, la distribución del crecimiento entre árboles sigue siendo proporcional.

5.6.2 Desde la distribución del tamaño del fuste hasta la distribución del tamaño de la copa

La distribución de frecuencias de las dimensiones del fuste es relativamente fácil de obtener y, por lo tanto, se utiliza a menudo para representar la dinámica de la masa. Por el contrario, la distribución de frecuencias de la dimensión de la copa es más difícil de medir, pero proporciona una mejor visión de la ocupación del espacio en el dosel de copas y la intercepción de la luz, además de estar relacionada con la calidad de la madera. En masas puras irregulares y especialmente en masas mixtas, la distribución del tamaño de copa puede ser mucho más amplia que la distribución diamétrica, especialmente en climas templados donde el crecimiento de los árboles está limitado por la luz. Las desviaciones de la distribución de frecuencias de las dimensiones de la copa con respecto a las dimensiones del fuste están relacionadas con la plasticidad de las copas de los árboles, e. g. en la capacidad mecánica e hidráulica específicas de la especie, para extender las copas hasta alcanzar la luz.

La Figura 5.24 ilustra las distribuciones de diámetros de diámetros de fuste y copas de roble y haya creciendo en masa pura y mixta en una masa de 90 años. A esta edad, tanto en las masas puras como mixtas, ambas especies han tenido tiempo suficiente para adaptar sus dimensiones de fuste y copa a las condiciones de competencia intra o interespecífica. Para el roble, no hay diferencias importantes entre las distribuciones de frecuencia de las dimensiones de fuste y copa entre masas puras y mixtas. Sin embargo, estas dos distribuciones varían considerablemente en el haya, siendo la distribución de diámetros de copa mucho más amplia en la masa mixta. Esto queda reflejado en la relación entre el diámetro de la copa y el diámetro del fuste, es decir cuántas veces mayor es el diámetro de la copa con respecto al diámetro del fuste a una altura de 1,30 m (Assmann 1961, p. 110). Para un árbol con un diámetro de 50 cm y un diámetro de la copa de 5 m, la relación sería 5 m /0,5 m = 10, para un árbol con un diámetro de 20 cm y un diámetro de copa de 10 m, la relación sería 50. El haya en la masa mixta (Figura 5.23f) tiene una relación de aproximadamente el doble que en la masa pura. La distribución de esta relación refleja que incluso con similares distribuciones diamétricas, las distribuciones en diámetro de copa pueden desviarse considerablemente entre masa puras y mixtas. Relaciones mayores de diámetro de la copa/fuste indican una proyección de la copa más ancha, es decir, ramas más largas y gruesas y por tanto una mayor ocupación del espacio. La extensión de la copa y la longitud y el diámetro de las ramas están relacionadas, a su vez, con la forma del tronco, la resistencia y la rigidez de la madera.

5.7 Influencia de la calidad de la estación en la dinámica de la distribución de tamaños en masas puras y mixtas

Debido a que los ensayos y parcelas de experimentación a menudo solo cubren un número limitado de sitios y estructuras de masa, el conocimiento sobre la influencia de la calidad de la estación en la distribución de tamaños y en el

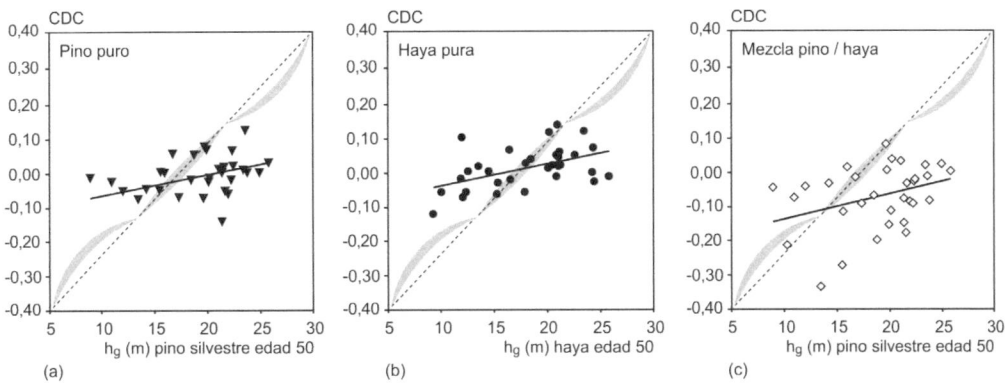

Figura 5.25 Efecto del índice de sitio (definido como la altura del árbol de sección normal media, h_g, a la edad de 50 años) sobre la distribución del crecimiento (coeficiente de dominancia en crecimiento CDC) en masas puras y mixtas de pino silvestre y haya. Para 32 sitios de este estudio distribuidos en Europa, se observa un incremento en la dominancia del crecimiento de los árboles dominantes con el aumento del índice de sitio. Las regresiones para pino silvestre, haya y rodales mixtos indican diferencias entre especies y pendientes significativamente distintas de cero.

crecimiento entre los árboles del rodal en masas puras y mixtas es escaso. Sin embargo, este conocimiento es importante para una mejor comprensión de la dinámica de la masa y su regulación selvícola. Las condiciones de la estación condicionan la competencia entre individuos, el crecimiento y la probabilidad de supervivencia y, por lo tanto, también la estructura de la masa, que a su vez determinará la selvicultura.

Una fuente de datos adecuada para estudiar el efecto de la calidad de estación en la dinámica de la distribución de tamaños son los transectos europeos de masas mixtas y puras (del Río et al. 2022). Utilizando 90 parcelas puras de pino silvestre pertenecientes a estos transectos se ha analizado la relación entre la calidad de estación, estimada mediante el índice de sitio, y la variación de la distribución de tamaños, estimada mediante el coeficiente de Gini (Pretzsch et al. 2022). Las parcelas están situadas en masas puras regulares con densidad elevada, cubriendo una gran parte de la distribución de la especie en Europa. Estos datos muestran que según aumenta la calidad de estación la estructura de tamaños tiende a ser más homogénea, es decir, presenta valores más bajos del coeficiente de Gini, tanto en diámetro como en altura.

A partir de datos de los transectos europeos de masas mixtas y puras se ha estudiado también la relación entre la calidad de estación y el reparto del crecimiento entre los árboles de la masa. La Figura 5.25, a–c muestra el efecto del índice de sitio (definido como la altura del árbol con sección normal media a la edad de 50 años) sobre la distribución del crecimiento entre árboles (coeficiente de dominancia en crecimiento, CDC, ver Sección 5.3.6) en masas puras y mixtas de pino silvestre y haya. Los datos proceden de 32 tripletes (una parcela mixta y una pura de cada especie) de rodales puros y mixtos de pino y haya, pertenecientes a los transectos europeos. En el caso del transecto de pino silvestre-haya las parcelas se sitúan a lo largo de un gradiente de productividad de Suecia a Bulgaria y de España a Ucrania (Pretzsch et al. 2015). El gradiente cubre sitios que varían en precipitación de 520-1175 mm, en la temperatura media anual de 6-10,5 °C, y en el índice de aridez de Martonne de 28-61 mm °C^{-1}. Los índices de sitio varían de 8,9-25,8 m en el pino y 9,4-25,9 m en el haya. En las calidades de estación más bajas los árboles pequeños y medianos contribuyen en mayor proporción al crecimiento de la masa que los árboles grandes (CDC <0), en relación con su proporción del volumen. En calidades intermedias se produce una distribución del crecimiento proporcional entre los árboles de la

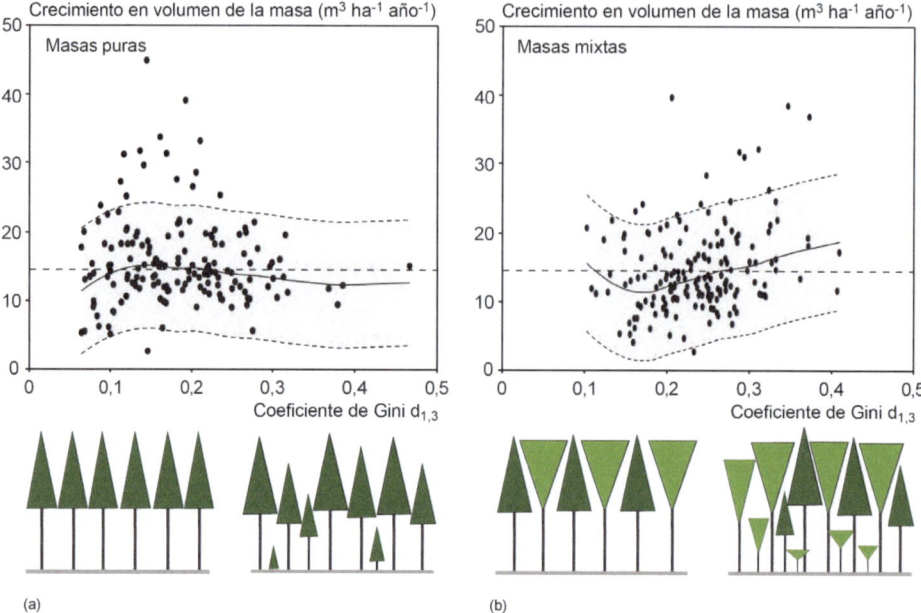

Figura 5.26 Efecto de la diversidad estructural (coeficiente de Gini basado en el diámetro normal $d_{1,3}$) sobre el crecimiento de la masa (volumen maderable sin corteza en m³ ha⁻¹ año⁻¹) en (a) rodales puros y (b) rodales mixtos adyacentes en estaciones de condiciones similares. Datos de parcelas de experimentación a largo plazo en Baviera con grado de cobertura completo en masa puras y mixtas de picea, pino, haya y roble con una edad media de 80 años.

masa (CDC=0). En masas con calidades de estación elevada, el crecimiento se concentra más en los árboles dominantes, a expensas de los vecinos más pequeños (CDC> 0).

No obstante, en las masas puras los valores de CDC son generalmente mucho más altos, es decir, hay una mayor concentración del crecimiento en los árboles dominantes (Figura 5.25, a y b) en comparación con las masas mixtas, donde los valores son en su mayoría menor de cero (Figura 5.25c). Las razones de esta distribución del crecimiento con una mayor contribución de los árboles de menor tamaño en masas mixtas son probablemente la morfología y fisiología complementarias de estas especies. Puesto que la densidad en las masas mixtas es de media un 20 % mayor (Pretzsch et al. 2015), por lo que cabría esperar mayores valores de CDC, la distribución más uniforme del crecimiento en árboles de diferentes tamaños en masas mixtas en comparación con puras es particularmente notable.

5.8 Efecto de la diversidad de tamaños y composición de especies en la productividad de las masas forestales

5.8.1 Efecto de la diversidad de tamaños en comparación con la diversidad de especies

La diversidad estructural y la composición de especies (diversidad de especies) pueden influir en la productividad de la masa de forma diferente. Las investigaciones en masas puras y coetáneas muestran que, con frecuencia, la productividad disminuye al aumentar la complejidad de

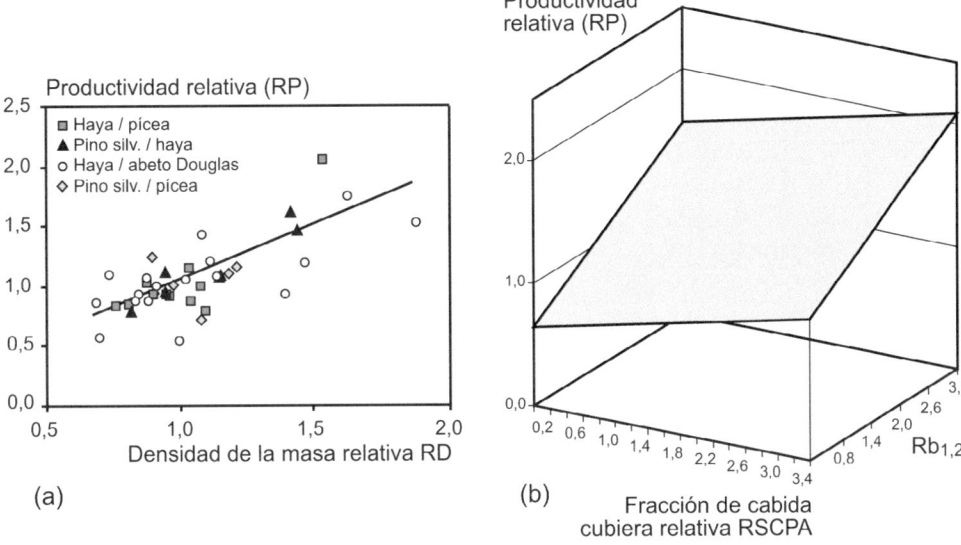

Figura 5.27 Dependencia del aumento del crecimiento en masas mixtas en comparación con masas puras (RP) en función de (a) la densidad relativa (cociente de la densidad en mixta entre densidad en pura, RD), ($RP = 0{,}20 + 0{,}81 \times RD$, n = 42, $R^2 = 0{,}52$ p<0,001) y (b) suma relativa de las áreas de proyección de copas (cociente de la fracción de cabida cubierta entre su valor en la masa pura, $RSCPA$) y cociente de la pendiente de la relación iv–v, Rb, en masas mixtas frente a puras ($RP = -0{,}16 + 0{,}62 \times RSCPA + 0{,}36 \times Rb$), n = 42, $R^2 = 0{,}47$, p<0,001).

la estructura (estratificación, variación en altura, diferenciación en diámetro y en volumen del árbol) o, en el mejor de los casos, se encuentra en un nivel similar al de masas con estructuras más homogéneas (Bourdier et al. 2016, Luu et al. 2013). Estos resultados concuerdan con muchos estudios que indican que los árboles de los estratos intermedios e inferiores en este tipo de masas son más ineficientes en el aprovechamiento de los recursos (Binkley et al. 2010). Si se eliminan estos individuos (clara por lo bajo) puede llevar incluso a incrementos en el crecimiento de la masa residual de un 10-20 % (Assmann 1970, Pretzsch 2005). Por consiguiente, la diversidad estructural a la que se atribuye muchos servicios y funciones positivos del ecosistema puede causar pérdidas del crecimiento en masas puras (Soares et al. 2016). La Figura 5.26a confirma este patrón entre productividad y diversidad estructural en masas puras. A partir de 222 inventarios en 132 parcelas experimentales a largo plazo de masas puras con un grado de cobertura completo, se muestra que la productividad disminuye al aumentar la diversidad estructural (coeficiente de Gini del diámetro normal $d_{1,3}$), aunque existe una gran variabilidad de productividad para estructuras homogéneas. Los datos cubren rodales puros de pícea, pino silvestre, abeto Douglas, haya y roble en Baviera (edad 25-241, con una edad media de 80 años). En un estudio reciente basado en más de 400 inventarios de 77 parcelas permanentes en masas puras regulares de *Picea abies* se ha encontrado que la relación entre la diversidad de tamaños (coeficiente de Gini en diámetro) y la producción de la masa sigue una relación unimodal, con un máximo con valores intermedios del índice de Gini (Pretzsch et al. 2024). Esta relación unimodal podría estar detrás de la gran variabilidad observada en la Figura 5.26a.

La diversidad de grupos funcionales, especies de árboles, procedencias o clones puede afectar la productividad de manera muy diferente (Boyden et al. 2008). Si se mezclan árboles de diferentes especies o se combinan diferentes procedencias o clones de una especie en la masa, cabe esperar que la competencia por los recursos sea menor cuanto más diferentes sean los nichos ecológi-

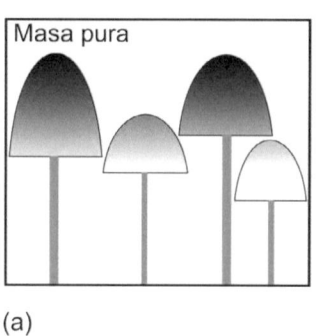 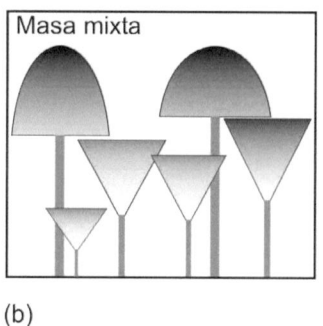 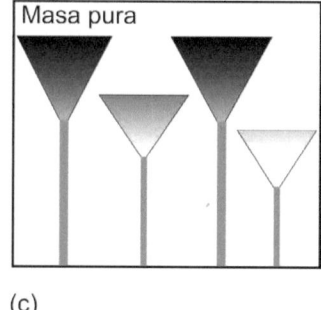

Figura 5.28 Ocupación del dosel de copas en masas mixtas (b) en comparación con masas puras vecinas (a y c). La disminución en la eficiencia de la utilización de la luz desde el piso superior del dosel al inferior se indica por la disminución en los tonos de gris dentro de las copas.

cos de estas especies o procedencias (Vandermeer 1992). La complementariedad de nichos entre especies o procedencias hace que las masas mixtas (Liang et al. 2016, Silva Pedro et al. 2017) o con diferentes procedencias o clones (Boyden et al. 2008; Pretzsch 2021) presenten a menudo mayores productividades que masas puras o de plantaciones monoclonales.

La relación entre la productividad y la diversidad estructural en masas mixtas se analizó a partir de datos de 121 inventarios en 68 parcelas experimentales permanentes de masas mixtas con niveles de densidad máximos y en calidades de estación de media a alta (Figura 5.26b) (pícea, pino silvestre, aliso, haya, roble, abeto Douglas y otras frondosas nobles). En general, estas parcelas se sitúan junto a las parcelas en masas monoespecíficas incluidas en la Figura 5.26a; es decir, las condiciones de calidad des estación son similares. La Figura 5.26b muestra que la productividad de las masas mixtas aumenta al aumentar la diferenciación de tamaños, expresada mediante el índice de Gini en diámetro. En contraste con las masas puras, la diversidad estructural en masas mixtas puede conllevar ganancias en términos de productividad. Las razones de este patrón contradictorio en la relación entre diversidad estructural y productividad en masas puras regulares y masas mixtas se deben probablemente al distinto comportamiento del crecimiento de los árboles dominados e intermedios. En masas puras estos árboles pueden reducir la productividad debido a su reducida eficiencia (Assmann 1970, pp 34-36). En masas mixtas, sin embargo, estos árboles pueden llegar a aumentar la productividad. Por ejemplo, un pino silvestre, que demanda luz, situado en el estrato intermedio o inferior de una masa pura es muy ineficiente y contribuye poco al crecimiento. Si en su lugar existen individuos de haya, tolerantes a la sombra y con mayor eficiencia de crecimiento en esas condiciones, puede aumentar la productividad de la masa. El mismo espacio de crecimiento puede ser explotado de una manera más eficiente en masas mixtas debido al diferente nicho ecológico de las especies (reducción de la competencia a través de la complementariedad de nichos). Además, con frecuencia esta complementariedad conlleva una mayor espesura de la masa.

El análisis de los resultados de este ensayo apoya la hipótesis de que la diversidad estructural puede tener un efecto negativo en la productividad en masas puras y un efecto positivo en masas mixtas (Zeller et al. 2018, Zeller y Pretzsch 2019), aunque la variabilidad es elevada. Estos resultados son válidos en masas con grado de densidad completo con buenas calidades de estación y para las especies consideradas, pícea, pino silvestre, haya y roble. En el caso de especies creciendo en el ámbito mediterráneo, Riofrío et al. (2017) encontraron para masas mixtas y puras de *Pinus sylvestris* y *P. pinaster* que la mayor productividad observada en masas mixtas está asociada a una estructuración vertical de las dos especies. No obstante, se necesitan más investigaciones que clarifiquen cómo cambian las relaciones (creciente, decreciente o unimodal) con densidades reducidas, calidades de estación más pobres y otras especies forestales. Dado el interés que conllevan las masas con estructuras más complejas, de las que se espera servicios ecosistémicos más diversos, la investigación sobre el impacto de estructura de la masa y la mezcla de especies en la productividad es extremadamente relevante.

5.8.2 Productividad y estructura en masas mixtas

Los datos de 42 tripletes con un total de 126 parcelas, formados por especies de picea / haya, pino / haya, haya / abeto Douglas y picea / pino, introducido en la Sección 5.6, permiten un análisis de la relación entre la estructura y la productividad en masas mixtas en comparación con masas puras situadas en la misma estación. Con este propósito, se calcula el cociente entre la producción de la masa mixta y la masa pura en cada triplete, conocido como ratio de productividad relativa (*RP*), y de manera análoga los cocientes para las características de distribución de tamaños analizadas, por ejemplo, entre el coeficiente de Gini CG_V en la masa mixta y la pura, CG_V (Pretzsch y Schütze 2016). Relacionando la ratio RP con otras ratios, se encuentra que el cociente de densidad RD (densidad de la masa pura / mixta), del coeficiente de Gini en volumen CG_V (Gini CG_V en masa pura / mixta), de la fracción de cabida cubierta relativa *RSCPA* (suma de las proyecciones de las copas en masas puras / mixtas) y la de la pendiente de la recta iv_v (ver Sección 5.3.4) en masa pura / mixta Rb tienen una influencia claramente positiva en el incremento del crecimiento de las masas mixtas frente a las puras. En la Figura 5.27 se muestran dos de estas relaciones, regresión lineal entre la estructura de la masa y el RP.

En las masas examinadas, la mayor productividad resulta en última instancia de la combinación de especies ecológicamente complementarias con una ocupación espacialmente estratificada del dosel de copas, que permite una estructura de tamaños que es más irregular en comparación con la de la masa pura. Esto proporciona una mayor estructuración vertical, una mayor densidad, una ocupación del espacio en el dosel de copas más densa, una penetración más profunda de la luz y una mayor capacidad de supervivencia de los individuos más pequeños, que conlleva mayor rango de tamaños y mayor pendiente de la relación iv_v. Esta gran elasticidad en la compartimentación del crecimiento se debe, en parte, a una alta plasticidad en las alometrías de los árboles (ver capítulo 2).

Debido a la combinación de especies de luz en el piso superior y de sombra en el inferior, en las masas mixtas la extensión y longitud de copa pueden ser mayores, con una mejor ocupación del espacio, permitiendo la existencia de árboles con elevado crecimiento por encima y árboles de crecimiento débil por debajo (Figura 5.28b) en comparación con las puras (Figura 5.28, a y c). En definitiva, en masas mixtas con especies de diferente temperamento se utiliza de una manera más completa y eficiente la luz, ya que las especies tolerantes a la sombra desplazan de los estratos inferior e intermedio parte de las copas, o individuos enteros más ineficientes, de la especie menos tolerante a la sombra usando el mismo espacio de manera más eficiente que antes (Kelty, 1992).

La influencia de la estratificación de especies en la productividad de masas mixtas también se ve influida por la posición de cada especie en la distribución de tamaños. Por ejemplo, en bosques mixtos de montaña formados por pícea, abeto y haya la productividad depende de qué especie sea la dominante en tamaño, siendo mayor cuando la especie dominante es la Picea (Torresan et al. 2020). Por otra parte, la posición de cada especie en la distribución de tamaños (dominancia en tamaño) se ve modificada por la temperatura (Condés et al. 2022).

Mensajes clave

1. La distribución del tamaño de los árboles en una masa forestal influye no solo en su dinámica de crecimiento, sino en casi todos sus funciones y servicios. Por ejemplo, al aumentar la desigualdad de tamaños, la diversidad de estructuras y de hábitats aumenta mientras que puede disminuir la calidad de la madera.

2. Las medidas de caracterización de la distribución de tamaños y del crecimiento entre árboles, como la asimetría y la curtosis de la distribución, el coeficiente de Gini, el coeficiente de dominancia en crecimiento o la pendiente de la relación iv_v, además de describir el crecimiento de la masa en sentido estricto, son indicadores importantes del estado y dinámica de la diversidad estructural y biodiversidad de las masas forestales.

3. La abstracción del desarrollo de la distribución de tamaños con la edad tiene como componentes esenciales la distribución inicial, el crecimiento del árbol dependiente del tamaño y la distribución de la mortalidad o extracción de árboles.

4. Las distribuciones de frecuencia en cohortes regulares jóvenes están sesgadas hacia la derecha con una alta curtosis, sin embargo, con el desarrollo de la masa, estas tienden hacia una distribución normal unimodal.

5. El autoaclareo esencialmente elimina los árboles pequeños de la distribución debido a la falta de luz. Las claras moderadas y fuertes por lo bajo intervienen desde los tamaños menores hacia los mayores, las claras por lo alto comienzan desde la parte superior de la distribución, y las claras sistemáticas reducen la distribución uniformemente en todas las clases diamétricas.

6. Las masas mixtas o las masas irregulares tienen generalmente distribuciones de tamaños más amplias, a menudo menos sesgadas a la izquierda. En estas masas el autoaclareo afecta no solo a los árboles más pequeños, sino también árboles intermedios e incluso grandes según las especies consideradas.

7. Con los mismos valores dimensionales del árbol medio, las masas pueden presentar distribuciones de tamaños muy diferentes y, por lo tanto, variar su crecimiento.

8. En masas jóvenes, los árboles grandes contribuyen en mayor proporción al crecimiento de la masa. Esto se puede revertir en las masas más maduras, de modo que los árboles pequeños pueden usar el espacio que ocupan de forma más eficiente y contribuir más al crecimiento de la masa.

9. Debido a que el crecimiento de los árboles y masas forestales depende esencialmente del tamaño de los árboles y de sus condiciones de crecimiento (constelación de competencia), las distribuciones de tamaños incorporan información básica acerca de la dinámica de la masa.

10. Una distribución de tamaños homogénea significa coexistencia en zonas iguales en el espacio del dosel de copas o del sistema radical; en contraste, la desigualdad de tamaños significa diversidad estructural, ocupación del nicho variable y, a menudo, también una explotación de recursos más completa y complementaria.

11. En bosques templados, la luz es el principal limitante del crecimiento del árbol. En estas condiciones los árboles grandes pueden interceptar más luz, aumentar su dominan-

cia y contribuir al incremento de la mortalidad de los árboles pequeños.

12. Cuando el recurso limitante es el agua y/o los nutrientes minerales, la dominancia de los árboles dominantes disminuye, de modo que los árboles más pequeños pueden sobrevivir más tiempo y, por tanto, se pueden crear masas más estructuradas.

13. La variación de tamaños disminuye con el aumento de la calidad de estación. A su vez, la estructura de tamaños influye en la productividad de la masa, en general, con un efecto positivo en masas mixtas y un patrón menos claro en masas puras.

Referencias

Alonso Ponce R, Roig S, Bravo A, del Río M, Montero G, Pardos M (2017) Dynamics of ecosystem services in *Pinus sylvestris* stands under different managements and site quality classes. Eur J Forest Res 136(5):983–996. https://doi.org/10.1007/s10342-016-1021-4

Assmann E (1970) The principles of forest yield study. Pergamon Press, Oxford, New York, 506 p

Assmann E (1961) Waldertragskunde. Organische Produktion, Struktur, Zuwachs und Ertrag von Waldbeständen. BLV Verlagsgesellschaft, München, Bonn, Wien, 490 p

Avery T E, Burkhart H E (1983) Forest Measurements, 3rd edn. McGraw-Hill Inc, New York, 331 p

Biging GS, Dobbertin M (1995) Evaluation of Competition Indices in Individual Tree Growth Models. Forest Science 41(2):360–377. https://doi.org/10.1093/forestscience/41.2.360

Binkley D, Kashian DM, Boyden S, Kaye MW, Bradford JB, Arthur MA, Fornwalt PJ, Ryan MG (2006) Patterns of growth dominance in forests of the Rocky Mountains, USA. Forest Ecology and Management 236(2):193–201. https://doi.org/10.1016/j.foreco.2006.09.001

Binkley D, Stape JL, Bauerle WL, Ryan MG (2010) Explaining growth of individual trees: Light interception and efficiency of light use by *Eucalyptus* at four sites in Brazil. Forest Ecology and Management 259(9):1704–1713. https://doi.org/10.1016/j.foreco.2009.05.037

Bourdier T, Cordonnier T, Kunstler G, Piedallu C, Lagarrigues G, Courbaud B (2016) Tree Size Inequality Reduces Forest Productivity: An Analysis Combining Inventory Data for Ten European Species and a Light Competition Model. PLOS ONE 11(3):e0151852. https://doi.org/10.1371/journal.pone.0151852

Boyden S, Binkley D, Stape JL (2008) Competition Among *Eucalyptus* Trees Depends on Genetic Variation and Resource Supply. Ecology 89(10):2850–2859. https://doi.org/10.1890/07-1733.1

Camino R de (1976) Zur Bestimmung der Bestandeshomogenität. Allgemeine Forst- und Jagdzeitung 147:54-58

Cannell MGR, Grace J (1993) Competition for light: detection, measurement, and quantification. Can J For Res 23(10):1969–1979. https://doi.org/10.1139/x93-248

Coggins SB, Coops NC, Wulder MA (2010) Estimates of bark beetle infestation expansion factors with adaptive cluster sampling. International Journal of Pest Management 57(1):11–21. https://doi.org/10.1080/09670874.2010.505667

Condés S, del Río M, Forrester DI, Avdagić A, Bielak K, Bončina A, Bosela M, Hilmers T, Ibrahimspahić A, Drozdowski S, Jaworski A, Nagel TA, Sitková Z, Skrzyszewski J, Tognetti R, Tonon G, Zlatanov T, Pretzsch H (2022) Temperature effect on size distributions in spruce-fir-beech mixed stands across Europe. Forest Ecology and Management 504:119819. https://doi.org/10.1016/j.foreco.2021.119819

Condit R, Hubbell SP, Foster RB (1995) Mortality Rates of 205 Neotropical Tree and Shrub Species and the Impact of a Severe Drought. Ecological Monographs 65(4):419–439. https://doi.org/10.2307/2963497

del Río M, (1999) Régimen de claras y modelo de producción para *Pinus sylvestris* L. En los Sistemas Central e Ibérico. Tesis doctorales INIA, Serie: forestal, nº 2, 257 p

del Río M, Montero G, Ortega C (1997) Respuesta de los distintos regímenes de claras a los daños causados por la nieve en masas de *Pinus sylvestris* L. en el Sistema Central. Invest Agrar: Sist Recur For, 6:103-117

del Río M, Ruiz-Peinado R, Pretzsch H, Löf M, Aldea J, Bravo F, Calama R, Coll L, Ordóñez C, Pardos M, Bravo-Oviedo A (2022) Transectos europeos de masas mixtas y puras: tripletes en España y principales resultados. 8º Congreso Forestal Nacional, MT4, nº 474, 22 p

Enquist BJ, Niklas KJ (2001) Invariant scaling relations across tree-dominated communities. Nature 410(6829):655–660. https://doi.org/10.1038/35070500

Gadow K von (1987) Untersuchungen zur Konstruktion von Wuchsmodellen für schnellwüchsige Plantagenbaumarten, Forstliche Forschungsberichte München, Nr. 77, 147 p

Hara T (1992) Effects of the Mode of Competition on Stationary Size Distribution in Plant Populations. Annals of Botany 69(6):509–513. https://doi.org/10.1093/oxfordjournals.aob.a088380

Hara T (1993) Mode of Competition and Size-structure Dynamics in Plant Communities. Plant Species Biology 8(2–3):75–84. https://doi.org/10.1111/j.1442-1984.1993.tb00059.x

Kelty MJ (1992) Comparative productivity of monocultures and mixed stands. In: Kelty, M. J., Larson, B. C., Oliver, C. D. (Eds.), The ecology and silviculture of mixed-species forests. Kluwer Academic Publishers, Dordrecht, 125-141.

Kramer H (1988) Waldwachstumslehre. Paul Parey, Hamburg, Berlin, 374 p

van Kuijk M, Anten NPR, Oomen RJ, van Bentum DW, Werger MJA (2008) The limited importance of size-asymmetric light competition and growth of pioneer species in early secondary forest succession in Vietnam. Oecologia 157(1):1–12. https://doi.org/10.1007/s00442-008-1048-4

Liang J, Crowther TW, Picard N, Wiser S, Zhou M, Alberti G, Schulze E-D, McGuire AD, Bozzato F, Pretzsch H, de-Miguel S, Paquette A, Hérault B, Scherer-Lorenzen M, Barrett CB, Glick HB, Hengeveld GM, Nabuurs G-J, Pfautsch S, Viana H, Vibrans AC, Ammer C, Schall P, Verbyla D, Tchebakova N, Fischer M, Watson JV, Chen HYH, Lei X, Schelhaas M-J, Lu H, Gianelle D, Parfenova EI, Salas C, Lee E, Lee B, Kim HS, Bruelheide H, Coomes DA, Piotto D, Sunderland T, Schmid B, Gourlet-Fleury S, Sonké B, Tavani R, Zhu J, Brandl S, Vayreda J, Kitahara F, Searle EB, Neldner VJ, Ngugi MR, Baraloto C, Frizzera L, Bałazy R, Oleksyn J, Zawiła-Niedźwiecki T, Bouriaud O, Bussotti F, Finér L, Jaroszewicz B, Jucker T, Valladares F, Jagodzinski AM, Peri PL, Gonmadje C, Marthy W, O'Brien T, Martin EH, Marshall AR, Rovero F, Bitariho R, Niklaus PA, Alvarez-Loayza P, Chamuya N, Valencia R, Mortier F, Wortel V, Engone-Obiang NL, Ferreira LV, Odeke DE, Vasquez RM, Lewis SL, Reich PB (2016) Positive biodiversity-productivity relationship predominant in global forests. Science 354(6309). https://doi:10.1126/science.aaf8957

Liu C, Zhang L, Davis CJ, Solomon DS, Gove JH (2002) A Finite Mixture Model for Characterizing the Diameter Distributions of Mixed-Species Forest Stands. Forest Science 48(4):653–661. https://doi.org/10.1093/forestscience/48.4.653

Luu TC, Binkley D, Stape JL (2013) Neighborhood uniformity increases growth of individual *Eucalyptus* trees. Forest Ecology and Management 289:90–97. https://doi.org/10.1016/j.foreco.2012.09.033

MCPFE (1993) Resolution H1: General guidelines for the sustainable management of forests in Europe. Proc 2nd Ministerial Conference on the Protection of Forests in Europe, Helsinki, Finland, p 5

Montero G, Madrigal G, Ruiz-Peinado R, Bachiller A (2004) Re de parcelas experimentales permanentes del CIFOR-INIA. Cuad. Soc. Esp. Cien. For. 18:229-236

Niklas KJ, Enquist BJ (2001) Invariant scaling relationships for interspecific plant biomass production rates and body size. Proceedings of the National Academy of Sciences 98(5):2922–2927. https://doi.org/10.1073/pnas.041590298

Noss RF (1990) Indicators for Monitoring Biodiversity: A Hierarchical Approach. Conservation Biology 4(4):355–364. https://doi.org/10.1111/j.1523-1739.1990.tb00309.x

Peltola HM (2006) Mechanical stability of trees under static loads. American Journal of Botany 93(10):1501–1511. https://doi.org/10.3732/ajb.93.10.1501

Pretzsch H (2005) Stand density and growth of Norway spruce (*Picea abies* (L.) Karst.) and European beech (*Fagus sylvatica* L.): evidence from long-term experimental plots. Eur J Forest Res 124(3):193–205. https://doi.org/10.1007/s10342-005-0068-4

Pretzsch H (2009) Forest dynamics, growth and yield. From measurement to model, Springer, Berlin, Heidelberg, 664 p

Pretzsch H (2014) Canopy space filling and tree crown morphology in mixed-species stands compared with monocultures. Forest Ecology and Management 327:251–264. https://doi.org/10.1016/j.foreco.2014.04.027

Pretzsch H (2021) Genetic diversity reduces competition and increases tree growth on a Norway spruce (*Picea abies* [L.] Karst.) provenance mixing experiment. Forest Ecology and Management 497:119498. https://doi.org/10.1016/j.foreco.2021.119498

Pretzsch H, Biber P (2010) Size-symmetric versus size-asymmetric competition and growth partitioning among trees in forest stands along an ecological gradient in central Europe. Can J For Res 40(2):370–384. https://doi.org/10.1139/X09-195

Pretzsch H, Schütze G (2014) Size-structure dynamics of mixed versus pure forest stands. Forest Systems 23(3):560-572. https://doi.org/10.5424/fs/2014233-06112

Pretzsch H, Schütze G (2016) Effect of tree species mixing on the size structure, density, and yield of forest stands. Eur J Forest Res 135:1–22. https://doi.org/10.1007/s10342-015-0913-z

Pretzsch H, del Río M, Ammer Ch, Avdagic A, Barbeito I, Bielak K, Brazaitis G, Coll L, Dirnberger G, Drössler L, Fabrika M, Forrester DI, Godvod K, Heym M, Hurt V, Kurylyak V, Löf M, Lombardi F, Matović B, Mohren F, Motta R, den Ouden J, Pach M, Ponette Q, Schütze G, Schweig J, Skrzyszewski J, Sramek V, Sterba H, Stojanović D, Svoboda M, Vanhellemont M, Verheyen K, Wellhausen K, Zlatanov T, Bravo-Oviedo A (2015) Growth and yield of mixed versus pure stands of Scots pine (*Pinus sylvestris* L.) and European beech (*Fagus sylvatica* L.) analysed along a productivity gradient through Europe. Eur J Forest Res 134(5):927–947. https://doi.org/10.1007/s10342-015-0900-4

Pretzsch H, Bravo-Oviedo A, Hilmers T, Ruiz-Peinado R, Coll L, Löf M, Ahmed S, Aldea J, Ammer C, Avdagić A, Barbeito I, Bielak K, Bravo F, Brazaitis G, Cerný J, Collet C, Drössler L, Fabrika M, Heym M, Holm S-O, Hylen G, Jansons A, Kurylyak V, Lombardi F, Matović B, Metslaid M, Motta R, Nord-Larsen T, Nothdurft A, Ordóñez C, den Ouden J, Pach M, Pardos M, Ponette Q, Pérot T, Reventlow DOJ, Sitko R, Sramek V, Steckel M, Svoboda M, Uhl E, Verheyen K, Vospernik S, Wolff B, Zlatanov T, del Río M (2022) With increasing site quality asymmetric competition and mortality reduces Scots pine (*Pinus sylvestris* L.) stand structuring across Europe. Forest Ecology and Management

520:120365. https://doi.org/10.1016/j.foreco.2022.120365

Pretzsch H, Hilmers T, del Río M (2024) The effect of structural diversity on the self-thinning line, yield level, and density-growth relationship in even-aged stands of Norway spruce. Forest Ecology and Management 556:121736. https://doi.org/10.1016/j.foreco.2024.121736

Preuhsler T (1981) Ertragskundliche Merkmale oberbayerischer Bergmischwald-Verjüngungsbestände auf kalkalpinen Standorten im Forstamt KreuthYield characteristics of mature, mixed mountain forest stands growing on alpine limestone sites in the Kreuth forest district in Upper Bavaria. Forstwissenschaftliches Centralblatt, 100(1):313-345.

Prodan M (1951) Messung der Waldbestände. JD Sauerländer's Verlag, Frankfurt am Main, 260 S.

Riofrío J, del Río M, Pretzsch H, Bravo F (2017) Changes in structural heterogeneity and stand productivity by mixing Scots pine and Maritime pine. Forest Ecology and Management 405:219–228. https://doi.org/10.1016/j.foreco.2017.09.036

Schütz JP (1989) Der Plenterbetrieb, Fachbereich Waldbau, ETH, 1989, 54 p

Schütz JP (1997) Sylviculture 2. La gestion des forêts irrégulières et mélangées. Presses Polytechniques et Universitaires Romandes, Lausanne, 178 p

Schwinning S, Weiner J (1998) Mechanisms determining the degree of size asymmetry in competition among plants. Oecologia 113(4):447–455. https://doi.org/10.1007/s004420050397

Silva Pedro M, Rammer W, Seidl R (2017) Disentangling the effects of compositional and structural diversity on forest productivity. Journal of Vegetation Science 28(3):649–658. https://doi.org/10.1111/jvs.12505

Skov KR, Kolb TE, Wallin KF (2004) Tree Size and Drought Affect Ponderosa Pine Physiological Response to Thinning and Burning Treatments. Forest Science 50(1):81–91. https://doi.org/10.1093/forestscience/50.1.81

Soares AAV, Leite HG, Souza AL, Silva SR, Lourenço HM, Forrester DI (2016) Increasing stand structural heterogeneity reduces productivity in Brazilian *Eucalyptus* monoclonal stands. Forest Ecology and Management 373:26–32. https://doi.org/10.1016/j.foreco.2016.04.035

Torresan C, del Río M, Hilmers T, Notarangelo M, Bielak K, Binder F, Boncina A, Bosela M, Forrester DI, Hobi ML, Nagel TA, Bartkowicz L, Sitkova Z, Zlatanov T, Tognetti R, Pretzsch H (2020) Importance of tree species size dominance and heterogeneity on the productivity of spruce-fir-beech mountain forest stands in Europe. Forest Ecology and Management 457:117716. https://doi.org/10.1016/j.foreco.2019.117716

Valinger E, Lundqvist L, Bondesson L (1993) Assessing the Risk of Snow and Wind Damage from Tree Physical Characteristics. Forestry: An International Journal of Forest Research 66(3):249–260. https://doi.org/10.1093/forestry/66.3.249

Vandermeer JH (1992) The Ecology of Intercropping. Cambridge University Press

Weibull W (1951) A statistical distribution function of wide applicability. Journal of applied mechanics, 18:293-297

Weiner J (1990) Asymmetric competition in plant populations. Trends in Ecology & Evolution 5(11):360–364. https://doi.org/10.1016/0169-5347(90)90095-U

Weiner J, Thomas SC (1986) Size Variability and Competition in Plant Monocultures. Oikos 47(2):211–222. https://doi.org/10.2307/3566048

Wenk G, Antanaitis V, Šmelko S (1990) Waldertragslehre, Deutscher Landwirtschaftsverlag Berlin, 448 p

Wichmann L (2001) Annual Variations in Competition Symmetry in Even-aged Sitka Spruce. Annals of Botany 88(1):145–151. https://doi.org/10.1006/anbo.2001.1445

Wichmann L (2002) Competition Symmetry. Chapter 7. In: Modelling the effects of competition between individual trees in forest stands. PhD Thesis, Unit of Forestry, Copenhagen. pp. 67-77

Zeide B (1993) Analysis of Growth Equations. Forest Science 39(3):594–616. https://doi.org/10.1093/forestscience/39.3.594

Zeller L, Pretzsch H (2019) Effect of forest structure on stand productivity in Central European forests depends on developmental stage and tree species diversity. Forest Ecology and Management 434:193–204. https://doi.org/10.1016/j.foreco.2018.12.024

Zeller L, Liang J, Pretzsch H (2018) Tree species richness enhances stand productivity while stand structure can have opposite effects, based on forest inventory data from Germany and the United States of America. Forest Ecosystems 5(1):4. https://doi.org/10.1186/s40663-017-0127-6

Zhang L, Gove JH, Liu C, Leak WB (2001) A finite mixture of two Weibull distributions for modeling the diameter distributions of rotated-sigmoid, uneven-aged stands. Can J For Res 31(9):1654–1659. https://doi.org/10.1139/x01-086

Zöhrer F (1969) Ausgleich von Häufigkeitsverteilungen mit Hilfe der Beta Funktion. Forstarchiv 40(3):37-42.

Capítulo 5

# Desarrollo de la masa. Reconstrucción a partir de los parámetros medios y acumulados de la masa

6

6.1	Estructura de edades y composición: de masas puras regulares a masas mixtas irregulares	312
6.2	Desarrollo de masas puras regulares	314
6.3	Línea de autoaclareo	318
6.4	Evolución del volumen en pie y volumen total	324
6.5	Masas mixtas regulares	347
6.6	Masas de dos pisos	375
6.7	Masas irregulares	381
Mensajes clave		396
Referencias		398

Resumen En este capítulo se introducen, en base a principios teóricos y ejemplos prácticos, la dinámica de la masa en rodales puros regulares, mixtos con uno y dos pisos, así como bosques irregulares puros y mixtos. A nivel de masa, se expone el desarrollo de masas puras y mixtas y su dependencia de factores externos utilizando valores por hectárea medios y acumulados de los parámetros dendrométricos de la masa (por ejemplo, diámetro medio, volumen en pie, crecimiento corriente, crecimiento acumulado). El capítulo comienza con los conceptos de superficie foliar máxima, autoaclareo y volumen final constante e introduce en consecuencia el desarrollo característico de los parámetros dendrométricos medios y acumulados en masas puras y mixtas regulares sin tratamiento. El desarrollo con la edad se puede caracterizar por la disminución en el número de pies, el crecimiento unimodal y los patrones sigmoides del incremento de los parámetros del árbol medio (por ejemplo, altura de la masa, diámetro) o totales de la masa (por ejemplo, área basimétrica y volumen). A continuación, se muestra cómo estos procesos de desarrollo dependen, entre otros aspectos, de la especie, el tratamiento y las condiciones de la estación. El efecto de las condiciones del sitio es importante puesto que el desarrollo del máximo número de pies, del crecimiento y también del volumen por hectárea de una especie dependen en última instancia de estas.

Este capítulo también trata las masas mixtas de un solo piso. Estas, no se pueden caracterizar simplemente como una media ponderada (según la proporción de especies) de las masas puras correspondiente. Por el contrario, las masas mixtas pueden superar la media ponderada de las de masas puras equivalentes de la misma edad tanto en productividad como en densidad en un 20–50 %. La intensidad de estos efectos depende sobre todo de la composición de la mezcla (complementariedad de especies), las condiciones del sitio (factores limitantes del crecimiento) y el tratamiento selvícola (densidad, proporción y estructura de la mezcla).

Una característica importante de las masas mixtas con varios pisos es que los árboles en los pisos superiores, debido principalmente a la competencia por la luz, frenan el desarrollo de los árboles de los pisos inferiores. Así mismo, los árboles del piso inferior pueden frenar el desarrollo del crecimiento de los árboles del piso superior al competir por el agua y los nutrientes. En masas mixtas, los pisos superiores e inferiores pueden resultar en más crecimiento de la masa en su conjunto, aunque también compiten entre sí.

Finalmente, los montes entresacados (con distribución diamétrica irregular) se introducen como ejemplo de un patrón modelo para masas irregulares, mixtas y con varios pisos. Debido a una distribución diamétrica en número de pies exponencialmente decreciente y, por lo tanto, a su estructura compleja, se asemejan a la fase de monte alto irregular en el ciclo de sucesión del bosque primario. Sin embargo, son, con frecuencia, sistemas altamente artificiales cuya estructura característica solo se puede obtener a través de continuas intervenciones selvícolas.

Desde las masas puras regulares de un solo piso pasando por las masas mixtas regulares de dos pisos, las masas con múltiples pisos, hasta los montes irregulares, con múltiples pisos, la diversidad estructural aumenta y la importancia de los valores medios y acumulados de los parámetros dendrométricos de la masa disminuye. Las masas más complejas deben describirse de manera conjunta, pero también por separado según las especies, poblaciones, cohortes o pisos.

6.1 Estructura de edades y composición: de masas puras regulares a masas mixtas irregulares

La estructura de una masa forestal se puede encontrar en un continuo entre la máxima uniformidad y heterogeneidad. Por su puesto, en el curso del desarrollo de la masa, la estructura puede cambiar en una dirección u otra. Una forma de ilustrar la estructura de la masa puede ser utilizando las curvas de edad–altura de los árboles individuales (Figura 6.1). El patrón de estas trayectorias refleja, entre otros aspectos, el grado de heterogeneidad de los tamaños de los árboles, la asincronía del crecimiento entre los grupos de edades o entre especies y la formación de cohortes. La heterogeneidad y la asincronía disminuyen siste-

6.1 Estructura de edades y composición: de masas puras regulares a masas mixtas irregulares

Figura 6.1
Caracterización de los tipos de estructura más importantes en masas forestales mediante el desarrollo en altura de sus árboles. (a) masa coetánea pura con un piso y una sola cohorte, (b) masa mixta regular con dos cohortes de crecimiento relativamente similar, (c) masa irregular con dos pisos y dos cohortes de crecimientos claramente diferentes, (d) masa mixta irregular con varios pisos en la que la estructura de las cohortes desaparece y los árboles de distintas edades se distribuyen continuamente junto con el regenerado.

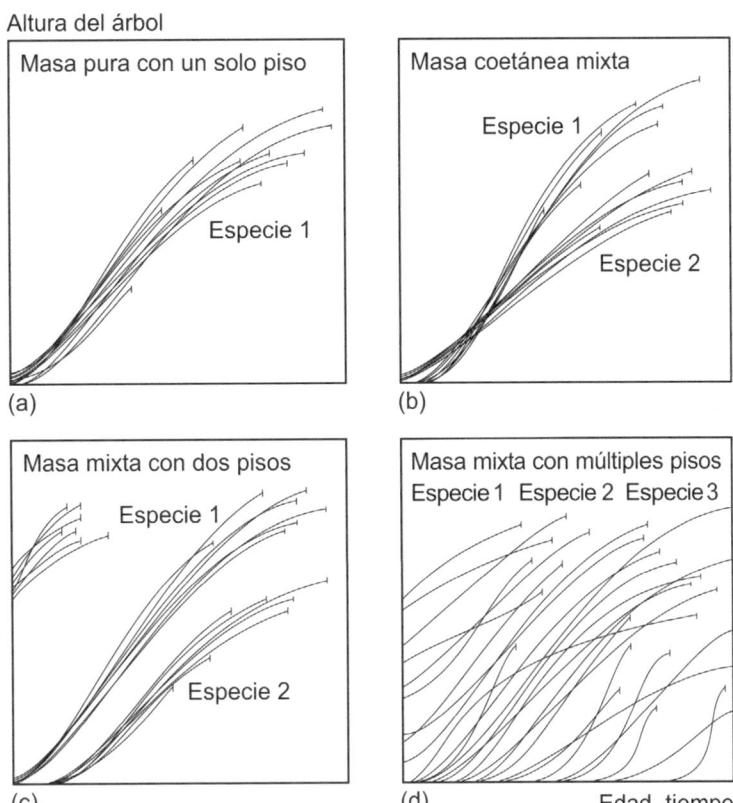

máticamente de las masas puras de un solo piso hasta las masas mixtas con múltiples pisos (Figura 6.1, a–d).

El desarrollo de las masas puras regulares (Figura 6.1a) puede resumirse dando los valores medios de la masa (por ejemplo, altura media, diámetro medio) y valores totales (área basimétrica, volumen total). Gran parte del conocimiento sobre el crecimiento y producción forestal se desarrolló para masas monoespecíficas y regulares. Así, la ley de autoaclareo, la relación densidad–crecimiento, el índice de sitio, el concepto de nivel de producción, las tablas de producción, los esquemas o guías de tratamientos selvícolas y muchas otras leyes y métodos de análisis del crecimiento y la producción se desarrollaron en primera instancia para masas puras y regulares de pícea, pino silvestre, eucalipto o haya. Debido al aprovechamiento intensivo en la época medieval, la sobreexplotación industrial y la destrucción y devastación forestal durante las guerras, la ciencia forestal, desde su comienzo en el siglo XVIII, se ha concentrado mayormente en masas puras regulares, que en muchos casos provienen de plantaciones. Bajo condiciones naturales, dominarían, sin embargo, masas mixtas más o menos estructuradas y de edades irregulares (Figura 6.1, b–d). Las masas puras regulares que aparecen naturalmente tras una destrucción del bosque a gran escala, por ejemplo, por fuego, plagas o vendavales desempeñarían un papel secundario, especialmente en la Europa central. Desde este punto de vista, la ciencia forestal se ha reducido hasta ahora a un caso particular por circunstancias históricas, y ha descuidado la gran variedad de estructuras posibles en masas mixtas regulares e irregulares o con múltiples pisos.

La capacidad de los valores medios y acumulados para caracterizar la estructura disminuye con la transición de masas puras de una cohorte (Figura 6.1a) y masas mixtas de varias cohortes (Figura 6.1b y c) hacia masas mixtas de edades irregulares (Figura 6.1d) formadas a partir de un conjunto de desarrollos individuales (del Río et al. 2016). La edad, la altura o el volumen medio del árbol son adecuados para la caracterización del tamaño medio en masas puras regulares, pero dicen poco acerca de la estructura del monte irregular o de bosques mixtos multiespecíficos. La información sobre el volumen total es particularmente reveladora en masas puras y regulares, ya que, en estas masas se conoce la especie y el tamaño medio de los árboles. En masas mixtas de varios pisos, la información acerca del volumen, sin su desglose por especies, clase dimensional o edad, dice poco acerca del desarrollo y acumulación del volumen.

Las masas mixtas de dos especies más o menos regulares (Figura 6.1b), como por ejemplo de pino silvestre y haya, o de roble y haya, a menudo consisten en dos cohortes que difieren en su desarrollo y se influyen mutuamente. El desarrollo de la altura media o dominante de una especie ya no solo representa la productividad local, sino que a esta se superpone el efecto de la competencia interespecífica. El desarrollo del tamaño de las especies es diferente, pudiendo dar como resultado diferentes turnos y la necesidad de extender la transición de una generación a otra durante un período de tiempo más largo. Con el fin de caracterizar adecuadamente la masa, se requieren, por tanto, valores medios y acumulados para cada especie.

En masas mixtas de dos pisos (Figura 6.1c), la superposición espacial y temporal entre las especies es tan intensa que la mayoría de los conceptos desarrollados para masas puras regulares pierden su aplicabilidad (por ejemplo, el índice de sitio, el grado de densidad, la construcción de tablas de producción o los conceptos de claras por lo alto o por lo bajo) y la consecución de una nueva generación puede llevar décadas debido a la diferencia de edad entre las dos especies.

Las masas mixtas de múltiples pisos (Figura 6.1d), como, por ejemplo, los montes entresacados o los bosques mixtos de montaña de pícea–abeto–haya, se forman a partir del desarrollo de árboles individuales que varían ampliamente en especie, edad y constelación de crecimiento. La variación espacial y temporal de las curvas de desarrollo individual puede ser tan grande que la edad de la masa solo puede caracterizarse indicando el rango de variación, por ejemplo, mediante el rango de valores inferiores y superiores. La superposición de los desarrollos individuales puede ser tan intensa que estas masas suelen presentar el carácter de masa irregular de cubierta permanente, es decir, tienen una población constante con aproximadamente el mismo volumen en pie. El crecimiento acumulado total o el turno no se pueden establecer para este tipo de masas.

6.2 Desarrollo de masas puras regulares

6.2.1 Fundamentos de la acumulación del volumen en pie

El desarrollo asintótico de la superficie foliar de una masa (Figura 6.2a) representa una base mecanicista (Körner 2002, Larcher 2003) de la evolución de los parámetros dasométricos de masa como el volumen en pie y el número de pies (Figura 6.2a b–d) en masas regulares. La superficie foliar (cuantificada como la suma de las superficies de las hojas, *Leaf Area* LA, o como índice de superficie foliar, *Leaf Area Index*, LAI) está estrechamente relacionada con el número de ápices radiculares y refleja la disponibilidad de recursos y el potencial metabólico de la masa. La superficie foliar de los árboles jóvenes que ocupan un espacio abierto es inicialmente pequeña (Figura 6.2a, fase 1), incluso cuando estos ocupan la superficie completamente. Al inicio del desarrollo de una masa regular, debido al pequeño tamaño de los árboles, con superficie de copa y extensión del sistema radical reducidas que conlleva una asimilación limitada de agua y nutrientes minerales, no se puede desarrollar aún la superficie foliar máxima específica del sitio. Es decir, en la fase 1 la masa todavía se

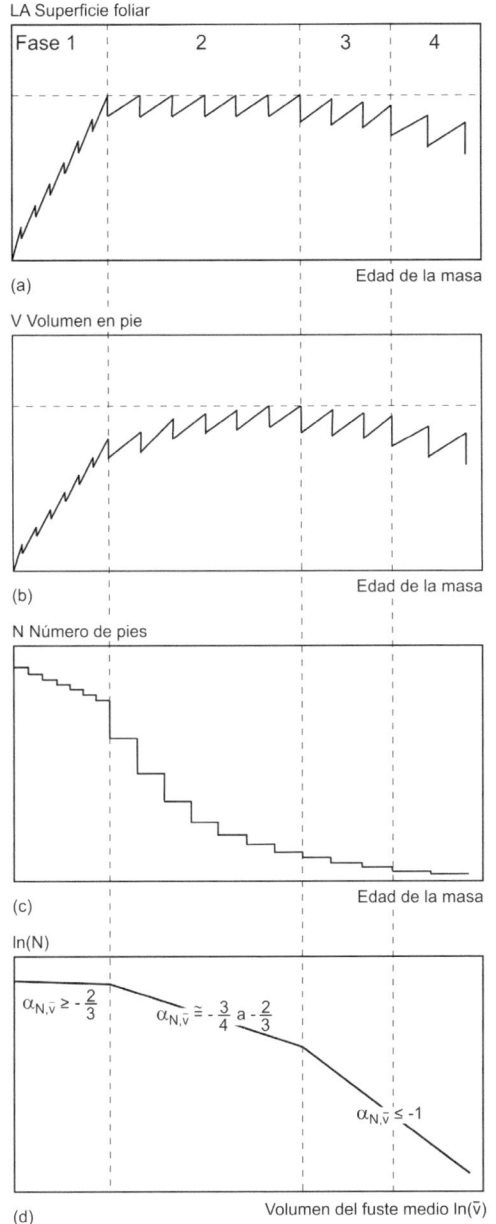

encuentra por debajo del potencial metabólico específico del sitio y su máximo crecimiento. Aunque la superficie foliar todavía está muy por debajo del potencial específico del sitio, los árboles también pueden morir durante esta fase. Esto se debe, entre otras cosas, al hecho de que los árboles jóvenes aún no pueden utilizar plenamente los recursos disponibles en el suelo debido a la reducida expansión del sistema radical.

Al comienzo de la fase 2 definida en la Figura 6.2 como la edad media de la masa, la superficie foliar alcanza su máximo específico para el sitio (y específico de la especie) y se mantiene en este nivel en un estado estable durante los años siguientes. Las disminuciones en la superficie foliar de la masa pueden ocurrir incluso en edades intermedias, por ejemplo, causadas por el balanceo de los árboles y la rotura y caída asociada de hojas y ramillos (Crown shyness o timidez de los árboles) (Fish et al. 2006, Putz et al. 1984). Meng et al. (2006) fijaron algunos pinos (Pinus contorta Dougl. Ex Loud. Var. Latifolia Engelm. en Alberta, Canadá) para evitar que se balancearan y que sus copas colisionaran con las copas adyacentes, y encontraron que incrementaba la superficie foliar y la fracción de cabida cubierta, y en consecuencia aumentaba la tasa de crecimiento. En la fase 3 de madurez, cuando se produce una pérdida de superficie foliar, no se recupera completamente la capacidad máxima del sitio, haciéndose esta diferencia mayor según avanza la edad de la masa (fase 4).

Figura 6.2 Representación esquemática de la relación entre la superficie foliar, el volumen en pie y el número de pies en el curso del desarrollo de una masa regular (fases 1–4). (a) La superficie foliar total de la masa alcanza relativamente pronto el límite de capacidad específico para el sitio, permanece en este nivel durante un periodo largo y solo disminuye nuevamente a partir de una edad avanzada. (b) Debido a la relación no lineal entre la superficie foliar y el volumen de la masa o del árbol (Capítulo 2, Sección 2.1.5), el volumen continúa aumentando incluso después de alcanzar la superficie foliar máxima, hasta un límite de capacidad específico del sitio (volumen final específico del sitio) y solo empieza a disminuir al comenzar la apertura del dosel de copas por la edad. Las curvas con forma de diente de sierra (a) y (b) se deben a la mortalidad causada por la competencia. (c) Hasta que no se alcanza la superficie foliar máxima (fase 2), la competencia es baja y el autoaclareo relacionado con ella es débil. El autoaclareo aumenta en la fase 2 y continua en la fase 3. (d) Al alcanzar sucesivamente el límite de capacidad máximo de la superficie foliar (fase 2) y el volumen en pie máximo (fase 3) se desarrolla una trayectoria característica de la línea de autoaclareo en 3 fases, que se muestra aquí como el ln(número de pies) frente a el ln(volumen del árbol medio).

6.2.2 Proceso de desarrollo del árbol individual y derivación de los parámetros medios y acumulados de la masa

La Figura 6.3a muestra esquemáticamente el crecimiento en diámetro de una masa pura regular, en la que especialmente los árboles más pequeños van desapareciendo debido a la competencia (indicado por el final prematuro de las curvas individuales). Suponiendo que la medición del diámetro de todos los árboles en una masa resulta en un diámetro medio cuadrático de $d_g = 30$ cm, si se realiza una clara por lo bajo e inmediatamente después de dicha medición y se mide de nuevo resulta en un aumento de la media $d_g = 35$ cm, fenómeno que se conoce como incremento técnico. El aumento de 5 cm en el diámetro medio no tiene nada que ver con el crecimiento, sino que simplemente resulta del efecto de la eliminación de árboles de tamaño inferior a la media. Este crecimiento técnico también se puede producir sin la realización de claras cuando se descuentan los árboles que han muerto entre dos inventarios en el diámetro final, es decir, el diámetro medio cuadrático en la segunda medición aumenta debido al crecimiento en diámetro de los árboles individuales y a la mortalidad, generalmente de árboles pequeños.

En el autoaclareo de masas puras regulares o cuando se aplican claras por lo bajo, la masa extraída (árboles muertos y cortados) está compuesta por los árboles más pequeños de la masa, lo que significa que generalmente se produce un incremento técnico (el diámetro medio se desplaza aritméticamente hacia arriba). Por tanto, la evolución del crecimiento del árbol medio es el resultado de la componente de crecimiento y del incremento técnico (Figura 6.3b). La mortalidad o

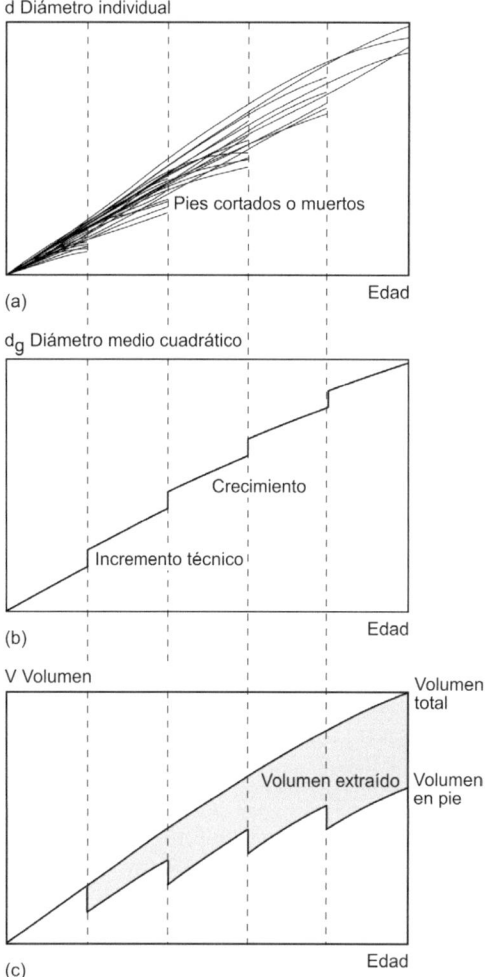

Figura 6.3 Representación esquemática de la relación entre el desarrollo de (a) árboles individuales, (b) valores medios de árbol y (c) valores totales de la masa. Las líneas verticales discontinuas representan los momentos en los que se realizan los inventarios. La mortalidad natural y los aprovechamientos selvícolas que tienen lugar a lo largo de cada uno de los períodos de crecimiento se asignan al final de los mismos. Esto da como resultado los puntos finales de las curvas en (a), el desplazamiento en el eje vertical en (b) y la forma en diente de sierra de la curva del volumen en (c). (a) Evolución del diámetro de árboles individuales y su desaparición por mortalidad natural debido a la competencia. (b) Evolución del diámetro medio cuadrático, d_g, determinado tanto por el crecimiento en diámetro de los árboles como por el aumento de la media debido a la mortalidad o extracción de los árboles más pequeños (crecimiento técnico). (c) La mortalidad natural debida a la competencia y los aprovechamientos selvícolas causan el desarrollo en forma de diente de sierra de la curva del volumen en pie. La curva del volumen total viene dada por la suma del volumen en pie y el volumen de la masa extraída (área gris). El volumen de masa extraída es la suma del volumen de los árboles que mueren por competencia y de las extracciones por aprovechamientos selvícolas.

las extracciones (véase el final de la curva en (a)) provocan que la evolución de la curva del volumen en pie siga un patrón en forma de diente de sierra (Figura 6.3c).

En la Figura 6.3 se presenta la evolución de los árboles, del diámetro medio cuadrático y del volumen de la masa en pie como es habitual en los ensayos experimentales o en inventarios. La mortalidad y las cortas se asignan al final de los períodos de inventario (líneas discontinuas verticales) de modo que los patrones característicos con forma de diente de sierra surgen en los valores medios y acumulados de la masa. Si la mortalidad y el crecimiento no se registraran periódicamente (por ejemplo, a intervalos de 5, 10 o 20 años), sino de forma continua (por ejemplo, diaria o semanalmente), el desplazamiento aritmético, en principio, no variaría, sino que simplemente se compondría de muchos dientes de sierra pequeños en lugar de unos pocos mayores.

La forma de la curva del árbol medio representada no representa por tanto el desarrollo de un individuo, sino que es resultado de una construcción aritmética. El desarrollo del volumen de la masa no representa toda la productividad de la masa, sino solo la de la masa en pie.

6.2.3 Volumen en pie y número de pies por hectárea, y altura y diámetro medios

El volumen en pie, y su acumulación característica con el desarrollo progresivo en las masas puras y regulares (Figura 6.3c), se obtiene normalmente mediante la aplicación de una ecuación de cubicación a cada árbol y la agregación de los volúmenes. Sin embargo, este volumen se puede calcular a partir de las variables dasométricas o variables de masa número de pies por hectárea, diámetro medio cuadrático y altura media mediante el uso del coeficiente mórfico de masa, como se describe en la Figura 6.4. Un volumen dado V resulta según $V = N \times (d_g^2 \times \pi)/4 \times f \times h_g$ del número de pies, N, el diámetro medio cuadrático, d_g, el coeficiente mórfico de masa f y la altura media h_g.

En masas no tratadas o con un nivel ocupación máxima, el número de pies por hectárea disminuye continuadamente y de manera exponencial debido al aumento de la ocupación del espacio disponible y el consecuente autoaclareo de la población (Figura 6.4). La altura y el diámetro medios aumentan progresivamente, pero el crecimiento del diámetro se extiende durante más tiempo que el crecimiento en altura (Ryan y Yoder 1997). Por ello, el coeficiente mórfico de la masa f también disminuye con la edad (menor diferencia entre el cilindro formado por d_g y h_g y el volumen del árbol medio).

La Figura 6.4 muestra el principio de esta expresión del volumen de la masa. Dependiendo de las condiciones del sitio, especie, procedencia, densidad inicial y tratamiento selvícola, se pueden obtener volúmenes en pie similares a partir de valores distintos de las cuatro variables dasométricas consideradas. En masas no tratadas, es más probable que el volumen se componga de muchos árboles pequeños y delgados; mientras que, en masas tratadas mediante claras, el mismo volumen puede acumularse en menos árboles más gruesos y menos esbeltos. Desde

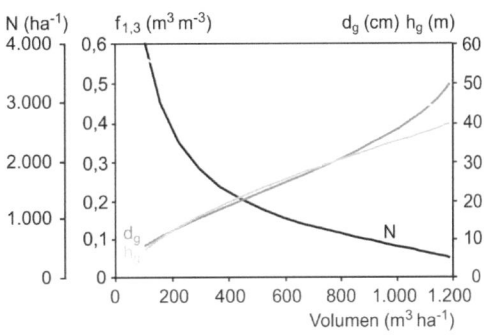

Figura 6.4 Relación entre el desarrollo de la masa en volumen en pie, número de pies y tamaño medio de los árboles. El volumen en pie, V, se puede calcular a partir de las variables dasométricas número de pies por hectárea, N, diámetro medio cuadrático, d_g, altura media, h_g, (ambos crecientes) y coeficiente mórfico de masa, f, (decreciente), de acuerdo con la expresión $V = N \times (d_g^2 \times \pi)/4 \times f \times h_g$. Se muestran como ejemplo estas curvas para pícea en una estación con un índice de sitio de 40 según la tabla de Assmann y Franz (1963). Dependiendo del sitio, procedencia y tratamiento selvícolas puede darse el mismo volumen en pie para diferentes variables dasométricas N, f, d_g y h_g.

sus inicios, la ciencia forestal ha estudiado intensamente el desarrollo de las cuatro variables dasométricas que componen el volumen y, en particular, su regulación a través de tratamientos selvícolas (Capítulo 7).

Las desviaciones del curso de desarrollo normal de una masa regular pueden ocurrir especialmente en fases avanzadas de edad, debido principalmente a perturbaciones como roturas apicales, nieve o tormentas, árboles dominantes derribados por el viento o mortalidad natural por la edad. Línea de autoaclareo

6.3 Línea de autoaclareo

El concepto de línea de autoaclareo o línea de máxima densidad, que se basa en la relación entre el tamaño de los árboles y la densidad, se ilustra esquemáticamente en la Figura 6.5 en un sistema de coordenadas doble logarítmico. La línea de autoaclareo superior (línea continua) marca la densidad máxima posible para una especie en relación con el tamaño medio o peso dado por árboles en una masa pura y coetánea o regular y en condiciones de sitio óptimas. La línea de autoaclareo inferior (línea discontinua) marca el límite característico para una masa bajo condiciones de crecimiento subóptimas, también conocido como densidad máxima poblacional. Las trayectorias de densidad en las masas A y B, que parten de densidades iniciales diferentes, se aproximan debido al crecimiento y la mortalidad a la línea de autoaclareo correspondiente a la especie y al sitio, para luego continuar la trayectoria de estas líneas con gradientes similares. La línea de máxima densidad y la línea de autoaclareo pueden coincidir bajo condiciones óptimas de crecimiento (masa A).

Basándose en el principio de similitud de formas de Galilei, Spencer (1864) y Thompson (1917) introdujeron en la biología las relaciones alométricas entre la expansión lineal, los requisitos de espacio, la ocupación del espacio, la densidad de la población y la biomasa de los organismos. Bertalanffy (1951) utiliza el principio alométrico para predecir el cambio de forma de plantas y animales. Yoda et al. (1963) encuentra una disminución característica en el peso de la planta para un número creciente de individuos por unidad de superficie para plantas herbáceas y deriva de ella el principio de autoaclareo de los $-3/2$. Este principio describe la relación proporcional entre la biomasa por planta m y el número de plantas por unidad de superficie $N = (m \propto N^{-3/2})$. Al establecer una relación alométrica con el coeficiente $-3/2$ entre la biomasa por planta y el número de plantas por unidad de superficie en masas regulares y con densidad máxima, el principio de autoaclareo de los $-3/2$ combina aspectos ecológicos de producción y población. Numerosos autores lo consideran el principio o incluso la ley más importante en ecología vegetal. Los estudios realizados en diferentes especies de plantas han proporcionado numerosos ejemplos de su validez (Harper 1977, Weller 1987, 1990). Sin embargo, se han producido dudas reiteradas sobre la validez general de este principio desde la década de 1980 (White 1981, Zeide 1987). Whittington (1984) y Sackville Hamilton et al. (1995) proponen una versión más general del principio de autoaclareo que permite mantener la relación alométrica básica original, pero incluyendo también otras variables y parámetros de estimación o coeficientes alométricos modificados.

Reineke (1933) ya antes que Yoda et al. (1963) había establecido el principio de densidad de la población en masas forestales. En la investigación del crecimiento y la producción forestal, este principio ha ido ganando importancia en inventario, análisis y modelización (Bergel 1985, Franz 1968, Sterba 1975, 1981, 1987). Análogamente al principio de Yoda, Reineke describe la relación alométrica entre el tamaño medio de los árboles y el número de pies por unidad de superficie. El tamaño se basa en el diámetro de tronco a 1,30 m, ya que es fácil de entender y medir en la práctica forestal. En las discusiones sobre la validez del principio de Yoda, la ley Reineke injustamente apenas se mencionan.

En la búsqueda de una medida de la espesura de la masa que fuera independiente del índice de sitio y de la edad, Reineke (1933) deriva el principio de densidad de la masa ("*Stand Density Rule*") para masas con ocupación máxima en el noroeste de los Estados Unidos (Sección 4.4.4). Este princi-

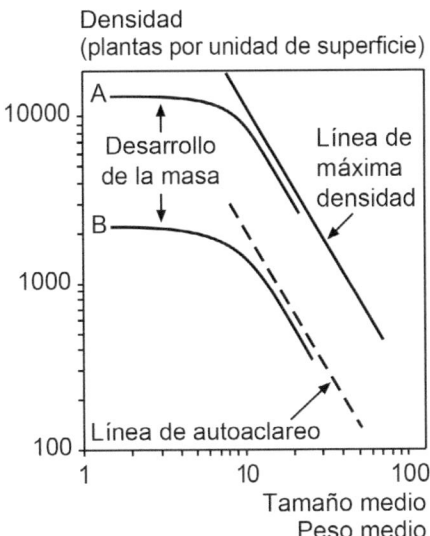

Figura 6.5 Principio común entre las leyes de Reineke (1933) y Yoda et al. (1963).

pio describe la relación entre el diámetro medio d_g y el número de pies por unidad de superficie en masas con ocupación completa y sin tratamiento a través de la relación alométrica:

$$N = e^a \times d_g^{-1{,}605}$$

que en un sistema de coordenadas doble logarítmico resulta en una línea recta.

$$\ln(N) = a - 1{,}605 \times \ln(d_g)$$

con la ordenada en el origen a y la pendiente $-1{,}605$. El parámetro a es un parámetro dependiente del sitio. Según esta relación, en masas sin tratamiento el número de pies disminuye con el aumento del diámetro medio cuadrático d_g de acuerdo con el coeficiente alométrico $-1{,}605$. Reineke llega a esta conclusión al representar los pares de valores del diámetro medio cuadrático y número de pies de parcelas experimentales no tratadas en un sistema de coordenadas doble logarítmico. A partir de estos datos de masa Reineke encuentra una recta con pendiente $-1{,}605$ como límite superior de la nube de puntos (Figura 6.6). Debido que la variación observada del coeficiente para diferentes especies, estructuras de la masa y estaciones es pequeña, Reineke asigna a este coeficiente alométrico de $-1{,}605$ una validez general para masas forestales regulares que ocupan completamente la estación, independientemente de la especie y la estación.

Reineke (1933) basa su regla en la evaluación estadística de datos de inventario. Los datos de parcelas experimentales a largo plazo de masas no tratadas o con muy poca información suponen una fuente de datos muy valiosa para estudiar el autoaclareo (Pretzsch et al. 2019). La Figura 6.7, basada en datos de parcelas experimentales permanentes en el sur de Alemania, muestra que el desarrollo del número de pies por hectárea frente el diámetro medio cuadrático está muy cerca de la línea de Reineke. Los distintos paneles de la figura muestran que las masas de pícea, pino silvestre, haya y roble, independientemente de su densidad inicial, se acercan con el desarrollo al límite superior de la relación entre el número de pies por hectárea y el diámetro medio cuadrático, para luego disminuir el número de pies según aumenta el tamaño medio en gran medida siguiendo la regla de Reineke. El nivel absoluto con el que tiene lugar dicha disminución y que se refleja en la ordenada en el origen de la recta, resul-

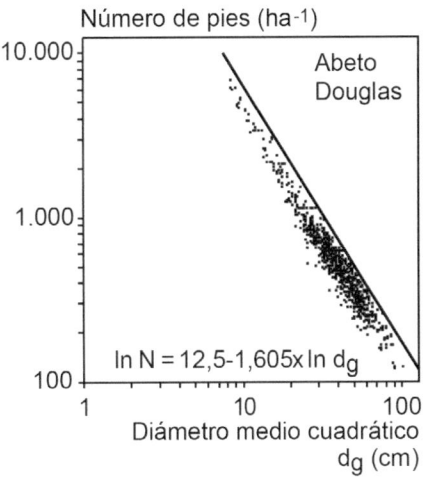

Figura 6.6 Relación entre el número de pies por hectárea y el diámetro medio cuadrático para abeto Douglas en masas regulares, según datos de los inventarios estatales en Washington y Oregón. El límite superior de la nube de puntos $\ln(N) = a - 1{,}605 \times \ln(d_g)$ se obtiene con la ordenada en el origen $a = 12{,}5$ y la pendiente $-1{,}605$ (según Reineke 1933).

ta de la capacidad de la estación para sustentar una masa de una determinada especie. Las rectas que se muestran en la Figura 6.7 con un coeficiente alométrico de − 1,605 indican la disminución esperada en el número de pies de acuerdo con el principio de autoaclareo de la masa de Reineke (1933) en masas forestales no tratadas y condiciones de sitio de desfavorables a muy buenas ($a = 10$ hasta $a = 13$).

En masas en fases de envejecimiento, la evolución de la relación entre el número de pies y el diámetro medio cuadrático tiende a alejarse de la línea de máxima densidad con una transición del coeficiente alométrico de − 1,605 a − 2,0, cuando se alcanza el volumen final estacionario o el área basimétrica final. Es decir, un aumento del 1 por ciento en el diámetro medio ya no se asocia con una disminución de solo 1,605 por ciento en el número de pies (cuando el área basimétrica todavía aumenta), si no con una disminución del 2 por ciento en el número de pies, de modo que el área basimétrica (y el volumen) se vuelven estacionarios. Se alcanza así la fase de área basimétrica final constante o el volumen final (Oliver y Larson (1996, pp. 340–343)).

En el caso de la pícea y del pino silvestre, el número de parcelas experimentales permanentes en el Sur de Alemania es muy elevado y cubre un largo periodo de observación de parcelas. Las 120 parcelas experimentales de pícea (Figura 6.7a) incluyen datos de edades entre 11 y 166 años, algunas de las cuales han estado bajo observación desde 1882, con diámetros medios cuadráticos de 2,1 cm a 60,7 cm, densidades entre 232 y 12.899 pies por hectárea y áreas basimétricas entre 0,1 y 92,3 m²ha⁻¹. Las líneas correspondientes a parcelas no tratadas o con claras débiles marcan las líneas del límite superior. La representación de las líneas de autoaclareo para de pino silvestre (Figura 6.7c) se basa en 152 parcelas experimentales concentradas en el centro y Noreste de Baviera, la más antigua de las cuales data de 1900. Los datos cubren un rango de edades de 12 a 152 años, diámetros medios cuadráticos de 2,0 a 53,0 cm, densidades de 127 a 18.606 pies por hectárea y áreas basimétricas de 3,12 a 53,3 m²ha⁻¹, por

lo que reflejan adecuadamente la evolución de masas regulares a lo largo del turno. Se observa que en estas parcelas todavía no se ha alcanzado la fase de área basimétrica final constante.

En el caso del haya y el roble albar el número de parcelas es bastante inferior, aunque igualmente cubren periodos de observación muy largos. Para el haya se basa en 32 parcelas, que se encuentran principalmente en la Baja Franconia y con datos desde 1870 que cubren un rango de edad de 33 a 219 años (Figura 6.7b). No obstante, los rangos son igualmente amplios, con diámetros medios cuadráticos entre 5,7 y 71,8 cm, número de pies de 92 a 11.242 árboles por ha y las áreas basimétricas de 13,03 a 52,35 m² ha⁻¹. El roble albar está representado con 23 parcelas en el norte de Baviera (Figura 6.7d), algunas de las cuales han sido observadas desde 1900 y tienen entre 38 y 360 años. Estas masas cubren un rango que varía de 45 a 5.662 pies por hectárea, con diámetros medios de 7,1 cm a 84,4 cm y áreas basimétricas de 10,68 a 40,4 m² ha⁻¹.

Cabe señalar que la desviación positiva de las curvas del número de pies frente al diámetro medio que se observa en pícea y haya en las últimas décadas (Figura 6.7) indica un aumento en la densidad potencial de la masa y refleja una mejora local en la capacidad de crecimiento en estas áreas. Esta tendencia es aún más claramente visible cuando se representa el área basimétrica frente al diámetro medio cuadrático (Figura 6.8). El área basimétrica se obtiene a partir del número de pies por ha N y los diámetros medios, d_g, ($G = N \times d_g^2 \times \pi/4$), que se representan en la Figura 6.7. Como se observa en la Figura 6.8, en muchas parcelas de pícea y haya el área basimétrica presenta pendientes pronunciadas dando como resultado valores máximos no esperados.

En la Figura 6.9 se representa la evolución de 39 parcelas experimentales de pino silvestre en España. Estas parcelas cubren periodos de observación menores, desde principios de los años sesenta, aunque igualmente un amplio rango de edades (de 22 a 143 años), densidades (de 340 a 4080 pies ha⁻¹), diámetros medios

Figura 6.7 Desarrollo de masas de pícea, haya, pino silvestre y roble albar del sur de Alemania (a–d) según la ley de autoaclareo de Reineke (1933). Independientemente de la densidad inicial, las curvas del número de pies frente al diámetro medio se aproximan a la relación de límite superior entre el número de pies y el diámetro medio cuadrático, que puede representarse en un sistema de coordenadas doble logarítmico mediante una línea recta de pendiente – 1.605. Las rectas de referencia se obtienen cuando se usa como ordenada en el origen los valores de a = 11 a 13.

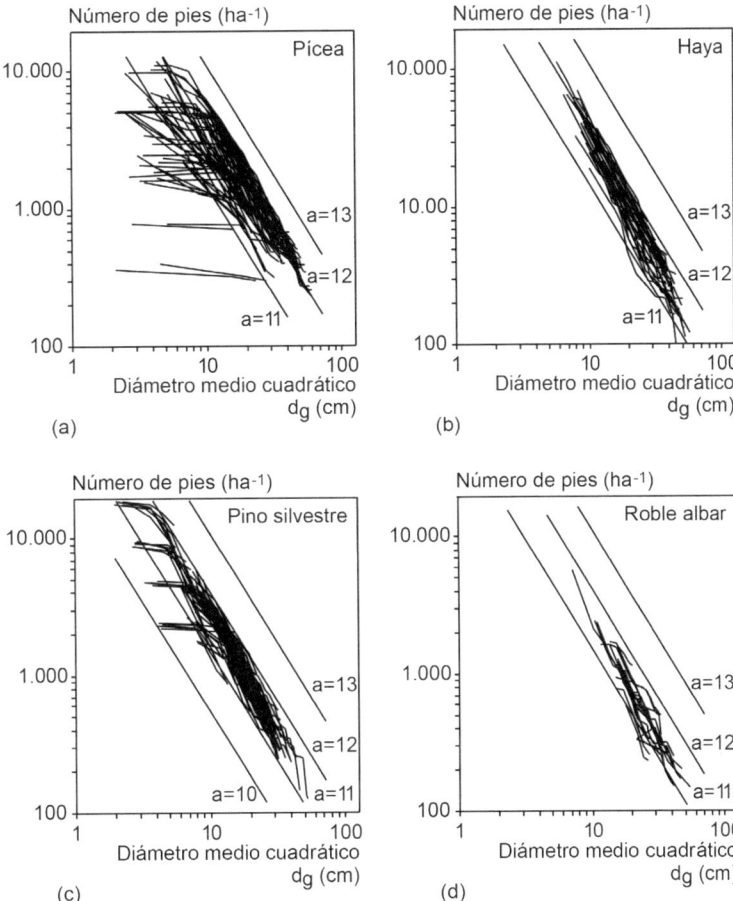

cuadráticos (de 12,14 a 48,19 cm) y áreas basimétricas (de 19,1 a 79,1 m^2 ha^{-1}). Se puede observar cómo las parcelas experimentales se sitúan en general por encima de la línea de autoaclareo según Reineke obtenida con el valor de a = 12, es decir, por encima de las parcelas de la misma especie en Alemania, reflejando una mayor capacidad de ocupación o máxima densidad posible en España. Esta mayor espesura es más evidente en la correspondiente figura del área basimétrica (Figura 6.9b).

Como se refleja en las Figura 6.7, el valor del exponente alométrico de – 1,605 propuesto por Reineke (1933) representa adecuadamente un patrón general, y por lo tanto, es una buena aproximación para su uso como línea de referencia y en el índice de densidad de la masa (*SDI*) (ver Sección 4.4.4.2) cuando no se dispone de otra información. No obstante, existen numerosos estudios que encuentran que este exponente varía entre especies para masas en fase de autoaclareo en condiciones de máxima densidad, siendo significativamente diferente de – 1,605 para muchas especies. Cuanto menor es el valor del exponente indica que la mortalidad natural por competencia o autoaclareo según aumenta el tamaño medio de los árboles es menor. Para pino silvestre, del Río et al. (2001) ajustan un modelo de autoaclareo a datos de parcelas sin intervenir que resulta en una línea de máxima densidad con un valor del exponente de – 1.75 y una densidad máxima *SDI* = 1444 pies ha^{-1} para un diámetro medio cuadrático de 25 cm. En la Figura 6.9 este modelo se representa por la línea roja y se observa cómo recoge bien la evolución de la densidad máxima con el diámetro medio cuadrático.

Figura 6.8 Área basimétrica en función del diámetro medio observada en las parcelas experimentales de pícea, haya, pino silvestre y roble albar (a, b, c y d) en el sur de Alemania. Como referencia se utilizan las curvas de la relación entre diámetro medio y el área basimétrica, obtenidas según la ley de Reineke $\ln(N) = a - 1{,}605 \times \ln(d_g)$ para valores des $a = 11$ a 13.

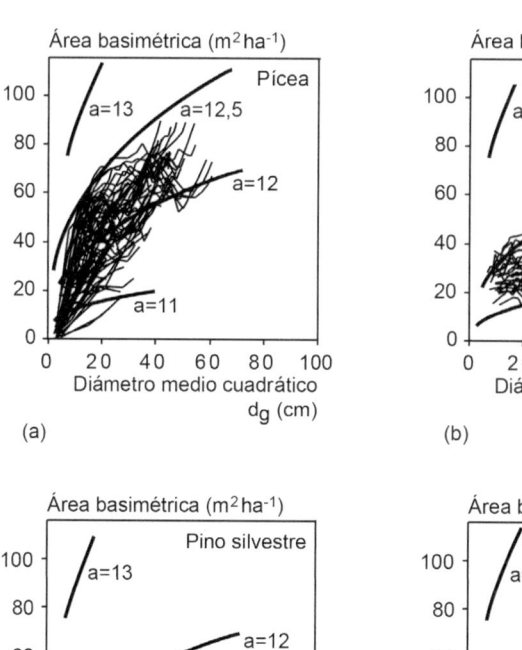

Las diferencias entre el valor del exponente con el valor $-1{,}605$ pueden tener repercusiones relevantes en el uso del índice de densidad de la masa *SDI*. Para un mismo valor de densidad para el diámetro medio cuadrático de referencia de 25 cm, se obtienen distintas densidades para otros tamaños cuando las pendientes varían. En la Figura 6.10 se presenta las líneas de máxima densidad para cuatro especies de pino en España obtenidas a partir de datos del Inventario Forestal Nacional de España mediante regresión cuantílica (cuantil 97,5 %), que refleja la línea por debajo de la cual se encuentran el 97,5 % de los datos, según los modelos de Aguirre et al. (2018). Se observa cómo la línea de autoaclareo para el pino negral (*Pinus pinaster*) presenta una pendiente más negativa (menor valor del exponente) que las otras especies. Esto implica que para tamaños pequeños ($d_g=10$ cm) puede soportar una mayor densidad (N ≈ 6500 pies/ha) que las otras especies, por ejemplo, N ≈ 5000 pies/ha para pino laricio (*P. nigra*), mientras que según aumenta el tamaño medio de los árboles se reduce esta mayor densidad relativa, igualándose para $d_g=50$ cm a la línea de autoaclareo del pino laricio (*P. nigra*). Igualmente, en la Figura 6.10 también se observa las distintas densidades máximas que pueden alcanzar estas especies, aspecto que se debe considerar en su gestión.

Además del interés para la ciencia forestal, las leyes de Reineke y Yoda también tienen importancia en la gestión forestal. El conocimiento de la densidad máxima para una especie y estación dada permite adaptar la selvicultura y aprovechar la productividad potencial de una masa (Franz 1965, 1967 y

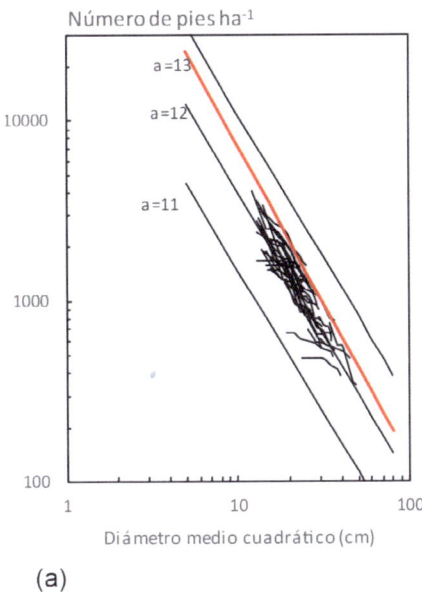
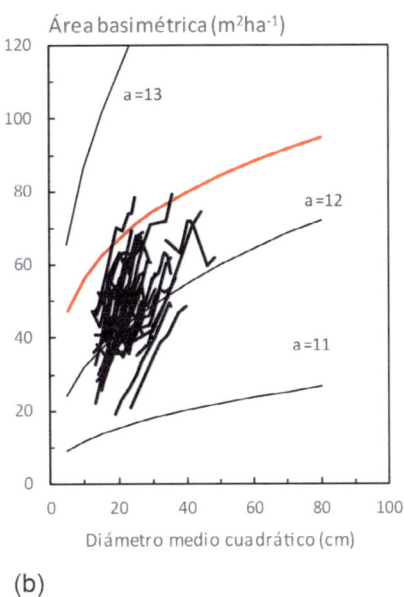

Figura 6.9 Desarrollo de masas de pino silvestre no tratadas o con claras por lo bajo débiles en España según la ley de autoaclareo de Reineke (1933) a) en número de pies por hectárea según diámetro medio cuadrático en escala doble logarítmica y b) en área basimétrica según diámetro medio cuadrático. Al igual que para las parcelas experimentales alemanas las curvas del número de pies frente al diámetro medio se aproximan a una línea recta de pendiente – 1.605. Se puede observar que las parcelas experimentales en España se sitúan por encima a la línea obtenida con un valor en el origen a = 12. Las líneas rojas representan la línea de máxima densidad obtenida para esta especie en España según del Río et al. (2001).

1968, Sterba 1975 y 1981) (ver Sección 7.3). El parámetro a de la ley de Reineke aumenta al incrementar la calidad de la estación y puede usarse para determinar el nivel de productividad (Bergel 1985), además se puede usar para evaluar los efectos del cambio climático, así como la influencia de la radiación solar en la dinámica de la masa, como Toraño Caicoya et al. (2023) observaron para un transecto europeo de pino silvestre. Entender la línea de autoaclareo como un límite superior biológico permite cuantificar la densidad (Reineke 1933, Kramer y Helms 1985). También se utiliza para la descripción de los procesos de autoaclareo y la predicción de la mortalidad en modelos (Harper 1977), así como para el diagnóstico de factores disruptivos y la validación de modelos de crecimiento, utilizando la ley de autoaclareo como referencia (del Río et al. 2001; Pretzsch 2002a).

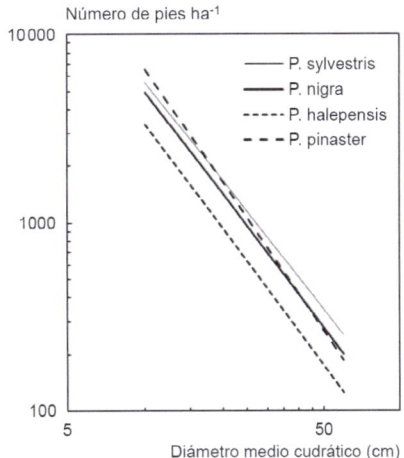

Figura 6.10 Líneas de autoaclareo o máxima densidad para pino silvestre (*Pinus sylvestris*), pino laricio (*P. nigra*), pino carrasco (*P. halepensis*) y pino negral (*P. pinaster*) según Aguirre et al. (2018). Los distintos valores del exponente alométrico. o pendiente de la recta en escala doble logarítmica. conllevan cambios en las posiciones relativas de la máxima densidad entre especies con el desarrollo en diámetro.

6.4 Evolución del volumen en pie y volumen total

6.4.1 Crecimiento acumulado, crecimiento corriente y periódico medio, crecimiento medio y crecimiento relativo

Los términos crecimiento acumulado, crecimiento corriente y periódico medio, crecimiento medio y crecimiento relativo de la masa son esenciales tanto para el estudio sobre crecimiento y producción como para la gestión selvícola de masas regulares. En la Sección 3.1.4 se introdujeron ya estos conceptos para el crecimiento del árbol individual y se relacionaron con la productividad por árbol. Cuando se utilizan para masas forestales, el crecimiento acumulado, los crecimientos corriente y medio y el crecimiento relativo se refieren a la productividad por hectárea. Las relaciones matemáticas introducidas en la Sección 3.1.4 y el Caja 3.2 para el nivel de árbol, se aplican de manera análoga a las masas y, por tanto, no se repiten en esta sección.

El crecimiento acumulado en volumen (V) de una masa forestal, también conocido como volumen total o producción total, VT, sigue una curva característica con forma de S, en masas no tratadas y con ocupación completa de la estación. El crecimiento acumulado aumenta exponencialmente en la fase juvenil hasta que alcanza un punto de inflexión a partir del cual la pendiente de la curva disminuye y se allana. La curva de crecimiento acumulado refleja la productividad, expresada en producción total (m^3 ha^{-1}), que una masa forestal ha logrado hasta una edad determinada, es decir, el acumulado de la productividad de la masa en ese momento (m^3 ha^{-1} año^{-1}). La evolución del volumen total lleva implícito el volumen extraído a lo largo del tiempo, bien por mortalidad natural o por cortas. En masas puras regulares no intervenidas o con claras muy débiles el volumen extraído puede suponer hasta el 30–40 % del volumen total a edades avanzadas (Pretzsch et al. 2023a). El curso de la curva de crecimiento, que se define a través de la pendiente, la posición del punto de inflexión y la asíntota, varía de una especie a otra y puede variar según el sitio o la calidad de la estación. Si las condiciones de la estación o el tratamiento cambian durante el desarrollo de la masa, las curvas de desarrollo resultantes se desvían en mayor o menor proporción de la forma en S típica de una masa no intervenida. Por ejemplo, el cambio climático que conlleva una extensión del periodo vegetativo, temperatura y/o distinta disponibilidad de agua, los aportes de nutrientes bien por fertilización o por contaminación y el aumento del contenido de CO_2 en la atmósfera pueden conducir a un aumento o disminución del crecimiento en volumen. Por ejemplo, algunos estudios en Europa han observado una menor ralentización del crecimiento en edades avanzadas que lo esperado (Pretzsch et al. 2014, Spiecker et al. 1996), aunque con distintos patrones según regiones (Pretzsch et al. 2023b).

El crecimiento en volumen (IV) se refiere al incremento anual en volumen de la masa (crecimiento corriente en volumen) o al incremento anual promedio entre dos inventarios (crecimiento periódico medio en volumen). El valor del crecimiento a una edad determinada muestra la productividad que la masa alcanza durante un año. La curva de crecimiento corriente es unimodal y se obtiene derivando la curva de crecimiento acumulado (pendiente tangente). La curva de crecimiento acumulado resulta, por tanto, de la integración de la curva de crecimiento corriente. El punto de culminación de la curva de crecimiento corriente coincide con el punto de inflexión de la curva de crecimiento acumulado. En la Figura 3.6 y la Caja 3.2 se muestran tales relaciones para el desarrollo del árbol individual; estas se aplican de manera análoga para desarrollo de la masa.

El crecimiento medio en volumen, IV_m, que también se muestra en la Figura 3.5 para el árbol, es el cociente entre el crecimiento acumulado en volumen o volumen total y la edad t ($IV_m = VT/t$). Este crecimiento indica cual ha sido la productividad media de la masa por año. El IV_m alcanza su máximo, por lo que este en la intersección con la rama descendente del crecimiento corriente. Por lo tanto, culmina más tarde que el crecimiento corriente, puesto que se ve limitado por los años de menor crecimiento en la fase juvenil. Después de la culminación, el IV_m cae por debajo del máximo, por lo que este máximo se puede utilizar para indicar el momento óptimo del aprovechamiento en términos de producción en volumen (turno de máxima renta en especie).

El crecimiento relativo en volumen IV_r se define como el crecimiento en porcentaje del volumen inicial del periodo ($IV_r = IV/V$), por lo que disminuye con la edad (Figura 3.6) y está determinado por el incremento unimodal en volumen y el desarrollo sigmoidal del volumen total. Este puede ser del 100 % al comienzo de la vida, es decir, el volumen en pie puede duplicarse en un año en la fase juvenil, cuando el crecimiento es alto pero el volumen es bajo. Por supuesto, a pesar de la alta tasa de crecimiento relativo, estas masas no se aprovechan puesto que los incrementos de volumen absoluto son demasiado pequeños y los productos difícilmente podrían utilizarse. A una edad intermedia, cuando el crecimiento disminuye y el volumen permanece relativamente constante, el crecimiento relativo se vuelve regresivo. En la práctica forestal, la caída por debajo de un crecimiento relativo en volumen específico (por ejemplo, un valor umbral de IV_r = 2 % o 3 %) se usa, a veces, como criterio de decisión para fijar el turno de la masa.

El patrón de la curva del volumen con la edad que se muestra aquí como ejemplo del desarrollo del volumen de la masa también se aplica a otras unidades dimensionales del árbol individual y de la masa. Las curvas de crecimiento en diámetro, altura media, etc. de la masa culminan antes que las curvas de crecimiento correspondientes de árboles individuales. La razón de este adelanto en el desarrollo de la masa en comparación con el desarrollo de los árboles se debe, por un lado, al aumento matemático o crecimiento técnico en las dimensiones ilustradas en la Figura 6.3 debido a la mortalidad natural de los árboles más pequeños con menores crecimientos. Por otro lado, con el desarrollo los árboles necesitan cada vez más espacio (Figura 3.12) reduciéndose el número de pies y produciendo este aumento matemático.

La Caja 3.2 del Capítulo 3 trata la relación matemática entre el crecimiento acumulado total, el crecimiento corriente y el crecimiento medio utilizando el ejemplo del desarrollo de la altura de los árboles. Esta relación se aplica de manera análoga al desarrollo de otras unidades dimensionales a nivel de árbol individual y de masa.

6.4.2 Ley de Eichhorn y niveles de producción

La producción de las masas puras regulares se ha estudiado tradicionalmente mediante las denominadas leyes de la producción forestal, que incluyen la ley de Eichhorn, la ley de la clasificación, y la relación entre la densidad y el crecimiento (Skovsgaard y Vanclay 2008). Las dos primeras se explican en detalle el capítulo 8 (Sección 8.4) y la tercera en la siguiente Sección 6.4.3. No obstante, dada la relación de las tres leyes con el desarrollo en volumen de las masas puras regulares, también se explican aquí brevemente las dos primeras leyes.

Las primeras aproximaciones para estimar la productividad de las masas forestales conllevaron a la ley de la clasificación, que establece que se puede utilizar como indicador de la productividad la calidad de estación. La calidad de estación determina la producción potencial de biomasa en una especie en una determinada estación. Normalmente la calidad de estación se determina a partir de la altura de la masa (media o dominante) y la edad (curvas de calidad de estación $IS = f(H_o, t)$, aunque inicialmente se utilizó el volumen en pie y la edad (Figura 8.5).

Eichhorn (Eichhorn 1902, p. 59) determinó que el volumen en pie en masas puras con ocupación completa de la estación y de la misma edad depende únicamente de la altura media de la masa $V = f(H_m)$, independientemente de la edad y la densidad de la masa (ley de Eichhorn). Gehrhardt (1909, 1923) extendió la relación para aplicarla a la producción en volumen total (crecimiento en volumen acumulado, $VT = f(H_m)$. Si se combinan la ley de la clasificación con la ley de Eichhorn, teóricamente se obtiene la evolución del volumen en total con la edad para cada clase de calidad de estación ($VT = f(H_m, t)$ o $VT = f(H_o)$).

Posteriormente, se identificaron desviaciones de la regla de Eichhorn atribuidas a diferentes niveles de productividad (Dhôte 1996), densidades iniciales de rodales o calidad del sitio (Newton 2015). Estas desviaciones sistemáticas de la regla de Eichhorn, llevaron a Assmann (1970) a introducir el concepto de nivel de producción especial, que relaciona la producción en volumen total con la altura media y el índice de sitio, es decir, que no se cumple la combinación arriba mencionada de la ley de la clasificación y ley de Eichhorn. A su vez, asumiendo que incluso rodales con altura media e índice de sitio comparables aún pueden presentar diferencias en la producción total, Assmann introdujo el concepto de nivel de producción especial subdividido (Figura 8.6). Estas variaciones de la producción especial y especial subdividida se denominan con frecuencia en el ámbito español como niveles de producción.

6.4.3 Relación entre la densidad de la masa (espesura) y el crecimiento

Assmann (1961) identificó un perfil unimodal de la curva que relaciona la espesura o el grado de densidad y el crecimiento en volumen para masas puras regulares (Figura 6.11). Si la espesura o densidad de la masa se reduce ligeramente mediante claras, el crecimiento puede aumentar inicialmente hasta una densidad óptima, pero si la intensidad de las claras es más fuerte reduciendo en un porcentaje elevado la espesura, el crecimiento disminuye de forma continuada. Esta relación se conoce normalmente como relación densidad–crecimiento, ya que en inglés el concepto de espesura se denomina frecuentemente como densidad. Sin embargo, el término técnico más correcto en español para esta relación sería espesura–crecimiento.

Para caracterizar y estudiar este comportamiento del crecimiento en función de la densidad de la masa, Assmann introdujo los siguientes tres parámetros de densidad representados en la Figura 6.11a. La espesura máxima o grado de densidad máximo (círculo negro lleno) se produce en masas con ocupación completa de la estación y sin tratamiento. La espesura óptima (rombo) se define como aquella en la que se produce el crecimiento máximo de la masa. La espesura crítica (círculo blanco) es la espesura en la que todavía

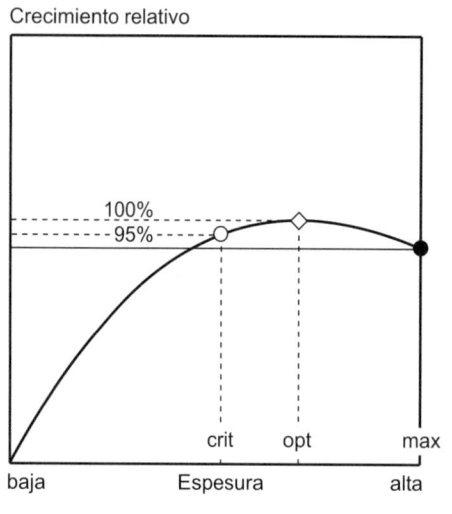

(a)   (b)

Figura 6.11 Representación esquemática de la relación entre la espesura y el crecimiento en masas puras regulares según Assmann (1961, pp. 222–228). (a) Una reducción de la espesura de la masa por debajo de la espesura máxima puede aumentar el crecimiento. Assmann (1961) define la espesura a la que se da el crecimiento máximo, como "espesura óptima" y la espesura a la que se logra el 95 % del crecimiento máximo, es decir, solo se evita una pérdida del 5 % del crecimiento máximo posible como "espesura crítica". (b) Las relaciones espesura–crecimiento de las especies de sombra son generalmente más altas (líneas 1 y 2) que las de especies de luz (líneas 4–6). La curvatura, y por lo tanto la resiliencia de la masa a las perturbaciones, disminuyen generalmente con la edad de la masa.

6.4 Evolución del volumen en pie y volumen total

se alcanza el 95 % del crecimiento máximo, por debajo de la cual disminuye el crecimiento de la masa casi linealmente. La espesura de la masa se puede cuantificar, entre otros índices, mediante el área basimétrica (Avery y Burkhardt 1975), el área de basimétrica relativa a una masa no intervenida (Assmann 1961) o el índice de densidad de la masa relativo (Reineke 1933) (Capítulo 4).

La forma de la curva de espesura–crecimiento, especialmente la curvatura y el ancho de la meseta (Figura 6.11b) refleja la capacidad de una masa para compensar la reducción de la espesura, por ejemplo, como resultado de intervenciones selvícolas u otras perturbaciones bióticas o abióticas, por el crecimiento de los árboles restantes. Esta capacidad de reacción depende de la especie, la edad de la masa y las condiciones de la estación (Assmann 1970, Zeide 2001, Pretzsch 2005, del Río et al. 2017a). La relación de espesura–crecimiento de especies plásticas como el haya o el abeto, con gran capacidad de ocupar el espacio disponible, sigue una curva como la que se muestra en la parte superior del haz de curvas de la Figura 6.9b (por ejemplo, las curvas 1 o 2). Las especies menos plásticas, como el pino silvestre o el aliso, tienden a seguir las curvas de la parte inferior del espectro (por ejemplo, las curvas 5 o 6). Desde la juventud hasta la vejez, la forma de la curva puede aplanarse desde la forma de la curva 1 hasta desarrollar la forma de la curva 6. Además, las relaciones de espesura–crecimiento pueden mostrar una curvatura diferente en estaciones desfavorables respecto de las mejores calidades de estación.

Las mediciones a largo plazo en parcelas experimentales de claras permiten la formulación biométrica y la parametrización de las relaciones de espesura–crecimiento. La Figura 6.12 muestra estas relaciones para pícea y haya, derivadas de una gran cantidad de experimentos de claras (Pretzsch 2005). Las reacciones del crecimiento en función de la densidad relativa se muestran en función del índice de sitio (hg a los 100 años) y la fase de desarrollo de la masa (diámetro cuadrático medio d_g). $SDIr = 1$ representa la densidad de la masa relativa máxima; una aproximación hacia $SDIr = 0$ indica una disminución de la densidad. El modelo biométrico seleccionado en el ajuste es lo suficientemente flexible como para mostrar relaciones de espesuras–crecimiento tanto monótonamente crecientes como unimodales. Las curvas de la Figura 6.12a y b, muestran el cambio en la relación espesura–crecimiento para la pícea y el haya con un aumento del diámetro medio cuadrático (d_g = 10 a 60 cm) para un índice de sitio medio (h_g100 = 30 m). Para la pícea y especialmente el haya, la capacidad de compensar la reducción de la espesura con el crecimiento de la masa en pie disminuye significativamente con el desarrollo de la masa o envejecimiento fisiológico. En este análisis, el diámetro medio demostró ser un mejor indicador de la edad fisiológica que la edad de la masa en años (el comportamiento del crecimiento depende menos de la edad que del tamaño del árbol, ver Capítulo 3).

Las Figura 6.12c y d muestran el efecto del índice de sitio o calidad de estación en la relación espesura–crecimiento para un diámetro medio constante d_g = 10 cm (estado de desarrollo temprano). Las dos especies muestran un patrón diferente con la calidad de estación. Cuanto mejores son las condiciones del sitio, más plana es la relación espesura–crecimiento para la pícea, pero el crecimiento relativo es menor. En las peores estaciones el crecimiento óptimo es mayor que el crecimiento para la máxima densidad relativa. El haya se comporta en la dirección opuesta; cuanto más favorables sean las condiciones de la estación, mayor es el máximo de la relación espesura – crecimiento y el aumento del crecimiento a través de las claras. Si la calidad de estación disminuye, la capacidad de respuesta del haya disminuye, de modo que incluso con intervenciones moderadas se producen pérdidas del crecimiento.

Los modelos biométricos que reflejan los patrones de la Figura 6.12 explican el resultado aparentemente paradójico (Zeide 2001) de que las claras que generan temporalmente un incremento del crecimiento máximo en volumen no necesariamente resultan en un incremento acumulado total máximo al final del turno. Suponiendo que en una masa de haya joven (d_g = 10 cm, h_g100 = 32 m) se reduce la densidad en un 50 %, $SDIr = 0.50$, la tasa de crecimiento máxima aumenta temporalmente, con un crecimiento

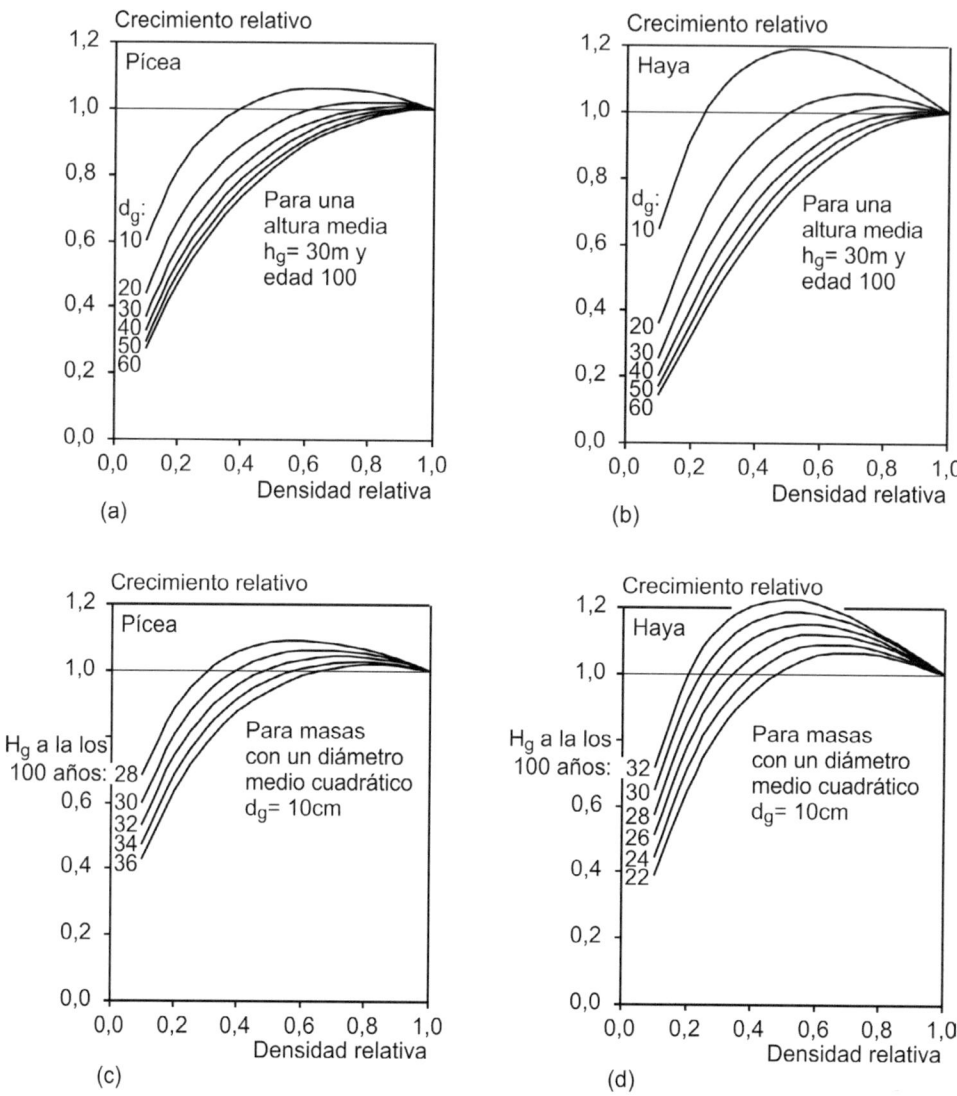

Figura 6.12 Relación entre la densidad relativa y el crecimiento en volumen relativo al crecimiento de la masa con máxima densidad de masas de pícea (a y c) y (b y d) dependiendo del diámetro medio (dg = 10... 60 cm) y el índice de sitio (hg de 100 años = 28–36 m o 22-32 m). El crecimiento en volumen relativo (IVr) se cuantifica mediante el cociente entre el crecimiento en volumen actual y el crecimiento en volumen para la densidad máxima. La densidad relativa (SDIr) se describe mediante el cociente entre el SDI actual y el máximo. La altura a la edad de 100 años se usa como índice de sitio y el diámetro medio cuadrático como indicador de la edad fisiológica de la masa. Los gráficos son la función de los modelos (Pretzsch 2005): $\ln(IVr)=0{,}85 - 2{,}64 \times \ln(SDIr) - 0{,}85 \times SDIr + 0{,}19 \times \ln(d_g) \times \ln(SDIr) + 0{,}81 \times \ln(SI) \times \ln(SDIr)$ para la pícea (a y c) y $\ln(IVr)= 1{,}33 + 2{,}31 \times \ln(SDIr) - 1{,}33 \times SDI_r + 0{,}37 \times \ln(d_g) \times \ln(SDIr) - 0{,}72 \times \ln(SI) \times \ln(SDIr)$ para el haya (b y d).

en volumen de un 123 % respecto a la máxima densidad. La aceleración del crecimiento conduce también a un desarrollo del tamaño y envejecimiento más rápido. Como resultado, la masa se desarrolla más rápido y llega antes a edades menos productivas. Este tipo de reacción explica por qué el crecimiento total acumulado de las parcelas experimentales de grados de clara B y C más antiguas difiere solo ligeramente del de las parcelas de grado A, aunque los grados B y

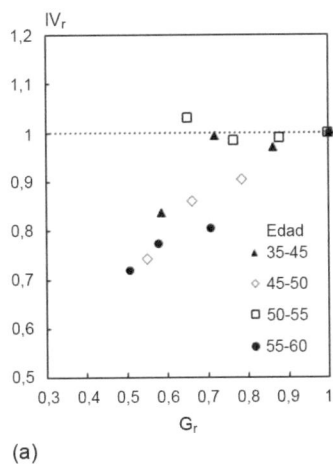 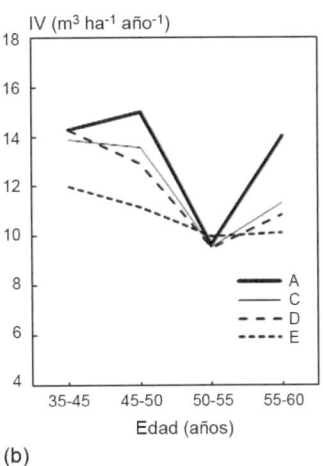

(a) (b)

Figura 6.13 Relación entre la espesura y el crecimiento en volumen en un ensayo de claras de pino silvestre. a) Crecimiento en volumen relativo al crecimiento en las parcelas sin aclarar (tratamiento A, IV_r =1) en función del área basimétrica relativa a las parcelas sin aclarar (tratamiento A, G_r =1). b) Evolución del crecimiento corriente en volumen para el tratamiento testigo sin claras (A) y los tratamientos de claras débiles (C), moderada (D) y fuerte (E). Se observa como el patrón de la relación espesura–densidad cambia en el periodo correspondiente a la edad 50–55 años, periodo en el que se produce un descenso en el crecimiento corriente en todos los tratamientos excepto en el tratamiento de claras fuertes.

C pueden acelerar e incrementar el crecimiento temporalmente de manera significativa (Pretzsch 2004).

La dependencia de la relación espesura–crecimiento de las condiciones de crecimiento conlleva que para una misma estación pueda cambiar el patrón de la curva en un periodo determinado con condiciones desfavorables para el crecimiento (Montero et al. 2000). En un periodo con condiciones climatológicas adversas, el crecimiento en volumen se puede ver reducido, con un descenso más acusado, en las masas más densas sin aclarar que en las masas aclaradas. Este patrón se puede observar en la Figura 6.13, donde se representan los datos de un ensayo de claras en una masa de pino silvestre en el Sistema Central de España. Se observa que para la edad más joven la producción de la clara más fuerte (área basimétrica relativa a la masa sin aclarar en torno a 0.6) es muy inferior a la máxima, aunque para áreas basimétricas relativas mayores apenas se produce pérdida (Figura 6.13a). Para edades mayores (edades de 45–50 y 55–60 años), la pérdida de crecimiento es mayor al 10 % para todas las parcelas aclaradas con densidades relativas inferiores a uno. Sin embargo, para la edad de 50–55 el patrón cambia notablemente, y el mayor crecimiento se observa para la menor densidad. Se puede observar en la Figura 6.13b cómo para ese periodo se produce un descenso del crecimiento corriente en volumen importante, asociado a las condiciones climáticas, que es mucho más acusado en las parcelas sin tratamiento (A). El crecimiento en las parcelas con claras más fuertes (E) es mucho menor, sin embargo, la reducción durante el periodo de condiciones más adversas (50–55 años) es casi inapreciable.

6.4.4 Dependencia de las principales variables de masa de las condiciones de la estación

El desarrollo característico de la superficie foliar o el índice de área foliar con la edad de la masa (Figura 6.2a) se modifica según las condiciones de la estación. Masas en calidades de estación elevadas, *e.g.* en los bosques templados húmedos y en los bosques tropicales y subtropicales, los valores de LAI pueden ser de tres a cuatro veces más altos que en los bosques boreales o mediterráneos (Larcher 2003, p. 166). La superficie foliar aumenta con la disponibilidad de recursos en los bosques (Figura 6.14, calidad de estación de menor a mayor expresada por los símbolos −, ±, y +).

Con el aumento de la calidad de la estación, la velocidad del desarrollo de la masa y los valores máximos de la altura de la masa también aumentan (Figura 6.14b). Esta es la razón por la cual se usa el valor de la altura media o el de la altura dominante de una masa a una edad de referencia como índice de sitio o indicador de la calidad de estación para masas monoespecíficas regulares. La edad de referencia se suele elegir teniendo presente el turno más frecuente de la especie (por ejemplo, 20, 50 o 100 años). Un crecimiento en altura más elevado y acelerado en estaciones favorables se manifiesta en una posición más alta de las curvas de crecimiento en altura y una culminación más temprana (Figura 6.14c). La superioridad del aumento en altura puede, como se muestra en la Figura 6.14c, persistir en las masas de mayor edad (Assmann y Franz 1963). Sin embargo, la culminación más alta también puede ser seguida por una desaceleración más rápida y una inferioridad en el crecimiento en altura en estaciones favorables en comparación con las desfavorables en edades avanzadas (Wenk et al. 1990). Kahle (2011) identificó que condiciones más favorables debidas al cambio climático y aportes de nutrientes por contaminación provocan una culminación del crecimiento en altura aún más temprana y alta en comparación con aquellas estaciones no afectadas por estos cambios, si bien también las tasas de crecimiento decaen antes. Estos patrones de desarrollo de la altura dominante con la calidad de la estación son similares a los del diámetro medio y el volumen del fuste medio, por lo que no se presentan en la Figura 6.14.

Debido al desarrollo más rápido del tamaño en estaciones favorables, el número de árboles por hectárea disminuye más rápidamente que en estaciones de peor calidad de estación. A una edad determinada, debido al mayor desarrollo del tamaño de los árboles en las estaciones favorables, los árboles tienen menos espacio que en las desfavorables, lo que acelera el autoaclareo, es decir, se adelante la curva densidad–edad (Figura 6.14d). La situación se invierte cuando el desarrollo del número de pies se muestra frente a la altura dominante, es decir, al tamaño del árbol. Esto se debe a que las estaciones con una disponibilidad de recursos alta pueden acoger a un mayor número de árboles de un tamaño determinado que en las peores calidades de estación (Figura 6.14e). Por lo tanto, la línea de auto–aclareo puede ser más alta en las estaciones favorables que en las desfavorables. De forma análoga a la relación N–h_g, la línea de auto–aclareo también representa el número de pies frente al tamaño medio del árbol, representado por el diámetro medio cuadrático. Con el aumento de la calidad de la estación, la altura de la relación ln (N) –ln (d_g) aumenta (Figura 6.14f), sin embargo, la pendiente apenas se ve afectada (ver Sección 6.2.3). Una línea de autoaclareo más elevada para una misma pendiente producen valores de *SDI* mayores, resultando en mayores densidades máximas en sitios de mejor calidad en comparación con estaciones pobres (Condés et al. 2017).

El volumen en pie y el crecimiento en volumen acumulado total, de forma similar a la altura media de la masa, aumentan más rápidamente y alcanzan valores finales más altos en estaciones favorables que en las más pobres (Figura 6.14g).

Según la ley de Eichhorn (1902) el crecimiento en volumen acumulado o volumen total depende solo de la altura de la masa, por lo que la curva que relaciona el volumen total con la altura media sería la misma para las distintas calidades de estación. Sin embargo, debido a que en estaciones fértiles el desarrollo de la altura es más rápido y las masas son significativamente más jóvenes para una altura dada, puede ocurrir que éstas desarrollen un crecimiento acumulado total algo más bajo para esa altura (Figura 6.14h). Para una altura dada, las masas en sitios más pobres pueden alcanzar una edad más avanzada y un mayor volumen total acumulado debido a su mayor edad.

La relación de densidad–crecimiento también se modifica por las condiciones de la estación (Figura 6.14i). En estaciones desfavorables, la extracción de árboles menos eficientes, *e.g.* claras por lo bajo puede tener un efecto particularmente favorable, como se muestra por la pícea en la Sección 6.4.3 (Figura 6.12a) o en el caso de pino

6.4 Evolución del volumen en pie y volumen total | 331

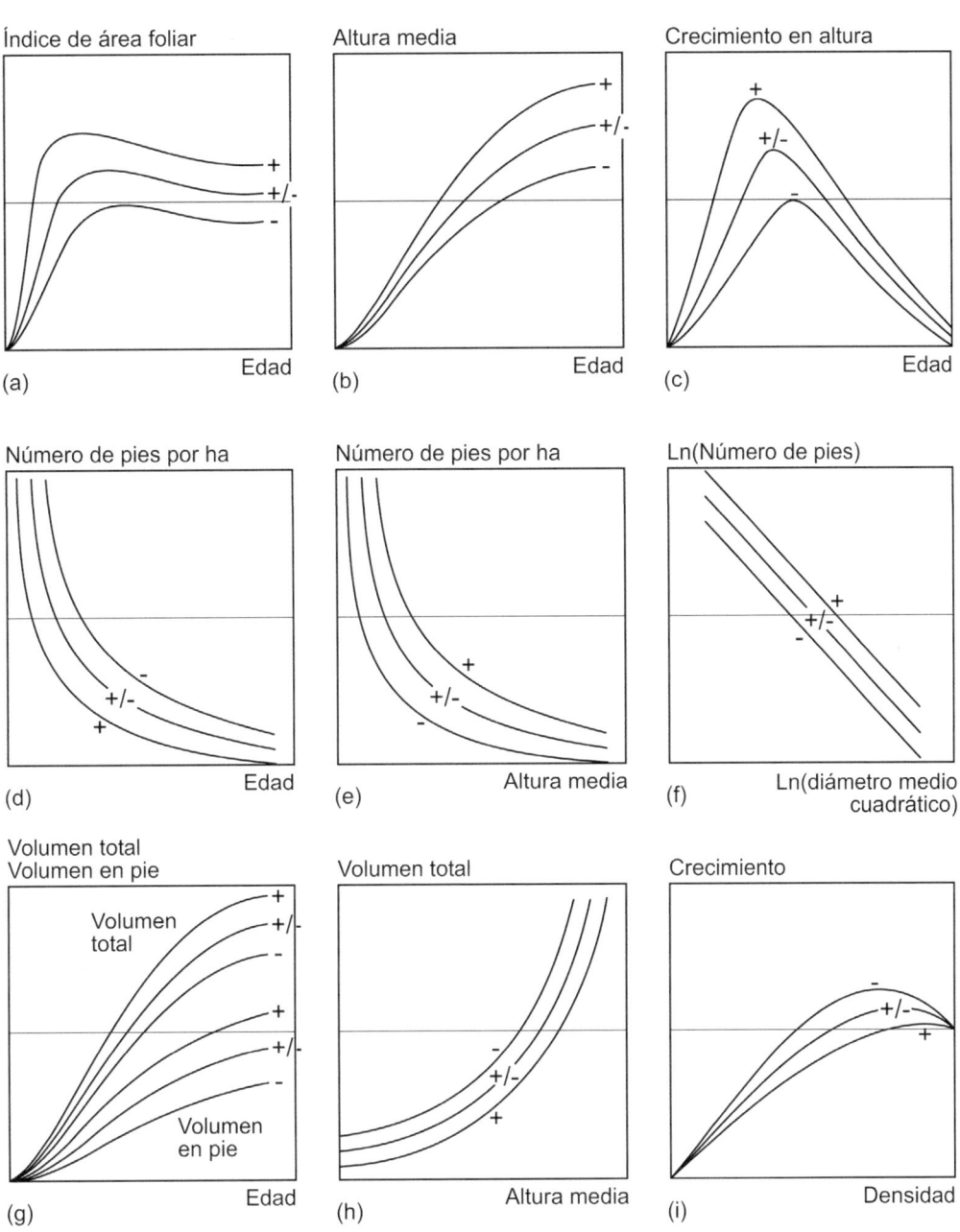

Figura 6.14 Influencia de las condiciones de la estación en el desarrollo de la masa con la edad mostrado para las principales variables de masa y las relaciones alométricas para masas puras regulares. Las designaciones +, ± y – representan estaciones buenas, medias y malas. Se muestran los patrones que con frecuencia se dan entre (a) el índice de área foliar LAI y la edad, (b) la altura media y la edad de la masa, (c) el crecimiento corriente en altura y la edad, (d) el número de pies por ha y la edad, (e) el número de pies y la altura media, (f) el número de pies y el diámetro medio cuadrático en representación doble logarítmica, (g) el volumen total y el volumen en pie y la edad, (h) el volumen total y la altura media (nivel de producción) y (i) el crecimiento corriente y la densidad de la masa.

silvestre para periodos desfavorables. Sin embargo, estas reacciones también pueden ser las contrarias, como en el ejemplo del haya (Figura 6.12b), aunque los mecanismos subyacentes aún no se comprenden completamente. En un estudio reciente se ha identificado un efecto de la estructura (variación en tamaño a través del índice de Gini) la ley de Eichhorn, el nivel de producción y la relación densidad–crecimiento (Pretzsch et al. 2024), que podría estar detrás de esta variación, ya que la estructura también está relacionada con las condiciones del sitio (Pretzsch et al. 2021).

6.4.5 Desarrollo de la masa en parcelas permanentes

En esta sección se presenta cómo es el desarrollo de masas regulares monoespecíficas a través de dos ejemplos obtenidos de datos de parcelas experimentales permanentes. En primer lugar, se han elegido parcelas experimentales de claras de *Fagus sylvatica* del sitio experimental Fabrikschleichach 05 (Alemania) con tres regímenes de claras. Este sitio experimental es uno de los más antiguos y se lleva inventariando desde su instalación en 1871, por lo que refleja de manera detallada el desarrollo de la masa a largo plazo. Este ejemplo se ha complementado con datos de *Pinus sylvestris* del sitio de ensayo de claras de Duruelo (España) que se estableció en el año 1968. Los ejemplos cubren por tanto dos especies representativas de los bosques europeos y con características contrastadas, por lo que permiten ilustrar y profundizar en el desarrollo de masas regulares monoespecíficas bajo distintos regímenes de claras.

6.4.5.1 Tablas resumen del desarrollo de la masa

Analogía entre tablas resumen de los resultados de las parcelas experimentales y tablas de producción: Utilizando el ejemplo del sitio de experimentación de claras de haya Fabrikschleichach 015, sub–parcelas 1–3, se presenta la información contenida en las tablas de resultados de las parcelas experimentales a largo plazo (Pretzsch 2002b, pp. 179–186). La estructura de la Tabla 6.1 corresponde en gran medida a la de las tablas de producción (véase la Sección 11.2). La tabulación de los datos de los sucesivos inventarios conduce a las tablas de resultados. Esta analogía se basa en el hecho de que las tablas de producción se basan esencialmente en los resultados de las parcelas de experimentales a largo plazo y abstraen el desarrollo de la masa por medio de los valores medios y acumulados. Los resultados que se muestran para los grados de claras A, B y C (consulte la Sección 7.3.2.2) ilustran la representación tabular de los resultados del experimento según el estándar alemán DESER (Johann 1993). Dichas tablas son el resultado de décadas de experimentación, mediante toma de datos, intervenciones y evaluación de datos.

De acuerdo con el estándar DESER, la presentación tabular de los resultados (Tabla 6.1a-c) debe incluir la institución que realiza el experimento, el nombre, el número y el tratamiento selvícola de la parcela experimental, la fecha del inventario, el tamaño de la parcela y su referencia (generalmente 1 ha) en el encabezado de la tabla. Las tablas de resultados diferencian entre las tres categorías de masa en pie, masa extraída y masa total. Para cada inventario, y edad de la masa asociada, se dan los principales valores de

Tabla 6.1 Representación tabular de los resultados de la parcela de experimentación permanente de claras en haya Fabrikschleichach 15 para los grados de clara A, B y C desde el primer inventario en 1871 hasta el último inventario en 2010. (a) Fabrikschleichach 015, parcela 1, grado de clara *A*, clara por lo bajo débil, (b) Fabrikschleichach 015 parcela 2, grado de clara *B*, clara por lo bajo moderada, (c) Fabrikschleichach 015, parcela 3, grado de clara *C*, clara por lo bajo fuerte. Las variables que definen la masa en pie y extraída son: edad *E*; especie Es; *N* número de pies por hectárea; hdom altura media de los 100 árboles más gruesos por hectárea; ddom diámetro medio de los 100 árboles más gruesos por hectárea; h_g altura del árbol de diámetro medio; d_g diámetro medio cuadrático; h/d_g coeficiente de esbeltez del árbol de diámetro medio; G área basimétrica extraída; V volumen en pie (maderable). Las variables que representan la masa total se denotan como: *GWL* volumen total (maderable); *MGH* área basimétrica periódica media; IG crecimiento corriente en área basimétrica; *IV* crecimiento corriente en volumen; *dGZ* crecimiento medio en volumen; per duración del período de inventario; *G* área basimétrica en pie después de la clara; *V* volumen en pie de la masa después de la clara ("*verbleibender Bestand*") y de la masa extraída ("*ausscheidender Bestand*").

6.4 Evolución del volumen en pie y volumen total

Lehrstuhl für Waldwachstumskunde der TU München
Versuchsfläche FAB 015 Parzelle 1 A-Grad   Flächengröße: 0,3690ha   Die Angaben sind Hektarwerte

Jahr	A a	sp	verbleibender Bestand/remaining stand									ausscheidender Bestand/removal						Gesamtbestand/total stand							
			N	hdom m	ddom cm	h/ddom	hg m	dg cm	h/dg	G m²	V m³	N	hg m	dg cm	h/dg	G m²	V m³	GWL m³	MGH m³	IG m²/a	IV m³/a	dGZ m³/a	per a	G m²	V m³
1871F	48	Buche	6220	16,6	18,6	89	9,3	7,5	124	28,22	120	0	0	0	0	0	0	120				2,5		28,2	120
1882F	59	Buche	5176	19,2	21,2	90	11,6	8,7	133	31,42	179	1044	3,4	3,2	106	0,84	0	179	30,2	0,4	5,4	3,0	11	32,3	179
1884F	61	Buche	2639	19,9	22,3	89	14,3	11,4	125	27,19	188	2537	6,6	5,1	129	5,28	8	196	31,9	0,5	8,3	3,2	2	32,5	196
1889H	67	Buche	2368	21,7	25,3	85	16,3	13,2	123	32,76	265	271	7,2	5,3	135	0,61	1	274	30,3	1,0	13,0	4,1	6	33,4	266
1894H	72	Buche	2135	22,9	27,4	83	17,8	14,7	121	36,34	324	233	9,3	6,5	143	0,77	2	335	34,9	0,9	12,2	4,7	5	37,1	326
1899H	77	Buche	1853	23,9	28,8	82	19,0	15,9	119	37,02	354	282	11,5	7,8	147	1,34	5	370	37,4	0,4	7,1	4,8	5	38,4	359
1904H	82	Buche	1583	24,8	30,4	81	20,4	17,4	117	37,96	389	270	12,8	8,5	150	1,56	8	413	38,3	0,5	8,6	5,0	5	39,5	397
1909H	87	Buche	1177	25,7	31,8	80	22,1	19,9	111	36,99	410	406	15,0	10,1	148	3,26	21	454	39,1	0,5	8,3	5,2	5	40,3	431
1924H	102	Buche	830	28,1	35,8	78	25,3	24,6	102	39,51	502	347	18,4	12,5	147	4,23	36	583	40,4	0,4	8,5	5,7	15	43,7	538
1929H	107	Buche	700	29,0	37,4	77	26,7	26,8	99	39,37	529	130	22,3	16,1	138	2,70	29	638	40,8	0,5	11,2	6,0	5	42,1	558
1936F	113	Buche	613	29,7	39,0	76	27,5	28,8	95	40,09	555	87	22,2	16,4	135	1,90	20	685	40,7	0,4	7,8	6,1	6	42,0	576
1950H	128	Buche	499	31,5	42,6	73	29,7	32,7	90	41,98	630	114	25,4	20,2	125	3,79	48	808	42,9	0,4	8,2	6,3	15	45,8	678
1958H	136	Buche	477	32,4	44,4	72	30,6	34,1	89	43,54	676	22	30,2	32,6	92	1,81	28	882	43,7	0,4	9,2	6,5	8	45,3	704
1968H	146	Buche	461	33,5	47,2	70	31,7	36,2	87	47,50	769	16	27,8	23,1	120	0,68	9	984	45,9	0,5	10,2	6,7	10	48,2	778
1978F	155	Buche	444	34,5	49,7	69	32,8	38,3	85	51,15	857	17	28,1	22,7	123	0,66	9	1082	49,7	0,5	10,9	7,0	9	51,8	867
1981F	158	Buche	436	34,8	50,7	68	33,1	39,2	84	52,50	891	8	28,7	23,7	121	0,36	5	1120	52,0	0,6	12,8	7,1	3	52,9	896
1991F	168	Buche	406	35,6	52,3	68	34,1	41,1	82	53,90	944	30	32,4	33,0	98	2,51	42	1216	54,5	0,4	9,6	7,2	10	56,4	986
2000H	178	Buche	393	36,5	54,4	67	34,9	42,6	81	56,30	1015	13	32,8	32,8	100	1,15	19	1306	55,7	0,4	9,0	7,3	10	57,4	1034
2010H	188	Buche	381	37,3	56,1	66	35,7	44,1	81	58,42	1120	12	34,6	36,6	99	1,22	23	1389	57,5	0,3	8,3	7,4	10	59,6	1143

(a)

Lehrstuhl für Waldwachstumskunde der TU München
Versuchsfläche FAB 015 Parzelle 2 B-Grad   Flächengröße: 0,3670ha   Die Angaben sind Hektarwerte

Jahr	A a	sp	verbleibender Bestand/remaining stand									ausscheidender Bestand/removal						Gesamtbestand/total stand							
			N	hdom m	ddom cm	h/ddom	hg m	dg cm	h/dg	G m²	V m³	N	hg m	dg cm	h/dg	G m²	V m³	GWL m³	MGH m³	IG m²/a	IV m³/a	dGZ m³/a	per a	G m²	V m³
1871F	48	Buche	3831	16,2	18,1	89	11,9	9,1	130	26,54	136	2371	6,2	4,2	147	3,32	0	136				2,8		29,9	136
1882F	59	Buche	2450	19,8	22,6	87	15,7	12,1	129	29,45	219	1381	10,5	6,5	161	4,57	12	231	30,3	0,7	8,7	3,9	11	34,0	231
1884F	61	Buche	1638	20,4	23,7	86	17,6	14,9	118	28,79	242	812	12,1	7,6	159	3,64	13	268	30,9	1,5	18,0	4,4	2	32,4	255
1889H	67	Buche	1509	21,9	25,4	86	19,0	15,9	119	30,13	276	129	13,5	8,3	162	0,96	6	308	29,9	0,4	6,7	4,6	6	31,1	282
1894H	72	Buche	1090	23,3	28,3	82	21,2	19,5	108	31,93	329	419	16,9	11,3	149	4,21	31	392	33,1	1,2	16,8	5,4	5	36,1	360
1899H	77	Buche	965	24,3	29,1	83	22,3	20,9	106	32,50	356	125	18,8	13,1	143	1,73	15	433	33,1	0,5	8,3	5,6	5	34,2	371
1904H	82	Buche	760	25,4	30,6	83	23,7	23,0	103	31,06	362	205	21,0	16,0	131	4,05	41	480	33,8	0,5	9,4	5,9	5	35,1	403
1909H	87	Buche	575	26,4	32,2	81	24,9	25,1	99	27,96	345	185	23,5	20,5	114	5,86	67	530	32,4	0,6	10,0	6,1	5	33,8	412
1924H	102	Buche	528	29,2	37,2	78	27,8	29,5	94	35,26	489	47	24,1	18,0	133	1,17	14	688	32,2	0,6	10,5	6,7	15	36,4	503
1929H	107	Buche	452	30,0	38,9	77	28,8	31,4	91	34,68	500	76	27,1	24,5	110	3,29	44	743	36,6	0,5	10,9	6,9	5	38,0	543
1936F	113	Buche	447	30,9	40,5	76	29,7	32,8	90	37,31	557	5	26,3	20,6	127	0,22	3	802	36,1	0,5	10,0	7,1	6	37,5	560
1950H	128	Buche	370	33,0	44,5	74	31,9	36,8	86	39,04	631	77	30,5	29,7	102	4,98	76	953	40,7	0,4	10,0	7,4	15	44,0	707
1958H	136	Buche	340	34,1	47,3	72	33,0	39,1	84	40,44	680	30	32,3	34,9	92	2,83	46	1048	41,2	0,5	11,9	7,7	8	43,3	726
1968H	146	Buche	330	35,3	50,1	70	34,2	41,5	82	43,89	768	10	35,1	47,7	73	1,71	30	1167	43,0	0,5	11,9	8,0	10	45,6	799
1978F	155	Buche	325	36,5	53,6	68	35,3	43,9	80	48,20	875	5	35,5	45,2	78	0,87	16	1289	46,5	0,6	13,6	8,3	9	49,1	891
1981F	158	Buche	316	36,8	54,8	67	35,7	45,1	79	49,28	906	9	33,3	32,1	103	0,66	11	1331	49,1	0,6	13,9	8,4	3	49,9	917
1991F	168	Buche	297	37,8	57,2	66	36,7	47,2	77	50,94	969	19	36,5	45,7	79	2,76	52	1446	51,5	0,4	11,5	8,6	10	53,7	1021
2000H	178	Buche	234	38,8	60,1	64	38,0	51,5	73	48,01	950	63	35,7	37,2	95	6,91	127	1554	52,9	0,4	10,8	8,7	10	54,9	1077
2010H	188	Buche	194	40,3	62,2	65	39,8	54,0	73	43,52	920	40	39,7	52,8	75	8,88	188	1715	50,3	0,4	13,4	9,1	10	52,4	1108

(b)

Lehrstuhl für Waldwachstumskunde der TU München
Versuchsfläche FAB 015 Parzelle 3 C-Grad   Flächengröße: 0,3650ha   Die Angaben sind Hektarwerte

Jahr	A a	sp	verbleibender Bestand/remaining stand									ausscheidender Bestand/removal						Gesamtbestand/total stand							
			N	hdom m	ddom cm	h/ddom	hg m	dg cm	h/dg	G m²	V m³	N	hg m	dg cm	h/dg	G m²	V m³	GWL m³	MGH m³	IG m²/a	IV m³/a	dGZ m³/a	per a	G m²	V m³
1871F	48	Buche	2442	15,2	18,0	84	12,3	10,4	118	21,86	117	3626	7,1	4,8	147	6,48	3	120				2,5		28,3	120
1882F	59	Buche	1513	19,0	22,7	83	16,5	14,5	113	25,41	199	929	14,4	10,6	135	8,25	50	252	27,8	1,1	12	4,3	11	33,7	249
1884F	61	Buche	1252	19,6	23,7	82	17,4	15,8	110	24,98	209	261	14,1	9,8	143	1,97	11	273	26,2	0,8	10,4	4,5	2	27,0	220
1889H	67	Buche	1110	21,2	25,4	83	19,1	17,3	110	26,40	244	142	15,5	10,6	146	1,32	9	317	26,4	0,5	7,4	4,7	6	27,7	253
1894H	72	Buche	830	22,6	27,6	81	20,9	20,1	103	26,65	272	280	18,1	13,4	135	4,01	34	379	28,5	0,9	12,4	5,3	5	30,7	306
1899H	77	Buche	654	23,8	29,3	81	22,3	22,2	100	25,31	278	176	20,4	16,7	122	3,85	38	422	27,9	0,5	8,6	5,5	5	29,2	315
1904H	82	Buche	481	25,0	31,0	80	23,7	24,5	96	22,54	264	173	22,6	20,6	109	5,72	63	472	26,8	0,6	9,9	5,8	5	28,3	327
1909H	87	Buche	343	26,1	32,7	79	25,0	26,9	92	19,45	242	138	24,4	24,3	100	6,18	74	524	24,1	0,6	10,4	6,0	5	25,6	316
1924H	102	Buche	274	29,2	38,8	75	28,4	33,5	84	24,06	343	69	26,6	25,2	105	3,25	43	668	23,4	0,5	9,6	6,5	15	27,3	386
1929H	107	Buche	250	30,1	40,5	74	29,4	35,6	82	25,04	371	24	28,0	28,4	98	1,35	19	714	25,2	0,5	9,3	6,7	5	26,4	389
1936F	113	Buche	247	31,1	42,3	73	30,4	37,2	81	27,16	417	3	0	0	0	0,12	2	762	26,2	0,4	8,0	6,7	6	27,3	419
1950H	128	Buche	239	33,4	46,9	71	32,7	41,2	79	32,28	538	8	31,0	31,7	97	0,64	10	893	30,0	0,4	8,7	7,0	15	32,9	548
1958H	136	Buche	212	34,5	49,0	70	33,8	43,6	77	31,52	545	27	33,5	41,5	80	4,08	71	971	33,9	0,4	9,7	7,1	8	35,6	616
1968H	146	Buche	212	35,9	52,9	67	35,2	46,6	75	36,14	654	0	0	0	0	0	0	1080	33,8	0,5	10,9	7,1	10	36,1	654
1978F	155	Buche	212	37,1	56,5	65	36,3	49,5	73	40,72	767	0	0	0	0	0	0	1192	38,4	0,5	12,5	7,4	9	40,7	767
1981F	158	Buche	212	37,4	57,6	64	36,7	50,3	72	42,11	802	0	0	0	0	0	0	1228	41,4	0,5	11,9	7,5	3	42,1	802
1991F	168	Buche	206	38,6	60,7	63	37,8	52,9	71	45,33	896	6	36,8	45,1	81	0,88	17	1338	44,2	0,4	11,0	7,7	10	46,2	912
2000H	178	Buche	159	39,6	63,0	62	39,1	57,4	68	41,22	848	47	37,6	45,6	82	7,62	148	1438	47,1	0,4	10,0	7,8	10	48,8	996
2010H	188	Buche	128	41,6	65,3	63	41,5	62,4	66	39,26	865	31	40,5	50,1	80	6,12	132	1567	43,3	0,4	12,9	8,3	10	45,4	997

(c)

masa medios y acumulados. En el ejemplo usado aquí, el período de crecimiento considerado se extiende desde la primavera de 1871 hasta el otoño de 2010. Se realizaron un total de 19 inventarios, parte en primavera (P) y parte en otoño (O) (según la norma DESER la estación en la que se realizó el inventario se escribe tras el año de inventario). Los inventarios cubren un rango de edades de 48 a 188 años. Para cada uno de estos inventarios, los valores totales y medios de la masa en pie, extraída y total se deben registrar por separado para cada especie principal de la masa. En este ejemplo, al ser muy reducido el número de robles presentes en la masa de haya, los datos correspondientes a robles se agregaron a los de haya, de modo que las filas asignadas al haya caracterizan, en realidad, el conjunto de la masa.

Estructura de las tablas de resultados: Las variables incluidas siguen el estándar DESER y se describen en el pie de la Tabla 6.1. La altura y diámetro dominantes corresponden a los valores medios correspondientes de los 100 árboles más gruesos por hectárea. La masa extraída incluye los pies que se dan de baja en ese periodo bien por mortalidad natural o por ser extraídos en una clara. De acuerdo con el estándar de evaluación de parcelas experimentales a largo plazo, los árboles que mueren o fueron extraídos durante las claras se asignan al final del período de inventario. Para la masa total, el crecimiento acumulado total del volumen o volumen total (VT) y crecimiento medio (IV_m) se calculan mediante la suma de la masa en pie y el acumulado de la masa extraída hasta esa edad (Sección 6.4.1). Por ejemplo, en la parcela 2 (Tabla 6.1b) en el año del inventario 2010H se da un volumen total de 1,108 m³ ha⁻¹, de los cuales 188 m³ ha⁻¹ se obtienen de la masa extraída, de modo que quedan 920 m³ ha⁻¹ que corresponden al volumen de la masa en pie. El área basimétrica periódica media (MGH) se calcula mediante una media ponderada (ver Sección 4.4.3). El crecimiento corriente anual en área basimétrica (IG) y en volumen (IV) se estiman mediante el crecimiento periódico medio (Sección 6.2). Los valores incluidos en las casillas del área basimétrica periódica media (MGH), el crecimiento corriente en área basimétrica media (IG) y el crecimiento corriente

en volumen (IV), así como la duración del período de inventario (*per*) se refieren al período de inventario anterior. Por ejemplo, los valores recogidos en la segunda línea de la Tabla 6.1a para el inventario del año ¹882 P para el área de basimétrica periódica media (MGH = 30,2 m² ha⁻¹), crecimiento corriente en área basimétrica (IG = 0,4 m² ha⁻¹ año⁻¹) y crecimiento corriente del volumen (IV = 5,4 m³ ha⁻¹ año⁻¹) se refieren al período de inventario de 11 años desde 1871 P hasta 1882 P.

Información de las tablas de resultados para la masa en pie: Las tablas para los grados de claras A, B y C (Tabla 6.1–c) ofrecen una información detallada de cómo se han desarrollado las tres parcelas a lo largo de los 140 años de seguimiento. Por ejemplo, se revela una disminución exponencial en el número de pies desde el inicio del experimento hasta el último inventario recogido, en el que para la parcela con claras por lo bajo débiles quedan 381 pies por hectárea, la moderada 194 y la fuerte tan solo 128. Esta variación en el grado de intensidad de las claras resulta en un diámetro dominante en el año 2000 de 56,1 cm para el grado A, a 62,2 cm para el grado B y 65,3 cm para el grado C. En un período de inventario de 140 años, el volumen de la masa, expresado en m³ de madera comercial por hectárea, aumentó de 117 a 136 m³ ha⁻¹ a la edad de 48 años a 865 a 1120 m³ ha⁻¹ a la edad de 188 años. El incremento en las parcelas B y C, bajo claras moderadas y fuertes, se ralentiza con respecto a la parcela A. El coeficiente de esbeltez disminuye notablemente con el aumento del peso de las claras por lo bajo (especialmente en edades medias y avanzadas), reflejando cómo en masas de densidad elevada (A), se prioriza el crecimiento en altura frente al crecimiento en diámetro para alcanzar la luz (Sección 2.1.4.3). Esta tendencia continúa hasta el último inventario, con valores de esbeltez media de 81, 73 y 66 para los grados de clara A, B y C, respectivamente.

Información de las tablas de resultados sobre masa extraída: La masa extraída (1.044 pies por ha, altura media 3,4 m, diámetro medio 3,2 cm, coeficiente de esbeltez 106, área basimétrica 0,84 m² ha⁻¹) registrados en la Tabla 6.1a para el inventario del año 1882P representa los árboles que murieron durante el período de crecimiento de 11 años desde el inventario 1871P hasta el 1882P. El peso creciente de las claras del grado de clara A al C se manifiesta en un correspondiente mayor número de pies, área basimétrica y volúmen de la masa extraída. Durante la transición del grado A al B y C, a medida que se eliminan más y más pies de las clases sociales inferior e intermedia, las alturas y los diámetros de la masa extraída aumentan. Los valores relativamente bajos del coeficiente de esbeltez de la masa extraída que se observan en el grado de clara C durante la segunda mitad del período de inventario de 140 años indican que esta masa contiene ya pocos árboles del piso inferior y medio, por lo que los árboles que se eliminaron durante las claras tienen una altura, diámetro y coeficiente de esbeltez similar a aquellos que forman la masa en pie. La relación entre el diámetro de la masa extraída y la masa en pie depende del tipo de intervención selvícola. En el caso de claras por lo bajo, el diámetro medio de la masa extraída es significativamente inferior al de la masa en pie. Si, por otro lado, las intervenciones están dirigidas a los pisos intermedios y dominantes, los diámetros medios de la masa extraída se aproximan a los de la masa en pie (ver Tabla 6.1c).

Información de las tablas de resultados para la masa total: La categoría de masa total contiene el crecimiento acumulado total (VT) de la masa para cada uno de los respectivos periodos de inventario. Si al diseñar el experimento la masa se encuentra en una edad avanzada, la masa extraída se estima generalmente hasta este punto, y se suma a la masa en pie, de modo que se estime el crecimiento acumulado total hasta dicho punto. En el ejemplo usado aquí, la parcela experimental se remonta a la etapa juvenil, de modo que los aprovechamientos anteriores se pueden ignorar. En el período de crecimiento de 140 años, se da un crecimiento acumulado total de 1.389 a 1.715 m^3 ha^{-1}, del cual 1.120 m^3 ha^{-1} permanece en pie en el grado de clara A, y 920 y 865 m^3 ha^{-1} en los grados B y C, respectivamente. El desarrollo del crecimiento en volumen (IV) muestra un primer máximo en la primera mitad del período de crecimiento considerado (de 60 a 80 años). En el último tercio del período considerado (de 136 a 188 años) los incrementos alcanzan nuevamente valores más altos que en la fase juvenil. Por lo tanto, los valores del crecimiento medio (IV_m) hasta el presente todavía no muestran culminación, en contra de lo que cabría esperar, sino que han seguido aumentando en las últimas décadas. Este patrón sugiere que ha tenido lugar una mejora en las condiciones de crecimiento, como se comenta posteriormente.

Resumen de resultados de las parcelas experimentales de claras en pino silvestre: Análogamente a los resultados mostrados en la Tabla 6.1 para las parcelas experimentales de haya, se muestran las tablas resumen de las tres parcelas de pino silvestre seleccionadas del sitio de ensayo Duruelo (Tabla 6.2). En este ejemplo, la organización de las tablas resumen de resultados sigue el formato de las tablas de producción para pino silvestre en la Sierra de Guadarrama (Sistema Central, España) (Rojo y Montero 1996), que se usan posteriormente como referencia (Figura 6.20). La principal diferencia en la organización de las tablas es que en vez de reflejar las características de la masa en pie tras descontar la masa extraída por claras o mortalidad natural se presentan los datos de la masa en pie antes de la clara. No obstante, estos datos junto a los datos correspondientes a la masa extraída y la masa total incluidos en las tablas permiten una interpretación del desarrollo de la masa para cada parcela similar a la explicada anteriormente para el ejemplo de las parcelas de haya.

6.4.5.2 Desarrollo del número de pies

Los datos de las parcelas experimentales de haya se comparan con el desarrollo con la edad de las variables de masa de las tablas de producción de haya según Schober (1967), para claras por lo bajo de intensidad media. En las figuras se comparan los datos de las parcelas experimentales con las tablas de producción de las calidades de estación I, II y III (líneas grises en las Figura 6.15 a Figura 6.19). Se elige este espectro de calidades porque según los datos del grado de clara A corresponde a calidades del rango II.–III. Los grados B y C siguen en gran medida las curvas de edad correspondientes a la calidad de estación II (véa-

6 Desarrollo de la masa. Reconstrucción a partir de los parámetros medios y acumulados de la masa

(a) Parcela 2A, Duruelo, tratamiento control sin claras. Superficie = 0,105

Edad (años)	Ho (m)	Masa en pie antes de clara							Masa extraída					Masa total				
		N (pies/ha)	H_m (m)	d_g (cm)	G (m²/ha)	v_m (m³)	V (m³/ha)		N (pies/ha)	G (m²/ha)	d_g (cm)	G (m²/ha)	Vac (m³/ha)	V (m³/ha)	VT (m³/ha)	IV_m (m³/ha.año)	IV (m³/ha.año)	Edad (años)
41	11.4	2400	9.84	14.1	37.4	0.08	189.8		0	0.0	0.0	–	0.00	0.0	189.8	4.63	0.00	41
46	12.8	2400	10.99	15.5	45.3	0.11	254.9		333	11.0	3.2	0.05	15.87	15.9	254.9	5.54	6.51	46
56	15.5	2067	12.84	17.9	52.0	0.16	334.9		48	14.1	0.7	0.09	4.49	20.4	350.7	6.26	9.58	56
61	16.0	2019	13.53	18.3	53.2	0.18	359.8		105	16.8	2.3	0.15	15.50	35.9	380.2	6.23	2.95	61
66	17.9	1914	14.29	19.6	57.7	0.21	411.1		210	19.1	6.0	0.21	43.81	79.7	447.0	6.77	6.68	66
71	17.9	1705	14.87	19.9	53.1	0.23	388.4		76	14.6	1.3	0.11	8.37	88.0	468.1	6.59	2.11	71
76	18.2	1629	15.52	20.8	55.6	0.26	421.9		210	14.6	3.5	0.12	24.31	112.4	509.9	6.71	4.18	76
81	18.5	1419	16.16	22.1	54.6	0.30	425.8		76	13.4	1.1	0.10	7.35	119.7	538.1	6.64	2.82	81
86	18.5	1343	16.59	23.1	56.4	0.33	448.4		76	12.3	0.9	0.08	6.05	125.8	568.1	6.61	3.00	86

(b) Parcela 2C, Duruelo, clara por lo bajo débil. Superficie = 0,103

Edad (años)	Ho (m)	Masa en pie antes de clara							Masa extraída					Masa total				
		N (pies/ha)	H_m (m)	d_g (cm)	G (m²/ha)	v_m (m³)	V (m³/ha)		N (pies/ha)	G (m²/ha)	d_g (cm)	G (m²/ha)	Vac (m³/ha)	V (m³/ha)	VT (m³/ha)	IV_m (m³/ha.año)	IV (m³/ha.año)	Edad (años)
41	11.3	2282	9.35	14.2	36.1	0.08	174.2		767	11.0	7.3	0.04	30.93	30.9	174.2	4.25	0.00	41
46	13.1	1515	11.01	17.4	36.2	0.13	199.3		194	11.1	1.9	0.05	9.12	40.0	230.2	5.00	5.60	46
56	14.6	1320	12.99	20.6	44.1	0.21	278.2		58	15.5	1.1	0.11	6.47	46.5	318.3	5.68	8.81	56
61	15.0	1262	13.77	21.7	46.9	0.25	309.8		19	14.1	0.3	0.09	1.80	48.3	356.3	5.84	3.80	61
66	15.9	1243	14.48	23.0	51.8	0.29	359.2		340	21.3	12.1	0.24	82.44	130.8	407.5	6.17	5.12	66
71	16.1	903	15.22	24.5	42.6	0.34	306.5		10	22.0	0.4	0.26	2.57	133.3	437.2	6.16	2.97	71
76	16.7	893	15.77	25.5	45.7	0.38	338.7		0	0.0	0.0	–	0.00	133.3	472.0	6.21	3.48	76
81	17.4	893	16.16	26.0	47.5	0.40	359.9		0	0.0	0.0	–	0.00	133.3	493.2	6.09	2.11	81
86	17.4	893	16.54	26.9	50.8	0.44	391.6		10	30.5	0.7	0.58	5.62	138.9	524.9	6.10	3.17	86

(c) Parcela 3E, Duruelo, clara por lo bajo fuerte. Superficie = 0,103

Edad (años)	Ho (m)	Masa en pie antes de clara						Masa extraída						Masa total				
		N (pies/ha)	H_m (m)	d_g (cm)	G (m²/ha)	v_m (m³)	V (m³/ha)	N (pies/ha)	G (m²/ha)	d_g (cm)	G (m²/ha)	Vac (m³/ha)	V (m³/ha)	VT (m³/ha)	IV_m (m³/ha.año)	IV (m³/ha.año)	Edad (años)
41	12.1	2288	10.01	14.6	38.3	0.09	196.0	1490	12.2	17.4	0.06	83.43	83.4	196.0	4.78	0.00	41
46	13.6	798	12.13	21.1	28.0	0.21	164.3	96	20.5	3.2	0.20	18.93	102.4	247.7	5.39	5.18	46
56	15.4	702	13.92	24.6	33.4	0.31	220.5	87	21.2	3.1	0.23	19.71	122.1	322.8	5.76	7.51	56
61	16.5	615	14.86	26.6	34.2	0.39	239.1	10	21.9	0.4	0.25	2.41	124.5	361.2	5.92	3.83	61
66	16.9	606	15.65	28.5	38.6	0.47	282.7	144	26.8	8.1	0.40	57.52	182.0	407.2	6.17	4.61	66
71	17.7	462	16.45	30.2	33.1	0.55	252.9	10	29.8	0.7	0.52	5.03	187.0	434.9	6.13	2.77	71
76	18.3	452	16.93	31.4	35.0	0.61	274.3	0	0.0	0.0	–	0.00	187.0	461.3	6.07	2.64	76
81	18.1	452	17.34	32.6	37.8	0.67	302.3	0	0.0	0.0	–	0.00	187.0	489.4	6.04	2.80	81
86	18.3	452	17.77	33.8	40.6	0.73	331.9	29	30.3	2.1	0.58	16.73	203.8	518.9	6.03	2.96	86

Tabla 6.2 Representación tabular de los resultados del ensayo de claras en pino silvestre del sitio experimental Duruelo de la Sierra para el tratamiento testigo (sin claras) (a), claras por lo bajo débiles (b) y claras por lo bajo fuertes (c), desde el primer inventario en 1968 hasta el último inventario en 2013. Las variables que definen la masa en pie y extraída son: edad E; especie Es; N número de pies por hectárea; Ho altura media de los 100 árboles más gruesos por hectárea; Hm altura media aritmética; d_g diámetro medio cuadrático; vm volumen del árbol medio; G área basimétrica; V volumen en pie (maderable) y Vac el volumen acumulado (maderable). Las variables que representan la masa total se denotan como: VT volumen total (maderable); IV crecimiento corriente en volumen; IVm crecimiento medio en volumen.

se la Figura 6.17a y b y la Tabla 6.1, a–c). En todas las parcelas, la calidad de estación ha mejorado en más de medio nivel desde la instalación de la parcela, por lo que se presenta también la calidad de estación I.

Como primer análisis en la representación gráfica de los resultados obtenidos de las parcelas experimentales se muestra el desarrollo de la densidad de la masa o número de pies por hectárea (Figura 6.15a y b). A partir de 6.220, 6.202 y 6.068 árboles por hectárea en las subparcelas de grado A, B y C, respectivamente, el número de pies disminuyó exponencialmente hasta 381, 194 y 128 árboles por hectárea durante un período de crecimiento de 140 años. Las curvas del número de pies se calculan asignando las reducciones del número de árboles debido a la mortalidad o a las claras al final del período de inventario. Mientras que el número de pies en la subparcela de grado A representa el número máximo posible de árboles para una edad dada (línea continua), las claras moderadas y fuertes reducen significativamente la densidad (línea discontinua o punteada). En relación con las tablas de producción, el número de árboles en las parcelas tratadas es significativamente mayor en el primer tercio del período de observación (Figura 6.15a), en el segundo tercio vuelven al nivel de las tablas y a partir de los 100 años vuelven a estar muy por encima de las densidades propuestas en las tablas de producción (Figura 6.15b).

6.4.5.3 Desarrollo del diámetro en función de la edad

Las claras por lo bajo, de acuerdo con las instrucciones de la Asociación de Centros de Investigación Forestal Alemanes (1902) (ver Sección 7.3.2), conducen a un aumento continuo del diámetro medio cuadrático en las subparcelas con claras moderadas y fuertes (Figura 6.15c). Al final del período de crecimiento estudiado, la superioridad del diámetro medio en comparación con el grado A fue de 9,9 cm para el grado B y de 18,3 cm para el grado C. Este incremento resulta, por un lado, del cambio aritmético en el diámetro medio cuadrático como resultado de la clara por lo bajo, que elimina principalmente los árboles del piso inferior (crecimiento técnico), y por otro lado, de la promoción del crecimiento de los árboles restantes a través de una mayor disponibilidad de espacio. A partir de los 100 años, los diámetros medios se alejan de la evolución según las tablas de producción, con valores inferiores, lo que se explica por la mayor densidad en las parcelas en comparación con las tablas (ver Figura 6.15a y c).

El diámetro de los 100 árboles más gruesos por hectárea (D_o) aumenta en 6,1 y 9,2 cm en comparación con el grado de clara A para las claras por lo bajo moderada y fuerte, respectivamente (Figura 6.15d). Como el D_o es en gran medida independiente de un cambio aritmético debido a la clara por lo bajo, este incremento del diámetro es esencialmente una reacción directa a la clara. Las intervenciones realizadas se expresan mediante el número de pies; comparado con el grado de clara A (100 %) a la edad de 188 años, el grado B todavía contiene el 51 % y el grado C el 34 % de los pies.

6.4.5.4 Número de pies en función del diámetro medio y línea de autoaclareo

En la Sección 5.6.2 se muestra el efecto de las claras en el avance de la distribución de tamaños a través de varias características de las distribuciones (Figura 5.19). En la parcela de grado A, el espacio existente está ocupado por muchos árboles pequeños, mientras que la parcela de grado C está ocupada por menos árboles, pero estos son más grandes. La Figura 6.15 e muestra la disminución en el número de individuos por unidad de superficie característica de masas puras según aumenta el tamaño medio de los árboles. La tabla de producción refleja una disminución hiperbólica en el número de árboles. El número de pies, para un tamaño medio dado, se sitúa en las parcelas de grados de claras A, B y C por encima del nivel de la tabla producción durante todo el período de observación. Esto es

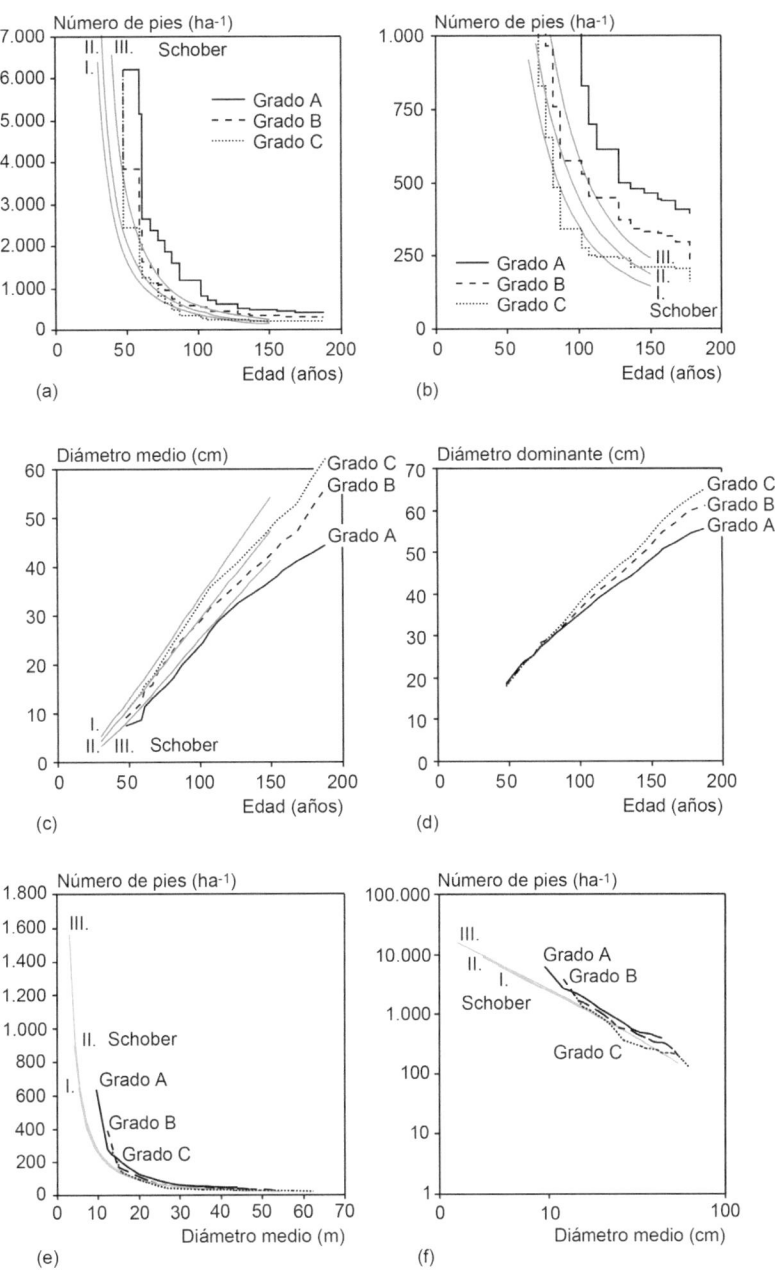

Figura 6.15 Desarrollo del número de pies, el diámetro medio cuadrático y el diámetro dominante en la parcela experimental de claras de haya en Fabrikschleichach 15 para el grado de clara A (línea continua), grado B (línea discontinua) y grado C (línea punteada) desde el primer inventario realizado en 1871 hasta el inventario en 2010. Curvas de la tabla de producción de haya de Schober (1967), para claras de intensidad moderada y calidades de estación I., II. Y III. (líneas grises). (a) Desarrollo con la edad del número de pies por hectárea durante todo el período de observación; (b) Representación ampliada del desarrollo con la edad del número de pies para el rango de edad de 102 a 188 de años; (c) Desarrollo del diámetro medio cuadrático d_g; (d) Desarrollo del diámetro dominante D_0; (e) Desarrollo del número de pies frente al diámetro medio de la masa en pie en un sistema de coordenadas cartesianas; (f) Relación entre el número de pies por hectárea y el diámetro medio cuadrático en un sistema de coordenadas doble logarítmico. El desarrollo de la subparcela de grado A representa la línea de autoaclareo.

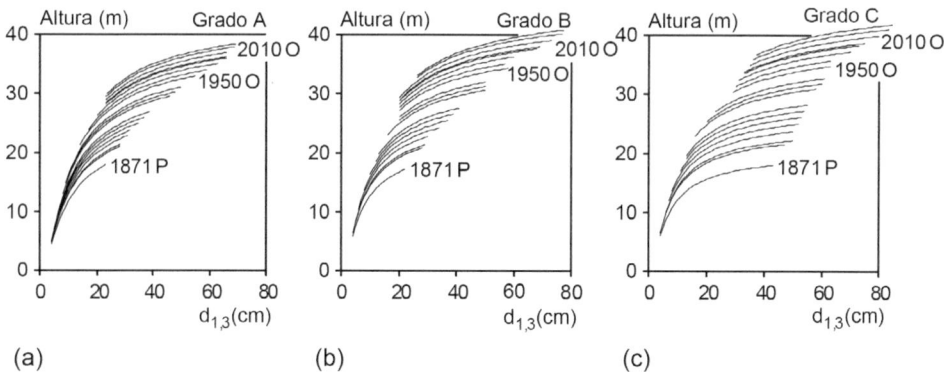

Figura 6.16 Desplazamiento de las curvas de altura-diámetro de la masa en la parcela experimental a largo plazo de claras de haya Fabrikschleichach 15 desde el primer inventario en la primavera (P) de 1871 hasta la el más actual realizado en el otoño (O) de 2010. Se muestra la estratificación de las curvas de altura-diámetro de la masa para los grados A, B y C (a-c). Las curvas de altura de los inventarios 1871P, 1950O y 2010O se resaltan para comparar los grados de intensidad de las claras.

especialmente relevante para el grado A, que representa la máxima densidad posible para el sitio. Los valores de *SDI* en el grado A fueron de 900 a 1.300 pies ha^{-1} en la primera mitad del período de observación, y de 700 a 900 pies ha^{-1} en la segunda mitad. Una densidad natural tan alta como esta, indica que la haya en el bosque de Steigerwald se encuentra en su óptimo ecológico y productivo.

La Figura 6.15f muestra esta misma relación entre el número de pies y el diámetro medio cuadrático en el sistema de coordenadas doble logarítmico. La relación d_g–N para el grado A representa la línea de autoaclareo (ver secciones 6.3). Según Reineke (1933), la pendiente de esta línea en todas las especies es a N, $d_g = -1,605$, es decir, si el diámetro medio aumenta en un 1 %, el número de árboles disminuye en un 1,605 % debido al aumento de la competencia. En comparación con las líneas de referencia en la tabla de producción, el número de pies promedio para un diámetro dado ha aumentado en las últimas décadas. El *SDI* disminuye hasta alrededor de 700 pies por hectárea a la edad de 100 años, y luego aumenta hasta 950. Los grandes cambios regionales en las condiciones de crecimiento ya mencionados (por ejemplo, cambio climático, aporte de nutrientes) se manifiestan claramente con el aumento de la densidad máxima (véase el Capítulo 11).

6.4.5.5 Curvas de altura de la masa y alturas medias

La representación gráfica de los resultados de parcelas de experimentación a largo plazo generalmente incluye las curvas altura–diámetro de la masa, que son la base para el cálculo de la altura media y dominante de la masa y los volúmenes (Figura 6.16a–c). El desplazamiento característico de las curvas de altura–diámetro, que inicialmente son bastante inclinadas hacia la parte superior derecha y con el desarrollo de la masa se van aplanando, se puede observar en las tres subparcelas. La familia de curvas de altura–diámetro de la masa proporciona una idea de la estructura y dinámica de la misma ya que muestran el espectro de diámetros y alturas de la masa. En la figura para el grado A se puede observar un rango relativamente amplio de alturas y diámetros en el inventario 2010O, en el que la variación en las alturas de los árboles es de casi 10 m y en los diámetros de 50 cm. Las claras por lo bajo moderadas y fuertes provocan un incremento en el diámetro máximo de 10 a 20 cm, pero reducen la amplitud del rango de alturas y la variación del diámetro a 5 m y 30 cm, respectivamente. Es decir, conducen a un a estructura más homogénea. Los grados B y C producen estructuras en las que los diámetros de los árboles varían para una misma edad, pero las alturas de estos son muy similares ocupando todos los pies el dosel superior.

Figura 6.17 Desarrollo de la altura media, la altura dominante y los coeficientes de esbeltez en el sitio experimental de claras de haya Fabrikschleichach 15 para el grado de clara A (línea continua), B (línea discontinua) y C (línea punteada) desde el primer inventario en 1871 hasta el inventario en el año 2010. Como referencia se utilizan las curvas de la tabla de producción de haya de Schober (1967), para claras moderadas y calidades de estación I., II. Y III (líneas grises). (a) Desarrollo de la curva de la altura media h_g. (b) Desarrollo con la edad de la altura media de los 100 árboles más gruesos por hectárea HO. (c) Coeficientes de esbeltez para el árbol de área basimétrica media (h_g / d_g). (d) Coeficientes de esbeltez para los 100 árboles más gruesos por hectárea (HO / DO).

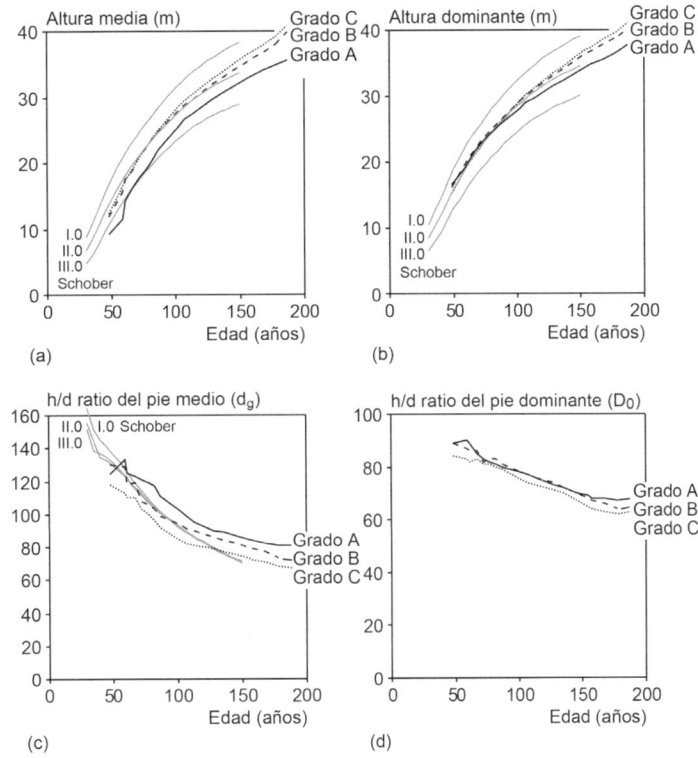

Dependiendo del objetivo del análisis, se pueden obtener las alturas media y dominante a partir de las curvas de altura–diámetro de la masa. La Figura 6.17 muestra el desarrollo de la altura media (a) y la altura dominante o altura media de los 100 pies más gruesos por hectárea (b) para grados de clara A, B y C (línea continua, línea discontinua, línea punteada). A efectos de la estimación del índice de sitio usando la altura media y dominante, las curvas de altura–edad se registran generalmente asociadas al rango de alturas de una tabla de producción estándar. En la Figura 6.17 se utilizó como referencia la tabla de producción de haya de Schober (1967) para claras moderadas. De esta manera, se puede ver una mejora continua en el índice de sitio en comparación con los valores esperados en la tabla de producción para las tres subparcelas. También se observa una inferioridad de la parcela de grado A en la altura media en comparación con las parcelas bajo claras moderadas y fuertes, causado por el crecimiento técnico o incremento aritmético al eliminar los árboles más bajos en la clara. En la altura dominante este efecto casi no se percibe, ya que las claras no afectan a los pies más gruesos por hectárea (Figura 6.17b) y es, por tanto, un mejor indicador de la productividad de la estación.

6.4.5.6 Coeficiente de esbeltez

El coeficiente de esbeltez o ratio h / d (cociente entre la altura total y el diámetro del fuste) es un indicador ampliamente utilizado para evaluar el efecto de las claras, la forma del fuste y la estabilidad de los árboles individuales. El coeficiente de esbelte es el resultado del tipo de reparto de recursos dentro del árbol, que en gran medida está influenciado por la constelación espacial de crecimiento (posición social, fracción de cabida cubierta, competencia intra e interespecífica, etc.). Unos niveles del coeficiente de esbeltez altos indican una mayor inversión en crecimiento en altura en comparación con el crecimiento en diámetro (estrategia de supervivencia). Por el contrario, los niveles bajos muestran una superioridad relativa del crecimiento en diámetro sobre el crecimiento en altura (estrategia de estabilización). La Figura 6.17c y d muestra el desarrollo de los coeficientes de esbeltez para los tres grados de claras calculados como el cociente de la altura media y el diámetro medio cuadrático, que ofrece una aproximación al coeficiente de esbeltez medio, y como el cociente de la altura y el diámetro dominantes, que refleja la esbeltez de los árboles dominantes. Los coeficientes de esbeltez en todas las parcelas disminuyen continuamente desde el inicio del experimento. Esta disminución es más evidente cuanto más intensas son las claras. Dado que la cantidad de árboles y, por lo tanto, la competencia por la luz siguen siendo consistentemente más altos en la parcela de grado A, los árboles invierten proporcionalmente más en crecimiento en altura que en diámetro con el fin de obtener luz. La menor cantidad de árboles en las parcelas de grado B y C les permite una mayor inversión de recursos en el área inferior del fuste puesto que disponen de suficiente luz. Los diferentes valores de h/d reflejan el efecto de los tratamientos selvícolas en la relación de asimilación y, en última instancia, en la alometría de los árboles individuales. Si bien esta reacción es particularmente pronunciada entre los árboles de tamaño medio (Figura 6.17c), los efectos sobre los árboles dominantes, que se benefician menos de las claras por lo bajo, son significativamente menos pronunciados (Figura 6.17d). Los árboles dominantes alcanzan coeficientes de esbeltez cercanos a 60 incluso sin intervenciones selvícolas y apenas difieren de los de las parcelas de grado B y C.

6.4.5.7 Desarrollo del área basimétrica y el volumen de la masa

El volumen de los árboles y, por consiguiente, el volumen de la masa, se calcularon con coeficientes mórficos para volumen maderable sin corteza según Kennel (1969). Estos coeficientes se basan en datos de diámetro, altura y volumen de árboles con condiciones de sitio, tamaños y tratamientos selvícola muy diferentes, que incluyen también árboles de las parcelas experimentales a largo plazo como las que se analizas aquí. Por lo tanto, estos factores pueden representar la forma de los árboles en los grados de claras A, B y C de manera realista.

Las líneas en forma de diente de sierra de la Figura 6.18a y b muestran el desarrollo del área basimétrica y el volumen en las tres parcelas en consideración, es decir, reflejan el desarrollo de la espesura o densidad y el volumen de la masa. El grado A representa la densidad máxima para el sitio. Una comparación con la tabla de producción muestra que el área basimétrica y el volumen en el grado A aumentan considerablemente por encima de los valores esperados por la tabla de producción. Las parcelas experimentales sin tratamientos o bajo claras débiles reflejan la máxima densidad posible para un sitio determinado y suponen una referencia forestal, como es el potencial fisiológico. Sin el conocimiento de la máxima densidad posible, la práctica forestal correría el riesgo de subestimar y no explotar adecuadamente el crecimiento y el potencial de crecimiento de la masa.

Las líneas de diente de sierra correspondientes con las claras moderadas y fuertes reflejan el control selvícola de la densidad en la parcela experimental; las reducciones verticales del área basimétrica y del volumen se deben a que las claras se registran en un mismo momento de inventario. Se puede identificar la interrupción de los experimentos durante la primera y segunda guerra mundial, es decir, durante el rango de edad de 87–102 y 113–128 años, por un incremento notable en el área basimétrica de la masa en los grados B y C (claras por lo bajo moderadas y fuertes). El aumento de la espesura en las dos o tres últimas décadas, mucho más allá de los valores esperados por la tabla de producción, se puede atribuir a incrementos del crecimiento debido a factores que tienen un impacto a nivel regional (incluido el cambio climático, la deposición de nitrógeno) (Pretzsch et al. 2014). El hecho de que el desarrollo del volumen del grado B se sitúe a un nivel similar que el del grado A muestra la capacidad de respuesta del haya a las claras.

La reacción de la masa a los diversos grados de claras se puede ver en el curso del desarrollo del crecimiento periódico medio en volumen (Figura 6.18c). Los incrementos en los períodos de inventario, que se derivan de las mediciones consecutivas de las parcelas experimentales se asignan a la mitad del período de inventario en las figuras. A diferencia del crecimiento corriente actual, el crecimiento periódico medio, dependiendo de la frecuencia del inventario, se basa en períodos de tiempo que pueden diferir mucho. Por lo tanto, cuanto más largos sean los períodos de inventario, más suaves serán las curvas de crecimiento. Con períodos cortos, la oscilación de la curva de crecimiento debido al clima aumenta; por lo que la probabilidad de que el período de inventario esté determinado por años particularmente débiles o de crecimiento rápido aumenta, como se observa en la Figura 6.18c.

En el primer tercio del período de estudio, el crecimiento periódico del volumen alcanza los niveles máximos esperados para la edad. Las claras por lo bajo moderadas y fuertes aumentan el crecimiento en las subparcelas de grado B y C (línea discontinua o punteada) por encima del grado A (línea continua), lo que indica una aceleración del crecimiento a edades tempranas debido a las cortas. Después de una desaceleración del crecimiento típica de la edad en el segundo tercio del período de crecimiento, el crecimiento aumenta nuevamente a la edad de 120 años, patrón no esperado para esta edad. La interpretación de este segundo aumento del crecimiento es más fácil gracias al hecho de que el diseño experimental incluye una parcela de grado A. Dado que el incremento del crecimiento se puede observar en todas las parcelas, indica que se puede deber a factores de influencia externos, y no solo al tratamiento selvícola. La comparación de la tasa de crecimiento real con la de la tabla de producción de Schober (1967) para claras moderadas, muestra claras desviaciones de la tendencia de crecimiento esperada desde la década de 1960 (ver Capítulo 11).

6.4.5.8 Volumen total y crecimiento medio

El crecimiento acumulado total o volumen total es el resultado de las componentes de la masa mencionadas anteriormente, como son el número de pies por hectárea, el área basimétrica, la altura y el factor de forma, y resume el crecimiento formado desde el establecimiento de la masa (Figura 6.18d). El volumen total del grado A representa el potencial de crecimiento del sitio sin tratamiento selvícola, y las curvas de los grados B y C indican la medida en la que el crecimiento acumulado total se ve afectado con claras moderadas y fuertes. En comparación con el grado A, el volumen total de los grados B y C aumenta en un 18 % y 10 %, respectivamente. Sin embargo, si se tiene en cuenta la ligera inferioridad del sitio donde se encuentra la subparcela de grado A, al interpretar las curvas de desarrollo, el volumen total y las curvas del crecimiento medio en estas parcelas son similares, como se obtiene cuando se representa el volumen total en función de la altura (Figura 6.18f). Esto indica que las diferentes intensidades de las claras conducen a una distribución diferente de los recursos entre los árboles (Figura 6.17), diferentes distribuciones diamétricas y porcentajes de masa extraída, pero con un crecimiento acumulado total que solo cambia ligeramente. Las intervenciones relativamente fuertes en la parcela de grado C todavía no conducen a ninguna pérdida notable en el crecimiento por unidad de superficie. Las curvas del crecimiento medio en volumen (Figura 6.18e) y su comparación con la tabla de producción subrayan nuevamente el aumento en el crecimiento que no es típico de la edad madura en las tres parcelas. Incluso a la edad de 188 años todavía no se observa una culminación del crecimiento medio, al contrario de los valores esperados por la tabla de producción.

6.4.5.9 Volumen total según la altura media y nivel de producción general

La relación entre la altura media y el crecimiento acumulado total o volumen total representa el nivel de producción general y se caracteriza por un aumento exponencial. Este crecimiento solo

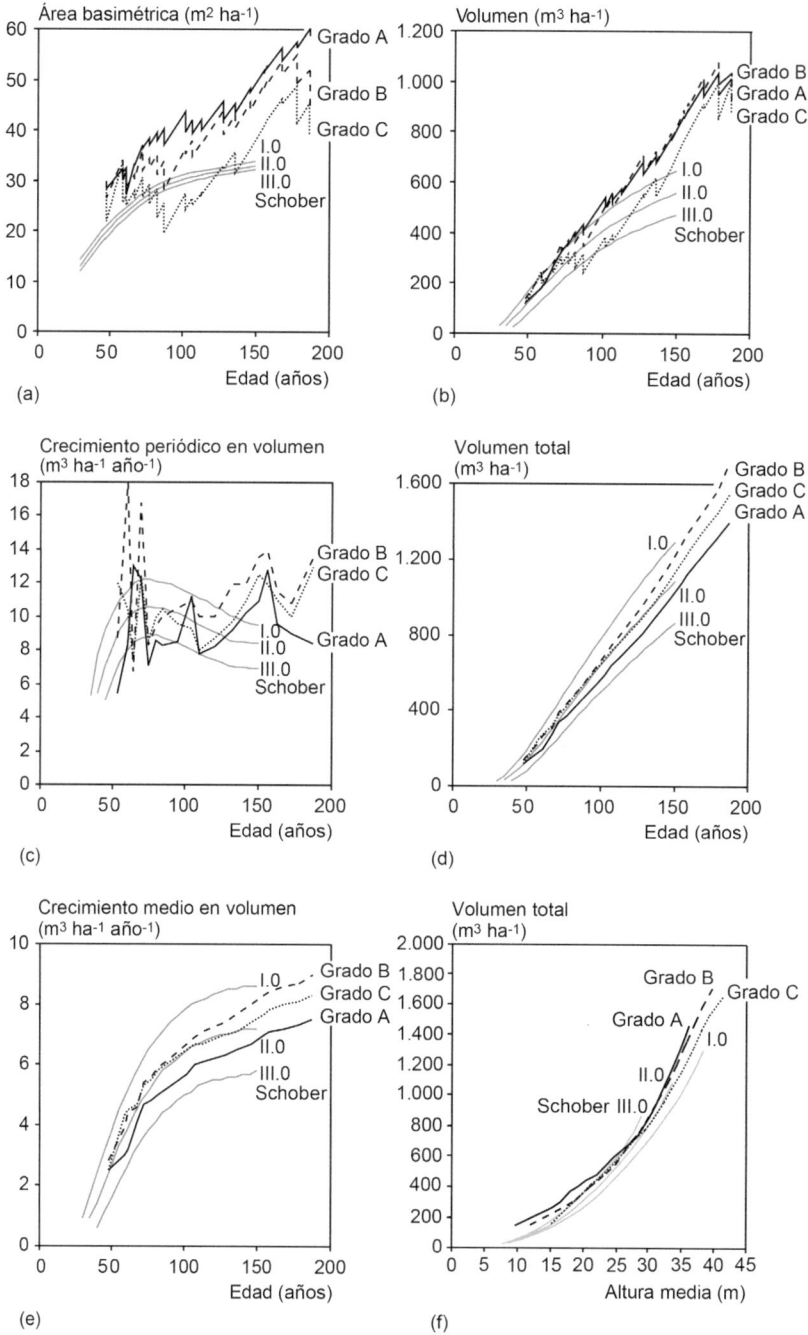

Figura 6.18 Desarrollo del área basimétrica, del volumen, el crecimiento periódico medio del volumen, el crecimiento medio y el volumen total del sitio experimental a largo plazo de claras de haya Fabrikschleichach 15 para el grado de clara A (línea continua), B (línea discontinua) y C (línea punteada) desde el inventario inicial en 1871 hasta el inventario más reciente en 2010. Como referencia se utilizan las curvas de las tablas de producción de haya de Schober (1967), para claras moderadas y calidades de estación I., II. Y III (líneas grises). (a) Desarrollo con la edad del área basimétrica, (b) del volumen en pie, (c) del crecimiento periódico medio en volumen, (d) del volumen total, (e) del crecimiento medio del volumen y (f) del volumen total en función de la altura media.

6.4 Evolución del volumen en pie y volumen total

puede derivarse de las parcelas experimentales, ya que presupone que la masa en pie residual o remanente y la extraída se registra durante todo el período de observación. Solo la suma de estos dos componentes proporciona el VT, el cual está estrechamente relacionado con la altura media (y altura dominante). La relación h_g–VT (ley según Eichhorn 1902) se utiliza en muchos modelos de crecimiento para la estimación del volumen total o el crecimiento medio en función de la altura media. En la parcela experimental de haya el VT es similar en las tres parcelas y se encuentra mayormente por encima de la línea de la segunda clase de calidad de estación, que según Schober (1967) debería ser la línea de referencia para este sitio.

6.4.5.10 Crecimiento relativo en volumen y e intensidad de las claras y otras cortas

La Figura 6.19a muestra la disminución exponencial característica del crecimiento relativo en volumen e (IV_r (%) = $IV/V \times 100$) con la edad. En la fase juvenil, con volúmenes aún bajos, pero crecimientos altos, se obtienen crecimientos relativos de 10 a 15 %. Al realizar claras más fuertes se reduce el volumen en pie y al mismo tiempo se estimula el crecimiento continuo, por lo que el crecimiento relativo en volumen aumenta. Con la edad, los porcentajes de crecimiento en volumen con las claras de grado A, B y C disminuyen a valores de entre 1 y 2 %. En las tres parcelas, a la edad de 178 años se agrega al volumen cada año el 1 por ciento del volumen, con un aumento ininterrumpido del mismo.

La intensidad del régimen de claras o de la mortalidad durante todo el periodo con respecto al volumen total ($Ve\left(\%\right) = \frac{\sum Ve}{VT} \cdot 100$) muestra la intensidad y la secuencia cronológica de los aprovechamientos o la mortalidad natural (Figura 6.19b). En la parcela de grado A, el porcentaje del volumen extraído del volumen total aumenta de forma continua desde el comienzo de la observación hasta la edad de 188 años donde alcanza aproximadamente el 20 %. Las claras moderadas o fuertes en los grados B y C aumentan el porcentaje un 35 y 55 % en el primer y segundo tercios del período de crecimiento observado. A pesar de las diferencias entre los tres grados de claras en el porcentaje del volumen extraído, el volumen total resultado es similar. Esto subraya

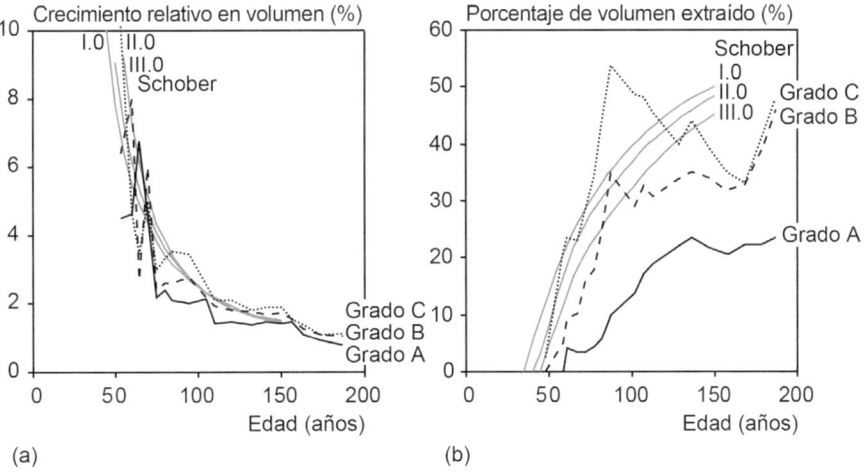

Figura 6.19 Desarrollo del (a) crecimiento relativo del volumen (%) y (b) porcentaje de volumen extraído frente a la edad en la parcela experimental de claras de haya Fabrikschleichach 15 para el grado A (línea continua), grado B (línea discontinua) y grado C (línea punteada) desde el primer inventario en el año 1871 hasta el inventario en 2010. Como referencia se utilizan las curvas de la tabla de producción de haya de Schober (1967), para claras moderadas, y para las calidades de estación I., II. Y III. (líneas grises).

la capacidad del haya para compensar o incluso sobre–compensar intervenciones más fuertes a través de un crecimiento en volumen adicional.

6.4.5.11 Evolución de las principales variables de masa en el sitio experimental de claras en pino silvestre

En el caso de las parcelas experimentales de claras de pino silvestre se comparan con el desarrollo de la masa propuesto en las tablas de producción de Rojo y Montero (1996) bajo un régimen moderado de claras. Se presentan las curvas correspondientes a las tablas de las calidades de estación bajas a medias (calidades 17, 20 y 23), ya que el patrón de evolución de la altura dominante con la edad en las parcelas experimentales indican que inicialmente se sitúan en la calidad 23, pero evolucionan hacia una calidad inferior (calidad 20) (Figura 6.20c). Comparando el patrón de evolución del número de pies en las parcelas de claras y las tablas de producción se observa cómo la evolución de la parcela con clara débil sigue un patrón similar al propuesto en las tablas para las calidades 20 y 23. La evolución de la parcela control refleja una densidad muy superior incluso a la de la curva de la calidad 17, especialmente a partir de los 70 años (Figura 6.20a).

A pesar de la similar densidad de la parcela con claras débiles y la curva correspondiente a la calidad 20, el diámetro medio cuadrático de la parcela experimental se aleja de la curva de esta calidad según avanza la edad (Figura 6.20b). Este hecho indica un menor crecimiento de la masa en las parcelas experimentales que en las tablas de producción, en coherencia con la reducción en la calidad de estación reflejada por la evolución de la altura dominante con la edad. Sin embargo, la evolución de la parcela con claras fuertes refleja el efecto positivo de la reducción de la densidad en el diámetro medio cuadrático, con valores a los 86 años 10 cm mayores en la clara fuerte (33,8 cm) que en el control (23,1 cm).

Los valores del coeficiente de esbeltez calculados a partir de la altura media y el diámetro medio cuadrático se sitúan en todos los casos por debajo del valor 80 (Figura 6.20d), indicado como límite al partir del cual los daños por nieve en pino silvestre pueden ser elevados (del Río et al. 2017a). Para las parcelas control y con claras débiles este coeficiente se mantiene constante, mientras que para la parcela con claras más fuertes el coeficiente es inferior y desciende con la edad, con valores similares a los reflejados en las tablas de producción, indicando una mayor estabilidad de la masa.

La menor capacidad productiva de las parcelas experimentales de Duruelo que las tablas de producción se observa claramente en los patrones de evolución del volumen de la masa, volumen total, y los crecimientos corrientes y medios (Figura 6.21). El volumen en pie de la parcela control es similar al de la tabla de producción de menor calidad de estación, mientras que en las parcelas con claras débiles y fuertes es claramente inferior (Figura 6.21a). Igualmente, el volumen total es inferior, aunque en este caso hay que tener presente que en los datos de las parcelas permanentes no se ha considerado el volumen extraído (por mortalidad o cortas) anteriormente a la instalación del ensayo de claras. Según las tablas de producción este volumen sería solo entre 20 y 40 m^3 ha^{-1}, por lo que el volumen total de las parcelas seguiría siendo muy inferior al de las tablas de producción (Figura 6.21b). El volumen total de las dos parcelas aclaradas es similar e inferior al de la parcela testigo, reflejando una ligera pérdida de producción causada por las claras (≈ 45 m^3 ha^{-1}), al contrario de lo que ocurría en el ejemplo de haya.

Es notable la variabilidad del crecimiento periódico medio en volumen en las parcelas experimentales entre los distintos periodos de crecimiento entre inventarios (Figura 6.21c), con diferencias de hasta 6 m^3 ha^{-1} $año^{-1}$ en tan solo cinco años en la parcela control. Esta gran variabilidad temporal en el crecimiento es característica de zonas mediterráneas donde el clima presenta una gran variabilidad interanual, especialmente en el régimen de precipitaciones. Cabe destacar que la variabilidad del crecimiento corriente en volumen entre periodos es inferior en la parcela con claras más fuertes que en la parcela control, sugiriendo que las intervenciones de claras pueden mitigar el impacto del clima en el crecimiento, a pesar de resultar en un menor crecimiento acumulado. No

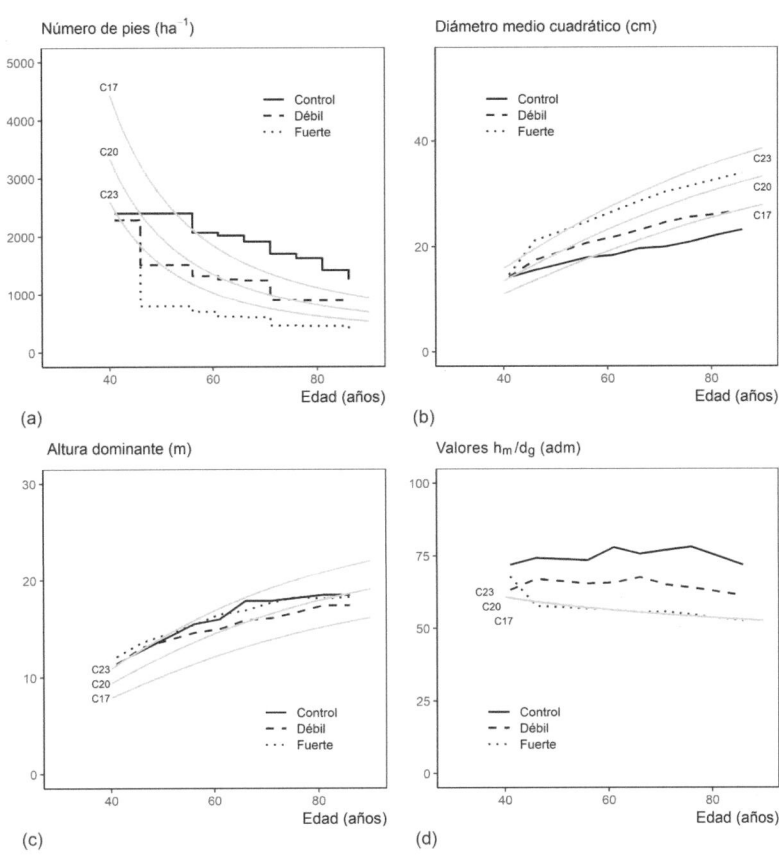

Figura 6.20 Desarrollo con la edad del (a) número de pies, (b) diámetro medio cuadrático, (c) la altura dominante y (d) coeficiente de esbeltez del árbol medio en el sitio experimental de claras en pino silvestre de Duruelo. Se presentan los datos para una parcela control sin cortas (línea continua), una con claras débiles (línea discontinua) y otra con claras fuertes (línea punteada) desde el primer inventario realizado en 1968 hasta el 2013. Curvas de las tablas de producción de pino silvestre de Rojo y Montero (1996), para claras de intensidad moderada y calidades de estación 17, 20 y 23 (líneas grises).

obstante, esta variación apenas tiene impacto en el crecimiento medio en volumen Figura 6.21d).

6.5 Masas mixtas regulares

6.5.1 Patrones básicos de desarrollo de la masa

Los patrones de desarrollo para masas puras regulares introducidos en las secciones anteriores pueden verse modificados cuando se mezclan distintas especies forestales. Estos cambios se pueden dar en el desarrollo de alturas y diámetros, el crecimiento de la masa en volumen, la densidad y el volumen total (Figura 6.22a–d).

Debido a que la altura media o dominante de las masas forestales se correlaciona con muchos otros atributos de la masa (p. ej., número de pies por hectárea, volumen total, índice de sitio), a menudo se usa para caracterizar el patrón de desarrollo específico de cada especie en masas puras (Skovsgaard y Vanclay 2008, 2013). Las curvas sigmoideas de altura–edad siguen un curso relativamente lento para las especies de sombra (por ejemplo, Abies, Fagus, Pícea) y más rápido para las especies de luz (por ejemplo, Betula, Larix, Pinus) (Assmann 1970, 44–45). La Figura 6.22a muestra las curvas de edad–altura de dos especies con diferentes patrones en masas puras (línea continua). La intersección de

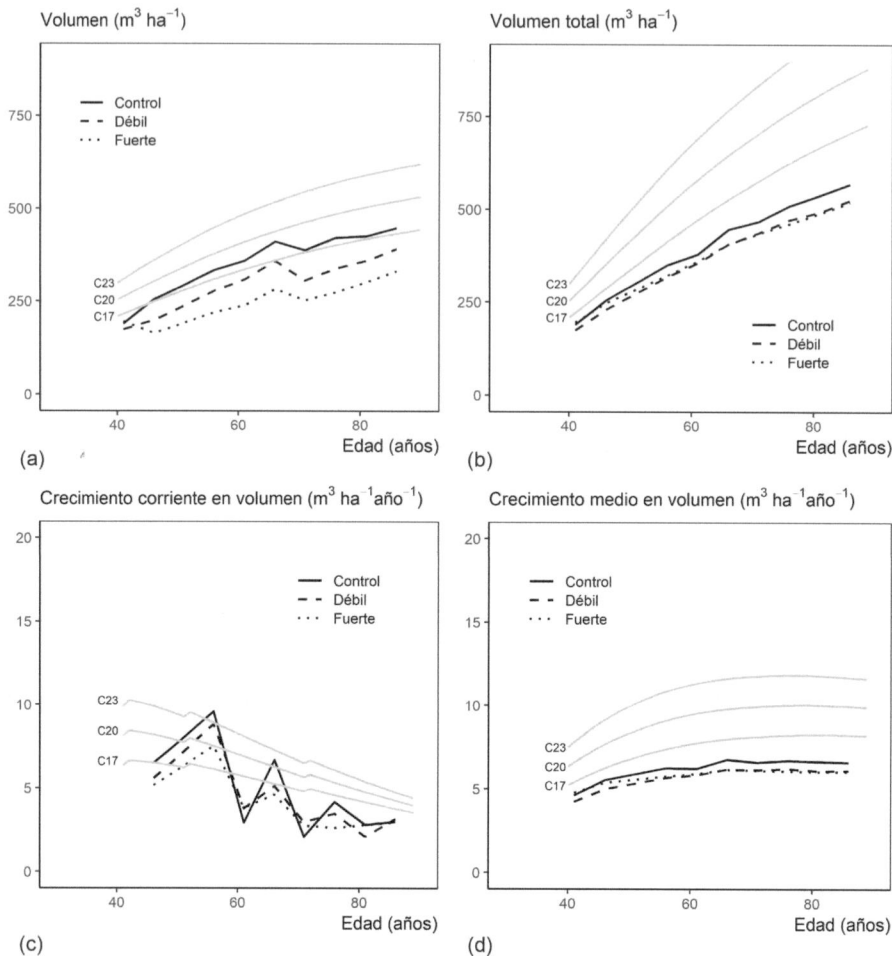

Figura 6.21 Desarrollo con la edad del (a) volumen de la masa en pie, (b) volumen total, (c) crecimiento corriente en volumen calculado con el crecimiento periódico medio y (d) crecimiento medio en volumen en el sitio experimental de claras en pino silvestre de Duruelo. Se presentan los datos para una parcela control sin cortas (línea continua), una con claras débiles (línea discontinua) y otra con claras fuertes (línea punteada) desde el primer inventario realizado en 1968 hasta el 2013. Curvas de las tablas de producción de pino silvestre de Rojo y Montero (1996), para claras de intensidad moderada y calidades de estación 17, 20 y 23 (líneas grises).

sus curvas de altura (punto negro izquierdo) indica cómo sería la competencia de una masa mixta de esas especies, indicando el cambio de dominancia en altura entre las dos especies. En el ejemplo, la especie 2 es superior al principio, pero es superada por la especie 1 cuando la edad es avanzada. Sin embargo, si ambas especies se mezclan, el desarrollo de la altura en comparación con el de la masa pura puede cambiar debido a la interacción entre las dos especies (líneas discontinuas). En el ejemplo, la especie 2 puede aumentar aún más su liderazgo en la mezcla y ralentizar a la especie 1 en términos de altura. En este ejemplo, la especie 2 se beneficia en la misma medida que pierde la especie 1, y la media permanece en gran medida sin cambios.

De manera análoga al cambio en altura, el incremento corriente anual en volumen en la masa mixta (observado) puede cambiar en comparación con la media ponderada (según proporción de especies) de las masas puras vecinas (esperado) (Figura 6.22b), es decir, lo que crecería la masa si se comportase como en las masas puras. Tales cambios pueden resultar de las diferencias de ritmo específicas de

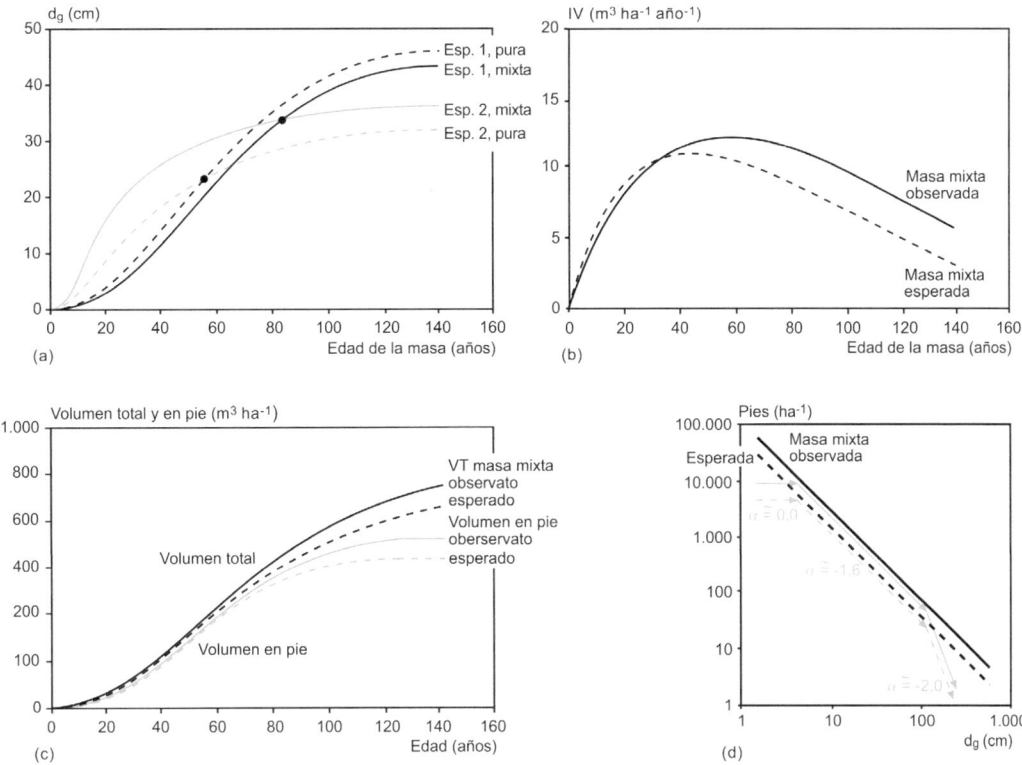

Figura 6.22 Ejemplo de diagrama de los efectos de la mezcla de dos especies en los componentes del crecimiento de masas forestales. Los cursos de desarrollo en una mezcla (líneas continuas) se comparan con los cursos análogos en masas puras (líneas discontinuas). (a) El desarrollo del tamaño de una especie de crecimiento lento (tipo 1) a menudo se ralentiza por la presencia de una especie de crecimiento rápido (tipo 2); La especie de crecimiento rápido (tipo 2) acelera su desarrollo. (b) La productividad de la masa mixta (observada) puede exceder la media ponderada de las masas puras vecinas (esperada) en términos de nivel y duración. (c) El volumen total y el volumen en pie en la masa mixta pueden ser mayores que la media ponderada de las masas puras vecinas. (d) La densidad de masas mixtas, representada aquí por la línea de autoaclareo, puede ser mayor que la ponderada de las masas puras correspondientes.

la especie, que cada especie también muestra en masas puras, pero que pueden incrementarse notablemente debido a las interacciones entre especies, que modifican los patrones de crecimiento de cada especie en la mezcla (Mitscherlich 1970, pp 112–126; Pretzsch et al. 2015b, Wellhausen et al. 2017). En este ejemplo, la masa mixta supera a la masa pura en el nivel y momento de culminación del incremento del volumen (Figura 6.22b, observado). Como resultado, el crecimiento acumulado total o volumen total en masas mixtas (Figura 6.22c, observado VT) puede superar la media ponderara del crecimiento acumulado total de las masas puras vecinas (esperado). El volumen de la masa en pie también puede ser más alto en una mezcla que en sus respectivas masas puras (Figura 6.17c, volumen observado frente al esperado).

La línea de autoaclareo puede cambiar debido al cambio en la disponibilidad y uso de recursos en la masa mixta en comparación con la masa pura. La Figura 6.22d muestra una representación esquemática del incremento observado en la línea de autoaclareo en masas mixtas al aumentar la densidad máxima y la capacidad de ocupación de la estación (Pretzsch et al. 2012). Además de la ordenada en el origen, la pendiente de la línea de autoaclareo también puede cambiar, así como la transición en fases de desarrollo de la masa más avanzadas de una pendiente de $a = -1{,}605$ a una pendiente de $a = -2{,}0$.

La Figura 6.22 ilustra cómo la mezcla de especies puede modificar diferentes características de la masa. El efecto específico de cada especie en la mezcla se puede comparar con el desarrollo de la especie en masas monoespecíficas, por ejemplo, se

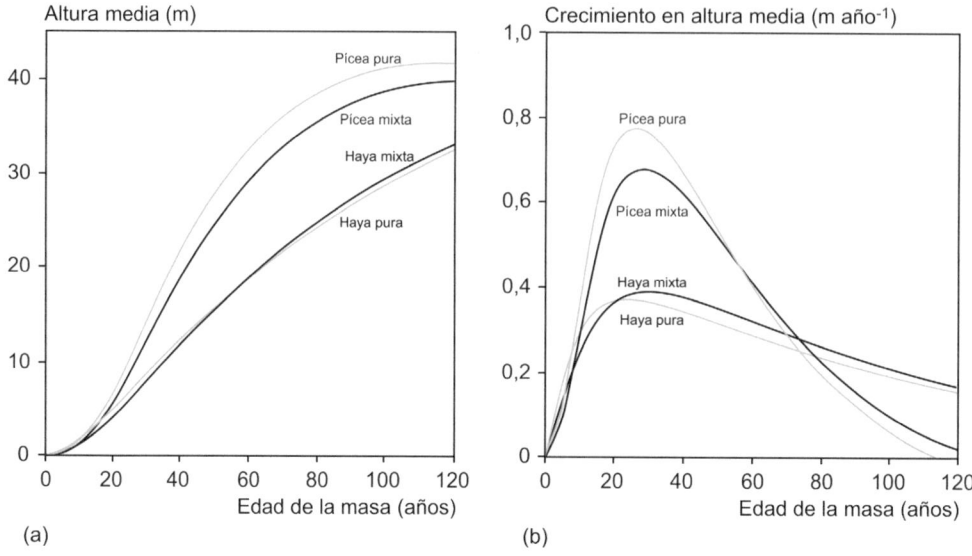

Figura 6.23 La mezcla de pícea y haya puede reducir su (a) crecimiento en altura y (b) retrasar su crecimiento en altura en comparación con la masa pura. Ciclos de desarrollo en las parcelas experimentales de masas mixtas Zwiesel 111, 134 y 135 (según Pretzsch 1992, pp. 193-198).

puede cuantificar el desarrollo de la altura media de una especie en mezcla y compararla con desarrollo análogo en una masa pura vecina. El efecto de la mezcla en la estructura de la masa, es decir, en variables de masa como el crecimiento corriente anual en volumen, puede analizarse en comparación con la media ponderada de los volúmenes de masas puras vecinas (recuadro 6.1) (ponderación según la proporción de especies).

6.5.2 Curvas de edad – altura y curvas de diámetro – edad en masas mixtas en comparación con masas puras

Los patrones de las curvas de altura–edad que se conocen para las masas puras se pueden modificar debido a la competencia interespecífica en las masas mixtas. La Figura 6.23 muestra cómo se retrasa el desarrollo en altura de la pícea y del haya en las parcelas experimentales de masas mixtas Zwiesel 111, 134 y 135 (Baviera) en comparación con las masas puras vecinas en la fase juvenil, aunque se vuelve similar con la edad. Wellhausen et al. (2016) observaron una reducción en el desarrollo de la altura de una o las dos especies en la mezcla en comparación con las masas puras correspondientes, para mezclas de pino y pícea y Wiedemann (1951, pp. 131–133) para mezclas de roble y haya, pino y haya, y pícea y haya. En el caso de combinaciones de especies con distintos patrones de crecimiento, los efectos interespecíficos también pueden conducir a la aceleración de una especie. De esta manera, el desarrollo en altura del pino silvestre en combinación con el haya, de crecimiento lento, puede acelerarse (Pretzsch et al. 2015, 2017). A la inversa, el crecimiento lento de la pícea puede verse afectado por condiciones de poca luz, creciendo en el piso intermedio o inferior (Kern 1966, Preuhsler 1979, Magin 1959).

Basándose en 141 tripletes de masas mixtas y masas puras vecinas (cada triplete consta de una parcela en masa mixta y las dos respectivas parcelas en masas puras), Pretzsch et al. (2016) describen de forma general los efectos que la mezcla de especies tiene en las curvas de altura y otras características de la masa a una edad intermedia. En este estudio se investigaron parcelas permanentes con un nivel de ocupación de la estación completo y parcelas experimentales temporales en Europa Central de masas puras y mixtas regulares de abeto / pícea, pícea /

Tabla 6.3 Altura media, h_g y diámetro medio, d_g, en las masas mixtas en comparación con masas puras para cinco combinaciones de especies. Los cocientes por encima / debajo de 1,00 indican que las masas mixtas son superiores / inferiores a las masas puras vecinas. Los cocientes en negrita indican diferencias significativas (p <0,05) entre masas mixtas y puras.

Variables	Combinación de especies	n	Especie 1 mix/mono (± SE)	Especie 2 mix/mono (± SE)	Rodal mix/mono (± SE)
Altura media h_g (m)					
	Pícea/Pino silvestre	7	**0,86 (±0,06)**	1,05 (±0,03)	0,94 (±0,04)
	Pícea/Alerce	10	0,71 (±0,31)	1,07 (±0,10)	0,95 (±0,10)
	Pícea/Haya	52	1,01 (±0,01)	0,99 (±0,02)	1,00 (±0,01)
	Pino silvestre/Haya	17	1,04 (±0,03)	0,97 (±0,05)	1,01 (±0,04)
	Roble/Haya	24	0,98 (±0,01)	**0,90 (±0,02)**	**0,95 (±0,01)**
Diámetro medio cuadrático d_g (cm)					
	Pícea/Pino silvestre	7	0,82 (±0,09)	1,03 (±0,03)	0,89 (±0,05)
	Pícea/Alerce	10	0,74 (±0,21)	1,11 (±0,08)	1,08 (±0,13)
	Pícea/Haya	28	**1,12 (±0,02)**	**0,95 (±0,02)**	1,05 (±0,02)
	Pino silvestre/Haya	9	**1,13 (±0,06)**	0,94 (±0,04)	1,04 (±0,04)
	Roble/Haya	12	**0,94 (±0,02)**	0,95 (±0,03)	**0,95 (±0,02)**

pino silvestre, pícea / alerce, pícea / haya, pícea / aliso, pino / haya, alerce / haya, haya / roble y haya / abeto Douglas. Las alturas y los diámetros medios en las masas mixtas son en general similares a la media ponderada de las masas puras vecinas. En promedio las alturas medias en la masa mixta se encuentran solo un 2 % por debajo de las dimensiones correspondientes de las masas puras vecinas, con variaciones según la mezcla (Tabla 6.3). El diámetro medio cuadrático en la masa mixta es en promedio un 1 % más alto que en las masas puras vecinas (Tabla 6.3).

Para las cinco mezclas seleccionadas, particularmente representativas, la comparación entre masas mixtas y puras se realizó también a nivel de especie. La Tabla 6.3 muestra las siguientes interacciones entre las especies 1 y 2, que son características de todas las combinaciones de especies consideradas. El análisis a nivel de especie muestra que las ventajas de la primera especie se compensan en la mayoría de los casos con desventajas de la segunda (Tabla 6.3, columnas Especie 1 mix / mono y Especie 2 mix / mono), por lo que no hay efectos generales significativos en las diferencias entre masas mixtas y puras a nivel de masa. Una excepción observada son las masas mixtas de roble / haya, que se encuentran un 5 % por detrás de las masas puras correspondientes en términos de altura y diámetro medios.

En la Tabla 6.3 se observa como las ratios entre mixtas y puras son similares en altura y diámetro medios, con una especie que tiende a verse beneficiada de la mezcla mientras la otra tiende a crecer menos. Sin embargo, estas ratios no reflejan la posición relativa de una especie frente a la otra en las masas mixtas. En la Figura 6.24 se ilustra cómo la mezcla puede cambiar la posición relativa de las dos especies en comparación con su comportamiento en masas puras. A partir de 12 tripletes en masas mixtas y puras de pino silvestre y pino negral (Riofrío et al. 2017), se presenta la ratio entre las dos especies (pino negral/pino silvestre) en altura dominante y en diámetro medio cuadrático obtenido de los valores en las masas mixtas y en las puras. Se observa como en masas puras los diámetros de ambas especies son similares, mientras que el pino silvestre presenta una mayor altura dominante que el pino negral. Sin embargo, en las masas mixtas ambas especies presentan similar altura mientras que el pino

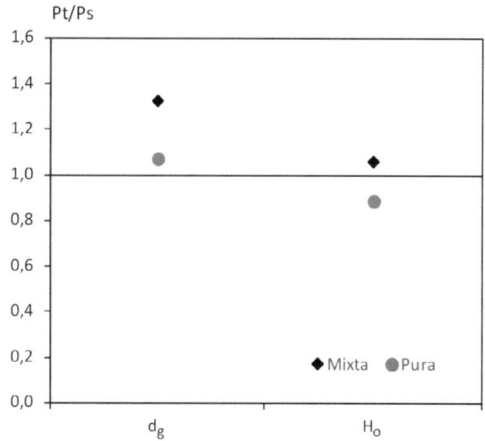

Figura 6.24 Ratio entre especies pino negral/pino silvestre (Pt/Ps) en diámetro medio cuadrático (d_g) y altura dominante (Ho) observados en masas mixtas y puras (12 tripletes) en Burgos (España) (adaptado de Riofrío et al. 2017).

negral domina claramente sobre el pino silvestre en término de diámetro, indicando un cambio de patrón de crecimiento relativo entre las especies.

6.5.3 Número de pies, área basimétrica, SDI y volumen en pie

La mezcla de especies también puede modificar la densidad y las existencias de la masa en comparación con las respectivas masas monoespecíficas. Utilizando los datos de las mismas parcelas que en la Tabla 6.3, en la Figura 6.25 se muestra que para las variables número de pies, área basimétrica, índice de densidad de Reineke (*SDI*) y volumen en pie la mayoría de las observaciones se encuentran por encima de la línea 1: 1. En promedio (puntos gruesos en la Figura 6.25), los valores en masas mixtas son un 30–40 % más altos que la media ponderada de los correspondientes valores en masas puras vecinas. Por lo tanto, la mezcla de especies no aumenta el tamaño medio de los árboles individuales, sino que principalmente aumenta la densidad de ocupación del espacio. Los valores dispersos particularmente altos o bajos en la Figura 6.25

pueden deberse a los tamaños de la parcela que a veces son relativamente pequeños con factores de exposición particularmente altos y que reflejan densidades locales.

A pesar de la mayor densidad promedio observada en las masas mixtas, los cocientes entre la densidad de masas mixtas/puras varían para las distintas composiciones específicas debido a los distintos grados de complementariedad en la ocupación del espacio disponible entre las especies. En general muestran valores > 1,0, es decir, densidades superiores para las masas mixtas (Figura 6.26), pero los cocientes solo son significativamente superiores a uno para las mezclas de pícea / alerce ($p <0,01$) y pino silvestre/ haya ($p <0,001$).

Los valores de número de pies–diámetro medio y líneas de autoaclareo en masas mixtas (Figura 6.27, negro) se encuentran por encima de las de las masas puras vecinas (Figura 6.27, gris). En la Figura 6.27a y b se muestran estos valores en una escala doble logarítmica o linear para las mismas masas examinadas en su conjunto (abeto / pícea, pícea pícea/ pino silvestre, pícea pícea/ alerce, pícea pícea/ haya, pícea pícea/ aliso, pino silvestre / haya, alerce / haya, haya / roble y haya / abeto Douglas). En la Figura 6.27c y d se presentan estas mismas relaciones concretamente para las masas puras y mixtas de pino silvestre y haya. Debido a las propiedades complementarias de estas especies, el incremento en la densidad máxima en las masas mixtas es particularmente pronunciado. El número de pies y el diámetro medio de las masas mixtas son valores promedio observados para las dos especies ponderados con las proporciones de la mezcla. La línea de autoaclareo resulta de modelos lineares mixtos $\ln(N)$–$\ln(d_g)$ (con un efecto aleatorio a nivel de triplete) (según Pretzsch y Biber 2016).

6.5.4 Crecimiento de la masa

6.5.4.1 Aumento del crecimiento en masas mixtas

Para verificar si las masas mixtas tienen una productividad mayor o menor que las puras, se compara el crecimiento de las masas mixtas con la media

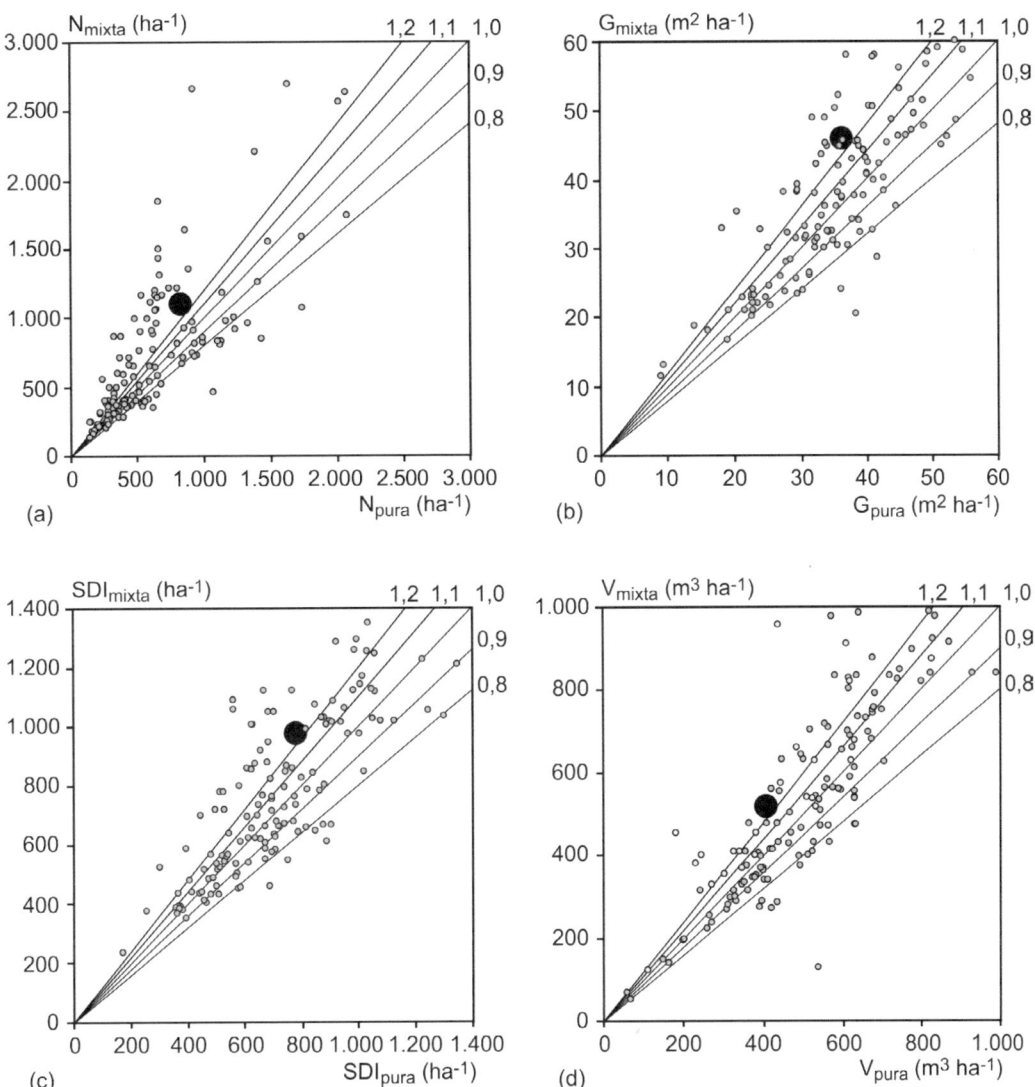

Figura 6.25 El número de pies (a), el área basimétrica (b), el índice de densidad de Reineke (c) y el volumen en pie (d) de las masas mixtas a menudo son significativamente mayores que los correspondientes a la media ponderada de las masas puras vecinas de las mismas especies. Los puntos por encima de la bisectriz (línea 1) indican parcelas experimentales en las que la densidad y los volúmenes en la masa mixta están por encima de la media ponderada de las masas puras vecinas.

ponderada por la proporción de especies de los crecimientos en masas puras de las especies correspondientes en una localización vecina (Caja 6.1). La información aproximada que se muestra a continuación sobre la productividad de las masas mixtas en comparación con las puras, muestra que el crecimiento adicional (sobre-productividad) debido a la mezcla no solo es científicamente interesante, sino también relevante en la práctica. La mezcla de especies puede aumentar el crecimiento en volumen de las masas mixtas en un 11-30 % de media, en comparación con la media ponderada de las masas puras (Tabla 6.4). Si las especies que se mezclan poseen nichos ecológicos relativamente similares (por ejemplo, pícea y haya, pícea y abeto), el crecimiento adicional tiende a estar en el rango inferior del espectro mencionado. En mezclas de especies muy complementarias (por ejemplo, pino silvestre y

354 | 6 Desarrollo de la masa. Reconstrucción a partir de los parámetros medios y acumulados de la masa

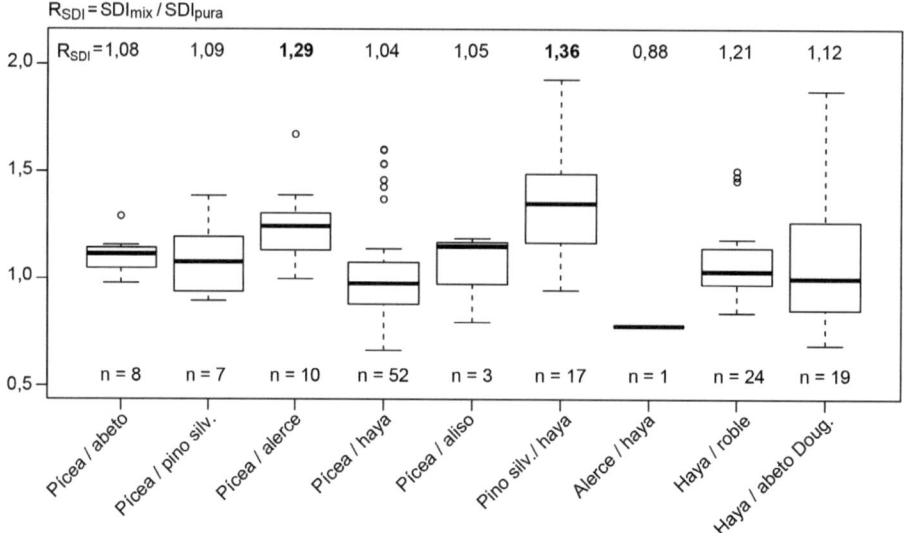

Figura 6.26 Densidades con un nivel de ocupación completo en masas mixtas en comparación con masas puras para las mezclas de especies seleccionadas (según Pretzsch y Biber 2016).

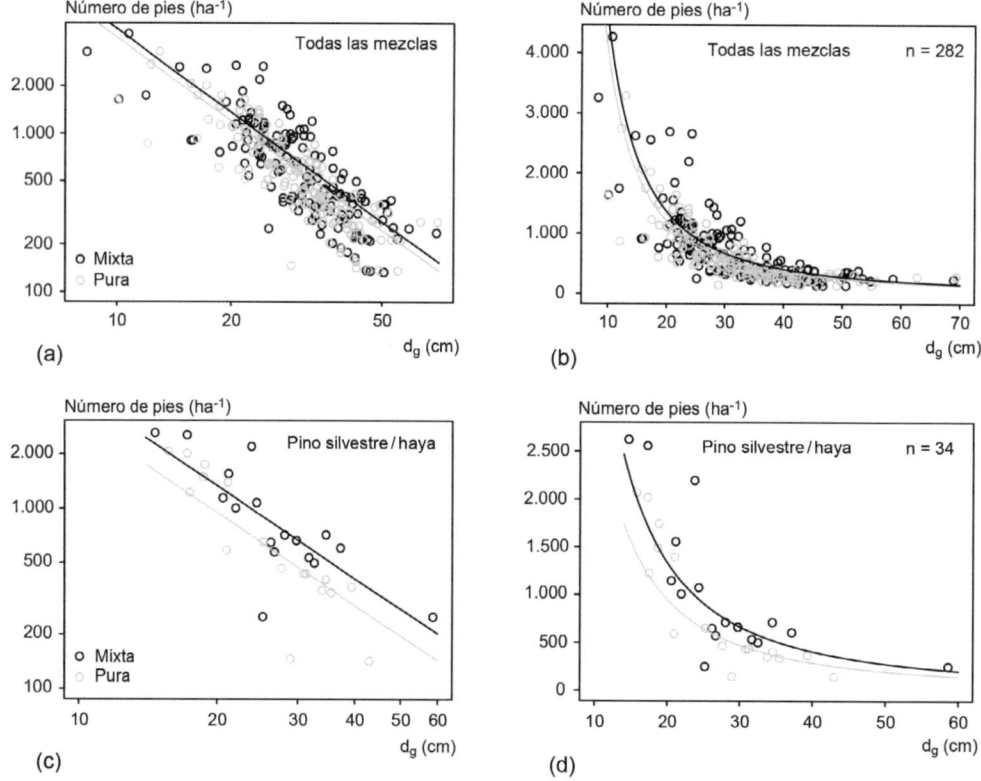

Figura 6.27 Relación entre el número de pies y el diámetro medio y líneas de auto-acalareo para masas mixtas con un nivel de ocupación completo (negro) y masas puras vecinas (gris) en un sistema de coordenadas doble logarítmico (a y c) y linear (b y d). En los paneles a y b se muestran los datos de todas las mezclas estudiadas y en los paneles c y d para la mezcla pino silvestre-haya.

Caja 6.1 Cálculo de la productividad relativa de masas mixtas vs puras y su visualización en diagramas cruzados

Para comparar los componentes del crecimiento entre masas puras y mixtas, se comparan las características de la masa mixta con la media ponderada de las características de masas puras vecinas. El procedimiento se explica aquí utilizando el ejemplo del crecimiento de masas mixtas de dos especies. Sin embargo, se puede usar de manera análoga para masas mixtas de más de dos especies. Se considera que la productividad se estima por el crecimiento de la masa.

En los siguientes cálculos, p_1 y p_2 denotan el crecimiento de las especies 1 y 2 en la masa pura y $p_{1,2}$ el crecimiento de la masa mixta correspondiente. La contribución absoluta de las dos especies al crecimiento en la masa mixta se designan por $p_{1,(2)}$, $pp_{(1),2}$, donde $p_{1,2} = p_{1,(2)} + pp_{(1),2}$. La productividad de cada especie en la masa mixta, extrapolada a la hectárea se denota $p_{1,(2)}$ o $p_{1,(2)}$ ($p_{1,(2)} = pp_{(1),2}/m_1$) o bien, donde m_1 y m_2 son las proporciones de las especies 1 y 2.

La productividad relativa en masas mixtas vs puras indica si la productividad en las masas mixtas es mayor o menor que lo que cabría esperar si las dos especies crecieran como en las masas puras vecinas. Para su cálculo en un sitio dado, el crecimiento observado en la masa mixta $p_{1,2}$ se divide por el crecimiento medio esperado en masas puras, que es la media ponderada por las proporciones de especies $\hat{p}_{1.2} = m_1 \times p_1 + m_2 \times p_2$ del crecimiento de las dos masas puras, $RPA_{1.2} = p_{1.2}/\hat{p}_{1.2}$.

Las proporciones de la mezcla (m1, m²) de las dos especies se pueden calcular en función de su biomasa aérea en t ha^{-1}, o de su área basimétrica (*AB*) o valores de *SDI*. Preferiblemente, estas proporciones se deben calcular teniendo en cuenta la distinta capacidad de carga de cada especie (*G* o *SDI* máximos) (Dirnberger et al. 2017, Pretzsch et al. 2016) mediante los coeficientes de equivalencia, como se explica en la Sección 7.4.4.

La mezcla de especies tiene un efecto positivo sobre el crecimiento de la masa (sobre-productividad) si el crecimiento observado es mayor que el crecimiento esperado ($p_{1.2} > \hat{p}_{1.2}$). Si el crecimiento en la masa mixta es mayor que el crecimiento mayor de las especies 1 y 2 en sus masas puras ($p_{1.2} > \max(p_1, p_2)$) existe un sobre-crecimiento o sobre-productividad transgresivo. Del mismo modo, hay un efecto negativo (productividad inferior) si $p_{1.2} < \hat{p}_{1.2}$, o un crecimiento inferior degresivo si $p_{1.2} < \min(p_1, p_2)$.

El aumento o disminución del crecimiento (productividad relativa en mixtas *vs* puras) también se puede calcular por separado para las especies 1 y 2 comparando el crecimiento observado en la mezcla con el observado en las masas puras considerando la proporción de especies, $RPA_{1,(2)} = pp_{1,(2)}/m_1/p_1 = p_{1,(2)}/p_1$ o bien $RPA_{(1),2} = pp_{(1),2}/m_2/p_2$, respectivamente. A nivel de especie, hay un crecimiento adicional si $p_{1,(2)} > p_1$ o bien $p_{(1),2} > p_2$.

Las reacciones del crecimiento a la mezcla de especies se ilustran, a menudo, en diagramas cruzados (Figura 6.28). Para las masas mixtas de dos especies, estos muestran las reacciones a la mezcla dependiendo de la proporción de mezcla, bien en cantidades absolutas o relativas (Kelty 1992, Pretzsch et al. 2010, Vandermeer 1992).

En la representación absoluta (Figura 6.28a), estos diagramas representan las tasas de crecimiento p_1 y p_2 de las dos especies en masas puras en los ejes de ordenadas izquierdo y derecho, respectivamente. La línea de conexión superior, marcada por un rombo, muestra el crecimiento $p_{1,2}$ en la masa mixta, en el punto de la abscisa correspondiente a su proporción de especies. La representación absoluta de los diagramas cruzados (ver, por ejemplo, la Figura 6.33a y la Figura 6.40) refleja el aumento o la disminución en t ha^{-1} año^{-1} o m³ ha^{-1} año^{-1}, mostrando así la dimensión y relevancia absolutas de los efectos de mezcla. Las líneas discontinuas de la figura reflejan el crecimiento esperado según el crecimiento de las masas puras.

En una representación relativa (Figura 6.28b),

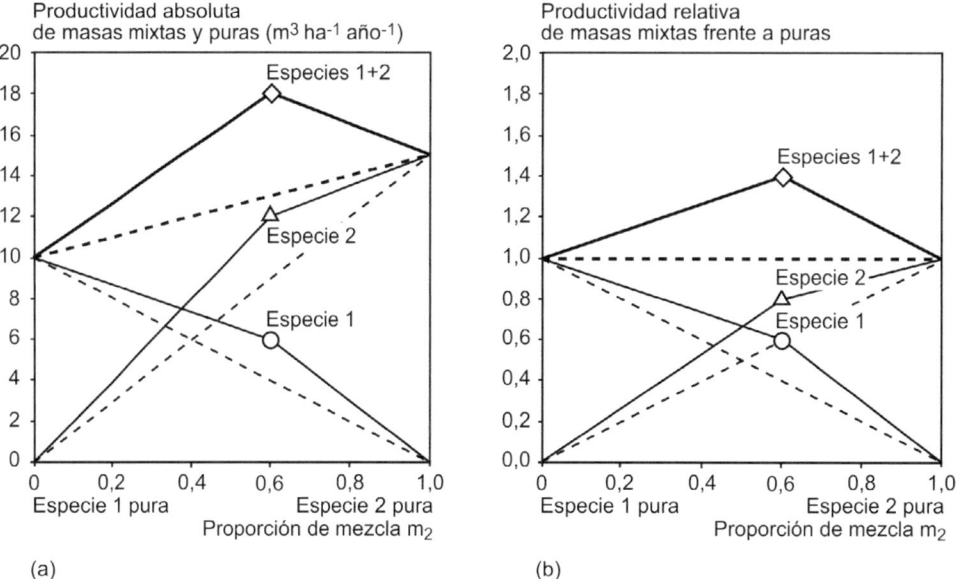

Figura 6.28 Diagrama cruzado para ilustrar las reacciones en productividad a la mezcla de especies dependiendo de la proporción de mezcla en masas mixtas de dos especies en (a) representación absoluta y (b) relativa. La productividad de las masas puras 1 y 2 se representa en los ejes de ordenadas izquierdo y derecho, respectivamente, y la abscisa muestra la proporción de la mezcla.

los diagramas cruzados permiten la integración de varias parcelas con diferentes niveles de crecimiento absoluto en un solo gráfico (ver, por ejemplo, las Figura 6.33b y la Figura 6.40). A continuación, se utilizan ambas formas de representación. La forma relativa es particularmente adecuada para evaluar los resultados de los análisis de mezcla de varias parcelas experimentales, por ejemplo, a lo largo de gradientes de calidad de estación, resumidos en un solo gráfico.

En la Figura 6.28b, solo se representa una masa en el diagrama cruzado para mayor claridad. Además del efecto de la mezcla sobre la masa total, también se introducen las contribuciones $p_{1,(2)}$ y $p_{(1),2}$ de las dos especies (líneas marcadas con un triángulo o un círculo, respectivamente). La suma de las dos especies está representada por la línea superior ya introducida. Las proporciones de mezcla m_1 y m_2 ($m_1 + m_2 = 1$) se introducen en la abscisa y se corresponden con $m_1 = 0,4$ y $m_2 = 0,6$.

La representación gráfica de los crecimientos absolutos (Figura 6.28a) muestra en este ejemplo que el crecimiento de la masa mixta es aproximadamente 18 m^3 ha^{-1} año^{-1} (línea sólida superior) es un 40 % superior a la media ponderada de las masas puras (línea de conexión discontinua superior ~13 m^3). Como se puede ver por las distancias entre las líneas continuas y discontinuas en la parte inferior de los diagramas cruzados, la especie 2 contribuye más al efecto de mezcla que la especie 1 (3 o 2 m^3 ha^{-1} año^{-1}).

La representación de los crecimientos relativos entre masas mixtas y puras (Figura 6.1-1b) estandariza los diferentes niveles de crecimiento de las especies y muestra directamente la sobre-productividad relativa a nivel de masa y de especies.

La línea de conexión discontinua horizontal superior muestra la productividad esperada en la masa mixta si el crecimiento de cada especie fuese similar al de las masas puras. Las líneas discontinuas que se cruzan en la parte inferior del gráfico representan la productividad esperada de ambas especies sin un efecto de mezcla. Las desviaciones de las líneas de referencia hacia arriba o hacia abajo de la masa en su conjunto o de las especies individuales muestran los aumentos o disminuciones absolutos (a) o relativos (b) en la masa mixta en comparación con las masas puras.

Existen otros enfoques para el cálculo de los efectos de la mezcla en términos de productividad que proporcionan resultados ligeramente diferentes. En el ámbito agrícola es frecuente usar el ratio en superficie equivalente (*LER*) o productividad relativa total (*PRT*) (Vandermeer 1992, p. 20). Este se calcula de acuerdo con $RPR_{1,2} = pp_{1,(2)}/p_1 + pp_{(1),2}/p_2$. La contribución de las especies individuales al aumento o disminución de la masa mixta en comparación con una masa pura vecina es $RPR_{1,(2)} = pp_{1,(2)}/p_1$ o bien $RPR_{(1),2} = pp_{(1),2}/p_2$, y la productividad relativa total se calcula con la suma de las contribuciones, es decir, $RPR_{1,2} = RPR_{1,(2)} + RPR_{(1),2}$.

haya, alerce y haya), se alcanzan valores significativamente más altos. La tabla muestra aumentos en el crecimiento observado en parcelas experimentales permanentes, en comparación con el crecimiento en masas puras, y los factores de corrección derivados, elegidos de forma conservadora. En consecuencia, los valores de crecimiento de las masas puras deben multiplicarse por un factor de 1,10 a 1,20 para obtener crecimientos realistas para las masas mixtas correspondientes. Los factores de corrección se derivaron de masas de mediana edad en las que ambas especies están representadas en proporciones aproximadamente iguales y asociadas en mezclas pie a pie o por bosquetes.

Los ejemplos mostrados corresponden a mezclas de dos especies, pero a medida que aumenta el número de especies, el efecto adicional de la mezcla sobre la productividad aumenta solo de manera regresiva y asintótica aproximándose a un valor máximo (Figura 6.29). De este modo, si bien una mezcla de 2 especies puede desencadenar una sobre-producción particularmente notable (por ejemplo, 10-25 %) en comparación con el de masas puras, el crecimiento no aumenta en la misma medida cuando se agrega una especie adicional, sino tan solo un 5 %. Debido a que los nichos ecológicos se van ocupando de forma más completa con cada nueva especie y, por tanto, se utilizan cada vez menos recursos adicionales, se logra una sobre-producción menor. En rodales mixtos de tres a cuatro especies (por ejemplo, roble / pino silvestre / haya, abeto / pícea / haya / arce) en el sur de Alemania, se observó un aumento en el crecimiento en comparación con la media ponderada de las masas puras vecinas del 24-43 % (Pretzsch 2013).

Liang et al. (2016) confirman mediante su análisis global de datos de inventario, la relación entre la diversidad de especies y la productividad de la masa, que se muestra esquemáticamente en la Figura 6.29. En consecuencia, este aumento decreciente de la productividad es evidente para prácticamente todos los biomas forestales del mundo. El aumento de la productividad con el número de especies se produce de forma más pronunciada en regiones más productivas, como los bosques húmedos tropicales, manglares y bosques templados, que, en bosques boreales y mediterráneos, tundra o sabanas secas. Si la Figura 6.29 se lee de izquierda a derecha, muestra el potencial de aumento de la productividad a través de la mezcla de especies. Si la curva se interpreta de derecha a izquierda, representa la pérdida de productividad debido a la reducción de especies. En muchas partes de Europa, la transición a masas puras de coníferas ha reducido la biodiversidad desde el comienzo de la selvicultura sistemática en el siglo XVIII. La transición de masas puras a mixtas favorecida actualmente en Europa y en muchas otras partes del mundo debería aumentar de manera sostenible la productividad de estas.

Estas conclusiones se basan principalmente

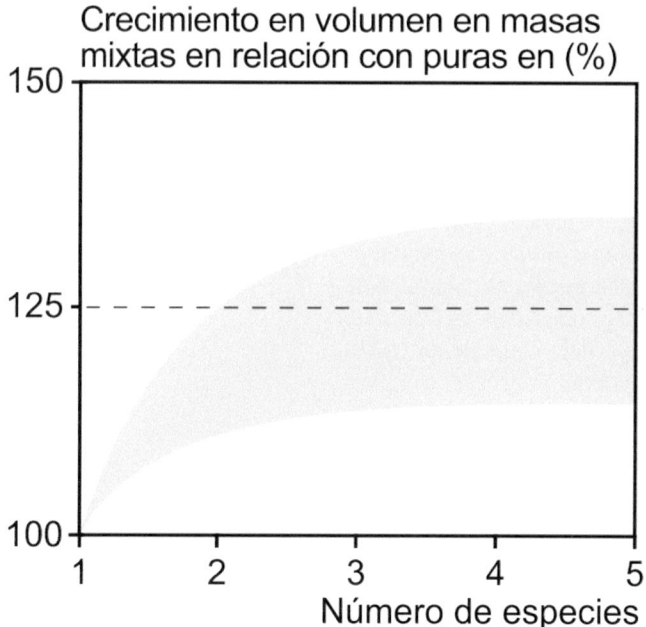

Figura 6.29 Representación esquemática del aumento decreciente de la productividad de la masa con un número creciente de especies. El corredor dibujado en gris muestra una mayor producción en masa mixtas en relación con puras, con un máximo del 35 % cuando se combinan varias especies muy complementarias y valores más bajos del 15 % con especies menos complementarias (según Liang et al. (2016) y Pretzsch (2013)).absoluta y (b) relativa. La productividad de las masas puras 1 y 2 se representa en los ejes de ordenadas izquierdo y derecho, respectivamente, y la abscisa muestra la proporción de la mezcla.

Tabla 6.4 Efectos de mezcla de especies sobre el crecimiento en volumen de diferentes combinaciones de especies y factores de corrección para el ajuste de los valores del crecimiento de las tablas de producción comunes de masas puras.

Combinación de especies	Pícea/ Haya	Pino silvestre/ Haya	Roble/ Haya	Haya/ Abeto Douglas.	Pino silvestre/ Pícea	Alerce/ Pícea	Pícea/ Abeto	Media
Incremento (± SE) en %	21 (± 3)	30 (± 9)	20 (± 3)	11 (± 8)	21 (± 11)	25 (± 6)	13 (± 6)	
Factor de corrección	1,10	1,20	1,10	1,10	1,20	1,20	1,10	1,10

en los resultados de las parcelas experimentales permanentes, que incluyen masas puras como referencia y en las que se han medido las reacciones a la mezcla desde la década de 1930. Es importante recordar que, aunque haya sobre-producción, es decir, el crecimiento de la masa mixta es mayor que el esperado de las masas puras, el crecimiento de la mezcla puede ser menor que el de la masa pura más productiva. Por otra parte, como se verá a continuación, el efecto de la mezcla varía entre composiciones, condiciones del sitio, edad, y estructura de la masa.

6.5.4.2 Comparación de crecimiento en masas puras y mixtas de pícea / haya y roble / haya

La evaluación de los efectos de la mezcla de pícea y haya a una edad de intermedia a avanzada en el crecimiento se analizó a partir de 23 parcelas experimentales permanentes establecidas en

6.5 Masas mixtas regulares

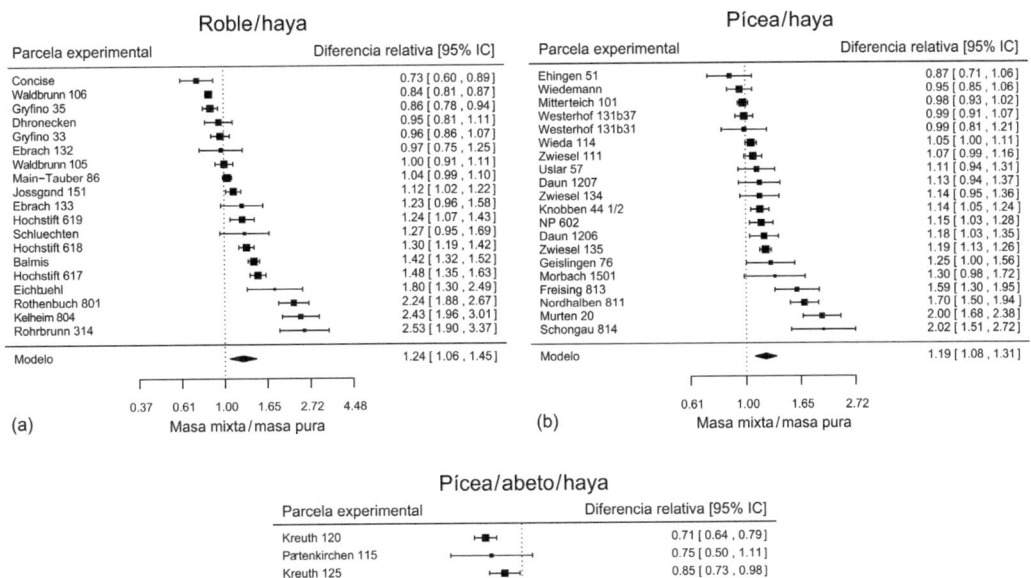

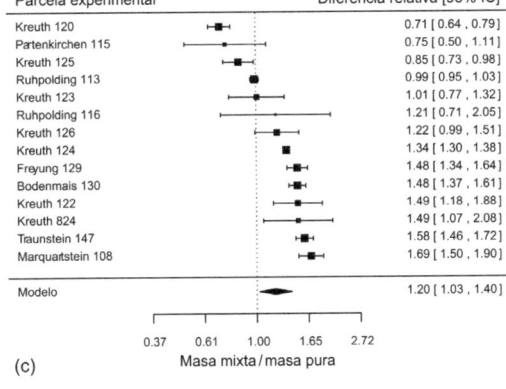

Figura 6.30 Relación entre el crecimiento en volumen de masas mixtas y puras, analizados sobre la base de parcelas experimentales permanentes de mezclas de (a) roble y haya, (b) pícea y haya, y (c) pícea, abeto y haya en Alemania. En promedio, el crecimiento de estas masas mixtas es del 124 %, 119 % y 120 % sobre el esperado de las masas puras vecinas. Para las tres mezclas, las reacciones van desde una ligera inferioridad del crecimiento en algunas parcelas hasta aumentos significativos en las masas mixtas en comparación con la media ponderada de las masas puras vecinas. La etiqueta "Wiedemann" en la parte b de la figura representa el estudio de Wiedemann (1942), cuyos valores se incluyeron en este metanálisis.

Europa Central (Figura 6.30), las cuales cubren un espectro de sitios desde pobres en nutrientes y secos hasta ricos y húmedos (Pretzsch et al. 2010). Para esta mezcla, los aumentos y disminuciones de crecimiento en comparación con las masas puras vecinas oscilan entre – 46 % y + 138 % (Figura 6.31a). De media, las masas mixtas representan el 120 % del crecimiento en volumen sobre las masas puras vecinas, lo que supone una sobre-producción en biomasa de 1,5 t ha^{-1} año^{-1}. Si se analizan las reacciones del crecimiento a nivel de especie, los datos muestran que la pícea puede beneficiarse o perder cuando se mezcla con haya, pero en promedio el efecto es neutro (Figura 6.31b). El haya también muestra una gran fluctuación, pero la comparación de su crecimiento en masas puras y mixtas Figura 6.31a indica que el nivel de crecimiento de la masa mixta es claramente superior (Figura 6.31c).

6.5.4.3 Crecimiento en masas mixtas vs puras de eucalipto y acacia

La mezcla de eucalipto y acacia es un ejemplo común de facilitación con un aumento del 50 al 100 % en comparación con las masas puras (Forrester et al. 2006). La Figura 6.33 muestra la sobre-producción o incrementos adicionales absolutos y

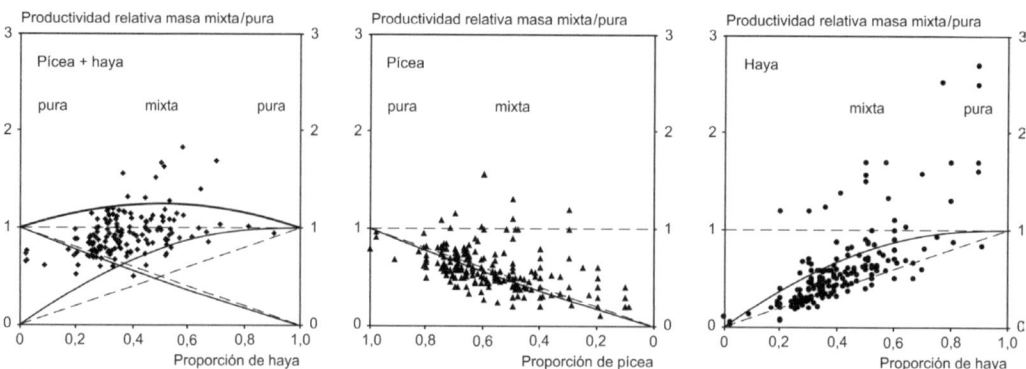

Figura 6.31 Crecimiento relativo en volumen de masas mixtas frente a masas puras de pícea y haya (a) para la masa total, (b) para pícea y (c) para haya. Se introducen los valores medidos y las curvas obtenidas para las reacciones de la mezcla (según Pretzsch et al. 2010). Para una explicación más detallada de este tipo de representación, vea el Caja 6.1.

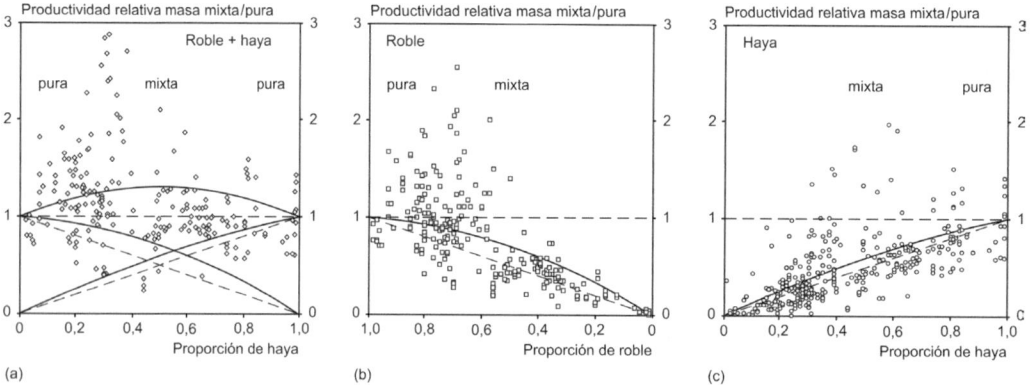

Figura 6.32 Crecimiento relativo en volumen de masas mixtas frente a masas puras de roble y haya (a) para la masa total, (b) para roble y (c) para haya. Se introducen los valores medidos y las curvas obtenidas para las reacciones de la mezcla (según Pretzsch et al. 2013).

relativos para una mezcla de *Eucalyptus globulus* Labill y *Acacia mearnsii* de Wiid. Teniendo en cuanta que las plantaciones de eucalipto ocupan del orden de 20 millones de hectáreas en todo el mundo, es relevante para la práctica forestal saber si mezclando las plantaciones con otras especies se puede lograr un incremento de la biomasa o el volumen del fuste en comparación con las masas puras. Si, como en este ejemplo, las masas mixtas son superiores a las masas puras vecinas en 3-4 t ha^{-1} año^{-1} (hasta un 70 %), puede tener gran importancia en la toma de decisiones en plantaciones forestales. Las plantaciones de eucalipto con deficiencia de nitrógeno, en particular, se benefician de la adición de una especie fijadora de N$_2$ como la acacia (Forrester et al. 2006), aunque puede ocurrir que si no hay deficiencia de N$_2$ el efecto de la mezcla sea mucho menor. La Figura 6.34 muestra el cambio en los efectos de la mezcla a medida que avanza el desarrollo de la masa. Si bien, en primer lugar, la acacia se beneficia de la mezcla (Figura 6.34a), con la edad el eucalipto contribuye cada vez más a la mayor productividad de la masa mixta (Figura 6.34b y c).

6.5.4.4 Crecimiento en masas puras y mixtas de pino silvestre

Dada la importancia del pino silvestre en Europa y el interés que presenta la diversificación de los pinares de esta especie, del Río et al. (2022) analizaron la productividad (crecimiento en área

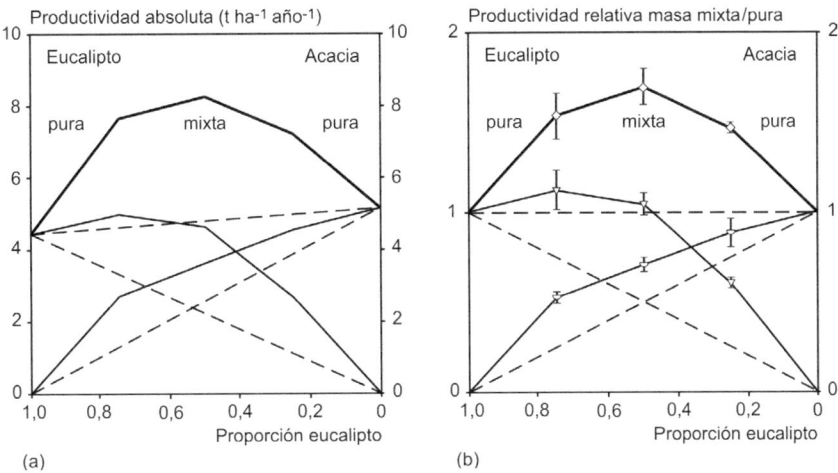

Figura 6.33 Sobre-produccióne n masas mixtas (aumento medio total) de eucalipto (*Eucalyptus globulus* Labill.) y acacia (*Acacia mearnsii* De Wild) a la edad de 10 años, que se muestra como (a) crecimiento absoluto y (b) relativo de la masa mixta en comparación con las masas puras correspondientes de ambas especies (según Forrester et al. 2006).

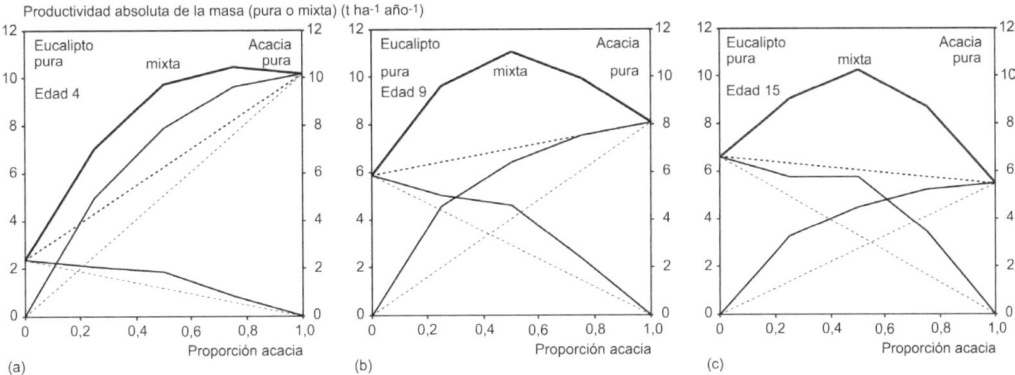

Figura 6.34 Sobre-productividad absoluta (crecimiento medio total) en masas mixtas de eucalipto (*Eucalyptus globulus*) y acacia (*Acacia mearnsii*) (ver Figura 6.27) en comparación con masas puras de ambas especies a las edades de 4, 9 y 15 (según Forrester et al. 2006).

basimétrica) de masas de pino silvestre en masas puras y en mezclas con tres especies, haya, roble y pícea lo largo de Europa. Se establecieron tres transectos de tripletes, uno por mezcla, con un total de 87 tripletes (cada triplete contiene una parcela mixta y dos parcelas puras de las respectivas especies). Los resultados de la comparación del crecimiento en área basimétrica entre masas mixtas y el crecimiento esperado de las masas puras indican que en promedio el crecimiento es mayor en las masas mixtas que en las puras. Si se considera cada mezcla, la productividad fue mayor en los tres transectos (Figura 6.35), aunque solo significativamente para la mezcla pino silvestre-roble, y casi significativo para pino silvestre-haya. El efecto positivo de la mezcla es mayor cuando la especie que se mezcla con el pino silvestre presenta caracteres más contrastados (especies frondosas y deciduas frente a coníferas).

En cuanto a los resultados por especie, el pino silvestre muestra en los tres transectos un crecimiento en área basimétrica en la mezcla menor de lo que cabría esperar si creciese como en las puras (productividad relativa <1) (Figura 6.35), aunque solo para la mezcla pino silvestre-pícea

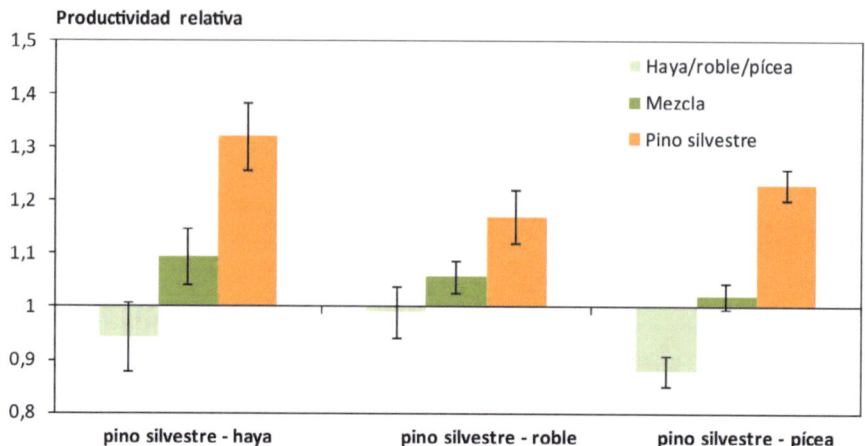

Figura 6.35 Productividad relativa media (y error estándar) en masas mixtas en comparación con masas puras y productividad relativa por especie para mezclas de pino silvestre con haya, roble y pícea a lo largo de Europa (adaptado de del Río et al. 2022). La productividad se ha estimado en términos de crecimiento en área basimétrica siguiendo la metodología presentada en la Caja 6.1.

el efecto es significativo. Sin embargo, la productividad relativa de las otras especies fue siempre significativamente mayor a uno. Estos resultados indican que en términos de productividad la mezcla de especies es ventajosa, aunque una especie se beneficia a expensas de la otra. Es importante resaltar que existe mucha variabilidad entre sitios, aunque no se han encontrado patrones claros con las condiciones climáticas (Pretzsch et al. 2015, 2020; Ruiz-Peinado et al. 2021).

6.5.5 Volumen total y nivel de producción

6.5.5.1 Volumen total

Debido a que la cuantificación del volumen total (suma del volumen en pie y el volumen extraido por mortalidad o aprovechamientos previos desde el establecimiento de la masa) requiere de parcelas experimentales a largo plazo y estas son poco frecuentes en masas mixtas, hasta ahora se sabía poco acerca de la diferencia en volumen total entre masas mixtas y se comparan con puras. La comparación de 141 masas puras con 62 mixtas en el sur de Alemania (Pretzsch et al. 2016) mostró una tendencia del volumen total de las masas mixtas superior a las puras (Figura 6.36). De acuerdo con la Tabla 6.4 (fila VT), las masas mixtas superan significativamente la media ponderada de los volúmenes totales de las masas puras vecinas (p <0,01) en un 12 %. Esta superioridad de las masas mixtas en volumen total es algo mayor que en el volumen en pie (+ 8 %) (fila V).

Usando como base las 141 masas puras y 62 mixtas de esta base de datos, se calcularon los porcentajes de la masa extraída en volumen entre las edades de 80-120. Estos son en promedio (± errores estándar) 39,9 (± 3,7) % para las masas puras y 39,7 (± 4,8) % para las mixtas. El volumen y el volumen total en las mixtas son de 8 o 12 % más altas que en las puras, pero los porcentajes de la masa extraída (volumen muerto o extraído) no difieren significativamente entre sí.

En la Tabla 6.5 se observa que la mezcla de especies puede aumentar significativamente la densidad y el volumen en comparación con las masas puras, pero las dimensiones individuales de los árboles son similares.

6.5.5.2 Ley de Eichhorn y nivel de producción

La forma en que la mezcla puede modificar el ni-

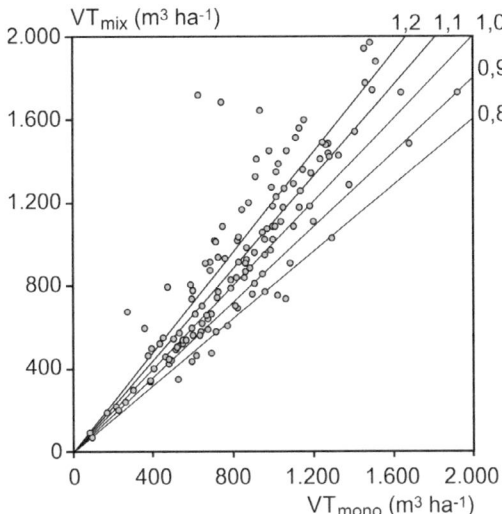

Figura 6.36 El volumen total en masas mixtas excede, de media, el nivel de las masas puras vecinas. Los puntos cercanos a la bisectriz (línea 1,0) indican que el volumen total en masas mixtas y puras es similar. Los puntos por encima de la bisectriz indican una superioridad de las masas mixtas. Datos de masas mixtas y puras en parcelas permanentes (Pretzsch et al. 2016)

vel de producción y la relación de Eichhorn se muestra usando las 141 parcelas experimentales de masas puras y las 62 de masas mixtas presentadas anteriormente. Estas representan diferentes mezclas de 2 especies en masas mixtas y puras y el desarrollo de masas con un nivel de ocupación completo (Pretzsch et al. 2016).

La Figura 6.37 introduce primero el método mediante el cual se cuantificó y comparó el nivel de producción general y la relación de Eichhorn de masas puras y mixtas (ver Sección 6.4.2). Muestra esquemáticamente cómo el volumen y el volumen total aumentan progresivamente con el aumento de la altura (Figura 6.37a). La ley de Eichhorn describe esta relación ($V = f(h)$) para el volumen (Eichhorn 1902), el nivel de producción general ($VT = f(h)$) lo describe para el volumen total (Assmann 1961). Para la comparación entre masas puras y mixtas, se obtuvieron exponentes (α_{V,h_q} ó α_{VT,h_q}) específicos de cada especie que relacionan alométricamente el volumen y la altura media ($V \propto h_g^{\alpha_{V,h_g}}$), así como la relación entre el volumen total y la altura media ($VT \propto h_g^{\alpha_{V,h_g}}$). En la representación doble logarítmica en la Figura 6.37b, estas relaciones resultan en líneas rectas con pendientes α_{V,h_q} o α_{VT,h_q}. Basado en los exponentes (α_{V,h_q} ó α_{VT,h_q}), un volumen V determinado para una altura h_g $V_{h20} = V \times \left(\frac{20}{h_g}\right)^{\alpha_{v,hg}}$ se podría proyectar mediante la relación alométrica para la altura estándar de 20 m, altura de referencia que reflejaría el nivel de producción. Lo mismo se hizo para el volumen total ($VT_{h20} = VT \times \left(\frac{20}{h_g}\right)^{\alpha_{VT,hg}}$). Los valores de V_{h20} y VT_{hg20} indican qué volumen o volumen total se espera para una altura de referencia de 20 m, y permiten comparar masas puras y mixtas. La Figura 6.37c y d visualiza este enfoque metodológico para el volumen. De forma análoga se realizaría el mismo procedimiento para el volumen total (que no se muestra gráficamente). En función de los valores V_{h20} y VT_{hg20}, se pueden observar las posibles diferencias en la altura de la relación de Eichhorn y en el nivel de producción general entre masas puras y mixtas.

Los volúmenes en pie V_{h20} y el volumen total VT_{hg20} para una altura estándar de 20 m obtenidos en masas mixtas demuestran el nivel superior de las relaciones $V - h_g$ y $VT - h_g$ en masas mixtas. La Tabla 6.5 (líneas V_{h20} y VT_{hg20}) muestra una superioridad de un 16 y 21 % para las masas mixtas frente a las puras para la relación de Eichhorn y el nivel de producción general, respectivamente.

En los análisis por separado de V_{h20} y VT_{hg20} para cada una de las cinco mezclas seleccionadas (Pretzsch et al. 2016) se observó una tendencia a producir mayores incrementos en las relaciones $V - h_g$ y $VT - h_g$ para las combinaciones de especies que son complementarias ecológicamente en su tolerancia a luz (por ejemplo, pícea / alerce, pícea / pino, pino / haya) en comparación con combinaciones de especies menos complementarias (por ejemplo, abeto / pícea, haya / abeto Douglas).

6.5.5.3 Incremento de la máxima densidad y del nivel de producción a través de la mezcla de especies

Para las mezclas más extendidas en Europa Central, como son las mezclas de pícea / pino, pícea / alerce, pícea / haya, pino / haya y roble / haya, se puede demostrar que la altura media solo cambia ligeramente en comparación con las masas puras,

Tabla 6.5 Se muestran las principales características de las masas mixtas (valores medios de la mezcla, mix) en comparación con la media ponderada de las masas puras (mono), así como los cocientes mixtos / mono (datos de Pretzsch et al. 2016). Los cocientes por encima / debajo de 1,00 indican que las masas mixtas son superiores / inferiores a las masas puras vecinas. Los cocientes en negrita indican diferencias significativas (p <0,05) entre masas mixtas y puras (* indica 0,01< p < 0,05; ** 0,001< p < 0,01 y *** p <0,001). Los valores medios del grupo de columnas (mix o mono) indican las características medias de masas mixtas o puras. Los cocientes (mix / mono) representan la media de la división por pares de las características de las masas mixtas / puras, por lo que no se corresponden necesariamente con el cociente de las medias del grupo. Diámetro, altura y volumen del árbol de área basimétrica media, d_g, h_g, v_g; Número de pies por hectárea, N; Índice de densidad de la masa según Reineke (1933), SDI; Volumen, V; Volumen total, VT; Volumen para un índice de sitio de 20 m Vh20; Volumen total para un índice de sitio de 20 m, VTh20.

Variables	Unidad	n	Media (± SE)		Cociente
		N	Mix	Mono	mix/mono (± SE)
Dimensiones del fuste medias					
h_g	m	141	29,25 (± 0,52)	29,85 (± 0,50)	0,98* (± 0,008)
d_g	cm	141	32,10 (± 0,88)	32,18 (± 0,85)	1,01 (± 0,100)
v_g	m³	141	1,36 (± 0,09)	1,37 (± 0,09)	1,05 (± 0,033)
Densidad y volumen					
N	pies ha^{-1}	141	752 (± 54)	635 (± 40)	**1,22*** (± 0,040)
G	m² ha^{-1}	141	42,12 (± 1,43)	38,09 (± 1,12)	**1,12** (± 0,024)
SDI	pies ha^{-1}	141	793 (± 27)	717 (± 20)	**1,16*** (± 0,025)
V	m³ ha^{-1}	141	561,38 (± 21,66)	525,59 (± 19,52)	**1,08** (± 0,026)
Volumen total					
VT	m³ ha^{-1}	79	979,85 (± 42,50)	883,85 (± 37,61)	**1,12** (± 0,027)
Regla de Eichorn y nivel de producción					
V_{h20}	m³ ha^{-1}	141	325,57 (± 13,06)	282,06 (± 8,40)	**1,16** (± 0,028)
VT_{h20}	m³ ha^{-1}	79	509,42 (± 21,59)	419,78 (± 13,13)	**1,21*** (± 0,030)

pero la densidad y el nivel de producción pueden aumentar significativamente (Tabla 6.5).

En la mezcla, una especie como el pino silvestre de crecimiento rápido en la fase juvenil, puede verse favorecida temporalmente en su crecimiento en altura, mientras la otra especie, por ejemplo, el haya, cuyo crecimiento culmina más tarde, puede ver su desarrollo ralentizado. Es decir, una especie puede crecer más a expensas de la otra (Pretzsch et al. 2015). Sin embargo, la altura media apenas cambia. Por lo tanto, no es posible determinar un aumento en el crecimiento en altura o un aumento del índice de sitio, como se puede observar después de una fertilización (Foerster 1990, Wittich 1954).

A pesar de que, aproximadamente, presentan el mismo nivel de altura media, la mezcla manifiesta un aumento significativo en la densidad (expresado en volumen en pie), es decir, la relación de Eichhorn (+16 %) y el nivel de producción general (+21 %) aumentan significativamente.

El aumento en el nivel de producción de alrededor de un 20 % corresponde aproximadamente a la relación entre los niveles de producción medio y superior que Assmann (1961) mostró para las masas puras de pícea y hayedos (Sección 8.4.3). Assmann (1961, pp. 164-174) atribuye el incremento en volumen y VT, para una altura media e índice de sitio dados, a las mejoras en la disponibilidad de agua debido a la mayor capacidad de almacenamiento de agua en el suelo. Sin embargo, en el caso de las masas mixtas, no se observan diferencias en la capacidad de almacenamiento de

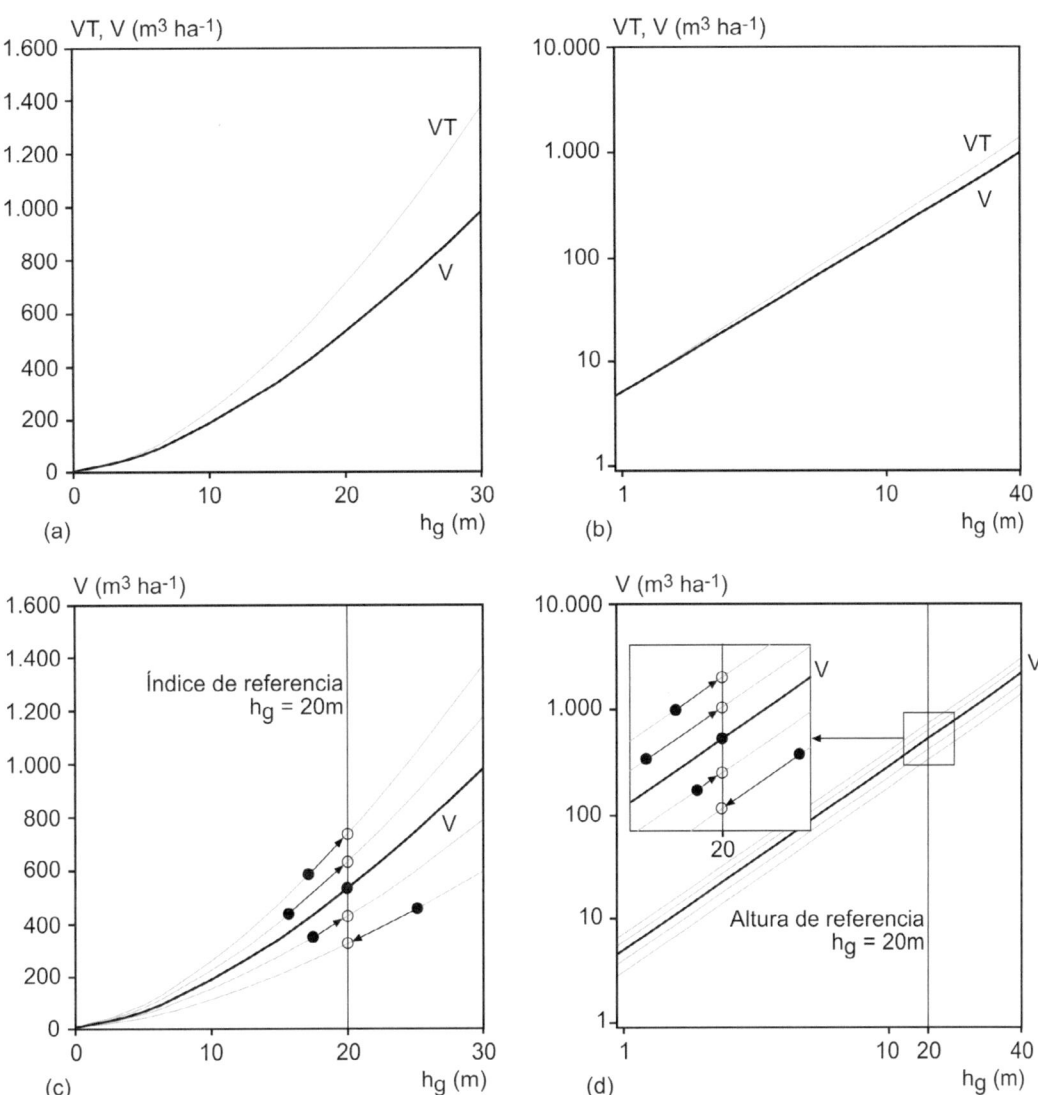

Figura 6.37 Relación entre el volumen y la altura y el volumen total y la altura en representación lineal (a y c) y doble logarítmica (b y d), así como la derivación de los índices V_{h20} y VT_{h20} para la caracterización del efecto de la mezcla en la relación de Eichhorn (1902) y el nivel de producción general según Assmann (1961). (a) La dependencia del volumen, V, de la altura media, h_g, se observa con la relación de Eichhorn (Eichhorn 1902) y la dependencia del volumen total, VT, de la altura media indica el nivel de producción general (Assmann 1961). (b) La relación de Eichhorn y el nivel de producción en representación doble logarítmica. (c) Derivación del volumen V_{h20} para una altura de referencia de 20 m para la caracterización del efecto de mezcla sobre la relación de Eichhorn, en representación lineal. (d) Derivación del volumen V_{h20} para una altura de referencia de 20 m en representación doble logarítmica; en la imagen lateral se muestra cómo los valores del volumen, V y la altura, h_g, observados con la expresión $V_{h2o} = V \times \left(\frac{20}{h_g}\right)^{\alpha_{v,hg}}$, se proyectan sobre la altura de referencia $h_g = 20$ m. El volumen total VT_{h20} para la altura de referencia 20 m para la caracterización del efecto de mezcla sobre el nivel de producción general según Assmann (1961) se deriva de manera análoga a V_{h20}.

agua en comparación con las masas puras; además, las condiciones de crecimiento regional y local son, en gran medida, las mismas. Por tanto, es más probable que existan diferencias en la absorción y eficiencia del uso de los recursos de luz, agua y nutrientes (Forrester 2014, Forrester y Albrecht 2014).

Si mejora la absorción y el aprovechamiento de la luz en masas mixtas frente a puras, resulta en un aumento de la densidad, de la relación de Eichhorn y del nivel de producción. Si la disponibilidad de nutrientes mejorara de forma significativa, el crecimiento en altura también debería mejorar (Ryan y Yoder 1997). Del mismo modo, se descarta una mejora en la disponibilidad de agua como la causa principal, ya que al aumentar la densidad es más probable que aumenten la intercepción y la evapotranspiración y disminuya la disponibilidad de agua por árbol. El incremento del volumen total, la relación de Eichhorn y el nivel de producción sugieren la necesidad de correcciones en el nivel de ocupación en la gestión, de modificación en los modelos de crecimiento y mortalidad, así como las líneas de auto aclareo.

6.5.6 Variación del crecimiento con la densidad en masas mixtas

6.5.6.1 Relación densidad-crecimiento en masas mixtas vs puras

La selvicultura es en gran medida la regulación de la espesura. La forma en que las masas forestales reaccionan a una reducción en la densidad debido a las intervenciones selvícolas u otras perturbaciones depende no solo de las especies, sino también de la profundidad y estratificación de su dosel de copas. Sobre todo, la combinación de especies de luz y sombra permite una ocupación del dosel de copas tan densa y profunda (ver Sección 5.8), que las claras con frecuencia no interrumpen permanentemente el cierre del dosel y cualquier pérdida de crecimiento en un piso puede compensarse por un incremento debido al aumento de la disponibilidad de luz en los pisos inferiores o superiores.

La relación entre la densidad de la masa (en su acepción de espesura de la masa) y el crecimiento puede tener una forma de curva unimodal en masas puras (Sección 6.4.3). El crecimiento más bajo tiene lugar a bajas densidades, si la densidad aumenta, el crecimiento aumenta hasta alcanzar un máximo, para disminuir nuevamente cuando se acerca a la densidad máxima (Figura 6.11). En algunos casos no se produce el máximo a menor densidad de la máxima y éste coincide con la máxima densidad. En comparación con las masas puras, en una masa mixta esta relación puede presentar mayores crecimientos con densidades bajas y una fase de crecimiento máximo más ancha debido a la mayor profundidad del dosel de copas y a una mayor estratificación.

La evaluación de las parcelas experimentales de masas puras y mixtas en Baviera, para pícea y haya a los 100 años, reveló diferencias significativas en la relación de densidad-crecimiento (Pretzsch 2005). Los ensayos de claras con grados A, B y C muestran el conocido desarrollo unimodal de la relación de densidad-crecimiento Figura 6.38, a y b), con una productividad máxima para densidades relativas de 80-90 % respecto a la densidad máxima (100 %). Si la densidad cae por debajo del 70-80 %, el crecimiento de la masa disminuirá considerablemente. Por el contrario, el crecimiento en masas mixtas de pícea y haya apenas disminuye, incluso en el caso de una reducción de la densidad del 50 %. Se observa, por tanto, cómo las reducciones del crecimiento debido a una reducción de la densidad se pueden compensar mejor en las masas mixtas. Una estructuración vertical más profunda del dosel de copas (Capítulo 4, Figuras 4.10-4.13) permite un mejor uso de los huecos creados durante las cortas para el crecimiento de la masa en pie. Mitscherlich (1970, p. 130) encontró una resiliencia aún mayor al crecimiento en masas mixtas de múltiples pisos de abeto, pícea y haya, en los que el crecimiento para una amplia gama de densidades y volúmenes de masa solo varió entre 10-12 m^3 ha^{-1} $año^{-1}$.

En una evaluación más reciente de un total de 124 parcelas permanentes de haya mezcladas con distintas especies se exploró la relación densidad-crecimiento teniendo en cuenta la mayor

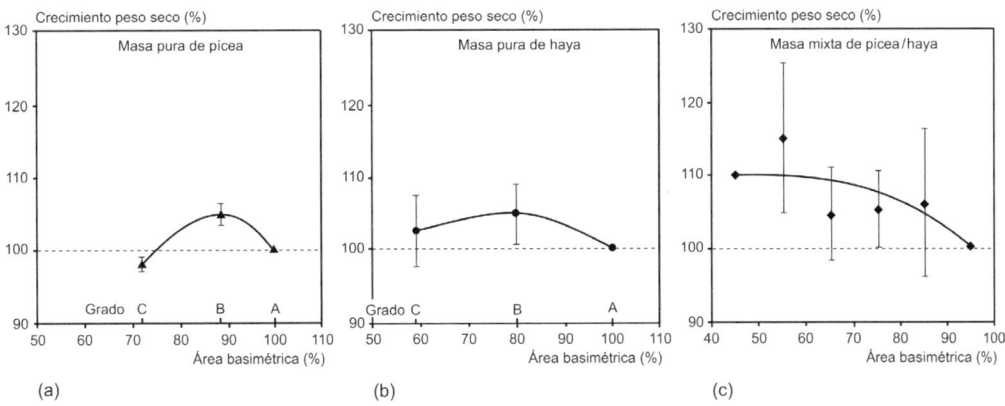

Figura 6.38 Relaciones de densidad-crecimiento en masas puras (a y b) y mixtas (c) de pícea y haya a la edad de 100 años (según Pretzsch 2005). El eje y refleja el crecimiento en tanto por ciento sobre el crecimiento de la máxima densidad (100 % de área basimétrica). Los grados A, B y C indican una clara por lo bajo débil, moderada y fuerte en masas puras. En las masas mixtas se llevaron a cabo claras selectivas de peso débil, moderado y fuerte. Se trata de resultados de (a) 9 parcelas experimentales de claras en pícea con un total de 26 subparcelas y (b) 10 parcelas experimentales de claras en haya con 30 subparcelas, con claras continuadas de grados A, B y C desde 1870. (c) Resultados de 23 masas mixtas con 78 subparcelas bajo claras débiles, moderadas, fuertes y de selección de árboles de porvenir desde 1954.

densidad que presentan las masas mixtas (Sección 6.5.3) (Thurm y Pretzsch 2021). El patrón de la curva densidad-crecimiento muestra un crecimiento más o menos constante en el rango 70-100 % de la máxima densidad. La pérdida de crecimiento con la reducción de la densidad es mayor en edades avanzadas y cuando el haya se mezcla con especies de sombra en comparación con masas jóvenes y en mezcla con especies intolerantes a la sombra como el roble o pino silvestre.

6.5.6.2 Efecto de la densidad en el crecimiento en masas mixtas vs puras

La densidad de la masa puede modificar notablemente las interacciones entre especies y por lo tanto el crecimiento en diámetro y altura de los árboles en masas mixtas (Sección 3.3.3). En la Figura 6.39 se presenta el crecimiento en volumen en masas mixtas y puras de pino silvestre y haya en Navarra (España) para dos niveles de densidad. Estos resultados se basan en modelos de eficiencia de crecimiento para cada una de las especies desarrollados a partir de datos del Inventario Forestal Nacional de España (Condés et al. 2013). Se observa que cuando la densidad es completa (densidad relativa=1) el crecimiento del haya se ve claramente beneficiado por la presencia de pino silvestre, mientras que el crecimiento del pino es similar al crecimiento en las masas puras. Cuando la densidad de la masa es baja (densidad relativa=0,4) el efecto del pino sobre el haya es muy pequeño, sin embargo, se aprecia un efecto positivo del haya sobre el pino silvestre. Estos efectos se pueden explicar por la presencia simultánea de reducción de competencia, debido a la complementariedad de nichos, y facilitación, siendo el resultado del modelo el efecto neto de ambas interacciones. En espesuras elevadas, la relación dominante entre los individuos de una masa es la competencia, y en este ejemplo, la mezcla de especies favorece al haya con una menor competencia interespecífica que intraespecífica, como se ha identificado en estudios de competencia (del Río et al. 2014a; Condés y del Río 2015). Con densidades bajas la competencia entre individuos disminuye notablemente, siendo bajo el efecto positivo del pino silvestre sobre el haya. El efecto positivo del haya sobre el pino silvestre se puede deber a un efecto de facilitación del haya a través de la mejora del

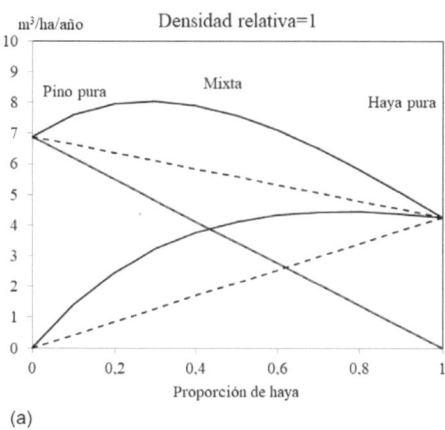
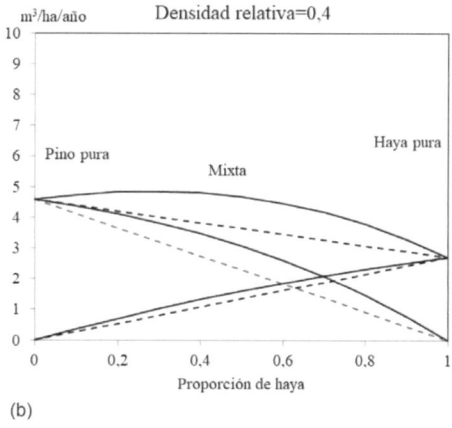

Figura 6.39 Crecimiento de pino silvestre y haya en masas mixtas en comparación con masas puras para dos densidades de la masa, densidades relativas de 1 y 0,4. En ambos casos se produce un mayor crecimiento en masas mixtas que puras, pero el crecimiento adicional se reparte de distinta manera entre las dos especies en función de la densidad (según los modelos de Condés et al. (2013) para una altura dominante de 20 m y un diámetro cuadrático medio de 30 cm).

ciclo de nutrientes, que no se observa a densidades mayores por la mayor competitividad del haya frente a la del pino. Esta hipótesis concuerda con los resultados obtenidos cuando se analiza el efecto de la mezcla en el crecimiento potencial de estas dos especies (Condés et al. 2023). Este tipo de cambios en los efectos netos de las interacciones entre especies en función de la densidad de la masa, puede explicar la mayor plasticidad en la relación densidad-crecimiento observada en algunas masas mixtas y subraya la complejidad de estas interacciones.

6.5.7 Variación de los efectos de mezcla según las condiciones del sitio

Además de la variación en los efectos de la mezcla de especies según la composición específica de la mezcla y la densidad de la masa, existe una variación importante con las condiciones del sitio. La interacción entre especies varía con las condiciones ambientales, por lo que los efectos de la mezcla varían espacial y temporalmente.

6.5.7.1 Disminución en la ganancia de crecimiento con el aumento en la calidad de la estación

Sobre la base de 37 parcelas experimentales permanentes en masas puras y mixtas de roble y haya en Polonia, Alemania y Suiza, se analiza la variación de los aumentos o disminuciones del crecimiento en masas mixtas en comparación con las puras vecinas según la calidad de la estación (Pretzsch et al. 2013). Para dicho análisis se disponía de un conjunto de parcelas de masas puras de roble y haya y una masa mixta de roble y haya con niveles de ocupación completa, sin aprovechamientos o solo bajo claras de baja intensidad, que representan una amplia gama de condiciones de estación. Se usó la altura media de las respectivas parcelas de roble o haya puras a la edad de 100 años para cuantificar las condiciones de crecimiento o calidad de estación. Para el roble, estas fluctúan entre 20-35 m y para el haya entre 20-45 m. La Figura 6.40 muestra la comparación derivada analíticamente del aumento o disminución del crecimiento en (a) roble y (b) haya en la masa mixta frente a las puras según la proporción de la mezcla y el índice de sitio (Pretzsch et al. 2013). De acuerdo con estos resultados, el crecimiento adicional en la masa mixta es más alto para ambas especies en sitios más pobres, y esta ganancia disminuye al aumentar el índice de sitio. La Figura 6.32 muestra los resultados de la regresión para índices de sitio de 10, 20, 30 y 40 m.

La Figura 6.41 muestra que la mezcla de roble y haya produce un mayor crecimiento en la mezcla que el esperado en las puras en calidades de estación pobres y medias, pero este efecto no es tan significativo en estaciones fértiles, utilizando la línea de regresión entre la sobre-producción (*overyielding*) y el índice de sitio para (a) las especies individuales y (b) la masa mixta en su conjunto. En sitios con un índice de sitio de 20 m, el modelo de regresión indica una productividad relativa de la especie (Figura 6.40a) 49 % mayor para roble y 38 % para haya (Pretzsch et al. 2013). En estaciones medias con índices de sitio de 30 m, se dan sobre-producciones de 11 % y 15 %, y en sitios particularmente fértiles con alturas medias de 40 m a los 100 años, el modelo predice reducciones del crecimiento de 27 % y 8 % en la mixta con respecto a las puras, respectivamente. El incremento y la disminución en el crecimiento a nivel de masa (Figura 6.40b) es del 32 %, 7 % y – 18 % para índices de sitio de roble de 20, 30 y 40 m respectivamente. Con la misma combinación de especies, dependiendo de las condiciones del sitio, se pueden dar reacciones de mezcla mutualistas muy positivas en sitios pobres, reacciones débilmente positivas en calidades medias, y reacciones neutrales o incluso antagónicas en sitios fértiles. No obstante, es importante resaltar que existe mucha variabilidad para la misma calidad de estación.

La Figura 6.40a y c muestra para índices de sitio representativos de roble y haya a lo largo del gradiente de productividad en Europa Central los incrementos y disminuciones del crecimiento en masas mixtas en comparación con las puras correspondientes al modelo anterior (Pretzsch et al. 2013). Los incrementos y disminuciones de la productividad en masas mixtas con respecto a las puras recogidos en la literatura para una determinada combinación de especies no tienen por qué contradecirse entre sí, sino que pueden ser el resultado de diferentes calidades de estación o condiciones de sitio para las respectivas parcelas experimentales utilizadas.

6.5.7.2 Reacción a las condiciones de estación opuesta entre las especies que conforman la mezcla

La dependencia de las reacciones de mezcla de especies de las condiciones de la estación también

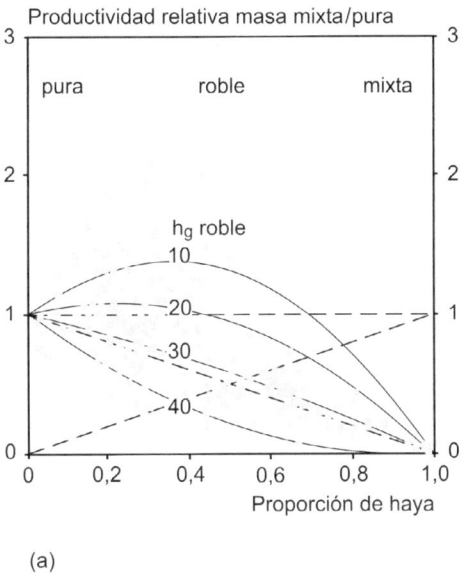

(a)

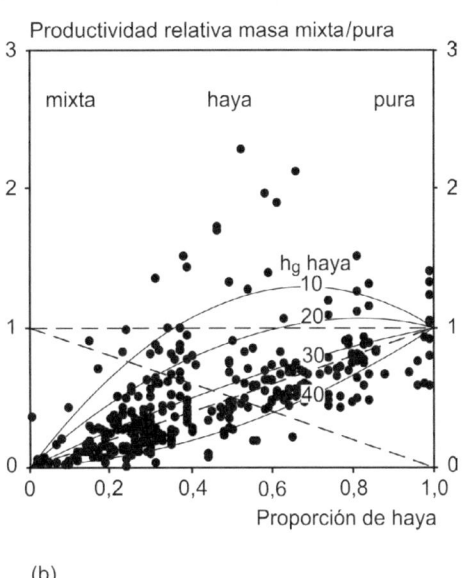

(b)

Figura 6.40 Efectos de la mezcla de especies sobre el crecimiento de (a) roble y (b) haya en masas mixtas en función de la proporción de la mezcla y la calidad de la estación. A medida que aumenta la calidad de la estación, expresada por la altura media a la edad de 100 años (índice de sitio), el crecimiento adicional en masas mixtas en comparación con las masas puras disminuye. Se muestran los valores de las parcelas experimentales a largo plazo y cómo la regresión obtenida analíticamente aumenta y disminuye para diferentes proporciones de mezcla y alturas medias a los 100 años de h_g = 10 ... 40 m.

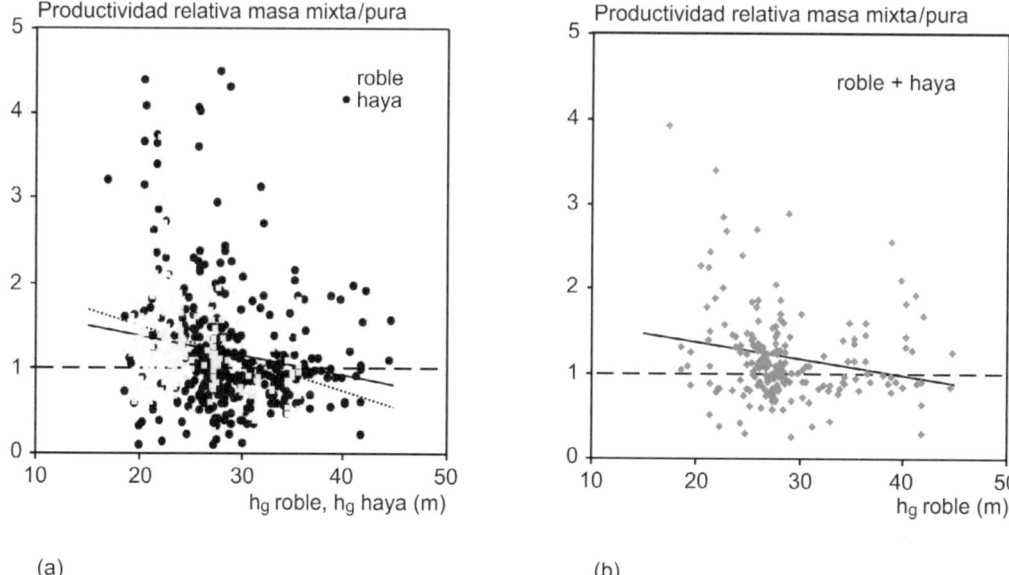

(a)   (b)

Figura 6.41 Con el aumento del índice de sitio de las parcelas experimentales de roble y haya, el aumento del crecimiento en masas mixtas en comparación con las puras disminuye. Los resultados se muestran (a) por separado para roble y haya y (b) para la masa mixta en su conjunto. Las líneas discontinuas horizontales (línea y=1,0) representan incrementos similares para masas mixtas y puras. Las líneas inclinadas son el resultado de la regresión lineal de los valores mostrados (según Pretzsch et al. 2013).

pueden ser opuestas entre las dos especies que conforman la mezcla. Este tipo de respuesta se encontró en los estudios de crecimiento en 66 parcelas de haya y abeto Douglas puras y mixtas entre las edades de 50 y 100 años en cuatro estaciones con calidad de excelente a buena (0,4 a 1,3 según Bergel 1985) en Baviera y Renania-Palatinado (Thurm y Pretzsch 2016). De acuerdo con este estudio, las dos especies muestran un patrón contrario de la ganancia de crecimiento en la mezcla con el aumento del índice de sitio, creciendo para el haya y disminuyendo para el abeto Douglas, aunque este último siempre se beneficia de la mezcla y el haya solo en estaciones buenas. Estos patrones resultan en un aumento del crecimiento en la mezcla en las mejores estaciones (Figura 6.40a b y c). No obstante, este estudio se basa en un rango de índices de sitio pequeño y de calidades elevadas. Es probable, por tanto, que las ventajas de la mezcla sobre las masas puras para esta mezcla se de en sitios que tienen buena disponibilidad de agua y nutrientes minerales, mediante un mayor aprovechamiento de la luz, ya que con una disponibilidad suficiente de recursos en el suelo la luz es el limitante del crecimiento.

El hecho de que el abeto Douglas se beneficie significativamente de la mezcla se debe a su destacado crecimiento en altura, que le permite dominar al haya en las masas mixtas. Sin embargo, con el aumento de la calidad de la estación, este pierde su superioridad en altura y, por lo tanto, el incremento del crecimiento se reduce al compararse con la masa pura (Figura 6.43b). En general, el haya no aprovecha la mezcla en sitios más pobres, pero en los mejores gana en comparación con la masa pura. A medida que aumenta la calidad de la estación, la diferencia de altura con el abeto Douglas disminuye, y su mayor capacidad para aprovechar la luz a través de la ocupación del dosel de copas es cada vez menos limitada debido a la mayor disponibilidad de agua o nutrientes (Thurm y Pretzsch 2016).

6.5.7.3 Aumento de la ganancia de crecimiento en mezclas con la disponibilidad de agua

A partir de 30 publicaciones que informan sobre 126 estudios en 60 estaciones, Jactel et al. (2018)

6.5 Masas mixtas regulares

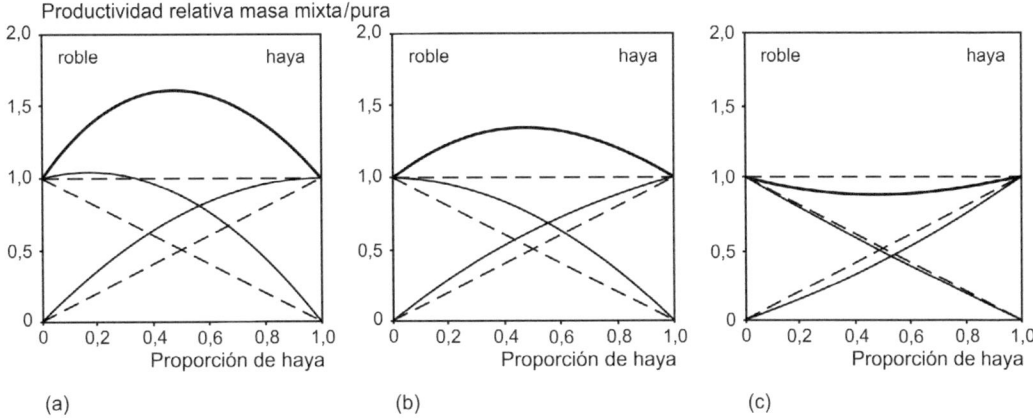

Figura 6.42 Las reacciones de la mezcla de roble y haya pueden caracterizarse por (a) incrementos significativos en las estaciones más pobres (alturas medias de roble y haya 25 m y 21 m a la edad de 100 años), (b) ligeros incrementos en estaciones de calidad media (29 m y 26 m) y una disminución del crecimiento en estaciones favorables (36 m y 33 m) (según Pretzsch et al. 2013).

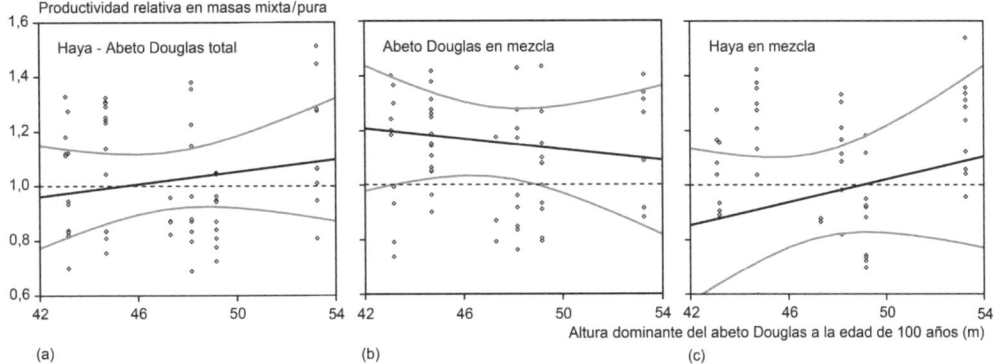

Figura 6.43 Comparaciones del crecimiento en masas mixtas frente a puras en estaciones con diferentes índices de sitio (índice de sitio de abeto Douglas) para (a) masas mixtas de haya-abeto Douglas, (b) abeto Douglas en mezcla con haya y (c) haya en mezcla con abeto Douglas. Evaluación basada en 66 parcelas experimentales en Baviera y Renania-Palatinado (Thurm y Pretzsch 2016).

realizaron un metaanálisis sobre la relación entre las reacciones de mezcla y las condiciones del sitio. El conjunto de los datos incluye parcelas experimentales en regiones boreales, templadas, mediterráneas y subtropicales, varios tipos de masas mixtas (mezcla de coníferas, mezcla de coníferas y frondosas caducifolias), especies de árboles pioneros, así como especies fijadoras de nitrógeno. El análisis mostró un aumento medio del 14,5 % a nivel de especie y 26,5 a nivel de masa de la ganancia de crecimiento en la mezcla según aumenta la precipitación. En general, no se detectó ninguna inferioridad de crecimiento significativa en las mezclas con respecto a las puras.

Según Jactel et al. (2018) el crecimiento aumenta de forma significativa con el aumento de la disponibilidad de agua (Figura 6.44). Liang et al. (2016), en un análisis basado en datos de inventario, también observan un aumento de los efectos de mezcla con el aumento de la disponibilidad de agua. Ambos estudios se basan en datos globales que cubren una amplia gama de condiciones del sitio y, por lo tanto, pueden revelar dependencias significativas de la estación a gran escala de manera más eficiente que estudios específicos para un clima o región ecológica estrechamente limitada.

No obstante, para combinaciones de especies determinadas y en regiones concretas, se pueden observar otros patrones del efecto de la mezcla con las condiciones de humedad, como refleja la variedad de situaciones en la Figura 6.44. Por ejemplo, en un estudio sobre distintas mezclas de especies de pino en España basado en datos del Inventario Forestal Nacional se observó que, en general, domina un efecto negativo de la mezcla sobre el crecimiento de la masa y que éste se hace mayor según aumenta la humedad (Tabla 6.6), excepto para una combinación de especies (Aguirre et al. 2019). Este patrón refleja que en general la interacción dominante entre las distintas especies de pinos es la competencia y sugiere que en estaciones mejores (más húmedas) aumenta esta competencia, probablemente por una mayor disponibilidad de agua. A nivel de especie, normalmente una de las dos especies no se ve afectada por la mezcla y la otra se ve perjudicada, con la excepción del pino carrasco y pino laricio, que se ven beneficiados cuando crecen con el pino negral. No obstante, hay que indicar que el nivel de incertidumbre en estos efectos observados es relativamente alto excepto para algunas mezclas (Aguirre et al. 2019). En las mezclas de pino silvestre con pino laricio y pino piñonero con pino carrasco, las especies primeras se ven negativamente afectadas por las segundas, y el efecto es mayor cuanto mayor la humedad. Sin embargo, en la mezcla de pino negral con pino laricio el efecto es positivo para esta última especie y para la mezcla en su conjunto, con un aumento del efecto positivo con la humedad, como el patrón general comentado anteriormente (Figura 6.36).

6.5.8 Variación temporal de los efectos de la mezcla según las condiciones climáticas

Los efectos de la mezcla de especies también pueden variar temporalmente según las condiciones climáticas anuales. En un estudio sobre la variabilidad temporal de las interacciones entre especies a nivel de árbol individual se encontró que, en los años con buenas condiciones, cuando la productividad es mayor, domina la competencia entre especies, mientras que en años desfavorables con poco crecimiento domina la reducción de compe-

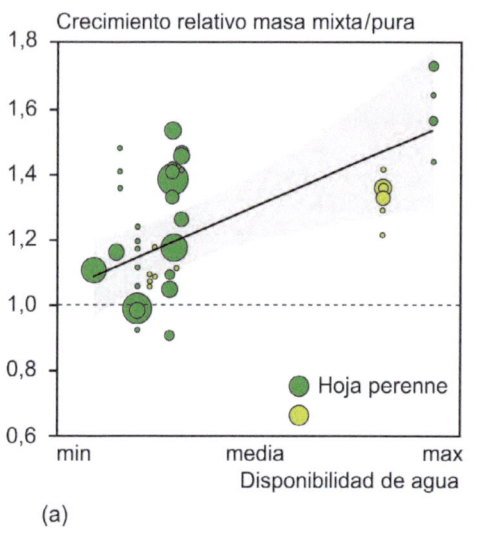
(a)

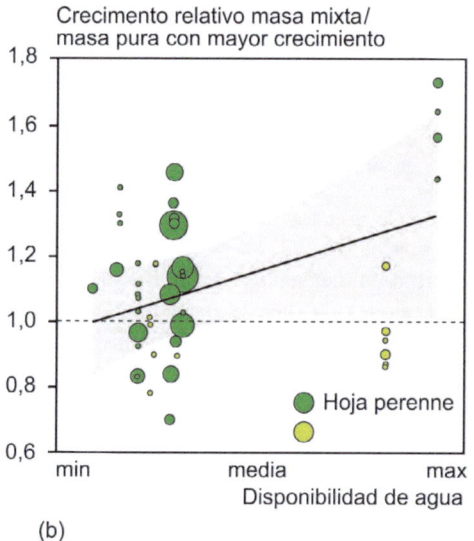
(b)

Figura 6.44 Influencia de las condiciones climáticas de la estación en el efecto positivo de la mezcla de especies sobre el crecimiento (productividad relativa) para masas en la segunda mitad del período de rotación. El aumento de la productividad relativa o crecimiento en masas mixtas en comparación con las masas puras (a) y con respecto al crecimiento de la especie más productiva en masas puras (b) se dan tanto en mezclas de especies de hoja perenne como en mezclas con especies frondosas caducifolias, y aumentan significativamente con la precipitación. Los tamaños de los símbolos representan la ponderación de los estudios incluidos en el análisis de regresión (según Jactel et al. 2018).

Tabla 6.6 Efecto de la mezcla de especies en el crecimiento de la masa y por especie según disminuyen las condiciones de aridez de la estación para distintas mezclas de pinos en España (según Aguirre et al. (2019)). 0, sin efecto de la mezcla; +, efecto positivo de la mezcla; – , efecto negativo de la mezcla; los signos dobles indican un efecto más fuerte. El sombreado indica una menor incertidumbre de los efectos encontrados. Especies: Ps, *Pinus sylvestris*; Pp, *Pinus pinea*; Ph, *Pinus halepensis*; Pn, *Pinus nigra*; Pt, *Pinus pinaster*

	Especie 1		Especie 2		Mezcla (Especie 1 +Especie 2)	
Sp1-Sp2	Más árido	Más húmedo	Más árido	Más húmedo	Más árido	Más húmedo
Ps-Pn	-	- -	0	0	-	- -
Ps-Pt	0	0	+	-	+	-
Pp-Ph	-	- -	0	0	-	- -
Pp-Pt	-	- -	0	0	-	-
Ph-Pn	0	0	-	- -	-	- -
Ph-Pt	+	-	-	- -	+/-	- -
Pt-Pn	0	0	+	+ +	+	+ +

tencia o complementariedad (del Río et al. 2014b). Esta variación conlleva que en años buenos la producción adicional sea menor que en años malos, resultando finalmente en una mayor estabilidad temporal de la productividad de la masa (del Río et al. 1017b, del Río et al. 2022).

La Figura 6.45 muestra un ejemplo de cómo los años secos pueden afectar a la relación entre el crecimiento de masas mixtas y puras de pícea y aliso en un año seco como 2003 en el sur de Baviera (Schwaiger 2013, pp. 34-37). El gráfico de la izquierda (Figura 6.45a) muestra el efecto mezcla de especies a largo plazo, en el período 2001-2011. Los cálculos de la productividad relativa indican un aumento del 20 % en la masa mixta de pícea y aliso rojo (productividad relativa = 1,20), es decir, la productividad de la masa mixta excede la media ponderada de las dos masas puras correspondientes (línea que conecta los trazos superiores) en un 20 %. La Figura 6.45b muestra las mismas relaciones para el año seco 2003. La sequía en el verano de este año fue una de las más extremas en la historia climática de Europa Central. En el período de mayo a agosto, las temperaturas fueron un 5-6 °C más elevadas que la media y la precipitación en el período de febrero a abril y de julio a septiembre estuvo un 50 % por debajo del nivel normal. En 2003, el nivel de crecimiento de las masas puras y mixtas fue generalmente más bajo que la media a largo plazo. Sin embargo, en el año seco, la superioridad del crecimiento en masas mixtas con respecto a las puras fue mayor (productividad relativa = 1,30). Por lo tanto, para esta mezcla la ventaja de la mezcla de especies es mayor en años con bajo crecimiento, en este caso debido a la sequía, que en años de crecimiento medio o alto.

Bielak et al. (2014) mostraron que la sobre-producción en mixtas frente a puras de pino silvestre mezclado con pícea puede ser mayor en años secos que en años normales o húmedos (Figura 6.46). El estudio se basó en parcelas experimentales a largo plazo en el noreste de Polonia (Pretzsch et al. 2013), que fueron instaladas por Schwappach en 1911-1932 y continuadas por Wiedemann. Después de la Segunda Guerra Mundial, estas parcelas fueron mantenidas por el Instituto Polaco de Investigación Forestal en Varsovia. Las series temporales de más de 100 años representan una reacción de la mezcla de especies variable con las condiciones climáticas. En el análisis se calculó para todos los períodos de inventario disponibles el crecimiento relativo de la masa mixta en comparación con masas puras vecinas y la densidad N (pies ha^{-1}) el índice de Martonne (1926) ($Ma=N/(T+10)$), con Ma, en mm °C^{-1}, la precipitación P en mm y

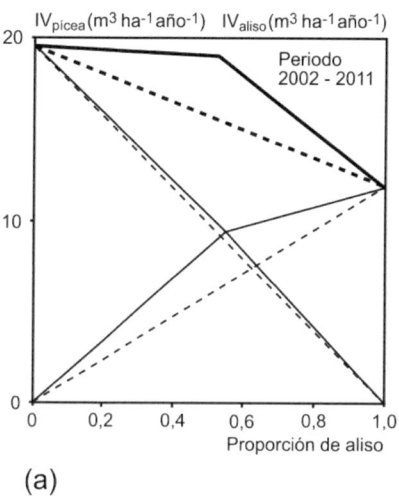
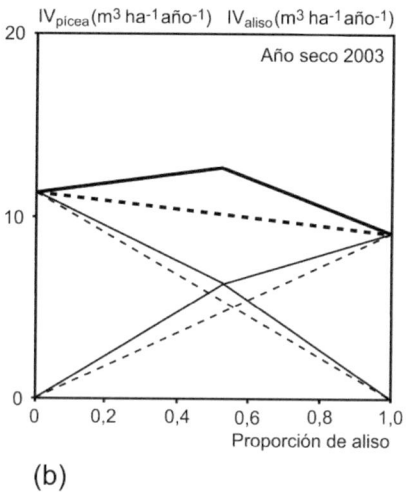

Figura 6.45 Crecimiento en rodales mixtos de pícea y aliso (*Pícea abies* y *Alnus glutinosa*) en comparación con el crecimiento en masas puras bajo (a) condiciones de crecimiento a medio y largo plazo y (b) en el año seco 2003. Mientras que las masas mixtas mantienen el nivel medio de la masa de pícea vecina en condiciones normales, durante el año seco puede incluso superar el nivel de crecimiento de ambas masas puras en aproximadamente un 20 % en (según Schwaiger 2013, pp. 34-37).

la temperatura media T en °C en los meses de verano de junio a agosto (cuanto mayor sea Ma, mayor será la disponibilidad de agua). Usando el pino silvestre como ejemplo, la Figura 6.46 muestra la disminución en la productividad relativa en la masa mixta con respecto a la pura con el aumento de la disponibilidad de agua en el respectivo período de inventario. La línea horizontal 1,0 representa el crecimiento de la masa pura, y la línea recta descendente muestra el análisis de regresión de la relación entre el índice de Martonne y el aumento / disminución del crecimiento periódico del pino silvestre en la masa mixta en comparación con el crecimiento en la masa pura para un mismo sitio. La sobre-producción es mayor en los años secos con valores del índice de Martonne durante el verano de 6-8 mm ° C^{-1} y disminuye con el aumento de la disponibilidad de agua.

Las reacciones de la mezcla en función de las condiciones ambientales muestran que a menudo se corresponden con la hipótesis del gradiente de estrés, la cual dice que las interacciones beneficiosas (interacciones positivas) entre las plantas en lugares más pobres pueden ser mayores que en los más fértiles (Callaway y Walker 1997). Sin embargo, otras combinaciones de especies también muestran patrones de reacción opuestos (ver Figura 6.44). Para una mejor comprensión de la variación espacio-temporal de las interacciones entre especies se requieren estudios sistemáticos de otras combinaciones de especies que representen diferentes características funcionales, en diferentes estaciones y con diferentes limitaciones de recursos (Callaway y Walker 1997, Holmgren et al. 1997).

Las distintas reacciones de cada especie a la variación en las condiciones meteorológicas a lo largo del año y entre años, y las interacciones entre especies, que también varían entre años, conllevan una asincronía en los patrones de crecimiento de las especies que conforman la mezcla. Esta asincronía es una de las principales causas de la mayor estabilidad temporal de la producción en masas mixtas que en masas puras. En base a los tres transectos de tripletes europeos de pino silvestre en mezcla con haya, roble y pícea, del Río et al. (2022) encontraron que, en promedio, las masas mixtas presentan una mayor

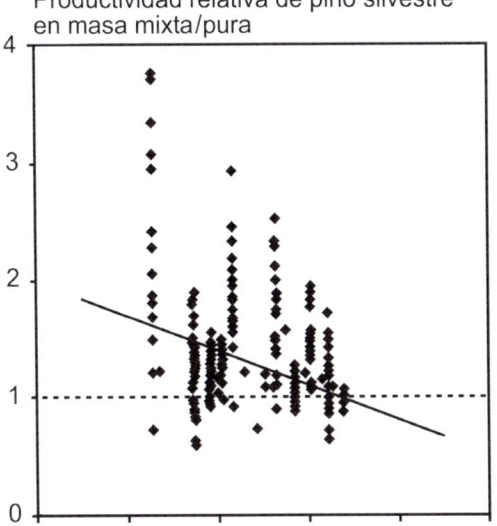

Figura 6.46 Productividad relativa anual en la masa mixta de pino silvestre y pícea con respecto a masas puras en función del índice de Martonne (1926) calculado para los meses de junio a agosto de 1932-2012 (según Bielak et al. 2014).

estabilidad temporal en la producción que las masas puras. En el caso de la mezcla pino silvestre-roble, la estabilidad temporal de la mezcla y del roble son similares, mientras que para las otras dos especies la estabilidad es mayor en las masas mixtas (Figura 6.47).

6.6 Masas de dos pisos

6.6.1 Interacciones entre el piso superior e inferior como una propiedad esencial del sistema

La Figura 6.48 muestra una propiedad esencial de las masas forestales de dos pisos en un diagrama de sistema. El hecho bien conocido de que el crecimiento del piso dominante está determinado principalmente por el volumen de dicho piso (la madera o biomasa crece de la madera o biomasa, véase la Sección 1.2.1.1 y la Figura 1.3) se refleja por el ciclo de retroalimentación del volumen del piso dominante

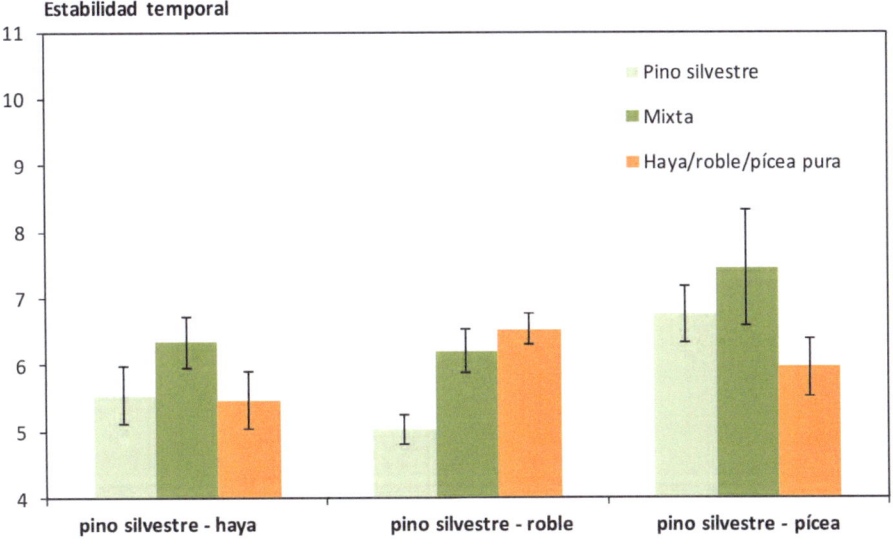

Figura 6.47 Estabilidad temporal de la producción (y error estándar) en masas en masas mixtas y puras para mezclas de pino silvestre con haya, roble y pícea a lo largo de Europa (adaptado de del Río et al. 2022). La producción se ha estimado en términos de crecimiento en área basimétrica.

→ crecimiento → volumen del piso dominante (flechas delgadas). El crecimiento del piso inferior también está determinado en mayor medida por su volumen, como se muestra en la Figura 6.48 a través del ciclo de retroalimentación del volumen o biomasa del piso inferior → crecimiento → volumen del piso inferior (flechas delgadas). Cuanto mayor sea el volumen al comienzo de un período de crecimiento, mayor será el crecimiento. Sin embargo, como se mostró en la Sección 6.4.3, el crecimiento de una masa cerca de la densidad máxima puede disminuir ligeramente.

Las interacciones entre el piso superior e inferior son esenciales para entender la dinámica de masas de dos o más pisos (Figura 6.48, flechas en negrita). El piso superior puede influir en el desarrollo del piso inferior. En años secos o determinadas estaciones de mucha radiación o con heladas tardías, el piso superior puede proteger y favorecer al inferior; el piso superior también puede ralentizar su desarrollo en otras situaciones dándole sombra. Del mismo modo, el piso inferior también puede afectar el superior. Un piso inferior de especies con capacidad de fijar nitrógeno atmosférico (por ejemplo, acacia bajo eucalipto) puede favorecer al piso superior, particularmente en sitios con deficiencia de nitrógeno, al reducir las limitaciones por N (Forrester et al. 2006). En caso de sequía, el piso inferior también puede reducir el desarrollo del superior debido a su consumo de agua. Por ejemplo, un piso inferior de haya en lugares secos puede reducir significativamente el crecimiento del piso superior de pino silvestre (Knapp 1991). En conclusión, las interacciones variarán según las especies, condiciones del sitio y la limitación del crecimiento por la luz, el agua o los nutrientes.

Las interacciones que se muestran en la Figura 6.48 para los pisos superior e inferior en masas de dos niveles se aplican naturalmente de manera análoga a los bosques de múltiples pisos o al monte irregular. En los montes entresacados, los árboles de todos los pisos pueden interactuar entre sí. Los árboles en los pisos superiores ejercen principalmen-

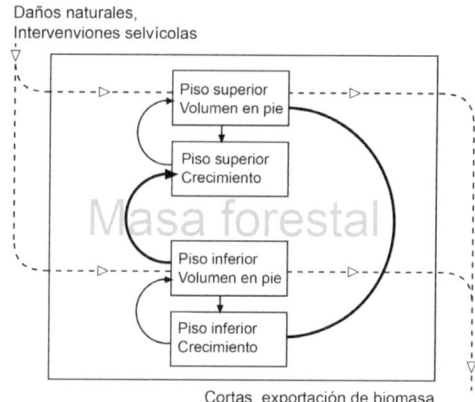

Figura 6.48 Desarrollo e interacción entre los pisos superior e inferior de una masa esquematizado mediante un diagrama de sistema. El crecimiento de los pisos superior e inferior depende principalmente del volumen-biomasa en pie de dichos pisos (ciclo de retroalimentación volumen → crecimiento → volumen, representado por flechas delgadas). Además, el piso superior puede influir en el crecimiento del piso inferior, o viceversa, el piso inferior puede influir en el crecimiento del superior (ciclo de retroalimentación volumen del piso superior → crecimiento y volumen del piso inferior → crecimiento del piso inferior, representado por flechas en negrita).

te un efecto de sombreado competitivo a los pisos inferiores, pero también pueden tener un efecto beneficioso y protector (radiación, heladas, tormentas, nieve). Los árboles inferiores en cada caso también pueden tener efectos competitivos o beneficiosos sobre los pisos que se encuentran por encima de ellos.

6.6.2 Masas de pino silvestre con subpiso de haya o roble americano

6.6.2.1 Masas de pino-haya en estaciones contrastadas

Las masas mixtas de pino silvestre y haya de dos pisos localizadas en sitios moderadamente frescos y en sitios secos en las tierras bajas del noreste de Alemania son un excelente ejemplo de la relación entre los pisos superior e inferior (Knapp 1991). En este estudio se examinó el crecimiento del haya en el piso inferior de 45-120 años bajo el piso su-

6.6 Masas de dos pisos

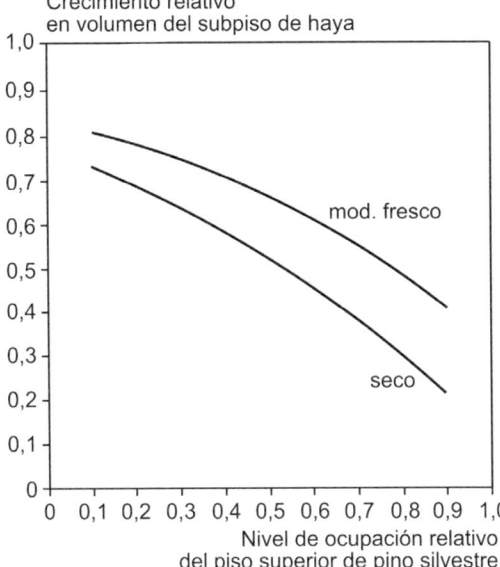

Figura 6.49 Disminución media del crecimiento en volumen del haya en el piso inferior (crecimiento periódico en volumen medido en comparación con la tabla de producción de haya correspondiente) dependiendo del nivel de ocupación del piso superior compuesto por de pino silvestre (área basimétrica medida en relación con la tabla de producción de pino silvestre correspondiente) en sitios moderadamente frescos y sitios secos en las tierras bajas del noreste de Alemania, según Knapp (1991).

perior de pino silvestre de 100-150 años. En esta zona el piso de pino está afectado por distintas perturbaciones y el haya que inicialmente se consideró como una especie de mezcla biológicamente secundaria, pasa a considerarse como la futura especie en la sucesión. Por lo tanto, es de particular interés la dependencia del crecimiento en volumen del haya en el piso inferior (crecimiento periódico en volumen medido en relación con la tabla de producción de haya correspondiente) del nivel de ocupación del piso superior de pino (área basimétrica medida en relación con la tabla de producción de pino correspondiente) (ver Figura 6.49).

Según los estudios de Knapp (1991), el crecimiento en volumen y el número de pies de haya en el piso inferior disminuyen progresivamente con el aumento del nivel de ocupación del pino, consecuencia de la competencia por la luz. El hecho de que el crecimiento en lugares secos es consistentemente inferior al de lugares moderadamente frescos y de que también la disminución del crecimiento con el nivel de ocupación del piso superior es más pronunciada se debe a la competencia por el agua. Especialmente en áreas secas y en los años secos cada vez más frecuentes, es necesario reducir la densidad del pino silvestre en el piso superior para crear un piso inferior de haya que pueda servir como sucesión en el futuro.

6.6.2.2 Pino silvestre con subpiso de roble americano

Utilizando el ejemplo de la parcela experimental Bodenwöhr 201 en el Alto Palatinado (Baviera, Alemania), se puede mostrar el efecto del crecimiento del piso inferior (volumen del piso superior → crecimiento del piso inferior) y también la retroalimentación del piso inferior sobre el superior (volumen del piso inferior → crecimiento del piso superior) presentado en la Figura 6.48.

En este ejemplo se utilizan un total en 24 parcelas con un tamaño de 0,25 ha situadas en una masa de 9.256 ha de pino silvestre y roble americano. La estación se caracteriza por un sustrato calizo pobre y seco (640 mm de precipitación anual y 350 mm durante el periodo vegetativo). Durante la década de 1950, se llevaron a cabo tratamientos de mejora y se plantó el roble americano bajo el dosel de pino. El siguiente análisis se llevó a cabo cuando el pino silvestre tenía una edad de 141 años y el roble americano de 65 años. El área basimétrica del pino en el piso superior varía entre 4 y 19 m^2 ha^{-1}, y la del roble americano en el piso inferior entre 14 y 26 m^2 ha^{-1}. El crecimiento periódico medio del pino es de 2-9 m^3 ha^{-1} $año^{-1}$ y el del roble americano 1-13 m^3 ha^{-1} $año^{-1}$.

Las masas mixtas alcanzan constantemente un mayor crecimiento que las puras. Gracias al piso inferior de roble americano, el crecimiento acumulado total de estas masas mixtas aumentó de media en un 27 % (de 701 a 889 m^3 ha^{-1}) en comparación con las masas puras de pino silvestre hasta la edad de 146 años. Por lo tanto, el piso inferior de roble americano, tolerante a la sombra, bajo el piso superior de pino silvestre bastante translúcido, mostró un incremento significativo en el crecimiento en comparación con la masa pura de pino, incluso en los sitios relativamente pobres y secos.

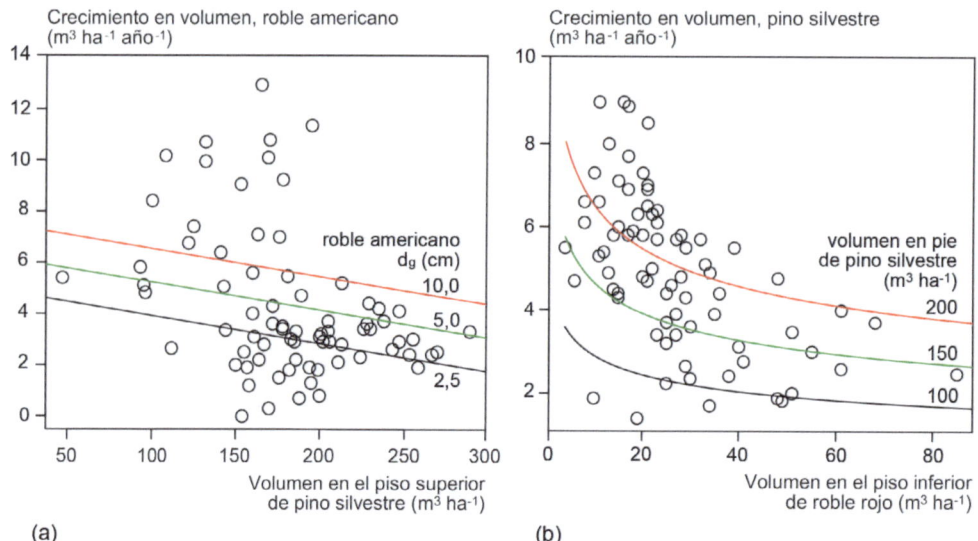

Figura 6.50 Interacciones entre el piso superior e inferior en la parcela experimental de pino silvestre y roble americano Bodenwöhr 201. (a) Cuanto mayor sea el volumen del piso superior de pino, mayor será la reducción en el crecimiento en volumen de roble americano en el piso inferior. Esta relación se muestra para las etapas de desarrollo del roble americano con d_g = 2,5, 5 y 10 cm. (b) Cuanto más alto es el volumen del roble americano en el piso inferior, menor es el crecimiento del pino silvestre en el piso superior. Esta reducción en el crecimiento del pino silvestre en el piso superior debido al roble americano se muestra para volúmenes medios de 100, 150 y 200 m³ ha⁻¹ de pino silvestre.

A pesar del aumento del crecimiento, el pino silvestre en el piso superior y roble americano en el inferior compiten entre sí. Un aumento en el volumen del pino silvestre en el piso superior reduce el crecimiento en volumen del roble en el piso inferior (Figura 6.50a). Estas relaciones se muestran en la figura para un volumen medio de roble americano en el piso inferior de 25 m³ ha⁻¹ y en tres etapas de desarrollo diferentes, representadas por su d_g = 2,5, 5 y 10 cm (línea inferior, media y superior). Cada metro cúbico adicional en el piso superior reduce el crecimiento del roble americano en el piso inferior en una media de 0,01 m³ ha⁻¹ año⁻¹.

Por otro lado, el piso inferior de roble americano reduce el crecimiento del pino en el piso superior (Figura 6.50b). Por cada incremento del volumen de roble rojo de 1 m³ ha⁻¹, el crecimiento del pino disminuyó en 0,03 ha⁻¹ año⁻¹. La figura muestra estas relaciones para masas de pino silvestre de 100, 150 y 200 m³ ha⁻¹ (línea inferior, media y superior).

Si bien el efecto reducido del piso superior sobre el inferior debe basarse principalmente en la competencia por la luz y el agua, el efecto del piso inferior sobre el superior probablemente se base principalmente en la competencia por el agua. Debido a la complementariedad entre las especies, las especies en la mezcla pueden producir más que en la masa pura; sin embargo, siguen aún compitiendo entre sí por la luz y el agua. El pino silvestre y el roble americano crecen más juntos, pero también compiten entre si en estas masas.

6.6.3 Masas mixtas de pícea, abeto y haya en fase de regeneración

Los bosques mixtos de montaña compuestos de abeto, pícea y haya, que conectan los bosques dominados por hayas en las altitudes inferiores con los bosques de montaña ricos en abetos de las cotas más elevadas de los Alpes, también se componen en la fase de regeneración de un piso inferior y otro superior. A diferencia de las masas con subpiso discutidas anteriormente, la estructura de dos pisos solo se produce a una edad avanzada cuando se abre el dosel de copas y no de manera uniforme en toda la masa (Mosandl 1990, Preuhsler 1979). Los bosques

6.6 Masas de dos pisos

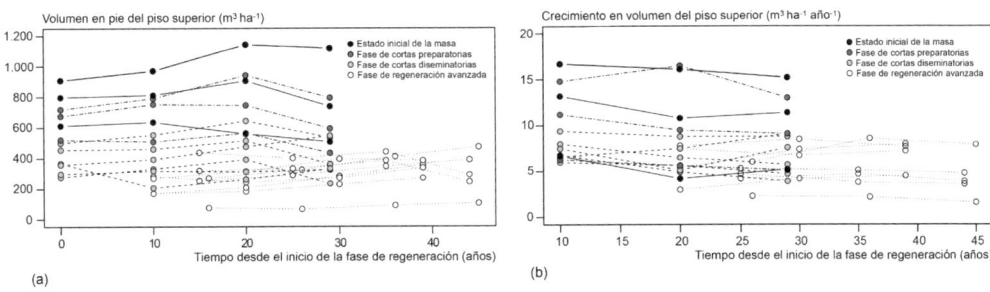

Figura 6.51 Desarrollo de (a) volumen en pie y (b) crecimiento periódico medio en volumen (en metros cúbicos) en las parcelas experimentales de bosques mixtos de montaña Kreuth 120-126 desde el comienzo del proceso de regeneración en 1975. Se muestran los cursos de desarrollo para masas aún sin cortas (círculos negros), en la fase preparatoria inicial del aclareo sucesivo (círculos grises oscuros), en la fase de cortas diseminatorias (círculos grises claros) y para la fase avanzada de regeneración (círculos blancos).

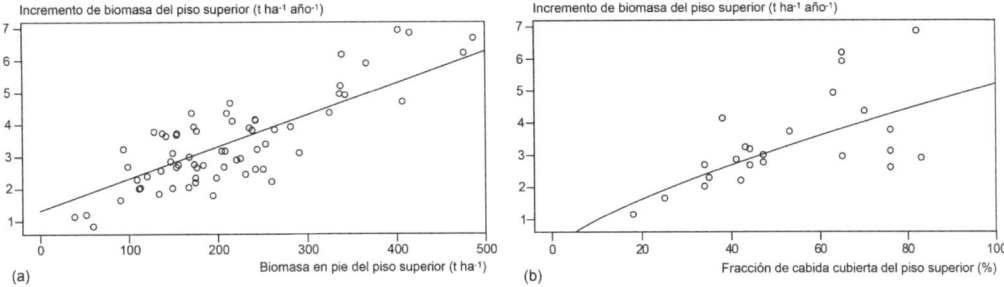

Figura 6.52 Relación entre la densidad de la masa y el crecimiento del piso superior en las parcelas experimentales de bosque mixto de montaña Kreuth 120-126. (a) La relación entre la biomasa de la masa en pie en el piso superior y su incremento es directamente proporcional. (b) La relación entre la fracción de cabida cubierta del piso superior y su incremento de biomasa es regresiva, es decir, una reducción en la fracción de cabida cubierta puede amortiguarse en cierta medida por el crecimiento de los árboles restantes.

Figura 6.53 Disminución del número de pies del regenerado natural en función de la biomasa del piso superior y la duración del periodo de regeneración. El número de pies en el piso inferior aumenta con la duración del periodo de regeneración y disminuye con la densidad del piso superior.

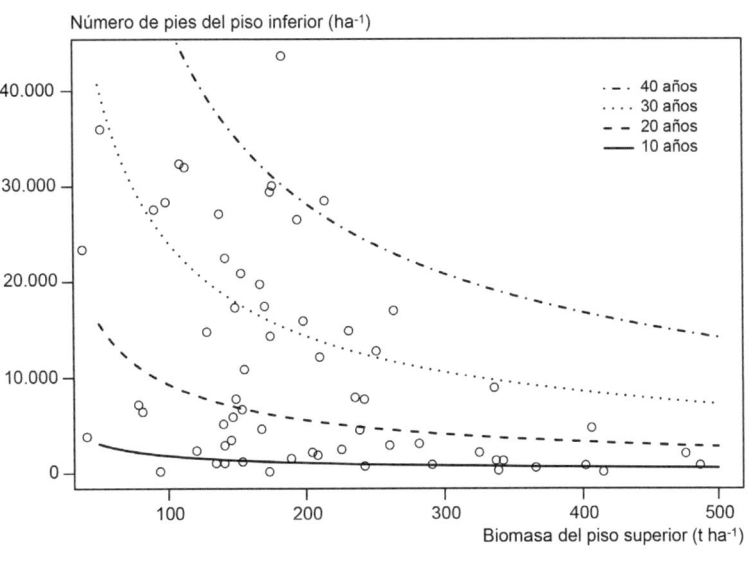

6 Desarrollo de la masa. Reconstrucción a partir de los parámetros medios y acumulados de la masa

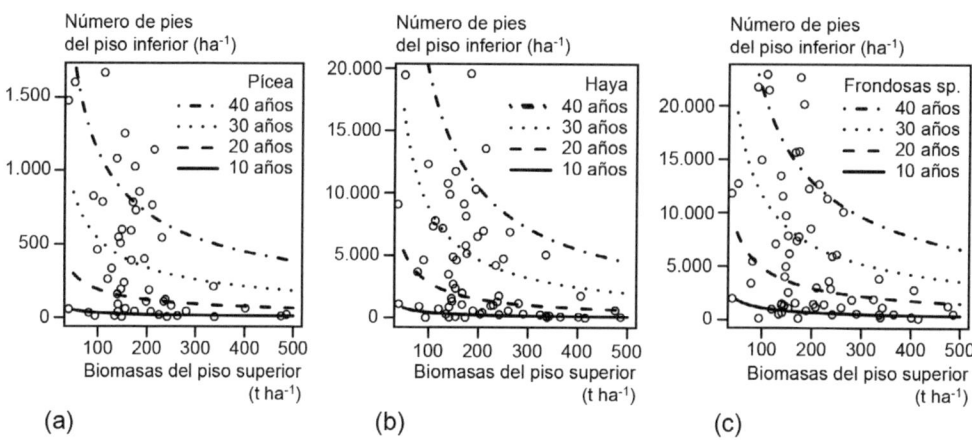

Figura 6.54 Efecto de la densidad del piso superior (cuantificada por su biomasa) y la duración del proceso de regeneración sobre el número de pies en el regenerado para las especies o grupos de especies seleccionados (a) pícea, (b) haya y (c) otras especies comerciales de árboles caducifolios, como el arce o el fresno. Estas relaciones no se muestran para el abeto ya que no fueron significativas.

Figura 6.55 Relación entre el crecimiento del piso superior y el inferior. (a) Efecto de la biomasa en el piso superior y la biomasa del regenerado sobre la productividad de este (piso inferior). (b) Relación entre la biomasa del regenerado, la biomasa en el piso superior y la productividad de dicho piso.

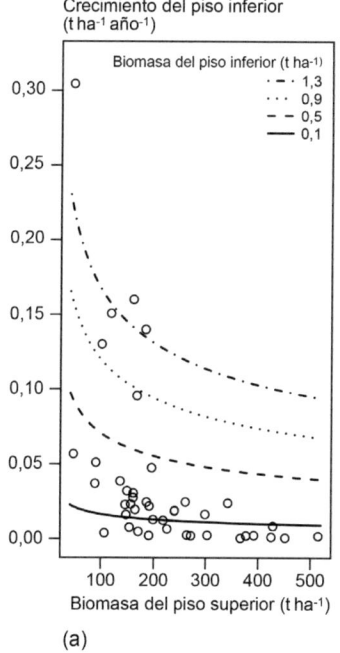

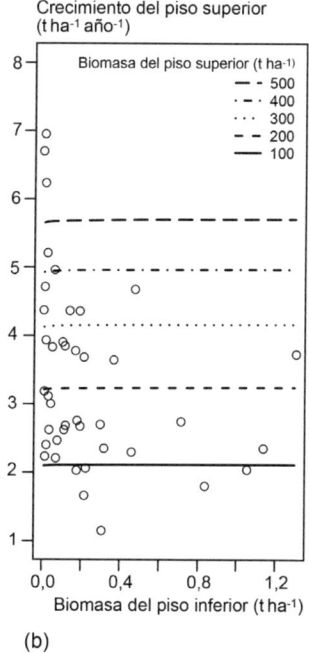

mixtos de montaña a menudo se encuentran en sitios con altas precipitaciones y suelos ricos en nutrientes y tienen el carácter de bosques templados.

A continuación, se utilizan un total de 22 parcelas experimentales permanentes en los Alpes bávaros, que han estado bajo observación desde 1970, para analizar las interacciones entre el piso superior e inferior. Basado en más de 40 años de mediciones de los pisos superior e inferior (regeneración), su evolución sirve como un ejemplo modelo de la dinámica de los pisos superior e inferior y sus interacciones (ver Figura 6.48).

El volumen del piso superior en masas cerradas se sitúa en torno a 1.100 m³ ha⁻¹ y se reduce gradualmente hasta 100 m³ ha^{-1} a través de cortas graduales (aclareo sucesivo) con cortas preparatorias (círculos gris oscuro), cortas diseminatorias (círculos gris claro) y la fase de regeneración avanzada (círculos blancos), mostrados en parcelas en distintas fases (Figura 6.51a). Los crecimientos varían entre 2 y 17 m³ ha^{-1} año^{-1} (Figura 6.51b).

Una reducción en el volumen del piso superior da generalmente como resultado una reducción aproximadamente proporcional en el crecimiento en volumen de dicho piso (Figura 6.52a). Debido a que la reducción del dosel de copas es selectiva y crea huecos relativamente grandes, el volumen en pie solo puede compensar las pérdidas de crecimiento por reducción de la densidad de forma limitada mediante el crecimiento adicional en el piso superior. Sin embargo, en los huecos, se promueve el piso inferior y el regenerado, de modo que estas capas pueden reducir y compensar parcialmente las pérdidas de productividad de la masa (Figura 6.54a). Esta compensación no se refleja en la Figura 6.52 porque solo muestra el incremento del piso superior. Debido a que detrás de los valores del volumen medio pueden darse en realidad valores del volumen total y la biomasa muy diferentes, ya que las especies representadas difieren según las proporciones de la mezcla de especies y la densidad, se muestran las relaciones en términos de biomasa (Figura 6.52 y Figura 6.54).

Dependiendo de la apertura del dosel en el piso superior, el piso inferior y el regenerado se favorecen de manera diferente (Figura 6.53). A su vez, la composición de especies del piso inferior depende del grado de apertura del dosel de copas en el piso superior (Figura 6.54). La pícea, en particular, pierde presencia con un dosel cerrado a largo plazo.

Si bien el piso superior tiene un efecto determinante sobre el piso inferior (competencia por la luz), no hay una reacción significativa del piso inferior sobre el superior (competencia por el agua o los nutrientes). La Figura 6.55a muestra un efecto claro de la biomasa del piso superior y la biomasa en el inferior sobre la productividad del piso inferior. Por el contrario, el crecimiento del piso superior varía según el volumen de dicho piso, pero es independiente de la biomasa del piso inferior (Figura 6.55b). Esto se indica mediante las curvas de regresión entre el volumen del piso inferior y el crecimiento, que corren paralelas al eje x.

En contraste con las condiciones en sitios pobres y secos mostrados anteriormente para otras mezclas (Sección 6.4.2), el piso superior del bosque mixto de montaña tiene principalmente un efecto de sombreado sobre el piso inferior. Sin embargo, debido a la buena disponibilidad de agua y nutrientes, no se dan efectos negativos entre el volumen del piso inferior y el crecimiento del superior.

6.7 Masas irregulares

6.7.1 Comparación del monte irregular con el monte regular y su contexto en el ciclo de sucesión

6.7.1.1 Monte irregular como unidad de gestión forestal

El monte con mosaico regular de clases de edad (típicamente ordenado por cabida o por tramos) se construye a partir de un mosaico espacial de rodales, que pueden variar significativamente en edad, composición de especies y estructura (Figura 6.56a). En contraste, el monte irregular se caracteriza por una mayor diversidad de especies y estructuras, pero que es similar en toda la superficie y durante largos períodos de tiempo (Figura 6.56b). La estructura y la diversidad de especies dentro de la masa es generalmente menor en el monte regular compuesto de masas regulares, pero puede ser mayor en todo el monte que en el monte irregular. En contraste, la diversidad en el monte irregular es localmente alta, pero tiende a permanecer igual a medida que aumenta la unidad superficial o temporal de referencia.

En esta se sección se introduce el desarrollo del monte irregular utilizando el ejemplo de los bosques mixtos de abetos, píceas y hayas, ya que los montes con estructura diamétrica irregular de estas especies son par-

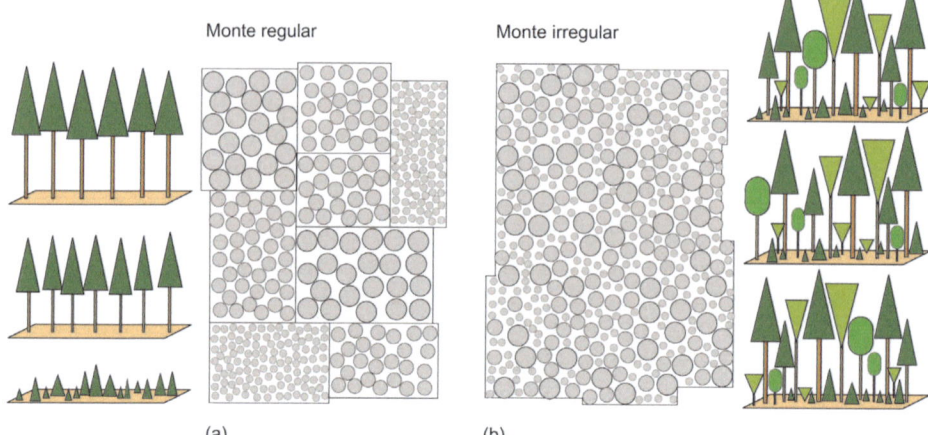

Figura 6.56 Estructuras de la masa en (a) monte regular y (b) monte irregular. (a) El monte regular se construye a partir de un mosaico espacial de rodales que varían significativamente en media (dependiendo de la duración del período de regeneración), la composición de especie puede variar algo pero siempre que la especie o las especies principales se mantengan com dominantes y estructura. (b) El monte irregular se caracteriza por una gran diversidad de especies y estructura, que es similar en toda la superficie y durante largos períodos de tiempo.

ticularmente relevantes en Europa Central y han sido bien estudiados. Las especies y las clases de edad que en el monte regular se encuentran espacialmente separadas, en el monte irregular se combinan dentro de la masa. En el monte irregular, por ejemplo, los abetos, píceas y hayas de diferentes edades se agrupan y mezclan íntimamente (Capítulo 4, Figura 4.5). Las especies arbóreas tolerantes a la sombra, como el abeto o el haya, son particularmente adecuadas para formar masas irregulares pie a pie debido a su capacidad de sobrevivir bajo cubierta. Sin embargo, también existen otros tipos de montes irregulares que incluyen especies intolerantes a la sombra, generalmente asociados a densidades menores. Por ejemplo, bosques irregulares de pino piñonero o bosques de haya y pícea tratados por entresaca, que, si se mantienen con un volumen en pie relativamente bajo, pueden mezclarse con pino silvestre. Las masas irregulares se perciben en general como más naturales que las regulares e incluso como masas casi cercanas a lo que sería un bosque primario. Sin embargo, con frecuencia estas masas irregulares dependen fuertemente de intervenciones selvícolas continuadas que preserven su estructura característica.

6.7.1.2 Monte irregular entresacado y fase de monte alto irregular en el ciclo de sucesión forestal del bosque primario

La asociación del monte irregular tratado por entresaca con el bosque primario se basa en el hecho de que también hay una fase en la sucesión del bosque primario, formado por especies tolerante o muy tolerantes a la sombra, que es estructuralmente similar a la de un monte entresacado. En los bosques primarios, la fase óptima, la fase terminal, la fase de colapso, la fase de rejuvenecimiento o la fase de monte alto irregular que se muestran en la Figura 6.66 pueden seguirse entre sí en el tiempo de diferentes maneras (ver Fischer 1995, Leibundgut 1959). Las fases se pueden caracterizar de la siguiente manera (terminología según Madrigal (1994)):

La fase óptima se caracteriza por un dosel de copas cerrado y muy denso formado por muchos árboles viejos de aproximadamente la misma altura, lo que ralentiza la entrada de luz y la regeneración.

En la fase de envejecimiento, prevalecen los árboles dominantes, en los que ya no hay una acumulación neta de biomasa de madera muerta porque su crecimiento se estanca debido a la edad. Esta fase se caracteriza por un volumen en pie máximo constante, una disminución de la vitalidad y el comienzo de un aclarado de la masa debido al incremento de la mortalidad en el piso dominante o superior. Dependiendo del progreso del autoaclareo de la masa, la fase terminal puede pasar a la fase de colapso o la fase de monte alto irregular o de estructura irregular.

En la fase de destrucción, el dosel de copas se abre debido al envejecimiento avanzado de las copas, la aparición de calamidades o el aumento de la mortalidad natural. Esto permite una mayor apertura y regeneración en los claros que se van formando.

La fase de monte alto irregular se caracteriza por una distribución equilibrada del volumen entre los pisos superior, medio e inferior del dosel de copas. Pequeños claros debido a la mortalidad natural y a la extracción de pies permiten que el regenerado y su crecimiento sean continuados.

En la fase de rejuvenecimiento, la masa vieja altamente expuesta genera un nuevo regenerado y promueve el regenerado existente en un área más amplia.

En el ciclo de sucesión del bosque primario, la fase de monte entresacado o de estructura irregular es una fase de transición entre la fase terminal y la fase óptima o entre la fase terminal y la de colapso (Figura 6.57). La figura muestra, de manera muy simplificada, algunos de los muchos procesos posibles que tienen lugar en el bosque primario y está destinada principalmente a enfatizar que la fase de monte alto irregular es una fase transitoria, es decir, que sin intervención humana no sería estable. Por el contrario, el monte entresacado tiene una estructura similar a esta fase y solo puede mantenerse en el tiempo de forma artificial mediante las intervenciones continuas en los pisos superior y medio. El carácter artificial del monte entresacado se hace evidente en cuanto no hay intervenciones selvícolas en él durante mucho tiempo. Entonces, los pisos superior y medio pueden volverse tan densos que el piso inferior ya no recibe suficiente luz, comienza la mortalidad de los individuos más pequeños y se pierde la estructura irregular característica del monte entresacado.

En el bosque primario, la regeneración no ocurre debido a los aprovechamientos, sino por la muerte natural de los árboles. En el monte entresacado, la mortalidad natural se emula, por tanto, por las ex-

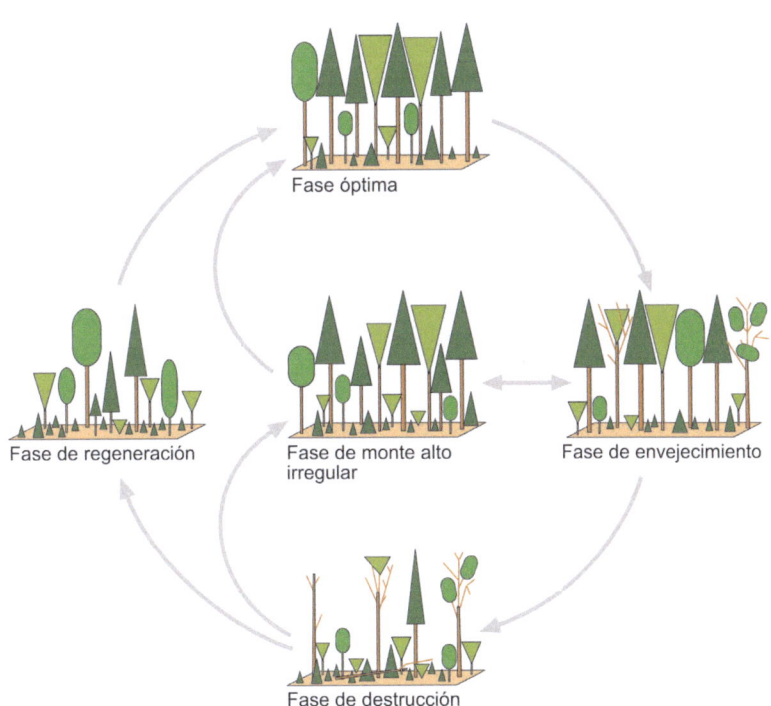

Figura 6.57 Monte alto irregular como una fase de un posible ciclo de regeneración en el bosque primario. El desarrollo de los bosques primarios se puede simplificar alternando entre la fase óptima, la fase de envejecimiento, la fase de destrucción, la fase de regeneración y la fase de monte alto irregular. La fase de monte alto irregular representa una fase de transición en el bosque primario. Puede resultar de la fase terminal o de la fase de colapso y puede pasar a la fase óptima o fase terminal. Representación simplificada según Zukrigl et al. (1963).

tracciones de pies de los pisos medio y superior. A diferencia del bosque primario, la extracción se lleva a cabo antes de que ocurra la mortalidad. Al anticipar la mortalidad y perturbaciones relacionadas con la edad en el monte entresacado, las perturbaciones en ellos son poco frecuentes y pequeñas. Como resultado, se pueden establecer menos especies pioneras y se puede dar un empobrecimiento genético duradero.

6.7.2 Fundamentos teóricos

Las comparaciones entre el monte irregular ideal y el monte regular pueden ser engañosas si no se comparan con un monte con todas las clases de edad para el mismo sitio. Asimismo, la proporción de especies arbóreas en el monte irregular debería ser similar a la del monte regular.

6.7.2.1 Relación entre el número de pies y el diámetro normal, curva del monte irregular ideal

El estado y el desarrollo de un monte irregular se pueden caracterizar por su distribución diamétrica, que se puede registrar fácilmente mediante inventario. Para la evaluación de la masa, el número de pies por hectárea se suele agrupar en clases diamétricas de distinto tamaño, por ejemplo, de 10-19, 20-29... 100-109 cm, y representados gráficamente con un sistema de coordenadas cartesianas o semilogarítmicas (número de pies logarítmico, diámetro lineal) (ver Capítulo 7, Figura 7.32). Un requisito previo para el mantenimiento de la estructura del monte irregular es el mantenimiento continuado de todas las clases diamétricas, por lo que el número de pies en los niveles inferiores debe ser particularmente alto, disminuyendo exponencialmente con el aumento del diámetro (Figura 7.32). Debe haber un equilibrio entre la cantidad de árboles grandes y pequeños. Si hay demasiados árboles gruesos, la regeneración natural puede reducirse o incluso desaparecer debido a la sombra creada. Por otro lado, una reducción excesiva de los árboles gruesos y la apertura excesiva del dosel de copas puede conducir a una regeneración natural en un piso y a una ocupación total con el dominio de las especies de luz, que conllevan estructura de masas más regulares. En el primer caso, el número de pies de las clases diamétricas inferiores sería demasiado bajo y se reduciría a especies de sombra. En el segundo caso, el número de pies en las clases diamétricas más bajas sería demasiado alto y las especies de luz serían las dominantes. Como resultado, algunas clases diamétricas estarían representadas en exceso, pero, en otros no lo estarían suficientemente. La estabilidad de la estructura, el crecimiento y aprovechamiento a lo largo del tiempo ya no existiría para ambos casos.

De Liocourt (1898) muestra que el número de pies por hectárea en el monte irregular está en equilibrio (en estado estable) si siguen una serie geométrica desde la clase diamétrica más baja hasta la más alta $N_0 = a; N_1 = a \times (1+k)^{-1}; N_2 = a \times (1+k)^{-2}, \ldots, N_n = a \times (1+k)^{-n}$, siendo N_0, N_1... N_n los números de pies en la primera, la segunda, etc. hasta la enésima clase de diamétrica (ver Figura 6.49, a y b y la Caja 6.2). El coeficiente k en la Caja 6.2 representa el porcentaje de disminución en el número de pies desde la primera clase diamétrica en notación decimal y n el número de clases diamétricas. Meyer (1933) muestra que tal disminución en el tamaño también puede describirse utilizando una curva exponencial decreciente ($N = a \times d^{-k \times d}$), donde N es el número de pies por clase diamétrica, d es la media de la clase diamétrica y k es la disminución en el número de pies entre una clase diamétrica y la siguiente. La derivación de las curvas de equilibrio y los coeficientes correspondientes a y k se logra ajustando mediante regresión la curva exponencial a la distribución diamétrica del número de pies (enfoque de arriba hacia abajo). Este enfoque supone que, en un monte irregular en equilibrio, la tasa de disminución k del número de pies de clase a clase es la misma para todo el rango de diámetros. A su vez, en el estado de equilibrio, la tasa k se mantiene constante a lo largo del tiempo.

Otro enfoque diferenciado para derivar la curva de equilibrio utiliza una aproximación demográfica, tomando como entrada el número de pies del

Caja 6.2 Serie geométrica y función exponencial para describir la relación número de pies-diámetro normal en el monte irregular

En el estado de masas irregulares en equilibrio, la distribución del número de pies según el diámetro normal del monte entresacado corresponde aproximadamente a una serie geométrica y puede describirse mediante una función exponencial. Estas relaciones se ilustran usando un ejemplo (Tabla 6.7).

La disminución en el número de pies de una clase diamétrica a la siguiente puede describirse como una serie geométrica (Tabla 6.7, Columna 3). $N_0 = a$ representa el número de pies en la clase diamétrica más baja y $N_1, N_2, ... , N_n$ el número de pies en la clase diamétrica 2 hasta la enésima clase. El coeficiente k representa el porcentaje de disminución en el número de pies entre clases diamétricas en notación decimal (por ejemplo, 7 % corresponde a $k = 0{,}07$). Los exponentes representan los intervalos de la clase diamétrica (columna 1).

La disminución en el número de pies también se puede describir utilizando una función exponencial (Tabla 6.7, Columna 5). Aquí nuevamente a representa el número de pies en la clase diamétrica más baja, k corresponde al porcentaje de disminución en notación decimal y d representa el intervalo de la clase diamétrica.

Para el ejemplo de la Tabla 6.7, la distribución

Tabla 6.7 Representación de la distribución diamétrica media del número de pies en la parcela experimental de monte irregular FRY 129/32 desde 1980 hasta 2011 en intervalos de 10 cm de diámetro (columnas 1 y 2). Número estimado de pies a partir de la serie geométrica 116; $116 \times (1{,}03)^{-10}$, ... , $116 \times (1{,}03)^{-100}$ con base $1 + k$ ($1 + k = 1 + 0{,}03 = 1{,}03$) y clases diamétricas $d = 10, 20 ... 100$ cm (columna 3). Número de pies estimado en esta tabla a partir de la función obtenida por análisis de regresión ($N = 116 \times e^{-0{,}03 \times d}$) con intersección con el eje $N0 = 116$ y la tasa de disminución del número de pies en pasos de 1 cm de diámetro del 3 % ($k = 0{,}03$) (columna 5).

1	2	3	4	5	6
Clase diamétrica d	Número de pies obs.	Número de pies según serie geométrica teórica 116; $116 \times (1{,}03)^{-d}$	Disminución del número de pies entre clases de 1 cm $116; 116 \times (1{,}03)^{-d}$ (según serie columna 3)	Número de pies según la función $N = 116 \times e^{-0{,}03 \times d}$	Disminución del número de pies entre clases de 1 cm (según serie columna 5) $N = 116 \times e^{-0{,}03 \times d}$
cm	ha^{-1}	ha^{-1}	%	ha^{-1}	%
10	120	86	3	86	3
20	50	64	3	64	3
30	41	48	3	47	3
40	35	36	3	35	3
50	25	26	3	26	3
60	19	20	3	19	3
70	17	15	3	14	3
80	11	11	3	11	3
90	8	8	3	8	3
100	6	6	3	6	3

diamétrica del número de pies en la parcela experimental de monte irregular FRY 129/32 de 1980 a 2011 se presenta para intervalos de 10 cm de diámetro (columnas 1 y 2). Esta disminución en el número de pies se representa por el análisis de regresión usando la forma logarítmica $ln(N) = ln(a) - k \times d$ de la ecuación exponencial anterior ($N = a \times e^{-k \times d}$), donde $ln(a)$ representa la ordenada en el origen de la recta y k la pendiente. El parámetro a depende del intervalo de las clases diamétricas en las que se resumen los números de pies. En este ejemplo, se eligen intervalos de 10 cm de ancho. En este caso, el valor a es aproximadamente diez veces mayor que con intervalos de 1 cm.

La distribución diamétrica del número de pies representa las condiciones promedio en la parcela FRY 129/32 desde 1980 hasta 2011. La estimación utilizando la serie geométrica o la función exponencial decreciente (columnas 3 y 5) muestra que el número de pies cambia de clase diamétrica con una disminución del 3 %. En términos absolutos, hay una gran disminución del número de pies en las clases diamétricas bajas, y una disminución mucho menor en las clases de diámetro superior. En el cuadro 6.2-1, columnas 3 y 6, se da el porcentaje de disminución del número de pies para un intervalo de 1 cm de diámetro para mostrar la relación con el coeficiente $k = 0{,}03$. A pesar de claras desviaciones en la primera clase diamétrica, los desarrollos observados en la distribución diamétrica del número de pies se va a acercando a la estimada en las clases diamétricas mayores (ver columnas 2, 3 y 5).

regenerado, el intervalo de clases diamétrica, la tasa o tiempo de paso de una clase diamétrica a la siguiente, la tasa de mortalidad, la tasa de aprovechamiento o de cortas y el diámetro de cortabilidad (enfoque de abajo hacia arriba) (Bachofen 1999, Contactor 1975, 1997). La tasa de disminución en el número de pies de una clase diamétrica a la siguiente resulta de la tasa de paso de la clase anterior y a la clase superior (dependientes del crecimiento), la tasa de mortalidad la tasa de aprovechamiento en las cortas de entresaca. A largo plazo, el número de pies que pasan a una clase diamétrica debe ser igual al número que pasa a la siguiente más el extraído y la mortalidad para que el número de pies pueda permanecer constante. A partir del número de pies inicial para la primera clase diamétrica, teniendo en cuenta las tasas de crecimiento, de mortalidad y los aprovechamientos, que van variando de una clase diamétrica a otra, se pueden obtener las distribuciones diamétricas ideales, que en un sistema semi-logarítmico tienen forma de S.

En comparación con las curvas de equilibrio de Liocourt o Meyer, que son lineales en el sistema semi-logarítmico, la modelizaciónde la curva de equilibrio a través de las tasas de crecimiento del regenerado, mortalidad y aprovechamiento, resulta en valores del número de pies que son ligeramente más bajos para la clase diamétrica más baja y ligeramente más altos para la más alta que cuando se asumen tasas constantes (Figura 6.58d). Estas distribuciones diamétricas en forma de J invertida se aplican a la mayoría de las distribuciones diamétricas en los montes entresacados que se muestran aquí como ejemplo (Figura 6.60 y Figura 6.61). Ambos enfoques descuidan generalmente las contribuciones específicas de cada especie a la distribución diamétrica en masas mixtas, ya que no se suele tener en cuenta que las especies difieren en sus tasas de crecimiento, regeneración y aprovechamiento, además de las posibles interacciones entre especies. Por ejemplo, en bosques mixtos de abeto, pícea y haya habría que tener en cuenta las interacciones entre especies para derivar las curvas de equilibrio. Un ejemplo de aplicación de la aproximación demográfica a masas irregulares mixtas fue desarrollado por Brzeziecki et al. (2021) para este tipo de masas en el bosque de Bialowieza (Polonia).

A continuación, se analizan las curvas de equilibrio que se derivaron de distribuciones diamétricas estacionarias usando el método de regresión (enfoque de arriba hacia abajo). Lo que es más característico del equilibrio del monte irregular no es una curva específica con coeficientes definidos a y k, sino más bien la disminución exponencial decreciente del número de pies al aumentar el diámetro (Figura 6.58a y b). La ordenada en el origen a y la pendiente k de la curva dependen del sitio y del objetivo económico del monte (Figura 6.58c).

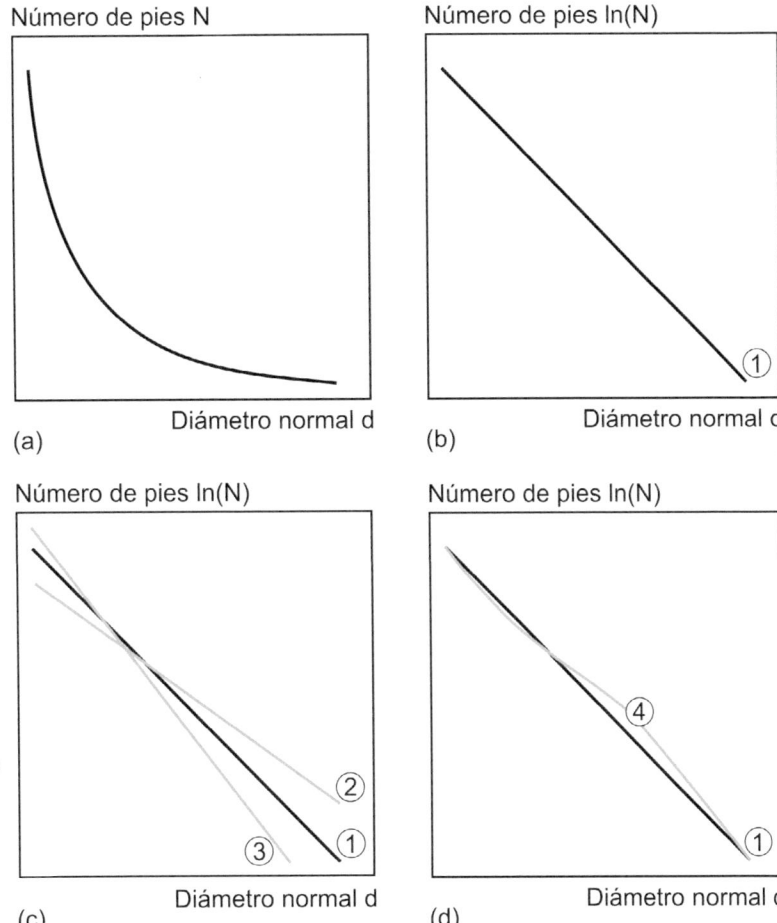

Figura 6.58 Distribuciones diamétricas en el monte irregular en estado de equilibrio. Disminución exponencial del número de pies al aumentar el diámetro, representada en un sistema de coordenadas (a) cartesiano y (b) semilogarítmico. (c) Distribuciones diamétricas del número de pies para tres posibles estados de equilibrio, representados en el sistema de coordenadas semilogarítmicas (las líneas 1, 2 y 3 representan un volumen y diámetro de cortabilidad medio, alto y bajo). (d) Distribuciones diamétricas en forma de J invertida para condiciones estacionarias en el monte irregular calculadas según Bachofen (1999) y Schütz (1989, 1997) y representadas en un sistema de coordenadas semilogarítmicas.

En general, la relación número de pies-diámetro se sitúa más elevada en el eje de las ordenadas para las estaciones de buena calidad que para las pobres, pero con similar pendiente. En estaciones de buena calidad, la densidad máxima es simplemente mayor. En condiciones idénticas, los montes entresacados con un volumen en pie elevado y diámetros-objetivo grandes dan como resultado una relación de número de pies – diámetro menos pronunciada que las masas con diámetros objetivo bajos. Volúmenes altos en los diámetros mayores producen un número menor de árboles en las clases diametrales más bajas (Figura 6.58c) (mayor acumulación de volumen). Por el contrario, volúmenes bajos de las clases mayores resultan en un mayor número de pies para las clases diamétricas medias y bajas. Esto da como resultado una relación número de pies-diámetro con valores bajos de a y menores pendientes para volúmenes altos de las clases diamétricas mayores, y un aumento en los valores a y de la pendiente de la relación número de pies-diámetro para volúmenes más bajos (ver líneas 1, 2 y 3 en la Figura 6.58c).

6.7.2.2 Características de la masa en el monte irregular ideal

Aunque se mantenga el equilibrio del monte irregular a largo plazo, la distribución diamétrica del número de pies varía ligeramente con el paso del tiempo (Figura 6.59a), por ejemplo, debido a fluctuaciones climáticas, cambios en la competencia entre especies o intervenciones selvícolas. En el estado de equilibrio, las transiciones de los pies de una clase diamétrica a la siguiente, la mortalidad y cortas son similares a lo largo del tiempo. En este caso, los árboles en las distintas clases diamétricas o pisos se encuentran bajo condiciones de

Figura 6.59 En un monte irregular en equilibrio, las siguientes relaciones dendrométricas permanecen estacionarias a lo largo del tiempo ($t_1 \dots t_n$). (a) Número de pies y diámetro normal $\ln(N)$-d, (b) Altura y diámetro h-d, (c) volumen del fuste y diámetro normal $\ln(v)$-$\ln(d)$, (d) incremento corriente anual en diámetro y diámetro normal id-d.

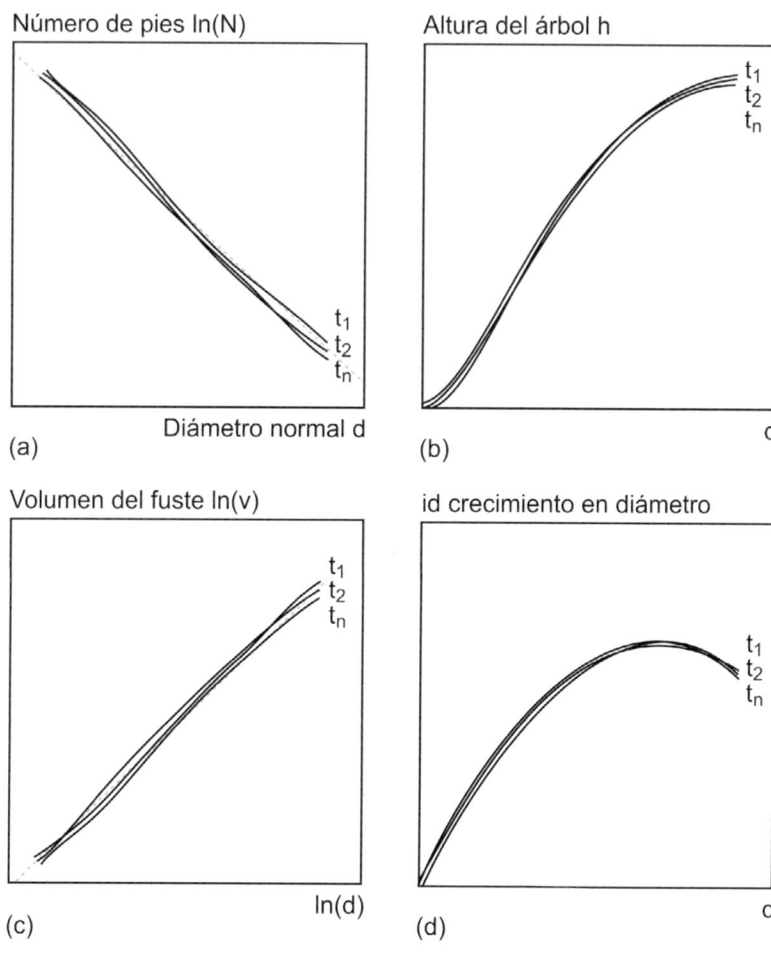

crecimiento similares y la relación altura-diámetro permanece estacionaria (Figura 6.59b). Si bien la relación altura-diámetro en el monte regular se desplaza sistemáticamente hacia arriba y hacia la derecha con el aumento de la edad (Figura 6.16), la relación altura-diámetro en el monte irregular sigue la forma de una curva de crecimiento en forma de J invertida (Figura 6.59b). Esto refleja que cuando los árboles crecen a través de los pisos inferiores, intermedios y superiores, siempre pasan por una constelación de crecimiento similar. Es decir, primero crecen con más sombra, luego permanecen bajo una alta competencia durante un largo período de tiempo y finalmente crecen de forma más libre cuando alcanzan el piso superior. Debido a este desarrollo constante de altura y diámetro, los árboles en el monte irregular poseen aproximadamente el mismo factor de forma y el mismo volumen del fuste para un diámetro determinado (Figura 6.59c). Por lo tanto, el cálculo del volumen se puede hacer sobre la base de tarifas de cubicación derivadas localmente ($v = f(d)$), es decir, sin considerar la altura del árbol, únicamente utilizando del diámetro normal (Prodan 1965, pp. 252-253). La relación unimodal entre el incremento en diámetro y el diámetro se mantiene estable en el estado de equilibrio (Figura 6.59d). En comparación con las masas regulares, esta relación tiene un curso más plano y duradero, ya que el monte irregular los árboles jóvenes en el piso inferior crecen en la sombra y su crecimiento puede verse ralentizado inicialmente mayores y, por lo tanto, culminan su crecimiento más tarde en el tiempo. Asimismo, debido al crecimiento casi libre cuando llegan al piso superior dominante, pueden desarrollar crecimientos a largo plazo incluso mayores que los árboles en el monte regular normal, puesto que estos últimos crecen con una densidad relativamente alta

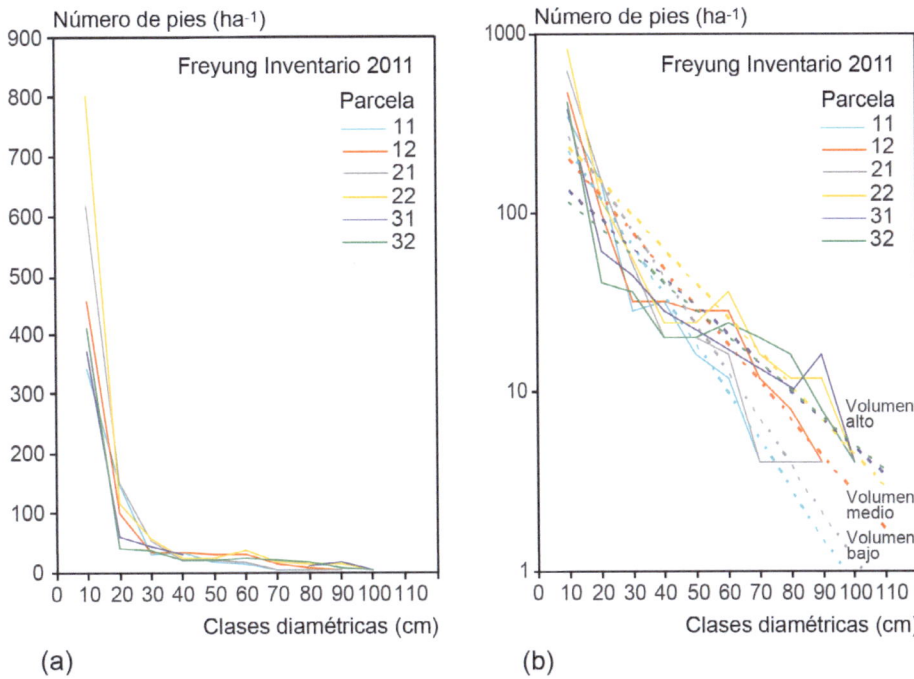

Figura 6.60 Variación de la relación entre el diámetro del normal (clases diamétricas de 10 cm) y el número de pies ($d_{1,3} \geq 7$ cm) en el sitio experimental de monte irregular Freyung 129 (Baviera) en escala lineal (a) y logarítmica (c). En 2011, las parcelas 11, 12, 21, 22, 31 y 32 tenían un volumen de 292, 498, 360, 767, 572, 669 m³ ha⁻¹. Las subparcelas 11 y 21 se encuentran en un nivel volumétrico bajo, 12 y 31 medio y 22 y 32 alto. Las líneas rectas punteadas son el resultado de un análisis de regresión sobre las distribuciones diamétricas según la ecuación $\ln(N) = \ln(a) - k \times n$. Representan diferentes curvas de equilibrio para niveles volumétricos de bajo a alto.

a una edad avanzada. Los árboles en el monte regular a menudo crecen más rápido en la juventud, pero también envejecen antes y disminuyen más rápidamente su crecimiento cuando alcanzan una edad avanzada (Sección 3.3.7).

6.7.3 Montes entresacados de pícea, abeto y haya en el sur de Alemania

6.7.3.1 Distribución diamétrica del número de pies

Utilizando el ejemplo de sitios experimentales en montes entresacados de abeto, pícea y haya en Baviera, se presentan aquí algunas de las características fundamentales de este tipo de monte mixto irregular. Para ilustrar la estructura de la masa, se pueden consultar la Figuras 4.5 y la Figura 4.13, correspondientes a la parcela experimental de Freyung 129, subparcela 2.

En las seis subparcelas del sitio experimental FRY 129 (Freyung) se han establecido diferentes tipos de gestión donde varían el volumen y diámetro de cortabilidad. Las diferencias entre los estados de equilibrio y las distribuciones diamétricas se pueden observar con más claridad utilizando una representación semilogarítmica que con una lineal (Figura 6.60, a y b). Las líneas discontinuas en la Figura 6.60b resultan de un análisis de regresión de las distribuciones diamétricas observadas y representan curvas de equilibrio en condiciones volumétricas de niveles bajo a alto.

Las parcelas 11, 12, 21, 22, 31 y 32 tenían en 2011 un volumen de 292, 498, 360, 767, 572, 669 m³ ha − 1, respectivamente. Las parcelas 11 y 21 tienen un nivel volumétrico bajo, 12 y 31 medio y 22 y 32 alto. Con el aumento del nivel volumétrico aumenta también el diámetro de cortabilidad. Los estados de equilibrio pueden caracterizarse por la ordenada en el origen y la pendiente de la curva resultante de la regresión $ln(N) = ln(a) - k \times n$, $(N = a \times e^{-k \times n})$ (coeficientes a y k, número de pies N e intervalo de la clase diamétrica n). La ordenada en el origen a y la pendiente k de las curvas de regresión tienen para la parcela 11 un valor de $a = 328, k = 0{,}056$, la 12 $a = 314, k = 0{,}048$, la 21 $a = 484, k = 0{,}061$, la 22 $a = 349, k = 0{,}044$, la 31 $a = 187, k = 0{,}034$ y la 32 $a = 158, k = 0{,}035$.

En todas las parcelas se observa una ligera desviación de la distribución diamétrica exponencial ideal mencionada en 6.5.2.1, con una cierta representación relativamente insuficiente de las clases diamétricas bajas y una sobrerrepresentación de las clases más altas y, por lo tanto, una desviación de la curva en forma de J invertida de la distribución diamétrica con coordenadas semi-logarítmicas. (Figura 6.60b).

La Figura 6.61 a y b muestra el desarrollo a largo plazo de la distribución diamétrica de la parcela FRY 129/11 desde 1980, cuyo volumen se ha reducido continuamente en los últimos años. Como resultado, la pendiente de la distribución diamétrica se ha ido haciendo cada vez más pronunciada, y la ordenada en el origen se ha ido desplazando hacia arriba en el rango de las clases diamétricas más bajas. La ordenada en el origen a y la pendiente k de las curvas de regresión resultan para la parcela 129/11 en 1980 en $a = 231, k = 0{,}037$, en 1986 $a = 227, k = 0{,}042$, en 1993 $a = 270, k = 0{,}048$, en 1999 $a = 252, k = 0{,}049$, en 2005 $a = 259, k = 0{,}048$ y en 2011 $a = 328, k = 0{,}056$. Se redujo el volumen y se modificó el número asociado de pies en la recta en las diferentes parcelas con el fin de establecer diferentes condiciones de equilibrio en las seis subparcelas y examinar sus efectos sobre el crecimiento del volumen de la masa (ver Sección 6.4.3).

Por el contrario, la distribución diamétrica de la parcela FRY 129/32 se mantuvo aproximadamente constante durante el mismo período de tiempo (Figura 6.61, c y d). Las curvas de la regresión, por lo tanto, solo varían ligeramente en a y k alrededor de una curva de equilibrio media. La ordenada en el origen a y la pendiente k de estas curvas de la parcela 129/32 en 1980 fueron de $a = 105, k = 0{,}029$, en 1986 $a = 80, k = 0{,}030$, en 1993 $a = 104, k = 0{,}030$, en 1999 $a = 144, k = 0{,}033$, en 2005 $a = 139, k = 0{,}031$ y en 2011 $a = 158, k = 0{,}035$. Los coeficientes a y k muestran el estado estacionario (coeficientes similares) en las últimas décadas y presentan una acumulación relativamente alta de volumen (valores bajos de a y una caída plana en las curvas de la regresión en comparación con otras parcelas).

6.7.3.2 Equilibrio y dependencia del volumen de las curvas de altura

Las curvas de altura – diámetro pueden diferir según el nivel volumétrico y el estado de equilibrio correspondiente (Figura 6.62). Si se da un volumen en pie alto, el desarrollo de la altura en el piso inferior es más lento, la esbeltez de los árboles en las clases de diámetros medios y gruesos son mayores que con volúmenes más bajos (Figura 6.62a). Sin embargo, si un monte irregular se mantiene en un estado de equilibrio ideal, la curva de altura varía solo ligeramente con el tiempo (Figura 6.62b), de modo que, para un diámetro dado se pueden suponer factores de forma, coeficientes de esbeltez y volúmenes similares.

6.7.3.3 Distribución volumétrica

Debido a la relación aproximadamente cúbica entre el diámetro normal y el volumen del fuste, el volumen de cada clase diamétrica aumenta significativamente por clase diamétrica, incluso con una distribución exponencialmente decreciente del número pies. Por lo tanto, la mayoría del volumen en un monte entresacado se encuentra en las clases diamétricas media y superior. La distribución diamétrica exponencial negativa característica de una masa irregular ideal se debe desglosar por especie (Figura 6.63a y b). Los volúmenes y dimensiones objetivo y el equilibrio del monte irregular ideal deben tener en cuenta las proporciones de la mezcla, ya que para un mismo diámetro, el abeto y el haya, por ejemplo, tienen requerimientos de espacio significativamente más altos que la pícea (ver factores de equivalencia en el Capítulo 7, Sección 7.4.3).

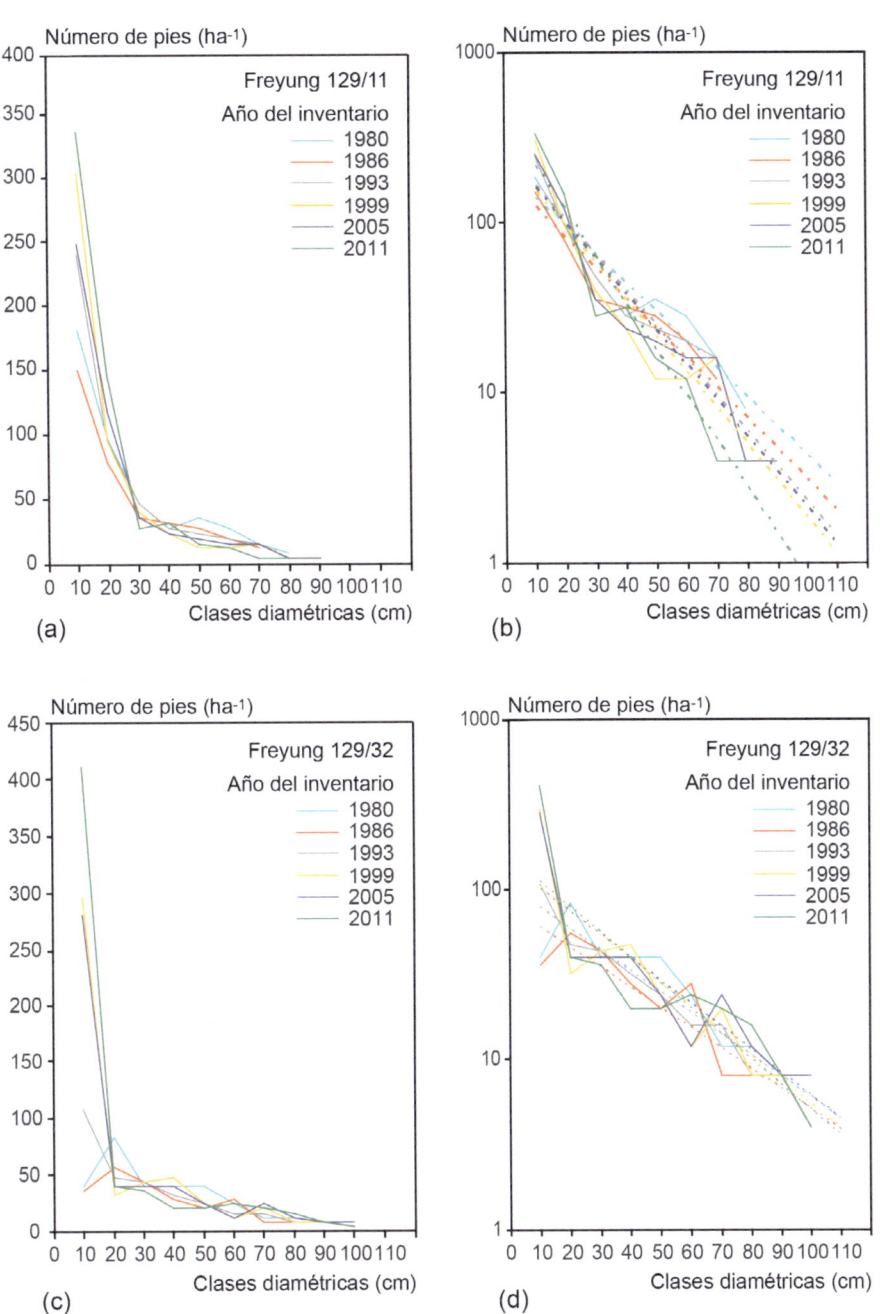

Figura 6.61 Desarrollo de la relación entre el número de pies y el diámetro normal desde 1980 hasta 2011 en la parcela 129/11 (a y b) de bajo nivel volumétrico y la parcela 129/32 (c y d) con nivel volumétrico alto en el sitio experimental a largo plazo de monte irregular Freyung 129. Las líneas a puntos resultan del análisis de regresión de las distribuciones de diamétricas y representan curvas de equilibrio en diferentes niveles volumétricos. (a y b) Desarrollo de la relación número de pies–diámetro normal en la parcela FRY 129/11 (el volumen total fluctúa entre 436 – 587 m^3 ha^{-1} en el período 1980–2011) en una representación lineal y semilogarítmica. (c y d) Desarrollo de la relación número de pies–diámetro normal en la parcela FRY 129/32 (el volumen total fluctúa entre 603 – 772 m^3 ha^{-1} en el período 1980–2011) en una representación lineal y semilogarítmica.

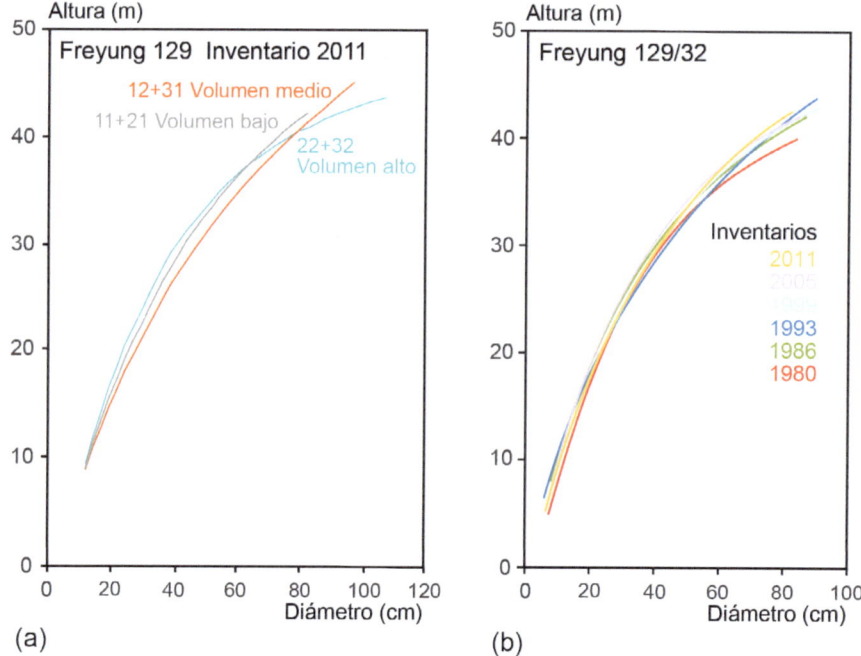

Figura 6.62 Curvas de altura – diámetro de pícea en el monte irregular Freyung 129 con (a) diferentes niveles volumétricos para un momento dado (b) y con volúmenes similares en diferentes periodos de inventario. (a) al aumentar el volumen, aumentan los diámetros y alturas máximos. (b) si el volumen permanece constante y el tratamiento es similar, la curva de altura permanece más o menos en un estado estacionario.

La proporción del volumen del haya con frecuencia disminuye porque a menudo se corta a mediana edad debido a su calidad de madera más baja (Figura 6.63c y d)

La proporción de especies en el monte irregular también pueden estar sujeta a cambios a largo plazo (Figura 6.64). Muchos estudios recientes muestran que la vitalidad y la proporción de abetos en el monte irregular y en el bosque mixto de montaña han aumentado desde la década de 1970. La pícea, por otro lado, ha disminuido su proporción y crecimiento acumulado. Las masas forestales con varias especies pueden amortiguar estos cambios en la productividad de una determinada especie más fácilmente que las masas puras. Por ejemplo, la tasa de crecimiento en los bosques mixtos de montaña europeos ha sido aproximadamente constante durante décadas. En fases con daños en los abetos por inmisiones de SO_2 y ozono, las disminuciones en el crecimiento correspondientes se compensaron con el crecimiento del haya y la pícea (Uhl et al. 2013).

El menor crecimiento actual de la pícea debido a la sequía aparentemente puede compensarse con el crecimiento de los abetos y hayas menos sensibles a la sequía (Hilmers et al. 2019). Otros estudios muestran que la productividad de estos bosques también depende de las proporciones y dominancia en tamaño de las especies (Torresan et al. 2020, Condés et al. 2022). En general, la productividad es mayor cuando proporción de pícea es mayor y cuando esta especie domina en tamaño.

6.7.3.4 Relación densidad-crecimiento

Si se reduce el volumen el crecimiento de la masa disminuye, pero dicha disminución puede ser mucho menor que en una masa pura coetánea. Después de extraer los pies de los pisos superior y medio, los pies restantes pueden compensar la disminución en el crecimiento hasta cierto punto. Las extracciones apenas dejan superficie sin ocupar. Por ejemplo, en la parcela experimental de Bodenmais (Figura 6.65),

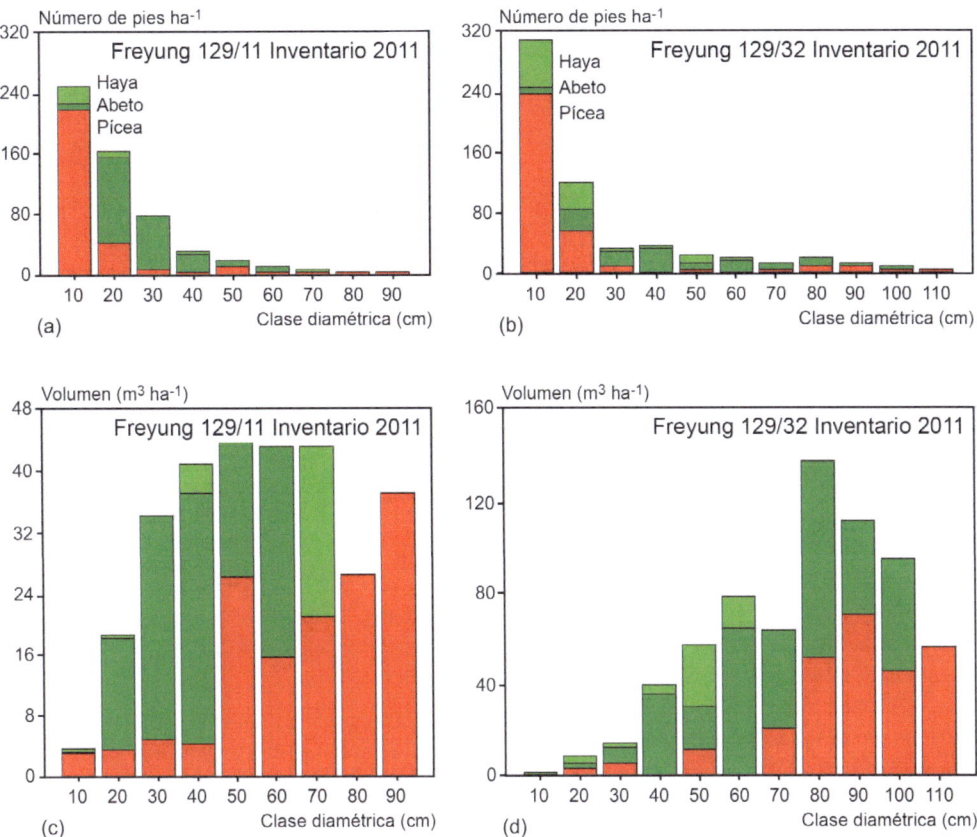

Figura 6.63 Distribución del número de pies y del volumen por clases diamétricas de 10 cm en una parcela de nivel volumétrico bajo (FRY 129/11) y otra de alto nivel (FRY 129/32) del sitio experimental a largo plazo de monte irregular Freyung 129 en el inventario de 2011. (a y c) Distribución de pies y volúmenes del fuste en la parcela de bajo nivel volumétrico FRY 129/11 con un número de pies de 584 ha^{-1} y un volumen de 292 m^3 ha^{-1}. (b y d) Distribución de pies y volúmenes del fuste en la parcela FRY 129/32 con un número de pies de 600 ha^{-1} y un volumen de 669 m^3 ha^{-1}.

el volumen se redujo a la mitad, de alrededor de 600 a 300 m^3 ha^{-1} con una disminución en el crecimiento de tan solo un 20 %. Esto subraya la gran capacidad de recuperación del monte irregular en comparación con el monte regular, donde el crecimiento lateral de las copas o del regenerado en los claros producidos tras una perturbación es mucho más lento.

6.7.4 Desviaciones del equilibrio

Un monte irregular representa una unidad de gestión. De manera similar al monte regular cuando hay una distribución superficial uniforme de las clases de edad, en el monte irregular se aplica una disminución exponencial en el número de pies por clase diamétrica (Sección 7.6). Una representación insuficiente o excesiva de ciertas clases diamétricas da como resultado un aprovechamiento discontinuo de pies de diferentes dimensiones. Solo cuando el monte irregular se encuentra en equilibrio ideal se produce continuamente aprovechamientos similares para cada clase diamétrica.

Desviaciones de la normalidad y la continuidad en el monte normal pueden producirse porque faltan rodales de ciertos rangos de edad o diámetro. En el monte irregular, si faltan árboles en ciertas clases diamétricas se puede poner en peligro el estado de equilibrio. La Figura 6.66 muestra cómo las desviaciones de la curva de equilibrio ideal observadas en el periodo t$_1$ (Figura 6.66a) alterana la distribución diamétrica durante las siguientes décadas (t_2 y t_3) (Figura 6.66b y c). Incluso perturbaciones a corto plazo causan desviaciones a largo plazo de la relación ideal $ln(N)$-$ln(d)$.

En el estado de equilibrio, con una distribución diamétrica aproximadamente exponencial, todas las clases de altura están representadas (Figura 6.67a). Se puede lograr una distribución exponencial y un estado de equilibrio con diferentes niveles volumétricos. Los tres ejemplos esquemáticos representan niveles altos, medios o bajos (de arriba a abajo). Estos tienen en común la naturaleza exponencial de la distribución del número de pies por clase diamétrica, lo que significa que todas las alturas están representadas (Köstler 1956). Si los árboles que no son lo suficientemente grandes se eliminan permanentemente, puede haber un exceso de madera de grandes dimensiones, un dosel de copas cerrado y demasiada sombra. Esto puede poner en peligro la estructura del monte irregular (Figura 6.67b). Por otro lado, la eliminación excesiva de fustes grandes y medianos, es decir, reducciones excesivas del volumen en pie, puede conducir a una estructura con abundante regeneración y poner en peligro la estructura debido a la falta de volúmenes de las clases media y alta.

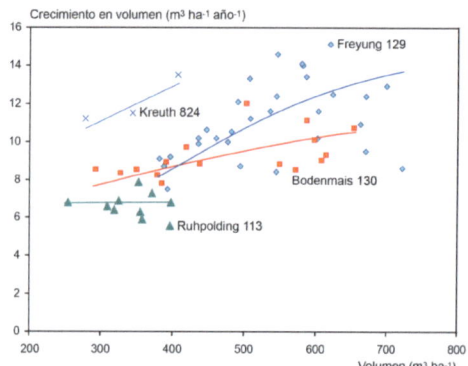

Figura 6.65 Relación entre el volumen de la masa registrado al comienzo del período de inventario y el crecimiento periódico medio en volumen para la parcela experimental a largo plazo (años 1980–2011) cerca de Freyung y Bodenmais (RFY 129, BOM 130) y Ruhpolding y Kreuth (RUH 113, KRE 824) en Baviera. El crecimiento en volumen corresponde al volumen comercial con corteza. Las diferencias en el nivel de crecimiento entre las parcelas experimentales dependen de la calidad de la estación.

De manera similar al tiempo que se tarda en establecer un monte regular con una distribución uniforme en equilibrio, los desequilibrios en la estructura ideal del monte irregular también pueden reflejarse en la distribución diamétrica del número de árbol durante décadas o, incluso siglos, y conllevar sacrificios de cortabilidada. Incluso décadas después de una intervención que ha sido demasiado fuerte o tardía, se pueden identificar las irregularidades resultantes en la distribución diamétrica debido a la sub – o sobre-representación de ciertas clases diamétricas. Esto subraya el carácter altamente artificial de monte irregular y la necesidad cortas en todo el rango de diámetros para mantener una estructura irregular ideal. Para obtener una descripción cuantitativa de las intervenciones silvícolas en el monte irregular, consulte la Sección 7.6.2 y la Figura 7.32.

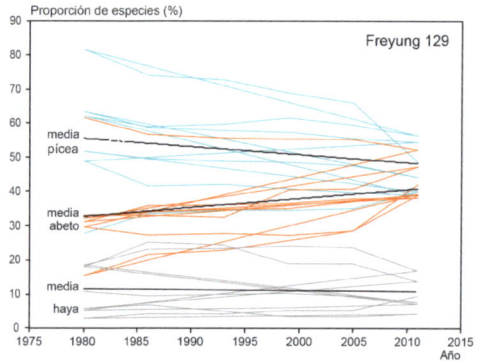

Figura 6.64 El desarrollo de la proporción de abeto, pícea y haya en las nueve parcelas del sitio experimental a largo plazo de monte irregular Freyung 129 desde 1980 hasta 2011 muestra una disminución de la proporción de pícea, un aumento en el abeto y una proporción de haya constante a un nivel bajo. Las proporciones de las especies se indican en área basimétrica.

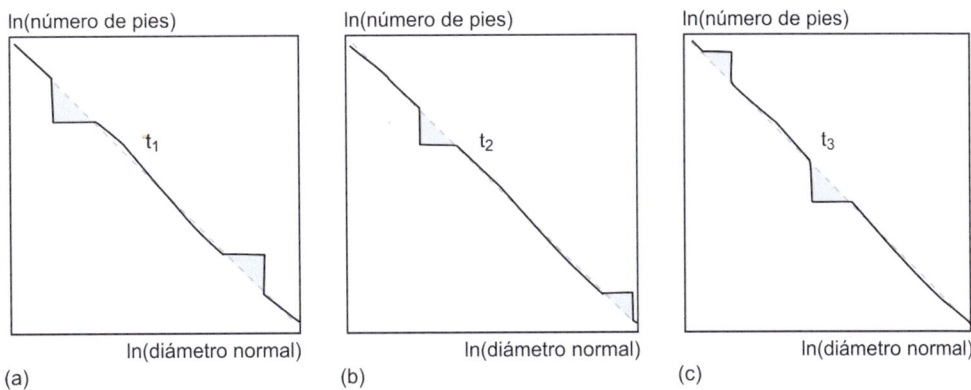

Figura 6.66 Interrupción de la relación ln(N) – ln(d) en el monte irregular en el periodo t_1 (a) debido al exceso de volumen de árboles de grandes dimensiones y falta de regenerado (la marca gris excede o cae por debajo de la relación lineal ideal ln(N) – ln(d) y su repercusión en los periodos t_2 (b) y t_3 (c).

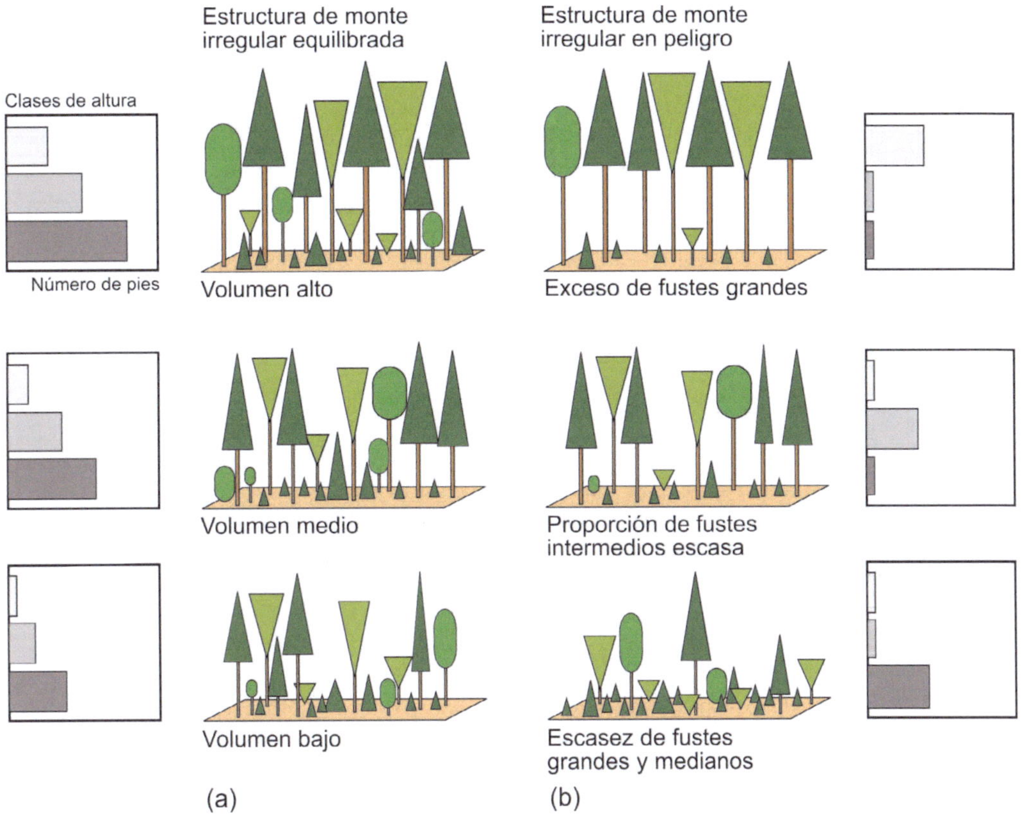

Figura 6.67 Masas con estructura de monte irregular equilibrado (a) y en peligro (b). Los números de pies por clase de altura y la estructura de la masa se muestran mediante esquemas de alzado. (a) La estructura real del monte irregular puede producirse en masas con altos y bajos niveles volumétricos. (b) El exceso o la escasez de árboles de grandes o medianas dimensiones puede poner en peligro la estructura ideal del monte irregular. La ilustración se modificó a partir de Köstler (1953, 1956), Mayer (1984) y Pretzsch (1985).

Mensajes clave

1. A nivel de masa, la condición de los bosques se puede caracterizar y cuantificar utilizando valores dendrométricos medios y acumulados, como son la altura y el diámetro medios o el número de pies por hectárea, el área basimétrica y el volumen de la masa (por separado el volumen en pie, extraído y total). El desarrollo con la edad se puede caracterizar por la disminución en el número de pies, el crecimiento unimodal y los patrones de crecimiento en forma de S de los tamaños medios de los árboles (por ejemplo, altura de la masa, diámetro) o valores totales (por ejemplo, área basimétrica y volumen).

2. Desde las masas puras regulares de un solo piso, las masas mixtas regulares, las masas de dos pisos hasta el monte irregular con varios pisos, la diversidad estructural aumenta continuamente y la importancia de los valores dendrométricos medios y acumulados para representar la masa en su conjunto disminuye. Las masas más complejas deben describirse utilizando la distribución de tamaños dendrométricos, pero también por separado según las especies, cohortes o pisos.

3. En masas puras regulares , el número de pies de una masa sin perturbaciones (intervenciones selvícolas, daños bióticos y abióticos) disminuiría continuamente con el desarrollo (reducción exponencial sobre la edad, disminución alométrica con el tamaño medio). El volumen aumentaría hasta alcanzar un máximo dependiente de la estación. Al auto-aclararse, una proporción del 30–50 % de la madera producida se habría extraído o descompuesto y, en cierta medida, el volumen de la masa en pie se habría beneficiado de estos nutrientes minerales hasta el final del turno.

4. Las intervenciones selvícolas pueden disminuir la densidad de la masa por debajo del nivel máximo para promover el crecimiento de ciertos colectivos de la masa. Pequeñas reducciones en la densidad pueden estimular el desarrollo en tamaño de los pies restantes sin causar una pérdida del crecimiento de la masa (relación unimodal de crecimiento–densidad). Las intervenciones de intensidad fuerte deben considerar las compensaciones entre aumentar el crecimiento del tamaño a nivel de árbol y reducir el incremento de volumen a nivel de masa.

5. Las condiciones del sitio determinan los patrones de desarrollo con la edad de las características relacionadas con el crecimiento y las relaciones alométricas entre las variables de la masa en masas regulares puras o mixtas. Cuanto más favorable es la estación, mayor es el índice de superficie foliar, la altura de la masa, el crecimiento en altura, el crecimiento acumulado total y el volumen a una edad determinada. En contraste, el número de pies por hectárea en estaciones favorables para una misma edad es menor que en los desfavorables. Para un diámetro medio o una altura media determinada, el número de pies es mayor en estaciones con calidades desfavorables en comparación con las favorables.

6. Las masas mixtas regulares no pueden caracterizarse simplemente como una media ponderada de las masas puras de las correspondientes especies de la mezcla. Por el contrario, pueden llegar a superar la media ponderada de las masas puras regulares en productividad y densidad en un 20–50 %. La intensidad de los efectos de la mezcla de especies depende sobre todo de las es-

pecies que la forman (complementariedad de especies), las condiciones de la estación (factores limitantes del crecimiento) y el tratamiento selvícola (densidad, proporción de la mezcla, estructura de la mezcla).

7. Dependiendo de la combinación de especies cabe esperar una sobre–producción en mezclas de especies con características complementarias (por ejemplo, especies de árboles de luz y sombra, con raíces superficiales y profundas) o que se facilitan entre sí (por ejemplo, especies con capacidad de fijación de nitrógeno atmosférico o bombeo de agua en el suelo). Una combinación de especies determinada conllevará un mayor crecimiento en la mezcla, crecimiento adicional, especialmente usando la limitación de recursos es efectivamente compensada por la mezcla.

8. En rodales de múltiples pisos, los árboles de los pisos superiores, especialmente a través de la absorción preferencial de la luz, pueden ralentizar el desarrollo de los árboles en los pisos inferiores. Por el contrario, los árboles del piso inferior pueden inhibir el desarrollo de árboles más altos al competir por el agua y los nutrientes esenciales para el crecimiento. Las masas con dos pisos pueden conllevar más crecimiento juntos, pero siempre compiten entre sí, es decir, la competencia tiene lugar en un nivel productivo más alto.

9. El monte irregular es un tipo de masa de edad irregular, de varios pisos y con frecuencia mixta, que, debido a su distribución diamétrica, frecuentemente con un número de pies que disminuye de forma aproximadamente exponencial con el diámetro (muchos árboles pequeños y pocos muy grandes), y su estructura compleja, , se asemejan a la fase de monte alto irregular en el bosque primario. Sin embargo, son sistemas altamente artificiales. Este tipo de masas requiere de una intervención continua para mantener su característica distribución diamétrica exponencial decreciente.

10. Dependiendo de las condiciones de la estación, la composición de las especies y los objetivos económicos (diámetro del cortabilidad, nivel volumétrico), los montes irregulares se pueden mantener en diferentes estados de equilibrio estacionario (por ejemplo, disminuyendo exponencialmente la relación número de pies-diámetro normal). Por lo tanto, la ordenada en el origen y la pendiente de la regresión entre número de pies-diámetro normal pueden variar, dando lugar a una relación más o menos exponencial que caracteriza la estructura real del monte irregular en equilibrio.

Referencias

Aguirre A, del Río M, Condés S (2018) Intra – and inter-specific variation of the maximum size-density relationship along an aridity gradient in Iberian pinewoods. Forest Ecology and Management 411:90–100. https://doi.org/10.1016/j.foreco.2018.01.017

Aguirre A, del Río M, Condés S (2019) Productivity Estimations for Monospecific and Mixed Pine Forests along the Iberian Peninsula Aridity Gradient. Forests 10(5):430. https://doi.org/10.3390/f10050430

Asociación de Centros de Investigación Forestal Alemanes – Verein Deutscher Forstlicher Versuchsanstalten (1902) Beratungen der vom Vereine Deutscher Forstlicher Versuchsanstalten eingesetzten Kommission zur Feststellung des neuen Arbeitsplanes für Durchforstungs – und Lichtungsversuche, Allgemeine Forst – und Jagdzeitung, 78. Jg., pp. 180-184

Assmann E (1961) Waldertragskunde. Organische Produktion, Struktur, Zuwachs und Ertrag von Waldbeständen. BLV Verlagsgesellschaft, München, Bonn, Wien, 490 p

Assmann E (1970) The principles of forest yield study. Pergamon Press, Oxford, New York, 506 p

Assmann E, Franz F (1963) Vorläufige Fichten-Ertragstafel für Bayern. Forstl Forschungsanst München, Inst Ertragskd, 104 p

Avery TE, Burkhardt HE (1975) Forest Measurements, 3rd edn. McGraw-Hill Inc, New York, 331 p

Bachofen H (1999). Glei*ch*gewicht, Struktur und Wachstum in Plenterbeständen| Equilibrium, structure and increment in selection forest stands. Schweizerische Zeitschrift für Forstwesen, 150(5):157-170.

Bergel D (1985) Douglasien-Ertragstafel für Nordwestdeutschland. Niedersächs Forstl Versuchsanst, Abt Waldwachstum, 72 p

Bertalanffy von L (1951) Theoretische Biologie: II. Band, Stoffwechsel, Wachstum, 2nd edn. A Francke AG, Bern, 418 p

Bielak K, Dudzińska M, Pretzsch H (2014) Mixed stands of Scots pine (*Pinus sylvestris* L.) and Norway spruce [*Picea abies* (L.) Karst] can be more productive than monocultures. Evidence from over 100 years of observation of long-term experiments. Forest Systems 23(3):573–589. https://doi.org/10.5424/fs/2014233-06195

Brzeziecki B, Drozdowski S, Bielak K, Czacharowski M, Zajączkowski J, Buraczyk W, Gawron L (2021) A demographic equilibrium approach to stocking control in mixed, multiaged stands in Bialowieża Forest, northeast Poland. Forest Ecology and Management 481:118694. https://doi.org/10.1016/j.foreco.2020.118694

Callaway RM, Walker LR (1997) Competition and Facilitation: A Synthetic Approach to Interactions in Plant Communities. Ecology 78(7):1958–1965. https://doi.org/10.1890/0012-9658(1997)078[1958:-CAFASA]2.0.CO;2

Condés S, del Rio M, Sterba H (2013) Mixing effect on volume growth of *Fagus sylvatica* and *Pinus sylvestris* is modulated by stand density. Forest Ecology and Management 292:86–95. https://doi.org/10.1016/j.foreco.2012.12.013

Condés S, del Río M (2015) Climate modifies tree interactions in terms of basal area growth and mortality in monospecific and mixed *Fagus sylvatica* and *Pinus sylvestris* forests. Eur J Forest Res 134(6):1095–1108. https://doi.org/10.1007/s10342-015-0912-0

Condés S, Vallet P, Bielak K, Bravo-Oviedo A, Coll L, Ducey MJ, Pach M, Pretzsch H, Sterba H, Vayreda J, del Río M (2017) Climate influences on the maximum size-density relationship in Scots pine (*Pinus sylvestris* L.) and European beech (*Fagus sylvatica* L.) stands. Forest Ecology and Management 385:295–307. https://doi.org/10.1016/j.foreco.2016.10.059

Condés S, del Río M, Forrester DI, Avdagić A, Bielak K, Bončina A, Bosela M, Hilmers T, Ibrahimspahić A, Drozdowski S, Jaworski A, Nagel TA, Sitková Z, Skrzyszewski J, Tognetti R, Tonon G, Zlatanov T, Pretzsch H (2022) Temperature effect on size distributions in spruce-fir-beech mixed stands across Europe. Forest Ecology and Management 504:119819. https://doi.org/10.1016/j.foreco.2021.119819

Condés S, Pretzsch H, del Río M (2023) Species admixture can increase potential tree growth and reduce competition. Forest Ecology and Management 539:120997. https://doi.org/10.1016/j.foreco.2023.120997

de Liocourt FD (1898) De l'amenagement des Sapiniers. Bul Soc For Franche-Compte et Belfort, 4, 396-409

de Martonne E (1926) Une novelle fonction climatologique: L'indice d'aridité. La Météorologie 21:449-458

del Río M, Montero G, Bravo F (2001) Analysis of diameter–density relationships and self-thinning in non-thinned even-aged Scots pine stands. Forest Ecology and Management 142(1):79–87. https://doi.org/10.1016/S0378-1127(00)00341-8

del Río M, Condés S, Pretzsch H (2014a) Analyzing size-symmetric vs. size-asymmetric and intra – vs. inter-specific competition in beech (*Fagus sylvatica* L.) mixed stands. Forest Ecology and Management 325:90–98. https://doi.org/10.1016/j.foreco.2014.03.047

del Río M, Schütze G, Pretzsch H (2014b) Temporal variation of competition and facilitation in mixed species forests in Central Europe. Plant Biology 16(1):166–176. https://doi.org/10.1111/plb.12029

del Río M, Pretzsch H, Alberdi I, Bielak K, Bravo F, Brunner A, Condés S, Ducey MJ, Fonseca T, von Lüpke N, Pach M, Peric S, Perot T, Souidi Z, Spathelf P, Sterba H, Tijardovic M, Tomé M, Vallet P, Bravo-Oviedo A (2016) Characterization of the structure, dynamics, and productivity of mixed-species stands: review and perspectives. Eur J Forest Res 135(1):23–49. https://doi.org/10.1007/s10342-015-0927-6

del Río M, Bravo Oviedo JA, Pretzsch H, Löf M, Ruiz-Peinado R (2017a) A review of thinning effects on Scots pine stands: From growth and yield to new challenges under global change. Forest systems 26(2):eR03S. https://doi.org/10.5424/fs/2017262-11325

del Río M, Pretzsch H, Ruíz-Peinado R, Ampoorter E, Annighöfer P, Barbeito I, Bielak K, Brazaitis G, Coll L, Drössler L, Fabrika M, Forrester DI, Heym M, Hurt V, Kurylyak V, Löf M, Lombardi F, Madrickiene E, Matović B, Mohren F, Motta R, den Ouden J, Pach M, Ponette Q, Schütze G, Skrzyszewski J, Sramek V, Sterba H, Stojanović D, Svoboda M, Zlatanov TM, Bravo-Oviedo A (2017b) Species interactions increase the temporal stability of community productivity in *Pinus sylvestris–Fagus sylvatica* mixtures across Europe. Journal of Ecology 105(4):1032–1043. https://doi.org/10.1111/1365-2745.12727

del Río M, Pretzsch H, Ruiz-Peinado R, Jactel H, Coll L, Löf M, Aldea J, Ammer C, Avdagić A, Barbeito I, Bielak K, Bravo F, Brazaitis G, Cerný J, Collet C, Condés S, Drössler L, Fabrika M, Heym M, Holm S-O, Hylen G, Jansons A, Kurylyak V, Lombardi F, Matović B, Metslaid M,

Motta R, Nord-Larsen T, Nothdurft A, den Ouden J, Pach M, Pardos M, Poeydebat C, Ponette Q, Pérot T, Reventlow DOJ, Sitko R, Sramek V, Steckel M, Svoboda M, Verheyen K, Vospernik S, Wolff B, Zlatanov T, Bravo-Oviedo A (2022) Emerging stability of forest productivity by mixing two species buffers temperature destabilizing effect. Journal of Applied Ecology 59(11):2730–2741. https://doi.org/10.1111/1365-2664.14267

Dhôte JF (1996) A model of even-aged beech stands productivity with process-based interpretations. Ann For Sci 53(1):1–20. https://doi.org/10.1051/forest:19960101

Dirnberger G, Sterba H, Condés S, Ammer C, Annighöfer P, Avdagić A, Bielak K, Brazaitis G, Coll L, Heym M, Hurt V, Kurylyak V, Motta R, Pach M, Ponette Q, Ruiz-Peinado R, Skrzyszewski J, Šrámek V, de Streel G, Svoboda M, Zlatanov T, Pretzsch H (2017) Species proportions by area in mixtures of Scots pine (*Pinus sylvestris* L.) and European beech (*Fagus sylvatica* L.). Eur J Forest Res 136(1):171–183. https://doi.org/10.1007/s10342-016-1017-0

Eichhorn F (1902) Ertragstafeln für die Weißtanne. Verlag Julius Springer, Berlin, 81 p + annex

Fischer A (1995) Forstliche Vegetationskunde, Pareys Studientexte 82, Blackwell Wissenschaft, Berlin, 315 p

Fish H, Lieffers VJ, Silins U, Hall RJ (2006) Crown shyness in lodgepole pine stands of varying stand height, density, and site index in the upper foothills of Alberta. Can J For Res 36(9):2104–2111. https://doi.org/10.1139/x06-107

Foerster W (1990) Zusammenfassende ertragskundliche Auswertung der Kiefern-Düngungsversuchsflächen in Bayern. Forstl Forschungsber München 105, 328 p

Forrester DI (2014) The spatial and temporal dynamics of species interactions in mixed-species forests: From pattern to process. Forest Ecology and Management 312:282–292. https://doi.org/10.1016/j.foreco.2013.10.003

Forrester DI, Albrecht AT (2014) Light absorption and light-use efficiency in mixtures of *Abies alba* and *Picea abies* along a productivity gradient. Forest Ecology and Management 328:94–102. https://doi.org/10.1016/j.foreco.2014.05.026

Forrester DI, Bauhus J, Cowie AL, Vanclay JK (2006) Mixed-species plantations of *Eucalyptus* with nitrogen-fixing trees: A review. Forest Ecology and Management 233(2):211–230. https://doi.org/10.1016/j.foreco.2006.05.012

Franz F (1965) Ermittlung von Schätzwerten der natürlichen Grundfläche mit Hilfe ertragskundlicher Bestimmungsgrößen des verbleibenden Bestandes. Forstw Cbl 84:357-386

Franz F (1967) Ertragsniveau-Schätzverfahren für die Fichte an Hand einmalig erhobener Bestandesgrößen. Forstw Cbl 86(2):98–125. https://doi.org/10.1007/BF01822159

Franz F (1968) Das EDV-Programm STAOET – zur Herleitung mehrgliedriger Standort-Leistungstafeln. Unpubl manuscript, München

Gehrhardt E (1909) Ueber Bestandes-Wachstumsgesetze und ihre Anwendung zur Aufstellung von Ertragstafeln. AFJZ 85:117-128

Gehrhardt E (1923) Ertragstafeln für Eiche, Buche, Tanne, Fichte und Kiefer. Verlag Julius Springer, Berlin, 46 p

Harper JL (1977) Population Biology of Plants. Academic Press, London, New York

Hilmers T, Avdagić A, Bartkowicz L, Bielak

K, Binder F, Bončina A, Dobor L, Forrester DI, Hobi ML, Ibrahimspahić A, Jaworski A, Klopčič M, Matović B, Nagel TA, Petráš R, del Rio M, Stajić B, Uhl E, Zlatanov T, Tognetti R, Pretzsch H (2019) The productivity of mixed mountain forests comprised of *Fagus sylvatica*, *Picea abies*, and *Abies alba* across Europe. Forestry: An International Journal of Forest Research 92(5):512–522. https://doi.org/10.1093/forestry/cpz035

Holmgren M, Scheffer M, Huston MA (1997) The Interplay of Facilitation and Competition in Plant Communities. Ecology 78(7):1966–1975. https://doi.org/10.1890/0012-9658(1997)078[1966:-TIOFAC]2.0.CO;2

Jactel H, Gritti ES, Drössler L, Forrester DI, Mason WL, Morin X, Pretzsch H, Castagneyrol B (2018) Positive biodiversity–productivity relationships in forests: climate matters. Biology Letters 14(4):20170747. https://doi.org/10.1098/rsbl.2017.0747

Johann K (1993) DESER-Norm 1993. Normen der Sektion Ertragskunde im Deutschen Verband Forstlicher Forschungsanstalten zur Aufbereitung von waldwachstumskundlichen Dauerversuchen. Proc Dt Verb Forstl Forschungsanst, Sek Ertragskd, in Unterreichenbach-Kapfenhardt, pp 96-104

Kahle HP (2011) Führt beschleunigtes Wachstum zu schnellerem Altern?. Sektion Ertragskunde Jahrestagung 2011 Cottbus, 102.

Kelty MJ (1992) Comparative productivity of monocultures and mixed stands. In: Kelty MJ, Larson BC, Oliver CD (eds) The ecology and silviculture of mixed-species forests. Kluwer Academic Publishers, Dordrecht, pp 125-141

Kennel R (1969) Formzahl – und Volumentafeln für Buche und Fichte. Selfpubl Inst Ertragskd, Forstl Forschungsanst München, München, 55 S.

Kern G (1966) Wachstum und Umweltfaktoren im Schlag – und Plenterwald. Bayerischer Landwirtschaftsverlag, München Basel Wien, 232 p.

Knapp E (1991) Zur Wuchsleistung der Unterbaubuche im ungleichaltrigen Kiefern-Buchen-Mischbestand vor und nach ihrer Übernahme als Hauptbestand auf Standorten des nordostdeutschen Tieflandes, Deutscher Verband Forstlicher Forschungsanstalten, Sektion Ertragskunde Jahrestagung, Treis-Karden, pp 96-110

Körner C (2002) Ökologie. In: Sitte P, Weiler EW, Kadereit JW, Bresinsky A, Körner C (eds) Strasburger Lehrbuch für Botanik, 35th edn. Spektrum Akademischer Verlag, Heidelberg, Berlin, pp 886-1043

Köstler JN (1953) Waldpflege. Paul Parey Verlag, Hamburg Berlin, 200 p

Köstler JN (1956) Allgäuer Plenterwaldtypen. Forstw Cbl 75(9):423–458. https://doi.org/10.1007/BF01787743

Kramer H, Helms JA (1985) Zur Verwendung und Aussagefähigkeit von Bestandesdichteindices bei Douglasie. Forstw Cbl 104(1):36–49. https://doi.org/10.1007/BF02740702

Larcher W (2003) Physiological plant ecology, 4th edn. Springer-Verlag, Berlin, Heidelberg, New York

Leibundgut H (1959) Über Zweck und Methodik der Struktur – und Zuwachsanalyse von Urwäldern, Schweizerische Zeitschrift für Forstwesen 110:111-124

Liang J, Crowther TW, Picard N, Wiser S, Zhou M, Alberti G, Schulze E-D, McGuire AD, Bozzato F, Pretzsch H, de-Miguel S, Paquette A, Hérault B, Scherer-Lorenzen M, Barrett CB, Glick HB, Hengeveld GM, Nabuurs G-J, Pfautsch S, Viana H, Vibrans AC, Ammer C, Schall P, Verbyla D, Tchebakova N, Fischer M, Watson JV, Chen HYH, Lei X, Schelhaas M-J, Lu H, Gianelle D, Parfenova EI, Salas C, Lee

E, Lee B, Kim HS, Bruelheide H, Coomes DA, Piotto D, Sunderland T, Schmid B, Gourlet-Fleury S, Sonké B, Tavani R, Zhu J, Brandl S, Vayreda J, Kitahara F, Searle EB, Neldner VJ, Ngugi MR, Baraloto C, Frizzera L, Bałazy R, Oleksyn J, Zawiła-Niedźwiecki T, Bouriaud O, Bussotti F, Finér L, Jaroszewicz B, Jucker T, Valladares F, Jagodzinski AM, Peri PL, Gonmadje C, Marthy W, O'Brien T, Martin EH, Marshall AR, Rovero F, Bitariho R, Niklaus PA, Alvarez-Loayza P, Chamuya N, Valencia R, Mortier F, Wortel V, Engone-Obiang NL, Ferreira LV, Odeke DE, Vasquez RM, Lewis SL, Reich PB (2016) Positive biodiversity-productivity relationship predominant in global forests. Science 354(6309):aaf8957. https://doi.org/10.1126/science.aaf8957

Madrigal A (1994) Ordenación de montes arbolados. Editorial: ICONA, Colección Técnica.

Magin R (1959) Struktur und Leistung mehrschichtiger Mischwälder in den bayerischen Alpen. Mitt Staatsforstverwaltung Bayerns 30, 161 p

Mayer H (1984) Waldbau auf soziologisch-ökologischer Grundlage. Gustav Fischer Verlag, Stuttgart, New York, 514 p

Meng SX, Rudnicki M, Lieffers V J, Reid D E, Silins U (2006) Preventing crown collisions increases the crown cover and leaf area of maturing lodgepole pine. Journal of Ecology, 94(3):681-686. https://doi.org/10.1111/j.1365-2745.2006.01121.x

Meyer HA (1933) Eine mathematisch-statistische Untersuchung über den Aufbau des Plenterwaldes. Schweiz. Z. Forstwes.84,2: 33-46;3:88-103 und 4:124-131.

Mitscherlich G (1970) Wald, Wachstum und Umwelt. 1. Band, Form und Wachstum von Baum und Bestand. JD Sauerländer's Verlag, Frankfurt am Main

Montero G, del Río M, Ortega C, 2000. Ensayo de claras en una masa natural de pino silvestre en el Sistema Central. Investigación Agraria: Sistemas y Recursos Forestales 1, 147-177

Mosandl R (1990) Die Steuerung von Waldökosystemen mit waldbaulichen Mitteln-dargestellt am Beispiel des Bergmischwaldes. Mitteilungen aus der Bayer. Staatsforstverwaltung, 246 p

Newton PF (2015) Evaluating the Ecological Integrity of Structural Stand Density Management Models Developed for Boreal Conifers. Forests 6(4):992–1030. https://doi.org/10.3390/f6040992

Pretzsch H (1985) Die Fichten-Tannen-Buchen-Plenterwaldversuche in den ostbayerischen Forstämtern Freyung und Bodenmais. Forstarchiv 56(1):3-9

Pretzsch H (1992) Konzeption und Konstruktion von Wuchsmodellen für Rein – und Mischbestände. München/Freising, FFB München 115:350 p

Pretzsch H (2002a) Application and evaluation of the growth simulator SILVA 2.2 for forest stands, forest estates and large regions. Forstw. Cbl. 121(1):28-51

Pretzsch H (2002b) Grundlagen der Waldwachstumsforschung. Blackwell Wissenschafts-Verlag, Berlin, Wien, 414 p

Pretzsch H (2004) Gesetzmäßigkeiten zwischen Bestandesdichte und Zuwachs. Lösungsansatz am Beispiel von Reinbeständen aus Fichte (*Picea abies* [L.] Karst.) und Buche (*Fagus sylvatica* L.). Allgemeine Forst – und Jagdzeitung 175(12):225-234

Pretzsch H (2005) Stand density and growth of Norway spruce (*Picea abies* (L.) Karst.) and European beech (*Fagus sylvatica* L.): evidence from long-term experimental plots. Eur J Forest Res 124(3):193–205. https://doi.org/10.1007/s10342-005-0068-4

Pretzsch H, Biber P (2016) Tree species mixing can increase maximum stand density. Can J For Res 46(10):1179–1193. https://doi.org/10.1139/cjfr-2015-0413

Pretzsch H, Nickel M, Dietz E (2010) Wachstum und waldbauliche Behandlung der Kirsche in Abhängigkeit von den Standortsbedingungen. LWF Wissen 65:13-23

Pretzsch H, Matthew C, Dieler J (2012) Allometry of Tree Crown Structure. Relevance for Space Occupation at the Individual Plant Level and for Self-Thinning at the Stand Level. In: Matyssek R., Schnyder H., Osswald W., Ernst, D., Munch, J.CH., PretzschH. (eds.): Growth and Defence in Plants. Ecological Studies 220:287-310. https://doi.org/10.1007/978-3-642-30645-7_13

Pretzsch H, Bielak K, Block J, Bruchwald A, Dieler J, Ehrhart H-P, Kohnle U, Nagel J, Spellmann H, Zasada M, Zingg A (2013a) Productivity of mixed versus pure stands of oak (*Quercus petraea* (Matt.) Liebl. and *Quercus robur* L.) and European beech (*Fagus sylvatica* L.) along an ecological gradient. Eur J Forest Res 132(2):263–280. https://doi.org/10.1007/s10342-012-0673-y

Pretzsch H, Bielak K, Bruchwald A, Dieler J, Dudzinska M, Ehrhart HP, Jensen, A.M., Johannsen, V.K., Kohnle, U., Nagel, J., Spellmann, H., Zasada, M., Zingg A (2013b) Mischung und Produktivität von Waldbeständen. Ergebnisse langfristiger ertragskundlicher Versuche. Allgemeine Forst – und Jagdzeitung, 184(7/8):177-196

Pretzsch H, Biber P, Schütze G, Uhl E, Rötzer T (2014) Forest stand growth dynamics in Central Europe have accelerated since 1870. Nat Comm'un 5(1):4967. https://doi.org/10.1038/ncomms5967

Pretzsch H, Biber P, Uhl E, Dauber E (2015a) Long-term stand dynamics of managed spruce–fir–beech mountain forests in Central Europe: structure, productivity and regeneration success. Forestry: An International Journal of Forest Research 88(4):407–428. https://doi.org/10.1093/forestry/cpv013

Pretzsch H, del Río M, Ammer Ch, Avdagic A, Barbeito I, Bielak K, Brazaitis G, Coll L, Dirnberger G, Drössler L, Fabrika M, Forrester DI, Godvod K, Heym M, Hurt V, Kurylyak V, Löf M, Lombardi F, Matović B, Mohren F, Motta R, den Ouden J, Pach M, Ponette Q, Schütze G, Schweig J, Skrzyszewski J, Sramek V, Sterba H, Stojanović D, Svoboda M, Vanhellemont M, Verheyen K, Wellhausen K, Zlatanov T, Bravo-Oviedo A (2015b) Growth and yield of mixed versus pure stands of Scots pine (*Pinus sylvestris* L.) and European beech (*Fagus sylvatica* L.) analysed along a productivity gradient through Europe. Eur J Forest Res 134(5):927–947. https://doi.org/10.1007/s10342-015-0900-4

Pretzsch H, Schütze G, Biber P (2016) Zum Einfluss der Baumartenmischung auf die Ertragskomponenten von Waldbeständen. Allg. Forst – u. Jagdzeitung 187(7/8):122-135

Pretzsch H, del Río M, Biber P, Arcangeli C, Bielak K, Brang P, Dudzinska M, Forrester DI, Klädtke J, Kohnle U, Ledermann T, Matthews R, Nagel J, Nagel R, Nilsson U, Ningre F, Nord-Larsen T, Wernsdörfer H, Sycheva E (2019) Maintenance of long-term experiments for unique insights into forest growth dynamics and trends: review and perspectives. Eur J Forest Res 138(1):165–185. https://doi.org/10.1007/s10342-018-1151-y

Pretzsch H, Steckel M, Heym M, Biber P, Ammer C, Ehbrecht M, Bielak K, Bravo F, Ordóñez C, Collet C, Vast F, Drössler L, Brazaitis G, Godvod K, Jansons A, de-Dios-García J, Löf M, Aldea J, Korboulewsky N, Reventlow DOJ, Nothdurft A, Engel M, Pach M, Skrzyszewski J, Pardos M, Ponette Q, Sitko R, Fabrika M, Svoboda M, Černý J, Wolff B, Ruíz-Peinado R, del Río M (2020) Stand growth and structure of mixed-species and monospecific stands of Scots pine (*Pinus sylvestris* L.) and oak (*Q. robur* L., *Quercus petraea* (Matt.) Liebl.) analysed along a productivity gradient through Europe. Eur J Forest Res 139(3):349–367. https://doi.org/10.1007/s10342-019-01233-y

Pretzsch H, Bravo-Oviedo A, Hilmers T, Ruiz-Peinado R, Coll L, Löf M, Ahmed S, Aldea J, Ammer C, Avdagić A, Barbeito I, Bielak K, Bravo F, Brazaitis G, Cerný J, Collet C, Drössler L, Fabrika M, Heym M, Holm S-O, Hylen G, Jansons A, Kurylyak V, Lombardi F, Matović B, Metslaid M, Motta R, Nord-Larsen T, Nothdurft A, Ordóñez C, den Ouden J, Pach M, Pardos M, Ponette Q, Pérot T, Reventlow DOJ, Sitko R, Sramek V, Steckel M, Svoboda M, Uhl E, Verheyen K, Vospernik S, Wolff B, Zlatanov T, del Río M (2022) With increasing site quality asymmetric competition and mortality reduces Scots pine (*Pinus sylvestris* L.) stand structuring across Europe. Forest Ecology and Management 520:120365. https://doi.org/10.1016/j.foreco.2022.120365

Pretzsch H, del Río M, Arcangeli C, Bielak K, Dudzinska M, Ian Forrester D, Kohnle U, Ledermann T, Matthews R, Nagel R, Ningre F, Nord-Larsen T, Szeligowski H, Biber P (2023a) Competition-based mortality and tree losses. An essential component of net primary productivity. Forest Ecology and Management 544:121204. https://doi.org/10.1016/j.foreco.2023.121204

Pretzsch H, del Río M, Arcangeli C, Bielak K, Dudzinska M, Forrester DI, Klädtke J, Kohnle U, Ledermann T, Matthews R, Nagel J, Nagel R, Ningre F, Nord-Larsen T, Biber P (2023b) Forest growth in Europe shows diverging large regional trends. Sci Rep 13(1):15373. https://doi.org/10.1038/s41598-023-41077-6

Pretzsch H, Hilmers T, del Río M (2024) The effect of structural diversity on the self-thinning line, yield level, and density-growth relationship in even-aged stands of Norway spruce. Forest Ecology and Management 556:121736. https://doi.org/10.1016/j.foreco.2024.121736

Preuhsler T (1979) Ertragskundliche Merkmale oberbayerischer Bergmischwald-Verjüngungsbestände auf kalkalpinen Standorten im Forstamt Kreuth. Forstl Forschungsber München 45, 372 p

Prodan M (1965) Holzmeßlehre. JD Sauerländer's Verlag, Frankfurt am Main, 644 p

Putz FE, Parker GG, Archibald RM (1984) Mechanical Abrasion and Intercrown Spacing. The American Midland Naturalist 112(1):24–28. https://doi.org/10.2307/2425452

Reineke LH (1933) Perfecting a stand-density index for even-aged forests. J Agr Res 46: 627-638

Riofrío J, del Río M, Pretzsch H, Bravo F (2017) Changes in structural heterogeneity and stand productivity by mixing Scots pine and Maritime pine. Forest Ecology and Management 405:219–228. https://doi.org/10.1016/j.foreco.2017.09.036

Rojo A, Montero G (1996) El pino silvestre en la Sierra de Guadarrama. Ministerio de Agricultura, Pesca y Alimentación, Madrid. 293 p

Ruiz-Peinado R, Pretzsch H, Löf M, Heym M, Bielak K, Aldea J, Barbeito I, Brazaitis G, Drössler L, Godvod K, Granhus A, Holm S-O, Jansons A, Makrickienė E, Metslaid M, Metslaid S, Nothdurft A, Otto Juel Reventlow D, Sitko R, Stankevičienė G, del Río M (2021) Mixing effects on Scots pine (*Pinus sylvestris* L.) and Norway spruce (*Picea abies* (L.) Karst.) productivity along a climatic gradient across Europe. Forest Ecology and Management 482:118834. https://doi.org/10.1016/j.foreco.2020.118834

Ryan MG, Yoder BJ (1997) Hydraulic Limits to Tree Height and Tree Growth. BioScience 47(4):235–242. https://doi.org/10.2307/1313077

Sackville Hamilton NR, Matthew C, Lemaire G (1995) In Defence of the – 3/2 Boundary Rule: a Re-evaluation of Self-thinning Concepts and Status. Annals of Botany 76(6):569–577. https://doi.org/10.1006/anbo.1995.1134

Schober R (1967) Buchen-Ertragstafel für mäßige und starke Durchforstung, In: Schober R (1972) Die Rotbuche 1971. Schr Forstl Fak Univ Göttingen u Niedersächs Forstl Versuchsanst 43/44, JD Sauerländer's Verlag, Frankfurt am Main, 333 p

Schütz JP (1989) Der Plenterbetrieb. Unterlage zur Vorlesung Waldbau III (Waldverjungung). Fachbereich Waldbau, ETH Zurich 1989 (unveroffentlicht)

Schütz JP (1997) Sylviculture 2, La gestion des forets irregulieres et melangees. Presse Polytechniques et Universitaires Romandes

Skovsgaard JP, Vanclay JK (2008) Forest site productivity: a review of the evolution of dendrometric concepts for even-aged stands. Forestry: An International Journal of Forest Research 81(1):13–31. https://doi.org/10.1093/forestry/cpm$_0$41

Skovsgaard JP, Vanclay JK (2013) Forest site productivity: a review of spatial and temporal variability in natural site conditions. Forestry: An International Journal of Forest Research 86(3):305–315. https://doi.org/10.1093/forestry/cpt$_0$10

Spencer H (1864) The principles of biology, vol. 1. Williams and Norgate, London

Spiecker H, Mielikäinen K, Köhl M, Skovsgaard JP (Hrsg.) (1996) Growth trends in European forests. Europ For Inst, Res Rep 5, Springer-Verlag, Heidelberg, 372 p

Sterba H (1975) Assmanns Theorie der Grundflächenhaltung und die „Competition-Density-Rule" der Japaner Kira, Ando und Tadaki. Cbl für das ges Forstwesen, 92(1):46-62

Sterba H (1981) Natürlicher Bestockungsgrad und Reinekes SDI. Cbl für das ges Forstwesen 98:101-116

Sterba H (1987) Estimating Potential Density from Thinning Experiments and Inventory Data. Forest Science 33(4):1022–1034. https://doi.org/10.1093/forestscience/33.4.1022

Thompson DW (1917) On growth and form. Cambridge Univ Press, Cambridge

Thurm EA, Pretzsch H (2016) Improved productivity and modified tree morphology of mixed versus pure stands of European beech (*Fagus sylvatica*) and Douglas-fir (*Pseudotsuga menziesii*) with increasing precipitation and age. Annals of Forest Science 73(4):1047–1061. https://doi.org/10.1007/s13595-016-0588-8

Thurm EA, Pretzsch H (2021) Growth–density relationship in mixed stands – Results from long-term experimental plots. Forest Ecology and Management 483:118909. https://doi.org/10.1016/j.foreco.2020.118909

Toraño Caicoya A, Biber P, del Río M, Ruiz-Peinado R, Arcangeli C, Matthews R, Pretzsch H (2024) Self-thinning of Scots pine across Europe changes with solar radiation, precipitation and temperature but does not show trends in time. Forest Ecology and Management 552:121585. https://doi.org/10.1016/j.foreco.2023.121585

Torresan C, del Río M, Hilmers T, Notarangelo M, Bielak K, Binder F, Boncina A, Bosela M, Forrester DI, Hobi ML, Nagel TA, Bartkowicz L, Sitkova Z, Zlatanov T, Tognetti R, Pretzsch H (2020) Importance of tree species size dominance and heterogeneity on the productivity of spruce-fir-beech mountain forest stands in Europe. Forest Ecology and Management 457:117716. https://doi.org/10.1016/j.foreco.2019.117716

Uhl E, Ammer C, Spellmann H, Schölch M, Pretzsch H (2013) Zuwachstrend und Stressresilienz von Tanne und Fichte im Vergleich. Allgemeine Forst – und Jagdzeitung 184(11/12):278-292

Vandermeer JH (1992) The Ecology of Intercropping. Cambridge University Press

Weller DE (1987) A Reevaluation of the −3/2 Power Rule of Plant Self-Thinning. Ecological Monographs 57(1):23–43. https://doi.org/10.2307/1942637

Wellhausen K, Heym M, Pretzsch H (2017) Mischbestände aus Kiefer (*Pinus sylvestris* L.) und Fichte (*Picea abies* (KARST.) L.): Ökologie, Ertrag und waldbauliche Behandlung. Allgemeine Forst – u. Jagdzeitung 188(1/2):3-34.

Wenk G, Antanaitis V, Šmelko Š (1990) Waldertragslehre. VEB Deutscher Landwirtschaftsverlag, Berlin, 448 p

White J (1981) The allometric interpretation of the self-thinning rule. Journal of Theoretical Biology 89(3):475–500. https://doi.org/10.1016/0022-5193(81)90363-5

Whittington R (1984) Laying down the −3/2 power law. Nature 311(5983):217–217. https://doi.org/10.1038/311217a0

Wiedemann E (1942) Der gleichaltrige Fichten-Buchen-Mischbestand. Mitt Forstwirtsch u Forstwiss 13:1-88

Wiedemann E (1951) Ertragskundliche und waldbauliche Grundlagen der Forstwirtschaft. JD Sauerländer's Verlag, Frankfurt am Main

Wittich W (1954) Die Melioration streugenutzter Böden. Forstw Cbl 73(7):211–232. https://doi.org/10.1007/BF01821245

Yoda KT, Kira T, Ogawa H, Hozumi K (1963) Self-thinning in overcrowded pure stands under cultivated and natural conditions. J Inst Polytech, Osaka Univ D 14:107-129

Zeide B (1987) Analysis of the 3/2 Power Law of Self-Thinning. Forest Science 33(2):517–537. https://doi.org/10.1093/forestscience/33.2.517

Zeide B (2001) Thinning and Growth: A Full Turnaround. Journal of Forestry 99(1):20–25. https://doi.org/10.1093/jof/99.1.20

Zukrigl K, Eckhart G, Nather J (1963) Standortskundliche und waldbauliche Untersuchungen an Urwaldresten der niederösterreichischen Kalkalpen, Mitt. Forst. Bundesversuchsanstalt Mariabrunn, 62, Wien, 244 p

Regulación selvícola del desarrollo de la masa. Conceptos, medidas y formulación cuantitativa.

Capítulo 7

7.1	Regulación selvícola	410
7.2	Conceptos y pautas para la regulación selvícola	412
7.3	Claras	419
7.4	Control de la mezcla	436
7.5	Regeneración	452
7.6	Monte entresacado y cortas por entresaca	456
7.7	Transformación de monte alto regular a monte alto irregular	461
7.8	Formulación cuantitativa y algoritmos de reglas selvícolas para la simulación del crecimiento forestal	463
Mensajes clave		469
Referencias		471

7 Regulación selvícola del desarrollo de la masa. Conceptos, medidas y formulación cuantitativa.

Resumen Las intervenciones selvícolas en masas forestales son la principal y casi única herramienta con la que cuenta el selvicultor para regular la espesura o densidad de la masa y lograr los objetivos propuestos por el plan de ordenación. Este capítulo presenta una base cuantitativa sobre los métodos y tratamientos selvícolas más importantes. Se presentan los conceptos básicos para la regulación y cuantificación selvícola a escala de masa o rodal forestal. Se explica cómo se pueden desarrollar las masas según los diferentes tipos, intensidades y frecuencias de los tratamientos selvícolas y en función de objetivos predeterminados. Mientras que en el pasado los enfoques o guías selvícolas a menudo se presentaban a través de ilustraciones pictóricas o de descripciones cualitativas, en este capítulo se presenta su definición cuantitativa y formulación mediante algoritmos. Solo a través de reglas basadas en términos cuantitativos se pueden reproducir y verificar los tratamientos selvícolas de una manera clara y transparente.

Las reglas selvícolas presentadas en este capítulo se pueden caracterizar según su tipo, es decir, en términos de la caracterización de la estructura de la masa (por ejemplo, claras por lo alto y por lo bajo, aclareos sucesivos uniformes o por bosquetes). En segundo lugar, se pueden cuantificar según su peso, es decir, en función de la intensidad de la reducción de la densidad o espesura de la masa (claras moderadas y fuertes, reducción moderada o fuerte del volumen en pie en función de una regeneración previamente definida, etc.). Tercero, la secuencia temporal o frecuencia es otro parámetro relevante para la cuantificación de las normas o guías selvícolas. Se cuantifica cuándo se realiza la intervención por primera vz, con qué frecuencia se realizan las claras, cuánto tiempo permanece el arbolado adulto sobre el regenerado, o durante cuánto tiempo se lleva a cabo la transformación de un monte alto regular a irregular.

Se abordan las características más importantes de las claras (por ejemplo, claras selectivas con o sin pies de porvenir, claras por lo bajo débiles, clareos, etc.) y de las cortas de regeneración (por ejemplo, aclareo sucesivo uniforme o por bosquetes), que en el monte alto regular se suceden correlativamente en el tiempo. En el monte entresacado (monte alto irregular), estas medidas tienen lugar simultáneamente y de forma integrada. Las cortas siempre deben inducir la regeneración. Finalmente, también se presenta la transformación del monte alto regular al monte alto irregular.

Las reglas para determinar el tipo de intervención de una manera cuantitativa se basan, entre otros aspectos, en la densidad máxima de cada especie, distancias objetivo entre árboles, umbrales para el diámetro de cortabilidad, tamaño de la superficie o diámetro de los bosquetes. El peso de las intervenciones se cuantifica por el número de pies por hectárea, área basimétrica, índices de densidad como el índice de densidad de Reineke (SDI) o volumen en pie. La frecuencia puede determinarse por intervalos de tiempo absolutos o, alternativamente, se puede usar como referencia el desarrollo de la altura o el diámetro, de forma que la masa puede ser intervenida cuando la altura o el diámetro se hayan incrementado en un determinado valor, por ejemplo, 3 m de altura o 5 cm de diámetro medio. La formulación cuantitativa de estas reglas es importante no solo para la planificación forestal, sino también para la ejecución y control de los tratamientos selvícolas en la práctica forestal. La implementación de normas selvícolas en simuladores de crecimiento forestal para poder analizar sus consecuencias a largo plazo, solo es posible a través de la formulación cuantitativa mediante algoritmos de tratamientos selvícolas.

7.1 Regulación selvícola

7.1.1 Definición y relevancia de la regulación selvícola

La regulación selvícola consiste en todas aquellas medidas que intervienen en el desarrollo autónomo de las masas forestales y lo modifican para lograr un objetivo determinado. Esto incluye, entre otros aspectos, la elección de las especies y procedencias para un establecimiento artificial, la regulación de la mezcla en masas naturales, las claras, las cortas de regeneración, las podas, fertilización, los resalveos de conversión, la transformación del monte alto regular al monte alto irregular, o pautas específicas de determinados aprovechamientos vinculados al árbol, como el descorche, la resinación o la producción de piñón comestible.

En primer lugar, los términos de regulación y control deben diferenciarse entre sí. El control se puede entender como el tratamiento para obtener una respuesta en una dirección determinada. Por ejemplo, la corta sistemática de cada segunda fila de árboles en una plantación o la eliminación de una especie corresponderían a medidas de control (intervención → crecimiento). Una intervención se convierte en regulación si, en las medidas tomadas, se incluye la reacción del crecimiento de la masa. Ejemplos de esta son los tratamientos de claras que toman como guía la curva del número de pies por hectárea o un área basimétrica objetivo. Así, la intervención selvícola da respuesta a la dinámica de crecimiento de la masa y, por ejemplo, regula su densidad hasta una curva objetivo. Es decir, existe una retroalimentación entre el crecimiento forestal y la intervención (intervención → crecimiento → intervención) y, por lo tanto, la regulación debe incluir estos efectos de retroalimentación. A continuación, se exponen como medidas de regulación selvícola, las claras por lo bajo y por lo alto, la selección y el mantenimiento de pies de porvenir, la regulación de la proporción de la mezcla de especies, las cortas por entresaca o la transformación de masas puras de un solo piso en masas mixtas altamente estructuradas. Lógicamente, toda medida de regulación selvícola lleva implícitas medidas de control. Se podría decir que la regulación correspondería a una guía o modelo selvícola para una fase o para todo el desarrollo de una masa forestal; mientras que el control se centraría exclusivamente en un tratamiento determinado.

Este capítulo trata principalmente acerca de medidas que modifican directamente la estructura (modificación de la densidad de la masa, de la constelación del crecimiento del árbol, de la mezcla de especies) y, en consecuencia, influyen en las funciones de la masa forestal. Las medidas se refieren en general a masas adultas en monte alto. Sin embargo, en la mayoría de los casos, estas pueden transferirse fácilmente a masas en fase juvenil y a masas en monte bajo. Las medidas que se centran en cambios morfológicos del individuo (coeficiente mórfico y ramificación mediante podas, descorche, etc.), cambian las condiciones de crecimiento de la masa (fertilización, riego, drenaje) o las que se llevan a cabo fuera de esta (elección de especies y procedencia), no se recogen en este capítulo.

La caracterización y cuantificación de las cortas selvícolas es relevante para describir el tratamiento de una manera clara, concreta y reproducible, necesaria para distintos ámbitos, desde la investigación en parcelas experimentales, la práctica selvícola, la aplicación de tratamientos selvícolas dentro del marco del inventario y la planificación forestal y, particularmente, para la integración de los tratamientos selvícolas en modelos y simuladores. A menudo, es solo la formulación biométrica de los algoritmos de un tratamiento lo que cuantifica de manera única y concreta las opciones de tratamiento (por ejemplo, curvas guía parametrizadas, valores umbral), que de otra manera se limitaría a una descripción cualitativa (formulación verbal de las reglas de intervención).

Los métodos cuantitativos más comunes son las guías selvícolas que definen itinerarios o pautas para la gestión rutinaria de las masas forestales. Las guías o normas selvícolas deben ser fáciles de entender y, si es posible, formuladas en forma de reglas generales o nomogramas y visualizadas a través de áreas de demostración adecuadamente tratadas. En la experimentación forestal, son frecuentes los métodos cuantitativos para definir los tratamientos de claras, pero los métodos para describir las cortas de regeneración son menos detallados y están menos sistematizados. Del mismo modo, la cuantificación de los tratamientos selvícolas en masas mixtas e irregulares está menos desarrollada que en masas monoespecíficas regulares.

El desarrollo de programas o guías de tratamientos selvícolas para la gestión se basa generalmente en parcelas experimentales a largo plazo y simuladores de crecimiento forestal. Las parcelas experimentales a largo plazo sirven, por un lado, para comprender y visualizar la relación entre el tratamiento y el comportamiento del crecimiento de las masas forestales, y por otro, para parametrizar los modelos de crecimiento. Los simuladores de crecimiento forestal son modelos de crecimiento asistidos por ordenador con los que se puede simular la reacción de una masa a distintos tipos de tratamientos selvícolas en un corto lapso de tiempo. El mismo análisis llevaría demasiado tiempo si se esperara a los resultados de los tratamientos forestales sobre la masa. Asimismo, estos sirven para generalizar los resultados de los ensayos experimentales a otras condiciones y tratamientos selvícolas no testados, pero que se sitúan dentro del rango estudiado.

Las especificaciones cuantitativas para el tratamiento de la masa son especialmente importantes en los ensayos de investigación sobre crecimiento y producción, es decir, para poder aplicar un tratamiento claro y continuo en los experimentos. En parcelas experimentales permanentes, que se desarrollan durante numerosas generaciones de investigadores, los distintos tratamientos selvícolas comparados deben determinarse de manera objetiva y reproducible, respetarse de forma consistente y llevarse a cabo como una parte importante del experimento. Las variantes extremas, por ejemplo, masas no tratadas o con cortas muy intensas, pueden ofrecer información particularmente significativa para la comprensión del factor de estudio en el experimento, aunque con frecuencia pueden carecer de aplicabilidad en la práctica forestal. En aras de la comparabilidad y la reproducibilidad, las parcelas experimentales siempre deben seguir estrictamente las variantes de tratamiento que se han definido previamente.

7.1.2 Regulación selvícola y ordenación de montes

La regulación selvícola se aplica a nivel de masa. Esta debe distinguirse de la regulación u ordenación a nivel de cuartel o de monte. La ordenación planifica, combina, coordina u optimiza las intervenciones selvícolas a un nivel determinado en el tiempo y en el espacio, de tal manera que se logre el objetivo operativo deseado a escala monte. La regulación selvícola y la ordenación de montes están estrechamente relacionadas y pueden depender la una de la otra. Si la regulación selvícola no se basa en los requisitos de la ordenación del monte, los objetivos operativos predefinidos pueden no alcanzarse. Si, por ejemplo, para determinados rodales que se deben regenerar en un monte se especifican aumentos en la proporción de frondosas mediante el control de la regeneración, pero estos no se consiguen debido a una iluminación insuficiente, ramoneo, o la regulación deficiente del crecimiento de la mezcla, la proporción deseada de frondosas a nivel de monte tampoco será alcanzada. Por otro lado, una planificación y ordenación exitosas requieren una gestión cercana a lo que es factible mediante la selvicultura, es decir, requieren el conocimiento de las opciones posibles para la gestión de la masa. Si, por ejemplo, en la ordenación se establece una transformación de masas coetáneas a masas mixtas irregulares demasiado rápida (poco realista desde un punto de vista selvícola), su aplicación puede reducir la estabilidad de la masa o incluso conducir a su pérdida. Por lo tanto, la ordenación de montes debe basarse en el conocimiento selvícola.

Las medidas selvícolas a aplicar en una masa se deben basar en los objetivos generales de la ordenación, que en última instancia están determinados por el propietario o gestor del monte, teniendo en cuenta los requisitos ecológicos, legales y socioeconómicos (Capítulo 10). Dependiendo del objetivo, la regulación selvícola puede ser muy diferente. En algunas situaciones se puede evitar por completo si el objetivo es el desarrollo natural del bosque sin intervención, como ocurre por ejemplo en algunos Parques Nacionales. Cuando el objetivo de la ordenación es maximizar la producción de madera (o la fijación de carbono), la regulación puede consistir en el establecimiento de monocultivos cuyo tratamiento se basa en optimizar el crecimiento. O bien, puede consistir en la emulación del desarrollo forestal natural, por ejemplo, cortas por entresaca en especies muy tolerantes a la sombra.

En cualquier caso, la definición de los objetivos y la determinación cuantitativa y transparente del enfoque selvícola son esenciales. El objetivo puede que no siempre se logre debido a numerosos factores disruptivos, pero sí es seguro que este nunca se logrará a menos que se especifique claramente el estado del rodal y hacia dónde se conduce.

7.2 Conceptos y pautas para la regulación selvícola

A continuación, se revisan algunos conceptos en los que se basan y apoyan los distintos métodos de caracterización y cuantificación de los tratamientos selvícolas en el ámbito de la regulación selvícola. Estos conceptos se exponen en mayor detalle en otros capítulos de este libro, mientras que aquí se explican brevemente junto con las pautas de su uso para la regulación selvícola. Entre ellos, se incluyen los conceptos de máxima densidad del rodal y requerimiento de espacio propios de cada especie, la

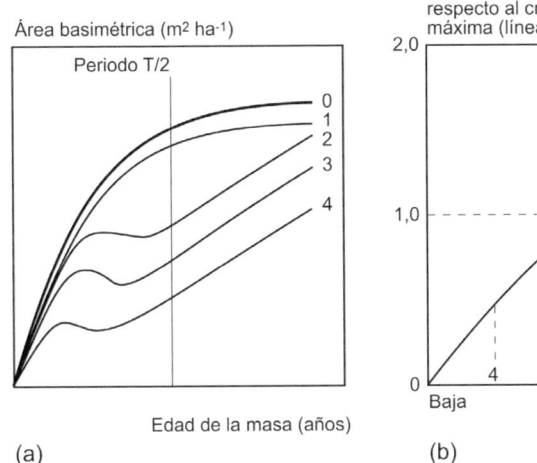

Figura 7.1 La densidad máxima de la masa sirve como referencia y orientación para los tratamientos selvícolas. (a) La densidad máxima se puede representar mediante el área basimétrica media máxima (línea continua en negrita 0). Esta es una referencia adecuada para cuantificar alternativas de regulación de la densidad (líneas delgadas 1 a 4). (b) Representación esquemática de la relación entre la densidad y el crecimiento de la masa con diferentes densidades medias a la mitad del turno.

relación entre densidad y crecimiento de la masa, o la relación entre el volumen de la masa y la presencia de regenerado.

7.2.1 Orientación según la densidad máxima

La densidad máxima de árboles que una estación dada puede sostener, para una especie o una combinación de especies, es una referencia fundamental para regular los tratamientos selvícolas. La densidad máxima, también conocida como capacidad de carga, representa la capacidad potencial de la estación en la que el crecimiento de la masa es máximo o se sitúa cerca de este máximo (ver Sección 6.2.1). Disminuir la densidad puede reducir el crecimiento de la masa (ver Figura 7.1), pero existen numerosas razones por las cuales puede ser conveniente reducir la densidad por debajo del máximo. Por ejemplo, una menor densidad puede favorecer que los árboles puedan estabilizarse mecánicamente, que se acelere el crecimiento en tamaño, o que resistan mejor las sequías extremas. Del mismo modo, la reducción de la densidad es necesaria para preservar determinadas especies en una mezcla o iniciar y promover la regeneración natural.

Solo si se conoce la densidad máxima y el crecimiento de la masa correspondiente se pueden cuantificar y contraponer las ventajas (por ejemplo, incremento del tamaño y la estabilidad de los árboles individuales, mejora de la calidad y cantidad de madera, corcho o de la producción de resina y de frutos) y las desventajas (por ejemplo, reducción del crecimiento de la masa o aumento de la ramosidad) de las diferentes opciones de densidad. También, cuando se realizan reducciones de densidad para conseguir determinados efectos sobre otros servicios ecológicos forestales distintos a la producción (por ejemplo, paisaje, protección del biotopo, aumento del agua subterránea) se debe cuantificar en qué medida estas intervenciones afectan al crecimiento, ya que este determina la dinámica de la masa. El desarrollo o clasificación de un tratamiento selvícola en términos de densidad y crecimiento debe basarse en la densidad máxima (Assmann 1961, pp. 224-228). Las parcelas experimentales sin tratar o testigo, las reservas forestales naturales, etc. proporcionan información valiosa sobre la densidad máxima.

La Figura 7.1a ilustra cómo se desarrolla la densidad máxima de la masa, representada por el área basimétrica media máxima, en masas sin intervenciones con grado de densidad completo de la estación (línea continua en negrita, 0) durante el transcurso de la vida de la masa. Las trayectorias 1-4 representan varias opciones de clara, desde clara moderada hasta

7 Regulación selvícola del desarrollo de la masa. Conceptos, medidas y formulación cuantitativa.

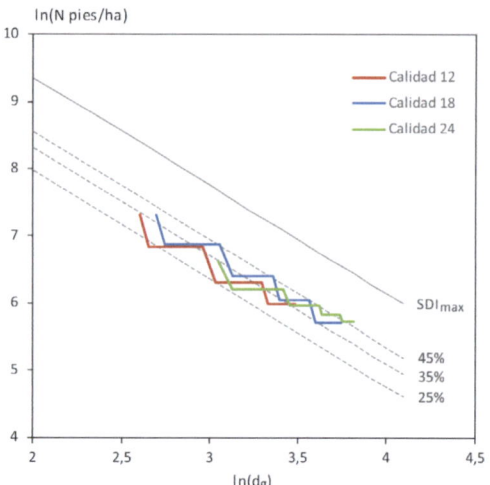

Figura 7.2 Normas selvícolas para repoblaciones de *Pinus pinaster* en distintas calidades de estación (ejes en escala logarítmica) (Según del Río et al. 2006). Las trayectorias definen el modelo de densidad a seguir en función del diámetro medio cuadrático.

clara selectiva fuerte. La Figura 7.1b muestra, para la mitad del turno (T/2), que el crecimiento de la masa puede incrementarse levemente con una clara moderada (densidad 1), pero disminuye significativamente al aumentar la reducción de la densidad (1-4), como se explica en la siguiente sección.

Establecer una reducción en el área basimétrica, determinar el número de árboles de porvenir o definir curvas guía del número de pies por hectárea, sin conocimiento de la densidad y capacidad máxima de la estación, sería comparable a la vida de una cuenta bancaria, de la cual no se conocen ni el capital disponible ni los intereses.

Cuando se regulan los tratamientos selvícolas en base a la densidad u ocupación máxima de la masa se pueden utilizar distintos índices de densidad (ver Sección 4.4). En la Figura 7.1a se presenta el desarrollo de la masa con distintas intervenciones selvícolas utilizando el área basimétrica de la masa en comparación con el área basimétrica máxima. Otra opción es utilizar como referencia la línea de máxima densidad o autoaclareo (ver Sección 6.3) o el índice de densidad de Reineke máximo (SDI_{max}). Long (1985) estableció dos densidades relativas como rango en el que definir el régimen de claras, utilizando como referencia la recta de máxima densidad de la masa o recta de autoaclareo ($N - d_g$, en escala doble logarítmica) para una especie. El 60 % de la máxima densidad indica el margen superior por encima del cual comienza el autoaclareo o la mortalidad natural por competencia. El 35 % establece el límite inferior por debajo del cual la masa no aprovecha completamente los recursos disponibles. Basándose en esta aproximación y testando y modificando estos márgenes con datos de ensayos de claras a largo plazo, del Río et al. (2006) desarrollaron propuestas selvícolas para pinares de repoblación. En la Figura 7.2 se presenta la recta de máxima densidad encontrada (SDI_{max}) para repoblaciones de *Pinus pinaster* junto con las correspondientes rectas que indican densidades relativas del 45, 35 y 25 % de la máxima densidad y las normas de densidad propuestas para tres calidades de estación representativas de estas repoblaciones (altura dominante a la edad de referencia de 50 años). En este estudio se determinó que el rango de densidad adecuado para repoblaciones de esta especie debe aumentar con la calidad de estación, situándose entre el 25 y el 35 % del SDI_{max} en la menor calidad y entre el 25 y el 45 % del SDI_{max} en la calidad mayor.

En la Caja 7.1 se explican los diagramas de manejo de la densidad que permiten la regulación selvícola en base al concepto de la línea de máxima densidad. Posteriormente, en la Sección 7.4, se desarrolla el uso del concepto de densidad máxima de cada especie para el control de la mezcla de especies en masas mixtas.

7.2.2 Respuesta del crecimiento a la reducción de la densidad

Dependiendo de la estructura de la masa (p. ej., masa pura de un solo piso, mixta de dos pisos, múltiples pisos, estructura irregular) y el tipo de intervención (por ejemplo, por bosquetes, uniforme, cortas de entresaca), las medidas selvícolas pueden provocar pérdidas sensibles, aumentos o estabilidad en el crecimiento de la masa (Figura 7.5).

El crecimiento de la masa depende en última instancia de la superficie foliar de la masa. Cuanto más fuerte y puntual o localizada sea una intervención, mayor es la pérdida de crecimiento, ya

Caja 7.1 Diagramas de manejo de la densidad de la masa

Los diagramas de gestión de la densidad de la masa (SDMD de su acrónimo en inglés Stand Density Management Diagrams) no dependen de la edad de la masa, como sucede en las tablas de producción y otras guías selvícolas, sino que usan el volumen medio o el diámetro medio cuadrático en relación con la densidad de la masa como criterio para la regulación selvícola. La velocidad del desarrollo de la masa determina así la consecución de las intervenciones, pero esta información temporal no se recoge explícitamente en los SDMD. Los volúmenes medios del fuste o diámetros medios cuadráticos definidos como criterio para la corta se alcanzan antes en estaciones de buena calidad, de modo que las intervenciones se llevan a cabo antes y con mayor frecuencia que en estaciones más pobres, donde la masa crece más lentamente y requieren menos mantenimiento.

La base teórica de los SDMD es el índice de Reineke (en función del diámetro medio cuadrático), o su extensión usando el volumen medio (Sección 6.3). El momento de intervención se define cuando el valor del índice de Reineke alcanza un determinado valor. Para densidades en número de pies por hectárea constantes, el valor lo marcará el tamaño del árbol medio. Esta formulación de los programas selvícolas es particularmente útil en masas donde el tamaño, la calidad y la distribución espacial de los árboles son relativamente homogéneos, por ejemplo, masas coetáneas de bosques boreales, plantaciones de masas puras o plantaciones de turno corto para uso energético. Esto es debido a que en estas masas el número de pies por hectárea y el volumen medio del fuste ofrecen información suficiente para la regulación selvícola.

La Figura 7.3 muestra un ejemplo de un diagrama SDMD para regular la densidad en masas boreales de coníferas con cuatro enfoques selvícolas diferentes, mediante una representación esquemática según Weetman (2005, p. 7). Por lo general, en los SDMDs se elige una representación doble logarítmica donde la máxima densidad de la masa se representa por una línea. La regulación selvícola está determinada por el número de pies (N) que quedan en rodales con un volumen medio del fuste dado ($\bar{v}$). El volumen en pie V resulta directamente del producto $V = N \times \bar{v}$. La línea límite superior (línea recta dibujada en negro) representa la densidad máxima de la masa y puede obtenerse de datos de masas no tratadas (Sección 6.3). El área por debajo de esta línea límite representa las densidades en las que se tienen que definir las

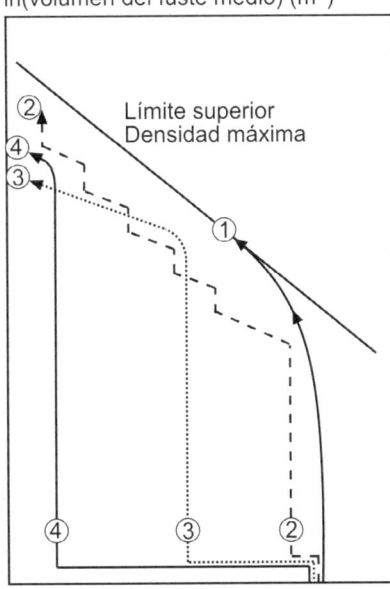

Figura 7.3 Representación esquemática de un diagrama SDMD para regular la densidad de la masa (Diagrama de manejo de la densidad de la masa) de masas de coníferas en bosques boreales con cuatro trayectorias selvícolas diferentes, según Weetman (2005, p. 7). El diagrama SDMD representa alternativas de intervención selvícola en un sistema de coordenadas doble logarítmico ($ln(\bar{v})$ frente a $ln(N)$). La línea límite superior (línea recta negra) representa la densidad máxima de la masa y se deriva de las masas sin tratamiento. Las trayectorias 1-4 comienzan con masas de alta densidad procedentes de regeneración natural.

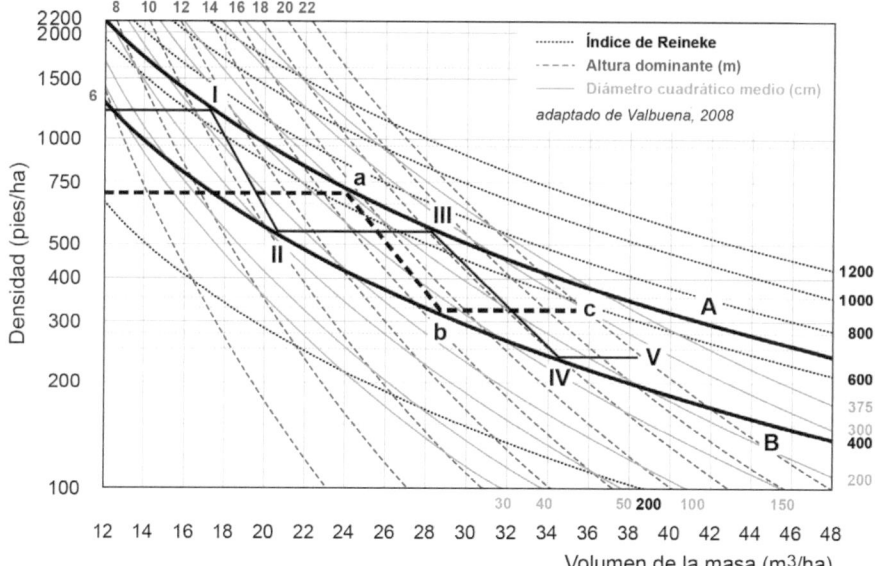

Figura 7.4 Ejemplo de Diagrama de Manejo de la Densidad para masas de *Pinus pinaster* en el este de España (adaptado de Valbuena et al. 2008)

intervenciones selvícolas, siguiendo diferentes trayectorias de la relación entre el número de pies (por unidad de superficie en ha) y el tamaño del árbol (volumen medio del fuste en m³). Las cuatro trayectorias comienzan con masas de alta densidad procedentes de regeneración natural. El número de pies se puede reducir de maneras muy diferentes según los objetivos definidos y, por lo tanto, los volúmenes finales alcanzados también difieren (representado por los números en círculos en cada trayectoria).

La trayectoria 1 representa el desarrollo de las masas no tratadas. Produce altos volúmenes en pie, requiere poca intervención, pero resulta en volúmenes del árbol medio o diámetros finales pequeños (ver final de la trayectoria 1). La trayectoria 2 representa un régimen de claras moderadas que cubren los costes de la corta y tiene como objetivo aumentar la dimensión media del fuste en la corta final para una producción de alto volumen. En el caso de la trayectoria 3, primero se aplica una clara que no cubre los costes inicialmente, pero en la cual el número de pies se reduce significativamente y el crecimiento se concentra en unos pocos pies de buen crecimiento. En la trayectoria 4, la primera intervención, que no cubre los costes, es aún más fuerte; tras ella no se realizarán más intervenciones hasta el final del turno. La regulación según la trayectoria 4 se concentra en obtener los diámetros finales y las existencias más altas posibles con un mínimo de intervenciones. Bégin et al. (2001) proporcionan una visión general completa de los diagramas SDMD disponibles para las especies económicamente más importantes.

La Figura 7.4 muestra un diagrama de manejo de la densidad desarrollado para masa de *Pinus pinaster* en España.

que en menor medida se puede compensar la reducción en la superficie foliar de un piso con la de otro o con los árboles que quedan en pie. Cuanto más lentamente alcance la masa la superficie foliar anterior a la intervención, más evidentes serán las pérdidas del crecimiento tras las intervenciones selvícolas. De forma análoga, se puede interpretar la expansión de los sistemas radicales de los árboles que quedan después de las intervenciones selvícolas.

Por ejemplo, el crecimiento de la masa tras un aclareo sucesivo por bosquetes disminuye proporcionalmente al disminuir la densidad de la

7.2 Conceptos y pautas para la regulación selvícola | 417

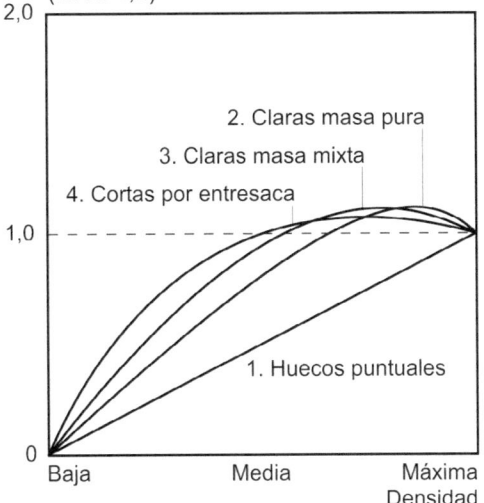

Figura 7.5 Patrón de reacción del crecimiento a la reducción de la densidad para diferentes tipos de masas. Se muestran las reacciones de crecimiento a (1) la reducción de densidad puntual en una masa pura y coetánea, (2) reducción de la densidad uniforme en toda la masa en una masa pura y coetánea (3) claras en una masa mixta de dos pisos y (4) intervenciones similares a cortas por entresaca en montes entresacados o bosques mixtos de montaña.

masa, es decir, al aumentar el tamaño del bosquete aclarado, ya que el área de la superficie foliar disminuye proporcionalmente con el tamaño de este (Figura 7.5, línea 1). Este tratamiento resulta inicialmente en una ocupación incompleta y de baja productividad por unidad de superficie. A largo plazo, se espera una compensación del crecimiento por superficies foliares más elevadas en masas más densas al cerrarse el dosel de copas (una vez se haya establecido el regenerado con éxito). En contraste, las intervenciones homogéneas en el espacio, pero más débiles, pueden aumentar el crecimiento en masas puras coetáneas, incluso si se practican con una intensidad moderada (Figura 7.5, línea 2) (ver Sección 6.4.3). Las masas puras y mixtas de dos pisos pueden ser aún más resistentes a la pérdida de crecimiento por las claras, por lo que la zona de la relación de crecimiento-densidad en la que no se pierde crecimiento es aún más amplia (Figura 7.5, línea 3). En el caso de intervenciones similares a las cortas por entresaca en masas mixtas con alta riqueza estructural (monte entresacado o bosques mixtos de montaña), el crecimiento sigue siendo el mismo para un rango de densidades muy amplio. Cuanto más uniformemente se ocupa el espacio con superficie foliar, más rápidamente se pueden compensar y reemplazar la masa extraída por la que queda en pie (Figura 7.5, línea 4). Si los tratamientos selvícolas tienen en cuenta estas relaciones básicas entre la densidad y el crecimiento, se garantiza la estabilidad y la continuidad del crecimiento de la masa.

La compensación del crecimiento que se muestra en la Figura 7.5 para claras en masas puras y mixtas o la sobrecompensación de las reducciones de densidad debido al crecimiento adicional de la masa en pie disminuyen con la edad. Las razones de esta disminución son, por un lado, que los huecos que se crean por las cortas aumentan debido a las dimensiones crecientes del árbol y, por otro, los crecimientos en altura y en extensión de copa (laterales) que proporcionan el cierre de los huecos en el dosel disminuyen también con la edad. Por lo tanto, la resiliencia a las variaciones en la densidad en masas regulares puras y mixtas disminuye a medida que aumenta la edad. En el monte entresacado, la resiliencia en crecimiento a las cortas o reducciones de la densidad es mayor y se basa principalmente en la mayor estructuración vertical, que es invariable siempre que el monte se mantenga estable con respecto a su estructura y distribución volumétrica.

7.2.3 Respuesta de la regeneración a la regulación del volumen medio en la masa madura

Del mismo modo que la reducción de la densidad influye en el crecimiento de la masa, el volumen de la masa en pie influye en el desarrollo del regenerado. Cuando no se realizan intervenciones selvícolas, según avanza el desarrollo, se obtienen masas con altos volúmenes en pie (Figura 7.6, trayectoria A0), baja estabilidad mecánica y regeneración insuficiente. Al reducir el volumen en pie en fases relativamen-

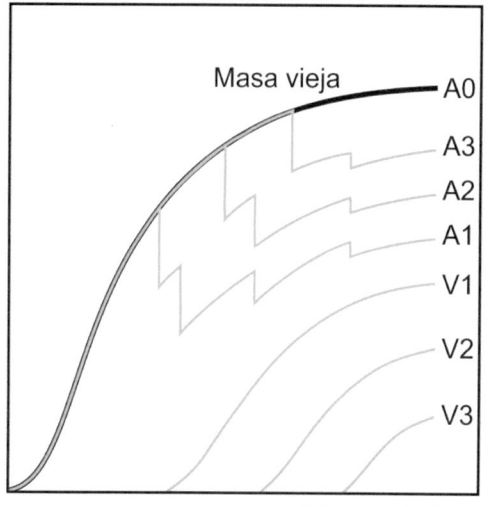

Figura 7.6 El desarrollo del regenerado también varía según el momento y la intensidad de la reducción del volumen de la masa vieja. Sobre la base de la acumulación del volumen en un nivel de ocupación completo (A0), se muestran esquemáticamente tres trayectorias de reducción de densidad (A1 temprana y fuerte, A2 posterior y moderada, A3 muy tardía y débil). Estas reducciones del volumen pueden desencadenar una llegada anticipada del regenerado (V1), tardía (V2) o muy tardía (V3).

te tempranas, se puede iniciar la regeneración natural o se puede promover la regeneración introducida artificialmente. En la Figura 7.6, a través de la reducción del volumen en pie o del almacenamiento de stocks (A1), la regeneración se inicia de manera temprana (V1) y se promueve posteriormente mediante sucesivas intervenciones. Por ejemplo, de esta manera, se pueden estabilizar masas puras de coníferas en una fase temprana y dotarlas de suficiente regeneración para formar la generación posterior. Del mismo modo, la apertura del dosel superior de la masa madura debido al viento, nevadas o plagas y enfermedades también conlleva con frecuencia el establecimiento de regeneración natural que reduce las pérdidas del crecimiento de la masa adulta. Una vez alcanzada la madurez de la masa, cuanto más se retrasa la reducción del volumen en pie (trayectorias A2 y A3), más inestable se volverá la masa en pie y más tarde se desarrollará el regenerado (tra-

yectorias V2 y V3). Al igual que la respuesta en crecimiento a la reducción de la densidad depende de la composición y estructura de la masa, el establecimiento y características del regenerado para una misma reducción del volumen en pie depende, en gran medida, de la composición y estructura de la masa en pie. Por lo tanto, la relación entre el volumen en pie y el regenerado que se muestra en la Figura 7.4 solo representa una simplificación de las cortas de regeneración por su utilidad como concepto para caracterizar y cuantificar estas intervenciones.

7.2.4 Regulación de las intervenciones a nivel de árbol

Del mismo modo que se puede desarrollar una regulación selvícola en base a la máxima densidad del rodal o máxima capacidad de carga para la especie, se puede regular la densidad mediante la superficie disponible por árbol, centrando el objetivo en el individuo en vez de en la masa. Los métodos para determinar el espacio disponible por cada árbol en masas puras y mixtas de todas las edades se tratan con más detalle en el Capítulo 2 (Cajas 2.1 y 2.4). A partir de la superficie disponible por árbol, que dependerá de su tamaño, se puede establecer el número de pies por hectárea (Figura 7.7a) y la distancia media entre individuos (Figura 7.7b).

Este tipo de regulación es útil para la definición y desarrollo de las claras con selección de árboles de porvenir, permitiendo la elección del número de pies de porvenir posibles por hectárea para una superficie media por pie deseada en la masa final (por ejemplo, según el desarrollo de las copas) y de ahí, obtener la distancia media que sirve como guía al seleccionar y promover los pies de porvenir. Igualmente, se puede utilizar este concepto centrado en el árbol en las cortas preparatorias de un aclareo sucesivo, estableciendo la superficie disponible adecuada por árbol para conformar copas extensas y bien iluminadas que favorezcan la producción de fruto.

Como referencia para determinar los requerimientos de espacio por especie según su tamaño, se

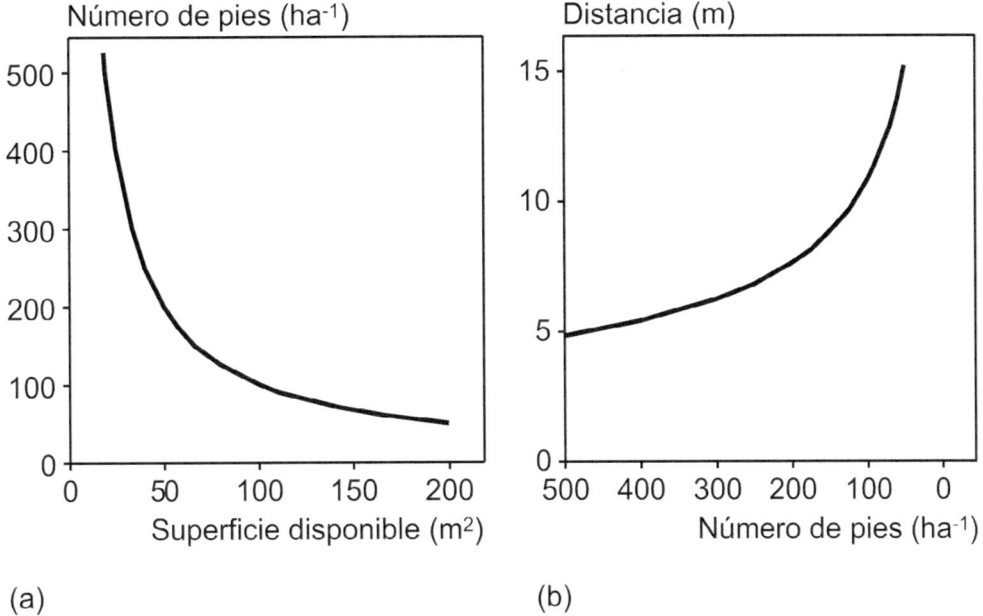

Figura 7.7 Relación entre la superficie disponible por árbol y el número de pies (a) y entre el número de pies y la distancia media al vecino más cercano en una distribución espacial triangular (b).

pueden utilizar los cuantiles de la relación alométrica entre el diámetro del fuste y la superficie de proyección de copa presentados en la Figura 2.20 y la Tabla 2.2. Para la determinación de árboles de porvenir se puede utilizar como referencia cuantiles elevados, teniendo en cuenta que cuantiles próximos al 95 % reflejan el máximo desarrollo de copas para un tamaño dado, asociado a árboles que crecen con poca competencia y, por lo tanto, que alcanzan más rápido estas dimensiones.

7.3 Claras

7.3.1 Criterios para la elección de la clara: tipo, peso y rotación

La caracterización de un régimen de claras debe incluir al menos tres criterios, el tipo, el peso y la frecuencia temporal o rotación de las claras. Según Abetz y Mitscherlich (1969) y Assmann (1961), estos tres criterios que se resumen en la Figura 7.8 son adecuados para la descripción y cuantificación de las claras y clareos o del régimen de claras en su conjunto. Estas tres características de las claras, junto con la edad de iniciación (del Río 1999), bien cuantificadas contribuyen a la transparencia, aplicabilidad y verificabilidad de las intervenciones de regulación selvícola en la práctica.

Los tres criterios, junto con la edad de iniciación, se utilizan en la Figura 7.9 para definir, como un ejemplo, un régimen de claras para el tratamiento de masas de pino silvestre. El tipo de intervención en este ejemplo se caracteriza por claras por lo bajo en las que se eliminan los pies dominados e intermedios, donde la relación entre el volumen de fuste medio extraído, y antes de la clara, varía de 0,61 a 0,78. La intensidad o peso de la clara está determinada en este ejemplo por el peso en área basimétrica, que varía entre los tres regímenes de claras, de un 25 % en los regímenes 1 y 2 al 35 % en el 3. La edad de iniciación varía de 25 años en el régimen 2 a 35 años en los regímenes 1 y 3. La rotación es en todos los casos de 10 años. El tipo, la intensidad y el momento de las cortas también se pueden cuantificar mediante otras variables o medidas, como se refleja posteriormente en la Figura 7.12. Es importante resaltar la importancia que tiene la edad o el momento de la primera clara o intervención, que debe ser también especificada, ya que cambia la evolución de la masa.

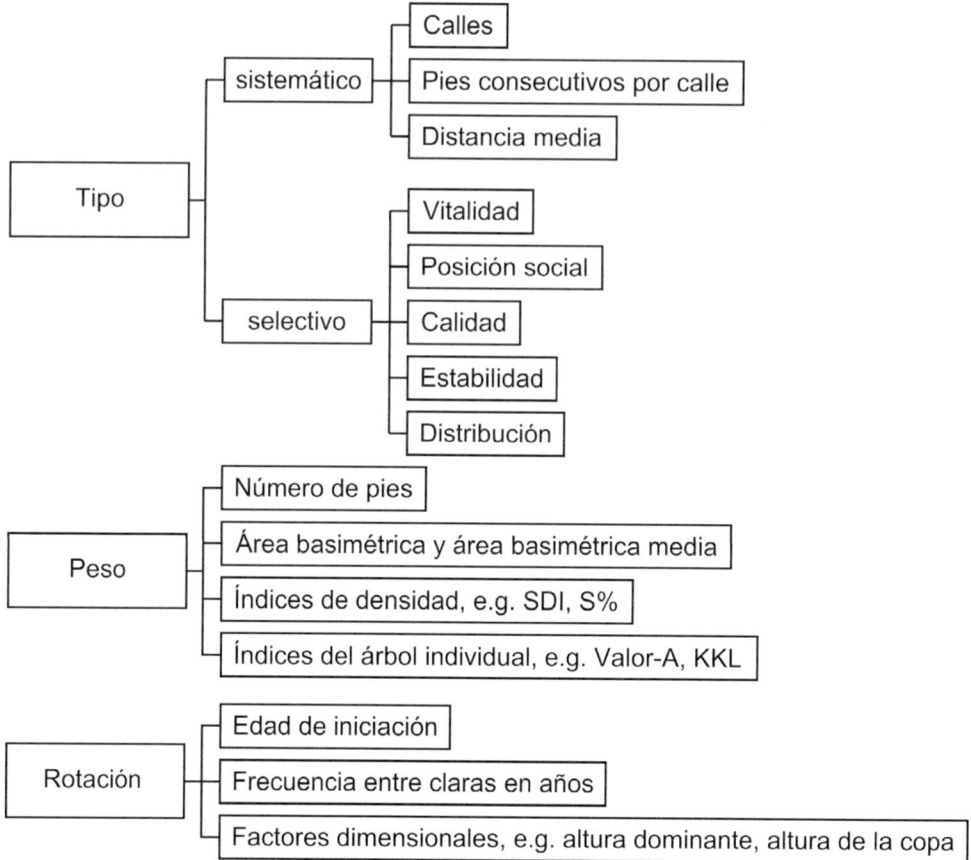

Figura 7.8 Tipo, peso y rotación de las claras como criterios para describir el tratamiento aplicado a la masa (Pretzsch 2009).

7.3.2 Tipo de claras

El tipo de clara define el criterio utilizado para seleccionar los individuos que se eliminan en la corta. Según la naturaleza de la selección de los árboles, las claras se pueden clasificar en selectivas o sistemáticas. En las claras sistemáticas se seleccionan los individuos a eliminar de una manera sistemática según su posición en la masa, por ejemplo, por filas, un árbol de cada tres en una fila, etc. En las claras selectivas se seleccionan los árboles a eliminar (o bien a dejar en pie) según un criterio selvícola asociado a las características del árbol. Las claras selectivas pueden ser por lo bajo (se eliminan los individuos más pequeños), por lo alto (se eliminan los individuos mayores) o mixtas (se eliminan individuos de ambas clases). Un tipo particular de clara selectiva son las claras con selección de árboles de porvenir, en las que se favorece a determinados individuos. Estas claras pueden ser a su vez por lo alto o mixtas, según se eliminen solo los árboles dominantes competidores de los árboles de porvenir, o también se eliminen algunos pies dominados.

El tipo de intervención (clara por lo bajo, por lo alto o mixtas) se puede caracterizar cuantitativamente por el cociente del tamaño promedio de los árboles extraídos y el tamaño promedio de los árboles en la masa antes de la clara. Este cociente se puede determinar de manera particularmente fácil sobre la base del diámetro cuadrático medio de la masa ($d_{g_{rel}} = d_{g_{ex}}/d_{g_{ac}}$) o del volumen del

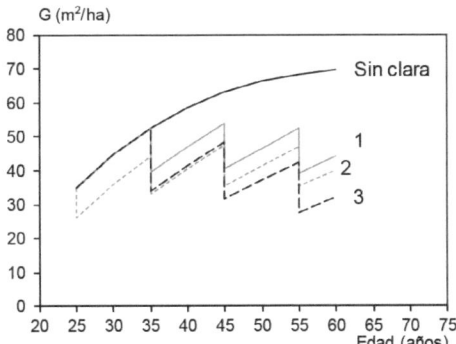

Figura 7.9 Evolución del área basimétrica (G) de una masa de pino silvestre sin claras y con tres regímenes de claras en los que varía la edad de iniciación, el peso y la rotación, para un tipo de claras por lo bajo. En el régimen de claras 1, la edad de iniciación es de 35 años, el peso del 25 % de G, la rotación es de 10 años, con un cociente del volumen de fuste medio extraído y el volumen antes de la clara (v_{ex}/v_{ac}) que varía 0,65 a 0,73 en las sucesivas claras. En el régimen 2 el peso y la rotación son similares pero la edad de iniciación es de 25 años, y las claras por lo bajo se caracterizan por valores de v_{ex}/v_{ac} que varían de 0,61 a 0,78. El régimen 3 es similar al 1 pero con pesos del 35 %, que resultan en cocientes v_{ex}/v_{ac} de 0,70 a 0,78 (adaptado de del Río y Montero 2001).

árbol medio (v_{rel}). Los cocientes $d_{g_{rel}}$ << 1,0, indican la eliminación de árboles pequeños o clara por lo bajo, y generalmente implican una clara débil. Los cocientes $d_{g_{rel}} \geq 1$ indican intervenciones sistemáticas o bien claras por lo alto.

Un indicador del tipo de clara realizado es el crecimiento técnico que se produce en las variables que reflejan el tamaño medio del árbol, es decir, cuánto aumenta o disminuye su valor. El crecimiento será mayor o menor a cero en función de si se eliminan los pies menores o mayores a la media. El valor del crecimiento técnico depende en gran medida de la estructura de la masa, por lo que tiene mayor interés como indicador del efecto de la clara en la masa que como índice para caracterizar el tipo de intervención (del Río 1999).

7.3.2.1 Claras de selección de árboles de porvenir.

La caracterización cuantitativa de aquellas claras que buscan promover la selección de pies de porvenir o árboles de futuro requiere de varios indicadores asociados a las características de este tipo de intervenciones. En estas claras, el primer paso consiste en seleccionar un número de árboles sobre los que posteriormente se concentrará el tratamiento (Figura 7.10a). En un segundo paso, los pies con buen crecimiento seleccionados se promueven a largo plazo, eliminando un número definido de competidores (Figura 7.10, b y c). En las zonas intermedias entre los árboles de porvenir, que tienen un tamaño diferente según el número de árboles seleccionados y según el número de competidores que se extraerán, se pueden llevar a cabo intervenciones de mantenimiento, con frecuencia por lo bajo. Los pies de porvenir se seleccionan generalmente en la fase de monte bravo o de latizal bajo y son marcados permanentemente como buenos portadores del crecimiento, que se mantienen y promueven sistemáticamente hasta que alcanzan su diámetro máximo de cortabilidad o llega la edad de turno definida (Figura 7.10d). Por lo tanto, desde el punto de vista del tipo de clara, un indicador cuantitativo imprescindible en las claras de selección de árboles de porvenir es el número de estos árboles seleccionado. Además, se pueden utilizar el cociente de tamaños antes mencionado.

Según Assmann (1961, p. 268), estos "niños prodigio [...] seleccionados tempranamente" están sujetos a incertidumbres considerables si la selección es demasiado temprana y rígida en comparación con las claras selectivas por lo alto o mixtas sin pies de porvenir fijos. En estas claras selectivas, similares en cierta medida a la clara con pies de porvenir, los candidatos más adecuados también se seleccionan a una edad temprana, sin embargo, posteriormente, cada vez que se realiza una intervención selvícola se revalúan respecto a su idoneidad para su mantenimiento como árboles de porvenir hasta la corta. En estas claras se parte de un gran número de candidatos pasando a un número menor de árboles élite según avanza el desarrollo de la masa, en un proceso permanente de selección y toma de decisiones durante toda la vida de la masa (Skull 1942). Las claras de selección de pies de porvenir y estas claras selectivas por lo alto o mixtas "libres" difieren fundamentalmente en la distri-

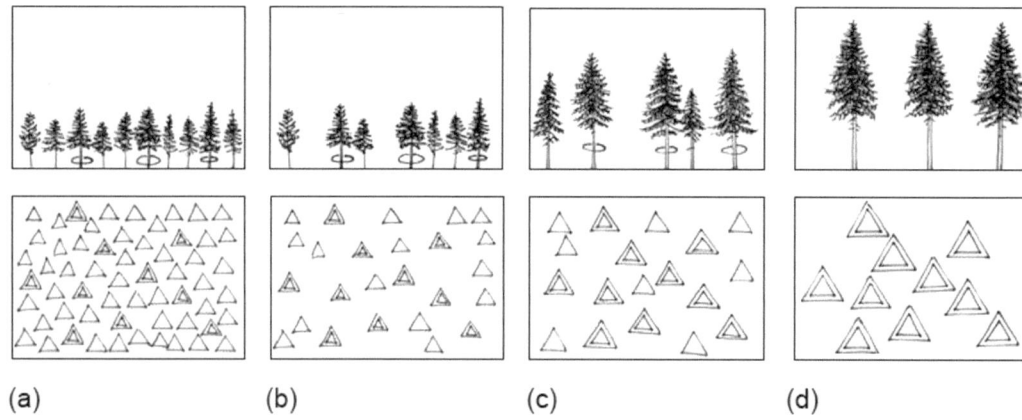

Figura 7.10 Representación esquemática del procedimiento para seleccionar y liberar de competencia a los pies de porvenir (clara con selección de pies de porvenir). (a) Selección y marcado permanente de los pies de porvenir de acuerdo con criterios de vitalidad, calidad y distribución espacial con una altura del árbol de 8-12 m. (b) Eliminación de 2-3 competidores de los pies de porvenir inmediatamente después de su selección. (c) Liberación de competencia repetidamente en sucesivas claras. (d) Desarrollo de una masa final relativamente homogénea horizontal y verticalmente con 150-300 pies de porvenir por hectárea.

bución del riesgo, la intensidad de las decisiones y la concentración espacial de las medidas de mantenimiento.

El criterio más importante para la selección de pies de futuro, élite o de porvenir es la vitalidad, que se expresa a través el tamaño de la copa, la posición social o el rendimiento del crecimiento (excluyendo los árboles "lobos"). Un segundo criterio de selección es la calidad del fuste, definido, entre otras cosas, por la forma, la ramificación o los daños en este. En tercer lugar, se debe conseguir una distribución más o menos regular de los árboles seleccionados, que puede garantizarse atendiendo a unas distancias mínimas. Otro criterio es la estabilidad del árbol individual, que se puede caracterizar por el coeficiente de esbeltez o la longitud de copa viva. Para caracterizar la selección de árboles de porvenir desde un punto de vista cualitativo, es esencial establecer una clasificación de estos criterios. Por ejemplo, Abetz (1975) ofrece estos criterios y su orden de importancia: vitalidad, calidad y distribución espacial (Tabla 7.1). Kató y Mülder (1978) y Kató (1979, 1987) recomiendan una clasificación diferente en su propuesta de claras de selección de árboles de porvenir ("claras del grupo cualitativo"). En este último, los árboles con buenos crecimientos que se promoverán también pueden estar agrupados. Esta opción es particularmente apropiada si tras la selección según vitalidad y calidad, los pies de porvenir no se distribuyen regularmente por toda la superficie y solo se puede lograr un número suficiente de árboles de porvenir con la formación de grupos.

7.3.2.2 Densidad y regulación de la distancia entre pies de porvenir

Las claras de selección de pies de porvenir son intervenciones centradas en el individuo, por lo que para su regulación se utilizan conceptos basados en el árbol individual (Sección 7.2.4). Una manera de elegir el número de árboles a seleccionar o pies de porvenir de la masa final es, por lo tanto, determinar el espacio medio disponible por árbol en la masa final. Si se conocen los requerimientos de espacio (sd) por individuo para la especie con un tamaño objetivo al final del turno, por ejemplo, mediante el tamaño de copa de árboles creciendo con poca competencia, el número de pies de porvenir será $n=10000/sd$. Del mismo modo, si se fija el número de pies de porvenir deseado, n, se puede establecer la superficie disponible por árbol $sd=10000/n$, y así determinar la distancia entre árboles de porvenir.

Tabla 7.1 Criterios para la selección de árboles élite/de futuro y pies de porvenir (según Schober 1988 a y b).

Heck (1898)	Leibundgut (1966)	Abetz (1974)	
		Rango	
Sanos, clases 1 y 2 según Kraft (1884) con buen desarrollo de copas	Desarrollo de la copa bueno y vital	1	Vitalidad (según posición social y desarrollo de la copa)
Elevada calidad del fuste: Clase α: pie con una larga longitud del fuste recto y de calidad Clase β: pie con una longitud reducida del fuste recto y de calidad	Buena calidad del fuste	2	Calidad de la forma del fuste
Distribución espacial aproximadamente uniforme Lo más estable frente a tormentas posible	buena	3	Distribución espacial (consideración del número máximo de árboles de porvenir y distancia mínima). Fuste estable (bajo coeficiente h/d)

Por ejemplo, para una masa de haya, si se desea conseguir una distribución rectangular con 100 pies de porvenir en la masa final, se obtendría una superficie disponible media por pie de sd = 100 m². El número de pies de porvenir especifica así el límite superior de la distancia, a, al siguiente pie de porvenir, que en este caso sería de a = 10 m ($a = \sqrt{10000/n}$). Si se desea obtener una distribución triangular, el área ocupada corresponde a hexágonos regulares, y, por tanto, el número de pies de porvenir n da como resultado una distancia media entre pies de $a = \sqrt{10000/n} \times 1.0746$ (ver Figura 7.11).

El número de árboles seleccionados como árboles de futuro o porvenir que se elegirán depende principalmente de la especie, programa de intervenciones elegido y del momento de la selección. Schober (1988 a y b) recomienda los siguientes valores marco para los números de árboles de futuro (valores por hectárea): pícea, *Picea abies* (L.) Karst. 150-400; abeto, *Abies alba* Mill. 300; pino silvestre, Pinus silvestris L. 200-300; abeto Douglas, *Pseudotsuga menziesii* Mirb. 100-200; haya, Fagus silvatica L. 90-120; alerce, *Larix decidua* Mill. 100; roble albar, *Quercus petraea* (Mattuschka) Liebl. 50-100. En diversos capítulos del Compendio de Selvicultura Aplicada en España (Serrada et al. 2008) se indican valores de referencia para el número de pies de porvenir a favorecer en las claras en distintas especies. Por ejemplo, valores de 150-200 pies/ha para haya, entre 250-400 pies/ha según calidades de estación en pino carrasco (*Pinus halepensis* Mill.), o 200-250 pies/ha para pino silvestre.

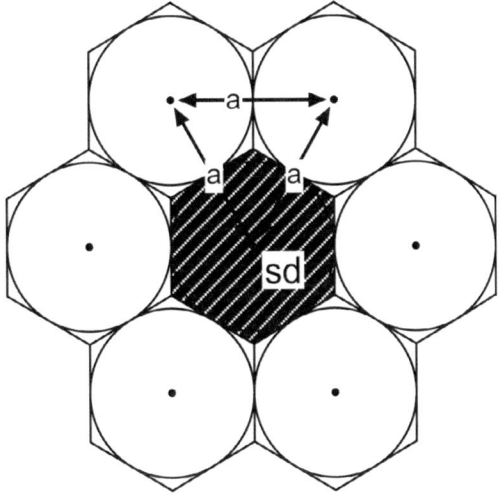

Figura 7.11 La disposición de árboles individuales en una distribución triangular produce superficies por pie hexagonales. a = distancias a los vecinos más cercanos, sd (sombreado) = superficie media disponible para los árboles individuales.

Tabla 7.2 Número de pies de porvenir, distancia media y mínima (entre paréntesis) de acuerdo al tamaño de copas en masas puras y mixtas según Abetz (1974).

Especie	Pícea	Abeto	Abeto Douglas	Pino silvestre	Alerce	Haya	Roble
Árboles de porvenir/ha	400	300	100	200	100	110	60
Pícea	5,7 (4,0)						
Abeto	6,2 (5,0)	6,6 (4,0)					
Abeto Douglas			11,5 (8,0)				
Pino silvestre	7,0 (6,0)	7,3 (6,0)		8,1 (5,0)			
Alerce		9,0 (7,0)		9,8 (8,0)	11,5 (5,0)		
Haya	8,5 (7,0)	8,7 (7,0)		9,5 (7,0)	11,2 (8,0)	11,0 (5,0)	
Roble				11,4 (8,0)	13,1 (9,0)	12,9 (9,0)	14,8 (6,0)

La Tabla 7.2 muestra las distancias objetivo medias y mínimas entre los pies seleccionados en masas puras y mixtas para determinados números de pies de porvenir o árboles Z. Abetz (1974) determinó empíricamente estos valores utilizando mediciones de distancia entre pies y radios de copa en parcelas experimentales de masas puras y mixtas para las especies de pícea, abeto, abeto Douglas, pino silvestre, alerce, haya y roble (*Pícea abies* (L.) Karst., *Abies alba* Mill. , *Pseudotsuga menziesii* Mirb., *Pinus silvestris* L., *Larix decidua* Mill., *Quercus petraea* (Mattuschka) Liebl.).

Si bien el número de pies de porvenir a menudo se basa en el número posible de árboles y el espacio requerido en la masa existente, el número de árboles de selección definitivo cuando no se fijan los pies de porvenir suele ser mayor, generalmente dos o tres veces mayor. En todos los casos depende de la edad de la masa en el momento del primer señalamiento de los árboles de porvenir, es decir, si se marcan en la primera clara, la proporción será mayor que cuando el desarrollo de la masa está ya entrando en cortas de regeneración.

7.3.3 Peso de las claras

El peso de la clara es una cuantificación de la masa extraída en la corta y se puede determinar mediante cualquier índice que refleje la espesura de la masa. En términos cualitativos se suele hablar de claras débiles, moderadas o fuertes, pero para una correcta caracterización se deben utilizar índices cuantitativos. Así, se puede usar el número de pies, área basimétrica o volumen de la masa extraída, tanto en términos absolutos o, como es más frecuente, en términos relativos a la masa antes de la clara, la reducción del índice de densidad de Reineke o el aumento del índice de Hart, etc. Otra manera de cuantificar el peso es mediante el porcentaje del crecimiento corriente extraído en la clara, aunque este método es menos intuitivo y requiere conocer el crecimiento de la masa.

La densidad objetivo deseada y la intensidad del tratamiento resultante se pueden definir tanto a nivel de masa como a nivel de árbol individual. También es posible una combinación de ambos niveles, opción cada vez más generalizada. Un ejemplo de esta última opción sería fijar una densidad objetivo a nivel de masa, por ejemplo, 30 m^2/ha, y la superficie media por árbol para los pies seleccionados o árboles de provenir, por ejemplo, 50 m^2 por pie de porvenir. La combinación del árbol individual y la definición de la intensidad de la clara orientada a la masa detalla el tipo y la intensidad de las intervenciones y mejora las opciones de evaluación y la comparabilidad de los resultados. En parcelas permanentes experimentales, no es suficiente especificar el peso de la clara o el nivel de densidad para un punto en el tiempo; sino que se deben especificar el desarrollo de la densidad para cada tratamiento a lo largo de todo el ensayo, es decir, se debe especificar la reducción de densidad generalmente durante un periodo de más de 50 o 100 años. Para ello, resulta de utilidad el concepto de grado de las claras, como se explica posteriormente.

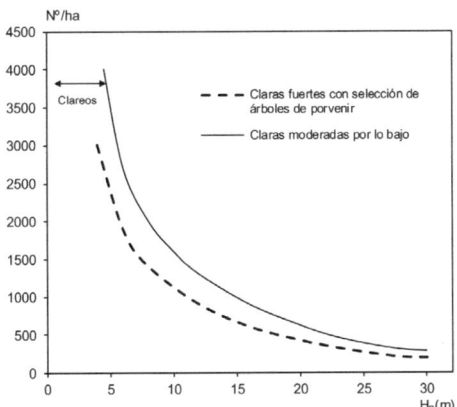

Figura 7.12 Curvas de densidad objetivo o norma selvícola para pino silvestre según el objetivo principal de la masa, producción de madera de calidad o protección (adaptado de Montero et al. 2008).

7.3.3.1 Peso de las claras según una densidad objetivo

Una opción de regulación selvícola es establecer una densidad objetivo a lo largo del desarrollo de la masa, de modo que el peso de las intervenciones se obtiene por diferencia entre la situación observada y la deseada. En la Figura 7.12 se presentan dos curvas que muestran la densidad objetivo a lo largo del desarrollo de la masa expresada mediante la altura dominante para pino silvestre. Cada una de las curvas responde a un régimen de claras orientado al objetivo principal de la masa, producción de madera de calidad o protección, que conllevan diferentes pesos de las claras. Para obtener madera de calidad se mantiene una menor densidad mediante claras fuertes con selección de árboles de porvenir, mientras que en masas protectoras se propone una densidad mayor con claras moderadas por lo bajo (Montero et al. 2008).

Una primera alternativa para regular las intervenciones mediante una densidad objetivo es el uso del número de pies extraídos y el número de pies objetivo de la masa final. Sin embargo, a medida que avanza el desarrollo de la masa y se expande el rango de diámetros, la utilidad del número de pies por hectárea como medida para la regulación de la densidad disminuye. Si los árboles son en general similares en la fase de juventud, el núme-

ro de pies, el área basimétrica, o el porcentaje de volumen extraído son en gran medida equivalentes para definir el peso de la corta. Por el contrario, en masas de mediana edad y maduras, debido a la alta dispersión de las dimensiones, puede haber reducciones muy diferentes en el área basimétrica para un mismo porcentaje de extracción de pies según el tipo de clara realizada. La combinación del área basimétrica con elementos de la productividad, como son el número de pies por hectárea y el diámetro medio cuadrático d_g, es particularmente adecuada para la regulación de la densidad. El uso del volumen en pie por hectárea como medida de densidad, sin embargo, tiene en su contra el gran esfuerzo asociado con la medición de altura y la determinación del factor de forma, además de las considerables fuentes de error. Curtis (1982), Hart (1928) y Becking (1953) así como Reineke (1933) regularon la densidad de la masa o la cantidad extraída a través de índices de densidad de la masa, que se basan en variables básicas como el número de pies, el área basimétrica, la altura o el diámetro medio cuadrático, pero que no se pueden traducir directamente a la práctica.

7.3.3.2 Peso de la clara según la reducción de la competencia del árbol individual

Cuando la regulación de la selvicultura se centra en el árbol individual, por ejemplo en las claras de selección de árboles de porvenir, se puede fijar el peso de la clara en función de la reducción de la competencia del árbol individual. Para un mismo peso de la clara o densidad objetivo existe un rango considerable de variación según el tipo de clara que se realice y como se favorezca el crecimiento individual. Se puede establecer una densidad objetivo definida mediante la promoción moderada de muchos individuos o la promoción intensa de solo unos pocos pies. Para llevar a cabo de forma objetiva un control de la liberación de la competencia de los árboles seleccionados o de porvenir (árboles objetivo), es decir, las cantidades a extraer en su entorno, existen esencialmente tres variantes:

1. Favorecer los árboles objetivo mediante la

Caja 7.2 Definición de curvas de densidades objetivo y selección de niveles de densidad en experiencias de claras

Sistemas de curvas de densidades objetivo: en los experimentos de claras se trata de responder una pregunta concreta que constituye el diseño experimental, que en este caso, requiere una regulación del nivel de densidad a largo plazo para la definición de los tratamientos a contrastar. Un ejemplo de esta regulación cuantitativa a largo plazo son las curvas objetivo definidas para el desarrollo del área basimétrica en función de la edad o para el número de pies por hectárea en función de la altura. Como se muestra en la Figura 7.13a estas curvas sirven de modelo para tres alternativas de tratamiento. Los diferentes niveles del factor 'intensidad de las claras' del experimento se pueden establecer usando como guía estas curvas de densidad objetivo. La descripción de la densidad (eje de ordenadas) puede hacerse especificando el número de pies, el área basimétrica, el volumen en pie o el grado de ocupación. El eje del tiempo biológico o físico (eje de abscisas) puede caracterizarse por la edad, la altura o el diámetro. En cualquier caso, se debe dar una curva guía para cada nivel del factor a lo largo de la cual se debe guiar la densidad de la masa. La derivación de las curvas de densidad se puede basar en consideraciones teóricas, como la densidad máxima específica del sitio teórica, o bien en una densidad máxima derivada deductivamente (Franz 1965 y 1967b, Sterba, 1975 y 1981, del Río et al. 2006).

Los experimentos de claras y de espaciamiento de la masa se pueden asignar a uno de los esquemas de regímenes de densidad que se muestran en la Figura 7.13 b–d. Si la pregunta es qué resultados se obtienen a lo largo del desarrollo de la masa si, a partir de una estructura idéntica, se establecen diferentes densidades que se desarrollan en el tiempo, el sistema de curvas a seguir sería el de la Figura 7.13b. Ejemplos de dicha regulación de la densidad son los experimentos clásicos de claras y de cortas de regeneración. Las gráficas de tales experimentos terminan en diferentes niveles de densidad (por ejemplo, grados de claras A, B y C).

El sistema de curvas objetivo presentado en la Figura 7.13c responde a la pregunta, sobre la que se diseñan muchas parcelas experimentales, de qué densidad inicial es la más adecuada para lograr una densidad objetivo previamente definida y contrastar las características de la masa final. Los experimentos en los que, en diferentes densidades, se selecciona y promueve el mismo número de árboles seleccionados o pies de porvenir son ejemplos de este enfoque.

Si la pregunta del experimento es buscar el efecto de diferentes situaciones iniciales y regímenes de claras durante el período del experimento, el sistema de curvas objetivo que resulta es el que se muestra en la Figura 7.13d. Los experimentos de espaciamiento con diferentes números de árboles seleccionados o de porvenir son ejemplos de este procedimiento de control de las intervenciones. Los estudios de productividad generalmente se pueden clasificar en uno de estos tres sistemas. Los cambios en el concepto del tratamiento a estudiar a lo largo de la vida del experimento deben limitarse a casos excepcionales bien justificados (por ejemplo, interrupción de las parcelas debido a daños, conversión del objetivo del experimento en una fase de edad avanzada para la plantación de un nuevo piso o la regeneración, etc.).

Elección de los niveles de densidad: en los experimentos de claras, los niveles del factor no deben limitarse a las densidades utilizadas habitualmente en la práctica, sino que también deben abarcar valores extremos, como la densidad máxima o condiciones de crecimiento en solitario. Solo cuando se dispone de estos valores extremos se puede derivar adecuadamente la relación entre la densidad y la reacción del crecimiento. Los regímenes de densidad que se muestran como curvas ob-

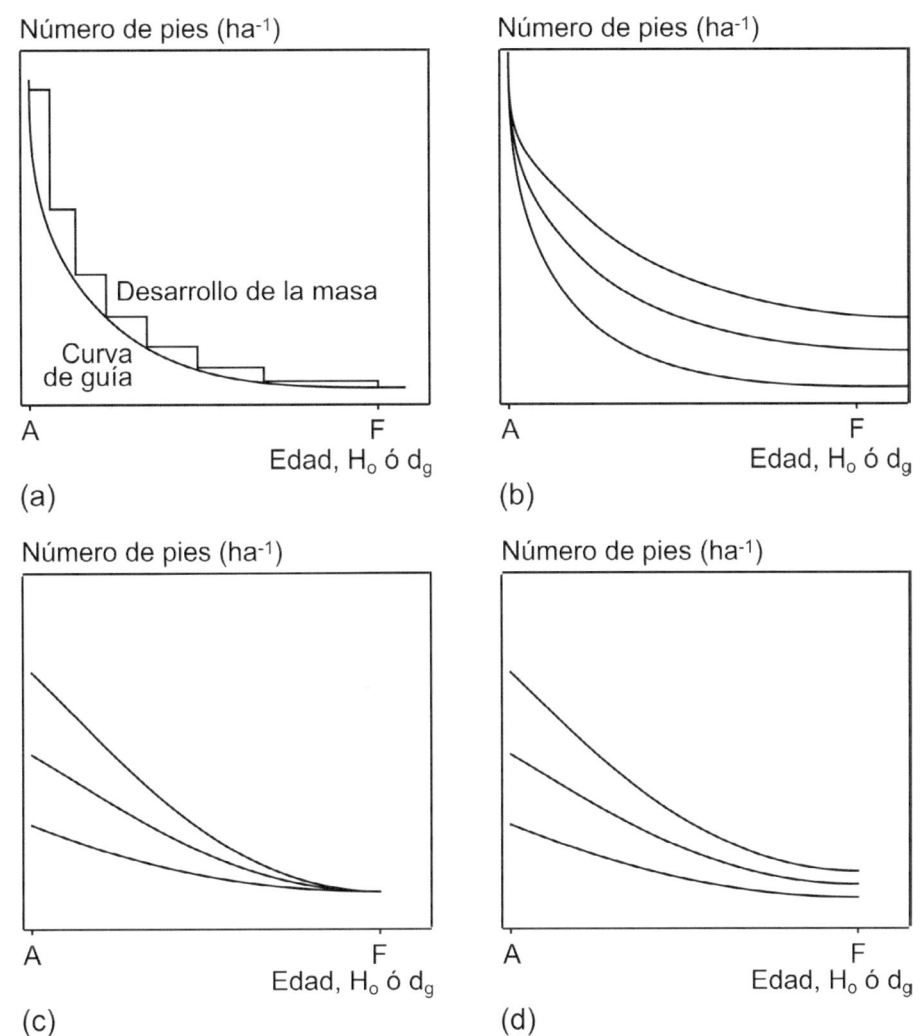

Figura 7.13 Sistemas de curvas guía para establecer la densidad de la masa y cuantificar las claras desde el inicio (A) hasta el final del experimento (F) en ensayos de claras. (a) La densidad de la masa (línea en escalera) se lleva a lo largo de la guía de densidad, que es definida desde el inicio hasta el final del experimento. Se obtienen las cantidades de extraídas correspondientes (alturas del escalón en la curva en escalera). (b) Partiendo de una densidad uniforme al comienzo del experimento, se establecen y expanden varios niveles de densidad (niveles del factor) hasta el final de este. (c) Partiendo de diferentes densidades y superficies de crecimiento por árbol al comienzo del experimento, el tratamiento conduce a la misma densidad de la masa al final. (d) Desde el comienzo del experimento, los niveles del factor se mantienen diferentes.

jetivo en la Figura 7.13 se derivan utilizando uno de los siguientes métodos.

En primer lugar, se pueden utilizar curvas de densidad objetivo representativas que se quieran testar. Para ello, se definen los niveles del factor mediante las densidades iniciales. A veces, para su aplicación, las densidades iniciales y finales deseadas se introducen en un sistema semilogarítmico (abscisa: edad, altura media o altura dominante; ordenadas: número de pies o área basimétrica) y se conectan linealmente. Esto da como resultado rectas descendentes que representan la caída exponencial de las curvas de densidad, cada línea representando un nivel del factor densidad.

En segundo lugar, es común orientar la intensidad de las intervenciones en función de la densidad máxima esperada para el sitio. Para este propósito, se mantienen parcelas experimentales sin tratamiento o corta, que representa el nivel del factor de referencia con el que se comparan las parcelas de los otros niveles. Las gráficas de las parcelas no tratadas indican el límite superior del sistema de curva objetivo (línea superior en las Figura 7.13b-d) y sirven como referencia para los otros niveles de densidad (por ejemplo, el 100 %, 80 %, 60 % y 40 % del área basimétrica). La inclusión de parcelas no tratadas en máxima densidad como el nivel de referencia del factor es de gran utilidad para conocer la dinámica natural de la masa y para la justificación de la necesidad de gestión. Por ejemplo, las parcelas no tratadas de los ensayos de claras en pino silvestre en España han permitido conocer la máxima densidad de la especie (del Río et al. 2001), así como constatar los mayores daños por nieve en las parcelas no intervenidas (del Río et al. 1997).

Si la parcela de referencia no tratada no está disponible desde el principio o si se pierde durante el período de observación, la densidad máxima también puede deducirse utilizando los métodos desarrollados por Franz (1965, 1967b) y Sterba (1975 y 1981) y utilizarse como referencia (tercer enfoque). Las ventajas de los procedimientos 2 y 3 son que las curvas objetivo pueden basarse en el límite biológico propio del sitio durante todo el período de observación.

Al definir los niveles de densidad en porcentaje del grado A (por ejemplo, factores de nivel 1, 2 y 3 del área basimétrica máxima, son el 100 %, 80 % y 60 % del área basimétrica máxima), se debe tener en cuenta que las reacciones del crecimiento a la disminución de la densidad cambian de manera característica con el desarrollo de la masa. Si bien una reducción del área basimétrica al 60 % del grado A en la fase juvenil puede tener sentido experimentalmente debido a la fuerte respuesta en esta fase, tal reducción en masas maduras puede conducir a una apertura del dosel innecesariamente fuerte. Las mismas reducciones relativas en la densidad representan perturbaciones que con la edad cada vez son más sensibles para la masa debido a su capacidad de respuesta decreciente. El porcentaje de reducción sobre la densidad máxima debería por tanto disminuir con la edad, de modo que las curvas de densidad objetivo acaben convergiendo.

Regulación de la densidad en las parcelas experimentales de fertilización y procedencias: Las parcelas experimentales a largo plazo para evaluar los efectos de la fertilización, laboreos del suelo o la procedencia en el crecimiento del árbol y de la masa, también requieren programas de claras precisos y cuantitativamente formulados. Al configurar los experimentos de fertilización, es aconsejable tener una densidad comparable para todas las parcelas y limitar el número de extracciones a los pies moribundos. Esta es la única forma de diferenciar las reacciones del crecimiento a la fertilización de las reacciones debidas a las claras. Si el efecto de la fertilización sobre el crecimiento de los árboles individuales o la masa se verifica después de aproximadamente cinco a diez años y son necesarias intervenciones debido a la mayor densidad de la masa, se recomienda llevar a cabo intervenciones de la misma intensidad relativa en las parcelas fertilizadas y no fertilizadas. Es decir, si se elimina el 10, 20 o 30 % del número de pies o del área basimétrica de las parcelas con el mayor efecto de fertilización, las otras parcelas deben llevarse con el mismo número relativo de pies o área de basimétrica extraído (Abetz et al. 1964; Franz 1967a). No obstante, en la práctica, puede ser necesario estudiar la interacción entre la fertilización y la densidad, bien la densidad inicial o el grado de las claras. Esto requiere un número elevado de tratamientos en el diseño experimental que permita evaluar individualmente el efecto de la fertilización y la intensidad de la clara, con sus distintos niveles, además de su interacción. Este tipo de ensayos de experimentación con frecuencia son difíciles de implementar por la gran superficie necesaria, que debe tener características homogéneas.

> En los ensayos de procedencias también es aconsejable establecer las mismas densidades relativas para cada procedencia con el fin de tener en cuenta los requisitos de espacio por individuo, que pueden ser muy diferentes de un origen a otro. Utilizar similar número de pies o área basimétrica en todas las procedencias en un ensayo experimental elimina las diferencias típicas del origen del patrón de ocupación de la estación y del nivel de crecimiento (Schober 1961). No obstante, con frecuencia en los ensayos de procedencias la unidad experimental está compuesta por pocos individuos del mismo origen y no contemplan evaluar la respuesta a nivel de masa ni el efecto de la densidad
>
> Para todos los experimentos diseñados para detectar el efecto de distintas perturbaciones (inmisión de contaminantes, efecto de la sal de la carretera, o daños por insectos) en el crecimiento de la masa, se recomienda un nivel de ocupación completo para todas las parcelas y solo intervenciones de intensidad débil a moderada. De esta manera, las reacciones a las perturbaciones pueden mantenerse en gran medida libres de los efectos de las intervenciones selvícolas.

    eliminación de todos los vecinos en un radio definido, por ejemplo de 2, 3 ... 6 m.

2. Calcular para los árboles objetivo un índice de competencia dado, mediante el cual los competidores se van eliminando empezando por el primer, segundo, ... enésimo vecino hasta que se alcanza el índice de competencia definido. Se utilizan índices de competencia dependientes de la posición de los árboles, que se calculan antes de la intervención para todos los árboles objetivo, de modo que las cortas se planifican según ellos (ver Capítulo 9, Cajas 9.2 a 9.4). Este método solo será posible en parcelas experimentales donde se disponga de la información necesaria para calcular estos índices, es decir, donde los árboles estén posicionados o mapeados.

3. Métodos de comparación por pares entre los árboles objetivo y sus vecinos. Como ejemplo de este método se analizan a continuación las cortas calculadas a partir del valor A de Johann (1982).

En el procedimiento de definición del peso de la clara alrededor de un árbol mediante el valor A de Johann (1982), un árbol i adyacente a un árbol de porvenir o árbol Zj se elimina cuando su distancia d_{ij} al árbol central se sitúa por debajo de la distancia límite DL. DL se calcula como $DL = \frac{H_j}{A} \times \frac{d_i}{D_j}$, dónde H_j es la altura del árbol Z, d_i el diámetro del vecino i, D_j el diámetro del árbol Z. A es una relación de proporcionalidad definida en el plan del ensayo, o en su caso en el plan de gestión, y que controla la intensidad con la que se elimina la competencia del árbol objetivo. Johann sugiere, para masas puras de pícea coetáneas, valores A de 4, 5 y 6, que son sinónimos de intervenciones fuerte, media o débil. Si un árbol central tiene una altura de 20 m y un diámetro normal de 20 cm y su vecino tiene un diámetro normal de 10 cm, para los valores A de 4, 5 y 6 se obtienen las distancias límite de $DL_{A=4} = \frac{20m}{4} \times \frac{10\,cm}{20\,cm} = 2,5m$, $DL_{A=5} = \frac{20m}{5} \times \frac{10\,cm}{20\,cm} = 2,0m$ y $DL_{A=6} = \frac{20m}{6} \times \frac{10\,cm}{20\,cm} = 1,67m$, respectivamente. Los vecinos que estén por debajo de estos límites serán por lo tanto eliminados.

La Figura 7.14 muestra los resultados de una clara utilizando el método del valor A de Johann (1982). El cálculo de las extracciones se basa en la subparcela 21 de la parcela experimental de Weiden 611 de 29 años de edad. A medida que disminuyen los valores de A, se tolera cada vez menos presión competitiva en la parcela experimental y aumenta el número de pies a extraer.

Para ensayos de liberación de la competencia de acuerdo con las recomendaciones de la sección de producción forestal de la Asociación Alemana de Institutos de Investigación Forestal (Asociación Alemana de Institutos de Investigación Forestal 1986 a y b), se recomiendan parcelas con valores A de 4 y 6. La superficie por árbol objetivo aumenta progresivamente con el aumento de las dimensiones del árbol (altura, diá-

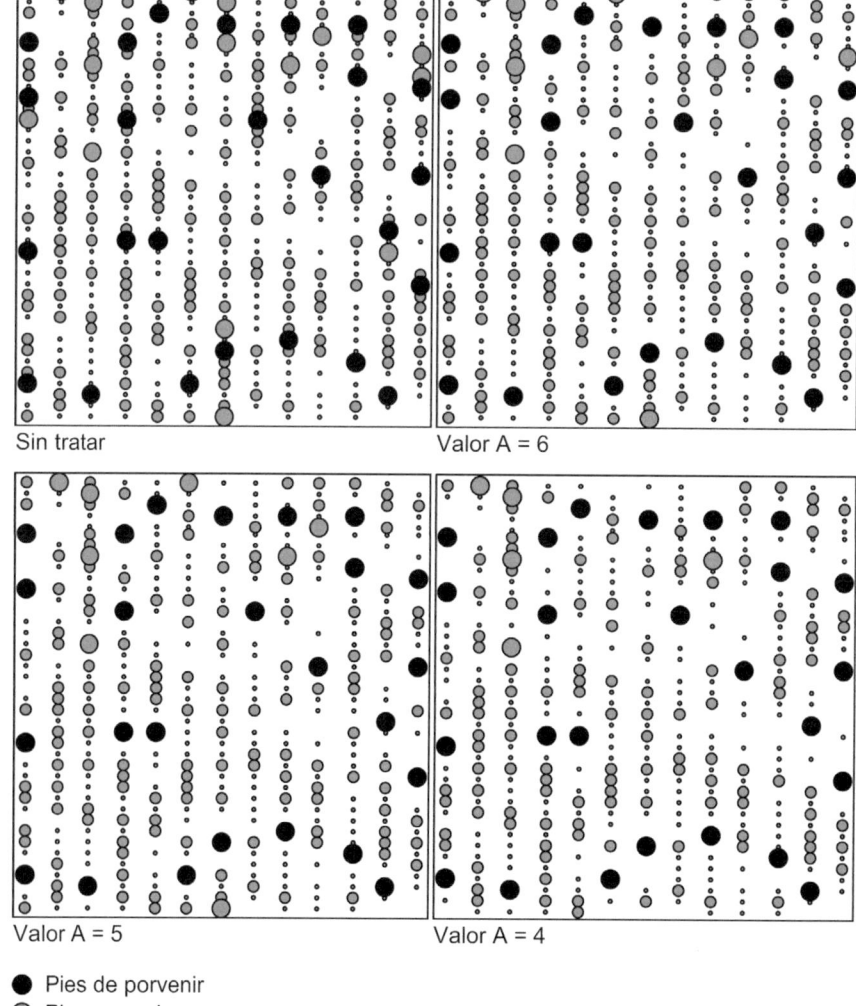

Figura 7.14 Reducción de la densidad en la parcela experimental de Weiden 611, subparcela 21, para los valores de A de Johann de 6, 5 y 4. Los pies seleccionados o de porvenir se resaltan en negro, el resto de individuos en gris. A medida que disminuye el valor A, se tolera cada vez menos presión competitiva en la parcela experimental y aumenta el número de pies a extraer del experimento.

metro). El uso de un factor de proporcionalidad A entre la altura del árbol y la distancia deseada al vecino $DL = \frac{H_j}{A} \times \frac{d_i}{D_j}$ conduce, por lo tanto, a intervenciones débiles en masas jóvenes y fuertes en masas más maduras. Para evitar extracciones excesivamente débiles en masas jóvenes y extremadamente fuertes en masas maduras, el cociente A se reemplaza por el valor 2 en masas jóvenes y 6 en masas viejas.

La Figura 7.15 muestra la regla de liberación de la competencia recomendada para ensayos de claras selectivas con pies de porvenir en pícea, con valores de $A = 4$ a $A = 6$ (Asociación Alemana de Institutos de Investigación Forestal 1986 a y b). Al aumentar la altura del árbol objetivo, aumenta la distancia en la que hay que eliminar todos los árboles con tamaño similar ($D_i = D_j$). Para $\frac{H_j}{A} \leq 2m$ se aplica $DL = 2 \times \frac{d_i}{D_j}$. Para $2m < \frac{H_j}{A} < 6m$ la distancia límite se aplica $DL = \frac{H_j}{A} \times \frac{d_i}{D_j}$. Si el cociente $\frac{H_j}{A} \geq 6m$, entonces se aplica $DL = 6 \times \frac{d_i}{D_j}$. Si la selección o los árbo-

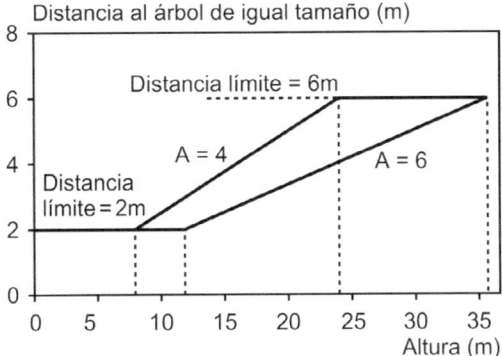

Figura 7.15 Regla de la liberación de la competencia para pies de porvenir de acuerdo con los valores A de 4 o 6. Un árbol adyacente al árbol objetivo se elimina cuando se sitúa por debajo de la distancia indicada. Se consideran como límite de distancia los valores de 2 m (se eliminan todos los pies más cercanos) y 6 m (no se elimina ningún árbol más lejano) (de acuerdo con la Asociación Alemana de Institutos de Investigación Forestal 1986b).

les futuros se guían a lo largo de las líneas $A = 4$ o $A = 6$, los pies de porvenir están liberados de competencia de manera fuerte o moderada.

7.3.4 Rotación de las claras

La edad de iniciación y la rotación de las claras se definen bien mediante la edad (por ejemplo, primera clara a los 20 años, segunda a los 25 años) o dependiendo de dimensiones previamente definidas (por ejemplo, altura media, altura dominante, diámetro medio). Assmann (1961) define la edad de iniciación y la rotación de las claras según niveles de intensidad del régimen de claras. Para haya y otras frondosas establece los siguientes niveles: Nivel 1 (extensivo): edad de iniciación de las claras con una altura media de más de 12 m y una rotación media superior a 5 años. Nivel 2 (intensivo): primera clara a una altura media de 8 a 12 m, rotación media de 3-5 años. Nivel 3 (altamente intensivo): primera clara antes de alcanzar una altura media de 8 m, rotación media menor o igual a 3 años. del Río et al. (2006) definen la edad de iniciación para repoblaciones de pino laricio, pino negral y pino silvestre en función de la edad, estableciendo diferentes edades de iniciación (de 20 a 40 años) según la calidad de estación, ya que justifican regímenes de claras más intensos (menor edad de iniciación) en las mejores calidades. En las propuestas selvícolas para pino silvestre (Figura 7.12), Montero et al. (2008) establecen edades de iniciación en función del objetivo principal de la masa, en torno a 20 años cuando el objetivo principal es la producción de madera de calidad, hasta 35 años cuando el objetivo principal es la protección.

La sincronización de la rotación de las claras con el desarrollo del diámetro o la altura se basa en la mayor relación del espaciamiento con las dimensiones del árbol que con el tiempo o la edad del árbol. Abetz (1975) propone intervenciones en masas de pícea para incrementos en altura de 2, 3 y 4 m (Figura 7.16). Si la regulación de los tratamientos prevé una reducción en el número de pies al nivel de la curva objetivo (después de la clara en la Figura 7.16) tras un incremento de la altura dominante de 3 m, esta reducción implica una mayor intensidad en sitios de mayor calidad de estación, con mayor crecimiento en altura que en calidades de estación pobres, ya que en sitios favorables, tres metros de altura en masas jóvenes pueden desarrollarse en tres

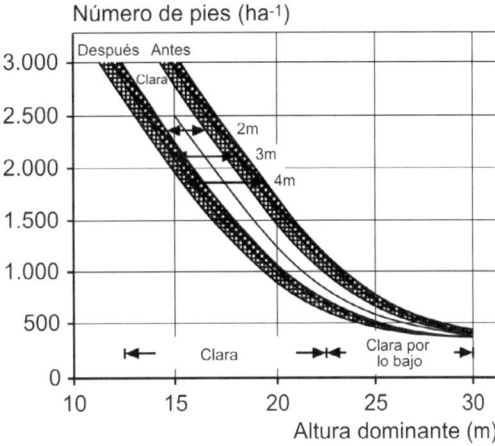

Figura 7.16 Curva guía del número de pies como ayuda para la toma de decisiones en las claras de masas de pícea (según Abetz, 1975). Las curvas del número de pies objetivo se dan antes y después de las intervenciones para diferentes rotaciones. Al realizar las claras después de incrementos en altura de 2, 3 y 4 m, estas curvas se adaptan al desarrollo del tamaño de los árboles específico de cada sitio.

años, mientras que en los desfavorables pueden tardar seis. La regulación de la rotación de las claras basada en la altura media, la altura dominante o el diámetro medio es adecuada para la definición e implementación de las reglas de intervención o normas selvícolas. Sin embargo, con frecuencia resulta más fácil de interpretar una rotación en términos de años, que deberá aumentar con la edad de la masa. Por ejemplo, Montero et al. (2008) establecen, para pino silvestre, una rotación de las claras de 10 años en la primera mitad del turno, que aumenta a 15 años en la segunda mitad.

En parcelas experimentales puede haber problemas cuando la altura dominante de las parcelas difiere significativamente, ya que, de una manera rigurosa, las intervenciones deberían llevarse a cabo en diferentes momentos. Esto requeriría campañas de inventario en varios años consecutivos, además de una carga de trabajo inaceptablemente alta. Además, conllevaría diferentes períodos de inventario y crecimiento para los resultados de las distintas parcelas del experimento, que estarían basados en diferentes condiciones climáticas, lo que dificultaría enormemente su comparación. Los efectos del clima y del tratamiento en el crecimiento ya no podrían separarse claramente. Una posible solución es orientar la rotación del régimen de claras al desarrollo de un área de referencia, *e.g.* un grado de claras A o parcelas control (ver Caja 7.3) cuyo desarrollo en tamaño determina la secuencia temporal de las intervenciones para todos los demás tratamientos del ensayo.

En el Capítulo 8 se hace referencia a las posibles diferencias en crecimiento acumulado o productividad para una altura dominante o media determinada, incluso con variaciones para una calidad de la estación dada. Estas diferencias en la productividad general, entre calidades, y de niveles de producción específicos dentro de una calidad dada, se deben tener en cuenta al determinar las curvas del número de pies con la altura para cada calidad de estación, adaptándolas a las diferencias locales en el crecimiento potencial de la masa.

7.3.5 Grado de la clara basado en la clase social del árbol según Kraft (1884)

El grado de la clara considera el conjunto de intervenciones a lo largo del desarrollo de la masa, es decir, la intensidad conjunta del tratamiento que lleva implícita los pesos de las distintas claras aplicadas, ligada a su vez, al tipo de clara. Un enfoque histórico del grado de la clara para definir las intervenciones selvícolas se remonta a Kraft (1884). Tomando como base la extensión de la copa, que está estrechamente relacionada con la tasa de crecimiento y la altura relativa del árbol y refleja la posición social, los árboles de una masa pueden agruparse en cinco clases (véase Figura 2.24). Esta clasificación se basa únicamente en criterios biológicos, en contraste con las clases de la Asociación de Centros de Investigación Forestal Alemana (1902) que tiene en cuenta también aspectos cualitativos.

La siguiente regla de clasificación, según Kraft (1884, pp. 22-23), sigue siendo parte del conocimiento y la practica forestal estándar y simplifica la comprensión de las claras.

1. Pies predominantes con copas excepcionalmente bien desarrolladas.

2. Pies dominantes, que generalmente forman parte del piso superior con copas relativamente bien desarrolladas.

3. Pies co-dominantes bajos. Las copas aún tienen una forma bastante normal y son similares en este aspecto a los pies de la segunda clase, pero estos pies se desarrollaron débilmente y sus copas se estrechan. A menudo la degeneración ya ha comenzado (por ejemplo, con los bordes de la copa algo puntiagudos, en el roble se relaciona también a menudo con el comienzo de un crecimiento rizado de las ramas). Esta clase es el límite inferior de la masa dominante.

4. Pies dominados. Copas más o menos atrofiadas, ya sea desde todos los lados, o solo presionadas por dos lados, o desarrolladas

hacia un lado (en forma de bandera), en el roble con muchas ramitas finas.

   a. Copas en el piso intermedio, principalmente no están en sombra, pero en su mayoría si oprimidas lateralmente.

   a. Copas parcialmente subordinadas. La parte superior de la copa está libre, la parte inferior está sombreada o ha muerto como resultado de la sombra.

5. Pies muy dominados.

   a. Con copas viables (solo para especies de sombra).

   a. Con copas moribundas o muertas.

Kraft (1884, pp. 38-39) utiliza estas clases sociales para la definición de grados de clara. De este modo, define los grados de clara de la siguiente manera: primer grado, clara débil: se eliminan solo los individuos de la clase 5; segundo grado, clara moderada (principalmente el límite superior, a menudo no alcanzado, de la práctica forestal normal): se eliminan las clases de pies 5 y 4b; tercer grado, clara fuerte: se eliminan las clases de pies 5, 4b y 4a. Este grado representa el límite de las claras real; tratamientos que van más allá de este grado implican cortas preparatorias (pre-apertura e iluminación de las copas). Entre los grados 2 y 3, se podría introducir un grado intermedio 2a, que puede describirse como una clara fuerte, que, además de las clases 4b y 5, incluye árboles con copas débiles o fuertemente oprimidas de la clase 4a. En la práctica forestal común, la ejecución de las claras se ve facilitada en gran medida si se usa como guía esta clasificación sociológica de Kraft, además de asegurar una mayor uniformidad en la ejecución.

Caja 7.3 Grado de la clara según las clases que combinan la calidad de fustes y posición social de los árboles de la Asociación de Institutos Alemanes de Investigación Forestal (1902)

En el plan de trabajo de la Asociación de Institutos Alemanes de Investigación Forestal (1902), el tipo de clara (por lo bajo, por lo alto, y de puesta en luz) y los pesos (débil, moderada y fuerte) se basan en la definición de clases combinadas de calidad de fustes y posición social de los árboles:

Según el artículo 2 de la norma original, los individuos de una masa se pueden clasificar de la siguiente forma:

I. Pies dominantes. Incluyen todos los pies que conforman el dosel de copas del piso superior. Se subdividen a su vez en:

1. Pies con un desarrollo de la copa normal y buena forma del fuste.

2. Pies con un desarrollo de la copa anormal o mala forma del fuste. A su vez, este subtipo incluye:

   a. Pies comprimidos (kl).

   b. Crecimiento previo mal formado (v).

   c. Otros pies con forma del fuste defectuosa, en particular bifurcaciones (zw).

   d. Pies en forma de látigo, con copa alargada y estrecha) (p).

   e. Pies enfermos de todo tipo (kr).

II. Pies dominados. Estos incluyen todos los pies que no participan en el dosel de copas del piso superior. Este grupo incluye:

3. Pies sin acceso al dosel superior, pero todavía con copa extendida.

4. Pies dominados aún viables.

5. Pies muertos y moribundos.

Las clases 3 y 4 se tienen en cuenta en la conservación del suelo y el vuelo, mientras la 5 no. Los pies doblados se consideran dentro de la clase 5.

La norma (Artículo 3) diferencia entre las cla-

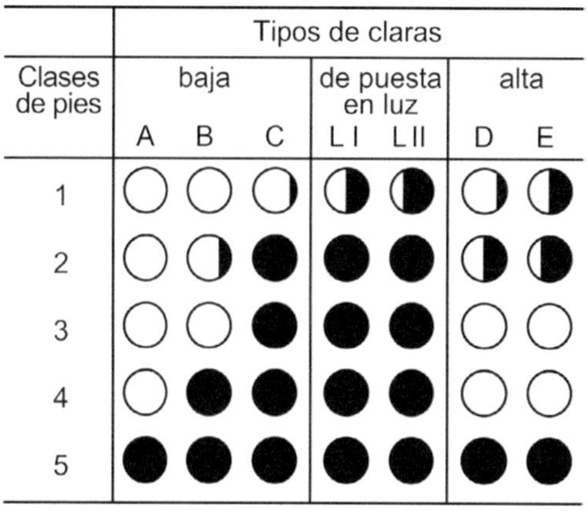

Clases de pies	Tipos de claras						
	baja			de puesta en luz		alta	
	A	B	C	L I	L II	D	E
1	○	○	◐	◐	◐	○	◐
2	○	◐	●	●	●	◐	◐
3	○	○	●	●	●	○	○
4	○	●	●	●	●	○	○
5	●	●	●	●	●	●	●

Figura 7.17 Representación gráfica de una clara por lo bajo o clara baja (A = débil, B = moderada y C = fuerte), clara de puesta en luz (LI = débil, L II = fuerte) y por lo alto o alta (D = débil, E = fuerte) según la definición de la <u>Asociación de Centros de Investigación Forestal Alemana (1902).</u> Los círculos negros parcial o completamente rellenos representan clases de pies que se eliminan parcial o completamente en el grado de clara respectivo.

ras y las claras de puesta en luz:

Las claras se centran en principio en la extracción de pies muertos y moribundos, de crecimiento reducido, enfermos o con malformaciones de copa o fuste, o aquellos pies que a pesar de una buena forma de fuste y copa tienen un efecto perjudicial sobre pies más valiosos y prometedores. Por lo tanto, se extraen pies de las clases 5-2 parcial o completamente, y pies de la clase 1 solo excepcionalmente, en la medida en que esto se considere necesario cuando hay grupos de árboles de la clase 1.

Las claras de puesta en luz, por otro lado, extraen básicamente pies vigorosos y saludables que son actualmente inofensivos para los vecinos restantes, es decir, se extraen también parte de la clase 1 y están destinadas a proporcionar una liberación de la cubierta permanente.

Los grados de las claras se definen según el tipo de claras (Artículo 4 de la norma):

I. Claras por lo bajo

Clara débil (grado A). Esta clara se limita a la extracción de pies muertos y moribundos, así como a los doblados (clase 5) y solo tiene la función de proporcionar datos de control para estudios sobre crecimiento forestal.

Clara moderada (grado B). Esta clara se extiende a otros pies dominados, es decir, pies muertos y moribundos, torcidos, suprimidos, inclinados, y aquellos pies no dominados deficientes, como pies tipo látigo y aquellos de crecimiento previo deficiente que suponen un mayor peligro por su fuerte ramificación o enfermedades (las clases 5, 4 y una parte de la 2).

Clara fuerte (grado C). Esta clara extrae todos los pies con excepción de los pertenecientes a la clase 1, de modo que solo se dejan pies con un desarrollo de la copa normal y una buena forma del fuste, y que tienen espacio para desarrollar libremente sus copas en todas direcciones, pero sin aperturas prolongadas del dosel.

Para los grados B y C se aplican los siguientes principios:

En todos los casos en que se crean huecos debido a la extracción de pies dominantes, cualquier individuo suprimido o dominado se puede dejar en pie.

Cuando se extraen pies sanos de la clase 2 con un desarrollo de la copa o una forma del fuste deficientes, su extracción debe restringirse de acuerdo al efecto que esta pueda tener sobre el cierre del dosel.

II. Claras por lo alto

Las claras por lo alto se centran sobre el piso dominante y tienen como objetivo el cuidado y promoción de los pies con características especialmente favorables. Se definen dos grados:

Clara por lo alto débil (grado D). Esta clara se limita a la corta de los pies muertos y moribundos, doblados, así como a los fustes malformados y enfermos, bifurcados, de tipo látigo, y aquellos pies que deben extraerse para romper agrupaciones y favorecer un buen espaciamiento. Por lo tanto, se extraen: la clase 5 totalmente, una gran parte de la clase 2 y pies individuales de 1. La extracción de pies con crecimientos previos deficientes, así como otros pies con malformaciones en el fuste, en particular los bifurcados, se puede evitar en parte si están presentes en grandes cantidades con el fin de evitar una extracción excesiva, y así graduar su extracción distribuyéndolos en las sucesivas claras. También se recomienda que, durante la primera clara, este tipo de pies se mejoren temporalmente mediante podas o cortas de uno de los fustes en los bifurcados. Principalmente, este grado se considera para las masas más jóvenes.

Clara por lo alto fuerte (grado E). Esta clara se concentra directamente en mantener un determinado número de pies de porvenir. Para este propósito, además de los pies muertos, moribundos, doblados y enfermos, también se cortan todos los que obstaculicen el buen desarrollo de la copa de los pies de porvenir, es decir, la clase 5 y los pies de las clases 1 y 2 competidores de los pies de porvenir. Este grado de clara es adecuado para masas más maduras.

III. Claras de puesta en luz

Los ensayos sobre la influencia de las claras de puesta en luz en el crecimiento de la masa tienen como propósito determinar si las interrupciones permanentes en la fracción de cabida cubierta pueden aumentar el crecimiento de toda la masa o solo de los individuos dominantes, si este último es mayor del que se puede lograr por medio de pesos de clara mayores, y además, investigar a qué intensidad de la clara el crecimiento de la masa comienza a disminuir nuevamente debido a una reducción excesiva del número de pies y en qué punto el aumento en el crecimiento de los pies individuales alcanza su límite máximo. Para este propósito se recomiendan, dos grados de clara (artículo 5 de la norma):

Clara de puesta en luz débil (grado LI).

Clara de puesta en luz fuerte (grado LII).

Los pesos débil y fuerte de la clara de puesta en luz corresponden a un 20-30 % y 30-50 % respectivamente del área basimétrica residual en el grado C de claras por lo bajo. En cualquier caso, la clara de puesta en luz fuerte debe superar el máximo del crecimiento total de la masa; por lo tanto, se puede aumentar más allá de la cantidad especificada según sea necesario. La transición de la masa trabada a la aclarada debería ser gradual.

La Figura 7.17 resume qué clases de pies deben extraerse parcial o totalmente en una clara por lo bajo, por lo alto, o de puesta en luz, según las instrucciones de 1902. Esta figura ilustra claramente que las cortas de pies débiles aumentan desde el grado A hasta el grado LII. Las claras de puesta en luz débil y fuerte LI y LII se definen como porcentajes de área basimétrica extraída, estableciendo una definición numérica cuantitativa del peso de la intervención. Desafortunadamente, estos porcentajes toman como referencia el área basimétrica del grado C, que solo se define verbalmente en función de las clases de pies. Las claras por lo alto fuertes y débiles mantienen los pies dominados y suprimidos (clases de árboles 3 y 4). En el caso de las claras por lo alto fuertes, las intervenciones promueven los pies de porvenir previamente seleccionados.

A pesar de todas las deficiencias que, desde la perspectiva actual, presentan las clasificaciones combinadas de la calidad de los pies y de la masa, la definición de las variantes de tratamientos basadas en ellas sigue siendo una referencia importante hasta el día de hoy en la selvicultura alemana. Esto se debe a que la mayoría de los ensayos de claras clásicos fueron la base de los estándares dasométricos y selvícolas. Los ensayos de claras fueron, a su vez, la base del desarrollo de los estándares de calidad de estación y de las tablas de producción en masas puras, de modo que estas también se basan en las definiciones de 1902. Los grados A, B, C, E y F, que se definen en el plan de trabajo, también son una referencia para una clara por la bajo débil, moderada y fuerte o por lo alto débil o fuerte. El tipo de clara determina si se eliminan los pies más o menos dominantes, y el peso, cuántos de pies de la clase dominante se deben extraer.

Las clases combinadas de calidad del árbol y del fuste definidas en el artículo 2 difieren de las clases sociales según Kraft (1884) en que también incluyen aspectos de calidad del fuste además de la posición social. Esta clasificación inició la transición a claras centradas en la calidad, que se ha desarrollado cada vez más hasta nuestros días.

Si las intervenciones se basan en los pies socialmente más débiles, equivalen a una clara por lo bajo. Dependiendo de cuántas clases sociales se extraigan desde abajo, la clara será débil, moderada o fuerte. Por lo tanto, estos grados de claras suponen una combinación del tipo y peso de la clara. Con la clasificación social, las definiciones de Kraft (1884) marcan el comienzo de una creciente intensificación, especialización y caracterización de los programas de regulación selvícola. Si bien las definiciones de intervención de Kraft ahora solo tienen un valor histórico, su clasificación de pies se mantiene todavía hoy en día como un estándar para la clasificación social de los árboles. En la Caja 7.3 se presenta otra definición del grado de las claras en base a las clases sociológicas de los árboles, pero que considera también la calidad de los árboles.

7.4 Control de la mezcla

La caracterización de las intervenciones en masas mixtas requiere una descripción del control de la mezcla de especies. Para el control de la composición específica de una masa son de especial utilidad los patrones de crecimiento en altura de cada especie y la ocupación de la estación específica de cada especie. Mediante estos patrones propios de cada especie se pueden establecer medidas de intervención concretas, por ejemplo, claras, en base a valores cuantitativos que permiten el control y regulación de la selvicultura de una manera objetiva y reproducible.

7.4.1 Control de la composición específica mediante el desfase temporal de la mezcla

7.4.1.1 Curvas altura-edad de las masas puras como referencia

Para entender el desarrollo de las especies arbóreas creciendo en mezcla es especialmente instructivo analizar el desarrollo en altura de las correspondientes masas puras de cada especie en el mismo sitio. Los patrones de crecimiento en altura de las especies que componen la mezcla son determinantes en la dinámica de la mezcla, ya que pueden conllevar que una especie domine sobre la otra, que haya cambios de la dominancia de cada especie, etc., dificultando con frecuencia el mantenimiento de la mezcla de especies.

En general, los patrones de desarrollo en altura de especies intolerantes y tolerantes a la sombra difieren entre sí. Las especies intolerantes a la sombra están adaptadas a las primeras etapas de sucesión, con crecimientos elevados en las primeras edades y alcanzando el crecimiento asintótico a edades relativamente jóvenes, mientras que las especies de sombra dominan en las etapas avanzadas (Figura 7.18a). Estos patrones facilitan que dos especies de temperamento contrastado puedan convivir en las primeras fases de desarrollo. Si las curvas de altura se cruzan, con una altura superior de la especie de sombra, se produce una fuerte competitividad de la especie de sombra que puede acabar dominando la especie de luz. En este tipo de situaciones, la mezcla solo se puede mantener con el apoyo de tratamientos selvícolas que reduzcan la competencia sobre la especie de luz. En el ejemplo de la Figura 7.18b se muestra cómo una especie de luz, como el roble, es adelantada en altura por una especie más tolerante a la sombra, como el haya (Figura 7.18b). La especie inferior, que en este ejemplo es el roble, solo se puede mantener en la masa con un intenso apoyo, mediante eliminación de los árboles que ejercen competencia sobre los robles. Por lo tanto, los patrones de desarrollo en altura de cada especie y su temperamento son un indicador de la competencia entre las especies y de las fases de desarrollo en las que son necesarias las intervenciones selvícolas para controlar la mezcla de especies.

Las especies con curvas de crecimiento en altura similares permiten mezclas estables. Si además están formadas por especies tolerantes a la sombra, como la pícea, el abeto y el haya (Figura 7.18d), se pueden mantener mezclas permanentes con distintas clases de edad, como son los bosques mixtos de montaña en las regiones montana y submontana de los Alpes. Del mismo modo, cuando se diseñan plantaciones forestales con varias especies, es conveniente tener en cuenta los

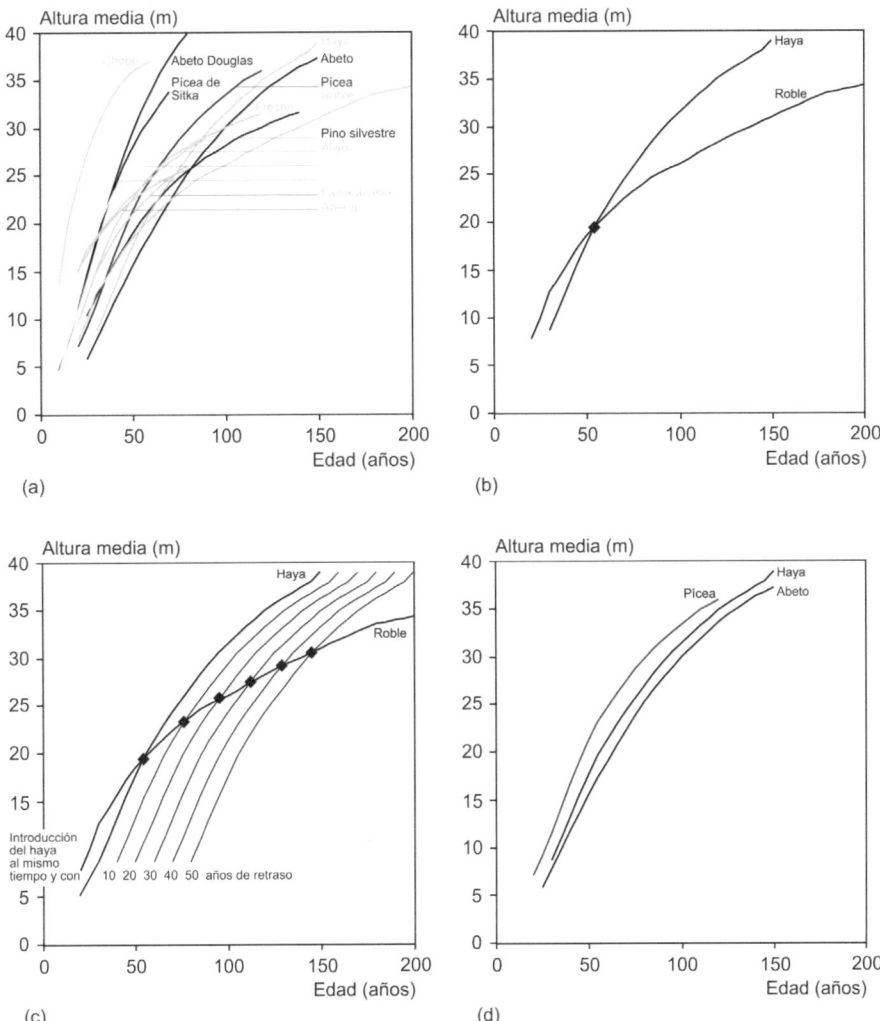

Figura 7.18 Patrones de desarrollo de alturas medias con la edad para las especies más comunes en Europa Central, para masas puras con claras de intensidad moderada de la primera calidad de estación según Schober (1975). Cuando las especies se combinan en masas mixtas, se debe tener en cuenta el desarrollo en altura específico de la especie y la asíntota de sus curvas de altura-edad. (a) Las especies de luz que dominan en las primeras etapas de sucesión (por ejemplo, abedul, álamo, aliso) tienen un desarrollo en altura más rápido y alturas finales más bajas que las especies tolerantes a la sombra, que están mejor adaptadas a las etapas de sucesión tardía (por ejemplo, pícea, haya, abeto). (b) La intersección de las curvas de alturas del roble y el haya en masas puras indica la superioridad esperada del haya y la necesidad de intervenir para preservar el roble en una mezcla a una edad media. (c) Para reducir la competencia sobre la especie de menor altura en fases maduras, se pueden introducir más tarde las especies que son superiores a largo plazo (en el ejemplo el haya), por ejemplo, 10, 20, 30, ..., 50 años después que el roble, para así reducir la competencia sobre éste. Sin embargo, incluso si se introduce el haya 50 años después, aún puede alcanzar al roble en localidades con elevada calidad de estación. (d) El desarrollo en altura relativamente sincrónico de píceas, abetos y hayas y su tolerancia a la sombra permiten su convivencia en el bosque mixto de montaña. Relaciones edad-altura para roble (*Quercus petraea* (MATT.) LIEBL.), haya (*Fagus sylvatica* L.), aliso (*Alnus glutinosa* (L.) GAERTN.), fresno (*Fraxinus excelsior* L.), abedul (*Betula pendula* ROTH), falsa acacia (*Robinia pseudoacacia* L.), chopo (*Populus canadensis* BOSC.), pícea (*Picea abies* (L.) KARST.), pícea de Sitka (*Picea sitchensis* (BONG.) Carr.), abeto Douglas (*Pseudotsuga menziesii* MIRB .), abeto blanco (*Abies alba* MILL.), pino silvestre (*Pinus sylvestris* L.), alerce europeo (*Larix decidua* MILL.), alerce japonés (*Larix kaempferi* (Lamb.) Carr.).

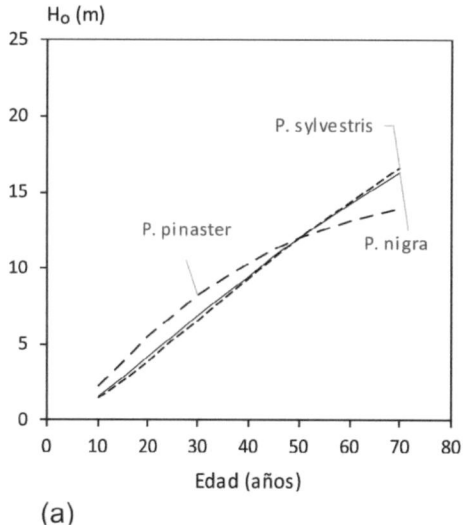 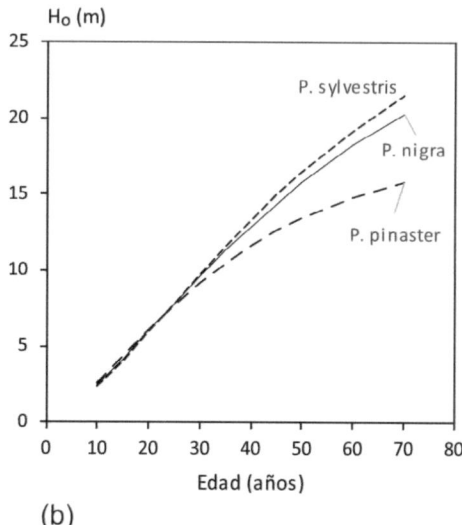

(a)　　　　　　　　　　　　　　　　　　(b)

Figura 7.19 A partir de las curvas de calidad de estación de distintas especies se puede prever la necesidad de favorecer a una especie para mantener la mezcla. a) Curvas de crecimiento en altura dominante para *Pinus pinaster*, *P. sylvestris* y *P. nigra* en estaciones pobres (calidad de estación de 12 m de altura dominante a los 50 años); b) Situación donde las tres especies presentan distinta calidad de estación (13,5, 16,5 y 15,8 m de altura dominante a los 50 años) que puede comprometer la supervivencia de *P. pinaster*. Patrones de crecimiento según las curvas de calidad para repoblaciones de estas especies (del Río et al. 2006).

patrones de crecimiento en altura y el temperamento de las especies. Cuanto más parecido sea el comportamiento de las especies, más fácil será mantener la mezcla. En la Figura 7.19 se presentan dos ejemplos, a partir de las curvas de calidad para repoblaciones de *Pinus pinaster*, *P. sylvestris* y *P. nigra* en la región de Castilla y León (del Río et al. 2006). En estaciones pobres (Figura 7.19a), las diferencias en el patrón de crecimiento en altura de las tres especies no son excesivas para comprometer el mantenimiento de la mezcla de especies. En los primeros años el pino negral (*P. pinaster*) presenta un crecimiento ligeramente superior al de las otras especies, mientras que a partir de esa edad su crecimiento se ralentiza en comparación con el crecimiento del pino silvestre (*P. sylvestris*) y pino laricio (*P. nigra*), que presentan patrones de crecimiento en altura muy similares. En la Figura 7.19 se presenta otra situación en la que las tres especies muestran un crecimiento similar en las primeras edades, pero donde el diferente patrón de crecimiento del pino negral en esa estación puede conllevar que acabe dominado por las otras especies. Esta situación se puede prever a partir de las curvas de calidad de estación y controlar la mezcla favoreciendo el crecimiento de algunos pinos negrales en las claras.

No obstante, hay que tener presente que la interacción entre las especies puede modificar notablemente el patrón de crecimiento en altura de las especies en comparación con su patrón de crecimiento en masas puras. Con frecuencia, la mezcla de especies tiende a favorecer cierta estratificación en el dosel de copas entre las especies, favoreciendo un mayor crecimiento en altura que en masas puras de la especie más intolerante a la sombra en el dosel superior, y un menor crecimiento de la especie más tolerante (Figura 7.20). Este cambio del patrón de crecimiento en altura debido a la interacción de especies, puede conllevar un retardo en el punto de intersección del crecimiento en altura de las dos especies, o incluso que no se llegue a dar esta intersección en determinadas estaciones. Este tipo de interacciones entre especies, que resultan en alturas diferentes en masas mixtas y puras en una misma estación, se han observado en masas mixtas de pino silvestre y haya (Pretzsch et al. 2015b), e incluso en mezclas de temperamento más parecido como pino silvestre y pino negral, en este caso con cambios significativos solo en

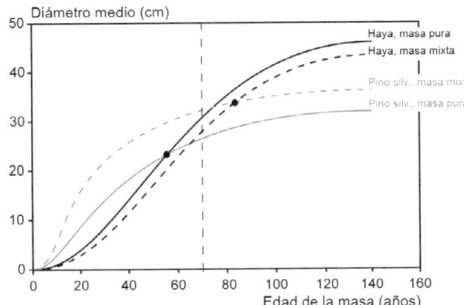

Figura 7.20 Patrón de crecimiento en altura de haya y pino silvestre creciendo en masas puras y mixtas. Debido a la interacción entre las dos especies, en las masas mixtas el pino silvestre muestra un mayor crecimiento que en las masas puras, mientras que en el haya el crecimiento es menor en las mezclas. Esto ocasiona que la interacción de las curvas de crecimiento en altura de las dos especies se produzca más tarde en las masas mixtas que lo esperado según el patrón de crecimiento en las masas puras.

la especie más intolerante, pino negral, que ocupa el dosel superior (Riofrío et al. 2017).

7.4.1.2 Regulación de la competencia entre especies mediante retraso temporal

Una manera de evitar la presión competitiva entre especies que se deriva de los distintos patrones de crecimiento en altura es promover un desfase bien temporal o bien espacial entre las especies, o una combinación de ambas medidas. El desfase temporal conlleva la introducción tardía de una especie fuertemente competitiva, con el fin de dar ventaja a la menos competitiva.

La Figura 7.21 ilustra cómo se puede regular la presión competitiva interespecífica de la mezcla mediante la introducción posterior de la especie 2 (introducción después de $\Delta t = 10$ o 20 años). La intersección de las curvas de altura-edad es un indicador que revela la competencia entre especies, especialmente si estas están estrechamente relacionadas entre sí en una mezcla individual pie a pie o en calles (Figura 7.18). Si se supone que dos especies 1 y 2 se plantan al mismo tiempo, una de luz y otra de sombra, la especie de luz con un crecimiento rápido (por ejemplo, roble, pino, alerce) tiene una altura final inferior para un sitio dado que la especie de sombra, de crecimiento lento (por ejemplo, haya, pícea, abeto). De esta manera, la especie 2 podría superar en crecimiento a la especie 1 en una edad media (por ejemplo, el haya superará al roble), darle sombra, dificultar su desarrollo o incluso desplazar a la especie 1 por completo (desde la intersección de las curvas de altura de las especies 1 y 2, $\Delta t = 0$). La especie 1 solo podría mantenerse hasta el final de turno si los pies de la especie 2 se eliminaran continuamente en el entorno de esta. Si se retrasa la introducción de la especie 2 una o varias décadas, puede reducir la competencia sobre la especie 1 en el desarrollo de la altura. La Figura 7.21 muestra como el haya (especie 2) puede adelantar al roble (especie 1) en crecimiento en una etapa temprana cuando ambas se introducen al mismo tiempo. Cuanto más tarde se introduzca el haya, menos problemas causará al desarrollo del roble en el piso superior y más fácil será mantener la mezcla.

Una regulación de la mezcla relativamente compleja que continuadamente retira pies de la especie dominante 2 a través de intervenciones selvícolas se puede reemplazar y sincronizar mediante una regulación de la mezcla "con conocimiento especializado" del desarrollo en altura específico de la especie y el sitio (Pretzsch et al. al. 2017). Si se omiten esta u otras medidas de regulación de la mezcla, por ejemplo, el haya o la pícea, que son dominantes a una edad avanzada, pueden causar la eliminación por ejemplo del pino silvestre, el roble o el alerce, y así desencadenar una segregación entre las especies.

7.4.2 Reducción de la competencia entre especies a través de la separación espacial

Sin intervención selvícola, cuando las relaciones competitivas entre especies se desarrollan libremente, prevalecen solamente las especies mejor adaptadas al sitio o aquellas mezclas de especies en las que los patrones de crecimiento son compatibles entre sí. Con frecuencia, las especies mejor adaptadas son las especies dominantes en

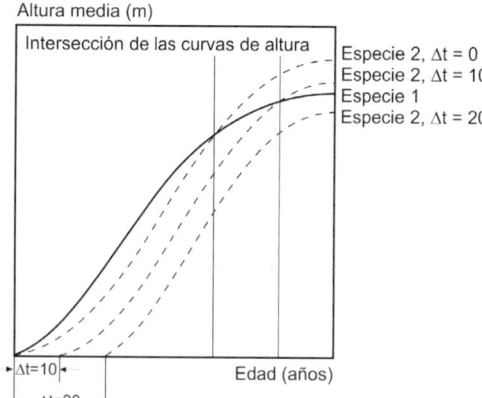

Figura 7.21 Reducción de la competencia entre especies mediante una mezcla desplazada en el tiempo. Si la especie 2 solo se añade a la especie 1 con un retraso de Δt = 10 o 20 años, se puede reducir la superposición en el desarrollo en altura de ambas especies y su competencia interespecífica.

condiciones naturales, pero no siempre las más productivas (véase el Capítulo 3, Sección 3.6.3) o las deseadas desde un punto de vista selvícola. Por ejemplo, el haya dominaría en muchos lugares de baja altitud de Europa Central, y la pícea, el roble o el pino solo se darían donde el haya encuentra ubicaciones demasiado cálidas o frías, o demasiado húmedas o secas. Por otra parte, en muchos casos es deseable promover la mezcla de especies por sus múltiples beneficios en comparación con las masas puras, y en particular, como medida de adaptación al cambio climático.

Si se desea promover las masas mixtas, las especies más competitivas deben mantenerse bajo control con el fin de que no excluyan a las menos competitivas. Si, por ejemplo, se establecieran al mismo tiempo y en mezclas pie a pie de pino silvestre y haya o de roble y haya, en muchas estaciones el haya sería la especie más competitiva y tendría que extraerse continuadamente para mantener en la masa el pino silvestre o el roble, que son menos competitivos. Una forma de reducir las intervenciones y aumentar la simplicidad de la gestión selvícola en este tipo de mezclas, es plantar o fomentar las mezclas por bosquetes de diferentes tamaños (Figura 7.22). De esta forma, el roble o el pino crecen bajo una competencia intraespecífica y no corren el riesgo de ser desplazados por la otra especie. El principio de reducción de la competencia entre especies mediante separación espacial, ilustrado en la Figura 7.22 para tres especies, se aplica de manera análoga a mezclas de más de tres especies.

Cuanto menor es la competitividad de una especie en un sitio determinado, más difícil es mantenerla en una mezcla pie a pie y se deben plantar o fomentar en bosquetes. Así, se puede evitar el elevado esfuerzo y gestión permanente, que pueden estar asociados no solo con altos costes sino también con pérdidas considerables en crecimiento debido a la extracción continuada de individuos bien establecidos. Por ejemplo, el pino, el roble y otras especies de luz en ubicaciones frescas y ricas en nutrientes, en mezclas pie a pie o por fajas, pueden requerir un esfuerzo de mantenimiento muy alto. Sin embargo, este disminuiría si se plantan y gestionan por bosquetes, o incluso unidades espaciales más grandes, donde se reduce la competencia interespecífica y estas especies crecen bajo competencia intraespecífica. No obstante, la elección de este tipo de mezclas también conlleva la pérdida de algunos beneficios de las masas mixtas, especialmente de aquellos derivados directamente de las interacciones positivas entre especies, como la facilitación y complementariedad de nichos, que disminuyen cuando las mezclas son por bosquetes.

Por el contrario, las especies con una competitividad similar, como la pícea, el abeto y el haya en bosques de montaña, o mezclas de pino silvestre y pino laricio, pueden darse más fácilmente en mezclas pie a pie sin una gestión intensa.

Es importante considerar que las interacciones entre especies no solo modifican los patrones de crecimiento entre especies, sino también la alometría y estructura del árbol. Por ejemplo, en el caso del haya, dada su elevada plasticidad, puede desarrollar ramas de diferentes tamaños y formas del fuste que se adaptan a las condiciones de crecimiento. Cuando crece en mezclas con robles o pinos, con frecuencia presenta fustes y estructuras más desfavorables, mientras que cuando crece en competencia intraespecífica se desarrollan fustes más delgados y de mejor calidad (Sección 4.8.3). Por lo tanto, son muchos

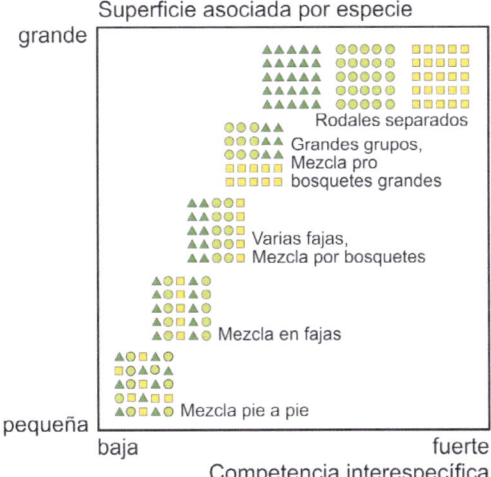

Figura 7.22 Reducción de la competencia interespecífica a través de la separación espacial de las especies. Cuanto más fuerte sea la competencia interespecífica entre especies, más espacio de crecimiento es necesario para un desarrollo de la mezcla de especies exitoso. Disminución de la competencia interespecífica entre tres especies de árboles (especies 1-3 representadas por Δ , □ y O) a través de su plantación en (de izquierda a derecha) mezcla individual pie a pie, filas, bosquetes de diferentes tamaños hasta rodales separados (adaptado de Bauhus et al. 2017).

los factores que se deben considerar a la hora de determinar el tipo de patrón de mezcla deseado.

Una opción en masas con regeneración artificial (no procedentes de regeneración natural) puede ser mantener patrones de mezcla en grupos o bosquetes, incluso de tablero de ajedrez, en fases juveniles, que pueden derivar, a edades medias y avanzadas, en mezclas pie a pie. Para ello, hay que tener presente los requerimientos de espacio de cada especie. En general, debido al aumento en diez veces del requerimiento espacial de un individuo desde el estado de regenerado hasta el monte bravo o latizal joven, y el incremento en cien veces hasta el estado de fustal, a una edad avanzada (Figura 7.23), solo unos pocos árboles permanecen en cada bosquete, de modo que la mezcla por bosquetes original acaba dando lugar a una mezcla pie a pie.

7.4.3 Coeficientes de equivalencia entre especies en superficie ocupada y máxima densidad

7.4.3.1 Superficie de proyección de copa media y coeficientes de equivalencia en proyección de copa

Como se ha visto anteriormente, disponer de información sobre el requerimiento de superficie de cada árbol individual, es decir, qué superficie necesita un árbol con un diámetro o sección normal dados, es importante para estimar el número de pies posible para una edad de la masa determinada y para la regulación de la densidad a través de la distancia entre individuos. Los requerimientos de espacio de cada especie también proporcionan información valiosa para el establecimiento de masas mixtas y para regular las proporciones de cada especie en las cortas intermedias. Debido a que las especies pueden diferir significativamente en el tamaño de copa y requerimiento espacial para un mismo diámetro del fuste (Dahlhausen et al. 2016, Pretzsch et al. 2015a, Condés et al. 2020), para lograr el número deseado de pies o un volumen determinado por especie, se deben garantizar porcentajes del área disponible muy diferentes entre especies. La Figura 7.23 muestra que las superficies de la proyección horizontal de la copa para un diámetro del fuste de 30 cm pueden estar entre 13 m^2 para la pícea y 50 m^2 para el carpe. Con un diámetro del fuste de 100 cm, el ancho del rango entre las especies es mucho mayor, de 50 a 250 m^2.

Las relaciones entre las superficies de la proyección de copa y el diámetro del fuste en la Figura 7.23 se basan en la medición de las proyecciones de las copas de aproximadamente 39.000 árboles en parcelas permanentes de masas puras y mixtas. Estas masas cubren un amplio espectro con diferentes condiciones de sitio, procedencias y tratamientos selvícolas. Las curvas que se muestran representan, por lo tanto, desarrollos del tamaño medios específicos de la especie. Si se relacionan los tamaños de copa de diferentes especies

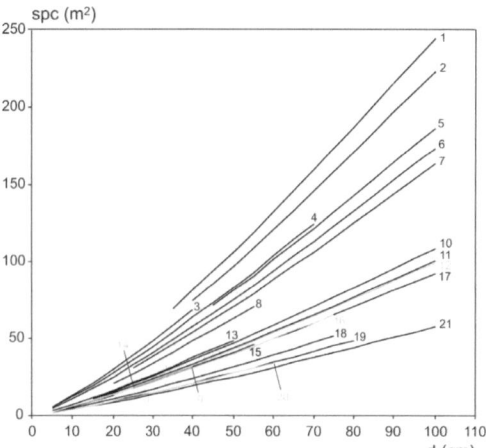

Figura 7.23 Superficie de proyección de copa (spc) según diámetro del fuste (d) para distintas especies arbóreas. Las especies pueden diferir significativamente en sus tamaños de copa y requerimiento espacial, como se ilustra por la relación entre la proyección de copa y el diámetro normal para las especies seleccionadas.1) *Quercus nigra* L., roble de agua; 2) P*latanus x hispanica* MÜNCHH., plátano; 3) *Carpinus betulus L.*, carpe; 4) *Tilia cordata* MILL., tilo silvestre; 5) *Khaya senegalensis* (DESR.) A JUSS., caoba africana; 6) *Fagus sylvatica L.*, haya; 7) *Aesculus hippocastanum L.*, castaño de indias; 8) *Robinia pseudoacacia L.*, falsa acacia; 9) *Alnus glutinosa* [L.] GAERTN .; aliso negro; 10) *Araucaria cunninghamii* AITON ex. D.DON, NUEVA GUINEA guacamayo; 11) *Pseudotsuga menziesii* [MIRB.], abeto Douglas; 12) *Abies alba* MILL., abeto blanco; 13) *Sorbus aucuparia* L., serbal de los cazadores; 14) *Betula pendula* ROTH, abedul; 15) *Acer pseudoplatanus* L., arce blanco; 16) *Abies sachalinensis* MAST., abeto Sakhalin; 17) *Quercus petraea* [MATT.] LIEBL., roble albar; 18) *Pinus sylvestris* L., pino silvestre; 19) *Larix decidua* MILL., Alerce europeo; 20) *Fraxinus excelsior* L., fresno; 21) *Picea abies* [L.] KARST., pícea.

entre sí, se obtienen coeficientes de equivalencia en términos de ocupación del espacio por las copas (*CEC*), suponiendo que los tamaños de copa reflejan aproximadamente los requerimientos espaciales específicos de la especie. No obstante, como se explica en el capítulo 2 (Sección 2.2), la relación alométrica entre la superficie de proyección de copa y el diámetro del árbol puede variar con la mezcla de especies, selvicultura, etc. Cuando no se dispone de otra información, se puede asumir esta simplificación, ya que, desafortunadamente, no hay muchas evaluaciones del requerimiento espacial de los árboles que consideren la densidad, la mezcla de especies, etc. (Pretzsch 2014; del Río et al. 2019; Condés et al. 2020). Hasta la fecha, las relaciones de requerimiento espacial específicas de las especies, solo pueden derivarse bien de sus proyecciones de copa, o bien por valores de tablas de producción (Pretzsch y Dieler 2012) o índices de máxima densidad como es explica en la Sección 7.4.3.2 (Pretzsch y del Río 2020, Aguirre et al. 2018).

La Tabla 7.3 muestra las relaciones del tamaño de copa con un diámetro del fuste de 30 cm para las especies seleccionadas (coeficientes de equivalencia). La base de datos para la realización de la Figura 7.23 y la Tabla 7.3 es limitada para algunas especies como el serbal (n = 19), abedul (n = 31) y aliso (n = 51). Se eligió el diámetro de referencia de 30 cm porque refleja las proporciones alrededor de la mitad del período de rotación. Los árboles de este tamaño tienen un volumen del fuste de aproximadamente 1 m^3 y, por lo tanto, su requerimiento espacial puede extrapolarse aproximadamente al número de pies por hectárea ($N = 10,000/spc$) y también al volumen en pie ($V = N \times 1\ m^3$). Para las masas de los principales pinos españoles el volumen de 1 m^3 suele alcanzarse con diámetros normales más próximos a 40 cm.

De manera análoga a lo mostrado en la Figura 7.23, la Figura 7.24 muestra la superficie de proyección de copa según el diámetro del árbol para las principales especies forestales en España a partir de datos del Inventario Forestal Nacional de España. En este caso, se han tomado las relaciones de árboles creciendo sin competencia (percentil 95 %), obtenidas mediante regresión cuantílica (véase Figura 2.20 y Tabla 2.2). Como se observa en la figura, las frondosas presentan en general mayores valores de superficie de proyección de copa para un diámetro dado que las coníferas, aunque hay excepciones como el pino piñonero (*Pinus pinea*) y el alcornoque (*Quercus suber*). Si se tomasen los valores de árboles que crecen en condiciones medias (percentil 50 %), representarían la ocupación de la copa media de masas intervenidas, y probablemente cambiarían las relaciones entre especies (ver Tabla 2.2).

7.4 Control de la mezcla

Tabla 7.3 Coeficiente de equivalencia según proyección de copa, CEC_{1-2}, entre los requerimientos espaciales de las especies mostradas en la Figura 7.23. Los coeficientes indican cómo de grande es la proyección de copa de la especie 1 (fila superior) en relación con la de la especie 2 (primera columna). También se dan las superficies de proyección de copas medias de cada especie (spc) en m² y el número de pies por hectárea para masas con un diámetro medio de 30 cm. Los coeficientes de equivalencia y las superficies de la proyección de la copa se refieren a masas con un nivel de ocupación completo y un diámetro medio de 30 cm. Las correspondencias con los nombres científicos de las especies según leyenda de Figura 7.19. Nótese que CEC_{1-2} es la inversa de CEC_{2-1}.

Especie 1	haya	roble albar	roble de agua	arce blanco	carpe	aliso	fresno	abedul	tilo	falsa acacia	serbal	castaño de indias	pícea	abeto	pino silvestre	alerce	abeto Douglas	abeto de Sajalín	araucaria
spc (m²)	41	22	57	22	48	26	15	22	45	34	22	38	13	23	17	15	23	22	25
N (pies ha⁻¹)	246	464	175	454	207	380	677	453	223	295	446	262	744	430	588	672	426	463	394
Especie 2																			
haya	1,0	0,5	1,4	0,5	1,2	0,6	0,4	0,5	1,1	0,8	0,6	0,9	0,3	0,6	0,4	0,4	0,6	0,5	0,6
roble albar	1,9	1,0	2,7	1,0	2,2	1,2	0,7	1,0	2,1	1,6	1,0	1,8	0,6	1,1	0,8	0,7	1,1	1,0	1,2
roble de agua	0,7	0,4	1,0	0,4	0,8	0,5	0,3	0,4	0,8	0,6	0,4	0,7	0,2	0,4	0,3	0,3	0,4	0,4	0,4
arce blanco	1,8	1,0	2,6	1,0	2,2	1,2	0,7	1,0	2,0	1,5	1,0	1,7	0,6	1,1	0,8	0,7	1,1	1,0	1,2
carpe	0,8	0,4	1,2	0,5	1,0	0,5	0,3	0,5	0,9	0,7	0,5	0,8	0,3	0,5	0,4	0,3	0,5	0,4	0,5
aliso	1,5	0,8	2,2	0,8	1,8	1,0	0,6	0,8	1,7	1,3	0,9	1,4	0,5	0,9	0,6	0,6	0,9	0,8	1,0
fresno	2,8	1,5	3,9	1,5	3,3	1,8	1,0	1,5	3,0	2,3	1,5	2,6	0,9	1,6	1,2	1,0	1,6	1,5	1,7
abedul	1,8	1,0	2,6	1,0	2,2	1,2	0,7	1,0	2,0	1,5	1,0	1,7	0,6	1,1	0,8	0,7	1,1	1,0	1,1

Especie 1	haya	roble albar	roble de agua	arce blanco	carpe	aliso	fresno	abedul	tilo	falsa acacia	serbal	castaño de indias	pícea	abeto	pino silvestre	alerce	abeto Douglas	abeto de Sajalín	araucaria
spc (m²)	41	22	57	22	48	26	15	22	45	34	22	38	13	23	17	15	23	22	25
N (pies ha^{-1})	246	464	175	454	207	380	677	453	223	295	446	262	744	430	588	672	426	463	394
tilo	0,9	0,5	1,3	0,5	1,1	0,6	0,3	0,5	1,0	0,8	0,5	0,9	0,3	0,5	0,4	0,3	0,5	0,5	0,6
falsa acacia	1,2	0,6	1,7	0,6	1,4	0,8	0,4	0,7	1,3	1,0	0,7	1,1	0,4	0,7	0,5	0,4	0,7	0,6	0,7
serbal	1,8	1,0	2,6	1,0	2,2	1,2	0,7	1,0	2,0	1,5	1,0	1,7	0,6	1,0	0,8	0,7	1,0	1,0	1,1
castaño de indias	1,1	0,6	1,5	0,6	1,3	0,7	0,4	0,6	1,2	0,9	0,6	1,0	0,4	0,6	0,4	0,4	0,6	0,6	0,7
pícea	3,0	1,6	4,3	1,6	3,6	2,0	1,1	1,6	3,3	2,5	1,7	2,8	1,0	1,7	1,3	1,1	1,7	1,6	1,9
abeto	1,7	0,9	2,5	0,9	2,1	1,1	0,6	1,0	1,9	1,5	1,0	1,6	0,6	1,0	0,7	0,6	1,0	0,9	1,1
pino silvestre	2,4	1,3	3,4	1,3	2,8	1,5	0,9	1,3	2,6	2,0	1,3	2,2	0,8	1,4	1,0	0,9	1,4	1,3	1,5
alerce	2,7	1,4	3,9	1,5	3,3	1,8	1,0	1,5	3,0	2,3	1,5	2,6	0,9	1,6	1,1	1,0	1,6	1,5	1,7
abeto Douglas	1,7	0,9	2,4	0,9	2,1	1,1	0,6	0,9	1,9	1,4	1,0	1,6	0,6	1,0	0,7	0,6	1,0	0,9	1,1
abeto de Sajalín	1,9	1,0	2,7	1,0	2,2	1,2	0,7	1,0	2,1	1,6	1,0	1,8	0,6	1,1	0,8	0,7	1,1	1,0	1,2
araucaria	1,6	0,8	2,3	0,9	1,9	1,0	0,6	0,9	1,8	1,3	0,9	1,5	0,5	0,9	0,7	0,6	0,9	0,9	1,0

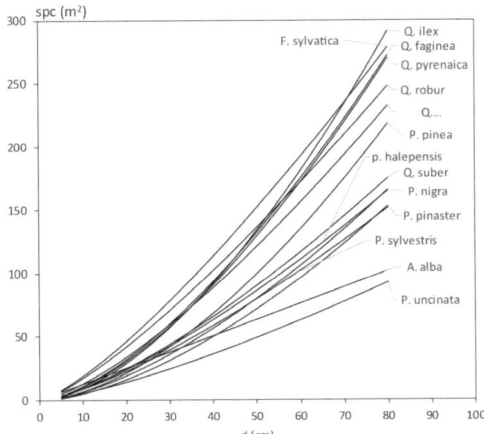

Figura 7.24 Superficie de proyección de copa (spc) según diámetro del fuste (d) para algunas de las principales especies forestales arbóreas en la península Ibérica. Las curvas representan los valores del percentil 95 % de los datos del Inventario Forestal Nacional de España (véase Figura 2.20 y Tabla 2.2). Línea continua: coníferas; línea discontinua: frondosas.

Haciendo un cálculo análogo al realizado para elaborar la Tabla 7.3 y utilizando los datos del percentil 50 % de la Tabla 7.2, que ofrecen el valor de la superficie de proyección de copa para un diámetro de referencia de 25 cm, podemos obtener los coeficientes de equivalencia entre especies en términos de ocupación de espacio, en condiciones de selvicultura observada media (percentil 50 % de los datos del Inventario Forestal Nacional de España), que pueden servir de referencia para el control de las proporciones de especies. Por ejemplo, en el caso de la mezcla de especies haya (*F. sylvatica*) y pino silvestre (*P. sylvestris*), el coeficiente de equivalencia *CEC* es de 1,72, es decir, en la superficie de un haya caben casi dos pinos, y a la inversa, un pino silvestre ocupa la mitad de un haya aproximadamente. Estos valores difieren de los dados para estas dos especies en la Tabla 7.3, probablemente por las diferencias en las condiciones de sitio y los distintos criterios utilizados en la fuente de datos (masas normales con ocupación completa en la Tabla 7.3), además de los diferentes diámetros de referencia. Los coeficientes de equivalencia para un diámetro de 25 cm de otras mezclas frecuentes en España son los siguientes (especie 1- especie 2): *F. sylvatica - A. alba* 1,94; *Q. pyrenaica - P. sylvestris* 1,20; *Q. pyrenaica - P. pinaster* 1,63; *Q. ilex - P. halepensis* 1,19; *Q. ilex - P. pinea* 1,22.; *P. sylvestris - P. nigra* 1,05; *P. sylvestris - P. pinaster* 1,36. Estos valores cambiarían si se utilizasen las curvas correspondientes para el percentil 95 %.

Estas curvas, y los coeficientes de equivalencia correspondientes, pueden ser de gran utilidad a la hora de realizar claras con selección de árboles de porvenir en masas mixtas, dando una orientación del espacio necesario en función de la especie y tamaño del árbol objetivo y los de sus competidores. Cabe indicar que los coeficientes de equivalencia en proyección de copa (*CEC*) varían según el diámetro de referencia que se utilice, como se deduce de las Figuras 7.23 y 7.24. Igualmente, si los diámetros de las dos especies son diferentes, el *CEC* se debe calcular a partir de las correspondientes expresiones alométricas de cada especie.

7.4.3.2 Máxima densidad de la especie y coeficientes de equivalencia en máxima densidad

Los requerimientos de espacio de una especie se pueden estudiar también a través de la máxima densidad. El índice de densidad de Reineke máximo (SDI_{max}) para una especie indica cuántos individuos de un tamaño de referencia (diámetro de 25 cm) caben en una hectárea. Si una especie tiene un SDI_{max} de 1400 pies ha^{-1} y otra de 900 pies/ha, indica que un individuo de 25 cm de diámetro de la primera especie requiere 7,1 m² y uno de la segunda 11,1 m². Cada especie tiene una línea de máxima densidad diferente, con distinta pendiente y distinto valor de SDI_{max} (ver Sección 6.3). Al igual que para las superficies de copa, se pueden establecer coeficientes de equivalencia entre las especies en términos de máxima densidad, *DEC* (Pretzsch et al. 2015b). El coeficiente de equivalencia en densidad entre la especie 1 y especie 2 será la relación entre las máximas densidades de las especies, $DEC = SDI_{max1} / SDI_{max2}$. Para el ejemplo anterior, $DEC_{2-1}= 1400/900= 1,55$, es decir, un árbol de la especie 2 equivale a 1,55 de la especie 1.

En la Figura 6.12 se presentan las líneas de máxima densidad para cuatro especies de pinos ibéricos, donde se aprecia la menor densidad máxima de *Pinus halepensis*. Utilizando como referencia el diámetro de 25 cm, los coeficientes de equivalencia en densidad (DEC) entre las especies de la Figura 6.12 con presencia de mezclas frecuentes en España son los siguientes (se indica primero la especie con mayor densidad): *P. sylvestris-P. nigra* 1,2, *P. sylvestris-P. pinaster* 1,1, *P. pinaster-P. nigra* 1,1, *P. pinaster-P. halepensis* 1,7, *P. nigra-P. halepensis* 1,5 (Aguirre et al. 2018). Estos valores se deben considerar cuando se gestionan masas mixtas de distintas especies de pinos.

El coeficiente de equivalencia en densidad DEC calculado a partir de las máximas densidades ($DEC = SDI_{max1} / SDI_{max2}$) es en realidad una simplificación, ya que teóricamente este solo sería válido para un diámetro de referencia de 25 cm, al igual que se ha indicado para los coeficientes de equivalencia en superficie de copa. Cuando las especies en la masa mixta presentan otro tamaño, o bien, distinto tamaño de las especies, se debe calcular el coeficiente de equivalencia en densidad a partir de las expresiones de la línea de máxima densidad de cada especie, como se explica en la Caja 7.4.

7.4.4 Uso de coeficientes de equivalencia para la regulación de la densidad y la mezcla de especies

7.4.4.1 Uso de coeficientes de equivalencia en proyección de copa para el control de la mezcla de especies

Los coeficientes de equivalencia en la Tabla 7.3 muestran la superficie ocupada por un árbol de la especie 1 (fila superior) en relación con un árbol de las mismas dimensiones de la especie 2 (primera columna). En principio, estos coeficientes de equivalencia permiten convertir los porcentajes en número de pies, área basimétrica (similar diámetro medio cuadrático) o incluso volumen (si se asume similar altura y coeficiente mórfico), en proporciones de superficie ocupada para una determinada mezcla de especies. Estas conversiones y relaciones son esenciales para la regulación de la mezcla. Para ello, además de los coeficientes de equivalencia, CEC, las variables necesarias son:

S = superficie de la masa total, formado por dos especies 1 y 2 con superficies S_1 y S_2 ($S=S_1+S_2$).

N = número de pies de la masa total, compuesto por una mezcla de dos especies de N_1 y N_2 ($N=N_1+N_2$).

PS_1 y PS_2 = proporción de las especies 1 y 2 en área ocupada ($PS_1=S_1/S$ o $PS_2=S_2/S$)

PN_1 y PN_2 = proporción de las especies 1 y 2 en número de pies ($PN_1=N_1/N$ o $PN_2=N_2/N$). En masas complemente homogéneas en términos del tamaño de los árboles, las proporciones en número de pies corresponden aproximadamente a las proporciones en área basimétrica, PG y en volumen, PV.

CEC_{1-2} = coeficiente de equivalencia (ver Tabla 7.3) es el cociente entre la superficie de la especie 1 y la especie 2 (spc_1/spc_2 [m² × m⁻²]). Nótese que $CEC_{2-1}=1/CEC_{1-2}$.

El siguiente ejemplo de conversión de proporciones en número de pies a las proporciones en superficie ocupada en masas mixtas de dos especies se puede transferir fácilmente a masas mixtas con más de dos especies. Suponiendo que las especies 1 y 2 tienen unas proporciones en número de pies de PN_1 y PN_2 y el coeficiente de equivalencia es CEC_{1-2}, entonces $PS_1 =PN_1×CEC_{1-2}/(PN_1×CEC_{1-2}+PN_2)$ y $PS_2 =PN_2/(PN_1×CEC_{1-2}+PN_2)$. Por ejemplo, para una masa mixta de haya y abeto con igual número de pies $CEC_{haya-abeto}$ 0,5 y un coeficiente de equivalencia entre las dos especies de $CEC_{haya-abeto}$= 1,7 (ver Tabla 7.3), se obtienen las siguientes proporciones en superficie ocupada

Caja 7.4 Coeficientes de equivalencia entre especies

La capacidad de carga o máxima densidad para una especie se representa normalmente a través de la línea de autoaclareo o línea de máxima densidad que relaciona la densidad con el tamaño de los árboles. Reineke (1933) propuso la relación $N = a \cdot dg^{-1.605}$ común para todas las especies, aunque posteriormente se ha demostrado que el exponente varía según la especie, por lo que para la especie i tendríamos $N = a_i \cdot dg^{b_i}$ Por lo tanto, para un diámetro dado, el número de pies máximo varía con la especie, es decir, las especies presentan distinta capacidad de carga. Esto conlleva que cuando se regula la densidad en masas mixtas hay que tener en cuenta esta distinta capacidad de carga. A continuación, se presenta cómo se calculan los coeficientes de equivalencia en densidad entre especies para el control de la proporción de especies y la densidad en masas mixtas siguiendo el desarrollo de Pretzsch y del Río (2020). Para una mejor comprensión se presenta el caso dos especies, pero se podría desarrollar de manera análoga para mezclas de más especies.

Se tienen dos especies, 1 y 2, con líneas de máxima densidad $N_1 = a_1 \cdot d_g^{b_1}$ y $N_2 = a_2 \cdot d_g^{b_2}$ e índices de densidad de la masa máximos de $SDI_{max\,1} = a_1 \cdot 25^{b_1}$ y $SDI_{max\,2} = a_2 \cdot 25^{b_2}$. El coeficiente de equivalencia en máxima densidad, DEC, relaciona las dos líneas de máxima densidad de las dos especies y refleja la densidad y requerimiento de superficie de crecimiento de una especie en relación de la otra.

$$DEC_{2-1} = \frac{N_1}{N_2} = a_1 \cdot d_g^{b_1}/N_2 = a_2 \cdot d_g^{b_2} = \frac{a_1}{a_2} \cdot d_g^{b_1} \cdot d_g^{-b_2}$$

Los coeficientes de equivalencia permiten estandarizar las densidades de las distintas especies de una masa mixta utilizando como referencia una de las especies. El coeficiente DEC_{2-1} presentado se utilizaría para estandarizar la densidad de la especie 2 en términos de la especie 1, mientras su inversa DEC_{1-2} ($DEC_{1-2} = 1/DEC_{2-1} = a_2/a_1 \cdot d_g^{b_2} \cdot d_g^{-b_1}$) para estandarizar la densidad de la especie 1 en términos de la especie 2.

Por ejemplo, en una masa mixta con densidades de las especies 1 y 2 igual a $N_{1(2)}$ y $N_{1(2)}$ (el subíndice entre paréntesis expresa la especie junto a la que está creciendo la especie objetivo), respectivamente, para obtener la densidad de la masa mixta en conjunto ($N_{1,2}$) es necesario estandarizar las densidades, ya que un mismo número de árboles requiere distinta superficie en las dos especies. Si estandarizamos en términos de la especie 1, la densidad de la masa mixta sería $N_{1,2} = N_{1,(2)} \cdot N_{2,(1)} \cdot DEC_{2-1}$ (en $N_{1,2}$ se subraya la especie 1 para indicar que se ha estandarizado a la densidad de esta especie).

Si en la masa mixta las dos especies presentan el mismo tamaño, d_g, la expresión del coeficiente de equivalencia en densidad se puede simplificar a la siguiente expresión,

$$DEC_{2-1} = a_1/a_2 \cdot d_g^{b_1-b_2}$$

Y si además ese diámetro es el de referencia, dg = 25 cm, la expresión se simplifica aún más

$$DEC_{2-1} = SDI_{max\,1}/SDI_{max\,2}$$

Esta última expresión simplificada se puede utilizar como una aproximación para cualquier diámetro cuando los exponentes de las dos líneas de máxima densidad de las dos especies son similares ($b_1 \approx b_2$, es decir, cuando las líneas de máxima densidad de las dos especies son paralelas. También es una aproximación válida cuando los diámetros de las dos especies son próximos a 25 cm. En otras situaciones, se debería calcular el DEC incluyendo los diámetros y exponentes de las especies, como se explicado inicialmente.

En la regulación de la densidad y de la composición específica de masas mixtas se debe tener en cuenta la distinta capacidad de carga de las especies. Por ello, se deben usar los *DEC* para estandarizar las densidades de las especies, y a partir de ellas, calcular la densidad de la masa mixta y las proporciones de especies por área. Arriba ya se ha explicado cómo se calcula la densidad de la masa mixta $N_{1,2}$. A continuación se presenta cómo calcular las proporciones por área (m_1 y m_2, donde $m_1 + m_2 = 1$) utilizando como referencia la especie 1,

$$m_1 = N_{1,(2)}/N_{1,2} = N_{1,(2)}/\left(N_{1,(2)} + N_{(1),2} \cdot DEC_{2-1}\right)$$

$$m_2 = N_{(1),2} \cdot DEC_{2-1}/N_{1,2} = N_{(1),2} \cdot DEC_{2-1}/\left(N_{(1),2} + N_{(1),2} \cdot DEC_{2-1}\right)$$

Del mismo modo, si se conocen las proporciones por área de las dos especies m_1 y m_2 se pueden obtener los números de pies correspondientes con las siguientes expresiones,

$$N_{1,(2)} = N_{1,2} \cdot m_1$$

$$N_{(1),2} = N_{1,2} \cdot m_2/DEC_{2-1}$$
$$N_{1,2} = N_{1,(2)} \cdot N_{(1),2} = N_{1,2} \cdot \left(m_1 + m_2/DEC_{2-1}\right)$$

A partir de estas expresiones se podrían calcular las proporciones de especies en número de pies que corresponderían a las proporciones por área m_1 y m_2 para su uso en la gestión, es decir, para conocer cuántos pies de cada especie hay que dejar en la masa para una determinada densidad y proporción de especies por área.

$$PS_{haya} = PN_{haya} \times CEC_{haya-abeto}/$$
$(PN_{haya} \times CEC_{haya-abeto} + PN_{beto}$ = 0,5 x 1,7 / (0,5 x 1,7 + 0,5)=0,63

$$PS_{abeto} = PN_{abeto}/$$
$(PN_{haya} \times CEC_{haya-abeto} + PN_{beto}$ = 0,5 / (0,5 x 1,7 + 0,5) =0,37

Debido a que el abeto requiere menos espacio y, por lo tanto, una mayor densidad para ocupar un determinado espacio, una proporción en número de pies similar resulta en proporciones 63:37. Por lo tanto, el abeto acumula su densidad, y su volumen asumiendo similar tamaño de las dos especies, en una superficie mucho más pequeña. Esta relación es fundamental a la hora de regular la proporción en número de pies a lo largo del desarrollo de la masa, ya que para mantener el mismo número de hayas que de abetos se necesita mucho más espacio para la primera.

Del mismo modo, las relaciones en superficie ocupada se pueden convertir en relaciones en número de pies utilizando coeficientes de equivalencia (Tabla 7.3).
$PN_1 = (PS_1/CEC_{1-2})/(PS_1/CEC_{1-2} + PS_2)$
y la para la especie 2
$PN_2 = PS_2/(PS_1/CEC_{1-2} + PS_2)$.

La Tabla 7.3 muestra la información correspondiente a pies con un diámetro de 30 cm, para algunas especies (pícea, pino, abeto, abeto Douglas), este diámetro se alcanza después de la mitad del turno, para otras (roble, haya, arce) después del primer tercio del turno. Los pies con un diámetro de 30 cm para estas especies en Centroeuropa tienen un volumen de aproximadamente 1 m^3, por lo que los números de pies también representan el volumen en pie por hectárea específico de la especie, en masas con un diámetro medio de d_g = 30 cm. Para otras especies, que no figuran en la Tabla 7.3, se podrían hacer cálculos similares asumiendo los tamaños de copa y los coeficientes de equivalencia de otras especies análogas.

Estas consideraciones, basadas en los factores de equivalencia de la Tabla 7.3 son esenciales para el establecimiento y la regulación de la mezcla y demuestran las relaciones básicas. Sin embargo, representan una simplificación debido a las siguientes imprecisiones.

Si los coeficientes de equivalencia se basan únicamente en el valor para un diámetro de 30 cm y se aplica a cualquier tamaño, se asume una relación generalizada entre la superficie de la proyección de la copa y el diámetro normal (spc = $a \times d^\alpha$). Es decir, se asume el mismo

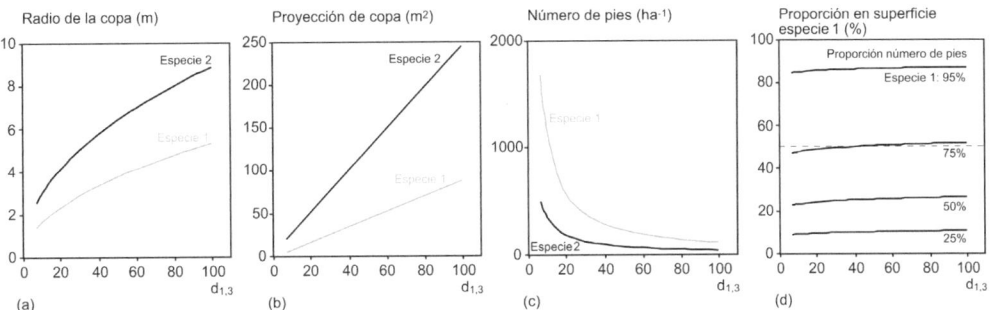

Figura 7.25 Relevancia del desarrollo de la copa y el requerimiento espacial específico de la especie para la regulación de la mezcla de especies. Se muestra el radio de copa (a), superficie de proyección de copa (b), número de pies (c) y las proporciones de mezcla en superficie según la proporción en número de pies (d), asumiendo una expansión de la copa de árboles creciendo en solitario.

exponente alométrico (α) para todas las especies y las diferencias entre especies se traducen solo en el factor alométrico a. En este caso, las relaciones específicas de la especie permanecen constantes con el aumento del diámetro (debido a $\text{spc}_1 = a_1 \times d^\alpha / \text{spc}_2 = a_2 \times d^\alpha = a_1/a_2$); en la fórmula, los exponentes son, por lo tanto, invariantes con el tamaño. Esta suposición se presenta aquí de forma simplificada, aunque los estudios sobre alometría de la copa muestran que el exponente alométrico α también puede ser específico de la especie (Pretzsch 2014), es decir, que las relaciones entre el requerimiento espacial de dos especies pueden cambiar con la edad, como se observa en la Figura 7.23 y la Figura 7.24. Por ello, a la hora de regular la composición específica, también se debe considerar los diámetros de cada especie para establecer los coeficientes de equivalencia según la Figura 7.23 y la Figura 7.24. Para derivar los *CEC* variables según los diámetros de cada especie, se puede realizar un desarrollo similar al presentado en la Caja 7.4 para los *DEC* utilizando las curvas alométricas en lugar de las líneas de máxima densidad.

Por otra parte, la respuesta a la competencia o plasticidad de la copa según la competencia varía entre las especies (Condés et al. 2020), por lo que los coeficientes de equivalencia pueden variar algo según el nivel de competencia o la espesura de la masa. Del mismo modo, la respuesta a la competencia varía según la composición específica de los vecinos (Pretzsch 2014), lo que también modificaría ligeramente los coeficientes de equivalencia (ver Sección 2.2.3.2).

La Figura 7.25 muestra un ejemplo de la relevancia del desarrollo específico de cada especie con el tamaño de la copa y su requerimiento espacial para la regulación de la mezcla de especies. Con el mismo diámetro normal, la especie 2 (por ejemplo, el haya) puede tener un radio de copa significativamente mayor (a) y una superficie de proyección de copa también mayor (b), en comparación con la especie 1 (por ejemplo, el abeto). Por lo tanto, el número potencial de árboles solitarios que ocupan una hectárea es significativamente menor con la especie 2 que con la 1 (c). En la masa mixta, la proporción en número de pies de la especie 1 de 25, 50, 75 o 95 %, resulta en proporciones de superficie ocupada mucho más pequeñas (aprox. 10, 25, 50 u 85 %), puesto que la especie 1 requiere menos espacio que la especie 2 (d).

7.4.4.2 Uso de coeficientes de equivalencia en máxima densidad para la regulación de la densidad y la mezcla de especies

De manera análoga, debido a que la línea de máxima densidad puede tener distinta pendiente entre especies, el cálculo de los coeficientes de equivalencia en densidad entre dos especies se puede realizar no solo para el diámetro de referencia 25 cm, si no generalizarlo para cualquier diámetro de ambas especies (Caja 7.4). Para ello, se utilizan las expresiones de las líneas de máxima densidad de cada especie (Figura 7.26a), $N_1 = a_1 \times d_1^{b_1}$, $N_2 = a_2 \times d_2^{b_2}$, de manera que el coeficiente de equivalencia en densidad es $\text{DEC}_{2-1} = a_1/a_2 \cdot d_1^{b_1} \cdot a_2^{-b_2}$ En este caso, en el subíndice se expresan las especies en orden inverso, ya que este coeficiente de equivalencia permite expresar la densidad de la especie 2 en términos de la especie 1. Del mismo modo que para el coeficiente de equivalencia en proyección de copa, CEC_{2-1} es la inversa de DEC_{1-2}.

Una vez que se dispone de los coeficientes de equivalencia en densidad entre dos especies, que permiten expresar la densidad de cada especie de la mezcla utilizando una de ellas como referencia, se puede calcular la densidad de la masa mixta y la proporción de especies considerando las distintas capacidades de ocupación de la estación de las especies (ver desarrollo completo en Caja 7.4). Asumiendo el caso simplificado de que el coeficiente de equivalencia se puede obtener a partir de los índices de densidad de la masa máximos de las especies ($\text{DEC}_{2-1} = \text{SDI}_{\max 1}/\text{SDI}_{\max 2}$), para una mezcla de dos especies la densidad de la masa mixta expresada en términos de la especie 1 será $SDI_{1,2} = SDI_1 + SDI_2 \times DEC_{2-1} = SDI_1 + SDI_2 \times SDI_{max1}/SDI_{max2}$ y la proporción de las especies en términos de área ocupada será $m_1 = \text{SDI}_1/\text{SDI}_{\text{mix}}$ y $m_2 = \text{SDI}_2 \cdot \text{DEC}/\text{SDI}_{\text{mix}}$ Estas expresiones facilitan la regulación de la densidad y de la composición específica considerando la distinta capacidad de carga de las dos especies.

Teóricamente, la densidad máxima de referencia para la mezcla de especies sería la densidad máxima de la especie que se utiliza como referencia, en nuestro ejemplo la especie 1. Si se quiere tener en cuenta que las masas mixtas pueden presentar una mayor densidad que las masas monoespecíficas correspondientes (Pretzsch y Biber, 2016), se puede aplicar además un coeficiente de modificación de la densidad (*DMC*) (Pretzsch y del Río, 2020), por ejemplo, *DMC*=1,1 si la mezcla presenta un 10 % más de densidad que las masas monoespecíficas. En el ejemplo teórico de la Figura 7.26, los paneles d, e, y f muestran las curvas de referencia expresadas en términos de la especie 2 (curvas verdes) junto con las curvas habiendo aplicado el *DMC* (curvas negras). Un pequeño aumento de la línea de máxima densidad conlleva mayor área basimétrica y superficie disponible por árbol. Aplicando este *DMC* sobre la densidad máxima en términos de la especie que se está usando como referencia (especie 2 en nuestro ejemplo), se dispone de una referencia de la máxima densidad en la mezcla sobre la que se puede fijar la selvicultura propuesta en términos de porcentaje de la densidad máxima, como se muestra en la Figura 7.3 (Caja 7.1) para masas puras. En los paneles g y h de la Figura 7.26 se presentan el número de pies y el área basimétrica respectivamente para una masa mixta en densidad máxima, suponiendo una proporción en área ocupada de 0,5:0,5. La Figura 7.26i muestra cómo la máxima densidad de la mezcla expresada en área basimétrica puede utilizarse para regular las claras considerando las dos especies. Un desarrollo completo de cómo utilizar los coeficientes de equivalencia y de modificación de la densidad se puede encontrar en Pretzsch y del Río (2020). Estos autores recopilan los valores promedios *DMC* encontrados para algunas mezclas de especies, 1,02 para la mezcla de pícea-haya, 1,26 para roble albar-haya, 1,13 para pino silvestre-haya, 1,28 para abeto Douglas-haya y 1,14 para pino silvestre-roble albar. Es decir, en general en masas no intervenidas la densidad es mayor en masas mixtas que en puras.

Las superficies ocupadas derivadas de las proyecciones de copa medias y la superficie disponible por árbol derivada de la máxima densidad en general no son coincidentes, ya que puede haber solape de copas, huecos, y las proyecciones de copa varían notablemente con la densidad. Por ello, los coeficientes de equivalencia y el espacio disponible por árbol obtenidos a partir de las proyecciones de copa son más útiles para regular la competencia y la composición específica en una selvicultura orientada al árbol individual, por ejemplo, con selección de árboles de porvenir. En general, las líneas de máxima densidad y los correspondientes coeficientes de equivalencia y mo-

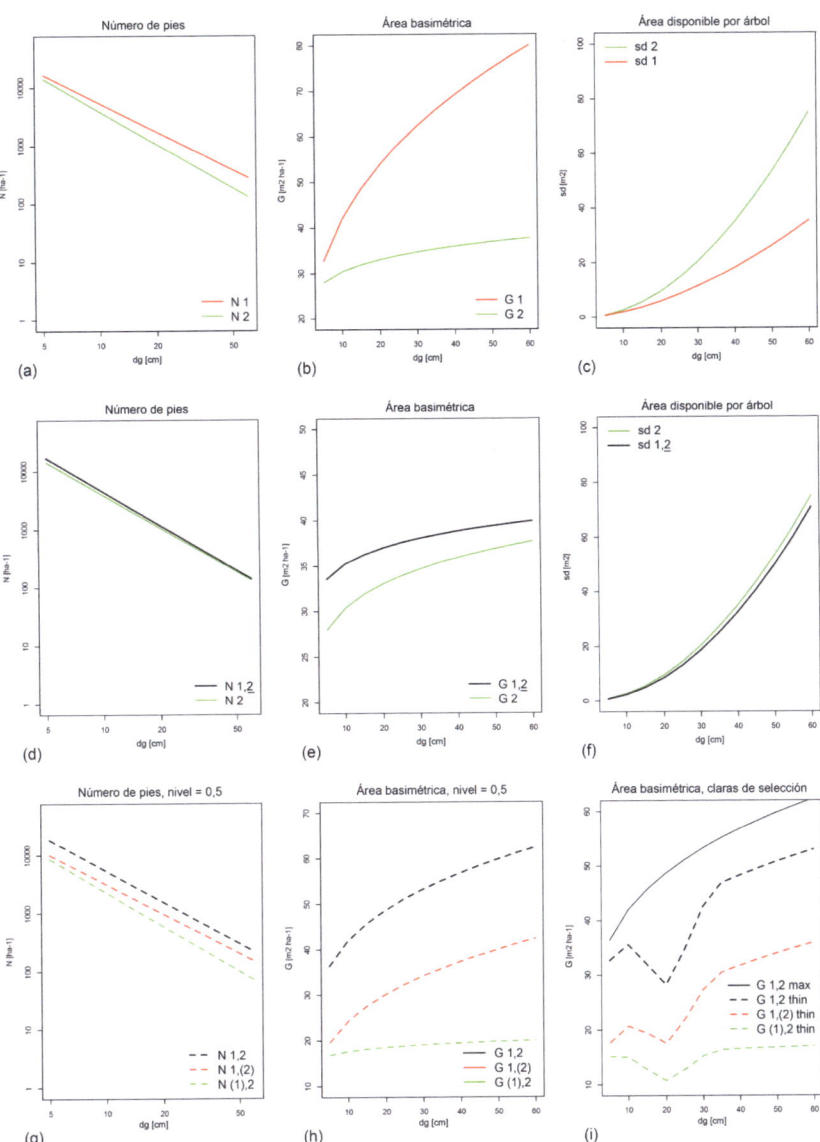

Figura 7.26 Transición desde las líneas de máxima densidad de dos especies en masas puras a la densidad en masas mixtas a través del coeficiente de equivalencia, DEC, y coeficiente de modificación de la densidad. Por aumentar la claridad se asume la simplificación de que las dos especies 1 y 2 presentan igual diámetro (adaptado de Pretzsch y del Río 2020). (a)-(c) Líneas de máxima ocupación en número de pies, N, área basimétrica, G, y área disponible media, sd, para las especies 1 y 2 creciendo en masas puras. Se selecciona la especie 2 como especie de referencia, por lo que se aplica el coeficiente $\mathrm{DEC}_{1-2} = \mathrm{SDI}_{\max 2}/\mathrm{SDI}_{\max 1}$ se aplicará sobre la especie 1. (d)-(f) Ajuste de las curvas de la especie 2 de referencia mediante la aplicación del coeficiente de modificación de la densidad DMC. (g)-(h) Derivación del número de pies y área basimétrica de una masa mixta de las especies 1 y 2, asumiendo una proporción de especies en área ocupada de 0,5:0,5. (i) Reducción de la densidad con respecto a la máxima densidad en masas mixtas de las especies 1 y 2 (curva negra continua) mediante claras en las que se reduce la densidad.

dificación de la densidad son más apropiados para el control de la densidad y la proporción de especies mediante claras en masas mixtas.

7.5 Regeneración

7.5.1 De la descripción cualitativa a la cuantificación

La naturaleza, el peso y el momento de las intervenciones destinadas a inducir la regeneración de la masa se encuentran entre los dos extremos siguientes. En el monte alto regular bajo ordenación por cabida y cortas a hecho, la corta de la masa a la edad del turno se realiza en superficies grandes, y eliminando completamente todo el arbolado adulto en una sola operación. Por otro lado, en el monte alto irregular ordenado por entresaca pie a pie, las cortas se llevan a cabo en superficies pequeñas (apertura de huecos pequeños), a través de cortas por entresaca de intensidad moderada y en intervenciones constantes.

Con la corta a hecho, la regulación selvícola imita a las perturbaciones a gran escala, como puede ocurrir por ejemplo a través del fuego, el viento, e incluso plagas de perforadores. El aprovechamiento de un solo árbol en la entresaca pie a pie emula la dinámica natural de claros creados por la muerte de un árbol de grandes dimensiones, como, por ejemplo, en bosques de hayas naturales o en el bosque mixto de montaña. Los métodos de regeneración descritos en muchos libros de texto de selvicultura (Burschel y Huss 1987, Mayer 1984, Röhrig et al. 2006, Serrada 2011), como las cortas a hecho, el aclareo sucesivo uniforme o por bosquetes, dependen de la especie, las características del sitio y la frecuencia de las intervenciones deseada entre los dos extremos del monte ordenado por cabida y el monte entresacado pie a pie.

Los procesos de regeneración se ilustran a menudo de forma cualitativa y muy descriptiva. Un ejemplo de este tipo de descripción se presenta en la Figura 7.27 para el método de aclareo sucesivo por bosquetes, que se utiliza con frecuencia para regenerar masas mixtas de haya en las zonas de poca altitud de Centroeuropa o los bosques mixtos de montaña. Sin embargo, de manera análoga a las claras, las cortas de regeneración también deben describirse cuantitativamente para hacerlas reproducibles en la planificación, implementación y control de las cortas, para poder reproducirlas en simuladores o para definirlas de manera concisa en experimentos y así implementarlas de manera objetiva y transparente.

7.5.2 Tipo, peso y rotación de las cortas de regeneración

Como ejemplo, en la Figura 7.27 se ilustra de for-

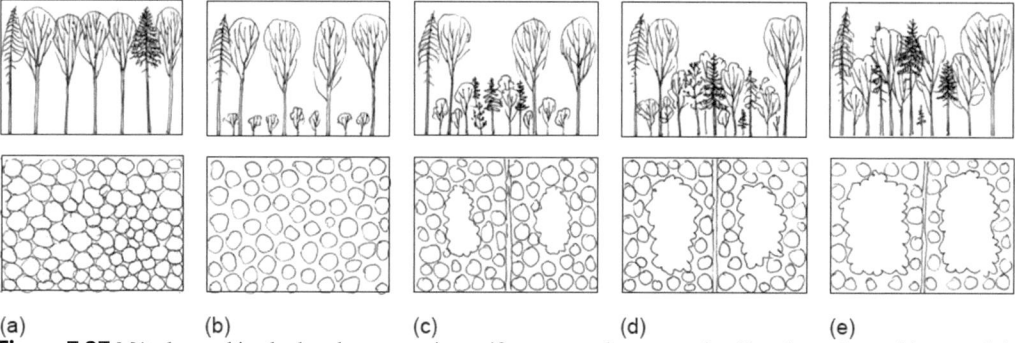

Figura 7.27 Método combinado de aclareo sucesivo uniforme y por bosquetes tipo Femel para la gestión natural de masas de hayas en zonas llanas y masas mixtas de montaña de Europa Central. (a) El proceso de regeneración comienza con una masa madura y con dosel cerrado alrededor de los 100 años. (b) Esta se abre mediante un aclareo sucesivo uniforme en toda su superficie, con una o dos cortas aclaratorias. (c) En una segunda fase, aproximadamente a los 120 años de edad, se abren huecos de tipo Femel entre las líneas de saca. (d y e) Los huecos o bosquetes de tipo Femel se expanden gradualmente hasta los 140 años. Una vez se cortan los últimos pies junto a las líneas de saca, la masa, comenzando por el interior, se ha regenerado por completo y está más estructurada que en la masa original.

Figura 7.28 Las cortas de regeneración se pueden clasificar según el tipo de medidas para favorecer la regeneración (homogénea, heterogénea, tipo mosaico), el peso (a hecho o graduales) y la rotación (una vez o varias veces sucesivas) con las que se reduce el volumen en pie de la masa madura y se pueden caracterizar por las variables especificadas en la última columna.

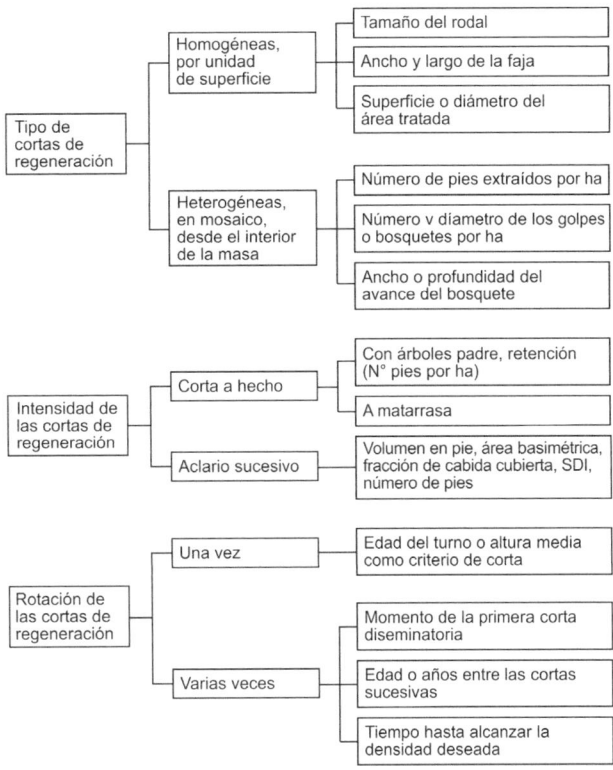

ma clásica una descripción del método de aclareo sucesivo por bosquetes (tipo Femel) en hayedos. El punto de partida es una masa de hayas cerrada a la edad de 100 años (Figura 7.27a) y el método puede cuantificarse como se expone a continuación. En una primera fase del proceso, el dosel se abre de forma homogénea, poniendo en luz toda la superficie del rodal. Esta apertura de la masa se puede cuantificar a través de la fracción de cabida cubierta (p. ej., un 80 %) o el área basimétrica objetivo (p. ej., 30 m² ha⁻¹) (Figura 7.27b). El aclareo del vuelo generalmente se realiza en una o como máximo dos cortas. Después de unos 20 años, cuando la regeneración natural está establecida, se inicia una corta por bosquetes. Los huecos o bosquetes (cortas tipo Femel) se realizan entre las líneas de saca, es decir, desde una estructura de apertura uniforme se pasa a una estructura de tipo mosaico, desde el interior al exterior de la masa (Figura 7.27c). Los bosquetes tipo Femel se expanden continuamente hasta la edad de 140 años (Figura 7.27d). Una vez cortados los últimos pies cerca de las líneas de saca, la masa se debe haber regenerado por completo y se alcanza una mayor estructuración

que la masa original al ir abriendo gradualmente el regenerado. En cada etapa, se puede especificar el tipo de intervención (de manera uniforme y posteriormente por bosquetes), el peso de la intervención (según el volumen en pie o el área basimétrica) y la rotación (frecuencia de intervención en años).

Los métodos de regeneración de las masas forestales son tan variados como los regímenes de claras. De forma análoga a estas, se pueden caracterizar según al tipo, el peso y la rotación con las que se interviene en la masa para establecer o promover la regeneración. El tipo de intervención, a diferencia de las claras, debe entenderse como el diseño estructural de la corta, el peso como el grado de reducción del vuelo y la rotación como el intervalo con el que se actúa sobre la masa. La Figura 7.28 muestra la clasificación de las cortas de regeneración según las características de cada tipo, peso y rotación (segunda columna) y las medidas para su cuantificación (tercera columna).

Como ejemplo de esta caracterización de las

Tabla 7.4 Descripción de las cortas en el método de aclareo sucesivo uniforme (adaptado de Serrada 2011)

Cortas	Plazo	Rotación	Peso
Preparatorias	Antes del 4º año del periodo de regeneración	De cero a dos cortas en los cuatro años	20-50 % de N (pies/ha) o 10-30 % de V (m³/ha) según clima (de seco a húmedo)
Diseminatorias	Terminadas antes del 5º año del final del periodo de regeneración	De una a cuatro cortas según espesura inicial	Dejar 25-30 % de la masa inicial (según estación, especie, espesura, etc.)
Secundarias	Últimos cinco años del periodo de regeneración	Con frecuencia una única corta	Eliminar toda la masa adulta remanente

cortas de regeneración, Serrada (2011) ofrece una descripción general para orientar la aplicación de las cortas en un aclareo sucesivo uniforme. En este método el tipo de cortas es homogéneo en cuanto a la superficie, es decir, se actúa sobre toda la superficie a tratar (cantón o tramo). En la Tabla 7.4 se presentan las indicaciones para la intensidad y frecuencia, indicando también el plazo de tiempo en el que se deben ejecutar (incluido dentro de la rotación en el esquema de la Figura 7.28), equivalente a la edad de iniciación de un régimen de claras.

7.5.2.1 Tipos de cortas de regeneración

Según la superficie sobre la que actúan, los métodos que aclaran el vuelo en la masa madura, de forma homogénea y extensa, se diferencian de los que intervienen la masa de forma heterogénea al abrir el dosel en forma de mosaico, por ejemplo, por bosquetes, o desde su interior para iniciar o favorecer la regeneración desde el centro al exterior del rodal. Las intervenciones homogéneas o continuas en el espacio pueden caracterizarse por la superficie de la corta, el ancho de la franja, el área de la cuña o el diámetro del claro si se hace por cortas a hecho por bosquetes.

Las intervenciones heterogéneas a nivel de árbol individual, por ejemplo, cortas por entresaca, se pueden caracterizar mejor por el número de pies cortados o el volumen extraído. En el caso de actuaciones de pequeña superficie, se puede especificar el número, el diámetro o la superficie de los bosquetes de regeneración por hectárea. La expansión de las intervenciones posteriores se puede cuantificar por el ancho o la profundidad del aclareo, es decir, el incremento deseado del diámetro o área del bosquete.

7.5.2.2 Peso de las cortas de regeneración

Para caracterizar la intensidad de las cortas de regeneración se debe distinguir entre la corta a hecho y otros tipos de apertura gradual del dosel. En el caso de la corta a hecho, si se dejan árboles madre se pueden caracterizar por su número o área cuando son en grupo. Para otros tipos de cortas de regeneración como el aclareo sucesivo uniforme, se puede usar cualquier variable o índice que refleje la densidad del rodal para caracterizar su intensidad, como la fracción de cabida cubierta, el volumen en pie, el área basimétrica, el índice de densidad del rodal de Reineke (SDI) o simplemente el número de pies por hectárea, después de cada intervención.

7.5.2.3 Frecuencia de las cortas de regeneración

En la ordenación clásica del monte regular por división por cabida con cortas a hecho, el volumen en pie se extrae en una sola intervención cuando la masa alcanza la edad de turno. Según se gradúan las cortas de regeneración y se alarga el periodo de regeneración, hasta el extremo de la entresaca pie a pie, el número de intervenciones aumenta con la duración del solapamiento entre la masa del turno anterior y posterior. Por lo tanto, el período de regeneración puede extenderse a más de 60 u 80 años dependiendo de

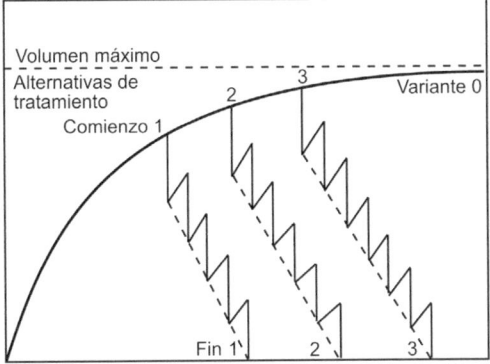

Figura 7.29 Curvas guía para la reducción del volumen de la masa para promover la regeneración. Las variantes 1, 2 y 3 difieren en el momento de la primera intervención (comienzo de las cortas de regeneración 1 <2 <3), la duración de los períodos de solapamiento entre la masa principal y el regenerado (duración del solapamiento 1 <2 <3) y la intensidad de la reducción de la densidad en las intervenciones individuales (reducción del volumen 1> 2> 3). La variante 0 representa una masa completamente cerrada con un nivel de densidad completo que sirve como referencia.

la especie y método de regeneración. En masas irregulares, no tiene sentido hablar de la masa anterior y posterior a la regeneración, ya que, con cada intervención, se actúa sobre la masa y se promueve y establece la regeneración al mismo tiempo. En este tipo de cortas se debe dar la frecuencia o módulo de rotación con el que se interviene en una misma superficie (entresaca regularizada), que en especies forestales de crecimiento lento suele estar entre 10-15 años.

El momento de la primera corta de regeneración y la frecuencia de las intervenciones a menudo están determinados por la edad, la madurez o el turno. La dinámica de la masa en sí misma, también se puede usar como criterio para programar las intervenciones. Por ejemplo, en las cortas a hecho por fajas intermitentes se da el número de años entre cortas. En la Figura 7.29 se presentan unas curvas guía de reducción del volumen en pie en función de la edad con fines de regeneración, comparables con las curvas guía del número de pies por hectárea. Las intervenciones se llevan a cabo siguiendo estas curvas cuando se supera un determinado volumen, por ejemplo, en un 10 %. Estas curvas integran el turno, así como la intensidad y la frecuencia de las cortas dentro del período de regeneración (Figura 7.29).

7.5.2.4 Cortas según el diámetro de cortabilidad

Las cortas también se pueden definir simplemente especificando un diámetro objetivo. Un ejemplo de aplicación serían las cortas por huroneo. En este caso, los árboles que exceden el diámetro de cortabilidad se cortan en cada intervención. La Figura 7.30 muestra un ejemplo del desarrollo de la distribución diamétrica frente al número de pies en la parcela experimental de claras de haya Wieda 99. Se presenta el desarrollo entre las edades de 113 y 170 y su aproximación gradual al diámetro objetivo. Los pies con un diámetro normal de 68 cm (rango de diámetro som-

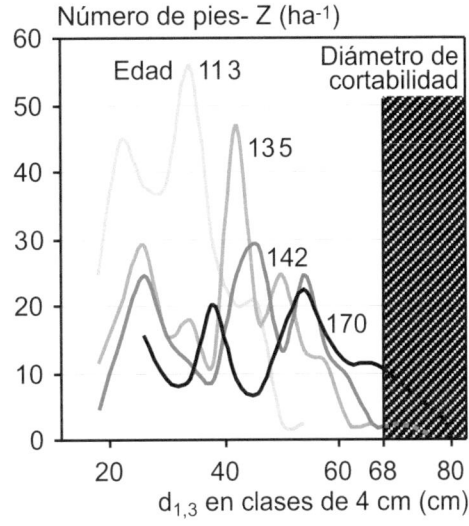

Figura 7.30 Definición del tipo de intervención estableciendo un diámetro máximo de cortabilidad de 68 cm, a partir del cual se llevan a cabo las cortas. Se muestran las distribuciones diamétricas del número de pies de la parcela experimental de claras de haya en Wieda 99, parcela 1 a la edad de 113, 135, 142 y 170 años. La rama derecha de la distribución se corta debido al establecimiento de un diámetro de cortabilidad determinado.

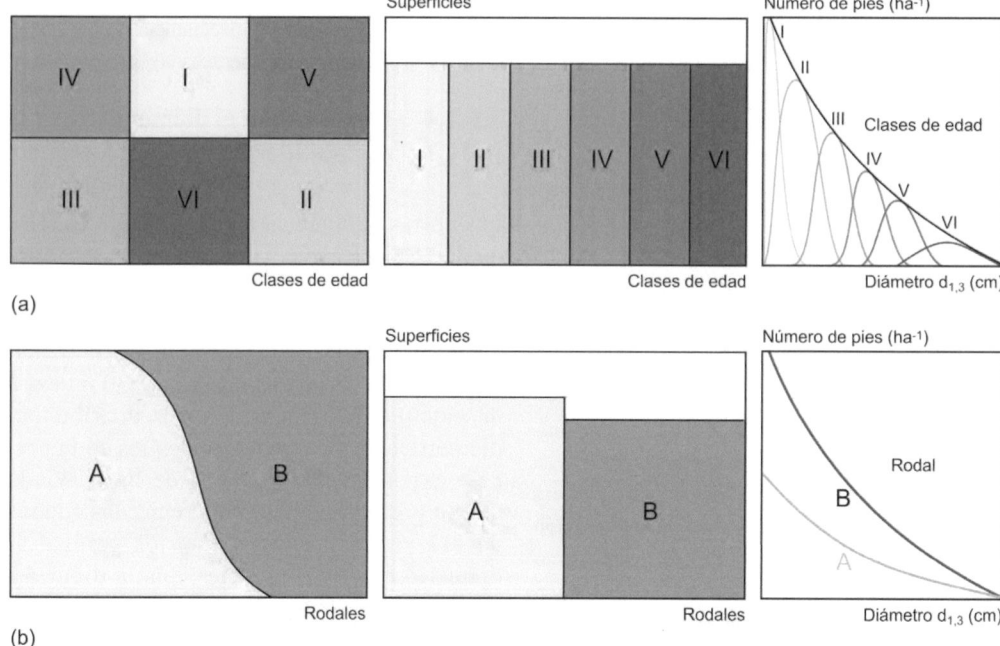

Figura 7.31 Representación esquemática de la estructura del monte y la distribución diamétrica (a) en el monte ordenación por tramos periódicos y (b) en el monte ordenado por entresaca.

breado) se eliminan en cada intervención. Esto ocurre por primera vez a la edad de 135 años y a los 170 años gran parte de la rama derecha de la distribución diamétrica ya ha sido cortada. También en este ejemplo, el número de pies n que se cortan resulta de una comparación objetivo / estado real entre la distribución diamétrica programada y la real.

7.6 Monte entresacado y cortas por entresaca

7.6.1 Gestión del monte alto regular en comparación con el monte entresacado

Antes de tratar la transición del monte ordenado por tramos periódicos al monte alto irregular, se describen primero los principios básicos de los diferentes tipos de cortas en el monte ordenado por tramos y el monte entresacado, como un ejemplo de bosque permanente. Como se muestra en la Figura 7.31a, de izquierda a derecha, el monte ordenado por tramos está compuesto por masas más o menos similares de diferentes edades. En condiciones ideales, todas las clases de edad ocupan superficies similares, de modo que los rodales maduros pueden aprovecharse regularmente y reemplazarse por regeneración natural, regeneración natural asistida por siembra o plantación. Es este último caso el periodo de regeneración no existe, y es de 1 año, teóricamente. Este mosaico de superficies crea un monte permanente con crecimiento constante y continuo. Si se sumaran las distribuciones diamétricas de todas las clases de edad del monte, daría como resultado una distribución diamétrica exponencial decreciente (Figura 7.31a, derecha). Sin embargo, las distribuciones individuales de cada clase de edad se basan en masas separadas espacialmente, y la distribución diamétrica de cada tramo se aproxima a la distribución normal de Gauss.

La Figura 7.31b, de izquierda a derecha, muestra cómo en el monte entresacado los rodales también están delimitados entre sí por

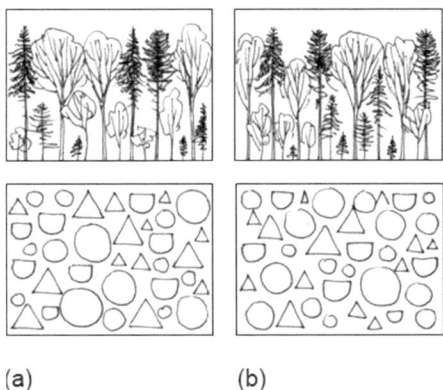

(a) (b)

Figura 7.32 Monte entresacado de pícea, abeto y haya como ejemplo modelo de monte alto irregular. Si el monte entresacado se encuentra en equilibrio, está ocupado por una cantidad constante de pies del regenerado, dominados, medianos y dominantes en todo momento. La estructura de la masa está sujeta a cambios permanentes a pequeña escala (a y b), pero si se observa para toda la masa, sigue siendo muy similar a largo plazo.

razones de orden espacial. Sin embargo, estos no se definen en función de las clases de edad, sino que todos los rodales tienen edades irregulares, están estructurados de manera heterogénea y presentan una distribución diamétrica que disminuye exponencialmente. La suma de los diámetros resulta en una distribución diamétrica exponencial decreciente similar al monte ordenado por cabida, pero a diferencia de este, la distribución no se construye a partir de rodales individuales que tienen distribuciones normales, sino que cada tramo tiene su propia distribución diamétrica, que disminuye también exponencialmente, siendo todas similares o muy semejantes, variando con las dificultades de regeneración y en ocasiones de la calidad de estación de cada tramo.

Un buen ejemplo de montes entresacados son los montes mixtos de pícea, abeto y haya. Idealmente, tienen una distribución diamétrica exponencial decreciente (Figura 7.31b, derecha), y las tres especies están presentes permanentemente en todos los rodales. Como resultado, el espacio existente está ocupado de manera relativamente uniforme con una superficie foliar similar. Las cortas en el piso superior y medio liberan espacios que benefician al piso inferior. Debido a esta estructura de múltiples pisos, las cortas casi no generan pérdida de crecimiento (Figura 7.5). La distribución diamétrica exponencial negativa y, por lo tanto, la estructura multi-piso se pueden mantener a través de cortas en toda la superficie y se puede garantizar un aprovechamiento y crecimiento constantes (Figura 7.32).

7.6.2 Cortas de entresaca por clases diamétricas

Al clasificar los árboles en intervalos de 1 o 5 cm de diámetro, se obtiene la distribución diamétrica que refleja la estructura subyacente. La distribución diamétrica en masas puras coetáneas se puede aproximar mediante una distribución normal o de gauss, la de los montes entresacados, como los bosques mixtos de montaña, mediante una función exponencial decreciente o de J invertida (Magin 1959).

El tipo de aprovechamiento o corta en el monte alto irregular tratado por entresaca se puede definir especificando una distribución diamétrica esperada. De este modo, el tratamiento se regula comparando la distribución real con la esperada. Si en la distribución observada se excede el número de pies objetivo, este se reducirá durante las entresacas atendiendo a las clases diamétricas en las que el número de pies es excesivo. La Figura 7.33a y b muestra dicho procedimiento como un ejemplo para el tratamiento de una parcela experimental de masa irregular. En la figura se incluye una curva de equilibrio o distribución diamétrica objetivo, que sigue una curva exponencial decreciente $N = k \times e^{-a \times d}$ y que se representa como una línea recta $\ln(N) = \ln(k) - a \times d$v en un sistema de coordenadas semilogarítmicas, donde N es el número de árboles de la clase diamétrica, d la clase diamétrica, k el parámetro de posición, a el parámetro de pendiente y ln el logaritmo natural.

El tiempo de paso es el tiempo medio (años) transcurrido para que un árbol de una clase diamétrica pase a la clase diamétrica inmediatamente superior. El conocimiento del tiempo de

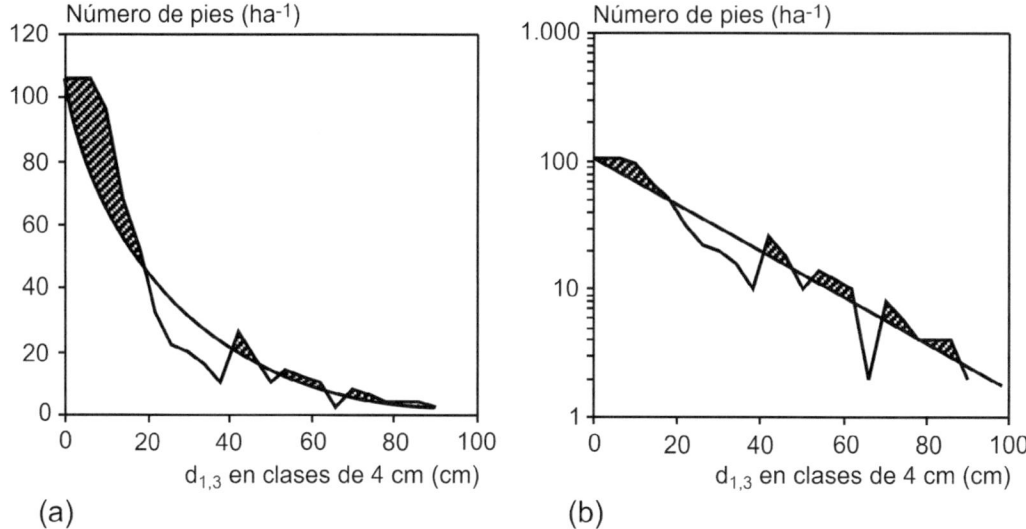

Figura 7.33 Definición del tipo de intervención a través de la distribución diamétrica objetivo. Curva de equilibrio (curva continua) para determinar las cortas (áreas sombreadas) de la distribución diamétrica, observada (línea con picos). Distribuciones diamétricas en representación lineal (a) y semilogarítmica (b).

paso entre las diferentes clases diamétricas permite proyectar la distribución diamétrica hacia el futuro, de modo que se puede estimar con bastante precisión cual será la distribución diamétrica en el año $t+10$ a partir de la distribución diamétrica encontrada en el año actual t después del inventario.

La representación de las distribuciones diamétricas en un sistema semilogarítmico (Figura 7.33b) muestra los volúmenes que hay en exceso y en defecto en las distintas clases diamétricas. Los parámetros t y a se pueden determinar a partir de los pares de valores del diámetro máximo de cortabilidad n_d y el número de pies para dicho diámetro n_Z y del valor medio de la primera clase diamétrica del regenerado d_E y el número de pies del regenerado n_E:

$$a = \frac{\ln(n_Z) - \ln(n_E)}{d_Z - d_E}$$

$$k = n_E \times e^{a \times d_E}$$

Schütz (1997) propone un algoritmo más detallado para la determinación de las curvas de equilibrio en el monte entresacado, que produce distribuciones objetivo que generalmente se desvían ligeramente de la curva exponencial (Sección 6.7).

Utilizando el modelo de De Liocourt, González et al. (1998, en Alejano et al. 2008) proponen un rango de valores donde se debe mantener la masa irregular, definido por el rango del número de pies por hectárea, el coeficiente de De Liocourt, el rango de fracción de cabida cubierta, el área basimétrica mínima, el porcentaje de pies en las dos clases diamétricas inferiores (10 y 15 cm) y el diámetro máximo de cortabilidad. Estos autores proponen estos valores para masas irregulares de las principales especies en la comarca del Solsonés (España). Por ejemplo, los diámetros máximos de cortabilidad varían desde 30 cm para *Pinus uncinata* y *Pinus halepensis* a 40 cm para *Abies alba*.

Estos enfoques proporcionan una distribución diamétrica objetivo, que se puede comparar con la distribución real. De esta manera, las desviaciones de la curva de equilibrio se hacen visibles. Por tanto, se puede reaccionar a las desviaciones con entresacas apropiadas en las clases diamétricas con exceso de volumen. En el ejemplo de la Figura 7.33, esto equivale a una mayor corta de pies medianos

Tabla 7.5 Norma selvícola dada en número de pies, área basimétrica y volumen por clase diamétrica. Se indica la masa al inicio (curva diamétrica objetivo), su cambio durante el periodo de rotación de las cortas y la masa a extraer en las cortas, según González et al. (1997).

		Masa al inicio			Masa tras periodo rotación			Masa a extraer		
CD	Hg (m)	N (pies/ ha)	AB (m²/ha)	V (m³/ ha)	N (pies/ ha)	AB (m²/ha)	V (m³/ ha)	N (pies/ ha)	AB (m²/ha)	V (m³/ ha)
10	5,3	339	2,66	11	404	3,17	13	65	0,51	2
15	8,8	226	4,00	19	288	5,09	24	62	1,09	5
20	11,6	144	4,18	23	186	5,86	32	53	1,68	9
25	14,2	58	2,84	18	104	5,10	33	46	2,26	15
30	15,9	25	1,78	13	47	3,29	24	31	1,51	11
35	17,5	11	1,05	8	21	1,98	15	10	0,93	7
40	19,0	5	0,60	5	9	1,14	10	4	0,54	5
45	20,5	2	0,33	3	4	0,58	5	2	0,25	2
50	21,9	1	0,18	2	2	0,35	3	1	0,18	2
55	23,2	0	0		1	0,15	2	1	0,15	2
Total		800	17,6	102	1065	26,71	161	265	9,10	59

y gruesos, lo que mejora las condiciones para la regeneración y el crecimiento.

Utilizando esta misma aproximación de una distribución diamétrica objetivo sobre la que se planifican las cortas, González et al. (1997) traducen la curva objetivo para distintas calidades de *Pinus nigra* en el pre-Pirineo en tablas que reflejan el modelo de gestión propuesto, incluyendo una tabla para la situación de partida, otra mostrando la evolución de esta tras el periodo de rotación y otra reflejando la masa a extraer. En la Tabla 7.5 se presenta un resumen de las tablas para las mejores calidades de estación. Se trata de un modelo selvícola orientado a la producción de postes, ya que estos eran el producto principal de estos pinares a finales del S. XX.

La estructura de masa irregular también se emplea en algunos alcornocales donde la producción de corcho es importante. Aunque con frecuencia estas masas no siguen una irregularidad pie a pie, Montero y López (2008) proponen una curva de estructura ideal y las producciones de corcho esperadas, distinguiendo entre corcho bornizo y de reproducción (Figura 7.34). Esta distribución de clases diamétricas ideal corresponde a una densidad total de 890 pies por hectárea, con un diámetro de cortabilidad sobre corcho de 65 cm, de la que se obtiene un total de 944 kg por hectárea de bornizo y 4352 kg de corcho de reproducción.

En las masas irregulares pie a pie, la elevada diversidad estructural, la irregularidad en edades y la superposición de copas entre las distintas generaciones de árboles, conllevan que el crecimiento de la masa sea más uniforme y estable que en masa regulares y homogéneas estructuralmente. La Figura 7.35 muestra la curva de crecimiento en masas coetáneas (a), en masas regulares y semirregulares donde la transición entre generaciones se produce en un período de solapamiento corto y largo (b y c respectivamente), y la curva de crecimiento de un monte alto irregular (d). Con el creciente solapamiento entre las dos generaciones (anterior y posterior) dependiendo del método de regeneración, tanto la edad como la estructura de la masa se va irregularizando, mientras que la curva de crecimiento se vuelve más continua. En el monte alto irregular desaparece el concepto de regeneración y se puede alcanzar un estado estable, es decir, se pueden mantener el

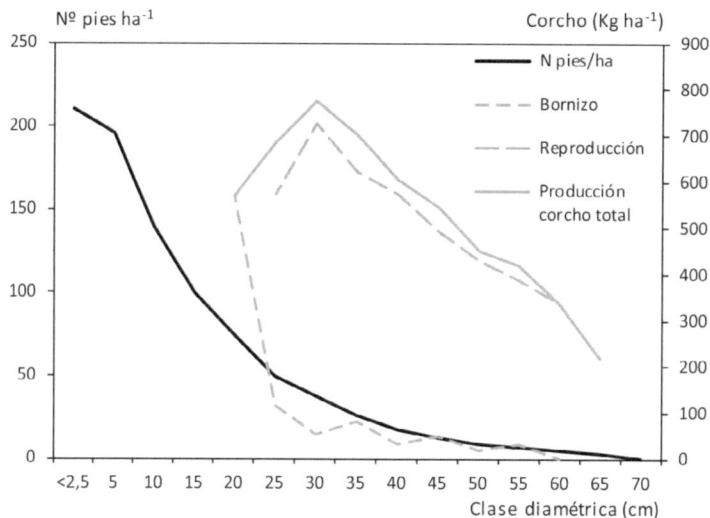

Figura 7.34 Distribución diamétrica y producción de corcho para una estructura irregular ideal en alcornocales (según Montero y López 2008). La producción de corcho se indica segregada en borniso y en corcho de reproducción, así como el total.

Figura 7.35 Cuanto más largo sea el solapamiento entre generaciones y cuanto más heterogénea sea la regeneración, más estable será el desarrollo del crecimiento. Crecimiento de la masa a lo largo del tiempo en (a) monte ordenado por cabida sin solapamiento; (b y c) monte ordenado por tramos periódicos, tramo único o tramo móvil con un solapamiento corto o largo entre la generación anterior y posterior; y (d) monte alto irregular ordenado por entresaca, donde el crecimiento se encuentra en un estado estable (modificado según Assmann 1970, p. 473).

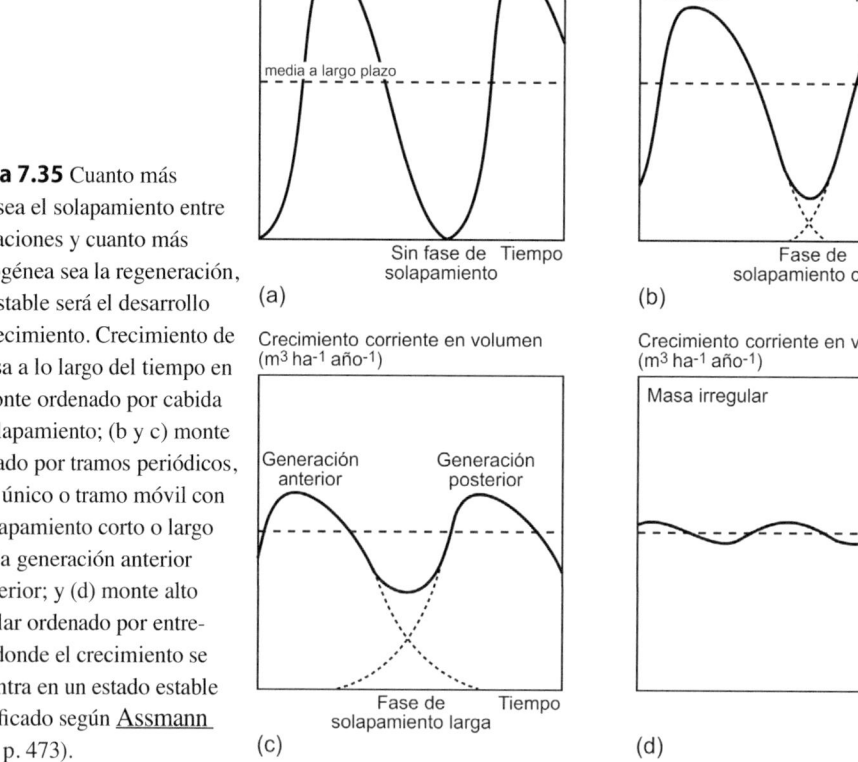

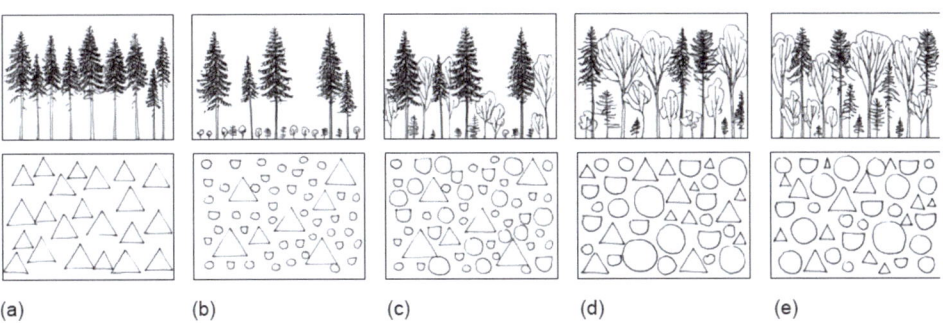

Figura 7.36 Transformación de una masa pura coetánea de pícea a un monte alto irregular mixto. (a) Masa procedente de repoblación con estructura coetánea como punto de partida. (b) Reducción del vuelo a través de claras por lo alto e incorporación de regeneración natural y/o siembra/plantación (b-d). (e) La estratificación que se produce al mantener parte de la masa antigua y establecer varias cohortes de regeneración conducen a la creación de masas mixtas heterogéneas con estructuras permanentes de carácter irregular.

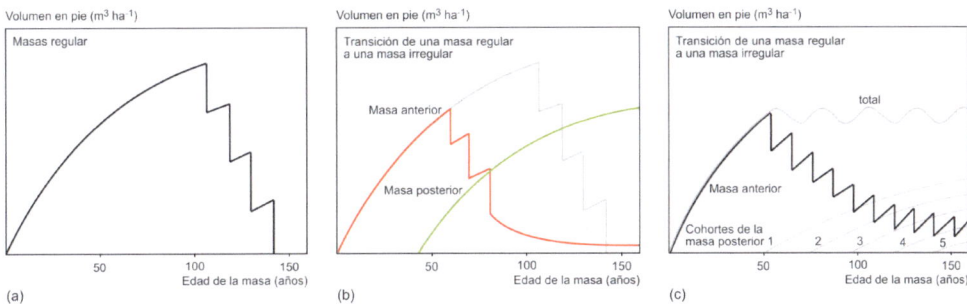

Figura 7.37 Volumen en pie de una masa regular durante su transformación a un monte alto irregular. (a) En la masa regular, el volumen se acumula y se reduce gradualmente a la edad de turno mediante cortas de regeneración. (b) El volumen se reduce antes del turno para comenzar la transformación, de modo que la masa futura se desarrolla mediante siembra/plantación o regeneración natural bajo la cubierta de la masa inicial. (c) En la masa futura, que se compone de los restos de la masa inicial o anterior y varios pisos de regenerado natural o plantado, el volumen se mantiene en un estado estable (ver línea horizontal oscilante).

volumen en pie y las cortas a un nivel constante a largo plazo.

7.7 Transformación de monte alto regular a monte alto irregular

7.7.1 Ventajas y funciones del monte alto irregular

Los bosques irregulares, que mantienen una cubierta permanente, con frecuencia cumplen en mayor medida varios de los criterios de sostenibilidad de la gestión forestal que los montes conformados por masas regulares. Entre los criterios de sostenibilidad según MCPFE (1993) (i) desarrollo y protección de recursos naturales, (ii) vitalidad y estabilidad, (iii) producción y generación de recursos, (iv) biodiversidad, (v) funciones de protección y (vi) funciones socioeconómicas, son, sobre todo, su mayor estabilidad, biodiversidad y función protectora lo que posiciona a los montes altos irregulares con cobertura permanente como más favorables.

Debido al cambio climático, la estabilidad y la diversificación del riesgo contra daños bióticos y abióticos se han convertido en un argumento central para promover las masas mixtas de múltiples pisos. La biodiversidad generalmente aumenta con la diversidad estructural de los bosques. El monte alto irregular protege, entre otras cosas, de la erosión y la degradación del humus al evitar abrir en exceso el dosel de copas, por lo que resultan particularmente adecuados para los bosques donde la función principal no sea la producción. Por otra parte, el monte alto irregular ordenado por entresaca donde continuamente se regenera, aprovecha y sanea toda la superficie permite obtener un ingreso continuo por el aprovechamiento de la madera. Por ello, en aquellas zonas donde las características de la estación y la composición específica lo permiten, cada vez son más frecuentes las transformaciones de monte alto regular a monte alto irregular.

La Figura 7.36 muestra una representación esquemática de la transformación de montes altos coetáneos (a) a un monte mixto irregular (e) a través de claras por lo alto, cortas de regeneración, plantación o siembra, (b a d). Al igual que otros tipos de tratamientos selvícolas, es necesario describir cualitativa y cuantitativamente las cortas necesarias para esta transformación.

7.7.2 Regulación del volumen y distribución de clases diamétricas durante la transformación

La Figura 7.37 muestra cuantitativamente una transformación teórica de una masa pura regular o coetánea a una masa irregular en función del desarrollo de la masa y las cortas del volumen en pie. En masas regulares, solo se da paso al establecimiento y desarrollo de la generación posterior al final del turno, cuando se ha alcanzado un determinado volumen y este se reduce por medio de las cortas de regeneración (Figura 7.37a). Las existencias se reducen abruptamente mediante una corta a hecho o por aclareo sucesivo durante el periodo de regeneración, que puede ser más o menos largo (por lo general de 20 años) y la masa posterior se establece durante el periodo de regeneración. En contraste, cuando se quiere transformar a monte alto irregular, la reducción de las existencias y la consiguiente regeneración debe comenzar antes, ya que la transformación debe ser gradual (Figura 7.37b). En este ejemplo, a partir de los 50 años, se reduce el volumen en pie y se promueve continuamente la regeneración natural o artificial de la masa. Mientras el volumen de la masa existente se reduce gradualmente, la generación siguiente se desarrolla bajo esta durante un largo período de solapamiento. A través de intervenciones repetidas y espacialmente dispersas, la regeneración puede establecerse en varios pisos. La masa siguiente, de edad irregular, crece entre la masa anterior hasta transformarse, en última instancia, en una masa irregular fuertemente estructurada. Una regeneración permanente y continua de la masa siguiente solo puede lograrse limitando permanentemente el volumen en pie a un nivel que esté claramente por debajo del volumen final de la masa regular inicial. Este tipo de transformaciones dependen en gran medida del temperamento de las especies, estando más adaptado a especies tolerantes a la sombra, ya que la nueva generación se desarrolla bajo el dosel de la masa adulta. En especies intolerantes, como los pinos mediterráneos, este tipo de transformación se está planteando mediante cortas por bosquetes de mayor o menor tamaño (de Frutos et al. 2019), aunque todavía existen pocas experiencias. Esta transformación, explicada aquí a nivel de masa, se debe acompañar de los correspondientes cambios en la ordenación del monte, prescindiendo del turno y la división dasocrática del monte alto regular (Serrada 2011).

El proceso de transformación también se puede mostrar y regular utilizando la distribución diamétrica (distribuciones diamétricas objetivo parciales) (Pretzsch 2019). La Figura 7.38 incluye una representación esquemática de cómo la distribución diamétrica de una masa regular inicial ya madura para el inicio de la transformación (t = 0), se amplía gradualmente durante la transformación mediante incorporación de individuos en la rama izquierda de la distribución diamétrica, y se convierte al final de la transformación (t = 75) en una distribución que sigue una exponencial decreciente. Durante un

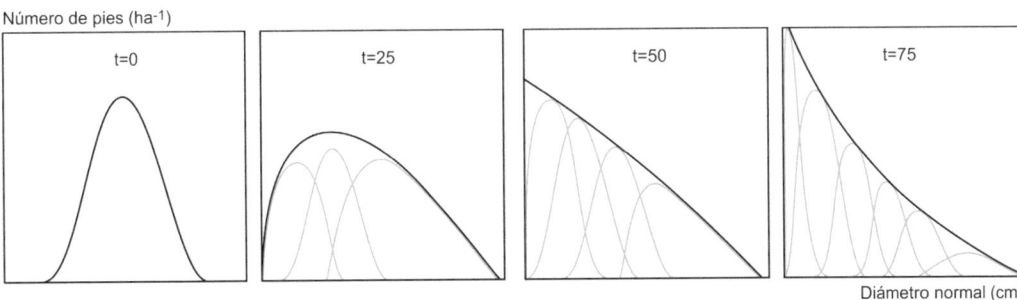

Figura 7.38 Representación esquemática de la distribución diamétrica normal y unimodal de una masa regular ($t = 0$) y su transformación gradual en una distribución diamétrica exponencialmente decreciente de una masa irregular permanente ($t = 25-75$).

período largo (t = 0-75) se requiere de claras y/o cortas de regeneración para reducir la densidad de la masa inicial y promover el establecimiento sistemático del regenerado bajo su cubierta, de modo que resulte finalmente en una masa irregular más estructurada. Si el regenerado se desarrolla con variación espacial y temporal, la masa original regular se convierte gradualmente en una masa con pisos de diferentes edades y tamaños. Idealmente, la suma de estos pisos resulta en una distribución diamétrica exponencial decreciente. En la Figura 7.38, la distribución diamétrica de los periodos $t = 25, 50$ y 75 se construye a partir de la masa madura en pie de la generación anterior y los pisos recién establecidos de la masa futura.

7.8 Formulación cuantitativa y algoritmos de reglas selvícolas para la simulación del crecimiento forestal

La práctica forestal puede rechazar en algunos casos reglas cuantitativas ya que no siempre se adaptan a las condiciones específicas a las que se enfrenta. Del mismo modo, en la gestión de los ensayos experimentales a veces no se siguen reglas cuantitativas durante el tratamiento de las parcelas permanentes si no que se adaptan a su evolución. Sin embargo, los simuladores del crecimiento forestal necesitan integrar reglas cuantitativas y algoritmos para simular los tratamientos selvícolas si pretenden simular diferentes escenarios selvícolas con modelos de crecimiento forestal. La integración de reglas selvícolas en los simuladores implica una formulación biométrica de las diferentes opciones de tratamientos selvícolas que cuantifique de forma transparente cada tratamiento. Esta integración permite la simulación de varias alternativas selvícolas y sus consecuencias para el desarrollo de los árboles, masas forestales o montes mediante análisis de escenarios (ver capítulos 9 y 10). Las aplicaciones más relevantes de los simuladores forestales con opción de regulación selvícola integrada son, entre otros, el desarrollo de planes técnicos de tratamientos selvícolas, la ordenación de montes, el desarrollo de pautas selvícolas, el cálculo de pronósticos de producción de madera y otros servicios, así como la investigación del efecto de la selvicultura en el impacto climático en la dinámica forestal cuando los modelos de crecimiento son sensibles al clima.

Partiendo de un estado inicial de la masa, los simuladores proyectan el desarrollo de árboles y masas en intervalos de diferente duración, con frecuencia de uno o cinco años. En general se modelizan lo tres procesos básicos de la dinámica forestal, el crecimiento (desarrollo del tamaño de los árboles), la mortalidad y la regeneración (véanse los capítulos 9 y 10). Los datos del árbol individual y de la masa se actualizan después de cada intervalo de tiempo, a partir de los cuales se simula el tratamiento selvícola. Por ejemplo, reducir el área basimétrica a un valor objetivo predeterminado, liberar de competencia los pies de

Figura 7.39 Ejemplo de reglas para simular el tratamiento selvícola de masas regulares de pícea. Si varias de estas reglas se formulan algorítmicamente y se integran en simuladores de crecimiento forestal, se pueden simular diferentes tratamientos selvícolas y comparar sus consecuencias a largo plazo (ver Capítulo 10).

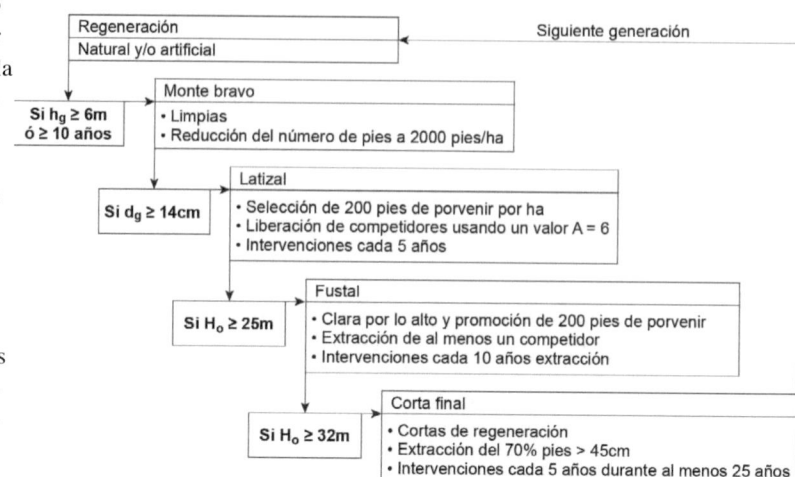

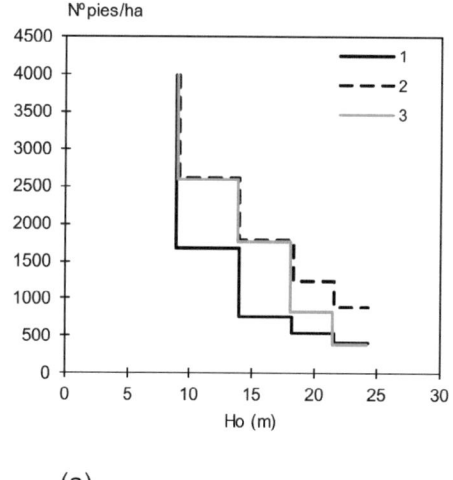

(a)

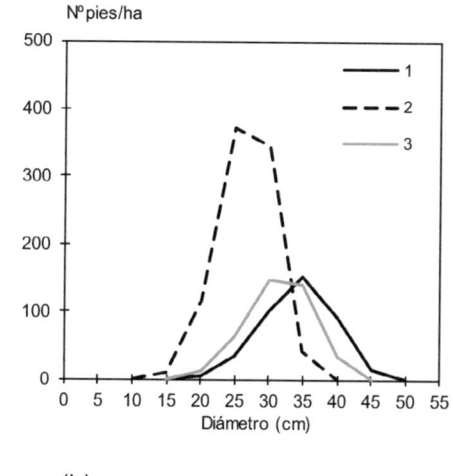

(b)

Figura 7.40 Simulación de tres alternativas selvícolas para masas de pino silvestre de elevada calidad con el modelo de simulación de claras SILVES (del Río y Montero, 2001). (a) Número de pies por hectárea en función de la altura dominante (curvas guías) para las tres alternativas. (b) Distribución diamétrica al final de la simulación correspondiente a una altura dominante de 24 m.

porvenir hasta un valor predeterminado, o reducir el volumen en pie a un nivel predeterminado. El momento de las intervenciones está determinado por la edad, espesura de la masa, y las dimensiones de los árboles (por ejemplo, alturas dominantes, diámetro medio, volumen medio del fuste). El simulador es programado de tal manera que a partir de las condiciones iniciales (por ejemplo, densidad, distribución de pies, fracción de cabida cubierta) y tras la simulación del tratamiento selvícola, se pueda evaluar el desarrollo del árbol y la masa en el siguiente intervalo.

7.8.1 Algoritmos para simular el efecto de las intervenciones selvícolas en masas regulares

En masas regulares, cuando se alcanzan los valores de edad o tamaño predefinidos para la corta

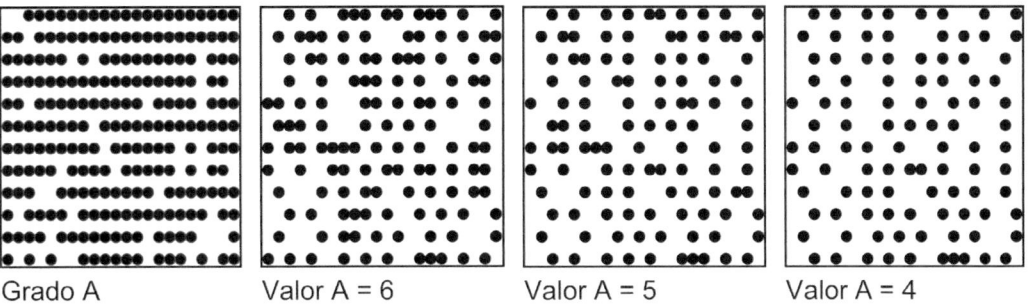

Figura 7.41 Densidad máxima (grado de claras A) y simulación de reducción de la densidad en masas de pícea seleccionando 100 pies de porvenir (Z) y reduciendo la competencia con valores A de 6, 5 y 4. A medida que el valor A disminuye, se tolera una presión competitiva cada vez menor en la parcela experimental y aumenta el número de pies extraídos.

se pueden aplicar reglas selvícolas programadas, como se muestra, por ejemplo, en la Figura 7.39 para masas de pícea. El ejemplo de esta figura es uno de los muchos enfoques posibles. Los algoritmos recogen mediante una serie de reglas los tratamientos a aplicar. En las simulaciones se pueden utilizar pautas de tratamiento o algoritmos predefinidos, como en este ejemplo, que se almacenan de forma parametrizada en bases de datos externas, aunque también se puede programar y testar el efecto de tratamientos selvícolas completamente nuevos, diseñados en cada caso por el usuario del simulador.

En el modelo de simulación de claras en masas de *Pinus sylvestris* en España (del Río y Montero, 2001) se incluyen funciones para predecir el efecto de distintos regímenes de claras en la masa. Por ejemplo, dando el peso de la clara en área basimétrica o en número de pies, se puede estimar el cambio producido en el resto de las variables de masa. Así, se puede definir un esquema de claras fijando la edad de iniciación, peso de las claras, bien en número de pies o en área basimétrica, y la rotación de las claras, y así simular la evolución de la masa. La simulación de la clara es posible mediante dos funciones incorporadas en el simulador, que predicen el diámetro medio cuadrático después de la clara en función del diámetro medio cuadrático antes de la clara y el peso de la clara, bien en número de pies o en área basimétrica $d_{g_{dc}} = f\left(d_{g_{ac}}, \frac{N_{ext}}{N_{ac}}\right)$;

$d_{g_{dc}} = f\left(d_{g_{ac}}, \frac{G_{ext}}{G_{ac}}\right)$. En la Figura 7.40 se muestran tres alternativas selvícolas representadas mediante la evolución en número de pies en función de la altura dominante (curvas guías), en las que varían la edad de iniciación y el peso de las claras junto con el efecto en la distribución diamétrica a los 70 años, que para una calidad de estación buena corresponde a una altura dominante de 24m.

En las simulaciones orientadas a la gestión u ordenación, se recurrirá a programas de tratamientos selvícolas típicos de la región, que deben estar disponibles, parametrizados e integrados en simuladores. Al desarrollar nuevas pautas de regulación selvícola en la práctica, se deben probar y parametrizar en modelos de crecimiento, por ejemplo, claras selectivas con número de árboles de porvenir variables según los valores de distancia A (Figura 7.41) (ver Sección 7.3.3.2). Para el análisis de escenarios regionales a gran escala, también se pueden definir programas de tratamientos selvícolas que sigan las tablas de producción disponibles. En la revisión de Bravo et al. (2012) se recogen las distintas aproximaciones utilizadas para integrar las intervenciones selvícolas en los modelos de crecimiento y producción en España.

7.8.2 Representación del tratamiento de masas mixtas

Los modelos de simulación que integran ,tanto el conocimiento sobre el crecimiento de las masas mixtas como su respuesta a los tratamientos selvícolas, se pueden utilizar para analizar distintos escenarios de gestión, de los cuales se pueden derivar posteriormente unas guías de gestión. El análisis de escenarios se lleva a cabo a través de simulaciones de diferentes opciones selvícolas, de forma que se identifique el mejor tratamiento posible en función de unas condiciones iniciales dadas (por ejemplo, condiciones del sitio, estructura de la masa, etc.), condiciones marco (por ejemplo, requisitos legales) y objetivos (por ejemplo, ponderación de los objetivos económicos, ecológicos y socioeconómicos). El tratamiento ideal encontrado a través del análisis de escenarios se puede poner posteriormente a disposición de la práctica forestal de forma simplificada, como una recomendación de gestión o una norma selvícola. En los modelos de crecimiento que incluyen masas mixtas, la integración técnica de los algoritmos para simular tratamientos selvícolas es similar a la de masas puras, con la particularidad de que la variedad de las reglas es mayor debido al mayor número de especies y la mayor complejidad de la estructura (Pretzsch et al. 2021).

La Figura 7.42 muestra, mediante una representación esquemática, cómo pueden ser las curvas iniciales de masas mixtas de dos especies. Ambos gráficos representan el desarrollo del número de pies de las especies 1 y 2 en función del tamaño medio del árbol. En la región angloamericana, se suele presentar la evolución del número de pies en escala logarítmica, $\ln(N)$, en función del tamaño del árbol (diámetro medio cuadrático o volumen medio), también en escala logarítmica, en los diagramas de manejo de la densidad de la masa (SDMD, ver Caja 7.1). En la Figura 7.42a se presenta en el eje x el logaritmo del número de pies y en el eje y el logaritmo del volumen del fuste, $\ln(v_g)$ (por ejemplo, Bégin et al. 2001, Newton 1997). En la selvicultura europea, las curvas guía para masas puras son más frecuentes en términos del número de pies en función de la altura media o dominante de la masa (ver Figura 7.16). En la Figura 7.42b se presentan las curvas guías para una mezcla de dos especies en función de la altura media. En estas figuras, las líneas rojas marcadas con flechas (hacia arriba en el primer caso, hacia abajo en el segundo) representan las curvas guía a lo largo de las cuales

deben ser guiadas las especies 1 y 2 en masas mixtas a través de tratamientos selvícolas. Es decir, se introducen los datos de densidad y tamaño observados en la masa y se deduce cuanto hay que reducir la densidad de cada especie (número de pies a eliminar) para alcanzar las curvas guías o si se debe esperar hasta que la densidad de la masa alcance estas guías. Los corredores, que se indican en blanco y delimitados por líneas discontinuas en la figura, representan los límites que no se deben sobrepasar, tanto de densidad excesiva como defectiva. Si se quiere conservar la mezcla se deben evitar las áreas marcadas en gris. Una ventaja de la variante europea (Figura 7.42b) es que la altura media, que se requiere como una variable de entrada en el diagrama, es más fácil de determinar en la práctica que el volumen del fuste medio. Una ventaja de la variante angloamericana (Figura 7.42a) es que las dos variables de control, N y v_g, se pueden usar para obtener los valores de la masa residual y extraída directamente (volumen en pie = $N_{res} \times v_{g_{res}}$ y volumen de la clara = $N_{res} \times v_{g_{res}}$).

La diferencia fundamental de estos diagramas con los de masas puras (Sección 7.2.1) es que las curvas guía de las especies 1 y 2 están estrechamente relacionadas. Si el número de pies de una especie se mantiene demasiado alto, esto puede conducir a una reducción en la proporción de la mezcla o incluso al fracaso de las otras especies. En masas puras, las desviaciones de las curvas-objetivo correspondientes pueden conducir a pérdidas en el crecimiento de la masa o en el tamaño medio de los árboles, mientras que en masas mixtas pueden poner en riesgo la composición específica y, por ejemplo, en plantaciones mixtas, cuestionar la diversificación y el objetivo de las mismas.

En comparación con los algoritmos que regulan y varían los tratamientos selvícolas en un modelo de simulación (por ejemplo, regeneración, clareos, claras selectivas, regulación del patrón de mezcla y las proporciones de la mezcla), las curvas guía presentadas en las Figura 7.42 suponen una gran simplificación. Sin embargo, la transferencia a la práctica forestal con frecuencia requiere de unas curvas guía simples y, si es

7.8 Formulación cuantitativa y algoritmos de reglas selvícolas para la simulación del crecimiento forestal

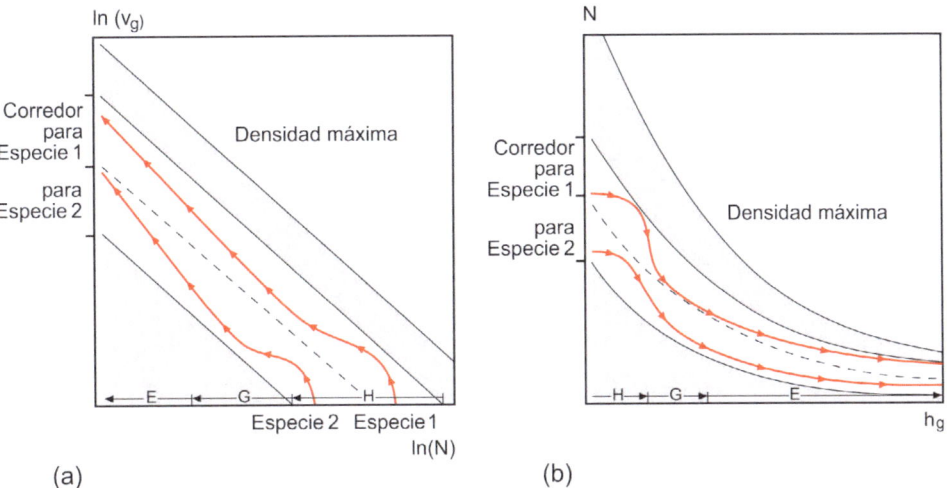

Figura 7.42 Representación esquemática de guías selvícolas para masas mixtas de dos especies según Pretzsch y Zenner (2017). (a) Curva guía para la regulación de una masa mixta de dos especies en representación doble logarítmica del volumen del fuste, v_g, en el eje y y el número de árboles, N, en el eje x. (b) Curvas guía para la regulación de una masa mixta de dos especies con el número de árboles, N, en el eje y, y la altura del árbol de área basimétrica media, h_g, en el eje x. Las líneas rojas marcadas con flechas representan las curvas guía a lo largo de las cuales se debe guiar a las especies 1 y 2 en las masas mixtas a tratar. Los corredores, que se presentan en blanco y delimitados por líneas discontinuas, no se deben abandonar y así evitar las áreas marcadas en gris para conservar la mezcla.

necesario, parcelas de demostración y orientación de la gestión (por ejemplo, marteloscopios o aulas de señalamiento). Estas curvas pueden integrarse en los simuladores como referencias límite en las que se debe mover cada especie.

Si se quieren incluir algoritmos para la simulación de claras en modelos para masas mixtas, estos deben de incluir además del peso y tipo de clara, al menos la proporción de la intervención sobre cada especie. Para regular la proporción de especies y la densidad mediante claras en masas mixtas, los coeficientes de equivalencia entre especies resultan especialmente útiles (secciones 7.4.3 y 7.4.4). Si las prescripciones selvícolas se quieren dar a nivel de masa, se pueden usar los coeficientes de equivalencia en densidad para su integración en los simuladores. Si las prescripciones se orientan al nivel de árbol, con selección de árboles de porvenir, los coeficientes de equivalencia en proyección de copa pueden ser de utilidad. No obstante, son muchos los aspectos que influyen sobre la dinámica de las masas mixtas, como la distribución espacial o el grado de mezcla de las especies, cuyo conocimiento todavía necesita desarrollarse para su implementación en los modelos de crecimiento mediante los correspondientes algoritmos. En la revisión de prescripciones selvícolas en masas mixtas de Pretzsch et al. (2021) se recogen las diferentes alternativas para el desarrollo de algoritmos para simular intervenciones y prescripciones selvícolas en masas mixtas.

7.8.3 Simulación de cortas por clases diamétricas en el monte entresacado

En las masas irregulares, el control del tipo de intervención puede definirse con más detalle especificando la distribución diamétrica del número de pies por hectárea que se desea alcanzar. La comparación de la distribución real y la programada o ideal permite determinar qué árboles habría que cortar, de manera que la distribución real se acerque gradualmente a la deseada mediante las intervenciones selvícolas. Por ejemplo, las cortas por entresaca pueden controlarse

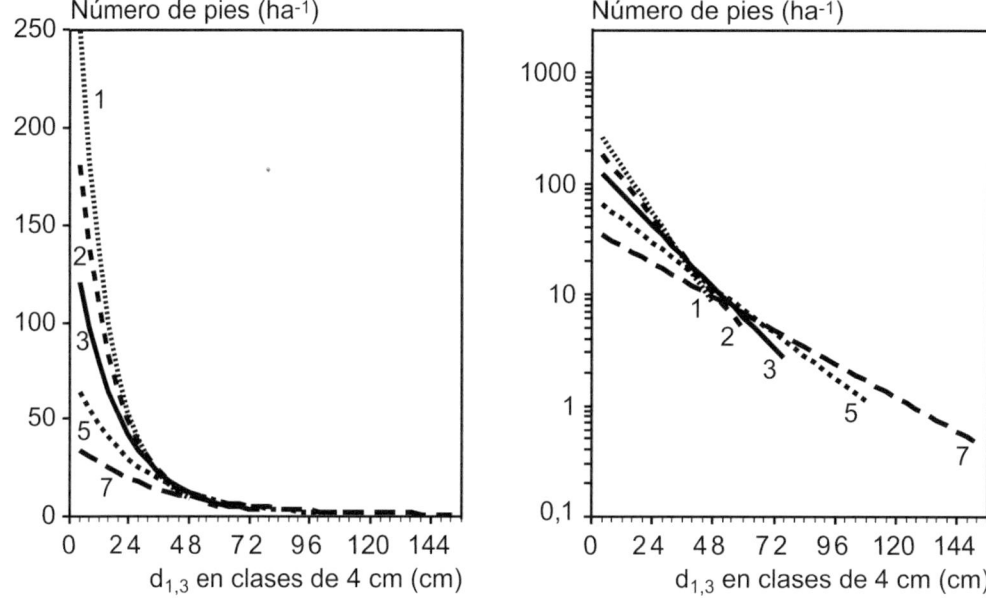

Figura 7.43 Distribuciones diamétricas alternativas para el control de las intervenciones en el monte alto irregular mixto de pícea-abeto-haya del monte de Kreuzberg en Baviera. Las posibles distribuciones objetivo se muestran en un sistema de coordenadas cartesianas (izquierda) y en un sistema de coordenadas semilogarítmicas (derecha). Las alternativas 1, 2, 3, 5 y 7 con los parámetros a_1 a a_7 y k_1 a k_7, representan estados de equilibrio con diámetros de cortabilidad de 51 a 154 cm y existencias de 148 a 51 3m³ ha⁻¹ (según Knoke 1998).

especificando la curva de equilibrio deseada. La Figura 7.43 muestra las posibles distribuciones diamétricas objetivo para el estudio de distintas variantes en los montes entresacados del este de Baviera (según Knoke, 1998). Las curvas de equilibrio alternativas para el monte entresacado de Kreuzberg en el Servicio Forestal de Freyung se representan en un sistema de coordenadas cartesianas (izquierda) y en un sistema de coordenadas semilogarítmicas (derecha). Estas curvas se basan en cálculos realizados mediante simulaciones con el modelo SILVA, analizando diferentes métodos de transformación de masas regulares de pícea en masas mixtas altamente estructuradas. Las curvas 1, 2, 3, 5 y 7 se caracterizan según los valores de los parámetros de las curvas a_1 a a_7 y k_1 a k_7, que representan estados de equilibrio con diámetros objetivo de 51 a 154 cm y existencias de 148 a 513 m³ ha⁻¹. Estas curvas se pueden implementar en los simuladores y, mediante los algoritmos correspondientes, automatizar las cortas según la comparación de las distribuciones observada y deseada.

Mensajes clave

1. La regulación de los tratamientos selvícolas recoge todas las medidas selvícolas que intervienen en el desarrollo de la masa, que se modifica mediante estos tratamientos para alcanzar un objetivo definido. La regulación selvícola se centra en los tratamientos selvícolas que modifican la estructura de la masa (área basimétrica, competencia, control de la mezcla, etc.) y, por lo tanto, afectan indirectamente a las funciones de la masa.

2. La formulación cuantitativa de las reglas selvícolas es esencial para la gestión, ejecución y control de la práctica selvícola, para la regulación de parcelas experimentales a largo plazo y para la integración de algoritmos de tratamientos selvícolas en los simuladores forestales.

3. Para el desarrollo de medidas selvícolas y su cuantificación, se pueden usar los conceptos de densidad máxima para cada especie y estación, respuesta del crecimiento de la masa según densidad (relación densidad-crecimiento) y respuesta de la regeneración a la reducción del volumen de la masa, así como conceptos que reflejan la ocupación del árbol individual y las relaciones competitivas que permiten diseñar intervenciones a nivel árbol.

4. Las claras se pueden cuantificar por el tipo, el peso y la rotación, además de la edad de iniciación. El tipo de clara se puede describir según las clases de árboles a extraer y la selección de pies de porvenir. El peso de la corta se puede caracterizar, entre otros métodos, por la densidad objetivo de la masa, la liberación de competencia o el volumen de la corta. La rotación se puede describir en base a la edad de la masa o las dimensiones del árbol.

5. La medida más importante para regular la mezcla de especies consiste en modificar la competencia entre especies, que se puede retrasar o separar espacialmente durante el establecimiento de la masa. Para asegurar la proporción de mezcla de especies deseada, se debe tener en cuenta, bien el desarrollo alométrico específico de las especies, por ejemplo, la superficie de la proyección de la copa para un diámetro dado, o bien la capacidad de carga de cada especie.

6. Mientras que en una masa regular de un monte alto ordenado y tratado por aclareos sucesivos todas las intervenciones selvícolas, con diferentes objetivos (regeneración, liberación competencia, etc.), se llevan a cabo una tras otra a lo largo del desarrollo de la masa, en la masa irregular del monte entresacado se dan al mismo tiempo, es decir, las mismas cortas controlan la composición de especies, el vigor de los árboles, el fomento de la estructura y la regeneración.

7. Las cortas de regeneración en las que se reduce la cobertura o el volumen en pie para iniciar, establecer y promover el regenerado pueden caracterizarse según el tipo, el peso y la frecuencia de las cortas, al igual que en las claras. El tipo de intervención debe indicar cómo se modifica la estructura de la masa madura (qué tipo de pies se dejan en pie), el peso como el grado de reducción del volumen y la rotación como la frecuencia temporal de la intervención. Los distintos métodos de regeneración se pueden clasificar dentro de un continuo en términos de tipo, peso y rotación.

8. Las intervenciones en el monte entresacado tienen como objetivo mantener un estado de equilibrio, que puede garantizarse manteniendo una relación exponencial decreciente del número de pies por hectárea y el diámetro. El control y la cuantificación de las intervenciones se puede efectuar mediante las distribuciones diamétricas, con la comparación de la distribución observada frente a la deseada.

9. La transformación de una masa regular con espesura completa a una masa irregular consiste en la reducción gradual de la espesura de la masa madura de modo que se establece y promueve un regenerado natural o por siembra continuo, que lleve a una estructura de múltiples pisos. La descripción cuantitativa de esta transformación se puede hacer mediante curvas de reducción de volumen de la masa madura, caracterizando el tipo, peso y rotación de las cortas.

10. La simulación de diferentes enfoques selvícolas con modelos de crecimiento forestal no es posible sin una formulación cuantitativa y algorítmica de las reglas selvícolas. La integración de las reglas selvícolas en los simuladores requiere de una cuantificación transparente de la intervención, de la formulación biométrica y de su integración en el código del simulador.

Referencias

Abetz P (1974) Zur Standraumregulierung in Mischbeständen und Auswahl von Zukunftsbäumen. AFZ 29(41):871-873

Abetz P (1975) Entscheidungshilfen für die Durchforstung von Fichtenbeständen (Durchforstungshilfe Fi 1975). Merkbl Forstl Versuchs- u Forschungsanst Bad-Württ 13, Freiburg, 9 p

Abetz P, Mitscherlich G (1969) Überlegungen zur Planung von Bestandesbehandlungsversuchen. AFJZ 140:175-178

Abetz P, Merkel O, Schaurer E (1964) Düngungsversuche in Fichtenbeständen Südbadens. AFJZ 135:247-262

Aguirre A, del Río M, Condés S (2018) Intra- and inter-specific variation of the maximum size-density relationship along an aridity gradient in Iberian pinewoods. Forest Ecology and Management 411:90–100. https://doi.org/10.1016/j.foreco.2018.01.017

Alejano R, Gonzalez Jm, Serrada R (2008) Selvicultura de *Pinus nigra* Arn. Susp. Salzmnnii (Dunal) Franco. En: Serrada R, Montero G, Reque J. (eds) Compendio de Selvicultura Aplicada en España. INIA- FUCOVASA, Madrid, pp 312-356

Asociación Alemana de Institutos de Investigación Forestal - Deutscher Verband Forstlicher Forschungsanstalten (1986a) Empfehlungen für ertragskundliche Versuche zur Beobachtung der Reaktion von Bäumen auf unterschiedliche Freistellung. AFJZ 157(3/4):78-79

Asociación Alemana de Institutos de Investigación Forestal - Deutscher Verband Forstlicher Forschungsanstalten (1986b) Empfehlungen für Freistellungsversuche. Versuchsprogramm Fichte mit Z-Baum-Freistellung 1983. AFJZ 157(3/4):79-82

Asociación de Institutos Alemanes de Investigación Forestal - Verein Deutscher Forstlicher Versuchsanstalten (1902) Beratungen der vom Vereine Deutscher Forstlicher Versuchsanstalten eingesetzten Kommission zur Feststellung des neuen Arbeitsplanes für Durchforstungs- und Lichtungsversuche. AFJZ 78:180-184

Assmann E (1961) Waldertragskunde. Organische Produktion, Struktur, Zuwachs und Ertrag von Waldbeständen. BLV Verlagsgesellschaft, München, Bonn, Wien, 490 p

Assmann E (1970) The principles of forest yield study. Pergamon Press, Oxford, New York, 506 p

Bauhus J, Forrester DI, Pretzsch H, Felton A, Pyttel P, Benneter A (2017) Silvicultural Options for Mixed-Species Stands. In: Pretzsch H, Forrester DI, Bauhus J (eds) Mixed-Species Forests: Ecology and Management. Springer, Berlin, Heidelberg, pp 433–501. https://doi.org/10.1007/978-3-662-54553-9_9

Becking J H (1953) Einige Gesichtspunkte für die Durchführung von vergleichenden Durchforstungsversuchen in gleichaltrigen Beständen. Proc 11th IUFRO Congress 1953, Rome, pp 580-582.

Bégin E, Bégin J, Bélanger L, Rivest L-P, Tremblay S (2001) Balsam fir self-thinning relationship and its constancy among different ecological regions. Can J For Res 31(6):950–959. https://doi.org/10.1139/x01-026

Bravo F, Álvarez JG, del Río M, Barrio-anta M, Bonet JA, Bravo-oviedo A, Calama R, Castedo-Dorado F, Crecente-Campo F, Condés S, Diéguez-Aranda U, González-Martínez SC, Lizarralde I, Nanos N, Madrigal A, Martínez-Millán FJ, Montero G, Ordóñez C, Palahí M, Piqué M, Rodríguez F, Rodríguez-Soalleiro R, Rojo A, Ruiz-Peinado R, Sánchez-González M, Trasobares A, Vázquez-Piqué J (2012) Growth and yield models in Spain: Historical overview, contemporary examples and perspectives. Available from: https://www.researchgate.net/publication/305640514_Growth_and_yield_models_in_Spain_Historical_overview_contemporary_examples_and_perspectives#fullTextFileContent [accessed Jan 31 2024]

Burschel P, Huss J (1987) Grundriß des Waldbaus. Pareys Studientexte 49, Hamburg, Berlin, 352 p

Condés S, Aguirre A, del Río M (2020) Crown plasticity of five pine species in response to competition along an aridity gradient. Forest Ecology and Management 473:118302. https://doi.org/10.1016/j.foreco.2020.118302

Curtis RO (1982) A Simple Index of Stand Density for Douglas-fir. Forest Science 28(1):92–94. https://doi.org/10.1093/forestscience/28.1.92

Dahlhausen J, Biber P, Rötzer T, Uhl E, Pretzsch H (2016) Tree Species and Their Space Requirements in Six Urban Environments Worldwide. Forests 7(6):111. https://doi.org/10.3390/f7060111

de Frutos S, Fernández-Ramírez S, Barrero D, Martínez G, García-Plasencia S, Castilla MA, del Río M, Ruiz-Peinado R, Roig-Gomez S, Bravo-Fernández A (2019) Buscando la diversificación estructural y específica en repoblaciones de *Pinus pinaster* Ait: Entresaca por bosquetes pequeños y corta a hecho en dos tiempos. Cuadernos de la Sociedad Española de Ciencias Forestales 45(3):59-76. https://doi.org/10.31167/csecfv0i45.19879

del Río M (1999) Régimen de claras y modelo de producción para *Pinus sylvestris* en los Sistemas Central e Ibérico. Tesis doctorales INIA. Serie Forestal 2: 257 p

del Río M, Montero G (2001) Modelo de simulación de claras en masas de *Pinus sylvestris* L. Monografías INIA. Serie Forestal 3: 114 p

del Río M, López E, Montero G (2006) Manual de gestión para masas procedentes de repoblación de *Pinus pinaster* Ait, *Pinus sylvestris* L. y *Pinus nigra* Arn. en Castilla y León. Consejería de Medio Ambiente. Junta de Castilla y León, 102 p

del Río M, Montero G, Ortega C (1997) Respuesta de los distintos regímenes de claras a los daños causados por la nieve en masas de *Pinus sylvestris* L. en el Sistema Central. Investigación Agraria: Sistemas y Recursos Forestales 6(1/2):103-117.

del Río M, Montero G, Bravo F (2001) Analysis of diameter–density relationships and self-thinning in non-thinned even-aged Scots pine stands. Forest Ecology and Management 142(1):79–87. https://doi.org/10.1016/S0378-1127(00)00341-8

Dieler J, Pretzsch H (2013) Morphological plasticity of European beech (*Fagus sylvatica* L.) in pure and mixed-species stands. Forest Ecology and Management 295:97–108. https://doi.org/10.1016/j.foreco.2012.12.049

Franz F (1965) Ermittlung von Schätzwerten der natürlichen Grundfläche mit Hilfe ertragskundlicher Bestimmungsgrößen des verbleibenden Bestandes. Forstw Cbl 84:357-386.

Franz F (1967a) Düngungsversuche und ihre ertragskundliche Interpretation. Sonderdruck Kolloquiums für Forstdüngung in Jyväskylä/Finnland, Internat Kali-Inst, Bern, Schweiz, pp 91-110

Franz F (1967) Ertragsniveau-Schätzverfahren für die Fichte an Hand einmalig erhobener Bestandesgrößen. Forstw Cbl 86(2):98–125. https://doi.org/10.1007/BF01822159

González JM, Arrufat D, Meya D (1997) Modelos de gestión para las masas irregulares de pino laricio en el Prepirineo catalán. Revista Forestal Española 16:14-20

González JM, Meya D, Arrufat D (1998) Definició de models selvícoles de gestió per el Solsonés. CTFC. Documento interno.

Hart HMJ (1928) Stamtal en dunning: een oriënteerend onderzoek naar de beste plantwijdte en dunningswijze voor den djati. Mededeelingen van het Proefstation voor het Boschwezen 21, Veenman & Zonen, Wageningen, 219 p

Johann K (1982) Der „A-Wert" – ein objektiver Parameter zur Bestimmung der Freistellungsstärke von Zentralbäumen. Proc Dt Verb Forstl Forschungsanst, Sek Ertragskd, in Weibersbrunn, pp 146-158

Kató F (1979) Qualitative Gruppendurchforstung zur Rationalisierung der Buchenwirtschaft. AFZ 34(8):173-177

Kató F (1987) Wirtschaftliche Bewertung der „Qualitativen Gruppendurchforstung" nach 20-jähriger Beobachtung. Forst- u Holzwirt 42(14):371-373

Kató F, Müldner D (1978) Über die soziologische und qualitative Zusammensetzung gleichaltriger Buchenbestände. Schr Forstl Fak Univ Göttingen u Niedersächs Forst Versuchsanst, JD Sauerländer's Verlag, Frankfurt am Main, Band 51, 110 p + Anex

Knoke T (1998) Analyse und Optimierung der Holzproduktion in einem Plenterwald- zur Forstbetriebsplanung in ungleichaltrigen Wäldern. Forstl Forschungsber München 170, 198 p

Kraft G (1884) Beiträge zur Lehre von den Durchforstungen, Schlagstellungen und Lichtungshieben. Klindworth's Verlag, Hannover, 147 p

Long JN (1985) A Practical Approach to Density Management. The Forestry Chronicle 61(1):23–27. https://doi.org/10.5558/tfc61023-1

Magin R (1959) Struktur und Leistung mehrschichtiger Mischwälder in den bayerischen Alpen. Mitt Staatsforstverwaltung Bayerns 30, 161 p

Mayer H (1984) Waldbau auf soziologisch-ökologischer Grundlage. Gustav Fischer Verlag, Stuttgart, New York, 514 p

MCPFE (1993) Resolution H1: General guidelines for the sustainable management of forests in Europe. Proc 2nd Ministerial Conference on the Protection of Forests in Europe, Helsinki, Finland, p 5

Montero G, López E (2008) Selvicultura de *Quercus suber* L. En: Serrada R, Montero G, Reque JA (eds) Compendio de Selvicultura Aplicada en España. INIA-FUCOVASA, Madrid, España, pp 779-829

Newton PF (1997) Stand density management diagrams: Review of their development and utility in stand-level management planning. Forest Ecology and Management 98(3):251–265. https://doi.org/10.1016/S0378-1127(97)00086-8

Pretzsch H (2009). Forest dynamics, growth, and yield. In Forest Dynamics, Growth and Yield (pp. 1-39). Springer Berlin Heidelberg, 664 p

Pretzsch H (2014) Canopy space filling and tree crown morphology in mixed-species stands compared with monocultures. Forest Ecology and Management 327:251–264. https://doi.org/10.1016/j.foreco.2014.04.027

Pretzsch, H. (2019). Transitioning monocultures to complex forest stands in Central Europe: principles and practice. Achieving sustainable management of boreal and temperate forests. Burleigh Dodds Science Publishing, Cambridge, 1-42

Pretzsch H, Dieler J (2012) Evidence of variant intra- and interspecific scaling of tree crown structure and relevance for allometric theory. Oecologia 169(3):637–649. https://doi.org/10.1007/s00442-011-2240-5

Pretzsch H, Biber P (2016) Tree species mixing can increase maximum stand density. Can J For Res 46(10):1179–1193. https://doi.org/10.1139/cjfr-2015-0413

Pretzsch H, Zenner EK (2017) Toward managing mixed-species stands: from parametrization to prescription. For Ecosyst 4(1):19. https://doi.org/10.1186/s40663-017-0105-z

Pretzsch H, del Río M (2020) Density regulation of mixed and mono-specific forest stands as a continuum: a new concept based on species-specific coefficients for density equivalence and density modification. Forestry: An International Journal of Forest Research 93(1):1–15. https://doi.org/10.1093/forestry/cpz069

Pretzsch H, Biber P, Uhl E, Dahlhausen J, Rötzer

T, Caldentey J, Koike T, van Con T, Chavanne A, Seifert T, Toit B du, Farnden C, Pauleit S (2015a) Crown size and growing space requirement of common tree species in urban centres, parks, and forests. Urban Forestry & Urban Greening 14(3):466–479. https://doi.org/10.1016/j.ufug.2015.04.006

Pretzsch H, del Río M, Ammer Ch, Avdagic A, Barbeito I, Bielak K, Brazaitis G, Coll L, Dirnberger G, Drössler L, Fabrika M, Forrester DI, Godvod K, Heym M, Hurt V, Kurylyak V, Löf M, Lombardi F, Matović B, Mohren F, Motta R, den Ouden J, Pach M, Ponette Q, Schütze G, Schweig J, Skrzyszewski J, Sramek V, Sterba H, Stojanović D, Svoboda M, Vanhellemont M, Verheyen K, Wellhausen K, Zlatanov T, Bravo-Oviedo A (2015b) Growth and yield of mixed versus pure stands of Scots pine (*Pinus sylvestris* L.) and European beech (*Fagus sylvatica* L.) analysed along a productivity gradient through Europe. Eur J Forest Res 134(5):927–947. https://doi.org/10.1007/s10342-015-0900-4

Pretzsch H, Forrester DI, Bauhus J (2017) Mixed-Species Forests. Ecology and Management, Spinger, Berlin, 653 p.

Pretzsch H, Poschenrieder W, Uhl E, Brazaitis G, Makrickiene E, Calama R (2021) Silvicultural prescriptions for mixed-species forest stands. A European review and perspective. Eur J Forest Res 140(5):1295–1296. https://doi.org/10.1007/s10342-021-01388-7

Reineke LH (1933) Perfecting a stand-density index for even-aged forests. J Agr Res 46: 627-638

Riofrío J, del Río M, Pretzsch H, Bravo F (2017) Changes in structural heterogeneity and stand productivity by mixing Scots pine and Maritime pine. Forest Ecology and Management 405:219–228. https://doi.org/10.1016/j.foreco.2017.09.036

Röhrig E, Bartsch N, von Lüpke B, Dengler A (2006) Waldbau auf ökologischer Grundlage. Stuttgart: Ulmer.

Schober R (1961) Zweckbestimmung, Methodik und Vorbereitung von Provenienzversuchen. AFJZ 132(2):29-38

Schober R (1975) Ertragstafeln wichtiger Baumarten. JD Sauerländer's Verlag, Frankfurt am Main

Schober R (1988a) Von der Niederdurchforstung zu Auslesedurchforstungen im Herrschenden. AFJZ 159(9/10):208-213

Schober R (1988b) Von Zukunfts- und Elitebäumen. AFJZ 159(11/12):239-249

Schütz JP (1997) Sylviculture 2. La gestion des forêts irrégulières et mélangées. Presses Polytechniques et Universitaires Romandes, Lausanne, 178 p

Serrada R (2011) Apuntes de Selvicultura. Fundación Conde del Valle de Salazar, Madrid 502 p

Serrada R, Montero G, Reque JA (Eds) (2008) Compendio de Selvicultura Aplicada en España. Ed. INIA- FUCOVASA, Madrid, 1178 p

Sterba H (1975) Assmanns Theorie der Grundflächenhaltung und die „Competition-Density-Rule" der Japaner Kira, Ando und Tadaki. Cbl für das ges Forstwesen, 92(1):46-62

Sterba H (1981) Natürlicher Bestockungsgrad und Reinekes SDI. Cbl für das ges Forstwesen 98:101-116

Valbuena Perez P, Peso Taranco CE del, Bravo Oviedo F (2008) Stand density management diagrams for two Mediterranean pine species in eastern Spain. Diagramas de manejo de densidad para dos especies de pino mediterráneas en el este de España 17(2):97–104. https://doi.org/10.5424/srf/2008172-01026

Weetman G (2005) Partial cutting in the boreal: Some concerns, its history and its place in management, Lecture on workshop "Partial cutting in the eastern boreal forest: current knowledge and perspectives". Univ of Quebéc at Temiskaming UQAT, Rouyn-Noranda, revised and updated Jan/05, UBC Vancouver, 29 p

Referencias

Capítulo 7

Estimación de la productividad de las masas forestales

8

8.1	Relevancia de la productividad de las masas forestales	478
8.2	Productividad. Términos y definiciones	480
8.3	Parámetros de productividad de la masa	485
8.4	Conceptos dasométricos para la estimación de la productividad	490
8.5	De enfoques descriptivos a enfoques basados en procesos biofísicos para la estimación de la productividad	502
	Mensajes clave	508
	Referencias	510

8 Estimación de la productividad de las masas forestales

Resumen La productividad de las masas forestales es una información clave para comprender su dinámica y, entre otros, para la elección de especies, la estimación de la cantidad de madera y la fijación de C, la determinación de una tasa de corta sostenible y la evaluación financiera del bosque. Por ello, la estimación de la productividad de los ecosistemas y masas forestales ha sido un tema central de la ciencia forestal desde sus inicios. La productividad de los bosques es más difícil de determinar que la de los cultivos agrícolas debido al tamaño de los árboles y la larga vida útil de la masa, ya que los árboles o las masas forestales no se pueden cosechar y luego pesar tan fácilmente como la hierba y las patatas de los prados o los cultivos agrícolas. En el caso de los bosques, es de interés la productividad a lo largo de todo el turno o vida útil, que puede conllevar períodos de crecimiento de 100 o incluso 200 años.

Este capítulo presenta, en primer lugar, los parámetros de productividad más importantes, como la producción primaria bruta y neta, el crecimiento bruto y neto de la biomasa, así como el crecimiento en volumen de la masa y el crecimiento total del volumen maderable del fuste. La capacidad productiva de una estación forestal (sitio forestal) es la capacidad que ese sitio tiene para producir biomasa forestal, dependiendo de los factores ecológicos, de la especie forestal que lo ocupa y del régimen selvícola aplicado. Posteriormente se discuten los principales conceptos de la estimación de la productividad.

Primero, se revisan los métodos biométricos que utilizan el volumen, la altura media o la altura dominante de la masa para evaluar la calidad de la estación y su productividad.

En segundo lugar, se presentan los índices de productividad que se basan en la caracterización de la estación según sus condiciones climáticas o biogeoecológicamente y la correlación de estos factores con la producción de biomasa.

En tercer lugar, la productividad se puede estimar utilizando modelos de crecimiento dinámicos que predicen la producción de tejidos en función de las condiciones ambientales regionales o locales. Se basan en relaciones estadísticas o ecofisiológicas entre los factores del medio y la producción de biomasa.

Las bases de información sobre los ecosistemas forestales y la toma de decisiones para la gestión forestal se mejora mediante la creación de parcelas experimentales que ofrecen información de la productividad actualizada con cada inventario. Por lo tanto, en cuarto lugar, este capítulo trata la transición de enfoques deductivos (basados en modelos) a inductivos (basados en mediciones de existencias individuales) para la estimación de la productividad.

Además, el capítulo también proporciona una descripción general de la productividad de los ecosistemas y las masas forestales para diferentes zonas climáticas, especies y estructuras forestales; en otras palabras, estimaciones generales para la productividad de las masas forestales.

8.1 Relevancia de la productividad de las masas forestales

Los métodos de estimación de la productividad de una masa según especie y estación que se describen en este capítulo sirvieron originalmente para maximizar la producción de madera. Sin embargo, hoy en día son esenciales para muchos aspectos de la ordenación de montes, ya que la productividad determina prácticamente todas las funciones y servicios de los ecosistemas, desde el suministro de recursos hasta la salud y la vitalidad, la biodiversidad, las funciones protectoras y otros servicios socioeconómicos de los bosques. Esta es la principal razón por la que la productividad de una masa es tan importante tanto para la selvicultura que se orienta principalmente al suministro de madera, como para la gestión de ecosistemas multifuncionales (Yaffee 1999). En última instancia, la mayoría de los productos forestales dependen de la productividad específica del sitio y de la especie de árbol. La productividad de una masa forestal está a su vez relacionada con su dinámica, por lo que ofrece información valiosa para la gestión. Las características dasométricas de la masa, como el número de pies, la altura, el volumen acumulado total o la tasa de crecimiento en términos de volumen, proporcionan los parámetros básicos para la regulación de la producción y el aprovechamiento (Burkhart y Tomé 2012). Sin embargo, también proporcionan indicadores importantes para muchos servicios forestales como la biodiversidad, los hábitats, las funciones protectoras, el recreo o la estética de los bosques y el paisaje (Alonso-Ponce et al. 2017; del Río et al. .2016, Pommerening 2006, Pretzsch 1997, 1998).

Las opciones disponibles para la fijación de carbono y la sustitución de combustibles fósiles aumentan con la productividad (Marland y Schlamadinger 1997); al mismo tiempo, la contribución de los bosques a la recarga de las aguas subterráneas puede disminuir al aumentar la productividad por su mayor demanda de recursos hídricos (Dudley y Stolton 2003, Molden et al. 2003). La abundancia de especies generalmente aumenta con la productividad (Vile et al. 2006), mientras que la diversidad de especies puede seguir distintos patrones con la productividad según el ámbito del análisis (Waidee et al. 1999). Con el aumento de la productividad, la ganancia económica para el propietario del monte aumenta si el objetivo principal es la producción, pero al mismo tiempo, el valor estético y la función recreativa pueden disminuir debido a la alta densidad forestal, una menor visibilidad en perspectiva o por pistas forestales muy transitadas. Por tanto, existen compensaciones entre la productividad y otros servicios y funciones del bosque. No obstante, estas relaciones entre las distintas funciones y servicios pueden cambiar con la transición a niveles de resolución espacial o temporal más amplios. Por ejemplo, las plantaciones altamente productivas pueden parecer perjudiciales en términos de diversidad de especies forestales y biodiversidad general. Sin embargo, si su productividad es superior a la media, ayuda a preservar áreas en otros lugares que son aprovechadas extensivamente, por lo que la evaluación puede cambiar.

La alta productividad puede resultar perjudicial cuando conlleva que se extraigan grandes cantidades de biomasa y con ellas más nutrientes del suelo, aunque los suelos más productivos lo son porque son más fértiles. Estos efectos, que, en algún caso extremo, podrían convertirse en negativos, pueden reducirse restringiendo los aprovechamientos al fuste maderable, ya que esto significa que se extraen significativamente menos nutrientes que, por ejemplo, al extraer árboles enteros (Montero et al. 1999). Otros posibles efectos negativos de la alta productividad pueden reducirse mediante intervenciones selvícolas. Por ejemplo, las masas altamente productivas se pueden aclarar para aumentar la infiltración de agua subterránea, o masas demasiado densas se pueden aclarar de modo que se crea una vista más abierta para los excursionistas en ciertos puntos y se mejora la apariencia estética y el valor recreativo. Posibles efectos positivos de la baja productividad son por ejemplo una alta biodiversidad, aunque no necesariamente, menor densidad, etc. (Pretzsch et al. 2022). A través de la fertilización o el drenaje, las masas con baja productividad se pueden transformar, en cierta medida en masas más productivas.

La información básica sobre la productividad de las masas forestales proviene principalmente de parcelas experimentales o de datos de inventarios a mayor escala superficial. Suponiendo que las condiciones de crecimiento en un lugar determinado fueran constantes, si no se producen cambios importantes en las condiciones ambientales o cambio de especie, las estimaciones de la productividad o su medición en las parcelas experimentales podrían mantenerse a lo largo del tiempo. Esto facilitaría su estimación, ya que los valores de productividad determinados en el curso de los inventarios podrían utilizarse para la planificación futura. Sin embargo, la productividad puede aumentar o disminuir con el tiempo por diversos motivos, como cambio de especie (Wiedemann 1923), el uso de hojarasca (Kreutzer 1972), la transición de masas puras a masas mixtas (Mammen et al. 2003), fertilización con nitrógeno (Pretzsch 1985, Spiecker et al. 1996), contaminación del aire (Uhl et al. 2013), incendios forestales (Sparks et al.2018) o por el cambio climático (Boisvenue y Running 2006, Pretzsch et al. 2014a y 2014b; Pretzsch et al. 2023a), que pueden cambiar significativamente en solo unas pocas décadas. Los efectos sobre la productividad varían, según las condiciones originales de crecimiento y las especies de árboles, de cambios positivos y neutros a negativos debido al alcance de las influencias disruptivas o positivas sobre el crecimiento.

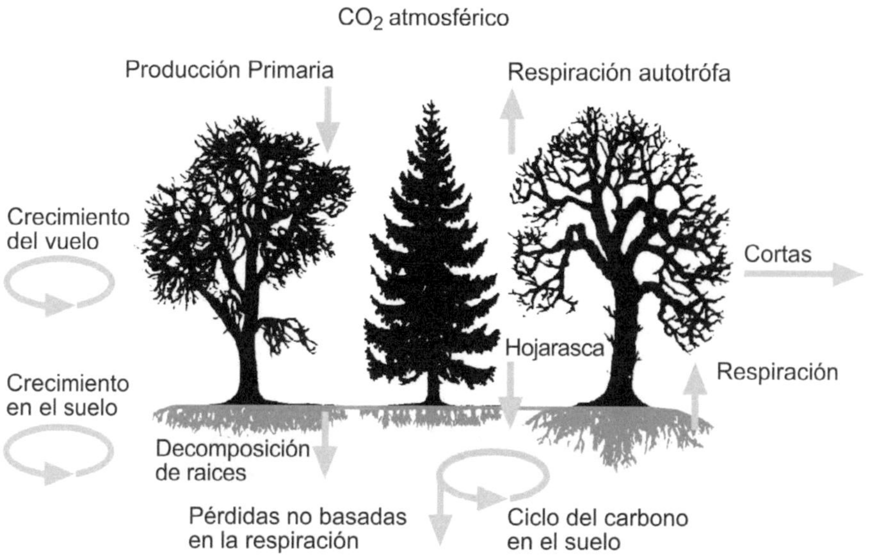

8 Estimación de la productividad de las masas forestales

Figura 8.1 Esquema de los flujos de carbono en las masas forestales. Proporciones considerables de la producción primaria bruta se pierden debido a la respiración, la pérdida o la extracción de órganos.

Muchos de los modelos de estimación de la productividad que se utilizan actualmente, se basan en resultados de parcelas experimentales permanentes referidos a tiempos pasados y por consiguiente producidos en fechas en las que las condiciones ambientales podrían ser diferentes a las actuales. Por lo tanto, pueden representar, solo parcialmente las condiciones actuales de crecimiento y, a menudo, no tienen en cuenta los efectos que los cambios en las condiciones de crecimiento debido a la deposición de sustancias, el cambio climático o la contaminación, tienen en la productividad. Esto se puede mejorar, por ejemplo, mediante la transición de enfoques de modelos estáticos hacia modelos basados en procesos biofísicos que estiman la productividad actual o futura según las condiciones de crecimiento respectivas.

8.2 Productividad. Términos y definiciones

La productividad de las masas forestales describe la capacidad fotosintética de los árboles por período y unidad de superficie y, por lo tanto, representa parte del ciclo de carbono o biomasa de los ecosistemas forestales (Figura 8.1). La productividad se puede expresar en términos de masa de carbono (t ha^{-1} año^{-1}), biomasa (t ha^{-1} año^{-1}) o en metros cúbicos de volumen de madera (m^3 ha^{-1} año^{-1}). Una tonelada de C corresponde a alrededor de 2 t m de biomasa y 4 m^3 de biomasa (para factores de conversión detallados, véase Capítulo 2).

La Figura 8.1 utiliza las variables de entrada y salida más importantes del ciclo del carbono en masas forestales para mostrar que parte de la producción primaria bruta de biomasa se pierde nuevamente a través de la respiración, la pérdida de órganos o los aprovechamientos selvícolas. Debido a que las proporciones de estas pérdidas pueden ser muy sustanciales, es importante indicar qué proporción de la producción primaria bruta se esté usando al cuantificar y estimar la productividad. Por ejemplo, la productividad es diferente si no se tiene en cuenta la respiración, la pérdida de hojas o raíces o incluso los árboles muertos.

La selvicultura está particularmente interesada en la producción maderable del fuste, por lo que la estimación de la productividad podría limitarse solamente a este compartimento. Esto tendría la desventaja de que los valores de productividad perderían su validez para la biomasa como recurso energético. Pero incluso si la estimación de la productividad se concentrara en la biomasa maderable, no se tendría en cuenta que, dependiendo del enfoque selvícola, la producción fotosintética primaria se respira, convierte y asimila en diversos órganos en proporciones muy diferentes, lo que puede tener consecuencias, por ejemplo, para la estimación del carbono fijado en los bosques.

Para caracterizar el potencial de productividad de una estación determinada, independientemente de la especie forestal, el tratamiento selvícola o los productos finales deseados, la producción primaria bruta sería la más adecuada. La producción primaria bruta PPB describe la producción fotosintética total de una masa forestal por período y área, y generalmente se expresa en t ha^{-1} año^{-1} o kg m^{-2} año^{-1}. Sin embargo, como se ve a continuación, su estimación es difícil.

8.2.1 Producción primaria bruta, producción primaria neta e incremento

Usando como base la producción primaria bruta, se pueden calcular diferentes proporciones de la productividad restando, por ejemplo, las pérdidas por respiración, la renovación anual de hojas, ramas y raíces, la pérdida debida a árboles moribundos, la porción no extraída de raíces o tronco, etc. Por lo tanto, se puede hablar de producción bruta o neta en cada nivel, lo que hace que los términos de productividad sean en general un poco confusos. A continuación, se seleccionan cinco parámetros que son particularmente importantes para caracterizar la productividad de las masas forestales.

i. La producción primaria bruta (PPB, t ha^{-1} año^{-1}) describe la producción fotosintética total por período y unidad de superficie. Solo se puede medir directamente en cámaras climáticas con árboles pequeños, pero no en masas más viejas al aire libre. Normalmente, para su determinación se suele calcular la producción primaria neta primero y se aumenta después añadiendo las pérdidas por respiración.

ii. La producción primaria neta (PPN, t ha^{-1} año^{-1}) describe la proporción de la producción fotosintética total que se almacena como biomasa a corto o largo plazo. Esta productividad resulta de sustraer la respiración de la PPB (PPN = PPB - respiración). La producción primaria neta se puede calcular como la suma del incremento y la renovación de hojas, corteza, ramas, raíces y frutos. Se cuantifican los distintos componentes referidos a unidad de superficie y tiempo.

iii. Si se extraen de la PPN todos los compartimentos del árbol de vida corta o larga (por ejemplo, raíces, hojas, ramas) que no pertenecen al fuste maderable o tienen un diámetro de tronco de <7 cm, la productividad resultante es el aumento del tronco o fuste maderable. Si este incremento se integra hasta una determinada edad y se divide por esta, se obtienen como resultado el crecimiento medio del volumen en pie o volumen maderable (IV_m). Esto representa el incremento bruto medio en fuste o de los productos maderables a largo plazo. Si en parcelas experimentales se mide durante un período de tiempo largo, la masa en pie y la masa extraída, se puede calcular este incremento en volumen bruto maderable de la masa

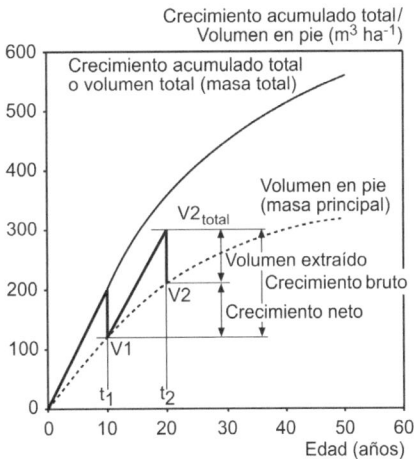

Figura 8.2 El desarrollo de la curva del volumen en pie en forma de diente de sierra de las masas forestales, derivado de los datos de inventarios forestales, ilustra cómo la masa extraída crea la diferencia entre el crecimiento acumulado total o volumen total y el volumen en pie presente en la masa forestal al final del turno.

(Capítulo 6). Si a este incremento se le resta la masa extraída se obtiene el incremento en volumen neto (ver Figura 8.2).

iv. Tras los aprovechamientos, alrededor del 20 % del crecimiento en fuste o la parte maderable permanece generalmente en la masa; incluyendo tocones, de las puntas (raberones menores de 7 cm de diámetro en punta delgada) y la corteza. Si esta fracción se resta del incremento del fuste o de la parte maderable, se obtiene el incremento aprovechable del fuste y la parte maderable (madera de corteza).

En el caso de cultivos herbáceos anuales, los valores de productividad resultan de los registros a un año. En el caso de las masas forestales, al contrario, son de interés los valores medios a largo plazo con un nivel de ocupación de la estación completo y un índice de superficie foliar típico del sitio. Los valores de productividad en años concretos, por ejemplo, en plantaciones antes del cierre del dosel de copas o en masas maduras con huecos, no reflejarían la productividad típica del sitio. Por ejemplo, las tablas de producción suelen expresar la producción extraída y la producción total obtenida a lo largo del turno, con indicación de sus correspondientes crecimientos medio y corrientes anuales (m^3 ha^{-1} $año^{-1}$), y ello para diferentes intensidades de claras y calidades de estación (Rojo Montero, 1996).

8.2.2 Masa extraída por mortalidad natural y/o realización de cortas a lo largo del turno

Los árboles extraídos en un período de inventario definido o durante todo el desarrollo de la masa representan una parte considerable de la productividad de las masas forestales. Por ejemplo, en una masa inicial con 5.000 pinos, al final del turno solo quedarán 200 de ellos en pie, por lo que en la productividad maderable bruta se deben considerar todos los pies muertos o extraídos. En comparación con los cultivos agrícolas, la proporción de plantas extraídas en los bosques es relativamente alta debido a los largos períodos productivos. Debido a una escala espacial y sobre todo temporal más amplias, los pies extraídos en las masas forestales pueden medirse más fácilmente y registrarse y aprovecharse individualmente. En los cultivos herbáceos, esta opción solo es viable en experimentos. Para poder cosechar plantas individualmente, los humanos, como Alicia en el país de las maravillas, tendrían que poder encogerse a una décima parte de su tamaño. Solo entonces se podría medir, seleccionar o cosechar las plantas individualmente en prados o campos de maíz, como es posible con bosques de tamaño normal.

La Figura 8.2 ilustra cómo la masa extraída crea la diferencia entre el crecimiento acumulado total o volumen total y el volumen en pie característico de las masas forestales. El desarrollo de las existencias de una masa forestal sigue el curso de una curva en diente de sierra. Los incrementos se generan por el crecimiento y las disminuciones por el volumen de los árboles que se mueren o que se extraen para controlar la competencia o la densidad según el régimen selvícola propuesto. En función del volumen, V_1 en pie, al comienzo del período de estudio, se genera un incremento bruto en un período de crecimiento o inventario (que generalmente es de 5 a 10 años en parcelas permanentes). Sin embargo, debido al autoaclareo o la realización de claras, algunos de los pies se extraen durante los períodos entre inventarios (ver también el Capítulo 6, Figuras 6.2 y 6.3). Por lo tanto, la masa en pie crece solo según el incremento neto (descontando la mortalidad y la masa extraída). Si se supone que el volumen de una masa forestal V_1 en un período de t_1 a t_2 aumenta a V_2 (Figura 8.2), la diferencia $V_2 - V_1$ representa solo el incremento neto, es decir, la proporción del incremento en pie. Para llegar al incremento periódico total (incremento bruto), se debe sumar al incremento neto el volumen extraído en el período entre inventarios (incremento bruto = incremento neto + volumen extraído). La masa total al final del turno es por tanto igual a la masa final en pie (masa principal) más la masa extraída a lo largo de turno completo.

El porcentaje de volumen extraído en las cortas intermedias o por mortalidad natural acumulado sobre el volumen total o crecimiento acumulado total a lo largo del turno se denomina masa extraída total o acumulada y debe sumarse a la producción en pie al final del turno (masa principal al final del turno) para obtener la masa total. En masas no intervenidas el volumen extraído acumulado puede suponer entre el 30 –40 % de la producción neta en volumen (Pretzsch et al.2023b). La masa extraída en cortas intermedias, respecto a la masa total suele alcanzar en una selvicultura reglada entre un 45 % y un 50 %, dependiendo de la intensidad del régimen de claras y de la calidad de estación (Rojo Montero,1996). O, dicho de otra forma, alrededor del 50 % de la producción de la masa se puede extraer en las cortas intermedias, y el otro 50 % en la corta final, o cortas finales cuando se realizan varias- como es el caso de las cortas de regeneración por aclareos sucesivos y uniformes o sus variantes por bosquetes de diferentes tamaños.

Partiendo del volumen en pie, V_1, en el momento del inventario t_1, se forma el incremento bruto IV hasta el momento t_2. Como resultado, hasta el momento t_2, se acumula un volumen total de $V_{1total} = V_1 + IV_1$. Una parte del incremento bruto se elimina (volumen de la masa extraída) y otra parte se retiene y aumenta el volumen en pie (incremento neto de la masa principal). El aumento de volumen acumulado con el tiempo proporciona el crecimiento acumulado total o volumen total. La parte restante es el volumen en pie de la masa principal y la diferencia entre el volumen total y el volumen en pie es el volumen extraído acumulado a lo largo del turno. Incluso si los árboles extraídos no se utilizan o aprovechan, por ejemplo, por mortalidad natural, su volumen es una parte importante de la productividad total de la estación.

Solo las parcelas experimentales a largo plazo o parcelas permanentes, en las que no solo se miden

Tabla 8.1 Porcentaje de volumen extraído acumulado a lo largo del turno con respecto al volumen total según distintas tablas de producción de varias especies seleccionadas a las edades de 20 a 200 años (Tablas de producción de Centroeuropa y España). En el caso de la pícea y los datos de España, los valores se refieren a la parte maderable del fuste, para el resto de las especies a toda la porción maderable (incluyendo ramas gruesas). Las dos últimas columnas son factores de extrapolación del volumen en pie al volumen total o crecimiento acumulado total para edades de 60 y 100 años en Centroeuropa y para 60 y 80 años en España ($VT = V \times f_{V,VT}$).

	Tabla producción	Calidad	Porcentaje de Masa Extraída Acumulada (PVT_{ext}) para la edad							Factor $f_{V,VT}$ para la edad	
Centroeuropa			20	40	60	80	100	150	200	60	100
Picea abies	Assmann und Franz (1965)	O 40	15,3	33,2	36,2	37,5	39,4			1,57	1,60
		O 20			17,1	21,6	26,2			1,21	1,28
Pinus silvestris	Wiedemann (1943)	I.		18,4	31,0	39,1	44,9			1,45	1,64
		VI.				7,4	22,0				1,08
Abies alba	Hausser (1956)	I.		16,0	30,0	41,0	47,0	56,0		1,43	1,69
		VI.			4,0	20,0	33,0	48,0		1,04	1,25
Larix decidua	Schober (1946)	I.	7,4	29,2	34,5	37,2	39,7			1,53	1,59
		III.			16,9	27,0	33,1	37,0		1,37	1,49
Pseudotsuga menziesii	Bergel (1985)	I.	9,3	36,5	42,5	43,6				1,74	1,77
		III.			29,4	36,9	39,1			1,58	1,64
Quercus petrea	Jüttner (1955)	I.		18,4	32,9	41,1	47,6	56,7	60,7	1,49	1,70
		IV.			6,5	11,3	18,2	32,8		1,07	1,13
Fagus sylvatica	Schober (1967)	I.		5,3	21,5	32,4	39,6	50,1		1,27	1,48
		IV.			7,4	19,5	27,6	41,3		1,08	1,24

Especie	Tabla producción	Calidad	\multicolumn{7}{c	}{Porcentaje de Masa Extraída Acumulada (PVT_{ext}) para la edad}	Factor $f_{V,VT}$ para la edad	
España			20	40	60	80	100	150	200	60	80
Pinus nigra	Gómez Loranca (1996)	I		8,2	25,5	31,1	35,8	39,4		1,19	1,32
		IV		13,6	25,8	33,3	39,3	45,8		1,17	1,34
Pinus pinaster	García y Gomez (1989)	I		3,5	7,2	9,1	11,0			0,97	1,07
		III		1,2	2,6	4,4	5,9			1,01	1,03
Pinus sylvestris	Rojo y Montero (1996)	29	24,3	20,9	41,9	44,4	46,2	49,6		1,45	1,62
		17		29,9	36,9	40,1	45,5	45,3		1,35	1,50
Pinus pinea	Montero et al. (2004)	7		9,2	18,6	24,9	30,3	33,7		1,33	1,51
		19		17,2	30,2	38,2	43,6	47,2		1,62	1,93
Pinus halepensis	Montero et al. (2001)	20	2,6	31,4	25,7	25,9	28,3			1,23	1,28
		11	0,8	7,6	10,7	15,5	18,0			1,05	1,03
Fagus sylvatica	Madrigal et al. (1992)	I	8,5	25,1	3,1	34,5	36,8	40,2		1,28	1,40
		V		0,0	0,0	3,9	8,7	16,2		1,00	1,01
				6	15	21	27	33		21	27
Castanea sativa*	Cabrera y Ochoa (1997)	I		0,1	0,9	3,2	14,2	22,2		1,09	1,15
		V		0,3	4,0	7,6	11,9	19,9		1,08	1,13

*Aprovechamiento en monte bajo

la masa en pie sino también los pies extraídos, permiten cuantificar el volumen extraído acumulado, y por tanto la productividad bruta en términos de incremento del fuste o volumen maderable.

En base a datos de las tablas de producción para las especies más comunes en Centroeuropa y en España, la Tabla 8.1 muestra que la proporción del volumen extraído acumulado (VT_{ext}) sobre el volumen total puede suponer hasta un 60,7 % para el roble a la edad de 200 años o 49,6 % para pino silvestre en la Sierra de Guadarrama (España) a la edad de 150 años. Este porcentaje desciende desde estaciones fértiles a pobres y aumenta con la edad. Por ejemplo, a los 100 años se sitúa entre el 39,4 % y el 47,6 % en estaciones de buena calidad; esto significa que a esta edad los volúmenes en pie tendrían que multiplicarse por un factor de 1,60-1,70 para calcular el crecimiento acumulado total o volumen total. En el caso del castaño aprovechado en monte bajo, a los 27 años, el volumen en pie habría que multiplicarlo solamente por un factor de 1,15.

En las parcelas experimentales a largo plazo presentadas en las Tablas 8.3 y 8.5, los valores de PVT_{exten} masas puras coetáneas son de 32,7 – 55,1 % y 50,1 – 81,0 % en masas mixtas regulares (los valores más bajos indicados para las masas puras en España reflejan la menor duración del periodo de seguimiento de las parcelas permanentes). Estos valores subrayan que partes importantes del volumen total ya no están disponibles al final del turno y, si no se extrae a través de los programas de claras, como parte de los aprovechamientos intermedios, se pierden por mortalidad natural, aunque estará descompuesto y parcialmente incorporado al volumen en pie en forma de nutrientes minerales. Las parcelas experimentales a largo plazo que no se han aclarado o que solo se han aclarado débilmente, muestran proporciones notables de material muerto en descomposición a partir de una edad determinada. El porcentaje del volumen extraído acumulado (mortalidad) en masas no tratadas al final del turno es alrededor del 30 % y más o menos similar para todas las

Tabla 8.2 Producción primaria neta mensual media en el período vegetativo, duración del período vegetativo y producción primaria neta anual en varios ecosistemas del mundo según Körner (2002, p. 945) y Terradas (2001).

Ecosistema	Producción primaria neta mensual kg m^{-2} mes^{-1}	Duración del periodo vegetativo Meses	Producción primaria neta anual kg m^{-2} año^{-1}
Bosque tropical húmedo	0,21	12	2,5 (1,8-3,0)
Bosque templado caducifolio	0,24	5	1,2 (1,0-1,5)
Bosque boreal	0,21	5	1,1 (0,3-2,0)
Pastos tropicales	0,25	10	2,5 (0,2-4,0)
Pastos templados	0,17	6	1,0 (0,2-1,5)
Vegetación alpina	0,20	2	0,4 (0,2-0,6)
Bosques mediterráneos (encinares y pinares de carrasco)			0,4-0,9
Matorrales y arbustedos mediterráneos (Ibéricos)			0,05-0,2

especies (Pretzsch et al.2023b). En masas bien establecidas y tratadas con una selvicultura más o menos intensiva, las cortas intermedias anticipan el proceso de mortalidad natural, por lo que el volumen perdido por esta causa es muy pequeño y se reduce a un 10-15 %.

8.3 Parámetros de productividad de la masa

8.3.1 Productividad en diferentes zonas climáticas

La medición directa de la producción primaria bruta requiere cámaras climáticas. Por lo que, el cálculo de la PPB en masas forestales se basa principalmente en la producción neta de materia orgánica (ver Capítulo 2) a la que se agrega la respiración. Para calcular la producción primaria bruta, a menudo se considera un factor de reducción entre la PPB y PPN de 2,0, es decir, se supone una pérdida por la respiración del 50 %. Partiendo de la PPN se multiplica por 2 para calcular la PPB.

Las especies herbáceas pierden mediante la respiración entre el 20 y el 50 % de su PPB según Larcher (1994, p. 133). En masas forestales, la proporción es mayor, con un 40-60 % en los bosques templados y un 75 % en los bosques tropicales (Assmann 1961, Larcher 1994, p. 134, Mar-Møller 1945), ya que poseen una proporción particularmente alta de especies no fotosintéticamente activas pero vivas, es decir de biomasa respirando. En masas puras, las proporciones de respiración sobre la PPB pueden ser del 15-30 % en la juventud y aumentan al 50 % en la madurez (Kira y Shidei 1967, Sprugel et al. 1995). En los bosques primarios, las proporciones pueden ser de hasta el 90-100 %. En este caso, los árboles están vivos, pero sus tasas de crecimiento se acercan a cero porque la mayor parte de la biomasa sintetizada se respira nuevamente para mantener las funciones vitales (Grier y Logan 1977). No obstante, aún existen grandes carencias de conocimiento sobre las pérdidas respiratorias absolutas, las relaciones entre la respiración de la copa y el tronco y la dependencia de la respiración con las condiciones del sitio, los tratamientos selvícolas y factores de estrés. Por lo tanto, la información anterior sobre el porcentaje de respiración sobre la PPB solo se debe utilizar como una referencia general orientativa.

Según Brünig (1971, p. 240), la PPN es de 2 a 3T m ha^{-1} año^{-1} en bosques boreales, de 7 a

17T m ha^{-1} año^{-1} en bosques templados caducifolios y bosques de coníferas perennes, y de 18 a 22 t ha^{-1} año^{-1} en bosques tropicales. Por tanto, los valores para las masas forestales se encuentran entre 2-22 t ha^{-1} año^{-1}, o 0,2-2,2 kg m^{-2} año^{-1}. Estos valores corresponden a la información proporcionada por Körner (2002, p. 945) y Larcher (1994, p. 129, Tabla 2.18). Larcher ofrece valores de 0,1-0,2 t ha^{-1}año^{-1} para tundras, desiertos y sabanas, 10-15 t ha^{-1} año^{-1} para bosques lluviosos templados y 18-30T m ha^{-1} año^{-1} para bosques tropicales. Las grandes diferencias entre zonas climáticas resultan de la diferente duración de los períodos vegetativos (Tabla 8.2). La PPN se sitúa entre 1,7-2,5 t ha^{-1} mes^{-1} en todas las zonas climáticas, por lo que la productividad anual resulta simplemente de la duración del período con condiciones favorables de temperatura y precipitación, es decir, de la duración del período vegetativo. El aumento en las tasas de crecimiento en Europa Central se deben, al menos en parte, a la extensión del periodo vegetativo como resultado del cambio climático (Boisvenue y Running 2006, Pretzsch 1999, Spiecker et al. 1996).

Las tasas indicadas de la PPN son valores medios a largo plazo. Dentro de un día o mes, los valores máximos pueden ser de 10 a 50 veces estos valores medios. Los valores de PPN pueden alcanzar valores máximos muy altos en estaciones particularmente favorables. Por tanto, los valores de PPN a largo plazo están determinados principalmente por la duración media del periodo vegetativo.

Los valores marco para la producción primaria neta en los bosques templados de Europa Central son 1-2 kg m^{-2} año^{-1} o 10-20 t ha^{-1} año^{-1}. Para llegar a la producción primaria bruta, es decir, para tener en cuenta las pérdidas por la respiración, estos valores aproximadamente pueden duplicarse. Los valores de la producción primaria bruta de 2 - 4 kg m^{-2} año^{-1} o 20-40 t ha^{-1} año^{-1} son una referencia de carácter teórico, ya que las pérdidas por respiración pueden fluctuar dentro de un rango amplio.

8.3.2 Producción primaria e incremento neto en volumen maderable

La producción primaria bruta (PPB, t ha^{-1} año^{-1}) describe la producción fotosintética total por unidad de tiempo y superficie. Si se resta la respiración, el resultado es la producción primaria neta (PPN, t ha^{-1} año^{-1}). El incremento neto (IN, t ha^{-1} año^{-1}) resulta de la producción primaria neta al deducir las pérdidas permanentes de órganos de vida corta (renovación de raíces, ramas y hojas) o árboles enteros (autoaclareo). El incremento neto no corresponde todavía al incremento neto maderable, sino que incluye también el crecimiento de las raíces, las partes de la copa y las ramas. Estas partes del árbol permanecen con frecuencia en el bosque tras los aprovechamientos forestales, por lo que nos interesa determinar también el incremento neto en volumen maderable para conocer qué porcentaje de la producción primaria bruta se está extrayendo del sistema mediante el aprovechamiento comercial maderero.

En una selvicultura con un enfoque de producción de madera, las proporciones entre la producción primaria bruta, la producción primaria neta, el incremento neto y el incremento neto maderable son alrededor de 100: 50: 25: 10 % (Figura 8.3). De acuerdo con estos valores, el 50 % de los productos de la fotosíntesis asimilados inicialmente se respiran de nuevo a corto plazo. Una proporción del 25 % se pierde nuevamente a lo largo de la vida de la masa debido a la renovación de órganos (aproximadamente un 12 %) y de individuos enteros por mortalidad (13 %). Este valor refleja una estimación de mortalidad natural conservadora, por lo que en caso de eventos que provoquen mayor mortalidad esta pérdida sería mayor. El 25 % restante representa el incremento neto en biomasa, del que un 15 % permanece en la masa bajo un aprovechamiento convencional, ya que solo se suele extraer el volumen maderable (10 %). En general, el 10 % del PPB o el 20 % del PPN son extraídos durante las cortas, lo que corresponde a un porcentaje de aprovechamiento del 10 o 20 % medido en PPB o PPN.

8.3 Parámetros de productividad de la masa

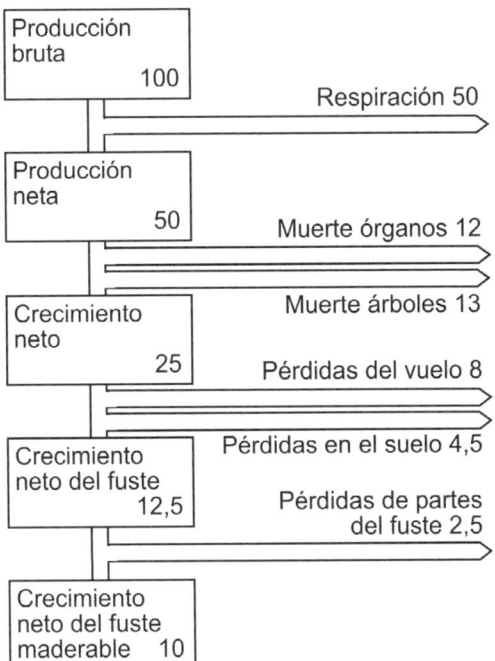

Figura 8.3 Distribución de la producción primaria bruta total (PPB = 100 %) en una masa de haya de 100 años. En la selvicultura clásica, alrededor del 10 % de la producción primaria bruta y del 20 % de la producción primaria neta se extraen de la masa.

La Figura 8.4 ilustra estas proporciones que se pueden asumir como proporciones generales. Siguiendo con el ejemplo del haya, un porcentaje de aprovechamiento del 10 % de la PPB correspondería a 3 t ha^{-1} año^{-1}, si partimos del incremento en metros cúbicos maderables de 6 m^3 ha^{-1} año^{-1} obtenido de los datos de haya de la calidad de estación II.-III. según la tabla de producción de haya para claras moderadas de Schober (1972). Para pasar de volumen maderable a biomasa se divide por dos el volumen asumiendo una densidad de la madera promedio de 0,5 t m^{-3}. Un incremento neto maderable de 3 t ha^{-1} año^{-1} daría como resultado un incremento neto de 7,5 t ha^{-1} año^{-1}, una PPN de 15 t ha^{-1} año^{-1} y una PPB de 30 t ha^{-1} año^{-1} respectivamente. Esto correspondería a una PPB de 3,0 kg m^{-2} año^{-1} y una PPN de 1,5 kg m^{-2} año^{-1} (ver Tabla 8.2).

Alrededor del 8 o el 4,5 % del PPB son ramas, raíces u hojas/acículas y permanecen en el monte durante un aprovechamiento maderable convencional. Otro 2,5 % corresponde a fustes en pie que no se aprovechan por diversos motivos y aquellos individuos con diámetro normal <7 cm (Figura 8.3). En general, el porcentaje de volumen maderable es el 10 % de la PPB y en torno al 20 % de la PPN del sistema. Por lo tanto, si se aprovecha una masa se extrae un 20 % de la PPN, que se eleva al 30 % de la PPN si se consideran las cortas previas, por ejemplo, en claras (volumen extraído acumulado). Si se extrajera toda la biomasa total del vuelo, como ocurre en algunos casos para el aprovechamiento de la biomasa, el porcentaje de aprovechamiento sobre la PPN aumentaría a más del 60 %. En comparación con los cultivos agrícolas con porcentajes de aprovechamiento para pastizales del 85 % o cultivos de tubérculos con un 85 %, el porcentaje de aprovechamiento sigue siendo comparativamente bajo incluso en plantaciones de crecimiento rápido de sauce, chopo o eucalipto con un 70 % (Larcher 1994, p. 128). Mientras la selvicultura solo extraiga los fustes y, por lo tanto, deje la mayor parte de la producción primaria en la masa, se garantiza la sostenibilidad del sistema sin el suministro adicional de nutrientes.

8.3.3 Valores característicos de la productividad de masas puras y mixtas en Europa Central

A continuación, se presentan las características dasométricas de algunas masas puras regulares (Tabla 8.3), masas mixtas regulares (Tabla 8.4) y masas mixtas irregulares (Tabla 8.5), en estaciones de calidad de media a buena y con claras de peso débil a moderado en masas forestales de Europa Central. En el caso de las masas puras regulares se incluyen también algunos ejemplos de parcelas experimentales en España. Todos los datos de volumen se refieren a metros cúbicos maderables (fuste y ramas sin corteza con diámetro > 7 cm; solo fuste en España). Muchos de los datos que se muestran corresponden a parcelas experimentales en el sur de Alemania cuyos primeros inventarios se remontan a 1870. Parte de los experimentos seleccionados se encuentran entre las parcelas permanentes más antiguas del mundo con mediciones biométricas regula-

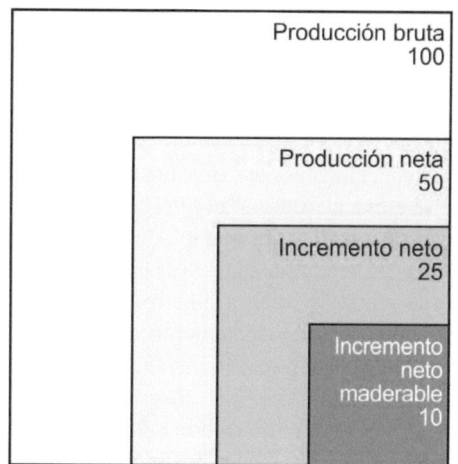

Figura 8.4 Relación porcentual entre la producción primaria bruta (PPB) de la masa forestal y la producción primaria neta (PPN), el incremento neto en biomasa (IN) y el incremento neto maderable o crecimiento del volumen maderable ($IN_{maderable}$). Se muestra el desglose aproximado a partir de datos para un hayedo de 100 años. La relación entre PPB:PPN: IN:$IN_{maderable}$ de 100: 50: 25: 10. Las pérdidas por respiración, la renovación de órganos y muerte de árboles completos, los compartimentos de árboles no utilizados dan como resultado una relación entre PPB y $IN_{maderable}$ de 10:1. Esto corresponde a un porcentaje de aprovechamiento de del 20 % de la PPN.

res. Gracias a la medición de la masa en pie y extraída a largo plazo, se proporcionan valores del crecimiento medio y volumen total de las especies presentadas, que de otro modo difícilmente podrían obtenerse.

En masas puras regulares cerca de la edad de turno (93-178 años según especies) (Tabla 8.3), el diámetro medio es de 43,3 a 55,6 cm, el área basimétrica de 28,2 a 88,4 m^2 ha^{-1} y el volumen en pie de 428 a 1480 m^3 ha^{-1}. Las parcelas de pícea y abeto de Douglas tienen los valores más altos, el alerce europeo y el roble albar los más bajos entre los datos de Baviera. Los datos de las parcelas en España se muestran para edades inferiores y recogen periodos de crecimiento menor, ya que las parcelas permanentes se instalaron en los años sesenta. Cabe destacar los menores valores que alcanzan las parcelas de pino negral y pino carrasco en España en comparación con otras especies, probablemente causados por la menor disponibilidad de recursos en ambientes mediterráneos. El incremento periódico o crecimiento corriente en volumen alcanza un máximo de 10,4 a 33,4 m^3 ha^{-1} año^{-1}, el crecimiento medio es de 9,9 a 17,2 m^3 ha^{-1} año^{-1} y el crecimiento acumulado total en volumen o volumen total es de 828-2,199 m^3 ha^{-1}. En estos últimos datos se exceptúan los valores de la parcela experimental de pino carrasco que muestra valores muy inferiores, por una parte por su menor productividad, y por otra por su menor periodo de seguimiento (de 55 a 99 años), por lo que no se han recogido los datos de la fase juvenil con mayores crecimientos. Hasta las edades consideradas, entre el 33 % y el 55 % del volumen total se extrajo por autoaclareo o aprovechamientos selvícolas, de modo que las existencias en pie se sitúan en torno a 428-1,480 m^3 ha^{-1}. Estos valores se reducen al 14-19 % en las parcelas españolas por su menor periodo de seguimiento.

Los parámetros de masas mixtas regulares (Tabla 8.4) se basan en series temporales artificiales o cronosecuencias que consisten en grupos de hasta diez parcelas de distintas edades en la misma estación, de forma que con cada una se cubre todo el rango de edad desde masas jóvenes a maduras (Pretzsch y Schütz 2005, 2009). Los valores de masa se dan en conjunto y separado por especie. Las diferencias de altura indican un cierto nivel de estratificación de la mezcla de especies. A la edad de 100-146 años, las existencias (masa principal) ascienden a 580 y 92 m^3 ha^{-1} respectivamente. Con valores de crecimiento medio de 11,8 - 18,5 m^3 ha^{-1} año^{-1} y volúmenes totales (masa total) de 1.281 - 2.112 m^3 ha^{-1} a la edad de 100-146 años, las masas mixtas alcanzan valores comparables a las masas puras. Los porcentajes de masa extraída son más altos en las masas mixtas con un 50 - 81 %.

Las masas mixtas irregulares (Tabla 8.6) representan los montes entresacados y los bosques mixtos de montaña de pícea, abeto y haya. En estas parcelas, la edad de los árboles varía entre 1 y alrededor de 300 años. El diámetro medio de las especies predominantes (sobre todo pícea o abeto) es de 39,2 y 58,1 cm, la altura media de 29,4 y 37,4 m y el área basimétrica de 29,7 y 66,9 m^2 ha^{-1}. El volumen medio en pie oscila entre 477 y 1.028 m^3 ha^{-1}. El crecimiento periódico medio y máximo es de 4,7 a 15,9 m^3 ha^{-1} año^{-1} y

8.3 Parámetros de productividad de la masa

Tabla 8.3 Características que reflejan la productividad de las masas puras regulares en Baviera (Alemania) y España para una calidad de estación de media a alta producción y claras moderadas. La base de datos se compone de parcelas experimentales, cuyos inventarios datan en algunos casos desde 1870. d_q, diámetro medio cuadrático; h_q, altura media, G, área basimétrica, volumen pie V, crecimiento periódico máximo en volumen medido desde el inicio del experimento (IV_{max}), crecimiento medio anual IV_m, VT volumen total, y PVT_{ext} porcentaje de volumen extraído acumulado sobre el volumen total. Las existencias se miden en metros cúbicos maderables (fuste y ramas con un diámetro > 7 cm, en los datos de España solo en fuste).

Especie	Parcela experimental	Edad años	d_g cm	h_g m	G m²ha⁻¹	V m³ ha⁻¹	IV_{max} m³ ha⁻¹ año⁻¹	IV_m m³ ha⁻¹ año⁻¹	VT m³ ha⁻¹	PVT_{ext} %
Picea abies	DEN 05	143	54,4	40,3	88,4	1.480	21,3	15,4	2.199	32,7
Pinus sylvestris	BAY 52	131	43,3	36,3	44,0	700	12,1	10,5	1.370	48,9
Abies alba	WOL 97	134	53,9	34,0	45,1	637	12,0	9,5	1.268	49,8
Larix decidua	MIS 47	178	55,6	36,7	28,2	428	10,4	5,4	953	55,1
Pseudotsuga menziesii	FRE 85	93	44,6	39,3	61,9	1.012	33,4	17,2	1.603	36,9
Quercus robur y petraea	LOH 59	168	50,3	33,0	37,4	605	10,6	7,7	1.301	53,5
Fagus sylvatica	FAB 15	178	51,5	38,0	48,0	950	15,9	8,7	1.551	38,7
España										
Pinus nigra	J72	75	27,0	18,0	86,6	807,9	19,7	13,1	981,7	18,9
Pinus halepensis	MU-11	99	32,2	15,6	37,9	250,6	5,5	2,9	291,4	14,0
Pinus pinaster	AV-17	84	39,7	23,2	66,2	708,8	19,2	9,9	828,5	14,4
Pinus sylvestris	M-1	93	43,3	25,5	77,5	890,0	18,8	11,2	1045,9	18,0

de 5,5 a 19,6 m³ ha⁻¹ año⁻¹, respectivamente. El crecimiento periódico o corriente medio a largo plazo es el mejor parámetro posible para comparar con el crecimiento medio de masas regulares presentado anteriormente. La comparación muestra que los incrementos en las masas mixtas irregulares tienen un rango de valores similar al de las masas puras y regulares.

La productividad de las parcelas experimentales que se presentan en las Tabla 8.3 a Tabla 8.5 también se puede convertir en PPN (Tabla 8.6). Para masas puras regulares con valores de crecimientos medios de 5,4–17,2 m³ ha⁻¹ año⁻¹, se obtienen valores de PPN de 6,1–16,7 t ha⁻¹ año⁻¹. Los valores máximos se alcanzan para abeto Douglas y pícea y los mínimos para el alerce europeo en Centroeuropa y para el pino carrasco en España. Las masas mixtas coetáneas con valores de crecimientos medios de 8,8–18,5 m³ ha⁻¹ año⁻¹ producen valores de PPN de 8,4–19,7 t ha⁻¹ año⁻¹. Las masas mixtas irregulares presentan incrementos en volumen medios de 4,7-15,9 m³ ha⁻¹ año⁻¹ que corresponden a un PPN de 5,0-14,5 t ha⁻¹ año⁻¹. Los valores de PPN se calcularon utilizando densidades específicas de madera de la especie, factores de expansión y tasas de renovación (ver Capítulo 2).

Tabla 8.4 Características que reflejan la productividad de masas mixtas regulares en Bavaria con calidad de estación de media a alta y cortas moderadas. Los datos se basan en series temporales artificiales de masas mixtas con hasta 10 parcelas y 3 inventarios por serie temporal. d_g diámetro medio cuadrático; h_g altura media; V volumen pie; IV_m crecimiento medio anual; VT volumen total; y PVT_{ext} porcentaje de volumen extraído acumulado sobre el volumen total. Las existencias de miden en metro cúbico maderable (fuste y ramas con un diámetro > 7 cm).

Especie	Parcela experimental	Edad años	d_g cm	h_g m	V m³ ha⁻¹	IV_m m³ ha⁻¹ año⁻¹	VT m³ ha⁻¹	PVT_{ext} %
Picea abies	SON 814	110	50,3	38,0	562	11,5	1.267	55,6
Fagus sylvatica			37,4	33,5	359	6,9	764	53,0
Total					921	18,5	2.031	54,8
Pinus sylvestris	NEU 841	100	39,4	30,0	496	9,7	969	48,8
Picea abies			24,9	25,1	380	7,9	786	51,7
Total					876	17,6	1.755	50,1
Pinus sylvestris	GEI 832	136	59,1	32,3	144	5,4	732	80,3
Fagus sylvatica			23,0	26,1	250	10,1	1.380	81,9
Total					394	15,5	2.115	81,0
Larix decidua	GEM 871	109	53,6	38,1	197	4,3	467	57,8
Fagus sylvatica			45,9	35,3	383	7,5	814	52,9
Total					580	11,8	1.281	54,7
Quercus petrea	KEH 804	146	48,8	33,6	548	8,8	1.288	57,5
Fagus sylvatica aya			27,6	26,5	140	3,6	519	73,0
Total					688	12,4	1.807	61,9

8.4 Conceptos dasométricos para la estimación de la productividad

Las fuentes de información más importantes para la gestión sostenible de las masas forestales son sus existencias y crecimientos obtenidos a través de los inventarios forestales. La planificación forestal y la selvicultura deben basarse en esta información. Si las cortas superan permanentemente el crecimiento, se reducen las existencias, poniendo en riesgo la sostenibilidad de la producción. A continuación, se presentan las variables dasométricas utilizadas desde el comienzo de la ciencia forestal para estimar la productividad de la masa y su relación con las existencias y el crecimiento, así como con el volumen extraído, con el fin de garantizar una gestión sostenible en términos de producción.

Existen distintos enfoques para estimar la productividad forestal, aunque no existe consenso en la clasificación de estos en la literatura forestal (Bravo-Oviedo 2009). En este capítulo se incluyen los enfoques denominados biométricos que se basan en la dendromasa y su estructura. Es decir, la productividad de un sitio no se estima directamente de las propiedades biogeoquímicas de la estación, sino a través de la dendromasa que las masas forestales pueden sintetizar bajo tales condiciones. Estos métodos se basan en las leyes de la producción forestal introducidas en el capítulo 6 (Sección 6.4). Existen otros enfoques que estiman la productividad fores-

8.4 Conceptos dasométricos para la estimación de la productividad

Tabla 8.5 Características que reflejan la productividad de masas irregulares, bosques mixtos de montaña en Baviera con calidad de estación de media a alta y claras moderadas. Los inventarios se remontan a año 1950; d_g, diámetro cuadrático medio; h_g altura media, G; área basimétrica, V; volumen pie. Las existencias se miden en metros cúbicos maderables (fuste y ramas con un diámetro > 7 cm). Pi es la pícea (*Pícea abies*), Ab el abeto (*Abies alba*) y Fa el haya (*Fagus sylvatica*).

Especie	Parcela experimental	Edad años	d_g cm	h_g m	G m³ ha⁻¹	V m³ ha⁻¹	Crec. periódico medio m³ ha⁻¹ año⁻¹	Max. crec. per medio m³ ha⁻¹ año⁻¹
Pi-Ab-Fa	FRY 129/32	2-239	42,9	31,0	42,6	663	10,7	13,8
Pi-Ab-Fa	BOM 130/22	2-286	41,2	30,8	44,5	610	10,2	11,3
Pi-Ab-Fa	PAR 115/1	2-203	44,6	32,8	57,2	871	8,1	9,8
Pi-Ab-Fa	KRE 120/3	2-158	39,2	29,4	40,1	502	4,7	5,5
Pi-Ab-Fa	MAR 108/1	2-142	58,1	37,4	66,9	1.028	15,9	19,6
Pi-Ab-Fa	RUH 110/2	25-165	55,3	36,1	29,7	477	7,9	10,4
Pi-Ab-Fa	RUH 116/1	2-183	45,3	33,7	52,6	784	9,8	11,4

Tabla 8.6 Conversión del volumen en pie y crecimiento medio del fuste y producción primaria neta de biomasa. Conversión usando los factores de expansión introducidos en el Capítulo 2 (ver Sección 2.5) usando como ejemplo las parcelas experimentales a largo plazo seleccionadas (ver Tablas 8.3-8.5). La producción primaria neta se estimó sobre la base del crecimiento medio anual IV_m de las masas puras y mixtas regulares y el crecimiento periódico medio a largo plazo de la masa mixta irregular. En los datos de Centroeuropa para las estimaciones de la PPN se asumieron la densidad de madera específica de la especie, los factores de expansión para hojas, ramas y raíces y las tasas de renovación de los órganos de los árboles (ver Tabla 2.6). Para los datos de España se han usado los modelos básicos para expansión de volumen a biomasa total dados por Aguirre et al. (2021). El PPN se da en t ha⁻¹ año⁻¹, como es habitual en ecología y también en kg m⁻² año⁻¹, como es habitual en fisiología vegetal.

Especie	Experimento	Volumen en pie m³ ha⁻¹	Biomasa en pie t ha⁻¹	IV_m m³ ha⁻¹ año⁻¹	PPN t ha⁻¹ año⁻¹	PPN kg m⁻² año⁻¹
Masas puras Centroeuropa						
Picea abies	DEN 05	1.480	1.012	15,4	13,7	1,4
Pinus sylvestris	BAY 52	700	546	10,5	10,6	1,1
Abies alba	WOL 97	637	435	9,5	8,4	0,8
Larix decidua	MIS 47	428	378	5,4	6,1	0,6
Pseudotsuga menziesii	FRE 85	1.012	756	17,2	16,7	1,7
Quercus petraea	LOH 59	605	646	7,7	10,8	1,1
Fagus sylvatica	FAB 15	950	983	8,7	11,7	1,2
mínimo		428	378	5,4	6,1	0,6
máximo		1.480	1.012	17,2	16,7	1,7

Especie	Experimento	Volumen en pie m³ ha⁻¹	Biomasa en pie t ha⁻¹	IV_m m³ ha⁻¹ año⁻¹	PPN t ha⁻¹ año⁻¹	PPN kg m⁻² año⁻¹
Mixtas regulares Centroeuropa						
Pinus sylvestris-Fagus sylvatica	SON 814	918	756	18,5	19,7	2,0
Pinus sylvestris-Picea abies	NEU 841	876	647	8,8	8,4	0,8
Pinus sylvestris-Fagus sylvatica	GEI 832	394	371	15,5	19,0	1,9
Larix decidua-Fagus sylvativa	GEM 871	580	570	11,8	15,0	1,5
Quercus petraea- Fagus sylvatica	KEH 804	688	730	12,4	17,1	1,7
mínimo		394	371	8,8	8,4	0,8
máximo		918	756	18,5	19,7	2,0
Mixtas irregulares Centroeuropa						
Pi-Ab-Fa	FRY 129/32	663	500	10,7	10,5	1,0
Pi-Ab-Fa	BOM 130/22	610	481	10,2	10,5	1,0
Pi-Ab-Fa	PAR 115/1	871	626	8,1	7,6	0,8
Pi-Ab-Fa	KRE 120/3	502	414	4,7	5,0	0,5
Pi-Ab-Fa	MAR 108/1	1.028	721	15,9	14,5	1,4
Pi-Ab-Fa	RUH 110/2	477	351	7,9	7,6	0,8
Pi-Ab-Fa	RUH 116/1	784	591	9,8	9,6	1,0
mínimo		477	351	4,7	5,0	0,5
máximo		1.028	721	15,9	14,5	1,4

tal en función de las condiciones ambientales de la estación (clima, suelo, topografía, etc.) o bien utilizando indicadores de la productividad, por ejemplo, según tipo de vegetación. Skovsgaard y Vanclay (2008) recogen distintos tipos de clasificación de las distintas aproximaciones para el estudio y estimación de la productividad forestal.

8.4.1 Calidad de estación según el volumen en pie

Los primeros enfoques desarrollados en el siglo XVIII utilizaron el volumen de madera en pie para evaluar la calidad y la productividad de una estación (Pressler, 1877). Esta aproximación se basa en las siguientes relaciones específicas de cada especie:

Calidad de estación = f (volumen de madera en pie, edad de la masa)

En la Figura 8.5a se muestra un ejemplo de esta relación para masas "normales" (masa regular ordenada por tramos) de Pícea. Una vez que se evalúa la calidad de la estación a partir del volumen y edad de una masa determinada, la productividad específica de la estación para otras especies forestales se puede obtener, mediante la tabla que desarrolló Cotta (1821) para distintas especies en Centroeuropa, con fines de gestión y toma de decisiones (ver Tabla 9.1). Para cada especie se obtienen unos crecimientos en función de la calidad de estación:

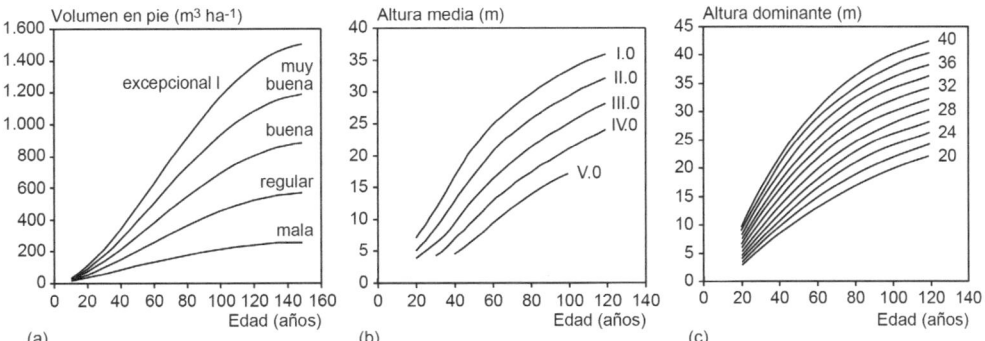

Figura 8.5 Evolución de la estimación de la calidad de estación según distintas aproximaciones dendrométricas utilizando como ejemplo la pícea. (a) calidad de estación basada en el volumen para "masas normales" según la tabla de Pressler (1877); (b) calidad de estación basada en la altura media para masas bajo claras moderadas según la tabla de Wiedemann (1936/1942); (c) índice de calidad de estación o índice de sitio determinado a partir de la altura dominante según la tabla de producción de Assmann y Franz (1963). Se debe observar el paso de la cuantificación de cada clase de calidad de estación de (a) descriptiva (b) relativa y (c) absoluta.

Crecimiento en volumen = f (calidad de estación, edad de la masa).

Este procedimiento hace uso de la estrecha relación existente entre el volumen en pie y el crecimiento (véase la Sección 1.2.1.1), pero es complejo, ya que la predicción del volumen en pie y su crecimiento se basa en la evaluación de la calidad de estación, para lo cual primero se deben estimar las existencias.

Por otra parte, este tipo de estimación de la productividad puede inducir a errores, como, por ejemplo, subestimaciones de la productividad si el volumen de madera en pie se ha reducido debido a perturbaciones naturales, claras o cortas de regeneración y no representa la productividad de la estación. Con la transición de la selvicultura de claras débiles o moderadas a claras más fuertes y frecuentes en el siglo XIX, esta subestimación se volvió cada vez más significativa. Cuanto más fuertes eran las cortas previas, más débil se volvía la relación entre el volumen en pie y la calidad de la estación.

8.4.2 Calidad de estación según la altura media o altura dominante de la masa

Posteriormente, se demostró que la altura de la masa es un mejor indicador de la calidad de estación que el volumen en pie porque está menos influenciado por los tratamientos selvícolas. Entre otros, Perthuis de Laillevault (1803) y von Baur (1877) introdujeron la altura media de la masa como indicador de la calidad de la estación.

Calidad de la estación = f (altura media, edad de la masa).

A una misma edad, las masas en estaciones fértiles son más altas que en sitios pobres, por tanto, la altura media de la masa a una edad determinada es adecuada como indicador (fitómetro) de la calidad de la estación y del crecimiento en volumen (Skovsgaard y Vanclay 2008). Cada calidad de estación se representa por una curva de evolución de la altura con la edad y mediante el conjunto de curvas se establece el sistema de clasificación en calidades de estación (Figura 8.5b). La altura por sí sola no ofrece ninguna información sobre la productividad, es decir, sobre el volumen, el crecimiento o el volumen total. Sin embargo, según la ley de Eichhorn (1902), la altura de la masa está estrechamente relacionada con el volumen total y la productividad en masas regulares (Figura 8.6a). Esta relación permite utilizar la altura para inferir el crecimiento y el volumen total de la masa.

La clasificación de la altura se ha establecido como un enfoque indirecto para la estimación de la productividad en muchos países. Sin em-

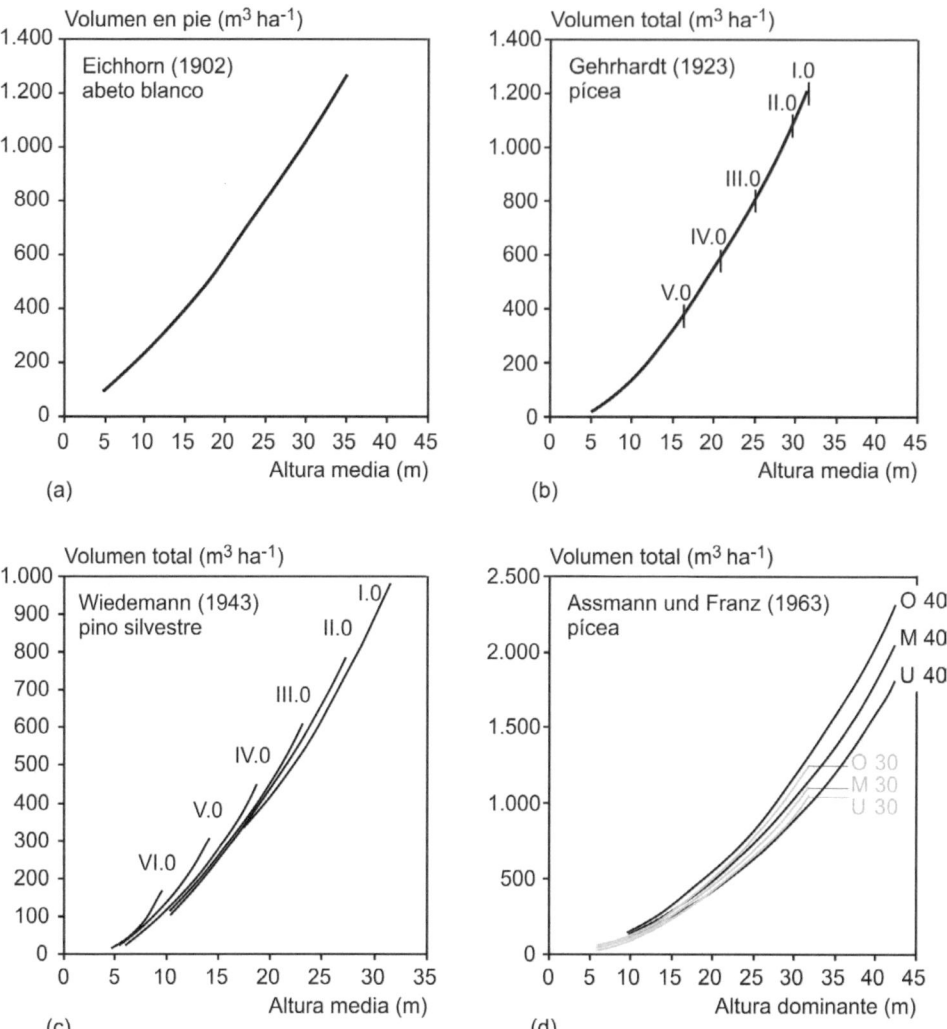

Figura 8.6 De la ley de Eichhorn al nivel de producción según Assmann. (a) Ley de Eichhorn (1902) para masas de abeto con claras moderadas; (b) nivel de producción general de acuerdo con la tabla de producción de pícea con claras moderadas de Gehrhardt (1923); (c) variación de la producción con la calidad de estación o nivel de producción especial de acuerdo con la tabla de producción de pino silvestre con claras moderadas de Wiedemann (1943); y (d) niveles de producción o nivel de producción especial subdividido de acuerdo con la tabla de producción de pícea con claras graduales de Assmann y Franz (1963).

bargo, desde los inicios de la ciencia forestal, se criticó repetidamente (Heyer 1845) que la evaluación de la calidad de la estación y la productividad debería depender directamente de las condiciones de la estación (factores ambientales, disponibilidad de recursos) y que la clasificación basada en la altura es, en el mejor de los casos, una solución temporal y provisional hasta que se haya investigado y aclarado suficientemente las bases mecanicistas, que incluyan la cuantificación de la calidad del suelo y de las relaciones causales con la producción vegetal.

A mediados del siglo XX, en vista del creciente peso de las claras, con frecuencia claras por lo bajo, se da una transición de la clasificación de la calidad de estación en base al uso de la altura dominante (Figura 8.6c). En comparación con la altura media utilizada anteriormente, la altura dominante se ve poco modificada por los tratamientos selvícolas como las claras y, por lo tanto, es un indicador más estable de la calidad de estación (Assmann 1970). En general, se utiliza como indicador de la calidad de estación el índice de sitio, que se define como el valor de la altura dominante a una edad de referencia determinada (Figura 8.6c).

En España, la mayor parte de las curvas de calidad de estación se basan en la evolución de la altura dominante con la edad (Bravo et al. 2011, Rojo y Montero 1996; Ortega y Montero 1988). Normalmente se utiliza la definición de Assmann de altura dominante, es decir, la altura correspondiente a los 100 pies más gruesos por hectárea. En algún caso particular se ha utilizado la altura del 20 % de los árboles más gruesos (criterio de Weise (1880)), debido a que con bajas densidades, los 100 pies más gruesos por hectárea reflejarían la altura media más que la dominante. Este criterio se ha aplicado por ejemplo en pino piñonero (Calama et al. 2003), ya que con frecuencia, la densidad de la masa es muy baja, especialmente a edades maduras. Desde los inicios de la modelización forestal en los años setenta del siglo pasado, se han ido mejorando los métodos estadísticos para el desarrollo de curvas de calidad de estación, pero siguen basándose en la evolución de la altura dominante. Caben destacar los esfuerzos realizados para desarrollar modelos de calidad de estación interregionales que se adapten a los distintos patrones de crecimiento de una misma especie en distintas regiones (Calama et al. 2003, Bravo-Oviedo et al. 2007). Aunque es generalmente aceptado, que la altura dominante es independiente de la densidad de la masa, y por tanto del tratamiento, Toraño Caicoya y Pretzsch (2021) observaron que para masas puras de pícea en regiones secas el crecimiento en altura puede verse reducido a densidades elevadas.

En la Figura 8.7 se presentan las curvas altura dominante-edad de pino negral en dos regiones para un índice de sitio de 21 m a una edad de referencia de 80 años según el modelo propuesto por Bravo-Oviedo et al. (2007). Según este modelo, las mayores diferencias en el patrón de crecimiento se dan entre las masas de la Meseta Norte y las de Segura-Alcaraz. Aunque los patrones de crecimiento en altura dominante

no difieren mucho, pueden suponer diferencias considerables en la productividad a determinadas edades para un índice de sitio dado (según la Figura 8.7 2 m de diferencia en altura dominante a los 120 años), así como cambios en el momento en el que se alcanza el crecimiento medio en volumen (Bravo-Oviedo 2009).

El método indirecto, hasta ahora generalizado, que estima la productividad utilizando la clasificación por edad-altura está alcanzando sus límites de aplicación por las siguientes razones, entre otras: debido a la transición de masas puras hacia masas mixtas e irregulares, las características dasométricas como el volumen o la altura de masa son menos adecuadas para evaluar la calidad del sitio, ya que i) la producción depende de otros factores como las proporciones de especie, estructura de tamaños, etc. ii) la altura de la masa representa la historia de la competencia entre los individuos más que la calidad de estación, especialmente en masas de diferentes edades. Por otra parte, debido al cambio global se están produciendo modificaciones en las condiciones

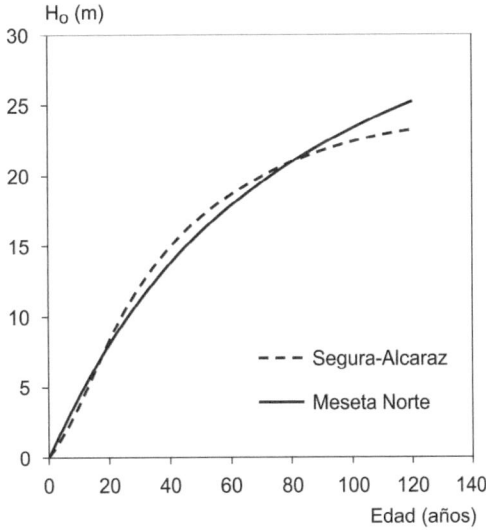

Figura 8.7 Curvas de calidad de estación de pino negral correspondientes a un índice de sitio de 21 m de altura dominante a una edad de referencia de 80 años para las regiones de Segura-Alcaraz y Meseta Norte según el modelo regional de Bravo-Oviedo et al. (2007). El crecimiento en altura dominante muestra distintos patrones en las dos regiones, conllevando distintas alturas dominantes a determinadas edades para un mismo índice de sitio.

ambientales y, por tanto, en la calidad de estación. Esto conlleva que estimaciones de la calidad en base a variables dasométricas que reflejan el crecimiento de la masa en el pasado, como el índice de sitio, pierden validez y son frecuentemente cuestionados. Una alternativa que mitiga parcialmente este problema es desarrollar modelos de calidad de estación basados en el crecimiento en altura dominante que incluyan las condiciones climáticas del sitio, como el modelo elaborado por Bravo-Oviedo et al. (2008) para masas regulares de pino negral.

8.4.3 Nivel de producción

La estimación de la productividad según la altura de la masa y la edad se basa en las relaciones definidas por las leyes de la producción (Sección 6.4) altura = f1 (edad), volumen total = f2 (altura) y volumen total = f3 (edad). La primera relación representa el desarrollo de la altura que experimentan las masas forestales regulares de una determinada especie en una estación determinada en función de la edad, que extendida a todas las calidades de estación es altura=f1(edad, IS). En el marco de la teoría de la producción forestal, a esta relación se la conoce como la primera ley fundamental de la producción o "relación de clasificación" ya que permite clasificar las masas forestales en términos de su productividad basada en la altura.

Para poder conocer la productividad o volumen total de una masa para la que se conocen la edad y la altura, se utiliza la segunda ley fundamental, conocida también como regla de Eichhorn, que relaciona el volumen total con la altura de la masa, volumen total= f2 (altura), que Assmann (1961) llama "relación auxiliar", y que permite relacionar la calidad de estación con la productividad para esa determinada especie y región geográfica. Si se conoce la relación o ley de la clasificación, esta relación auxiliar del volumen total en función de la altura media permite obtener como resultado la llamada "relación final" volumen total = f3 (edad).

Similar a la relación de clasificación, la relación auxiliar volumen total = f2 (altura) también ha experimentado un desarrollo y un refinamiento posterior. Debido a que presumiblemente falta- ban datos de las parcelas experimentales a largo plazo en una amplia variedad de sitios, Eichhorn (1902) asumió una relación entre la altura y el volumen de la masa en pie invariante con la estación (Figura 8.6a). Esta relación, que examinó y generalizó en masas de abeto, se conoce en la literatura como ley de Eichhorn.

En el período que siguió, Gehrhardt (1923) asumió una relación uniforme entre la altura de la masa y el volumen total para una especie y todas las estaciones. La relación entre la altura y el volumen total se conoce como nivel de producción general; Gehrhardt (1923) asumió la misma relación alométrica entre la altura y el volumen total para masas de todas las calidades de estación, es decir, para todas las condiciones del sitio. Esto supone, por ejemplo, que las masas de mejor crecimiento, a una altura de 20 m (por ejemplo, a la edad de 30 años) logran el mismo volumen total que las masas de menor crecimiento a una altura de 20 m (por ejemplo, a la edad de 100 años). Es decir, las curvas VT-H de masas con diferentes calidades de estación siguen la misma trayectoria, las mejores calidades simplemente logran valores finales más elevados o los mismos valores a una edad más temprana (Figura 8.6b).

A medida que mejoraban las bases de datos de los inventarios de las parcelas permanentes, se puso en evidencia que esta relación es una aproximación demasiado simplista. Por ejemplo, Wiedemann (1943) y Schmidt (1973) encontraron una disminución en el nivel de VT-H para pino silvestre con el aumento del índice de sitio (Figura 8.6c). Assmann y Franz (1963, 1965) encontraron, para pícea, un aumento en el nivel de VT-H al aumentar el índice de sitio (Figura 8.6d). Esto significa que cada calidad de estación tiene su propia relación VT-H, que es más baja en pino silvestre con un mayor índice de sitio y más alta en pícea (ver Figura 8.6, c y d). La relación entre la altura de la masa y el volumen total o crecimiento acumulado total cuando difiere entre calidades de estación se denomina en centroeuropa nivel de producción especial. La tabla de producción de pino silvestre de Wiedemann (1943) da a cada índice de sitio, basado en la altura, su propia relación

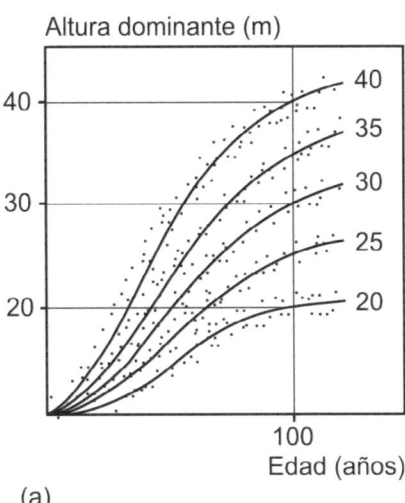
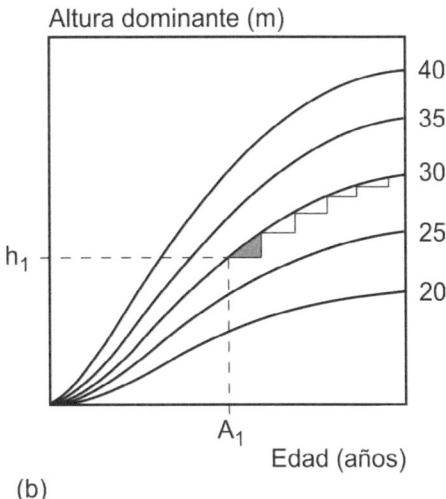

Figura 8.8 Principio de elaboración y aplicación de modelos de crecimiento en altura dominante (curvas de calidad de estación. (a) Derivación analítica utilizando la regresión de un abanico de curvas altura dominante-edad (curvas en forma de S en este ejemplo) a partir de datos de inventario (nube de puntos). (b) Uso del abanico de curvas altura-edad para la evaluación del índice de sitio y el pronóstico del desarrollo en altura de una masa con edad A_1 y altura H_{o_1}.

VT-H, es decir, asume un nivel de producción específico que, con la disminución del índice de sitio, se desarrolla a un nivel más alto (Figura 8.6c). Este aumento se debe al hecho de que las masas de crecimiento débil alcanzan la misma altura media (o dominante) mucho más tarde, y para entonces acumulan más crecimiento total que las masas de mejor calidad con crecimiento más rápido. Por supuesto, en mejores sitios se alcanzan nuevamente valores finales más altos que en condiciones desfavorables.

Assmann (1970) y Franz (1967) fueron aún más precisos. Incluso con masas de la misma altura y edad, encontraron que estas no tenían necesariamente el mismo nivel de producción especial. Con el mismo índice de sitio, dependiendo de las condiciones de la estación, pueden darse variaciones en el volumen total del 20 %. Assmann y Franz denominaron este fenómeno como niveles de producción especial subdivido, también denominados de manera general "niveles de producción", que reflejan un nivel de producción específico subdividido con niveles de producción superior, medio e inferior (volumen total alto, medio y bajo) frente al índice de sitio en su tabla de producción de pícea (Assmann y Franz 1965). La relevancia del nivel de producción se ilustra en la Figura 8.6d: Las masas con un índice de sitio basado en la altura dominante superior a 40 a la edad de 100 años alcanzan un VT de 1.792 m³ ha⁻¹ con un nivel de producción medio, 2.035 m³ ha⁻¹ con un nivel superior y solo 1.579 m³ ha⁻¹ con un nivel inferior (Figura 8.6d).

La variación del VT para un determinado índice de sitio (basado en la altura dominante), es decir, los efectos del nivel de producción en VT, puede ser tan grande que el VT de masas con un índice de sitio de 30 en altura dominante, con un nivel de producción alto, puede superar el VT de una masa con mucho mejor calidad de estación (índice de sitio de 40) con nivel de producción bajo (Assmann y Franz, 1963). La variación de la relación VT-H, en gran medida ignorada por Gehrhardt (1923), Franz von Baur (1877) y Wiedemann (1943), puede tener, por lo tanto, una variación alta dependiendo de la estación, como se supone para la relación H-edad. Quizás esto se deba al hecho de que la variación de altura es simplemente más visible y fácil de medir que el VT, a la variación de la espesura o densidad (Zeide 2004), o a variaciones en la estructura (Pretzsch et al. 2024).

Para poder determinar con precisión la relación VT-H es necesario disponer de parcelas permanentes con seguimiento a largo plazo, desde edades tempranas, que permitan estimar el VT desde el inicio de la masa. Estas parcelas deben distribuirse en distintas calidades de estación y en distintas estaciones para una misma calidad de estación, de manera que se recojan los posibles distintos niveles de producción. Desafortunadamente, esta información raramente está disponible o solo parcialmente.

Es probable que la variación en la densidad y el volumen total a la misma altura o índice de sitio aumente aún más en masas mixtas, ya que en estas masas la densidad, para una misma altura, puede aumentar considerablemente (Pretzsch y Biber 2016) dependiendo de la complementariedad de los nichos ecológicos de las especies que forman la mezcla y/o la presencia de facilitación.

Debido a que hasta ahora no se ha comprendido bien la dependencia causal del nivel de producción de las condiciones del sitio Skovsgaard y Vanclay (2008, 2013), Bergel (1982, 1985) y Franz (1967) proponen, entre otros, enfoques estadísticos simples para su determinación utilizando el VT o la densidad de la masa, que son adecuados para rodales puros (Bégin y Schütz 1994, Franz 1967, Skovsgaard y Vanclay 2008) y rodales mixtos (Sterba y Monserud 1993). De manera similar a la evaluación de la calidad de estación en base a la altura, estos enfoques evitan una explicación mecanicista basada en las condiciones del sitio utilizando la propia productividad de la masa como indicador (Bergel 1985, 1989, Hasenauer et al. 1994, Schütz y Zingg 2010, Sterba 1987).

Un ejemplo de aplicación de los niveles de producción es el sistema británico de clasificación de la productividad en masas forestales. En un primer paso, este sistema asume una relación constante entre el volumen total y la altura dominante, lo que permite clasificar las clases de producción mediante curvas de altura dominante y edad como en otros sistemas, aunque en este caso se definen las clases según el crecimiento medio en volumen en vez de la altura dominante a una edad determinada. Este primer paso ofrece la clase de producción general, basada en el nivel de producción general. En un segundo paso, si se dispone de información del volumen total de la masa, es decir, la masa en pie y el volumen extraído, se procede a estimar la clase de producción local (equivalente a los niveles de producción), basada en tres clases de productividad en la relación volumen total en función de la altura dominante (tres niveles de productividad). Por ello, además de las curvas de altura dominante y edad, el sistema de clasificación incluye curvas volumen total-altura dominante que permiten determinar la clase de producción local.

8.4.4 Control de las desviaciones del desarrollo de la altura dominante real

Las tablas de producción se basan en series de mediciones a largo plazo de un gran número de parcelas experimentales. Representan curvas de desarrollo para ubicaciones con diferentes índices de sitio. La Figura 8.8 muestra en una representación esquemática cómo se construye primero un abanico de curvas de altura a partir de datos de inventario (Figura 8.8a) y luego se utiliza para derivar el índice de sitio y pronosticar el desarrollo de la altura de la masa con la edad A_1 y altura h_1 (Figura 8.8b).

En la clasificación del índice de sitio según la altura ilustrada en la Figura 8.8, se supone que los procesos de desarrollo en altura en una estación dada también siguen el abanico general de curvas de calidad de estación. También se asume que los futuros procesos de desarrollo son idénticos a los pasados, es decir, las condiciones del sitio y los procesos de desarrollo específicos de la masa son estacionarios.

Sin embargo, los procesos de desarrollo en una estación determinada en términos de los parámetros de la masa, como altura, diámetro, área basimétrica o volumen en pie pueden desviarse más o menos significativamente del desarrollo predicho por las curvas de calidad de estación y de las tablas de producción. En este sentido, se debe prestar especial atención a las desviaciones del desarrollo de la altura dominante real con la edad con respecto de las esperadas por el mode-

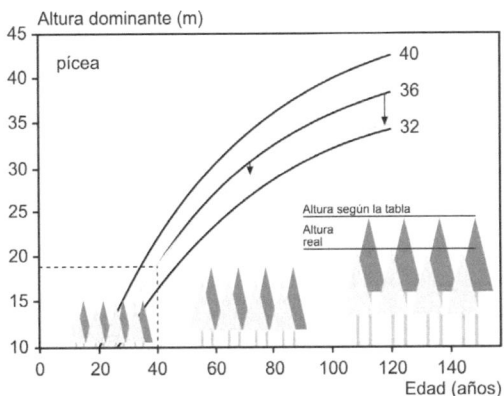

Figura 8.9 Si el desarrollo en altura real de una masa forestal (mostrado en gris) cae por debajo del nivel marcado por la tabla de producción con la edad creciente (abanico de curvas de altura mostrado en negro), las masas más jóvenes deben ser clasificadas mediante otros procedimientos, por ejemplo, mediante el índice de sitio de masas maduras vecinas que se encuentren en la misma estación. De esta forma, se puede evitar la sobreestimación de las existencias y el crecimiento (Montero y Rojo 1996).

lo de calidad de estación (Figura 8.9), ya que la estimación del índice de sitio es el valor de entrada para la estimación del resto de las variables de masa. Por ejemplo, una masa puede tener un índice de sitio alto a una edad temprana, pero luego caer a un nivel inferior en edades maduras.

Un ejemplo de la modificación del desarrollo de la curva altura dominante-edad en masas de pino negral es la ralentización del crecimiento cuando el sistema radical encuentra una capa de arcillas que impide el correcto desarrollo en altura. Las condiciones del medio pueden permitir un rápido crecimiento durante la fase juvenil. Con el aumento de la edad y el tamaño, el espacio radicular limitado por la capa de arcillas da como resultado una desaceleración del crecimiento en altura, pudiendo generar un descenso del índice de sitio (Ortega y Montero, 1988). Otro ejemplo de este tipo de patrones se da en masas de pícea en estaciones con buenas precipitaciones, pero con suelos poco profundos que limitan el desarrollo en edades avanzadas (Figura 8.9). En estas situaciones, la estimación del índice de sitio a una edad temprana sobrestimaría claramente el desarrollo futuro de la altura dominante, pero también del diámetro, el área basimétrica y el volumen en pie (Toraño-Caicoya, 2021).

Una alternativa para este tipo de situaciones es utilizar el índice de sitio de masas maduras vecinas, o bien, utilizar modelos que reflejen este aplanamiento en el desarrollo en altura. La relación altura dominante - edad obtenida de esta manera puede estar varios metros o varias clases de calidad de estación por debajo de las tablas de producción. Sin embargo, refleja el desarrollo de la altura dominante, y también de todos los demás parámetros dasométricos que se incluyen en la planificación forestal, de manera más realista.

Debido a los cambios ambientales que aceleran el crecimiento, las masas forestales pueden alcanzar ahora mayores o menores alturas a la misma edad que en el pasado (Figura 8.10). Las existencias posteriores pueden, al menos en la fase juvenil, superar las anteriores en términos de altura, diámetro, volumen en pie y crecimiento acumulado total. Este aumento en el índice de sitio se produce, en particular, en masas en las que anteriormente se aprovechaba la hojarasca,

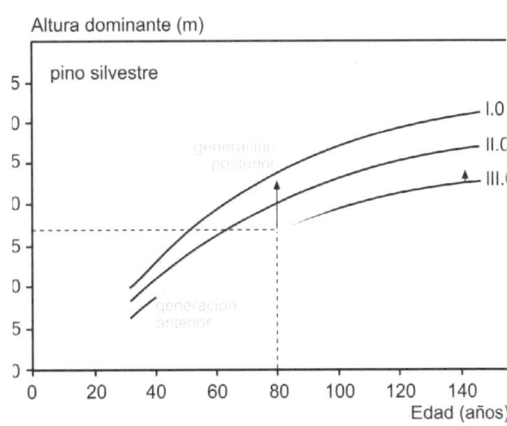

Figura 8.10 En sitios inicialmente pobres pero que presentan una mejora de la calidad de estación, el desarrollo en altura de las masas viejas puede mejorar en comparación con el recogido en las tablas de producción. Las masas más jóvenes pueden mostrar un desarrollo en altura significativamente más rápido que las más viejas en la misma estación. El volumen en pie y la productividad se sobrestiman si dichas masas no pueden mantener permanentemente el mayor crecimiento en altura. En estos casos, se pueden utilizar estimaciones del índice de sitio más conservadoras, por ejemplo, reduciendo en ½ la clase de calidad de estación relativa (por ejemplo, de I.0 a I.5) o en niveles de 2 m de altura del índice de sitio absoluto (por ejemplo, índice de sitio de altura dominante de 40 a 38).

así como resultado de la deposición eutrófica y el cambio climático. No obstante, no está claro que los aumentos de productividad observados en edades tempranas persistan en la fase de madurez. En muchos casos, la extrapolación del índice de sitio de la juventud a la vejez daría como resultado alturas poco realistas de más de 50 m. En tales casos, la sobreestimación del índice de sitio y la productividad puede contrarrestarse mediante una reclasificación basada en masas más antiguas o mediante factores de reducción estandarizados.

No obstante, el desarrollo de modelos de crecimiento en altura dominante dependientes de las condiciones de la estación sería la mejor alternativa en el marco de la modelización empírica. Por ejemplo, Bravo-Oviedo et al. (2008) desarrollaron curvas de crecimiento en altura dominante para pino negral dependientes de la litología y las características medias del clima que son capaces de reflejar los distintos patrones de crecimiento en altura dominante en estaciones con diferentes condiciones ambientales. A partir de este modelo, Bravo-Oviedo et al. (2010). obtuvieron estimaciones de los cambios esperados en la calidad de estación de parcelas permanentes de pino negral en distintas regiones bajo un escenario de cambio climático

masas mixtas y masas puras vecinas, Pretzsch et al. (2015a, 2016a, 2016b) investigaron el efecto de la mezcla de especies sobre las dimensiones medias del árbol, la densidad y el nivel de producción (Sección 6.5.5, Tabla 6.4). Los datos proceden tanto de parcelas experimentales a largo plazo como de parcelas temporales en Europa Central con masas puras y mixtas regulares formadas por las mezclas pícea / abeto, pícea / pino silvestre, pícea / alerce, pícea / haya, pícea / aliso, pino silvestre / haya, alerce / haya, haya / roble y haya / Abeto Douglas, que representan la densidad máxima. La altura media (-2 %) y el diámetro medio (+1 %) de las masas mixtas apenas se desvían de la media ponderada de las masas puras vecinas. En general, la ligera inferioridad de una especie se compensa con la superioridad de la otra. Por el contrario, la densidad de la masa, representada por el número de pies por hectárea, el índice de densidad de la masa según Reineke, el área basimétrica y el volumen en pie se encuentran entre un 8-22 % por encima de la esperada de las masas puras vecinas. En la mayoría de las combinaciones de especies, la densidad parcial de las dos especies que conforman la mezcla aumenta. Debido a que las alturas medias permanecen prácticamente sin cambios, pero las existencias y el volumen total

8.4.5 Altura dominante y nivel de producción en masas mixtas regulares

Las relaciones introducidas anteriormente para la estimación de la productividad: altura = f1 (edad, calidad), volumen total = f2 (altura) y volumen total = f3 (edad), se desarrollaron para masas puras regulares. Sin embargo, estas no se pueden transferir directamente a masas mixtas, ya que la mezcla de especies puede cambiar las tres relaciones. Estudios recientes en masas mixtas muestran que la mezcla de especies apenas modifica la altura media de la masa, pero puede aumentar significativamente la densidad de la masa, y con ésta el volumen total y el nivel de producción.

Utilizando datos de 141 sitios con parcelas en

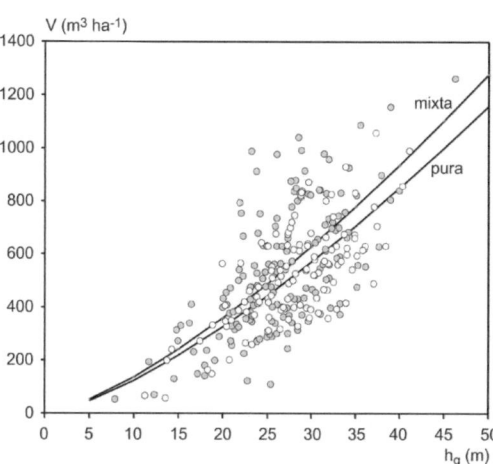

Figura 8.11 Representación del volumen en pie, V según la altura media, h_g, en masas puras (círculos blancos) en comparación con masas mixtas vecinas (círculos grises). Las líneas de regresión se basan en 282 mediciones combinadas de la altura de masas puras y mixtas (según Pretzsch et al. 2016b).

aumentan notablemente, el nivel de la relación de Eichhorn y el nivel de producción general según Assmann se sitúa en masas mixtas por encima de las masas puras vecinas.

La Figura 8.11 muestra las existencias medidas en masas mixtas (círculos grises) y puras (círculos blancos) en función de la altura media, y la relación de Eichhorn $V - h_g$ como resultado del análisis de regresión para masas mixtas y puras. El modelo resulta en la función (tras destransformar los logaritmos) $V = e^{1.13} \times h^{1.526} \times e^{mixmono}$ donde la variable dummy mixmono es 1 para masas mixtas y 0 para masas puras, de modo que $e^{0.086 \times mixmono}$ =1,09 para masas mixtas. Según esta evaluación siguiendo la relación de Eichhorn, la producción es aproximadamente un 9 % mayor en masas mixtas que en puras. Además, la ecuación para la relación $V - h_g$ muestra un valor de pendiente media de $\alpha_{V,h_g} = 1.526$.

Las estimaciones de la productividad con modelos de crecimiento (por ejemplo, tablas de producción o simuladores) que se basan en las relaciones básicas de las masas puras, requieren por lo tanto una corrección, por ejemplo, a través de multiplicadores que tengan en cuenta los efectos específicos de la mezcla en cada especie (Pretzsch et al. 2015b, Pretzsch y del Río 2020). Sin embargo, estos factores de corrección son, en el mejor de los casos, una solución temporal. A más largo plazo, deberían desarrollarse modelos que incorporen los efectos de la mezcla en los procesos (por ejemplo, disponibilidad, absorción y eficiencia de asimilación de los recursos) y estructuras (por ejemplo, morfología de los árboles, estructura de las masas, distribución por tamaños, etc.).

8.4.6 Otros indicadores biométricos de la productividad forestal

Como se ha mostrado en los apartados anteriores, el método biométrico más común para estimar la productividad se basa en la relación altura dominante - edad, que permite clasificar las masas forestales en calidades de estación y

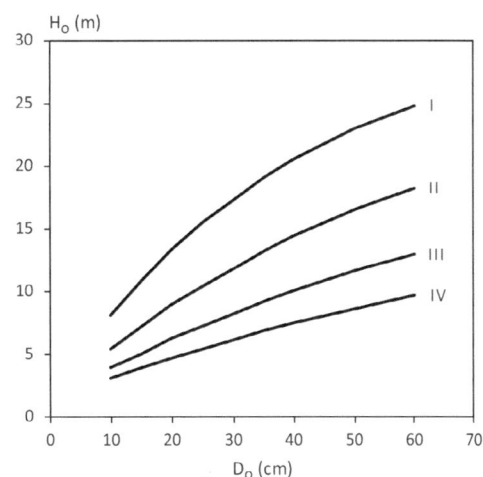

Figura 8.12 Sistema de clasificación de la calidad de estación y su correspondiente productividad en base a la relación entre la altura y el diámetro dominantes para pino silvestre, según Ortega y Montero (1991).

estimar la producción por la alta correlación entre altura dominante y volumen total. Las curvas de calidad de estación y el índice de sitio se desarrollaron inicialmente para masas regulares monoespecíficas. Sin embargo, su aplicación en masas mixtas y, especialmente, con estructuras de edades irregulares no siempre es directa, ya que no es sencillo definir cómo se estima la altura dominante y la edad en este tipo de masas (del Río et al. 2016). Asimismo, la relación entre la altura dominante y el volumen total varía en masas mixtas con respecto a las monoespecíficas (Figura 8.11), y no siempre se dispone de esta información. En otras situaciones, es complicado conocer la edad de la masa (por ejemplo, en datos de inventario forestales), por lo que puede ser necesario utilizar métodos que no dependan de la edad.

Una alternativa es utilizar la relación altura-diámetro (Vanclay 1994), definiendo el índice que refleja la calidad de estación como la altura cuando la masa alcanza un diámetro dado. En la Figura 8.12 se presentan las curvas altura-diámetro que reflejan el patrón de distintas calidades de estación en pinares de silvestre en España (Ortega y Montero 1991). Este modelo fue desarrollado utilizando parcelas permanentes que inicialmente se clasificaron en cuatro calidades de estación en base a un modelo altura dominante-edad, para posteriormente ajustar la relación altura dominante-diámetro dominante correspondiente a cada calidad de estación. Posteriormente, Moreno-Fernández et al. (2018) desarrollaron modelos para la relación altura dominante-diámetro dominante a partir de datos del Inventario Forestal Nacional para las principales especies forestales españolas. En este caso no se partía de una clasificación previa de las parcelas en calidades de estación, por lo que se ajustó inicialmente una curva media (curva guía) que luego se utilizó para generar la familia de curvas para cada especie que permite la clasificación en calidades de estación.

8.5 De enfoques descriptivos a enfoques basados en procesos biofísicos para la estimación de la productividad

Desde el comienzo de la ciencia forestal sistemática y la transición a la selvicultura sostenible en el siglo XVIII, la investigación forestal ha centrado parte de sus esfuerzos en estimar la calidad de la estación, la productividad y la relación entre las condiciones del sitio y la productividad (Assmann, 1970). Este interés continuo se debe a que para mantener en equilibrio los usos y el crecimiento de las masas forestales, es decir, para gestionarlas de forma sostenible, es necesario disponer de información sobre el crecimiento específico de la estación, es decir, sobre la productividad.

Gracias a la creciente información sobre las condiciones de las estaciones forestales (datos sobre el clima, suelo, fisiografía, etc.) y sobre parcelas experimentales a largo plazo y de inventarios forestales, los enfoques de la investigación sobre las relaciones entre las condiciones ambientales y la productividad, es decir, sobre la evaluación de la productividad según la estación, han avanzado notablemente. El desarrollo ha sido tanto hacia enfoques complejos y mecanicistas en el ámbito de la ciencia forestal y la ecología, como hacia enfoques más reduccionistas, pero de mayor resolución para el análisis, modelización y predicción de las masas forestales. No obstante, los métodos biométricos basados en el concepto de calidad de estación y el uso del índice de sitio como indicador siguen en uso en la gestión de muchas masas regulares monoespecíficas.

En la Tabla 8.7 se muestra una descripción general de varios métodos de estimación de la productividad que representa una evolución histórica general, pero que puede variar significativamente en función de otros factores como el nivel de desarrollo de la ciencia forestal o la base de información disponible en un país o región dada. En consecuencia, la productividad se estima actualmente en todo el mundo utilizando métodos bien descriptivos y empíricos o bien mecanicistas. Existen distintas clasificaciones de los métodos para estimación de la productividad según el concepto en el que se centren, si son métodos directos o indirectos, etc. En la Tabla 8.7 no se sigue una clasificación concreta, si no que se presentan distintos indicadores, el concepto que utilizan y la escala de aplicación. El enfoque elegido depende de la voluntad de la selvicultura de innovar y de la información sobre las características de la estación, los inventarios forestales, los métodos y los modelos disponibles.

La productividad se puede estimar indirectamente a través de variables climáticas (por ejemplo, basados en temperatura y precipitación, como índice de vegetación climática de Paterson (CVP)), mediante la radiación reflejada a través del índice de vegetación de diferencia normalizada (NDVI), características dendrométricas (h, edad), o mediante la comunidad vegetal dominante (tipo de flora). Asimismo, la productividad se puede determinar directamente en función de las condiciones ambientales (disponibilidad de recursos, factores ambientales) con la ayuda de modelos estadísticos o ecofisiológicos.

8.5.1 Índices de productividad basados en las condiciones ambientales

Los índices basados en las condiciones ambientales para estimar la productividad de las masas

8.5 De enfoques descriptivos a enfoques basados en procesos biofísicos para la estimación de la productividad

Tabla 8.7 Características que reflejan la productividad de masas irregulares, bosques mixtos de montaña en Baviera con calidad de estación de media a alta y claras moderadas. Los inventarios se remontan a año 1950; d_g, diámetro cuadrático medio; h_g altura media, G; área basimétrica, V; volumen pie. Las existencias se miden en metros cúbicos maderables (fuste y ramas con un diámetro > 7 cm). Pi es la pícea (*Pícea abies*), Ab el abeto (*Abies alba*) y Fa el haya (*Fagus sylvatica*).

Indicador	Concepto	Escala	Fuente
Volumen = f(h)	dasométrico	Masa	Eichhorn (1902)
VT = f(h)	dasométrico	Masa	Gehrhardt (1923)
VT = f(Edad, Altura)	dasométrico	Masa	Baur (1877)
VTL = f(Edad, Altura, nivel de producción específico)	dasométrico	Masa	Assmann (1970)
Tipos de vegetación	clasificación florística	Masa, Region	Cajander (1926)
CVP – Index	climático	Masa, Region, Continente	Paterson (1956)
Índice de Martonne	climático	Masa, Region, Continente	Martonne (1926)
Índice de Bruschek	climático	Masa, Region, Continente	Bruschek (1994)
NDVI	fisiológico	Masa, Region, Continente	Wang et al. (2004) Myneni et al. (1997)
Condiciones de la estación	ecológico, biométrico	Masa	Kahn y Pretzsch (1997)
Región ecológica	ecológico, biométrico	Árbol, Masa, Region	Wykoff et al. (1982)
PPB, PPN	biogeoecofisiológico	Masa, Region, Continente	Luyssaert et al. (2007) Weiskittel et al. (2011) Michaletz et al. (2014)

forestales (Tabla 8.7) utilizan la relación, relativamente estrecha, existente entre las condiciones ambientales (factores ambientales, disponibilidad de recursos) y el crecimiento de las plantas. En general, se construyen a partir de los principales parámetros regionales y disponibles de las condiciones ambientales (por ejemplo, variables climáticas) que se combinan en un índice. Usando la base de datos disponible más amplia posible (datos climáticos y de productividad), el índice se estructura de tal manera que se correlacione lo más estrechamente posible con la productividad de la masa, es decir, se determina la mejor relación posible índice-productividad. Posteriormente, para estimar la productividad, (i) se determinan las condiciones ambientales específicas del sitio y se calcula el índice correspondiente y (ii) las respectivas productividades específicas del sitio (t ha^{-1} año^{-1}, o m^3 ha^{-1} año^{-1}) con la relación índice-productividad desarrollada.

Un ejemplo es el índice de vegetación climática (CVP) de Paterson (1956, págs. 68-75). Este índice está compuesto por la temperatura media del mes más cálido del año °C, Tv, la precipitación anual total en mm, P, la duración del período vegetativo, PV, calculado como el número de días con una temperatura media > 7 °C, el coeficiente de radiación, E, calculado como el cociente de la radiación en el polo (Rp) en relación con la radiación Rs en la ubicación estudiada (E = 100 × Rp / Rs), la diferencia de temperatura, Ta, entre el mes más cálido y el más frío y finalmente de los factores 12 y 100, que reducen el índice a valores entre 0 y aproximadamente 5.000. La expresión del índice de Parteson es $CVP = \frac{Tv \times P \times PV \times E}{Ta \times 12 \times 100}$. Gandullo (1994) propuso una modificación del índice de Paterson sustitu-

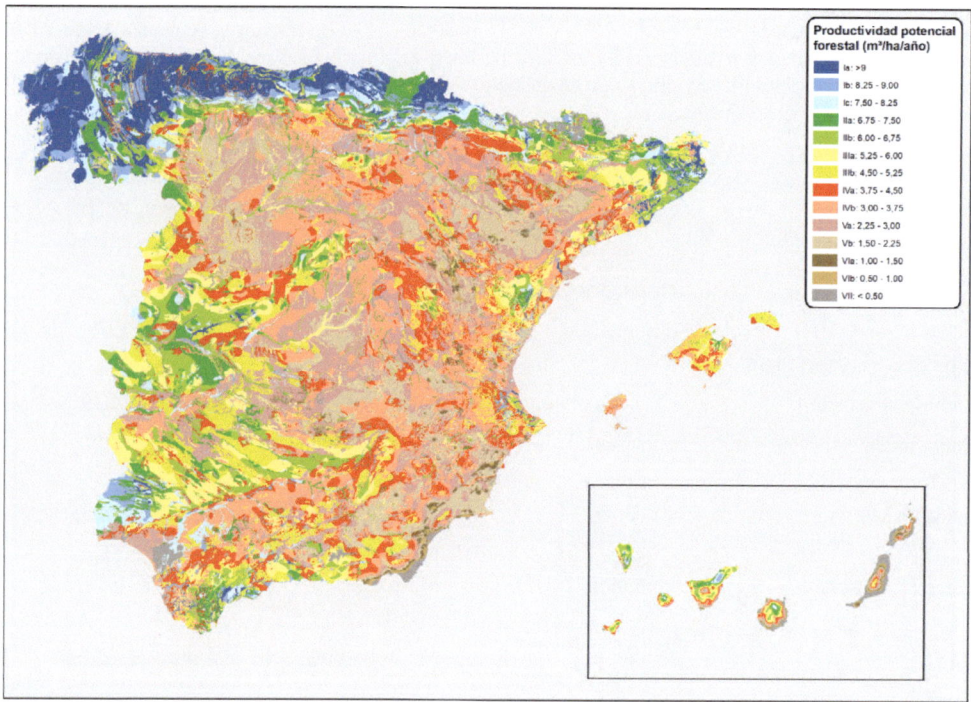

Figura 8.13 Mapa de productividad potencial forestal de España, adaptado de Sánchez y Sánchez (2000).

yendo el coeficiente de radiación E por un factor de insolación calculado a partir del número de horas de insolación. Aplicando esa modificación se elaboró el Mapa de Productividad Potencial Forestal de la España Peninsular (Gandullo J.M. y Serrada R 1977).

Según Paterson (1956) existe una relación lineal entre los valores de CVP y la productividad de la masa. Los valores de CVP < 25 son típicos de climas árticos, bosques boreales improductivos y regiones cálidas y áridas. Muestran incrementos de 0-1 m^3 ha^{-1} $año^{-1}$. Los valores promedio de CVP entre 100-1.000 se dan en áreas templadas en Europa Occidental, Estados Unidos y sur de Sudamérica, así como en áreas subtropicales en el sur de China e India. Muestran productividades de 5-10 m^3 ha^{-1} $año^{-1}$. Los valores de CVP > 5.000 indican productividades de más de 12 m^3 ha^{-1} $año^{-1}$ y se dan en las áreas ecuatoriales y tropicales. La expresión de la relación entre el índice de Paterson y la productividad en términos de crecimiento en volumen (m^3 ha^{-1} $año^{-1}$) es $P_{iv} = 5.3 \times \ln(\text{CVP}) - 7.4$. Esta relación fue corroborada por Serrada (1976) con datos de masas de pinares en España, y posteriormente modificada introduciendo un factor de corrección en función de las condiciones edáficas de la estación (Serrada 1976; Sánchez y Sánchez, 2000). De este modo, a partir de datos meteorológicos de la red nacional de estaciones meteorológicas y de la cartografía geo-litológica disponible, Sánchez y Sánchez (2000) elaboraron el mapa de productividad potencial forestal de España (Figura 8.13).

El índice M de Martonne (1926) M = precipitación anual (mm) / (temperatura media anual °C + 10) muestra la disponibilidad de agua y también está correlacionado estrechamente con la productividad. Cuanto mayor sea el índice M, mejor será la disponibilidad de agua y la productividad. En ocasiones, este índice también se calcula utilizando la precipitación y la temperatura media durante el periodo vegetativo. Debido a que solo necesita dos variables de entrada y es fácil de calcular e interpretar, se usa con frecuencia en estudios sobre producción de las

8.5 De enfoques descriptivos a enfoques basados en procesos biofísicos para la estimación de la productividad

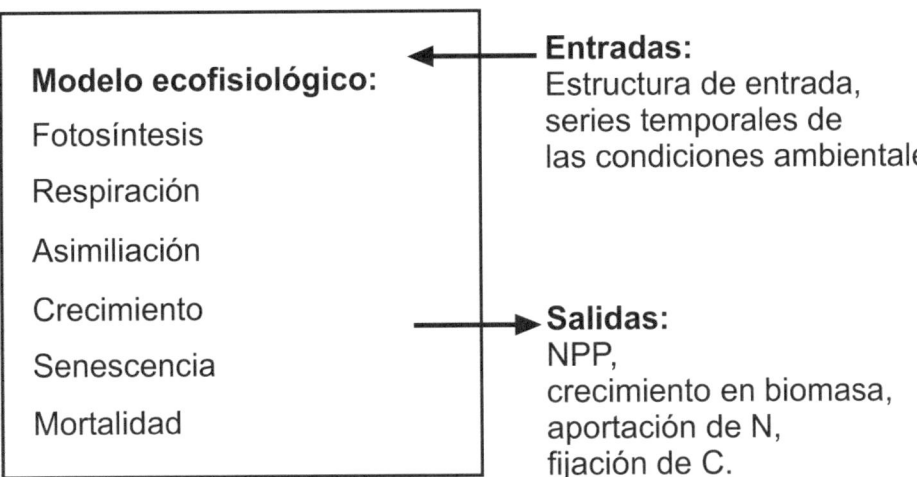

Figura 8.14 Principio de los modelos de procesos ecofisiológicos. Una vez introducidas la estructura inicial de la masa y las condiciones de crecimiento, se simula su desarrollo en base a procesos ecofisiológicos básicos como la fotosíntesis y la respiración.

masas forestales, así como del efecto de la mezcla de especies, de la sequía e impactos climáticos (Rötzer et al. 2012, Pretzsch et al. 2013, Quan et al. 2013, Condés et al. 2019). El índice de Martonne ha sido recientemente utilizado en España para estudiar el impacto de la aridez en la producción y fijación de carbono de los pinares peninsulares (Aguirre et al. 2021). En este trabajo se refleja cómo tanto la máxima densidad potencial de una especie como la producción expresada en crecimiento en volumen aumentan con el índice de Martonne (Aguirre et al. 2018, 2019).

Alternativamente, la productividad se puede estimar a partir de índices de vegetación basados en la respuesta espectral de la vegetación registrada mediante teledetección. El índice de vegetación más utilizado es el Índice de Vegetación de Diferencia Normalizada (NDVI de sus siglas en inglés). Cuanto mejor es el estado de vigor de la planta más radiación de luz visible y menos del infrarrojo cercano absorbe, indicando una mayor producción fotosintética y producción primaria neta (Wang et al. 2004). El NDVI se puede estimar mediante teledetección con sensores aéreos o satélites y se puede utilizar para investigar los efectos del clima en el crecimiento de las plantas en todo el mundo (por ejemplo, Myneni et al. 1997) o la cantidad de biomasa acumulada (González-Alonso et al. 2006).

8.5.2 Modelos de crecimiento basados en procesos biofísicos

En las últimas décadas, la ciencia forestal ha vuelto, cada vez con más frecuencia, a la vieja idea de Heyer (1845) de estimar la calidad y productividad de la estación directamente de las variables primarias del medio, como la disponibilidad de agua y nutrientes, la temperatura y la radiación. Esta tendencia se ve impulsada además por los cambios en curso en las condiciones ambientales (cambio climático, deposición de nitrógeno, etc.) y la necesidad de simular el desarrollo forestal y la productividad de una manera sensible a las características de la estación.

Una primera aproximación de método directo es la estimación de la productividad basada en la vegetación del sotobosque de Cajander (1926). Con el desarrollo de la clasificación de tipos de masas forestales para los bosques boreales, Cajander creó la base para una clasificación del sitio y una estimación de la productividad basada en la vegetación del suelo. Según las características de la vegetación del sotobosque (líquenes, musgos, herbáceas, pequeños y grandes arbustos) en masas forestales cerradas, se determinan los tipos de bosques y se desarrollan tablas de producción para cada uno de estos. En la práctica forestal de masas boreales regulares de pino, pícea y abedul es frecuente la estimación de la productividad usando como base la vegetación del sotobosque. Dada la mayor variedad de especies, condiciones de sitio y factores de influencia antropogénicos en Europa Central o en el ámbito mediterráneo, los grupos ecológicos de especies o las plantas indicadoras son menos adecuados para estimar la productividad (Etter 1949, Keller 1978, 1995).

Otros autores utilizan la creciente disponibilidad de datos cualitativos y cuantitativos de las condiciones del sitio y el crecimiento en los inventarios forestales para el desarrollo de modelos de estación-productividad (Moosmayer y Schöpfer 1972, Wykoff et al. 1982, Wykoff y Monserud 1988, Kahn 1994). Este tipo de modelos suelen ser modelos de regresión y permiten estimar el crecimiento de los árboles o masas forestales en función de las variables de la estación utilizando el siguiente enfoque:

Productividad de la masa= f (variables de ubicación local y regional).

Como variables independientes se pueden utilizar factores cuantitativos (por ejemplo, precipitación y temperatura media durante el período vegetativo, exposición, altitud o pendiente) y factores cualitativos a un nivel de escala ordinal (por ejemplo, disponibilidad de nutrientes o de agua) o nominal (por ejemplo, comunidad forestal, características del estrato superficial del suelo, etc.). El modelo de estación-productividad presentado en la Sección 3.5.2 por Kahn (1994) sigue este enfoque.

Otra aproximación es utilizar como variable independiente un indicador de la productividad de la masa, por ejemplo, la calidad de estación o el índice de sitio. En el primer caso, al ser la calidad de estación una variable discreta, se puede establecer una regla discriminante que permita clasificar la calidad de estación en función de las variables del medio. Bravo y Montero (2001) establecieron una regla discriminante para estimar la calidad de estación para *Pinus sylvestris* en el Alto Ebro (España) en función de las características del suelo (textura y capacidad de intercambio catiónico). En el segundo caso, se puede desarrollar un modelo de regresión que estime el valor del índice directamente en función de variables ambientales, como el modelo desarrollado por Bravo-Oviedo et al. (2011) que posibilita estimar el índice de sitio para *Pinus pinaster*. Esta aproximación para la determinación indirecta de la productividad a partir de variables ambientales tiene la ventaja de que se puede estimar la productividad de una estación para una determinada especie sin presencia de ninguna masa o cuando las características de la masa no permiten utilizar métodos biométricos. Por lo tanto, es una alternativa útil para predecir la productividad de repoblaciones futuras o jóvenes, así como de masas adultas que han sido sometidas a huroneo en las que la aplicación del índice de sitio conllevaría una infraestimación de la productividad al verse afectada la altura dominante por el huroneo.

Las parcelas experimentales y de inventario, los ensayos en invernaderos y los experimentos en cámaras climáticas brindan una mejor comprensión de los principios metabólicos, ecofisiológicos y ecológicos de producción del crecimiento de árboles y masas forestales. De hecho, cada vez se pueden modelizar los efectos de las condiciones ambientales (disponibilidad de recursos y factores ambientales) con una resolución temporal y espacial mayor. Por ejemplo, se pueden registrar la curva de temperatura media y la radiación según las longitudes de onda o la disponibilidad de agua en un día, una hora o un minuto y relacionarlas con la producción primaria neta que se registra a la misma escala:

Producción primaria neta = f (superficie foliar, radiación, temperatura, agua, nutrientes).

Las tasas de respiración, R, medidas al mismo tiempo permiten estimar la producción primaria bruta (BPP = NPP + R). Mientras que los enfoques biométricos y los modelos empíricos de estimación de la productividad se basan en algunas relaciones básicas (Sección 9.2), los modelos de procesos ecofisiológicos (Sección 9.6) se basan en una base mucho más amplia de conocimiento del ecosistema. Estos describen, entre otras cosas, el ciclo del carbono y nitrógeno y el flujo de agua, y estiman el crecimiento de los procesos biológico-físico-químicos, como la radiación, la transpiración, la fotosíntesis, la respiración, la asimilación, el envejecimiento y la mortalidad (Figura 8.14). El Capítulo 9 presenta, con más detalle, los conceptos básicos de los modelos de crecimiento orientados a procesos ecofisioló-

8.5 De enfoques descriptivos a enfoques basados en procesos biofísicos para la estimación de la productividad

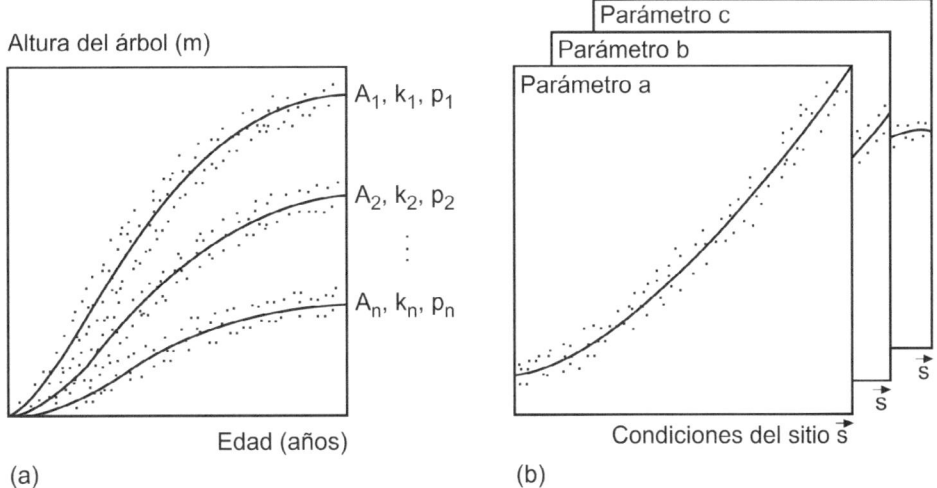

Figura 8.15 Principio de estimación de la productividad de la estación con el modelo híbrido SILVA 2.2 utilizando el ejemplo de modelización del crecimiento en altura en dos fases. (a) El ajuste por regresión de la relación edad-altura con la función de Richards (1959) produce los parámetros de la curva a, b y c (asíntota, pendiente, posición del punto de inflexión). (b) A partir de estos parámetros y las variables que reflejan las condiciones del sitio $\vec{s}$, se ajustan relaciones estadísticas que los relacionan. Por lo tanto, estas funciones proporcionan un sistema en dos fases para predecir el crecimiento en altura dependiendo de las condiciones locales de la estación.

gicos para la estimación de la productividad.

Los modelos de procesos requieren variables de entrada de la estructura de la masa o condiciones iniciales y series temporales de factores ambientales y disponibilidad de recursos durante el período de predicción. Como variables de salida proporcionan un amplio espectro de variables de diversos efectos y servicios de la masa forestal. Estas variables de salida generalmente no se limitan a variables dendrométricas, sino que incluyen, por ejemplo, parámetros de vitalidad, disponibilidad de nutrientes o de agua, diversidad, productividad. En principio tienen un potencial de información comparativamente grande sobre los criterios e indicadores más importantes de sostenibilidad, como reservas de recursos, vitalidad y estabilidad, producción y regeneración, diversidad biológica, funciones protectoras y aspectos socioeconómicos, como el recreo y función paisajística, especialmente cuando los modelos consideran la estructura de la masa (Mäkelä et al. 2012). Algunos ejemplos de modelos ecofisiológicos son los desarrollados por Bossel (1994), Bugmann (2001), Grote y Pretzsch (2002), Tietjen y Huth (2006), Mäkelä y Hari (1986), Rötzer et al. (2009) y Gracia et al. (2011) (Sección 9.6).

Los modelos híbridos como los de Kimmins (1993), Landsberg (2003) y Pretzsch et al. (2002, 2008) representan un compromiso entre modelos de procesos empíricos y ecofisiológicos. En ellos la producción de biomasa se estima en función de factores primarios como la precipitación, la disponibilidad de nutrientes, la temperatura y la radiación. Esto se puede hacer tomando como base la eficiencia del uso de los recursos (Landsberg 2003) o estimando los parámetros de las curvas de crecimiento según las condiciones del sitio (Kahn 1994, Pretzsch et al. 2002). La Figura 8.15 muestra un ejemplo del principio de estimación de la productividad de la estación con el modelo híbrido SILVA 2.2, ilustrando su funcionamiento utilizando el ejemplo de la modelización de crecimiento en altura de dos fases. Para estimar la productividad se relacionan los parámetros de la curva de crecimiento con las condiciones de la estación (ver Capítulos 9 y 10). El modelo de Bravo-Oviedo et al. (2008) mencionado en la Sección 8.4.4 utiliza una aproximación similar, aunque en este trabajo no se hace el ajuste en dos fases si no que directamente se expanden los parámetros de la función de crecimiento con la inclusión de variables ambientales (litología y variables climáticas).

Mensajes clave

1. Para la ciencia forestal, la productividad de la masa constituye la base para el análisis y modelización de los ciclos productivos del ecosistema, la evaluación de los posibles aprovechamientos, el desarrollo de modelos de gestión sostenible y la cuantificación de las relaciones competitivas e idoneidad de diferentes especies.

2. En la selvicultura, la productividad específica del sitio para una especie condiciona los objetivos y el tipo de gestión sostenible a desarrollar. La productividad determina la mayoría de las funciones del ecosistema y el rendimiento ecológico, económico y social de las masas forestales.

3. La producción primaria neta en diferentes zonas climáticas depende principalmente de la duración del periodo vegetativo. En los bosques templados es de 1-1,5 kg m-2 año^{-1}, lo que corresponde a 10-15 t ha^{-1} año^{-1} o 20-30 m^3 ha^{-1} año^{-1}.

4. El crecimiento medio anual del volumen maderable en climas templados es de 5-10 m^3 ha^{-1} año^{-1} (menores en climas mediterráneos). Si se incluye la parte extraída (volumen extraído total) corresponde con el 10 % de la producción primaria bruta y el 20 % de la producción primaria neta.

5. La estimación de la productividad mediante métodos dendrométricos utiliza los árboles como fitómetros. El método más común determina la altura que alcanzan las masas regulares a una determinada edad (clasificación por edad-altura) y la utiliza para determinar la productividad del sitio y de los rodales con un nivel de ocupación completo. Según el principio de edad-altura, a partir de estas dos variables, se pueden extraer de las tablas de producción (o modelos de crecimiento) las características más importantes de la productividad de la masa (por ejemplo, el volumen total o el crecimiento corriente en volumen)

6. Las relaciones edad-altura pueden perder su valor como indicador de la calidad de la estación y la productividad en masas mixtas (debido a la competencia, estratificación, etc.). A día de hoy, tampoco existen tablas de producción de las que se puedan extraer las características más importantes de la productividad de las masas mixtas. Los enfoques biométricos para la estimación de la productividad pierden su idoneidad en masas mixtas.

7. La productividad también se puede estimar utilizando índices que se basan en las condiciones ambientales de la estación que se correlacionan estrechamente con la producción de biomasa. Primero, se derivan los índices de productividad (por ejemplo, de Martonne o Paterson) de variables ambientales y, después, se buscan relaciones básicas entre estos índices y la productividad de la masa.

8. La productividad se puede estimar además utilizando modelos de crecimiento dinámicos, que predicen la producción en función de las condiciones ambientales regionales o locales. Esos se basan en relaciones estadísticas o ecofisiológicas entre las condiciones ambientales (factores y recursos ambientales) y la producción.

9. Debido a que la productividad puede

cambiar significativamente en solo unas pocas décadas debido a diversos factores (extracción de hojarasca, deposición de nitrógeno, contaminación del aire o cambio climático), los métodos de estimación de la productividad no pueden asumir condiciones de crecimiento constante. Los cambios en las condiciones de crecimiento requieren la transición a enfoques de estimación mecanicista que consideren las condiciones iniciales, los cambios ambientales y las características de crecimiento y reacción a estos cambios de las distintas especies.

Referencias

Aguirre A, del Río M, Condés S (2018) Intra- and inter-specific variation of the maximum size-density relationship along an aridity gradient in Iberian pinewoods. Forest Ecology and Management 411:90–100. https://doi.org/10.1016/j.foreco.2018.01.017

Aguirre A, del Río M, Condés S (2019) Productivity Estimations for Monospecific and Mixed Pine Forests along the Iberian Peninsula Aridity Gradient. Forests 10(5):430. https://doi.org/10.3390/f10050430

Aguirre A, del Río M, Ruiz-Peinado R, Condés S (2021) Stand-level biomass models for predicting C stock for the main Spanish pine species. For Ecosyst 8:29. https://doi.org/10.1186/s40663-021-00308-w

Alonso Ponce R, Roig S, Bravo A, del Río M, Montero G, Pardos M (2017) Dynamics of ecosystem services in *Pinus sylvestris* stands under different managements and site quality classes. Eur J Forest Res 136(5):983–996. https://doi.org/10.1007/s10342-016-1021-4

Assmann E (1961) Waldertragskunde. Organische Produktion, Struktur, Zuwachs und Ertrag von Waldbeständen. BLV Verlagsgesellschaft, München, Bonn, Wien, 490 p

Assmann E, Franz F (1965) Vorläufige Fichten-Ertragstafel für Bayern. Forstw Cbl 84(1):13–43. https://doi.org/10.1007/BF01872794

Assmann E (1970) The principles of forest yield study. New York: Pergamon Press.

Assmann E, Franz F (1963) Vorläufige Fichten-Ertragstafel für Bayern. Forstl Forschungsanst München, Inst Ertragskd, 104 p

Baur von F (1877) Die Fichte in Bezug auf Ertrag, Zuwachs und Form. Berlin: Springer-Verlag.

Bégin J, Schütz JP (1994) Estimation of total yield of Douglas fir by means of incomplete growth series. Ann For Sci 51(4):345–355. https://doi.org/10.1051/forest:19940401

Bergel D (1982) Der Einfluß des Ertragsniveaus auf den h/d_wert von Fichtenbeständen Allgem. Forst- und Jagdzeitung, 153(4):67-72

Bergel D (1985) Douglasien-Ertragstafel für Nordwestdeutschland. Niedersächs Forstl Versuchsanst, Abt Waldwachstum, 72 p

Bergel D (1989) Vereinfachtes Schätzverfahren zur Bestimmung des Ertragsniveaus von Fichtenbestanden, AFZ 44(3):68-69.

Boisvenue C, Running SW (2006) Impacts of climate change on natural forest productivity – evidence since the middle of the 20th century. Global Change Biology 12(5):862–882. https://doi.org/10.1111/j.1365-2486.2006.01134.x

Bossel H (1994) TREEDYN3 Forest simulation model. Ber Forschungszentrum Waldökosysteme, Univ Göttingen, Reihe B, vol 35, 118 p

Bravo F, Montero G (2001) Site index estimation in Scots pine (*Pinus sylvestris* L.) stands in the High Ebro Basin (northern Spain) using soil attributes. Forestry: An International Journal of Forest Research 74(4):395–406. https://doi.org/10.1093/forestry/74.4.395

Bravo F, Alvarez-Gonzalez JG, del Río M, Barrio M, Bonet JA, Bravo-Oviedo A, Calama R, Castedo-Dorado F, Crecente-Campo F, Condes S, Dieguez-Aranda U, Gonzalez-Martinez SC, Lizarralde I, Nanos N, Madrigal A, Martinez-Millan FJ, Montero G, Ordoñez C, Palahi M, Pique M, Rodriguez F, Rodriguez-Soalleiro R, Rojo A, Ruiz-Peinado R, Sanchez-Gonzalez M, Trasobares A, Vazquez-Pique J (2011) Growth and yield models in Spain: Historical overview, contemporary examples and perspectives. Forest Systems, 20(2):315-328. https://doi.org/10.5424/fs/2011202-11512

Bravo-Oviedo A (2009) Variabilidad del crecimiento en altura dominante de *Pinus pinaster* Ait. en el interior peninsular. Tesis doctoral. Universidad de Valladolid.

Bravo-Oviedo A, del Río M, Montero G (2007) Geographic variation and parameter assessment in generalized algebraic difference site index modelling. Forest Ecology and Management 247(1):107–119. https://doi.org/10.1016/j.foreco.2007.04.034

Bravo-Oviedo A, Tomé M, Bravo F, Montero G, del Río M (2008) Dominant height growth equations including site attributes in the generalized algebraic difference approach. Can J For Res 38(9):2348–2358. https://doi.org/10.1139/X08-077

Bravo-Oviedo A, Gallardo-Andrés C, del Río M, Montero G (2010) Regional changes of *Pinus pinaster* site index in Spain using a climate-based dominant height model. Can J For Res 40(10):2036–2048. https://doi.org/10.1139/X10-143

Bravo-Oviedo A, Roig S, Bravo F, Montero G, del-Río M (2011) Environmental variability and its relationship to site index in Mediterranean maritime pine. Forest Systems 20(1):50-64. https://doi.org/10.5424/fs/2011201-9106

Brünig EF (1971) Forstliche Produktionslehre. Europ. Hochschulschriften, Reihe XXV, Verlag Herbert Lang, Bern und Peter Lang, Frankfurt.

Bruschek GJ (1994) Waldgebiete und Waldbrandgeschehen in Brandenburg im Trockensommer 1992. PIK-Report 2:245-264.

Bugmann H (2001) A Review of Forest Gap Models. Climatic Change 51(3):259–305. https://doi.org/10.1023/A:1012525626267

Burkhart H, Tomé M (2012) Modeling forest trees and stands. Springer Science & Business Media.

Cajander AK (1926) The theory of forest types. Acta forestalia fennica 29: 108 p

Calama R, Cañadas N, Montero G (2003) Inter-regional variability in site index models for even-aged stands of stone pine (*Pinus pinea* L.) in Spain. Ann For Sci 60(3):259–269. https://doi.org/10.1051/forest:2003017

Condés S, Sterba H, Aguirre A, Bielak K, Bravo-Oviedo A, Coll L, Pach M, Pretzsch H, Vallet P, Del Río M (2018) Estimation and Uncertainty of the Mixing Effects on Scots Pine—European Beech Productivity from National Forest Inventories Data. Forests 9(9):518. https://doi.org/10.3390/f9090518

Cotta H (1821). Hülfstafeln für forstwirthe und forsttaxatoren. in der Arnoldischen Buchhandlung.

del Río M, Pretzsch H, Alberdi I, Bielak K, Bravo F, Brunner A, Condés S, Ducey MJ, Fonseca T, von Lüpke N, Pach M, Peric S, Perot T, Souidi Z, Spathelf P, Sterba H, Tijardovic M, Tomé M, Vallet P, Bravo-Oviedo A (2016) Characterization of the structure, dynamics, and productivity of mixed-species stands: review and perspectives. Eur J Forest Res 135(1):23–49. https://doi.org/10.1007/s10342-015-0927-6

Dudley N, Stolton S (2003) Running pure: the importance of forest protected areas to drinking water. World Bank/WWF Alliance for Forest Conservation and Sustainable Use.

Eichhorn F (1902) Ertragstafeln für die Weißtanne. Verlag Julius Springer, Berlin, 81 p + annex

Etter (1949) Ueber die Ertragsfähigkeit verschiedener Standortstypen, Mitt. der Schweiz. Anst. f. d. Forstliche Versuchswesen, XXVI Bd., pp 91-152

Franz F (1967) Ertragsniveau-Schätzverfahren für die Fichte an Hand einmalig erhobener Bestandesgrößen. Forstw Cbl 86(2):98–125. https://doi.org/10.1007/BF01822159

Gandullo JM (1994) Climatología y Ciencia del Suelo. Universidad Politécnica de Madrid. ETSI de Montes. Fundación Conde del Valle de Salazar. Madrid.

Gandullo JM, Serrada R (1977) Mapa de productividad potencial forestal de la España peninsular. Instituto nacional de Investigación Agrarias, Madrid.

Gehrhardt E (1923) Ertragstafeln für Eiche, Buche, Tanne, Fichte und Kiefer. Berlin: Verlag Julius Springer.

González Alonso F, Merino De Miguel S, Roldán Zamarrón A, García Gigorro S, Cuevas JM (2006) Forest biomass estimation through NDVI composites. The role of remotely sensed data to assess Spanish forests as carbon sinks. International Journal of Remote Sensing 27(24):5409–5415. https://doi.org/10.1080/01431160600830748

Gracia CA, Tello E, Sabaté S, Bellot J (1999) GOTILWA: An Integrated Model of Water Dynamics and Forest Growth. In: Rodà F, Retana J, Gracia CA, Bellot J (eds) Ecology of Mediterranean Evergreen Oak Forests. Springer, Berlin, Heidelberg, pp 163–179

Grier CC, Logan RS (1977) Old-Growth *Pseudotsuga menziesii* Communities of a Western Oregon Watershed: Biomass Distribution and Production Budgets. Ecological Monographs 47(4):373–400. https://doi.org/10.2307/1942174

Grote R, Pretzsch H (2002) A Model for Individual Tree Development Based on Physiological Processes. Plant Biol (Stuttg) 4(2):167–180. https://doi.org/10.1055/s-2002-25743

Hasenauer H (1994) Ein Einzelbaumwachstumssimulator für ungleichaltrige Kiefern- und Buchen- Fichtenmischbestände. Forstl Schr Univ Bodenkultur Wien, 152 p

Heyer G (1845) Wedekinds Neue Jahrb. 30:1-127

Keller W (1978) Einfacher ertragskundlicher Bonitätsschlüssel für Waldbestände in der Schweiz. Mitt Eidg Forschungsanst Wald Schnee Landschaft 54(1):3-98

Kahn M (1994) Modellierung der Höhenentwicklung ausgewählter Baumarten in Abhängigkeit vom Standort. Forstliche Forschungsberichte München 141:221p

Keller W (1995) Zur Oberhöhenberechnung in Mischbeständen aus standortkundlicher Sicht. Proc Dt Verb Forstl Forschungsanst, Sek Ertragskd, in Joachimsthal, pp 52-60

Kimmins JP (1993) Scientific foundations for the simulation of ecosystem function and management in FORCYTE-11. Forestry Canada, Northern Forestry Centre, Edmonton, Alberta, Inf Rep NOR-X-328, 88 p

Kira T, Shidei T (1967) Primary Production and Turnover of Organic Matter in Different Forest Ecosystems of the Western Pacific. J Jap Ecol 17(2):70–87. https://doi.org/10.18960/seitai.17.2_70

Körner C (2002) Ökologie. In: Sitte P, Weiler EW, Kadereit JW, Bresinsky A, Körner C (eds) Strasburger Lehrbuch für Botanik, 35th edn. Spektrum Akademischer Verlag, Heidelberg, Berlin, pp 886-1043

Kreutzer K (1972) Über den Einfluß der Streunutzung auf den Stickstoffhaushalt von Kiefernbeständen (Pinus silvestris L.). Forstw Cbl 91(1):263–270. https://doi.org/10.1007/BF02741000

Landsberg J (2003) Modelling forest ecosystems: state of the art, challenges, and future directions. Can J For Res 33(3):385–397. https://doi.org/10.1139/x02-129

Larcher W (1994) Ökophysiologie der Pflanzen, 5th edn. Verlag Eugen Ulmer, Stuttgart, 394 p

Luyssaert S, Inglima I, Jung M, Richardson AD, Reichstein M, Papale D, Piao SL, Schulze E-D, Wingate L, Matteucci G, Aragao L, Aubinet M, Beer C, Bernhofer C, Black KG, Bonal D, Bonnefond J-M, Chambers J, Ciais P, Cook B, Davis KJ, Dolman AJ, Gielen B, Goulden M, Grace J, Granier A, Grelle A, Griffis T, Grünwald T, Guidolotti G, Hanson PJ, Harding R, Hollinger DY, Hutyra LR, Kolari P, Kruijt B, Kutsch W, Lagergren F, Laurila T, Law BE, Le Maire G, Lindroth A,

Loustau D, Malhi Y, Mateus J, Migliavacca M, Misson L, Montagnani L, Moncrieff J, Moors E, Munger JW, Nikinmaa E, Ollinger SV, Pita G, Rebmann C, Roupsard O, Saigusa N, Sanz MJ, Seufert G, Sierra C, Smith M-L, Tang J, Valentini R, Vesala T, Janssens IA (2007) CO_2 balance of boreal, temperate, and tropical forests derived from a global database. Global Change Biology 13(12):2509–2537. https://doi.org/10.1111/j.1365-2486.2007.01439.x

Mäkelä A, Hari P (1986) Stand growth model based on carbon uptake and allocation in individual trees. Ecological Modelling 33(2):205–229. https://doi.org/10.1016/0304-3800(86)90041-4

Mäkelä A, Río M del, Hynynen J, Hawkins MJ, Reyer C, Soares P, van Oijen M, Tomé M (2012) Using stand-scale forest models for estimating indicators of sustainable forest management. Forest Ecology and Management 285:164–178. https://doi.org/10.1016/j.foreco.2012.07.041

Mammen A. v., Bachmann M, Prietzel J, Pretzsch H, Rehfuess KE (2003) Bodenzustand, Ernährungszustand und Wachstum von Fichten (*Picea abies* Karst.) auf Probeflächen des Friedenfelser Verfahrens in der Oberpfalz. Forstwissenschaftliches Centralblatt 122(2):99–114. https://doi.org/10.1046/j.1439-0337.2003.00099.x

Mar- Møller C (1945) Untersuchungen über Laubmenge, Stoffverlust und Stoffproduktion des Waldes. Verlag Kandrup und Wunsch, Kopenhagen, 287 p

Marland G, Schlamadinger B (1997) Forests for carbon sequestration or fossil fuel substitution? A sensitivity analysis. Biomass and Bioenergy 13(6):389–397. https://doi.org/10.1016/S0961-9534(97)00027-5

Martonne de E (1926) Une novelle fonction climatologique : L'indice d'aridité. La Météorologie 21:449-458

Michaletz ST, Cheng D, Kerkhoff AJ, Enquist BJ (2014) Convergence of terrestrial plant production across global climate gradients. Nature 512(7512):39–43. https://doi.org/10.1038/nature13470

Molden D, Murray-Rust H, Sakthivadivel R (2003) A water-productivity framework for understanding and action. Water productivity in agriculture: Limits and opportunities for improvement, 1-18

Montero G, Rojo A, Elena R (1996) Case Studies of Growing Stock and Height Growth Evolution in Spanish Forests. In: Spiecker H, Mielikäinen K, Köhl M, Skovsgaard JP (eds) Growth Trends in European Forests: Studies from 12 Countries. Springer, Berlin, Heidelberg, pp 313–328

Montero G, Cañellas I, Ruíz-Peinado R (2001) Growth and Yield Models for *Pinus halepensis* Mill. Forest Systems 10(1):179–201. https://doi.org/10.5424/720

Montero G, Ruiz-Peinado R, Candela JA, Cañellas I, Gutierrez M, Pavon J, Alonso, R, del Río M, Bachiller A, Calama R (2004) El pino piñonero (*Pinus pinea* L.) en Andalucía, Parte III Selvicultura. Consejería de Medio Ambiente, Junta de Andalucía, 261 p

Moosmayer HU, Schöpfer W (1972) Beziehungen zwischen Standortsfaktoren und Wuchsleistung der Fichte. AFJZ 143(10):203-215

Moreno-Fernández D, Álvarez-González JG, Rodríguez-Soalleiro R, Pasalodos-Tato M, Cañellas I, Montes F, Díaz-Varela E, Sánchez-González M, Crecente-Campo F, Álvarez-Álvarez P, Barrio-Anta M, Pérez-Cruzado C (2018) National-scale assessment of forest site productivity in Spain. Forest Ecology and Management 417:197–207. https://doi.org/10.1016/j.foreco.2018.03.016

Myneni RB, Keeling CD, Tucker CJ, Asrar G, Nemani RR (1997) Increased plant growth in the northern high latitudes from 1981 to 1991. Nature 386(6626):698–702. https://doi.org/10.1038/386698a0

Ortega A, Montero G (1988) Evaluación de la

calidad de las estaciones forestales. Revisión bibliográfica. Ecología 2:155-184

Ortega A, Montero G (1991) Evaluación de la calidad de la estación en masas de *Pinus sylvestris* L. utilizando la relación altura-diámetro. Revista Montes 25:51-55

Paterson SS (1956) The forest area of the world and its potential productivity, The Royal University of Göteborg, Sweden, Department of Geography, Lerums Boktryckeri, Sweden, 216 p

Perthuis de Laillevault R (1803) Traité de l'aménagement et de la restauration des bois et forêts de la France. Paris: Madame Huzard

Pommerening A (2006) Evaluating structural indices by reversing forest structural analysis. Forest Ecology and Management 224(3):266–277. https://doi.org/10.1016/j.foreco.2005.12.039

Pressler M (1877) Forstliche Zuwachs-, Ertrags- und Bonitierungs-Tafeln mit Regeln und Beispielen. Tharandt: 2nd edn. Selfpubl

Pretzsch H (1985) Wachstumsmerkmale süddeutscher Kiefernbestände in den letzten 25 Jahren. Forstl Forschungsber München 65, 183 p

Pretzsch H (1997) Analysis and modeling of spatial stand structures. Methodological considerations based on mixed beech-larch stands in Lower Saxony. Forest Ecology and Management 97(3):237–253. https://doi.org/10.1016/S0378-1127(97)00069-8

Pretzsch H (1998) Structural diversity as a result of silvicultural operations. Lesnictví-Forestry 44 (10):429-439

Pretzsch H (1999) Waldwachstum im Wandel, Konsequenzen für Forstwissenschaft und Forstwirtschaft. Forstw Cbl 118(1):228–250. https://doi.org/10.1007/BF02768989

Pretzsch H, Schütze G (2005) Crown Allometry and Growing Space Efficiency of Norway Spruce (*Picea abies* [L.] Karst.) and European Beech (*Fagus sylvatica* L.) in Pure and Mixed Stands. Plant Biol (Stuttg) 7(6):628–639. https://doi.org/10.1055/s-2005-865965

Pretzsch H, Schütze G (2009) Transgressive overyielding in mixed compared with pure stands of Norway spruce and European beech in Central Europe: evidence on stand level and explanation on individual tree level. Eur J Forest Res 128(2):183–204.https://doi.org/10.1007/s10342-008-0215-9

Pretzsch H, Biber P (2016) Tree species mixing can increase maximum stand density. Can J For Res 46(10):1179–1193. https://doi.org/10.1139/cjfr-2015-0413

Pretzsch H, del Río M (2020) Density regulation of mixed and mono-specific forest stands as a continuum: a new concept based on species-specific coefficients for density equivalence and density modification. Forestry: An International Journal of Forest Research 93(1):1–15. https://doi.org/10.1093/forestry/cpz069

Pretzsch H, Biber P, Ďurský J (2002) The single tree-based stand simulator SILVA: construction, application and evaluation. Forest Ecology and Management 162(1):3–21. https://doi.org/10.1016/S0378-1127(02)00047-6

Pretzsch H, Grote R, Reineking B, Rötzer Th, Seifert St (2008) Models for Forest Ecosystem Management: A European Perspective. Annals of Botany 101(8):1065–1087. https://doi.org/10.1093/aob/mcm²46

Pretzsch H, Bielak K, Block J, Bruchwald A, Dieler J, Ehrhart H-P, Kohnle U, Nagel J, Spellmann H, Zasada M, Zingg A (2013a) Productivity of mixed versus pure stands of oak (*Quercus petraea* (Matt.) Liebl. and *Quercus robur* L.) and European beech (*Fagus sylvatica* L.) along an ecological gradient. Eur J Forest Res 132(2):263–280. https://doi.org/10.1007/s10342-012-0673-y

Pretzsch H, Bielak K, Bruchwald A, Dieler J, Dudzinska M, Ehrhart HP, Jensen A M, Johannsen VK, Kohnle U, Nagel J, Spellmann

H, Zasada M, Zingg A (2013b) Mischung und Produktivität von Waldbeständen. Ergebnisse langfristiger ertragskundlicher Versuche. Allgemeine Forst- und Jagdzeitung 184(7/8):177-196

Pretzsch H, Biber P, Schütze G, Bielak K (2014a) Changes of forest stand dynamics in Europe. Facts from long-term observational plots and their relevance for forest ecology and management. Forest Ecology and Management 316:65–77. https://doi.org/10.1016/j.foreco.2013.07.050

Pretzsch H, Biber P, Schütze G, Uhl E, Rötzer T (2014b) Forest stand growth dynamics in Central Europe have accelerated since 1870. Nat Commun 5(1):4967. https://doi.org/10.1038/ncomms5967

Pretzsch H, del Río M, Ammer Ch, Avdagic A, Barbeito I, Bielak K, Brazaitis G, Coll L, Dirnberger G, Drössler L, Fabrika M, Forrester DI, Godvod K, Heym M, Hurt V, Kurylyak V, Löf M, Lombardi F, Matović B, Mohren F, Motta R, den Ouden J, Pach M, Ponette Q, Schütze G, Schweig J, Skrzyszewski J, Sramek V, Sterba H, Stojanović D, Svoboda M, Vanhellemont M, Verheyen K, Wellhausen K, Zlatanov T, Bravo-Oviedo A (2015a) Growth and yield of mixed versus pure stands of Scots pine (*Pinus sylvestris* L.) and European beech (*Fagus sylvatica* L.) analysed along a productivity gradient through Europe. Eur J Forest Res 134(5):927–947. https://doi.org/10.1007/s10342-015-0900-4

Pretzsch H, Forrester DI, Rötzer T (2015b) Representation of species mixing in forest growth models. A review and perspective. Ecological Modelling 313:276–292. https://doi.org/10.1016/j.ecolmodel.2015.06.044

Pretzsch H, Schütze G, Biber P (2016a) Zum Einfluss der Baumartenmischung auf die Ertragskomponenten von Waldbeständen. Allgemeine Forst-u. Jagdzeitung. 187(7/8):122-135

Pretzsch H, del Río M, Schütze G, Ammer Ch, Annighöfer P, Avdagic A, Barbeito I, Bielak K, Brazaitis G, Coll L, Drössler L, Fabrika M, Forrester DI, Kurylyak V, Löf M, Lombardi F, Matović B, Mohren F, Motta R, den Ouden J, Pach M, Ponette Q, Skrzyszewski J, Sramek V, Sterba H, Svoboda M, Verheyen K, Zlatanov T, Bravo-Oviedo A (2016b) Mixing of Scots pine (*Pinus sylvestris* L.) and European beech (*Fagus sylvatica* L.) enhances structural heterogeneity, and the effect increases with water availability. Forest Ecology and Management 373:149–166. https://doi.org/10.1016/j.foreco.2016.04.043

Pretzsch H, Bravo-Oviedo A, Hilmers T, Ruiz-Peinado R, Coll L, Löf M, Ahmed S, Aldea J, Ammer C, Avdagić A, Barbeito I, Bielak K, Bravo F, Brazaitis G, Cerný J, Collet C, Drössler L, Fabrika M, Heym M, Holm S-O, Hylen G, Jansons A, Kurylyak V, Lombardi F, Matović B, Metslaid M, Motta R, Nord-Larsen T, Nothdurft A, Ordóñez C, den Ouden J, Pach M, Pardos M, Ponette Q, Pérot T, Reventlow DOJ, Sitko R, Sramek V, Steckel M, Svoboda M, Uhl E, Verheyen K, Vospernik S, Wolff B, Zlatanov T, del Río M (2022) With increasing site quality asymmetric competition and mortality reduces Scots pine (*Pinus sylvestris* L.) stand structuring across Europe. Forest Ecology and Management 520:120365. https://doi.org/10.1016/j.foreco.2022.120365

Pretzsch H, del Río M, Arcangeli C, Bielak K, Dudzinska M, Forrester DI, Klädtke J, Kohnle U, Ledermann T, Matthews R, Nagel J, Nagel R, Ningre F, Nord-Larsen T, Biber P (2023a) Forest growth in Europe shows diverging large regional trends. Sci Rep 13(1):15373. https://doi.org/10.1038/s41598-023-41077-6

Pretzsch H, del Río M, Arcangeli C, Bielak K, Dudzinska M, Ian Forrester D, Kohnle U, Ledermann T, Matthews R, Nagel R, Ningre F, Nord-Larsen T, Szeligowski H, Biber P (2023b) Competition-based mortality and tree losses. An essential component of net primary productivity. Forest Ecology and Management 544:121204. https://doi.org/10.1016/j.foreco.2023.121204

Pretzsch H, Hilmers T, del Río M (2024) The effect of structural diversity on the self-thinning line, yield level, and density-growth relationship in even-aged stands of Norway spruce. Forest Ecology and Management 556:121736. https://doi.org/10.1016/j.foreco.2024.121736

Quan C, Han S, Utescher T, Zhang C, Liu Y-S (Christopher) (2013) Validation of temperature–precipitation based aridity index: Paleoclimatic implications. Palaeogeography, Palaeoclimatology, Palaeoecology 386:86–95. https://doi.org/10.1016/j.palaeo.2013.05.008

Reineke LH (1933) Perfecting a stand-density index for even-aged forests. J Agr Res 46:627-638.

Rötzer T, Seifert T, Pretzsch H (2009) Modelling above and below ground carbon dynamics in a mixed beech and spruce stand influenced by climate. Eur J Forest Res 128(2):171–182. https://doi.org/10.1007/s10342-008-0213-y

Rötzer T, Seifert T, Gayler S, Priesack E, Pretzsch H (2012) Effects of Stress and Defence Allocation on Tree Growth: Simulation Results at the Individual and Stand Level. In: Matyssek R, Schnyder H, Oßwald W, Ernst D, Munch JC, Pretzsch H (eds) Growth and Defence in Plants: Resource Allocation at Multiple Scales. Springer, Berlin, Heidelberg, pp 401–432. https://doi.org/10.1007/978-3-642-30645-7_18

Sánchez Palomares O, Sánchez Serrano F (2000) Mapa de productividad potencial forestal de España. Cartografía digital. Ministerio de Medio Ambiente. Dirección General de Conservación de la Naturaleza. Madrid.

Serrada R (1976) Método para la evaluación con base ecológica de la productividad potencial de las masas forestales en grandes regiones y su aplicación en la España Peninsular. Universidad Politécnica de Madrid. ETSI de Montes. Fundación Conde del Valle de Salazar. Madrid.

Schmidt A (1971) Wachstum und Ertrag der Kiefer auf wirtschaftlich wichtigen Standorteinheiten der Oberpfalz. Forstl Forschungsber München 1, 187 p

Schober R (1972) Die Rotbuche 1971. Schr Forstl Fak Univ Göttingen u Niedersächs Forstl Versuchsanst 43/44, JD Sauerländer's Verlag, Frankfurt am Main, 333 p

Schütz J-P, Zingg A (2010) Improving estimations of maximal stand density by combining Reineke's size-density rule and the yield level, using the example of spruce (*Picea abies* (L.) Karst.) and European Beech (*Fagus sylvatica* L.). Ann For Sci 67(5):507–507. https://doi.org/10.1051/forest/2010009

Skovsgaard JP, Vanclay JK (2008) Forest site productivity: a review of the evolution of dendrometric concepts for even-aged stands. Forestry: An International Journal of Forest Research 81(1):13–31. https://doi.org/10.1093/forestry/cpm$_0$41

Skovsgaard JP, Vanclay JK (2013) Forest site productivity: a review of spatial and temporal variability in natural site conditions. Forestry: An International Journal of Forest Research 86(3):305–315. https://doi.org/10.1093/forestry/cpt$_0$10

Sparks AM, Kolden CA, Smith AMS, Boschetti L, Johnson DM, Cochrane MA (2018) Fire intensity impacts on post-fire temperate coniferous forest net primary productivity. Biogeosciences 15(4):1173–1183. https://doi.org/10.5194/bg-15-1173-2018

Spiecker H, Mielikäinen K, Köhl M, Skovsgaard JP (Hrsg.) (1996) Growth trends in European forests. Europ For Inst, Res Rep 5, Springer-Verlag, Heidelberg, 372 p

Sprugel DG, Ryan MG, Brooks JR, Vogt KA, Martin TA (1995) 8 - Respiration from the Organ Level to the Stand. In: Smith WK, Hinckley TM (eds) Resource Physiology of Conifers. Academic Press, San Diego, pp 255–299

Sterba H (1987) Estimating Potential

Density from Thinning Experiments and Inventory Data. Forest Science 33(4):1022–1034. https://doi.org/10.1093/forestscience/33.4.1022

Sterba H, Monserud RA (1993) The Maximum Density Concept Applied to Uneven-Aged Mixed-Species Stands. Forest Science 39(3):432–452. https://doi.org/10.1093/forestscience/39.3.432

Terradas J (2001) Ecología de la vegetación. Ediciones Omega S.A., Barcelona. 703 p

Tietjen B, Huth A (2006) Modelling dynamics of managed tropical rainforests—An aggregated approach. Ecological Modelling 199(4):421–432. https://doi.org/10.1016/j.ecolmodel.2005.11.045

Toraño Caicoya A, Pretzsch H (2021) Stand density biases the estimation of the site index especially on dry sites. Can J For Res 51(7):1050–1064. https://doi.org/10.1139/cjfr-2020-0389

Uhl E, Ammer C, Spellmann H, Schölch M, Pretzsch H (2013) Zuwachstrend und Stressresilienz von Tanne und Fichte im Vergleich. Allg. Forstund Jagdzeitung, 184(11-12):278-292

Vanclay JK (1994) Modelling forest growth and yield: applications to mixed tropical forests. CAB International, Wallingford, U.K. 312 p

Vile D, Shipley B, Garnier E (2006) Ecosystem productivity can be predicted from potential relative growth rate and species abundance. Ecology Letters 9(9):1061–1067. https://doi.org/10.1111/j.1461-0248.2006.00958.x

Waide RB, Willig MR, Steiner CF, Mittelbach G, Gough L, Dodson SI, Juday GP, Parmenter R (1999) The Relationship Between Productivity and Species Richness. Annual Review of Ecology and Systematics 30(1):257–300. https://doi.org/10.1146/annurev.ecolsys.30.1.257

Wang J, Rich PM, Price KP, Kettle WD (2004) Relations between NDVI and tree productivity in the central Great Plains. International Journal of Remote Sensing 25(16):3127–3138. https://doi.org/10.1080/0143116032000160499

Weise W(1880) Ertragstafeln für Kiefer. Springer, J. 156 p

Weiskittel AR, Crookston NL, Radtke PJ (2011) Linking climate, gross primary productivity, and site index across forests of the western United States. Can J For Res 41(8):1710–1721. https://doi.org/10.1139/x11-086

Wiedemann E (1923) Zuwachsrückgang und Wuchsstockungen der Fichte in den mittleren und unteren Höhenlagen der sächsischen Staatsforsten. Kommissionsverlag W Laux, Tharandt, 181 p

Wiedemann E (1936/42) Die Fichte 1936. Verlag M & H Schaper, Hannover, 248 p

Wiedemann E (1943) Kiefern-Ertragstafel für mäßige Durchforstung, starke Durchforstung und Lichtung, In: Wiedemann, E. (1948) Die Kiefer 1948. Verlag M & H Schaper, Hannover, 337 p

Wykoff WR, Monserud RA (1988) Representing site quality in increment models: A comparison of methods. In: Ek, A.R., Shifley, S..R, Burk, T.E. (eds.) Proc IUFRO conference, Aug 1987, Gen Tech Rep NC-120, Minneapolis, MN

Wykoff WR, Crookston NL, Stage AR (1982) User's guide to the stand prognosis model. US Forest Serv, Gen Techn Rep INT-133, Ogden, UT

Yaffee SL (1999) Three Faces of Ecosystem Management. Conservation Biology 13(4):713–725. https://doi.org/10.1046/j.1523-1739.1999.98127.x

Zeide B (2005) How to measure stand density. Trees 19(1):1–14. https://doi.org/10.1007/s00468-004-0343-x

Modelos de crecimiento forestales

9

9.1 De tablas de experiencias a modelos y simuladores forestales 520

9.2 Modelos de crecimiento y producción de masa 526

9.3 Modelos de crecimiento forestal basados en distribuciones de frecuencias de tamaños. 538

9.4 Modelos de gestión basados en al árbol individual. 542

9.5 Modelos de bosquetes pequeños o de sucesión 549

9.6 Modelos de procesos ecofisiológicos 561

Mensajes clave 570

Referencias 572

9 Modelos de crecimiento forestales

Resumen Desde la construcción de las primeras tablas de experiencias y de producción en masas puras, los objetivos y la finalidad de los modelos de crecimiento de masas forestales han cambiado significativamente. Los modelos son una abstracción de la realidad, en este caso, una abstracción de los sistemas forestales y su dinámica. Este capítulo describe el desarrollo de la modelización forestal, que ha estado siempre muy vinculada a la investigación sobre el crecimiento y la producción forestal.

Primero se describen los distintos tipos de tablas de producción, que representan la primera generación de modelos de crecimiento y producción forestal. Las tablas de producción se desarrollaron inicialmente para masas puras regulares y, posteriormente, con el avance de la informática aparecieron los primeros modelos dinámicos a nivel de masa o rodal que se implementaron en simuladores.

En segundo lugar, se presentan los principales tipos de modelos basados en clases de tamaños. En estos modelos la escala de estudio es la clase de tamaño, que con frecuencia es la clase diamétrica. Dentro de este grupo se encuentran los modelos de proyección de clases de tamaño, modelos matriciales y los modelos que se basan en funciones de distribución.

El tercer grupo de modelos que se describen son los modelos de árbol individual, donde la unidad de estudio es el árbol individual. Se explican los conceptos básicos de este tipo de modelos, así como la estructura de las funciones de crecimiento. Los modelos de árbol individual permiten modelizar estructuras de masa más complejas que no se pueden describir solamente con variables de masa, como masas mixtas irregulares.

El cuarto grupo de modelos que se describen son los modelos de bosquetes pequeños o de golpes. En estos modelos se integran las correlaciones estadísticas entre las condiciones ambientales y el crecimiento y producción de la masa, teniendo en cuenta las leyes físicas y ecofisiológicas. Este tipo de modelos representan un camino intermedio entre los modelos empíricos de masa clásicos y los modelos de procesos ecofisiológicos. Estos modelos se usan con frecuencia para estudiar la sucesión forestal.

Por último, se explican los fundamentos de los modelos de procesos o modelos ecofisiológicos. En este grupo de modelos el crecimiento se predice en base a los procesos fisiológicos que tienen lugar en el árbol, por lo que conllevan un nivel de complejidad mucho mayor. Con frecuencia incluyen el ciclo de nutrientes y ciclo del agua. Este desarrollo de los modelos de crecimiento refleja un conocimiento progresivo de la dinámica de las masas forestales.

9.1 De tablas de experiencias a modelos y simuladores forestales

9.1.1 Modelos para la investigación y la práctica. Introducción y perspectiva

Un modelo es una abstracción de la realidad, por ejemplo, una representación biométrica de un bosque. Los modelos de sistemas o realidades complejas, también conocidos como modelos de sistemas, combinan el conocimiento ya afianzado de los conceptos individuales que conforman el sistema, creando y consolidando el conocimiento sobre el sistema en su conjunto. Si un modelo de sistemas se convierte en un programa informático, se crea un simulador. En el ámbito forestal, si los modelos de crecimiento forestal se combinan con un programa informático, estos permiten simular el comportamiento del sistema y, a la vez, realizar pronósticos y comprobar hipótesis. A través de la organización, la síntesis y el aprovechamiento del conocimiento previo sobre el crecimiento forestal, la modelización y la simulación pueden ofrecer simultáneamente tanto los resultados de la investigación como suponer un objetivo en sí mismo (Capítulo 12). Por lo tanto, la modelización y simulación de sistemas forestales se encuentran entre las actividades más importantes dentro del ámbito de la investigación del crecimiento forestal (Asociación Alemana de Institutos de Investigación Forestal 2000).

En este capítulo, solo se presenta una visión general de los modelos de crecimiento forestal, dado el extenso desarrollo de esta rama de la ciencia forestal y su relación directa con el crecimiento y la producción forestal. Una discusión más detallada acerca de los distintos tipos de modelos, su idoneidad para aplicaciones específicas, su evaluación, y su uso en selvicultura, se puede encontrar, entre otros, en Burkhart y Tomé (2012), Pretzsch (2001), Vanclay (1994) y Weiskittel et al. (2011).

En las décadas de 1960 y 1980, Vuokila (1966), Fries (1974) y Dudek y Ek (1980) resumieron el estado de la modelización del crecimiento forestal. En las siguientes décadas, en gran medida por el cambio en las capacidades informáticas, la modelización del crecimiento forestal tuvo un desarrollo muy rápido. Este avance se ilustra en las contribuciones de Burkhart y Tomé (2012), Franc et al. (2000), Pretzsch (1992a), Sterba (1989), Vanclay (1994), Wenk et al. (1990) y en otros muchos trabajos de forma fragmentada según temáticas. Bossel (1994), Gadow (1987), Hasenauer (1994), Kimmins (1993), Kurth (1999), Mäkelä y Hari (1986), Mohren (1987), Monserud (1975), Nagel (1999), Pukkala (1987), Shugart (1984), Weiskittel et al. (2011) y Wykoff et al. (1982), cada uno presenta sus propios enfoques y proporciona una idea de la amplia gama de la tipología que los modelos pueden tomar. Bravo et al. (2012a) ofrecen una visión de los distintos tipos de modelos de crecimiento y producción forestal desarrollados en España desde principios de los años noventa del siglo pasado.

9.1.2 Modelos de crecimiento como cadenas de hipótesis sobre el comportamiento del sistema

Los modelos de crecimiento forestal y los correspondientes simuladores son representaciones simplificadas y condicionadas de la realidad, es decir, proxies de los sistemas reales. Por lo tanto, su diseño y construcción deben guiarse por las características específicas del sistema que define la masa forestal, como son la longevidad, su historia, la densidad o la estructura. El modelo del sistema, con sus elementos subyacentes, enlaces y, en particular, cadenas causales, puede entenderse como una hipótesis sobre la estructura y la dinámica del sistema real. Con frecuencia, la evaluación y desarrollo del modelo y las hipótesis considerados sobre los elementos del sistema y sus relaciones causales se basan en gran medida en los propios resultados de las simulaciones.

Para probar una hipótesis acerca de aspectos individuales del crecimiento forestal, por ejemplo, si la poda de los árboles afecta al crecimiento diametral, se utilizan métodos estadísticos ya probados como el análisis de varianza en base a datos experimentales. En contraste, la prueba o evaluación de los modelos de crecimiento es más exigente ya que comprenden un conjunto de hipótesis sobre estructuras, procesos y cadenas causales que interaccionan entre sí. Por ello, esta se lleva a cabo con la ayuda de simulaciones. Sus resultados se verifican por la verosimilitud y la correspondencia con la realidad, de modo que se puedan extraer conclusiones sobre la validez de los conceptos que subyacen en el modelo.

9.1.3 Modelos de crecimiento como apoyo a la toma de decisiones

La importancia que los modelos y simuladores de crecimiento forestal han adquirido en el estudio de la dinámica forestal y la selvicultura radica en gran medida en la longevidad de los árboles y las masas forestales. Antes de llevar a cabo un cultivo a gran escala de una nueva variedad de girasol, trigo o maíz, se pueden testar experimentalmente a corto plazo su crecimiento y desarrollar su gestión más adecuada. Esto es solo posible cuando se experimenta con organismos cuya esperanza de vida es de más de diez veces menor que la de un ser humano. Por el contrario, el efecto de nuevos tratamientos selvícolas no se pueden probar experimentalmente a corto plazo, ya que los períodos de tiempo durante los cuales se extendería la experimentación serían demasiado largos, de modo que, una vez completados tales ensayos, los modelos de gestión y tratamiento selvícolas que se hubieran desarrollado estarían probablemente ya obsoletos.

Por lo tanto, en la investigación sobre dinámica forestal y selvicultura se trabaja simultáneamente con experimentación y modeliza-

9 Modelos de crecimiento forestales

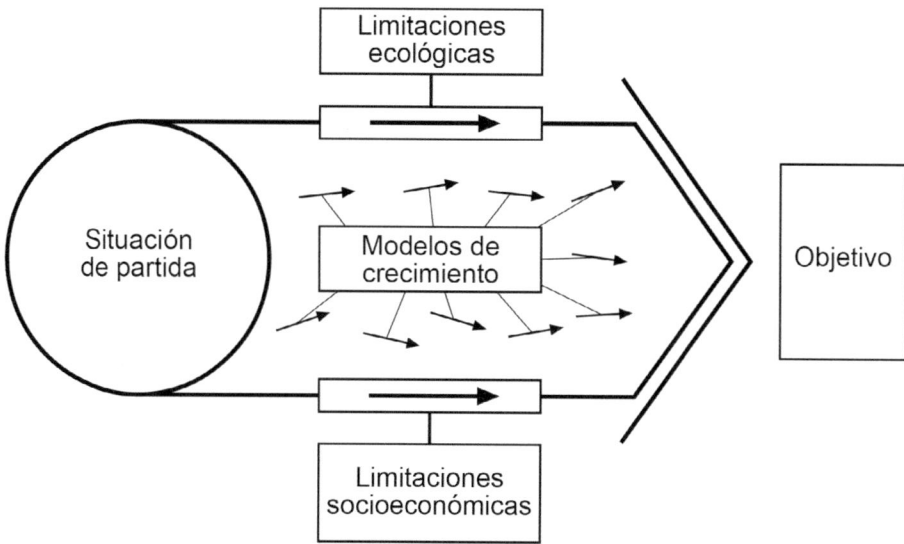

Figura 9.1 Los modelos de sucesión y los modelos de procesos ecofisiológicos pueden ayudar a definir los límites del rango o corredor (flechas en caja) para los tratamientos selvícolas. Los modelos facilitan la toma de decisiones dentro de este corredor mediante la cuantificación de las consecuencias derivadas de las distintas alternativas de tratamiento (flechas móviles).

ción. Mediante experimentos de crecimiento forestal se derivan leyes que, a su vez, se combinan en modelos de crecimiento para su generalización. A partir de los modelos es posible replicar el crecimiento de la masa en distintos intervalos de tiempo, así como probar el efecto de distintos tratamientos selvícolas. De este modo, se pueden evaluar las consecuencias económicas y ecológicas de distintos esquemas de tratamiento selvícola o posibles daños en la masa, a través de simulaciones realizadas con modelos. Por lo tanto, usando modelos, no es siempre necesario tener que diseñar nuevos experimentos para responder a nuevas preguntas. No obstante, es importante tener presente que las simulaciones deben ser tomadas con precaución cuando se extrapola fuera del rango de datos y tratamiento selvícolas considerados. Por ejemplo, a partir de datos de ensayos experimentales de claras donde se estudia la respuesta a regímenes de claras concretos se puede desarrollar un modelo que permita simular el efecto de otros regímenes, siempre dentro del rango utilizado en los datos, y de este modo generalizar los resultados de los experimentos (del Río y Montero 2001).

Al utilizar modelos de crecimiento como una herramienta de investigación, dentro de unos determinados rangos, se puede predecir el desarrollo de la masa forestal para diferentes calidades de estación, bajo diferentes tratamientos selvícolas y con unas intensidades y frecuencias de intervenciones variables. Por ejemplo, los modelos de procesos ecofisiológicos permiten establecer un corredor en el que determinar el tratamiento selvícola más adecuado para determinadas estaciones forestales, incluso fuera del rango de datos, ya que sus predicciones se basan en procesos. Estos modelos pueden además esbozar los límites dentro de las cuales se puede desarrollar la selvicultura sin poner en peligro la estabilidad de los sistemas que se deben gestionar (Figura 9.1). De este modo, se pueden analizar a partir de simulaciones los efectos en cambios en la composición de las especies, del tratamiento selvícola, de la calidad de estación o de la estructura de la masa, de acuerdo con las correspondientes consecuencias tanto ecológicas, como económicas y/o sociales que de estos se derivan. Así, si se establece un marco con las condiciones ecológicas y socioeconómicas que se deben de cumplir, los modelos de crecimiento pueden ayudar a determinar el tratamiento selvícola óptimo dentro del corredor que se ha establecido.

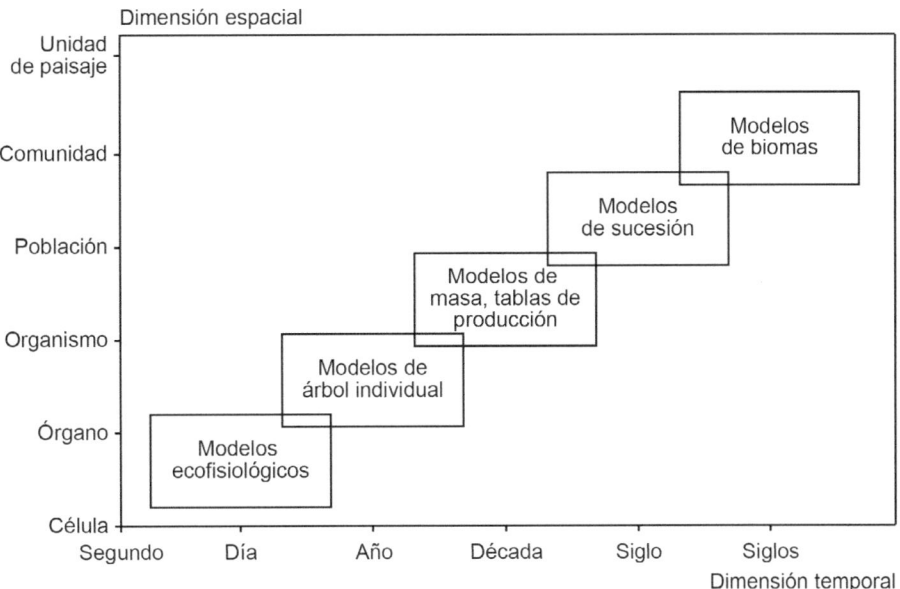

Figura 9.2 Empezando por los modelos basados en procesos ecofisiológicos, pasando por los modelos de árbol y masa, y terminando con los modelos de sucesión y de biomas, la agregación espacial y temporal en la replicación de los procesos y estructuras de los sistemas forestales va aumentando.

9.1.4 El objetivo del modelo determina su grado de complejidad

El objetivo y la finalidad de un modelo determinan el grado de complejidad y la resolución temporal y espacial del modelo, siempre condicionado al nivel de conocimiento sobre el sistema considerado. La escala temporal puede variar desde segundos hasta milenios y la escala espacial desde la célula hasta zonas de vegetación potencial. Esta variación de escalas conlleva enfoques de modelos muy diversos, que van desde modelos de procesos ecofisiológicos, de árbol individual, tablas de producción, hasta modelos de sucesión o modelos de biomas (Figura 9.2). Cuanto más complejo sea el sistema a tratar y cuanto más variados los efectos y objetivos que con él se persiguen, más importante será tener un conocimiento profundo del sistema y desarrollar la adaptación del modelo al sistema con un elevado grado de resolución. Teniendo en cuenta la tendencia hacia masas forestales de mayor complejidad estructural, la mejora de la información y la tecnología de la información, así como la creciente necesidad de información más detallada sobre el estado de las masas forestales y su desarrollo, los modelos basados en caracterizaciones forestales poco detalladas o muy simplificadas pierden su relevancia. Por ejemplo, las tablas de producción son incapaces de simular la reacción del crecimiento de la copa o del balance de nitrógeno a los tratamientos de clara, ya que la resolución con la que replican el sistema es demasiado baja.

Desde la construcción de las primeras tablas de producción por Hans Hartig (1795), que aún eran descritas como tablas de experiencias por von Hoett (1765), Hennert (1791), Paulsen (1795) y Cotta (1821), el objetivo y la finalidad de los modelos de crecimiento ha cambiado significativamente. Así, se ha pasado de una pura estimación y predicción de la producción forestal para el suministro sostenible de madera, a un entendimiento y análisis profundo de las consecuencias ecológicas y socioeconómicas de las diferentes alternativas selvícolas.

Las primeras tablas de producción para grandes áreas que sirvieran como base para la tributación y la planificación, se extendieron primero con el desarrollo de tablas de producción regionales y cartografías de calidades de estación, y posteriormente con otro tipo de modelos integrados en simuladores de crecimiento que pudieran evaluar el desarrollo de la masa bajo la influencia de diversos programas de gestión selvícola. Los modelos orientados a la gestión, como los modelos de rodal, modelos basados en distribuciones diamétricas o de árbol individual, deben poner a disposición de los gestores forestales, de la manera más fiable posible, predicciones acerca de la producción forestal. Para ello, deben ofrecer información de la dinámica y estructura de la masa forestal y de su evolución con distintas selviculturas a través de las principales variables y parámetros forestales (crecimiento del árbol y de la masa, tamaño del árbol, índice de sitio, índices de estructura, etc.). El grado de complejidad de estos modelos estará condicionado por la complejidad de la gestión. Por ejemplo, para gestionar plantaciones productivas a marco definitivo puede ser suficiente disponer de modelos de rodal estáticos, como las tablas de producción, mientras que una selvicultura extensiva de masas complejas estructuralmente puede requerir modelos de árbol individual dependientes de la distancia.

En contraste, los modelos de procesos ecofisiológicos se orientan más hacia predicciones sobre el desarrollo de la biomasa, por ejemplo, incluyendo el ciclo de nutrientes y del agua, así como otras variables que caracterizan el estado del sistema y, por tanto, van más allá de la simple predicción de la producción. La información clásica sobre crecimiento forestal, tanto de parámetros de la masa como de las dimensiones individuales de los árboles, se incluye en estos modelos como información adicional. Los modelos de procesos ecofisiológicos son más adecuados para predecir los procesos de crecimiento bajo diferentes condiciones ambientales. Por ello, la importancia científica y forestal de los modelos basados en procesos ecofisiológicos, cuyo desarrollo ha avanzado significativamente desde la década de los 80 del siglo XX hasta la actualidad, irá en aumento a la vez que mejora la comprensión acerca de los sistemas forestales y su sostenibilidad.

Las clasificaciones de los distintos modelos de crecimiento y producción son solo una manera de tratar de organizar la información sobre las distintas aproximaciones existentes en la modelización forestal. Como consecuencia, los distintos tipos de modelos presentados en este capítulo suponen una simplificación de la variedad de modelos existentes, si bien es la clasificación más común en la literatura forestal: modelos de masa, modelos de clases de tamaños, modelos de árbol individual, modelos de bosquetes pequeños y modelos de procesos. Por ejemplo, existen modelos híbridos que combinan aproximaciones empíricas (modelos de árbol individual), con aproximaciones ecofisiológicas (modelos de procesos).

9.1.5 Bases de datos para el desarrollo de modelos

Con la transición de los modelos orientados a la gestión, como son las tablas de producción, los modelos de distribuciones diamétricas o los modelos de árbol individual dependientes de la posición, hacia los enfoques de modelos más complejos, como los modelos de sucesión o los modelos de procesos ecofisiológicos, las bases de datos necesarias para su diseño y parametrización deben cambiar. De este modo, para el desarrollo de modelos orientados a la gestión, se usan habitualmente variables de inventario clásicas como diámetros, alturas y factores de forma que se calculan con datos provenientes tanto de parcelas experimentales a largo plazo, como de datos temporales de inventarios forestales. La construcción de los modelos de crecimiento basados en el árbol individual utiliza mediciones de parámetros adicionales, como la posición de los pies, el tamaño de las copas, la forma del fuste o la calidad de la madera. Por otro lado, la transición hacia modelos de procesos ecofisiológicos requiere de bases de datos más extensas a las que solo se puede acceder extendiendo la ciencia del crecimiento forestal con nuevos diseños experimentales y en colaboración con disciplinas afines como la ecofisiología, edafología, climatología, etc. (Capítulos 1 y 12).

La introducción a los modelos de crecimiento forestal de este capítulo se centra en aquellos tipos de modelos que utilizan la masa forestal como unidad básica del sistema y en los que las variables que caracterizan el estado del sistema, incluso si se modelizan con una resolución espacial y temporal más alta, se integran al menos hasta el nivel de rodal. Por lo tanto, los parámetros que estos modelos de crecimiento forestal cubren, coinciden con variables que son de especial relevancia para la selvicultura y la economía forestal.

La evolución que empieza con de las tablas de producción, como prototipo de modelo de crecimiento descriptivo y que se desarrolla hacia modelos mecanicísticos basados en procesos ecofisiológicos, documenta un profundo cambio en la comprensión de los sistemas forestales, así como en la información que ofrecen y la demanda de esta que la selvicultura requiere. Esta evolución hacia modelos basados en procesos no se debe entender como un resultado de modelos nuevos y mejores que reemplacen a los antiguos y peores, sino, más bien, como un enfoque que permite otros objetivos de los modelos y en los que se predice la evolución de la masa de la mejor manera posible. Por ejemplo, en situaciones donde solo se disponen de bases de datos pobres, con selviculturas sencillas y en los que se priman las altas productividades, las tablas de producción pueden ser el tipo de modelo más apropiado. Para la gestión sostenible de masas forestales puras y mixtas en la que los tratamientos selvícolas requieren de un alto nivel de información, los modelos de crecimiento de árbol individual sensibles a la calidad de la estación son posiblemente la opción más adecuada. Cuando el objetivo principal del modelo es predecir el crecimiento y productividad de una masa en un ambiente cambiante, por ejemplo, bajo distintos escenarios de cambio climático, los modelos basados en procesos pueden ser la mejor alternativa. La elección del tipo de modelo siempre va a estar influenciada por los objetivos principales del modelo y la calidad y disponibilidad de los datos. Es decir, las características y calidad de los datos determinan el tipo de modelo y su calidad y, a su vez, la elección del tipo de modelo que se quiere desarrollar determina los datos que se deben obtener para su construcción.

A la hora de recopilar o tomar datos para la construcción de un modelo de crecimiento hay que considerar las características de los mismos. Se debe explorar la distribución espacial y temporal de los datos, las condiciones de sitio que cubren, los tipos de estructuras de masa representados, etc. Es decir, los datos deben representar la distribución geográfica de las masas forestales donde se va a aplicar; deben cubrir un rango temporal que refleje adecuadamente las condiciones de crecimiento que se pretenden predecir (por ejemplo, los datos de principios del S. XX no reflejarán bien el crecimiento a principios del S. XXI); deben estar distribuidos de modo que cubran las distintas condiciones de estación en las que crece el sistema forestal que se va a modelizar (orografía, suelo, clima); y deben representar las distintas fases de desarrollo, densidades, composición específica y estructuras de masa.

Una característica de los datos importante para la modelización del crecimiento y la producción forestal es si los datos proceden de parcelas temporales o permanentes (Gadow et al. 2007, pp 179-189). En principio, los datos de parcelas temporales ofrecen una representación puntual del sistema forestal de estudio, por lo que no reflejan adecuadamente su dinámica, aunque los datos se distribuyan en distintas edades (Figura 9.3a). Este tipo de datos son útiles para construir modelos estáticos que reflejan la evolución promedio de las variables de masa, como las tablas de producción o los diagramas selvícolas de manejo de la densidad, pero no permiten predecir directamente el crecimiento o la evolución de una masa a partir de una situación concreta. Si las parcelas temporales se vuelven a medir tras un periodo de tiempo, parcelas de intervalo, o bien si se reconstruye el crecimiento pasado, ya se dispondría de información suficiente para elaborar un modelo dinámico que estime el crecimiento de la masa (Figura 9.3b), y en su caso la mortalidad natural y la incorporación de nuevos pies a la masa. Las parcelas permanentes a largo plazo ofrecen una información mucho más detallada de la evolución de la masa a lo largo del tiempo (Figura 9.3c), por lo que además de posibilitar la construcción de modelos dinámicos, permiten incorporar otros aspectos como el efecto de las condiciones meteorológicas en cada intervalo de tiempo registrado. Los datos de las distintas parcelas se pueden complementar con otro tipo de datos retrospectivos como las series de crecimiento radial obtenidas mediante extracción de testigos con barrena o series de crecimiento en altura a partir de análisis de tronco.

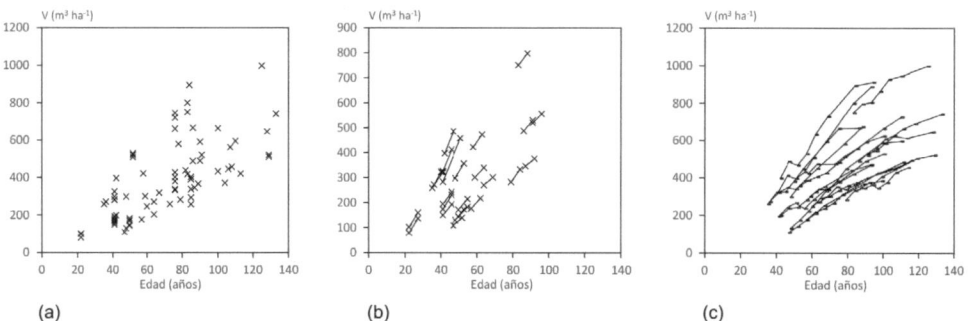

Figura 9.3 Información sobre la dinámica de la masa en distintos tipos de parcelas: a) parcelas temporales que ofrecen una información puntual; b) parcelas de intervalo donde se conoce la evolución de la masa durante un periodo de tiempo concreto; c) parcelas permanentes que mediante mediciones repetidas reflejan la evolución de la masa durante un largo periodo de tiempo.

9.2 Modelos de crecimiento y producción de masa

La idea de que la dinámica de una masa se puede reflejar a partir de la evolución de los valores medios de la masa a lo largo de las distintas clases de edad, y de que la evaluación, gestión y control de los tratamientos selvícolas se basa en la modelización de dichos valores, tiene una historia de más 200 años. Las principales variables de masa utilizadas son, entre otras, la altura, el volumen y el crecimiento. Desde la creación de las primeras tablas de experiencias, a fines del siglo XVIII, la construcción de modelos de crecimiento se ha ido convirtiendo en un campo importante de la ciencia forestal. El principio de presentar los datos de inventario en forma tabular se mantuvo prácticamente sin cambios hasta finales del S XX (ver Figura 9.4 y Tabla 9.1). Sin embargo, los datos subyacentes y los métodos de modelización han cambiado sustancialmente desde entonces.

9.2.1 Conceptos básicos para la construcción de tablas de producción

9.2.1.1 Relaciones básicas para determinar el crecimiento acumulado total

La columna vertebral de las primeras tablas de producción se basa en las denominadas leyes de la producción forestal, la ley de la clasificación, la ley de Eichorn y la relación entre densidad y crecimiento propuesta por Assmann (ver secciones 6.4.3, 6.4.4 y 8.4). Las tres relaciones en las que se basan las tablas de producción, que se derivan estadísticamente a partir de los datos de inventario son las siguientes:

Altura = f_1 (edad),

describe la evolución de la altura media o de la altura dominante de la masa para una estación determinada dependiendo de la edad (ver Sección 8.4). Con los datos de altura frente a la edad obtenidos de parcelas experimentales se ajusta un abanico de curvas de alturas. Esta relación depende de las condiciones de la estación y permite la clasificación en calidades y la posterior construcción de las tablas de producción por calidades de estación. Dentro del rango de aplicación de las tablas de producción, el corredor de curvas de crecimiento en altura resultante se puede subdividir, por ejemplo, en cinco calidades de estación. Ya que dicho abanico se utiliza para la clasificación de determinadas calidades de estación, se denomina como familia de curvas de la calidad de estación.

En segundo lugar, para poder asignar no solo una altura media o dominante, sino también el crecimiento acumulado total o volumen total esperado para una edad determinada, las tablas de producción se basan en la relación:

Producción Total (VT) = f2 (altura)

Assmann (1961) se refiere a esta relación como relación auxiliar. Para una familia de curvas de calidad de estación conocida, esta relación auxiliar hace posible primero obtener el volumen total a partir de la edad, y derivando la altura media en función de la edad, el volumen total en función de edad para cualquier población cuya edad y alturas medias sean conocidas. Esto resulta en la denominada por Assmann relación final:

Producción Total (VT) = f_3 (edad, altura).

Dependiendo de la base de datos disponible, estas relaciones se parametrizan directamente mediante el ajuste de las curvas de edad, altura y volumen total de las parcelas de experimentación. En un segundo paso, la evolución de la edad y del volumen total se descompone en cada uno de los elementos individuales de la tabla de producción (enfoque de arriba abajo) para la masa en pie y la masa extraída (entre otros, altura media, diámetro medio, número de pies, área basimétrica). Las curvas de crecimiento se obtienen a partir de la evolución del volumen total por diferenciación.

Otro enfoque consiste en construir la tabla a partir de la relación entre la edad de la masa y los factores estructurales, como altura media, área basimétrica, factor de forma y número de pies. Las relaciones básicas (altura = f1 (edad), volumen total = f2 (altura), volumen total = f3 (edad)) resultan de la agregación de las relaciones individuales (enfoque de abajo hacia arriba). Este enfoque es el más frecuente en las tablas de producción españolas (Madrigal et al. 1999), que se presenta en la Sección 9.2.1.3. En ambos casos, las curvas de evolución medias de las principales variables por calidad de estación, para la masa en pie y extraída, se derivan gráficamente o mediante análisis de regresión o relaciones matemáticas y se agrupan en formato de tablas (tablas 9.1 a 9.4).

9.2.1.2 Método de curvas proporcionales

En el método basado en las curvas proporcionales introducido por Baur (1877), los elementos más importantes que definen la productividad, como, por ejemplo, la altura media o el volumen de la masa, se ordenan en función de la edad incluyendo el mayor número posible de parcelas de experimentación. La banda de dispersión resultante de los valores observados se acota por un límite inferior y uno superior y, posteriormente, se divide en cinco bandas mediante curvas equidistantes a las edades contempladas, por ejemplo, hasta los 120 años. A partir de la edad cero, estas 5 bandas se amplían proporcionalmente hasta la edad final, dividiendo los datos en cinco grupos que representan cinco calidades de estación. Las líneas centrales dentro de las cinco franjas representan la evolución promedio de la altura, el volumen, así como otras características de la masa. Este método solo conduce a resultados útiles si la evolución de la altura dominante para una calidad de estación refleja realmente el patrón de crecimiento, es decir, si realmente siguen el corredor de curvas con la edad que se ha construido.

Con el fin de realizar una mejor asignación de la calidad de estación a los datos de las parcelas de experimentación temporales, R. Hartig (1868) utilizó el llamado método de indicadores en la construcción de sus tablas de producción para pícea. En este caso, en las parcelas de experimentación seleccionadas, además de la medición de las variables dasométricas clásicas, se realizan análisis de tronco. De este modo, se puede verificar el crecimiento de una parcela determinada utilizando la relación entre la altura y el crecimiento obtenida de estas muestras. Un defecto de este método viene del hecho de que la evolución de la altura dominante de la masa real, así como otras variables de masa, como el volumen o la altura media, suele "adelantarse" con respecto a las correspondientes trayectorias del crecimiento derivadas de los análisis de tronco (Sección 3.1.8). Además, en este método no se puede conocer la mortalidad natural y la masa extraída.

Si se dispone de inventarios repetidos en parcelas de experimentación, la calidad de estación se obtiene de la estratificación del incremento en altura medio real en esas parcelas y la edad. Por lo tanto, en parcelas de experimentación permanentes, se usa como indicador de la calidad de estación el desarrollo verdadero de la masa a lo largo del tiempo, en lugar de usar el método basado en el análisis de tronco, en el que son más frecuentes los sesgos.

9.2.1.3 Relaciones fundamentales utilizadas en las tablas de producción españolas

Aunque los fundamentos de las distintas tablas de producción son similares, existen ciertas diferencias en los métodos utilizados para su construcción. A continuación, se exponen las relaciones fundamentales en las que se basan la mayor parte de las tablas de producción españolas (Madrigal et al. 1999).

La primera fase para la construcción de unas tablas de producción es la recopilación de datos que reflejen el crecimiento y la producción de la especie y región de estudio. Una vez que se dispone de datos de las principales variables de masa para un conjunto de parcelas que cubran las distintas edades y calidades de estación de la especie y región para la que se realizan las tablas de producción, se procede al ajuste de las relaciones fundamentales.

La primera relación fundamental la constituyen las curvas de calidad de estación, que definen el crecimiento en altura dominante (H_o) en función de la edad (t) y de la calidad de estación o del índice de sitio (IS), $H_o = f(t, IS)$. Con esta relación se estructuran las tablas de producción, definiendo una tabla por calidad de estación que será también la primera variable de entrada para el uso de las tablas.

La segunda relación fundamental relaciona el número de pies por hectárea con la altura dominante de la masa $N = f(H_o)$. Es decir, define la reducción de la densidad con la edad indirectamente a través de la altura dominante y, por tanto, resulta en una evolución de la densidad con la edad diferente para cada calidad de estación, que refleja la selvicultura observada. Esta relación es una de las que más limita la utilidad de las tablas de producción, ya que no permite modificar la densidad para una altura dominante dada. Esta limitación se ha intentado solventar con la construcción de tablas de selvicultura variable, que ofrecen distintas evoluciones de la densidad, aunque solo los modelos dinámicos corrigen verdaderamente esta limitación (Sección 9.2.2.5).

La tercera relación fundamental relaciona el diámetro medio cuadrático con la densidad de la masa y la altura dominante, $d_g = f(N, H_o)$. Al igual que la segunda relación, tiene la limitación de que solo refleja la selvicultura observada en las parcelas utilizadas para su ajuste y para una densidad y altura dominante determinadas estima el diámetro medio cuadrático correspondiente. Sin embargo, el diámetro medio cuadrático de una masa puede variar mucho en función de cual haya sido la selvicultura o la historia pasada de la masa.

La cuarta relación fundamental predice el volumen por hectárea en función del área basimétrica (obtenida del número de pies y el diámetro medio cuadrático) y la altura dominante, $V = f(G, H_o)$. Con frecuencia, las tablas incluyen una relación adicional que estima la altura media en función de la altura dominante, $H_m = f(H_o)$.

A partir de estas relaciones fundamentales se puede construir la evolución promedio de la masa por calidad de estación. Para completar la construcción de las tablas de producción, es necesario 'simular' la clara que se realiza a cada edad, de manera que se puede construir la masa extraída, la masa después de la clara y la masa total, incluyendo los crecimientos medios y corrientes. Los métodos para simular la clara varían también entre tablas de producción y, generalmente, se basan en información disponible sobre la selvicultura de la especie.

9.2.2 De las tablas de experiencia a los simuladores forestales

9.2.2.1 Tablas de experiencia, primeras tablas de producción

La primera directriz para la construcción de tablas de producción se remonta a Réaumur en 1721 (ver Schwappach 1903, pág. 165). El período desde 1787, cuando Paulsen (Paulsen 1795) desarrolló la primera tabla de producción en Alemania, hasta el acuerdo que establece principios uniformes para la construcción de tablas de producción por parte de la Asociación de Institutos de Investigación Forestales Alemanes a fines del siglo XIX, se puede describir como la fase inicial de la investigación de las tablas de producción, y las tablas creadas durante este período como la primera generación de modelos de crecimiento forestal. Las contribuciones de Paulsen (1795) y Öttelt (1765) a la compilación de tablas de producción motivaron la continuación de numerosos estudios, entre otros, los de Hennert (1791), GL Hartig (1795) y Cotta (1821). El desarrollo posterior de estos primeros enfoques durante el siglo XIX está estrechamente relacionado con nombres como R. Hartig (1868), Th. Hartig (1847), Heyer (1852), Hundeshagen (1823-1845), Judeich (1871), Rey (1842), Arrow (1860), Pressler (1870, 1877) y Smalian (1837). Una característica de esta primera generación de modelos de crecimiento forestal y de tablas de producción, es su base de datos incompleta, con una validez regional limitada, así como su baja comparabilidad entre sí, debido a las diferencias metodológicas usadas en su construcción. Cuando se hace referencia a estas tablas de producción como "tablas de experiencias" se subraya su carácter puramente descriptivo, estrechamente alineado con las experiencias y demanda de la selvicultura local.

La Figura 9.2 muestra un ejemplo de las "tablas de experiencias" que recogen la producción esperada para las especies forestales más comunes en Alemania, con un tratamiento estándar y con cubierta cerrada, para las diferentes clases de edad localizadas en terrenos sajones según Cotta (1821, pp. 33-34). En contraste con la nomenclatura común de hoy en día, que denomina desde la mejor a peor clase de I. a V., en estas tablas de experiencia las mejores clases se denominan con X. y las más pobres con I.

Una debilidad importante de estas viejas tablas son sus inadecuadas bases de datos. De ahí que pronto se volvieron obsoletas una vez que los institutos de investigación comenzaron a responder a la creciente falta de datos expandiendo la red de parcelas experimentales, actualizando y ampliando las bases de datos.

9.2.2.2 Estandarización de las tablas de producción en masas puras

A finales del siglo XIX, la asociación alemana de instituciones de investigación forestal respondió a la multitud de estudios sobre tablas de producción que se estaba produciendo de manera descoordinada, con un plan de trabajo para la construcción de estas (Ganghofer 1881). Este trabajo sentó las bases para el desarrollo de una metodología más homogénea y una construcción unificada de tablas de producción para las especies comerciales más importantes.

Tafel V. A. Fichten.

Jahre	I.	II.	III.	IV.	V.	VI.	VII.	VIII.	IX.	X.
20	269	450	632	813	994	1175	1356	1538	1719	1900
21	290	485	680	875	1071	1266	1461	1656	1851	2047
22	311	520	730	939	1149	1358	1568	1777	1987	2196
23	333	557	781	1005	1229	1453	1677	1901	2124	2349
24	355	593	832	1071	1310	1549	1788	2026	2265	2504
25	377	631	885	1139	1393	1646	1900	2154	2408	2662
26	400	669	939	1208	1477	1747	2016	2285	2555	2824
27	423	708	993	1278	1563	1848	2133	2418	2703	2989
28	447	748	1049	1350	1651	1952	2253	2554	2855	3156
29	471	788	1106	1423	1740	2057	2375	2692	3009	3327
30	495	830	1163	1497	1831	2165	2499	2832	3166	3500
31	520	871	1222	1573	1923	2274	2625	2975	3326	3677
32	546	914	1282	1649	2017	2385	2753	3120	3488	3856
33	572	957	1342	1728	2113	2498	2883	3268	3653	4039
34	598	1001	1404	1807	2210	2613	3015	3418	3821	4224
35	625	1046	1467	1887	2308	2729	3150	3571	3992	4413
36	652	1091	1530	1969	2408	2848	3287	3726	4165	4604
37	679	1137	1595	2053	2510	2968	3426	3883	4341	4799
38	707	1183	1660	2137	2613	3089	3566	4042	4519	4995
39	735	1231	1726	2222	2717	3213	3709	4205	4701	5197
40	764	1279	1793	2308	2822	3338	3853	4369	4884	5400
41	794	1328	1861	2395	2928	3464	4000	4534	5070	5606
42	823	1377	1929	2481	3035	3590	4145	4701	5256	5812
43	853	1426	1998	2570	3143	3718	4295	4870	5445	6020
44	882	1475	2067	2660	3252	3847	4443	5038	5633	6229
45	912	1525	2137	2750	3362	3977	4593	5208	5824	6438
46	942	1575	2207	2840	3472	4107	4743	5378	6013	6649
47	972	1625	2277	2930	3583	4239	4894	5549	6205	6860
48	1002	1675	2358	3021	3695	4370	5046	5721	6397	7073
49	1032	1726	2420	3113	3807	4502	5198	5894	6590	7286
50	1062	1777	2491	3205	3920	4636	5352	6068	6785	7500
51	1093	1828	2563	3297	4034	4770	5507	6244	6981	7717
52	1123	1880	2636	3392	4149	4906	5664	6421	7179	7936
53	1156	1934	2711	3488	4266	5044	5823	6602	7380	8159
54	1188	1987	2786	3584	4384	5184	5984	6785	7584	8384
55	1220	2041	2862	3682	4504	5325	6147	6970	7791	8613
56	1253	2096	2939	3781	4625	5468	6313	7157	8001	8844
57	1286	2152	3017	3881	4747	5613	6480	7347	8213	9079
58	1320	2208	3096	3983	4871	5760	6649	7539	8427	9316
59	1354	2265	3175	4086	4997	5909	6821	7734	8645	9557

Figura 9.4 Ejemplo de tablas de experiencias que recogen la producción que se puede esperar de diferentes especies arbóreas, bajo un tratamiento normal y cubierta cerrada para diferentes edades en el estado federado de Sajonia (después de H. Cotta, 1821, p. 34). De acuerdo con la clasificación que define de mejor a peor los rodales de pícea (calidad de estación de X a I) se clasifica, en función de la edad (Jahre), el volumen de la masa medio en pies cúbicos por acre sajón (1 pie cúbico sajón / acre sajón de 0.041 m^3 ha^{-1}).

Tabla 9.1 Extracto de las tablas de producción para masas de *Eucalyptus globulus* en el norte de España (Pita, 1966). Se muestra la parte de la tabla correspondiente con las calidades de estación III y IV.

EDAD (Años)	ALTURA TOTAL Media m.	ALTURA TOTAL Dominante m.	Número de pies	Diámetro medio cm.	Area basimétrica m.²	Volumen m.³	Coeficiente mórfico (0, ...)	CRECIMIENTO EN VOLUMEN Medio m.³	CRECIMIENTO EN VOLUMEN Anual m.³
				Calidad III.					
4	10,2	14,5	2.900	8,3	15,8	93	0,577	23,3	—
6	13,0	17,7	2.848	9,8	21,6	152	0,541	25,3	29,5
8	14,7	19,6	2.797	10,7	25,1	195	0,528	24,4	21,5
10	16,0	21,1	2.746	11,3	27,7	232	0,523	23,2	18,5
12	16,9	22,1	2.697	11,8	29,5	259	0,520	21,6	13,5
14	17,7	23,0	2.648	12,2	31,1	285	0,518	20,4	13,0
16	18,2	23,6	2.601	12,5	32,1	301	0,515	18,8	8,0
				Calidad IV.					
4	9,2	13,4	3.000	7,6	13,7	75	0,595	18,8	—
6	11,1	15,5	2.946	8,8	17,7	110	0,560	18,3	17,5
8	12,2	16,8	2.893	9,4	20,0	134	0,549	16,8	12,0
10	13,0	17,7	2.841	9,9	21,6	152	0,541	15,2	9,0
12	13,6	18,4	2.790	10,2	22,9	167	0,536	13,9	7,5
14	14,0	18,8	2.740	10,5	23,7	177	0,533	12,6	5,0
16	14,4	19,3	2.690	10,8	24,5	187	0,530	11,7	5,0

El desarrollo de esta segunda generación de modelos de crecimiento, que fue fundada principalmente por Weise (1880), continuó hasta la primera mitad del siglo XX.

Las tablas de producción de esta generación clasifican los parámetros más importantes (número de pies, altura media, diámetro medio, área basimétrica, factor de forma, crecimiento corriente anual, crecimiento anual y crecimiento periódico medio) en masas "regulares y normales" en intervalos típicamente de cinco a 10 años, aunque varía según la especie sea de crecimiento rápido o lento. Al vincular las tablas a una ordenación "normal", es decir, a una estructura homogénea en volumen, y al estandarizar la construcción de la tabla, se garantizaba una mejor comparabilidad y una mayor facilidad de uso. Es importante indicar que las "tablas de producción normal" de origen anglosajón describen el desarrollo de masas sin claras y utilizan, en contraste con la afección alemana, el adjetivo "normal" en el sentido de sin claras.

Dentro de estas nuevas tablas de producción, existieron dos líneas de trabajo, la escuela Schwappach, Wiedemann y Schober (cf. Schwappach 1902, Wiedemann 1949, Schober 1975), que continuo con la aproximación descriptiva de las tablas de experiencias, y la de Gehrhardt (von Guttenberg 1915, Gehrhardt 909, 1923, Zimmerle 1952, Vanselow 1951, Krenn 1946, Grundner 1913). Las tablas de producción de Gehrhardt (1923, 1930) de los años veinte y treinta pueden considerarse como las precursoras de una tercera generación de modelos de crecimiento, que comenzó en los años sesenta y setenta del S XX, con la transición a modelos de crecimiento formulados biométricamente. Aunque las tablas de de Gehrhardt tuvieron mucho menos éxito que las de Schwappach y Wiedemann, su contribución al estudio de modelos no debe ser menospreciada, ya que se aleja del método de trabajo puramente empírico de Schwappach y Wiedemann e introduce consideraciones teóricas, así como métodos biométricos y estadísticos para la creación de modelos de crecimiento, dando un nuevo y determinante impulso a su estudio y desarrollo.

En España, las primeras tablas de producción siguieron la aproximación de Schwappach, metodología descrita en español por Elorrieta (1919). Estas tablas de producción de "existencias normales" o de espesura completa a partir de parcelas instaladas por el Instituto Forestal de Investigaciones y Experiencias (IFIE) (Rojo y Montero 1994) se realizaron para las especies de crecimiento rápido *Pinus radiata*, *P. pinaster* y *Eucalyptus globulus* (Echevarria 1942, 1952, Echevarria y Pedro 1948). Posteriormente, Pita (1966) desarrolló las primeras tablas de producción españolas realizadas a partir de relaciones matemáticas, dejando atrás el método de tanteos y ajustes gráficos (Rojo y Montero 1994).

Tabla 9.2 Extracto de las tablas de producción para pino silvestre en la Sierra de Guadarrama (Rojo y Montero 1996). Se muestra la tabla correspondiente a la calidad de estación 26 (26 m de altura dominante a los 100 años) con un régimen moderado de claras.

EDAD (años)	ALT. DOMIN. (m)	MASA PRINCIPAL ANTES DE LA CLARA						MASA EXTRAIDA					MASA TOTAL			EDAD (años)
		N.º DE PIES/Ha	ALT. MEDIA (m)	DIAM. CUAD. MEDIO (cm)	AREA BASIM. (m²/Ha)	VOL. ARBOL MEDIO (m³)	VOL. (m³/Ha)	N.º DE PIES/Ha	DIAM. CUAD. MEDIO (cm)	AREA BASIM. (m²/Ha)	VOL. ARBOL MEDIO (m³)	VOL. (m³/Ha)	VOL. ACUM. (m³/Ha)	VOL. (m³/Ha)	CREC. MEDIO ANUAL (m³/Ha)	CREC. CORR. ANUAL (m³/Ha)	
20	4,0	7.812	2,9	6,3	24,3	0,015	114,7	3.603	(5,2)	14,2	0,007	25,2	25,2	114,7	5,73	–	20
30	8,2	4.209	7,0	11,5	43,4	0,052	218,1	1.801	9,5	12,9	0,026	46,8	72,0	243,3	8,11	12,86	30
40	12,4	2.408	11,0	17,2	56,2	0,147	354,0	1.071	13,7	15,8	0,081	86,8	158,8	426,0	10,65	18,28	40
50	16,2	1.337	14,7	24,2	61,4	0,354	472,9	453	18,6	12,3	0,195	88,3	247,1	631,6	12,63	20,56	50
60	19,3	884	17,6	30,3	63,6	0,640	565,6	227	23,9	10,2	0,384	87,2	334,3	812,7	13,55	18,11	60
70	21,7	657	19,9	35,3	64,4	0,964	633,5	132	27,7	7,9	0,579	76,4	410,7	967,8	13,83	15,50	70
80	23,6	525	21,8	39,6	64,6	1,304	684,6	81	32,1	6,6	0,848	68,7	479,4	1.095,3	13,69	12,75	80
90	25,0	444	23,1	43,0	64,5	1,621	719,6	53	34,8	5,0	1,053	55,8	535,2	1.198,9	13,32	10,37	90
100	26,0	391	24,1	45,7	64,2	1,898	742,2	39	36,9	4,2	1,234	48,1	583,3	1.277,3	12,77	7,84	100
110	26,8	352	24,8	48,1	63,9	2,156	758,9	26	38,7	3,1	1,401	36,4	619,7	1.342,2	12,20	6,49	110
120	27,3	326	25,3	49,8	63,5	2,354	767,3	21	40,1	2,7	1,530	32,1	651,8	1.387,0	11,56	4,48	120
130	27,7	305	25,7	51,3	63,1	2,535	773,0	16	41,3	2,1	1,647	26,4	678,2	1.424,9	10,96	3,79	130
140	28,0	289	26,0	52,6	62,7	2,687	776,6	15	42,3	2,1	1,747	26,2	704,4	1.454,8	10,39	2,99	140
150	28,3	274	26,3	53,8	62,4	2,847	780,1	10	43,3	1,5	1,851	18,5	722,9	1.484,5	9,90	2,97	150
160	28,4	264	26,4	54,7	62,0	2,948	778,3	9	44,0	1,4	1,916	17,2	740,1	1.501,1	9,38	1,66	160
170	28,5	255	26,5	55,5	61,6	3,047	776,9	8	44,7	1,3	1,980	15,8	755,9	1.516,9	8,92	1,58	170
180	28,6	247	26,6	56,2	61,3	3,141	775,9	–	–	–	–	–	–	–	–	–	180

9.2.2.3 Uso del procesamiento electrónico de datos en tablas de producción

En los años cincuenta y sesenta del siglo XX, se produce una transición a los modelos de crecimiento apoyados en sistemas de procesamiento electrónico de datos que conduce a la creación de una tercera generación de modelos de crecimiento forestal y tablas de producción. Protagonistas de la construcción de esta generación de modelos de crecimiento forestal fueron autores como Assmann y Franz (1963), Bradley, Christie y Johnston (1966), Décourt (1965), Faber (1966), Fries (1964, 1966), Hamilton y Christie (1973), Myers (1966) y Vuokila (1966). En el corazón de estas tablas de producción se encuentra un modelo biométrico que conforma un sistema flexible de ecuaciones. Estas ecuaciones se basan en la medida de lo posible en leyes de crecimiento probadas y generalmente se parametrizan utilizando técnicas estadísticas y datos de parcelas de experimentación. Los modelos biométricos se pueden implementar en programas informáticos, representando diferentes tratamientos selvícolas que reproducen el desarrollo de la masa para diferentes calidades de estación y niveles de productividad.

En general, esta nueva generación de tablas de producción se basa para su construcción en una gran cantidad de datos, cubriendo las distintas calidades de estación, que pudieron procesarse con distintos métodos estadísticos gracias a la existencia de ordenadores. Los modelos se basan en las leyes de crecimiento definidas por Assmann, y que a su vez han tenido una influencia significativa en el desarrollo de tablas posteriores. Por ejemplo, los estudios de Assmann confirmaron que el crecimiento total de pícea puede variar considerablemente incluso en la misma clase de altura o calidad de estación, es decir, existen niveles de producción, resultado observado también en otras especies. Este resultado se reflejó, entre otras, en las tablas de Bergel (1985), Bradley, Christie y Johnston (1966) y Lembcke, Knapp y Dittmar (1975) añadiendo una subdivisión por clases de altura y calidad de estación.

En España, se pueden considerar como el comienzo de esta generación las tablas de producción desarrolladas por el Instituto Nacional de Investigaciones Agrarias (INIA) en los años ochenta para *Pinus sylvestris* y *P. pinaster* (García-Abejón 1981; García-Abejón y Gómez-Loranca, 1984, 1989; García-Abejón y Tella, 1986). Estas tablas de producción se basan ya en varios inventarios de la red experimental de parcelas permanentes de producción establecidas en los años sesenta para las principales especies de pinos de la Península Ibérica (Rojo y Montero, 1994), y en ajustes matemáticos asistidos por ordenador de las relaciones fundamentales (9.2.1.3). Estas tablas, a diferencia de las tablas de producción de Pita (1966) incluyen una selvicultura variable, con "tablas de selvicultura media observada" y "tablas de referencia", por lo que incluyen en ellas los datos referentes a la masa extraída y/o masa después de la clara. Posteriormente, se realizaron tablas de producción para otras especies y ámbitos geográficos, recopiladas una gran parte de ellas por Madrigal et al. (1999).

9.2.2.4 Tablas de producción en masas mixtas

En los años 1930-1940, sobre la base de aproximadamente 200 parcelas de experimentación del Instituto de Investigación Prusiano, se crearon tablas de producción para masas mixtas de pino silvestre y haya (Bonnemann 1939), pícea y haya (Wiedemann 1942), pino silvestre y abeto (Wiedemann 1939) y roble y haya (Christmann 1939). El principio de diseño de las tablas de producción para masas mixtas se corresponde en muchos aspectos con el de las tablas de producción para masas puras de Schwappach y Wiedemann. Análogamente, las tablas de producción para masas mixtas también recogen las variables de crecimiento más significativas en periodos de 5 años; aunque, en este caso, contienen columnas con resultados que corresponden tanto al volumen de la masa mixta en su conjunto, como por separado para cada una de las especies que forman la masa.

Las tablas representan siempre una sola calidad de estación, específica para cada especie (por ejemplo, calidad de estación I para pícea y II para haya), un tipo de mezcla (por ejemplo, mezcla por bosquetes), proporción de mezcla (por ejemplo, 75 % pícea, 25 % haya) y la diferencia de edad entre especies (por ejemplo, el haya es 20 años más vieja que la pícea). Por lo tanto, para la confección de las tablas se beben seleccionar parcelas de experimentación que presenten exactamente dichas características, de tipo de mezcla, proporción de mezcla y diferencia de edad.

Para la mezcla pícea/abeto, por ejemplo, Wiedemann elaboró tres tablas de producción diferentes, para la calidad de estación de pícea I.0 con una proporción de pícea y haya similar, para la calidad de estación de pícea I.0 con una proporción baja de haya y para la calidad de estación de pícea II.0 con baja proporción de haya. El propio Wiedemann señala la limitada aplicabilidad de sus tablas de producción para masas mixtas: "Estas tablas para masa mixtas y coetáneas pueden, por supuesto, representar tan solo una forma de construcción y desarrollo de tales mezclas [...]. Si la composición y el tratamiento varían, el crecimiento total será solo ligeramente diferente, mientras que el [...] volumen y la proporción individual del volumen y crecimiento correspondiente a cada una de las especies que forman la masa, cambiarán de manera significativa" (Wiedemann 1939, p. 16). El resultado fue la creación de un número notablemente alto de tablas de producción para mezclas de pícea y haya. La validez limitada y el uso relativamente engorroso de estas tablas de producción para masas mixtas desarrolladas bajo la dirección de Wiedeman, son unas de las razones principales por las que tuvieron poca relevancia.

A falta de información más adecuada, el crecimiento de las masas mixtas a menudo se estima como la media ponderada de los valores netos de las tablas de producción de masas puras pertenecientes a la misma estación (véase el Caja 9.1). No obstante, otros tipos de modelos de crecimiento, como los modelos matriciales, modelos de árbol individual, modelos de bosquetes pequeños, o modelos de procesos, permiten la integración del efecto de la mezcla de especies mediante otros métodos (Caja 9.1). En los trabajos de Pretzsch et al. (2015) y Bravo et al. (2019) se revisan las distintas aproximaciones para la simulación de masas mixtas.

9.2.2.5 Modelos de rodal y simuladores de crecimiento de masas forestales

Desde los años sesenta del siglo XX se han desarrollado simuladores de crecimiento fo-

Caja 9.1 Integración de los efectos de la mezcla de especies en modelos de crecimiento

Los estudios empíricos muestran cómo la mezcla de especies puede modificar las condiciones de crecimiento en el interior de la masa (p. ej., el perfil vertical de luz, la distribución de raíces en el suelo o el estado del humus), los procesos ecofisiológicos (p. ej., la tasa de fotosíntesis, el uso de la luz o el crecimiento), la estructura o alometría del árbol (p. ej., la densidad de la madera, la forma de la copa y el tronco o la relación raíz-tallo) y la estructura de la masa (p. ej., la densidad de la masa, la densidad del dosel de copas, la estructura vertical) en comparación con las masas puras. Al igual que otros muchos aspectos del conocimiento de la ciencia forestal en su conjunto, la mayoría de los modelos de crecimiento se basan en la investigación de masas puras. Aunque las masas mixtas están ganando importancia tanto en la ciencia como en la práctica selvícola, la integración de los efectos de la mezcla de especies en los modelos se encuentra aún en sus inicios. Sin embargo, los modelos de crecimiento son indispensables tanto para la integración del conocimiento sobre la dinámica de masas mixtas, en el sentido de una mejor comprensión, como para la regulación selvícola a nivel de masa y la planificación forestal a nivel de monte.

Por esta razón, en esta caja, se ofrece una descripción general de los distintos principios para la integración de los efectos de la mezcla de especies en los modelos de crecimiento. Los enfoques de menor a mayor detalle (bottom-up) que determinan los efectos de la mezcla a través de los procesos biogeoquímicos y ecofisiológicos subyacentes o mediante la estructura 3D de la masa son particularmente adecuados para la comprensión científica de la dinámica de masas mixtas. Para fines prácticos, como el desarrollo de modelos orientados a la selvicultura o la planificación de bosques mixtos, también son adecuados los enfoques de mayor a menor detalle (top-down) que representan las características medias de la masa en la mezcla, como la productividad, como la media ponderada de masas puras, o que consideran los efectos de mezcla de especies con la inclusión de factores multiplicativos. Los modelos de árbol individual representan una situación intermedia al simular los efectos de la mezcla de especies a través de índices de competencia que dependen de la posición del árbol y funciones de crecimiento específicas de cada especie.

La modelización de masas mixtas generalmente sigue uno de los principios ilustrados en la Figura 9.5, cuyas ventajas y desventajas se comentan en la Tabla 9.3.

Caracterización de masas mixtas como media ponderada de masas puras

En ausencia de otra información más adecuada, el desarrollo de las masas mixtas se estima a menudo como la media ponderada de las masas puras correspondientes (Figura 9.5a). Para ello, primero se seleccionan modelos de crecimiento o producción de masas puras (por ejemplo, tablas de producción o modelos basados en distribuciones diamétricas) para las especies en cuestión. A partir de estos modelos, se extraen los datos gasométricos para la calidad de estación correspondiente para masas puras (por ejemplo, crecimiento de en área basimétrica de la masa, iG). A continuación, se calcula la media que correspondería a la masa mixta a partir de los datos en masas puras, pero ponderando por las proporciones de la mezcla en la masa mixta. De esta manera, las proporciones de mezcla, m, de las especies involucradas, n, $(m_1, m_2, \ldots, m_n)$ se utilizan para determinar, por ejemplo, la productividad esperada de la masa mixta si cada especie creciese como en las masas puras. Para una mezcla de dos especies la productividad de la masa mixta, $p_{1,2}$, se calcula a partir de los valores de productividad p_1 o p_2 en las masas puras y las proporciones de la mezcla, m_1 o m_2 en la masa mixta ($p_{1,2} = p_1 \times m_1 + p_2 \times m_2$). Otras características dasométricas de la masa mixta, como el número de pies, el área basimétrica, el

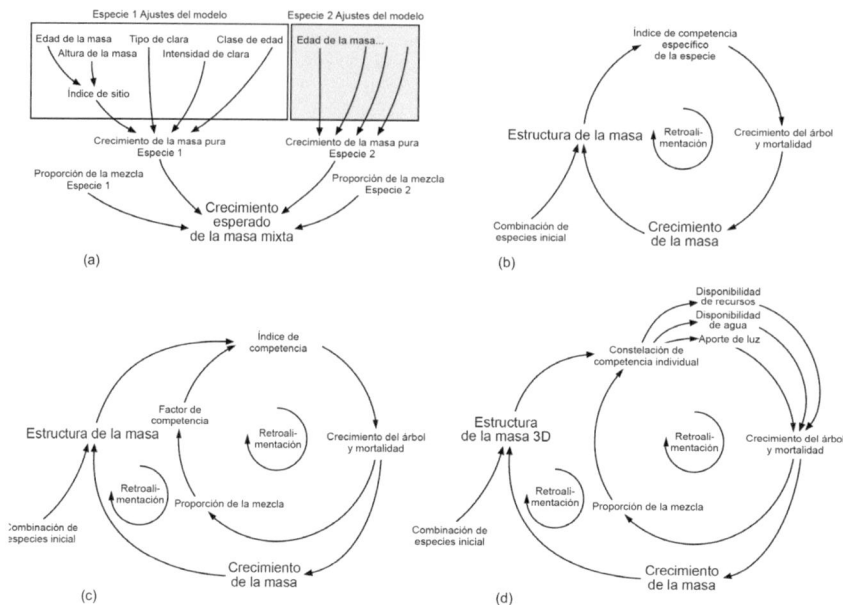

Figura 9.5 Enfoques más comunes para integrar los efectos de la mezcla de especies en modelos de crecimiento forestal. (a) Derivación del crecimiento de la masa mixta como una media ponderada del crecimiento de las masas puras de las especies correspondientes. (b) Consideración indirecta de los efectos de la mezcla en los modelos de árbol individual mediante la integración de índices de competencia específicos de cada especie. (c) Consideración directa de los efectos de la mezcla en los modelos de crecimiento utilizando multiplicadores que ajustan, entre otras cosas, las tasas de crecimiento y las densidades de la masa. (d) Representación de los efectos de la mezcla de especie en modelos de procesos donde la simulación del crecimiento forestal se basa en la disponibilidad, absorción y eficiencia en la utilización de los recursos de los árboles, que depende de la estructura de los árboles y la masa, y que a su vez varía en masas mixtas y puras.

volumen o el crecimiento en área basimétrica o volumen, se determinan de manera análoga a partir de los modelos de masas puras y las proporciones de la mezcla. Este procedimiento asume que no hay interacciones entre especies positivas o negativas a nivel de masa (por ejemplo, aumento o disminución del crecimiento debido a la competencia y la facilitación interespecífica).

En la práctica forestal, las tablas de producción para masas puras de Assmann y Franz (1965), Schober (1975) o Wiedemann (1936/42, 1943) se utilizan a menudo para representar masas mixtas como una media ponderada de masas puras.

Integración de efectos de la mezcla en índices de competencia de árbol individual

Otro enfoque se basa en la integración en los modelos de árbol individual, que simulan el crecimiento de la masa a través del desarrollo individual de los árboles según su tamaño, forma y constelación de crecimiento. En estos modelos, generalmente la estructura 2D o 3D de la masa forma la base para calcular los índices de competencia (Cajas 9.2-9.4), que cuantifican la constelación de crecimiento de cada árbol y son un *proxy* de la disponibilidad de recursos del árbol. Los índices de competencia se utilizan posteriormente en los modelos para estimar el crecimiento del árbol individual y la supervivencia en el siguiente período. El nuevo estado estructural de la masa es, a su vez, la base para la evaluación de la competencia, el crecimiento y la probabilidad de supervivencia en el período siguiente, etc.

En dichos modelos, la retroalimentación entre la estructura de la masa y el crecimiento del árbol individual tiene lugar a través de índices de competencia. Estos se pueden construir de tal manera que tengan en cuenta la composición

9.2 Modelos de crecimiento y producción de masa

Tabla 9.3 Descripción de las cortas en el método de aclareo sucesivo uniforme (adaptado de Serrada 2011)

Enfoque	Ventajas	Desventajas
Características de masas mixtas como medias ponderadas de masas puras	No necesita mediciones específicas en masas mixtas, fácil de usar, cálculo aproximado	Los efectos multiplicativos de la mezcla de especies, entre ellos el mayor crecimiento, son ignorados
Integración de los efectos de la mezcla en índices de competencia	Se consideran las interacciones intra e interespecíficas; competencia por la luz integrada	Necesidad de mapeo de la competencia a través de variables dasométricas como la distancia entre árboles o la superficie ocupada
Consideración de los efectos de la mezcla mediante multiplicadores	Reflejan las relaciones estadísticas entre la productividad de rodales puros y mixtos; integración simple en los modelos	Dependencia de los efectos de la mezcla de las condiciones de la estación y de los tipos de mezcla ignoradas
Modelización ecofisiológica de los efectos de mezcla	Integración del conocimiento y el comportamiento dinámico del sistema ecofisiológico	Muchos procesos y patrones aún no se comprenden; validación de los modelos precaria

de especies en la vecindad de un árbol (p. ej., transparencia o tamaño de la copa específica de la especie) (Figura 9.5b). De este modo, se puede representar la ocupación del dosel de copas específica de cada especie, el aumento de la densidad en masas mixtas o la reducción de la competencia como consecuencia del uso complementario del espacio del dosel y la luz. La situación competitiva se mapea de forma inespecífica a través del espacio de crecimiento individual, es decir, no se tiene en cuenta qué recursos (agua, nutrientes, luz) son limitantes para el individuo. Si estos modelos se parametrizan sobre la base de datos de parcelas experimentales en masas mixtas, los efectos de la competencia entre especies por el espacio de crecimiento y/o la facilitación entre especies se incluyen indirectamente en los parámetros del modelo.

Modelos de este tipo son, por ejemplo, los modelos desarrollados por Hasenauer (1994), Koehler y Huth (1998), Pretzsch et al. (2002) y Pukkala et al. (2009), o el reciente modelo de Calama et al. (2021) para masas mixtas de pino piñonero en la provincia de Valladolid.

Consideración de los efectos de la mezcla a través de multiplicadores

Si se conocen las desviaciones en las características dasométricas de las masas mixtas en comparación con las puras (p. ej., desviaciones en la densidad máxima y/o la productividad), se pueden ajustar los valores de las masas puras usando multiplicadores (Figura 9.5c). Tal corrección se puede hacer a nivel de masa (p. ej., dimensiones del árbol medio, densidad de la masa, crecimiento de la masa) o a nivel del árbol (p. ej., diámetro del fuste, tamaño de la copa, crecimiento en diámetro). De esta manera, el crecimiento y las características del árbol y de la masa que se conocen en condiciones de crecimiento intraespecíficas se transforman en constelaciones de crecimiento interespecíficas. Los multiplicadores se pueden derivar de parcelas permanentes, temporales o de datos de inventario calculando el cociente entre las características dasométricas de masas mixtas y puras (Sección 6.5.4 y Tabla 6.4).

El uso de multiplicadores también es común para modelizar y estimar los efectos de perturbaciones por plagas o enfermedades, o el efecto positivo de la fertilización, cuando estos efectos se pueden cuantificar estadísticamente pero no mecánisticamente, si aún no se comprenden completamente y, por tanto, no se pueden reproducir (Wykoff et al. 1982, Komarow et al. 2003, Monserud y Sterba 1996).

> **Modelización ecofisiológica de los efectos de la mezcla de especies**
>
> Los modelos de procesos ecofisiológicos difieren de los anteriores en que utilizan las condiciones de crecimiento actuales (disponibilidad de recursos y factores ambientales) directamente para la simulación mecanicista de los procesos de crecimiento y mortalidad. En tales enfoques, la competencia por los recursos hídricos, nutrientes y por la luz se modeliza por separado para cada árbol o cohorte (Figura 9.5d). La interacción entre las especies y los posibles efectos de la mezcla que promueven o retrasan el crecimiento se tienen en cuenta modelizando los efectos entre especies, aumentando o reduciendo la competencia a través del uso complementario de los recursos o por facilitación, temporal o espacialmente. El detalle sobre la distribución de la luz, su absorción por las diferentes especies y su efecto sobre el crecimiento y la supervivencia de estas suele ser particularmente elevado en estos modelos. Similarmente, se incluye el balance hídrico de manera diferenciada. Sin embargo, la modelización de la disponibilidad y la absorción de nutrientes minerales generalmente no se comprende bien y solo se ha integrado de forma limitada en los modelos de procesos.

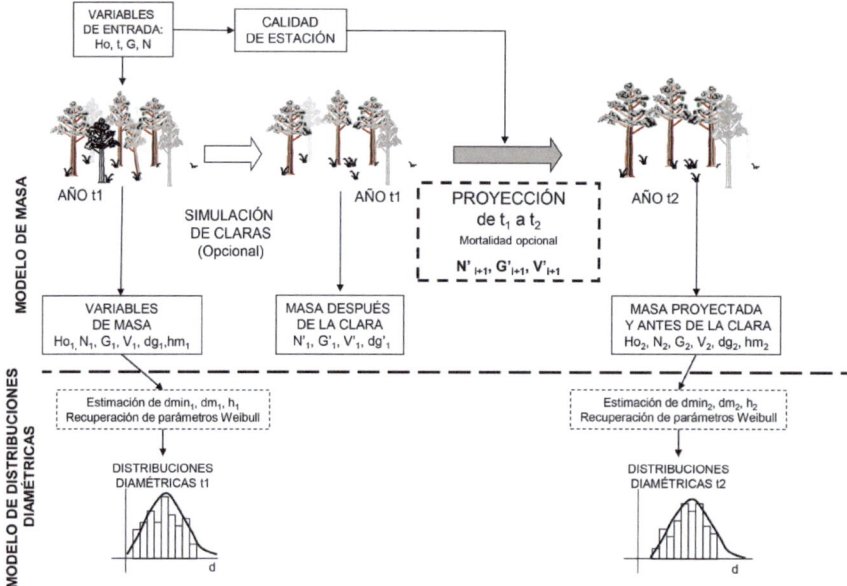

Figura 9.6 Esquema del modelo SILVES de simulación de claras en masas de *Pinus sylvestris* en España (del Río y Montero 2001). Arriba esquema del modelo a nivel masa; abajo desintegración en distribuciones diamétricas para cada estado o edad. Figura adaptada de del Río et al. (2005).

restal basados en modelos matemáticos, que constituyen la cuarta generación de modelos de crecimiento y producción a escala de masa o rodal. Los impulsos más importantes para el desarrollo de estos simuladores provinieron de Franz (1968), Hoyer (1975), Hradetzky (1972), Bruce et al. (1977) y Curtis et al. (1981). Estos simuladores representan el desarrollo de la masa en diferentes localizaciones (estaciones) para diferentes densidades iniciales y bajo diversos tratamientos selvícolas. El desarrollo de la masa que se espera, bajo condiciones de crecimiento previamente definidas, es reproducido con la ayuda de un programa informático. El control del desarrollo de la masa en función de determinadas condiciones de crecimiento se basa en el uso de un sistema de ecuaciones adecuado, que constituye el núcleo de los simuladores.

9.3 Modelos de crecimiento forestal basados en distribuciones de frecuencias de tamaños.

La implementación de los modelos de masa en un simulador ofrece muchas ventajas, ya que permite simular el desarrollo de la masa en una amplia gama de calidades de estación, grado de ocupación y posibles tratamientos selvícolas, y todo ello resumirse en una tabla similar a las tablas de producción. Las tablas de producción que se generan de esta manera reflejan los posibles desarrollos de la masa bajo un número determinado de escenarios. Por ejemplo, permiten adaptar fácilmente los datos simulados a densidades de masa menores a las densidades ideales o normales (corrección según grado de densidad de las tablas de producción).

No obstante, la mayor ventaja de la nueva generación de modelos de masa o rodal tiene lugar cuando los modelos pasan a ser dinámicos. Las tablas de producción son un ejemplo de modelos estáticos, ya que simulan la evolución de las variables de masa en vez de su crecimiento. Esto supone que la simulación de distintos escenarios selvícolas es limitada, debido a que las funciones ajustadas reflejarán la evolución media por edad y calidad de estación de los datos utilizados en su construcción. En este sentido, la implementación de modelos estáticos en simuladores presenta pocas ventajas frente a las tablas de producción clásicas. En los modelos de rodal dinámicos, con frecuencia se caracteriza y modeliza la masa a partir de una serie de variables de masa que se proyectan. De este modo, el modelo debe incluir funciones de crecimiento y mortalidad para poder simular las variables que caracterizan la masa a la edad t_1 y a los valores que la caracterizan edad t_2. Junto a estas funciones se incluyen otras funciones para obtener las variables de salida para cada edad t y otras funciones de control para simular tratamientos selvícolas. Este tipo de aproximación tiene la ventaja que se pueden simular fácilmente distintos regímenes selvícolas en los que varían la edad de realización de las claras, el peso de las mismas, o simular la evolución de masas que parten de distinto grado de densidad.

Frecuentemente, en masas regulares, monoespecíficas y sometidas a tratamientos de claras, la masa se caracteriza por la altura dominante, el número de pies y el área basimétrica, de modo que para la proyección se necesita como mínimo un modelo de crecimiento en altura dominante o curvas de calidad de estación, un modelo de mortalidad y un modelo de crecimiento en área basimétrica. A partir de estas variables a una edad t se estiman el resto de las variables. Un ejemplo de modelo de masa dinámico es el modelo de simulación de claras en masas de *Pinus sylvestris* L. implementado en el simulador SILVES (del Río y Montero 2001). En la parte superior de la Figura 9.6 se presenta el esquema de funcionamiento de una simulación con este modelo a nivel masa. Las variables de entrada para cualquier simulación son la edad, la altura dominante, el número de pies y el área basimétrica, con las que se calculan el volumen de la masa, el diámetro medio cuadrático y la altura media. A partir de la edad y la altura dominante se determina la calidad de estación y la evolución de la altura dominante. Con una función de mortalidad y un sistema de ecuaciones para proyectar el área basimétrica y el volumen se predice el estado futuro (año t_2).

El aumento de capacidad de los sistemas informáticos y del potencial de información para la construcción de modelos, así como de la demanda de esta por parte de la selvicultura, ha hecho que, durante las últimas décadas, los modelos de rodal basados en parámetros medios y totales de la masa hayan sido paulatinamente reemplazados por modelos basados en clases de tamaño y modelos de crecimiento de árbol individual, como se refleja en las siguientes secciones. No obstante, la importancia que las tablas de producción han tenido en el contexto de la ciencia del crecimiento forestal y la selvicultura es indiscutible. Como Prodan (1965, p. 605) señala: "Es indudable que la implantación de las tablas de producción ha sido el trabajo más importante y positivo de la ciencia forestal hasta el momento. Este hecho no se verá disminuido por la certeza de que, en el futuro, las tablas de producción solo serán utilizadas con fines de comparación".

9 Modelos de crecimiento forestales

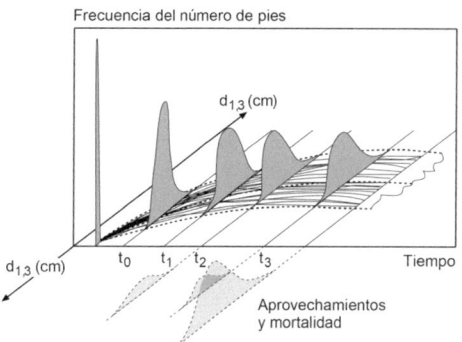

Figura 9.7 Los modelos de distribución de frecuencias entienden la dinámica de la masa como una migración de la distribución diametral a lo largo del eje temporal desde la edad de incorporación, periodo t_0, hasta la edad de salida, periodo de aprovechamiento, (según Sloboda 1976, p. 158).

9.3 Modelos de crecimiento forestal basados en distribuciones de frecuencias de tamaños.

Con el fin de dar respuesta a la necesidad de una información más detallada sobre las masas forestales para poder planificar correctamente su selvicultura, en los años sesenta se desarrollaron los primeros modelos de crecimiento que, además de valores medios, incluyen la distribución de frecuencias de individuos según clases de tamaño. Los modelos de crecimiento, que hasta ahora se habían basado en los valores de la masa totales y medios, se amplían usando frecuencias de pies por clases de tamaño, generalmente clases diamétricas, que ofrecen un pronóstico más preciso de la evolución de las especies, estructura y crecimiento de la masa.

Aunque existen diversas clasificaciones de los modelos de distribuciones de tamaño, a continuación, presentamos estos modelos según la metodología que utilizan para proyectar las distribuciones de tamaños: i) modelos de proyección de tablas de rodal o proyección de las clases diamétricas; ii) modelos matriciales que se basan en procesos estocásticos; y iii) modelos basados en funciones de distribución de tamaños. A partir de la distribución de tamaños inicial del rodal en el año t_0, estos modelos calculan el cambio en la distribución de frecuencias de tamaños, comúnmente distribuciones diamétricas, desde el tiempo t_0 hasta la edad de salida t_n a través de la simulación del crecimiento, la mortalidad y los aprovechamientos selvícolas (Figura 9.7). Es decir, establecen la dinámica de crecimiento como la migración del número de pies de la distribución diamétrica a lo largo del eje temporal, aunque usando diferentes metodologías.

9.3.1 Modelos basados en la proyección de las clases diamétricas

En estos modelos se parte de una distribución diamétrica que representa la masa al inicio, t_0, y se proyecta cada clase de diamétrica al tiempo t_1. La proyección de las clases de tamaño se puede realizar a su vez por distintos métodos, siendo los modelos matriciales que se ven posteriormente, un caso particular de estos modelos. Este tipo de modelos presenta la ventaja, frente a los modelos basados en funciones de distribución, de que admiten todo tipo de distribuciones de tamaños o distribuciones diamétricas, sin ser necesario que se ajusten a una función de distribución determinada. Por ejemplo, permiten modelizar distribuciones multimodales que no se ajustan a una función de distribución concreta como la función Weibul, beta, etc.

Los primeros modelos de proyección de clases diamétricas se desarrollaron para su aplicación en masas irregulares. En estos casos, se fijaba un tiempo de paso para cada clase de tamaño a la clase de tamaño superior, una tasa de incorporación en la clase menor y una tasa de mortalidad. Posteriormente, los modelos de proyección de clases diamétricas se han modificado incorporando bien funciones que determinan estas tasas de cambio a partir de variables de la masa y de la clase de tamaño, o bien funciones de crecimiento en diámetro, de incorporación y de mortalidad que permiten la proyección de cada clase de tamaño, existiendo a su vez varias metodologías

9.3 Modelos de crecimiento forestal basados en distribuciones de frecuencias de tamaños.

para la proyección (Tomé y Burkhart 2012). En el caso de aplicación a masas regulares no es necesario determinar los árboles que se incorporan a la clase inferior, por lo que estos modelos solo requieren de una ecuación de crecimiento y otra de mortalidad.

En los años sesenta y setenta del siglo XX se desarrollaron modelos de crecimiento en base a ecuaciones diferenciales como en Buckman (1962), Moser (1972 y 1974) y Pienaar y Turnbull (1973), que se pueden aplicar tanto a nivel de masa como de clases de tamaño. Al igual que en muchos otros procesos naturales, los cambios en el número de pies, área basimétrica y volumen por clase de tamaño, así como su dependencia de la productividad o calidad de estación, se pueden modelizar utilizando ecuaciones diferenciales. Por lo tanto, el desarrollo con la edad de las distintas variables, a partir de los valores iniciales, resulta de la solución numérica de los sistemas de ecuaciones diferenciales subyacentes.

9.3.2 Modelos matriciales

Los modelos matriciales son un tipo de modelos de clases de tamaño en los que se simula el desarrollo de la masa a partir de una distribución de frecuencias de tamaños inicial en el tiempo t_1, por ejemplo, una distribución diamétrica, que se proyecta mediante una serie de probabilidades a la distribución de frecuencias, en el tiempo t_0. Los modelos basados en cadenas de Markov se encuentran dentro de este grupo de modelos matriciales. A continuación, se presentan algunos conceptos básicos, una revisión exhaustiva de los principales conceptos desarrollados en los distintos modelos matriciales se puede encontrar en Liang y Picard (2013).

Sobre la base de la distribución diamétrica inicial de la masa en el año t_0 su distribución diamétrica en el año siguiente t_1 está determinada por las llamadas probabilidades de transición $p_{0,1}$, que indican la tasa a las que los pies cambian a otras clases diamétricas en el intervalo de tiempo de t_0 a t_1 (tiempos de paso). Si todos los pies de la distribución inicial se actualizan de acuerdo a sus probabilidades de transición $p_{0,1}$, se obtiene la distribución diamétrica de la masa en el año t_1. Las predicciones pueden continuar basándose en las probabilidades de transición $p_{1,2}$ para el siguiente intervalo de tiempo de t_1 a t_2, obteniéndose la distribución diamétrica de la población en el tiempo t_2, y así sucesivamente. Si se conocen las probabilidades de transición p durante todo el turno de la masa, la distribución inicial $j(t_0, x)$ en el momento t_0, se puede actualizar al tiempo $j(t, y)$, teniendo en cuenta, además, la masa extraída en las cortas y por mortalidad natural (Figura 9.7). La expresión $p(t_0, x; t, y)$ denota, de forma generalizada, la probabilidad de transición con la que un pie alcanza el diámetro y en el momento t, si tenía un diámetro x en el momento t_0. La función $p(t_2, x; t, y)$ también se denomina función de transición de la distribución diamétrica. A esta matriz de transición se puede añadir una probabilidad o una función de incorporación de nuevos individuos a la clase de tamaño inferior, especialmente importante en masas irregulares.

En las cadenas de Markov una propiedad asumida es la estacionariedad, es decir, que las probabilidades de cambio son estacionarias. Existen distintas aproximaciones para modificar esta condición, ya que para proyecciones a largo plazo la condición de estacionariedad no parece realista. Por ejemplo, una aproximación consiste en añadir un carácter estocástico a la matriz de transición $p(t_0, x; t, y)$, de modo que resulte de la combinación de una función de deriva, una función de difusión y una tasa de mortalidad. La función de deriva $\beta(\tau, \gamma) = b \times k \times e^{-k \times \tau}$ define el campo direccional del desarrollo del diámetro o clase diamétricas con la edad y representa la componente determinista del modelo. La función de difusión $\alpha^2(\tau, y) = 4 \times a^2 \times k \times e^{-2 \times k \times \tau}$ define el componente estocástico de la función de transición e indica la intensidad con la que los valores de los distintos árboles individuales fluctúan entorno a la media de transición definida por la función de deriva. La función $a_2(t, y)$ se denomina función de difusión porque determina el grado de mantenimiento o desplazamiento dentro de la distribución diamétrica y, por lo tanto, controla los procesos de transformación social de los pies. La tasa de mortalidad $g(t, y)$ denota la proporción de pies de la case diamétrica y en el momento t que abandonan la clase.

Esta, en el caso más simple, se mantiene constante durante todo el período de crecimiento (g = c = constante). Con la función de transición $p(t_0, x; t, y) = f(a, b, c)$ se puede calcular la siguiente distribución de tamaños $j^*(t, y)$ a partir de cualquier distribución inicial dada $j(t_0, x)$. Las funciones $b(t, y)$, $a_2(t, y)$ y $g(t, y)$, que entran en la función de transición, definen el marco del proceso de migración de los pies en el eje temporal. Los parámetros a, b y k se pueden derivar mediante regresión usando la curva de diámetro-edad $d_{1,3} = f(\text{edad})$ y las diferencias de tamaños con el tiempo, $d_{1,3}(t+1) = g(d_{1,3}(t))$ para un árbol tipo promedio de la masa modelizada. Como parámetro c, se utiliza la tasa de mortalidad calculada empíricamente para los rodales estudiados. La función de transición refleja por tanto la evolución promedio del desarrollo en diámetro, los procesos de transición social de los pies y los procesos de mortalidad.

9.3.3 Modelos de crecimiento basados en funciones de distribución de tamaños

A mediados de los años sesenta del siglo XX, Clutter y Bennett (1965) desarrollaron otro enfoque para modelizar la evolución de la masa usando distribuciones de frecuencias de tamaños. Para ello, caracterizaron el estado de la masa de acuerdo con las funciones de distribución de diámetros y alturas, y representaron el desarrollo de la masa mediante el avance de dichas distribuciones. La precisión de estos modelos está determinada en gran medida por la flexibilidad del tipo de distribución subyacente. La idoneidad de las diferentes funciones de distribución, beta, gamma, lognormal, Weibull o Johnson, debe estudiarse en cada caso. Entre las posibles funciones de distribución, la función de Weibull (1951) $F(x) = 1 - e^{-\left(\frac{x-a}{b}\right)^c}$ de tres parámetros (parámetro de posición a, parámetro de escala b, parámetro de forma c y las condiciones $x, b, c > 0$) ha resultado ser particularmente flexible para distribuciones unimodales, ya que se adapta a una gran diversidad de distribuciones de diámetros y alturas (Wenk et. al. 1990).

La evolución de una distribución diamétrica modelizada por una función de distribución puede proyectarse a través del cambio de los distintos parámetros de la misma a lo largo del tiempo. De este modo, hay un tipo de modelos denominados de predicción de parámetros que se basan en la proyección de los parámetros. Para esta proyección, una vez estimados los parámetros de la función de distribución para cada parcela e inventario disponible, se ajustan funciones que relacionan cada parámetro de la función de distribución con las variables de masa, sitio, etc. de los datos disponibles, por ejemplo, parámetros de distribución = f (edad, densidad inicial, tratamiento, calidad de estación). Por lo tanto, el desarrollo de la masa en estos modelos no está controlado por la función de edad de los elementos individuales de crecimiento, sino por los parámetros de la distribución de frecuencias subyacente. Este tipo de modelos fueron presentados por primera vez por Clutter y Bennett (1965) para masas de pinos norteamericanos, y posteriormente desarrollados por autores como Gadow (1987).

Otra aproximación de los modelos basados en distribuciones diamétricas se basa en la recuperación de los parámetros de la función de distribución a partir de valores de masa, que se pueden obtener mediante un modelo de rodal o masa. Por lo tanto, esta aproximación se sitúa entre medio de los modelos de masa y los modelos basados en distribuciones de tamaño. Como ejemplo, en el caso de la función de densidad Weibull se pueden recuperar los parámetros de la función que se ajusta a una distribución diamétrica dada a partir del primer y segundo momento de la distribución de frecuencias, es decir, del diámetro medio y diámetro medio cuadrático. Si se trata de la función Weibull de tres parámetros, el parámetro a se puede fijar por el límite inferior de la distribución de tamaños, el diámetro mínimo en el caso de la distribución diamétrica (Knoebel et al. 1986). Otros modelos utilizan otro procedimiento de recuperación de parámetros que se basa en el uso de percentiles de la distribución de tamaños. Por ejemplo, Bailey et al. (19) presenta un procedimiento para recuperar los parámetros de la función Weibull de tres parámetros a partir de los percentiles

9.4 Modelos de gestión basados en al árbol individual. | 541

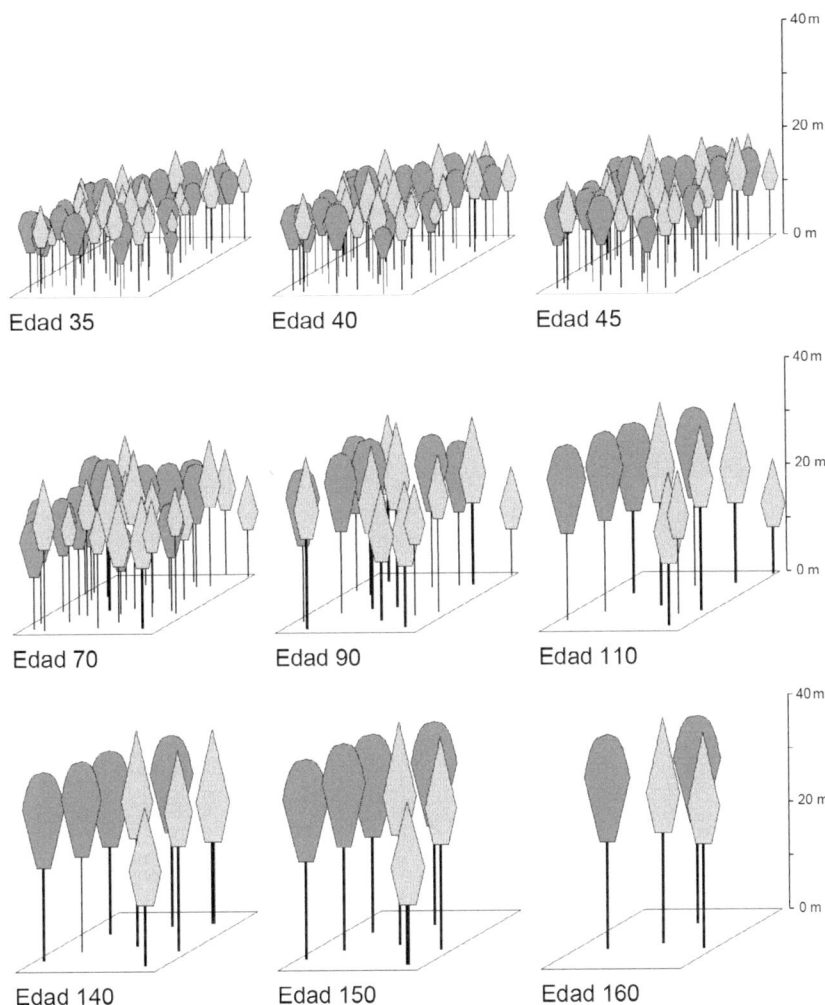

Figura 9.8 Los modelos de crecimiento de árbol individual descomponen la masa en un mosaico de árboles individuales y simulan su desarrollo, por ejemplo, en intervalos de 5 años. Se muestra la simulación de una masa mixta de pícea y haya con el simulador de árbol individual SILVA (Pretzsch 1992) desde la edad de 35 a 160 años, que añade una visualización de la masa.

0, 25, 50 y 95. En todos ellos, la recuperación se basa en la resolución de un sistema de ecuaciones que relacionan los distintos estadísticos de la distribución de tamaños (momentos, percentiles, etc.) con la función de densidad utilizada.

El modelo SILVES para simulación de claras en masas de pino silvestre en España sigue la aproximación de recuperación de parámetros en base a los momentos. A partir de las variables de masa típicas de un modelo de rodal, que incluyen normalmente el diámetro medio cuadrático, se estima además el diámetro mínimo y el diámetro medio para cada edad t, con los que se recuperan los parámetros de la función Weibull de tres parámetros y, por tanto, se obtiene la distribución diamétrica (Figura 9.6). Añadiendo al modelo una relación altura-diámetro que se aplica a cada clase diamétrica, se obtiene el volumen por cada clase diamétrica mediante una ecuación de cubicación (del Río y Montero 2001).

9 Modelos de crecimiento forestales

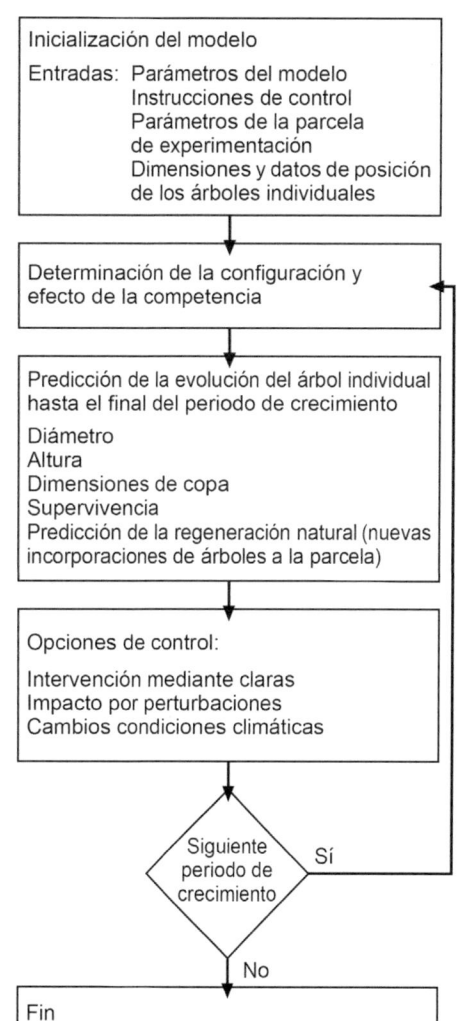

Figura 9.9 Diagrama esquemático del proceso de simulación para modelos de árbol individual dependientes de la posición según Ek y Dudek (1980).

9.4 Modelos de gestión basados en al árbol individual.

Los modelos de crecimiento basados en árboles individuales descomponen la masa de forma similar a un mosaico de árboles individuales y reproducen su coexistencia como un sistema espacio-temporal (Figura 9.8). En comparación con los anteriores modelos que simulan la evolución de la masa en función de las distribuciones de frecuencia de tamaños o de valores promedios y de masa, el nivel de descripción de los modelos de árbol individual es mucho mayor e idéntico al nivel biológico ya que el árbol es el individuo o unidad básica dentro de la masa forestal o comunidad. Los modelos de árbol individual tienen una resolución más elevada que las tablas de producción y los modelos de distribución, pero a su vez se pueden derivar los valores característicos de los modelos de nivel menos detallado, como valores medios de la masa o distribuciones de frecuencias diamétricas.

El elemento central de todos los modelos de árbol individual es un sistema de ecuaciones que controla el crecimiento de los pies en función de sus condiciones específicas de crecimiento. Transformados en un modelo biométrico e integrados en un programa informático, los modelos de árbol individual pueden simular la dinámica de la masa en un período de crecimiento basándose en la información inicial de los árboles individuales. Al centrar todo el proceso de pronóstico en el árbol individual y su constelación de crecimiento, se crea un modelo flexible que permite reproducir una amplia variedad de mezclas de especies y estructuras de la masa, tipos de cortas selvícolas y situaciones de regeneración. Por ello, los modelos de árbol individual ofrecen los mejores resultados para la predicción del crecimiento de masas estructuralmente diversas, como las masas irregulares, tanto puras como mixtas. Los modelos de árbol individual se diseñan generalmente como programas informáticos de modo que sus usuarios puedan intervenir interactivamente en la ejecución de la simulación.

9.4.1 Descripción del principio operativo de los modelos de árbol individual

La Figura 9.9 muestra los pasos más importantes del proceso de predicción en modelos de crecimiento basados en el árbol individual. Los valores de inicio de un periodo de simulación para una parcela experimental incluyen

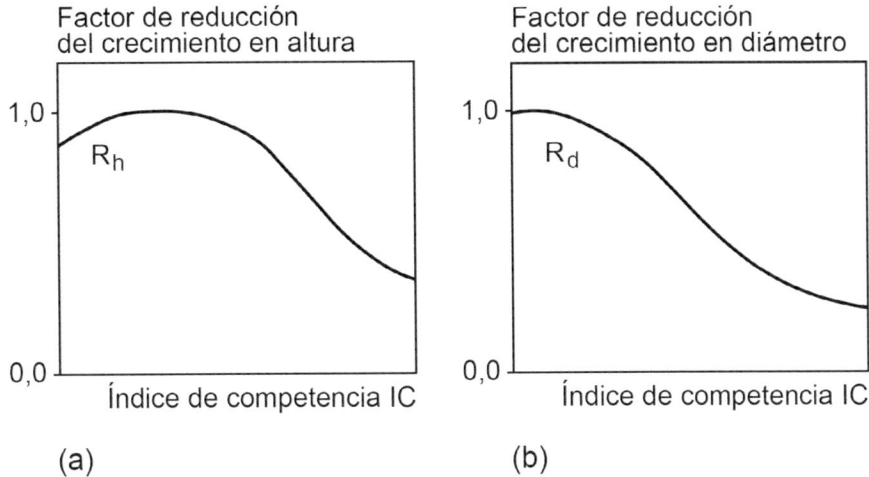

Figura 9.10 Patrón esquemático de las relaciones entre la competencia (medida por un índice de competencia IC) (a) el factor de reducción R_h para el incremento en altura y (b) R_d para el incremento en diámetro (modificado según Ek y Monserud 1974, p. 71).

los atributos que definen la masa y las características de todos los pies al comienzo de dicho periodo. La lista de árboles debe contener información sobre las especies, las dimensiones del fuste y, dependiendo del modelo, la morfología de la copa y la posición de los pies que forman el rodal (modelos dependientes y no dependientes de la distancia). La información generalmente proviene de la toma de datos orientada al crecimiento del árbol individual en parcelas experimentales u otras fuentes de datos como inventarios forestales. En algunos modelos de crecimiento de árbol individual, los valores iniciales de los atributos de los pies para un periodo de simulación también pueden generarse artificialmente (Pretzsch 1995 y 1997), bien en su conjunto o solo aquellos atributos de los que no se dispone de información. A partir de estos valores iniciales, los cambios en el estado de cada individuo de la masa (por ejemplo, diámetro normal, altura, desarrollo de la copa o mortalidad) se predicen sucesivamente para distintos intervalos, por ejemplo, cada cinco años, a través de funciones de estimación adecuadas que dependen de los cambios en las condiciones individuales de crecimiento de cada uno de ellos (competencia).

Una vez que se haya proyectado toda la lista de pies, antes de la transición al siguiente período de crecimiento, se especifican los cambios en las condiciones de crecimiento, por ejemplo, debido a una clara o perturbación, que pudieran afectar al crecimiento de un pie en el período posterior. Los valores de estado actualizados al final del primer período de crecimiento son también los valores iniciales para el segundo ciclo de simulación. En cada periodo de simulación, se estiman los cambios de estado de todos los pies. La ejecución de la simulación continúa paso a paso hasta alcanzar el tiempo establecido para la simulación total. Los intervalos de tiempo en la mayoría de los modelos se definen normalmente en cinco años, aunque a veces también en uno o dos, especialmente cuando las especies presentan un crecimiento rápido. Para simular tratamientos selvícolas se asignan, por ejemplo, los pies a extraer en la parcela simulada, bien manual o frecuentemente mediante algoritmos que simulan distintos tipos de claras. La extracción de pies modifica las condiciones de crecimiento de los pies restantes en la masa y, por tanto, también su crecimiento durante el siguiente período. La reacción en el crecimiento de la masa debida a las claras se estima con la agregación de las reacciones de todos los pies a dichos tratamientos.

Caja 9.2 Procedimiento para cuantificar la intensidad competitiva en índices de competencia independientes de la distancia

La descripción de las relaciones de competencia independiente de la posición de los árboles se puede hacer a nivel masa utilizando medidas de densidad como el área basimétrica, el grado de densidad, el índice de densidad de la masa de Reineke o la fracción o grado de cabida cubierta (Sección 4.4). La constelación de crecimiento individual en la masa también se puede cuantificar con los métodos que se presentan a continuación.

Factor de competencia de copas: Un primer grupo de métodos se basa en el factor de competencia de copas (Sección 4.4.5), que asume la expansión potencial de las copas para todos los árboles y calcula la superficie total del dosel copas $\sum_{i=1}^{n} \text{spc}_{pot_i}$ en relación con la superficie del rodal A. El cálculo de la superficie potencial de copa se presenta en la Sección 2.2. El resultado es una medida relativa de la presión competitiva media en la masa $\text{CCF} = \frac{1}{A} \times \sum_{i=1}^{n} \text{spc}_{pot_i}$. Si el factor de competencia de la copa CCF es igual a uno, indica que se cubre toda la superficie y todas las copas se expanden lo suficiente sin que haya competencia. Cuando el CCF es inferior a uno indica un aumento de la disponibilidad de recursos para los árboles, en comparación con el valor uno. Si el CCF es mayor a uno refleja una competencia elevada por los recursos entre los árboles. Si en este cálculo no se incluyen todos los árboles de la masa i 1 ...n, sino solo aquellos que son más grandes que el árbol objetivo considerado j ($D_i > D_j$), se crea entonces una medida individual de la posición social del árbol dentro de la masa $\text{CCFL} = \frac{1}{A} \times \sum_{i=1}^{D_i > D_j} \text{spc}_{pot_i}$.

La Figura 9.11 muestra distintas situaciones de árboles objetivos (cuadros negros) que se encuentran en el piso inferior, medio o superior (a-c) de la masa. Si el cálculo de CCFL se realiza para los árboles del piso inferior o árboles dominados (Figura 9.11a), se incluyen en el índice de competencia ocho individuos resultando en un valor de CCFL de 0,5. Para el árbol del piso in-

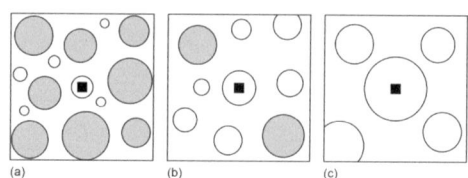

Figura 9.11 Cálculo de valores del índice CCFL para un árbol dominado, codominante y dominante (a-c). Se muestran el árbol central o árbol objetivo (negro) y los pies incluidos en el cálculo (gris), que dan como resultado valores CCFL de 0,5, 0,1 y 0,0, respectivamente.

termedio (Figura 9.11b) se incluyen dos vecinos y para el árbol dominante (Figura 9.11c) no se incluyen ningún vecino en el cálculo de CCFL, resultando en valores de CCFL = 0,1 y 0,0.

Al basarse en medidas de las copas, las medidas de competencia CCF y CCFL limitan la extensión óptima de los árboles individuales. Si se toma como base la dimensión de copa actual en lugar de la potencial, el índice resultante indica en qué medida la masa agota sus recursos debido a la ocupación del espacio.

Método de la sección horizontal: un segundo grupo de métodos calcula el índice de competencia individual para el árbol j imaginando un plano horizontal a través de todo el rodal a una altura definida del árbol j (Figura 9.12). Si se suman las áreas de la sección transversal de las copas scc dibujadas en negro para todos los vecinos a esta altura p, su superficie de copa spc o los volúmenes de copa vc por encima de este nivel, y se dividen por la superficie de observación A, el resultado son los índices de competencia adimensionales $\text{CCQ} = \frac{1}{A} \times \sum_{i=1}^{i \neq j} \text{scc}_i$, $\text{CCM} = \frac{1}{A} \times \sum_{i=1}^{i \neq j} \text{spc}_i$ o $\text{CCV} = \frac{1}{A} \times \sum_{i=1}^{i \neq j} \text{vc}_i$, que indican la posición relativa del árbol de acuerdo con la estructura vertical de la masa (Biging y Dobbertin 1995). En contraste con los enfoques dependientes de la posición (Caja 9.3), no solo se seleccionan los vecinos como competidores, sino todos los pies de la masa que son atravesados por el plano imaginario.

9.4 Modelos de gestión basados en al árbol individual. | 545

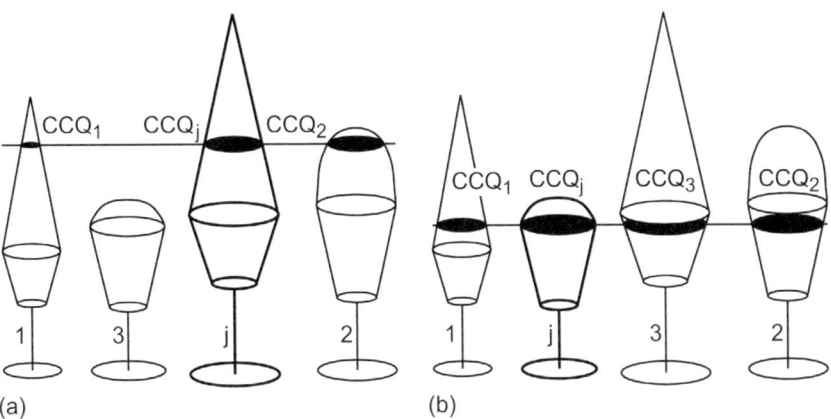

Figura 9.12 Determinación del índice de competencia CCQ independiente de la posición para una pícea dominante (a) y una haya codominante y dominada (b). Al 60 % de la altura del árbol central j, se determina el área de la sección transversal de la copa scc_i para todos los individuos de la masa de acuerdo con modelos de forma de copa dados (discos circulares negros).

De esta forma, solo se obtendría un valor CCQ bajo para una pícea dominante j (Figura 9.12a), ya que un plano al 60 % de la altura del árbol j solo corta unos pocos pies y las áreas transversales resultantes son relativamente pequeñas. Por el contrario, un haya j codominante o dominada (Figura 9.12b) produce un valor CCQ alto, ya que muchas copas son cortadas por el plano imaginario al 60 % de la altura, lo que es una expresión de la alta competencia a la que está sometida. El cálculo de los índices de competencia CCM y CCV se basa en modelos de forma de copa (Caja 2.5).

Método del área basimétrica: el área basimétrica de una masa, G, refleja el grado de ocupación o espesura de la masa y, por tanto, refleja la situación de competencia promedio de la masa. De manera análoga a los métodos anteriores, si para el árbol objetivo j se calcula el área basimétrica de los árboles mayores, $GL_j = \sum_{i=1}^{i \neq j} g_i$, se obtiene un índice de competencia independiente de la distancia que refleja la posición social del árbol y su situación de competencia. Los árboles dominantes tienen valores del GL próximos a cero y los árboles dominados y suprimidos próximos a G. Este índice se utiliza frecuentemente ya que solo se necesita disponer de los diámetros de todos los árboles.

Percentiles de la distribución del área basimétrica: La situación competitiva de los árboles individuales dentro de la masa puede derivarse también de la posición del árbol en la distribución del área basimétrica de la masa usando el método ilustrado en la Figura 9.13, sin valores de distancia. Para este fin, se transforma la distribución del área basimétrica de la masa (a) en la distribución acumulada absoluta correspondiente, de modo que cada clase de área basimétrica contenga el área basimétrica en ella más el de las clases que se encuentran por debajo (b). Las ocupaciones absolutas de las clases acumuladas se convierten en porcentajes dividiendo el valor de cada clase por el área basimétrica total de la masa. Este cálculo da como resultado la curva de distribución del área basimétrica porcentual acumulada (c). Para evaluar el patrón de crecimiento de un árbol, se puede usar su posición relativa en la distribución, expresada como su percentil (PCT) en la distribución porcentual acumulada (d). Los percentiles expresan la posición relativa y, por tanto, la posición social de un individuo dentro de una distribución. Wykoff et al. (1982) utilizan los percentiles de árboles en la distribución del área basimétrica para controlar las respuestas del crecimiento de árboles individuales en su modelo PROGNOSIS.

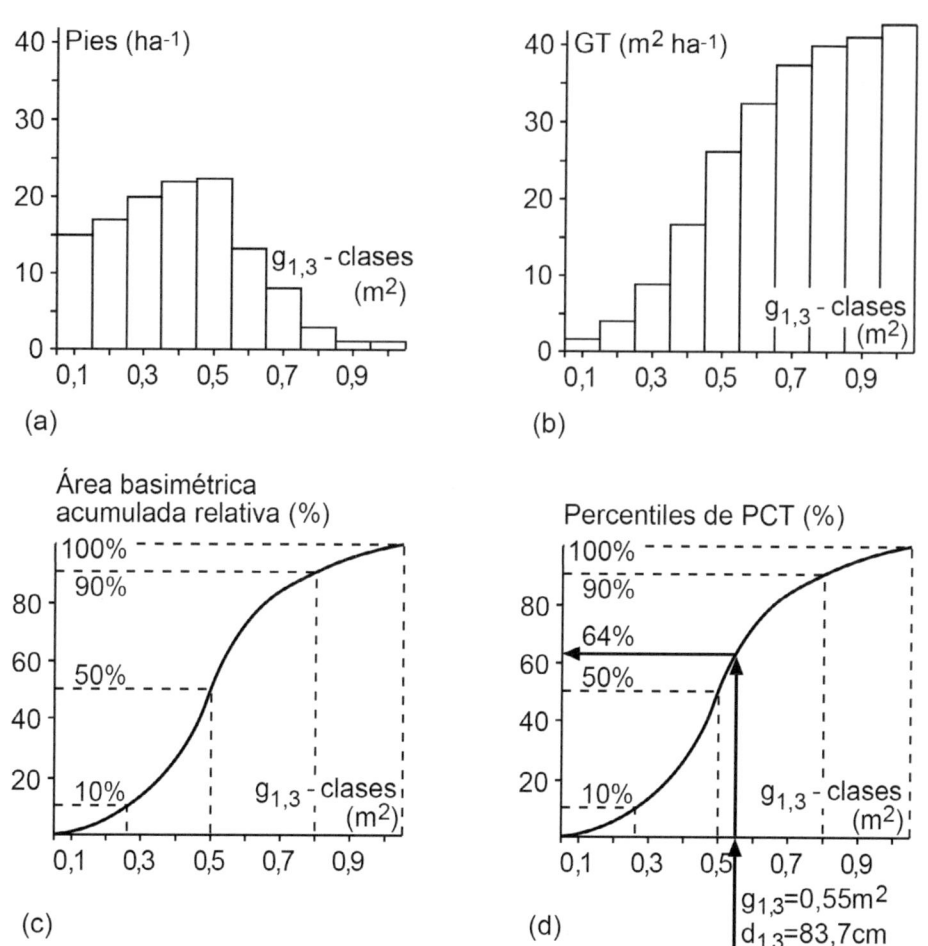

Figura 9.13 Descripción de la situación de competencia del árbol individual según su percentil en la distribución del área basimétrica acumulada (representación esquemática). (a) Distribución del número de pies en clases con la misma sección normal (función de distribución). (b) Área basimétrica acumulada absoluta sobre clases con la misma área (función de distribución absoluta). (c) Porcentaje de área basimétrica acumulada según clases de área basimétrica (función de distribución porcentual). (d) Percentil de un árbol en la función de distribución del área basimétrica acumulada porcentual (GT_{per}).

9.4.2 Funciones de crecimiento como elemento central de los modelos de árbol individual

Básicamente, existen dos enfoques que han demostrado ser útiles para la modelización del crecimiento del árbol individual: i) la estimación directa del crecimiento mediante una función obtenida mediante análisis de regresión; o ii) indirectamente, mediante funciones de crecimiento, que se basan en un crecimiento potencial modificado posteriormente por la situación de competencia y condiciones de sitio. Estas dos alternativas también se conocen como modelos de crecimiento de árbol empíricos y semi-empíricos respectivamente (Sánchez-González et al. 2006).

El primer enfoque, se basa en una función de crecimiento del árbol individual, obtenida mediante un análisis de regresión entre el crecimiento de la variable del árbol que se quiere predecir, frecuentemente el diámetro o la sección normal del árbol, y las dimensiones del árbol, su situación de competencia y otras variables de la masa (altura dominante, índice de sitio, etc.). Por ejemplo, el Modelo de Pronóstico de la Masa de Wykoff et al. (1982), usado ampliamente en la selvicultura de América del Norte, que es un modelo independiente de la distancia, estima el incremento anual en sección de un pie en función de (i) los factores de sitio regionales y locales, (ii) las características de la masa, (iii) las características del árbol individual y (iv) los factores de escala y de perturbación. El primer conjunto de variables (i) consta de factores de ubicación a escala regional, como la comunidad forestal, sitio, así como factores locales tales como exposición, pendiente y altitud. El segundo grupo de variables (ii) comprende características de la masa como la densidad, área basimétrica, etc. El tercer grupo de variables (iii) lo constituyen las dimensiones del árbol individual correspondiente, que describe su morfología (diámetro, altura, características de la copa), y la constelación de crecimiento del árbol en la masa (situación de competencia mediante índices de competencia). A través de un cuarto grupo de variables (iv) se incorporan al modelo factores de escala y otros factores que pueden modificar el crecimiento, por ejemplo, la fertilización o la mayor cantidad de CO_2 que pueden aumentar el crecimiento, o daños por insectos que lo reducen. Un modelo de este tipo es el modelo de crecimiento PINEA para pino piñonero (Calama et al. 2007), que estima el crecimiento en diámetro del árbol en función de una variable según la región dentro de la distribución del pino piñonero en España y el índice de sitio dentro del grupo (i), la densidad de la masa y la altura dominante dentro del grupo (ii), y el diámetro del árbol y su posición relativa dentro de la masa en el caso del grupo (iii) (Calama y Montero 2005).

En el segundo enfoque, la aproximación de crecimiento potencial más modificador se asume que un árbol de una determinada especie en una estación dada presenta un crecimiento potencial correspondiente al crecimiento de un árbol solitario sin competencia. Normalmente este crecimiento potencial se obtiene de árboles que crecen en solitario y, si no existe esta información, de árboles dominantes (Pretzsch y Biber 2010), de los árboles con mayor crecimiento (Pretzsch 2022) o por regresión cuantílica (Condés et al. 2023). El incremento real del árbol individual se obtiene multiplicando el incremento potencial, que se esperaría sin la influencia de competencia, por un factor de reducción R, que toma un valor entre 0 y 1,0. El factor de reducción R depende esencialmente de la situación de competencia del pie, que se expresa por un índice de competencia IC. Los índices de competencia usan, entre otras variables, el diámetro, altura, dimensión de la copa y posición de los árboles que ejercen competencia, es decir, que reducen el crecimiento, del árbol objetivo (Caja 9.2-Caja 9.4). Los pies solitarios, que no sufren competencia, tienen valores de competencia nulos, IC = 0, al aumentar los individuos que ejercen competencia aumentan los valores de IC. El efecto de la competencia en el crecimiento en altura y diámetro es diferente. Para muchas especies, el crecimiento máximo en altura se da con una competencia moderada, mientras que para el diámetro se da cuando el árbol crece en solitario. Las curvas del efecto de reducción del crecimiento potencial por competencia $R_h = f(\text{IC})$ y $R_d = f(\text{IC})$ en la Figura 9.10 reflejan esta relación. Dependiendo de si los índices de competencia utilizan en su cálculo las distancias a los pies vecinos o si se ignoran, se denominan índices de competencia dependientes o independientes de la distancia (ver Caja 9.3 versus Caja 9.4). Sánchez-González et al. (2006) compararon los dos enfoques para modelizar el crecimiento a nivel árbol del alcornoque, encontrando resultados satisfactorios y muy similares en los dos casos.

9.4.3 Resumen de los tipos de modelos de árbol individual

El primer modelo de árbol individual fue desarrollado por Newnham en 1963 para abetos Douglas (Newnham 1964). A continuación, se desarrollaron varios modelos para masas puras, como los de Arney (1972), Bella (1971), Lee (1967), Lin (1970) y Mitchell (1969, 1975). A mediados de la década de 1970, Ek y Monserud transfirieron el principio de diseño de modelos de crecimiento orientado al árbol individual para masas puras y regulares a masas puras y mixtas irregulares (Ek y Monserud 1974, Monserud 1975).

Munro (1974) clasificó los modelos de crecimiento de árbol individual en dependientes o independientes de la distancia, en función de si se considera que el crecimiento de un árbol depende de las posiciones y distancias entre este y sus vecinos, generalmente a través de índices de competencia dependientes o independientes de la distancia. Como referencia de un modelo de árbol individual independiente de la posición, se puede tomar el ampliamente utilizado "Modelo de Pronóstico forestal de América del Norte" de Wykoff et al. (1982). La bibliografía sobre modelos de crecimiento de árbol individual compilada por Dudek y Ek (1980) contiene más de 40 modelos de árbol individual diferentes, que pertenecen en proporciones similares, a los grupos dependientes o no de la distancia. Schneider y Kreysa (1981) y Sterba (1983, 1985, 1989) introdujeron por primera vez en el entorno selvícola de habla alemana los modelos orientados al árbol individual iniciado por la selvicultura angloamericana. Los modelos más nuevos de árbol individual desarrollados desde los años ochenta, por ejemplo, por Biber (1996), Burkhart et al. (1987), van Deusen y Biging (1985), Eckmuellner y Fleck (1989), Hasenauer (1994), Kahn y Pretzsch (1997), Nagel (1996, 1999), Pretzsch (1992a, 2001), Pukkala (1987) y Sterba et al. (1995) aprovechan los fundamentos metodológicos de sus predecesores, pero son mucho más fáciles de usar que los antiguos modelos gracias al avance de las interfaces de usuario de los ordenadores modernos.

En la Cátedra de Crecimiento Forestal de la Universidad Técnica de Múnich, esta línea de investigación ha continuado desde finales de los años 80 a través del continuo desarrollo del modelo SILVA. Este modelo se implementa en el simulador de árbol individual, sensible a las condiciones de la estación y dependiente de la posición, que incluye además diversos módulos para la generación de masas virtuales, así como para análisis económicos y ecológicos (Pretzsch 1992, Pretzsch y Kahn 1996) (Capítulo 10).

En España, existen varios modelos de árbol individual desarrollados independientemente para distintas especies forestales y regiones (Bravo et al. 2012a). Entre ellos, se encuentra el modelo IBERO para masas puras y regulares de *Pinus sylvestris* en los Sistema Ibérico y Central y de *P. pinaster* en el Sistema Ibérico meridional (Lizarralde et al. 2010a, 2010b), implementado en la plataforma de simulación SIMANFOR (Bravo et al. 2012b). El modelo IBERO es un modelo independiente de la distancia que incluye funciones de crecimiento en diámetro y altura, de mortalidad y de incorporación para realizar las proyecciones, que se complementan con ecuaciones de perfil y de copa. Otro modelo de árbol individual independiente de la distancia que ha alcanzado un grado de desarrollo elevado es el modelo de PINEA2 para masas de *P. pinea* en España (Calama et al. 2007). El modelo PINEA2 fue originalmente desarrollado para masas puras y regulares, pero posteriormente ha sido adaptado para masas irregulares (Calama et al. 2008) y para masas mixtas (Calama et al. 2021). Asimismo, inicialmente el modelo no dependía de la variación de las condiciones climáticas, pero posteriormente se desarrolló una versión sensible al clima (Calama et al. 2019). El modelo PINEA2 incluye entre sus variables de salida además de las variables de árbol (diámetro, altura y dimensión de copa), la producción de piña por árbol individual, lo que permite estimar un mayor número de servicios del ecosistema (producción de madera, producción de piña, fijación de CO_2, diversidad estructural de la masa, etc.) (Calama et al. 2021).

Gracias a su exitosa aplicación en investigación, docencia y en la práctica, este tipo de modelos se han convertido en la nueva referencia para la gestión y en una parte integral de los sistemas modernos de información forestal. Se utilizan para el desarrollo y la optimización de los tratamientos selvícolas a nivel de rodal, la derivación de las tasas de aprovechamiento a nivel de tramo y de monte, para la planificación operativa y la estimación a mayor escala del volumen de madera en los sistemas forestales (ver capítulo 10). Tras los más de 250 años de investigación y aplicación de las tablas de producción,

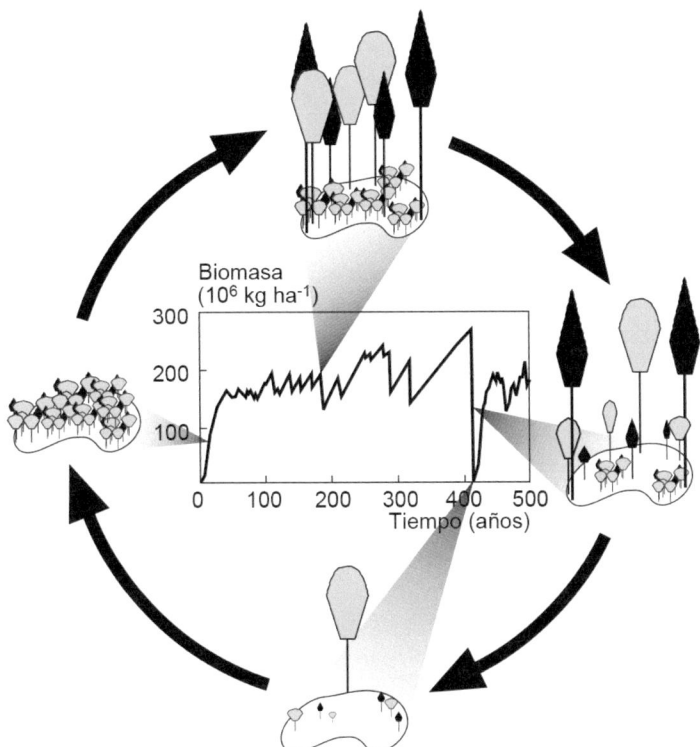

Figura 9.14 Los modelos de bosquetes pequeños desarrollan el siguiente ciclo característico: las condiciones de crecimiento en la pequeña superficie o bosquete mejoran debido a la muerte o la eliminación de un pie maduro dominante. La nueva generación cierra el hueco resultante en la masa. Por diferenciación, el número de pies dominantes en el claro disminuye gradualmente, de modo que el círculo se cierra. Este ciclo se refleja en la curva de biomasa con la edad (modificado de Shugart 1984) y constituye el fundamento ecológico de los sistemas selvícolas, por cortas graduales, que se vienen aplicando en Europa durante los últimos 200 años (cortas por aclareos sucesivos y uniformes, por bosquetes o por entresacas, normal o regularizada).

la transición a modelos de árbol individual ha significado un cambio de paradigma con múltiples consecuencias tanto para la ciencia, como para la enseñanza y la práctica.

9.5 Modelos de bosquetes pequeños o de sucesión

Los modelos de crecimiento basados en valores medios y totales de la masa, distribuciones de tamaños, árbol individual y de bosquetes pequeños, representan diferentes enfoques para la descripción del desarrollo de la masa forestal. Ninguno de estos enfoques es completamente reemplazable por otro, ya que con cada enfoque se puede obtener un conocimiento específico sobre la dinámica de crecimiento de las masas forestales. En los modelos de bosquetes pequeños, o de golpes, se integran las correlaciones estadísticas entre las condiciones ambientales y el crecimiento y producción de la masa teniendo en cuenta las leyes físicas y ecofisiológicas. Este tipo de modelos representan un camino intermedio entre los modelos empíricos de masa clásicos y los modelos de procesos ecofisiológicos.

Watt (1925 y 1947), Bray (1956), Curtis (1959), Bormann y Likens (1979) y Shugart (1984), citados por su relevancia en el desarrollo de este tipo de modelos, introdujeron en la modelización forestal el concepto de la ecología teórica de que los ecosistemas pueden entenderse, espacialmente, como un mosaico de subunidades menores (en inglés: gaps) y, por tanto, que el análisis de estas subunidades se puede utilizar para la investigación y modelización de los ecosistemas forestales. La introducción de esta teoría sentó las bases del concepto de modelos de bosquetes pequeños o de golpes (inglés: *gap models*), también conocidos como modelos de sucesión, que se describe a continuación. Según este punto de vista, una masa o rodal es una agregación de áreas más pequeñas (bosquetes) cuya extensión corresponde aproximadamente a la superficie que ocupa un árbol maduro o un grupo biológico de árboles (aquí denominada bosquete pequeño). La unidad de visualización e información del modelo lo conforma el bosquete pequeño o "golpe". Los valores de la masa resultan de los sumatorios o medias de las variables en los distintos bosquetes, que usualmente comprenden diferentes etapas de desarrollo. Cabe mencionar que no existe una traducción directa al español del término 'gap models'. Según Serrada (2011) las unidades inferiores al rodal o la masa son el bosquete, cuando la superficie homogénea es menor a 0,5 ha, grupo cuando es una superficie aún más pequeña, pero con más de 10 árboles, y golpe para unidades homogéneas menores a 10 árboles. Según esta terminología, este tipo de modelos se podrían traducir como modelos de golpes, pero se considera que la denominación de modelos de bosquetes pequeños es más intuitiva y visualiza mejor el concepto. No obstante, otras denominaciones de este tipo de modelos en español son modelos de celda o modelos de pequeñas superficies.

9.5.1 Ciclo de desarrollo de un bosquete pequeño

Los modelos a pequeña escala sugieren que el desarrollo de los bosques naturales tiene lugar en pequeñas superficies siguiendo el ciclo que se muestra en la Figura 9.14 (ver también el Capítulo 12, Sección 12.5.2). Un bosquete pequeño se crea por el aprovechamiento o la muerte de un árbol maduro que ha llegado a la edad de turno, como se ha indicado anteriormente sería un 'golpe'. Como resultado, las condiciones de crecimiento de los pies anteriormente dominados y la regeneración natural mejoran. Los pies vuelven a crecer cerrando el hueco gradualmente, y su proceso de auto-diferenciación crea un nuevo bosquete pequeño que accede a la población dominante. Las salidas o pérdidas del piso dominante son seguidas por la repetición del ciclo, lo que se refleja en la curva del volumen o biomasa con la edad. Sobre la base de un mínimo de biomasa tras la pérdida de los pies dominantes, la regeneración natural comienza a incrementar la biomasa del bosquete pequeño de forma exponencial (Figura 9.14). Con el avance de la edad, la biomasa se acerca a un límite local superior. La razón por la que el proceso de desarrollo sigue una pauta similar a un diente de sierra hasta edades avanzadas, en el ejemplo 400 años, se debe a la pérdida de biomasa por las salidas producidas por las intervenciones selvícolas prescritas o por mortalidad, que pueden ser compensadas por el crecimiento de la población restante. Con la salida debido a la mortalidad por edad (si ésta no se aprovecha) o por perturbaciones que afecten a la mayor parte de la masa madura, la biomasa vuelve a cero, lo que cierra el ciclo.

Los modelos de bosquetes pequeños se utilizan principalmente para estudiar la competencia y la sucesión en masas forestales bajo gestión próxima a la naturaleza. Estos modelos reproducen el crecimiento del árbol individual en el bosquete pequeño en función de las condiciones medias de crecimiento y están, por lo tanto, cerca de los modelos de árbol individual dependientes de la posición (Sección 9.3). De esta forma, también pueden ofrecer información relevante para la gestión forestal, como el desarrollo del diámetro, la altura y el volumen de árboles individuales y del rodal. Sin embargo, sus variables de incorporación y salida están en general menos orientadas a las ofertas y necesidades de información de la selvicultura práctica (inventarios forestales y descripción de la masa), que los modelos de árbol individual dependientes de la distancia. En el desarrollo de los modelos de bosquetes pequeños los objetivos se orientan generalmente hacia la predicción de la sucesión a largo plazo de masas forestales no gestionadas y hacia el estudio de las consecuencias del cambio en las condiciones de crecimiento en la producción de biomasa.

Caja 9.3 Procedimiento para cuantificar la intensidad competitiva en índices de competencia dependientes de la distancia

A continuación, se introducen tres métodos probados para cuantificar la intensidad competitiva con índices de competencia dependientes de la distancia. Una visión global se recoge en trabajos como Dale, Doyle y Shugart (1985), Biging y Dobbertin (1992) y Bachmann (1998).

Método del segmento circular: Alemdag (1978) propone que la superficie de crecimiento del árbol central j se divida en tantos segmentos circulares como competidores haya (Figura 9.15). El área total de estos n segmentos circulares da como resultado el área A. Al dividir el número de competidores n por esta área, surge la medida de la competencia $A_n = \frac{n}{A}$, que aumenta a medida que aumenta el número de competidores y disminuye a medida que aumenta la sección normal del árbol. El cálculo del área $\sum_{i=1}^{n} \pi \times \left[\frac{\text{DIST}_{ij} \times D_j}{d_i + d_j}\right]^2 \times \left[\frac{d_i}{\text{DIST}_{ij}} \Big/ \frac{\sum d_i}{\sum \text{DIST}_{ij}}\right]$, que se expresa en los segmentos circulares, tiene en cuenta el diámetro del árbol central, el diámetro de los competidores y la distancia a estos. El área del segmento también depende de la relación entre el diámetro y la distancia del vecino observado en comparación con todos los competidores.

Superficies de crecimiento disponible: existen varios métodos de superficie de crecimiento disponible. Un primer método es el propuesto por Faber (1981, 1983) y Nagel (1985) quienes distribuyen el área de estudio o de la masa entre los pies de forma que se alcance un nivel completo de ocupación. Para ello, se divide toda la superficie en pequeñas cuadrículas de, por ejemplo, 0,01 m². A continuación, a cada cuadrícula se le asigna al árbol que tiene el mayor poder competitivo PC (Figura 9.16). Faber (1981) calcula el poder competitivo $PC = \frac{v^x}{\text{DIST}^2}$ de un árbol en una cuadrícula dada en función del volumen del fuste V y la distancia $DIST$ del árbol en consideración. El exponente x se iguala a 1,0 o bien se determina empíricamente mediante optimización con el

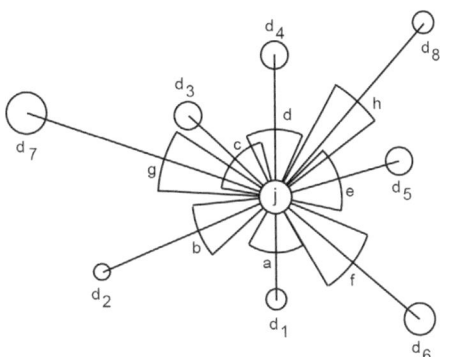

Figura 9.15 Cálculo de la sección del árbol central j en función de los diámetros ($d_1 \ldots d_8$) y las distancias a sus ocho competidores (según Alemdag 1978). El área A resulta de la suma de las áreas de los ocho segmentos circulares ($a \ldots h$).

objetivo de establecer una correlación máxima entre el área y el crecimiento. Nagel (1999) simplifica el enfoque de Faber calculando el poder competitivo $NC = g_{1,3} \times e^{-\text{DIST}}$ a partir de la sección del árbol y su distancia a la cuadrícula en consideración.

La Figura 9.17 muestra cómo el poder competitivo NC disminuye en función del tamaño de los árboles 1 y 2 y la distancia a la cuadrícula (punto). El punto dibujado (x, y) se asigna al árbol 1 porque tiene la mayor influencia competitiva sobre él. La superficie de crecimiento de un árbol es la suma de las áreas de todos las k cuadrículas asignadas a este árbol. Con el área de la cuadrícula de 0,01 m² supuesta en el ejemplo, las k cuadrículas contadas producirían una superficie de $S_j = k \times 0{,}01 \times m^2$. Si se conoce la superficie S_j, se calcula entonces el posible número de pies $NC = 10.000/S_j$ por hectárea para la superficie S_j.

Con el número de árboles NC, se dispone de una medida de la densidad de la masa y la presión competitiva del árbol j. Dado que los métodos de Faber (1981, 1983) y Nagel (1985) asignan toda el área del rodal a los árboles en un nivel de ocupación completo, son adecua-

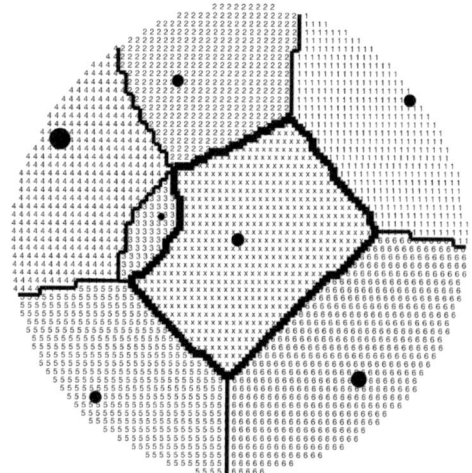

Figura 9.16 Resultado de un cálculo de la superficie de crecimiento utilizando el método de Faber (1981, 1983). Los puntos negros representan la posición de los pies. Los números introducidos marcan las cuadrículas e indican a qué árbol se asignaron. Las cuadrículas asignadas al árbol en el centro están marcadas con una x y las líneas negras continuas delimitan las superficies de crecimiento de los pies.

dos para investigar la eficiencia de la ocupación de la masa en rodales más o menos puros de un solo piso. Estos métodos distribuyen el área disponible entre los pies en proporción a la distancia y el tamaño. Esta división simplificada del área de la masa es menos adecuada para rodales de varios pisos, en los que las diferentes especies y diferentes clases sociales se caracterizan por estrategias específicas de ocupación del espacio.

Otra aproximación es la determinación de los polígonos de superficie de crecimiento. Brown (1965) utilizó los polígonos de Thiessen y Voronoi utilizados en geodesia y astronomía para describir las superficies de crecimiento de los árboles. Con este método, la superficie disponible de la masa también se divide completamente entre sus individuos. En base a la distribución de los pies (Figura 9.18a), y comenzando desde el árbol central, 0, se proyectan líneas de distancia a sus vecinos N = 1 ...5. Sobre estas líneas se determinan las mediatrices perpendiculares de distancia entre 2 árboles vecinos. Las intersecciones de las mediatrices I = 1 ... N forman las esquinas del polígono que describe la superficie de crecimiento del árbol. Los árboles cuya bisectriz perpendicular se encuentra fuera del polígono resultante no se consideran como vecinos o competidores. De esta manera, es posible una asignación completa del área de la masa a sus árboles. Este método tiene como resultado la superficie de crecimiento para el árbol 0 mostrada en la Figura 9.18b, que solo tiene en cuenta la distribución espacial de los pies y no sus dimensiones.

Jack (1968), Fraser (1977) y Pelz (1978) modifican el cálculo de la superficie de crecimiento al considerar que las perpendiculares no se sitúan en el medio de las líneas de distancias entre los árboles (mediatrices), sino que se sitúan dividiendo las líneas proporcionalmente a la relación de tamaño entre el árbol central u objetivo y el vecino considerado. En la Figura 9.18c, la división es proporcional al diámetro de los árboles, por lo que la superficie de crecimiento asignada al árbol 0 se reduce significativamente ya que este es mucho más delgado que sus vecinos. Pelz (1978) analizó varias posibilidades para realizar dicha ponderación con datos de la especie Liriodendron tulipifera L.. Comparando los resultados con el diámetro ($d_{1,3}$), la altura (h), la sección normal del árbol $g_{1,3}$ y el producto de ésta y la altura ($g_{1,3} \times h$), llegan a la conclusión de que la

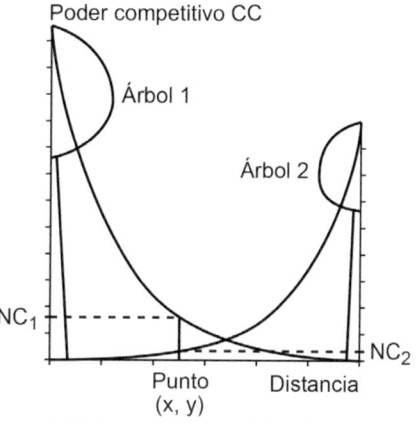

Figura 9.17 Determinación del poder competitivo NC en la vecindad de dos árboles en función de su tamaño y distancia al punto. Se asigna un punto dado (x, y) al árbol 1 porque este árbol ejerce el mayor poder competitivo (según Nagel 1985, p. 39).

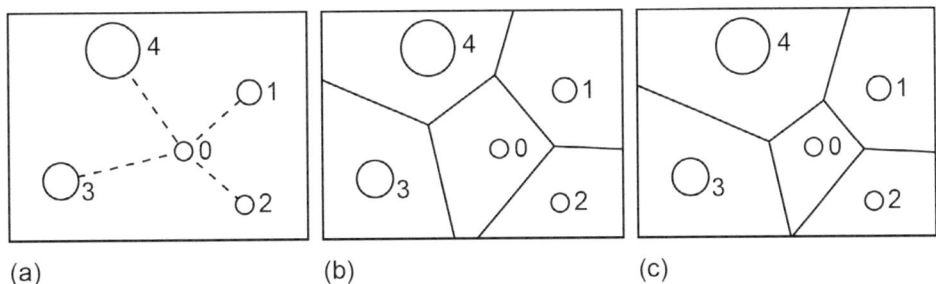

Figura 9.18 Determinación de polígonos de crecimientos no ponderados y ponderados según relaciones de tamaño. A partir del mapa de distribución de pies (a), se establecen las líneas de distancia. Las mediatrices de estas líneas para cada árbol y sus intersecciones marcan las esquinas del polígono (b). La ponderación de la distancia donde se establecen las perpendiculares con las dimensiones de los árboles da como resultado una asignación del espacio de crecimiento dependiente del tamaño de los árboles (c).

calidad de la asignación a la superficie de crecimiento se ordena de la siguiente forma ($d_{1,3} < h < g_{1,3}$). Como criterio para la evaluación, utiliza la correlación entre las superficies de crecimiento calculadas y el incremento de la sección normal de los respectivos árboles.

Superposición de copas o zona de influencia: el índice de superposición de copas de Bella (1971) se basa en la superposición de las copas y la zona de influencia (Figura 9.19a). Este índice cuantifica el área de superposición O_{ijcon} de la copa del árbol objetivo para cada uno de los $i = 1 \ldots n$ competidores. Para calcular el índice de competencia, las áreas superpuestas no solo se comparan con el área de la copa del árbol objetivo Z_{jy} y se suman, sino que se ponderan con la relación entre los diámetros de ambos árboles $\frac{d_i}{d_j}$.

$$B = \sum_{\substack{i=1 \\ i \neq j}}^{n} \frac{O_{ij}}{Z_j} \times \frac{d_i}{d_j}$$

La competencia se expresa en las áreas superpuestas entre las copas, a través de la ocupación del espacio de cada árbol, y ponderada por la relación entre diámetros que refleja la competencia por los recursos. Por ejemplo, aunque los árboles dominados en las inmediaciones del árbol objetivo pueden resultar en valores altos de O_{ij}, su contribución al índice B se debilita por la multiplicación por el cociente $\frac{d_i}{d_j}$. Las áreas de superposición O_{ij} se pueden calcular usando áreas de proyección de copa reales, copas potenciales o zonas de influencia teóricas.

Método basado en la relación entre las dimensiones del fuste y las distancias: Existen distintas versiones de índices de competencia basados en el tamaño de los árboles y las distancias entre ellos. Un índice común es el de Heigy (1974), que se explica en la Caja 9.4. El índice $ME = \sum_{i=1}^{n} {}_{i \neq j} \frac{d_i}{d_j} \times e^{-\left[\frac{16 \times \text{DIST}_{ij}}{d_i + d_j}\right]}$ de Martin y Ek (1984) relaciona el diámetro d_i de todos los competidores seleccionados con el diámetro d_j del árbol objetivo. El índice de competencia suma todos los cocientes, pero ponderados de manera que la contribución de un árbol al índice de competencia es menor cuanto más alejado esté dicho árbol y cuanto menor sea la suma de los diámetros del par considerado.

El índice de competencia A propuesto por Johann (1982) tiene un interés especial en este grupo de métodos, ya que ha demostrado su eficacia tanto para la cuantificación de la competencia, como para la regulación del desarrollo de árboles individuales en parcelas experimentales (Sección 7.3.3.2). Johann cuantifica la competencia entre un árbol objetivo j y su vecino i por $A_{ij} = \frac{h_j}{\text{DIST}_{ij}} \times \frac{d_i}{d_j}$, donde h_j y d_j denotan la altura y el diámetro normal del árbol objetivo j, d_i indica el diá-

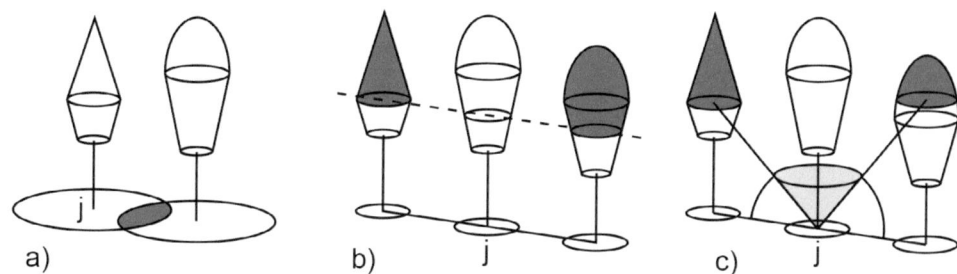

Figura 9.19 Métodos para cuantificar la intensidad competitiva. Determinación de la superposición de copas (a), las proporciones de tamaño de copa entre el árbol objetivo y sus vecinos a una altura de referencia fija (b) y a una altura de referencia variable (c). Se muestran el árbol objetivo j y las áreas características de los competidores seleccionados por cada método y las áreas superpuestas entre el árbol objetivo y los competidores (gris oscuro).

metro del árbol vecino considerado y $DIST_{ij}$ representa la distancia entre j e i. El valor de competencia A_{ijes} mayor cuanto más alto sea el árbol objetivo j, menor la distancia $DIST_{ij}$ al vecino i y mayor la relación diamétrica entre el vecino y el árbol central $\frac{d_i}{d_j}$. El índice se puede transformar en $E_A = \frac{h_j}{A} \times \frac{d_i}{d_j}$, donde E_A indica la distancia que se debe dar entre el árbol central j y el vecino i para establecer un valor de competencia A deseado.

Por ejemplo, si un árbol objetivo mide 20 m de altura, tiene un diámetro normal de 20 cm y su vecino tiene un diámetro de 10 cm, entonces, para valores A de 4, 5 y 6, esta fórmula resulta en valores de $E_A = 2,50$ m, $2,00$ m o $1,67$ m respectivamente. Johann (1982) utiliza el cálculo de la distancia esperada al vecino para cuantificar la intensidad de la clara. Es decir, un vecino del árbol central j siempre se elimina si su distancia al árbol central E_{ij} es menor que la distancia límite calculada E_A para un valor A dado.

Método basado en la relación entre las dimensiones de las copas: según Biging y Dobbertin (1992) y Bachmann (1998), los índices de competencia basados en cocientes entre las áreas transversales de la copa, las superficies de copa o los volúmenes de copa de los competidores y el árbol objetivo producen correlaciones particularmente altas con el crecimiento de los árboles. Para calcular dichos índices, se requiere información sobre las dimensiones de la copa a diferentes alturas para cada árbol, tal como proporcionan los modelos de forma de copa. Los modelos de forma de copa permiten calcular el área de la sección transversal, la superficie de copa o el volumen de copa por encima de cualquier altura del árbol.

Para cuantificar la competencia del árbol j, Biging y Dobbertin (1992) proponen cortar las copas de todos los competidores, así como del árbol central a una altura relativa definida p, definida sobre este último (Figura 9.19b). Son similares al método independiente de la distancia explicado en el Caja 9.2 pero incluyendo solo los vecinos seleccionados según los métodos de la Caja 9.4. Las áreas de la sección transversal de la copa scc a la altura de referencia, o el área de la superficie spc o el volumen de copa v_c por encima de esta altura de referencia se obtienen de modelos de forma de copa. Las dimensiones de la copa de los competidores y el árbol objetivo se relacionan entre sí y se suman en el índice de competencia BDV_f y BDM_f como se muestra a continuación para el volumen o el área de la superficie de copa con las siguientes expresiones: $BDV_f = \sum_{i=1}^{n} {}_{i \neq j} \frac{v_{ci}}{v_{cj} \times (DIST_{ij}+1)}$ o $BDM_f = \sum_{i=1}^{n} {}_{i \neq j} \frac{scp_i}{scp_j \times (DIST_{ij}+1)}$. Incluir la ponderación con la distancia $DIST_{ij}$ aumenta la contribución competitiva de los árboles cercanos y debilita la contribución de los árboles más lejanos. La indexación de los índices de competición con f expresa el hecho de que la altura de referencia para el cálculo del espacio ocupado por las copas superiores es fija. Si v_{ci} y v_{cj} se reemplazan por la información correspondiente para las áreas de la sección transversal de la copa scc, se obtendría el correspondiente índice basado en las áreas de la sección transversal de las copas.

Biging y Dobbertin (1992) desarrollaron una alternativa a la elección de una altura de referencia relativa predefinida del árbol central mediante el cálculo del área de la sección transversal de la copa, la superficie de copa o el volumen de la copa de los competidores a la altura en la que los ejes del tronco de los competidores se cruzan con el cono de búsqueda (Figura 9.19c). La altura de referencia es por tanto variable y depende del ancho de la apertura y de la altura del cono de búsqueda, que se expresa en las siguientes fórmulas por el índice v. Las dimensiones de la copa determinadas así se ajustan entonces en relación a las dimensiones correspondientes del árbol central j. El resultado son los índices de competencia $\text{BDV}_v = \sum_{\substack{i=1 \\ i \neq j}}^{n} \frac{v_i}{v_j}$ o $\text{BDV}_v = \sum_{\substack{i=1 \\ i \neq j}}^{n} \frac{\text{scp}_i}{\text{scp}_j}$. La copa del árbol objetivo se incluye en el cálculo en su conjunto o en la altura de referencia al 66 % de la altura total. Estas fórmulas también se pueden aplicar a las áreas transversales de la copa. La distancia a los competidores se considera en este caso indirectamente, ya que los competidores situados a más distancia se cortan a mayor altura que los más cercanos y, por lo tanto, ejercen menos competencia. De esta forma, la contribución de las áreas transversales de la copa, las superficies de copa o los volúmenes de la copa de los competidores en el índice de competencia disminuyen con la distancia.

Índices de competencia independientes de la distancia versus índices de competencia dependientes de la distancia: En general, la base de datos disponible y la información que se desea obtener determinan si se utilizan índices de competencia dependientes o independientes de la distancia para describir, modelizar o regular el crecimiento del árbol individual.

Si se dispone de las coordenadas de los pies, las dimensiones del fuste y la copa, los índices dependientes de la distancia permiten una caracterización mucho más detallada de la disponibilidad de recursos. Lorimer (1983) y Martin y Ek (1984) llegan a la conclusión en sus estudios de que la inclusión de la posición de los árboles (distancias) no produce una mejora efectiva en la estimación del crecimiento, aunque esto se bebe fundamentalmente a tres razones. (i) Por un lado, en masas forestales naturales no tratadas, las dimensiones de los árboles (altura, diámetro, base y anchura de la copa y las dimensiones derivadas de ellas) pueden representar tan bien la situación competitiva que el índice de competencia no proporciona información más específica sobre el crecimiento más allá de la proporcionada por las propias dimensiones de los árboles individuales. (ii) Por otro lado, estos estudios se basan en masas más o menos puras y coetáneas, en las que la inclusión de la posición no resulta en una mejora significativa en la estimación del crecimiento, puesto que las condiciones competitivas varían poco entre individuos para un tamaño dado. (iii) Por último, las comparaciones se basan a veces en parcelas tan pequeñas que los métodos de selección dependientes de la posición seleccionan una gran proporción de árboles como competidores, de modo que las diferencias entre los modelos dependientes de la distancia y los independientes depende solamente del tamaño de la parcela (Biging y Dobbertin 1995).

La Figura 9.20 muestra el comportamiento de un modelo de crecimiento dependiente y uno independiente de la distancia en comparación con el crecimiento real en área basimétrica del árbol (=100 %). El modelo 1, dependiente de la distancia, se basa en el índice de competencia CCL (Caja 3.5). El modelo 2, independiente de la distancia, utiliza el índice de competencia CCQ (Caja 9.2) con una altura de corte p al 60 % de la altura del árbol objetivo. La figura muestra la comparación para tres situaciones de patrón de distribución horizontal de los árboles para los rodales examinados, cuantificado utilizando el índice de agregación R de Clark y Evans (1954), introducido en el Capítulo 4.

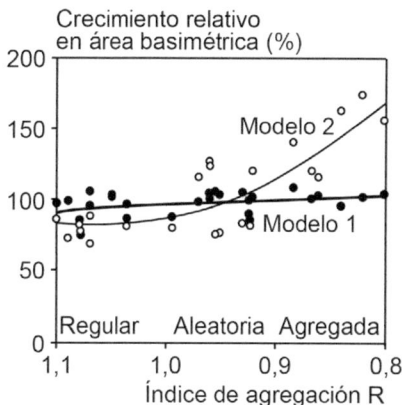

Figura 9.20 Resultados de la estimación del crecimiento con un modelo dependiente de la distancia (puntos negros y línea gruesa en negrita) y un modelo independiente de la distancia (círculos huecos y línea delgada) cuando se utilizan en masas con diferentes patrones de distribución espacial horizontal. Mientras que el modelo 1 representa el crecimiento real de la población (100 %) para todo el rango de valores del índice de agregación R, el modelo 2 se desvía de la realidad a medida que el patrón espacial tiende a una distribución en agregados.

En el caso de una distribución de las posiciones de los árboles de regular a aleatoria, como es característico de las masas puras regulares, la inclusión de la posición produce solo una ligera mejora en la estimación del crecimiento en área basimétrica. Sin embargo, si ambos modelos se aplican a masas forestales más estructuradas, como bosques mixtos irregulares, cuyo patrón de distribución horizontal de árboles es en agregados, el modelo dependiente de la distancia ofrece similares resultados al obtenido para masas puras regulares, mientras que ignorar la posición de los árboles da como resultado una sobreestimación del crecimiento de la masa.

En comparación con el crecimiento en área basimétrica observada (G = 100 %), el modelo 2, independiente de la distancia, calcula valores realistas para patrones de distribución regulares, mientras que, para patrones de distribución irregulares y agrupados, los valores de crecimiento estimados son hasta un 80 % más altos que la realidad. El modelo 1, por otro lado, proporciona pronósticos de crecimiento relativamente precisos para todo el rango de valores de los índices de agregación espacial, es decir, desde R =1,1 (tendencia a la regularidad) a R = 0,8 (tendencia a la agregación), que se desvían de la realidad en un máximo del 10 %.

Una consecuencia importante de esta comparación de modelos es que, en masas con una estructura homogénea, el crecimiento se puede estimar con similar precisión utilizando modelos dependientes o independientes de la distancia. Por otro lado, en la transición a estructuras irregulares, en las que se dan patrones de distribución de árboles en agregados, los modelos independientes de la distancia pierden rápidamente su validez. En este contexto, en la medida de lo posible, se debe optar por una cuantificación de la competencia dependiente de la distancia.

9.5.2 El Modelo JABOWA de Botkin et al. (1972) como prototipo

Como parte del estudio de los ecosistemas forestales, Hubbard Brook, Botkin, Janak y Wallis desarrollaron en 1972 el modelo de simulación de bosquetes pequeños JABOWA, que supuso el prototipo para este tipo de modelos. El modelo controla el crecimiento de los pies en superficies pequeñas (tamaño del área = 100 m²) en función de la radiación media, el clima y las condiciones del suelo, incluyendo la disponibilidad de agua en la estación. La unidad básica para actualizar el desarrollo del árbol individual es el diámetro normal. Todas las demás dimensiones, por ejemplo, la altura y la superficie foliar de cada pie se determinan en función del diámetro. La predicción del desarrollo del diámetro de los árboles individuales se describe en los modelos de Botkin et al. (1972) y Shugart (1984) en los siguientes pasos: a partir de los valores iniciales de los diámetros de todos los individuos constituyentes de un bosquete pequeño, el incremento en diá-

9.5 Modelos de bosquetes pequeños o de sucesión

metro reali d en cada período de crecimiento se obtiene mediante la reducción del crecimiento potencial en diámetro i_d conocido a través de una relación obtenida previamente. Es decir, el incremento potencial en diámetro $i_{d_{pot}}$ que se esperaría en condiciones de crecimiento óptimas, se reduce para condiciones de crecimiento subóptimas a través de los factores r, t, s y w, es decir, el efecto de la radiación, el clima, las condiciones del suelo o el suministro de agua, respectivamente: $i_d = i_{d_{pot}} \times r \times t \times s \times w$.

A diferencia de los modelos de árbol individual, los modelos de bosquetes pequeños no controlan el crecimiento de los pies a través de las condiciones de crecimiento individuales del pie en cuestión, sino a través de las condiciones de crecimiento promedio en el bosque. Los factores de reducción r, t, s y w, que dependen de las condiciones de crecimiento del pie se definen entre 0,0 y 1,0, reduciendo por su relación multiplicativa con $i_{d_{pot}}$ el incremento potencial en diámetro al valor real i_d. Los efectos de los distintos factores relevantes para el crecimiento se transforman a una escala de 0,0 a 1,0 (1,0 sin reducción del incremento potencial, 0,5 para un 50 % del incremento potencial y un 0,0 para reducir el crecimiento a cero) antes de ser incorporados al modelo. Este enfoque tiene la ventaja de que si se añaden nuevas variables que influyen en el crecimiento, se pueden incorporar al modelo mediante multiplicadores (entre 0,0 y 1,0) sin tener que cambiar toda la estructura previa del modelo.

El factor r se utiliza para calcular la reducción del incremento potencial del diámetro $i_{d_{pot}}$ hasta el incremento real i_d en función del índice de superficie foliar del árbol, LAI, y la radiación solar I (Botkin et al. 1972). Si se conoce I, el factor de reducción r resulta de las curvas de reacción de la fotosíntesis a la radiación ($r = f(I)$). Este enfoque es un ejemplo del hecho de que los modelos de bosquetes pequeños se encuentran entre los modelos de gestión basados en el árbol individual y los modelos de procesos ecofisiológicos en relación al grado de explicación mecanicista.

La radiación I_0 sobre la superficie de la copa es reflejada, dispersada y absorbida en su camino a través del dosel de copas por las acículas o las hojas y ramas, reduciendo la radiación a medida que aumenta la profundidad de la copa. Para determinar la cantidad de radiación que puede ser asimilada por la biomasa a una altura dada, en la mayoría de los casos, los modelos utilizan la ley de Lambert-Beer (Monsi y Saeki 1953) con las variables I = intensidad de radiación dentro de la copa, I_0 = Intensidad de radiación sobre la copa, LAI = espesor del dosel o índice de área foliar acumulada sobre el punto de medición y k = coeficiente de extinción. De acuerdo con esta ley, la intensidad de radiación en las partes superiores de la copa disminuye mucho y se debilita progresivamente según se profundiza en el dosel. El coeficiente de extinción k cuantifica la atenuación de la radiación al penetrar en la copa. Cuanto mayor es k, más rápido se atenúa. Cuanto mayor sea la superficie foliar por encima de una altura dada, menor será la radiación que llega a las zonas central e inferior de la copa. El factor k se ha determinado específicamente para varias de las principales especies forestales. La intensidad de radiación sobre la copa se estima mediante modelos climáticos de radiación solar especificando las coordenadas de la localización para cualquier resolución temporal. La superficie foliar o el índice de área foliar se estiman con frecuencia en los modelos de bosquetes pequeños en función de la superficie del rodal.

Si se conoce la distribución de la superficie foliar en el espacio ocupado por la copa, o si se supone que es homogénea (consulte la Figura 9.11), para una altura del árbol determinada se puede calcular qué superficie foliar o qué índice de área foliar se aplica al espacio que ocupa la copa. Por tanto, se puede determinar la intensidad de radiación para cualquier punto de la masa. En los modelos de bosquetes pequeños se asume el mismo perfil de radiación con la altura para toda la superficie del bosque. Usando como base la intensidad de radiación I a una altura dada, el factor de reducción r puede determinarse a partir de las curvas de reacción fotosíntesis-radiación, lo que resulta en la correspondiente reducción del crecimiento potencial. Las curvas de reacción ($r = f(I)$) son específicas para cada especie; así, para una intensidad de radiación baja, por ejemplo, se producen valores r más altos en especies de sombra que en especies de luz.

Para determinar los factores t, s y w, que describen los efectos del clima, suelo y disponibilidad de agua, se proponen diferentes métodos dependiendo de la base de datos disponible: los efectos del clima sobre el crecimiento se controlan mediante un conjunto de variables meteorológicas y los efectos del suelo simplemente usando variables obtenidas de la cartografía disponible para el sitio. La influencia de la disponibilidad de agua w se deriva de los datos de precipitación, evapotranspiración, características del suelo, así como de la relación entre la densidad actual y la potencial, que se usa como un indicador de la competencia entre los sistemas radicales. La relación puramente multiplicativa entre los factores de radiación, clima, suelo y agua no tiene en cuenta posibles interacciones compensatorias o de refuerzo entre los factores que alteran r, t, s y w. Kahn y Pretzsch (1997) intentan remediar estas deficiencias en su modelo de crecimiento sensible al sitio mediante la introducción de operadores de agregación más flexibles (ver la Sección 3.5 y la Caja 3.4).

Dado que en este modelo se supone que los procesos de regeneración y mortalidad son efectos aleatorios, cada periodo de simulación produce resultados ligeramente diferentes, incluso con los mismos valores iniciales. Solo resumiendo los resultados de una serie completa de simulaciones se pueden extraer conclusiones sobre la reacción esperada en el crecimiento medio de la masa. Los resultados de las simulaciones en áreas pequeñas de 100 m^2 se deben extrapolar a valores por hectárea. Los modelos construidos de esta manera se pueden utilizar para modelizar procesos de sucesión, el desarrollo en biomasa, o los efectos de perturbaciones tanto en masas forestales como a escalas mayores, por ejemplo, a nivel de monte. Tanto la superficie de la masa como la del monte se construyen como un mosaico de bosquetes pequeños, de manera que las transiciones e interacciones entre bosquetes adyacentes se tienen en cuenta en el modelo a través de una variación estocástica de los parámetros de crecimiento específicos de cada bosquete.

Así, los modelos de bosquetes pequeños desarrollados para el estudio del crecimiento de masas naturales a largo plazo, bajo condiciones específicas del sitio, se pueden utilizar para una amplia diversidad de objetivos en el contexto de la investigación de los efectos del clima sobre el crecimiento y la sucesión forestal. Los trabajos de Kellomäki et al. (1993), Kienast y Kräuchi (1991), Leemans y Prentice (1989), Lindner (1998), Pastor y Post (1985) y Prentice y Leemans (1990) apuntan en esta dirección, simulando los cambios que se producen en una masa compuesta por especies potenciales (para las condiciones del sitio) según cambian las condiciones ambientales.

Un ejemplo de uso de este tipo de modelos en España es el estudio de Pardos et al. (2015), donde se calibra el modelo PICUSv1.41 (Seidl et al. 2005) para pino piñonero con el fin de estudiar su vulnerabilidad frente a distintos escenarios climáticos bajo tres modelos de gestión. El modelo PICUS es un modelo híbrido que combina la aproximación de los modelos de bosquetes pequeños con la de los modelos de procesos ecofisiológicos (Sección 9.6), ya que la producción primaria se estima a partir de la radiación fotosintéticamente activa.

Otros modelos a escalas mayores, regional o incluso global, siguen objetivos similares a los modelos de bosquetes pequeños, como, por ejemplo, Box y Meentemeyer (1991). Estos enfoques a mayor escala establecen relaciones estadísticas entre el clima regional y el tipo de vegetación. Para unas condiciones climáticas determinadas se puede predecir, a escala regional a global, el correspondiente bioma, es decir, las condiciones de crecimiento. Este tipo de modelos proveen algunos de los enfoques más robustos acerca del desarrollo de la vegetación y el crecimiento forestal (ver Figura 9.2) y se han mostrado especialmente importantes en el contexto de la investigación de los impactos del cambio climático.

9.6 Modelos de procesos

Caja 9.4 Procedimiento para la selección de competidores en índices de competencia dependientes de la distancia

Básicamente, se utilizan cuatro métodos para seleccionar los vecinos que se consideran competidores del árbol objetivo y, por lo tanto, que se incluyen en el cálculo del índice de competencia.

Radio: Una primera posibilidad es colocar un círculo con un radio fijo r alrededor del árbol central u objetivo j e incluir en el cálculo de la competencia aquellos vecinos $i = 1... \ n$ cuya distancia DIST_{ij} al árbol objetivo sea menor que el radio de búsqueda r. Hegyi (1974) establece un radio de $r = 10$ pies, lo que corresponde a 3,48 m, en el índice de competencia DCI en su modelo de árbol individual dependiente de la distancia para rodales de *Pinus banksiana*.

$$\text{DCI}_j = \sum_{i=1 \ \ i \neq j}^{n} \left(\frac{d_i}{d_j} \times \frac{1}{\text{DIST}_{ij}} \right)$$

Siendo d_j el diámetro del árbol objetivo d_i el de sus vecinos y DIST_{ij} las distancias entre el árbol j y sus vecinos i, con $i = 1... \ n$, los pies que se encuentran dentro del círculo de búsqueda de radio 3,4888 m alrededor del árbol j (Figura 9.21a). Si en el cálculo del radio de búsqueda de los competidores no se incluyen el diámetro del árbol objetivo y de sus vecinos ni las distancias entre los árboles, como en este método, se tiene el inconveniente de que no se considera el aumento característico en la necesidad de espacio a medida que aumentan el tamaño y la edad de los árboles.

Superposición de copas: Un segundo grupo de métodos utilizados por Bella (1971), Alemdag (1978) y Pretzsch (1992a), entre otros, considera como competidores a aquellos vecinos cuyas copas reales, potenciales o superficies de crecimiento calculadas se superponen con las del árbol objetivo (Figura 9.21b). Por ejemplo, si se utilizan los radios de copa reales del árbol objetivo y los vecinos (rc_j y rc_i) en la selección, un árbol se considera competidor si $\text{DIST}_{ij} < (\text{rc}_i + \text{rc}_j)$.

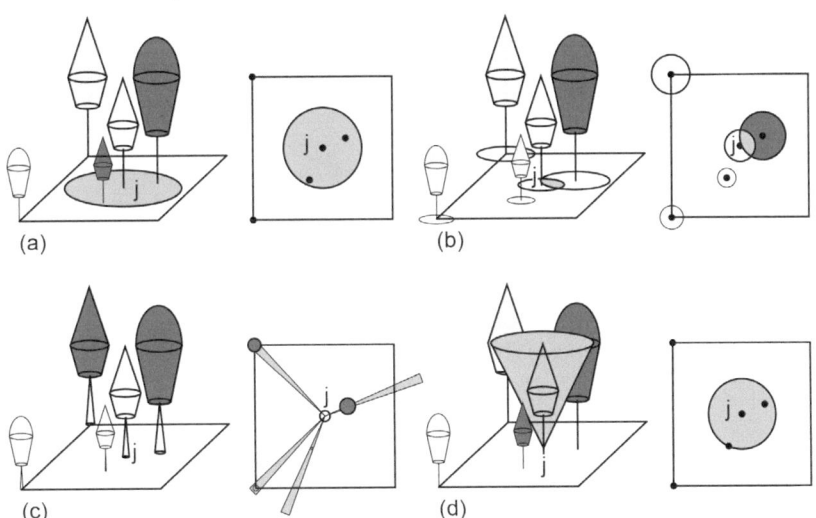

(a) (b) (c) (d)

Figura 9.21 Métodos para seleccionar los competidores del árbol objetivo j, ilustrados con alzados (izquierda) y mapas de proyección de copa (derecha). Selección de competidores a través de un radio de búsqueda fijo alrededor del árbol j (a), superposición de copas (b), recuento de ángulos horizontales y verticales (c y d, respectivamente). Se muestran el árbol objetivo j (blanco), los competidores seleccionados por el método respectivo (gris oscuro) y los árboles no seleccionados (gris claro).

Si no se dispone de los tamaños de copa reales se puede usar el radio de copa potencial en el test, para lo que se requiere de una función derivada de árboles solitarios o de pies dominantes que produzca el radio de copa potencial rc_{pot} en función del diámetro o la altura del árbol (Condés y Sterba 2005). Para ello, se suele establecer una relación alométrica (por ejemplo, $\ln(rc_{pot}) = a + b \times \ln(d)$) (Pretzsch 1992). A continuación, el competidor se selecciona en función de los radios de copa potenciales del árbol objetivo j y el vecino i ($(rc_{pot})_j$ y $(rc_{pot})_i$, respectivamente).

Recuento de ángulos horizontales: Si se utiliza como método de búsqueda el conteo relascópico según Bitterlich (1952) (Figura 9.21c), los competidores se seleccionan en función de su distancia y diámetro. Así, un árbol se incluye como competidor en el cálculo del índice de competencia si su distancia $DIST_{ij}$ al árbol objetivo $DIST_{ij} < d_i * \frac{50}{\sqrt{GF}}$. Al igual que con la comprobación del árbol en el límite del muestreo relascópico, el diámetro d_i del vecino i que se va a evaluar se multiplica por el factor $\frac{50}{\sqrt{GF}}$. Para los factores de área basimétrica o factores de proporcionalidad (GF) más utilizados 1, 2 y 4, las distancias límite hasta las cuales los árboles se consideran competidores son $50,00 \times d_i$, $35,36 \times d_i$ y $25,00 \times d_i$, respectivamente. Los factores de área basimétrica 1, 2 y 4 corresponden a ángulos de apertura de 1,15, 1,62 y 2,30°, de modo que con factores de conteo y ángulos pequeños se incluyen muchos vecinos como competidores, mientras que con factores de conteo y ángulos críticos grandes solo unos pocos árboles cumplen los criterios para la inclusión en el grupo de competidores (Lorimer 1983, Tomé y Burkhart 1989).

Conteo de ángulo vertical: Pukkala y Kolström (1987), Pukkala (1989), Biging y Dobbertin (1992) y Pretzsch (1995) transfieren este principio de selección del conteo de ángulos orientado horizontalmente a un procedimiento de selección vertical dependiendo de la altura del árbol de los competidores. Para ello, se coloca un cono invertido de búsqueda en el árbol objetivo j al nivel de la base del tronco (Figura 9.21d). Si el ancho de apertura del cono de búsqueda es β, entonces el ángulo α entre el suelo de la masa en proyección horizontal y la generatriz del cono de búsqueda es $\alpha = 90 - \beta/2$. Los vecinos se consideran competidores si sus copas intersectan el cono de búsqueda, es decir, $DIST_{ij} < h_i \times \frac{1}{\tan \alpha}$. Si la punta del cono de búsqueda no está colocada a la altura de la base del fuste, sino a la altura de la base de la copa del árbol central hbc_j, un vecino con la altura del árbol h_i se considera como competidor si $DIST_{ij} < (h_i - hbc_j) \times \frac{1}{\tan \alpha}$. La correlación entre el índice de competencia y el incremento anual en área basimétrica de los árboles de estudio puede servir como criterio para la selección de las alturas iniciales y los ángulos de apertura del cono de búsqueda más adecuados.

Por ejemplo, según Bachmann (1998), en bosques mixtos de montaña en Baviera las correlaciones más elevadas se dan cuando la altura inicial del cono de búsqueda de píceas, abetos y hayas es del 50 %, 10 % o 70 % de la altura del árbol desde el suelo. El ángulo de apertura óptimo es de 20 a 60° en la juventud y de 60 a 100° en la madurez.

Figura 9.22 Diagrama de sistema del modelo TREEDYN3 de Bossel (1994, p. 10) con los flujos de carbono más importantes. Las variables de estado se representan como rectángulos y los procesos como óvalos. Las flechas anchas y sólidas representan los flujos de carbono, y las flechas estrechas representan otras relaciones entre las variables del sistema. La fotosíntesis depende, entre otros factores, de la radiación, la temperatura, el suministro de nutrientes y la deposición de contaminantes. Los productos generados se asimilan en el crecimiento de hojas, raíces, frutos y madera. Dependiendo de la situación competitiva del árbol, expresada por la densidad de la masa, se modula el incremento de la altura dominante y/o del diámetro. Entre la biomasa formada en hojas y acículas y la cantidad de radiación solar suministrada en el dosel de copas existe una retroalimentación. Las pérdidas de carbono son causadas por la respiración, la caída de hojas y ramas y el aprovechamiento de la madera. Los procesos de descomposición fijan el carbono en el humus o lo liberan como CO_2.

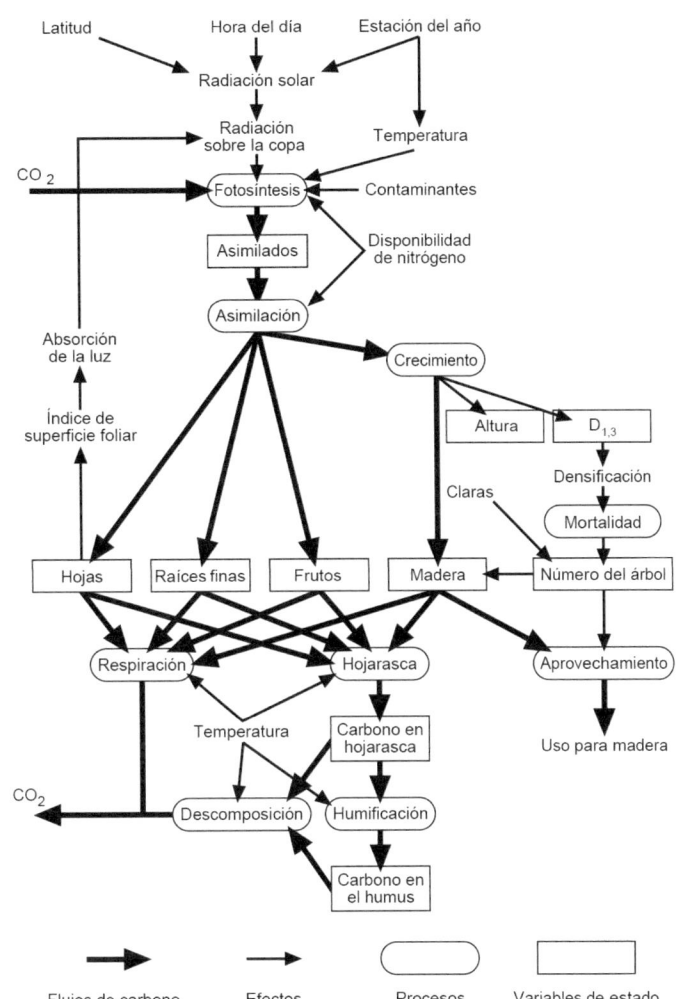

ecofisiológicos

9.6.1 Aumento de la correspondencia entre el modelo y la realidad

Los modelos de procesos ecofisiológicos simulan el crecimiento de árboles y masas forestales con una resolución tan alta que pueden basarse en relaciones físicas, químicas y ecofisiológicas. La característica principal de todos los modelos presentados hasta ahora es que la parametrización, basada en la adaptación estadística a los datos empíricos, se produce en el trasfondo del modelo y las diferencias entre los métodos vienen principalmente dadas por la forma en que se tiene en cuenta la interacción de los diferentes factores ambientales con los procesos vitales. Por ejemplo, el incremento del diámetro en las tablas de producción para el árbol tipo se modeliza a partir de la relación estadística entre el diámetro, la edad y la clase de altura dominante (calidad de estación) (Sección 9.1.1). Los modelos de árbol individual modelizan el incremento del diámetro de forma individual según las características de la masa, el árbol y el sitio. Sin embargo, en los modelos basados en procesos ecofisiológicos el crecimiento se calcula sobre la base de la fotosíntesis, la respiración y la asimilación, es decir, los procesos y flujos de materia que ocurren en las hojas, troncos, ramas y raíces y entre estos órga-

562 | 9 Modelos de crecimiento forestales

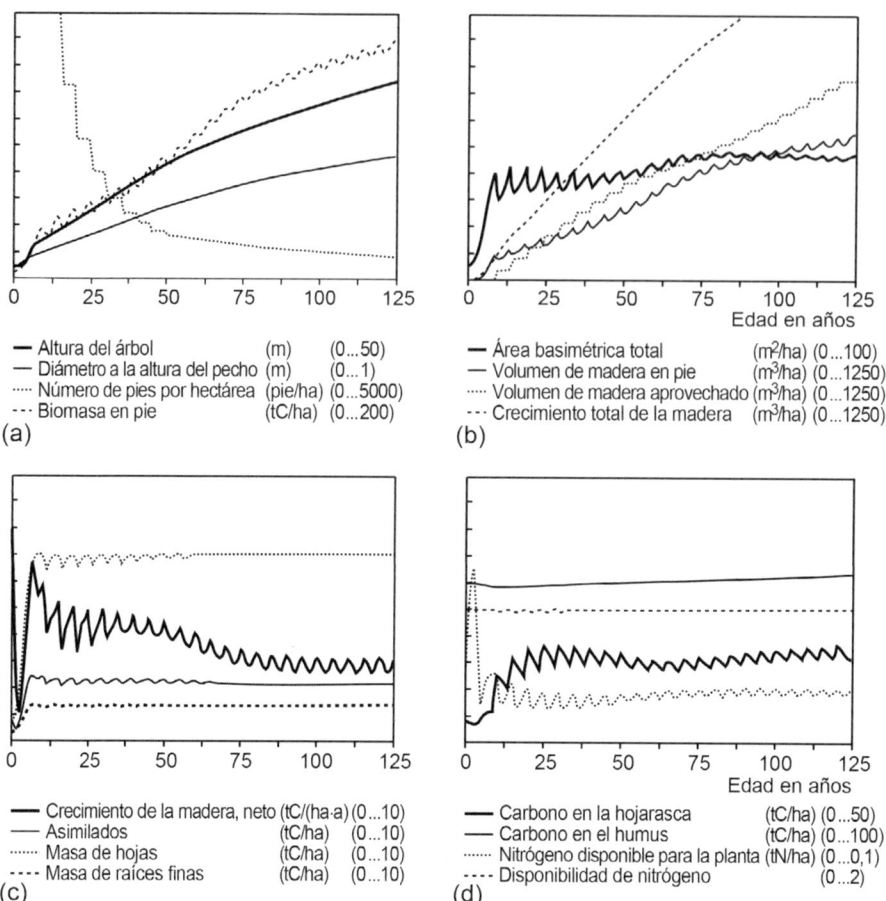

Figura 9.23 Simulación del crecimiento de masas de pícea con una calidad de estación I y régimen de claras moderado según Wiedemann (1936/1942) con TREEDYN3 (según Bossel 1994, p. 100). Se muestran las series temporales para las variables de producción de la masa y variables de suelo hasta la edad de 125 años.

nos y el entorno o medio ambiente. En la construcción de modelos ecofisiológicos, el enfoque ya no se centra en las relaciones estadísticas entre las variables de producción, sino que realmente subyacen en el sistema de mecanismos ecofisiológicos del árbol (Thornley 1976). Por esta razón, en estos modelos se pueden considerar efectos combinados sobre los cuales no existe o no hay suficiente experiencia empírica a largo plazo. Suponiendo que las propiedades fisiológicas básicas de las plantas no cambian, los resultados de experimentos a corto plazo se pueden utilizar para predecir reacciones en el crecimiento a largo plazo. Los modelos de procesos ecofisiológicos pueden tener en cuenta los efectos de la mezcla de especies, o si incluyen cómo la mezcla modifica las condiciones de crecimiento inherentes de la planta, que caracteriza el proceso ecofisiológico y determina la estructura del árbol y de la masa (ver Caja 9.1).

A continuación, se muestran los resultados de una simulación realizada con el modelo TREEDYN3 de Bossel (1994) para ilustrar el funcionamiento y grado de detalle de los modelos de procesos o modelos ecofisiológicos. En este modelo se hace la abstracción del desarrollo de la masa mediante un árbol tipo y su crecimiento se estima en función de la radiación, la temperatura y el suministro de nutrientes, así como del efecto de las perturbaciones sobre la fijación de carbono en hojas, raíces finas, frutos y madera (Figura 9.22).

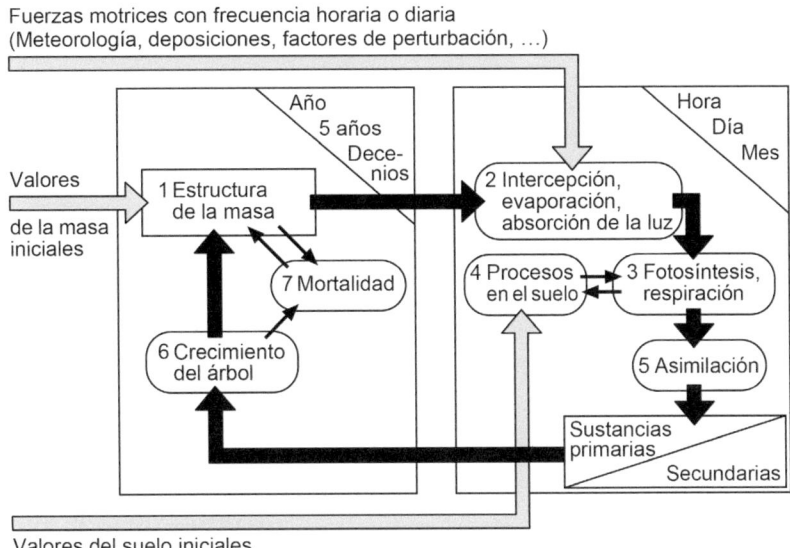

Figura 9.24 Procesos básicos de los modelos de procesos ecofisiológicos (óvalos) y su cálculo con una resolución temporal diaria o anual (cuadro derecho o izquierdo). Se destacan el ciclo de control de la estructura de la masa → fotosíntesis→ respiración→ asimilación→ crecimiento del árbol→ estructura de la masa y los pasos de cálculo de (1) a (7) (modificados según Bellmann et al.1992).

La Figura 9.23a muestra la típica reducción en el número de pies por hectárea causada por la mortalidad y por las claras para una masa de pícea con calidad de estación I y un régimen de claras moderado. Estas extracciones cíclicas tienen como resultado una trayectoria oscilante de la biomasa de la madera en pie. A partir de la edad de 50 a 60 años, tras la finalización de las claras y la diferenciación social, la biomasa de la madera en pie aumenta por encima del promedio, y el crecimiento en diámetro y altura aumentan junto al aumento de la espesura de la masa. La Figura 9.23b muestra la trayectoria temporal de los parámetros de producción por hectárea (área basimétrica y volumen en pie, volumen extraído y volumen total), donde se puede observar la trayectoria en diente de sierra típica del área basimétrica en una masa con tratamientos de claras regulares. Los tratamientos selvícolas generan a su vez dientes de sierra en las trayectorias de la biomasa de hojas y raíces finas (Figura 9.23c). Tras las claras, los dientes de sierra en la trayectoria del área basimétrica son menores y debidos a pequeñas pérdidas por mortalidad, que se refleja en una acumulación sincrónica de la masa de hojas y raíces finas que determina un límite superior dependiente de las condiciones del sitio. Aunque la cantidad asimilada, tras una fase inicial de crecimiento juvenil, se mantiene durante todo el período de crecimiento al mismo nivel, su distribución dentro del sistema sí cambia. En las primeras décadas, predomina el uso para el crecimiento en madera, mientras que en edades avanzadas se consumen cada vez mayores cantidades de asimilados para el mantenimiento de los órganos del árbol, ya que son cada vez mayores. Las claras y la mortalidad natural aumentan el volumen de carbono acumulado en la hojarasca, pero son apenas apreciables en los volúmenes de C en el humus (Figura 9.23d). El suministro disponible de nitrógeno para la planta, inicialmente alto, disminuye a lo largo de su vida debido a su incorporación en la materia orgánica, incluso considerando que, para un sitio dado, la disponibilidad de nitrógeno se mantiene en niveles óptimos durante todo el turno.

Además de predecir la producción de madera de árboles y masas forestales, los modelos de procesos ecofisiológicos también pueden ofrecer información sobre los ciclos de carbono, nitrógeno y agua, que sirven como apoyo en la toma de decisiones para una gestión integral de los ecosistemas fores-

9 Modelos de crecimiento forestales

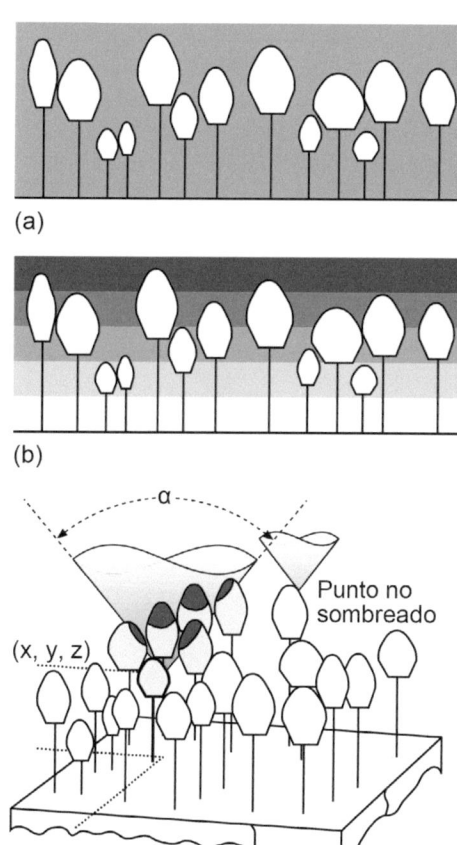

Figura 9.25 Los modelos de radiación representan el espacio ocupado por las copas como (a) un medio con una densidad foliar homogénea, (b) distinguen capas o estratos en el dosel con diferente densidad de acículas/hojas o (c) reproduce espacialmente la estructura existente de forma explícita. Para el último enfoque, Sloboda y Pfreundt (1989, p. 17/6) introdujeron el método del cono de luz, cuyo ancho está dado por el ángulo α, con el ápice en el punto (x, y, z). La masa de acículas/hoja presente dentro de este cono determina la intensidad de radiación en el punto (x, y, z).

tales. Sin embargo, este tipo de modelo requiere para su inicialización de información detallada sobre la masa, las condiciones del sitio y el clima, por lo que su aplicación en la práctica forestal no es frecuente. Hasta el momento, suponen más bien una herramienta de investigación para una mejor comprensión de las relaciones causa-efecto entre los factores del sitio, las perturbaciones y la dinámica de la masa. El creciente aumento de perturbaciones, como el aumento de la deposición de nitrógeno y de la concentración de CO_2 en el aire, y del decaimiento de los sistemas forestales como consecuencia del cambio climático, han conllevado un nuevo impulso en el desarrollo de modelos de procesos, con el fin de mejorar el conocimiento del funcionamiento de los sistemas forestales y mejorar las predicciones futuras en un ambiente cambiante. Estos modelos permiten reproducir teóricamente los efectos, y combinaciones de efectos, de distintos factores del medio para los cuales aún no existe validación experimental.

9.6.2 Modelización de los procesos básicos en modelos ecofisiológicos

9.6.2.1 El ciclo regulador de la estructura forestal: fotosíntesis, respiración, asimilación, crecimiento del árbol, estructura de la masa

Los procesos básicos incluidos en la mayoría de los modelos ecofisiológicos incluyen la absorción de la radiación, la intercepción de la precipitación, la evapotranspiración, la absorción de nutrientes, la fotosíntesis, la respiración, la asimilación de carbono, la senescencia y la mortalidad. Estos procesos básicos se calculan en los modelos de procesos ecofisiológicos a diferentes escalas temporales y espaciales. En el diagrama de sistema que se muestra en la Figura 9.24 se representan los pasos de (1) a (7) para explicar el funcionamiento básico de un modelo de procesos.

1. Se parte de los valores iniciales de la masa, por ejemplo, diámetros, alturas, dimensiones de las copas y posiciones de los pies, que reproducen la estructura de la masa. En este punto se pueden hacer distintas suposiciones. Por ejemplo, se puede asumir que el espacio está ocupado por las copas de una manera homogénea, que hay una diferenciación de capas con distinta densidad de acículas/hojas, o asumir una réplica espacial explícita en tres dimensiones en la que para cada árbol se identifica la constelación de crecimiento (Figura 9.25a-c).

2. Usando como base el patrón de ocupación del espacio por la masa según las suposiciones en (1), se reproducen las características de las fuerzas motrices (radiación, condiciones meteorológicas, deposiciones, etc.) en el dosel de copas, con resoluciones temporales de una hora, un día o un mes según el modelo.

3. Los procesos de absorción de radiación, intercepción, evapotranspiración y deposición por el dosel de copas entran en juego para reproducir las características de las fuerzas motrices dentro del dosel.

4. La modelización de la fotosíntesis y la respiración se basa en la información sobre las fuerzas motrices, modificadas por la estructura de la masa, y la disponibilidad de nutrientes y agua en el suelo.

5. El proceso de asimilación distribuye la producción neta al metabolismo primario (raíces, madera, frutos, hojas y acículas) y al metabolismo secundario (resistencia, defensa, sanación de heridas).

6. A partir de la cantidad de carbono acumulado dentro de un año, se reproduce el crecimiento del árbol en intervalos anuales o de cinco años. Este proceso se puede hacer modelizando un árbol promedio, representando clases diamétricas, o reproduciendo explícitamente la estructura espacial de todos los árboles que conforman la masa (ver Sección 9.6.4).

7. Con la reproducción de la mortalidad natural, se conocen todos los parámetros para actualizar la estructura de la masa tras el intervalo de proyección. La estructura actualizada define las condiciones de los procesos físicos y fisiológicos para el período siguiente (→1).

Los cambios en la estructura espacial se actualizan cada año. Los procesos físicos y ecofisiológicos se computan por horas o días, de modo que también se pueden simular las consecuencias de eventos a corto plazo (períodos secos, heladas, inmisiones). La renuncia a una actualización de la estructura a intervalos de una hora o un día queda justificada, ya que la estructura de la masa y las características de las fuerzas motrices modificadas por ella cambian lentamente. Por ejemplo, para un abeto situado en el sotobosque de una masa irregular, la situación competitiva apenas cambia si una pícea vecina dominante crece 5 cm en la primavera. La secuencia de pasos (1, 2, 3, 5, 6, 1) representa el ciclo de control resaltado en la Figura 9.24 con flechas negras anchas, que permite reproducir las consecuencias que la extracción de pies durante las claras, la defoliación por insectos, etc. tienen para el sistema en su conjunto. A través de los cambios lentos en la macroestructura se fija el marco de condiciones y el orden de los parámetros para los procesos con una resolución espacial y temporal más elevada.

9.6.2.2 Procesos básicos, físicos, bioquímicos y fisiológicos

Para la modelización de estos procesos y de su dependencia de las condiciones ambientales, se presentan a continuación algunos enfoques suficientemente constatados. Otros procesos (por ejemplo, la determinación de la senescencia de las raíces según la humedad del suelo) y la descripción detallada de las condiciones ambientales (por ejemplo, la diferenciación de la radiación en componentes difusos y directos o por longitudes de onda) solo se modelizan de manera explícita en los modelos de procesos excepcionalmente. A menudo, se carece del conocimiento necesario sobre algunos procesos o no se justifica el esfuerzo computacional con la ganancia de precisión en los escenarios y predicciones. La siguiente introducción se limita a los procesos básicos que son directamente responsables de la producción de biomasa y del crecimiento del fuste y su modelización. Los parámetros de entrada y salida de los submodelos presentados pueden corresponder a modelos de balance de agua, de balance de nutrientes, de control de plagas o de entrada de contaminantes, que se acoplan al modelo de los procesos básicos a través de interfaces apropiadas.

Dado que la fotosíntesis está determinada esencialmente por la radiación absorbida, es especialmente importante la reproducción de las condiciones de radiación incidente en el dosel de copas. Éstas se reproducen según la ley de Lambert-Beer, donde la intensidad de la radiación en el espacio de la copa se calcula en función de la intensidad de radiación sobre el espacio de la copa, la biomasa en sombra y el coeficiente de extinción en el dosel de copas.

La intercepción representa la cantidad de precipitación retenida por el dosel y se calcula utilizando la aproximación siguiente: Intercepción= f(cantidad de precipitación, densidad de la masa, índice de superficie foliar, evaporación).

La determinación de la evaporación es necesaria, tanto para la estimación de la intercepción como para la cuantificación del estrés hídrico que sufre una planta. La evapotranspiración varía en función de la humedad del aire, la radiación, la densidad y calor específico del aire, el déficit de saturación del vapor de agua, la resistencia del aire, la constante psicométrica, resistencia superficial de la copa, etc. En la mayoría de los modelos de procesos ecofisiológicos se utiliza la fórmula de Penman-Monteith (Monteith 1965, Penman y Long 1960).

La fotosíntesis describe la síntesis de materia orgánica a través de la acción de la radiación y, por lo tanto, representa el proceso central de la fisiología vegetal. A continuación, se presentan varios enfoques que se diferencian por su nivel de abstracción, a nivel bioquímico y en base a las curvas de reacción a la radiación. En el enfoque bioquímico, la relación fotosíntesis bruta = f (velocidad de carboxilación, tasa de regeneración de la enzima RuBisCo) explica la asimilación en base a los procesos bioquímicos a nivel celular. En la modelización basada en curvas de reacción a la radiación, la fotosíntesis bruta se calcula como una función directa de la radiación a través de la relación fotosíntesis bruta = f (fotosíntesis máxima, radiación fotosintética, superficie foliar).

Las curvas de reacción de las mediciones de la fotosíntesis se modelizan generalmente sin tener en cuenta lo procesos bioquímicos (Monsi y Saeki 1953). En los modelos actuales, factores como el contenido de CO_2, el suministro de nutrientes, la temperatura y la resistencia estomática se introducen mediante la modificación de la tasa fotosintética máxima. Esta aproximación es similar a la explicada para la modelización del crecimiento en diámetro, en la que se parte de un crecimiento potencial que se reduce según las condiciones de crecimiento del árbol (competencia, ambiente, etc.) (Sección 9.4.2).

La modelización de la respiración diferencia normalmente entre tres tipos diferentes de liberación de CO_2. La respiración oscura de los tejidos fotosintéticamente activos se considera explícitamente solo en los modelos que representan la fotosíntesis en intervalos de tiempo cortos. La respiración de crecimiento, que es la energía necesaria para construir nuevos tejidos, generalmente se modeliza mediante deducciones constantes de la producción primaria o del crecimiento de los órganos. La respiración de mantenimiento, descrita como una función dependiente de la temperatura y el suministro de nutrientes, es consecuencia del metabolismo en los órganos vivos. Esta última cobra especial relevancia en la síntesis de biomasa en organismos que tienen comparativamente una vida larga, como son los árboles.

9.6.2.3 Asimilación de recursos.

La asimilación de carbono en el árbol se describe en los modelos de procesos a nivel de rodal o árbol individual, en intervalos de tiempo anuales de acuerdo con uno de los tres siguientes enfoques.

En el primer enfoque se asume una distribución del carbono disponible para el crecimiento de los órganos de la planta bien fija, o bien según proporciones alométricas constantes. En el caso de que haya muchos cambios en la forma del individuo, se asume que las tasas de crecimiento relativo de los órganos son diferentes entre sí, pero con proporciones constantes entre sí o con la tasa de crecimiento de todo el organismo (Bertalanffy, 1951). Biométricamente, esta relación de las tasas de crecimiento constantes entre sí se puede expresar mediante $\frac{dy}{dt} \times \frac{1}{y} / \frac{dx}{dt} \times \frac{1}{x} = a$, donde y es la dimensión de un primer órgano y x es la de un segundo órgano o la de todo el organismo. En el numerador, esta fórmula contiene la tasa relativa de crecimiento de un primer órgano y en el denominador la tasa relativa de crecimiento de otro órgano o de todo el organismo. El valor a indica la relación de las tasas de crecimiento de y y x y se denomina como constante alométrica. Esta fórmula puede transformarse en $\frac{dy}{y} = a \cdot \frac{dx}{x}$, y a través de la integración, se puede derivar la fórmula de crecimiento alométrico $y = b \cdot x^a$, que mediante una transformación logarítmica resulta en $\ln(y) = \ln(b) + a \cdot \ln(x)$. La constante de integración b define el valor de y para $x = 1$. El coeficiente alométrico a denota la pendiente de las curvas alométricas que cuando se representa en un sistema de coordenadas doble logarítmicas, son líneas rectas. Si el valor de y crece más rápido que x, entonces $a > 1$ y hablamos de alometría positiva. Si $a = 1$, el crecimiento es isométrico, es decir, las proporciones de la forma original se mantienen sin cambios según crece el organismo. Si la constante alométrica $a < 1$, hablamos de alometría negativa, el valor de y se mantiene por debajo de x y el crecimiento relativo disminuye (Sección 2.1.4).

El segundo enfoque no asume una distribución de los fotosintatos fija, sino asume que se distribuyen de modo que se logre un cierto óptimo con respecto a una serie de estructuras y funciones definidas previamente. La optimización se lleva a cabo, bien mediante una lista de prioridades en la distribución de los fotosintatos, ordenada jerárquicamente y disponible como un sistema de control, o bien mediante el método de equilibrio funcional, en el que se distribuyen de manera que todos los órganos cumplen su función de la mejor manera posible. Por ejemplo, según la teoría *pipe model*, por la que por cada unidad de superficie foliar funcional hay un área de superficie conductora funcional fija, es decir, hay una relación constante.

Un último método modeliza el reparto de los fotosintatos a partir de sus concentraciones en los órganos fuente y la fuerza de su demanda en los órganos sumidero, así como de las resistencias de transporte (Thornley 1991). En este enfoque, la tasa de transporte de fotosintatos o nutrientes depende de la conductancia y el gradiente de sus concentraciones en los órganos i y j, respectivamente, y por lo tanto también de la posición relativa de cada órgano. Debido al alto esfuerzo que requiere la determinación de los parámetros para este tipo de enfoques y a la incertidumbre acerca de la variabilidad de las conductancias, todavía no se afianzado la aplicación de este método en los modelos de crecimiento forestales.

9.6.2.4 Mortalidad

En los modelos de procesos ecofisiológicos se puede reflejar la muerte de órganos individuales asumiendo una longevidad definida, que puede reducirse debido a factores de estrés. Los factores de estrés incluyen temperatura (Thornley 1991), disponibilidad de agua (Zhang et al. 1994) o contaminación (Bellmann et al. 1992, Mohren y Bartelink 1990). El tipo de descripción de la senescencia que se utiliza en los distintos modelos está estrechamente relacionado con el modelo de asimilación utilizado. Por ejemplo, al introducir un aumento en la senescencia producido por un cambio en el ambiente en modelos que tienen una estructura de asimilación relativamente inflexible, se pueden inducir cambios estructurales más fuertes que en modelos que pueden compensar el aumento de las pérdidas producidas en una parte (órgano, individuo) mediante una asignación proporcional en esta dirección.

Un enfoque mecanicista para modelizar la muerte de árboles enteros en modelos ecofisiológicos se basa en la relación entre los procesos de asimilación y gasto a nivel de árbol. Por ejemplo, la diferencia entre la fotosíntesis neta y la respiración de mantenimiento para un período de tiempo dado resulta en un valor característico para el balance de producción, con el cual se puede medir la vitalidad del individuo y con este controlar la mortalidad.

La disminución en el número de pies en todo el rodal también se puede modelizar mediante las leyes de autoaclareo de Yoda et al. (1963) y Reineke (1933). Como se explica en Pretzsch (2000, 2001), la ley de los 3/2 encontrada por Yoda et al. (1963) para plantas herbáceas $\ln(\overline{m}) = \ln(a) - \frac{3}{2} \times \ln(N)$ puede transferirse a árboles mediante relaciones alométricas, resultando en la ley de Reineke (1933) para masas forestales. Según Yoda et al. (1963), la recta de auto-aclareo, expresada como el logaritmo de la biomasa media $\overline{m}$ frente al logaritmo del número de pies por unidad de área N, queda definida con el parámetro específico para especie y sitio, a, y una pendiente de -3/2 constatada para muchas especies. Por transformación, el número de pies por unidad de área N resulta en $N = e^{\left(\frac{\ln(\overline{m})-\ln(a)}{-\frac{3}{2}}\right)}$, siendo función de la biomasa media, es decir, un valor que está disponible en muchos modelos ecofisiológicos. Sobre la base de esta relación, se puede calcular el número de pies esperado y eliminar el colectivo de individuos sometidos a la mayor presión competitiva del número real con el fin de que se obtenga este número esperado, y así determinar la mortalidad.

9.6.3 Derivación de parámetros forestales

A partir de la masa de carbono m que se acumula en un compartimento específico del sistema, en concreto en el fuste, que en los modelos ecofisiológicos se estima con una resolución temporal alta, se calculan el diámetro normal y la altura del árbol para cada intervalo de simulación, por ejemplo, en periodos de 1 o 5 años. Si se conocen estos valores dendrométricos, se puede actualizar cíclicamente la estructura de la masa (ver Figura 9.10). El volumen del árbol $v = \frac{m}{r \cdot k}$ resulta de la cantidad de carbono acumulada m, el cociente k = contenido del cociente carbono / materia seca, que generalmente se establece en 0,5 (vea el Capítulo 2, Sección 2.5.3) y la densidad de madera específica del árbol r. El diámetro del árbol $d = \sqrt{\frac{v \times 4}{f_{1,3} \times \pi \times h}}$ se puede calcular a partir del volumen de madera acumulado en el fuste v, el factor de forma $f_{1,3}$ y la altura del árbol h. Un problema es que en muchos modelos ecofisiológicos todavía no es posible explicar causalmente el desarrollo de la altura de un árbol (Hauhs et al. 1995, Mäkelä y Hari 1986, Pfreundt 1988, Sloboda y Pfreundt 1989). La altura o el crecimiento en altura se derivan, de igual manera que en los modelos de árbol individual, es decir, a partir de un crecimiento potencial en altura para cada edad, o bien se omite su estimación y se calcula el diámetro suponiendo factores de forma y valores h/d constantes, tal que $\frac{q_h}{d} = \frac{h}{d}$. El volumen del fuste ($v = d^3 \times \pi \times 4 \text{ x } h \times f_{1,3}$) se puede obtener a partir de $v = d^3 \times \pi \times 4 \times q_{h/d} \times f_{1,3}$ y el diámetro normal como $d = \sqrt[3]{\frac{v \times 4}{f_{1,3} \times \pi \times q_{h/d}}}$. A pesar del inconveniente de que un valor h/d constante no puede ser válido para todos los pies o para simulaciones temporales largas, presentan la ventaja frente a los modelos empíricos de que consiguen una derivación mecanicística del incremento dimensional del árbol en función del incremento de la biomasa.

9.6.4 Resumen de la tipología de los modelos

Según la aproximación a los parámetros forestales clásicos *e.g.* diámetro normal, altura, volumen del fuste, los modelos ecofisiológicos se pueden clasificar en los siguientes cuatro grupos.

Un primer grupo de modelos reproduce la producción de biomasa de la masa sin distribuirla a árboles u órganos individuales. Como ejemplo de este tipo de modelos se pueden citar los modelos FOREST-BGC de Running y Coughlan (1988), FINNFOR de Kellomäki et al. (1993), el modelo de Zhang et al. (1994), SOILN-FORESTSR de Eckersten (1994), FORSVA de Arp y Oja (1997), 3PG de Landsberg y Waring (1997).

Más cerca de variables que se pueden usar en selvicultura, están los modelos que simulan el crecimiento de un árbol tipo representativo y lo extrapolan al nivel de la masa. Los modelos de Mäkelä (1986), FORGRO de Mohren (1987), TREGROW de Weinstein et al. (1991), ITE Forest Model por Thornley y Cannel (1992), SIMFORG por Nikinmaa y Hari (1990), el modelo de crecimiento de Perttunen et al. (1998), TREEDYN3 de Bossel (1994), FAGUS de Hoffmann (1995) y FORSANA de Grote y Erhard (1999) eligen este enfoque.

Un tercer grupo aproxima el desarrollo de la masa también a través de árboles medios, pero relaciona estos árboles medios a bosquetes pequeños en vez de a toda la masa. Estos incluyen los modelos FORCYTE de Kimmins et al. (1990) y 4C por Bugman et al. (1997). De manera análoga, puede aproximarse el desarrollo de la masa a partir de las clases diamétricas, como el modelo GOTILWA+ (Nadal-Salas et al. 2013).

Un cuarto grupo se puede resumir como modelos que estiman el crecimiento de la masa a partir de procesos a nivel de órgano o árbol individual. Los modelos de Sloboda y Pfreundt (1989), TREE-BGC de Korol et al. (1996), FORMIND de Köhler y Huth (1998) y COMMIX de Bartelink (2000) representan esta línea de investigación y desarrollo.

En España, el mejor ejemplo de modelos de procesos es el modelo GOTILWA+, que es un modelo de procesos para masa monoespecíficas mediterráneas que simula los flujos de carbono y de agua. En este modelo el reparto de fotosintáticos se realiza por un conjunto de criterios jerarquizados (reservas de carbono móvil, restauración de hojas y raíces perdidas, albura y nuevas hojas y raíces), además de considerar el equilibrio entre órganos según la teoría *pipe model*.

La designación de modelos de masas forestales con base ecofisiológica como modelos de procesos puede ser engañosa en la medida en que, por supuesto, todos los modelos de crecimiento forestal describen procesos. La transición desde tablas de producción, pasando por modelos de sucesión hasta modelos de crecimiento ecofisiológicos, simplemente refina la escala temporal y espacial de los procesos modelizados (ver Figura 9.2). Un aumento en la fidelidad de la estructura y la mecánica en la abstracción del sistema no aumenta necesariamente el realismo de los resultados en las simulaciones de tales modelos. Los modelos de procesos ecofisiológicos todavía contienen muchas hipótesis no demostradas, como el crecimiento de la raíz o la distribución de asimilados en hojas, acículas, ramas, tronco y raíces, y tampoco están exentos de requerimientos estadísticos, por lo que en cierto grado también son modelos 'empíricos'. La búsqueda excesiva de mucho detalle puede llevar a modelos que tengan tantos parámetros, a veces hipotéticos, que, bajo una complejidad cada vez mayor, sufren de diferente rigor y transparencia.

La abstracción del crecimiento de la masa forestal, basada en la fotosíntesis y la asimilación en los órganos, muestra un desglose mecanicista relativamente alto entre los distintos tipos de modelos de crecimiento forestal presentados aquí. Sin embargo, desde el punto de vista de la biología molecular, la cual se centra en el nivel celular, incluso un enfoque de este tipo podría considerarse irracional y simplista. En última instancia, todos los intentos de explicar estos procesos siguen siendo solo una aproximación gradual a los procesos subyacentes del biosistema y a sus estructuras. Si el enfoque de un modelo se considera descriptivo o explicativo es una cuestión relativa y depende esencialmente de la perspectiva del espectador y del nivel del sistema en el que opera (Berg y Kuhlmann 1993).

Mensajes clave

1. El desarrollo de los modelos forestales desde las tablas de producción para masas puras, los simuladores forestales a nivel de rodal, modelos de distribución de tamaños, modelos de árbol individual, modelos de bosquetes pequeños a modelos de procesos ecofisiológicos, así como aproximaciones híbridas, refleja el conocimiento progresivo de la dinámica de los árboles y de las masas forestales. Este desarrollo también representa el aumento de la comprensión forestal de la sostenibilidad, desde la producción sostenible de madera asociada a una superficie de aprovechamiento determinada, hasta un amplio espectro de procesos, funciones y servicios de los ecosistemas resultantes.

2. Un modelo es una abstracción de un sistema real. Los modelos de crecimiento forestal resumen las estructuras y procesos de las masas forestales con objetivos y propósitos específicos. Si un modelo se implementa en un programa informático, se crea un simulador que puede simular o describir el comportamiento del sistema con la ayuda de sistemas informáticos.

3. Al describir un modelo, tanto los elementos más importantes del sistema, como los enlaces del sistema y, en particular, las cadenas causales, se pueden considerar como hipótesis acerca de la estructura y el comportamiento del sistema real. La validación de los modelos y sus cadenas de hipótesis integradas se realiza mediante simulaciones y comparaciones con datos de medición reales. Los modelos promueven el progreso del conocimiento sobre la dinámica forestal.

4. Los modelos apoyan la toma de decisiones en la gestión forestal al poder simular el crecimiento de la masa rápidamente. Así, permiten describir los efectos a largo plazo de los tratamientos selvícolas, los cambios en las condiciones del sitio y las perturbaciones a nivel árbol, rodal, monte, grupo de montes o regional.

5. Con la construcción a fines del siglo XVIII de las tablas de producción, se crean los primeros modelos de crecimiento forestal, que simulan el desarrollo de la masa en base a valores medios o totales de las variables de masa. En las tablas de producción se tabulan los valores más importantes (número de pies, altura media, diámetro medio, área basimétrica, factor de forma, crecimiento corriente anual, productividad total y crecimiento medio) para masas puras bajo un tratamiento selvícola definido y en intervalos concretos, normalmente de cinco o diez años. Desde las tablas de experiencias, pasando por las primeras tablas de producción estandarizadas, las tablas de producción basadas en relaciones obtenidos por ajustes estadísticos, hasta las tablas complementadas con simuladores forestales, conforman la primera generación de modelos que ofrecen información básica para garantizar la producción sostenible de madera.

6. En los años 60 del siglo XX, se desarrolla una segunda generación de modelos, que produce no solo valores medios o totales de la masa, sino también valores de frecuencias de tamaños, de modo que es posible un mejor pronóstico del crecimiento y la estructura de la masa. Los modelos de proyección de clases de tamaños, incluidos los modelos matriciales, y los modelos basados en funciones de distribución cumplen este propósito ya que abstraen la dinámica mediante la migración de la distribución del número de pies por clase diamétricas a lo largo del eje temporal.

7. Los modelos de árbol individual eligen un grado de resolución mucho mayor en la abstracción y la modelización del sistema. Estos descomponen la masa en sus árboles individuales y reproducen su coexistencia como un sistema espacio-temporal. El nivel

de descripción se vuelve idéntico al nivel de la perspectiva biológica, y la unidad de información del modelo (el árbol individual) es idéntica al individuo como unidad básica de la masa. Al incorporar ciclos de retroalimentación entre la estructura de la masa y el crecimiento, los modelos de árbol individual presentan una mayor complejidad, pero también más flexibilidad que sus predecesores. Los modelos de árbol individual independientes y dependientes de la distancia incluyen enfoques que simulan la situación de la competencia sin tener o teniendo en cuenta el patrón de distribución espacial (coordenadas del pie, distancias a pie, dimensiones de la copa).

8. Al resumir y agregar los cambios de estado de todos los elementos constitutivos de la masa (árboles o clases de tamaño), los modelos de clases de tamaño, árbol individual o de procesos ecofisiológicos, que ofrecen una mayor resolución, también pueden proporcionar valores de la masa medios o totales relevantes para la selvicultura.

9. Los modelos de bosquetes pequeños o modelos de sucesión simulan el crecimiento de árboles individuales por sub-áreas (por ejemplo, tamaño del área = 100 m^2) en función de las condiciones de crecimiento del medio subyacentes. Al describir las relaciones entre las condiciones ambientales y el crecimiento, en parte de manera estadística y en parte ecofisiológica, se persigue un punto intermedio entre los modelos de árbol individual y los modelos de procesos ecofisiológicos. Estos modelos has sido probados en la investigación de fenómenos de competencia y sucesión en masas forestales gestionadas por métodos denominados como "próximos a la naturaleza".

10. Los modelos de procesos ecofisiológicos plantean la modelización del crecimiento de árboles y masas forestales a partir de procesos ecofisiológicos básicos como la absorción de radiación, la intercepción de precipitación, la evapotranspiración, la absorción de nutrientes, la fotosíntesis, la respiración, la asimilación, la senescencia y la mortalidad. En la medida de lo posible, se basan en relaciones básicas, físicas, químicas y ecofisiológicas generalmente válidas, de modo que la adaptación estadística a los resultados empíricos tiende a quedar atrás. Además de predecir el crecimiento de la madera de árboles y masas forestales, también proporcionan información sobre los ciclos de carbono, nitrógeno y agua, lo que permite una comprensión de la gestión integral de los ecosistemas forestales.

11. Debido a la necesidad de gran cantidad de datos de inicialización, de las series temporales de las fuerzas motrices y de potentes sistemas informáticos, los modelos de procesos ecofisiológicos han servido principalmente, hasta ahora, como herramienta de investigación. Sin embargo, en el futuro ganarán cada vez mayor importancia práctica, principalmente debido a la creciente necesidad de información sobre los ecosistemas forestales y su reacción a factores disruptivos. Esta demanda de conocimiento requiere un alto grado de complejidad y capacidad de extrapolación, que solo estos modelos pueden aportar.

12. Los modelos más recientes toman un curso intermedio entre los enfoques estadísticos y los basados en procesos. De este modo, incorporan procesos fisiológicos que ya se conocen lo suficientemente bien y se pueden formular algorítmicamente (por ejemplo, la fotosíntesis, la respiración, la transpiración), que se integran mecánisticamente en los modelos. Otros componentes del sistema que no se entienden completamente todavía (por ejemplo, la asimilación de sustancias en diferentes órganos, la mortalidad de los árboles, las interacciones entre la raíz y la micorriza) se reproducen estadísticamente, hasta que tales funciones se puedan entender, cuantificar y modelizar en términos mecanicísticos.

Referencias

Aber JD, Federer CA (1992) A generalized, lumped-parameter model of photosynthesis, evapotranspiration and net primary production in temperate and boreal forest ecosystems. Oecologia 92(4):463–474. https://doi.org/10.1007/BF00317837

Alemdag IS (1978) Evaluation of some competition indexes for the prediction of diameter increment in planted white spruce. Forest Management, Inst. Inf. rep. FMR-X-108, 39 p

Arney JD (1972) Computer simulation of Douglas-fir tree and stand growth. PhD thesis, Oregon State Univ, OR, 79 p

Arp PA, Oja T (1997) A forest soil vegetation atmosphere model (ForSVA), I: Concepts. Ecological Modelling 95(2):211–224. https://doi.org/10.1016/S0304-3800(96)00036-1

Asociación Alemana de Institutos de Investigación Forestal - Deutscher Verband Forstlicher Forschungsanstalten (2000) Empfehlungen zur Einführung und Weiterentwicklung von Waldwachstumssimulatoren. AFJZ 171(3):52-57

Assmann E (1961) Waldertragskunde. Organische Produktion, Struktur, Zuwachs und Ertrag von Waldbeständen. BLV Verlagsgesellschaft, München, Bonn, Wien, 490 p

Assmann E, Franz F (1963) Vorläufige Fichten-Ertragstafel für Bayern. Forstl Forschungsanst München, Inst Ertragskd, 104 p

Assmann E, Franz F (1965) Vorläufige Fichten-Ertragstafel für Bayern. Forstw Cbl 84(1):13–43. https://doi.org/10.1007/BF01872794

Bachmann M (1998) Indizes zur Erfassung der Konkurrenz von Einzelbäumen. Methodische Untersuchung in Bergmischwäldern. Forstl Forschungsber München 171, 261 p

Bailey RL, Dell TR (1973) Quantifying Diameter Distributions with the Weibull Function. Forest Science 19(2):97–104. https://doi.org/10.1093/forestscience/19.2.97

Bartelink HH (2000) A growth model for mixed forest stands. Forest Ecology and Management 134(1):29–43. https://doi.org/10.1016/S0378-1127(99)00243-1

Baur von F (1877) Die Fichte in Bezug auf Ertrag, Zuwachs und Form. Berlin: Springer-Verlag.

Bella IE (1971) A New Competition Model for Individual Trees. Forest Science 17(3):364–372. https://doi.org/10.1093/forestscience/17.3.364

Bellmann K, Lasch P, Schulz H, Suckow, F (1992) The PEMU forest decline model. In: Nilsson S, Salinas O, Duinker, PN (eds) Future forest resources of western and eastern Europe. Internat Inst Appl Sys Anal (IIASA), Austria, and Swedish Univ Agr Sci, 496 p

Berg E, Kuhlmann F (1993) Systemanalyse und Simulation für Agrarwissenschaftler und Biologen. Verlag Eugen Ulmer, Stuttgart, 344 p

Bergel D (1985) Douglasien-Ertragstafel für Nordwestdeutschland. Niedersächs Forstl Versuchsanst, Abt Waldwachstum, 72 p

Bertalanffy von L (1951) Theoretische Biologie: II. Band, Stoffwechsel, Wachstum, 2nd edn. A Francke AG, Bern, 418 p

Biber P (1996) Konstruktion eines einzelbaumorientierten Wachstumssimulators für Fichten-Buchen-Mischbestände im Solling. Ber Forschungszentrum Waldökosysteme, Univ Göttingen, Reihe A, vol 142, 252 p

Biging GS, Dobbertin M (1992) A Comparison of Distance-Dependent Competition Measures for Height and Basal Area Growth of Individual Conifer Trees. Forest Science 38(3):695–720. https://doi.org/10.1093/forestscience/38.3.695

Biging GS, Dobbertin M (1995) Evaluation of Competition Indices in Individual Tree Growth Models. Forest Science 41(2):360–377. https://doi.org/10.1093/forestscience/41.2.360

Bitterlich W (1952) Die Winkelzählprobe. Forstw Cbl 71:215-225

Bravo F, Álvarez-González JG, Río M del, Barrio-Anta M, Bonet JA, Bravo-Oviedo A, Calama R, Castedo-Dorado F, Crecente-Campo F, Condés S, Diéguez-Aranda U, González-Martínez SC, Lizarralde I, Nanos N, Madrigal A, Martínez-Millán FJ, Montero G, Ordóñez C, Palahí M, Piqué M, Rodríguez F, Rodríguez-Soalleiro R, Rojo A, Ruiz-Peinado R, Sánchez-González M de la O, Trasobares A, Vázquez-Piqué J, Bravo F, Álvarez-González JG, Río M del, Barrio-Anta M, Bonet JA, Bravo-Oviedo A, Calama R, Castedo-Dorado F, Crecente-Campo F, Condés S, Diéguez-Aranda U, González-Martínez SC, Lizarralde I, Nanos N, Madrigal A, Martínez-Millán FJ, Montero G, Ordóñez C, Palahí M, Piqué M, Rodríguez F, Rodríguez-Soalleiro R, Rojo A, Ruiz-Peinado R, Sánchez-González M de la O, Trasobares A, Vázquez-Piqué J (2012a) Growth and yield models in Spain: historical overview, contemporary examples and perspectives. Instituto Universitario de Investigación en Gestión Forestal Sostenible. http://sostenible.palencia.uva.es/content/growth-and-yield-models-spain-historical-overview-contemporary-examples-and-perspectives-0

Bravo F, Rodríguez F, Ordoñez C (2012b) A web-based application to simulate alternatives for sustainable forest management: SIMANFOR. Forest Systems 21(1):4–8. https://doi.org/10.5424/fs/2112211-01953

Bravo F, Fabrika M, Ammer C, Barreiro S, Bielak K, Coll L, Fonseca T, Kangur A, Löf M, Merganičová K, Pach M, Pretzsch H, Stojanović D, Schuler L, Peric S, Rötzer T, del Río M, Dodan M, Bravo-Oviedo A (2019) Modelling approaches for mixed forests dynamics prognosis. Research gaps and opportunities. Forest Systems 28(1):eR002. https://doi.org/10.5424/fs/2019281-14342

Bonnemann A (1939) Der gleichaltrige Mischbestand von Kiefer und Buche, Mitteilungen aus Forstwirtschaft und Forstwissenschaft, Hannover, Scharper Verlag, Vol. 10, 45 p

Bormann FH, Likens GE (1979) Pattern and process in a forested ecosystem. Springer-Verlag, New York, 253 p

Bossel H (1994) TREEDYN3 Forest simulation model. Ber Forschungszentrum Waldökosysteme, Univ Göttingen, Reihe B, vol 35, 118 p

Botkin DB, Jana JF, Wallis JR (1972) Some Ecological Consequences of a Computer Model of Forest Growth. Journal of Ecology 60(3):849–872. https://doi.org/10.2307/2258570

Box EO, Meentemeyer V (1991) Geographic modeling and modern ecology. In: Esser G und Overdieck D (Hrsg.): Modern Ecology. Basic and applied aspects, Elsevier, Amsterdam, S. 773-804

Bradley RT, Christie JM, Johnston DR (1966) Forest management tables. Her Majesty's Stationery Office, London, Forest Comm Booklet 16, 212 p

Bray JR (1956) Gap Phase Replacement in a Maple-Basswood Forest. Ecology 37(3):598–600. https://doi.org/10.2307/1930185

Brown GS (1965) Point density in stems per acre. New Zealand For Res Note 38, Wellington, New Zealand, 12 p

Bruce D, de Mars DJ, Reukema DC (1977) Douglas-fir managed yield simulator: DFIT User's guide. USDA Forest and Range Exp Station, Portland, OR, Gen Techn Rep PNW-57, 26 p

Buckman RE (1962) Growth and yield of Red pine in Minnesota. USDA Lake States Forest Exp Station, St Paul, MN, Techn Bull 1272,

50 p

Burkhart HE, Tomé M (2012) Modeling forest trees and stands. Springer Science & Business Media.

Burkhart HE, Farrar KD, Amateis RL, Daniels RF (1987) Simulation of individual tree growth and stand development in loblolly pine plantations on cutover, site-prepared areas. Polytechn Inst, Virginia State Univ, Petersburg, VA, FWS-1-87, 47 p

Calama R, Montero G (2005) Multilevel linear mixed model for tree diameter increment in stone pine (*Pinus pinea*): a calibrating approach. Silva Fenn 39(1). https://doi.org/10.14214/sf.394

Calama R, Barbeito I, Pardos M, del Río M, Montero G (2008) Adapting a model for even-aged Pinus pinea L. stands to complex multi-aged structures. Forest Ecology and Management 256(6):1390–1399. https://doi.org/10.1016/j.foreco.2008.06.050

Calama R, Conde M, de-Dios-García J, Madrigal G, Vázquez-Piqué J, Gordo FJ, Pardos M (2019) Linking climate, annual growth and competition in a Mediterranean forest: *Pinus pinea* in the Spanish Northern Plateau. Agricultural and Forest Meteorology 264:309–321. https://doi.org/10.1016/j.agrformet.2018.10.017

Calama R, de-Dios-García J, del Río M, Madrigal G, Gordo J, Pardos M (2021) Mixture mitigates the effect of climate change on the provision of relevant ecosystem services in managed *Pinus pinea* L. forests. Forest Ecology and Management 481:118782. https://doi.org/10.1016/j.foreco.2020.118782

Calama R, Sánchez-González M, Montero G (2007) Management oriented growth models for multifunctional Mediterranean forests: the case of stone pine (*Pinus pinea* L.). EFI Proc. 56:57–70

Christmann (1939) Ertragstafel für den Kiefern-Fichten-Mischbestand, In: WIEDEMANN, E., 1949: Ertragstafeln der wichtigen Holzarten bei verschiedener Durchforstung sowie einiger Mischbestandsformen, Schaper, Hannover, 100 p

Clutter JL, Bennett FA (1965) Diameter distributions in old-field slash pine plantations, Georgia.USDA Southeastern Forest Exp Station, Asheville, NC, For Res Council Rep 13, 9 p

Condés S, Sterba H (2005) Derivation of compatible crown width equations for some important tree species of Spain. Forest Ecology and Management 217(2):203–218. https://doi.org/10.1016/j.foreco.2005.06.002

Condés S, Pretzsch H, del Río M (2023) Species admixture can increase potential tree growth and reduce competition. Forest Ecology and Management 539:120997. https://doi.org/10.1016/j.foreco.2023.120997

Cotta von H (1821) Hülfstafeln für Forstwirte und Forsttaxatoren. Arnoldische Buchhandlung, Dresden, 80 p

Curtis JT (1959) The Vegetation of Wisconsin. Univ. Wiscon. Press, Madison, 657 p

Curtis RO, Clendenen GW, de Mars DJ (1981) A new stand simulator for coast Douglas-fir: User's guide. USDA Forest and Range Exp Station, Portland, OR, Gen Techn Rep PNW-128, 79 p

Dale VH, Doyle TW, Shugart HH (1985) A comparison of tree growth models. Ecological Modelling 29(1):145–169. https://doi.org/10.1016/0304-3800(85)90051-1

Décourt N (1965) Les tables de production pour le Pin sylvestre et le le Pin Laricio de Corse en Sologne. Revue forestière française (12):818–831. https://doi.org/10.4267/2042/24705

del Río M, Montero G (2001) Modelo de simulación de claras en masas de *Pinus sylvestris* L. Monografías INIA. Serie Forestal 3, 114 p

del Río M, Roig S, Cañellas I, Montero G (2005) Programación de claras en repoblaciones de

Pinus sylvestris L. Seguimiento de sitios de ensayo en la Comunidad de Madrid. Monografías INIA. Serie Forestal 12, 46 p

Deusen van PC, Biging GS (1985) STAG a stand generator for mixed species stands, version 2.0. Northern California Forest Yield Cooperative, Dep Forest and Res Mngt, Univ of California, Res Note 11, 25 p

Dudek A, Ek AR (1980) A bibliography of worldwide literature on individual tree based stand growth models. Dep Forest Resources, Univ of Minnesota, Staff Paper Series, 33 p

Echevarria I (1942) Ensayo de tablas de producción del Pinus insignis en el norte de España. Boletines del IFIE, 22, 67 p

Echevarria I (1952) Producción del Eucalyptus globulus. Estudio de las leyes de crecimiento en la zona forestal de Huelva del Patrimonio Forestal del Estado. Boletines del IFIE, 62, 39 p

Echevarria I, de Pedro S (1948) El Pinus pinaster en Pontevedra. Su productividad normal y aplicación a la celulosa industrial. Boletines del IFIE, 38, 147 p

Eckersten H (1994) Modelling daily growth and nitrogen turnover for a short-rotation forest over several years. Forest Ecology and Management 69(1):57–72. https://doi.org/10.1016/0378-1127(94)90219-4

Ek AR, Monserud RA (1974) Trials with program FOREST: Growth and reproduction simulation for mixed species even- or uneven-aged forest stands. In: Fries J (ed.): Growth models for tree and stand simulation. Royal College of Forestry, Stockholm, Sweden, Res Notes 30:56-73

Ek AR, Dudek A (1980) Development of individual tree based stand growth simulators: progress and applications. Dep of Forest Resources, Univ of Minnesota, Staff Paper 20, 25 p

Elorrieta O (1919) Comentarios a las tablas de producción de pino silvestre en las llanuras del norte de Alemania, publicadas por el Dr. Schwappach. Instituto Central de Experiencias Técnico-Forestales. Madrid, Sociedad Española de Artes Gráficas, 64 p

Faber PJ (1966) The growth of the Red oak in the Netherlands. Ned Bosbouw Tijdschr 38:357-374

Faber PJ (1981) Die Standflächenschätzung über den Distanzfaktor. Proc Dt Verb Forstl Forschungsanst, Sek Ertragskd, in Soest, pp 87-95

Faber PJ (1983) Concurrentie en groei van de bomen binnen een opstand (Konkurrenz und Wachstum der Bäume in einem Waldbestand). Pijksinstituut voor onderzoek in de bos- en landschapsbouw „De Dorschkamp". Uitvoerig verslag, Wageningen, vol 18(1):116

Franc A, Gourlet-Fleury S, Picard N (2000) Une introduction à la modélisation des forêts hétérogènes. ENGREF, Nancy, 312 p

Franz F (1968) Das EDV-Programm STAOET - zur Herleitung mehrgliedriger Standort-Leistungstafeln. Unpubl manuscript, München

Fraser AR (1977) Triangle Based Probability Polygons for Forest Sampling. Forest Science 23(1):111–121. https://doi.org/10.1093/forestscience/23.1.111

Fries J (1964) Vartbjörkens produktion in Svealand oach södra Norrland. Studia Forestalia Suecica 14, 303 p

Fries J (1966) Mathematisch-statistische Probleme bei der Konstruktion von Ertragstafeln. Tagungsber Internation Ertragskundetagung 1966, Wien, 77 p

Fries J (1974) Growth models for tree and stand simulation. Royal College of Forestry, Stockholm, Sweden, Res Notes 30, 379 p

Gadow von K (1987) Untersuchungen zur Konstruktion von Wuchsmodellen für schnellwüchsige Plantagenbaumarten. Forstl Forschungsber München 77, 147 p

Gadow von K, Sánchez Orois S, Álvarez González JG (2007) Estructura y crecimiento del bosque. UNICOPIA, Lugo, 287 p

Ganghofer von A (1881) Das Forstliche Versuchswesen, Band I. Augsburg, 1881, 505 p

García-Abejón JL (1981) Tablas de producción de densidad variable para Pinus sylvestris L. en el Sistema Ibérico. Comunicaciones INIA. Serie: Recursos Naturales 10:47 p

García-Abejón JL, Gómez-Loranca JA (1984) Tablas de producción de densidad variable para Pinus sylvestris L. en el Sistema Central. Comunicaciones INIA. Serie: Recursos Naturales 29:36 p

García-Abejón JL, Tella G (1986) Tablas de producción de densidad variable para Pinus sylvestris L. en el Sistema Pirenaico. Comunicaciones INIA. Serie: Recursos Naturales 43:28 p

García-Abejón JL, Gómez-Loranca JA (1989) Tablas de producción de densidad variable para Pinus pinaster Ait. en el Sistema Central. Comunicaciones INIA. Serie: Recursos Naturales 47:45 p

Gehrhardt E (1923) Ertragstafeln für Eiche, Buche, Tanne, Fichte und Kiefer. Verlag Julius Springer, Berlin, 46 p

Gehrhardt E (1930) Ertragstafeln für reine und gleichartige Hochwaldbestände von Eiche, Buche, Tanne, Fichte, Kiefer, grüner Douglasie und Lärche. Verlag Julius Springer, Berlin, 73 p

Grote R, Erhard M (1999) Simulation of tree and stand development under different environmental conditions with a physiologically based model. Forest Ecology and Management 120(1):59–76. https://doi.org/10.1016/S0378-1127(98)00511-8

Grote R, Pretzsch H (2002) A Model for Individual Tree Development Based on Physiological Processes. Plant Biol (Stuttg) 4(2):167–180. https://doi.org/10.1055/s-2002-25743

Grundner F (1913) Normalertragstafeln für Fichtenbestände. Springer-Verlag, Berlin, 24 p

Guttenberg von A (1915) Wachstum und Ertrag der Fichte im Hochgebirge. Verlag Deuticke, Wien, Leipzig, 153 p

Hamilton GJ, Christie JM (1973) Construction and application of stand yield tables. British For Com Res, London, Dev Paper 96, 14 p

Hartig GL (1795) Anweisung zu Taxation der Forsten oder zur Bestimmung des Holzertrages der Wälder. Heyer Verlag, Gießen, 166 p

Hartig T (1847) Vergleichende Untersuchungen über den Ertrag der Rotbuche. Förstner Verlag, Berlin, 148 p

Hartig R (1868) Die Rentabilität der Fichtennutzholz- und Buchenbrennholzwirtschaft im Harze und im Wesergebirge. Cotta Verlag, Stuttgart, 199 p

Hasenauer H (1994) Ein Einzelbaumwachstumssimulator für ungleichaltrige Kiefern- und Buchen- Fichtenmischbestände. Forstl Schr Univ Bodenkultur Wien, 152 p

Hauhs M, Kastner-Maresch A, Rost-Siebert K (1995) A model relating forest growth to ecosystem-scale budgets of energy and nutrients. Ecological Modelling 83(1):229–243. https://doi.org/10.1016/0304-3800(95)00101-Z

Hegyi F (1974) A simulation model for managing Jack-pine stands, S. 74-90. In: Fries J (Hrsg.) Growth models for tree and stand simulation. Royal College of Forest, Stockholm, Sweden, 379 p

Hennert CW (1791) Anweisung zur Taxation der Forsten; nach der hierueber ergangenen und bereits bey vielen Forsten in Ausuebung gebrachten Koenigl. Preuss. Verordnungen. Theil 1. Nicholai, Berlin, Stettin, 297 p

Heyer G (1852) Über die Ermittlung der Masse, des Alters und des Zuwachses der Holzbestände. Verlag Katz, Dessau, 150 p

Hoffmann F (1995) FAGUS, a model for growth and development of beech. Ecological Modelling 83(3):327–348. https://doi.org/10.1016/0304-3800(94)00101-8

Hoyer G. E (1975) Measuring and interpreting Douglas-fir management practices. Washington State Dep of Nat Resources, Olympia, WA, Rep 26, 80 p

Hradetzky J (1972) Modell eines integrierten Ertragstafel-Systems in modularer Form. PhD thesis, Univ Freiburg, 172 p

Hundeshagen JC (1823-45) Beiträge zur gesamten Forstwirtschaft, Verlag Laupp, Tübingen, vol 1 (1) (1824), 191 S, vol 1 (2) (1825), 206 S, vol 1 (3) (1823-24), 161 S, vol 2 (1) (1825), 136 S, vol 2 (2) (1827), 247 S, vol 2 (3) (1829), 180 S, vol 3a (1) (1833), 222 S, vol 3b (2) (1845), 190 S

Jack WH (1968) Single trees sampling in even-aged plantations for survey and experimentation. 14th IUFRO Congress, München, pp 379-403

Johann K (1982) Der „A-Wert" – ein objektiver Parameter zur Bestimmung der Freistellungsstärke von Zentralbäumen. Proc Dt Verb Forstl Forschungsanst, Sek Ertragskd, in Weibersbrunn, pp 146-158

Judeich F (1871) Die Forsteinrichtung. Schönfeld Verlag, Dresden, 388 p

Kahn M, Pretzsch, H (1997) Das Wuchsmodell SILVA 2.1 - Parametrisierung für Rein- und Mischbestände aus Fichte und Buche. AFJZ 168 (6/7): 115-123

Kellomäki S, Väisänen H (1997) Modelling the dynamics of the forest ecosystem for climate change studies in the boreal conditions. Ecological Modelling 97(1):121–140. https://doi.org/10.1016/S0304-3800(96)00081-6

Kellomäki S, Väisänen H, Strandman H (1993) FinnFor: a model for calculating the response of boreal forest ecosytems to climate change. Univ of Joensuu, Joensuu, Finland, Res Notes 6, 120 p

Kienast F, Kräuchi N (1991) Simulated successional characteristics of managed and unmanaged low-elevation forests in central Europe. Forest Ecology and Management 42(1):49–61. https://doi.org/10.1016/0378-1127(91)90064-3

Kimmins JP (1993) Scientific foundations for the simulation of ecosystem function and management in FORCYTE-11. Forestry Canada, Northern Forestry Centre, Edmonton, Alberta, Inf Rep NOR-X-328, 88 p

Kimmins JP, Scoullar K A, Apps M J, Kurz W A (1990) The FORCYTE experience: a decade of model development. In Proc. Symp. Forestry Canada Inf. Rep. NOR-X-308 (pp 60-67).

Knoebel BR, Burkhart HE, Beck DE (1986) A Growth and Yield Model for Thinned Stands of Yellow-Poplar. Forest Science 32(suppl_2):a0001-z0002. https://doi.org/10.1093/forestscience/32.s2.a0001

Köhler P, Huth A (1998) The effects of tree species grouping in tropical rainforest modelling: Simulations with the individual-based model Formind. Ecological Modelling 109(3):301–321. https://doi.org/10.1016/S0304-3800(98)00066-0

Korol RL, Milner KS, Running SW (1996) Testing a Mechanistic Model for Predicting Stand and Tree Growth. Forest Science 42(2):139–153. https://doi.org/10.1093/forestscience/42.2.139

Krenn, K (1946) Ertragstafeln für Fichte (1945) für Süddeutschland und Österreich. Schr Forstl Versuchsanst Bad-Württ 3, Freiburg, 30 p

Kurth W (1999) Die Simulation der Baumarchitektur mit Wachstumsgrammatiken. Wissenschaftlicher Verlag Berlin, 327 p

Landsberg JJ, Waring RH (1997) A generalised model of forest productivity using simplified concepts of radiation-use efficiency, carbon balance and partitioning. Forest Ecology and Management 95(3):209–228. https://doi.

org/10.1016/S0378-1127(97)00026-1

Lee Y (1967) Stand models for lodgepole pine and limits to their application. PhD thesis, Forestry Fac, Univ of BC, Vancouver, Canada, 333 p

Leemans R, Prentice IC (1989) FORSKA, a general forest succession model. Inst Ecol Bot, Univ Uppsala, Uppsala, Sweden, Meddelanden fran Växtbiologiska Institutionen 2, pp 1-45

Lembcke G, Knapp E, Dittmar O (1975) Die neue DDR-Kiefernertragstafel 1975. Beitr für die Forstwirtschaft 15(2):55-64

Liang J, Picard N (2013) Matrix Model of Forest Dynamics: An Overview and Outlook. Forest Science 59(3):359–378. https://doi.org/10.5849/forsci.11-123

Lin JY (1970) Growing space index and stand simulation of young western hemlock in Oregon. PhD thesis, Duke Univ, Durham, NC, 182 p

Lindner M (1998) Wirkung von Klimaveränderungen in Mitteleuropäischen Wirtschaftswäldern. PhD thesis, Potsdam Inst Klimafolgenforschung, Abt globaler Wandel und natürliche Systeme, 98 p

Lizarralde I, Ordóñez C, Bravo-Oviedo A, Bravo F (2010a) IBEROPT: Modelo de dinámica de rodales de Pinus pinaster Ait. en el sistema ibérico meridional. Disponible en www.simanfor.es

Lizarralde I, Ordóñez C, Bravo-Oviedo A, Bravo F (2010b) IBEROPS: Modelo de dinámica de rodales de Pinus sylvestris L. en el sistema ibérico meridional. Disponible en www.simanfor.es

Lorimer CG (1983) Tests of age-independent competition indices for individual trees in natural hardwood stands. Forest Ecology and Management 6(4):343–360. https://doi.org/10.1016/0378-1127(83)90042-7

Madrigal A, Álvarez-González JG, Rodríguez-Soalleiro R, Rojo A (1999) Tablas de producción para los montes españoles. FUCOVASA. ETSIM. Madrid, 253 p

Mäkelä A, Hari P (1986) Stand growth model based on carbon uptake and allocation in individual trees. Ecological Modelling 33(2):205–229 https://doi.org/10.1016/0304-3800(86)90041-4

Martin GL, Ek AR (1984) A Comparison of Competition Measures and Growth Models for Predicting Plantation Red Pine Diameter and Height Growth. Forest Science 30(3):731–743. https://doi.org/10.1093/forestscience/30.3.731

Mitchell KJ (1969) Simulation of the growth of even-aged stands of white spruce. Yale Univ, School of Forestry, Bulletin 75, 48 p

Mitchell KJ (1975) Dynamics and simulated yield of Douglas-fir. For Sci Monographs 17, 39 p

Mohren GMJ (1987) Simulation of forest growth, applied to Douglas fir stands in the Netherlands. PhD thesis, Agricultural Univ Wageningen, The Netherlands, 183 p

Mohren GMJ, Bartelink HH (1990) Modelling the effects of needle mortality rate and needle area distribution on dry matter production of Douglas fir. Netherlands Journal of Agricultural Science 38(1):53–66. https://doi.org/10.18174/njas.v38i1.16610

Monserud RA (1975) Methodology for simulating Wisconsin northern hardwood stand dynamics. Univ Wisconsin-Madison, PhD thesis Abstracts 36, No 11, 156 p

Monserud RA, Sterba H (1996) A basal area increment model for individual trees growing in even- and uneven-aged forest stands in Austria. Forest Ecology and Management 80(1):57–80. https://doi.org/10.1016/0378-1127(95)03638-5

Monsi M, Saeki T (1953) Über den Lichtfaktor in den Pflanzengesellschaften und seine Bedeutung für die Stoffproduktion. Jap J Bot

14:22-52

Monteith JL (1965) Evaporation and environment. In: Fogg, GE (ed) The state and movement of water in living organisms. Symp Soc Exp Biol Academic Press, London, pp 205-234

Moser JW (1972) Dynamics of an Uneven-Aged Forest Stand. Forest Science 18(3):184–191. https://doi.org/10.1093/forestscience/18.3.184

Moser JW (1974) A system of equations for the components of forest growth. In: Fries J (ed) Growth models for tree and stand simulation. Royal College of Forestry, Stockholm, Sweden, Res Notes 30, pp 260-287

Munro D D (1974) Forest growth models - a prognosis. In: Fries, J (ed) Growth models for tree and stand simulation. Royal College of Forestry, Stockholm, Sweden, Res Notes 30, pp 7-21

Myers C A (1966) Yield tables for managed stands with special reference to the Black Hills. USDA Rocky Mtn Forest and Range Exp Station, Res Pap RM-21, 20 p

Nagel J (1985) Wachstumsmodell für Bergahorn in Schleswig-Holstein. PhD thesis, Univ Göttingen, 124 p

Nagel J (1996) Anwendungsprogramm zur Bestandesbewertung und zur Prognose der Bestandesentwicklung. Forst u Holz 51(3):76-78

Nagel J (1999) Konzeptionelle Überlegungen zum schrittweisen Aufbau eines waldwachstumskundlichen Simulationssystems für Nordwestdeutschland. Schr Forstl Fak Univ Göttingen u Niedersächs Forstl Versuchsanst 128, JD Sauerländer's Verlag, Frankfurt am Main, 122 p

Newnham RM (1964) The development of a stand model for Douglas-fir. PhD thesis, Forestry Fac, Univ of BC, Vancouver, Canada, 201 p

Nikinmaa E, Hari P (1990) A simplified carbon partitioning model for Scots pine to address the effects of altered needle longevity and nutritient uptake on stand development, In: Dixon RK, Meldahl RS, Ruark GA, Warren WG (eds) Process modeling of forest growth responses to environmental stress. Timber Press Inc, Portland, OR, pp 263-270

Öttelt KC (1765) Practischer Beweis, dass die Mathesis bey dem Forstwesen unentbehrliche Dienste thue. Grießbach, Eisennach, 127 p

Pardos M, Calama R, Maroschek M, Rammer W, Lexer MJ (2015) A model-based analysis of climate change vulnerability of *Pinus pinea* stands under multiobjective management in the Northern Plateau of Spain. Annals of Forest Science 72(8):1009–1021. https://doi.org/10.1007/s13595-015-0520-7

Pastor J, Post WM (1985) Development of a linked forest productivity-soil process model. Oak Ridge National Laboratory for the US Dep Energy, Environ Sciences Div 2455, Oak Ridge, TN, 161 p

Paulsen JC (1795) Kurze praktische Anleitung zum Forstwesen. Verfaßt von einem Forstmanne. Detmold, 152 p

Pelz DR (1978) Estimating individual tree growth with tree polygons. School of Forestry and Wildlife Res, Blacksburg, VA, FWS-1-78, pp 172-178

Penman HL, Long IF (1960) Weather in wheat: An essay in micro-meteorology. Quarterly Journal of the Royal Meteorological Society 86(367):16–50. https://doi.org/10.1002/qj.49708636703

Perttunen J, Sievänen R, Nikinmaa E (1998) LIGNUM: a model combining the structure and the functioning of trees. Ecological Modelling 108(1):189–198. https://doi.org/10.1016/S0304-3800(98)00028-3

Pfreundt J (1988) Modellierung der räumlichen Verteilung von Strahlung, Photo-synthesekapazität und Produktion in einem Fichtenbestand und ihre Beziehung zur Bestandesstruktur. PhD thesis, Univ Göttingen, 163 p

Pienaar LV, Turnbull KJ (1973) The Chapman-Richards Generalization of Von Bertalanffy's Growth Model for Basal Area Growth and Yield in Even - Aged Stands. Forest Science 19(1):2–22. https://doi.org/10.1093/forestscience/19.1.2

Pita PA (1966) La producción de las masas de *Eucalyptus* globulus en el norte de España. Anales del Instituto Forestal de Investigaciones y Experiencias, Tomo I, 46-60.

Prentice IC, Leemans R (1990) Pattern and Process and the Dynamics of Forest Structure: A Simulation Approach. Journal of Ecology 78(2):340–355. https://doi.org/10.2307/2261116

Pressler M (1870) Forstliche Ertrags- und Bonitierungstafeln nach Cubicmeter pro ha. Verlag Baumgartner, Leipzig

Pressler M (1877) Forstliche Zuwachs-, Ertrags- und Bonitierungs-Tafeln mit Regeln und Beispielen. 2nd edn. Selfpubl, Tharandt, 72 p (+ annex)

Pretzsch H (1992) Konzeption und Konstruktion von Wuchsmodellen für Rein- und Mischbestände. Forstl Forschungsber München 115, 358 p

Pretzsch H (1995) Zum Einfluß des Baumverteilungsmusters auf den Bestandeszuwachs. AFJZ 166(9/10):190-201

Pretzsch H (1997) Analysis and modeling of spatial stand structures. Methodological considerations based on mixed beech-larch stands in Lower Saxony. Forest Ecology and Management 97(3):237–253. https://doi.org/10.1016/S0378-1127(97)00069-8

Pretzsch H (2000) Die Regeln von Reineke, Yoda und das Gesetz der räumlichen Allometrie. AFJZ 171(11):205-210

Pretzsch H (2001) Modellierung des Waldwachstums. Blackwell Wissenschafts-Verlag, Berlin, Wien, 336 p

Pretzsch H (2022) Facilitation and competition reduction in tree species mixtures in Central Europe: Consequences for growth modeling and forest management. Ecological Modelling 464:109812. https://doi.org/10.1016/j.ecolmodel.2021.109812

Pretzsch H, Kahn M (1996) Wuchsmodelle für die Unterstützung der Wirtschaftsplanung im Forstbetrieb, Anwendungsbeispiel: Variantenstudie Fichtenreinbestand versus Fichten/Buchen-Mischbestand, Allgemeine Forstzeitschrift, 51. Jg., H. 25:1414-1419

Pretzsch H, Biber P (2010) Size-symmetric versus size-asymmetric competition and growth partitioning among trees in forest stands along an ecological gradient in central Europe. Can J For Res 40(2):370–384. https://doi.org/10.1139/X09-195

Pretzsch H, del Río M, Ammer Ch, Avdagic A, Barbeito I, Bielak K, Brazaitis G, Coll L, Dirnberger G, Drössler L, Fabrika M, Forrester DI, Godvod K, Heym M, Hurt V, Kurylyak V, Löf M, Lombardi F, Matović B, Mohren F, Motta R, den Ouden J, Pach M, Ponette Q, Schütze G, Schweig J, Skrzyszewski J, Sramek V, Sterba H, Stojanović D, Svoboda M, Vanhellemont M, Verheyen K, Wellhausen K, Zlatanov T, Bravo-Oviedo A (2015) Growth and yield of mixed versus pure stands of Scots pine (*Pinus sylvestris* L.) and European beech (*Fagus sylvatica* L.) analysed along a productivity gradient through Europe. Eur J Forest Res 134(5):927–947. https://doi.org/10.1007/s10342-015-0900-4

Prodan M (1965) Holzmeßlehre. JD Sauerländer's Verlag, Frankfurt am Main, 644 p

Pukkala T (1987) Simulation model for natural regeneration of Pin*us sylvestris*, *Picea abies*, Betula pendula and Betula pubescens. Silva Fennica 1987 21(1): 37-53 21. https://doi.org/10.14214/sf.a15462

Pukkala T (1989) Methods to describe the competition process in a tree stand. Scandinavian Journal of Forest Research 4(1–4):187–202. https://doi.org/10.1080/02827588909382557

Pukkala T, Kolström T (1987) Competition indices and the prediction of radial growth in Scots pine. Silva Fennica 1987 21(1): 55-67 21. https://doi.org/10.14214/sf.a15463

Pukkala T, Lähde E, Laiho O (2009) Growth and yield models for uneven-sized forest stands in Finland. Forest Ecology and Management 258(3):207–216. https://doi.org/10.1016/j.foreco.2009.03.052

Réaumur A (1721) Réflexions sur l'état des bois du royaume et sur les précautions qu'on pourrait prendre pour en empêcher le dépérissement et les mettre en valeur. Mémoire de l'Académie royale des sciences, pp 284-301.

Reineke LH (1933) Perfecting a stand-density index for even-aged forests. J Agr Res 46:627-638

Rojo-Alboreca A, Montero G (1994) Tablas de producción españolas. Montes 38:35-42

Rötzer T, Seifert T, Pretzsch H (2009) Modelling above and below ground carbon dynamics in a mixed beech and spruce stand influenced by climate. Eur J Forest Res 128(2):171–182. https://doi.org/10.1007/s10342-008-0213-y

Running SW, Coughlan JC (1988) A general model of forest ecosystem processes for regional applications I. Hydrologic balance, canopy gas exchange and primary production processes. Ecological Modelling 42(2):125–154. https://doi.org/10.1016/0304-3800(88)90112-3

Sánchez-González M, Río M del, Cañellas I, Montero G (2006) Distance independent tree diameter growth model for cork oak stands. Forest Ecology and Management 225(1):262–270. https://doi.org/10.1016/j.foreco.2006.01.002

Schneider T W Kreysa J (1981) Dynamische Wachstums- und Ertragsmodelle für die Douglasie und die Kiefer, Mitteilungen der Bundesforschungsanstalt Hamburg, Nr. 135, 137 p

Schober R (1975) Ertragstafeln wichtiger Baumarten. JD Sauerländer's Verlag, Frankfurt am Main

Schwappach A (1902) Wachstum und Ertrag normaler Fichtenbestände in Preussen unter besonderer Berücksichtigung des Einflusses verschiedener wirtschaftlicher Behandlungsweisen. Mitt Forstl Versuchswesen Preussens, Verlag J Neumann, Neudamm, pp 44-119

Schwappach A (1903) Leitfaden der Holzmeßkunde, 2nd edn. Verlag Julius Springer, 173 p

Seidl R, Lexer MJ, Jäger D, Hönninger K (2005) Evaluating the accuracy and generality of a hybrid patch model. Tree Physiology 25(7):939–951. https://doi.org/10.1093/treephys/25.7.939

Seidl R, Rammer W, Scheller RM, Spies TA (2012) An individual-based process model to simulate landscape-scale forest ecosystem dynamics. Ecological Modelling 231:87–100. https://doi.org/10.1016/j.ecolmodel.2012.02.015

Serrada R (2011) Apuntes de Selvicultura General. FUCOVASA. ETSIM. Madrid. 502 p

Shugart HH (1984) A theory of forest dynamics. The ecological implications of forest succession models. Springer-Verlag, New York, Berlin, Heidelberg, Tokyo, 278 p

Sloboda B (1976) Mathematische und stochastische Modelle zur Beschreibung der Statik und Dynamik von Bäumen und Beständen - insbesondere das bestandesspezifische Wachstum als stochastischer Prozess. Habil, Univ Freiburg, 310 p

Sloboda B, Pfreundt J (1989) Baum- und Bestandeswachstum. Ein systemanalytischer, räumlicher Ansatz mit Versuchsplanungskonsequenzen für die Durchforstung und Einzelbaumentwicklung, Proc Dt Verb Forstl Forschungsanst, Sek Ertragskd, in Attendorn, pp 17/1-17/25

Smalian HL (1837) Beitrag zur Holzmeßkunst.

Verlag Löffler, Stralsund, 87 p

Sterba (1983) Single stem models from inventory data with temporary plots, Mitteilungen der Forstlichen Bundesversuchsanstalt Wien, 147. H., pp 87-101

Sterba H (1989) Concepts and techniques for forest growth models. Proc IUFRO Meeting, Vienna, Austria, 18-22.09.1989, Univ für Bodenkultur Wien, pp 14-20

Sterba H, Moser M, Monserud RA (1995) Prognaus – Ein Waldwachstumssimulator für Rein- und Mischbestände. Österreich Forstzeitg 5:19-20

Thornley JHM (1976) Mathematical Models in Plant Physiology: a quantitative approach to problems in plant and crop physiology, Academic Press, London, 318 p

Thornley JHM (1991) A Transport-resistance Model of Forest Growth and Partitioning. Annals of Botany 68(3):211–226. https://doi.org/10.1093/oxfordjournals.aob.a088246

Thornley JHM, Cannell MGR (1992) Nitrogen Relations in a Forest Plantation—Soil Organic Matter Ecosystem Model. Annals of Botany 70(2):137–151. https://doi.org/10.1093/oxfordjournals.aob.a088450

Tomé M, Burkhart HE (1989) Distance-Dependent Competition Measures for Predicting Growth of Individual Trees. Forest Science 35(3):816–831. https://doi.org/10.1093/forestscience/35.3.816

Vanclay JK (1994) Modelling forest growth and yield. Applications to mixed tropical stands. CAB International, Wallingford, UK, 312 p

Vanselow K (1951) Fichtenertragstafel für Südbayern. Forstw Cbl 70: 409-445

Vuokila Y (1966) Functions for variable density yield tables of pine based on temporary sample plots. Com Inst Forestalis Fenniae 60(4):86 p

Watt AS (1925) On the ecology of British beech woods with special reference to their regeneration, II. The development and structure of beech communities on the Sussex Downs. Journal of Ecology, 13:27-73

Weibull W (1951) A statistical distribution function of wide applicability. Journal of applied mechanics, 18(3): 293-297

Weinstein DA, Beloin RM, Yanai RD (1991) Modeling changes in red spruce carbon balance and allocation in response to interacting ozone and nutrient stresses1. Tree Physiology 9(1–2):127–146. https://doi.org/10.1093/treephys/9.1-2.127

Weise W (1880) Ertragstafeln für die Kiefer. Springer-Verlag, Berlin, 156 p

Weiskittel AR, Hann DW, Kershaw Jr JA, Vanclay JK (2011) Forest growth and yield modeling. John Wiley & Sons.

Wenk G, Antanaitis V, Šmelko Š (1990) Waldertragslehre. VEB Deutscher Landwirtschaftsverlag, Berlin, 448 p

Wiedemann E (1936/42) Die Fichte 1936. Verlag M & H Schaper, Hannover, 248 p

Wiedemann E (1939) Untersuchungen der Preußischen Versuchsanstalt über Ertragstafelfragen, Mitteilungen aus Forstwirtschaft und Forstwissenschaft, 10. Jg., H. 4, 40 p

Wiedemann E (1942) Der gleichaltrige Fichten-Buchen-Mischbestand, Mitteilungen aus Forstwirtschaft und Forstwissenschaft, 13. Jg., H. 1, 88 p

Wiedemann E (1943) Kiefern-Ertragstafel für mäßige Durchforstung, starke Durchforstung und Lichtung, In: Wiedemann E (1948) Die Kiefer 1948. Verlag M & H Schaper, Hannover, 337 p

Wiedemann E (1949) Ertragstafeln der wichtigen Holzarten bei verschiedener Durchforstung. Verlag M & H Schaper, Hannover

Wykoff WR, Crookston NL, Stage AR (1982) User's guide to the stand prognosis model.

US Forest Serv, Gen Techn Rep INT-133, Ogden, UT, 112 p

Yoda KT, Kira T, Ogawa H, Hozumi K (1963) Self-thinning in overcrowded pure stands under cultivated and natural conditions. J Inst Polytech, Osaka Univ D 14:107-129

Zhang Y, Reed DD, Cattelino PJ, Gale MR, Jones EA, Liechty HO, Mroz GD (1994) A process-based growth model for young red pine. Forest Ecology and Management 69(1):21–40. https://doi.org/10.1016/0378-1127(94)90217-8

Zimmerle H (1952) Ertragszahlen für Grüne Douglasie, Japaner Lärche und Roteiche in Baden-Württemberg. Mitt Forstl Versuchsanst Württ 9(2), Verlag Eugen Ulmer, Stuttgart, 44 p

Evaluación y aplicación de modelos forestales

10

10.1　Ejemplo del modelo SILVA 586
10.2　Proyecciones de desarrollo de masas puras y mixtas 589
10.3　Validación y evaluación del modelo 595
10.4　Ordenación de montes y planificación forestal en el ámbito de la multifuncionalidad 606
10.5　Estimación de la reacción del crecimiento al cambio climático 619
Mensajes clave 624
Referencias 626

Resumen Los modelos forestales deben ser evaluados para conocer su fiabilidad y posteriormente ser utilizados con criterios en la gestión forestal. En este capítulo se introducen los métodos de validación y evaluación de los modelos de crecimiento y se presentan, mediante ejemplos, las principales aplicaciones en la gestión. Para ello, se utilizan como ejemplo el simulador de crecimiento forestal SILVA y, en alguna sección, el modelo PINEA. Primero se presenta el funcionamiento general del modelo SILVA y cómo se puede aplicar para realizar distintas simulaciones. Antes de su uso rutinario en la práctica docente, científica y forestal, y paralelamente, se debe realizar la validación del modelo biométrico comparándolo con parcelas experimentales y datos de inventario, y comprobando si su comportamiento sigue los principios biológicos y los conocimientos empíricos de la ciencia forestal. Así mismo, se debe evaluar estadísticamente el sesgo y la precisión de las estimaciones realizadas con el modelo. Utilizando distintos ejemplos, se muestra cómo los simuladores pueden contribuir a la ordenación de montes y planificación forestal más allá del período de planificación de diez años. Los simuladores de masas forestales también pueden ser una herramienta eficaz en el desarrollo de pautas de gestión; especialmente si no hay muestras o ejemplos ilustrativos de las condiciones objetivo y los procedimientos selvícolas deseados, ofreciendo una primera aproximación. Por ejemplo, los modelos de simulación se pueden utilizar para simular las consecuencias de nuevos tipos de claras o métodos de transformación de masas regulares a irregulares.

Los modelos que son sensibles al clima y a las condiciones de la estación, permiten el cálculo de escenarios para investigar los efectos del cambio climático en el crecimiento de las masas forestales, así como para probar medidas de adaptación al cambio climático. Se muestran como ejemplo los efectos del cambio climático en el crecimiento de masas puras de pícea en Baviera y cómo el establecimiento de masas mixtas de pícea y haya puede contribuir a mitigar estos efectos. Todas estas aplicaciones muestran cómo a través de los modelos forestales se puede contribuir al aprendizaje, la comprensión y el apoyo a la toma de decisiones.

10.1 Ejemplo del modelo SILVA

A continuación, se muestra la evaluación de modelos y su aplicación en la ciencia y la práctica forestal utilizando como ejemplo el modelo SILVA (Ďurský 2000, Pretzsch et al. 2002). Por ello, primero presentamos brevemente las características y funcionamiento de este modelo desarrollado en la Cátedra de Ciencia del Crecimiento Forestal (Chair of Forest Growth and Yield Sciences) de la Universidad Técnica de Múnich (TUM). Los principios del modelo SILVA que se muestran en este capítulo (por ejemplo, datos de entrada, resultados de salida, evaluación, control de variantes de tratamiento, aplicación a nivel de rodal y monte) se pueden aplicar de manera análoga a otros tipos de modelos presentados en el Capítulo 9. De este modo, en algunas secciones de este capítulo se expondrán brevemente otros ejemplos desarrollados en España con el modelo PINEA (Calama et al. 2008b) para pino piñonero, que por sus características complementan los ejemplos presentados a partir del modelo SILVA. En estos casos, no se presentan con detalle las características del modelo y sus aplicaciones para no extender en exceso el capítulo, aunque se incluyen las citas donde se puede encontrar más información.

10.1.1 Enfoque del modelo

SILVA es un modelo de árbol individual dependiente de la distancia para masas puras y mixtas, es decir, proyecta la dinámica de la masa a partir del desarrollo de los árboles individuales (Sección 9.4). El primer paso para la utilización de un modelo consiste en la lectura de los datos básicos de entrada, en el caso de modelos de árbol individual, el listado de todos los árboles de la masa que se va a proyectar. En el modelo SILVA se incluyen el diámetro del fuste, la altura, la altura de la base de la copa, el ancho de la copa y las coordenadas de todos los pies de la masa. Si dicha información no se conoce completamente, como

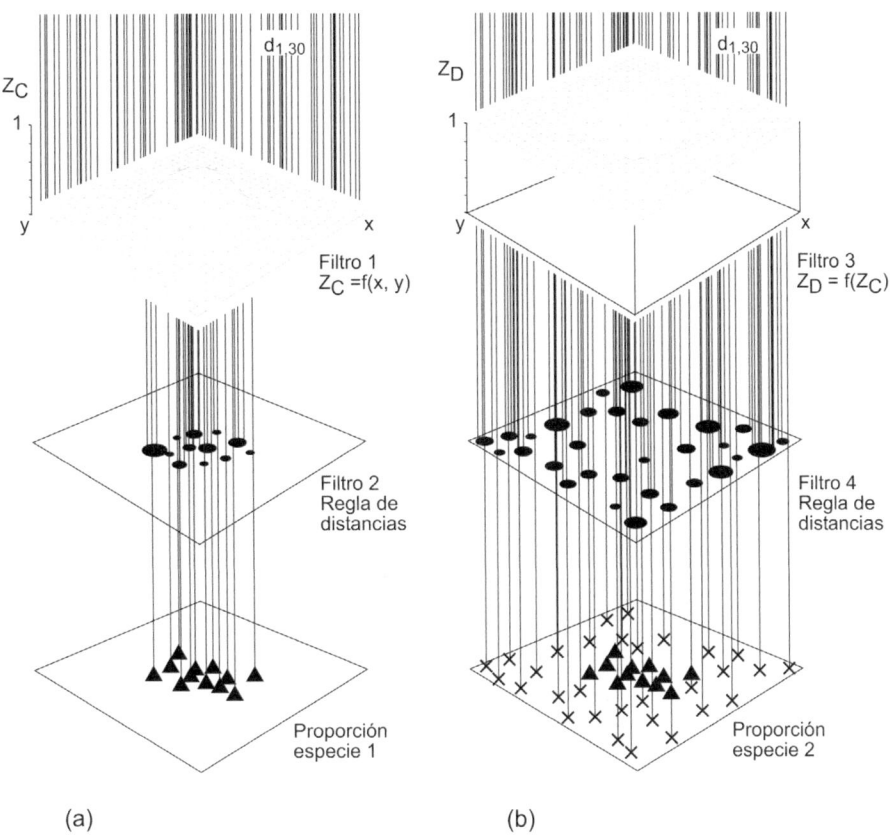

Figura 10.1 Principio de generación de estructuras según Pretzsch (1993).

suele ser frecuente en la práctica forestal, ésta se puede generar o completar a través de un generador de estructuras (Figura 10.1).

10.1.2 Generación de las estructuras iniciales

El algoritmo de generación de la estructura inicial de SILVA, que se basa en la lista de árboles o la distribución diamétrica de la masa, se ilustra en la Figura 10.1 con un ejemplo para la generación de una masa mixta por bosquetes de dos especies. En un primer paso, para posicionar los árboles dentro del bosquete, se asigna a cada árbol unas coordenadas x e y aleatorias, de modo que "caen" sobre el área como una "lluvia de puntos". Para generar la macroestructura de la masa, en este ejemplo de una masa mixta, se aceptan los puntos con diferentes probabilidades para crear una mezcla por bosquetes. De manera análoga, asignando distintas probabilidades, se simularía la generación de huecos correspondientes a una corta diseminatoria en un aclareo sucesivo por bosquetes. Estas coordenadas se controlan por la función $Z_c(x, y)$ (Figura 10.1). De forma simplificada, esto se traduce en que los puntos tienen que pasar un primer filtro que regule la macroestructura, en el ejemplo una mezcla por golpes o bosquetes, de modo que los puntos aleatorios tienen diferentes probabilidades dependientes de la posición, dentro o fuera de la superficie designada para el golpe o bosquete. De los puntos que pasan el primer filtro, solo se aceptan aquellos que tienen una cierta distancia a los pies vecinos que ya hayan sido establecidos, es decir, una posición solo se acepta si finalmente produce distancias plausibles entre árboles.

Este proceso se repite hasta que se haya procesado toda la lista de árboles, o toda la distribución diamétrica según los datos de partida, de la primera

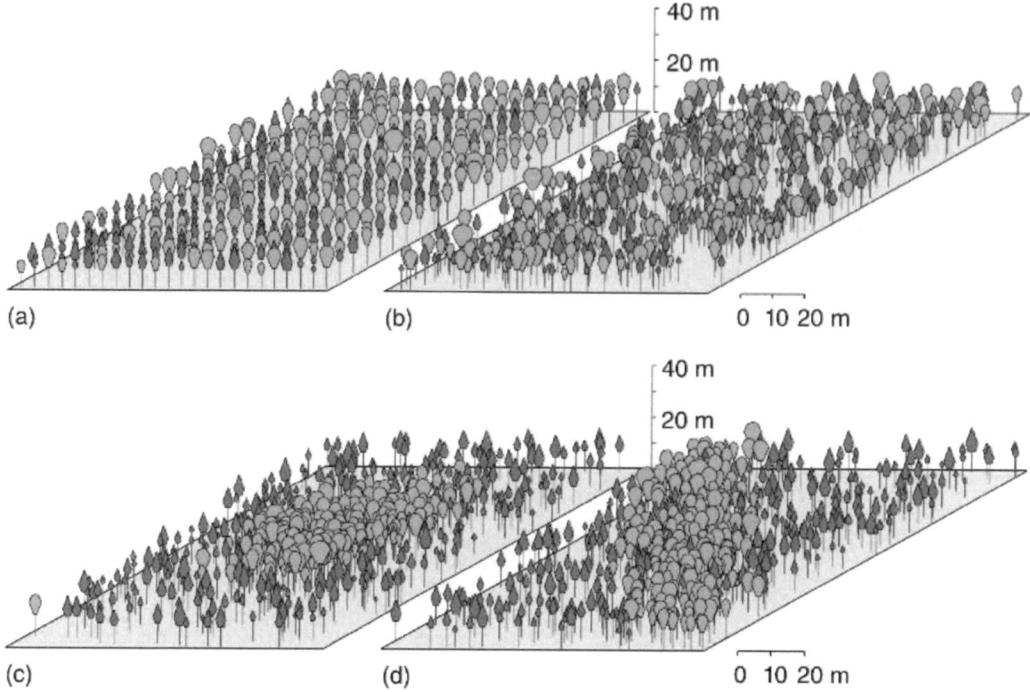

Figura 10.2 Generación de masas mixtas de pícea y haya con (a) mezcla pie a pie con un espaciamiento regular de 4 x 4 m, (b) mezcla pie a pie con distribución aleatoria, (c) mezcla por bosquetes de diámetro de 60 m y (d) mezcla por fajas con un ancho de 30 m mediante el generador de estructuras STRUGEN (Pretzsch 1993).

especie. A continuación, se genera de manera similar un segundo proceso de puntos, a través del cual se introduce la segunda especie. Un tercer filtro, la función $Z_D(x,y)$, controla la mezcla de las dos especies, y un cuarto filtro a su vez, regula las distancias entre los árboles vecinos final.

Además de posicionar espacialmente los árboles de la masa, el generador de estructuras completa la información dasométrica sobre el árbol individual que falte en los datos de partida disponibles. Si, por ejemplo, faltan las dimensiones de la copa, estas se complementan con funciones alométricas de copa predefinidas específicas de la especie (Capítulo 2). En la Figura 10.2 se presentan cuatro estructuras generadas a partir del mismo listado de árboles.

10.1.3 Descripción general del algoritmo de pronóstico

A partir de unas pocas variables de iniciación y control que caracterizan la situación de partida de la masa y sus condiciones de estación, el modelo SILVA simula la dinámica de la masa en periodos de cinco años mediante un sistema de funciones que es inicializado para estas condiciones específicas de la estación (Figura 10.3). Por tanto, en primer lugar, se leen las dimensiones y posiciones de los árboles individuales como valores de entrada y los parámetros del sitio se consideran como variables de control. Mediante el modelo de calidad de estación que relaciona las características del sitio con la producción, se ajustan las funciones contenidas en SILVA a las condiciones específicas del sitio (Kahn 1994). Cuando se completan las variables de inicio y control para la ejecución de la proyección, comienza la simulación del siguiente periodo.

El pronóstico de crecimiento real se basa en una serie de ciclos de cinco años que especifica el usuario. Cada uno de estos ciclos consta de cuatro pasos. En un primer paso, se configura el modelo espacial de la masa con los datos de las posiciones y características de los árboles, y a partir de ellos se calcula la constelación de crecimiento tridimensional de cada árbol utilizando un índice de competencia dependiente de la distancia. En un segundo paso, se comprueba para cada árbol si permanece en la masa o se elimina de acuerdo con el concepto de claras u otro tipo de cortas especificado por el usuario. En el tercer paso, se calculan los cambios dimensionales de todos los pies durante el ciclo, que vienen determinados por el índice de competencia previamente calculado. El cuarto paso es la aplicación de un modelo de mortalidad que decide qué árboles no han sobrevivido durante los últimos cinco años debido a la competencia. Los pasos 1 a 4 se repiten hasta que se haya completado todo el período de pronóstico en ciclos de cinco años. Los resultados de la simulación, que pueden consultarse en tablas, diagramas o representaciones gráficas de la masa, cubren varios aspectos de la masa. En primer lugar, se obtienen los valores dasométricos clásicos medios y totales de la masa, las distribuciones de frecuencias de tamaños y las características de los árboles individuales, que son el fundamento y motor del modelo. Esto incluye, por ejemplo, información sobre las existencias, crecimientos corrientes y medios en volumen para toda la masa y para los árboles individuales. Dado que se conocen las dimensiones de cada fuste en el período de pronóstico, el volumen se puede dividir en distintas categorías de madera teniendo en cuenta las especificaciones generales del usuario. Si se especifican los precios de la madera y los costes de extracción, se puede generar información muy detallada sobre el desarrollo del valor de las masas forestales y de los árboles individuales. Para la evaluación ecológica de la masa, se calculan diversos índices y funciones de correlación que caracterizan la estructura espacial de la masa a diferentes escalas y cubriendo los distintos aspectos de la diversidad estructural. El modelo también se ofrece cifras clave sobre producción de biomasa, fijación de carbono y nitrógeno. Además de esta diversa información numérica, el módulo de visualización conectado al simulador muestra la estructura forestal tridimensional a nivel de rodal o paisaje (Sección 4.1).

10.2 Proyecciones de desarrollo de masas puras y mixtas

Con el fin de ilustrar el funcionamiento y la aplicación del modelo cuando se agregan los datos a nivel masa, se presenta un ejemplo en el que se compara una masa pura de pícea frente a una masa mixta de pícea y haya simulada con el modelo SILVA (Pretzsch y Kahn 1996). Este ejemplo se complementa con otro en el que se simula la evolución de una masa pura de pino piñonero y otra mixta con quejigos, encinas y sabinas albares (Calama et. al 2021).

10.2.1 Resumen de la aplicación de modelos forestales

Para el modelo SILVA, los datos iniciales y el sistema interno de funciones de control para simular el desarrollo de los árboles individuales de pícea

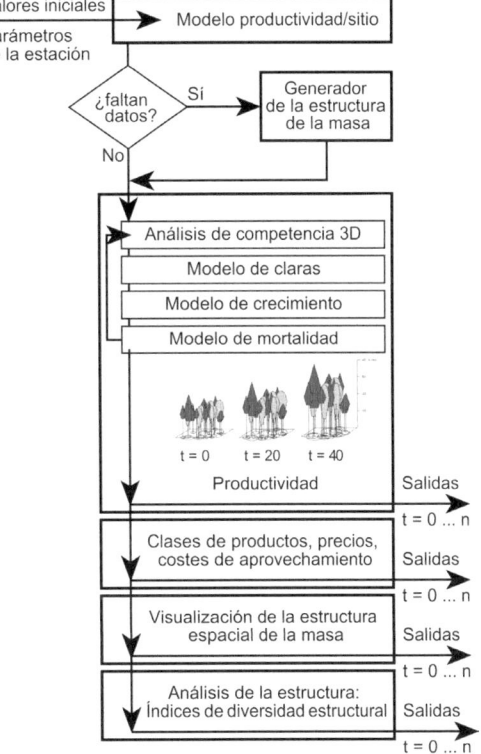

Figura 10.3 Resumen del algoritmo de pronóstico del modelo de crecimiento SILVA 2.2.

Figura 10.4 El simulador de crecimiento forestal SILVA simula espacialmente masas puras y mixtas en intervalos de 5 años. La ilustración muestra la simulación de una mezcla de píceas y hayas entre las edades de 20 y 165 años en la región montañosa del Terciario Superior de Baviera. El índice de sitio para pícea es de 34 m según Assmann y Franz (1965) y el haya tiene una calidad de estación de II.0 según Schober (1967), para claras moderadas. La masa está sometida a claras selectivas moderadas.

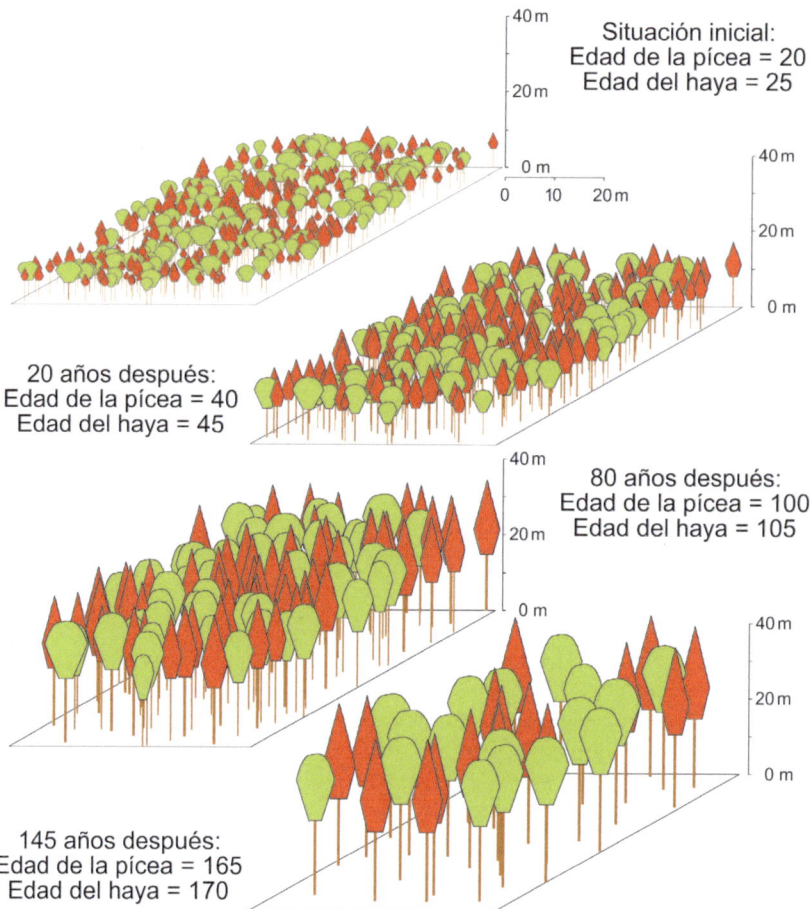

y haya se inicializa para una estación de seca a moderadamente fresca, con escasa disponibilidad de nutrientes, en la región de las colinas del Terciario Superior de Baviera. El índice de sitio basado en la altura dominante para la pícea en esta estación es de 34 m a la edad de 100 años según Assmann y Franz (1965), y el haya tiene una calidad de estación II.0 según Schober (1967), para claras moderadas. Se parte de una plantación de 1400 píceas por hectárea en masa pura (edad 20 años) y 1000 píceas de plantación junto con 600 hayas de regeneración natural por hectárea en la masa mixta (píceas y hayas con edades de 20 y 25 años) (Figura 10.4).

Los rodales se someten a claras de selección de árboles de porvenir moderadas, en las que el peso de la intervención se controla mediante curvas guía que proveen el número de pies específico de la especie con el desarrollo de la altura dominante (Figura 10.5).

Para el modelo PINEA2 los datos se sitúan en el área geográfica de la Meseta Norte en España, definida por la cuenca del río Duero. El área presenta un clima mediterráneo continental con un característico periodo seco durante el verano, con una precipitación media de tan solo 21 mm. Los tipos de suelo principales que se encuentran en el área son entisoles e inceptisoles, con una capacidad de retención de agua media de 248 mm/m (Sánchez-Palomares et al. 2014). En este caso, los rodales se someten a un régimen de claras estándar para la zona, que consiste en un primer clareo fuerte, seguido de claras cuando el área basimétrica supera los 18-20 m^2 ha^{-1}, reduciendo esta hasta los 10 m^2 ha^{-1}. En el caso de la masa mixta, las claras se concentran en mantener un 80 % del área basimétrica en pie de pino piñonero, dejando el 20 % restante a los quejigos, encinas y sabinas. Los clareos son por lo bajo mientras que en las claras se favorecen

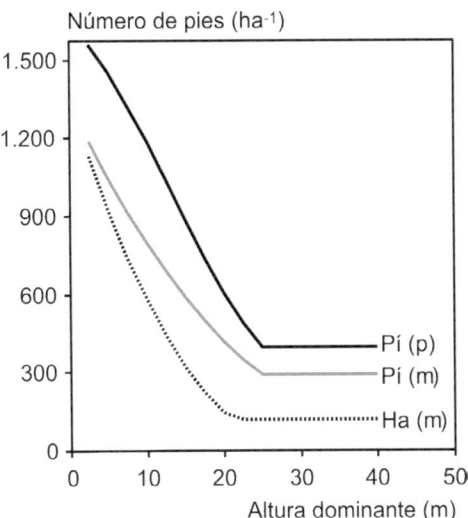

Figura 10.5 Para la comparación de la masa pura de pícea (p) con la masa mixta de pícea y haya (m), se pueden definir los regímenes de claras a aplicar, entre otros métodos, especificando las curvas guía del número de pies con el desarrollo de la altura dominante. Masa de pícea pura Pí (p), pícea en masa mixta Pí (m), haya Ha (m) en masa mixta.

los mejores pies. La corta de regeneración tiene lugar cuando la masa alcanza los 100 años, extendiéndose durante 20 años, de modo que todos los pies de la masa adulta son finalmente extraídos (Figura 10.6).

10.2.2 Características dasométricas de árbol y variables de masa

Del amplio espectro de parámetros dasométricos de árbol y variables de masa que proporciona una simulación a 145 años del modelo SILVA2.0, se seleccionan como ejemplos del desarrollo de la masa el desarrollo del área basimétrica y del incremento corriente en volumen (Figura 10.7).

Las curvas que muestran el desarrollo de estas dos variables durante la primera mitad del período de simulación (145 años) reflejan la alta productividad de la pícea en esta fase de edad. Partiendo de 2,8 m² ha⁻¹ en la masa pura de pícea y de 2,9 m² ha⁻¹ en la masa mixta de pícea-haya (35 % haya), el área basimétrica alcanza valores máximos de 67 y 58 m² ha⁻¹ a los 130 años y luego disminuye con la edad. La Figura 10.7b muestra como el incremento corriente en volumen en la masa de pícea pura (línea continua negra) aumenta más rápidamente en las masas jóvenes que en la masa mixta de pícea y haya (línea discontinua gris). Debido a la gran competitividad del haya, la mezcla en la estación considera solo provoca un ligero retraso y una reducción del nivel de culminación del incremento corriente en volumen. A una edad avanzada, como el crecimiento del haya culmina más tarde que el de la pícea, se pueden alcanzar mayores crecimientos en la masa mixta que en la pura. Con este ejemplo se demuestra la potencialidad de los modelos de árbol individual dependientes de la posición, que integran implícitamente el ciclo de control estructura de la masa→ crecimiento→ árbol individual→ estructura de la masa, y así reproducen plausiblemente los efectos de la mezcla de especies (véase el capítulo 9, Sección 9.4).

En la Figura 10.8 se presenta el desarrollo del área basimétrica y el crecimiento medio en volumen (IV_m) de las dos simulaciones realizadas con el modelo PINEA2. Como se puede observar, en este ejemplo las diferencias en términos de crecimiento y producción entre la masa pura y la mixta son pequeñas.

A partir de las características dasométricas de

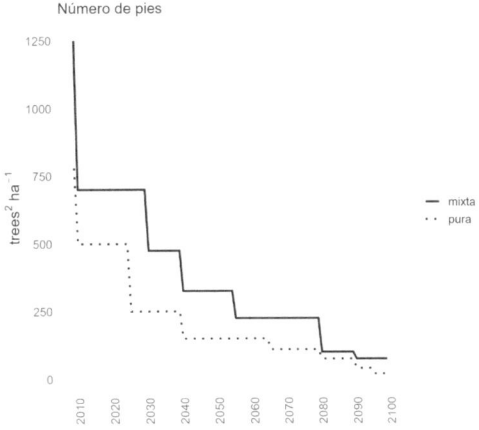

Figura 10.6 Desarrollo del número de pies para una masa pura de pino piñonero (línea solida) y de una masa mixta de pino piñonero, quejigo, encina y sabina (línea discontinua), simulado con el modelo PINEA2 (adaptado de Calama et al. 2021).

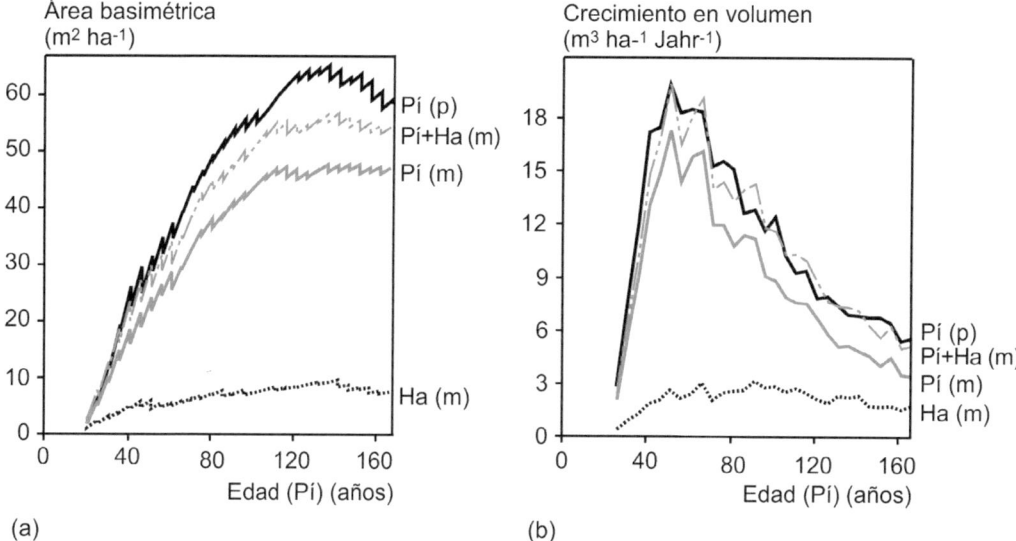

Figura 10.7 Extracto de los resultados de la simulación de las dos variantes, masa pura de pícea y masa mixta de pícea y haya simulados con SILVA 2.0. Se muestran (a) el área basimétrica conjunta de la masa y por especie y (b) el incremento corriente anual en volumen de la masa y por especie durante el período de simulación de 145 años. Masa de pícea pura Pí (p), pícea en masa mixta Pí (m), haya en masa mixta Ha (m), pícea y haya en masa mixta Pí + Ha (m).

árbol y variables de rodal obtenidas de la simulación se puede igualmente obtener el desarrollo a lo largo del tiempo de las distintas clases de madera disponibles. Para la posterior planificación económica, es más importante el desglose de los aprovechamientos realizados y las existencias en pie de acuerdo con las distintas clases de madera comercializables que la cantidad de madera producida. Los modelos de árbol individual posibilitan la clasificación de productos, ya que se conoce el desarrollo dimensional de todos los árboles de la masa. En el simulador se puede solicitar el desarrollo de los distintos tipos de madera en rollo, como se muestra en la Figura 10.9 para un ejemplo de pícea y haya en masa mixta, para la masa en pie, extraída y total. La clasificación de Heilbronn (Behringer, 1900), que cumple con la norma HKS de los productos de pícea, muestra que las clases H1, H2 y H3, de productos de menores dimensiones, solo aparecen durante un tiempo muy breve y, a la edad de 60 años, ya pasan a la clase H4. A partir de una edad de aproximadamente 100 años, domina la clase H6, mientras que al mismo tiempo aparece un volumen de clase HL significativo, ya que se asumió una restricción de longitud para el transporte de fustes de 21 m. Incluso al final del período de simulación, el haya solo alcanza rangos medios de clase L3, lo que subraya la función de servicio del haya más que la productiva en la masa mixta. La madera de fuste de haya se obtuvo hasta la base de la copa, que se conoce para cada árbol debido al enfoque del modelo de árbol individual y depende de la constelación de crecimiento espacial del árbol. La madera en bruto por encima de la base de la copa está asignada a madera para la industria de partículas.

10.2.3 Otras características de la masa

La simulación de manera realista de la masa en intervalos de 5 años como un sistema espaciotemporal (ver Figura 10.10), donde se caracteriza la distribución tridimensional de los árboles, permite el cálculo de índices de estructura a lo largo del periodo de simulación. La diversidad estructural de una masa es un indicador de su potencialidad como función de hábitat y de la diversidad de especies de la misma (Ammer y Schubert 1999, Begon et al. 1998, Dieler et al. 2017). Los índices R de Clark y Evans (1954) para el patrón de distribución horizontal de ár-

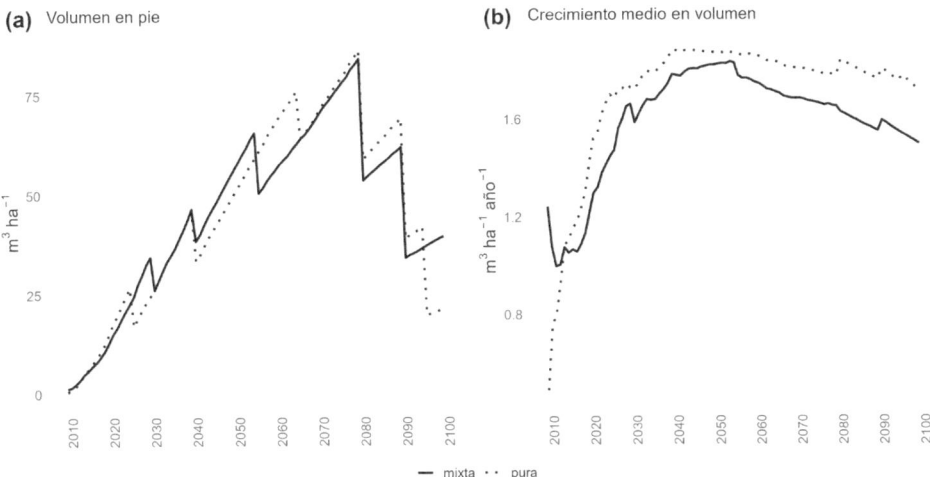

Figura 10.8 Desarrollo del del volumen en pie (a) y del crecimiento medio en volumen (IV_m) para una masa pura de pino piñonero (línea sólida) y una masa mixta de pino piñonero, quejigo, encina y sabina, simuladas con PINEA2.

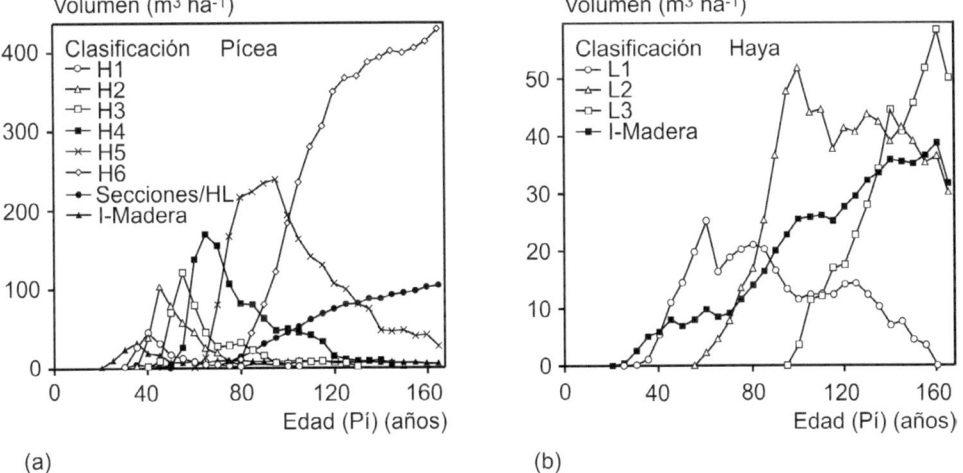

Figura 10.9 Desarrollo de los productos de madera en rollo de la masa en pie durante el período de simulación de 145 años por separado para (a) pícea y (b) haya en la masa mixta simulada. Las abreviaturas H, L representan las clases de la clasificación de Heilbronn (Behringer, 1900) según grosor medio y uso industrial de la madera

boles A de Pretzsch (1998) para el perfil vertical de especies y S de Pielou (1977) para la mezcla de especies (Capítulo 4), entre otros, reflejan la diversidad estructural de la masa. En la Figura 10.10a y b se presentan los valores que toman estos índices de estructura en la masa pura de pícea y la masa mixta de pícea-haya (Figura 10.7) y cómo estos se modifican con el desarrollo con la edad de la masa y el tipo de claras seleccionado.

El índice R de distribución espacial puede variar entre 0 (agrupamiento más fuerte) y 2,1491 (distribución estrictamente regular). Los valores de R alrededor de 1,0 indican una distribución de árboles aleatoria (ver Capítulo 4). En la masa pura y mixta, las claras selectivas fuertes transforman la distribución inicialmente regular (R = 1,1-1,4) en una aleatoria (R = 0,9- 1,0) y, por lo tanto, promueven la heterogeneidad. Esto se deriva de la preservación de pies con estatus

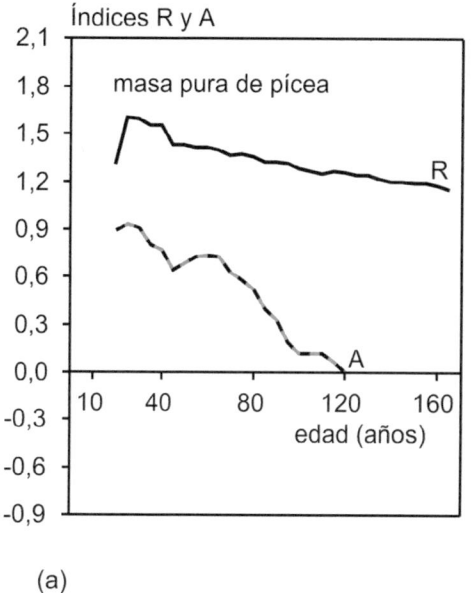
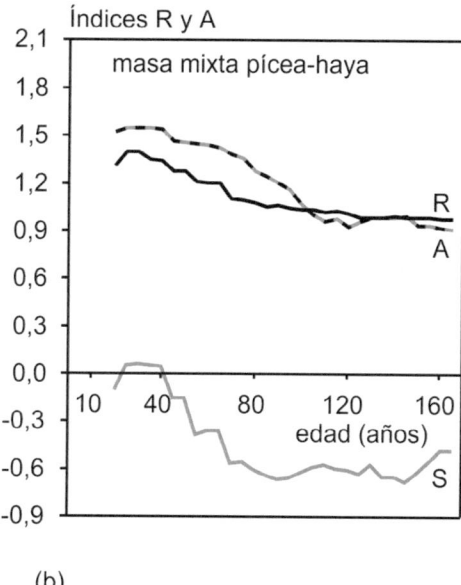

(a)   (b)

Figura 10.10 Desarrollo de la estructura en (a) una masa pura de pícea y (b) una masa mixta de pícea-haya en el período de simulación de 145 años, expresado por los índices de estructura R de Clark y Evans (1954), A de Pretzsch (1998) y S de Pielou (1977).

subordinado e intermedio y, ocasionalmente, de grupos de pies de buen crecimiento.

El índice A caracteriza la estructura vertical de la masa cuantificando su desviación de la estructura de referencia de masas puras de un solo piso ($A = 0,0$). Cuanto más heterogéneo es el perfil vertical, mayor es el valor de A. Como es de esperar, en la masa pura de pícea, que presenta valores relativamente elevados de estructura vertical en la fase de fustal, el valor del índice A disminuye con el desarrollo de la masa y la aplicación de claras selectivas (Figura 10.10a). El valor del índice A se desarrolla de manera completamente diferente en la masa mixta (Figura 10.10b). Al comienzo de la simulación, A es 1,5 y solo disminuye a 0,9 a lo largo de la vida de la masa. Esto es consecuencia de la mezcla de especies, que permite la supervivencia del haya en el piso medio e inferior.

El índice S varía en un rango de -1,0 y +1,0 e indica una mezcla bastante intensa (mezcla pie a pie) con valores por debajo de 0,0, y una segregación de especies (mezcla por grupos) con valores por encima de 0,0. De esta manera, la masa mixta (Figura 10.10b) tiende a una mezcla pie a pie con el transcurso del período de simulación. Esta estructura se genera a través de intervenciones que promueven el mantenimiento de pies dominados y asegura un mosaico heterogéneo de relaciones competitivas inter e intraespecíficas entre la pícea y el haya hasta la madurez.

Con el modelo PINEA2 se muestran también los efectos de la mezcla de especies en la estructura de la masa en el ámbito mediterráneo. En este caso, al ser un modelo de árbol individual independiente de la distancia, los índices de estructura que se pueden calcular no consideran la distribución espacial de los árboles. En la Figura 10.11a se muestra el desarrollo de la fracción de cabida cubierta, como indicador de la espesura, y la Figura 10.11b el coeficiente de variación en altura, como indicador de la heterogeneidad vertical de la masa. Como se observa en la figura, la masa mixta muestra una mayor fracción de cabida cubierta y una mayor heterogeneidad de alturas.

En el bosque mediterráneo los productos no maderables son a menudo más valiosos en términos monetarios que la propia producción de madera, por ello, el modelo PINEA2 ofrece también la

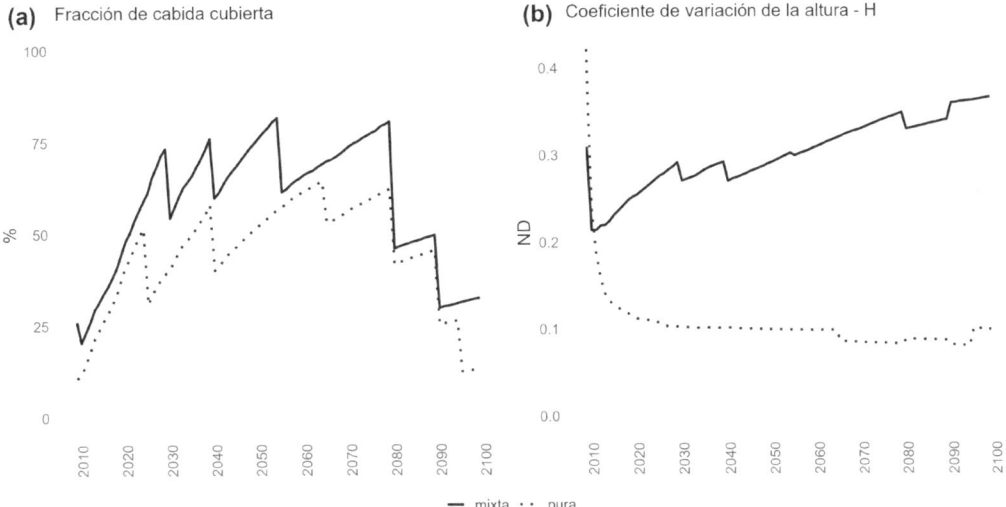

Figura 10.11 Evolución de la fracción de cabida cubierta (a) y del coeficiente de variación en altura con la edad (b) para una masa pura de pino piñonero (línea discontinua) y una masa mixta de pino piñonero, quejigo, encina y sabina (línea continua) en el periodo de 100 años simulado con PINEA2 (adaptado de Calama et al. 2021).

estimación de la producción de piña y la renta obtenida de ella como variables de salida (Figura 10.12)

10.3 Validación y evaluación del modelo

En la validación y evaluación de un modelo se pueden usar distintas fuentes de datos y diversas aproximaciones, presentándose en esta sección algunos ejemplos. En un primer paso, todo modelo debe evaluarse estadísticamente con los propios datos utilizados en el ajuste, es decir, se deben calcular los estadísticos del ajuste, de manera que garantice que los modelos no son sesgados y presentan suficiente precisión y exactitud. Además, se debe cumplir que el modelo tenga sentido biológico. Un segundo paso dentro de la propia evaluación de un modelo es analizar cómo funciona el modelo cuando se utiliza en su conjunto, es decir, si existe una propagación del error, que se puede realizar con los mismos datos utilizados en el desarrollo del modelo. En este sentido, se deben analizar las propiedades emergentes del modelo, es decir, si cuando se aplica en su conjunto se cumplen las reglas y leyes forestales. Por último, los modelos se deben validar en su conjunto con datos independientes a los usados en el desarrollo del modelo. Si el modelo se va aplicar en unas condiciones diferentes a las que se cubren con los datos con los que se ha desarrollado, se debe realizar una calibración del modelo. Además de la validación y evaluación de un modelo, el análisis de su aplicabilidad para distintos usos también puede ser de utilidad (Mäkelä et al 2012; Pretzsch et al 2015).

10.3.1 Validación mediante datos de parcelas experimentales

A continuación, se presenta una validación del modelo de crecimiento SILVA 2.2 utilizando parcelas experimentales permanentes en las que se ha realizado un seguimiento a largo plazo, de 1870 a 1995, que no se utilizaron previamente para la parametrización de las funciones de crecimiento del modelo. La validación se basa en el cálculo de los estadísticos sesgo, precisión y exactitud (Caja 10.1). Para cada una de las masas puras y mixtas de pícea, pino, haya y roble incluidas en el análisis (datos de distintas parcelas), se calcula el diámetro medio cuadrático, d_g, la altura del árbol con área basimétrica media, h_g, y el área basimétrica de la masa, G, del primer inventario, que, junto con la información de las condiciones del sitio, se toman como variables de entrada en el modelo. A partir de es-

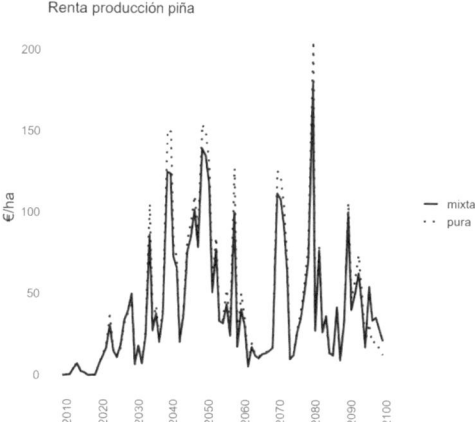

Figura 10.12 Desarrollo de la renta de producción de piña para una masa pura de pino piñonero (línea discontinua) y una masa mixta de pino piñonero, roble y encina (línea continua), simuladas con PINEA2 (adaptado de Calama et al. 2021).

tos datos SILVA calcula las tasas de crecimiento en altura dependiendo de la calidad estación, construye las distribuciones diamétricas esperadas, calcula las alturas de los árboles usando un sistema de curvas de altura estándar y crea un patrón de distribución espacial de los pies. La masa inicial generada de esta manera se actualiza posteriormente durante 5 años sin la simulación de claras, ya que las parcelas experimentales no fueron aclaradas. Este proceso se repite 10 veces para cada masa. Como variable de salida, en la validación se analiza el valor medio del incremento en volumen de los 10 intervalos y se compara con el incremento real en volumen de la masa. La Figura 10.15 muestra la distribución y los estadísticos de distribución de las diferencias porcentuales entre el crecimiento de volumen real y estimado (iV_{real} y iV_{est}) en masas de pícea, haya, roble y pino. Los valores mostrados corresponden a las diferencias $e_i = x_i - X_i$ expresadas como porcentaje del valor real iV_{est}, es decir, en términos relativos $e_i\%$. El valor medio muestra el sesgo y su desviación estándar proporcionan información sobre la precisión del modelo (ver Caja 10.1).

Para especies como la pícea y el haya, la base de datos para esta evaluación incluye datos de 220 y 194 períodos (años) de observación. La distribución de las desviaciones porcentuales del incremento en volumen observado $i_v(\%)$, resulta deja un sesgo de la estimación de crecimiento de -1,9 % y -0,7 % y un error medio en la estimación del crecimiento en volumen de m_x = 19,84 % y m_x = 28,98 % para pícea y haya. El resultado es sinónimo del hecho de que, si la distribución es normal, el 68 % de las estimaciones de crecimiento no se desvían en más de ± 19,84 % o ± 28,98 % del incremento en volumen real.

El cálculo del sesgo del crecimiento periódico medio en volumen arroja valores porcentuales entre $\bar{e}$ % = -0,7 y 4,8 % para pícea, haya, roble y pino. La exactitud da como resultado valores de m_x = 18,54 a 38,62 %. Comparado con el error del 100 a 120 % que ocurre, según Reimeier (2000), al estimar el crecimiento en volumen utilizando las tablas de producción de Assmann y Franz (1963) y Schober (1967) en masas de pícea y haya, cuyo uso es común en el sur de Alemania, con el simulador SILVA 2.2 se logra una precisión significativamente mayor. La precisión del $s_e\%$ del simulador varía entre el 5 y el 40 % a nivel de masa, dependiendo de la variable dasométrica y tratamiento selvícola considerado. La precisión en la estimación de los valores medios de diámetro y altura es de $s_e\%$ = 5 a 10 % (error cuadrático medio), mientras que, para el número de pies, el área basimétrica y los valores de la masa directamente influenciados por las claras y la mortalidad natural el error cuadrático medio asciende a $s_e\%$ = 10 a 20 %, y para los incrementos anuales alcanza a 20 – 40 %.

Ďurský (1999) validó el sesgo y la precisión del modelo de crecimiento en diámetro de SILVA mediante el uso de 2.254 árboles de un total de 30 parcelas experimentales permanentes. La validación se centró en la especie pícea utilizando datos de parcelas experimentales de montes entresacados, en transformación a masas irregulares, de ensayos de claras y de distintas situaciones de competencia. Todas ellas se incluyeron en la parametrización del modelo y a su vez cubren un amplio espectro de estructuras de la masa y regímenes de tratamiento. La Figura 10.16 muestra el sesgo medio (a) y la precisión (b) del incremento en diámetro previsto en cinco años para todas las masas. En predicciones de masas e inventarios específicos, la predicción puede diferir de la realidad entre un -30 % y un 70 %, fundamentalmente debido a las condiciones climáticas. Sin

Caja 10.1 Validación del modelo. Sesgo, precisión y exactitud

Una forma de validar los modelos de crecimiento es una comparación cuantitativa entre el pronóstico del modelo o predicción y el comportamiento del crecimiento real. Si se realiza sobre los mismos datos usados en el modelo nos referimos a la evaluación estadística del modelo, mientras que si se usa una muestra independiente podemos considerarlo como validación del modelo. Esta validación se basa, entre otros estadísticos, en el sesgo, la precisión y la exactitud (Akça 1997). La Figura 10.13 ilustra los términos sesgo y precisión usando los disparos a una diana objetivo, con los impactos desviándose del centro (círculo interior) en diferentes patrones.

Independientemente de si los disparos están en el centro o sistemáticamente fuera, la precisión expresa en qué medida los disparos repetidos difieren entre sí, es decir, la dispersión de las predicciones. Las Figuras 10.13a y b muestran alta precisión, los patrones de la Figura 10.13c y d muestran baja precisión.

El sesgo o distorsión cuantifica el grado de desviación sistemática de los disparos del centro (círculo interior). Por ejemplo, los impactos de la Figura 10.13b tienen un alto nivel de precisión, pero se desvían sistemáticamente del centro objetivo. Sólo una estimación precisa y sin sesgo produce una adecuación elevada del modelo a la realidad, como se logra en el objetivo que se muestra en la Figura 10.13a (von Gadow y Hui 1999).

Sesgo

Si los resultados del cálculo de la predicción $(x_i, i = 1, ..., n)$ de $i = 1, ..., n$ objetos o eventos se comparan con el desarrollo real de estos n eventos $(x_i, i = 1, ..., n)$, se obtienen los residuos o diferencias $e_i = x_i - X_i$. La diferencia media entre valor predicho y realidad $\bar{e} = \frac{\sum_{i=1}^{n} e_i}{n} = \frac{\sum_{i=1}^{n}(x_i - X_i)}{n}$ corresponde al sesgo o desviación del pronóstico con respecto a la ca-

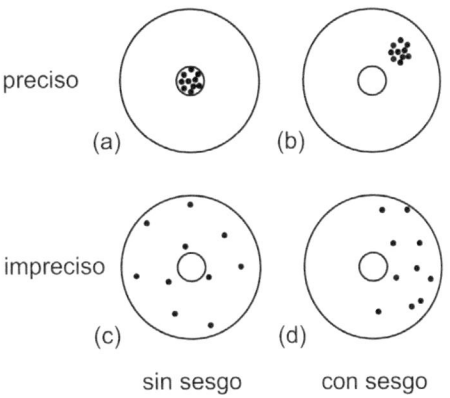

Figura 10.13 Sesgo y precisión como componentes de la exactitud de una predicción. La mayor precisión se da en el objetivo (a) porque los impactos repetidos (puntos) no se dispersan demasiado ni se desvían sistemáticamente del objetivo (círculo interior) (modificado de von Gadow y Hui 1999).

racterística x estimada de la masa. Para obtener una conclusión fiable sobre el sesgo del modelo es necesario comparar un número suficiente de valores predichos y observados. La Figura 10.14a muestra la evolución del diámetro medio con la edad real y predicho en la que aparece un sesgo considerable. La desviación sistemática del valor real también se puede expresar como un porcentaje sobre el valor medio observado $\bar{X}$, en la relación $\bar{e}\% = \frac{\bar{e} \times 100}{\bar{X}}$, o sesgo relativo.

Precisión o dispersión de la predicción

La precisión (dispersión de la predicción) indica la acumulación o concentración de valores predichos alrededor de su media aritmética. Se calcula a partir de las desviaciones de los valores predichos x_i, $i = 1 ... n$ de los valores de observación X competencia. Todas, $i = 1 ... n$. Si las diferencias $x_i - X_i$ se representan por , la precisión se calcula como la desviación estándar del sesgo $s_e = \sqrt{\frac{\sum_{i=1}^{n}(x_i - \bar{e} - X_i)^2}{n-1}} = \sqrt{\frac{\sum_{i=1}^{n}(e_i - \bar{e})^2}{n-1}}$, denominado comúnmente como error cuadrático medio (ECM). La precisión se da a menudo en relación con el valor medio observado en porcentaje $s_e\% = \frac{s_e \times 100}{\bar{X}}$, $\left(\text{ECM}\%\right)$. En la Figura

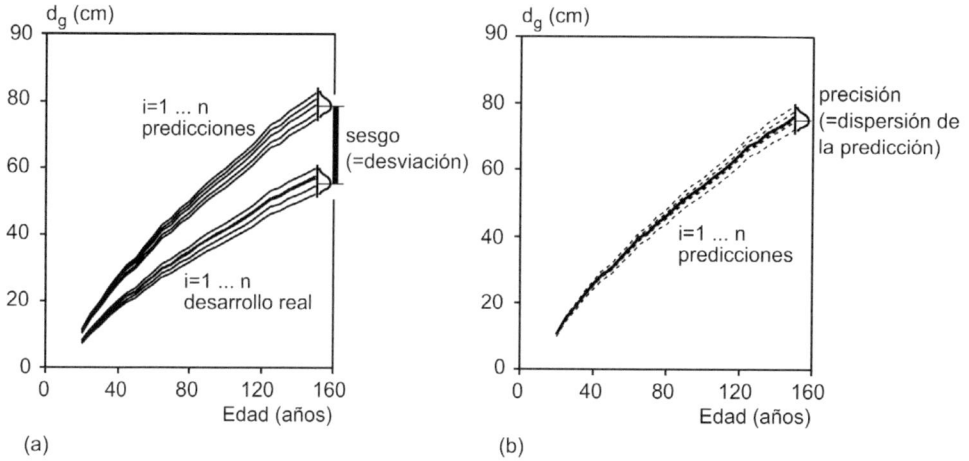

Figura 10.14 Sesgo (indica la desviación) y precisión (indica la dispersión) de las predicciones de un modelo en una representación esquemática. (a) El sesgo (línea en negrita) resulta de la diferencia media de $i = 1 \cdots n$ diferencias entre los valores reales y los pronosticados. (b) La precisión cuantifica el grado de acumulación de los valores de pronóstico $i = 1 \cdots n$ (líneas discontinuas) alrededor del valor medio (línea negrita).

10.14b, la precisión de la predicción es visible a través del ancho de la familia de curvas. La línea en negrita representa la media de varias predicciones. Las líneas discontinuas muestran el grado de acumulación de las predicciones $i = 1 \cdots n$ alrededor de la línea central. Si, como se muestra en la Figura 10.14a, la media aritmética de los valores predichos se desvía significativamente del valor verdadero, las predicciones no cumplen el valor verdadero debido al sesgo. La precisión de los valores predichos es alta en este caso, pero su exactitud baja debido al sesgo.

Exactitud

Para someter un modelo a una verificación de precisión más amplia, se realizan cálculos de pronóstico para n poblaciones. A partir de las diferencias $i = 1 \cdots n$ entre los valores estimados y verdaderos x_i, $i = 1 \ldots n$ o X_i, $i = 1 \cdots n_1$ se puede calcular la exactitud como $m_x = \sqrt{\frac{\sum_{i=1}^{n}(x_i - X_i)^2}{n-1}}$. La exactitud $m_x = \sqrt{s_e^2 + \bar{e}^2}$ del modelo en relación con el tamaño x se compone entonces de la precisión se y el sesgo $\bar{e}$. La exactitud relativa resulta como $m_x\% = \frac{m_x \times 100}{\bar{X}}$, que expresa la exactitud como porcentaje de la media real $\bar{X}$. Por lo tanto, la exactitud representa el grado en que la estimación se aproxima a la realidad. Puede ser defectuosa si se existe un sesgo $\bar{e}$. Por otro lado, la falta de exactitud puede resultar de una baja precisión o alta dispersión s_e. La mayor exactitud se da cuando el sesgo es cero y la precisión es alta; m_x toma valores pequeños y es igual a s_e.

embargo, en promedio, no hay un sesgo sistemático significativo de los incrementos en diámetro. La precisión del pronóstico de crecimiento en diámetro de los árboles individuales fluctúa entre el 16,8 % en masas de estructura regular y homogénea y el 48,9 % en rodales de estructura más compleja y heterogénea, y muy densos. En la gran mayoría de las masas, la precisión se sitúa entre el 30 y el 35 % (Figura 10.16b).

Los datos de las parcelas experimentales también se pueden utilizar para validar el modelo a nivel de árbol individual en distintos periodos de crecimiento. La Figura 10.17 muestra otro ejemplo de validación del modelo de crecimiento en diámetro para dos parcelas experimentales de pícea Weißenburg 613/2 y Fürstenfeldbruck 612/12 en un periodo concreto (primavera de 1987 - primavera 1996 y primavera 1992 - otoño 1996, respectivamente). En la parcela experimental de Weißenburg

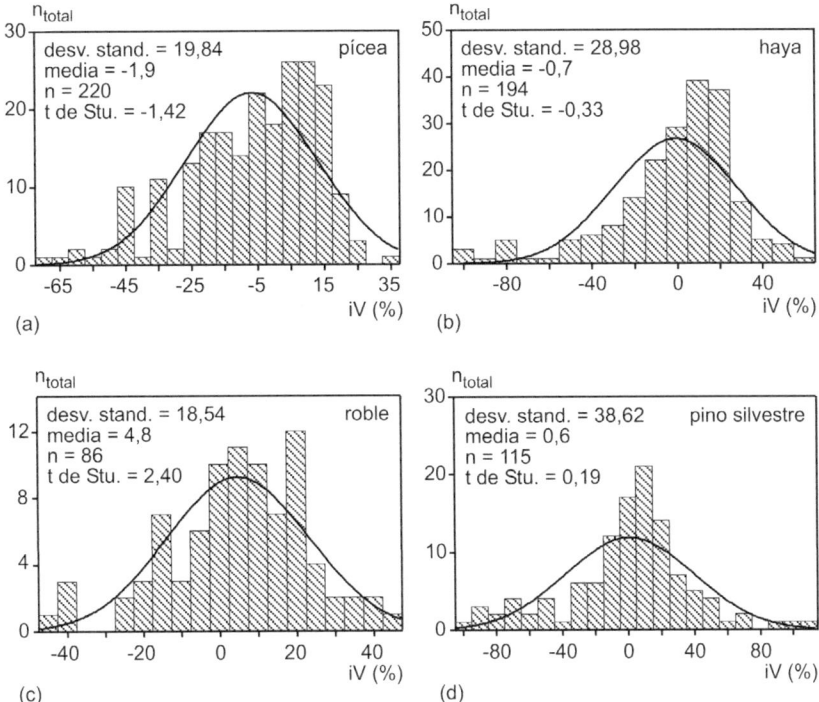

Figura 10.15 Distribución de frecuencias y medidas de las diferencias porcentuales entre el crecimiento en volumen real y predicho para píceas, hayas, robles y pinos. El valor medio de las distribuciones muestra el sesgo y la desviación estándar evalúa la precisión de la estimación del incremento en volumen con el simulador de crecimiento forestal SILVA 2.2 en parcelas experimentales permanentes.

613/2, los incrementos en diámetro reales y previstos concuerdan bien y hay un sesgo de solo $\bar{e}$= -0,13 cm en el período de estudio. La exactitud es $m_x = 27$ %, es decir, el 68 % de las predicciones producen incrementos en diámetro que no se desvían más de ± 27 % de la realidad.

Sin embargo, los resultados de la parcela experimental de Fürstenfeldbruck son diferentes. En este caso los incrementos en diámetro se sobrestiman en promedio $\bar{e} = 1,09$ cm y la exactitud es de $m_x = \pm 48$ % respecto al incremento en diámetro real. Esta inexactitud en la estimación del crecimiento se debe al hecho de que para la validación se utilizó un período de crecimiento corto y menos representativo desde el punto de vista climático de la estación. La gran dependencia de la tasa de crecimiento a largo plazo de los efectos climáticos y otras posibles perturbaciones que pueden ocurrir de forma periódica hace que las comparaciones entre el pronóstico y la realidad sean más difíciles. Si las condiciones de crecimiento cambian durante del período de crecimiento seleccionado para la validación del modelo, los resultados de la predicción pueden estar sesgados si en el modelo no se tuvieron en cuenta estos posibles cambios.

El problema del cambio en las condiciones de crecimiento durante el período que se utiliza para la validación del modelo se puede contrarrestar utilizando períodos de tiempo más largos con condiciones climáticas medias como base para la validación, en los que eventos meteorológicos a corto plazo pasan a un segundo plano. En las simulaciones a largo plazo, los cambios conocidos en las condiciones climáticas o de crecimiento se pueden incluir mediante modelos sensibles a las condiciones ambientales.

10.3.2 Validación basada en datos de inventario

La validación del modelo de crecimiento a una escala espacial elevada, por ejemplo, a nivel regional, puede llevarse a cabo usando datos de

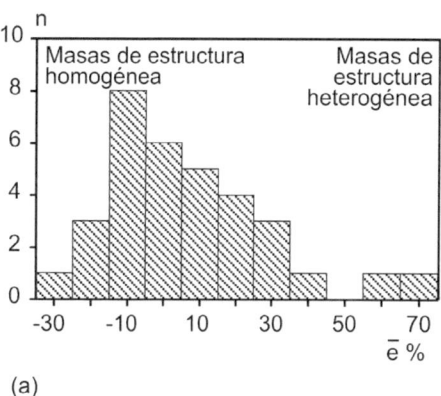 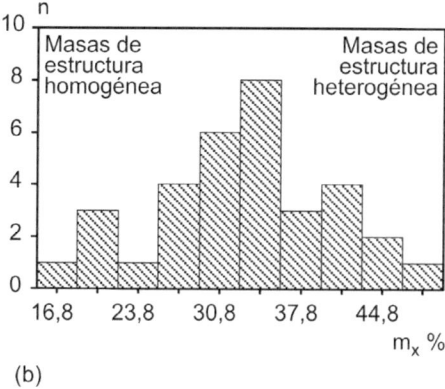

Figura 10.16 Distribución del sesgo (a) y la precisión (b), ambos en términos relativos (%), de la predicción del incremento en diámetro de árboles individuales en masas de pícea con distinta estructura de la masa y tratamiento selvícola. El sesgo varía entre -30 y 70 % y la precisión entre 16,8 y 48,3 % en las masas de pícea de estructuralmente homogéneas a estructuralmente heterogéneas.

inventarios forestales. En este caso se muestra un ejemplo de validación del modelo de crecimiento en altura mediante datos de inventario de montes gestionados en Baviera. En esta base de datos se encuentran disponibles varios miles de mediciones de altura. Para comparar el desarrollo de la altura predicha y real, se seleccionan cuatro sitios que cubren el rango de productividad de la región. Para estos sitios, se recopilaron los datos de masas a la edad de 30 años a partir de los datos de inventario. Estas masas se actualizaron mediante el modelo a lo largo de 100 años asumiendo claras de selección de árboles de porvenir fuertes. Los resultados del desarrollo de la altura y el diámetro medios producen una buena correspondencia entre los valores simulados y reales para la mayoría de los sitios. Los resultados, aunque no perfectos, indican un buen comportamiento del modelo para la predicción del crecimiento en altura, ya que hay que tener presente que el modelo de crecimiento no se parametrizó con datos de este inventario sino con datos de las parcelas experimentales que, en general, son menos representativos a una escala regional. La Figura 10.18, a y b muestra una buena correspondencia entre el pronóstico y la realidad en las regiones de crecimiento potencial 11.03 Bosque de Baviera y 15.05 Alpes de piedra caliza de Baviera central. La buena concordancia se expresa en la posición de los datos del inventario entre las curvas de crecimiento en altura para el espectro de productividad superior e inferior. La discrepancia sistemática entre el pronóstico y la realidad en las regiones de crecimiento potencial de la "región montañosa terciaria de la Alta Baviera" y las "montañas Fichtel" (Figura 10.18, c y d) se puede atribuir a la deposición de nitrógeno particularmente alta en las estribaciones de los Alpes y los daños severos observados en las montañas Fichtel (Pretzsch y Utschig 2000). A partir de esta validación de los datos de alturas, se pueden derivar conclusiones sobre la calidad del modelo para las variables dasométricas más importantes en regiones específicas.

10.3.3 Comparación con reglas y leyes forestales

Otra manera de evaluar un modelo, es comprobar a través de simulaciones, si se cumplen las reglas y leyes forestales. Por ejemplo, se puede verificar si se cumple la ley del autoaclareo o línea de máxima densidad introducida en el Capítulo 6 (Sección 6.3) o la de Assmann que regula la relación entre crecimiento en volumen y la densidad de la masa (Sección 6.4.3). Esta verificación de la coherencia de los modelos se presenta en la Sección 12.3.3 como un importante método para testar hipótesis en la investigación forestal.

La Sección 6.3 muestra cómo las masas de pícea se acercan al límite superior de la relación entre el número de pies por hectárea N y el diámetro medio cuadrático d_g, independientemente de su

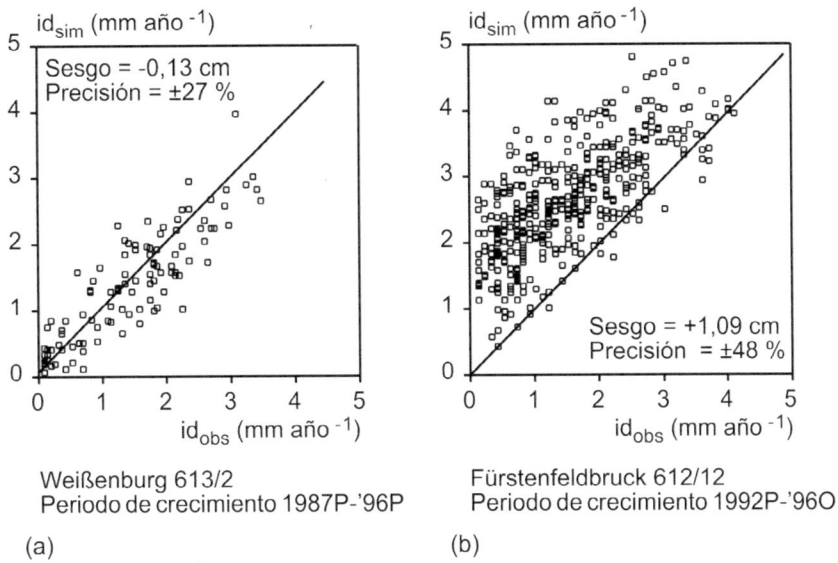

Figura 10.17 Validación del modelo de crecimiento en diámetro de árboles individuales a partir de datos de dos parcelas experimentales permanentes (a) Weißenburg 613 y (b) Fürstenfeldbruck 612.

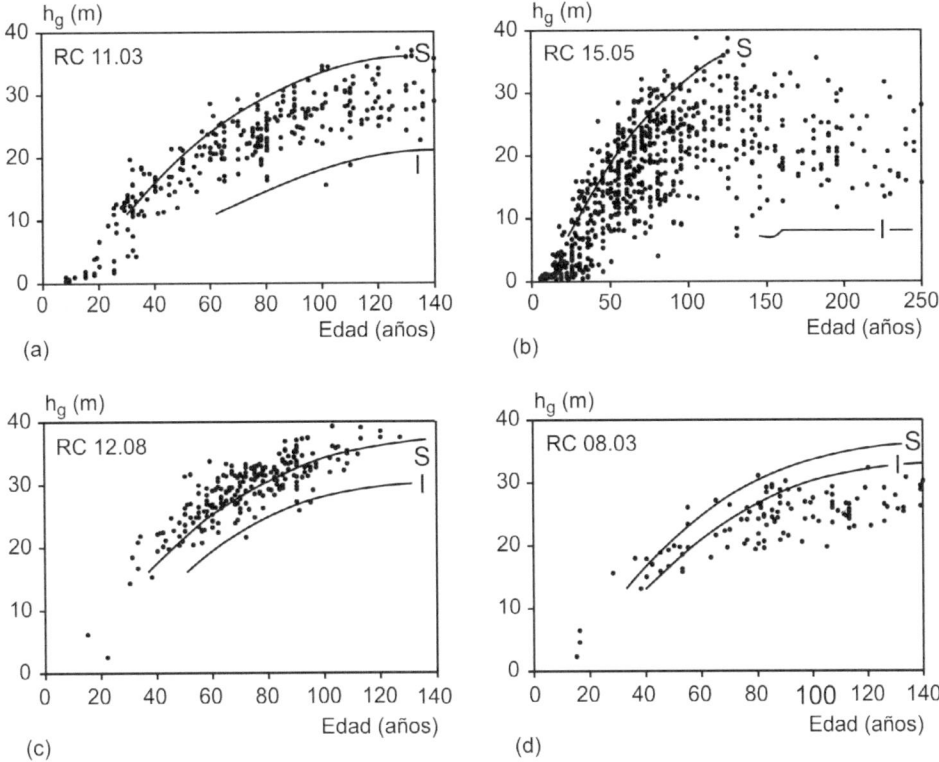

Figura 10.18 Validación del modelo de crecimiento en altura del simulador SILVA 2.2 comparando las curvas de crecimiento en altura predichas en regiones con distinto crecimiento potencial (RC) seleccionadas de los datos de inventario de montes representativos. Para los distritos de crecimiento (a) 11.03 Bosque bávaro, (b) 15.05 Alpes calcáreos centrales de Baviera, (c) 12.08 Colinas terciarias de la Alta Baviera y (d) 8.03 Montañas Fichtel, se muestra el desarrollo de la altura media para una masa representativa en el rango de productividad superior S (línea sólida negra superior) e inferior I (línea sólida negra inferior).

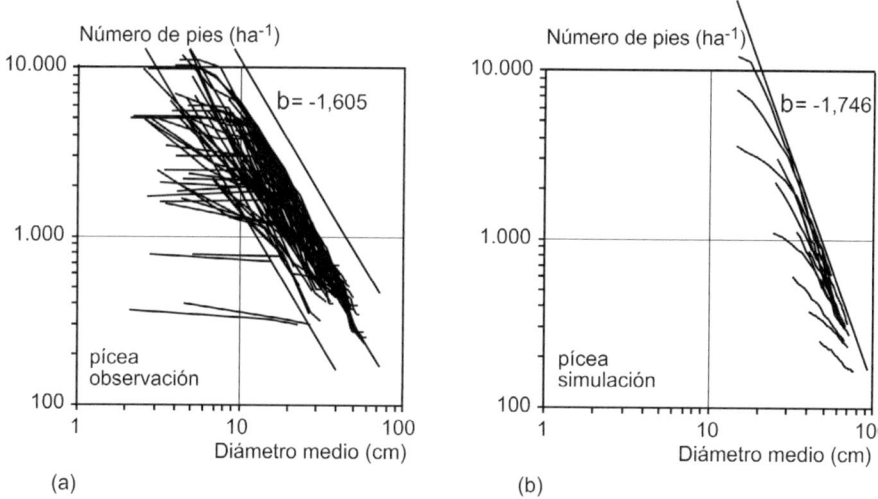

Figura 10.19 Comparación de (a) las trayectorias observadas de las curvas diámetro medio/número de pies (en escala doble logarítmica) en masas de pícea con (b) el desarrollo simulado a través del modelo SILVA para masas de pícea no intervenidas.

densidad inicial, para luego, una vez alcanzado este límite seguir la línea de autoaclareo según la regla de Reineke (Reineke, 1933), donde la disminución del número de pies con el tamaño medio del árbol, en escala doble logarítmica, sigue una pendiente de aproximadamente b = -1,605. Se puede comprobar si esta ley también se cumple en el sistema de funciones del árbol individual del simulador SILVA 2.2. Para ello, se simula el desarrollo de un amplio número de masas puras de pícea para una determinada región y se compara el desarrollo del número de pies por hectárea con el aumento del diámetro medio cuadrático. La Figura 10.19 muestra que el desarrollo de las trayectorias $\ln(N) - \ln(d_g)$ simuladas en las distintas masas, donde se observa que inicialmente las masas siguen una línea más o menos paralela al eje x, acercándose a una línea que marca el límite superior de densidad, y luego disminuyen siguiendo esta línea recta, que tiene una pendiente de aproximadamente b= -1,746. Si se compara con el valor -1,605 la recta observada sobreestima la mortalidad con el aumento medio de los árboles y, por lo tanto, indica cierto sesgo en el modelo de mortalidad implementado en el simulador por Ďurský (1997). No obstante, hay que tener presente que el resultado es bueno si se considera que la modelización de la mortalidad no se realiza a nivel de masa, sino a nivel de árbol individual, y que en otros traba-

jos se han encontrado pendientes algo superiores de la línea de máxima densidad al indicado por Reineke (Pretzsch y Biber 2005). Igualmente, se podría verificar si el modelo aplicado a masas mixtas reflejaría las mayores densidades observadas en masas mixtas (Pretzsch y Biber 2016).

La ley de Assmann (1961), que define las áreas basimétricas máxima, óptima y crítica, describe la relación entre el área basimétrica y el incremento en volumen como una relación unimodal (Sección 6.4.3). El incremento máximo se da generalmente con claras de peso moderado, aunque para algunas especies y condiciones de estación se da con la máxima densidad. La localización y valor del óptimo depende de la edad y la estación de la masa. Además, la relación es específica de la especie. Con el fin de validar el modelo de crecimiento según la ley de Assmann de las áreas basimétricas máxima, óptima y crítica (1961), es necesario realizar una serie de simulaciones para cada situación de edad de la masa y condiciones de la estación. Para cada situación, se calcula el crecimiento en volumen para el área basimétrica máxima y en intervalos decrecientes del 10 % de área basimétrica. Los pares de valores resultantes del incremento en volumen / área basimétrica representan la relación entre la densidad de la masa y el incremento en volumen asumido por el modelo. Si se repiten

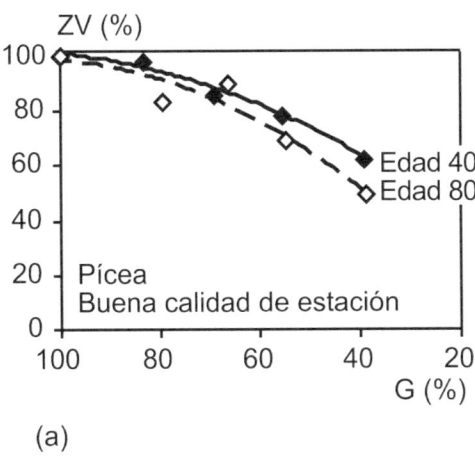 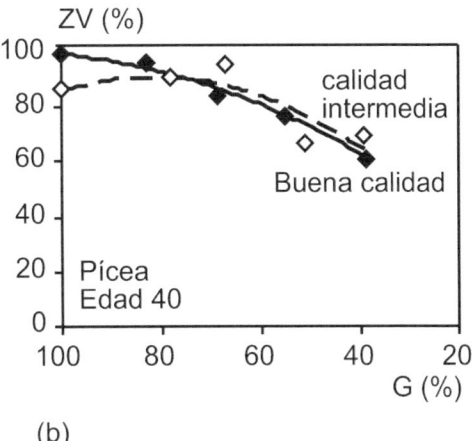

Figura 10.20 Relación entre el área basimétrica y el crecimiento en volumen en masas de pícea, ambos dados en términos relativos a los valores para la máxima densidad, para (a) distintas edades y (b) dos calidades de estación, según simulaciones realizadas con el modelo SILVA 2.2. Se muestra como la pícea en la región utilizada para la simulación tiende a seguir la ley de las áreas basimétricas máxima, óptima y crítica de Assmann (1961).

estos cálculos para masas de diferentes edades y calidades de estación, se puede comprobar si la relación entre el área basimétrica y el incremento en volumen mostrado por el modelo corresponde a la ley enunciada por Assmann (1961).

La Figura 10.20 muestra que el incremento en volumen, de acuerdo con la ley de Assmann, inicialmente disminuye lentamente al disminuir la densidad de la masa, y luego disminuye significativamente cuando se excede una reducción de un 50 al 60 % del área basimétrica máxima. Esta disminución en el incremento en volumen con la disminución de la densidad de la masa es menos pronunciada a los 40 años que a los 80 años, de nuevo de acuerdo con lo postulado por Assmann. La disminución en el crecimiento se comporta de una manera similar si se calcula para diferentes índices de sitio. En estaciones de calidades medias y buenas, la relación entre la densidad de la masa y el incremento en volumen muestra un óptimo para valores del área basimétrica entre el 100 y el 80 %. Cualquier reducción adicional de la espesura resulta en incrementos en volumen linealmente decrecientes. Estos resultados constatan el buen comportamiento del modelo SILVA 2.2 en términos de esta relación, indicando que los modelos de crecimiento en diámetro, en altura y el modelo de copas, que influyen en el valor del crecimiento en volumen, produce unos resultados adecuados al integrarlos en términos de área basimétrica-incremento en volumen.

10.3.4 Calibración de modelos: ejemplo del modelo PINEA2

El cambio de paradigma en la sociedad, que demanda cada vez más masas con mayor diversidad estructural y de especies, requiere la adaptación de los modelos desarrollados inicialmente para unos objetivos de gestión determinados, con frecuencia para masas puras regulares. Calama et al. (2008b, 2021) llevan a cabo la adaptación del modelo de árbol individual PINEA2, desarrollado para masas puras y regulares de pino pinea a masas irregulares y masas mixtas. A continuación, se presenta como ejemplo la adaptación y calibración del modelo a masas puras irregulares. Más información sobre la adaptación a masas mixtas se puede encontrar en Calama et al. (2021).

El supuesto básico para adaptar PINEA2 a masas irregulares ha sido considerar la masa con múltiples edades de pino piñonero como una mezcla de bosquetes o grupos de árboles de la misma edad. Bajo esta suposición, la dinámica del árbol en un grupo dado está influenciada por factores exógenos (como la competencia o la calidad de estación) de la misma forma en la que crecerían en la masa regular. La adaptación se basa en comprobar si es razonable que la masa

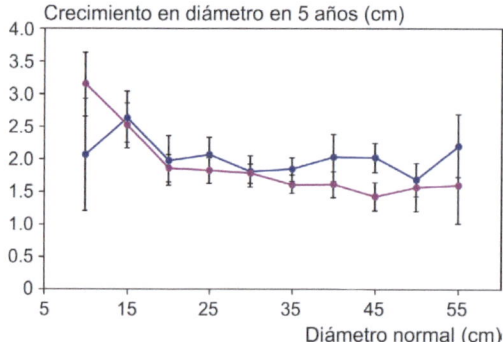

Figura 10.21 Patrón de crecimiento en diámetro para masas regulares (línea magenta) e irregulares (línea azul) en función del diámetro normal. Las barras representan el error estándar para cada valor medio (adaptado de Calama et al. 2008b).

irregular y compleja se puede considerar como un caso especial de la masa regular descrita por PINEA2. Se evalúan como variables dasométricas de la masa, el área basimétrica, el diámetro medio cuadrático y el número de pies, así como las covariables habituales ya utilizadas (evitando variables típicas de las masas regulares, como la edad o la altura dominante). A nivel de árbol se evalúan los atributos del tamaño (diámetro normal, altura, ancho de copa y altura de la base de copa), de la vitalidad (edad del árbol), así como índices de competencia, tanto independientes, como dependientes de la posición (Cajas 9.2 y 9.3).

La función de crecimiento en diámetro forma el núcleo del modelo PINEA2 ya que permite describir el crecimiento del árbol individual y, por tanto, de forma análoga a SILVA, describir por agregación el crecimiento de la masa, como resultado de diferentes factores endógenos y exógenos (Caja 10.2). La Figura 10.21 muestra la relación entre el incremento en diámetro en masas regulares e irregulares de pino piñonero en la Meseta Norte. Como se puede observar, en las clases de tamaño más pequeñas las diferencias entre los dos tipos de masas son pequeñas a excepción de la primera clase diamétrica, en la que el crecimiento es mayor en masas regulares. En las clases de tamaño mayores las diferencias son más grandes, con mayores crecimientos en las masas irregulares. Este distinto patrón de crecimiento indica la necesidad de adaptar el modelo desarrollado para masas regulares a las condiciones de masas irregulares.

Las funciones del modelo se adaptan usando uno de los siguientes métodos, según las correspondientes condiciones:

1. La aplicación directa y reparametrización heurística de las funciones originales: aquellas funciones que no incluían variables típicas de masas regulares se validan directamente aplicando dichas funciones a los datos de masas irregulares y, cuando es necesario, se calibran mediante la reparametrización de algún parámetro del modelo para eliminar sesgos. En el ejemplo del modelo PINEA2 este método se usó para las ecuaciones de superficie de copa y perfil de fuste.

2. Modelización a nivel de clases de tamaño: cada una de las variables típicas de las masas regulares en una función determinada se sustituye por la correspondiente variable de clases de tamaño, por ejemplo, clases diamétricas, reajustándola entonces a los datos de las masas irregulares. Este método se usó en PINEA2 para estimar un índice de productividad para masa irregulares y para adaptar la relación altura-diámetro.

3. Reajuste de las funciones tras eliminar variables típicas de masas regulares: si no existen observaciones en masas irregulares para la variable de respuesta de una función, estas se reajustan sustituyendo la variable típica de la masa pura por una variable a nivel de masa o de árbol típica de la masa irregular. Esta aproximación se empleó en el modelo de producción de piña del árbol.

4. Calibración multinivel y selección de covariables: en este método se parte del modelo multinivel existente para masas regulares. Por una parte, este tipo de modelos permite la calibración para nuevas masas si se dispone de una muestra. Por otra, si se aplica el modelo inicial a masas irregulares se pueden obtener los correspondientes estimadores EBLUP (mejor predictor lineal insesgado empírico), que reflejan la desviación

Caja 10.2 Fundamentos del modelo PINEA2

PINEA2 es un modelo de árbol individual desarrollado para la gestión multifuncional de masas puras y regulares de pino piñonero (ver Calama et al., 2008a, para más detalle). El modelo PINEA2 simula el desarrollo y rendimiento de masas homogéneas de pino piñonero bajo diferentes tratamientos selvícolas mediante la predicción del crecimiento de cada árbol en etapas de 5 años a lo largo del ciclo productivo. Los programas de gestión se caracterizan por la duración del ciclo productivo y la periodicidad e intensidad de los clareos y claras. PINEA2 es un sistema modular compuesto por tres módulos básicos: calidad de estación, estado y transición. Las variables de entrada básicas para el modelo son: edad del rodal, altura dominante, densidad la masa y lista de diámetros individuales. Las funciones incluidas en los diferentes módulos son (Figura 10.22):

- Módulo de calidad de estación:
  ◊ Ecuación algebraica de diferencias para la predicción del índice de sitio.
- Módulo de estado:
  ◊ Ecuación generalizada de altura-diámetro.
  ◊ Funciones de dimensión de copa.
  ◊ Ecuación de perfil del fuste.
  ◊ Modelo ecofisiológico para la producción anual de piña.
  ◊ Ecuaciones de fracciones de biomasa.
- Módulo de transición:
  ◊ Función de incremento en diámetro en intervalos de 5 años.

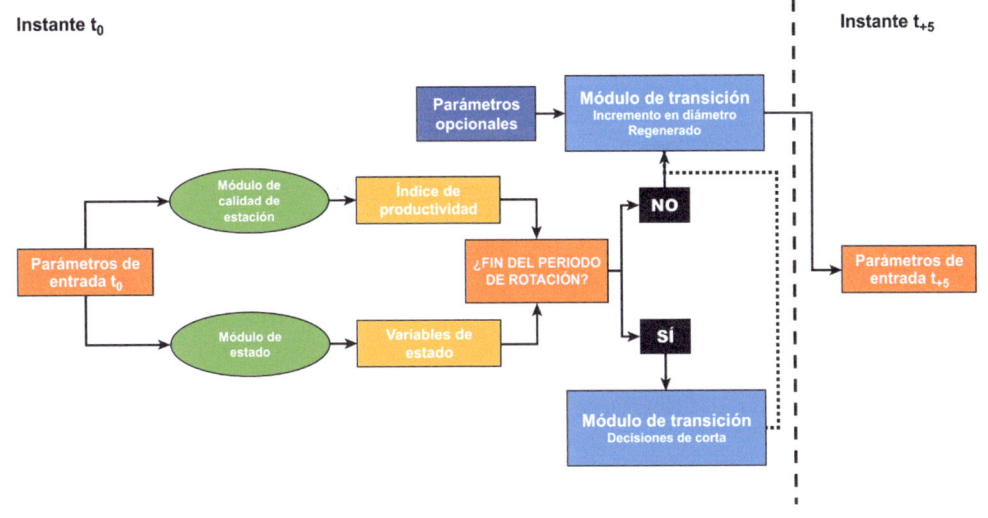

Figura 10.22 Modelo de flujo del simulador PINEA2 (adaptado de Calama et al. 2008a).

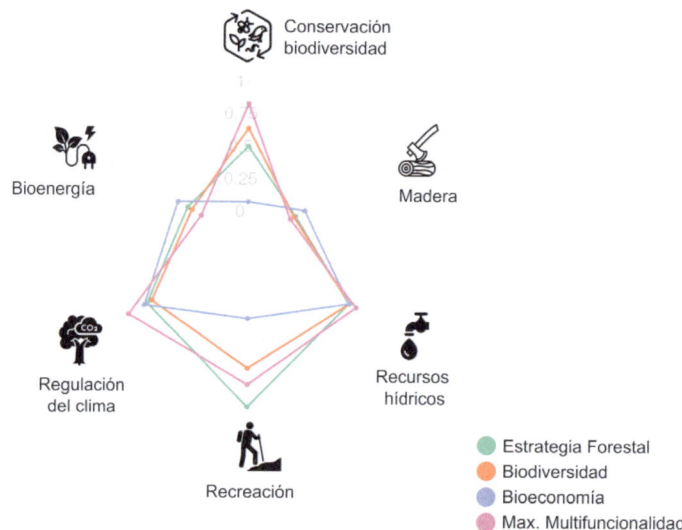

Figura 10.23 Gráfico de araña que compara la provisión de servicios ecosistémicos para un escenario de máxima multifuncionalidad con diferentes escenarios relacionadas con políticas sectoriales de gestión del territorio. Las simulaciones se llevaron a cabo usando SILVA 3.0 para todo el estado de Baviera (ver Sección 10.5.3). El valor de 1 indica la provisión potencial máxima de un servicio ecosistémico (adaptado de Toraño Caicoya et al. 2023b).

entre las masas regulares e irregulares. A partir de estos estimadores se buscan variables propias de masas irregulares que mejor expliquen estos estimadores y, una vez identificados, se reajusta el modelo. Este método se usó para la calibración de la ecuación de crecimiento en diámetro de árbol individual.

Información más detalla sobre estos métodos se puede encontrar en Calama et. al (2008b).

10.4 Ordenación de montes y planificación forestal en el ámbito de la multifuncionalidad

10.4.1 Servicios ecosistémicos y multifuncionalidad

Aunque la multifuncionalidad ha estado presente en la gestión forestal desde hace décadas, la mayor conciencia y valoración de la capacidad de las masas forestales de proveer a la sociedad con múltiples servicios ecosistémicos aleja el foco de la gestión forestal actual de la producción de madera y el beneficio económico. Este se desplaza hacia la multifuncionalidad y una gestión basada en la provisión de múltiples servicios al mismo tiempo y en la misma unidad superficial. Gracias a los modelos forestales se puede predecir la provisión de distintos servicios ecosistémicos e integrar esta información en la gestión y en la toma de decisiones.

La diversidad estructural de la masa, que los modelos de árbol individual caracterizan utilizando las características dasométricas y otros parámetros estructurales descritos en la Sección 10.2, pueden utilizarse para predecir distintos servicios ecosistémicos, de acuerdo con la disponibilidad de funciones que relacionan las salidas del modelo con los servicios. En Toraño Caicoya et al. (2023b), se usó este principio para predecir la provisión de servicios ecosistémicos a gran escala en el estado alemán de Baviera usando el modelo SILVA 3.0 (Sección 10.2.1). En el modelo se incluyeron funciones de conexión que relacionan la estructura forestal y los servicios (Biber et al. 2021). Este trabajo hace uso de la lógica difusa para combinar características de las estructuras forestales y derivar índices de provisión de servicios ecosistémicos, entre ellos, biodiversidad, resiliencia, valor recreativo o ba-

10.4 Ordenación de montes y planificación forestal en el ámbito de la multifuncionalidad

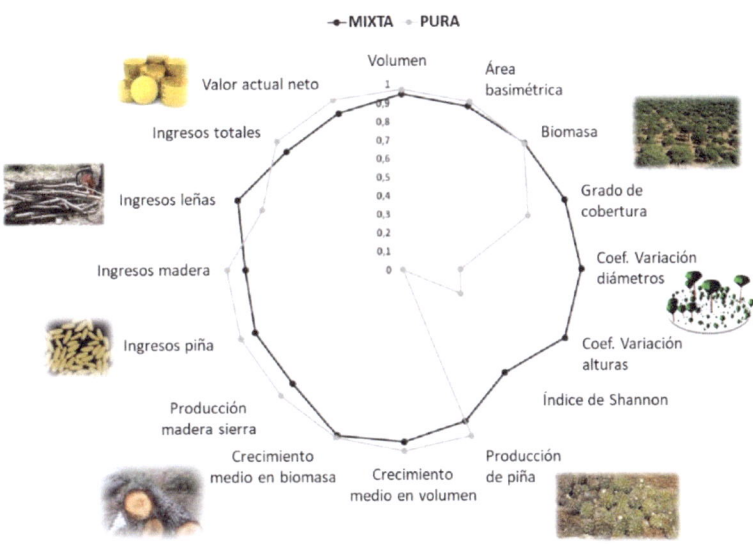

Figura 10.24 Gráfico de araña que compara la provisión de servicios ecosistémicos para un escenario en masa pura (línea gris) y otro en masa mixta (línea negra) usando el modelo PINEA2 (ver Sección 10.2.2 y 10.2.3, adaptado de Calama et al. 2021).

lance de carbono. En la Figura 10.23, se presenta mediante un gráfico de araña la provisión de 6 servicios ecosistémicos comparando un escenario que optimiza la máxima multifuncionalidad del territorio frente a escenarios de políticas sectoriales de gestión del territorio (por ejemplo, según estrategia de biodiversidad, de bioeconomía, etc.).

De forma similar, Calama et al. (2021), aplicando al modelo PINEA2, usan funciones para predecir servicios ecosistémicos en masas puras y mixtas de pino piñonero en la Meseta Norte (España). En este caso, no se desarrollan variables de servicios ecosistémicos que agrupan diferentes indicadores estructurales, sino que los indicadores se relacionan directamente a cada servicio ecosistémico. Este ejemplo incluye indicadores de existencias y balance de carbono, diversidad estructural, producción de piña y madera, y rentabilidad económica. La provisión de múltiples servicios ecosistémicos se resume como en el caso anterior en un gráfico de araña (Figura 10.24).

10.4.2 Evaluación multicriterio con múltiples escenarios

Las simulaciones a partir de modelos de crecimiento permiten analizar varios escenarios de gestión (elección de especies, tipos y peso de las claras, conversión de masas puras a mixtas, turno, etc.), bien a nivel masa o estrato, para evaluar sus efectos y consecuencias a largo plazo en la ordenación del monte. Para poder planificar una gestión multifuncional, los escenarios deben proporcionar indicadores sobre aspectos de sostenibilidad en el sentido más amplio (ver Capítulo 1, Tabla 1.2 y MCPFE 1993) además de las clásicas variables dasométricas y económicas, cubriendo el mayor espectro de servicios ecosistémicos posible. En consecuencia, a partir de los valores y patrones temporales de estos se puede evaluar en qué medida las distintas alternativas se acercan a los objetivos definidos en la planificación.

Esta evaluación se puede llevar a cabo, bien simulando trayectorias independientes y posteriormente evaluando las trayectorias de los distintos escenarios frente a los objetivos de la planificación, o bien creando un escenario que optimice los objetivos de la planificación de acuerdo con funciones objetivo y restricciones definidas. Por ejemplo, en el primer caso se evalúan diferentes escenarios selvícolas para alcanzar un valor determinado de un servicio ecosistémico, mientras que en el segundo se combina la mejor distribución de diferentes tratamientos selvícolas que optimice la gestión multifuncional (es decir la mejor provisión posible de múltiples servicios ecosistémicos).

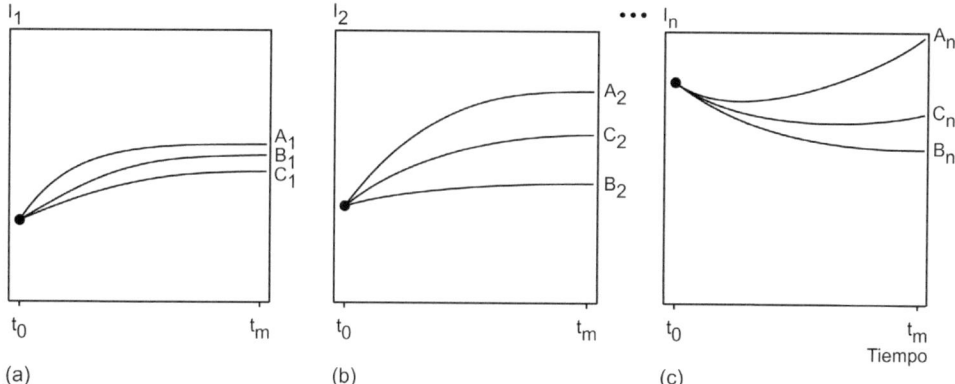

Figura 10.25 Uso de simulaciones del desarrollo de los indicadores I_1 (a), I_2 (b)..., I_n (c) (por ejemplo, volumen en pie, volumen de corta anual, estabilidad, biodiversidad, etc.) bajo distintos escenarios de gestión para la planificación forestal. Las trayectorias Ai, Bi y Ci muestran el desarrollo de los indicadores I_1,..., I_n en el período t_0,..., t_m como resultado de los diferentes escenarios selvícolas (por ejemplo, diferentes opciones para el establecimiento de la masa, clareos, tipos de claras o cortas de regeneración). Las líneas continuas representan los objetivos con respecto al indicador respectivo, las líneas punteadas superior e inferior indican los límites críticos que no deben rebasarse.

10.4.2.1 Escenarios selvícolas independientes

La Figura 10.25 ilustra el uso de indicadores (I_1, ..., I_n) en la planificación forestal. Usando como base el estado de la masa o estrato en un momento determinado t_0 (círculos negros), se simulan tres alternativas de gestión (A, B y C). La simulación de estas alternativas selvícolas permite estimar sus consecuencias a largo plazo en el desarrollo de los distintos indicadores elegidos para evaluar la gestión. Teniendo en cuenta el valor de los distintos indicadores, se observa que el escenario (C) permanece cerca del objetivo determinado (líneas continuas), mientras que los escenarios (A) y (B) tienen un desempeño menos favorable y en ocasiones superan los límites o umbrales inferior o superior fijados como aceptables (líneas discontinuas). Los análisis de escenarios son esenciales para la planificación multicriterio que garantice una gestión forestal sostenible. La evaluación del desarrollo del monte sobre la base del inventario, o solo considerando los diez años que cubre cada revisión de la ordenación de montes no son suficientes para garantizar la sostenibilidad a largo plazo. Las alternativas que pueden ser adecuadas para los próximos 5 a 10 años pueden, en determinadas circunstancias, reducir la sostenibilidad a largo plazo. Por ejemplo, unas existencias elevadas pueden significar una alta productividad y riqueza estructural a corto plazo, pero a largo plazo pueden reducir la regeneración de la próxima generación, reducir la diversidad de especies tolerantes a la sombra en la masa y reducir la estabilidad. El modelo SILVA 2.2 calcula de forma rutinaria, además de una variante normal (que refleja la silvicultura normal), escenarios con una gestión más o menos intensa con el fin de mostrar los efectos de una desviación de la gestión "estándar" y así impulsar en su caso la implementación de nuevos tratamientos.

10.4.2.2 Optimización multiobjetivo

La evolución en los softwares de tomas de decisiones y los algoritmos de optimización (CPLEX, 2009) permiten a los gestores e investigadores desarrollar escenarios basados en múltiples criterios. La optimización multicriterio puede calcular la trayectoria más adecuada cuando se deben cumplir un gran número de objetivos de la mejor manera posible, estableciendo criterios cuantitativos, que deben cumplirse en el monte, unidad de gestión o paisaje.

El primer paso se basa en definir las funciones objetivo, que describen qué, cómo, y cuando se debe cumplir un objetivo determinado para cada servicio ecosistémico. Por ejemplo, la producción de biomasa deber ser superior a 5 ha^{-1}/año^{-1}, o se deben alcanzar un volumen en pie medio de 450 m^3 en el año 2050. Estas funciones que se pueden

10.4 Ordenación de montes y planificación forestal en el ámbito de la multifuncionalidad

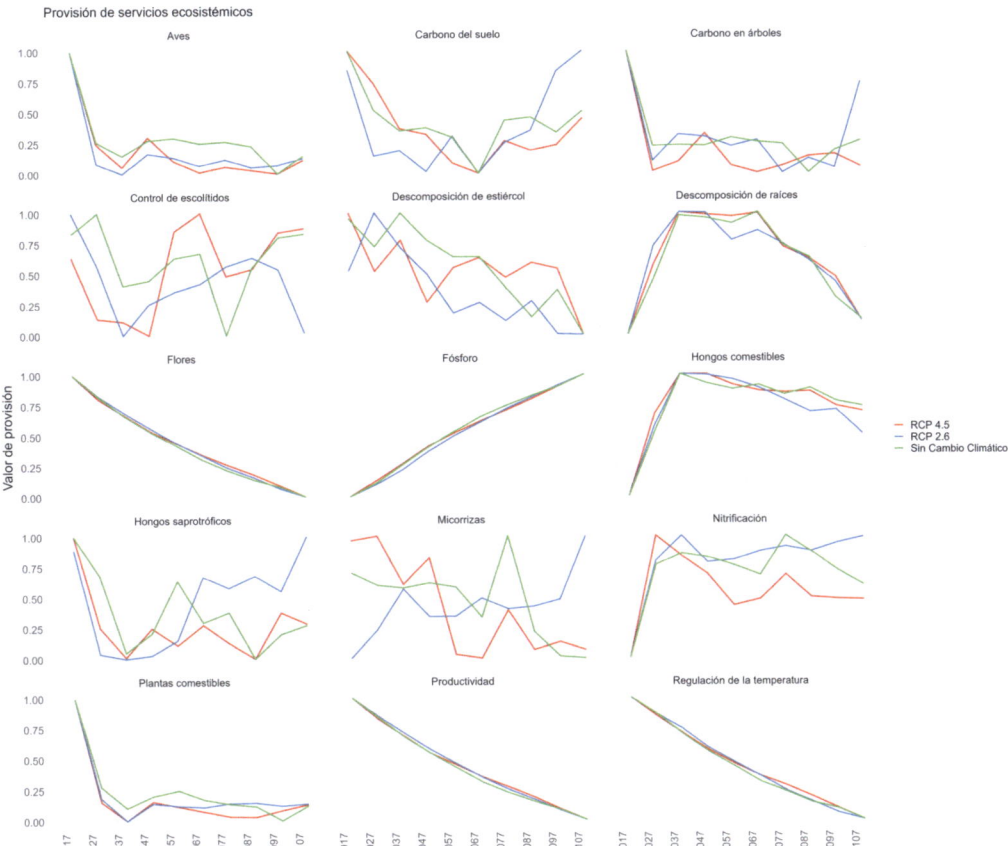

Figura 10.26 Provisión de 12 servicios ecosistémicos usando un algoritmo de optimización multicriterio que maximiza la provisión mínima de todos los servicios durante 100 años para tres escenarios climáticos (RCPs). Para ellos se usaron datos de inventario del monte público de los Bosques Occidentales de Augsburgo, en el estado federado de Baviera (Alemania).

describir verbalmente deben traducirse al lenguaje matemático que se introducirá en el algoritmo de optimización. En el trabajo de Toraño Caicoya et al. (2023a) se desarrolló un software específico para reducir la dificultad en la definición de los objetivos. En este caso solamente deben definirse tres campos. Estos son primero el tipo de optimización, es decir, si el objetivo se debe maximizar o minimizar. Segundo, el tipo de optimización de la trayectoria temporal del valor, por ejemplo, si se sebe optimizar el mínimo o máximo absoluto de la trayectoria, la pendiente o la media. Finalmente, se debe definir la agregación espacial; esto es, si se deben sumar todos los valores en el monte (por ejemplo, volumen total de cada punto de inventario) o usar valores medios (por ejemplo, la media, ponderada o no, de los valores de diversidad de especies).

A continuación, se muestran cuatro ejemplos de cómo maximizar un objetivo con diferentes horizontes temporales: a) para el mínimo absoluto en el periodo, b) el valor del último año, c) el valor medio sobre todo el periodo, y d) un flujo continuo ("*even-flow*") que minimiza las oscilaciones del valor.

a) $f(x) = \sum_{k \in K} \sum_{j=1}^{J_k} x_{kj} c_{kjt}, \forall t \in T$

b) $f(x) = \sum_{k \in K} \sum_{j=1}^{J_k} x_{kj} c_{kjt\#T}$

c) $f(x) = \sum_{t \in T} \frac{\sum_{k \in K} \sum_{j=1}^{J_k} x_{kj} c_{kjt}}{\#T}$

d) $f(x) = argmin_{t \in T} \left(\sum_{k \in K} \sum_{j=1}^{J_k} x_{kj} c_{kjt} \right) - \sum_{k \in K} \sum_{j=1}^{J_k} x_{kj} c_{kjt}, \forall t \in T$

donde, $f_n(x)$ es la función objetivo, x_{kjla} decisión para un rodal k a gestionarse según un programa selvícola j, c_{kjt} el valor del indicador

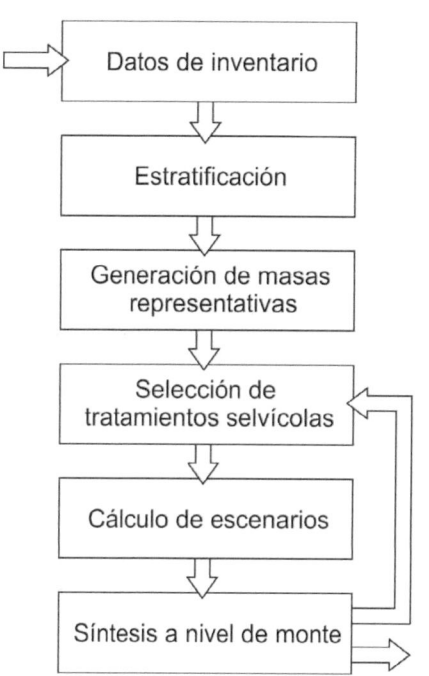

Figura 10.27 Uso de modelos de crecimiento para la gestión y la ordenación de montes. Los análisis de escenarios ilustran los efectos a largo plazo de diferentes opciones de tratamientos selvícolas en el desarrollo a nivel de monte. Los modelos de simulación se pueden utilizar para probar qué combinación de tratamientos producirá el desarrollo deseado según los objetivos definidos.

k de acuerdo con el programa selvícola j en el periodo t; K el número total de rodales; J_k el conjunto de programas selvícolas para la masa j y T el número total de años considerado.

De este modo, los objetivos también pueden tener pesos asignados, de forma que se concede más importancia a la consecución de uno de ellos. Otros objetivos pueden tener una definición estricta, de obligado cumplimiento. En este caso estamos hablando de restricciones estrictas, también conocidas como de tipo épsilon, que se deben cumplir siempre, y que por tanto restringe el espacio de solución del problema de optimización. Por supuesto, en ocasiones el problema no puede resolverse si las funciones definidas junto con sus restricciones no tienen un espacio de solución común.

Además de las restricciones estrictas se pueden definir puntos de referencia para cada objetivo, de modo que el algoritmo intentará alcanzar tales valores si es posible. Si estos no pudieran alcanzarse, entonces el algoritmo modificará el punto de referencia iterativamente hasta que este pueda alcanzarse. Como ejemplo de la aplicación de este algoritmo, en la Figura 10.26 se muestra la simulación a 100 años, de la provisión de múltiples servicios ecosistémicos en el monte público de los Bosques Occidentales de Augsburgo en el estado federado de Baviera (Alemania), simulados con SILVA 3.0 y utilizando para ello los datos del inventario forestal de la zona. En este caso, en la optimización se maximizó la provisión mínima de todos los servicios ecosistémicos durante el periodo de simulación. Es decir, en el primer paso se tomó para todos ellos el criterio de maximización, se usó en el segundo paso el mínimo de la trayectoria temporal y finalmente se agregaron espacialmente usando la media de los valores de cada servicio ecosistémico (puesto que tales valores son variables relativas), ponderada por la representación espacial de cada punto de inventario. En este caso no se aplicó ninguna restricción.

10.4.3 Pasos para la aplicación de los modelos en la gestión forestal

La aplicación de un modelo para el apoyo a la toma de decisiones en la planificación forestal se puede resumir en los pasos que se muestran en la Figura 10.27:

i. Datos de inventario: el punto de partida de la planificación debe ser siempre la información dasométrica y características de la estación obtenidas del último inventario del monte. Como regla general, se pueden utilizar datos del inventario realizado para la ordenación, parcelas experimentales temporales o permanentes, información a largo plazo de sensores de teledetección o, frecuentemente, una combinación de datos terrestres y de teledetección. En principio, los inventarios consecutivos del monte se utilizan principalmente para describir el estado del monte y determinar el crecimiento. Sin embargo, su uso para la inicialización y calibración de modelos de crecimiento permite explotar estos datos, generalmente costosos en tiempo y dinero, para mejorar la gestión y planificación forestal. Unos valores iniciales sólidos de las características dasométricas del monte son la mejor base posible para una proyección del crecimiento precisa.

ii. Estratificación de las existencias: en esta fase todos los puntos de inventario se asignan a determinados estratos mediante clasificación cruzada. Los criterios para la estratificación pueden ser las condiciones del sitio, los tipos de masa o una combinación de estos. La estratificación deber resultar en un número manejable de unidades de gestión. En condiciones relativamente homogéneas, las masas podrían estratificarse, por ejemplo, según su composición de especies y su fase de desarrollo o clases de edad.

iii. Generación de masas representativas: Una vez establecidos los estratos del monte, se deben generar masas representativas de cada estrato para realizar las simulaciones. Para ello, se pueden seleccionar rodales representativos en el monte con el fin de definir el estado inicial para desarrollar las alternativas de tratamientos selvícolas y discutir sus efectos. Los rodales o masas representativas pueden servir también a los actores involucrados en la ordenación para la discusión de las diferentes demandas y objetivos.

iv. Selección de tratamientos selvícolas: Para cada estrato se seleccionan los tratamientos selvícolas que se van a comparar en la simulación (por ejemplo, distintos tipos de claras, diámetro de cortabilidad, etc.). Para estimar los efectos a largo plazo de las diferentes alternativas selvícolas, puede ser útil definir para cada tipo de tratamiento seleccionado tres niveles diferentes de intensidad, conservador o moderado, un nivel medio que refleje la práctica habitual (nivel medio estándar de intervención) y otro intenso (intervenciones fuertes).

SILVA ofrece una amplia biblioteca con diferentes opciones de tratamiento que se formulan algorítmicamente. Estas alternativas incluyen las pautas selvícolas que son comunes en la práctica forestal, así como unas variantes de intervención más conservadoras y otras más intensas. Estos programas de tratamiento cuantifican el tipo, el peso y la frecuencia de las respectivas intervenciones para cada fase de desarrollo, desde el establecimiento de la masa hasta las cortas de regeneración y la transición a la siguiente generación.

En el capítulo 7, la figura 7.33 muestra el ejemplo de un conjunto de reglas para la simulación de tratamientos selvícolas de masas de pícea. Al integrar este conjunto de reglas en modelos de crecimiento forestal, se pueden simular varios enfoques selvícolas, así como comparar sus consecuencias a largo plazo.

v. Cálculo de escenarios: A partir de las condiciones iniciales definidas para cada estrato y de las correspondientes alternativas selvícolas seleccionadas, se simula el desarrollo de cada estrato durante varias décadas (por ejemplo, 30-50 años) con el fin de comparar la evolución del monte. Para cada estrato, inicialmente se pueden simular al menos 3 niveles de intervención (moderada, intensa, normal), aunque en una segunda ronda se pueden modificar las alternativas con el fin de que el desarrollo de los estratos se acerque al desarrollo deseado según los objetivos de la planificación. Esta retroalimentación entre la selección de tratamientos selvícolas y el análisis de sus efectos a largo plazo a nivel de monte, permite una planificación recursiva en el sentido de Hanewinkel (2001) y Speidel (1972).

vi. Síntesis y análisis de los resultados: Las simulaciones producen una serie de tablas, gráficos o mapas a nivel de estrato y monte con las características dasométricas más importantes de la masa en pie y extraída. A su vez, para cada estrato y alternativa se pueden generar otros parámetros o indicadores que describen las características ecológicas

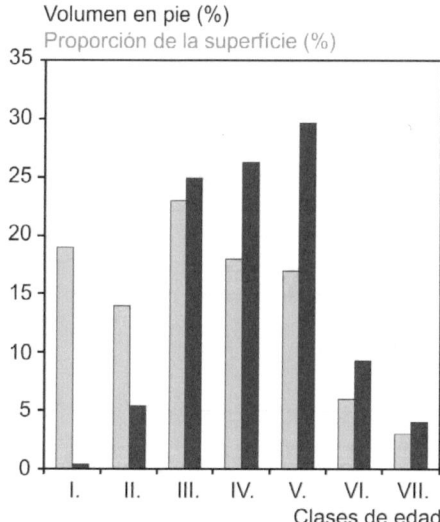

Figura 10.28 Distribución de frecuencias de la superficie (barras grises) y volumen (barras negras) por clases de edad para la empresa forestal de Múnich. Primera clase de edad I., 0-19 años, II. Clase de edad 20-39 años... .VII. clase de edad 120-139 años.

y económicas de cada escenario a nivel de masa y monte. La decisión a favor o en contra de determinadas opciones selvícolas se debe basar en los resultados a largo plazo de las simulaciones. Con esta información se pueden concretar las intervenciones en los próximos 10 a 20 años en el plan especial correspondiente.

La ventaja de la gestión y planificación con apoyo de simuladores es su gran flexibilidad al permitir comparar alternativas contrastadas. Por ejemplo, se pueden prever desarrollos no deseados a largo plazo a nivel de monte si se sigue la selvicultura actual (acumulación excesiva de existencias con ralentización de la regeneración natural, reducción excesiva de existencias con la correspondiente reducción del crecimiento, etc.) y así tratar de evitarlos modificando los tratamientos selvícolas. Sin el apoyo de la simulación, el proceso de gestión recursiva de Speidel (1972, p. 162), es decir, el ajuste continuo entre la gestión y objetivos del monte sería muy complejo (incluso en montes ordenados por cabida con relativamente pocos tipos de rodales y modelos selvícolas) ya que es casi imposible probar las distintas alternativas por estrato. Esta dificultad es aún mayor en masas mixtas irregulares, donde se pueden necesitar más estratos y en donde los conocimientos sobre las opciones de tratamientos selvícolas son considerablemente menores. Por ello, los modelos de crecimiento son una herramienta fundamental para el apoyo a la toma de decisión en montes con estructuras complejas.

10.4.4 Uso de escenarios individuales para la planificación de la gestión forestal a nivel de monte

10.4.4.1 Breve caracterización de la situación inicial

A modo de ejemplo, se utiliza la empresa forestal de Múnich con un área de alrededor de 18,000 ha situada 10-20 km al sur de la ciudad de Múnich. La calidad de estación general es buena, en su mayoría con suelos frescos y ricos en nutrientes. La composición específica varía, con dominancia de coníferas (un 68 % de píceas, pinos, alerces y abetos) frente a frondosas (32 % de hayas y robles). Según los resultados del inventario forestal de 2003, el volumen medio es de 291 m^3 ha^{-1} metros cúbicos maderables sin corteza. Se observa una distribución desproporcionada de la superficie y el volumen por clases de edad, con mayor volumen en las clases de edad III, IV y V (Figura 10.28). Aproximadamente el 80 % de los aprovechamientos anuales es de cortas de regeneración y aproximadamente el 65 % del volumen en pie está formado por árboles con un diámetro normal de 30 a 60 cm.

Para la planificación de toda la superficie perteneciente a la empresa, es importante saber cómo los diferentes tipos de tratamientos selvícolas (claras, cortas de regeneración o tratamientos para transformar la masa de pura a mixta) modifican el volumen en pie, el crecimiento y la tasa de aprovechamiento anual (volumen extraído) a largo plazo. Incluso cuando la principal función fijada en la ordenación no es la producción (por ejemplo, protección o recreo), es importante garantizar la cubierta forestal y un aprovechamiento sostenible. Particularmente, en el caso de una distribución desigual de las existen-

10.4 Ordenación de montes y planificación forestal en el ámbito de la multifuncionalidad

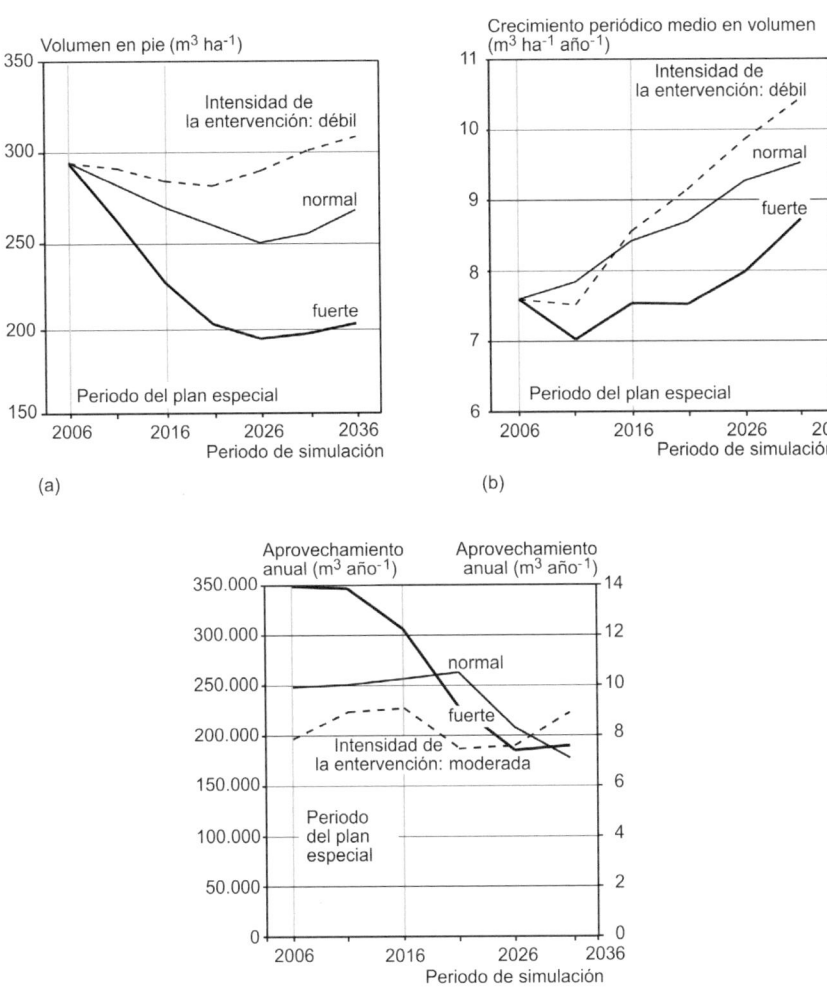

Figura 10.29 Resultados del análisis de escenarios para (a) el volumen en pie, (b) el crecimiento periódico medio en volumen y (c) la tasa de aprovechamiento anual en la empresa forestal de Múnich (en metros cúbicos sin corteza). El análisis de escenarios comienza con los datos del inventario de 2006 y simula los efectos de varias variantes de tratamiento hasta 2036. Se asumen tres variantes: moderada = nivel de intervención débil a moderado (línea discontinua), normal = nivel medio de intervención estándar (línea fina continua) y fuerte = claras fuertes (línea gruesa continua). El plan especial de ordenación dura hasta 2016, pero se simula para un periodo mayor para analizar los efectos a largo plazo de las alternativas seleccionadas.

cias por clases de edad, la planificación debe diseñarse de tal manera que se eviten interrupciones en el suministro continuo de madera, liquidez, empleo de trabajadores, etc. Para poder estudiar los efectos de distintas intervenciones a largo plazo en las existencias y el crecimiento, se utilizó el simulador SILVA 2.2, simulando tres regímenes de intervención ‚normal, moderado y fuerte. La información derivada de las simulaciones ayuda a identificar los tratamientos que garantizan un aprovechamiento continuo y a largo plazo.

10.4.4.2 Escenarios de simulación seleccionados

Los datos del último inventario se utilizaron como valores iniciales para realizar las simulaciones de 30 años. Se dispuso de 6.000 parcelas de inventario con una de superficie de 500 m². Se realizó una estratificación de la superficie según los criterios de fase

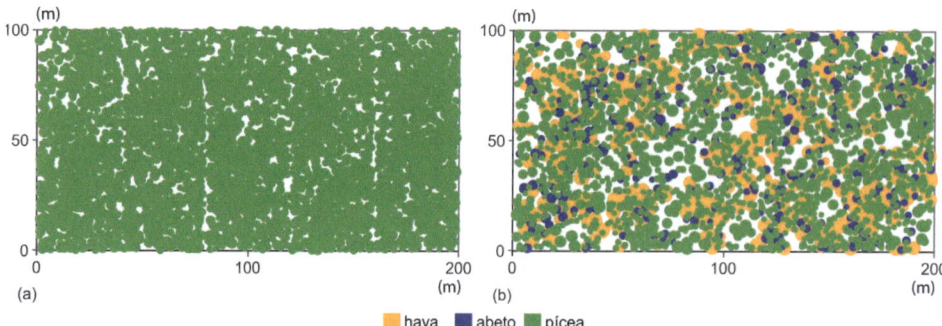

Figura 10.30 Los conceptos para la conversión de (a) masas puras y coetáneas de pícea a (b) masas irregulares mixtas de pícea-abeto-haya, similares a los bosques naturales, se pueden desarrollar con la ayuda de la simulación de escenarios y establecerse sobre una base de productividad cuantitativa.

de desarrollo de la masa, condiciones de la estación, composición de especies y la exposición a riesgos (viento, rotura por nieve, infestación de escolítidos) y posteriormente cada parcela se asignó a uno de los 220 estratos, de modo que cada estrato tiene un mínimo de 5 y un máximo de 300 parcelas.

Con esta información por estrato, se generaron rodales representativos para cada uno de ellos y se realizaron las tres simulaciones, correspondientes a las tres variantes de gestión, con el simulador SILVA 2.2. La variante más débil representa el procedimiento estándar en la empresa forestal. Con la variante moderada y fuerte, se extrae un 15-30 % menos o más del volumen en pie por tratamiento que con la variante normal. Las características de las variantes de intervención (claras por lo alto, por lo bajo bajo, de selección de árboles de porvenir, etc.) se desarrollaron con el equipo de planificación, se formularon cuantitativamente como reglas en el modelo y se aplicaron finalmente durante la ejecución de las simulaciones (Figura 10.27).

10.4.4.3 Resultados

Los resultados de las simulaciones muestran el desarrollo de la masa en pie, el crecimiento periódico medio en volumen y la tasa anual de corta durante los próximos 30 años (Figura 10.29, a-c). Los planes de ordenación generalmente se refieren a los próximos 10 o 20 años, pero deberían incluir los efectos a medio o largo plazo de las medidas recomendadas para este período, por lo que la simulación se realiza para un periodo mayor.

Según las simulaciones, continuar con el enfoque selvícola normal actual reduciría permanentemente el volumen en pie a 250-270 m^3 ha^{-1}, el crecimiento a 7,5-9,5 m^3 ha^{-1} año^{-1} y la tasa de aprovechamientos de 10 m^3 ha^{-1} año^{-1} a 7,5 m^3 ha^{-1} año^{-1}. Todos los datos se refieren a metros cúbicos maderables sin corteza. Este efecto es consecuencia de la desigual distribución de la superficie y existencias por clases de edad. Las masas más maduras y con altos volúmenes en pie se aprovecharían en un futuro próximo y cambiarían la distribución por clases de edad a favor de masas más jóvenes, de crecimiento más rápido y con menores volúmenes en pie.

Con anterioridad a realizar las simulaciones, estaba previsto continuar con intervenciones fuertes, que habrían mantenido las tasas de aprovechamiento en un nivel elevado en un futuro próximo, pero habrían reducido continuamente el volumen en pie y el crecimiento, por lo que se habría intensificado aún más la distribución desigual de edad y volumen en pie. Esto habría resultado en una disminución y fluctuación significativas en la cantidad de madera aprovechable durante las próximas décadas (Figura 10.29).

Dados los efectos a largo plazo de este enfoque, las intervenciones moderadas parecen las más aconsejables. Esto significa menos intervenciones y menores tasas de aprovechamiento en los próximos 10 años (plan especial), es decir, un volumen de madera menor de 100.000 a 150.000 m^3 en comparación con la variante de intervención normal o fuerte. Sin embargo, a largo plazo, la oferta se mantiene

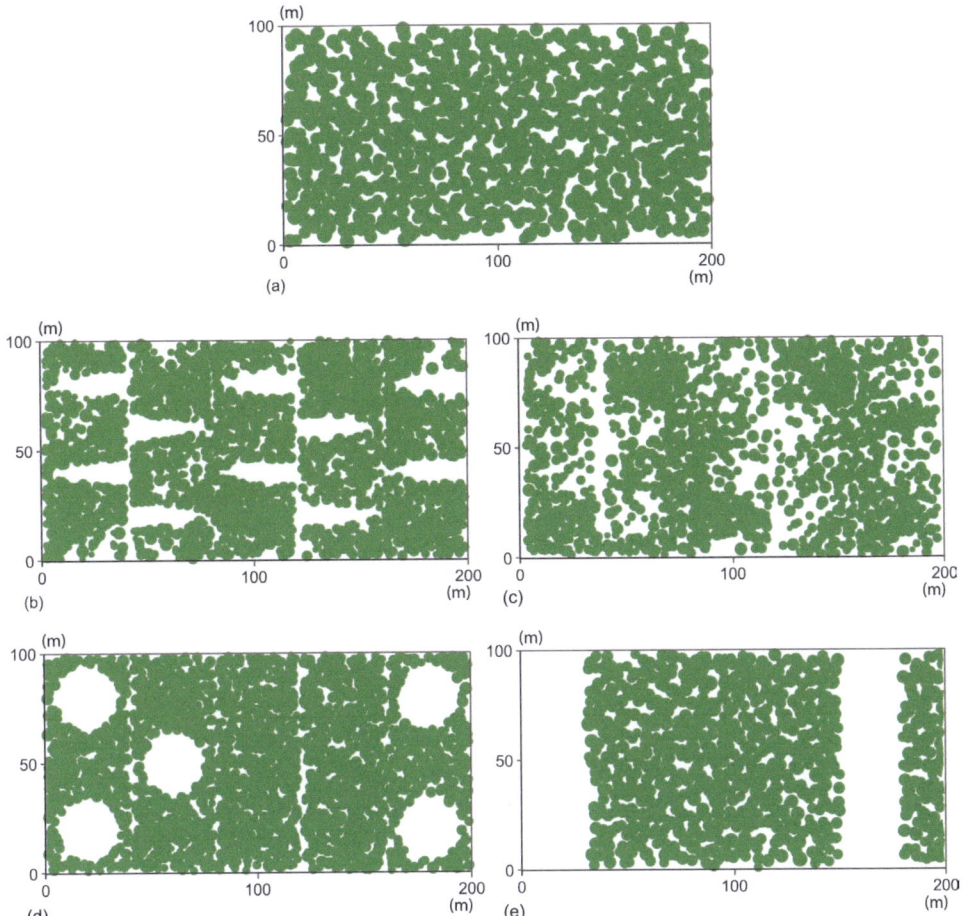

Figura 10.31 Simulación de (a) masa sin tratar, (b) extracciones en cuña con cable, (c) aclareo sucesivo uniforme y por bosquetes tipo Femel, (d) cortas por bosquetes y (e) fajas con cortas a hecho, con el simulador SILVA (Hilmers et al. 2017, 2020).

estable y el crecimiento periódico medio aumenta de 7 a 10 m³ ha⁻¹ año⁻¹. En resumen, el análisis de los escenarios llevó a que se fijara la tasa de aprovechamiento anual en 9,7 m³ ha⁻¹ año⁻¹, menor que la de la variante normal (Figura 10.29c), pero que garantiza la sostenibilidad a largo plazo.

10.4.5 Desarrollo de pautas de gestión: Ejemplo para bosques mixtos de montaña

Una de las utilidades de los modelos de crecimiento es simular las consecuencias de nuevos tipos de claras, métodos de conversión o cambios de las condiciones ambientales, como el cambio climático. El prerrequisito para que esto sea posible es que las funciones de crecimiento integradas en el modelo integren las reacciones del árbol individual y de la masa forestal para un amplio espectro de situaciones de crecimiento y competencia, tratamientos selvícolas y condiciones del sitio de una manera biológicamente plausible. A continuación, se muestra un ejemplo de desarrollo de pautas de tratamientos selvícolas para la gestión de los bosques mixtos de montaña centroeuropeos.

Las masas irregulares de bosques mixtos de pícea, abeto, haya y arce son particularmente adecuadas para satisfacer las demandas de múltiples servicios ecosistémicos dada su alta diversidad estructural y de especies. Por lo tanto, las direc-

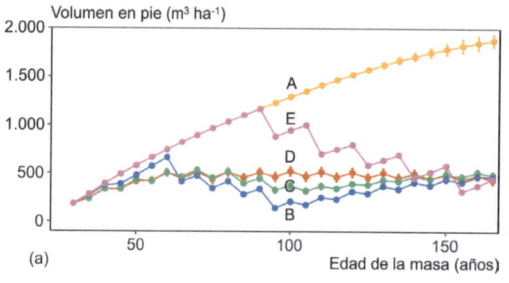

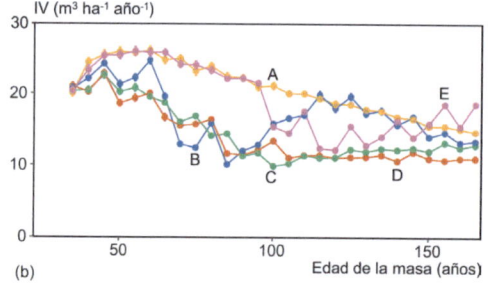

Figura 10.32 Desarrollo de (a) volumen en pie y (b) crecimiento en volumen tras la simulación de (A) desarrollo sin tratamientos, (B) cortas por bosquetes circulares, (C) aclareo sucesivo por bosquetes tipo Femel, (D) extracción por cuñas con cable y (E) cortas a hecho por fajas. En los escenarios (C) y (D), el volumen en pie y su incremento alcanzan un estado de equilibrio después de 150 años.

trices selvícolas deben dirigirse a transformar las masas de pícea existentes y los bosques mixtos de pícea, abeto y haya de una estructura regular a una masas irregulares, similares a la estructura de los bosques naturales compuestos por esta mezcla de especies. Dado que no existe suficiente información empírica basada en ejemplos prácticos, esta transformación se puede planificar con el apoyo del modelo de simulación SILVA (Utschig 1999, Hanewinkel et al. 2000). A continuación, se demuestra el desarrollo de estrategias para la transformación de masas de pícea en la zona pre-alpina en Baviera a bosques mixtos de montaña próximos a la naturaleza (Figura 10.30).

Las simulaciones de escenarios selvícolas para la transformación de masas regulares y puras a masas irregulares mixtas se realizaron para diversas condiciones de sitio y estructuras de la masa inicial. Estas simulaciones deben reflejar las reacciones de crecimiento de las especies en masas puras y mixtas, en las distintas fases de desarrollo, así como bajo distintas cortas de regeneración. El programa SILVA es capaz de simular de forma espacialmente explícita la constelación de crecimiento de los árboles y estructuras a una escala espacial mayor a la del grupo de árboles, es decir macroestructura (por ejemplo bosquetes de aclareo sucesivo, cortas por calles, etc.). En la Figura 10.31 se muestra el resultado de los módulos implementados en SILVA para simular el crecimiento del regenerado (plantaciones y regenerado natural), la ejecución de cortas de regeneración (aclareos sucesivos por bosquetes, tipo Femel, uniforme, y cortas a hecho) y de apertura de calles. Por lo tanto, el modelo permite simular tanto las cortas de regeneración como los tratamientos selvícolas que modifican las condiciones de crecimiento de los árboles (claras selectivas, promoción de árboles de porvenir, regulación de la mezcla de especies, etc.). En las simulaciones se usaron varios procedimientos espaciotemporales para abrir el dosel, iniciar y fomentar la regeneración, distintas claras, así como el uso de diámetros de cortabilidad.

Sobre la base de los datos del inventario forestal, se generaron 2 hectáreas características de masas regulares puras de pícea, que conformaron la situación inicial para la simulación (ver Sección 10.1.2) (Figura 10.31a).

Dado que la fase de regeneración es crucial para la transformación de una masa regular pura a una masa irregular mixta, las simulaciones se llevaron a cabo durante un período de 150 años. A partir de los resultados de las simulaciones se pueden visualizar los efectos de los diferentes conceptos selvícolas, que incluyen aquellos que, por su novedad, no se pudieron basar en estudios empíricos o en la experiencia práctica. Dos de los escenarios simulados logran un estado de equilibrio con respecto al crecimiento en volumen y volumen en pie tras de un periodo de 100 años y, por tanto, son particularmente adecuados para la condición de mantenimiento de una cubierta permanente. En estos casos las existencias de madera se encuentran entre 400 y 500 m³ ha⁻¹ (ver Figura 10.32).

A partir de las simulaciones realizadas se desarrollaron unas directrices de tratamientos selvícolas (Bayerische Staatsforsten 2018a) que tienen en cuenta los fundamentos de la dinámica natural,

10.5 Estimación de la reacción del crecimiento al cambio climático

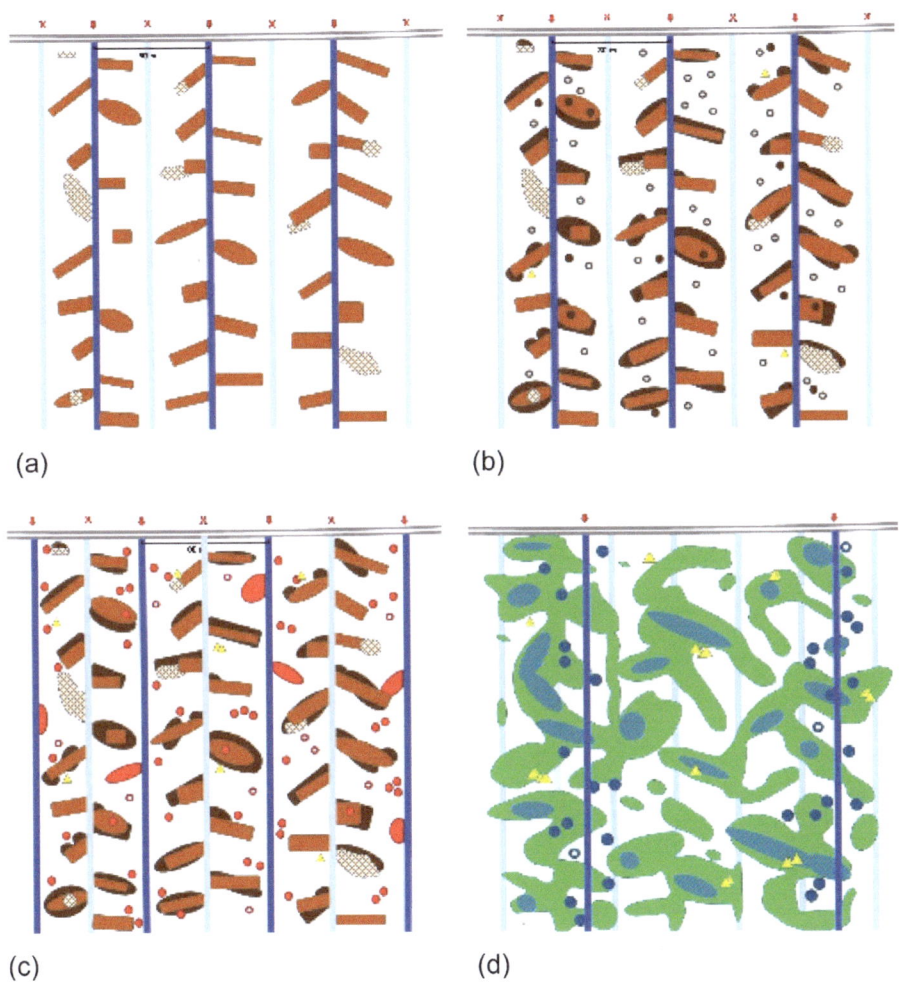

Figura 10.33 Patrón espacial y temporal de las cortas de regeneración para conseguir una masa irregular mixta en zonas de montaña cuando la extracción se realiza cuesta arriba mediante cables montados sobre grúas. (a) Inicio de la regeneración mediante la creación de cuñas de regeneración (áreas rellenas) a partir de las calles de extracción por cable (líneas verticales) teniendo en cuenta los claros previamente existentes en la masa (áreas sombreadas); (b) Intervenciones partiendo de las mismas rutas de (a) mediante la apertura del dosel desde las cuñas o bosquetes de regenerado (zonas de borde oscuro); (c) Continuación de la apertura desde las calles de extracción por cable según un diámetro de cortabilidad definido, claras selectivas en las zonas de sombra ya regeneradas y apertura de más bosquetes de regeneración; (d) Transición a la etapa de masa irregular conectando componentes en diferentes fases de desarrollo. Más cortas por aclareo sucesivo tipo Femel y cortas por entresaca para desarrollar la estructura de monte entresacado y primeras cortas por entresaca en la masa en equilibrio (modificado de Bayerische Staatsforsten 2018b, p. 109).

el crecimiento y existencias, los riesgos naturales, aspectos de conservación de la naturaleza y la sostenibilidad de los nutrientes. Se derivó un enfoque selvícola para la regeneración y transformación a largo plazo de las masas puras de pícea en zonas de montaña a masas mixtas irregulares, de pícea-abeto-haya, cuyo desarrollo espacial y temporal se muestra en la Figura 10.33.

El proceso inicia la regeneración mediante la creación de cuñas de regeneración por cable en masas de píceas de 50 a 60 años (áreas llenas) desde las terrazas de las grúas que sostienen el cable de extracción (líneas verticales), teniendo en cuenta los claros existentes en la masa (áreas sombreadas) (Figura 10.33a). Posteriormente, se llevan a cabo las siguientes intervenciones usando las mismas áreas me-

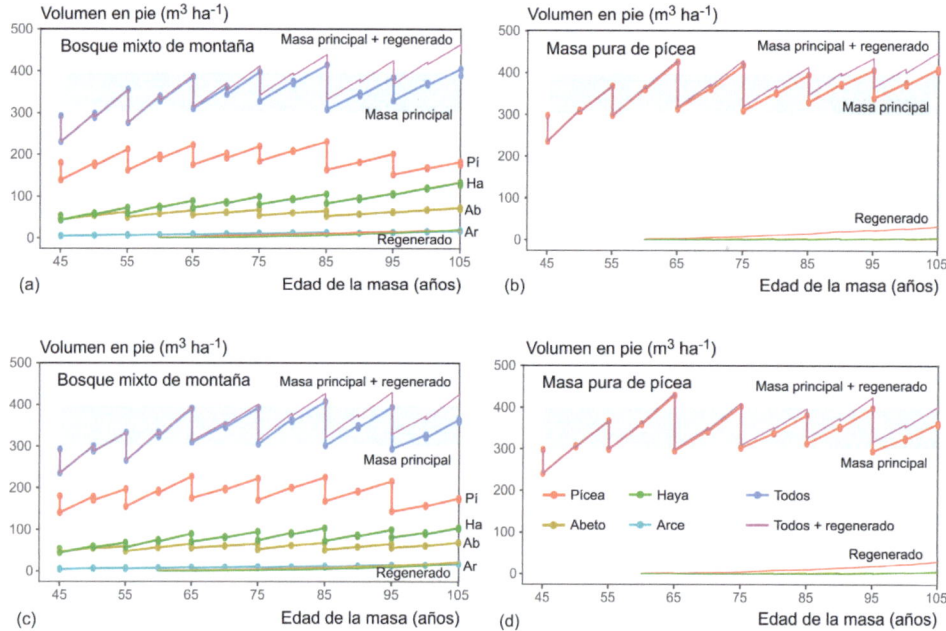

Figura 10.34 Análisis de escenarios del desarrollo del volumen en pie (a y c) de un bosque mixto de montaña de pícea, abeto, haya y arce sicomoro y en (b y d) masas puras de pícea en estaciones de baja calidad. La ilustración muestra el desarrollo del volumen en pie para las variantes de cortas de regeneración por cuñas (a y b) y aclareos sucesivos por bosquetes tipo Femel (c y d) (modificado de Bayerische Staatsforsten 2018b, p. 91).

diante la apertura del dosel de forma continua desde las cuñas o bosquetes laterales abiertos (zonas de borde oscuro) (Figura 10.33b). A continuación, el proceso de regeneración continúa en las terrazas donde se sitúan las grúas del cable de extracción siguiendo un diámetro de cortabilidad definido, se crean más bosquetes de regeneración y se realizan claras selectivas en las zonas ya regeneradas (en sombra) (Figura 10.33c). Finalmente, la transición a la etapa de masa irregular se lleva a cabo conectando componentes en diferentes fases de desarrollo. Se realizan más cortas de regeneración por bosquetes y aclareos sucesivos para crear gradualmente estructuras más irregulares (Figura 10.33d).

El procedimiento espacial y temporal se puede replicar con el simulador SILVA en diferentes variantes hasta lograr el desarrollo y crecimiento de la masa deseado y, sobre todo, la transición a un estado estacionario en equilibrio. La Figura 10.34 muestra los resultados de tales simulaciones para bosques mixtos de montaña de pícea, abeto y haya y para masas puras de pícea que se convierten en bosques mixtos de montaña mediante el procedimiento descrito en la Figura 10.33, a-d.

Como pautas para la gestión práctica de masas forestales, los resultados se pueden resumir en el desarrollo objetivo del volumen en pie de la Figura 10.35. Se da el rango de volúmenes deseado en estaciones de pobres a fértiles (líneas inferior o superior) para las distintas fases de desarrollo (fase de repoblado), fase crecimiento (monte bravo, latizal), fase de madurez (fustal maduro), fase de regeneración (de transición) y fase de masa irregular. En la etapa avanzada de desarrollo se establece un volumen de equilibrio de 300-400 m^3 ha^{-1}, lo que permite el mantenimiento permanente de masas de múltiples pisos con incrementos medios de alrededor de 10 m^3 ha^{-1} año^{-1} (Hilmers et al. 2019, 2020).

Además de los aspectos relacionados con el crecimiento forestal, las simulaciones ofrecen un amplio espectro de criterios ecológicos, económicos y socioeconómicos que se

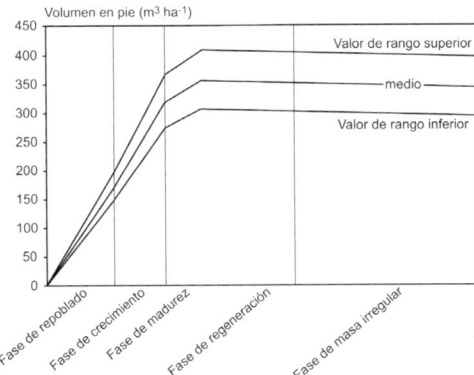

Figura 10.35 Representación idealizada de la transformación de una masa pura de pícea en un bosque mixto de montaña en estaciones de buena calidad desde la fase de repoblado, fase de crecimiento, fase de madurez, fase de regeneración y fase masa irregular (modificado de Bayerische Staatsforsten 2018b, p. 41).

derivan de las pautas selvícolas establecidas (Hilmers et al.2017, 2020). Sin embargo, el desarrollo de la masa y su crecimiento juega un papel central ya que la mayoría de los demás criterios dependen de la estructura y el crecimiento de la masa (Forest Europe 2011, MCPFE 1993, Dieler et al. 2017).

10.5 Estimación de la reacción del crecimiento al cambio climático

Durante mucho tiempo, la gestión y planificación forestal han asumido la constancia de las condiciones de la estación (Assmann 1961). Las tablas de producción y muchos modelos de crecimiento presentados en el Capítulo 9 se basan en condiciones de crecimiento estacionario, es decir, el crecimiento bajo las condiciones climáticas promedio en la región estudiada. Desde el principio de la investigación forestal ha habido evidencias aisladas de cambios en las condiciones de crecimiento debido a la gestión forestal (Wiedemann 1923, Schmidt 1971). Sin embargo, en las últimas décadas, se ha dado un número creciente de eventos por los que las condiciones del sitio ya no se pueden considerar constantes. Es decir, el clima y la disponibilidad de nutrientes de los suelos forestales están cambiando en la mayor parte del mundo.

Los estudios de Kauppi et al. (1992), Kenk et al. (1991), Pretzsch et al. (2014) y Röhle (1994),basados en el estudio de inventarios forestales y parcelas experimentales permanentes, ya mostraban hasta qué punto el crecimiento de las principales especies forestales ha cambiado a nivel local, regional y mundial en las últimas décadas. Kahle (2008), Spiecker et al. (2012) y Myneni et al. (1997) muestran conexiones entre las tendencias de crecimiento, el cambio climático y los aportes de nitrógeno, y Bontemps et al. (2012), Seynave et al. (2018) y Pretzsch y Zenner (2017) derivan procedimientos selvícolas considerando del cambio climático. En el ámbito mediterráneo existen estudios que evidencian tendencias generalmente negativas, pero también positivas en zonas más frías y frescas (Galván et al. 2014; Martín-Benito et al. 2011). No obstante, la mayor parte de los estudios se basan en datos de árbol, por lo que no se pueden extender los resultados directamente a nivel masa (Pretzsch et al. 2022).

Los análisis de escenarios a partir de modelos sensibles al clima, como los que se presentan a continuación, pueden servir como base para evaluar los impactos del cambio climático y comparar la respuesta a distintas medidas selvícolas. En el capítulo 3, (Sección 3.5) se demostró que el módulo de productividad-estación del modelo de crecimiento SILVA 2.2 permite el control de las condiciones del sitio y, por tanto, incorporar los cambios en el clima y otras características de la estación, como una mayor fertilidad por deposición de nitrógeno. Además, en SILVA 3.0 se introdujeron trayectorias climáticas que siguen los escenarios del panel para el cambio climático (IPCC, 2007), RCP 2.6, 4.5 y 8.5. En comparación con la anterior versión, SILVA 3.0 es particularmente adecuado para simular gran cantidad de regímenes selvícolas a gran escala (Toraño Caicoya et al. 2023a, 2023b).

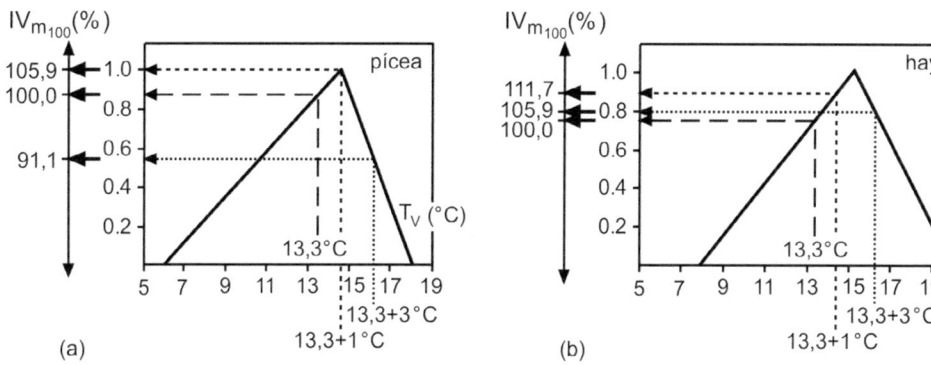

Figura 10.36 Efecto de un aumento de 1 o 3 °C en la temperatura media durante el período vegetativo sobre el crecimiento periódico medio de una (a) masa representativa de pícea o (b) una masa representativa de haya en la región de crecimiento potencial 12 según Wolff et al. (1998).

10.5.1 Dependencia del patrón de reacción del sitio y la especie

La parametrización del módulo de productividad-estación de SILVA 2.2 se basa en parcelas experimentales a largo plazo que se remontan al año 1870 y que representan un amplio rango de condiciones del sitio. Estas características junto con el tipo de relaciones establecidas (ver Sección 3.5) permiten extrapolar, en cierto grado, el comportamiento del crecimiento futuro de masas puras y mixtas bajo otras condiciones ambientales.

En igualdad de condiciones para otras variables, un aumento de 1 o 3 ° C de la temperatura en el período vegetativo afecta considerablemente a la productividad de la masa. Se establece como productividad de referencia (100 %) el incremento periódico medio en volumen a los 100 años con una temperatura media actual en el período vegetativo de 13,3 ° C. La Figura 10.31 muestra que la temperatura actual para la pícea y el haya en la región de crecimiento potencial considerada no es óptima y un aumento de temperatura de 1 ° C provoca un aumento en el crecimiento de un 5,9 % para la pícea y del 11,7 % para el haya. Una situación distinta se daría si la temperatura aumentase en 3 ° C, ya que en este caso la pícea ya se situaría en una zona desfavorable para su crecimiento en términos de temperatura, con una disminución del crecimiento en volumen de un 8,9 %. Para el haya la respuesta es diferente, ya que su óptimo se alcanza a una temperatura más elevada que para la pícea. Por lo tanto, el haya reaccionaría positivamente al mismo incremento de temperatura, que se expresa en el aumento del crecimiento de un 5,9 %.

Estos efectos simulados basados en funciones sencillas de tipo dosis-respuesta (Pretzsch et al. 2000) dejan claro que los efectos del cambio climático sobre el crecimiento dependen en gran medida de las especies arbóreas y de las condiciones locales y que estos efectos no son lineales. Que las reacciones del crecimiento al cambio climático sean positivas o negativas depende del rango de disponibilidad de recursos en la que se encuentran los árboles en un sitio específico y si los cambios están en el óptimo o en la zona crítica para la especie. Es importante resaltar que en muchos casos los patrones de las curvas dosis-respuesta tienen dos ramas, por lo que sería un error derivar tendencias de crecimiento con los cambios de una variable climática siguiendo una sola rama (ver Figura 10.36) y extrapolarlas linealmente.

10.5.2 Desarrollo de medidas mitigadoras del impacto del cambio climático

Las posibilidades de contrarrestar los efectos del clima mediante medidas selvícolas se pueden analizar también utilizando simulaciones con el modelo SILVA 2.2. En la Figura 10.37 se presenta un ejemplo en donde se compara el impacto del clima en masas de pícea puras y

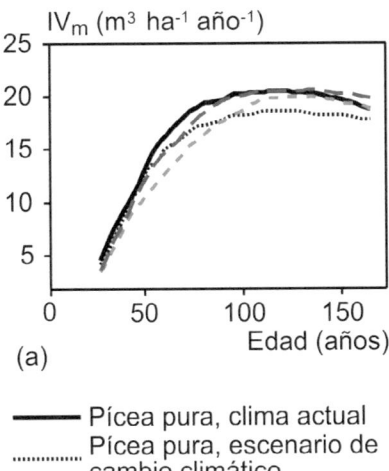 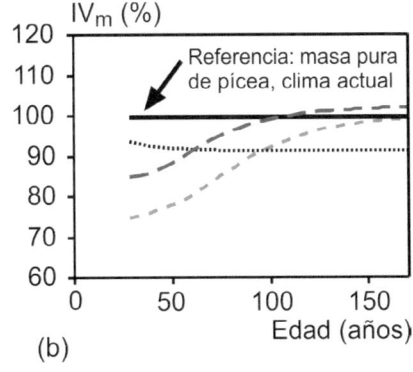

Figura 10.37 Productividad de la pícea creciendo en masas puras y mixtas bajo las condiciones climáticas actuales (línea continua) y cambiantes (líneas discontinuas). Se muestran el desarrollo (a) absoluto y (b) relativo del crecimiento periódico medio en volumen (IV_m). Simulación para un sitio en las montañas terciarias de la Alta Baviera (región de crecimiento potencial 203) donde se supuso que durante el periodo vegetativo la temperatura aumenta 2 °C, la precipitación disminuye un 10 % y que este periodo se prolonga 10 días (según Pretzsch 1999).

mixtas con haya, con el fin de ilustrar que una selvicultura que favorezca las mezclas con haya puede mitigar los efectos del cambio climático. Se selecciona como punto de partida masas puras de pícea en la región montañosa del Terciario de la Alta Baviera (región de crecimiento potencial 203). La Figura 10.37a (línea negra continua) muestra el aumento del incremento en volumen a más de 20 m³ ha⁻¹ año⁻¹ a la edad de 90 a 140 años y una posterior reducción del crecimiento, todo ello bajo las condiciones climáticas actuales y con claras de selección de peso moderado (Pretzsch 1999). Esta curva en las condiciones climáticas actuales se utiliza como referencia (línea del 100 %) en la Figura 10.37b (línea continua negra) y se compara con las curvas correspondientes al escenario de cambio climático y a distintas proporciones de haya en masas mixtas. Se supuso, en el ejemplo anterior, un escenario que durante el periodo vegetativo en el que la temperatura aumenta 2 °C, la precipitación decrece un 10 % y el periodo vegetativo se prolonga 10 días. En este escenario, el incremento en volumen de las masas puras de pícea cae alrededor de un 10 % con respecto a la referencia.

También se estudió si la pérdida de crecimiento se puede contrarrestar mediante la promoción de masas mixtas, por lo que se simuló la evolución con un 30 o un 70 % de haya (Figura 10.37b, líneas discontinuas grises). En la Figura 10.36 se muestra que el crecimiento del haya reacciona de manera diferente a la pícea con el supuesto aumento de temperatura. Según las simulaciones, una mezcla del 30 por ciento de haya, que es más capaz de hacer frente a los cambios climáticos supuestos, puede compensar las pérdidas de crecimiento asociadas con el clima de la pícea para edades de 100 a 150 años. Una mezcla del 70 % de haya solo puede compensar las pérdidas de crecimiento relacionadas con el clima de la pícea a la edad de 150 años, pero en edades inferiores se perdería producción. Es decir, en función de las amplitudes ecológicas de las especies estudiadas y la composición de las masas se pueden obtener mayores o menores pérdidas de productividad bajo escenarios de cambio climático. En este ejemplo las simulaciones indican que las pérdidas predichas para masa puras de pícea en esta zona de la Alta Baviera se pueden mitigar con una transición a masas mixtas con especies más tolerantes a las nuevas situaciones climáticas.

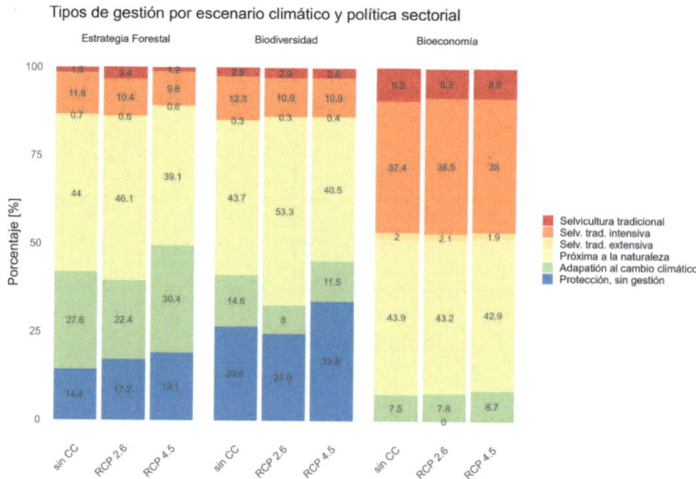

Figura 10.38 Proporción óptima de programas selvícolas en el estado de Baviera para alcanzar los objetivos de las estrategias sectoriales usando el clima histórico y el clima esperado según el escenario RCP 4.5 (adaptado de Toraño Caicoya et al. (2023a)).

10.5.3 Cálculo de escenarios a nivel regional: optimización según los objetivos de las politicas del sector forestal

Durante las últimas décadas la Unión Europea ha desarrollado estrategias de gestión del territorio que afectan al sector forestal. Estas diferentes políticas que se definen a nivel de la Unión Europea deben trasladarse a nivel nacional en forma de políticas y estrategias para ser implementadas. Tres ejemplos de ellas son las estrategias forestal, de biodiversidad y de bioeconomía. Estás estrategias afectan, a su vez, a diversos servicios ecosistémicos. Sin embargo, dado que cada una ellas se desarrollan, en cierto grado, independientemente a las demás, cuando se implementan sobre el territorio pueden tener objetivos que entran en conflicto con los de las otras estrategias. Esto genera incoherencias en la gestión del territorio, disminuye la efectividad de la implementación de los objetivos generales de la gestión multifuncional y termina generando conflictos, que además se pueden ver agravados por el cambio climático.

Para poder analizar tales conflictos, la decisión multicriterio se presenta como una herramienta útil que permite traducir los objetivos específicos que definen las estrategias para cada servicio ecosistémico en decisiones selvícolas conectadas con el territorio.

Basándose en el método de optimización multicriterio (Sección 10.4.2), se analizan los efectos potenciales que tendría la implementación de las tres estrategias en el sector forestal en Alemania. Para ello, se simulan el desarrollo de las masas forestales en el estado de Baviera durante 100 años, con el simulador forestal SILVA 3.0, siguiendo un amplio rango de programas selvícolas, que cubren el espectro de gestión, desde la más intensiva hasta la más conservadora y multifuncional.

Con este abanico de opciones, se definen las funciones-objetivo basadas en el texto de las estrategias europeas y se calcula, usando los algoritmos de optimización, la combinación óptima de programas selvícolas que, a nivel del estado de Baviera, podría cumplir con cada uno de los objetivos a largo plazo de cada una de las estrategias.

La combinación de simulaciones y optimización arroja luz sobre los efectos de las políticas del sector forestal y los potenciales conflictos entre ellas. De esta forma, se observa como la diversidad de programas selvícolas sobre el territorio ofrece la mayor capacidad para cumplir con un alto número de objetivos y, por tanto, la capacidad de proveer con un mayor número de servicios ecosistémicos (Figura 10.38). Sin embargo, también se observa que es necesario combinar programas de gestión que son multifuncionales a nivel de masa, es decir aquellos con una gestión a nivel de árbol que mantiene estructuras irregulares y mezcla de especies, con aquellos programas que se centran en un solo uso. Por ejemplo,

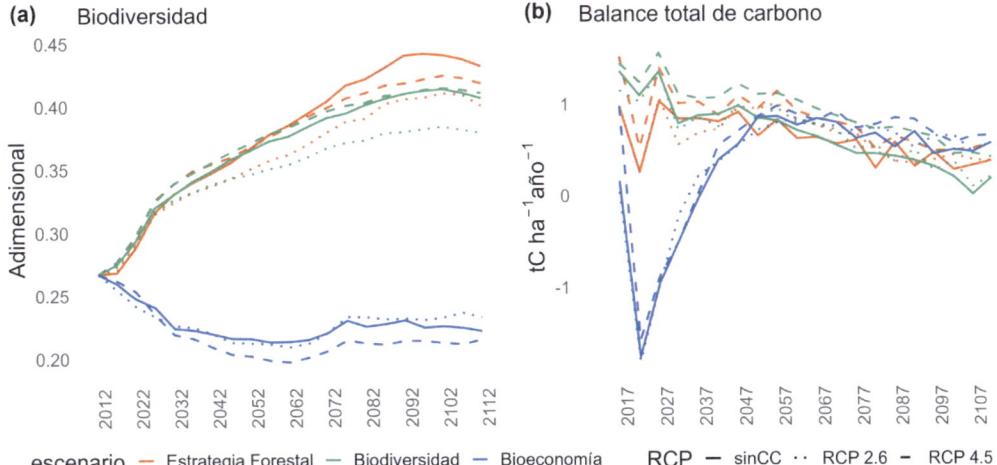

Figura 10.39 Trayectorias de la provisión de dos servicios ecosistémicos en el estado alemán de Baviera: la conservación de biodiversidad (a) y el balance total de carbono (b) para las tres estrategias que afectan al sector forestal (Estrategia Forestal, Biodiversidad y Bioeconomía) siguiendo tres escenarios climáticos (clima histórico, RCP 2.6 y RCP 4.5) (adaptado de Toraño Caicoya et al. (2023a).

selvicultura intensiva con cortas a hecho, junto con áreas excluidas de gestión. Si bien, estos usos intensivos deben localizarse en una proporción menor del territorio (alrededor del 20 %), dejando la mayoría del territorio para una gestión con programas que fomenten la mezcla de especies y estructuras irregulares.

Los efectos sobre los servicios ecosistémicos de cada una de las políticas pueden observarse en la Figura 10.39. Por un lado, en la Figura 10.39a se muestra el desarrollo de la provisión de biodiversidad, observando como la estrategia Forestal sería capaz de proveer con los mayores niveles de biodiversidad, incluso por encima de la propia estrategia para la Biodiversidad. En contraste, si se siguen los objetivos de la estrategia de Bioeconomía, la biodiversidad se reduciría a nivel del Estado de Baviera, aunque se mantendría estable. En el caso del balance total de carbono (Figura 10.39b), se observa una reducción en el potencial de fijación de carbono para todos los escenarios, aunque proyectando siempre un balance positivo tras 100 años. Es notorio el caso del escenario de Bioeconomía, donde la drástica reducción debido al exceso de corta se compensa con las nuevas plantaciones.

Este trabajo también puso de manifiesto ciertos riesgos inherentes al territorio que deben ser considerados a la hora de implementar programas de gestión a escala de paisaje o región. En este caso, gracias a la optimización se vio que resulta inviable cumplir ciertos objetivos, sobre todo en el caso de la estrategia de Biodiversidad, si no se implementan programas de gestión que alarguen el turno por encima del óptimo de corta. Esto se debe a la estructura de clases de edad de Baviera, que, como consecuencia de las plantaciones posteriores a la segunda guerra mundial, ha generado un importante sesgo hacia las edades cercanas al turno. Los altos volúmenes de madera asociados a esta estructura de edades constituyen un riesgo para la gestión, dada la susceptibilidad a riesgos bióticos y abióticos, y dificultan la provisión sostenible de recursos madereros a largo plazo. En el caso del escenario dedicado a la estrategia de Bioeconomía se observó como una potencial solución pasaría por la plantación de especies de crecimiento rápido (esto se observa claramente en el balance de carbono de la Figura 10.39b). Sin embargo, esto entraría en conflicto con intereses cercanos a la conservación de la biodiversidad. Una solución intermedia se aprecia en el escenario de la Estrategia Forestal, que optaría por un sacrificio de crecimiento, dejando las masas en pie durante los próximos 15-25 años, extrayendo el volumen en pie de forma paulatina, pero también compensándolo en cierto modo con superficies dedicadas a la gestión intensiva.

Mensajes clave

1. Los simuladores ponen a disposición de la docencia, la ciencia y la práctica forestal el conocimiento derivado de parcelas experimentales o inventarios forestales. Las mediciones detalladas de la ciencia y la práctica se reflejan en los parámetros que forman el modelo. Usando las simulaciones generadas con estos parámetros, la información recopilada previamente fluye hacia la enseñanza, los análisis científicos y las decisiones prácticas.

2. El especial valor añadido de los modelos de simulación es que pueden representar los efectos a largo plazo de diversas opciones de tratamiento selvícola y factores disruptivos. Sin ellos, las consecuencias de las distintas variantes de planificación selvícola o del cambio climático solo se podrían conocer tras varias décadas o incluso siglos.

3. Antes de su uso rutinario en la docencia, ciencia y selvicultura, y en paralelo a este uso, el modelo biométrico debe validarse, incluyendo una comparación con datos de parcelas experimentales y de inventario, con los principios biológicos y con el conocimiento empírico. El comportamiento del modelo se puede cuantificar estadísticamente por el sesgo y la precisión de las predicciones.

4. Para una evaluación integral de varias alternativas de gestión, los modelos deben ofrecer indicadores ecológicos y socioeconómicos, además de las clásicas variables dasométricas y económicas. Por ejemplo, indicadores de biodiversidad, función protectora o valor recreativo de las opciones de gestión o tratamientos selvícolas.

5. Las simulaciones permiten al gestor analizar varias opciones de tratamiento (por ejemplo, elección de especies arbóreas, tipos de claras, conversión de masas puras a mixtas) a nivel de masa o estrato para evaluar sus consecuencias a largo plazo en el desarrollo del monte.

6. Los modelos de simulación permiten replicar desarrollos de la masa para los que no existen ejemplos previos. Utilizando el ejemplo de una nueva directriz de tratamiento para la gestión de bosques mixtos de montaña, se muestra cómo se pueden reproducir explícitamente de forma espacial un amplio espectro de medidas de regeneración y tratamientos selvícolas (p. ej., claras selectivas, promoción de pies de porvenir, regulación del crecimiento mixto) que llevan la masa a la estructura deseada.

7. Pueden utilizarse modelos sensibles al clima para estimar los efectos del cambio climático y desarrollar medidas selvícolas de adaptación. Durante mucho tiempo, las bases de información y planificación de la selvicultura asumieron la constancia de las condiciones del sitio. Los modelos sensibles al clima y a las condiciones del sitio permiten la transición a una estimación dinámica de la productividad de la estación.

8. Al utilizar como valores iniciales en los modelos de simulación datos de inventario lo más actualizados posible, algoritmos para la regeneración artificial y natural (por ejemplo, regeneración a partir de plantaciones, siembra o regeneración natural tras el aclareo sucesivo) y variantes de tratamientos selvícolas flexibles (por ejemplo,

aclareo sucesivo uniforme o por bosquetes, claras selectivas y con pies de porvenir o diámetros de cortabilidad), los modelos cumplen en gran medida los requisitos de información de la práctica forestal.

9. Los modelos se pueden utilizar para simular en conjunto el desarrollo de masas a largo plazo para un gran número de masas o puntos de inventario (tipos de masas o estratos), condiciones ambientales y opciones de tratamientos selvícolas, así como para analizar las consecuencias a largo plazo a nivel de monte o paisaje mediante agregación. Estos análisis de escenarios apoyan la planificación y el desarrollo de opciones óptimas de gestión.

10. Las simulaciones de distintos escenarios contribuyen al aprendizaje, la comprensión y el apoyo a la toma de decisiones; sin embargo, de ninguna manera deben ser vinculantes.

Referencias

Akça A (1997) Waldinventur. Cuvillier Verlag, Göttingen, 140 p

Ammer U, Schubert H (1999) Arten-, Prozeß- und Ressourcenschutz vor dem Hintergrund faunistischer Untersuchungen im Kronenraum des Waldes. Forstw Cbl 118:70-87

Assmann E, Franz F (1965) Vorläufige Fichten-Ertragstafel für Bayern. Forstw Cbl 84(1):13–43. https://doi.org/10.1007/BF01872794

Assmann E (1961) Waldertragskunde. Organische Produktion, Struktur, Zuwachs und Ertrag von Waldbeständen. BLV Verlagsgesellschaft, München, Bonn, Wien, 490 p

Assmann E, Franz F (1963) Vorläufige Fichten-Ertragstafel für Bayern. Forstl Forschungsanst München, Inst Ertragskd, 104 p

Behringer M (1900) Schätzung stehenden Fichtenholzes mit einfachen Hilfsmitteln unter besonderer Berücksichtigung der sogenannten Heilbronner Sortirung. Springer Berlin Heidelberg, Berlin, Heidelberg

Bayerische Staatsforsten (2018a) Waldbauhandbuch Bayerische Staatsforsten. Grundsätze für die Waldbewirtschaftung im Hochgebirge. WNJF-HB-003 Waldbewirtschaftung Hochgebirge, BaySF, Regensburg, 16 p

Bayerische Staatsforsten (2018b) Waldbauhandbuch Bayerische Staatsforsten. Richtlinie für die Waldbewirtschaftung im Hochgebirge. WNJF-RL-006 Bergwaldrichtlinie, BaySF, Regensburg, 141 p

Begon M E, Harper J L, Townsend C R (1998) Ökologie. Spektrum Akademischer Verlag, Heidelberg, 750 p

Bontemps JD, Herve JC, Duplat P, Dhôte JF (2012) Shifts in the height-related competitiveness of tree species following recent climate warming and implications for tree community composition: the case of common beech and sessile oak as predominant broadleaved species in Europe. Oikos 121(8):1287–1299. https://doi.org/10.1111/j.1600-0706.2011.20080.x

Calama R, Gordo FJ, Mutke S, Montero G (2008a) An empirical ecological-type model for predicting stone pine (*Pinus pinea* L.) cone production in the Northern Plateau (Spain). Forest Ecology and Management 255(3):660–673. https://doi.org/10.1016/j.foreco.2007.09.079

Calama R, Barbeito I, Pardos M, del Río M, Montero G (2008b) Adapting a model for even-aged *Pinus pinea* L. stands to complex multi-aged structures. Forest Ecology and Management 256(6):1390–1399. https://doi.org/10.1016/j.foreco.2008.06.050

Calama Sainz RA, de-Dios-García J, Río M del, Madrigal G, Gordo FJ, Pardos M (2021) Mixture mitigates the effect of climate change on the provision of relevant ecosystem services in managed *Pinus pinea* L. forests. https://doi.org/10.13039/501100000780

Cplex II (2009) V12. 1: User's Manual for CPLEX. International Business Machines Corporation, 46(53):157

Clark PJ, Evans FC (1954) Distance to Nearest Neighbor as a Measure of Spatial Relationships in Populations. Ecology 35(4):445–453. https://doi.org/10.2307/1931034

Dieler J, Uhl E, Biber P, Müller J, Rötzer T, Pretzsch H (2017) Effect of forest stand management on species composition, structural diversity, and productivity in the temperate zone of Europe. Eur J Forest Res 136(4):739–766. https://doi.org/10.1007/s10342-017-1056-1

Ďurský J (1997) Modellierung der Absterbeprozesse in Rein- und Mischbeständen aus Fichte und Buche. Allgemeine Forst- und Jagdzeitung, 168. Jg., H. 6/7, pp 131-134

Ďurský J (1999) Modellvalidierung durch Vergleich von Prognose und Wirklichkeit. Bericht von der Jahrestagung der Sektion Ertragskunde im Deutschen Verband Forstlicher Forschungsanstalten 1999 in Volpriehausen, pp 33-44

Ďurský J (2000) Einsatz von Waldwachstumssimulatoren für Bestand, Betrieb und Großregion. Habil, Forstwiss Fak, TU München, Freising, 223 p

Forest Europe (2011) State of Europe's Forests 2011. Status and Trends in Sustainable Forest Management in Europe, 337 p

Utschig H (1999) Reconversion of pure spruce stands into mixed forests: an ecological and economic valuation. In: Olsthoorn AFM, Bartelink HH, Gardiner JJ, Pretzsch H, Hekhuis HJ, Franc A (eds) Management of mixed-species forest: Silviculture and economics. IBN Scientific Contributions 15:319-330

Galván JD, Camarero JJ, Ginzler C, Büntgen U (2014) Spatial diversity of recent trends in Mediterranean tree growth. Environ Res Lett 9(8):084001. https://doi.org/10.1088/1748-9326/9/8/084001

Gadow von K, Hui G Y (1999) Modelling forest development. Kluwer Academic Publishers, Dordrecht, Boston, London, 213 p

Hanewinkel M (2001) Neuausrichtung der Forsteinrichtung als strategisches Management instrument. AFJZ 172: 203-211

Hanewinkel M, Pretzsch H (2000) Modelling the conversion from even-aged to uneven-aged stands of Norway spruce (*Picea abies* L. Karst.) with a distance-dependent growth simulator. Forest Ecology and Management 134(1):55–70. https://doi.org/10.1016/S0378-1127(99)00245-5

Hilmers T, Biber P, Knoke T, Pretzsch H (2017): Simulation verschiedener Waldumbauszenarien im Bergmischwald und deren Effekte auf verschiedene Waldfunktionen. In: Beiträge zur Jahrestagung 2017, Deutscher Verband Forstlicher Forschungsanstalten, Sektion Ertragskunde. Kohnle U., Klädtke J., Freiburg i.Br., pp 145-157

Hilmers T, Avdagić A, Bartkowicz L, Bielak K, Binder F, Bončina A, Dobor L, Forrester DI, Hobi ML, Ibrahimspahić A, Jaworski A, Klopčič M, Matović B, Nagel TA, Petráš R, del Rio M, Stajić B, Uhl E, Zlatanov T, Tognetti R, Pretzsch H (2019) The productivity of mixed mountain forests comprised of *Fagus sylvatica*, *Picea abies*, and *Abies alba* across Europe. Forestry: An International Journal of Forest Research 92(5):512–522. https://doi.org/10.1093/forestry/cpz035

Hilmers T, Biber P, Knoke T, Pretzsch H (2020) Assessing transformation scenarios from pure Norway spruce to mixed uneven-aged forests in mountain areas. Eur J Forest Res 139(4):567–584. https://doi.org/10.1007/s10342-020-01270-y

Kahle HP (2008) Causes and consequences of forest growth trends in Europe: Results of the recognition project. European Forest Institute Research Report 21, Brill.

Kahn M (1994) Modellierung der Höhenentwicklung ausgewählter Baumarten in Abhängigkeit vom Standort. Forstl Forschungsber München 141, 221 p

Kauppi PE, Mielikäinen K, Kuusela K (1992) Biomass and Carbon Budget of European Forests, 1971 to 1990. Science 256(5053):70–74. https://doi.org/10.1126/science.256.5053.70

Kenk G, Spiecker H, Diener G (1991) Referenzdaten zum Waldwachstum. Kernforschungszentrum Karlsruhe, KfK-PEF 82, 59 p.

Mäkelä A, del Río M, Hynynen J, Hawkins M J, Reyer C, Soares P, van Oijen M, Tomé M (2012) Using stand-scale forest models for estimating indicators of sustainable forest management. Forest Ecology and Management 285:164-178. https://doi.org/10.1016/j.foreco.2012.07.041

Martin-Benito D, Kint V, del Río M, Muys

B, Cañellas I (2011) Growth responses of West-Mediterranean *Pinus nigra* to climate change are modulated by competition and productivity: Past trends and future perspectives. Forest Ecology and Management 262(6):1030–1040. https://doi.org/10.1016/j.foreco.2011.05.038

MCPFE (1993) Resolution H1: General guidelines for the sustainable management of forests in Europe. Proc 2nd Ministerial Conference on the Protection of Forests in Europe, Helsinki, Finland, 5 p

Myneni RB, Keeling CD, Tucker CJ, Asrar G, Nemani RR (1997) Increased plant growth in the northern high latitudes from 1981 to 1991. Nature 386(6626):698–702. https://doi.org/10.1038/386698a0

Pielou EC (1977) Mathematical Ecology. John Wiley & Sons, New York, 385 p

Pretzsch H (1993) Analyse und Reproduktion räumlicher Bestandesstrukturen. Versuche mit dem Strukturgenerator STRUGEN. Schr Forstl Fak Univ Göttingen u Niedersächs Forstl Versuchsanst 114, JD Sauerländer's Verlag, Frankfurt am Main, 87 p

Pretzsch H (1998) Structural diversity as a result of silvicultural operations. Lesnictví-Forestry 44 (10):429-439

Pretzsch H (1999) Modelling growth in pure and mixed stands: a historical overview, S. 102-107, In (Hrsg.): Olsthoorn A F M, Bartelink H H, Gardiner J J, Pretzsch H, Hekhuis H J und Franc A, Management of mixed-species forest: silviculture and economics, IBN Scientific Contributions 15, Institute for Forestry and Nature Research, Wageningen, 391 p

Pretzsch H, Kahn M (1996) Wuchsmodelle für die Unterstützung der Wirtschaftsplanung im Forstbetrieb, Anwendungsbeispiel: Variantenstudie Fichtenreinbestand versus Fichten/Buchen-Mischbestand. Allgemeine Forstzeitschrift, 51(25):1414-1419

Pretzsch H, Utschig H (2000) Wachstumstrends der Fichte in Bayern. Mitt Bayer Staatsforstverwalt 49, Bayer StMin Ernährung, Landwirtschaft u Forsten, München, 170 p

Pretzsch H, Biber P (2005) A Re-Evaluation of Reineke's Rule and Stand Density Index, Forest Science 51 (4):304–320, https://doi.org/10.1093/forestscience/51.4.304

Pretzsch H, Biber P (2016) Tree species mixing can increase maximum stand density. Can J For Res 46(10):1179–1193. https://doi.org/10.1139/cjfr-2015-0413

Pretzsch H, Zenner EK (2017) Toward managing mixed-species stands: from parametrization to prescription. For Ecosyst 4(1):19. https://doi.org/10.1186/s40663-017-0105-z

Pretzsch H, Ďurský J, Pommerening A, Fabrika M (2000) Waldwachstum unter dem Einfluss großregionaler Standortveränderungen. Forst und Holz 55(10):307-314

Pretzsch H, Biber P, Ďurský J (2002) The single tree-based stand simulator SILVA: construction, application and evaluation. Forest Ecology and Management 162(1):3–21. https://doi.org/10.1016/S0378-1127(02)00047-6

Pretzsch H, Biber P, Schütze G, Uhl E, Rötzer T (2014) Forest stand growth dynamics in Central Europe have accelerated since 1870. Nat Commun 5(1):4967. https://doi.org/10.1038/ncomms5967

Pretzsch H, Forrester DI, Rötzer T (2015) Representation of species mixing in forest growth models. A review and perspective. Ecological Modelling 313:276–292. https://doi.org/10.1016/j.ecolmodel.2015.06.044

Pretzsch H, del Río M, Grote R, Klemmt H-J, Ordóñez C, Oviedo FB (2022) Tracing drought effects from the tree to the stand growth in temperate and Mediterranean forests: insights and consequences for forest ecology and management. Eur J Forest Res 141(4):727–751. https://doi.org/10.1007/s10342-022-01451-x

Reimeier S (2001) Analyse der Zuwachsveränderungen von Waldbeständen und Möglichkeiten der Prognose aus permanenten Stichprobeninventuren. Forstl Forschungsber München 183, 141 p

Reineke LH (1933) Perfecting a stand-density index for even-aged forests. J Agr Res 46:627-638

Röhle H (1994) Zum Wachstum der Fichte auf Hochleistungsstandorten in Südbayern. Ertragskundliche Auswertung langfristig beobachteter Versuchsreihen unter besonderer Berücksichtigung von Trendänderungen im Wuchsverhalten. Habil Forstwiss Fak, LMU München, 249 p

Sánchez-Palomares O, López-Senespleda E, Calama R, Ruiz-Peinado R, Montero G (2014) Autoecología paramétrica de *Pinus pinea* L. en la España Peninsular. Monografías INIA: Serie Forestal n□ 26. ISBN: 978-84-7498-561-0.

Schmidt A (1971) Wachstum und Ertrag der Kiefer auf wirtschaftlich wichtigen Standorteinheiten der Oberpfalz. Forstliche Forschungsberichte München, Bd. 1, 178 p

Schober R (1967) Buchen-Ertragstafel für mäßige und starke Durchforstung, In: Schober R (1972) Die Rotbuche 1971. Schr Forstl Fak Univ Göttingen u Niedersächs Forstl Versuchsanst 43/44, JD Sauerländer's Verlag, Frankfurt am Main, 333 p

Seynave I, Bailly A, Balandier P, Bontemps J-D, Cailly P, Cordonnier T, Deleuze C, Dhôte J-F, Ginisty C, Lebourgeois F, Merzeau D, Paillassa E, Perret S, Richter C, Meredieu C (2018) GIS Coop: networks of silvicultural trials for supporting forest management under changing environment. Annals of Forest Science 75(2):48. https://doi.org/10.1007/s13595-018-0692-z

Speidel G (1972) Planung im Forstbetrieb. Verlag Paul Parey, Hamburg, Berlin, 267 p

Spiecker H, Mielikäinen K, Köhl M, Skovsgaard JP (2012) Growth trends in European forests: studies from 12 countries. Springer Science & Business Media.

Toraño Caicoya A, Poschenrieder W, Blattert C, Eyvindson K, Hartikainen M, Burgas D, Mönkkönen M, Uhl E, Vergarechea M, Pretzsch H (2023a) Sectoral policies as drivers of forest management and ecosystems services: A case study in Bavaria, Germany. Land Use Policy 130:106673. https://doi.org/10.1016/j.landusepol.2023.106673

Toraño Caicoya A, Vergarechea M, Blattert C, Klein J, Eyvindson K, Burgas D, Snäll T, Mönkkönen M, Astrup R, Di Fulvio F, Forsell N, Hartikainen M, Uhl E, Poschenrieder W, Antón-Fernández C (2023b) What drives forest multifunctionality in central and northern Europe? Exploring the interplay of management, climate, and policies. Ecosystem Services 64:101575. https://doi.org/10.1016/j.ecoser.2023.101575

Utschig H (1999) Reconversion of pure spruce stands into mixed forests: an ecological and economic valuation. In: Olsthoorn AFM, Bartelink HH, Gardiner JJ, Pretzsch H, Hekhuis HJ, Franc A (eds) Management of mixed-species forest: Silviculture and economics. IBN Scientific Contributions 15: 319-330

Wiedemann E (1923) Zuwachsrückgang und Wuchsstockungen der Fichte in den mittleren und unteren Höhenlagen der sächsischen Staatsforsten. Kommissionsverlag W Laux, Tharandt, 181 p

Wolff B, Hölzer W, Frömdling D, Bonk S (1998) Datenaufbereitung für Modellrechnungen aus der Bundeswaldinventur (BWI) und dem Datenspeicher Waldfonds (DSW). Abschußbericht zum Verbundprojekt „Wälder und Forstwirtschaft Deutschlands im globalen Wandel", 59 p

Diagnóstico de las perturbaciones en el crecimiento

11

11.1 Introducción 632
11.2 Modelos de crecimiento como referencia 637
11.3 Árboles o masas sin daños como referencia 644
11.4 Comportamiento del crecimiento en diferentes épocas como referencia 654
11.5 Análisis dendrocronológico 664
11.6 Análisis de la resistencia, resiliencia y recuperación 670
Mensajes clave 675
Referencias 677

Resumen Las masas forestales se ven cada vez más afectadas por distintas perturbaciones bióticas y abióticas, siendo el crecimiento un indicador adecuado para identificar y cuantificar el efecto de las perturbaciones sobre el sistema. En este capítulo, se introducen los métodos más comunes para diagnosticar alteraciones del crecimiento a nivel de árbol y masa. Estos métodos utilizan datos de inventarios forestales, parcelas permanentes o temporales, testigos o cores y análisis de tronco. El desarrollo del crecimiento de árboles individuales o masas forestales supuestamente alterados por una perturbación se comparan, en general, con el desarrollo "normal" que se esperaría en condiciones inalteradas y que, por tanto, sirve como referencia. La comparación entre el desarrollo que se va a evaluar y la referencia permite fechar y cuantificar la reacción del crecimiento y usarlo para identificar las causas de la perturbación. Dependiendo del tipo de perturbación, su extensión espacial y temporal, así como la cantidad de información disponible acerca de, entre otros aspectos, las tasas de crecimiento, cronologías climáticas, perfil freático o mediciones de inmisión, existen diferentes métodos de diagnóstico.

Los métodos de diagnóstico se pueden clasificar según los datos de referencia que se utilicen. Una primera aproximación es comparar los datos observados afectados por la perturbación con datos de tablas de producción o modelos de crecimiento. Un segundo grupo de métodos utilizan árboles o masas no dañadas como referencia. Una tercera alternativa es utilizar el crecimiento en periodos anteriores como referencia, bien comparando datos de las mismas masas en otros periodos, o comparando distintas generaciones. Un método frecuentemente utilizado para estudiar alteraciones en el crecimiento es la dendrocronología, que por su importancia se explica detalladamente. Finalmente, se explican los índices para estudiar la resistencia, resiliencia y recuperación a eventos extremos, en términos de crecimiento, dado su uso común en la última década.

Las aplicaciones potenciales de estos métodos van desde la validación de modelos forestales y apoyo a la gestión, la observación ecológica a largo plazo o la evaluación de la vulnerabilidad de un sistema forestal determinado. Las diferencias entre los métodos se basan en cómo eliminar la diferencia inicial entre el desarrollo del crecimiento afectado por la perturbación y el "normal" que puede, entre otras, dar lugar a diferencias de dimensión, edad o índice de sitio. Otra diferencia se basa en cómo separar el efecto del factor disruptivo a detectar de factores generales como el clima, la meteorología o la situación competitividad del árbol dentro de la masa. La elección de uno u otro método tiene un impacto significativo en los costes y la precisión alcanzada.

11.1 Introducción

El crecimiento de las masas forestales se ve cada vez más afectado por distintas perturbaciones bióticas y abióticas. Los distintos agentes abióticos asociados a perturbaciones en el crecimiento van desde la contaminación, pasando por la disminución del nivel del freático, la aplicación de sal en las carreteras e inmisiones de la industria y la agricultura, incendios forestales, hasta cambios a largo plazo en las concentraciones de dióxido de carbono y ozono en la atmósfera y, con frecuencia, cambios pronunciados en el clima. Entre los agentes bióticos, se encuentran distintas enfermedades y plagas que no suelen matar al árbol pero que pueden ocasionar una reducción notable del crecimiento, como la presencia de muérdago, defoliaciones por procesionaria, etc. Los factores disruptivos pueden manifestarse en patrones específicos del funcionamiento del árbol, como el reparto del carbono, la ramificación, el estado del follaje o la tasa de crecimiento o de la composición de las comunidades forestales y, al mismo tiempo, afectar a varios niveles del proceso.

Entre los patrones de reacción del árbol a una perturbación que se pueden utilizar para evaluar el comportamiento del sistema y diagnosticar cualquier posible alteración, el crecimiento a largo plazo en diámetro, altura o volumen del árbol y/o de la masa es un indicador particularmente significativo y metodológicamente fácil de utilizar. En comparación con otras variables bioquímicas, ecofisiológicas o morfológicas, la tasa de crecimiento representa una variable indicadora del compor-

Caja 11.1 Comparación de la respuesta al estrés y la recuperación en abetos y piceas

Los patrones de crecimiento de abetos y píceas a lo largo del último siglo en Alemania reflejan la susceptibilidad de cada especie a los daños por inmisiones de azufre (1950-1985) y su capacidad para recuperarse posteriormente (Figura 11.1). Para analizar estos patrones se muestrearon 22 parcelas permanentes en rodales mixtos de abeto y pícea en el norte y el sur de Alemania, en los que se analizaron dendroecológicamente un total de 118 árboles por especie. En esta muestra también se puede identificar el efecto de las sequías extremas que tuvieron lugar en 1976 y 2003 en el crecimiento de las dos especies.

El crecimiento de la pícea es más o menos constante a lo largo del todo periodo analizado, aunque con crecimiento especialmente bajo en los años secos 1976 y 2003, que luego se recupera solo unos pocos años.

El crecimiento del abeto disminuye durante el periodo de mayores inmisiones de azufre, años de 1950 a 1980, aunque vuelve a aumentar de forma continua cuando la carga de azufre se reduce los 20 a 30 años siguientes. En los años secos 1976 y 2003, el abeto también responde con un menor crecimiento, aunque significativamente menos que la pícea, cambiando el crecimiento y la vitalidad a favor del abeto. En las masas mixtas de pícea, abeto y haya, el abeto puede volverse más competitivo y productivo en años secos que las especies con las que forma la mezcla (Bošela et al. 2018, Pretzsch et al.2015).

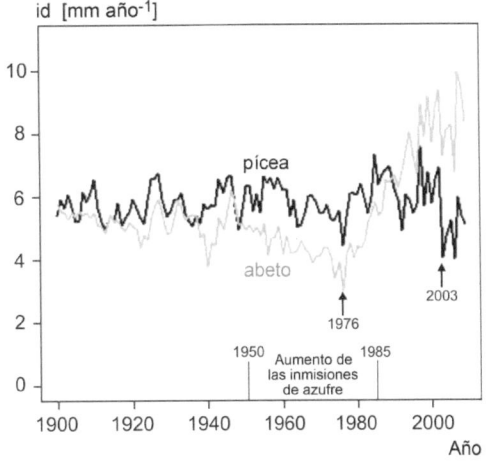

Figura 11.1 Desarrollo a largo plazo del crecimiento corriente en diámetro para individuos de 100 años, abeto (n = 118) y pícea (n = 118) en Baviera y Baja Sajonia. Se destacan las épocas de mayores inmisiones de azufre (barras grises) y los años extremadamente secos 1976 y 2003 (flechas).

tamiento del sistema altamente agregada y, por lo tanto, robusta. En general, si las perturbaciones afectan al desarrollo del crecimiento a largo plazo de árboles individuales o masas forestales, indican perturbaciones profundas (ver ejemplo en la Caja 11.1)

No obstante, con una tasa de crecimiento normal e indiferenciada no debe asumirse un comportamiento del sistema intacto a la perturbación, ya que las interrupciones o alteraciones en procesos de niveles subordinados pueden haberse amortiguado hasta cierto punto. Cuanto mayor sea el nivel de resolución al que se observa el proceso considerado, más incierta es la conexión de las perturbaciones observadas en los subprocesos con las perturbaciones sobre todo el sistema, ya que el número de interacciones intermedias o de bucles de amortiguación aumenta (ver Sección 1.2.6). La evaluación de las posibles alteraciones del crecimiento actuales puede basarse en mediciones a largo plazo de parcelas permanentes, que se remontan en algunos casos hasta el siglo XIX y proporcionan series cronológicas durante un largo periodo de tiempo. Dado que el crecimiento del árbol también se puede determinar retrospectivamente con la ayuda de testigos o cores y de análisis de tronco, este resulta en un indicador extremadamente operacional (ver Caja 3.1).

11 Diagnóstico de las perturbaciones en el crecimiento

Tabla 11.1 Descripción de las cortas en el método de aclareo sucesivo uniforme (adaptado de Serrada 2011)

Método	Base de datos	Referencia	Ámbito de aplicación
Comparación con modelos			
Comparación con tablas de producción y escenarios derivados de modelos de crecimiento	Datos de inventario de árboles y masas a nivel local o regional	Modelos de crecimiento	Análisis de patrones de crecimiento, revisión de herramientas de gestión
Método de comparación con árboles o masas no afectadas			
Comparación por pares	Series de crecimiento, de local a grandes regiones, de inventarios repetidos, testigos o cores, o análisis de tronco	Series de crecimiento de árboles o masas no alteradas o control	Datación y cuantificación de pérdidas de crecimiento, Investigación de impactos
Comparación con parcelas control			
Comparación mediante estandarización durante un periodo de referencia			
Comparación con períodos anteriores			
Comparación con un periodo anterior como referencia	Testigos o cores / Análisis de tronco	Crecimiento en periodos anteriores	Tendencias y análisis de sensibilidad
Método de edades constantes	Series de crecimiento para amplio rango de edades	Crecimiento retrospectivo del árbol	Bioindicadores, tendencias
Comparación entre generaciones	Parcelas permanentes	Crecimiento retrospectivo de la masa	Factores de corrección para la planificación forestal
Seguimiento de inventarios	Mediciones repetidas de inventario a escala regional	Nivel de crecimiento en el pasado	
Dendrocronología	Series de crecimiento anuales, mediante testigos, o análisis de troncos / Serie de variables climáticas	Correlaciones y Función de respuesta	Análisis causal clima-crecimiento, investigación del impacto climático
Índices de Resistencia, recuperación y Resiliencia	Series de crecimiento anuales, mediante testigos, análisis de tronco, dendrómetros, o inventario	Crecimiento en el evento extremo	Análisis de crecimiento en eventos extremos (sequía, ozono, helada tardía, etc.)

Cuando los factores de perturbación afectan a una masa forestal, desencadenan cambios en sus tasas de producción absoluta, patrones de asimilación relativa y sensibilidad a otros factores. El cambio en la producción absoluta se expresa estructuralmente en cambios en el crecimiento de los órganos del árbol (crecimiento de la madera y la cantidad de hojas o acículas) y la producción de semillas. Los cambios en el patrón de asimilación interna como resultado de factores de perturbación pueden dar lugar a resultar en cambios en la alometría entre la cantidad de acículas y el crecimiento en altura y diámetro, brotes y raíces o madera de primavera y otoño. Un cambio en el sistema de crecimiento a lo largo del tronco del árbol puede influir en la estabilidad de los árboles y la masa.

Las perturbaciones no afectan solo el nivel absoluto del crecimiento, sino también a la sensibilidad de este a determinados factores. Por ejemplo, podría ocurrir que un aumento de la temperatura conlleve solo un cambio en el nivel decrecimiento pero que el patrón de variación a lo largo del año o entre años apenas cambie, o bien que el crecimiento se haga mucho más sensible a las condiciones de disponibilidad hídrica, conllevando un aumento de la variabilidad intra e interanual. A su vez, el impacto en el crecimiento puede influir en otros procesos, por ejemplo, un impacto negativo sobre el crecimiento puede conllevar una disminución en la formación de semillas, o incluso derivar en la muerte del árbol.

Las alteraciones causadas por perturbaciones en el crecimiento de árboles individuales no tienen por qué reflejarse en todos los casos a nivel de masa, es decir, en el crecimiento o producción relacionados con la superficie. Debido al flujo o bucle que controla la dinámica de las masas (condiciones de crecimiento → crecimiento del árbol individual → estructura de la masa → condiciones de crecimiento del árbol individual), hay retroalimentaciones entre los individuos de la masa de modo que se puedan ver afectados por los factores disruptivos de distinta manera (Figura 1.1). Por ejemplo, si hay una mortalidad elevada por alguna perturbación los pies restantes y vitales pueden aprovechar la mayor disponibilidad de recursos, o incluso compensar por exceso la disminución del crecimiento ocasionada por los árboles muertos. Y a la inversa, si el cambio climático provoca una aceleración del crecimiento, puede conllevar un aumento de la tasa de mortalidad por competencia (Pretzsch y Grote 2024). Por lo tanto, los indicadores del impacto de las perturbaciones (crecimiento, pérdida de acículas, producción de semillas, etc.) son de interés tanto a nivel de árbol individual como de la masa forestal. Por razones prácticas (instrumentación, recogida de muestras, o importancia forestal), el diagnóstico de las alteraciones del crecimiento del árbol y la masa se llevan a cabo principalmente sobre la base de mediciones o estimaciones del crecimiento del fuste a 1,30 m, de la altura, de la pérdida de hojas o transparencia de la copa, y de la mortalidad. Estudios más detallados también pueden incluir análisis de tronco, análisis de la estructura de la copa (Jacobs et al. 2021), densidad de la madera (Pretzsch et al. 2018), o análisis del crecimiento del sistema radical (Pretzsch et al. 2012), entre otros.

La Tabla 11.1 ofrece una descripción general de los distintos métodos, bases de datos, datos tomados como referencia y áreas de aplicación de los métodos más comunes para diagnosticar y cuantificar las alteraciones del crecimiento en árboles y masas forestales.

Las comparaciones con tablas de producción y escenarios derivados de modelos de crecimiento forman un grupo de métodos en los que la referencia se deriva deductivamente de modelos de crecimiento forestal existentes. La comparación con tablas de producción puede diagnosticar cambios de crecimiento a largo plazo en el área de calibración de la tabla y, por lo tanto, proporciona información sobre la continuidad de su validez como herramienta de gestión forestal. Con la ayuda de tablas de producción, se puede verificar si el nivel absoluto del crecimiento y su desarrollo con la edad coincide con los datos obtenidos empíricamente en la fase previa de construcción del modelo. No obstante, esta comparación no permite extraer ninguna conclusión sobre las causas de las posibles desviaciones entre el crecimiento real y el esperado. Por el contrario, los modelos dinámicos de crecimiento (Capítulos 9 y 10), que predicen el crecimiento de los árboles individuales en función del tratamiento, las condiciones del sitio y posibles factores de perturbación permiten un diagnóstico de los daños más sofisticado. Por ejemplo, se puede aproximar una tasa de crecimiento mediante simulaciones y así investigar y tratar de comprender sus causas.

Otro grupo de métodos se basan en la comparación del patrón de crecimiento con datos de referencia de árboles o masas no afectadas por las perturbaciones que producen la alteración del crecimiento, bien con comparaciones por pares, comparación con parcelas control, o comparación por estandarización y estimación de pérdidas de crecimiento mediante análisis de regresión. Estos métodos son especialmente adecuados para el estudio de agentes perturbadores que presentan un patrón espacial, como el descenso del nivel freático, inmisiones debido a contaminantes, daños en zonas bordes debido a excavación de pistas o presencia de carreteras, así como posibles perturbaciones derivadas de agentes bióticos.

De manera análoga, se pueden estudiar las alteraciones utilizando como referencia el crecimiento en períodos pasados. El análisis se puede basar en comparaciones directas con un periodo de referencia, en comparaciones fijando la edad (método de edades constantes), en la comparación de dos generaciones en un mismo sitio o en la comparación entre periodos de inventarios de un área de estudio determinada. Estos métodos permiten el diagnóstico de cambios de crecimiento abruptos, cambio a largo plazo y a escala regional, como los desencadenados por cambios en las condiciones climáticas, por el aumento en la concentración de dióxido de carbono en el aire o por deposición antropogénica de nitrógeno.

El análisis dendrocronológico de series de crecimiento se puede utilizar para el diagnóstico analítico de las alteraciones del crecimiento a escala local o regional. Este método se basa en el estudio de las relaciones entre clima y crecimiento mediante la estandarización de la cronología de crecimiento. Si además de los datos de crecimiento a largo plazo existen cronologías de variables climáticas u otros agentes disruptivos, este método permite inferir las relaciones causa-efecto.

Por último, se presentan como un método independiente para el estudio de eventos extremos los índices de resistencia, resiliencia y recuperación desarrollado por Lloret et a (2011) por su gran repercusión en la ciencia forestal en los últimos años. Estos índices se basan en la comparación del crecimiento durante un evento extremo (por ejemplo, una sequía extrema, helada temprana, etc.) con el crecimiento previo (resistencia), el crecimiento posterior (recuperación), así como la comparación del crecimiento posterior con el crecimiento anterior al evento (resiliencia).

Aunque todos los métodos mencionados pueden proporcionar información sobre las posibles relaciones entre la perturbación y las reacciones del crecimiento, solo en raras ocasiones proporcionan evidencias directas de las relaciones causa-efecto. Esto se debe a que el requisito de *ceteris paribus* requerido para la evidencia experimental de la relación causa-efecto entre los factores disruptivos y las reacciones de crecimiento en la masa forestal rara vez se cumple en condiciones de campo, ya que hay muchos otros factores que no se pueden controlar. Por ejemplo, puede haber otros factores que contrarresten el impacto de la perturbación y que escondan los efectos buscados. Por lo tanto, la evidencia directa de una presunta relación causal no es factible en muchos casos. No obstante, la ausencia de evidencia experimental directa de relaciones causales no quiere decir que los distintos métodos de análisis de diagnóstico de crecimiento pierdan valor informativo, ya que pueden generar evidencias claras de la alteración y proporcionar información para inferir las posibles causas. Por otra parte, en muchos casos no existen otras alternativas, ya que el estudio a través de diseños experimentales y/o en cámaras climáticas no son posibles a escalas espaciales y temporales grandes.

Para compensar las deficiencias de los métodos de diagnóstico que se presentan en la Tabla 11.1, es aconsejable utilizar varios métodos para responder una pregunta determinada y así aprovechar los puntos fuertes de cada metodología. Mediante una combinación estratégica de diferentes procedimientos, se pueden inferir las causas más probables que originan una perturbación determinada e identificar los patrones espaciotemporales y la magnitud absoluta y relativa de la alteración del crecimiento con mayor precisión.

11.2 Modelos de crecimiento como referencia

11.2.1 Comparación con tablas de producción

La comparación de las tasas de crecimiento o del crecimiento acumulado actuales de una masa con las tablas de producción para la especie y región correspondiente, permite por una parte identificar posibles alteraciones del crecimiento y, por otra, derivar conclusiones prácticas sobre la utilidad actual de las tablas de producción como herramienta de gestión forestal. La comparación con tablas de producción sirve como ayuda en la detección, datación y cuantificación de influencias disruptivas en el crecimiento forestal a gran escala, ya que las tablas de producción muestran el desarrollo medio, obtenido a partir de parcelas experimentales, en términos de distribución espacial y calidad de estación, registro temporal, estructura de la edad, procedencia y tratamiento. Si la comparación se hace con una única masa, el valor de esta información es limitado, ya que las diferencias pueden deberse únicamente a que la parcela no representa el valor medio reflejado por las tablas. Sin embargo, si esta comparación se hace para un mayor número de masas forestales, puede dar información valiosa sobre las alteraciones del crecimiento. Diferencias significativas entre el crecimiento observado y las tablas de producción real indican a su vez que las tablas se han quedado obsoletas como referencia para controlar el crecimiento o la gestión de la masa.

Dado que las tablas de producción difieren considerablemente no solo entre regiones, sino también en el método de su construcción (tamaño y calidad de datos de inventario, elección de las ecuaciones fundamentales, tipo de ajuste estadístico, etc.) (Capítulos 8 y 9), su idoneidad para ser usadas como modelo de referencia para la comparación también

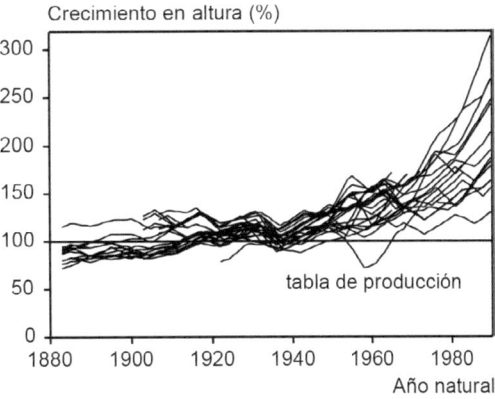

Figura 11.2 Comparación entre el crecimiento observado y los valores esperados según la tabla de producción, que se representan como la línea del 100 % (según Röhle 1997). Crecimiento en altura dominante de 27 parcelas permanentes de pícea en el sur de Alemania de 1882 a 1990 en comparación con la tabla de producción de Assmann y Franz (1963).

varía. Por ejemplo, las tablas de producción cuyos perfiles de altura se basan en análisis de tronco, con frecuencia, presentan mayores crecimientos que las que se basan en series de crecimiento de altura dominante. Si se elige erróneamente la tabla de producción a usar como referencia, puede ocurrir que se sobreestimen los diagnósticos de aumentos o disminuciones del crecimiento (Sterba 1989). Cuando existen diferencias grandes de densidad entre la tabla de producción y la realidad debidas a tratamientos selvícolas, los valores de la tabla de producción se pueden ajustar antes de su utilización como referencia mediante el grado de densidad derivado de la tabla o con la ayuda de funciones de densidad-crecimiento adecuadas (Assmann y Franz 1965). Si las desviaciones específicas del sitio y los efectos relacionados con tratamientos selvícolas se minimizan mediante la elección de la tabla apropiada y/o la transformación de sus variables de salida a la aplicación específica y, además, la comparación se basa en un número elevado de masas, se pueden obtener conclusiones sobre cambios en el crecimiento a largo plazo.

En la Figura 11.2 se muestra un diagnóstico de cambios a largo plazo en el crecimiento en altura dominante en masas de pícea del sur de Baviera mediante la comparación con tablas de producción (Röhle 1997). El diagnóstico se basa en 27 parcelas permanentes de pícea instaladas hace más de cien años que se comparan con las tablas de producción de Assmann y Franz (1963), desarrolladas en los años 1960 y con una base de datos de inventario que difiere de los sistemas usados hoy en día. La comparación de la Figura 11.2 muestra que la altura dominante aumenta de 1882 a 1950 en una banda de crecimiento estrecha alrededor de los valores esperados por las tablas de producción (línea del 100 %). Desde la década de 1950, los crecimientos en altura se van desviando cada vez más de los valores esperados llegando a alcanzar valores de entre el 129 % y el 314 %. La base empírica de las tablas de producción y datos de las parcelas permanentes evaluadas, el tratamiento constante y la procedencia reducen el espectro de posibles causas y apuntan hacia el cambio climático, la deposición de nitrógeno y el aumento de la concentración de dióxido de carbono en el aire como las causas más probables (véase también la Caja 11.2).

Las tendencias de crecimiento en parcelas permanentes documentan la influencia del ser humano en el desarrollo de los ecosistemas forestales (Pretzsch et al. 2019). El aprovechamiento de la hojarasca, la cosecha total de los árboles y la plantación repetida de monocultivos pueden conducir al agotamiento de nutrientes y al estancamiento del crecimiento (Wiedemann 1923). La contaminación del aire y especialmente la lluvia ácida pueden desencadenar en la acidificación del suelo y la disminución del crecimiento (Ulrich 1987). El calentamiento global con una extensión de la temporada vegetativa y los aportes de nitrógeno también pueden acelerar el crecimiento de árboles y masas forestales (Spiecker et al. 1996, Pretzsch et al. 2014). La Caja 11.2 muestra que el crecimiento de muchas parcelas permanentes en Europa está muy por encima de los valores esperados por las tablas de producción, que en su mayoría representan las condiciones de crecimiento de los años 1950-1970. En la región Mediterránea, con frecuencia, no se observan tendencias positi-

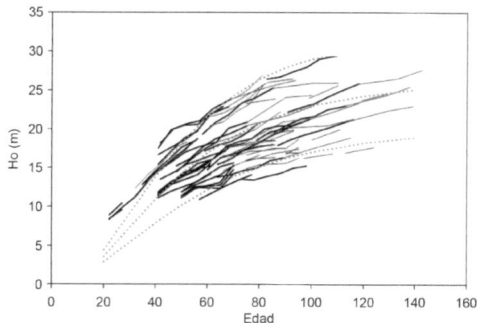

Figura 11.3 Comparación entre el crecimiento observado (línea continua) antes (negro) y después (rojo) de 1990 en parcelas permanentes de pino silvestre en España y los valores esperados de la tabla de producción de Rojo y Montero (1996).

vas del crecimiento, con resultados diferentes entre sitios e incluso tendencias divergentes entre árboles (Martín-Benito et al. 2010). En la Figura 11.3 se presenta la evolución de la altura dominante en parcelas permanentes de pino silvestre antes y después de 1990 en comparación con la evolución dada por las tablas de producción de Rojo y Montero (1996), que reflejan fundamentalmente el crecimiento anterior a los años noventa. Como se observa en la figura, no existe una tendencia clara en el aumento o disminución del crecimiento en altura dominante entre periodos, ni divergencias claras con las curvas de las tablas de producción.

11.2.2 Modelos dinámicos de crecimiento como referencia

La comparación con los valores esperados de los modelos de crecimiento también ha demostrado ser un método útil para analizar y evaluar los patrones de crecimiento observados (Hari et al. 1984, Mielikäinen y Timonen 1996). Los modelos de crecimiento se pueden utilizar para generar curvas de referencia que pueden estar mejor adaptadas a las condiciones concretas de estudio que las tablas de producción. En concreto, esta ventaja es más evidente en los modelos de árbol individual sensibles a las condiciones de sitio y a los tratamientos selvícolas, basados

Caja 11.2 Factores de corrección para factores ambientales con el uso de tablas de producción en masas puras regulares

Las tablas de producción representan la principal herramienta de la gestión forestal de los siglos XIX y XX que todavía se utilizan en nuestros días. Sin embargo, desde su desarrollo, las condiciones de sitio han cambiado significativamente en muchas regiones. En esta caja se muestra como los errores en la aplicación directa de las tablas de producción debido a estas diferencias en las condiciones ambientales pueden corregirse para su aplicación en inventarios y planificación forestal.

Cambio en las condiciones del sitio

En un primer paso, se recopilan las condiciones ambientales que determinan el crecimiento para todo el periodo de seguimiento del conjunto de parcelas experimentales permanentes disponibles para las especies y regiones de estudio (Figura 11.4). Es evidente que las condiciones del sitio y de las masas forestales en Europa han cambiado significativamente desde que se establecieron las primeras parcelas permanentes en 1870. Durante este período, la concentración de CO_2 atmosférico aumentó de 295 ppm en 1901 a 390 ppm en 2010 (Churkina et al. 2010, IPCC 2007). La deposición media de nitrógeno aumentó de 2,5 kg ha^{-1} año^{-1} a más de 9 kg ha^{-1} año^{-1} en la primera década del siglo XXI (Churkina et al. 2010). La temperatura media del aire y la precipitación media anual aumentaron en el siglo XX un 1,0 °C y 9 %, respectivamente. El aumento de la concentración de CO_2 atmosférico, la deposición de N y la temperatura del aire en la segunda mitad del siglo XX fue de dos a tres veces más rápido que en la primera mitad (Figura 11.4, arriba). A partir de las series de temperatura y las observaciones fenológicas, se puede deducir que el período vegetativo ha aumentado en 0,8 días por año durante los últimos 40 años (Figura 11.4).

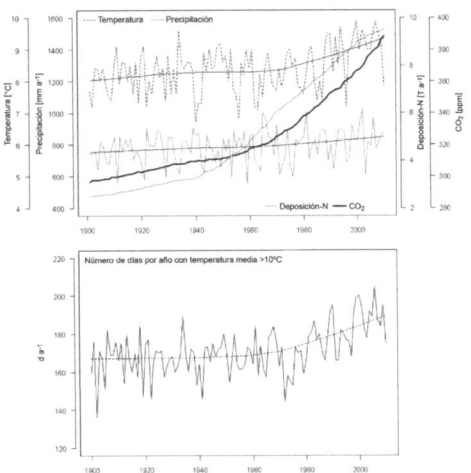

Figura 11.4 Cambio en las condiciones ambientales en Europa Central desde 1900. (Arriba)Temperatura media anual y precipitación anual. Concentración de CO2 atmosférico y deposición de N. (Abajo) Duración del periodo vegetativo, caracterizado por el número de días al año con temperaturas medias > 10 °C. Fuentes de datos: Churkina et al. (2010), Schönwiese et al. (2005).

Patrón de crecimiento en parcelas permanentes

Las parcelas permanentes en Dinamarca, Alemania, Inglaterra, Francia, Austria, Polonia, España, Suecia y Suiza (alrededor de 200 parcelas de pícea, 180 de pino silvestre, 100 de haya y 80 de roble común y/o albar) muestran desviaciones predominantemente positivas respecto a los valores esperados según las tablas de producción más comunes. Las cifras de la Figura 11.5 y la Figura 11.6 muestran los valores del volumen total y crecimiento medio en volumen maderable para parcelas con densidad completa sin claras o con claras débiles en masas puras de pícea, pino silvestre, haya y roble común y/o albar obtenidos de parcelas experimentales permanentes. A modo de comparación, se presenta el desarrollo de estas variables según las tablas de producción para pícea, pino silvestre, haya y roble de Wiedemann (1936/42), Wiedemann (1943/48), Wiedemann

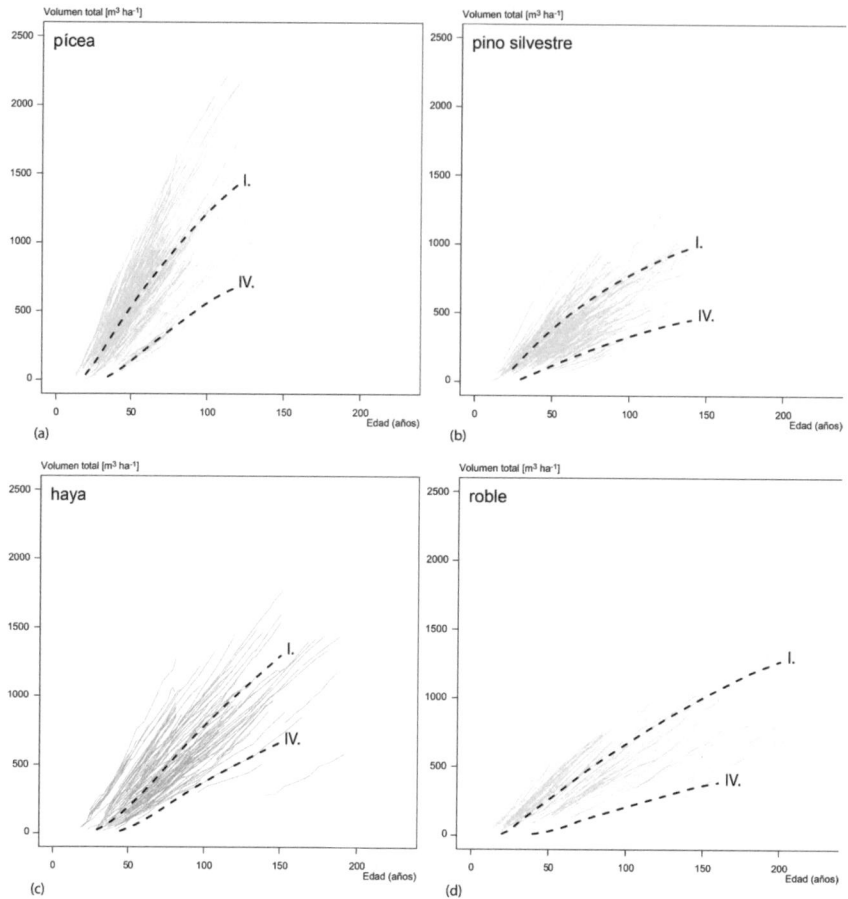

Figura 11.5 Volumen total (m³ ha-1) de (a) pícea, (b) pino silvestre, (c) haya y (d) roble en parcelas permanentes en Europa en comparación con el volumen total de las tablas de producción de Wiedemann (1936/42), Wiedemann (1943/48), Wiedemann (1932) y Jüttner (1955) para las clases de calidad de estación I y IV y claras moderadas.

(1932) y Jüttner (1955) para las clases de calidad de estación 1 y 4 y claras moderadas.

En la Figura 11.5, se observa que tan solo algunas de las parcelas permanentes muestran un patrón de evolución del volumen total, VT, introducido en el capítulo 3 (Figura 3.6) y 6 (Figura 6.14) que sigue la curva sigmoidea característica de los patrones de crecimiento. En la mayoría de las parcelas, el volumen total aumenta linealmente hasta la vejez. En aproximadamente la mitad de las parcelas, el VT supera los valores esperados para la primera clase de calidad y, a los 100 años, está entre 100 y 500 m³ por encima de los valores del límite superior de las tablas de producción centroeuropeas. En muchos casos, la desviación de los valores de la tabla aumenta con la edad. Esta tendencia es mayor para la pícea, el pino silvestre y el haya que para el roble.

El crecimiento medio refleja un aumento considerable de la productividad de las masas forestales en Europa central por encima del nivel de las tablas de producción (Figura 11.6). Las curvas de referencia de las tablas de producción también se basan en parcelas permanentes, pero representan las condiciones del sitio en el momento en que se crearon, es decir, las condiciones hasta la década de 1950. El crecimiento medio está actualmente muy por encima del nivel histórico, aumenta más rápidamente en la juventud, en el momento de la culminación se encuentra en 5-10 m³ ha⁻¹ año⁻¹ por encima de los valores de la tabla y se mantiene más tiempo con la edad. Solo unas po-

11.2 Modelos de crecimiento como referencia

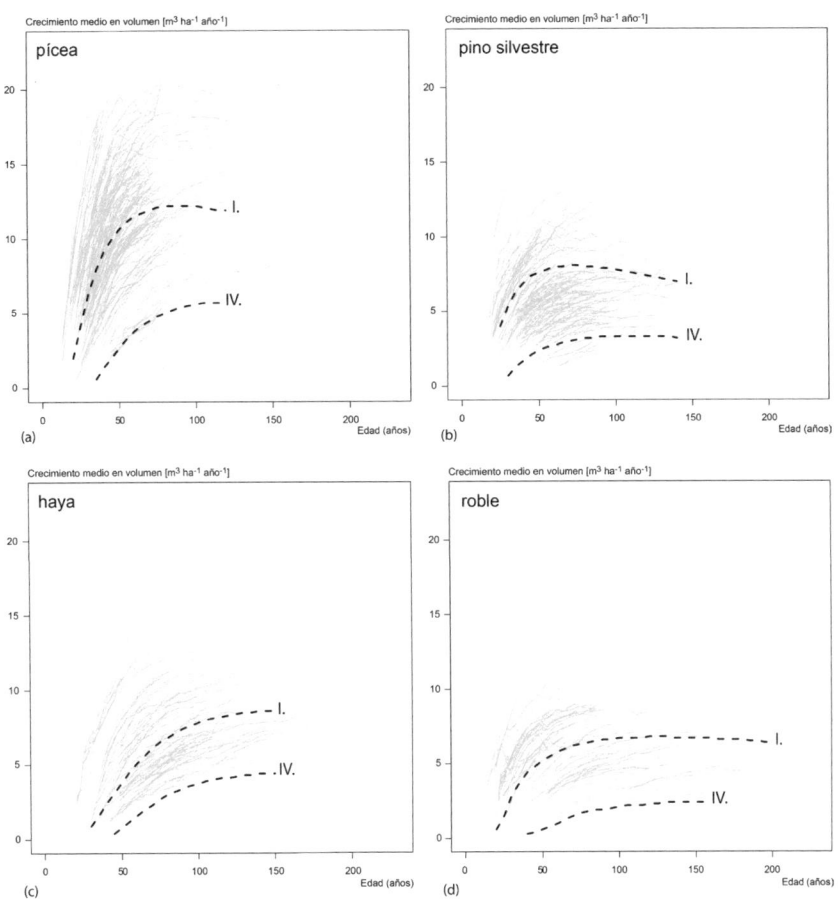

Figura 11.6 Crecimiento medio en volumen (m³ ha-1 años-1) de (a) pícea, (b) pino silvestre, (c) haya y (d) roble en parcelas permanentes en Europa en comparación con las tablas de producción de Wiedemann (1936/42), Wiedemann (1943/48), Wiedemann (1932) y Jüttner (1955) para las clases de calidad de estación I y IV y claras moderadas.

cas parcelas muestran un curso unimodal y una disminución del crecimiento tras el valor máximo como el que reflejan las tablas de producción. El análisis de las posibles causas sugieren aceleraciones del crecimiento debidas al aumento a gran escala de la temperatura, la extensión del período vegetativo, los aportes de nutrientes y un aumento en la concentración de CO_2 (Kenk et al. 1991, Pretzsch et al. 2014 a y b).

Factores de corrección por efectos ambientales

Las tablas de producción se basan principalmente en datos de parcelas permanentes y representan las condiciones del sitio y la dinámica de la masa del periodo que cubren los datos. La comparación entre los valores de crecimiento medidos actualmente en parcelas permanentes en Alemania y las tablas de producción muestra que los valores de la tabla se superaron en un 50 % a 100 %, especialmente para las tasas de crecimiento y el volumen en pie después de 1960 (ver también Sección 1.2.3.2, Figura 1.11). Estas desviaciones indican cambios fundamentales en las condiciones ambientales y cuestionan la validez de las tablas de producción.

Esta evidencia de grandes cambios regionales en las condiciones de estación está bien fundada ya que los crecimientos histórico y actual se basan en parcelas permanentes sin tratamientos selvícolas o con claras débiles, de la misma

Tabla 11.2 Aumento medio del crecimiento en volumen en comparación con tablas de producción en % (± SE). Los factores recomendados para corregir los valores de la tabla de producción son valores de referencia bastante conservadores, ya que pueden observarse mayores diferencias en edades jóvenes y mejores calidades de estación.

Especie	pícea	pino silvestre	roble	haya	media
Crecimiento (± SE) en %	10 (± 9)	33 (± 7)	18 (± 5)	30 (± 17)	20
Factor de corrección	1,10	1,30	1,10	1,20	1,20

procedencia y en el mismo lugar. Esto significa que estas posibles causas de cambios en el crecimiento se pueden excluir. Por tanto, las parcelas permanentes sin tratamientos selvícolas se convierten en parcelas de referencia valiosas que documentan el clima antropogénico, los cambios de las condiciones de estación y su influencia sobre el crecimiento forestal. Las parcelas permanentes contribuyen de este modo al bio-monitoreo e informan sobre cambios en las tasas de crecimiento.

La Tabla 11.2 muestra el aumento en el crecimiento en volumen durante el último medio siglo de cuatro especies forestales en comparación con el período anterior a 1960, en el que se desarrollaron casi todas las tablas de producción más comunes en Centroeuropa. Los factores de corrección de 1,10 a 1,30 indicados en la Tabla 11.2 deben entenderse como valores guía con un carácter más bien conservador. Si los crecimientos en volumen en las tablas de producción se multiplican por ellos, el resultado son crecimientos en volumen más realistas en la actualidad que los valores originales. Los hallazgos sobre el aumento en el crecimiento en volumen y la derivación de factores de corrección se basan en parcelas permanentes bajo claras débiles y moderadas en Europa Central. En sitios más fértiles y en masas más jóvenes, la aceleración del crecimiento y, por lo tanto, también el factor de corrección son bastante mayores que en sitios más pobres y en masas más viejas.

en parcelas permanentes que están distribuidas por un amplio rango de estaciones. Las diferencias de densidad y tratamiento entre la masa a evaluar y el modelo seleccionado como referencia, que pueden limitar la comparación con tablas de producción, no plantean un problema cuando se utilizan modelos dinámicos de crecimiento, ya que el estado inicial de la masa y el tratamiento selvícola implementado en él (tipo, peso y frecuencia de claras) puede reproducirse de manera realista por el modelo. En comparación con las tablas de producción, que muestran curvas de crecimiento medio y, por lo tanto, solo tienen un valor informativo limitado para masas individuales, los modelos dinámicos de crecimiento permiten una mejor representación del sitio y de las condiciones selvícolas y, por lo tanto, una mejor comparación. Los modelos dinámicos que estiman el crecimiento y el crecimiento acumulado en función de las condiciones de crecimiento del árbol individual y de la masa ofrecen otra ventaja decisiva sobre las tablas de producción, las curvas de referencia generadas con ellos están menos influenciadas por las fluctuaciones periódicas en las condiciones del sitio en el momento de elaboración del modelo, cosa que no ocurre en las tablas de producción. De este modo, los modelos de crecimiento dinámicos que incluyen la relación causal entre las condiciones y la reacción de crecimiento permiten calcular la trayectoria de crecimiento esperada de árboles o masas forestales en condiciones de crecimiento determinadas y proporcionar un desarrollo de referencia. No obstante, incluso simulando las condiciones de sitio variables correspondientes al caso de estudio, pueden existir discrepancias entre las predicciones del modelo y las observaciones, debido a cambios en las condiciones del medio que causan alteraciones del crecimiento, que no quedan recogidas en las relaciones causa-efecto del modelo.

11.2 Modelos de crecimiento como referencia

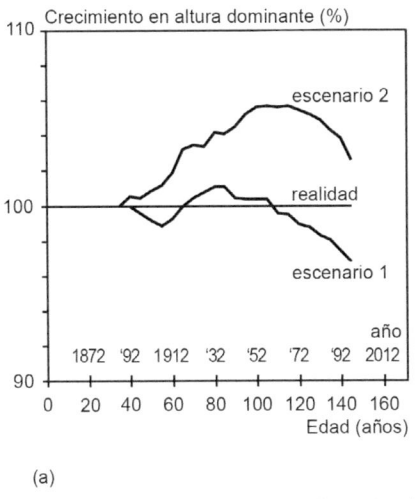 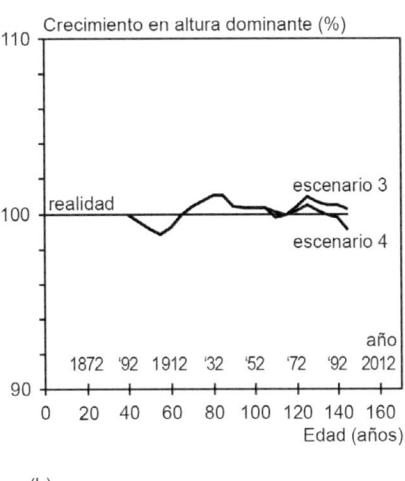

(a)   (b)

Figura 11.7 Análisis del crecimiento en altura dominante en la parcela permanente Denklingen 05 (clara débil) con el simulador de crecimiento SILVA 2.2. Los escenarios 1 y 2 (a) asumen condiciones de sitio constantes durante todo el período de crecimiento. Una réplica precisa del curso real de la altura dominante solo se puede reproducir cambiando la disponibilidad de nutrientes, como se introdujo en los escenarios 3 y 4 (b).

El uso de modelos de crecimiento dinámicos para el análisis de alteraciones en el crecimiento se puede mostrar con el ejemplo de la parcela permanente de pícea Denklingen 05. La comparación con los valores esperados de la tabla de producción (Figura 11.2) reveló que el crecimiento en altura dominante en esta parcela, así como en otras parcelas permanentes en el sur de Baviera, ha aumentado continuadamente desde el año 1950. Para un análisis más preciso del desarrollo de la altura dominante se utilizó el simulador de crecimiento forestal SILVA 2.2. (Capítulos 9 y 10) (Pretzsch 1992, Kahn 1994, Pretzsch 2001). La Figura 11.7a y b, compara cuatro curvas de crecimiento en altura dominante predichas con el modelo de crecimiento SILVA 2.2 para la parcela permanente Denklingen 05. La curva de altura dominante real se muestra como una línea del 100 %; los escenarios 1 a 4 son curvas de altura dominante simuladas para diferentes condiciones del sitio. Las cuatro simulaciones comienzan con la situación real del rodal en 1882, reproduciendo las intervenciones selvícolas registradas en la parcela permanente y difiriendo solo en las condiciones del sitio. En el escenario 1, se asumen condiciones de crecimiento constantes para todo el período. En este escenario la simulación sigue el patrón de crecimiento de la parcela hasta los 110 años con una precisión notable, a partir de esta edad, es decir, desde 1960, los valores predichos se desvían claramente de los valores de la altura real. Desde mediados del siglo XX, el crecimiento en altura dominante real aumenta, en comparación con el crecimiento esperado para condiciones de crecimiento constante. En el escenario 2 se asumen unas condiciones constantes, pero las observadas durante los años 1980 y 1990 (cambio en las condiciones climáticas y nutrientes en comparación con la situación inicial en 1882). Estas condiciones resultan en una sobreestimación del crecimiento en altura dominante en la simulación. En este caso, la altura dominante prevista y real sólo se acercan la una a la otra al alcanzar una edad avanzada. Estos y otros cálculos de escenarios muestran que el desarrollo real de la altura dominante solo se puede reproducir si se introduce un cambio de las condiciones del sitio durante el último tercio del período de crecimiento estudiado. Inicialmente se comprobó si la variación de temperatura y precipitación genera una simulación que se aproxima al desarrollo real de la altura dominante, pero esta aproximación solo se consiguió con un aumento en la disponibilidad de nutrientes. La Figura 11.7b muestra los escenarios 3 y 4, en los que a partir de la edad de 110 años se establece un aumento en la disponibilidad de nutrientes tres veces superior. La disponibilidad de nutrientes se cuantifica según una escala de 0 a 1, y hasta la edad de 110 se asume en 0,2. Para los años siguientes, el escenario 3 asume una disponibilidad de nutrientes de 0,5 y en el escenario 4, de 0,3. Solo con esta adaptación en la disponibilidad de nutrientes durante el período de simulación se consigue que el desarrollo de crecimiento predicho se acerque al real.

Las diferencias entre el desarrollo de crecimiento real, superior al esperado con las condiciones iniciales, y los resultados de los escenarios no se pueden atribuir a diferencias existentes a priori entre el modelo y la realidad o a los efectos del tratamiento, puesto que la simulación se basa en los datos reales de altura medidos en 1882 y tiene en cuenta todas las intervenciones desde entonces. El nivel superior del crecimiento real se puede emular con cambios profundos en las condiciones de crecimiento desde los años 1950 - 1960 (Figura 11.7b). Este análisis indica desde cuándo, en qué medida y como resultado de qué factores ha cambiado el comportamiento del crecimiento en la parcela permanente. En este ejemplo, se asume que la mayor disponibilidad de nutrientes se puede deber a la deposición de sustancias promotoras del crecimiento. Las deducciones y conclusiones de tales comparaciones entre modelo y realidad son más seguras cuanto mejor y más ampliamente se haya validado el modelo utilizado.

11.3 Árboles o masas sin daños como referencia.

Una opción para determinar posibles alteraciones del crecimiento en árboles o masas dañados por alguna perturbación es comparar sus patrones de crecimiento con los de árboles o masa no afectados. El método consiste en seleccionar pies o masas en los que se espera un patrón de crecimiento "normal" que sirva de referencia y que a su vez tenga condiciones de estación y de masa similares a los de los árboles o masas dañados que se quieren estudiar. A partir de estos datos, se pueden utilizar distintas metodologías en función de las características del muestreo seleccionado y del tipo de datos disponibles. En algunos de los métodos que se muestran a continuación también se utiliza información sobre un periodo de referencia en el que tanto los árboles o masas dañados como los no dañados (de referencia) no se ven afectados por la perturbación que se estudia.

11.3.1 Comparación por pares

En la comparación por pares, se buscan parejas de árboles para investigar la reacción del crecimiento a una perturbación, es decir, un árbol con crecimiento normal (árbol "positivo") y otro árbol presuntamente dañado o afectado por una alteración (árbol "negativo"). Los árboles negativos se pueden seleccionar específicamente en función de un deterioro reconocible (coloración amarillenta de las hojas o acículas, transparencia (defoliación) de la copa, estancamiento del crecimiento en altura, etc.) o según su proximidad a fuentes de perturbación (borde de la carretera, proximidad a una pista, punto de extracción de agua, etc.). En teoría, los árboles positivos y negativos deben ser idénticos antes de la perturbación, en tantos atributos como sea posible (incluida la ubicación, el clima, el suelo, la edad, las dimensiones del tronco y la copa, la posición social y la situación competitiva). Con frecuencia, esta condición no se puede verificar en su totalidad, por lo que se seleccionan árboles que sean similares excepto en aquellas características que reflejan las posibles influencias disruptivas de la perturbación. Con una adecuada selección de los pares se puede evitar el efecto de otras posibles causas de las diferencias entre los árboles positivos y negativos. Sin embargo, si no se conoce la situación antes de la perturbación, esta selección requiere a veces que se disponga de conocimiento sobre las interacciones entre los factores de perturbación y el crecimiento.

Los estudios basados en comparaciones por pares deben basarse en un número suficiente de pares, ya que una muestra reducida no permite estimaciones de las reacciones de crecimiento estadísticamente significativas. No obstante, en algunos casos, sirven para sondear previamente anomalías en el crecimiento, en la ramificación, cantidad de acículas, etc. Por ejemplo, se puede realizar un estudio en detalle de pares de árboles incluyendo el análisis del incremento del tronco, de la raíz y de la copa, que no serían posibles para muestras más numerosas por razones de tiempo y coste. El análisis estadístico para este tipo de datos es la comparación de medias con muestras pareadas. Si el número de individuos es suficientemente elevado se pueden comparar directamente los dos colectivos, sin las restricciones que impone la comparación por pares, que podría introducir ruido en el análisis si la selección de los pares no es correcta.

Varios estudios sobre daños en el crecimiento forestal se apoyaron en una fase inicial, entre otros, en el método de comparaciones por pares (Franz, 1983; Pretzsch 1989a; Röhle 1987; Sterba 1984, 1989). La comparación puede basarse en la tasa de crecimiento de los árboles dañados y no dañados, así como en la presencia de anillos de crecimiento perdidos, la forma del fuste, la morfología de la copa, la masa de acículas y hojas o los valores del nivel de acículas. La Figura 2.35 muestra los resultados de una comparación por pares de pinos con daños en la copa. En comparación con los árboles vitales no dañados (árbol positivo) en los pinos dañados (árbol negativo) se observa un estancamiento del crecimiento de 5 a 10 años.

11.3.2 Comparación con parcelas sin daños

En este método, la referencia son masas intactas o masas control que se utilizan para evaluar el crecimiento o la tasa de crecimiento de rodales vecinos presuntamente dañados. Las parcelas de referencia y las supuestamente dañadas deberían, si es posible, ser comparables en todas sus propiedades, excepto en el factor de perturbación que es objeto de investigación. De este modo, deben ser similares la composición de especies, la edad de la masa, la calidad de estación, los tratamientos selvícolas y los factores de estrés bióticos y abióticos existentes a priori, independientemente del daño real de estudio. En función del diseño del muestreo, la comparación de los crecimientos de las parcelas de referencia y las de la muestra en una zona con daños permite realizar estimaciones sobre el momento en el que tienen lugar los efectos disruptivos, sobre la reacción de crecimiento específica y sobre el alcance que tiene en el crecimiento. Entre otras variables, se puede estudiar las pérdidas de crecimiento en altura, diámetro, área basimétrica o volumen, tanto en valores absolutos como relativos. Si se dispone de un diseño estadístico apropiado, se examinan las diferencias de crecimiento entre masas control y presuntamente dañadas mediante análisis de varianza.

Un ejemplo de aplicación de este método es el estudio realizado para investigar los efectos de la contaminación según la distancia a una central térmica de carbón (factor 1) y el período de tiempo (factor 2) en el comportamiento del crecimiento de masas en las inmediaciones de la central. Para ello, se establecieron 103 parcelas experimentales (Franz y Pretzsch 1988 y Pretzsch 1989b). En este ejemplo, se trata de la central térmica Schwandorf, que con un volumen de emisiones de 20 a 40 toneladas de SO_2 año^{-1} entre los años 1960 a 1980 supuso uno de los factores disruptivos más importantes del crecimiento forestal en Baviera. Al establecer las parcelas en círculos concéntricos a una distancia de 5, 15 y 30 km de la central térmica, se puede probar el efecto de la localización (factor 1). Así, en el círculo interior (radio de 5 km) se instalaron 23 parcelas, en el círculo central (15 km) 33 y en el exterior (30 km) 47 parcelas (Figura 11.8), todas ellas en masas de pino silvestre circundantes a la central, de espesura normal, edad media y calidad de estación baja. Con este diseño se espera que haya parcelas en el círculo exterior que no se ven afectadas por el daño y sirvan de referencia.

646 | 11 Diagnóstico de las perturbaciones en el crecimiento

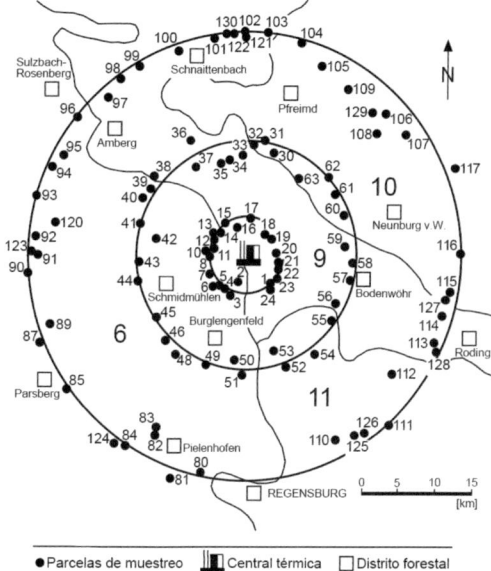

Figura 11.8 Disposición de las parcelas de muestreo de pino silvestre en el área de la central térmica de carbón de Schwandorf, Baviera (Pretzsch 1989b). Las 103 parcelas se instalaron en tres círculos concéntricos alrededor de la central. En cada parcela, mediante un análisis dendrocronológico del crecimiento se reconstruye el crecimiento corriente anual durante los últimos 40 años. La unidad principal es la localización de las parcelas, y la subunidad el crecimiento corriente anual.

Para la evaluación del análisis de varianza, las parcelas se pueden agrupar de acuerdo con diferentes aspectos: una primera posibilidad es combinar las parcelas en tres niveles de factor con la misma distancia a la central (círculo 1, círculo 2, círculo 3). Dado que la carga de inmisiones también depende presumiblemente de la orientación, se prueba también una agrupación de las parcelas según la distancia y la orientación, resultando en 12 niveles de factor para la posición. Para poder probar la influencia sobre el crecimiento del período típico de deposiciones (factor 2), se extrajeron muestras de crecimiento en diámetro (testigos) en las parcelas en una muestra de 20 pinos dominantes y predominantes, a partir de los cuales se calculó el crecimiento corriente de la masa durante los últimos 40 años. El resultado es un sistema dividido según la localización como unidad principal y los 40 valores de crecimiento corriente como subunidades.

Mediante un análisis de varianza simple se prueba la hipótesis nula H_0 (el crecimiento es el mismo en todas las posiciones) en comparación con la hipótesis alternativa H_1 (al menos dos grupos presentan un crecimiento diferente de los demás). Para realizar un análisis detallado de las diferencias entre grupos se pueden usar lo test de comparaciones múltiples de valores medios de Scheffé (1953) y Tukey (1977). El análisis de varianza proporciona estimaciones estadísticamente válidas sobre si el crecimiento en las parcelas de referencia que están alejadas de la fuente contaminante se desvía del crecimiento de las parcelas en las zonas más expuestas.

El análisis de varianza incluyendo dos factores, permite examinar la localización en relación con la fuente de inmisión (factor 1: posición) y, al mismo tiempo, el desarrollo del crecimiento a lo largo del tiempo (factor 2: período de tiempo). Además, se comprueba si existe alguna interacción entre la posición y el periodo de tiempo. Esta evaluación puede revelar patrones espaciotemporales de la reacción de crecimiento, que pueden ser particularmente valiosos para establecer evidencias sobre el efecto de las fuentes contaminantes. Si, por ejemplo, la intensidad y la distribución espacial de las inmisiones han cambiado en el período considerado, el análisis de varianza de dos factores puede aclarar si el crecimiento depende de la posición y/o del periodo temporal. Pero solo la evaluación de las interacciones entre la posición y el tiempo muestra si, como en el ejemplo de la Figura 11.9, los cambios en la perturbación coinciden con cambios significativos en el patrón espacial y temporal de reacción del crecimiento.

Si a priori existen algunas diferencias entre las masas en diferentes localizaciones que impiden una comparación directa, por ejemplo, diferencias en la densidad de la masa o la calidad de estación, su posible influencia en el crecimiento se puede abordar mediante un análisis de covarianza. De este modo, incluyendo los factores identificados (localización y periodo tiempo) y las correspondientes covariables, se puede realizar una adecuada comparación

11.3 Árboles o masas sin daños como referencia. | 647

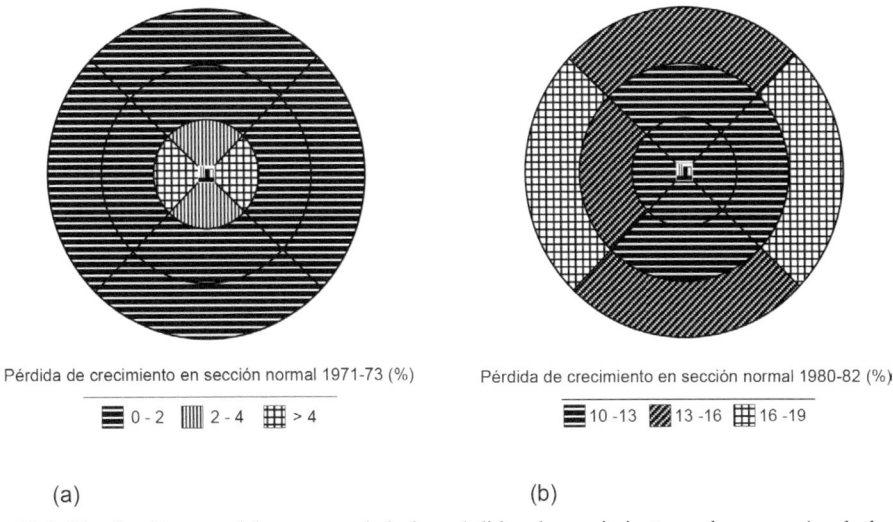

Pérdida de crecimiento en sección normal 1971-73 (%)
▬ 0 - 2 ||||| 2 - 4   ⊞ > 4

Pérdida de crecimiento en sección normal 1980-82 (%)
▬ 10 -13   ▨ 13 -16   ⊞ 16 -19

(a) (b)

Figura 11.9 Distribución espacial y temporal de las pérdidas de crecimiento en las cercanías de la central térmica antes y después de la transición a chimeneas de 235 m de altura (a y b). El curso sincrónico de las cargas contaminantes relacionadas con la central y los incrementos del pino silvestre permite llegar a conclusiones acerca de la fuente contaminante y la cantidad de daño (Pretzsch 1989b).

entre grupos (Bortz 1993, Pruscha 1989). En el ejemplo de comparación con parcelas de referencia que estamos tratando, las covariables que se consideran son, el número de pies, el área basimétrica, el volumen, la calidad de estación o la edad, es decir, aquellas variables que generalmente no pueden mantenerse completamente constantes en una serie de parcelas de muestreo.

Con el análisis de covarianza del crecimiento de los rodales en las cercanías de la central térmica, Franz y Pretzsch (1988) pudieron detectar los siguientes patrones de reacción de crecimiento (Figura 11.9): en el período de crecimiento de 40 años considerado, los crecimientos de las masas que se encuentran en la dirección oeste y este desde la planta, es decir, aquellos que se encuentran en la dirección dominante de la columna de humo, son significativamente más bajos que en las direcciones norte y sur. Al comienzo del período de crecimiento observado, cuando las chimeneas de la central eran de baja altura y altamente contaminantes a corta distancia, las mayores pérdidas de crecimiento se registraron cerca de la planta (Figura 11.9a). Entre 10 a 15 años después, una vez que se elevó la altura de las chimeneas, las tasas de crecimiento entre las parcelas cercanas y las más lejanas a la central se revertieron. Los rodales en ubicaciones periféricas muestran las mayores pérdidas de crecimiento. Al mismo tiempo, los rodales en una ubicación central - ahora aliviados por la elevación de la chimenea - tienen condiciones de crecimiento significativamente más favorables (Figura 11.9b). Esta estrecha correlación espacial y temporal entre la contaminación por dióxido de azufre y la tasa de crecimiento proporciona evidencia circunstancial de una conexión entre la perturbación causada por las emisiones de la central térmica y la tasa de crecimiento. Como resultado de la política de transición de chimeneas bajas a altas en los años setenta, se pasó de inmisiones en el área inmediata a la central al transporte de contaminantes a larga distancia. Si los rodales no contaminados en el norte y el sur se toman como parcelas de referencia, las parcelas expuestas pierden hasta el 20 por ciento del crecimiento en área basimétrica.

Las comparaciones con parcelas de referencia se han utilizado principalmente como apoyo a la investigación de las reacciones de crecimiento a nivel local o a escala regional. Ejemplos de aplicación exitosa de este método forman el diagnóstico de las reacciones

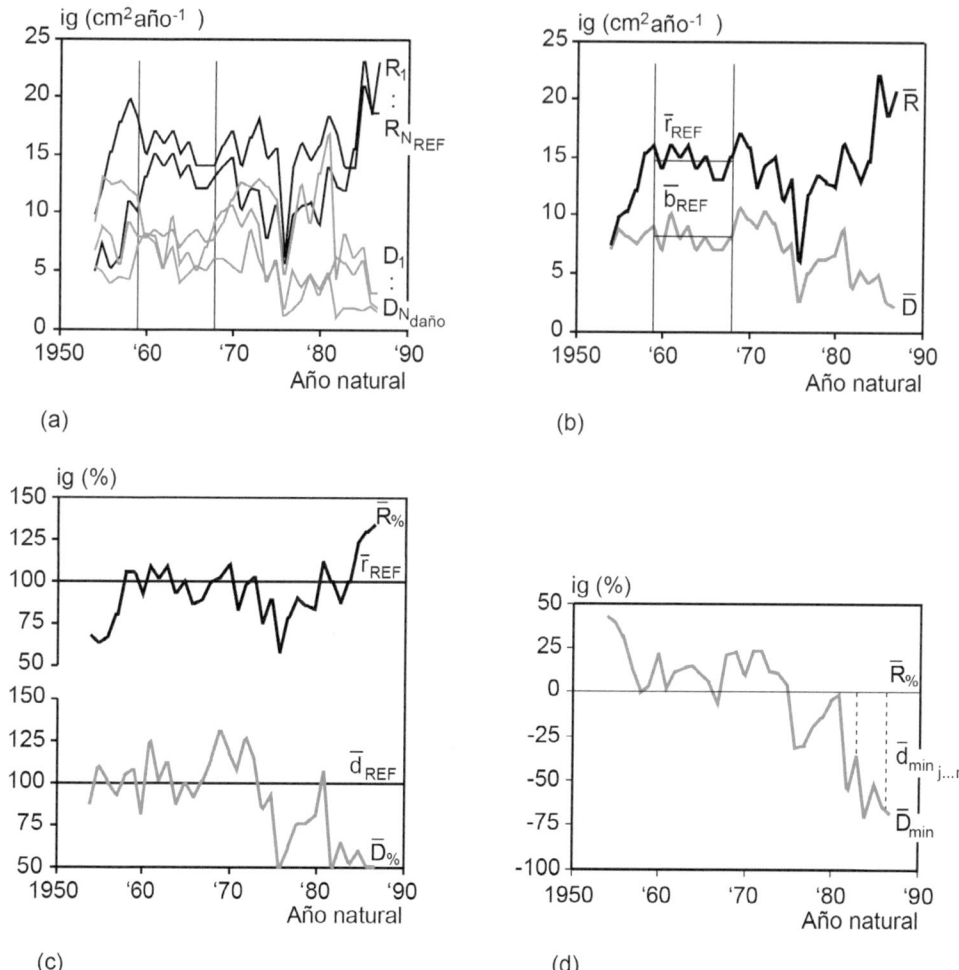

Figura 11.10 Fundamento metodológico del método de patrones de crecimiento en representación gráfica. (a) Curvas de crecimiento en área basimétrica de los árboles de referencia ($R_i, i = 1 \ldots N_{REF}$) y los árboles dañados a evaluar ($D_{i,j} = 1 \ldots N_{daño}$). (b) Cálculo de las curvas medias ($\bar{R}$ y $\bar{D}$ para las subpoblaciones R_i y D_i; Determinación de los niveles de referencia $\bar{r}_{REF}$ y $\bar{d}_{REF}$. (c) Cálculo de la fluctuación de las curvas de crecimiento medio ($\bar{R}_\%$ y $\bar{D}_\%$) alrededor de las líneas de referencia $\bar{r}_{REF}$ y $\bar{d}_{REF}$. (d) Las pérdidas de crecimiento $\bar{d}_{min(j), j=1,\ldots,n}$ resultan de las desviaciones entre las curvas $\bar{R}_\%$ (línea 0) y la curva $\bar{D}_{MIN}$ obtenida mediante el porcentaje de $\bar{D}_\%$ sobre $\bar{R}_\%$.

del crecimiento a cambios en el nivel freático que son desencadenadas por la extracción de agua de fuentes o por canales (Altherr y Zbundle 1966, Altherr 1969 1972, Pretzsch y Kölbel 1988, Preuhsler 1990), las reacciones de crecimiento a la apertura de masas por construcción de autopistas o líneas eléctricas (Preuhsler 1987) y el ejemplo visto de análisis de reacciones de crecimiento a inmisiones de centrales térmicas de carbón (Franz y Pretzsch 1988).

11.3.3 Comparación con árboles de referencia y estandarización mediante un periodo de referencia

A la hora de comparar el patrón de crecimiento de árboles dañados y no dañados, como ya se ha indicado, puede haber factores no controlados que influyan en el crecimiento de los árboles de referencia y los árboles dañados. Una alternativa para abordar estas posibles diferencias es corregir los patrones de crecimiento usando las diferencias entre los patrones de los dos tipos de árboles en un periodo anterior al daño. Para hacer esta corrección se han empleado distintas metodologías, que se presentan a continuación mediante ejemplos, y que consisten en una estandarización del crecimiento de los dos colectivos de árboles teniendo en cuenta su crecimiento en un periodo de referencia anterior al daño.

A continuación, se expone un ejemplo de este método aplicado en la evaluación de pérdidas de crecimiento en parcelas permanentes de pícea y pino silvestre en Baviera que muestran síntomas claros de defoliación por lluvia ácida (Pretzsch y Utschig 1989, Röhle 1987). En la Figura 2.34 se muestra el porcentaje de pérdida de acículas y la pérdida de crecimiento corriente en área basimétrica correspondiente para pícea y pino silvestre, mediante un análisis realizado con este tipo de aproximación. En esta evaluación se seleccionaron los árboles que mostraban poca defoliación, hasta un 29 % de pérdidas de acículas, como árboles de referencia. En este criterio se consideró el hecho de que, incluso en masas no afectadas por perturbaciones, siempre se puede determinar una cierta diferenciación en el estado de vitalidad de las copas de los árboles. A su vez, con el fin de eliminar el posible efecto en el crecimiento de las diferentes situaciones de competencia, el estudio se centró solo en árboles dominantes y codominantes.

A partir de las curvas de crecimiento de los árboles seleccionados para el estudio en cada masa, agrupados en árboles de referencia R y árboles dañados D (Figura 11.10a), se calcula para cada año del período de estudio el crecimiento medio en área basimétrica, y se construyen las curvas que reflejan el patrón de crecimiento medio de los dos subcolectivos de árboles, identificados con $\overline{R}$ y $\overline{D}$ y en la Figura 11.10b. Las pérdidas de crecimiento se determinan comparando el desarrollo del crecimiento del colectivo a evaluar ($\overline{D}$) con la curva de referencia ($\overline{R}$). No obstante, como la curva de referencia y la curva de crecimiento de los árboles dañados pueden haber seguido diferentes trayectorias antes de producirse el daño, es necesario corregir la curva de referencia. Para ello, se calcula el valor medio del crecimiento para las dos curvas medias (árboles de referencia y dañados) en un período de referencia antes de que se produjera el daño ($\bar{r}_{REF}$ y $\bar{d}_{REF}$), y en el que las curvas de crecimiento a comparar se desarrollaban en paralelo. Posteriormente, las diferencias de nivel a priori entre los árboles de referencia y dañados se eliminan estableciendo el crecimiento corriente de ambos subcolectivos en relación con el nivel de crecimiento específico del grupo en el período de referencia (primer porcentaje o estandarización). Los porcentajes calculados $\overline{R}\%$ y $\overline{D}\%$ (Figura 11.10c) indican por lo tanto el patrón de crecimiento específico de cada grupo que, en el caso de los árboles de referencia se supone que representa la tendencia de crecimiento normal que se esperaría sin daños. Finalmente, la tendencia de crecimiento de los árboles dañados se evalúa en relación con el patrón de crecimiento de los árboles de referencia, es decir de $\overline{D}\%$ sobre $\overline{R}\%$ (segundo porcentaje o estandarización). Las desviaciones sobre este patrón, $\bar{d}_{min}$ (Figura 11.10d), entre las dos curvas indican las pérdidas de crecimiento en porcentaje debido a los daños.

Por lo tanto, en este método los valores de crecimiento corriente de los árboles dañados se calculan con un doble porcentaje. En primer lugar, para eliminar las diferencias de nivel a priori entre los grupos y, en segundo lugar, para cuantificar las desviaciones (pérdidas de crecimiento) de los árboles dañados respecto al colectivo de referencia. El método aprovecha el hecho de que, en la mayoría de los casos, incluso en masas dañadas, existen pies más resistentes que gozan de una salud relativamente buena y que reflejan las condiciones específicas de crecimiento en el área de estudio y, por lo tanto, son adecuados como árboles de referencia.

El método asume que la posición relativa de las curvas de crecimiento de los árboles dañados y no dañados es similar en el momento del estudio a lo que eran antes de que comen-

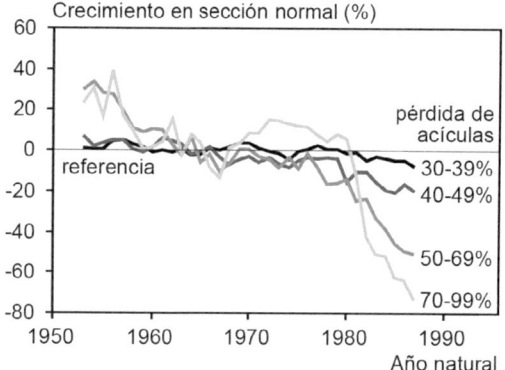

Figura 11.11 Tasa de crecimiento de píceas en el norte y este de Baviera con diferentes niveles de defoliación de la copa (pérdidas de acículas entre el 30-99 %) según Utschig (1989). El cálculo del porcentaje de pérdida de crecimiento se basa en el método de los árboles de referencia y estandarización.

zara el daño. El período de referencia se establece en un período anterior a que se diera el daño en el que las curvas de crecimiento de todos los individuos del rodal se desarrollaban casi en paralelo, de modo que no reflejen posibles reacciones de crecimiento debidas a enfermedades u otras causas. Los niveles de crecimiento en el período de referencia sirven para eliminar las diferencias iniciales entre los árboles de referencia y el subcolectivo dañado a evaluar, por lo que la elección del período de referencia tiene cierta influencia en la identificación de las pérdidas de crecimiento y debe ser seleccionado cuidadosamente.

A partir del análisis de crecimiento utilizando este método en 48 parcelas permanentes en Baviera, con aproximadamente 960 árboles, se obtiene una buena aproximación de la relación entre el crecimiento y la pérdida de acículas en pícea en esta región durante los períodos de lluvia ácida (Utschig 1989). Con este método se diagnostican reducciones del crecimiento significativas para árboles con una pérdida de acículas de más del 39 por ciento, y que aumentan con el aumento de la pérdida de acículas (Figura 11.11).

El procedimiento permite extraer conclusiones acerca del momento de ocurrencia, el desarrollo y las diferencias de crecimiento entre distintos colectivos que han sufrido daños.

Dado que el método solo incluye diferencias relativas entre árboles dañados y no dañados, pero no el nivel de crecimiento absoluto, este puede mostrar reducciones de crecimiento incluso cuando el nivel de crecimiento absoluto es mayor en el colectivo de árboles dañados que en el colectivo de referencia (Asociación de Centros de Investigación Forestal Alemanes, 1988). Al incluir pies con daños leves (pérdidas de acículas de hasta el 29 %) en el colectivo de referencia, se tiene en cuenta la diferenciación natural de la masa, que también se expresa en rodales no contaminados que presentan una cierta transparencia de copas. Por supuesto, este sistema de referencia solo se puede utilizar si hay una proporción suficientemente grande en el rodal de pies con pérdidas de acículas por debajo del 29 por ciento. Si la proporción de pies en la referencia es de menos de 25 por ciento del total, la curva de referencia derivada podría estar asociada con unas condiciones más favorables.

Un ejemplo que utiliza un método similar al expuesto, pero que incluye una estandarización más sofisticada de los patrones de crecimiento, fue utilizado por Vinš (1961) para cuantificar pérdidas de crecimiento en la vecindad de fuentes puntuales de inmisión en la antigua Checoslovaquia, y posteriormente aplicado con éxito por Vinš (1961, 1966), Vinš y Mrkva (1972), Pollanschütz (1966, 1967, 1980) y Neumann y Schieler (1981).

El muestreo debe cubrir masas dañadas en las cercanías de la fuente de inmisión y no dañadas en la periferia del área de investigación, que en principio pueden diferir en edad y calidad de estación. En las masas dañadas y no dañadas se extraen testigos o cores para obtener series de crecimiento radial, dependiendo el número de muestras de la variabilidad presente, de manera que se tenga suficiente precisión para obtener el patrón de crecimiento pasado (Figura 11.12a). Si la muestra se centra en los árboles dominantes y predominantes, se pueden eliminar en cierta medida las reducciones del crecimiento por competencia, aunque esta selección puede estar despreciando el papel de los árboles dominados e intermedios en la respuesta de la masa

11.3 Árboles o masas sin daños como referencia.

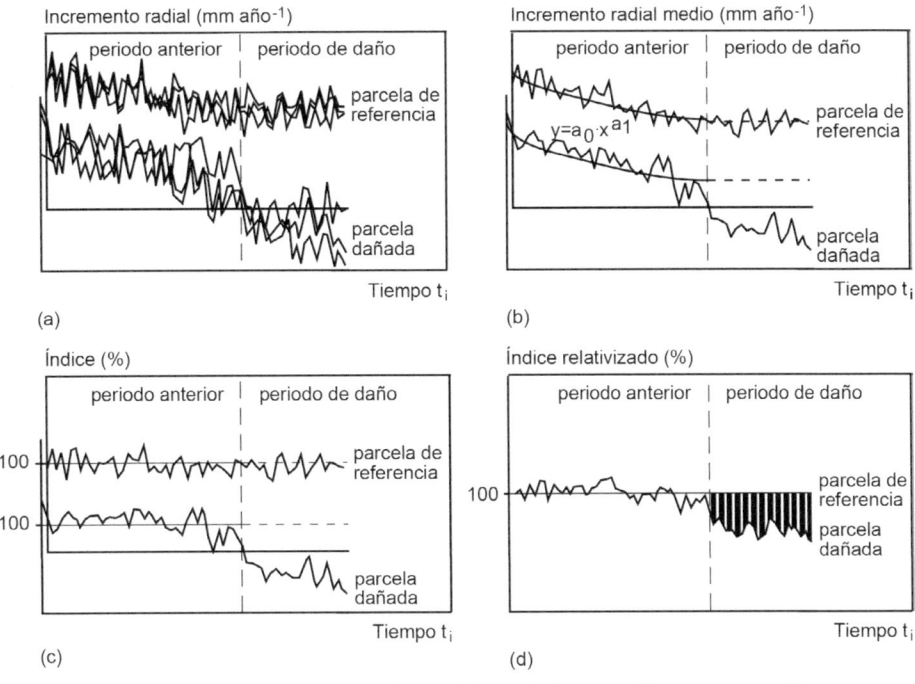

Figura 11.12 Método de estimación de alteraciones del crecimiento mediante comparación con parcelas de referencia y estandarización. (a) Incrementos radiales individuales medidos en árboles dañados y sin dañar (b) Las series de crecimiento radial se promedian para cada masa y se ajusta una función de crecimiento a esta serie mediante análisis de regresión, utilizando solo el periodo de tiempo anterior a los daños. (c) Cálculo de los índices de crecimiento dividiendo las series de crecimiento medias observadas entre la función de crecimiento ajustada o serie de crecimiento estandariza. (d) Cálculo de pérdidas porcentuales de crecimiento radial relativizando la serie de índices de crecimiento medio de la masa dañada con respecto a la serie de índices de crecimiento medios de la masa de referencia no dañada (línea del 100 %).

a la perturbación, que para algunas perturbaciones puede ser importante (Martín-Benito et al. 2008, Pretzsch et al. 2022). Posteriormente, para cada rodal se calcula el desarrollo del crecimiento en diámetro medio (Figura 11.12b).

Si se hiciera la comparación entre el desarrollo del crecimiento de los rodales dañados y las parcelas de referencia no dañadas sobre la base de estos desarrollos de crecimientos diametrales medios de la masa, no se tendría en cuenta el hecho de que las masas que se investigan pueden diferir en términos de edad y calidad de estación, por lo que existiría el riesgo de que la disminución del crecimiento debido a la edad o la calidad se confunda con el causado por los daños por contaminación. Para que los crecimientos sean comparables, se estiman mediante análisis de regresión las curvas que reflejan el desarrollo del crecimiento a medio plazo (Figura 11.12b). Es decir, se ajusta una curva que sirve para estandarizar la serie de crecimientos media del rodal. Para el ajuste de estas funciones de crecimiento (por ejemplo $y = a_0 \times x^a$) a los valores observados, solo se utiliza la primera sección de la serie cronológica de crecimiento, que refleja el período anterior a los daños.

En los siguientes pasos de la evaluación, solo se considera la fluctuación relativa de los incrementos diametrales alrededor de esta curva que refleja el desarrollo del crecimiento con el tiempo (Figura 11.12c). Es decir, se divide el valor de la serie de crecimiento media del rodal para el año t por el valor de la función ajustada. Al crear un índice de este tipo, se eliminan las posibles diferencias entre masas debidas a la edad o la calidad de estación. De acuerdo con Vinš (1961, 1966) y Pollanschütz (1967), las funciones $G_t = a_0 \cdot t^{a_1}$, $G_t = a_0 \cdot t^{a_1} \cdot a_2^t$, $G_t = a_0 + a_1 \cdot \frac{1}{t}$ ó $G_t = a_0 + a_1 \cdot t + a_2 \cdot \frac{1}{t}$ han de-

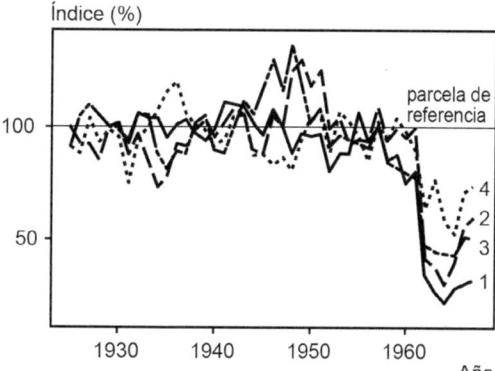

Figura 11.13 Series de índices de crecimiento anual medios en una parcela de muestra no dañada (parcela de referencia) y parcelas de muestreo con diferentes grados de daño. Las parcelas de muestreo 1, 2, 3, 4 y la parcela de referencia están a 500, 750, 1250, 2050 y 5000 m de la fuente puntual de contaminación, que en este caso es una fábrica de fertilizantes. En comparación con la parcela sin daños (línea del 100 %), los crecimientos radiales en las proximidades del emisor disminuyen al 30 por ciento del crecimiento normal, lo que corresponde a pérdidas de crecimiento del 70 % (según Vinš y Mrkva 1972).

mostrado ser particularmente útiles para la estandarización y la obtención de índices de crecimiento a partir de las series de crecimiento medias de la masa. G_t representa la tendencia de los incrementos diametrales en un año, t el tiempo y a_0, a_1 y a_2 son los coeficientes de regresión. En la Sección 11.5.1 se describen otros métodos de estandarización usados frecuentemente en estudios de dendrocronología. Los datos de los incrementos del período de daños no se incluyen en el ajuste de la función de estandarización, ya que de lo contrario las reacciones de crecimiento relacionadas con el daño, que deben cuantificarse, también se eliminarían en este paso del análisis. Al final de este paso se obtienen los índices de crecimiento medios para la masa de referencia y la dañada (Figura 11.12c).

En el último paso del análisis, se comparan las series de los índices de crecimiento medios de la masa dañada con las de las masas de referencia no dañada durante el periodo en el que existen daños. Esto se realiza mediante una segunda relativización, que hace visible la desviación porcentual de la serie de índices de crecimiento medios de los rodales dañados con respecto a la de los no dañados, es decir, la serie de índices de crecimiento medios no dañados se utilizan como una línea de referencia del 100 %. Esta segunda relativización elimina también las fluctuaciones debidas a factores climáticos a gran escala, de modo que solo quedan las diferencias de crecimiento relacionadas con los daños de estudio (Figura 11.12d).

No obstante, con este método las diferencias entre tratamientos selvícolas de la masa de referencia y dañadas podrían falsear los resultados. Si, por ejemplo, se realizó una clara fuerte en los rodales dañados antes de que comenzara el período de inmisión, los incrementos en el período anterior darían como resultado un patrón de crecimiento excesivamente pronunciado en el periodo previo al daño, y las reacciones a las claras, que disminuirán en el período de inmisión, enmascararían las pérdidas de crecimiento provocadas por la inmisión. La probabilidad de un diagnóstico erróneo aumenta aún más si los tratamientos selvícolas son asíncronos entre las parcelas de referencia y las dañadas. Por ejemplo, si las claras en la masa de referencia se realizan después del daño, esta parcela proporcionaría un nivel de referencia mayor y, por tanto, la pérdida de crecimiento en las masas dañadas se sobreestimaría. A la inversa, existe un riesgo de subestimación de las pérdidas de crecimiento cuando la clara en la parcela de referencia es más intensa en el período anterior y en las masas dañadas en el período de daños.

Vinš (1961, 1966) y Vinš y Mrkva (1972) utilizaron esta aproximación para estudiar los efectos de las emisiones de una fábrica de fertilizantes en el crecimiento de masas de pino silvestre a distintas distancias de la fábrica, previamente identificada por una mayor transparencia del dosel de copas. Como se muestra en la Figura 11.13, las series de índices de crecimiento medio de masas a distintas distancias del punto de emisión se comparan con los índices de crecimiento de las parcelas de referencia. Esta comparación refleja que desde mediados de la década de 1970 se producen pérdidas de crecimiento considerables, especialmente en las masas más cercanas a la fábrica, que pueden representar hasta el 70 por ciento del crecimiento normal.

Neumann y Schieler (1981) modifican el método de modo que la indexación de la evolución del crecimiento radial se realiza individualmente por árbol y posteriormente se calcula la media para la masa, como se realiza frecuentemente en los análisis dendrocronológicos. Estos autores llegan a la conclusión de que, el resultado por el método original de Vinš (1961) y el método modificado proporcionan resultados similares y estables cuando el período de daños es claramente datable, existe un número suficiente de años en el periodo anterior para el cálculo de la regresión o estandarización (si es posible 40 años), el período de análisis de los daños no es demasiado largo (10 años) y se dispone de un número suficiente de series de crecimiento radial para comparar los colectivos. También recomiendan una estratificación de la muestra según clases de árboles para homogeneizar los colectivos de comparación. El método se debe complementar con un test de significación estadística de las diferencias de crecimiento entre los colectivos comparados.

11.3.4 Análisis de las pérdidas de crecimiento mediante regresión

Una aproximación más general para estudiar las pérdidas de crecimiento por distintos factores bióticos y abióticos cuando se dispone de suficiente número de datos de árboles dañados y no dañados es el uso de análisis de regresión, en sus distintas versiones, ya que permite eliminar el posible efecto de otros factores mediante la inclusión de varias variables independientes en el modelo, de manera análoga a como se ha indicado en el análisis de varianza con inclusión de covariables. A continuación, se exponen algunos ejemplos para abordar análisis similares a los que se han mostrado en las secciones 11.3.1 y 11.3.3 mediante el uso de modelos de regresión.

Una manera alternativa a la estandarización para considerar las diferencias de crecimiento que existen a priori entre árboles dañados y no dañados es la inclusión del crecimiento en el periodo anterior al daño (periodo de referencia) como una covariable en un modelo de regresión. Para este propósito, se pueden hacer regresiones lineales entre el crecimiento en el período de estudio de daños y el del período anterior de referencia para los colectivos de árboles dañados y no dañados (Figura 11.14). Mediante las ecuaciones de regresión, se puede medir la pérdida de crecimiento de árboles dañados una vez llevados al mismo nivel de crecimiento corriente $\bar{I}$ que los árboles de referencia antes de que ocurra el daño. Por ejemplo, si el crecimiento del árbol 1 (dañado) se compara con el del árbol 2 (ileso) en el periodo de estudio de los daños (Figura 11.14), la comparación directa del crecimiento indicaría que las diferencias son elevadas, puesto que estos árboles ya mostraban diferencias en crecimiento incluso antes de la ocurrencia del daño (período anterior) ($\bar{I}_1 < \bar{I}_2$). Es decir, la diferencia de crecimiento en el período de estudio no corregida (flecha gris), mezclaría las pérdidas de crecimiento relacionadas con el daño y las diferencias iniciales entre los árboles. Para eliminar esta diferencia inicial, se estima el crecimiento

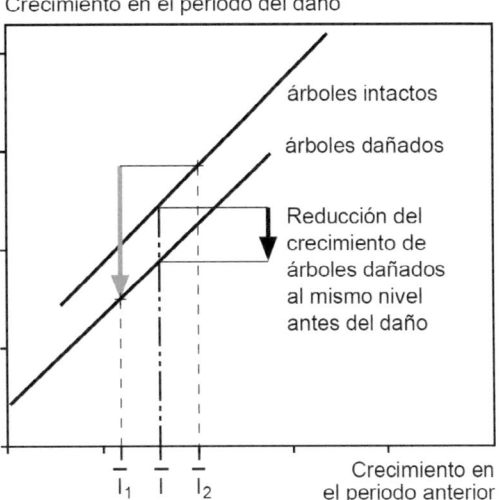

Figura 11.14 Corrección del crecimiento en un período de estudio mediante un análisis de covarianza de las diferencias de crecimiento existentes a priori entre árboles en el período anterior (Sterba 1970). Diferencia de crecimiento no corregida entre el árbol 1, dañado, y el árbol 2, no dañado (flecha gris) y pérdida de crecimiento para el árbol 1, dañado, (flecha negra) después de que se corrigen las diferencias iniciales.

esperado con y sin daño (líneas de regresión superior e inferior) para el crecimiento medio en el período anterior $\bar{I}$, lo que resulta en una pérdida de crecimiento ajustada a las diferencias iniciales (flecha negra). Este método utilizado por Sterba (1970, 1973, 1978) y Krapfenbauer et al. (1975) para la evaluación estadística de experimentos de fertilización de árboles individuales también es adecuado para el diagnóstico de alteraciones del crecimiento y se puede utilizar como alternativa a la eliminación de diferencias iniciales porcentuales vistas anteriormente.

Las diferencias iniciales entre los colectivos de árboles o masas dañadas y no dañadas también se pueden eliminar mediante la inclusión de diferentes variables de árbol o de masa como covariables en el modelo, que pueden explicar parte de la variabilidad del crecimiento no asociadas al daño que se está estudiando.

Por ejemplo, Ďurský (1993, 1994) en un primer paso relaciona el crecimiento medio en el período de daño $i_{daño}$ para cada árbol con su crecimiento medio en el período anterior no afectado por los daños i_{ref}. Para cada árbol se calcula un valor relativo $i_{rel_{obs}} = i_{daño}/i_{ref}$ que refleja los cambios del crecimiento durante el período del daño con respecto al periodo de referencia. Para la selección del período de referencia son válidas las consideraciones indicadas en la Sección 11.3.3. En un segundo paso, los árboles individuales disponibles para la evaluación se estratifican de acuerdo con su posición social para luego establecer una relación funcional entre $i_{rel_{obs}}$ y los atributos del árbol y de la masa $\hat{i}_{rel} =$ f (pérdida de acículas, longitud de la copa, diámetro normal) para cada estrato. Este estudio encontró que el modelo es especialmente eficaz para estimar el crecimiento relativo de árboles dominantes y predominantes.

Para cuantificar la disminución del crecimiento (disminución del crecimiento $= 1 - \frac{i_{rel_{obs}}}{\hat{i}_{rel}}$) por el daño, el crecimiento relativo observado $i_{rel_{obs}}$ de los árboles dañados se relaciona con el crecimiento relativo $\hat{i}_{rel}$ estimado obtenido mediante análisis de regresión de los árboles de referencia que son similares a los árboles dañados en términos de dimensión y situación competitiva, pero solo muestran pérdidas de acículas del 20 por ciento. Por tanto, se estima el crecimiento relativo que se espera de árboles que son similares a los árboles dañados en términos del nivel de crecimiento inicial estimado en función de variables definidas (longitud de copa, diámetro normal y situación competitiva), y difieren de ellos solo en términos de defoliación. En comparación con el método de Kramer (1986) y Dong y Kramer (1987), este método excluye cualquier diferencia incremental y dimensional entre los árboles dañados y los árboles de referencia de una manera mucho más completa.

11.4 Comportamiento del crecimiento en diferentes épocas como referencia

11.4.1 Crecimiento en un periodo anterior como referencia

Una primera aproximación, similar a lo presentado en el grupo de métodos anteriores para estandarizar el crecimiento, consiste en seleccionar un período de la trayectoria de crecimiento de un árbol o masa y utilizar su crecimiento medio como referencia para el diagnóstico y cuantificación del crecimiento en el período siguiente.

Röhle (1987), selecciona los años de 1959 a 1968 como período de referencia para el diagnóstico de crecimiento de masas de píceas dañadas en Baviera, para los cuales asume una "tasa de crecimiento normal y sin perturbaciones" (Figura 11.15). Tomando este periodo de referencia, expresa el crecimiento en volumen después de 1968 como un porcentaje del crecimiento medio en el período de referencia y de esta manera diagnostica una disminución en el crecimiento del 75 por ciento para una masa de pícea de 120 años con una pérdida de acículas promedio del 35 por ciento. Dado que sus resultados dependen en gran medida de la elección del período de referencia y no se tiene en cuenta la tendencia natural de la edad en el crecimiento de los árboles

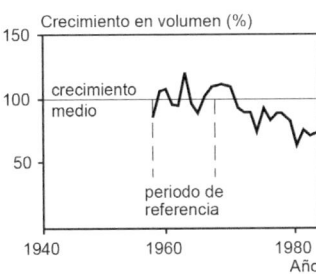

Figura 11.15 Cuantificación de pérdidas de crecimiento en una masa de pícea de 120 años en Baviera, con una pérdida de acículas media del 35 por ciento. El crecimiento en volumen después de 1968 se establece en relación con el crecimiento medio del período de referencia 1959-1968 (según Röhle 1987, p. 50).

y la masa, la aproximación de este estudio solo ofrece una idea de los cambios en el crecimiento relacionados con las perturbaciones. Si, por ejemplo, el período de referencia cubre un período meteorológico propicio para el crecimiento o una fase culminante del crecimiento relacionado con la edad, cualquier disminución del crecimiento se sobrestimaría significativamente. Por ello, como se muestra posteriormente, otros estudios utilizan también la estandarización del crecimiento de los árboles para que los patrones sean comparables.

La elección de este periodo de referencia puede cambiar en función de cuál sea el objetivo específico, en concreto la perturbación a estudiar, y los patrones de crecimiento en la zona de estudio. Por ejemplo, del Río et al. (2014) seleccionan el periodo anterior y posterior a 1970 para analizar el efecto del cambio climático en el crecimiento de *Pinus halepensis* en el sureste español mediante una aproximación dendrocronológica, ya que a partir de esa fecha comienzan los cambios de tendencia en las temperaturas en la zona de estudio (Figura 11.31, ver Sección 11.5), también observado en otras zonas del sur peninsular (Martín-Benito et al. 2010).

La comparación del crecimiento entre un período de referencia y el período subsiguiente también puede aplicarse para identificar fluctuaciones abruptas en el crecimiento (Bachmann 1988, Schweingruber et al. 1983, 1986, Utschig 1989). Para diagnosticar reducciones o aumentos abruptos del crecimiento, se puede usar una ventana móvil de tiempo de diez años sobre la cronología de crecimiento $i_{t,t=1\cdots n}$. El crecimiento en los primeros cinco años se utiliza como referencia para el crecimiento en los últimos cinco años de cada periodo de 10 años, de modo que en el año t la comparación toma el valor p_t.

$$p_t = \frac{i_t + i_{t+1} + i_{t+2} + i_{t+3} + i_{t+4}}{i_{t-5} + i_{t-4} + i_{t-3} + i_{t-2} + i_{t-1}} \times 100$$

Si la evaluación para un año da como resultado pérdidas de crecimiento que están por debajo de un valor umbral definido S_R o aumentos en el crecimiento que exceden un valor umbral de S_E, indica el comienzo de una reducción o recuperación abrupta del crecimiento (Figura 11.16). Kontic et al. (1986) eligen valores umbrales de $S_R = 40\ \%$ y $S_E = 166\ \%$, es decir, se asigna el comienzo de una reducción o recuperación si las pérdidas de crecimiento son superiores al 40 % o si los aumentos son mayores al 166 % ($p_t \leq 60\ \%$ o $p_t \geq 266\ \%$). Para poder identificar estos cambios abruptos, se mueve la ventana temporal a lo largo de toda la serie de crecimiento disponible. Esta clasificación de patrones anómalos de reacción se puede refinar estableciendo umbrales de diferentes intensidades de reducción ((R), R y $\underline{R}$) y recuperación ((E), E y $\underline{E}$), como se indica en la Figura 11.16 o buscando secuencias específicas de años de reducción y recuperación.

Bachmann (1988) observa con este método que el número reducciones bruscas de crecimiento

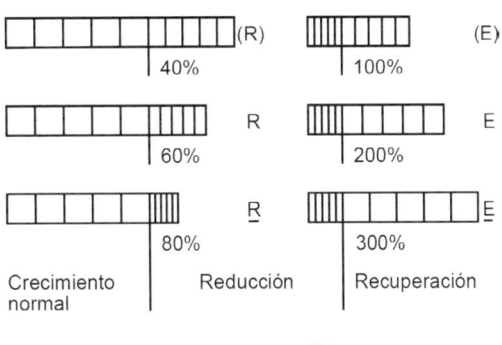

Figura 11.16 Diagnóstico de cambios de crecimiento abruptos. (a) Reducción abrupta del crecimiento en un 40, 60 y 80 por ciento y (b) aumento del crecimiento en un 100, 200 y 300 por ciento (modificado según Kontic et al. 1986).

de pícea en Baviera, en el periodo de los años 50 a los 80 del siglo XX, aumentó significativamente desde mediados de los años 70 (Figura 11.17). Para ello, utiliza un ancho de la ventana temporal de ocho años y los valores umbrales en $S_R = 40\ \%$ y $S_E = 150\ \%$. Del total de 3.433 de series de crecimiento analizadas, 1.093 individuos, es decir, alrededor del 32 por ciento, muestra al menos una fluctuación abrupta del crecimiento en los años 1958 a 1980. La acumulación de reducciones y recuperaciones abruptas indica un aumento de las anomalías desde la década de 1970.

De manera análoga, si se quiere estudiar la respuesta a una perturbación determinada, se pueden elegir no solo los periodos previos como referencia, si no también periodos posteriores a la perturbación. Esta es la base del uso de los índices de Lloret para el estudio de la respuesta del crecimiento del árbol a sequías extremas, como se expone en la Sección 11.6. En este caso, se compara el crecimiento durante el año de la sequía con el crecimiento durante un periodo de años (variable según estudios) anterior y posterior como periodos de referencia.

11.4.2 Crecimiento arquetípico a largo plazo como referencia o método de la edad constante

Una manera de identificar anomalías o alteraciones en los patrones de crecimiento en un período determinado es comprobar si el comportamiento de crecimiento típico de la edad ha cambiado y en qué medida. Por ejemplo, se puede comprobar si el crecimiento en diámetro de una determinada especie a los 30, 50 o 70 años en la primera mitad del siglo XX presenta un nivel y patrón similar al de la segunda mitad, o si hay cambios durante el segundo período. Este método permite datar cambios de tendencia, una cuantificación del cambio de crecimiento a largo plazo e identificar cambios de tendencias en árboles de diferentes edades. Este procedimiento fue probado entre otros por Bert y Becker (1990), Mielikäinen und Timonen (1996), Mielikäinen y Nöjd

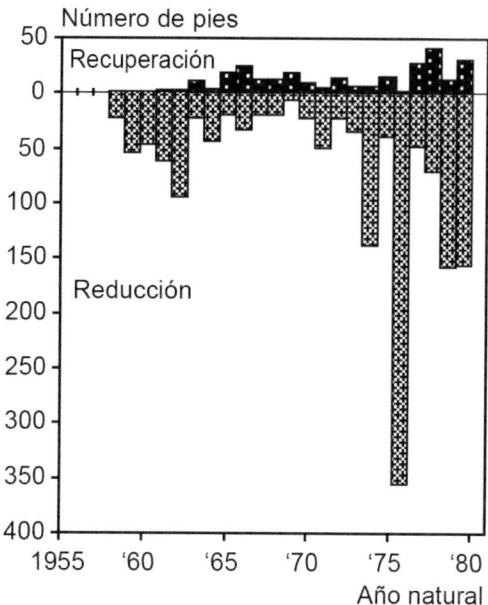

Figura 11.17 Ocurrencia de cambios abruptos del crecimiento de pícea en Baviera. En el período de 1958 a 1980, se produjeron reducciones o recuperaciones abruptas del crecimiento en el 32 por ciento del total de 3433 píceas examinadas (según Bachmann 1988).

(1996) y por Pretzsch y Utschig (2000) para el diagnóstico de tendencias de crecimiento en los países escandinavos y Alemania, y más recientemente para estudiar tendencias de crecimiento a escala europea, tanto a nivel de árbol (Pretzsch et al. 2020, 2021) como de masa (Pretzsch et al. 2023). En esta sección, se presenta como ejemplo una aplicación reciente del método de edad constante para diagnosticar cambios en las tendencias de crecimiento en haya en bosques de montaña a lo largo de Europa (Pretzsch et al. 2021).

El procedimiento requiere que para cada año del periodo en el que se analizan los posibles cambios de crecimiento existan datos de un rango amplio de edades. La mejor manera de obtener estos datos es a partir de testigos obtenidos mediante barrenado o bien a partir de rodajas de manera de los que se disponga de una serie larga de crecimiento secundario, y muestreando árboles de distintas edades, es decir, un número equilibrado de árboles jóvenes, de mediana edad y más viejos para cada año natural considerado. Para eliminar los posibles efectos de los trata-

11.4 Comportamiento del crecimiento en diferentes épocas como referencia

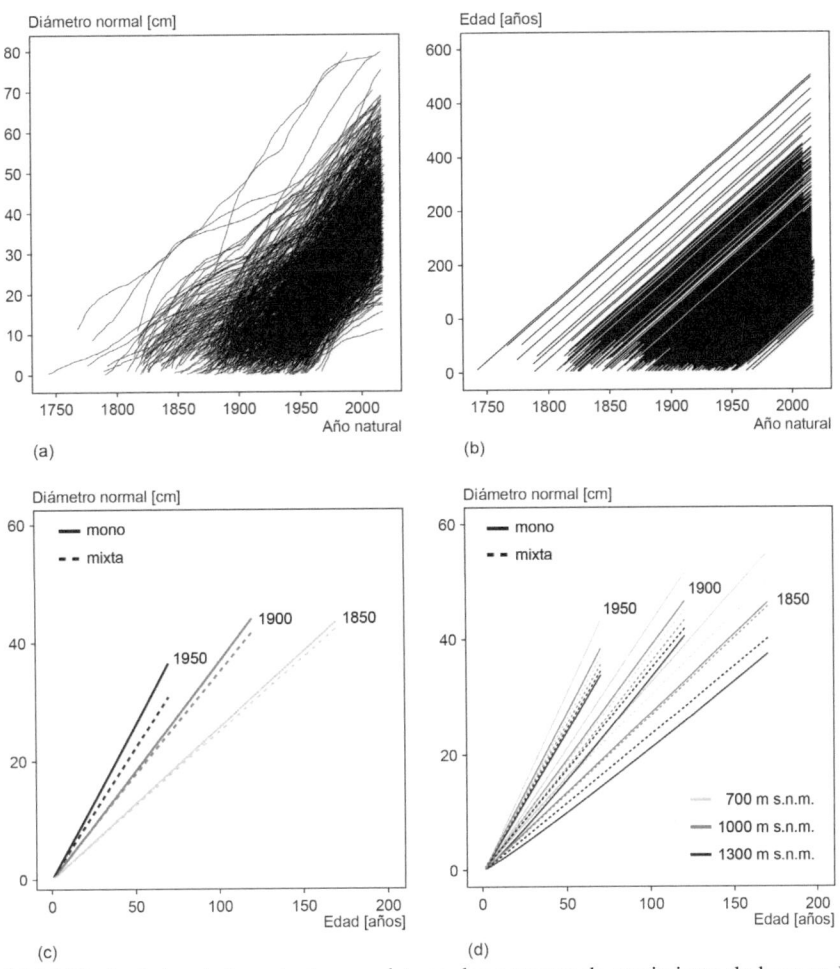

Figura 11.18 Método de la edad constante para detectar los patrones de crecimiento de haya en bosques de montaña (según Pretzsch et al. 2021). (a) Espectro de diámetros y años cronológicos que se incluyeron en el análisis de los patrones de crecimiento. (b) Espectro de edad de los anillos de crecimiento registrados, mostrados frente el año cronológico. (c) Patrón de la relación diámetro normal-edad en masas puras y mixtas en los años 1850, 1900 y 1950 (árboles de edades 170, 120 y 70 años respectivamente), dentro del rango cubierto con la muestra. El aumento de crecimiento que se puede observar en todos los grupos de edad es más pronunciado en las masas puras que en las mixtas. (d) Patrón de la relación diámetro normal-edad en masas puras y mixtas en los años 1850, 1900 y 1950 (árboles de edades 170, 120 y 70 años respectivamente) parar las altitudes de 700, 1000 y 1300 m. El efecto negativo de la altitud disminuye en los árboles más recientes.

mientos selvícolas y/o perturbaciones en la medida de lo posible, es preferible considerar solamente los árboles dominantes y predominantes.

Para la predicción de cambios en los patrones de crecimiento de haya en zonas de montaña se tomaron muestras de crecimiento radial mediante barrenado en 91 masas de haya distribuidas en zonas de montaña a lo largo de Europa, cubriendo altitudes de 500 a 1500 metros sobre el nivel del mar, desde Picos de Europa y Sistema Ibérico Norte en España hasta los Cárpatos en Rumania (Pretzsch et al. 2021). Las parcelas de estudio se seleccionaron en masas con espesura completa y no aclaradas, o con claras débiles, y en aproximadamente la mitad de las masas el haya se mezcla con otras especies. En cada parcela se tomaron muestras de crecimiento en hayas dominantes, con un total de 1240 árboles analizados que cubren un rango amplio de diámetros y edades (Figura 11.18a). Los valores mostrados también se pueden representar en el plano edad-año cronológico, de manera que para cada año se puede visualizar el rango de edades identificado en las series de anillos de crecimiento (Figura 11.18b). A partir de estos datos se realizó un modelo en el que se predice el diámetro del árbol en función de la edad y el año cronológico, de manera que se puede comprobar si para una misma edad cambia el diámetro con el año cronológico (Figura 11.18c). En el modelo también se incluyen otras variables para cubrir la variabilidad de los datos en condiciones de la estación (altitud, temperatura media, índice de aridez de Martonne), así como una variable que indica si la composición de la masa es pura o mixta. Los resultados indican que, en promedio para los distintos sitios, el crecimiento del haya muestra una tendencia creciente a lo largo del último siglo, siendo esta tendencia más acusada en masas puras que mixtas (Figura 11.18c). Es interesante que las diferencias en crecimiento encontradas a diferentes altitudes tienden a disminuir en los años más recientes, especialmente en masas mixtas (Figura 11.18d).

Sin embargo, las conclusiones derivadas sobre los patrones de crecimiento a largo plazo solo son fiables si los grupos de edad formados están equilibrados y constantemente representados con árboles de diferentes edades durante todo el período de observación, y si se supone que los regímenes de claras son similares para todos los rodales considerados. Una representación equilibrada de los grupos de edad se da cuando la edad media de los árboles utilizados permanece aproximadamente constante durante todo el período de tiempo considerado. Aunque en nuestro ejemplo no se cumple esta condición en todos los periodos, la muestra cubre un rango elevado de años y edades para poder asumir que los resultados muestran la tendencia general de los cambios de crecimiento de haya en zonas de montaña. Otra limitación es que no se conoce la selvicultura en el pasado y que solo se usaron árboles dominantes, lo que podría incluir cierto sesgo ya que solo se incluyen árboles que han sobrevivido y que son ahora dominantes, pero podrían haber sido dominados en el pasado (Pretzsch et al. 2021). En todo caso, los cambios identificados entre el crecimiento actual y el crecimiento en el pasado, como los mostrados en las Figura 11.18c y d, solo se pueden interpretar como consecuencia de cambios en las condiciones ambientales.

El método de edad constante también se puede utilizar para analizar el comportamiento del crecimiento de árboles urbanos analizando los anillos de crecimiento obtenidos por barrenado. Al tomar testigos de árboles en el centro y en la periferia de las ciudades y al seleccionar metrópolis en diferentes zonas climáticas (boreales a subtropicales), se pueden revelar efectos específicos del cambio climático global y de la isla de calor urbana en el crecimiento de los árboles (Caja 11.3) (Pretzsch et al. 2017).

11.4.3 Comparación del crecimiento entre generaciones en un sitio determinado

La comparación del crecimiento de distintas generaciones en una misma estación es otro método para identificar cambios temporales en los patrones de crecimiento. Este método requiere de observaciones a largo plazo que cubran el comportamiento del crecimiento a través de generaciones (Kenk et al. 1991, Montero et. al. 1996, Rohle 1994, 1997, Wiedemann 1923), de modo que se puedan identificar perturbaciones del crecimiento mediante la comparación del crecimiento acumulado o la tasa de crecimiento de la masa actual con los de la masa anterior preexistentes en una misma ubicación. Además de registrar el proceso de crecimiento actual, el procedimiento requiere inventarios que se remonten a un periodo lo suficientemente largo en el pasado para que recojan el crecimiento de la generación anterior e, idealmente, en parcelas permanentes con un tratamiento definido a lo largo del tiempo. La comparación se puede hacer en diámetro, altura, área basimétrica o volumen en pie, pero es particularmente significativa para la altura media y especialmente para la altura dominante, ya que de todas las componentes dasométricas, la altura dominante es la que se ve menos afectada por la selvicultura realizada, por lo que puede reflejar mejor los cambios en las condiciones ambientales de la estación.

Wiedemann (1923) diagnosticó el estancamiento del crecimiento en pícea, que atribuyó a la in-

Caja 11.3 Efectos del cambio climático global y de isla de calor urbana en el crecimiento de árboles urbanos en el mundo

Las ciudades pueden ser vistas como cámaras ambientales donde se produce un efecto de isla de calor urbana, ya observable actualmente en muchas ciudades, pero que debido al cambio climático global también se podrían esperar en los bosques. El efecto de isla de calor urbana en el centro de las ciudades lleva a un mayor calentamiento que el derivado exclusivamente por el cambio climático, con un notable aumento de las temperaturas. En comparación con el medio rural, este aumento de temperatura puede ascender a entre tres y diez grados centígrados. Las temperaturas más elevadas pueden afectar al crecimiento de los árboles de dos maneras: por un lado, favorecer la actividad fotosintética; por otro, aumentar el periodo vegetativo, de forma que se aumenta la cantidad de tiempo que en un año los árboles pueden crecer. Sin embargo, las temperaturas más elevadas combinadas con una disminución de la precipitación también pueden causar una reducción en el crecimiento, aunque en muchas zonas de las ciudades este efecto puede ser inapreciable debido al aporte hídrico por riego.

En este estudio se tomaron muestras de crecimiento de árboles de las ciudades de Berlín, Brisbane, Ciudad del Cabo, Hanoi, Houston, Múnich, Paris, Prince George, Santiago de Chile y Sapporo (Figura 11.19) . Las ciudades fueron elegidas para cubrir diferentes zonas climáticas. El espectro varió de climas boreales, templados, mediterráneos a subtropicales. Se tomaron un total de aproximadamente 1400 muestras de árboles maduros de hasta 150 años sin ningún daño o enfermedad visible. En cada ciudad se seleccionó y examinó una especie típica y predominante tanto en el centro de la ciudad como en el entorno rural fuera de ella. En la medida de los posible, los árboles mues-

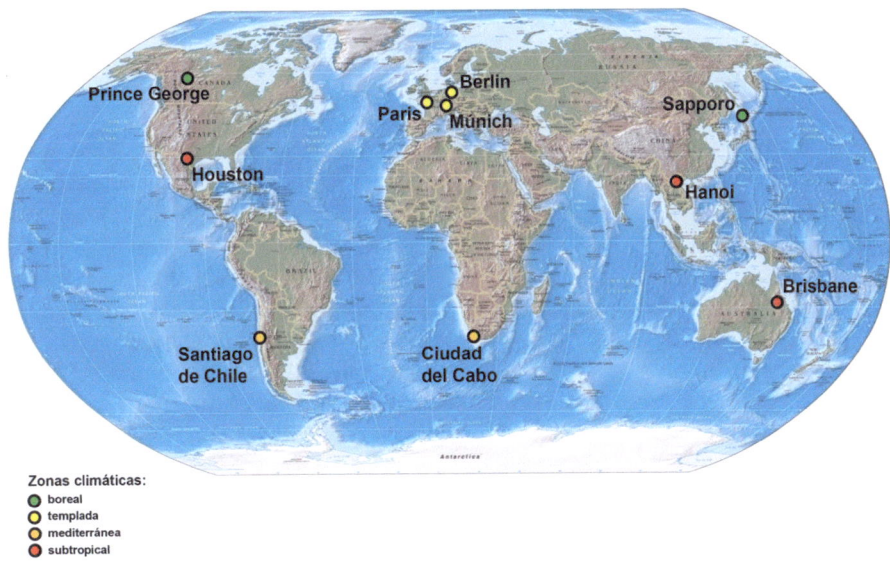

Figura 11.19 Las ciudades donde se tomaron muestras de árboles urbanos se encuentran en las zonas climáticas boreal (Prince George, Sapporo), templada (Berlín, Munich, París), mediterránea (Ciudad del Cabo, Santiago de Chile) y subtropical (Brisbane, Hanoi, Houston).

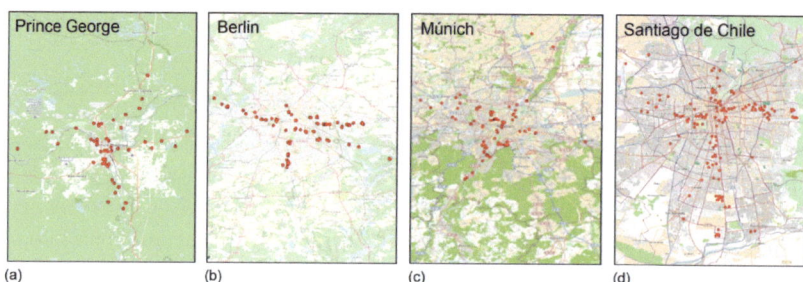

Figura 11.20 Diseño de muestreo para tomar muestras de crecimiento, utilizando el ejemplo de las ciudades (a) Prince George (Canadá), (b) Berlín, (c) Múnich y (d) Santiago de Chile. Los muestreos (puntos rojos) se extienden a lo largo de transectos desde el centro hasta la periferia de las ciudades.

treados se seleccionaron a lo largo de transectos que se extienden desde el centro hasta la periferia de la ciudad en las cuatro direcciones cardinales (Figura 11.20).

Las especies examindas fueron el abeto sajalín, *Abies sachalinensis* Mast., abeto blanco, *Picea glauca* (Moench) Voss, tilo, *Tilia cordata* Mill., Castaño de Indias, *Aesculus hippocastanum L.*, plátano, *Platanus x hispanic*a Munchh., *falsa acacia* , *Robinia pseudoacacia L.*, roble común, *Quercus robur* L., *Caoba africana*, *Khaya senegalensis* (D esr.) *A. Juss.* Araucaria, *Araucaria cunninghamii* , Aiton ex. D.Don) y roble negro *Quercus nigra L.*

Usando el método de edad constante, se determinó la tendencia del crecimiento en sección normal de los árboles antes y después de 1960 mediante análisis de regresión (Figura 11.21). Se seleccionó esta fecha para comparar los patrones de crecimiento debido a que la temperatura global, la duración del periodo vegetativo y las concentraciones de CO_2 y NO_2 han aumentado significativamente a partir del año 1960.

En comparación con las condiciones de crecimiento en el pasado, se observa como a partir de 1960 las condiciones climáticas aceleran el crecimiento en todas las zonas climáticas de media un 21 % (Figura 11.21a). Estos resultados coinciden con los patrones de crecimiento encontrados en otros estudios agrícolas y forestales (Kauppi et al. 2014, Fang et al. 2014, Pretzsch et al. 2014a) y apuntan a cambios en las condiciones del sitio que fomentan el crecimiento acelerado de los árboles en diferentes climas. En este contexto, además del calentamiento global, los efectos de la fertilización debido al aumento de la concentración de CO_2 atmosférico y al aumento de la deposición de nitrógeno son también posibles causas de este aumento del crecimiento para un diámetro dado. El análisis también muestra una aceleración del crecimiento de los árboles en el área urbana en comparación con el área rural del 14 % (Figura 11.21b). En todas las zonas climáticas, el resultado es una aceleración del crecimiento del 35 %, que se debe principalmente al cambio climático (21 %) y, en segundo lugar, al efecto de isla de calor urbana (14 %).

En las distintas regiones climáticas, el cambio climático global y el efecto isla de calor urbana pueden afectar al crecimiento de los árboles de forma muy distinta. En la zona boreal (Prince George y Sapporo) el efecto del cambio climático e isla de calor es particularmente intenso. Con un clima frío con un corto periodo vegetativo, el efecto del aumento de la temperatura y la extensión del periodo vegetativo tiene un efecto positivo sobre el crecimiento del árbol especialmente elevado (Figura 11.22a).

En las ciudades de la zona templada, el efecto climático global es menor y el efecto de isla de calor incluso tiene un efecto negativo sobre el crecimiento de los árboles (Figura 11.22b). Aparentemente, la aceleración del crecimiento debido al cambio climático global se compensa por las desventajas del clima en el centro de la ciudad (incluido el estrés por sequía y la contaminación del aire).

11.4 Comportamiento del crecimiento en diferentes épocas como referencia

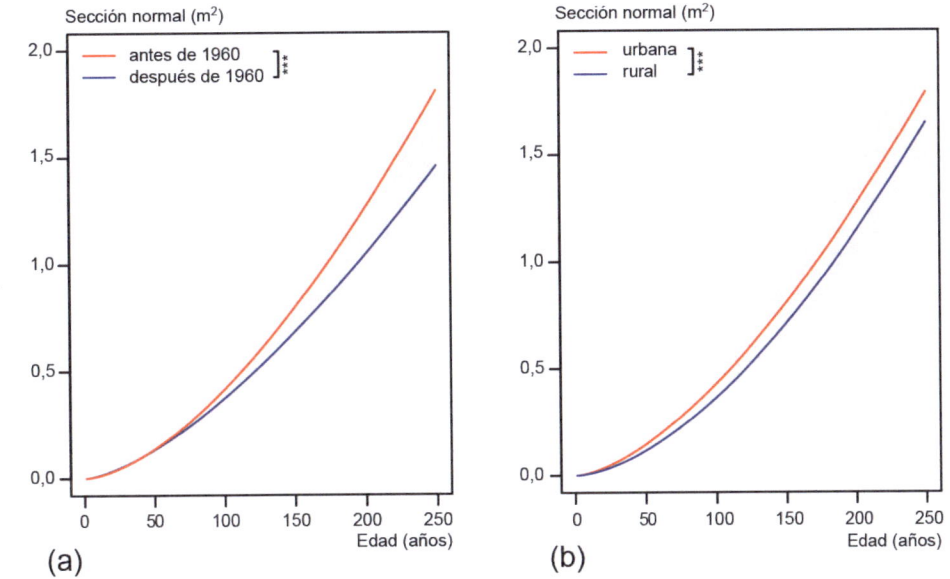

Figura 11.21 Efecto del cambio climático global y de la isla de calor urbana sobre el crecimiento de los árboles considerados en todas las zonas climáticas. (a) El desarrollo de la sección normal de los árboles antes y después de 1960 muestra el efecto del cambio climático global. (b) El desarrollo de la sección normal de árboles en áreas urbanas en comparación con áreas rurales muestra el efecto de isla de calor urbana. En ambos casos existen diferencias significativas (p <0,001) entre dichos crecimientos.

Los patrones de reacción de los árboles en las ciudades del Mediterráneo y la zona subtropical (no mostrados, véase Pretzsch et al. 2017) muestran un comportamiento intermedio. La reacción al cambio climático y al efecto isla de calor urbana llevan a las zonas de clima mediterráneo y subtropical a una aceleración menor del crecimiento que en la zona boreal, pero no a los fenómenos negativos como en la zona templada.

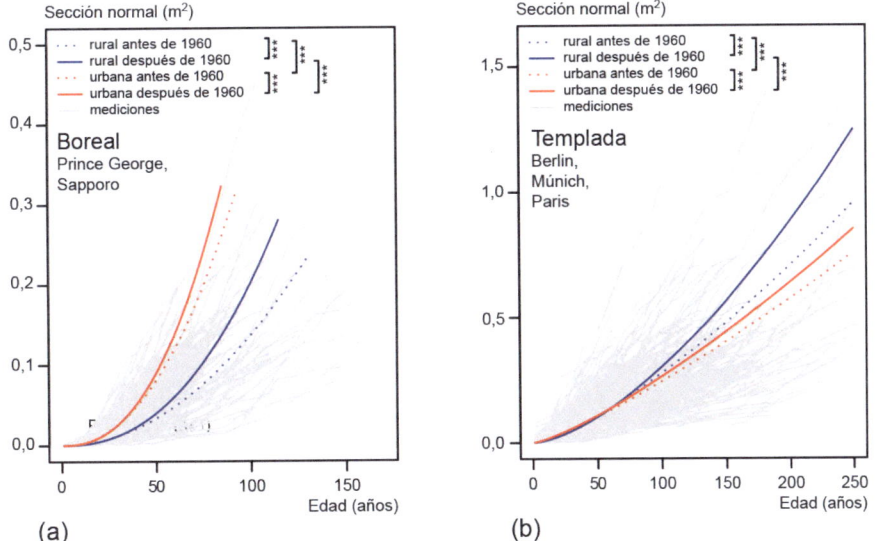

Figura 11.22 Efecto del cambio climático global y de la isla de calor urbana sobre el crecimiento de los árboles en las ciudades de las zonas climáticas (a) boreal y (b) templada. Las diferencias significativas entre zonas se representan por corchetes y asteriscos (es decir *** P <0,001).

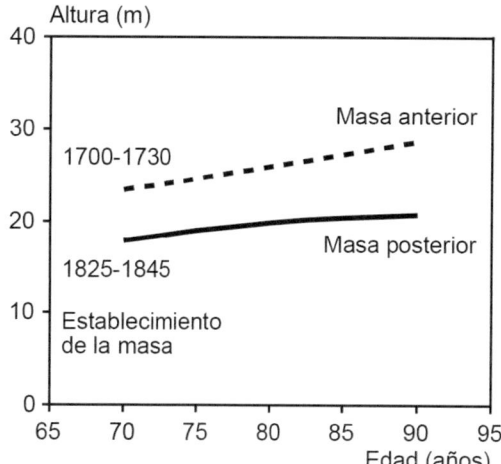

Figura 11.23 Evidencia del estancamiento del crecimiento en altura de pícea en el bosque de Tharandt al comparar masas de dos generaciones (según Wiedemann 1923, p. 157, tabla 1), masas que se establecieron en el período 1700-1730 (línea discontinua) y masas posteriores del período 1825-1845 (línea continua).

fluencia de la selvicultura y a condiciones climáticas nocivas para el crecimiento (Figura 11.23). Basado en análisis de tronco de las masas anteriores (masa establecida en 1700-1730) y en el inventario de las masas posteriores (masa establecida en 1825-1845), se mostró que las masas de pícea del bosque de Tharandt redujeron su calidad de estación de 1,5 a 2,0 clases según la tabla de producción de Schwappach (1890).

Kenk et al. (1991) utilizan este método para masas de pícea en estaciones de calidad baja a media en el estado federado de Baden-Württemberg para demostrar una mejora en el crecimiento, que puede ser de hasta 7 clases según la tabla de producción de Asmann y Franz (1963) (Figura 11.24). Al igual que Wiedemann (1923), el establecimiento de las masas de la primera generación (1820) y de la segunda (1950) está separado en más de 130 años.

Uno de los limitantes de este método es la dificultad de disponer de datos de crecimiento de dos generaciones en un mismo sitio. Para solventar este problema, Montero et al. (1996) utilizan análisis de tronco de árboles de distintas generaciones de pino silvestre que crecen en rodales adyacentes con condiciones de sitio similares en el monte de Valsaín (Segovia), seleccionando pares de árboles en distintas calidades de estación. En este ejemplo, encontraron un aumento del crecimiento en altura dominante en la segunda generación (Figura 11.25), aunque esta tendencia no pudo ser observada en crecimiento en diámetro, posiblemente por la influencia de otros factores.

Con la comparación de generaciones, se puede revelar la existencia, el momento de ocurrencia y el alcance de las influencias disruptivas, pero no las causas subyacentes. Sin embargo, el espectro de causas posibles puede reducirse significativamente si se comparan las dos generaciones en sitios idénticos, si en la comparación de generaciones solo se incluyen masas con el mismo tratamiento (por ejemplo, grado A), y si la composición genética es similar (obtención de la masa posterior mediante regeneración natural o bien mediante siembra de la masa anterior). Los factores de tratamiento selvícola y genética también pueden ser incluidos en el análisis comparativo de generaciones, de modo que se

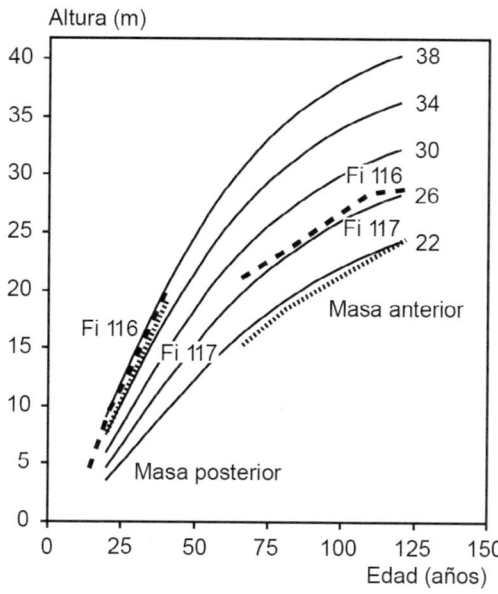

Tabla 11.24 Comparación de la generación anterior y posterior en las parcelas permanentes de pícea Fi 116 y Fi 117 en la Selva Negra. Los patrones de crecimiento en altura revelan una mejora en el crecimiento en varias clases de calidad en la tabla de producción de Assmann y Franz (1963) (según Kenk et al. 1991, p. 30, Figura 14).

11.4 Comportamiento del crecimiento en diferentes épocas como referencia

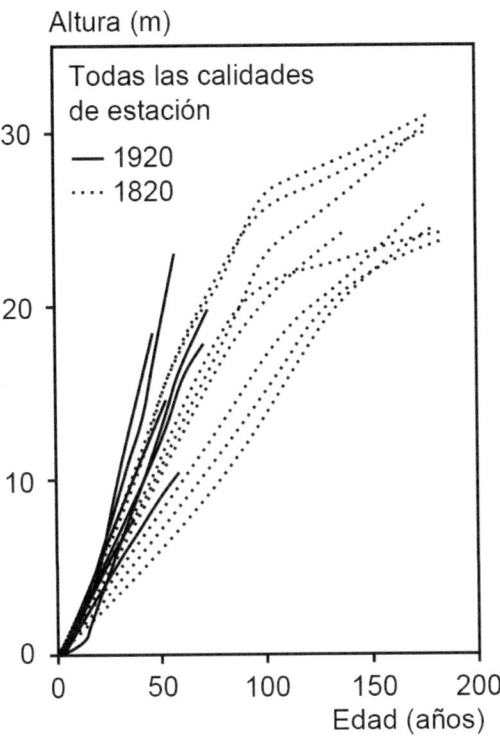

Figura 11.25 Comparación del crecimiento en altura dominante de dos generaciones de pino silvestre en el monte de Valsaín (Segovia). Datos obtenidos mediante análisis de tronco de pares de árboles adyacentes de distintas generaciones tomados en distintas calidades de estación (según Montero et al. 1996).

controlan hasta cierto grado algunas de las causas que pueden provocar cambios en el crecimiento de orígenes distintos a los cambios de las condiciones ambientales. Sin embargo, hay que tener en cuenta que incluso aquellos árboles cuyas semillas se utilizan para establecer la masa posterior son el resultado de una selección realizada a nivel de masa mediante autoaclareo, claras y daños, y solo representan parcialmente la composición genética de la masa anterior, por lo que los cambios en los patrones de crecimiento podrían deberse a causas distintas a cambios ambientales.

11.4.4 Diagnóstico de los patrones de crecimiento en inventarios consecutivos

En contraste con los métodos presentados hasta ahora, los inventarios consecutivos a nivel nacional, regional o de monte proporcionan información representativa del área y estadísticamente fiable acerca del crecimiento y las existencias. Los países escandinavos, con su larga tradición de inventarios forestales, pueden recurrir a un extenso banco de datos necesarios para extraer conclusiones sobre las tendencias de crecimiento a largo plazo. Kauppi et al. (1992) observan

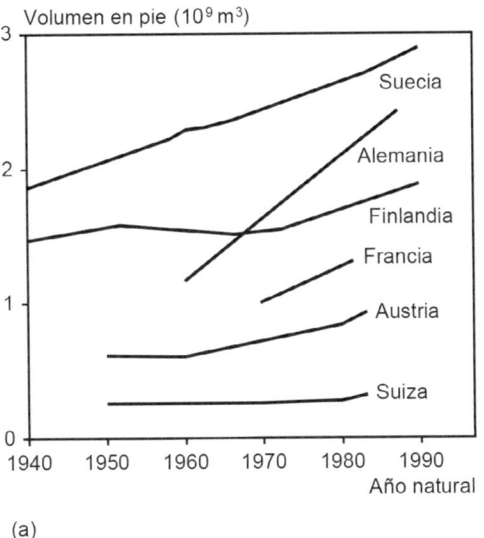

(a)

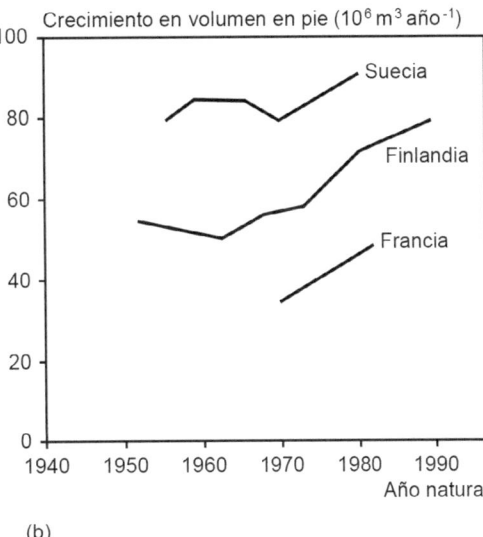

(b)

Figura 11.26 Desarrollo a largo plazo de la masa (a) y el crecimiento en volumen (b) en varios países europeos de acuerdo con los daros de los inventarios forestales nacionales (Kauppi et al. 1992).

tendencias crecientes en las existencias y el crecimiento en volumen desde los años 50 hasta principios de los años 90 a escala regional para Escandinavia y otros países europeos a partir de datos de inventarios forestales nacionales (NFI) (Figura 11.26). Posteriormente, Kauppi et al. (2014) evalúan de nuevo los cambios de crecimiento en volumen en Finlandia, usando los datos de los 11 ciclos del IFN y relacionando el crecimiento con los grados días, es un análisis que muestra una tendencia creciente, y que puede ser asociado al calentamiento global.

Sin embargo, estas series cronológicas deben interpretarse con extrema precaución, ya que con frecuencia los métodos de inventario han cambiado repetidamente en los períodos de crecimiento considerados (cambio en las tarifas de cubicación, umbrales de agrupamiento, definición de la superficie del rodal) y además existen diferencias considerables entre los métodos de inventario entre países, que aún dificultan más la comparabilidad.

Además, el desarrollo del volumen total y el crecimiento en una parcela de inventario no permiten extraer conclusiones fiables sobre cambios en el comportamiento del crecimiento o tendencias de crecimiento asociadas al cambio climático. Estos cambios en el crecimiento y volumen pueden deberse a otros factores que no siempre se pueden controlar, como la distribución de clases de edad, la composición de especies y los tratamientos selvícolas. Si el objetivo es analizar las tendencias de crecimiento a largo plazo, se deben considerar todos estos factores en el análisis de modo que se puedan descontar su influencia en el crecimiento. Una primera aproximación es la estratificación de los datos del inventario según calidad de estación, clases de edad, tratamientos, densidad de la masa o especie y analizar los patrones de crecimiento a largo plazo por estrato (Arovaara et al. 1984; Elfving y Tegnhammar 1996). En trabajos posteriores se ha considerado el efecto de estos factores integrándolos en los modelos como variables independientes. Por ejemplo, Vayreda et al. (2012) utilizan la comparación de dos ciclos del IFN español para estudiar los cambios en los stocks de carbono, incluyendo una componente asociada al crecimiento de la masa, e identificar la posible influencia de los aumentos de temperatura observados con los cambios en los stocks. Para ello, consideran diversas variables de la masa, como su origen, presencia de gestión, y variables relacionadas con la estructura, como los stocks de carbono (existencias en términos de carbono), densidad, tamaño medio de los árboles, y altura dominante. De este modo, encuentran un efecto negativo del aumento de la temperatura, aunque los patrones varían con las condiciones de disponibilidad hídrica de la estación y con la gestión.

Los datos de las ordenaciones de montes también son una fuente de información para analizar tendencias en el crecimiento y en las existencias de montes arbolados, aunque presentan limitaciones similares a los IFN. Montero et al. (1996) analizan la evolución de las existencias en cuatro montes ordenados en los que existen datos desde finales del S. XIX. En dos de ellos la especie principal es el pino silvestre y en los otros dos el haya y el pino salgareño. Para ello, utilizan los datos obtenidos en inventarios realizados cada 10 años, computando el número de pies, las existencias y las cortas. La evolución de las existencias en tres de los montes es claramente positiva (Figura 11.27), pudiendo estar asociada a cambios en la calidad de estación, como se refleja en la Figura 11.27 para el monte de Valsaín (Pino silvestre 2). No obstante, parte de estas tendencias pueden también estar asociadas a cambios en la selvicultura.

11.5 Análisis dendrocronológico

Uno de los métodos más comunes para estudiar las tendencias y cambios en los patrones de crecimiento es mediante el uso de la dendrocronología. Este método permite la detección, datación y cuantificación de las perturbaciones mediante el estudio de series de anillos de crecimiento. En esta aproximación se descomponen las cronologías de crecimiento, separando las componentes de la edad y/o otras variaciones a medio-largo plazo (variación de baja frecuencia) de las variaciones interanuales asociadas a la influencia de las condiciones meteorológicas interanuales (variación de alta frecuencia). Las series cronológicas estandarizadas en las que se ha eliminado el patrón marcado por la edad del árbol y por otras perturbaciones, permiten estudiar la relación del crecimiento con las condiciones climáticas. Por otra parte, la comparación de la curva que refleja el patrón según la edad y el crecimiento real puede revelar perturbaciones que van más allá de los efectos de la edad y el clima (Cook y Kairiukstis 1992, Fritts 1976, Kiessling y Sterba 1992, Schweingruber 1983).

El análisis dendrocronológico asume que una cronología de crecimiento I_t (I_t = componente de la edad G_t + componente oscilante O_t) consiste en una componente G_t derivada de un modelo que describe el crecimiento relacionado con la edad o el tratamiento, y un crecimiento oscilante, componente O_t, que representa la fluctuación alrededor de la curva G_t y corresponde a los residuos del modelo ajustado $I_t = G_t + O_t$. La componente oscilante O_t contiene los efectos climáticos, es decir, el efecto de la variación interanual del clima, una componente de otras posibles interferencias que tienen un efecto dirigido sobre el crecimiento, y una componente residual que resume el ruido no dirigido que no puede explicarse. Suponiendo que estas componentes se superponen aditivamente, se crea el siguiente modelo:

I_t = tendencia de edad+ efecto de tratamiento + efecto de clima + interferencia + dispersión residual

El objetivo, por tanto, es filtrar la tendencia de la edad, de los posibles tratamientos y del clima de la serie de crecimiento. De este modo se puede evaluar si el proceso de crecimiento puede describirse mediante estas componentes y el ruido no direccional, o si hay perturbaciones direccionales adicionales que modificaron el crecimiento. Las componentes a filtrar incluyen efectos a corto, medio y largo plazo que pueden ser provocados por el clima, las claras o la edad del árbol, entre otros.

11.5.1 Eliminación de la tendencia o estandarización

En el primer paso del análisis dendrocronológico se elimina la componente de tendencia a largo plazo G_t (Figura 11.28). En el caso de cronologías de crecimiento sin alteraciones, la tendencia se deriva de

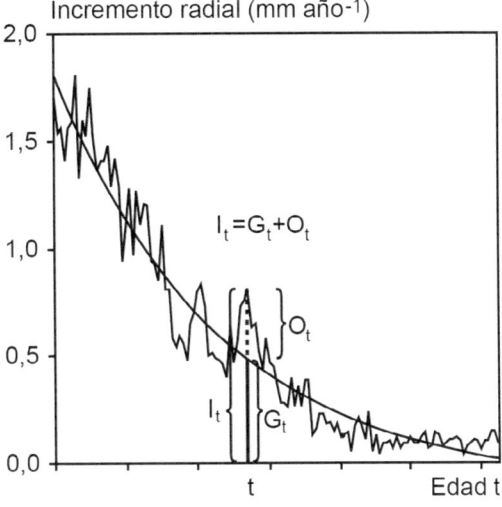

Figura 11.28 El análisis dendrocronológico de series de crecimiento descompone una serie cronológica de crecimiento I_t en una componente sin variabilidad interanual G_t, que describe la curva de crecimiento relacionada con la edad o el tratamiento, y una componente oscilante O_t, que corresponde a los residuos alrededor de la componente media, que refleja el efecto del clima y de otras posibles perturbaciones.

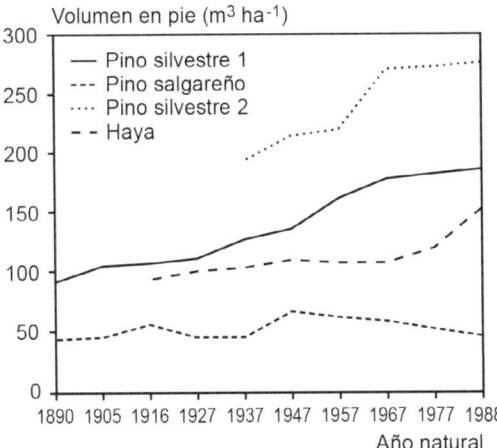

Figura 11.27 Evolución de las existencias en 2 montes de pino silvestre, uno de pino salgareño y un monte de haya (adaptado de Montero et al. 1996).

la variación del crecimiento con la edad del árbol o de los efectos de tratamientos selvícolas (o de otras posibles perturbaciones en la masa a largo plazo). Ajustando a la serie de crecimiento original una curva de regresión, que representa el componente de tendencia, se pueden obtener las fluctuaciones alrededor de este modelo que luego son objeto de un análisis más detallado. $G_t = a_0 + a_1 \cdot e^{-a_2 \cdot t}$ ha demostrado ser útil para reflejar el patrón de crecimiento con la edad en árboles cuyo crecimiento se encuentra en la fase descendente y no está superpuesto por influencias atípicas de la edad relacionadas con los tratamientos. Las funciones de Hugershoff $G_t = a_0 \cdot t^{a_1} \cdot e^{-a_2 \cdot t}$ o en forma logarítmica $\log G_t = a_0 + a_1 \cdot \log t + a_2 \cdot \log t^2$ son adecuadas para equilibrar los cursos de edad completos que cubren todas las fases (fase de juventud, fase de máximo crecimiento y fase de recesión). Si, además de la tendencia de edad se quieren eliminar los efectos de tratamientos selvícolas o de perturbaciones naturales que aumentan el crecimiento medio en los años siguientes, que flexibilizan la curva, estos se pueden añadir a la función $G_t = a_0 + a_1 \cdot t + a_2 \cdot t^2 + \cdots + a_n \cdot t^n$. Las funciones splines, que se construyen a partir de polinomios por partes yuxtapuestos suavemente, también ofrecen un método extremadamente flexible de suavizado o estandarización (Späth 1983). Las funciones splines más comunes para el análisis dendrocronológico, son los que se basan en polinomios de tercer grado (véase Sección 4.2.2). El grado del polinomio, la calidad del ajuste a los datos y la suavidad de la curva de tendencias generada se pueden variar hasta que se cree la curva deseada según los objetivos (Riemer 1994).

Otra forma de estandarizado de las curvas es la utilización de medias móviles (Schlittgen y Streitberg 1997). Para ello, se debe seleccionar una ventana temporal a cuyos años se asocia la ponderación a_u, de modo que $\sum a_u = 1$. El valor del crecimiento medio ponderado resultante G_t se asigna al año medio de la ventana temporal. La ventana seleccionada se mueve año a año durante el período de estudio de modo que los rangos de estos promedios no incluyen fluctuaciones a corto plazo. Dependiendo de la ponderación de los años individuales en la ventana temporal, se habla de filtros de paso bajo o de paso alto. Los filtros de paso bajo ponderan los crecimientos centrales en la ventana con más peso que los del borde y, por lo tanto, son adecuados para resaltar fluctuaciones a largo plazo y componentes suaves. Los filtros de paso alto solo aumentan el valor central y reducen los valores marginales, de modo que se enfatizan más las fluctuaciones anuales. Si todas las variables dendrométricas se ponderan por igual, se habla de una media móvil simple. Si, por ejemplo, se incluyen 3 o 5 valores en la media móvil, esta resulta en la expresión $G_t = \frac{1}{3} \times (z_{t-1} + z_t + z_{4+1})$ ó $G_t = \frac{1}{5} \times (z_{t-2} + z_{t-1} + z_t + z_{t+1} + z_{t+2})$. La Figura 11.29 muestra la estandarización de varias series decrecimiento mediante el uso de las distintas funciones explicadas.

Para poder diferenciar claramente la componente de tendencia a medio y largo plazo de la serie de crecimiento, que describe la componente específica del árbol individual (patrón de edad, tratamiento, constelación de crecimiento), de la componente oscilante, que puede atribuirse a influencias comunes a toda la masa, como el clima, la fertilización o la deposición de contaminantes, es necesario examinar varias muestras de crecimiento en la masa. A partir de una sola curva de anillos de crecimiento no se puede inferir si las fluctuaciones se deben a influencias específicas de cada árbol, como la situación individual de competencia, la edad individual o a los efectos del tratamiento o condiciones climáticas a las que está expuesta toda la masa. La Figura 3.44 del Capítulo 3 muestra las curvas de crecimiento radial de abetos en una parcela permanente de bosque mixto de montaña en los Alpes alemanes. Si el análisis se limitara al árbol 451, quedaría abierta la cuestión de si la fase de estancamiento del crecimiento de 1880 a 1920 solo se restringe a este árbol individual o si es característica de toda la masa. Esto solo se puede evaluar si se compara esta curva con otras del mismo rodal. En el ejemplo de la Figura 3.44 se muestra que este estancamiento en el crecimiento no se presenta en los otros árboles estudiados, por lo que se debe a factores individuales (por ejemplo, situación de competencia elevada en el dosel de copas por el crecimiento de los árboles vecinos) y debe eliminarse usando la componente de tendencia. Por el contrario, el aumento del crecimiento desde la década de 1970 se refleja simultáneamente en la mayoría de las series temporales, lo que indica la influencia de perturbaciones que impactan en toda la masa. La única excepción aquí es el abeto 442 ya muerto, cuya tasa de crecimiento todavía parece característica de la masa hasta la década de 1950, pero luego decrece separándose de la tendencia de la masa. Solo si se dispone de una serie mayor de series temporales para examinar una masa, pueden separarse la componente de tendencia que se va a eliminar y la componente oscilante que se va a conservar de forma fiable.

Al eliminar la componente de tendencia, siempre existe el riesgo de que, además de la edad o el patrón del tratamiento que se pretende descontar, se elimine el efecto disruptivo que realmente se pretende investigar. Por lo tanto, siempre se debe verificar la consistencia de los resultados del análisis dendrocronológico cuando se utilizan diferentes métodos de estandarización. Por ejemplo, Becker (1989) no deriva la componente de tendencia de cada una de las series de crecimiento de los árboles individuales, sino que utiliza una curva media para un colectivo de árboles cuyas series de crecimiento están distribuidas de manera amplia y uniforme a lo largo de la edad y los años naturales de estudio. Ordenados y promediados según la edad, estos valores de crecimiento proporcionan el crecimiento medio adecuado para la eliminación de la tendencia del crecimiento a lo largo de la edad. Dado que esta curva se basa en un amplio espectro de años naturales y son promedios sobre cualquier patrón de crecimiento positivo o negativo, la curva media derivada solo describe la tendencia de edad. Con tal procedimiento, apenas existe riesgo de que, además de la tendencia de edad, también se elimine la reacción disruptiva a examinar.

11.5.2 Cálculo de índices de crecimiento

Una vez eliminada la componente de tendencia a medio y largo plazo G_t utilizando uno de los métodos descritos, en un segundo paso se pueden expresar los valores de crecimiento originales en relación con los valores esperados de las funciones de suavizado G_t. Este proceso da como resultado la llamada curva de índices de crecimiento ind_t ($\text{ind}_t = \frac{I_t}{G_t}$), que muestra las desviaciones relativas de los valores de crecimiento real de la función de estandarizado y está libre de la tendencia de edad

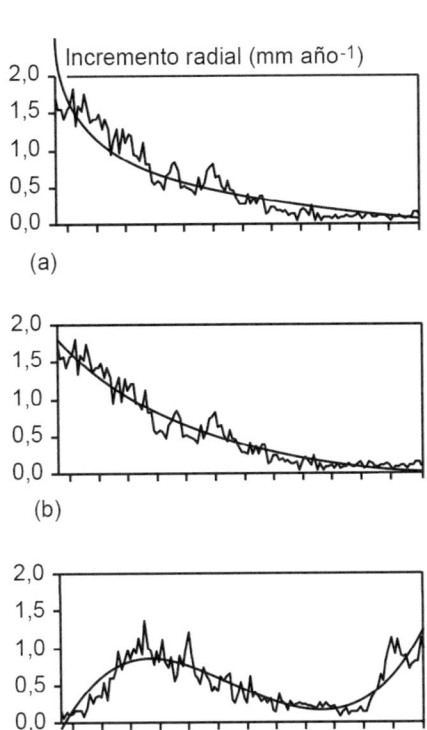
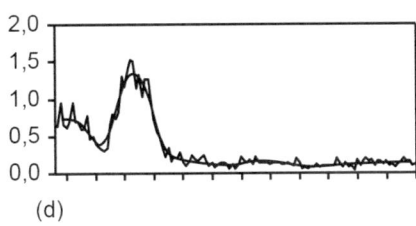
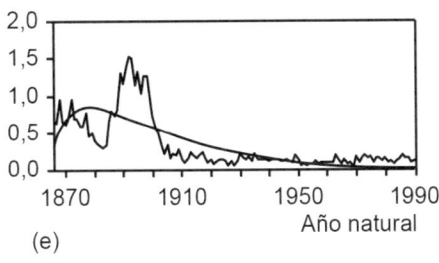

Figura 11.29 Modelización de la componente de tendencia a largo plazo de cinco series de crecimiento mediante funciones de regresión adaptadas analíticamente y mediante el uso de medias móviles. Las curvas de estandarización registradas se basan en las siguientes funciones (de arriba abajo): a) $G_t = a_0 - a_1 \times \ln(t)$, b) $G_t = a_0 + a_1 \times e^{-a_2 \times t}$, c) $G_t = a_0 + a_1 \times t + a_2 \times t^2 + a_3 \times t^3$, d) $G_t \frac{1}{7} \times (z_{t-3} + z_{t-2} + z_{t-1} + z_t + z_{t+1} + z_{t+2} + z_{t+3})$ y e) $G_t = a_0 \times t^{a_1} \times e^{-a_2 \times t}$.

668 | 11 Diagnóstico de las perturbaciones en el crecimiento

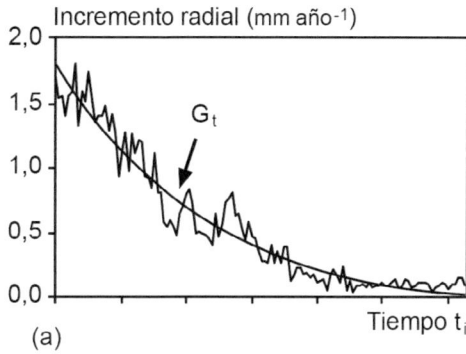

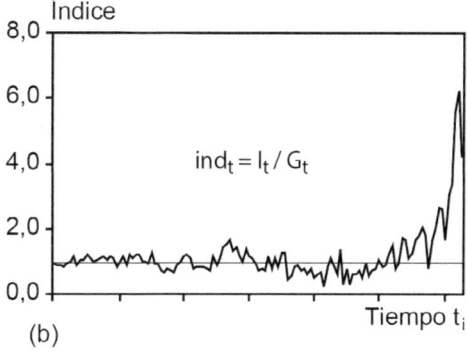

Figura 11.30 Proceso de estandarización y obtención de la serie de índices de crecimiento. (a) La serie de crecimientos original se estandariza mediante una función que elimine las tendencias a largo plazo debidas a la edad del árbol (G_t). (b) Mediante el cociente del valor de crecimiento observado I_t en relación con la función de suavizado G_t se obtiene el índice de crecimiento I_t, que oscila alrededor de la función de estandarización.

u otros factores (Figura 11.30). Estas cronologías estandarizadas o series de índices de crecimiento se usan frecuentemente para estudiar la relación del crecimiento con las condiciones climáticas.

11.5.3 Correlaciones crecimiento-clima y función respuesta

En un tercer paso, el análisis dendrocronológico clásico tiene como objetivo explicar las fluctuaciones anuales restantes, reflejadas en la cronología de índices de crecimiento, mediante su relación con variables climáticas. Sobre la base de los valores del índice de crecimiento corriente I_t, las series de datos climáticos para los años investigados y teniendo en cuenta la autocorrelación entre las tasas de crecimiento anuales, se estudian las relaciones entre ambas series (crecimiento-clima). El análisis de esta relación se realiza bien mediante correlaciones con variables climáticas, o bien se parametriza una función respuesta en la que se incluyen varias variables climáticas simultáneamente mediante análisis de regresión $\widehat{I_t} = f$ (variables climáticas, crecimiento en años anteriores). La parametrización de esta función no suele basarse en todos los datos climáticos y de crecimiento existentes, sino únicamente en los de un período seleccionado en el que probablemente aún no se han producido perturbaciones. El período utilizado para la estimación de los parámetros se denomina período de calibración.

Las correlaciones y funciones respuesta entre los índices de crecimiento y las series climáticas también se pueden utilizar para identificar posibles efectos del cambio climático en la respuesta del crecimiento al clima mediante la comparación de estas relaciones en dos periodos de tiempo. Por ejemplo, en el sureste de la Península Ibérica se han identificado cambios en las condiciones climáticas a partir de los años 70, por lo que la comparación de estas relaciones antes y después de esa fecha puede ofrecer información sobre cómo las especies forestales se adaptan al cambio de condiciones climáticas. del Río et al. (2014) analizan las cronologías medias de seis masas de pino carrasco en diferentes calidades de estación en Sierra Espuña (Murcia) (Figura 11.31a) comparando la variación de las correlaciones entre los índices de crecimiento (cronología estandarizada en la que se ha eliminado la autocorrelación) y las series de variables climáticas en los dos periodos, antes y después de 1970. Como se refleja en la Figura 11.31b, el pino carrasco muestra cambios en los meses en los que las precipitaciones y temperaturas son más influyentes en el crecimiento. En promedio, se produce un adelantamiento de los meses más influyentes. Antes de 1970, la precipitación y la temperatura de mayo muestran las mayores correlaciones, mientras que después de 1970 se adelanta a marzo y abril respectivamente. Después de 1970 las temperaturas son más limitantes del crecimiento, con un efecto negativo sobre este no solo en primavera, sino también en verano y otoño. Igualmente, en el segundo periodo, las precipitaciones son más limitantes, con más meses con relaciones significativas. Estos cambios en la relación entre crecimiento y variables climáticas coinciden con un aumento significativo de la sensibilidad media (MS) de las cronologías a lo largo de todo el periodo estudiado (Figura 11.31c).

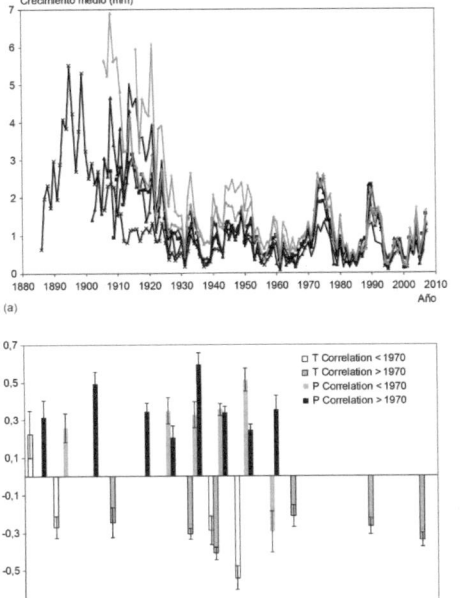

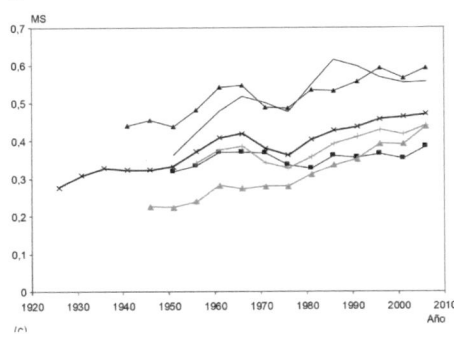

Figura 11.31 Cambios en la respuesta del crecimiento de pino carrasco a las condiciones climáticas a lo largo del S. XX y principios del S.XXI en Sierra Espuña (Murcia) (según del Río et al. 2014). (a) Cronologías medias de crecimiento de seis masas situadas en diferentes calidades de estación. (b) Correlaciones entre los índices de crecimiento y las variables climáticas (temperatura y precipitación) mensuales antes y después de 1970, donde se observa que el clima es más limitante en el segundo periodo. (c) Aumento de la sensibilidad media (MS) a lo largo del periodo estudiado. La sensibilidad media refleja la variabilidad del crecimiento año a año, asociada a la mayor dependencia de las condiciones meteorológicas de cada año.

11.5.4 Cálculo de pérdidas de crecimiento

En un cuarto paso, el modelo $I_t = f$ (variables climáticas, crecimiento en años anteriores) se puede utilizar para todo el período de observación, es decir, se pueden obtener los valores de índice esperados para los años anteriores y posteriores al período de calibración y analizar las diferencias. El producto de los valores de la curva del índice esperados según la función respuesta y el componente de tendencia $G_t \left(\widehat{I_t} = \widehat{\text{ind}_t} \times \widehat{G_t} \right)$ ofrece la curva de crecimiento esperada teniendo en cuenta los efectos de la edad y el clima. La comparación de esta curva de referencia $\widehat{I_t}$ con el desarrollo del crecimiento real I_t muestra desde cuándo, y en qué medida, el crecimiento esperado y el real difieren entre sí. Posteriormente, se pueden analizar las desviaciones $\widehat{I_t} - I_t$ para identificar evidencias de existencia de factores disruptivos que modifican el crecimiento, como la disminución del nivel freático, los efectos de emisiones o la fertilización. La Figura 11.32 muestra los resultados de un estudio dendrocronológico sobre el comportamiento de crecimiento de árboles urbanos con intensidades de tráfico altas y bajas (Eckstein et al. 1981). En base a datos de 253 árboles de varias

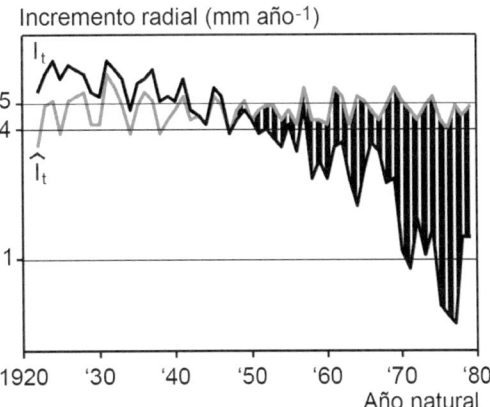

Figura 11.32 Diagnóstico de alteraciones del crecimiento en árboles urbanos con análisis dendrocronológico (según Eckstein et al. 1981). La figura muestra el desarrollo esperado del ancho de los anillos de crecimiento I ^_t y el desarrollo del crecimiento real I_t de arces en una zona afectada por un nivel de tráfico elevado. La comparación entre la curva de crecimiento esperada y la real (de color gris) permite fechar y cuantificar las pérdidas de crecimiento causadas por la perturbación.

especies demuestra que la tasa de crecimiento no puede explicarse únicamente por la tendencia de edad y el clima, sino que dependen de la intensidad del tráfico, efecto que atribuyen principalmente al uso de sal para el deshielo.

11.6 Análisis de la resistencia, resiliencia y recuperación

En el análisis de alteraciones del crecimiento causadas por distintas perturbaciones es importante conocer cómo de resistente es un sistema a las perturbaciones (resistencia), hasta qué punto es capaz de volver a su comportamiento original después de las perturbaciones (resiliencia) y a qué velocidad y cuanto puede recuperarse (recuperación). El crecimiento corriente de los árboles obtenido mediante testigos, dendrómetros, o medidas dendrométricas permanentes del tamaño de los árboles es un indicador, inespecífico pero cuantitativo, de su comportamiento (Dobbertin 2005) y permite una cuantificación de la resistencia, resiliencia y recuperación de árboles frente a distintas perturbaciones mediante una serie de métricas, como se muestra a continuación.

11.6.1 Parámetros de resistencia, resiliencia, recuperación y tiempo de recuperación

Lloret et al. (2011) desarrollan los índices de resistencia (Rt), resiliencia (Rs) y recuperación (Rc) para la cuantificación de las reacciones de estrés de los árboles en términos de crecimiento. Los tres índices se construyen a partir de las siguientes variables (Figura 11.33): $PreDr$ denota el crecimiento medio (por ejemplo, como crecimiento en área basimétrica del árbol) en un período antes del inicio del estrés; Dr denota el estancamiento o reducción del crecimiento en la mitad de un período de estrés; y la variable $PostDr$ el crecimiento medio en el período posterior al evento de estrés. Antes de calcular estos índices, se debe eliminar la tendencia de crecimiento con la edad en la serie de crecimiento (ver Sección 11.5.1). Los índices de crecimiento resultantes son la base para calcular los parámetros de resistencia, resiliencia y recuperación.

El índice de resistencia $Rt=Dr/PreDr$ cuantifica la caída en el crecimiento durante el evento de estrés con respecto al periodo anterior al estrés. Un valor $Rt = 1$ indica resistencia total y cuanto menor sea el valor de $Rt < 1$, menor será la

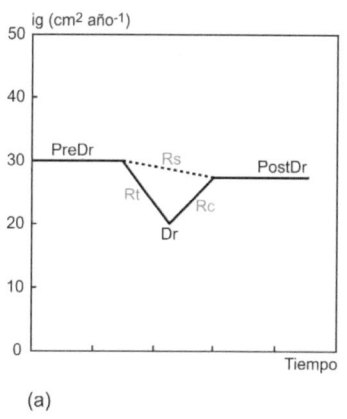
(a)

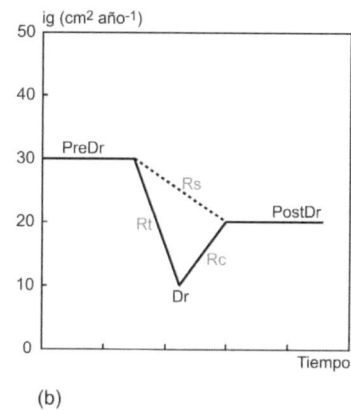
(b)

Figura 11.33 Respuesta del crecimiento de un árbol en sección normal ante dos eventos de estrés diferentes, caracterizados por el crecimiento antes del periodo de estrés $PreDr$, el crecimiento durante el período de estrés Dr, y el crecimiento en la fase posterior al estrés, $PostDr$, (modificado de Lloret et al. 2011). Los índices de resistencia $Rt=Dr/PreDr$, recuperación $Rc=PostDr/Dr$ y resiliencia $Rs=PostDr/PreDr$ se pueden utilizar para cuantificar la respuesta al estrés de la siguiente manera. (a) Árbol con una pequeña pérdida de crecimiento durante el estrés con una alta resistencia, alta resiliencia y recuperación media. (b) Árbol con una fuerte pérdida de crecimiento, baja resistencia, fuerte recuperación y resiliencia media. Los índices Rt, Rc y Rs están representados por la disminución de $PreDr$ a Dr, el aumento de Dr a $PostDr$ o la diferencia de nivel entre $PreDr$ y $PostDr$.

resistencia. Un valor de $Rt = 0{,}5$ por ejemplo, significa que el crecimiento durante el período de estrés es solo un 50 % del crecimiento en el período anterior.

El índice de recuperación $R_c = \frac{PostDr}{Dr}$ describe la respuesta del crecimiento después del período de estrés con respecto al crecimiento durante el estrés. Un valor Rc = 1 indica una permanencia del crecimiento del árbol en el nivel más bajo del periodo de estrés, es decir, ausencia de recuperación. Los valores de Rc <1 representan una pérdida adicional del crecimiento por debajo del nivel de estrés en los años posteriores al estrés y, `por el contrario, los valores de Rc > 1 indican una recuperación del crecimiento.

El índice de resiliencia $R_s = \frac{PostDr}{Dr}$ describe la relación entre el nivel de crecimiento después y antes del período de estrés. $Rs \geq 1$ indica una recuperación total o incluso un aumento, mientras que los valores $Rs \leq 1$ indican una pérdida de crecimiento más allá del periodo de estrés y, por lo tanto, una menor resiliencia.

Estos índices se han utilizado muy frecuentemente para estudiar las repuestas a sequías extremas. En el siguiente ejemplo se presenta la respuesta del crecimiento de diferentes especies al estrés por sequía, comparando sus repuestas cuando crecen en masas mixtas o en masas puras. Para realizar esta comparación se utilizaron series de crecimiento obtenidas mediante barrenado de 559 árboles de masas mixtas y puras, a partir de los cuales se obtuvieron los datos de crecimiento corriente en área basimétrica del árbol (cm^2 año^{-1}) sobre los que se aplicaron los índices Rt, Rc y Rs de Lloret et al. (2011). El desarrollo del crecimiento mostrado en la Figura 11.34 representa el crecimiento en el año de sequía extrema 1976 y en la fase de recuperación (de 1977 a 1979) en relación con el crecimiento en el período de referencia (de 1973-1975). La Figura 11.34a muestra que la pícea y el haya en masas puras sufren significativamente más los efectos de la sequía que el roble en términos de crecimiento. En la Figura 11.34b, se observa cómo el crecimiento del haya en masas mixtas disminuye en el año seco de 1976 significativamente menos que en masas puras, y además experimenta una recuperación mucho más rápida. En contraste, el roble no presentó ninguna diferencia entre masas mixtas y puras (Figura 11.34c).

En total, el haya presenta las mayores pérdidas de crecimiento en masas mixtas con pícea y, asimismo, la recuperación en el período posterior es menor. Por el contrario, cuando se mezcla con roble, hay una clara reducción del efecto negativo de la sequía, disminuyendo su crecimiento solo a la mitad del periodo de referencia y su recuperación tardía. El haya en masa pura se comporta de manera similar a cuando se mezcla con pícea. Es especialmente notable que la reducción del estrés del haya en la mezcla con el

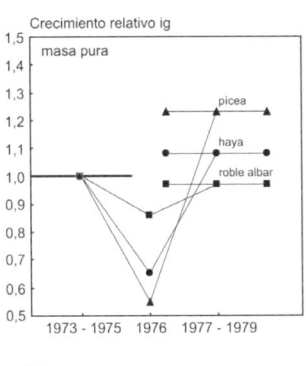
(a)

(b)

(c)

Figura 11.34 Respuesta específica de la especie al estrés en el año seco de 1976, que se muestra en relación con el nivel medio de crecimiento en el período de 3 años (1973-1975) antes del inicio de la sequía (línea de referencia = 1.0). (a) Masas puras de pícea, haya y roble albar. (b) Haya en masa pura, haya en mezcla con picea, haya en mezcla con roble albar. (c) Haya en masa pura y haya en mezcla con roble albar. Como comparación, se representa la reacción al estrés del roble albar en masa pura y en masa mixta con haya.

roble no se produce a expensas del crecimiento de este (Figura 11.34). Mientras que el haya en mezcla con el roble gana claramente, con una fuerte mitigación de la sequía, el roble se comporta de la misma manera que en masas puras.

Como complemento a los índices Rt, Rc y Rs, Thurm et al. (2016) utilizó esta metodología para estimar el tiempo de recuperación, Rct. Este tiempo Rct se define como el tiempo que necesita un árbol afectado por sequía para volver al nivel de crecimiento que tenía antes de que ocurriera el estrés. El tiempo de recuperación indica en años o decimas de años cuánto tiempo tarda la tasa de crecimiento en alcanzar el nivel de crecimiento original (Figura 11.35). El tiempo de recuperación, Rct, puede, por ejemplo, revelar diferencias específicas de las especies en la recuperación después del estrés por sequía. El menor tiempo de recuperación del abeto Douglas cuando crece en mezcla con haya frente a cuando crece en masas puras, como se muestra en la Figura 11.35, puede otorgarle ventajas competitivas en caso de sequías repetidas. Sin embargo, la recuperación del haya se retrasa ligeramente en comparación con la de las masas puras.

11.6.2 Diferentes patrones de reacción entre especies en masas puras y mixtas

En los ejemplos presentados se observa que, en general, las especies responden de una manera menos acusada a sequías extremas cuando crecen en mezclas que cuando crecen en masas puras. Pardos et al. (2021) analizan un total de nueve especies creciendo en masas puras y mixtas, en trece mezclas diferentes, bajo condiciones similares de estación a lo largo de Europa. Los resultados indican que en promedio las especies creciendo en mezclas son más resistentes y resilientes que en masas puras. Si se consideran las diferentes mezclas agrupadas en coníferas-coníferas, coníferas-frondosas y frondosas-frondosas, la mezcla de especies tiene un efecto positivo sobre la resistencia y la resiliencia en mezclas de coníferas-frondosas y frondosas-frondosas, y un efecto positivo sobre la recuperación en co-

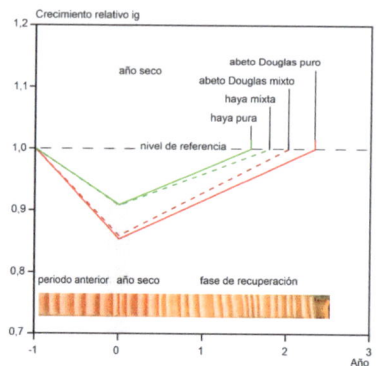

Figura 11.35 Tiempo de recuperación de haya y abeto Douglas en masas puras y mixtas después del estrés por sequía. El abeto Douglas se recupera más rápidamente del año seco en masas mixtas (rojo, línea discontinua) en comparación con masas puras (rojo, línea continua). El haya generalmente se recupera más rápido, y las diferencias en masas mixtas (verde, línea discontinua) y puras (verde, línea sólida) son menos pronunciadas (según Thurm et al. (2016)).

níferas-coníferas (Figura 11.36). Cuanto más diferentes sean los mecanismos que presentan las distintas especies de una mezcla para responder al estrés hídrico, mayor beneficio cabe esperar de la mezcla de especies.

En general, se esperan mayores interacciones ante el estrés por sequía entre especies isohídricas y anisohídricas, es decir, entre especies que reaccionan de manera diferente a este estrés (Hartmann 2011, McDowell et al. 2008, McDowell y Sevanto 2010, Sala et al. 2010). McDowell y col. (2008) sugieren que las especies isohídricas sufren principalmente con períodos prolongados de sequía, puesto que cierran las estomas de forma temprana en reacción a la sequía, reduciendo las reservas de carbono, y en última instancia pueden morir por déficit de carbohidratos. Estas especies siguen la estrategia de esperar y ver, tratando de sobrevivir a la sequía, entrando en una especie de rigidez con metabolismo reducido. Las especies anisohídricas, por otro lado, no cierran sus estomas y tratan de mantener su metabolismo, pero corren el riesgo de dañar el xilema por embolismo y provocar un colapso hidráulico en la planta. McDowell et al. (2008) indica que algunas especies como, por ejemplo, la pícea, el abeto, el abeto Douglas siguen el mencionado patrón de reacción isohídrico, mientras otras como el haya y el roble siguen el patrón de

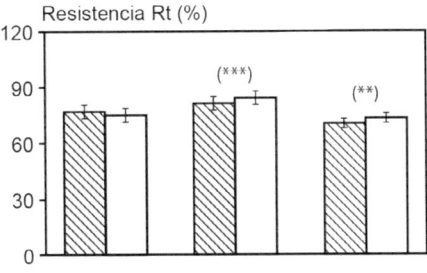
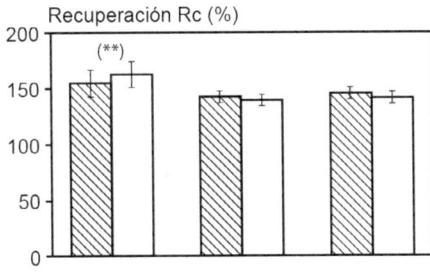
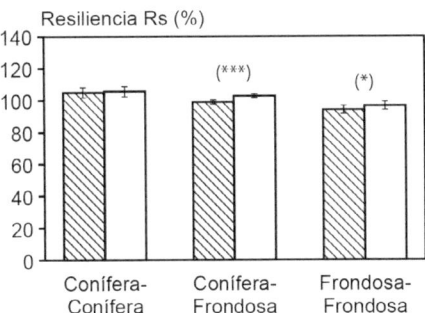

Figura 11.36 Resistencia (*Rt*), Recuperación (*Rc*) y Resiliencia (*Rs*) del crecimiento a sequías extremas en árboles de distintas especies creciendo en masas puras (sombreado) y mixtas (blanco) según tipo de mezcla (conífera-conífera, conífera-frondosa, y frondosa-frondosa). Las barras muestran el error estándar y los asteriscos indican si hay diferencias significativas entre masas puras y mixtas para cada tipo de mezcla (*$p < 0.1$; **$p < 0.05$; ***$p < 0.001$; ****$p < 0.0001$) (adaptado de Pardos et al. 2021).

reacción anisohídrico. Si especies con diferentes patrones de reacción (por ejemplo, pícea y haya) crecen juntas, las especies anisohídricas pueden beneficiarse temporalmente de la reducción del consumo de agua de las especies isohídricas que han reaccionado a la sequía (complementariedad de nichos temporal), lo que podría conducir a un aumento de la resistencia al estrés en la masa mixta en comparación con la pura. Otras posibles causas de un efecto positivo de la mezcla de especies en la resistencia y resiliencia a sequías extremas son el distinto uso espacial de los recursos hídricos, por ejemplo, por diferentes profundidades de los sistemas radicales (complementariedad de nichos espacial), o por el efecto de una especie sobre otra al redistribuir el agua, por ejemplo, bombeo de agua de niveles más profundos del suelo (facilitación) (Grossiord 2020).

La Caja 11.4 muestra un excelente ejemplo de la recuperación del crecimiento de los árboles una vez finalizado el estrés por ozono. En este ejemplo, los métodos de diagnóstico del crecimiento hacen visible la recuperación de las píceas y hayas tras de varios años de fumigación con O_3 y subrayan la eficacia de las medidas de control de la contaminación del aire.

Caja 11.4 Reacciones del crecimiento de pícea y haya al estrés por ozono

El aumento de la concentración de O_3 en el aire puede afectar a la salud y vitalidad de los árboles en ciudades y bosques (Matyssek y Sandermann 2003). Los experimentos de fumigación con O_3 muestran pérdidas de crecimiento significativas en árboles y masas forestales. El estrés crónico por O_3 puede reducir el rendimiento de la fotosíntesis (Botkin et al. 1972, Karnosky et al. 2007, Wittig et al. 2009), reducir la fijación de carbono (Chappelka y Samuelson 1998, Sitch et al. 2007) y también reducir la dimensión y cambiar la forma del sistema radical (Dickson et al. 2001, Grantz et al. 2006, Pretzsch et al. 2010).

Los análisis dendrocronológicos pueden cuantificar las reacciones de estrés y la recuperación del crecimiento en función de la exposición al O_3 (Pretzsch y Schütze 2018). El experimento al aire libre en el bosque de Kranzberg muestra como el crecimiento de píceas y hayas, de aproximadamente 80 años, reacciona a la fumigación con ozono y cómo ajusta la respuesta a la cantidad de fumigada (Häberle et al. 2012). Durante la fase de doble fumigación con ozono ambiental (2000-2007), el aumento en la sección normal de las píceas y hayas disminuyó de media un 24 % y un 32 %, respectivamente (Figura 11.37). En el período 2008-2016 posterior a la fumigación, se da una clara recuperación. El aumento en la sección normal de los árboles previamente fumigados se recuperó y se elevó en un 14 % y un 24 % por encima del nivel de los árboles de control no fumigados (1 x O_3). La resiliencia y resistencia a la sequía y las heladas tardías de los árboles previamente fumigados con O_3 fue algo menor que la de los árboles control (resultados no mostrados).

Por lo tanto, las medidas para reducir la concentración de O_3 en el aire pueden llevar a una rápida recuperación tras el efecto del estrés crónico por O_3. Estos resultados indican la gran relevancia y efecto del control del ozono sobre la salud y la función de sumidero de C de árboles y masas forestales (Matyssek et al. 2010).

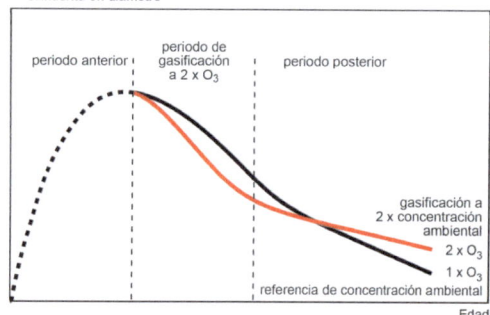

Figura 11.37 Representación esquemática del patrón de reacción de pícea y haya a la fumigación de ozono durante varios años con dos veces la concentración de ozono ambiental (2 × O_3). La fumigación con 2 × O_3 reduce el crecimiento en diámetro de píceas y hayas de mediana edad en el período de fumigación con ozono (2000-2007) en un 24 o 25 % (línea roja) en comparación con el colectivo de referencia bajo concentración de O_3 ambiente (línea negra). Una vez finalizada la fumigación, ambas especies pueden recuperarse rápidamente y aumentar su crecimiento en un 20 o 22 % sobre el crecimiento de los árboles de referencia. 1 × O_3 indica el crecimiento bajo la concentración de ozono ambiental y 2 × O_3 representa el crecimiento cuando la concentración de ozono ambiental se duplica (según Pretzsch y Schütze 2018).

Mensajes clave

1. Para diagnosticar el crecimiento y las alteraciones del crecimiento por distintas perturbaciones se compara el desarrollo de árboles individuales o masas forestales supuestamente dañadas con el desarrollo "normal" que se esperaría en condiciones inalteradas y que sirve como referencia.

2. La comparación entre el desarrollo del árbol o masas dañadas o expuestas a alguna perturbación y la referencia permite fechar y cuantificar las reacciones de crecimiento. Aunque este análisis puede proporcionar indicios de las causas de las pérdidas de crecimiento, no puede proporcionar una evidencia directa de las relaciones de causa y efecto.

3. En un primer grupo de métodos, la referencia se deriva deductivamente de modelos de crecimiento. La comparación de los patrones de desarrollo observados con el desarrollo propuesto en las tablas de producción, o mediante escenarios elaborados con modelos de crecimiento dinámicos, ofrece información sobre la desviación entre modelo y realidad, así como sobre la utilidad de los modelos como herramienta de planificación forestal en las masas examinadas. Las comparaciones con modelos son adecuadas para diagnosticar desviaciones a largo plazo y a gran escala de las predicciones realizadas con el modelo derivado empíricamente en períodos anteriores.

4. Un segundo grupo de métodos consiste en comparar directamente el crecimiento de árboles afectados por la perturbación con árboles vecinos no dañados o árboles o masas de referencia. Esta comparación puede ser por pares, comparación con parcelas de referencia, o mediante estandarización (índices de crecimiento), y también se puede analizar indirectamente mediante técnicas de regresión. Este grupo de métodos es muy adecuado para el diagnóstico de factores disruptivos limitados temporal y espacialmente.

5. Otra alternativa es comparar el crecimiento con el de períodos anteriores, bien mediante comparación directa de dos periodos, utilizando el método de edad constante, comparando dos generaciones en la misma localización o analizando una serie temporal de inventarios. Los métodos de este grupo permiten el diagnóstico de cambios de crecimiento abruptos, tendencias a largo plazo y cambios pronunciados a nivel regional.

6. El análisis dendrocronológico puede diagnosticar y cuantificar cambios en el crecimiento por diversas perturbaciones analizando estadísticamente cronologías de crecimiento de árboles o masas presuntamente dañados. En este método se estandariza la serie de crecimiento eliminando la tendencia con la edad y otras tendencias a medio o largo plazo no relacionadas con la perturbación que se quiere analizar. Una vez estandarizado, se obtienen índices de crecimiento que se pueden utilizar para estudiar los efectos disruptivos de la perturbación. A su vez, se puede relacionar con variables climáticas mediante correlaciones o mediante una función de respuesta, y de este modo identificar cambios en la respuesta al clima. Por tanto, la curva de referencia utilizada para el diagnóstico y la cuantificación de daños se deduce del propio material afectado por la perturbación. El método permite un diagnóstico diferencial de los trastornos del crecimiento locales y regionales, pero requiere cronologías a largo plazo de los parámetros del sitio más importantes (temperatura, precipitación, etc.)

7. Para responder a una pregunta determinada sobre una alteración del crecimiento, si es posible, se deben aplicar métodos de diferentes grupos de forma que se aprovechen las distintas ventajas de cada uno de ellos.

Los resultados sobre el alcance y la causa del daño se pueden confirmar cuando se llega a resultados similares con métodos diferentes.

8. Para estudiar cuánto resiste un árbol a una perturbación (resistencia), en qué medida puede recuperar su comportamiento original después de las perturbaciones (resiliencia), y cómo de bien y rápidamente se puede recuperar (recuperación), se pueden utilizar índices basados en el propio crecimiento del árbol o de la masa.

Referencias

Altherr E (1969, 1972) Das Karlsruher Wasserwerk "Hardtwald" aus forstlicher Sicht. Teile 2, 3 u. 4. Allgemeine Forst- und Jagdzeitung, 140. u. 143. Jg., pp 213-226, pp 109-117, pp 245-253

Altherr E, Zundel R (1966) Das Karlsruher Wasserwerk "Hardtwald" aus forstlicher Sicht. Teil 1. Allgemeine Forst- und Jagdzeitung, 137. Jg., pp 237-261

Arovaara H, Hari P, Kuusela K (1984) Possible effect of changes in atmospheric composition and acid rain on tree growth. An analysis based on the results of Finnish National Forest Inventories. Com. Inst. Forestalis Fenniae, Bd. 122, 16 p

Assmann E, Franz F (1963) Vorläufige Fichten-Ertragstafel für Bayern. Forstl Forschungsanst München, Inst Ertragskd, 104 p

Bachmann M (1988) Zuwachsreaktionen geschädigter Fichten, erfaßt nach der Methode von Schweingruber. Dipl-Arb. am Lehrstuhl für Waldwachstumskunde der Ludwig-Maximilians-Universität München, MWW-DA 63, 66 p

Becker M (1989) The role of climate on present and past vitality of silver fir forests in the Vosges mountains of northeastern France. Can J For Res 19(9):1110–1117. https://doi.org/10.1139/x89-168

Bert GD, Becker HM, Schipfer R (1990) Vitalité actuelle et passée du sapin (*Abies alba* Mill) dans le Jura. Étude dendroécologique. Ann For Sci 47(5):395–412. https://doi.org/10.1051/forest:19900501

Bortz J (1993) Statistik für Sozialwissenschaftler. 4. vollständig überarbeitete Auflage, Springer Verlag, Berlin, 753 p

Bosela M, Lukac M, Castagneri D, Sedmák R,

Biber P, Carrer M, Konôpka B, Nola P, Nagel TA, Popa I, Roibu CC, Svoboda M, Trotsiuk V, Büntgen U (2018) Contrasting effects of environmental change on the radial growth of co-occurring beech and fir trees across Europe. Science of The Total Environment 615:1460–1469. https://doi.org/10.1016/j.scitotenv.2017.09.092

Botkin DB, Smith WH, Carlson RW, Smith TL (1972) Effects of ozone on white pine saplings: Variation in inhibition and recovery of net photosynthesis. Environmental Pollution (1970) 3(4):273–289. https://doi.org/10.1016/0013-9327(72)90023-7

Chappelka AH, Samuelson LJ (1998) Ambient ozone effects on forest trees of the eastern United States: a review. New Phytologist 139(1):91–108. https://doi.org/10.1046/j.1469-8137.1998.00166.x

Churkina G, Zaehle S, Hughes J, Viovy N, Chen Y, Jung M, Heumann BW, Ramankutty N, Heimann M, Jones C (2010) Interactions between nitrogen deposition, land cover conversion, and climate change determine the contemporary carbon balance of Europe. Biogeosciences 7(9):2749–2764. https://doi.org/10.5194/bg-7-2749-2010

Cook ER, Kairiukstis LA (1992) Methods of Dendrochronology: Applications in the Enviromental Sciences. Kluwer Academic Publischers, Dordrecht. 394 p

del Río M, Rodríguez-Alonso J, Bravo-Oviedo A, Ruíz-Peinado R, Cañellas I, Gutiérrez E (2014) Aleppo pine vulnerability to climate stress is independent of site productivity of forest stands in southeastern Spain. Trees 28(4):1209–1224. https://doi.org/10.1007/s00468-014-1031-0

Asociación de Centros de Investigación Forestal Alemanes - Deutscher Verband Forstlicher Forschungsanstalten (1988) Empfehlungen zur ertragskundlichen Aufnahme- und Auswertungsmethodik für den Themenkomplex „Waldschäden und Zuwachs". Allgemeine Forst- und Jagdzeitung, 159. Jg., H. 7, pp

115-116

Dickson RE, Coleman MD, Pechter P, Karnosky D (2001) Growth and crown architecture of two aspen genotypes exposed to interacting ozone and carbon dioxide. Environmental Pollution 115(3):319–334. https://doi.org/10.1016/S0269-7491(01)00225-1

Dobbertin M (2005) Tree growth as indicator of tree vitality and of tree reaction to environmental stress: a review. Eur J Forest Res 124(4):319–333. https://doi.org/10.1007/s10342-005-0085-3

Dong PH, van Laar A, Kramer H (1989) Ein Modellansatz für die Waldschadensforschung. Allgemeine Forst- und Jagdzeitung, 160. Jg., H. 2/3, pp 28-32.

Ďurský J (1993) Kvantifikácia prírastkovˇch zmien smreka v porastoch po%ckodzovanˇch imisiami (Quantifizierung von Zuwachsänderungen in immissionsgeschädigten Wälder). KDP, Zvolen, 131 p

Ďurský J, Šmelko Š (1994) Kvantifikácia prírastkovˇch zmien smreka v oblasti horná Orava (Quantification of Increment Changes of Norway Spruce in the Area of Horná Orava). Lesnictví-Forestry 40, H. 1/2, pp 42-47

Eckstein D, Breyne A, Aniol R W, Liese W (1981) Dendroklimatologische Untersuchungen zur Entwicklung von Straßenbäumen. Forstwissenschaftliches Centralblatt, 100. Jg., pp 381-396.

Elfving B, Tegnhammar L (1996) Trends of tree growth in Swedish forests 1953–1992: An analysis based on sample trees from the national forest inventory. Scandinavian Journal of Forest Research 11(1–4):26–37. https://doi.org/10.1080/02827589609382909

Fang J, Kato T, Guo Z, Yang Y, Hu H, Shen H, Zhao X, Kishimoto-Mo AW, Tang Y, Houghton RA (2014) Evidence for environmentally enhanced forest growth. Proceedings of the National Academy of Sciences 111(26):9527–9532. https://doi.org/10.1073/pnas.1402333111

Franz F (1983) Auswirkungen der Walderkrankungen auf Struktur und Wuchsleistung von Fichtenbeständen. Forstwissenschaftliches Centralblatt, 102. Jg., pp 186-200

Franz F, Pretzsch H (1988) Zuwachsverhalten und Gesundheitszustand der Waldbestände im Bereich des Braunkohlekraftwerkes Schwandorf. Forstliche Forschungsberichte München, Bd. 92, 169 p

Fritts HC (1976) Tree Rings and Climate. Academic Press, London, New York, San Francisco, 567 S.

Grantz DA, Gunn S, Vu H-B (2006) O_3 impacts on plant development: a meta-analysis of root/shoot allocation and growth. Plant, Cell & Environment 29(7):1193–1209. https://doi.org/10.1111/j.1365-3040.2006.01521.x

Grossiord C (2020) Having the right neighbors: how tree species diversity modulates drought impacts on forests. New Phytologist 228(1):42–49. https://doi.org/10.1111/nph.15667

Häberle K-H, Weigt R, Nikolova PS, Reiter IM, Cermak J, Wieser G, Blaschke H, Rötzer T, Pretzsch H, Matyssek R (2012) Case Study "Kranzberger Forst": Growth and Defence in European Beech (*Fagus sylvatica* L.) and Norway Spruce (*Picea abies* (L.) Karst). In: Matyssek R et al. (eds.), Growth and Defence in Plants, Ecological Studies 220, Springer-Verlag Berlin Heidelberg, pp 243-271. https://doi.org/10.1007/978-3-642-30645-7_11

Hari P, Arovaara H, Raunemaa T, Hautojärvi A (1984) Forest growth and the effects of energy production: a method for detecting trends in the growth potential of trees. Can J For Res 14(3):437–440. https://doi.org/10.1139/x84-077

Hartmann H (2011) Will a 385 million year-struggle for light become a struggle for water and for carbon? – How trees may cope with more frequent climate change-type drought events. Global Change Biology 17(1):642–655. https://doi.org/10.1111/j.1365-

2486.2010.02248.x

IPCC (2007) Fourth Assessment Report: Climate Change 2007. Working Group I Report. The Physical Science Basis, Geneva, Switzerland,104 p

Jacobs M, Rais A, Pretzsch H (2021) How drought stress becomes visible upon detecting tree shape using terrestrial laser scanning (TLS). Forest Ecology and Management 489:118975. https://doi.org/10.1016/j.foreco.2021.118975

Jüttner O (1955) Eichenertragstafeln. In: Schober, R. (Hrsg.) (1971) Ertragstafeln der wichtigsten Baumarten. JD Sauerländer's Verlag, Frankfurt am Main, pp 12-25, 134-138.

Kahn M (1994) Modellierung der Höhenentwicklung ausgewählter Baumarten in Abhängigkeit vom Standort. Forstliche Forschungsberichte München, Nr. 141, 221 p

Karnosky DF, Werner H, Holopainen T, Percy K, Oksanen T, Oksanen E, Heerdt C, Fabian P, Nagy J, Heilman W, Cox R, Nelson N, Matyssek R (2007) Free-Air Exposure Systems to Scale up Ozone Research to Mature Trees. Plant Biol (Stuttg) 9(2):181–190. https://doi.org/10.1055/s-2006-955915

Kauppi PE, Mielikäinen K, Kuusela K (1992) Biomass and Carbon Budget of European Forests, 1971 to 1990. Science 256(5053):70–74. https://doi.org/10.1126/science.256.5053.70

Kauppi PE, Posch M, Pirinen P (2014) Large Impacts of Climatic Warming on Growth of Boreal Forests since 1960. PLOS ONE 9(11):e111340. https://doi.org/10.1371/journal.pone.0111340

Kenk G, Spiecker H, Diener G (1991) Referenzdaten zum Waldwachstum. Kernforschungszentrum Karlsruhe, KfK-PEF 82, 59 p

Kiessling KB und Sterba H (1992) Dendrochronologische und dendroklimatologische Untersuchungen im Zusammenhang mit den großräumig auftretenden Eichenerkrankungen. Centralblatt für das gesamte Forstwesen, 109. Jg., pp 145-161

Kontic R, Niederer M, Nippel C, Winkler-Seifert A (1986) Jahrringanalysen an Nadelbäumen zur Darstellung und Interpretation von Waldschäden (Wallis, Schweiz). Eidgenössische Anstalt für das Forstwesen, Bericht Nr. 283, 46 p

Kramer H (1986) Beziehungen zwischen Kronenschadbild und Volumenzuwachs bei erkrankten Fichten. Allgemeine Forst- und Jagdzeitung, 157. Jg., H. 2, pp 22-27

Krapfenbauer A, Sterba H, Glatzel G, Hager H (1975) Ergebnisse von der Auswertung eines Einzelstammdüngungsversuches zu Kiefer. Centralblatt für das gesamte Forstwesen, 92. Jg., H. 4, pp 237-243

Lloret F, Keeling EG, Sala A (2011) Components of tree resilience: effects of successive low-growth episodes in old ponderosa pine forests. Oikos 120(12):1909–1920. https://doi.org/10.1111/j.1600-0706.2011.19372.x

Martín-Benito D, Cherubini P, del Río M, Cañellas I (2008) Growth response to climate and drought in *Pinus nigra* Arn. trees of different crown classes. Trees 22(3):363–373. https://doi.org/10.1007/s00468-007-0191-6

Martín-Benito D, Del Río M, Cañellas I (2010) Black pine (*Pinus nigra* Arn.) growth divergence along a latitudinal gradient in Western Mediterranean mountains. Ann For Sci 67(4):401–401. https://doi.org/10.1051/forest/2009121

Matyssek R, Sandermann H (2003) Impact of ozone on trees: an ecophysiological perspective. In: Esser, K., Lüttge, U., Beyschlag, W., Hellwig, F. (eds) Progress in Botany. Progress in Botany, 64. Springer, Berlin, Heidelberg. https://doi.org/10.1007/978-3-642-55819-1_15

Matyssek R, Wieser G, Ceulemans R, Rennenberg H, Pretzsch H, Haberer K, Löw M, Nunn AJ, Werner H, Wipfler P, Oßwald W, Nikolova P, Hanke DE, Kraigher H, Tausz M, Bahnweg G, Kitao M, Dieler J, Sandermann H, Herbinger K, Grebenc T, Blumenröther M, Deckmyn

G, Grams TEE, Heerdt C, Leuchner M, Fabian P, Häberle K-H (2010) Enhanced ozone strongly reduces carbon sink strength of adult beech (*Fagus sylvatica*) – Resume from the free-air fumigation study at Kranzberg Forest. Environmental Pollution 158(8):2527–2532. https://doi.org/10.1016/j.envpol.2010.05.009

McDowell N, Pockman WT, Allen CD, Breshears DD, Cobb N, Kolb T, Plaut J, Sperry J, West A, Williams DG, Yepez EA (2008) Mechanisms of plant survival and mortality during drought: why do some plants survive while others succumb to drought? New Phytologist 178(4):719–739. https://doi.org/10.1111/j.1469-8137.2008.02436.x

McDowell N, Sevanto S (2010) The mechansism of carbon starvation: how, when or does it even occur at all? New Phytol 186:264-266. https://doi.org/10.1111/j.1469-8137.2010.03232.x

Mielikäinen K, Nöjd P (1996) Growth trends in the Finnish forest: results and methodological considerations. Conference of Effects of Environmental Factors on Tree and Stand Growth, Technische Universität Dresden, Tagungsbericht, pp 164-174.

Mielikäinen K, Timonen M (1996) Growth Trends of Scots Pine (*Pinus sylvestris*, L.) in Unmanaged and Regularly Managed Stands in Southern and Central Finland. In: Spiecker H, Mielikäinen K, Köhl M, Skovsgaard J P (eds), Growth trends in european forests. Springer-Verlag, pp 41-59

Montero G, Rojo A, Elena R (1996) Case studies of growing stock and height growth evolution in Spanish forests. In: Spiecker H, Mielikäinen K, Köhl M, Skovsgaard JP (eds.), Growth Trends in European Forests. Berlin, Springer-Verlag, pp 313–328.

Neumann M, Schieler K (1981) Vergleich spezieller Methoden zuwachskundlicher Schadensabschätzung. Mitteilungen der Forstlichen Bundesversuchsanstalt Wien, Bd. 139, pp 49-66.

Pardos M, Río M del, Pretzsch H, Jactel H, Bielak K, Bravo F, Brazaitis G, Defossez E, Godvod K, Jacobs K, Jansone L, Jansons A, Morin X, Nothdurft A, Oreti L, Ponette Q, Pach M, Riofrío J, Ruiz-Peinado R, Tomao A, Uhl E, Calama Sainz RA, Engel M (2021) The greater resilience of mixed forests to drought mainly depends on their composition: Analysis along a climate gradient across Europe. Forest Ecology and Management 481:118687. https://doi.org/10.1016/j.foreco.2020.118687

Pollanschütz J (1980) Jahrringmessung und Referenzprüfung: Ein Beitrag zur Frage der Zuverlässigkeit bestimmter Verfahren der Zuwachsermittlung. Mitteilungen der Forstlichen Bundesversuchsanstalt Wien, Bd. 130, pp 263-285.

Pollanschütz J (1966) Verfahren zur objektiven „Abschätzung" (Messung) verminderter Zuwachsleistung von Einzelbäumen und Beständen. Mitteilungen der Forstlichen Bundesversuchsanstalt, Wien, H. 73, pp 129-144

Pollanschütz J (1967) Objektive Ermittlung der Auswirkung äußerer Einflüsse auf die Zuwachsleistung. Mitteilung der Forstlichen Bundesversuchsanstalt Wien, H. 77/1, pp 277-296

Pretzsch H (1989a) Untersuchungen an kronengeschädigten Kiefern (*Pinus sylvestris* L.) in Nordost-Bayern. Forstarchiv, 60. Jg., H. 2, pp 62-69

Pretzsch H (1989b) Zur Zuwachsreaktionskinetik der Waldbestände im Bereich des Braunkohlekraftwerkes Schwandorf in der Oberpfalz. Allgemeine Forst- und Jagdzeitung, 160. Jg., H. 2/3, pp 43-54

Pretzsch (1992) Konzeption und Konstruktion von Wuchsmodellen für Rein- und Mischbestände. Forstliche Forschungsberichte München, Nr. 115, 358 p

Pretzsch H (2001) Modellierung des Waldwachstums. Blackwell Wissenschafts-Verlag, Berlin, Wien, 336 p

Pretzsch H (2021) The social drift of trees. Consequence for growth trend detection, stand dynamics, and silviculture. Eur J

Forest Res 140(3):703–719. https://doi.org/10.1007/s10342-020-01351-y

Pretzsch H, Kölbel M (1988) Einfluß von Grundwasserabsenkungen auf das Wuchsverhalten der Kiefernbestände im Gebiet des Nürnberger Hafens. Ergebnisse ertragskundlicher Untersuchungen auf der Weiserflächenreihe Nürnberg 317. Forstarchiv, 59. Jg., H. 3, pp 89-96

Pretzsch H, Utschig H (1989) Das "Zuwachstrend-Verfahren" für die Abschätzung krankheitsbedingter Zuwachsverluste auf den Fichten- und Kiefern-Weiserflächen in den bayerischen Schadgebieten. Forstarchiv, 60. Jg., H. 5, pp 188-193

Pretzsch H, Utschig H (2000) Wachstumstrends der Fichte in Bayern. Mitteilungen aus der Bayerischen Staatsforstverwaltung, Bayerisches Staatsministerium für Ernährung, Landwirtschaft und Forsten, München, H. 49, 170 p

Pretzsch H, Schütze G (2018) Growth recovery of mature Norway spruce and European beech from chronic O_3 stress. Eur J Forest Res 137(2):251–263. https://doi.org/10.1007/s10342-018-1106-3

Pretzsch H, Dieler J, Matyssek R, Wipfler P (2010) Tree and stand growth of mature Norway spruce and European beech under long-term ozone fumigation. Environmental Pollution 158(4):1061–1070. https://doi.org/10.1016/j.envpol.2009.07.035

Pretzsch H, Uhl E, Biber P, Schütze G, Coates KD (2012) Change of allometry between coarse root and shoot of Lodgepole pine (Pinus contorta DOUGL. ex. LOUD) along a stress gradient in the sub-boreal forest zone of British Columbia. Scandinavian Journal of Forest Research 27(6):532–544. https://doi.org/10.1080/02827581.2012.672583

Pretzsch H, Biber P, Schütze G, Uhl E, Rötzer T (2014a) Forest stand growth dynamics in Central Europe have accelerated since 1870. Nat Commun 5(1):4967. https://doi.org/10.1038/ncomms5967

Pretzsch H, Biber P, Schütze G, Bielak K (2014b) Changes of forest stand dynamics in Europe. Facts from long-term observational plots and their relevance for forest ecology and management. Forest Ecology and Management 316:65–77. https://doi.org/10.1016/j.foreco.2013.07.050

Pretzsch H, Biber P, Uhl E, Dauber E (2015) Long-term stand dynamics of managed spruce–fir–beech mountain forests in Central Europe: structure, productivity and regeneration success. Forestry: An International Journal of Forest Research 88(4):407–428. https://doi.org/10.1093/forestry/cpv013

Pretzsch H, Biber P, Uhl E, Dahlhausen J, Schütze G, Perkins D, Rötzer T, Caldentey J, Koike T, Con T van, Chavanne A, Toit B du, Foster K, Lefer B (2017) Climate change accelerates growth of urban trees in metropolises worldwide. Sci Rep 7(1):15403. https://doi.org/10.1038/s41598-017-14831-w

Pretzsch H, Biber P, Schütze G, Kemmerer J, Uhl E (2018) Wood density reduced while wood volume growth accelerated in Central European forests since 1870. Forest Ecology and Management 429:589–616. https://doi.org/10.1016/j.foreco.2018.07.045

Pretzsch H, del Río M, Biber P, Arcangeli C, Bielak K, Brang P, Dudzinska M, Forrester DI, Klädtke J, Kohnle U, Ledermann T, Matthews R, Nagel J, Nagel R, Nilsson U, Ningre F, Nord-Larsen T, Wernsdörfer H, Sycheva E (2019) Maintenance of long-term experiments for unique insights into forest growth dynamics and trends: review and perspectives. Eur J Forest Res 138(1):165–185. https://doi.org/10.1007/s10342-018-1151-y

Pretzsch H, Hilmers T, Biber P, Avdagić A, Binder F, Bončina A, Bosela M, Dobor L, Forrester DI, Lévesque M, Ibrahimspahić A, Nagel TA, del Río M, Sitkova Z, Schütze G, Stajić B, Stojanović D, Uhl E, Zlatanov T, Tognetti R (2020) Evidence of elevation-specific growth changes of spruce, fir, and beech in European mixed mountain forests during the last three centuries. Can J For Res 50(7):689–703. https://doi.org/10.1139/cjfr-2019-0368

Pretzsch H, Hilmers T, Uhl E, Bielak K, Bosela M, del Rio M, Dobor L, Forrester DI, Nagel TA, Pach M, Avdagić A, Bellan M, Binder F, Bončina A, Bravo F, de-Dios-García J, Dinca L, Drozdowski S, Giammarchi F, Hoehn M, Ibrahimspahić A, Jaworski A, Klopčič M, Kurylyak V, Lévesque M, Lombardi F, Matović B, Ordóñez C, Petráš R, Rubio-Cuadrado A, Stojanovic D, Skrzyszewski J, Stajić B, Svoboda M, Versace S, Zlatanov T, Tognetti R (2021) European beech stem diameter grows better in mixed than in mono-specific stands at the edge of its distribution in mountain forests. Eur J Forest Res 140(1):127–145. https://doi.org/10.1007/s10342-020-01319-y

Pretzsch H, del Río M, Grote R, Klemmt H-J, Ordóñez C, Oviedo FB (2022) Tracing drought effects from the tree to the stand growth in temperate and Mediterranean forests: insights and consequences for forest ecology and management. Eur J Forest Res 141(4):727–751. https://doi.org/10.1007/s10342-022-01451-x

Pretzsch H, del Río M, Arcangeli C, Bielak K, Dudzinska M, Forrester DI, Klädtke J, Kohnle U, Ledermann T, Matthews R, Nagel J, Nagel R, Ningre F, Nord-Larsen T, Biber P (2023) Forest growth in Europe shows diverging large regional trends. Sci Rep 13(1):15373. https://doi.org/10.1038/s41598-023-41077-6

Preuhsler T (1990) Einfluß von Grundwasserentnahmen auf die Entwicklung der Waldbestände im Raum Genderkingen bei Donauwörth. Forstliche Forschungsberichte München, Nr. 101, 95 p

Preuhsler T (1987) Wachstumsreaktionen nach Trassenaufhieb in Kiefernbeständen. Forstliche Forschungsberichte München, Nr. 81, 210 p

Pruscha H (1989) Angewandte Methoden der Mathematischen Statistik. Teubner Skripten zur Mathematischen Statistik, Verlag B. G. Teubner, Stuttgart, 391 p

Riemer T (1994) Über die Varianz von Jahrringbreiten. Statistische Methoden für die Auswertung der jährlichen Dickenzuwächse von Bäumen unter sich ändernden Lebensbedingungen. Berichte des Forschungszentrums Waldökosysteme, Reihe A, Bd. 121, 375 p

Röhle H (1987) Entwicklung von Vitalität, Zuwachs und Biomassenstruktur der Fichte in verschiedenen bayerischen Untersuchungsgebieten unter dem Einfluß der neuartigen Walderkrankungen. Forstliche Forschungsberichte München, Nr. 83, 122 p

Röhle H (1997) Änderung von Bonität und Ertragsniveau in südbayerischen Fichtenbeständen. Allgemeine Forst- und Jagdzeitung, 168. Jg., H. 6/7, pp 110-114

Rojo A, Montero G (1996) El pino silvestre en la Sierra de Guadarrama. Ministerio de Agricultura, Pesca y Alimentación, Madrid. 293 p

Sala A, Piper F, Hoch G (2010) Physiological mechanisms of drought-induced tree mortality are far from being resolved. New Phytol 186 (2): 274-281. https://doi.org/10.1111/j.1469-8137.2009.03167.x

Scheffé H (1953) A method of judging all contrasts in the analysis of variance. Biometrika 40(1–2):87–110. https://doi.org/10.1093/biomet/40.1-2.87

Schlittgen R, Streitberg BHJ (1997) Zeitreihenanalyse. 7. Aufl., Oldenburg Verlag, München, Wien, 574 p

Schober R (1975) Ertragstafeln wichtiger Baumarten. J. D. Sauerländer's Verlag, Frankfurt a. Main, 154 p

Schönwiese CD, Staeger T, Trömel S (2005) Klimawandel und Extremereignisse in Deutschland. Deutscher Wetterdienst (Hrsg.): Klimastatusbericht 2005, Selbstverlag Deutscher Wetterdienst, Offenbach, 191 p

Schwappach A (1890) Wachstum und Ertrag normaler Fichtenbestände. Verlag Julius Springer, Berlin, 100 p

Schweingruber FH, Kontic R, Winkler-Seifert A

(1983) Eine jahrringanalytische Studie zum Nadelbaumsterben in der Schweiz. Bericht der Eidgenössischen Anstalt für das forstliche Versuchswesen, Nr. 253, 29 p

Schweingruber FH, Albrecht H, Beck M, Hessel J, Joos K, Keller D, Kontic R, Lange K, Niederer M, Nippel C, Spang C, Spinnler A, Steiner B, Winkler-Seifert A (1986) Abrupte Zuwachsschwankungen in Jahrringabfolgen als ökologische Indikatoren. Bericht der Eidgenössischen Anstalt für das forstliche Versuchswesen, pp 125-179.

Sitch S, Cox PM, Collins WJ, Huntingford C (2007) Indirect radiative forcing of climate change through ozone effects on the land-carbon sink. Nature 448(7155):791–794. https://doi.org/10.1038/nature06059

Spiecker H, Mielikäinen K, Köhl M, Skovsgaard JP (Hrsg.) (1996) Growth trends in european forests. Europ For Inst, Res Rep 5, Springer-Verlag, Heidelberg, 372 p

Sterba H (1970) Untersuchungen zur Frage der Anlage und Auswertung von Einzelstammdüngungsversuchen. Centralblatt für das gesamte Forstwesen, 87. Jg., H. 3, pp 166-189

Sterba H (1973) Auswertung eines Bestandesdüngungsversuches auf Terra Fusca. Centralblatt für das gesamte Forstwesen, 90. Jg., pp 34-45

Sterba H (1978) Methodische Erfahrungen bei Einzelstammdüngungsversuchen. Allgemeine Forst- und Jagdzeitung, 149. Jg., pp 35-40

Sterba H (1984) Pärchenuntersuchungen in Österreich. Tagungsbericht von der Jahrestagung 1984 der Sektion Ertragskunde im Deutschen Verband Forstlicher Forschungsanstalten in Neustadt a. d. Weinstraße, pp 8/1-8/10

Sterba H (1989) Waldschäden und Zuwachs. S. 61-80 In: ULRICH, B., (Hrsg.): Wissensstand und Perspektiven. Internationaler Kongreß Waldschadensforschung vom 2 bis 6.10.1989 in Friedrichshafen

Sterba H (1995) Forest decline and increasing increments: a simulation study. Forestry: An International Journal of Forest Research 68(2):153–163. https://doi.org/10.1093/forestry/68.2.153

Sterba H (1996) Forest Decline and Growth Trends in Central Europe. In: Spiecker H, Mielikäinen K, Köhl M, Skovsgaard J P (eds), Growth trends in european forests. Springer-Verlag, pp 149-165

Thurm EA, Uhl E, Pretzsch H (2016) Mixture reduces climate sensitivity of Douglas-fir stem growth. Forest Ecology and Management 376:205–220. https://doi.org/10.1016/j.foreco.2016.06.020

Tukey JW (1977) Exploratory Data Analysis. Reading, Mass, Addison Wesley Publishing Company, 688 p

Ulrich B (1987). Stabilität, Elastizität und Resilienz von Waldökosystemen unter dem Einfluß saurer Deposition. Forstarchiv, 58:232-239

Utschig H (1989) Waldwachstumskundliche Untersuchungen im Zusammenhang mit Waldschäden. Auswertung der Zuwachstrendanalyseflächen des Lehrstuhles für Waldwachstumskunde für die Fichte (*Picea abies* (L.) Karst.) in Bayern. Forstliche Forschungsberichte München, Nr. 97, 198 p

Vinš B (1961) Störungen der Jahresringbildung durch Rauchschäden. Naturwissenschaften 48(13):484–485. https://doi.org/10.1007/BF00590389

Vinš B (1966) Die Jahrringbreite im gleichaltrigen Fichtenreinbestand und ihre Veränderungen. Wissenschaftliche Zeitschrift der Technischen Universität Dresden, 15. Jg., H. 2, pp 419-424

Vinš B, Mrkva R (1972) Zuwachsuntersuchungen in Kiefernbeständen in der Umgebung einer Düngerfabrik. Mitteilungen der Forstlichen Bundesversuchsanstalt SB., 1961: Verwendung der Jahrringanalyse zum Nachweis von Rauchschäden. Lesnictví, Roãník VII, (XXXIV), H. 3, pp 753-768 und H. 4., pp 263-278

Wiedemann, E. (1923) Zuwachsrückgang und Wuchsstockungen der Fichte in den mittleren und unteren Höhenlagen der sächsischen Staatsforsten. Kommissionsverlag W. Laux, Tharandt, 181 p

Wiedemann, E. (1932) Die Rotbuche 1931. Mitteilungen aus Forstwirtschaft und Forstwissenschaft. 3. Jg., H. 1, 189 p

Wiedemann, E. (1936/1942) Die Fichte 1936. Verlag M. & H. Schaper, Hannover, 248 p; Untersuchungen der Preußischen Versuchsanstalt über Ertragstafelfragen. Sonderdruck aus Mitteilungen aus Forstwirtschaft und Forstwissenschaft, 10 Jg., 40 p

Wiedemann E (1943/1948) Kiefern-Ertragstafel für mäßige Durchforstung, starke Durchforstung und Lichtung, In: Wiedemann, E. (1948) Die Kiefer 1948. Verlag M & H Schaper, Hannover, 337 p

Wiedemann E (1948) Die Kiefer 1948. Waldbauliche und ertragskundliche Untersuchungen. Verlag M. & H. Schaper, Hannover, 337 p

Wittig VE, Ainsworth EA, Naidu SL, Karnosky DF, Long SP (2009) Quantifying the impact of current and future tropospheric ozone on tree biomass, growth, physiology and biochemistry: a quantitative meta-analysis. Global Change Biology 15(2):396–424. https://doi.org/10.1111/j.1365-2486.2008.01774.x

Generación de conocimiento y transferencia a la Gestión Forestal

12

12.1 De la recopilación de datos al enunciado de hipótesis	688
12.3 Integración de aspectos aislados para la definición del modelo conjunto	694
12.4 Aplicaciones de modelos en la ciencia, educación y práctica forestal	698
12.5 Reglas, leyes y teorías	701
Mensajes clave	706
Referencias	708

Resumen La generación de conocimiento sobre crecimiento y producción forestales y su transferencia a la práctica de la gestión forestal constituyen el conocimiento aplicado que caracteriza a la selvicultura aplicada. A lo largo de este libro se ha procurado hacer un esfuerzo especial en transferir, de la forma más directa y sencilla posible, algunos conocimientos resultantes de la investigación experimental en masas forestales alemanas y españolas (redes de parcelas experimentales permanentes de ambos países) y otros tomados de la bibliografía, junto con los más generalmente conocidos y que se vienen aplicando habitualmente en la técnica forestal. La Ciencia Forestal, es una ciencia experimental que necesita nutrirse de la investigación a través de la constante transferencia de los resultados e incorporación de nuevos conocimientos en la gestión forestal para el cumplimiento de los fines que tiene encomendados, más aún en la época actual de fuertes cambios ambientales y sociales que afectan a los métodos de gestión que estamos obligados aplicar en cada momento.

En la investigación del crecimiento y la gestión forestales, como en otras ciencias naturales en general, la adquisición y el uso del conocimiento en la práctica se llevan a cabo siguiendo los pasos descritos en la Figura 12.1, que se ejecutan en paralelo o consecutivamente y pueden interconectarse. El camino desde el diseño de experimentos a través de mediciones hasta el desarrollo de modelos y la derivación de leyes o teorías está influenciado en gran medida por la intuición científica, por lo que con frecuencia no sigue la secuencia teórica descrita en la Figura 12.1. Sin embargo, es indispensable disponer de un conocimiento básico del proceso cognitivo y de los pasos esenciales que se deben desarrollar, en paralelo o de forma consecutiva, y que a su vez se pueden entrelazar, para abordar adecuadamente el procedimiento científico. Así, un conocimiento básico del proceso cognitivo de la investigación sobre el crecimiento y producción de las masas forestales, como se expone a continuación, es necesario para el científico y, sobre todo, para los técnicos responsables de la gestión. Al científico le ayuda a la hora de realizar sus propias investigaciones de una manera más específica y coherente y, además, proporciona las herramientas para un manejo crítico de los métodos de investigación y los resultados de otros científicos. En el caso de los técnicos encargados de la gestión forestal, la necesidad es todavía mayor, pues está suficientemente demostrado que, sin investigación forestal no puede haber innovación en de la gestión forestal. Solo la aplicación de una selvicultura científica puede garantizar una gestión sostenible de las masas forestales.

En este capítulo, se tratan los siguientes ocho pasos del método científico para la generación y transferencia de conocimiento a la práctica: 1. Observación medición y recogida de datos; 2. Descripción de datos y planteamiento de cuestiones científicas; 3. Formulación de hipótesis sobre aspectos particulares del crecimiento forestal; 4. Test de hipótesis; 5. Integración de aspectos individuales en un modelo de representación del conjunto del sistema; 6. Test de hipótesis del conjunto mediante simulación; 7. Aplicación del modelo a la ciencia, la práctica y la educación; 8. Desarrollo de nuevas teorías, reglas y leyes. En la Figura 12.1, las interfaces esenciales para el intercambio y transferencia de conocimiento de la ciencia a la práctica forestal están resaltadas por flechas sombreadas (↔ P).

Esta visión general sobre el procedimiento científico en ciencias forestales, en particular, en investigación sobre crecimiento y producción de las masas forestales, ilustra el importante papel de los modelos de crecimiento forestal en el camino desde la medición hasta el desarrollo de leyes o teorías. El desarrollo de modelos crecimiento no solo promueve el proceso cognitivo de la ciencia forestal, sino también suponen una herramienta de apoyo a la selvicultura, por lo que se puede considerar como una de las tareas más importantes de la investigación del crecimiento de los bosques. Debido a la variación inherente a los sistemas forestales, con frecuencia nos referimos a las leyes que rigen estos sistemas como reglas o principios.

12.1 De la recopilación de datos al enunciado de hipótesis

12.1.1 Medición y recopilación de datos

En todos los campos científicos, el proceso cognitivo comienza con la recopilación de hechos objetivos y el establecimiento de una base de información empírica (Mohr 1981). En el ámbito del crecimiento la producción forestal, las fuentes clásicas son parcelas de observación en las que se registra el desarrollo de árboles individuales y se generaliza a las masas forestales, experimentos en los que se comparan diferentes tratamientos selvícolas entre ellos y con los obtenidos en parcelas experimentales testigos o sin intervención selvícola, y en parcelas experimentales que se configuran para registrar determinados factores disruptivos. En las últimas décadas, los análisis del crecimiento retrospectivo de árboles individuales y masas forestales (mediante el conteo y medición de anillos de crecimiento y análisis de tronco), y los datos de inventario han ido ganando importancia (Nagel et al. 2012). Las investigaciones puntuales en el espacio y/o tiempo, pero con mucho mayor grado de detalle, suponen una importante fuente de conocimiento aun no agotada que permite establecer afirmaciones o conclusiones objetivas relacionadas con el crecimiento forestal (Matyssek et al. 2012a).

La observación, medición y recopilación de datos constituyen un importante punto de acceso al conocimiento sobre el crecimiento de los bosques (Figura 12.1, paso 1) y conforman la base de la investigación del crecimiento forestal, en concordancia con el principio de "medir lo que se pueda medir, y lo que no se puede medir, hacerlo medible" que Galileo enuncia y convierte en centro de sus investigaciones (Assmann 1961a). El hecho de que la información cuantitativa sobre el crecimiento y la producción forestal proporcionada por la medición, la modelización y la simulación es una base indispensable para la toma de decisiones en la gestión forestal, y

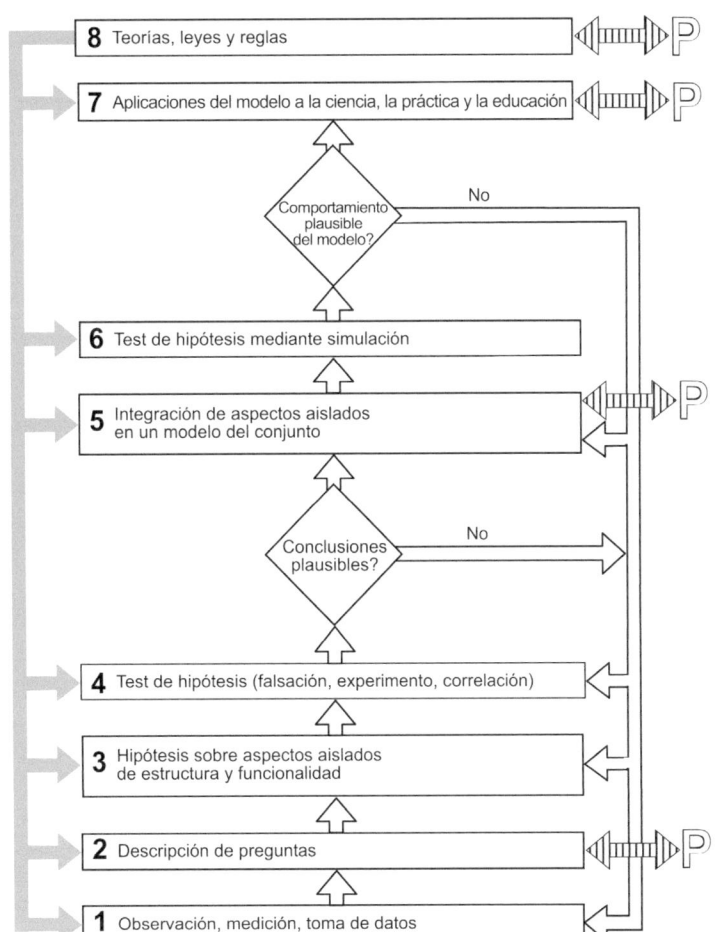

Figura 12.1 Esquema general del procedimiento científico de la investigación del crecimiento y producción forestales. Las interfaces esenciales para el intercambio de conocimientos con la práctica están resaltadas por las flechas marcadas con una P (↔ P).

no amenaza ni contradice el proceso creativo o intuitivo de la selvicultura, no debe cuestionarse en la actualidad.

Mediante la recolección de datos y mediciones, verificación de su plausibilidad, organización, evaluación estándar y almacenamiento permanente, se acumula progresivamente una base de información empírica y conocimiento indispensable para toda ciencia basada en mediciones, como es la ciencia del crecimiento forestal. Debido a los largos períodos de observación, que en muchas áreas de investigación del crecimiento forestal se remontan a los años 60 y 70 del siglo XIX, la organización y la evaluación estandarizada de los datos tienen un protagonismo especial en el procedimiento de investigación. Las parcelas permanentes solo proporcionan su valor informativo completo tras largos periodos de seguimiento, tras ser inventariadas diez o veinte veces a intervalos regulares. Solo si se puede acceder a los datos de inventarios anteriores, se pueden crear las series cronológicas de toda la vida del árbol o de la masa, que son indispensables para la investigación del crecimiento forestal. Las mediciones a largo plazo son necesarias para estudiar y diferenciar los efectos a corto y largo plazo de los diferentes regímenes de claras aplicados a la masa, u otros tratamientos selvícolas especiales y adecuados para cada especie y condiciones ecológicas.

12.1.2 Descripción y preguntas

La descripción de estructuras y desarrollos de las masas forestales a partir de los datos medidos es un primer paso importante de la evaluación (Figura 12.1, Paso 2). Por un lado, proporciona información cuantitativa práctica sobre las masas forestales y, por otro, proporciona una base importante para la formulación de preguntas, siguiendo el método científico. Por descripción entendemos la caracterización de una o más variables que son objeto de investigación utilizando medidas estadísticas, tablas o gráficos. Se limita a la reproducción de hechos objetivos basados en observaciones, es decir, de afirmaciones directamente derivables de los datos. La ciencia del crecimiento y la producción forestales describe, por ejemplo, la estructura de la copa, el crecimiento en diámetro y el cambio en la forma del fuste de árboles individuales, el desarrollo del área de basimétrica y el volumen, el número de pies por hectárea, la calidad de los productos principales o la fracción de cabida cubierta de las masas forestales, así como la evolución de determinados índices de estructura y de diversidad, o la calidad y cantidad de la regeneración natural. La descripción de la estructura y dinámica de árboles individuales y de masas forestales, se basa en métodos de estadística descriptiva, como tablas, gráficos, distribuciones de frecuencia, o valores medios y medidas de dispersión. No obstante, puede incorporar métodos de estadística analítica, por ejemplo, cuando se describe un patrón mediante análisis de regresión. Toda recogida de información y su correspondiente descripción, incluyendo la definición de afirmaciones causales, debe estar motivada por un interés en determinadas preguntas e hipótesis necesarias para la formulación de modelos, teorías y leyes. Una investigación eficiente y el posterior suministro de información actualizada a los actores encargados de la toma de decisiones selvícolas (gestores forestales o ambientales), requieren de un equilibrio entre la recopilación y descripción sistemática de hechos y su utilización para la construcción de modelos, teorías y leyes. La gestión integral de los ecosistemas forestales no es posible sin un conocimiento profundo y pormenorizado de las condiciones del sitio o sin los factores disruptivos no previstos con anterioridad y que pueden resultar necesarios o útiles para la resolución de problemas importantes, es decir, sin afirmaciones causa-efecto que se puedan generalizar.

12.1.3 Formulación de hipótesis

Tras una hipótesis se encuentra siempre una suposición que aún no ha sido probada en la práctica, que se configura como un principio metodológico y herramienta del conocimiento científico. Las hipótesis resultan de los interrogantes enunciados en el paso anterior (Figura 12.1, Paso 3). Las hipótesis son la herramienta para responder a interrogantes de manera específica. Por ejemplo, un interrogante puede ser cómo la mezcla de especies afecta la forma del fuste de cada una de las especies. La hipótesis puede ser entonces que el valor h/d de la alometría diámetro-altura y el factor de forma, por ejemplo, de pinos y robles, en masa mixta no difieran significativamente de los parámetros correspondientes en masas puras de estas especies.

Las hipótesis se diferencian de la pura especulación en que son definidas en contenido y forma, bien mediante discusiones dentro de la comunidad científica, o bien mediante revisiones de la literatura. Las hipótesis pueden centrarse en relaciones causales específicas, cadenas enteras de causalidad o segmentos del sistema. El establecimiento de hipótesis sobre el comportamiento de sistemas completos conduce a la creación de modelos y simulaciones.

En el contexto de la investigación del crecimiento forestal, la base de las hipótesis son fundamentalmente datos y hechos provenientes de dos fuentes de datos. Una primera fuente son datos recopilados de forma intensiva a partir de series de crecimiento y parcelas permanentes, que por regla general solo tienen validez local o aislada, pero en general son datos precisos que cubren periodos largos de tiempo. Esta fuente incluye parcelas permanentes con una amplia gama de factores experimentales (especies, mezclas de especies, edad, procedencias, calidad de estación y tratamientos selvícolas), que representan la base casi ideal para la preparación y prueba de hipótesis sobre el crecimiento forestal. Una segunda fuente incluye datos extensivos provenientes de inventarios forestales, que son menos precisos y registrados por lo general durante un periodo menor de tiempo, pero que son más representativos del área geográfica que cubren. Ambas fuentes de datos son complementarias y de gran valor para la formulación de hipótesis (Nagel et al. 2012).

Las hipótesis no se pueden derivar de forma puramente formal exclusivamente a partir de los datos existentes. La formulación de hipótesis requiere intuición científica y cierto grado de imaginación e ideas. Por lo tanto, las hipótesis planteadas están a veces influenciadas por la personalidad del investigador, la política científica de la institución donde se desarrolla la investigación y, con frecuencia, por la propia línea de investigación y el espíritu científico dominante en ese momento. Especialmente en el último punto, existe el peligro de que las hipótesis que favorecen a las ideas dominantes de la época tengan más probabilidades de ser enunciadas y procesadas. Se pueden encontrar numerosos ejemplos de este hecho en la investigación sobre daños forestales, por la llamada lluvia ácida de los años setenta y ochenta, en la que se formularon hipótesis tendenciosas y, en consecuencia, efímeras sobre la existencia y la evolución de las causas de los daños forestales. Sin embargo, al igual que en otras disciplinas especializadas, en la investigación del crecimiento y producción forestales, son precisamente estos patrones de pensamiento e hipótesis que contrastan con la opinión predominante, los que a menudo han proporcionado impulsos decisivos para la investigación del crecimiento y producción forestales. Por ejemplo, las hipótesis de Assmann sobre el efecto de aceleración del crecimiento, sobre la relación entre la densidad y el crecimiento de la masa y sobre los niveles de producción (Assmann 1961b), que en la década de 1960 contradecían las nociones sobre el crecimiento de la masa y la construcción de tablas de producción entonces existentes, pero que luego se han demostrado como la base para el tratamiento selvícola y la evaluación de la producción.

12.2 Evaluación de hipótesis

Una prueba de evaluación o contraste de hipótesis es una regla específica que permite determinar cuándo se puede aceptar o rechazar una afirmación sobre una población, dependiendo de la evidencia proporcionada por los datos de una muestra. Una prueba de hipótesis examina dos hipótesis opuestas sobre una población: la hipótesis nula y la hipótesis alternativa. La hipótesis alternativa es la afirmación que se desea demostrar que es verdadera, basándose en la evidencia proporcionada por los datos de la muestra. En la Ciencia la falsabilidad o refutabilidad es la capacidad de una teoría o hipótesis de ser sometida a potenciales pruebas que la contradigan. Es uno de los dos pilares del método científico, siendo la reproducibilidad el otro. Es decir, lo que significa desmentir una hipótesis o una teoría, mediante pruebas o experimentos.

12.2.1 Métodos de evaluación de hipótesis

La prueba o evaluación de hipótesis y de modelos (Figura 12.1, paso 4, falsación, experimento, correlación) debe llevarse a cabo en cuatro direcciones (Popper 1984):

Primero, debe hacerse una verificación de contradicciones internas. Para ello, se deben comparar entre sí las conclusiones lógicas de las hipótesis que se han planteado.

En segundo lugar, las hipótesis y los modelos, que deben verse como un cuasi paquete de hipótesis, deben verificarse por su forma lógica y su carácter como hipótesis. Esto se hace cuestionando si la hipótesis es tautológica, refutable o no verificable.

En tercer lugar, la verificación deductiva incluye la comparación de las hipótesis que se han formulado con reglas, leyes y teorías ya establecidas. En el caso de las hipótesis relacionadas con el crecimiento y la producción forestales, que se basan principalmente en procesos y estructuras a macro escala, se lleva a cabo una verificación particular para determinar si una hipótesis puede derivarse del conocimiento fáctico de los procesos y estructuras en el siguiente nivel del sistema (ver Sección 1.2.7.1).

En cuarto lugar, se debe realizar una prueba de hipótesis por comparación con la realidad, basada en datos observacionales o experimentales. Una prueba empírica como esta es particularmente deseable en el caso de hipótesis de la existencia de estados y patrones típicos del sistema, así como sobre tendencias y cadenas causales. Requiere una base empírica sólida, es decir, llevar a cabo una prueba de hipótesis por descripción, experimentación o análisis de correlación. La búsqueda sistemática (incluida la identificación de contraejemplos para refutar una hipótesis), como se lleva a cabo en el campo de la biología y la medicina, rara vez se utiliza en la investigación del crecimiento forestal como una forma de probar hipótesis.

Estos cuatro tipos de pruebas se pueden recomendar para el análisis sistemático de hipótesis científicas. Si las hipótesis se confirman en estas cuatro direcciones, es decir, no pueden ser verificadas, se puede asumir su validez con mayor certeza. Así, si se dispone de nuevos datos recopilados de forma sistemática o no sistemática deben utilizarse una y otra vez para comprobar la validez de las hipótesis y los modelos existentes. Las tablas de producción centroeuropeas de las décadas de 1940 y 1950, por nombrar un ejemplo, han sido modelos probados durante décadas. Sin embargo, en sus validaciones recientes se comprueba que ya no son válidas ya que no reflejan los patrones actuales, por lo que podría parecer aconsejable un cambio a modelos nuevos, con más información y más realistas.

12.2.2 Prueba de hipótesis mediante experimentos

En un experimento, todos los factores influyentes se mantienen constantes excepto el factor que se va a investigar. El factor a verificar se cambia de una manera definida y su efecto se analiza, por ejemplo, sobre el desarrollo del árbol o la masa. De esta manera, los experimentos pueden proporcionar relaciones claras entre las variables de causa y efecto (Figura 12.2). En experimentos multifactoriales se examinan los efectos de varios factores, por ejemplo, se analizan los efectos de diferentes mezclas de especies, pesos e intensidad de claras, dosis de fertilización, la dinámica de la regeneración y del crecimiento de la masa, al establecer los factores en determinados niveles definidos.

La valoración de hipótesis mediante diseños experimentales es el método más adecuado para contrastar el efecto de uno o varios factores, ya

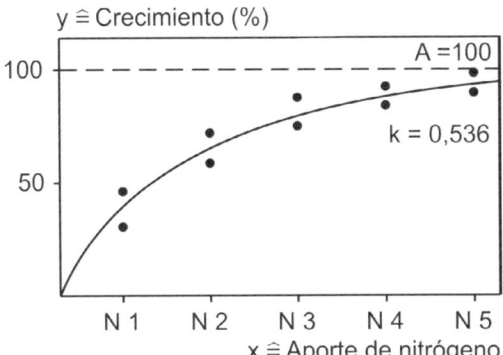

Figura 12.2 Resultados de un experimento en el crecimiento (en %) sobre el efecto de inmisiones de nitrógeno con 5 niveles de dosis de aportes y dos repeticiones por nivel en una representación esquemática. El experimento permite examinar y cuantificar las relaciones causales entre el suministro de nutrientes y el crecimiento. Las reacciones de crecimiento de una masa de pino siguen la ley $y = A \times (1 - e^{-k \times x})$ (con $A = 100$, $k = 0.536$) de Mitscherlich (1948) (ver Capítulo 3, Caja 3.4).

que se contrastan varios niveles del factor bajo condiciones de *ceteris paribus*, condición indispensable para determinar el efecto aislado del factor. Como se comenta posteriormente, los experimentos en el ámbito del crecimiento, de la producción forestal y la selvicultura, presentan una serie de dificultades innatas a las características y peculiaridades de los sistemas forestales y al estudio del crecimiento forestal (Capítulo 1), que en general conllevan que en su mayoría sean diseños sencillos y que con frecuencia se recurra a otras fuentes de datos, como por ejemplo, datos de inventarios forestales.

El requisito previo para llevar a cabo experimentos para probar hipótesis es la formulación clara y precisa del interrogante del experimento. Esto incluye preguntas como las siguientes: (1) ¿Qué se desea saber?, (2) ¿Qué nivel de explicación (resolución espacio-temporal) se busca?, (3) ¿Qué requisitos de precisión se exigen? y (4) ¿Con qué fin debe responderse al interrogante? Dependiendo de la dimensión espacial y temporal de la hipótesis a contrastar, los experimentos deben mantenerse bajo observación en diferentes sitios experimentales (resolución espacial) y por diferentes períodos de tiempo (resolución temporal). Estas consideraciones pueden parecer triviales a primera vista, pero son esenciales para garantizar que se cumplan las condiciones del método científico y la aplicación práctica de los resultados de los experimentos (Mudra 1958; Montero et al. 2004).

12.2.3 Evaluación de hipótesis mediante análisis de correlación.

Recordemos que el análisis de correlación es una técnica estadística que se utiliza para determinar si existe una relación entre dos o más variables, es decir, cuánto varía una variable en función de un incremento o disminución de la otra. Si el análisis de correlación muestra que dos variables están relacionadas entre sí, se puede comprobar posteriormente si una variable puede ser utilizada para predecir a la otra y con qué grado de precisión puede hacerlo. Con la ayuda del análisis de correlación se pueden hacer dos afirmaciones, una sobre la dirección, y otra sobre la fuerza de la relación lineal entre las dos variables métricas o de escala ordinaria. La dirección indica si existe una correlación positiva o negativa, mientras que la fuerza indica el grado de esta. Por otro lado, hay que tener en cuenta que las correlaciones no tienen por qué ser relaciones causales. Por lo que siempre hay que estudiarlas detenidamente. Las correlaciones que se presenten, en cualquier circunstancia, deben investigarse con detenimiento, y nunca deben interpretarse a la ligera, en términos de contenido, a pesar de que éste pueda parecer evidente.

Algunas relaciones que se quieren contrastar pueden ser de difícil implementación en diseños de experimentos por su elevado coste o por su propia naturaleza, tales como la relación entre la temperatura en la estación y el crecimiento en altura, aunque existen algunos experimentos de esta naturaleza (*e.g.* Grams et al. 2021, Pretzsch et al. 2023). En este tipo de situaciones se pueden comprobar las hipótesis mediante análisis de correlación, por ejemplo, mediante análisis longitudinales y transversales. De esta manera, una evaluación integral de datos en los que no se cumplen las condiciones *ceteris paribus* que se dan en los experimentos, pero que representan un amplio espectro de las características de sitio en yuxtaposición espacial (datos transversales) o sucesión cronológica (datos longitudinales), puede producir relaciones de

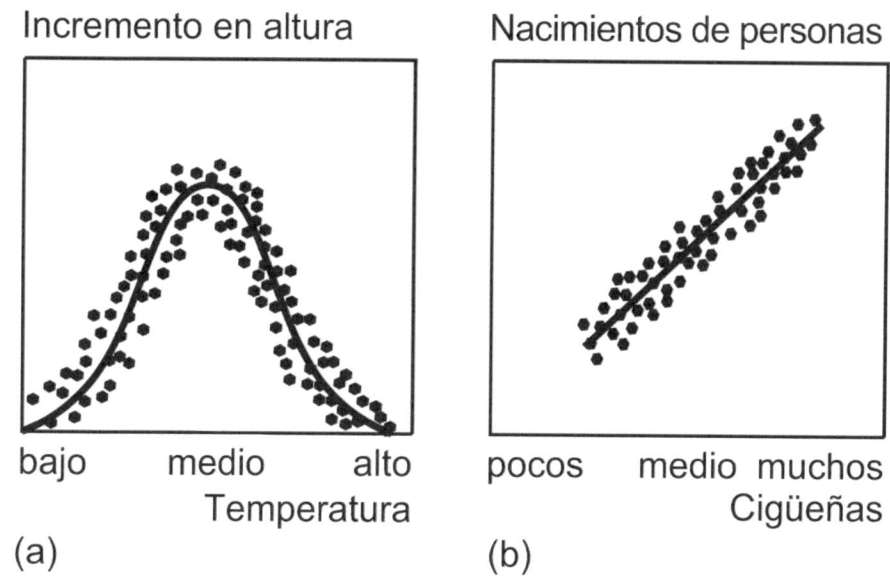

Figura 12.3 Análisis de correlación para investigar relaciones experimentalmente difícilmente accesibles con datos de experimentos o de inventario. Una correlación detectable entre (a) crecimiento en altura y temperatura o (b) número de nacimientos de personas y cigüeñas no permite verificar que las conclusiones establecidas sean relaciones causales.

correlación informativas entre los factores ambientales y el crecimiento (Figura 12.3a). Esto, por supuesto, no tiene la robustez de las relaciones de causa-efecto obtenidas de los experimentos, pero también puede contribuir a mejorar las pruebas de hipótesis (Bässler 1991), y de este modo, al avance del conocimiento sobre los sistemas forestales. Sin embargo, como muestra la Figura 12.3b, no se deben inferir a la ligera relaciones causales a partir de los análisis de correlación.

Dadas las limitaciones experimentales en los ecosistemas forestales, derivadas de las características revisadas en el Capítulo 1, tales como el horizonte a largo plazo, su condición de sistemas abiertos o el interés de varios criterios, los datos de redes de parcelas permanentes a largo plazo ofrecen una base de datos versátil para probar hipótesis mediante análisis de correlación. Las parcelas permanentes que se distribuyen por una amplia variedad de sitios y se mantienen bajo unos tratamientos definidos a largo plazo son de particular valor. Una red bien documentada de parcelas permanentes permite la investigación del crecimiento y tratamientos de las masas forestales a largo plazo, donde se pueden comprobar nuevas hipótesis sobre las reacciones del crecimiento y los tratamientos selvícolas,

la disponibilidad de recursos o cambios en el clima sin tener que crear experimentos particulares para cada ocasión (Franz 1972, Seibt 1972, Montero et al. 2004, Pretzsch et al. 2019).

12.3 Integración de aspectos aislados para la definición del modelo conjunto

12.3.1 Integración multi-escala de conocimientos parciales

La visión holística del sistema presente en la selvicultura es reemplazada, al igual que en muchas otras áreas de la ciencia, por enfoques cada vez más reduccionistas. Un enfoque reduccionista es aquel que trabaja con una alta resolución en términos de espacio y tiempo, deja constantes tantas condiciones marco como sea posible y solo varía unos pocos factores en condiciones *ceteris paribus*. Un enfoque holístico es aquel que analiza el comportamiento del sistema como un todo y este se

12.3 Integración de aspectos aislados para la definición del modelo conjunto

	H_I	H_{II}	H_{III}	...	H_{XIII}
Masa	–	–	**		***
Planta	–	*	*		**
Órgano	–	*	–		–
Célula	**	**	–		–
Gen	***	***	–		–

Figura 12.4 Tests multiescala de las hipótesis H I a H XIII en una representación esquemática. Los tests de hipótesis se deben realizar a diferentes niveles organizativos como gen, célula, órgano o planta, hasta el nivel de masa. La significación estadística (asterisco) a un nivel elevado de resolución no significa necesariamente una evidencia a nivel de masa y, por lo tanto, puede no ser relevante para la gestión forestal práctica.

La selvicultura o la ordenación forestales son capaces de incorporar los nuevos hallazgos científicos cuando en éstos se integra el conocimiento de los procesos que ocurren a nivel de árbol, masa o paisaje. Los resultados de investigaciones reduccionistas de alta resolución espacial y temporal, a nivel de gen, por interesantes y científicamente valiosos que sean, casi nunca tienen una influencia directa sobre las decisiones prácticas. En contraste con el reduccionismo de la ciencia, la práctica espera que el conocimiento detallado se clasifique de manera holística y plantea interrogantes sobre su relevancia para el comportamiento del sistema en su conjunto. Ya que la ciencia forestal también quiere promover la aplicación de los conocimientos que genera, es importante reducir la brecha entre la evidencia científica y la relevancia práctica, entre el reduccionismo y el holismo.

Por ejemplo, los estudios reduccionistas sobre los daños forestales ocasionados por la lluvia ácida, basados únicamente en información entiende no solo como la suma de los procesos individuales, sino también como el resultado de propiedades emergentes que pueden surgir a diferentes escalas espaciales y temporales (Pretzsch et al. 2018, Pretzsch 2022).

Las investigaciones sobre el crecimiento del árbol y de la masa forestal se llevan a cabo con una resolución espacial y temporal cada vez más elevada y en base a un conocimiento mecanicista cada vez más refinado de las condiciones ambientales imperantes, los procesos fisiológicos implicados y las funciones y estructuras resultantes. Los patrones a nivel de árbol y de masa se abordan desde el nivel morfológico al fisiológico, bioquímico, proteómico y genético (Matyssek et al. 2005). Sin embargo, hallazgos científicos a nivel de genes, células u órganos no son necesariamente relevantes para el comportamiento a nivel de árbol y o masa. Los procesos con una resolución más alta (genes, transcripciones, órganos) pueden ser amortiguados y no ser ni siquiera visibles en el comportamiento del sistema a nivel de árbol o masa forestal (Figura 12.4). La dinámica de los árboles y masas no se puede derivar exclusivamente de estudios a nivel bioquímico o genético, porque, por ejemplo, las propiedades emergentes tales como el auto-aclareo, la adaptación, y la facilitación sólo se vuelven efectivas y afectan de forma decisiva la dinámica de la masa a un nivel de agregación superior.

Escala	Observado vs. esperado	
Paisaje	PA_{obs}	PA_{esp}
Masa	M_{obs}	M_{esp}
Planta	PL_{obs}	PL_{esp}
Órgano	O_{obs}	O_{esp}
Célula	C_{obs}	

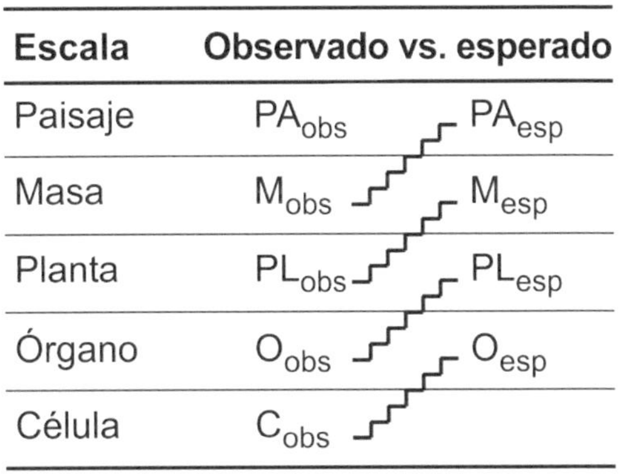

Figura 12.5 Conocimiento obtenido a través del análisis de escalas cruzadas, mostrado aquí para las escalas de célula, órgano, planta, masa y paisaje (mostrado como C, O, PL, M y PA). Las variables del sistema medidas en un nivel dado (C_{obs}, O_{obs}, PL_{obs} y M_{obs}) pueden usarse para pronosticar el comportamiento del sistema en el nivel organizacional inmediatamente superior (O_{esp}, PL_{esp}, M_{esp} y PA_{esp}). Esta agregación se puede realizar, por ejemplo, mediante extrapolación lineal, ampliación espacial o cálculo de medias ponderadas (simbolizados por escaleras del nivel inferior al superior). Las desviaciones entre el valor observado y el esperado por una simple extrapolación al nivel superior muestra las limitaciones de los estudios reduccionistas limitados a niveles más bajos para predecir el comportamiento en los niveles superiores.

sobre los procesos del suelo, pronosticaron la muerte inminente de todos los bosques de Europa central. Sin embargo, estos estudios probablemente subestimaron las interacciones bioquímicas, genéticas y microbianas entre distintas escalas, que amortiguan sus efectos. Un seguimiento consistente de las reacciones de estrés a diferentes niveles de organización espacial y temporal del sistema habría proporcionado probablemente conclusiones más fiables sobre la pérdida de vitalidad y el nivel de riesgo, así como una imagen más realista sobre la condición en la que estaban los bosques en Europa Central. Por lo tanto, los estudios sobre la estructura y dinámica de órganos, árboles, masas o paisajes deberían, siempre que sea posible, realizarse a varios niveles organizativos (Sección 1.2.7) y temporales.

Por otra parte, los estudios de alta resolución temporal y espacial no son viables a escala regional, a largo plazo y a niveles más altos de agregación por la gran cantidad de mediciones que implicarían. Los procesos que tienen lugar a gran escala espacial son más que la suma de los procesos de alta resolución espacial y temporal. La retroalimentación entre procesos en el mismo nivel jerárquico o entre diferentes niveles puede, por ejemplo, amortiguar, amplificar o modular un determinado estrés. La comprensión del desarrollo del árbol o la masa siempre requiere mediciones en al menos dos niveles jerárquicos inferiores, por ejemplo, árbol y órgano para entender la masa. Esto significa afianzar las relaciones encontradas en un nivel a partir de los mecanismos (condiciones ambientales, estructuras y funciones) del nivel inmediatamente inferior.

Los resultados a nivel de planta PL_{obs} (por ejemplo, crecimiento o mortalidad de árboles dependiendo de las condiciones ambientales) se pueden agregar para predecir los patrones de reacción esperados correspondientes a nivel de masa M_{esp}. Esta extrapolación espacial o temporal (representada por escaleras en la Figura 12.5) se puede realizar mediante una simple suma, media, multiplicación o con modelos. Sin embargo, si las mediciones en el nivel de la masa Mobs (por ejemplo, las mediciones a largo plazo del desarrollo de la masa y la mortalidad de árboles individuales a partir de inventarios) no coinciden con los patrones previstos ($M_{obs} \neq M_{esp}$), indican la limitada relevancia de los resultados obtenidos a nivel de planta o árbol para obtener conclusiones del crecimiento o mortalidad a nivel de masa. Esto sugiere que en la transición de árbol a masa participan procesos emergentes que no pueden ser explicados solamente con el conocimiento a nivel árbol. Ejemplos de estas propiedades, pueden ser, entre otras, mecanismos de adaptación, facilitación o antagonismo que surgen entre el nivel de árbol y masa, muchos de ellos, todavía no comprendidos completamente.

Del mismo modo, estudios multi-escala también muestran la relevancia de los estudios de mayor resolución para la comprensión de las funciones y procesos a mayor nivel de agregación. Para la aplicación práctica, es importante seguir los resultados de los estudios de alta resolución hasta el nivel de masa. En general, este procedimiento no sólo es válido para la transición de árbol a masa, que es particularmente interesante para la ciencia en selvicultura y crecimiento forestal, sino que también es importante para los niveles de árbol con niveles inferiores y entre masa y paisaje, ejecutando testes PL_{obs} versus PL_{esp}, M_{obs} versus M_{esp} y PA_{obs} versus PA_{esp}.

12.3.2 Modelos como cadenas de hipótesis

Los modelos de crecimiento reúnen cierto conocimiento individual sobre el crecimiento forestal integrado en una idea del sistema general, de modo que, dependiendo del propósito del modelo, se pueda derivar información importante sobre el comportamiento del sistema como conjunto, tanto para la ciencia como para la práctica forestal (Figura 12.1, paso 5). Un sistema se define por los elementos que lo engloban, las relaciones entre estos y las leyes según las cuales se regulan las influencias externas en el sistema.

Para obtener un modelo del sistema en su conjunto, se desarrolla un modelo cuantitativo simplificado del sistema real que se quiere represen-

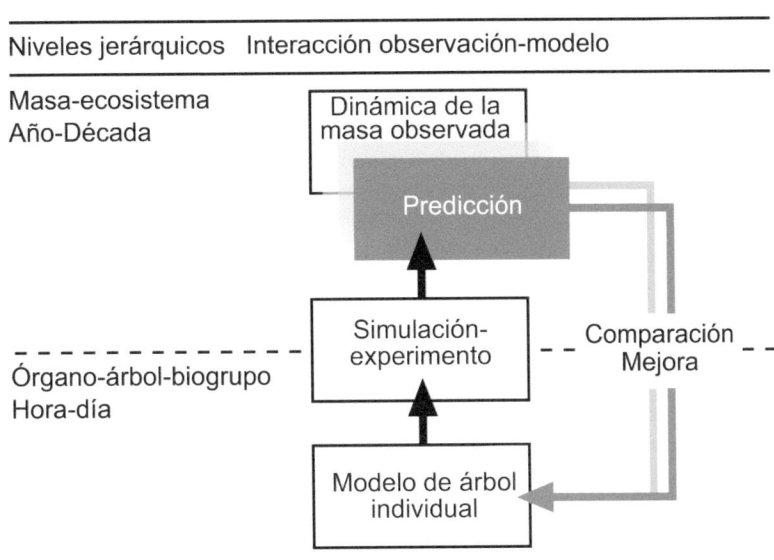

Figura 12.6 Test de hipótesis del modelo del sistema "masa forestal" mediante la comparación del comportamiento previsto y observado de masas forestales. Mediante la integración de estructuras y procesos de alta resolución (*e.g.* a nivel de órgano o de árbol) en los modelos se puede evaluar la validez y relevancia del modelo mediante la comparación de los comportamientos de masa observados y predichos (esperados) (según Grimm 1999).

tar, por ejemplo, una masa forestal, por medio de abstracción. El grado de abstracción o grado de complejidad del modelo del sistema depende del nivel de conocimiento sobre la estructura del sistema y el comportamiento del sistema real y del fin para el cual se desarrolla el modelo. La investigación sobre el crecimiento forestal se centra, principalmente, en modelos cuyas variables de producción cubren datos de la masa relacionados con superficie (por ejemplo, cabida, crecimiento, fijación de C o balance de N por hectárea). Los modelos de masa o rodal generalmente se basan en modelos parciales o submodelos que predicen valores medios y totales por unidad de superficie a partir de las estructuras y procesos de mayor resolución espacial y temporal a nivel de árbol o de sus órganos. Al agregar la información individual al nivel de masa, estos modelos presentan a la masa o rodal como la unidad central del sistema biológico que se debe gestionar y, por lo tanto, son los modelos que más estrechamente se relacionan con los intereses de la investigación del crecimiento forestal y la demanda de información que requiere la práctica forestal.

El modelo de sistema junto con las suposiciones acerca de sus elementos y cadenas causales puede entenderse como una hipótesis sobre la estructura y el comportamiento de todo el sistema (Wuketits 1981). En este caso, el test de la hipótesis se lleva a cabo mediante la simulación del comportamiento del sistema y la comparación del sistema simulado (esperado) y las mediciones del comportamiento del sistema (observado) (Figura 12.1, paso 6). Para este fin, el modelo del sistema se traduce en ecuaciones matemáticas que, con ayuda de un programa de informático en el que se implementa el modelo, se pueden desarrollar las simulaciones. Generalmente, a los programas informáticos correspondientes se les denominan como simuladores forestales. En este contexto, entendemos la simulación del comportamiento del sistema con el apoyo de sistemas informáticos (Berg y Kuhlmann 1993, de Wit 1982).

12.3.3 Test de hipótesis mediante la simulación de modelos

Para averiguar si las propiedades supuestas de un sistema son verdaderas y si tienen una influencia relevante en el funcionamiento del sistema en su conjunto, es decir, si influyen sobre el desarrollo del rodal, los procesos y estructuras de alta resolución espacial o temporal, a nivel a órgano o nivel de árbol, se pueden integrar en los modelos de simulación (Figura 12.6). Si este tipo de modelos incluyen variables de masa, se pueden comparar las predicciones con los valores observados a un nivel más alto de integración (masa, ciclo anual o crecimiento de la masa), y de este modo verificar si se cumplen las relaciones supuestas. La Figura 12.6 ilustra como los procesos del desarrollo del árbol individual pueden ser incorporados en los modelos de simulación de forma que se pueda comprobar su relevancia en la dinámica de la masa. Si los modelos incluyen variables a nivel del árbol y de la masa y se puede predecir la dinámica de la masa, los resultados de las predicciones se pueden comparar también con reglas o leyes conocidas o con otros modelos ya validados. Las comparaciones entre la observación *i* y su correspondiente predicción pueden ayudar a dilucidar, qué procesos, estructuras y condiciones ambientales son necesarias para conseguir una estimación y simulación realista de la dinámica de la masa (Grimm, 1999). Con repeticiones del ciclo de la simulación del modelo de árbol individual → experimento de simulación → simulación de escenarios → comparación entre la predicción y la referencia → adaptación del modelo → comparación /mejora (Figura 12.6) se puede descubrir qué procesos y estructuras son relevantes en el nivel de resolución superior con el fin de representar el comportamiento del sistema a largo plazo.

En el caso ideal, la creación de un modelo ya sea con fines explicativos o predictivos, no comienza después de que se hayan recopilado los datos de observación y medición, sino con la planificación de la investigación y de la correspondiente estructura del modelo, aunque con frecuencia no ocurre de este modo y se desarrollan modelos adaptándolos a las bases de datos existentes. Establecer un modelo conceptual claro del sistema bajo estudio puede ayudar a organizar el conocimiento existente, identificar carencias de conocimiento, enfocar el trabajo de observación y medición, y garantizar un nivel equilibrado de precisión y resolución al analizar diferentes partes del sistema. El desarrollo de un modelo conceptual que se pueda convertir en un modelo biométrico y, finalmente, en un modelo de simulación es particularmente recomendable para proyectos interdisciplinares. Aunque los investigadores involucrados en un proyecto tengan ideas diferentes sobre el modelo y trabajen en diferentes escalas temporales y espaciales, este enfoque asegura que los hallazgos individuales que proporcionan sean adecuados para todos. Por lo tanto, los conceptos del modelo desarrollados desde el inicio de la investigación permiten un proceso ordenado, eficiente y focalizado desde la medición o inventario hasta la verificación de hipótesis.

Incluso en el caso poco frecuente en que una primera versión de un modelo ya está consiguiendo de manera aceptable representar la realidad, se deben realizar cambios, mejoras mediciones, mejoras y extensiones hasta que se consideren probados y se puedan usar en la investigación y la práctica (Figura 12.1, Paso 7). Si se parte de un modelo simple, con un enfoque altamente agregado, se tiene la ventaja de que los errores se diagnostican más fácilmente que en modelos de alta resolución (Landsberg 1986). En este caso, el modelo también puede hacerse más complejo cuando sea necesario (desagregación o enfoque de arriba hacia abajo).

La evaluación del modelo es un proceso iterativo en el que se incorporan constantemente nuevos datos, leyes de crecimiento recientemente establecidas, conocimientos prácticos, innovaciones técnicas y cambios en la demanda de información (ver Sección 10.3). Se puede responder a las desviaciones entre las declaraciones del modelo y la realidad, por ejemplo, recopilando datos adicionales para la parametrización, cambiando la ponderación dentro de los conjuntos de datos o integrando elementos adicionales en el modelo (véase la Figura 12.1, ciclo de retroalimentación).

12.4 Aplicaciones de modelos en la ciencia, educación y práctica forestal

12.4.1 Modelos como herramientas de investigación

El uso de modelos de sistemas (por ejemplo, masas forestales) como herramienta de investigación tiene como objetivo, por un lado, probar hipótesis existentes y, por otro lado, adquirir nuevos conocimientos a través de pronósticos y simulación de escenarios. El modelo se convierte entonces en un representante del sistema real y se utiliza para realizar experimentos simulados que difícilmente serían factibles en la realidad, especialmente útil en la investigación del crecimiento forestal que se caracteriza por sus largos períodos de observación y experimentos de campo costosos.

La importancia central de los modelos de crecimiento y simuladores forestales para obtener resultados radica en la longevidad de los árboles y las masas forestales. Antes del cultivo a gran escala de una nueva variedad de girasol, de colza o de maíz, se prueban y testan experimentalmente su crecimiento y los posibles tratamientos, ya que los plazos en experimentación de estos cultivos son cortos. Este procedimiento con organismos cuya esperanza de vida en relación con las personas es menor a una o más potencias de 10, es por lo tanto posible. Por el contrario, si se desarrollan nuevos programas de tratamientos selvícolas, raramente se prueban con anterioridad debido a los largos períodos que requiere la experimentación. Así mismo, los experimentos sobre tratamientos selvícolas con frecuencia se quedan obsoletos, ya que las preguntas y objetivos iniciales pueden perder interés.

La investigación del crecimiento forestal deriva de sus experimentos, y establece las leyes y principios que luego son incorporados en los modelos de crecimiento. Utilizando modelos de crecimiento es posible simular el desarrollo de la masa, la productividad, las consecuencias económicas, ecológicas y sociales de distintos tratamientos selvícolas o las perturbaciones (ver Capítulos 10 y 11). Por lo tanto, los modelos de crecimiento como herramienta de investigación pueden, hasta cierto punto, reemplazar la experimentación. Se pueden utilizar por ejemplo para predecir el desarrollo de la masa, dentro unos límites definidos bajo condiciones cambiantes del sitio, con diferentes tratamientos selvícolas o cambios en la intensidad y frecuencia de perturbaciones que aún no se han realizado en ensayos prácticos. Los modelos hacen posible trazar un corredor de posibles consecuencias para definir una gestión forestal adecuada en un rango de sitios determinado. A su vez, pueden establecer los límites dentro de los cuales se puede mover la selvicultura sin poner en peligro las condiciones de estabilidad de los sistemas forestales que se van a gestionar. Se pueden variar la composición de especies, los tratamientos, el sitio, la estructura de la masa, etc., y así evaluar sus consecuencias ecológicas, económicas y sociales. Si se establecen tales condiciones marco, los modelos de gestión pueden ayudar a determinar el tratamiento óptimo de la masa dentro del corredor dado.

12.4.2 Aplicación práctica de modelos y simuladores

En la formación, la educación superior y la consultoría, los modelos existentes se convierten en herramientas didácticas que familiarizan a los responsables de la toma de decisiones con las consecuencias económicas y ecológicas de un determinado enfoque, a través de cálculos y análisis de escenarios (ver Sección 10.4 y 10.5). Además, a través de la construcción y aplicación de modelos, se entrena el comportamiento racional de toma de decisiones y el pensamiento interconectado (Senge 1994).

En selvicultura, los modelos permiten la simulación del desarrollo forestal en función del tratamiento, el sitio y los factores de perturbación. Además, hacen que los hallazgos científicos sean utilizables por la ordenación forestal fusionando conocimientos detallados en un todo y ampliándolos en términos de espacio y tiempo. Al simular el desarrollo forestal a gran escala y a largo plazo, los hallazgos individuales se llevan desde la micro, a la meso o macro-escala, dándoles relevancia para las decisiones en política forestal y ambiental. De esta forma, los modelos pueden contribuir a la sostenibilidad del aprovechamiento de los recursos forestales, vitalidad y estabilidad, producción, diversidad biológica y el cumplimiento de otras funciones como la protección y el beneficio socioeconómico.

El modelo conceptual que se muestra en la Figura 12.7 para la planificación y gestión de ecosistemas forestales muestra cómo el conoci-

Figura 12.7 Concepto de planificación y gestión de sistemas forestales y contribución del conocimiento de las ciencias forestales. Partiendo de un estado actual real (masa forestal, monte, unidad de paisaje), la planificación y la gestión forestal transforman el sistema en un estado objetivo. Esto requiere conocimientos del proceso de transformación y de reglas prácticas. El estado objetivo resulta de la evaluación normativa por parte de la sociedad y de fundamentos técnicos proporcionados por la ciencia. En el mejor de los casos, el estado objetivo, es decir, el objetivo de la planificación se elabora de forma participativa en una mesa redonda por parte de varios grupos de interés (según et al. 2007).

miento de la ciencia forestal puede transferirse a la práctica. Las conclusiones se basan en simulaciones a partir de un cierto estado inicial o de partida de la masa. Si estas conclusiones se transfieren a la selvicultura, esta modifica el desarrollo conceptual hacia un estado objetivo deseado y se produce la transformación del estado inicial al estado objetivo (Pretzsch et al. 2007).

El desarrollo del estado objetivo - en la Figura 12.7, una población mixta estructuralmente rica de una conífera y una frondosa - resulta de las negociaciones entre el propietario y varias partes interesadas. La Figura 12.7, a la derecha, simboliza sus negociaciones con una mesa redonda. Las negociaciones están generalmente más dominadas por juicios de valor normativos por parte de la sociedad y en menor medida por conocimientos científicos especializados. Por ejemplo, argumentos vagos como "los bosques de frondosas son buenos porque son atractivos y parecen naturales" o "los bosques de coníferas son malos porque no son ecológicos y parecen artificiales", suelen dominar en algunos casos en la toma de decisiones más que el conocimiento objetivo. El papel de la ciencia forestal es por tanto aportar la mayor cantidad de fundamentos científicos posibles para determinar el mejor estado objetivo posible de una manera objetiva.

Cuando el estado objetivo está claramente definido y formulado cuantitativamente, se utiliza el conocimiento sobre selvicultura y crecimiento forestal para la transferencia del estado real al objetivo (conocimiento transformativo). Las reglas prácticas para esta transformación son particularmente importantes, como los modelos o normas selvícolas, los programas de mantenimiento, así como otras herramientas como aulas de señalamiento o marteloscopios.

El modelo conceptual de la Figura 12.7 muestra las dos formas más importantes de incorporar la experiencia forestal y resultados de la investigación en el proceso de planificación y de toma de decisiones. Por un lado, está el conocimiento del sistema, es decir, el conocimiento del estado objetivo con el que se pueden lograr los efectos y funciones deseados de la mejor manera posible. Para ello, es de particular importancia el conocimiento sobre la dependencia de la productividad, la diversidad, la protección, la función paisajística, la fijación de carbono o la estabilidad de los bosques de la composición de las especies, la densidad de la masa, la intensidad de la gestión o el aprovechamiento, etc. Por otra parte, la ciencia forestal puede contribuir también al conocimiento del proceso de transformación. Por ejemplo, aportando la experiencia con la que se puede saber cómo de cerca del estado objetivo se está o cómo a través de un determinado tratamiento selvícola se alcanza un estado determinado.

Por supuesto, un estado objetivo no es en general estático, sino dinámico. Los estados-objetivo definidos cambian con las condiciones ambientales, las preferencias sociales y las necesidades económicas. En este libro se ha presentado el estado de conocimiento sobre los sistemas forestales, así como de la transformación del sistema (efecto de la selvicultura), ejemplificado para la planificación y el desarrollo de masas forestales.

12.5 Reglas, leyes y teorías

Dado que los modelos, y especialmente los modelos de simulación con sistemas informáticos, agrupan e integran un gran número de relaciones causa-efecto y pueden analizar sus efectos, se combinan empirismo y teoría (Sterman 2007). Las simulaciones reproducen un comportamiento del sistema que se puede comparar con la realidad, es decir, con las observaciones. De esta manera, las hipótesis o teorías pueden ser analizadas, comprobadas y desarrolladas. Las desviaciones entre el comportamiento simulado y el observado pueden desembocar en nuevos experimentos, hipótesis o cadenas de hipótesis (retroalimentación entre los pasos 4, 5 y 6 de la Figura 12.1). Con la integración de otras relaciones causa-efecto se puede llegar a la concordancia del sistema simulado, y de este modo la idea del conjunto puede ser ampliada y completada. A través de la integración y comprobación continua, se puede llegar a comprender características del sistema que no son accesibles y que no son posibles a través del puro análisis y recolección de datos de los componentes individuales. Las carencias en el conocimiento y la necesidad de nuevas investigaciones sólo se hacen evidentes cuando se detectan desviaciones entre el comportamiento del sistema simulado y el observado. Por lo tanto, la modelización y la simulación no sólo son herramientas esenciales para la conexión entre la teoría y la práctica, sino que también son elementos esenciales en todos los campos de las ciencias naturales (Pool 1992). Esto es especialmente cierto para la investigación de ecosistemas forestales, dado que solo una integración sistemática de la multitud de hallazgos individuales en diversas escalas espaciales y temporales hace posible la comprensión del sistema (Lüttge 2017).

12.5.1 Reglas y leyes

Si las hipótesis o modelos construidos a partir de cadenas de hipótesis resisten los intentos de refutación a largo plazo, éstas dan lugar a reglas o leyes (paso 8). Por reglas se entienden las relaciones cuantitativas generalizables, deducidas experimental o teóricamente, entre los fenómenos y sus causas. Dado que las reglas de la naturaleza con frecuencia son de carácter estadístico, es decir, representan los procesos y estructuras medias, que se conforman de numerosos eventos que no se pueden supervisar en su totalidad, también se les conoce como leyes. Tanto las teorías como las leyes se derivan de la comprobación de hipótesis, pero las teorías explican el fenómeno mientras las leyes lo describen. Las leyes, también pueden describir un fenómeno complejo como un todo, cuyos procesos individuales no se conocen por completo. Ejemplos de esto son la relación unimodal de Assmann entre la densidad de la masa y el crecimiento (Assmann 1961 b), la regla de auto-aclareo de Yoda et al. (1963) o las leyes alométricas de Enquist et.al. (1998, 1999). Estas reglas constituyen importantes pilares para la práctica y la ciencia forestal, más allá de la gran riqueza de conocimiento sobre procesos o eventos individuales.

12.5.2 Teorías

Una teoría es un conjunto de afirmaciones con base científica que explica una sección de la realidad (por ejemplo, un bosque o un ecosistema) y permite pronosticar su desarrollo futuro. Las teorías dan a la ciencia una base para la integración, la comprensión y el desarrollo sistemáticos, mientras que la práctica proporciona una base para la toma de decisiones. Teorías sobre el crecimiento de las masas forestales o del árbol individual se pueden derivar de la recolección sistemática y conexión entre hipótesis probadas, reglas, leyes y experiencias. A medida que los modelos de crecimiento reúnen datos objetivos sobre el crecimiento de árboles y masas forestales para dar una idea de la estructura y función del sistema en su conjunto, se convierten en un instrumento y una herramienta para la formación de teorías. Hoy en día, es difícilmente concebible condensar la información recopilada en un determinado campo de conocimiento con el fin de definir y probar teorías sin recurrir al uso de modelos matemáticos que se implementan en programas informáticos. Por lo tanto, la relevancia de los modelos va mucho más allá de la aplicación práctica en el apoyo a la toma de decisiones (por ejemplo, gestión forestal, producción de madera, planificación multifuncional del paisaje) y análisis relevantes para la política ambiental (por ejemplo, simulación del sumidero de carbono, investigación del impacto climático, regulación de las aguas subterráneas), ya que suponen una herramienta fundamental para el avance de la ciencia forestal.

Las teorías se basan en diferentes niveles de organización biológica, el organismo, los holobiontes, la población, comunidades de plantas, animales o ecosistemas en su conjunto. Desafortunadamente, la ciencia y la ecología forestales se caracterizan por una fragmentación del conocimiento, un creciente reduccionismo y relativa pobreza teórica. Algunas de las leyes o reglas directamente relacionadas con el crecimiento forestal ya se han introducido en otros capítulos, como la ley del autoaclareo o la certeza experimental de Assmann (Capítulo 6). Sin embargo, existen algunas teorías importantes de la ecología que son relevantes para la investigación del crecimiento forestal, que se esbozan muy brevemente a continuación. Aunque se presentan aquí como "teorías", se enumeran siguiendo la terminología más frecuente, asociada a su nivel de desarrollo, desde hipótesis, leyes o teorías.

12.5.2.1 Hipótesis del balance entre crecimiento y defensa

La hipótesis del equilibrio entre el crecimiento y la defensa de las plantas (incluida dentro de la hipótesis de equilibrio de crecimiento-diferenciación) aborda el comportamiento de la planta individual en función de factores ambientales y la disponibilidad de recursos (Herms y Mattson 1992, Matyssek et al., 2002, 2012b). Esta teoría describe el equilibrio interno de la planta entre el uso de los productos de la fotosíntesis para el crecimiento o para la defensa contra los patógenos. En principio una planta invierte en los mecanismos de defensa cuando tiene recursos suficientes para el crecimiento, pero siguiendo una relación no-linear y parabólica entre la cantidad de recursos (nutrientes y agua) y la formación de sustancias vegetales secundarias para la defensa. Existe una relación unimodal óptima entre la calidad de la estación y la defensa con una inversión máxima en metabolitos secundarios y defensa con una disponibilidad de nutrientes de baja a media. Si la disponibilidad de agua y nutrientes minerales aumenta, las plantas invierten cada vez más en el crecimiento, aumentando a su vez la demanda de recursos para los nuevos tejidos, lo que conlleva una menor inversión en defensa, es decir, la correlación entre la inversión en el crecimiento y la defensa se torna negativa (ver Capítulo 3, Figura 3.24).

En consecuencia, la asignación de sustancias dentro del árbol en sitios pobres refuerza la defensa y cambia con el incremento en la disponibilidad de recursos a favor del crecimiento. Con una mejora en la disponibilidad de recursos, la producción primaria bruta aumenta siguiendo una curva sigmoidea hasta un máximo y la asignación se desplaza sistemáticamente a favor del crecimiento. La mayor durabilidad de la madera de pícea de árboles con crecimiento lento refuerza la teoría de que el crecimiento rápido está relacionado con pérdidas de calidad, principalmente en coníferas..

12.5.2.2 Teoría de la selección

Según la teoría de la selección natural de Darwin, el individuo maximiza su aptitud o adaptación a su entorno a través de la supervivencia y la formación de semillas, de modo que el número de su descendencia es mayor que el de sus vecinos competidores (Darwin 1872, Harper 1977). La frecuencia de individuos del mismo genotipo se maximiza, pero no la productividad de la masa o especie. Todo lo que favorezca las condiciones para la reproducción, es ventajoso para el árbol, por ejemplo, su capacidad para sobrevivir en el sotobosque o desplazar a otros individuos por alelopatía o sombreado. Por lo tanto, el crecimiento rápido y la alta absorción y productividad de nutrientes no son la única estrategia, ni, necesariamente, la más exitosa. Incluso si un individuo no puede aumentar el número absoluto de descendientes, pero reduce el número de sus vecinos mediante la competencia, su aptitud relativa y su éxito reproductivo relativo acaban aumentando.

La idea antropogénica de que los árboles podrían distribuir los recursos de manera que la productividad de la masa fuese máxima es engañosa. Más bien, el individuo con su estructura genética forma la unidad de selección y maximización de la vitalidad (fitness). Esto explica el éxito de los modelos del árbol individual (Capítulos 9 y 10) que abstraen el desarrollo de la masa a partir del árbol y su situación competitiva.

12.5.2.3 Teoría hologenómica

La teoría hologenómica asume que todos los animales y plantas viven en simbiosis con microorganismos, (por ejemplo, bacterias, hongos, etc.) (Rosenberg y Zilber-Rosenberg 2011, Zilber-Rosenberg y Rosenberg 2008). El organismo completo que consiste en un organismo huésped más altamente organizado (eucariotas) y una pluralidad de microorganismos (procariotas) se conoce como holobionte. Esta relación influye en el desarrollo de ambos socios. Es decir, las plantas deben ser entendidas como una comunidad de organismos u holobionte. Por ejemplo, debido a su corta generación, los microorganismos pueden adaptarse más rápidamente a las condiciones ambientales cambiantes y, como consecuencia, tener un desarrollo evolutivo más exitoso. Todo el material genético que posee el holobionte se llama hologenoma. En consecuencia, un holobionte representa la interacción de diferentes especies, en contraste con el superorganismo (por ejemplo, colonia de hormigas o abejas) en el que los individuos de la misma especie viven juntos. Aunque las hormigas y las abejas también tienen su propio entorno microbiano y deben entenderse por lo tanto como holobiontes.

Los humanos, con alrededor de dos kg de bacterias y otros microorganismos también pueden entenderse como holobiontes. Además de los aproximadamente 20.000 genes en humanos, hay otros ocho millones de genes de los microorganismos (proporción 1:400) que viven en los humanos y juntos forman el hologenoma humano. La cantidad de genes bacterianos por sí sola es de 100 a 150 veces mayor que la cantidad de genes en nuestro propio genoma (Lüttge 2017, Matyssek y Lüttge 2013). Además, están los genes de los hongos, virus, etc. que viven en nosotros y sin los cuales no podríamos vivir.

Los árboles con su asociación con las micorrizas y bacterias también son holobiontes. Como holobiontes con su hologenoma, en realidad deben entenderse como una unidad en la selección durante el curso de la evolución. La asociación con microorganismos es esencial para los árboles, ya que favorece la absorción de nutrientes minerales y agua, acelera la adaptación a las condiciones ambientales cambiantes y se contribuye a la defensa contra patógenos.

La teoría hologenómica subraya la relevancia de la protección del suelo y la biodiversidad en el suelo y muestra la dependencia de la estabilidad de los ecosistemas del suelo. Así, resalta la importancia del suelo y los organismos del suelo para comprender y modelizar las interacciones entre especies, competencia y facilitación, en masas puras y mixtas. También explica la gran adaptabilidad y resiliencia, a menudo subestimadas, de los ecosistemas cuando cambian las condiciones ambientales (por ejemplo, lluvia ácida, contaminación por ozono o sequía). Por ejemplo, los árboles pueden sobrevivir al estrés por sequía gracias a que la composición de micorrizas pueden cambiar con presencia de rizomorfos largos que facilitan la captación de agua (Nickel et al. 2018). Los árboles con su longevidad y su posición inmóvil no podrían adaptarse a cambios con la misma eficiencia sin su asociación simbiótica.

12.5.2.4 Teoría del nicho

Según Hutchinson (1957) una especie puede sobrevivir a largo plazo solamente cuando las condiciones ambientales (factores ambientales, disponibilidad de recursos) se sitúan dentro de un rango determinado, especifico de la especie. Debido a que este rango está formado por una pluralidad o conjunto de variables ambientales, éste puede entenderse como un espacio n-dimensional (Capítulo 3). La gama n-dimensional de condiciones ambientales en las que el individuo o la población pueden existir se denomina nicho ecológico. El nicho fundamental describe el rango n-dimensional de condiciones ambientales bajo las cuales una especie puede existir en ausencia de competencia entre especies (Hutchinson 1957). Se entiende que el nicho real es el rango n-dimensional de condiciones ambientales bajo las cuales una especie también puede ocurrir en presencia de otras especies (McGill et al. 2006).

Mediante la competencia entre especies, el nicho real de una especie puede reducirse significativamente en comparación con el nicho fundamental (por ejemplo, desplazamiento por competencia por la luz). A través de la facilitación entre especies, el nicho real también puede aumentar para ciertas combinaciones de especies en comparación con el nicho fundamental (por ejemplo, promoción de una especie mediante la fijación de nitrógeno atmosférico de otra).

La teoría del nicho tiene especial relevancia en masas mixtas, ya que las combinaciones de especies complementarias en sus nichos, así como de especies entre las que se puede dar la facilitación, tienen un potencial particular para una mejor explotación de los recursos y una mayor productividad.

12.5.2.5 Teoría o hipótesis del gradiente de estrés

La hipótesis o teoría del gradiente de estrés se basa en que con el aumento del estrés se produce una mayor frecuencia de interacciones positivas entre especies, por ejemplo, cuando existe una limitación de agua o nutrientes; por el contrario, en condiciones favorables domina la competencia (Callaway y Walker 1997, Holmgren et al. 1997). En consecuencia, se espera que los efectos de una mezcla de especies sean positivos principalmente bajo condiciones pobres o moderadas y negativos en condiciones favorables. La hipótesis del gradiente de estrés ha sido muy estudiada en las últimas décadas en comunidades de plantas, habiéndose redefinido indicando que este patrón de interacciones depende en cierta medida de los tipos de estrés y de especie (Maestre et al.2009). Muchos de los estudios empíricos sobre esta hipótesis / teoría se basa en plantas herbáceas que crecen en solitario y ocurren en lugares pobres y que descartan el crecimiento del árbol. Estudios previos sobre interacciones entre especies forestales muestran que con frecuencia las interacciones positivas y el aumento del crecimiento a menudo son más marcados con un aumento en la disponibilidad de agua y nutrientes del sitio (Jactel et al.2018), es decir, contradicen esta teoría. Sin embargo, también existen ejemplos en los que los patrones concuerdan con esta teoría, así como ejemplos de variación de las interacciones entre años, que siguen un patrón análogo al establecido por la hipótesis del gradiente de estrés (del Río et al.2014).

12.5.2.6 Teoría de isla

La teoría de isla describe los procesos y patrones de una población en secciones del paisaje aisladas, similares a islas (MacArthur y Wilson, 1967). Describe la dinámica y el equilibrio de las poblaciones en islas naturales reales e islas similares a la naturaleza en el paisaje antropogénico. Las relaciones entre inmigración y emigración se describen en función del tamaño de la isla, el grado de aislamiento y los grupos taxonómicos más relevantes (Klötzli 1993, págs. 261-266).

Esta teoría contribuye a la comprensión de la biodiversidad natural y la invasión de especies en un paisaje forestal cada vez más fragmentado.

12.5.2.7 Teoría del ciclo-mosaico

La teoría o concepto del ciclo-mosaico (Aubreville, 1938; Müller-Dombois, 1983) describe la estructura de los ecosistemas a gran escala como un mosaico espaciotemporal de fases en diferentes etapas de desarrollo, desde la sucesión hasta el clímax. La dinámica espaciotemporal es causada, entre otras cosas, por la longevidad de la especie, sus relaciones competitivas y las perturbaciones (Remmert, 1992). No existe un proceso lineal e inequívoco que conduzca a un equilibrio estable permanente o una fase de clímax que predomine a gran escala, sino que el ecosistema se caracteriza por mosaico de diferentes fases en constante dinámica (Bormann y Likens, 1979a). Un equilibrio surge solo, si todos los tipos, fases y etapas de desarrollo ocurren a gran escala con una probabilidad y frecuencia características. El cierre de la estructura o el comportamiento de una fase o secuencia de fases del sistema (por ejemplo, sucesión, fase de regeneración, fase óptima, o fase de monte irregular o fase terminal) como un todo, es engañoso, ya que la característica real del sistema viene dada por la interacción espacial y temporal de las diferentes fases (Müller-Dombois, 1987).

Esta teoría explica la viabilidad continua de las especies en etapas anteriores y posteriores de sucesión a través de la dispersión espaciotemporal en la superficie forestal. La gestión forestal próxima a la naturaleza se basa en estas ideas al emular ciclos de mosaico o fases de desarrollo forestal a pequeña escala.

Mensajes clave

1. Los siguientes ocho pasos sirven como orientación para un proceso científico exitoso en el campo del crecimiento forestal, que genere conocimiento y se transferirá a la práctica. Para ello, la riqueza de ideas es con frecuencia más importante que el esquematismo metodológico: (i) observación, medición y recogida de datos, (ii) descripción de datos y formulación de preguntas, (iii) formulación de hipótesis de aspectos particulares, (iv) test de las hipótesis, (v) integración de aspectos individuales en un modelo de representación del sistema en conjunto, (vi) test de hipótesis a través de simulaciones, (vii) uso de modelos para la ciencia, la práctica y la formación, (viii) desarrollo de teorías, reglas y leyes.

2. La observación, medición y recogida de datos se basa principalmente en parcelas experimentales permanentes a escala regional, que se complementan con parcelas de muestreo temporales y datos del Inventario Nacional. Esta información se complementa con otros estudios muy selectivos y específicos, que ofrecen información muy profunda sobre los ecosistemas forestales.

3. Una primera etapa importante de evaluación es la descripción de estructuras y desarrollos del sistema. Esta resulta en la reproducción de hechos objetivos, es decir, en declaraciones de la realidad que luego se comprueban.

4. La recogida de información y declaraciones de la realidad deben basarse siempre en el interés de responder interrogantes y establecer hipótesis de relaciones causales.

5. Una hipótesis es un supuesto aún no probado en la práctica, que se configura como principio metodológico y ayuda al conocimiento científico. Las hipótesis son la herramienta para responder a interrogantes de manera específica.

6. Las hipótesis se deben probar de las siguientes maneras: (i) identificar contradicciones internas, (ii) por su forma lógica y su carácter como hipótesis, es decir, si es refutable (iii) por contradicciones con leyes, reglas y teorías ya establecidas y (iv) contradicciones con hallazgos empíricos (experimentos, análisis de correlación).

7. Los modelos de crecimiento reúnen cierto conocimiento individual sobre el crecimiento forestal como una representación del sistema completo. El modelo del sistema, con los elementos del sistema asumidos y las cadenas causales, puede ser entendido como una hipótesis sobre la estructura y el comportamiento de todo el sistema. En este caso, el test de hipótesis se lleva a cabo simulando el comportamiento del sistema y comparando el comportamiento esperado con el observado (medido).

8. Para la regulación de los bosques con el fin de una gestión participativa, son necesarios el conocimiento del sistema y de los procesos de transformación. El conocimiento del sistema se entiende aquí como el conocimiento de las funciones y servicios con los que se conecta un determinado bosque objetivo. Se requieren conocimientos de transformación para convertir un estado real en un estado objetivo (reglas y métodos selvícolas). Los modelos pueden apoyar eficazmente al desarrollo de la definición de objetivos y de un catálogo de medidas para lograr dichos objetivos.

9. Por leyes entendemos las relaciones cuantitativas generalizables derivadas experimental o teóricamente entre fenómenos, que describen y explican estos fenómenos. Ejemplos son la relación unimodal de Assmann entre la densidad y el crecimiento de la masa (Assmann 1961b), la regla de auto-aclareo de Yoda et al. (1963) y Reineke (1933) o el principio alométrico de Enquist et al. (1998, 1999). Tales relaciones genera-

les constituyen los pilares más importantes para la ciencia y la práctica ante la abrumadora riqueza de conocimiento de aspectos individuales.

10. Las teorías explican extractos de la realidad con sus leyes y permiten pronosticar su desarrollo. Las siguientes teorías del desarrollo de árboles y bosques se toman como ejemplos: hipótesis del balance entre crecimiento y defensa dentro de la planta, teoría de la selección, teoría del hologenoma, teoría del nicho, teoría del gradiente de estrés, teoría de isla, teoría de ciclo-mosaico. En la ciencia, son la base para la integración, la comprensión y el desarrollo sistemático; en la práctica, proporcionan la base para la toma de decisiones más adecuadas en la gestión forestal.

Referencias

Assmann E (1961a) Wald und Zahl. Allgemeine Forstzeitung, 16. Jg., H. 36, pp 509-511.

Assmann E (1961b) Waldertragskunde. Organische Produktion, Struktur, Zuwachs und Ertrag von Waldbeständen. BLV Verlagsgesellschaft, München, Bonn, Wien, 490 p

Aubreville A (1938) La forêt colonial: les forêts de l'afrique occidentale française. Ann Acad Sci colon, Paris, 9:1-245.

Bässler U (2013) Irrtum und Erkenntnis: Fehlerquellen im Erkenntnisprozeß von Biologie und Medizin. Springer-Verlag, 93 p

Berg E, Kuhlmann F (1993) Systemanalyse und Simulation für Agrarwissenschaftler und Biologen. Verlag Eugen Ulmer, 344 p

Bormann FH, Likens GE (1979) Pattern and process in a forested ecosystem. Springer-Verlag, New York, 253 p

Callaway RM, Walker LR (1997) Competition and Facilitation: A Synthetic Approach to Interactions in Plant Communities. Ecology 78(7):1958–1965. https://doi.org/10.1890/0012-9658(1997)078[1958:-CAFASA]2.0.CO;2

Darwin C (1872) The origin of species by means of natural selection or the preservation of favoured races in the struggle for life and the descent of man and selection in relation to sex. Modern library, New York, XVI, 1000 p

de Wit CT, (1982) Simulation of living systems, S. 3-8 In: Penningde Vries F W T und Laar, H H van, (Hrsg.): Simulation of plant growth and crop production, Wageningen, Centre for Agricultural Publishing and Documentation (PUDOC), 308 p

del Río M, Schütze G, Pretzsch H (2014) Temporal variation of competition and facilitation in mixed species forests in Central Europe. Plant Biology 16(1):166–176. https://doi.org/10.1111/plb.12029

Enquist BJ, Brown JH, West GB (1998) Allometric scaling of plant energetics and population density. Nature 395(6698):163–165. https://doi.org/10.1038/25977

Enquist BJ, West GB, Charnov EL, Brown JH (1999) Allometric scaling of production and life-history variation in vascular plants. Nature 401(6756):907–911. https://doi.org/10.1038/44819

Franz F (1972) Gedanken zur Weiterführung der langfristigen ertragskundlichen Versuchsarbeit. Forstarchiv, 43. Jg., H. 11, pp 230-233.

Grams TEE, Hesse BD, Gebhardt T, Weikl F, Rötzer T, Kovacs B, Hikino K, Hafner BD, Brunn M, Bauerle T, Häberle K-H, Pretzsch H, Pritsch K (2021) The Kroof experiment: realization and efficacy of a recurrent drought experiment plus recovery in a beech/spruce forest. Ecosphere 12(3):e03399. https://doi.org/10.1002/ecs2.3399

Grimm V (1999) Ten years of individual-based modelling in ecology: what have we learned and what could we learn in the future? Ecological Modelling 115(2):129–148. https://doi.org/10.1016/S0304-3800(98)00188-4

Harper JL (1977) Population biology of plants. Academic Press, New York, 892 p

Herms DA, Mattson WJ (1992) The Dilemma of Plants: To Grow or Defend. The Quarterly Review of Biology 67(3):283–335. https://doi.org/10.1086/417659

Holmgren M, Scheffer M, Huston MA (1997) The Interplay of Facilitation and Competition in Plant Communities. Ecology 78(7):1966–1975. https://doi.org/10.1890/0012-9658(1997)078[1966:-TIOFAC]2.0.CO;2

Hutchinson GE (1957) Concluding remarks. Cold Spring Harb Symp Quant Biol 22(2):415–427.

Jactel H, Gritti ES, Drössler L, Forrester DI, Mason WL, Morin X, Pretzsch H, Castagneyrol B (2018) Positive biodiversity–productivity relationships in forests: climate matters. Biology Letters 14(4):20170747. https://doi.org/10.1098/rsbl.2017.0747

Klötzli FA (1993) Ökosysteme. Series UTB für Wissenschaft, Gustav Fischer, Stuttgart, Jena, 447 p

Landsberg J (1986) Physiological Ecology of Forest Production. Academic Press, 198 p

Lüttge U (2017). Die Stufenleiter der Integration. In Faszination Pflanzen (S. 155-169). Springer Spektrum, Berlin, Heidelberg.

Mac Arthur RH, Wilson EO (1967) The theory of island biogeography. Princeton Univ Press, Princeton, NJ.

Maestre FT, Callaway RM, Valladares F, Lortie CJ (2009) Refining the stress-gradient hypothesis for competition and facilitation in plant communities. Journal of Ecology 97(2):199–205. https://doi.org/10.1111/j.1365-2745.2008.01476.x

Matyssek R, Lüttge U (2013) Gaia: the planet holobiont. Nova Acta Leopoldina, 114(391):325-344

Matyssek R, Schnyder H, Elstner E-F, Munch J-C, Pretzsch H, Sandermann H (2002) Growth and Parasite Defence in Plants; the Balance between Resource Sequestration and Retention: In Lieu of a Guest Editorial. Plant Biol (Stuttg) 4(2):133–136. https://doi.org/10.1055/s-2002-25742

Matyssek R, Agerer R, Ernst D, Munch J-C, Oßwald W, Pretzsch H, Priesack E, Schnyder H, Treutter D (2005) The Plant's Capacity in Regulating Resource Demand. Plant Biol (Stuttg) 7(6):560–580. https://doi.org/10.1055/s-2005-872981

Matyssek R, Schnyder H, Oßwald W, Ernst D, Munch JC, Pretzsch H (eds) (2012a) Growth and Defence in Plants: Resource Allocation at Multiple Scales. Ecological Studies, vol 220, Springer, Berlin: Springer, 470 p

Matyssek R, Koricheva J, Schnyder H, Ernst D, Munch J C, Oßwald W, Pretzsch H (2012b) The balance between resource sequestration and retention: a challenge in plant science. In Growth and defence in plants. Matyssek R, Schnyder H, Oßwald W, Ernst D, Munch J, Pretzsch H (eds) Growth and Defence in Plants. Ecological Studies, vol 220, Springer, Berlin, Heidelberg, pp 3-24. https://doi.org/10.1007/978-3-642-30645-7_1

McGill BJ, Enquist BJ, Weiher E, Westoby M (2006) Rebuilding community ecology from functional traits. Trends in Ecology & Evolution 21(4):178–185. https://doi.org/10.1016/j.tree.2006.02.002

Mitscherlich EA (1948) Die Ertragsgesetze. Deutsche Akademie der Wissenschaften zu Berlin, Vorträge und Schriften, Akademie-Verlag Berlin, H. 31, 42 p

Mohr H (1981) Biologische Erkenntnis, ihre Entstehung und Bedeutung. Verlag B. G. Teubner, Stuttgart, 222 p

Montero G, Madrigal G, Ruiz-Peinado R, Bachiller A (2004) Red de Parcelas Experimentales Permanentes del CIFOR-INIA. Cuadernos de SECF 18:229-236

Mudra A (1958) Statistische Methoden für landwirtschaftliche Versuche. Verlag Paul Parey, Berlin und Hamburg, 336 p

Müller-Dombois D (1983) Population death in Hawaiian plant communities: a causal theory and its successional significance. Tuexenia 3:117-130.

Mueller-Dombois D (1987) Natural Dieback in Forests. BioScience 37(8):575–583. https://doi.org/10.2307/1310668

Nagel J, Spellmann H, Pretzsch H (2012). Zum Informationspotenzial langfristiger forstlicher Versuchsflächen und periodischer Waldinventuren für die waldwachstumskundliche Forschung. Allgemeine Forst-und Jagdzeitung, 183:111-116.

Nickel UT, Weikl F, Kerner R, Schäfer C, Kallenbach C, Munch JC, Pritsch K (2018) Quantitative losses vs. qualitative stability of ectomycorrhizal community responses to 3 years of experimental summer drought in a beech–spruce forest. Global Change Biology 24(2):e560–e576. https://doi.org/10.1111/gcb.13957

Pool R (1992) The Third Branch of Science Debuts. Science 256(5053):44–47. https://doi.org/10.1126/science.256.5053.44

Popper KR (1984) Logik der Forschung. Verlag J. C. B. Mohr (Paul Siebeck), Tübingen, 477 p

Pretzsch H (2022) The emergent past: past natural and human disturbances of trees can reduce their present resistance to drought stress. Eur J Forest Res 141(1):87–104. https://doi.org/10.1007/s10342-021-01422-8

Pretzsch H, Grote R, Reineking B, Rötzer Th, Seifert St (2007) Models for Forest Ecosystem Management: A European Perspective. Annals of Botany 101(8):1–23. https://doi.org/10.1093/aob/mcm246

Pretzsch H, Schütze G, Biber P (2018) Drought can favour the growth of small in relation to tall trees in mature stands of Norway spruce and European beech. For Ecosyst 5(1):20. https://doi.org/10.1186/s40663-018-0139-x

Pretzsch H, del Río M, Biber P, Arcangeli C, Bielak K, Brang P, Dudzinska M, Forrester DI, Klädtke J, Kohnle U, Ledermann T, Matthews R, Nagel J, Nagel R, Nilsson U, Ningre F, Nord-Larsen T, Wernsdörfer H, Sycheva E (2019) Maintenance of long-term experiments for unique insights into forest growth dynamics and trends: review and perspectives. Eur J Forest Res 138(1):165–185. https://doi.org/10.1007/s10342-018-1151-y

Pretzsch H, Ahmed S, Rötzer T, Schmied G, Hilmers T (2023) Structural and compositional acclimation of forests to extended drought: results of the KROOF throughfall exclusion experiment in Norway spruce and European beech. Trees 37(5):1443–1463. https://doi.org/10.1007/s00468-023-02435-z

Reineke LH (1933) Perfecting a stand-density index for even-aged forests. J Agr Res 46:627-638.

Remmert H (1992) Ökologie. Springer-Verlag, Berlin, Heidelberg, New York.

Rosenberg E, Zilber-Rosenberg I (2011) Symbiosis and development: The hologenome concept. Birth Defects Research Part C: Embryo Today: Reviews 93(1):56–66. https://doi.org/10.1002/bdrc.20196

Seibt G (1972) Aufgaben und Probleme der Ertragskunde im forstlichen Versuchswesen. Forstarchiv, Verlag M. & H. Schaper, Hannover, 43. Jg., H. 11, pp 227-230.

Senge PM (1994) The fifth discipline. Currency/Doubleday, New York, London, TorontoSydney, Auckland, 423 p

Sterman JD (2007) Exploring the next great frontier: System dynamics at fifty. System Dynamics Review 23 (2/3):89-93.

Wuketits F M (1981) Biologie und Kausalität, Biologische Ansätze zur Kausalität, Determination und Freiheit. Verlag Paul Parey, 165 p

Yoda KT, Kira T, Ogawa H, Hozumi K (1963) Self-thinning in overcrowded pure stands under cultivated and natural conditions. J Inst Polytech, Osaka Univ D 14:107-129.

Zilber-Rosenberg I, Rosenberg E (2008) Role of microorganisms in the evolution of animals and plants: the hologenome theory of evolution. FEMS Microbiology Reviews 32(5):723–735. https://doi.org/10.1111/j.1574-6976.2008.00123.x

Correction to: Evolución de la distribución de tamaños en las masas forestales

Correction to:
Chapter 5 in: H. Pretzsch et al., *Crecimiento y Producción Forestales*,
https://doi.org/10.1007/978-3-662-69516-6_5

The title of this Chapter was incorrect in the initially published version. It has been corrected. The correct title for chapter 5 is *"Evolución de la distribución de tamaños en las masas forestales"*.

The updated version of this chapter can be found at
https://doi.org/10.1007/978-3-662-69516-6_5

Índice de terminos

A

Abetos Douglas, 547
Abrasión mecánica, 234
Absorción de Radiación Fotosintéticamente Activa (APAR), 235
Aceleración, 328
   del crecimiento, 328
Acidificación, 638
Aclareo
   Sucesivo por bosquetes, 452
   Sucesivo uniforme, 452
Aclareo sucesivo, 381, 618
   por bosquetes, 416
Agente(s), 632
   Abióticos, 632
   Bióticos, 632
Agregación, 222
Agregación espacial, 556
Agrupamiento, 229
Albedo, 236
Albura, 49, 93
   Proporción, 93
Alcornoque, 547
Algoritmos, 463
Alometría, 50, 52, 84, 108
   Negativa, 52
   Positiva, 52, 567
   Raíz-tallo, 84
Alométrica, 51
   Desarrollo, 51, 314
   Ecuación, 51
   Exponente, 51
Alteraciones, 635
   del crecimiento, 635
Altura, 330
   Dominante, 330, 341, 526
   Media, 330, 341, 526
Análisis, 466, 637
   de correlación, 693
   de escenarios, 466
   de regresión, 653
   de tronco, 637
   de varianza, 646

Anillos de crecimiento, 85, 664
   Fuste, 85
   raíces, 85
Anomalías, 656
Apertura, 381
   del dosel, 381
Ápices, 314
   Radiculares, 314
Aprovechamiento, 479, 638
   de la hojarasca, 638
Aprovechamiento sostenible, 612
Aproximación, 384
   Demográfica, 384
Árboles, 421
   de futuro, 421
   de referencia, 649
   Élite, 421
   Z, 424
Árboles dominantes, 66
Árboles objetivos, 544
Árboles predominantes, 66
Árboles subdominantes, 68
Árboles urbanos, 658
Árbol individual, 542
Árbol objetivo, 555
Área basimétrica, 320, 334, 414
   Final constante, 320
   Máxima, 414
   Periódica media, 334
Área Foliar Específica (SLA), 100
Arquetipos estructurales, 211
Asimetría, 242, 274, 280, 288
Asimilados, 569
Asincronía, 312, 374
Asociación, 249
Assmann, 526, 600
Atracción, 231
   Espacial, 231
   Repulsión, 231
Aulas de señalamiento, 467
Autoaclareo, 95, 282, 319, 602
   Ley, 95
Autocorrelación, 668
Azufre, 633

B

Bases de datos, 524, 525
Bifurcación, 89
Biodiversidad, 209, 257
Bioeconomía, 623
Biomasa, 98, 568
   Aérea, 101
   de copa, 100
   Ecuaciones, 99
   Foliar, 100
   Fuste, 100, 101
   Leñosa, 98
   Radical, 98
   Total, 98
Biometría forestal, 16, 35
Bocetos, 212
Bosque mediterráneo, 594
Bosque(s), 216, 229
   de Poisson, 229
   Mixtos de montaña, 392, 615
   Primario, 382
   Urbanos, 216
Bosquetes, 453, 549
Bucles, 633
   de amortiguación, 633

C

Cadenas
   de hipótesis, 701
Cadenas de Markov, 539
Calcio, 105
Calentamiento global, 660
Calibración, 604
Calidad, 325
   de estación, 297, 325, 527
   de la estación, 492
   de la madera, 254
Cámaras, 485
   Climáticas, 19, 485
Cambio climático, 21, 525, 615, 619,
   621, 638, 659
Canopy packing, 71

Índice de términos

Capacidad
   de carga, 447
   Fotosintética, 480
Capital, 8
Caracteres, 47
   Culturales, 47
Características, 47
   Estructurales, 47
   Funcionales, 47
Carbono, 104, 106, 568
   Concentración, 104
   Contenido, 107
Catástrofes, 36
Causa-efecto, 690
CCF, 238
Ceteris paribus, 12
Chupones, 90
Cicatrices, 78
Ciclo(s), 209, 480
   de carbono, 480
   de control, 209
Clara(s), 287, 288
   Débiles, 424
   de puesta en luz, 434
   de selección de árboles de porvenir, 590, 600
   Fuertes, 424
   Mixtas, 420
   Moderadas, 424
   por lo alto, 288, 420
   por lo bajo, 287, 420
   por lo bajo débiles, 334
   Selectiva, 291
   Selectivas, 420, 593
Clareos, 419
Clase de producción, 498
   General, 498
   Local, 498
Clases, 433
   Sociales, 433
Clases de tamaño, 538, 539, 604
Clasificación, 433
   de Heilbronn, 592
   Sociológica de Kraft, 433
Clima, 619
Climáticas, 486
Clorosis, 79
CO_2 equivalente, 106, 107
Cocientes de forma, 46
Coeficiente, 94, 241, 274, 281, 289, 317, 442
   de apuntamiento, 274
   de asimetría, 274
   de curtosis, 274
   de Dominancia del Crecimiento (CDC), 289
   de dominancia en crecimiento, 281
   de equivalencia, 442, 445
   de esbeltez, 341
   de Gini, 241, 276, 281
   de Modificación de la Densidad (DMC), 450
   Mórfico, 94, 317
   Ratio h / d, 341
Coeficiente de escalado, 51
Coeficiente de variación, 240
Coeficientes de equivalencia, 246
Cohorte, 273
Colapso hidráulico, 672
Comparación, 429, 662
   de generaciones, 662
   por pares, 429
Comparación por pares, 644
Compensaciones, 479
Competencia, 109
   Reducción, 109
   Simétrica, 291
Competencia de copas, 544
Competitividad, 75
Complejidad, 523
   Estructural, 523
Complejidad de la estructura, 298
Complejidad estructural, 209
Complementariedad, 109, 293
   del nicho ecológico, 293
   Estructural, 293
   formas, 109
Complementariedad de nichos, 673
   Espacial, 673
   Temporal, 673
Componentes
   Estructurales, 30
   Funcionales, 30
Comportamiento, 696
   del sistema, 696
Composición de especies, 298
Concentración, 638
   de CO_2 atmosférico, 639, 660
   de dióxido de carbono, 638
   de O_3, 674
Concepto
   de sistema, 3
Condiciones, 371
   del sitio, 371
Condiciones ambientales, 4, 19
Condiciones de crecimiento, 23, 543
Conductividad específica, 49
Conflictos, 622
Conicidad, 255
Conservación, 617
Contaminación, 647
   por dióxido de azufre, 647
Conteo de ángulos, 560
Control, 342
   de la mezcla, 436
   de la proporción de especies, 447
   Selvícola, 342
Copa(s), 45, 46, 65, 66, 87
   Ancho, 67
   Diámetro de la, 45
   Formas, 67
   Longitud, 67
   Máximo ancho, 67
   Perfil, 66
   Razón, 87
   Razón de, 45
   Timidez, 65
   Timidez de las, 46
Corcho, 459
   Bornizo, 459
   de reproducción, 459
Corredor, 55
   Alométrico, 55
Correlación, 647
   Espacial, 647
   Temporal, 647
Corta a hecho, 452
Cortas, 381, 453
   Diseminatorias, 381
   Preparatorias, 381
   Tipo Femel, 453
Cortas a hecho, 33
Cortas sanitarias, 292
Corteza, 105
Cotta, 529
Covariables, 654
Crecimiento, 10, 324
   Acumulado en volumen, 324
   Adicional, 353, 368
   Corriente, 324
   Corriente anual, 20
   Diametral, 521
   en solitario, 426
   Inferior degresivo, 355
   Juvenil, 563
   Medio, 324
   Medio esperado, 355
   Patrón, 18
   Periódico medio, 324
   Potencial, 620
   Reacción, 19
   Relativo, 345
   Relativo en volumen, 325
   Respuesta, 10
   Técnico, 325, 338, 421
Crecimiento periódico medio, 596
Criterio de Weise, 495
Criterios de, 461
   Sostenibilidad, 461
Cronologías, 668
   Estandarizadas, 668
Cronologías de crecimiento, 664
Cronosecuencias, 488
Cuadrícula, 232
Cubicación, 92
Cubierta permanente, 616
Culminación del crecimiento, 330
Curtosis, 242, 271, 288
Curva de Lorenz, 276
Curva(s), 325, 330
   Altura-diámetro, 340
   Altura-edad, 341
   de calidad de estación, 325, 498
   de equilibrio, 384, 458

de equilibrio de Liocourt, 386
Densidad-edad, 330
de referencia, 638
Exponencial decreciente, 384, 457
Guía, 414, 466
Curvatura del fuste, 256

D

Dasometría, 16
Datación, 664
Datos, 693
    Longitudinales, 693
    Transversales, 693
Capacidad, 413
Decisión, 622
    Multicriterio, 622
Defensa, 702
Defoliación, 77, 654
Dendrocronología, 664
Dendrometría, 16
Densidad, 71, 99, 318, 320, 413
    Aparente, 99
    del dosel, 71
    del tratamiento, 424
    Específica, 99
    Madera, 107
    Máxima, 413
    Máxima poblacional, 318
    Objetivo, 424
    Óptima, 326
    Potencial, 320
Densidad de la madera, 255
Densidad de la masa de Reineke, 233
Densificación, 229
Deposición, 600
    de nitrógeno, 600, 638, 660
Deriva, 87
    alométrica, 87
Desarrollo, 314
    crecimiento medio en volumen, 591
    del área basimétrica, 591
Descomposición, 104
    Minerales, 104
DESER, 332
Desfase, 439
    Temporal, 439
Desigualdad, 276
Diagrama(s), 375, 415
    de gestión de la densidad, 415
    de sistema, 375
Diagramas cruzados, 355
Diámetro, 338
    de cortabilidad, 386, 455
    de referencia, 449
    Máximo de cortabilidad, 421, 458
    Medio cuadrático, 338
    Objetivo, 455
Diferenciación, 241
Dinámica, 76
    Ambiental, 4
    de copa, 76

de la masa, 23
Diseños
    Experimentales, 636
Dispersión, 597
Disponibilidad, 644
    de nutrientes, 644
Disponibilidad de nitrógeno, 563
Distancia, 424
    entre pies, 424
Distribución, 219, 220, 221, 222, 270, 282, 390, 556
    Agregada, 222
    Aleatoria, 220, 556
    Bimodal, 273
    de frecuencias, 270
    de la masa extraída, 272
    del riesgo, 422
    del tamaño de copa, 296
    de Poisson, 220
    de tamaños, 271
    Diamétrica, 282
    Diamétrica exponencial, 390
    en agregados, 221
    Exponencial, 292
    Horizontal, 219, 251
    Regular, 221, 556
Distribución de tamaños, 541
Distribución diamétrica, 539
    Inicial, 539
    Modelizada, 540
Diversidad, 242, 243, 292
    de especies, 242
    de grupos funcionales, 299
    Estructural, 292, 298, 462, 606
    Genética, 242
    Máxima, 243
Diversificación, 360
Dominados, 68
Dominancia en tamaño, 301
Duramen, 90
    Fracción, 93
Duramización, 93

E

EBLUP, 604
Ecuación, 317
    de cubicación, 317
Edad, 327
    de iniciación, 431
    Fisiológica, 327
Efecto(s), 249, 358
    de borde, 249
    de la mezcla, 358
Efectos de la mezcla, 533
Efecto técnico de la clara, 287
Eficiencia, 367
    de crecimiento, 367
Elasticidad, 301
Embolismo, 672
Encinas, 590
Enfoque, 567, 694

    Holístico, 694
    Mecanicista, 567
    Reduccionista, 694
Ensayo, 329
    de claras, 329
    de procedencias, 429
Entisoles, 590
Entrenudos, 78
Entresaca, 382, 452, 457
    Pie a pie, 452
Envejecimiento, 328
Equilibrio, 618
    Cultural, 30
    Natural, 30
Error cuadrático medio, 596
Esbeltez, 45, 87, 255
    Coeficiente, 87
Escala, 5
    Corto plazo, 5
    Largo plazo, 5
    Macroscópica, 30
    Temporal, 5
Escalado, 56
    Geométrico, 56
    Metabólico, 56
Escalas, 30
Escáner Láser Terrestre (TLS), 24
Escenarios, 537, 611
    Selvícolas, 537
Espacio, 422
    Medio disponible, 422
Especie, 360
    Fijadora de N2, 360
Especies
    Anisohídricas, 672
    Isohídricas, 672
Especies anisohídricas, 48
Especies intolerantes, 48
Especies isohídricas, 48
Especies tolerantes, 48
Espesura, 326
    Crítica, 326
    Máxima, 326
    Óptima, 326
Esquemas de alzado, 211, 212
Estabilidad, 253, 257, 373
    Ecológica, 257
    Temporal, 373, 374
Estado, 384, 618
    de equilibrio, 384, 387
    Estacionario en equilibrio, 618
Estancamiento, 658
Estancamiento del crecimiento, 645
Estandarización, 649, 666
Estocástico, 539
Estomas, 672
Estrategia, 53, 256, 342
    de estabilidad, 53
    de estabilización, 342
    de supervivencia, 53
    de transición, 256
Estratificación, 254, 611

Índice de términos

Estrés, 567, 671
   Hídrico, 672
   por ozono, 673
   por sequía, 671
Estructura, 213, 244
   de la masa, 30
   Espacial, 213
   Multi-piso, 457
   vertical, 244
   Vertical, 30
Estructura 3D, 533
Estructuración vertical, 366
Estructura forestal tridimensional, 589
Etapas, 436
   de sucesión, 436
Evaluación, 692
   de hipótesis, 692
Evaluación ecológica, 589
Evaporación, 566
Evapotranspiración, 565
Even-flow, 609
Exactitud, 595, 597, 598
Excentricidad, 256
Excentricidad del fuste, 73
Existencias, 9
   De madera, 9
Existencias de madera, 9
Existencias normales, 530
Experiencias, 12
   de claras, 12
Experimentos, 12, 426, 692
   de claras, 426
Exponente, 108
   Alométrico, 108

F

Facilitación, 109, 536, 703
Factor
   de insolación, 503
Factor de competencia de copas, 238
Factor de reducción, 557
Factores, 59, 96, 357, 692
   Alométricos, 59
   Conversión, 96
   de corrección, 357, 642
   Expansión, 96
   Filogenéticos, 25
   Ontogenéticos, 25
Fase
   de colapso, 383
   de destrucción, 383
   de envejecimiento, 382
   de monte alto irregular, 383
   de rejuvenecimiento, 383
   Óptima, 382
   Terminal, 383
Femel, 618
   Bosquetes, 618
Fenotípica, 80
   Variación, 80
Fenotipo, 44, 46

Fertilización, 428, 535
Filtros, 666
   de paso alto, 666
   de paso bajo, 666
Fitness, 57
Fitómetro, 493
Fitotrones, 19
Flujo continuo, 609
Forma, 55
   Alométrica, 55
Formulación, 411
   Biométrica, 411
Formulación de hipótesis, 691
Fósforo, 105
Fotosintatos, 567
Fotosíntesis, 565
Fracción de cabida cubierta, 232, 234, 595
Fuente de inmisión, 650
Fuerzas impulsoras, 6
Fuerzas motrices, 565
Fumigación con O_3, 673
Función, 227, 229, 230, 231
   de correlación, 227, 230
   de correlación de la marca, 231
   de densidad de Weibull, 277
   K de Ripley, 227, 229
   L bivariante, 231
   L de Besag, 227
   L según Besag, 230
   Respuesta, 668
Funciones, 35, 212, 232, 276
   de crecimiento, 537
   de densidad, 276
   Dosis-respuesta, 620
   Mortalidad, 537
   Splines, 212, 232, 666
Fustal, 618
Fuste, 88
   Curvatura, 89
   Forma, 88
   Perfil, 97
   Sinuosidad, 89

G

Gap models, 550
Genotipo, 44, 46
Gestión, 33, 622
   del territorio, 622
Gestión multifuncional, 607
Golpe, 550
GOTILWA+, 568
Grado, 231, 232, 234, 242, 247, 326
   de cobertura, 232, 234
   de densidad, 231
   de densidad máximo, 326
   de la clara, 432
   de mezcla, 247
   de recubrimiento, 232, 234
   de solape, 242

Grado A, 428
Grado de decoloración, 76
Grado de espaciamiento, 45
Grado de redondez, 73
Grado de transparencia, 76
Grados, 332
   de clara, 433
   de claras A, B y C, 332, 426
Grados días, 664
Grupo estructural, 240, 247
Guía terminal, 84

H

Hábitats, 257
Hartig, 527
Heladas tardías, 674
Hipótesis, 646
   Alternativa, 646
   Nula, 646
Historia, 24, 27
   de la masa, 27
Holismo, 2, 695
Holobionte, 703
Hologenoma, 703
Homeostasis, 31
Homogeneidad, 227
Horizontal, 251
Huroneo, 455

I

IBERO, 548
Impacto, 635
   de las perturbaciones, 635
Inceptisoles, 590
Incremento, 316, 481, 482
   en volumen bruto, 481
   Neto, 486
   Neto maderable, 486
   Potencial, 557
   Técnico, 316
Incremento corriente, 591
Indicadores, 258, 270
   de diversidad, 258
Índice, 211, 221, 224, 236, 239, 240, 247, 297, 332, 551
   de agregación, 221
   de Área Foliar (LAI), 235
   de aridez de Martonne, 297
   de Besag, 227
   de competencia, 533, 545, 547, 553
   de Complejidad Estructural (ISCC), 211
   de crecimiento, 652, 668
   de densidad de la masa de Reineke, 236
   de diferenciación, 240
   de dispersión, 225
   de Gini, 332
   de Hart-Becking, 239
   del perfil de especies, 244

Índice de terminos

de Martonne, 374, 504
de mezcla, 247
de Parteson, 503
de perfil de especies normalizado, 245
de recuperación, 671
de resiliencia, 671
de resistencia, 670
de segregación, 248
de Shannon, 243
de sitio, 21, 297, 341, 495, 498
de superficie foliar, 236
de uniformidad, 243
de varianza relativa, 225
de vegetación, 505
de vegetación climática (CVP), 503
de Vegetación de Diferencia Normalizada, 505
Johann, 553
Pielou, 224
Índice de variabilidad de copa, 62
Industria, 592
de partículas, 592
Infiltración, 479
Inicial, 251
Estructura, 251
Inmisiones, 633, 646
de azufre, 633
Intensidad, 424
Intensidad competitiva, 551, 554
Interacciones, 367
entre especies, 367, 703
Positivas, 704
Intercepción, 565, 566
Intercepción de luz, 236
Interés compuesto, 8
Intervenciones, 454
Heterogéneas, 454
Homogéneas, 454
Intuición científica, 691
Inventario, 610
Inventario forestal, 616
Inventarios forestales, 13, 664, 693
Nacionales, 664
Irregulares, 382
Pie a pie, 382
Isla de calor urbana, 659, 660
Isometría, 50
Isotropía, 227

J

Jerarquía, 33

K

Kraft, 65
Clases sociales, 65

L

Laboreos, 428
LAI, 329

Latizal, 421, 618
Ley, 325, 363
de Eichhorn, 325, 363, 493, 496
de Eichorn, 526
Ley de Assmann, 602
Leyes, 600
de la producción forestal, 490
Leyes de la producción forestal, 325
Liberación, 430
de la competencia, 430
Lídar terrestre, 217
Línea, 318, 352
de autoaclareo, 318, 352
de máxima densidad, 318
Liquidez, 613
Lluvia ácida, 638, 649
Longevidad, 11

M

Macroestructura, 587
Madera, 88
Calidad, 88
Clasificación, 89
Mapas, 211
de copas, 211
Marteloscopios, 467
Masa
DESER, 334
en pie, 332
Extraída, 332, 482
Total, 332
Masa irregular, 618
Masas
con subpiso, 378
Irregulares, 538
Irregulares en equilibrio, 385
Irregulares mixtas, 386
Masas regulares, 21
Materia orgánica, 104
Maximización, 610
Mecanismos, 702
de defensa, 702
Media móvil, 666
Medio de producción, 8, 9
Metaanálisis, 371
Método, 222, 248, 656
Científico, 690
de edad constante, 656
de estandarización, 667
de regeneración, 455
Método de indicadores, 527
Mezcla, 247, 532, 587
Bosquetes, 247, 587
de coníferas-frondosas, 672
del vecino más cercano, 248
Frondosas-frondosas, 672
Pícea/abeto, 532
Pie a pie, 247
por golpes, 587
por grupos, 247
Mezcla de especies, 562

Mezclas, 672
Micorrizas, 81
Microelementos, 105
Microhábitats, 258
Microorganismos, 703
Mitigación, 672
de la sequía, 672
Modelización, 25
Modelo
Conceptual, 4, 698
de árbol individual independiente de la posición, 548
de sistema, 697
Modelos
Biométrico, 531
Condiciones ambientales, 21
de árbol individual, 534
de crecimiento, 521
de gestión, 521, 699
de masa, 537
de procesos ecofisiológicos, 21, 506, 536
de sistemas, 698
Ecofisiológicos, 568
Híbridos, 507
Modelos de crecimiento, 546
Empíricos, 546
Semi-empíricos, 546
Modelos de crecimiento forestal, 15
Modos de competencia, 279
Módulo, 455
de rotación, 455
Módulo de elasticidad, 254
Monte, 381
Alto irregular, 383, 457
Irregular, 381
Irregular en equilibrio, 384
Monte bravo, 421, 618
Moribundos, 68
Mortalidad, 273, 321, 563
Natural por competencia, 321
Mosaico, 705
Multicriterio, 33
Multi-escala, 696
Multiplicadores, 501, 535

N

Nelder, 101
Nicho, 704
Fundamental, 704
Real, 704
Nitrógeno, 104
Nivel, 323, 326
de agregación, 695
de producción, 343, 363
de producción especial, 326
de producción especial subdividido, 326
de productividad, 323
Jerárquico, 696
Nivel de producción, 496

Específico subdividido, 497
General, 496
Niveles
   de organización biológica, 702
Niveles de producción, 326, 497
Nivel freático, 648
Normas, 414
   de densidad, 414
Nutrientes, 104
   Concentración, 104

O

Ocupación del espacio, 552
Optimización, 608, 622
   Multicriterio, 622
Óptimo, 620
Ordenaciones de montes, 664
Origen, 429
Overyielding, 369

P

Paisaje, 257, 623
Parcela
   de referencia, 428
   Permanentes, 641
Parcelas, 694
   Permanentes, 525, 694
   Temporales, 525
Parcelas experimentales, 13
   Permanentes, 13
Patrón, 55, 438
   Alométrico, 55
   de crecimiento en altura, 438
   de mezcla, 441
Patrones de distribución, 556
   Agrupados, 556
   Irregulares, 556
Penetración de la luz, 236
Percentiles, 234
Pérdida, 649
   de acículas, 649
   de crecimiento, 649
Pérdida de acículas, 78
Pérdida de crecimiento, 621
Perfil vertical, 24, 593
   de especies, 593
   S de Pielou, 593
Periodo
   de referencia, 644
Período, 454
   de calibración, 668
   de referencia, 654
   de regeneración, 454
   Vegetativo, 486, 639
Período de observación, 12
Período vegetativo, 620
Perturbaciones, 32, 253, 535, 632
   Abióticas, 632
   Bióticas, 632
Peso, 424, 453

de la clara, 424
PICUS, 558
Pies, 432
   Co-dominantes, 432
   Dominados, 432
   Dominantes, 432
   Predominantes, 432
PINEA2, 548, 590, 594, 607
Pino piñonero, 604, 607
Pipe model, 567, 569
Pipe-model, 49
Piso, 375
   Dominante, 375
   Inferior, 376
Planificación, 611, 614, 701
   Recursiva, 611
Plasticidad, 48, 55, 56, 62, 82, 253
   de copa, 62
   Fenotípica, 55, 253
   Morfológica, 56, 70
   Morfológica de las raíces, 82
Poda, 80
   Ensayo, 80
Poder competitivo, 551
Políticas sectoriales, 607
Posición social, 422
Potasio, 105
Potencial metabólico, 314
Precisión, 595, 597, 600
Predicciones, 697
Prescripciones, 467
   Selvícolas, 467
Presentación
   Tabular, 332
Pressler, 95
   Modelo, 95
Principio, 318
   Alométrico, 318
   de autoaclareo, 318
   de Yoda, 318
Procedencia, 428
Proceso
   de transformación, 462
Procesos, 5, 524
   Bioquímicos, 566
   Ecofisiológicos, 524
   Emergentes, 696
   Fisiológicos, 7
   Lentos, 6
   Masas forestales, 5
   Subordinados, 6
   Subprocesos, 7
Procesos fisicoquímicos, 6
Producción
   de corcho, 459
   Primaria, 486
   Primaria bruta, 480, 481
Producción Total, 527
Productividad, 301, 355
   Esperada, 356
   Inferior, 355
   Maderable bruta, 482

Relativa, 301
Relativa en masas mixtas, 355
Relativa total, 357
Producto, 8
   Árboles, 8
   Masas forestales, 8
PROGNOSIS, 545
Programas informáticos, 542
Pronóstico, 588
   de crecimiento real, 588
Propiedades
   Emergentes, 695
Proporción de especies por área, 246
Proporciones, 448
   de especies por área, 448
   en número de pies, 446
   en superficie ocupada, 446
Protección, 612
Prueba, 691
Puntos, 236
   de compensación de luz, 236
   de saturación, 236

Q

Quejigos, 590

R

Radiación, 565
Raíces, 86
   Finas, 86
   Principales, 86
Raíz-fuste, 98
Ratio, 98
Raíz-tallo, 83, 85
   Relación, 83, 85
Rama, 97
Ramas, 84
   Ángulo de inserción, 90
   Ángulos, 84
   Diámetro, 90
Ramosidad, 88, 90
Rasterización, 216
Ratio en superficie equivalente, 357
Reacciones, 371
   de mezcla, 371
Reajuste, 604
Recorrido virtual, 215
Recreo, 209, 612
Recuperación, 670
Recurso, 82
   Asignación de, 83
   Asimilación, 85
   Limitante, 82
   Uso temporal, 85
Recursos
   Forestales, 34
Reduccionismo, 695
Refutación, 701
Regeneración, 418, 441
   Artificial, 441

Índice de terminos

Natural, 418
Régimen, 419
  de claras, 419
Regla, 319
  de Reineke, 319
  Discriminante, 506
Regla de Reineke, 236
Reglas, 600
  Cuantitativas, 463
Regresión, 322, 442
  Cuantílica, 322, 442
Regresión cuantílica, 238
Regulación, 411
  de la densidad, 447
  de la mezcla, 439
  Selvícola, 411
Reineke, 95
Relación, 10, 57, 58, 277, 299, 319, 326
  Alométrica, 57, 58, 319, 560
  Altura-diámetro, 388, 501
  Auxiliar, 496
  de densidad-crecimiento, 330, 366
  Densidad-crecimiento, 10, 326
  Número de pies-diámetro, 387
  Tamaño-crecimiento, 277
  Unimodal, 299
Relación de espaciamiento, 238
Relaciones, 694
  Causa-efecto, 564, 642
  Competitivas, 594
  de causa-efecto, 694
  Ecofisiológicas, 561
  Físicas, 561
  Químicas, 561
Relación fundamental, 528
  Cuarta, 528
  Primera, 528
  Segunda, 528
  Tercera, 528
Rendimiento, 34
  Total, 34
Renovación, 486
  de órganos, 486
Renovación anual, 481
Reparametrización heurística, 604
Reparto, 55, 86, 101
  Alométrico, 55
  del crecimiento, 86
  Óptimo, 55
Repoblado, 618
Representación, 520
  Biométrica, 520
Requerimiento, 442
  Espacial, 442
Requerimientos, 109
  Superficie, 109
Resiliencia, 29, 253, 366, 670
Resistencia, 670
Resistencia a la torsión, 254
Resolución, 5
  Espacial, 5
  Temporal, 5

Respiración, 481, 565, 566
Restricciones, 64, 610
  Estrictas, 610
  Hidráulicas, 64
  Mecánicas, 64
Retroalimentación, 4, 27, 28, 31, 375, 534, 696
Retrospectiva, 78
  Mediciones, 78
  Reconstrucción, 78
Retrospectivo, 79
Riesgos, 617, 623
  Abióticos, 623
  Bióticos, 623
  Naturales, 617
Riqueza, 242
Rodajas, 97
Rotación, 431, 453
  de las claras, 431

S

Sabinas, 590
Sacrificios de cortabilidada, 394
SDI, 236
Sección horizontal, 544
Segregación, 249, 439
  entre las especies, 439
Selección, 418
  de árboles de porvenir, 418
Selvicultura, 445
  Observada media, 445
Senectud, 282
Senescencia, 567
Sensibilidad, 635
Sensibilidad media, 669
Sequías extremas, 671
Serie de crecimiento, 666
Serie de edad, 14
  Artificial, 14
  Real, 14
Serie geométrica, 386
Series de crecimiento, 13
Servicio ecosistémico, 608
Servicios, 35
Servicios ecosistémicos, 610, 623
Sesgo, 597, 598, 600
SILVA, 548, 589, 596, 606, 622
SILVES, 536, 537, 541
SIMANFOR, 548
Simbiosis, 703
Simetría, 279, 280
  Completa, 280
  Parcial, 280
  Proporcional, 280
  Proporcional al tamaño, 279
Simulaciones, 611, 614, 621
Simulador, 15
  SILVA, 15
Simuladores, 463
  del crecimiento forestal, 463
Sistema radical, 82

Fasciculado, 82
Pivotante, 82
Superficial, 82
Sistema(s), 2
  Abiertos, 2, 17
  Atributos, 6
  Biológicos, 24
  Cibernéticos, 27
  Concepto, 3
  Forestal, 2
  Jerárquicos, 32
  Regularidad, 3
  Técnicos, 24
Sistemas radicales, 80
  Fasciculados, 80
  Pivotantes, 80
Situación competitiva, 535, 565
Sobre-crecimiento, 355
Sobreestimación, 643
  del crecimiento, 643
Sobre-productividad, 353, 355
  Transgresivo, 355
Sostenibilidad, 19, 487, 607, 608, 617
Superficie, 414
  Disponible, 418
  Foliar, 414
Superficie de crecimiento, 552
Superficie de proyección de copa, 61, 62
Superficie disponible, 61
Superficie foliar, 49, 314, 315, 556, 557
Superficies de crecimiento disponible, 551
Superorganismo, 703
Superposición de copas, 553

T

Tablas, 332
  de producción, 332, 637
Tablas de experiencias, 529
Tablas de producción, 19, 21, 523, 525, 528, 619
Tablas de referencia, 532
Tablas de selvicultura media observada, 532
Tamaño, 16
Tasa
  Aprovechamiento, 386
  de crecimiento relativo, 325
  de paso, 386
  Mortalidad, 386
Tasa anual de corta, 614
Tasa de interés, 8
Tasa de mortalidad, 540
Tasa de reposición, 81, 87
Teledetección, 505, 610
Temperamento, 301
Tendencia
  de crecimiento, 649
Tendencias, 638
Teoría, 496
  de isla, 704

de la producción forestal, 496
del ciclo-mosaico, 705
del nicho, 704
Hologenómica, 703
Test, 688
de hipótesis, 688
Tiempo, 672
de recuperación, 672
Tiempo de paso, 457
Timidez, 76
de las copas, 76
Tipo, 420
de clara, 420
de intervención, 453
Tipos
de modelos, 524
TLS, 24
Tolerancia a luz, 363
Toma de decisiones, 699
Tomografía computarizada, 93
Tramos, 456
Periódicos, 456
Transectos, 660
Transectos europeos, 297
Transformación, 462, 616
Transparencia, 650
de copas, 650
Transparencia de la copa, 76
TREEDYN3, 561, 562
Triangulación de Delaunay, 216
Triplete, 293, 350
Tronco, 97
Análisis, 97
Turno, 325, 455
a hecho por fajas, 455
de la masa, 325
de máxima renta en especie, 325

U

Unidad de conteo, 226

V

Validación, 595
Valor, 216, 479
A de Johann, 429
Estético, 479
Paisajístico, 216
Recreativo, 479
Umbral, 655
Valores modulares, 98
Variabilidad, 346, 372
del crecimiento, 346
Temporal, 372
Variables, 318, 588
Control, 588
Dasométricas, 318
de entrada, 605
de iniciación, 588
Variación
de alta frecuencia, 665
de baja frecuencia, 665
Interanual, 665
Ventana temporal, 666
Verificación, 692
de contradicciones internas, 692
Deductiva, 692
de hipótesis, 698
Verticilos, 78
Visualización 3D, 216
Visualizadores, 215
Vitalidad, 422
Volumen, 94, 320, 324
Extraído, 324
Final, 320
Maderable, 94
Total, 324, 334, 345

Y

Yoda, 95

Z

Zonas, 486

MIX
Papier aus verantwortungsvollen Quellen
Paper from responsible sources
FSC® C105338

If you have any concerns about our products,
you can contact us on
ProductSafety@springernature.com

In case Publisher is established outside the EU,
the EU authorized representative is:
**Springer Nature Customer Service Center GmbH
Europaplatz 3, 69115 Heidelberg, Germany**

Printed by Libri Plureos GmbH
in Hamburg, Germany